METODOLOGIA de PESQUISA

MUITO IMPORTANTE

Originalmente, esta obra era acompanhada por um CD-ROM. Nesta reimpressão, optamos por disponibilizar o conteúdo do CD em nosso *site*. Ao acessar o *link* Material Complementar na página do livro no endereço loja.grupoa.com.br, o leitor poderá fazer *download* do material que fazia parte do CD. Isso significa que os trechos que remetem ao CD ao longo do livro referem-se a material agora oferecido no *site*.

H557m Hernández Sampieri, Roberto.
       Metodologia de pesquisa / Roberto Hernández Sampieri, Carlos Fernández Collado, María del Pilar Baptista Lucio ; tradução: Daisy Vaz de Moraes ; revisão técnica: Ana Gracinda Queluz Garcia, Dirceu da Silva, Marcos Júlio. – 5. ed. – Porto Alegre : Penso, 2013.
       624 p. : il. ; 28 cm

       ISBN 978-85-65848-28-2

       1. Métodos de pesquisa. I. Fernández Collado, Carlos. II. Baptista Lucio, María del Pilar. III. Título.

CDU 001.891

Catalogação na publicação: Ana Paula M. Magnus CRB 10/2052

Dr. Roberto Hernández Sampieri
Diretor do Centro de Investigación y del Doctorado en Administración de la Universidad de Celaya
Professor-pesquisador do Instituto Politécnico Nacional
Diretor do Centro de Investigación en Métodos Mixtos de la Asociación Iberoamericana de la Comunicación

Dr. Carlos Fernández Collado
Professor-pesquisador do Instituto Politécnico Nacional
Presidente da Asociación Iberoamericana de la Comunicación
Diretor do Máster Universitario en Dirección de Comunicación y Nuevas Tecnologías de la Universidad de Oviedo

Dra. María del Pilar Baptista Lucio
Diretora do Centro Anáhuac de Investigación, Servicios Educativos y Posgrado de la Facultad de Educación
Universidad Anáhuac

METODOLOGIA de PESQUISA

5ª EDIÇÃO

Tradução:
Daisy Vaz de Moraes

Consultoria, supervisão e revisão técnica desta obra:
Ana Gracinda Queluz Garcia (Capítulos 14 e 15)
Doutora em Ciências (Psicologia Escolar) pela Universidade de São Paulo (USP).
Dirceu da Silva (Capítulos 1 a 11)
Doutor em Educação pela USP. Professor da Universidade Estadual de Campinas (Unicamp).
Marcos Júlio (Capítulos 12, 13, 16 e 17)
Mestre em Língua Espanhola e Literaturas Espanhola e Hispano-Americana pela USP.

Reimpressão 2022

2013

Obra originalmente publicada sob o título *Metodología de la investigación*, 5ª Edição.
ISBN 9786071502919

Copyright © 2010, McGraw-Hill/Interamericana Editores, S.A.
de C.V., México. Todos os direitos reservados.

Tradução para a língua portuguesa copyright © 2013, Penso Editora, uma empresa Grupo A.
Todos os direitos reservados.

Gerente editorial
Letícia Bispo de Lima

Colaboraram nesta edição

Editora
Lívia Allgayer Freitag

Capa
Paola Manica

Ilustração de capa
istockphoto.com/OGphoto

Preparação de original
Lara Frichenbruder Kengeriski

Leitura final
Cristine Henderson Severo

Editoração eletrônica
Armazém Digital® Editoração Eletrônica – Roberto Carlos Moreira Vieira

Reservados todos os direitos de publicação, em língua portuguesa, à
PENSO EDITORA LTDA., uma empresa do GRUPO A EDUCAÇÃO S.A.
Av. Jerônimo de Ornelas, 670 – Santana
90040-340 – Porto Alegre, RS
Fone: (51) 3027-7000 – Fax: (51) 3027-7070

É proibida a duplicação ou reprodução deste volume, no todo ou em parte,
sob quaisquer formas ou por quaisquer meios (eletrônico, mecânico, gravação,
fotocópia, distribuição na Web e outros), sem permissão expressa da Editora.

SÃO PAULO
Av. Embaixador Macedo Soares, 10.735 – Pavilhão 5
Cond. Espace Center – Vila Anastácio
05095-035 – São Paulo – SP
Fone: (11) 3665-1100 – Fax: (11) 3667-1333

SAC 0800 703-3444 – www.grupoa.com.br

IMPRESSO NO BRASIL
PRINTED IN BRAZIL

A Deus, aos meus adoráveis pais, Pola e Roberto;
à minha família: Elisa, Pola, Is, Erick, Roberto, Alexis, Fer, Andrés;
aos meus amigos, Carlos, José Luis e Raúl;
às minhas patologias e aos meus colaboradores da Universidad de Celaya
Roberto Hernández Sampieri

Aos meus filhos, Íñigo e Alonso
Carlos Fernández Collado

Aos meus alunos
Pilar Baptista Lucio

Agradecimentos

Gostaríamos de expressar nossa gratidão às pessoas e suas instituições educativas que sempre nos deram respaldo e facilitaram a preparação deste livro:

Lic. Raúl Nieto Boada
Presidente do Conselho Geral da Universidad de Celaya

Lic. Carlos Esponda Morales
Diretor geral da Universidad de Celaya

Dr. Héctor Martínez Castuera
Secretário de Serviços Educativos do Instituto Politécnico Nacional

Dr. Jesús Quirce Andrés
Reitor da Universidad Anáhuac, México Norte.

Dr. Vicente Gotor Santamaría
Reitor magnífico da Universidad de Oviedo

Também agradecemos aos professores de metodologia de pesquisa de toda a América Hispânica por seu valioso *feedback* para melhorar e atualizar a presente edição em sua totalidade, assim como aos alunos de língua espanhola leitores do livro, que nos motivaram a manter este livro.

Finalmente, agradecemos a Ana Cuevas, Antonio Hernández, Chris Mendoza e Sergio Méndez, da Universidad de Celaya, por suas colaborações na obra, e aos editores anteriores, Bruno Pecina e Noé Islas.

Sumário

Prefácio 17
Estrutura pedagógica 23

PARTE I
Os enfoques quantitativo e qualitativo na pesquisa científica

1 Definições dos enfoques quantitativo e qualitativo, suas semelhanças e diferenças 28
Como a pesquisa pode ser definida? 30
Quais enfoques foram adotados na pesquisa? 30
Quais são as características do enfoque quantitativo de pesquisa? 30
Quais são as características do enfoque qualitativo de pesquisa? 33
Quais são as diferenças entre o enfoque quantitativo e o qualitativo? 35
Qual dos enfoques é o melhor? 41
Resumo 44
Conceitos básicos 45
Exercícios 45
Os pesquisadores opinam 45

2 Nascimento de um projeto de pesquisa quantitativo, qualitativo ou misto: a ideia 49
Como surgem as pesquisas quantitativas, qualitativas ou mistas? 51
Resumo 55
Conceitos básicos 55
Exercícios 55
Exemplos desenvolvidos 55
Os pesquisadores opinam 56

PARTE II
O processo da pesquisa quantitativa

3 Formulação do problema quantitativo 60
O que significa formular o problema de pesquisa quantitativa? 61
Quais são os elementos da formulação do problema de pesquisa no processo quantitativo? 61
Resumo 68
Conceitos básicos 69
Exercícios 69
Exemplos desenvolvidos 69
Os pesquisadores opinam 71

4 Desenvolvimento da perspectiva teórica: revisão da literatura e construção do marco teórico 73
O que significa o desenvolvimento da perspectiva teórica? 75
Quais são as funções do desenvolvimento da perspectiva teórica? 75
Quais são as etapas do desenvolvimento da perspectiva teórica? 76
Algumas observações sobre o desenvolvimento da perspectiva teórica 87
Qual método podemos seguir para organizar e construir o marco teórico? ... 88
Será que a revisão da literatura foi adequada? 93

Redação do marco teórico... 94
Resumo 95
Conceitos básicos 95
Exercícios 95
Exemplos desenvolvidos 96
Os pesquisadores opinam... 96

5 Definição do alcance da pesquisa a ser realizada: exploratória, descritiva, correlacional ou explicativa... 99

Que alcances pode ter o processo de pesquisa quantitativa? 100
Em que consistem os estudos de alcance exploratório?... 101
Em que consistem os estudos de alcance descritivo?.. 102
Em que consistem os estudos de alcance correlacional?... 103
Em que consistem os estudos de alcance explicativo? 105
Uma mesma pesquisa pode incluir diferentes alcances? 106
Do que depende que uma pesquisa comece como
exploratória, descritiva, correlacional ou explicativa? 107
Qual dos quatro alcances para um estudo é o melhor?.. 108
O que acontece com a formulação do problema quando se define o alcance do estudo?........ 108
Resumo 109
Conceitos básicos 109
Exercícios 109
Exemplos desenvolvidos 109
Os pesquisadores opinam... 110

6 Formulação de hipóteses 111

O que são as hipóteses?... 113
Será que devemos formular hipóteses em toda pesquisa quantitativa? 113
As hipóteses são sempre verdadeiras?... 113
O que são as variáveis? 114
De onde surgem as hipóteses?... 114
Quais características uma hipótese deve ter?... 116
Quais são os tipos de hipóteses? 117
O que são as hipóteses de pesquisa?... 117
O que são as hipóteses nulas?... 124
O que são as hipóteses alternativas?.. 125
Será que é possível formular hipóteses de pesquisa,
hipótese nula e alternativa em uma mesma pesquisa?.. 126
Quantas hipóteses devem ser formuladas em uma pesquisa?... 127
Em uma mesma pesquisa é possível formular hipóteses descritivas de
um dado prognosticado em uma variável, hipóteses correlacionais,
hipóteses da diferença entre grupos e hipóteses causais?.. 127
O que significa testar hipóteses?.. 128
Qual é a utilidade das hipóteses? 128
O que acontece quando não se traz evidência a favor das hipóteses de pesquisa?............... 129
As variáveis de uma hipótese devem ser definidas como parte de sua formulação? 129
Definição conceitual ou constitutiva 130
Definições operacionais 130
Resumo 133
Conceitos básicos 133
Exercícios 134
Exemplos desenvolvidos 135
Os pesquisadores opinam... 135

7 Concepção ou escolha do desenho de pesquisa ... 138

O que é um desenho de pesquisa? ... 140
Como devemos aplicar o desenho escolhido ou desenvolvido? ... 140
No processo quantitativo, de quais tipos de desenhos dispomos para pesquisar? ... 140
Desenhos experimentais ... 141
Como definimos a maneira de manipular as variáveis independentes? ... 144
Qual é o segundo requisito de um experimento? ... 147
Quantas variáveis independentes e dependentes devem ser incluídas
em um experimento? ... 147
Qual é o terceiro requisito de um experimento? ... 148
Como conseguir o controle e a validade interna? ... 149
Uma tipologia sobre os desenhos experimentais ... 154
Experimentos "puros" ... 156
O que é a validade externa? ... 163
Quais podem ser os contextos dos experimentos? ... 165
Qual é o alcance dos experimentos e de qual enfoque eles vêm? ... 166
Simbologia dos desenhos com emparelhamento em vez de seleção por sorteio ... 166
Quais são os outros experimentos? Quase experimentos ... 167
Passos de um experimento ... 167
Desenhos não experimentais ... 168
Quais são os tipos de desenhos não experimentais? ... 169
Desenhos transversais descritivos ... 171
Quais são as características da pesquisa não
experimental se comparada com a pesquisa experimental? ... 181
Resumo ... 183
Conceitos básicos ... 184
Exercícios ... 185
Exemplos desenvolvidos ... 186
Os pesquisadores opinam ... 187

8 Seleção da amostra ... 189

Em uma pesquisa sempre temos uma amostra? ... 191
Primeiro: sobre o que ou quem os dados serão coletados? ... 191
Como delimitamos uma população? ... 193
Como selecionar a amostra? ... 194
Como selecionamos uma amostra probabilística? ... 196
Como é realizado o procedimento de seleção da amostra? ... 202
Listagens e outras estruturas amostrais ... 204
Tamanho ótimo da amostra ... 206
Como e quais são as amostras não probabilísticas? ... 208
Resumo ... 209
Conceitos básicos ... 210
Exercícios ... 210
Exemplos desenvolvidos ... 211
Os pesquisadores opinam ... 212

9 Coleta dos dados quantitativos ... 214

O que implica a etapa de coleta de dados? ... 216
O que significa medir? ... 216
Quais requisitos um instrumento de mensuração deve satisfazer? ... 218
Como sabemos se um instrumento de mensuração é confiável e válido? ... 225
Qual é o procedimento para construir um instrumento de mensuração? ... 227

Três questões fundamentais para um instrumento ou sistema de mensuração..................... 227
De quais tipos de instrumentos de mensuração ou coleta de
dados quantitativos dispomos na pesquisa?... 234
Escalas para mensurar as atitudes.. 260
Outros métodos quantitativos de coleta dos dados.. 275
Como são codificadas as respostas de um instrumento de mensuração?.................... 277
Resumo.. 284
Conceitos básicos.. 286
Exercícios... 286
Exemplos desenvolvidos.. 287
Os pesquisadores opinam... 289

10 Análise dos dados quantitativos.. 291
Qual deve ser o procedimento para analisar quantitativamente os dados?.................. 293
Passo 1: selecionar um programa de análise.. 293
Passo 2: executar o programa.. 297
Passo 3: explorar os dados.. 297
Estatística descritiva para cada variável.. 302
Passo 4: avaliar a confiabilidade e validade conseguida pelo instrumento de mensuração........ 315
Passo 5: analisar as hipóteses formuladas utilizando
testes estatísticos (análise estatística inferencial)... 320
Teste de hipóteses... 325
Análises paramétricas.. 326
Estatística multivariada.. 339
Análises não paramétricas... 340
Outros coeficientes de correlação 345
Passo 6: realizar análises adicionais 349
Passo 7: preparar os resultados para apresentá-los... 349
Resumo.. 350
Conceitos básicos.. 351
Exercícios... 352
Exemplos desenvolvidos.. 353
Os pesquisadores opinam... 357

11 Relatório de resultados do processo quantitativo... 359
Antes de elaborar o relatório de pesquisa, é necessário
definir os receptores ou usuários e o contexto... 361
Resumo.. 369
Conceitos básicos.. 369
Exercícios... 369
Exemplos desenvolvidos.. 369
Os pesquisadores opinam... 370

PARTE III
O processo da pesquisa qualitativa

12 Início do processo qualitativo: formulação do problema,
revisão da literatura, surgimento das hipóteses e imersão no campo........................ 374
Essência da pesquisa qualitativa 376
O que significa formular o problema de pesquisa qualitativa?...................................... 376
Qual é o papel da revisão da literatura e da teoria na pesquisa qualitativa?................ 381
Qual é o papel das hipóteses no processo de pesquisa qualitativa?............................ 382
Já temos a formulação inicial e definimos o papel da literatura,
qual é o próximo passo?... 383
Entramos no ambiente ou campo, e...?.. 385
Resumo.. 395
Conceitos básicos.. 396

Exercícios 396
Exemplos desenvolvidos 396
Os pesquisadores opinam.. 399

13 Amostragem na pesquisa qualitativa 401
Após a imersão inicial: a amostra inicial 403
Resumo 411
Conceitos básicos 411
Exercícios 411
Exemplos desenvolvidos 412
Os pesquisadores opinam.. 412

14 Coleta e análise dos dados qualitativos 414
Entramos no campo e escolhemos a amostra inicial, e agora? 416
Coleta dos dados a partir do enfoque qualitativo 416
Papel do pesquisador na coleta dos dados qualitativos 417
Observação 419
Entrevistas 425
Sessões profundas ou grupos focais 432
Documentos, registros, materiais e artefatos 440
Biografias e histórias de vida 444
Triangulação de métodos de coleta dos dados 446
Análise dos dados qualitativos 447
Análise dos dados qualitativos com o auxílio do computador 476
Rigor na pesquisa qualitativa 478
Formulação do problema, sempre presente 485
Resumo 485
Conceitos básicos 487
Exercícios 487
Exemplos desenvolvidos 488
Os pesquisadores opinam.. 492

15 Desenhos do processo de pesquisa qualitativa 495
Desenhos de pesquisa qualitativa: um comentário prévio.. 497
Quais são os desenhos básicos da pesquisa qualitativa? 497
Desenhos de teoria fundamentada 497
Desenhos etnográficos 506
Desenhos narrativos 509
Desenhos de pesquisa-ação 514
Outros desenhos 520
Um último comentário 521
Resumo 521
Conceitos básicos 522
Exercícios 522
Exemplos desenvolvidos 523
Os pesquisadores opinam.. 524

16 Relatório de resultados do processo qualitativo 526
Relatórios de resultados da pesquisa qualitativa 528
Estrutura do relatório qualitativo 529
Revisão e avaliação do relatório 540
Relatório do desenho de pesquisa-ação 541
Como citar referências em um relatório de pesquisa qualitativa? 541
Resumo 542
Conceitos básicos 542
Exercícios 542
Exemplos desenvolvidos 542
Os pesquisadores opinam.. 545

PARTE IV
Os processos mistos de pesquisa

17 Métodos mistos 548
Em que consiste o enfoque misto ou os métodos mistos? 550
Qual é a posição dos métodos mistos dentro do panorama ou
variedade da pesquisa? 550
Os métodos mistos: será que eles representam o fim da "guerra"
entre a pesquisa quantitativa e a pesquisa qualitativa? 551
Por que utilizar os métodos mistos? 553
Qual é o apoio filosófico dos métodos mistos? 555
Processo misto 557
Desenhos mistos específicos 565
Amostragem 583
Coleta dos dados 584
Análise dos dados 588
Resultados e inferências 591
Desafios dos desenhos mistos 592
Relatórios mistos 594
Validade dos estudos mistos 595
Resumo 596
Conceitos básicos 597
Exercícios 597
Exemplos desenvolvidos 598
Os pesquisadores opinam 601

Agradecimentos especiais 605

Índice onomástico 613

Índice remissivo 618

Conteúdo ON-LINE*

Capítulos
1. Historia de los enfoques cuantitativo, cualitativo y mixto: raíces y momentos decisivos
2. La ética en la investigación
3. Perspectiva teórica: comentarios adicionales
4. Estudios de caso
5. Diseños experimentales: segunda parte
6. Encuestas (*surveys*)
7. Recolección de los datos cuantitativos: segunda parte
8. Análisis estadístico: segunda parte
9. Elaboración de propuestas cuantitativas, cualitativas y mixtas
10. Parámetros, criterios, indicadores y/o cuestionamientos para evaluar la calidad de una investigación (cuantitativa, cualitativa y mixta)
11. Consejos prácticos para realizar investigación (novo!)
12. Ampliación y fundamentación de los métodos mixtos (novo!)

Referencias bibliográficas de la obra impresa

Programas (*software*)
1. STATS®, versión 2.0
2. ATLAS.ti
3. SISI®: Sistema de Información para el Soporte a la Investigación (auxiliar del estilo APA y otros elementos) (novo!)

Manuales (novos!)
1. SPSS PASW
2. Atlas.ti
3. Manual de introducción al estilo APA para citas y referencias
4. Manual del programa SISI

Ejemplos
1. Toma de decisiones, satisfacción y pertenencia del profesorado: análisis en dos escuelas preparatorias de Guadalajara, México (investigación cualitativa)
2. Voces desde el pasado: la guerra cristera en el estado de Guanajuato, 1926-1929 (investigación cualitativa)
3. Entre "no sabía qué estudiar" y "esa fue siempre mi opción": selección de institución de educación superior por parte de estudiantes en una ciudad del centro de México (investigación cualitativa) (novo!)
4. Ejemplo de un proyecto de tesis (investigación cuantitativa)
5. Diseño de una escala autoaplicable para la evaluación de la satisfacción sexual en hombres y mujeres mexicanos (estudio mixto)
6. Validación de un instrumento para medir la cultura empresarial en función del clima organizacional y vincular empíricamente ambos constructos (novo!)

Apéndices (*actualizados*)
1. Publicaciones periódicas más importantes (revistas científicas o *journals*)
2. Principales bancos/servicios de obtención de fuentes/bases de datos/páginas *web* para consulta de referencias bibliográficas
3. Respuestas a los ejercicios
4. Tablas estadísticas

---

* Conteúdo em espanhol.

Prefácio

Metodologia de pesquisa, em sua quinta edição, é uma obra totalmente atualizada e inovadora, seguindo os últimos avanços no campo da pesquisa das diferentes ciências e disciplinas. Como suas edições anteriores, ela também é o resultado da opinião e das experiências proporcionadas por dezenas de docentes e pesquisadores da América Hispânica.

Mantém seu caráter didático e multidisciplinar, mas expande suas perspectivas, já que é um livro interativo que vincula o conteúdo do texto impresso com o material *on-line** que o acompanha, que ao longo do livro foi destacado com um ícone na lateral do texto.

✓ ESTRUTURA DA OBRA

Conforme fizemos na edição anterior, nesta obra abordamos os três enfoques da pesquisa, vistos como processos: o quantitativo, o qualitativo e os métodos mistos. O livro está estruturado em quatro partes:

Parte I: Os enfoques quantitativo e qualitativo na pesquisa científica. Consta de dois capítulos: o 1, "Definições dos enfoques quantitativo e qualitativo, suas semelhanças e diferenças", que compara a natureza e as características gerais dos processos quantitativo e qualitativo; e o 2, "Nascimento de um projeto de pesquisa quantitativo, qualitativo ou misto: a ideia", que apresenta o primeiro passo desenvolvido em qualquer estudo: conceber uma ideia para pesquisar.

Parte II: O processo da pesquisa quantitativa. Do Capítulo 3 ao 11, em que mostramos passo a passo o processo quantitativo, que é sequencial.

Parte III: O processo da pesquisa qualitativa. Do Capítulo 12 ao 16, em que comentamos o processo qualitativo, que é iterativo e recorrente.

Parte IV: Os processos mistos de pesquisa. Formada pelo Capítulo 17, "Métodos mistos", que apresenta diferentes processos concebidos na pesquisa mista ou híbrida.

Ao longo dos capítulos, o leitor encontrará o material básico para disciplinas de todos os níveis de educação superior e pós-graduação. Desse modo, a obra em seu conjunto pode ser adaptada às necessidades e agendas de praticamente qualquer professor.

Os itens ou temas de edições anteriores que **não** aparecem nesta edição impressa podem ser encontrados *on-line* (no livro indicamos o capítulo em que estão). Por exemplo: as referências bibliográficas, alguns testes estatísticos, a observação e a análise de conteúdo. Caso não consiga localizar algum tema, pedimos que o leitor procure no conteúdo *on-line* que acompanha esta edição.

Queremos ressaltar que esta edição não perdeu conteúdos nem informação, mas foi reestruturada para que o livro fosse mais manuseável e incluísse o que normalmente é ensinado nos cursos essenciais de pesquisa, disponibilizando *on-line* os temas mais especializados. Essas características tornam a obra mais flexível.

O esquema da página 19 detalha a estrutura da obra e sua correlação com os capítulos *on-line*. No início de cada capítulo, o leitor encontrará um esquema que mostra o passo no processo de pesquisa e os temas que serão estudados, para que consiga visualizar seu avanço no estudo do tema. Além disso, no início de cada capítulo incluímos uma síntese desse diagrama e enfatizamos a parte a que o capítulo se refere.

---

* N. de R.: Conteúdo *on-line* em espanhol.

✓ CONTEÚDO *ON-LINE*

O material *on-line* é composto por 12 capítulos que ampliam os conteúdos da parte impressa e incluem outros temas adicionais. A seguir listamos cada um e também os capítulos do texto impresso com os quais estão relacionados.

1. *Historia de los enfoques cuantitativo, cualitativo y mixto: raíces y momentos decisivos* (é complemento dos Capítulos 1 e 17 do 📖).
2. *La ética en la investigación* (tema adicional, destinado a todos os processos e etapas, mas deve ser considerado desde a formulação do problema).
3. *Perspectiva teórica: comentarios adicionales* (complementa e amplia o Capítulo 4 do 📖).
4. *Estudios de caso* (complementa e amplia os Capítulos 7, 8 e 17 do 📖).
5. *Diseños experimentales: segunda parte* (complementa e amplia o Capítulo 7 do 📖).
6. *Encuestas* (*surveys*) (complementa e amplia o Capítulo 7 do 📖).
7. *Recolección de los datos cuantitativos: segunda parte* (complementa e amplia o Capítulo 9 do 📖).
8. *Análisis estadístico: segunda parte* (complementa e amplia o Capítulo 10 do 📖).
9. *Elaboración de propuestas cuantitativas, cualitativas y mixtas* (tema adicional relacionado praticamente a todos os capítulos do 📖).
10. *Parámetros, criterios, indicadores y/o cuestionamientos para evaluar la calidad de una investigación* (tema adicional vinculado praticamente a todos os capítulos do 📖).
11. *Consejos prácticos para realizar investigación* (ligado a toda a obra, mas reforça principalmente os conteúdos do Capítulo 3 do 📖).
12. *Ampliación y fundamentación de los métodos mixtos* (complementa e amplia o Capítulo 17 do 📖).

No conteúdo *on-line* o leitor também poderá descobrir diversas ferramentas, como:

- o programa denominado Sistema de Información para el Soporte a la Investigación (SISI®), que entre outras questões é útil para elaborar citações no texto e referências bibliográficas de acordo com o estilo da American Psychological Association (APA);
- demo do programa ATLAS.ti® para análise qualitativa;
- o já conhecido *software* STATS® para a aprendizagem e realização de cálculos estatísticos básicos e determinação do tamanho da amostra;
- manuais: IBM-SPSS, ATLAS.ti, SISI e o estilo APA (embora conteúdo *on-line* não inclua uma versão do programa SPSS, o estudante pode obter uma versão de teste no *site* www.spss.com).

Além de exemplos de estudos quantitativos, qualitativos e mistos, assim como apêndices sobre revistas acadêmicas e bases de informação que podem ser consultados nas diferentes áreas do conhecimento.

✓ OBJETIVO DA OBRA

O livro *Metodologia de pesquisa* tem como objetivos que o leitor:

1. Entenda que a pesquisa é um processo composto por outros processos extremamente inter-relacionados.
2. Possa contar com um manual que o ajude a realizar pesquisas quantitativas, qualitativas e mistas.
3. Compreenda diversos conceitos de pesquisa que geralmente são tratados de maneira complexa e pouco clara.
4. Veja a pesquisa como algo cotidiano e não como algo destinado aos professores e cientistas.
5. Possa recorrer a um só texto de pesquisa – porque este é autossuficiente – e não tenha de consultar uma grande variedade de obras porque algumas abordam aspectos que outras não.
6. Mantenha-se atualizado em matéria de métodos de pesquisa.

ESTRUTURA DO LIVRO (IMPRESSO E CONTEÚDO *ON-LINE*)

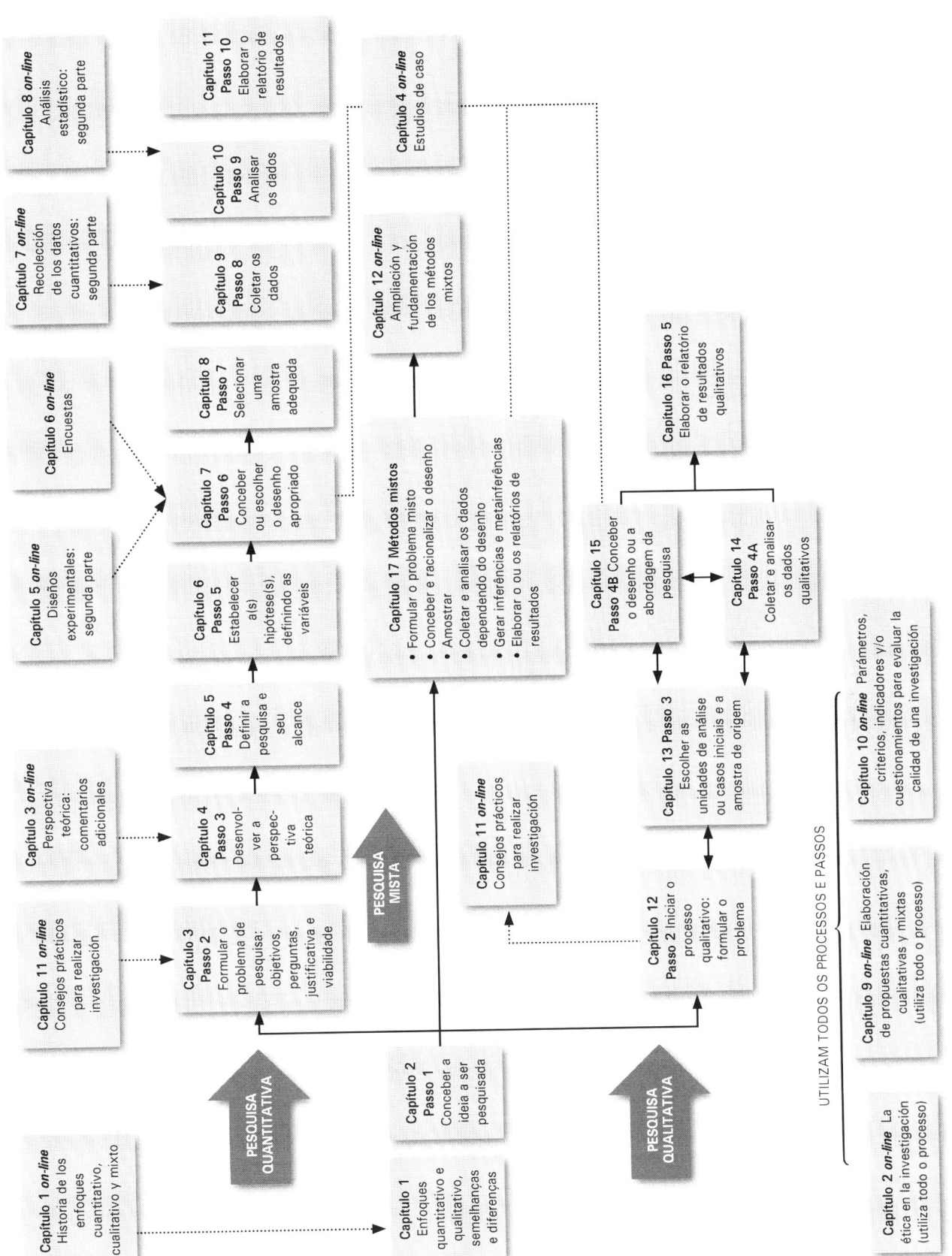

O livro é dirigido para matérias sobre pesquisa, metodologia, metodologia de pesquisa, métodos de análise e similares dentro de diversas ciências ou disciplinas; também para que seja utilizado em áreas sociais, jurídicas, administrativas, econômicas, da saúde, etc.

O texto pode ser utilizado em cursos introdutórios, intermediários e avançados, de acordo com o critério do professor.

A obra se refere a um tipo específico de pesquisa: *a pesquisa científica*. Esse termo costuma provocar ceticismo, confusão e, às vezes, desconforto em alguns alunos. É provável que esses estudantes tenham um pouco de razão, seja porque seus cursos anteriores de pesquisa foram entediantes e eles não descobriram uma aplicação para ela em seu dia a dia; ou porque seus professores não tiveram paciência para explicar a metodologia de pesquisa de maneira simples e criativa. Ou, talvez, porque os livros que leu sobre o tema eram confusos e intrincados. Mas a verdade é que a pesquisa é relativamente simples, extremamente útil e está muito ligada ao dia a dia. Ela também pode ser divertida e significativa.

Aprender pesquisa é mais fácil do que se imagina. É como começar a utilizar o computador e a navegar na internet. Basta ter alguns conhecimentos.

Nossa posição sobre a metodologia de pesquisa está presente em toda a obra. Acreditamos no "pluralismo metodológico" ou na "liberdade de método", por isso podemos ser considerados *pragmáticos*. Estamos convencidos de que tanto a pesquisa quantitativa como a qualitativa e a mista proporcionaram subsídios importantes ao conhecimento gerado nas diferentes ciências e disciplinas.

Privilegiamos o emprego das três formas para a realização de pesquisa científica, desde que sejam conduzidas eticamente, de maneira legal e respeitando os direitos humanos dos participantes e dos usuários e leitores. Também acreditamos que o pesquisador deve agir com honestidade ao tentar compartilhar seus conhecimentos e resultados, e também sempre buscar a verdade. Com a aplicação do processo de pesquisa científica em qualquer de suas modalidades, desenvolvemos novos entendimentos que, por sua vez, produzem outras ideias e questões para estudar. É assim que as ciências e a tecnologia avançam. Além disso, compartilhamos a ideia de Richard Grinnell: "Nada é para sempre de acordo com o método científico".

☑ MITOS SOBRE A PESQUISA CIENTÍFICA

Dois mitos foram criados sobre a pesquisa científica, que são apenas isso: "mitos", uma espécie de "lenda urbana" que não se justifica. Vamos ver rapidamente esses mitos:

- Primeiro mito: a pesquisa é extremamente complicada e difícil

    Durante anos, algumas pessoas disseram que a pesquisa é muito complicada, difícil, somente para pessoas com idade avançada, com cachimbo, óculos, barba e cabelos brancos, além de mal cuidados; própria de "mentes privilegiadas"; e até mesmo um assunto de "gênios". No entanto, a pesquisa não é nada disso. A verdade é que não é tão intrincada nem difícil. Qualquer ser humano pode fazer pesquisa e realizá-la corretamente, desde que aplique o processo de pesquisa correspondente.

    O que precisamos é conhecer esses processos e suas ferramentas fundamentais.

- Segundo mito: a pesquisa não tem ligação alguma com o mundo cotidiano, com a realidade

    Existem estudantes que acham que a pesquisa científica é algo que não tem relação com a realidade cotidiana. Outros consideram que é "algo" que somente se costuma fazer em centros muito especializados e institutos com nomes longos e complicados.

    Primeiramente, é necessário lembrar que a maior parte das invenções no mundo, de uma ou de outra maneira, são produto da pesquisa. Criações que, claro, estão ligadas à nossa vida diária: desde o projetor de cinema, o náilon, o marca-passo, o aspirador, o motor de combustão, o telefone celular e o CD até medicamentos, vacinas, foguetes, brinquedos de todo tipo e roupas que utilizamos diariamente.

    Graças à pesquisa, processos industriais são criados, organizações são desenvolvidas e sabemos como é a história da humanidade, desde as primeiras civilizações até os tempos atuais. Também é possível conhecer desde nossa própria estrutura mental e genética até saber como atingir um cometa em plena trajetória a milhões de quilômetros da Terra, além de explorar o espaço.

Na pesquisa, inclusive, são abordados temas como as relações interpessoais (amizade, namoro e casamento, p. ex.), a violência, os programas de televisão, o trabalho, as doenças, as eleições presidenciais, os esportes, as emoções humanas, a maneira de nos vestirmos, a família e tantos outros que são habituais em nossas vidas.

Por que é útil e necessário que um estudante aprenda a pesquisar?

Nestes tempos de globalização, se a pessoa que concluiu o ensino superior não tiver conhecimentos sobre pesquisa, estará em desvantagem em relação aos outros ou às outras colegas (da mesma instituição e de outras universidades ou equivalentes em todo o mundo), porque cada vez mais as instituições educacionais procuram diferenciar seus alunos dos demais, por isso enfatizam mais a pesquisa (para formar melhor seus estudantes e prepará-los para que sejam mais competitivos, além de habilitá-los para frequentar outras universidades e institutos). Não conhecer os métodos de pesquisa significará ficar para trás.

Além disso, hoje *não* é possível imaginar uma série imensa de trabalhos sem mencionar a pesquisa. Podemos imaginar um gerente de *marketing* em cuja área não seja realizada pesquisa de mercados? Como seus executivos poderiam saber o que seus clientes querem? Como eles poderiam saber qual é sua posição no mercado? Eles realizam pesquisa ao menos para estarem cientes de seus níveis e participação no mercado.

Será que conseguimos imaginar que um engenheiro que pretende construir um edifício, uma ponte ou uma casa não pense em realizar um estudo do solo? Ele deverá simplesmente fazer uma pequena pesquisa sobre aquilo que é pedido por seu cliente, por quem o encarrega da construção.

Podemos pensar em um médico cirurgião que não faça um diagnóstico preciso de seu paciente antes da operação? E em um candidato para um cargo, com o voto popular, que não realize pesquisas de levantamento para saber como o voto o favorece e qual é a opinião das pessoas sobre ele? Em um contador que não busque e analise as novas reformas fiscais? Em um biólogo que não realize estudos de laboratório? Em um criminalista que não investigue a cena do crime? Em um jornalista que não faça o mesmo com suas fontes de informação?

E também enfermeiras, economistas, sociólogos, antropólogos, psicólogos, arquitetos, engenheiros em todas as suas ramificações, veterinários, dentistas, administradores, comunicólogos, advogados, enfim, com todo tipo de profissionais.

Na verdade, talvez existam médicos, contadores, engenheiros, administradores, jornalistas e biólogos que trabalham sem que precisem estar em contato com a pesquisa: mas seu trabalho certamente é muito precário.

A pesquisa é muito útil para diferentes finalidades: criar novos sistemas e produtos; resolver problemas econômicos e sociais; situar-se no mercado, elaborar soluções e até avaliar se fizemos algo corretamente ou não. E até mesmo para abrir um pequeno negócio familiar é conveniente utilizá-la.

Quanto mais pesquisa for gerada, mais progresso existe; seja em um bloco de nações, um país, uma região, uma cidade, uma comunidade, uma empresa, um grupo ou um indivíduo. Não é por acaso que as melhores companhias do mundo são as que mais investem em pesquisa.

De fato, todos os seres humanos fazem pesquisa frequentemente. Quando nos sentimos atraídos por uma pessoa que conhecemos em alguma reunião ou uma sala de aula, tentamos pesquisar se ela sente o mesmo. Quando um grande personagem histórico nos interessa, indagamos como ele viveu e morreu. Quando procuramos emprego nos dedicamos a pesquisar quem oferece trabalho e em quais condições. Quando comemos algo gostoso queremos saber a receita. Esses são apenas alguns exemplos de nosso afã por pesquisar. É algo que fazemos desde crianças. Ou alguém não viu um bebê tentando averiguar de onde vem um som?

A *pesquisa científica* é, em essência, como qualquer tipo de pesquisa, só que mais rigorosa, organizada e realizada de maneira mais cuidadosa. Como Fred N. Kerlinger sempre diz: é sistemática, empírica e crítica. Isso se aplica tanto a estudos quantitativos, qualitativos ou mistos. O fato de ser "sistemática" implica que existe uma disciplina para realizar a pesquisa científica e que os fatos não são abandonados à causalidade. O fato de ser "empírica" denota que coletamos e analisamos dados.

E ser "crítica" significa que é avaliada e aperfeiçoada constantemente. Pode ser mais ou menos controlada, mais ou menos flexível ou aberta, mais ou menos estruturada, principalmente no enfoque qualitativo, mas nunca caótica e sem método.

Esse tipo de pesquisa cumpre dois propósitos fundamentais: a) produzir conhecimento e teorias (pesquisa básica) e b) resolver problemas (pesquisa aplicada). Graças a esses dois tipos de pesquisa a humanidade evoluiu. A pesquisa é a ferramenta para conhecer o que nos rodeia e seu caráter é universal. Como disse um dos pensadores mais famosos do final do século XX, Carl Sagan, ao falar do possível contato com seres "inteligentes" de outros mundos:

> Se for possível se comunicar, nós já sabemos sobre o que serão as primeiras comunicações: será sobre a única coisa que as duas civilizações certamente têm em comum; ou seja, a ciência. Talvez o interesse maior fosse transmitir informação sobre sua música, por exemplo, ou sobre convenções sociais; mas as primeiras comunicações conseguidas serão de fato científicas. (Sagan et al., 1978)

A *pesquisa científica* é entendida como um conjunto de processos sistemáticos e empíricos utilizado para o estudo de um fenômeno; é dinâmica, mutável e evolutiva. Pode se apresentar de três formas: quantitativa, qualitativa e mista. Esta última implica combinar as duas primeiras. Cada uma é importante, valiosa e deve ser respeitada da mesma maneira.

Por último, temos de dizer que hoje a pesquisa é desenvolvida em *equipe* e, quando descobrimos um sentido para ela, pode ser divertida e criar fortes laços de amizade entre os membros do grupo. Essa foi a experiência de milhares de jovens que se aventuraram nela, que passaram a vê-la como algo importante tanto para sua formação como para o futuro e não como um "jugo". Também diremos que *não* existe pesquisa perfeita, pois nenhum ser humano pode ser perfeito; a questão é nos empenharmos ao máximo. Por isso é que como professores e estudantes temos de "correr o risco" e realizar pesquisa; então, "mãos à obra".

Roberto Hernández Sampieri
Carlos Fernández Collado
Pilar Baptista Lucio

Estrutura pedagógica

A estratégia pedagógica seguida por este livro foi amplamente testada e aceita por seus inúmeros leitores e usuários. Em cada capítulo o estudante encontrará:

- Esquema do processo em estudo para que o estudante possa encontrá-lo em relação ao esquema completo da obra.

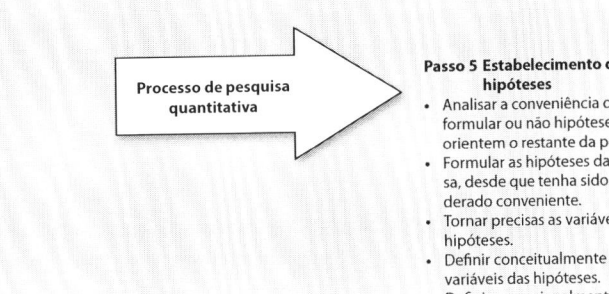

- Síntese e objetivos da aprendizagem no início de cada capítulo, para que o leitor saiba quais são os temas de estudo e o que se espera em relação ao seu avanço na revisão do texto.

- Os mapas conceituais permitem relacionar facilmente os conceitos e os pontos relevantes.

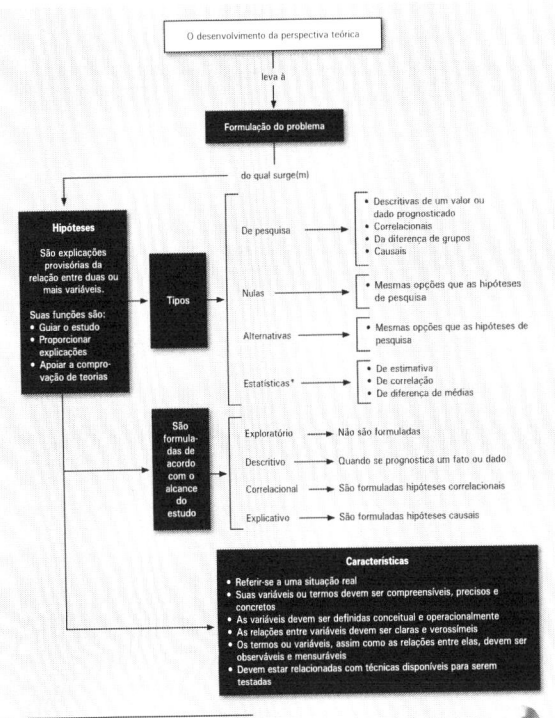

- Exemplos inseridos no texto conforme os temas são desenvolvidos, para reforçar de maneira imediata os pontos estudados.

- Glossário na lateral da página, resumo e lista de conceitos básicos como ferramentas fundamentais para que o leitor possa reler e verificar o que aprendeu.

As amostras são categorizadas basicamente em duas grandes ramificações: as *amostras não probabilísticas* e as *amostras probabilísticas*. Nas **amostras probabilísticas** todos os elementos da população têm a mesma possibilidade de ser escolhidos e são obtidos pela definição das características da população e do tamanho da amostra e pela seleção aleatória ou mecânica das unidades de análise. Imagine o procedimento para obter o número premiado em um sorteio de loteria. Esse número vai sendo formado no momento do sorteio. Nas loterias tradicionais isso é feito a partir das bolinhas com um dígito, que são retiradas (depois de misturá-las mecanicamente) até formar o número, assim todos os números têm a mesma possibilidade de ser escolhidos.

AMOSTRA PROBABILÍSTICA
Subgrupo da população em que todos os elementos desta têm a mesma possibilidade de ser escolhidos.

- Exercícios em que o leitor tem um parâmetro de seu avanço em relação à aprendizagem.
- Exemplos desenvolvidos conforme cada enfoque é analisado para reforçar de maneira imediata os pontos estudados.

Exercícios

1. Formule uma pergunta sobre um problema de pesquisa exploratório, um descritivo, um correlacional e um explicativo.
2. Vá a um lugar onde várias pessoas se reúnem (estádio de futebol, uma lanchonete, um *shopping*, uma festa) e observe o que conseguir do lugar e o que está acontecendo; depois, retire um tópico de estudo e elabore uma pesquisa com alcance correlacional e explicativo.
3. As seguintes perguntas de pesquisa correspondem a qual tipo de estudo? Consulte as respostas no CD anexo → Apêndice 3 → Respuestas a los ejercícios).
   a) Qual é o grau de insegurança a que se expõem os habitantes da cidade de Madri? Em média, quantos assaltos ocorreram diariamente durante os últimos 12 meses? Quantos roubos a moradias? Quantos homicídios? Quantos assaltos a comércios? Quantos roubos a carros? Quantos feridos?
   b) Qual é a opinião dos empresários panamenhos sobre a carga tributária?
   c) O alcoolismo das esposas provoca mais separações e divórcios do que o alcoolismo dos maridos? (Nos casamentos da classe alta e de origem latino-americana que vivem em Nova York.)
   d) Quais são as razões pelas quais um determinado programa teve a maior plateia na história da televisão de determinado país?
4. Em relação ao problema de pesquisa formulado no Capítulo 3, a qual tipo de estudo ele corresponde?

Exemplos desenvolvidos

A televisão e a criança

A pesquisa começa como descritiva e termina como descritiva/correlacional, pois pretende analisar os usos e as **gratificações** da televisão em crianças de diferentes níveis socioeconômicos, idades, gêneros e outras variáveis (iremos relacionar nível socioeconômico e uso da televisão, entre outras).

O par e a relação ideais

A pesquisa começa como descritiva, pois o que se pretende é que os universitários participantes caracterizem com qualificativos o par e a relação ideais (protótipos), mas no final será correlacional, pois irá vincular os adjetivos utilizados para descrever o par ideal com os atribuídos à relação ideal. Também irá tentar hierarquizar esses adjetivos.

- No final de cada capítulo, há a seção "Os pesquisadores opinam", na qual mostramos os pontos de vista de acadêmicos sobre a pesquisa científica.

Os pesquisadores opinam

Acredito que devemos fazer os estudantes verem que compreender o método científico não é difícil e que, portanto, pesquisar a realidade também não o é. A pesquisa bem utilizada é uma ferramenta valiosa do profissional em qualquer área; não há melhor forma de propor soluções eficientes e criativas para os problemas do que ter conhecimentos profundos a respeito da situação. Também é preciso fazer com que compreendam que a teoria e a realidade não são polos opostos, mas estão totalmente relacionados.

Um problema de pesquisa bem formulado é a chave de acesso para o trabalho em geral, pois dessa maneira permite a precisão nos limites da pesquisa, a organização adequada do marco teórico e as relações entre as variáveis; portanto, é possível conseguir resolver o problema e gerar dados relevantes para interpretar a realidade que se deseja explicar.

Em um mesmo estudo é possível combinar diferentes enfoques; também estratégias e desenhos, visto que podemos estudar um problema quantitativamente e, ao mesmo tempo, penetrar em níveis de maior profundidade por meio das estratégias dos estudos qualitativos. Esta é uma excelente maneira de estudar as complexas realidades do comportamento social.

Quanto aos avanços conquistados em pesquisa quantitativa, destacamos a criação de instrumentos para medir uma série de fenômenos psicossociais que até pouco tempo eram considerados impossíveis de abordar cientificamente. Por outro lado, o desenvolvimento e o uso disseminado do computador na pesquisa facilitaram o uso de desenhos, com os quais é possível estudar diversas influências sobre uma ou mais variáveis. Isso aproximou a complexa realidade social à teoria científica.

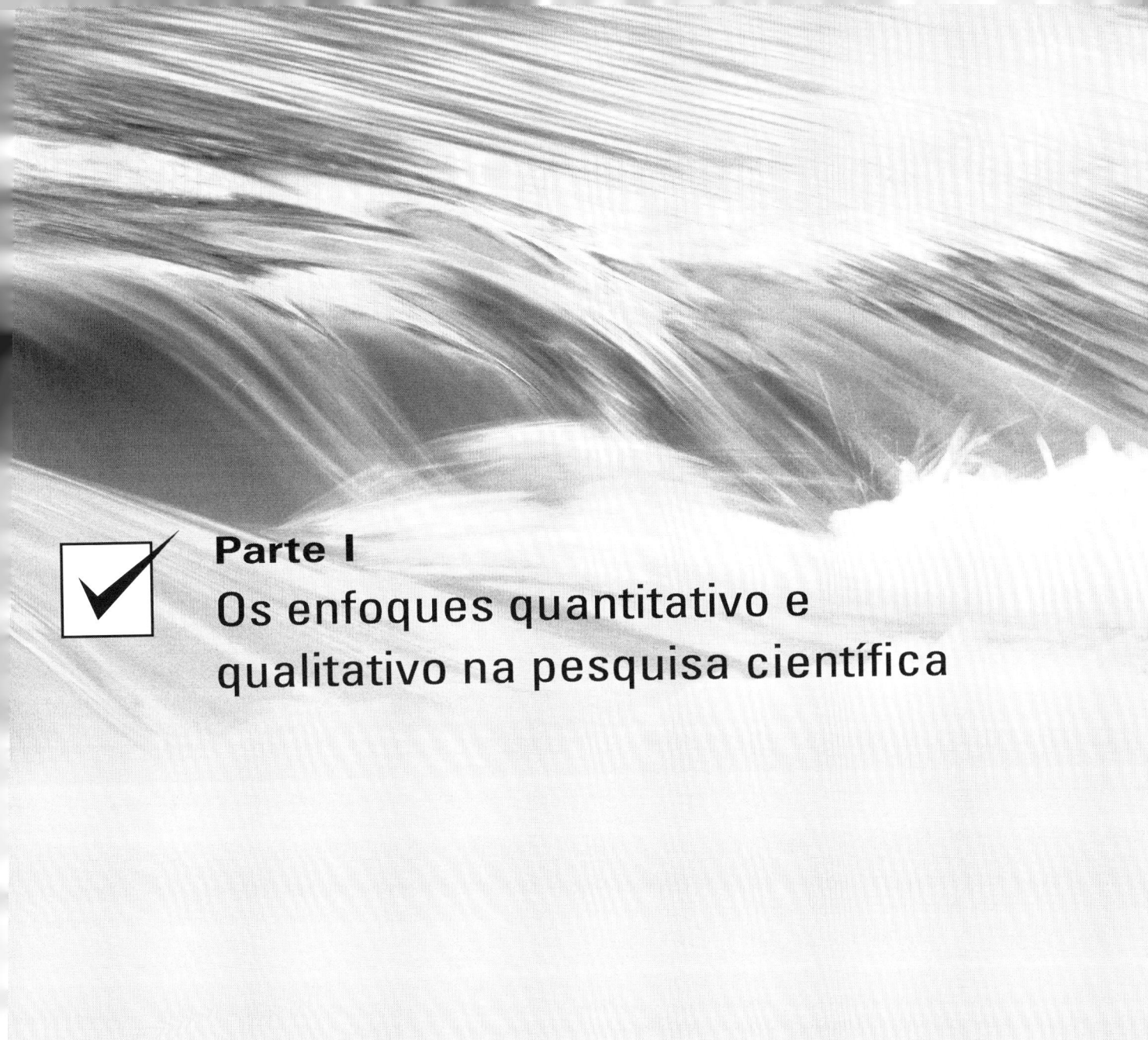

Parte I
Os enfoques quantitativo e qualitativo na pesquisa científica

1
Definições dos enfoques quantitativo e qualitativo, suas semelhanças e diferenças

- Enfoque quantitativo
- Enfoque qualitativo
- Enfoque misto

Objetivos da aprendizagem

Ao concluir este capítulo, o aluno será capaz de:

1. definir o enfoque quantitativo e o qualitativo da pesquisa;
2. reconhecer as características do enfoque quantitativo e do qualitativo;
3. identificar o processo quantitativo e o qualitativo da pesquisa;
4. determinar as semelhanças e as diferenças entre o enfoque quantitativo e o qualitativo da pesquisa.

Síntese

Neste capítulo definimos o enfoque quantitativo e o qualitativo da pesquisa, suas semelhanças e diferenças. Também identificamos as características essenciais de cada enfoque e mostramos que ambos foram ferramentas igualmente valiosas para o desenvolvimento das ciências. Por outro lado, apresentamos em termos gerais os processos quantitativo e o qualitativo da pesquisa.

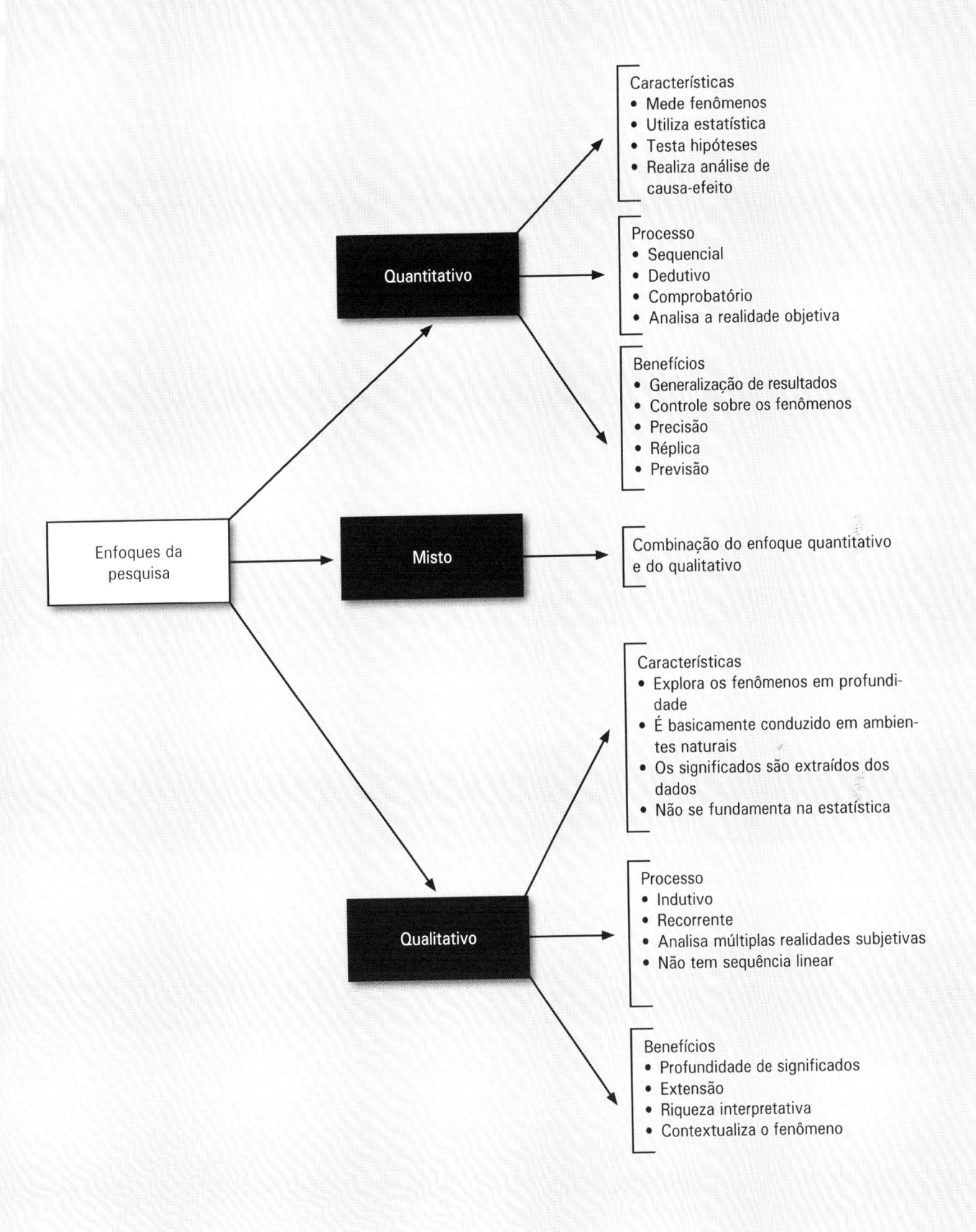

Enfoques da pesquisa

Quantitativo

Características
- Mede fenômenos
- Utiliza estatística
- Testa hipóteses
- Realiza análise de causa-efeito

Processo
- Sequencial
- Dedutivo
- Comprobatório
- Analisa a realidade objetiva

Benefícios
- Generalização de resultados
- Controle sobre os fenômenos
- Precisão
- Réplica
- Previsão

Misto

Combinação do enfoque quantitativo e do qualitativo

Qualitativo

Características
- Explora os fenômenos em profundidade
- É basicamente conduzido em ambientes naturais
- Os significados são extraídos dos dados
- Não se fundamenta na estatística

Processo
- Indutivo
- Recorrente
- Analisa múltiplas realidades subjetivas
- Não tem sequência linear

Benefícios
- Profundidade de significados
- Extensão
- Riqueza interpretativa
- Contextualiza o fenômeno

No Capítulo 1 do CD que acompanha este livro, você encontrará informação sobre a história dos enfoques quantitativo, qualitativo e misto e, no Capítulo 12, uma ampliação dos métodos mistos para este capítulo e para o Capítulo 17 desta obra.

COMO A PESQUISA PODE SER DEFINIDA?

A **pesquisa** é um conjunto de processos sistemáticos, críticos e empíricos aplicados no estudo de um fenômeno.

QUAIS ENFOQUES FORAM ADOTADOS NA PESQUISA?

Ao longo da História da Ciência surgiram diversas correntes de pensamento – como o empirismo, o materialismo dialético, o positivismo, a fenomenologia, o estruturalismo – e diversos marcos interpretativos como a etnografia e o construtivismo, que deram origem a diferentes caminhos na busca do conhecimento. Não vamos nos aprofundar neles aqui; sua revisão, embora rápida, pode ser encontrada no CD que acompanha esta edição.[1] No entanto, e devido às diferentes premissas que dão suporte a elas, a partir do século passado essas correntes se "polarizaram" em duas abordagens principais para indagar: o enfoque quantitativo e o enfoque qualitativo da pesquisa.[2]

Ambos os enfoques empregam processos cuidadosos, metódicos e empíricos em seu esforço para gerar conhecimento, e é por isso que a definição anterior de pesquisa pode ser aplicada aos dois de maneira igual, pois também utilizam, em termos gerais, cinco fases similares e relacionadas entre si (Grinnell, 1997):

1. Realizam a observação e a avaliação de fenômenos.
2. Criam suposições ou ideias como consequência da observação e da avaliação realizadas.
3. Demonstram o quanto as suposições ou as ideias têm fundamento.
4. Revisam essas suposições ou ideias se baseando nas provas ou na análise.
5. Propõem novas observações e avaliações para esclarecer, modificar e fundamentar as suposições e ideias ou até para gerar outras.

Embora a abordagem quantitativa e a qualitativa compartilhem essas estratégias gerais, cada uma possui suas próprias características.

QUAIS SÃO AS CARACTERÍSTICAS DO ENFOQUE QUANTITATIVO DE PESQUISA?

O **enfoque quantitativo** (que representa, conforme dissemos, um conjunto de processos) é sequencial e comprobatório. Cada etapa precede à seguinte e não podemos "pular ou evitar" passos,[3] a ordem é rigorosa, embora, claro, possamos redefinir alguma fase. Parte de uma ideia que vamos delimitando e, uma vez definida, extraímos objetivos e perguntas de pesquisa, revisamos a literatura e construímos um marco ou uma perspectiva teórica. Das perguntas, formulamos as hipóteses e determinamos as variáveis; desenvolvemos um plano para testá-las (desenho); medimos as variáveis em um determinado contexto; analisamos as medições obtidas (geralmente utilizando métodos estatísticos) e estabelecemos uma série de conclusões em relação às hipóteses. Esse processo é representado na Figura 1.1 e será desenvolvido na segunda parte do livro.

ENFOQUE QUANTITATIVO Utiliza a coleta de dados para testar hipóteses, baseando-se na medição numérica e na análise estatística para estabelecer padrões e comprovar teorias.

O enfoque quantitativo tem as seguintes características:

1. O pesquisador *formula um problema de estudo delimitado e concreto*. Suas perguntas de pesquisa versam sobre questões específicas.
2. Uma vez formulado o problema de estudo, o pesquisador considera o que foi pesquisado anteriormente (*a revisão da literatura*) e constrói um *marco teórico* (a teoria que deverá guiar seu estudo), do qual deriva uma ou várias *hipóteses* (questões que irá verificar se são corretas ou não) e as submete a teste mediante o emprego dos desenhos de pesquisa apropriados. Se os resultados corroboram as hipóteses ou são congruentes com estas, fornece evidência a seu favor. Se forem refutados, eles são descartados para buscar melhores explicações e novas hipóteses. Ao confirmar as hipóteses, a teoria que dá suporte a elas passa a ter crédito. Se esse *não* for o caso, então é necessário descartar as hipóteses e, eventualmente, a teoria.

3. Assim, as hipóteses (por ora, vamos chamá-las de crenças) são geradas antes de se coletar e analisar os dados.
4. A *coleta de dados* se fundamenta na medição (medimos as variáveis ou os conceitos contidos nas hipóteses). Essa coleta é realizada quando utilizamos procedimentos padronizados ou aceitos por uma comunidade científica. Para que uma pesquisa seja crível e aceita por outros pesquisadores, temos de demonstrar que esses procedimentos foram seguidos. Como nesse enfoque o que se pretende é *medir*, os fenômenos estudados devem conseguir ser observados ou *se referir* ao "mundo real".
5. Como os dados são produto de medições, eles são representados por números (quantidades) e devem ser *analisados* com *métodos estatísticos*.
6. O que se busca no processo é o controle máximo para conseguir que outras explicações possíveis, diferentes ou "rivais" à proposta do estudo (hipóteses), sejam descartadas e se exclua a incerteza e minimize o erro. É por isso que se confia na experimentação e/ou nos testes de causa-efeito.
7. As análises quantitativas são interpretadas de acordo com as previsões iniciais (hipóteses) e os estudos anteriores (teoria). A interpretação é uma explicação sobre como os resultados se encaixam no conhecimento existente (Creswell, 2005).
8. A pesquisa quantitativa deve ser a mais "objetiva" possível.[4] Os fenômenos observados e/ou medidos não devem ser afetados pelo pesquisador. Este deve evitar, na medida do possível, que seus temores, crenças, desejos e tendências influenciem os resultados do estudo ou interfiram nos processos, e que também não sejam alterados pelas tendências de outros (Unrau, Grinnell e Williams, 2005).
9. Os estudos quantitativos seguem um padrão previsível e estruturado (o processo) e é preciso ter presente que as decisões críticas precisam ser tomadas antes de coletar os dados.
10. Em uma pesquisa quantitativa o que se pretende é generalizar os resultados encontrados em um grupo ou segmento (amostra) para uma coletividade maior (universo ou população). E também que os estudos realizados possam ser replicados.
11. No final, o que se tenta fazer com os estudos quantitativos é explicar e prever os fenômenos pesquisados, buscando regularidades e relações causais entre elementos. Isso significa que a meta principal é a construção e demonstração de teorias (que explicam e preveem).
12. Nesse enfoque, se o processo for rigorosamente seguido e algumas regras lógicas forem seguidas, os dados gerados terão os padrões de validade e confiabilidade e suas conclusões irão contribuir para gerar conhecimento.
13. Essa abordagem utiliza a lógica ou raciocínio dedutivo, que começa com a teoria para a partir dela derivar expressões lógicas denominadas hipóteses que o pesquisador busca testar.
14. A pesquisa quantitativa pretende identificar leis universais e causais (Bergman, 2008).
15. A busca quantitativa ocorre na realidade externa do indivíduo. Isso nos leva a uma explicação sobre como a realidade é entendida com essa abordagem da pesquisa.

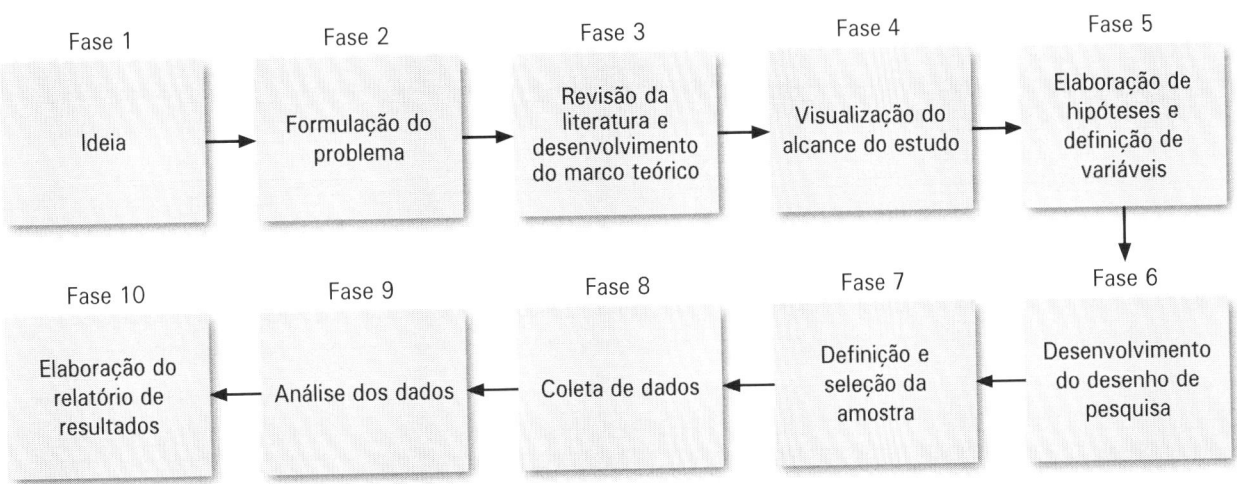

FIGURA 1.1 Processo quantitativo.

Para essa última finalidade, utilizaremos a explicação de Grinnell (1997) e Creswell (1997) que encerra quatro pontos:

1. Existem duas realidades: a primeira é *interna* e consiste das crenças, pressuposições e experiências *subjetivas* das pessoas. Estas podem variar: desde muito vagas ou gerais (intuições) até crenças bem organizadas e desenvolvidas logicamente por meio de teorias formais. A segunda realidade é *objetiva, externa e independente* das crenças que tivermos sobre ela (a autoestima, uma lei, as mensagens televisivas, uma edificação, a AIDS, etc., acontecem, isto é, cada uma delas é uma realidade independentemente do que pensamos a seu respeito).
2. Essa realidade objetiva é suscetível de ser conhecida. De acordo com essa premissa, é possível pesquisar uma realidade externa e autônoma do pesquisador.
3. Precisamos compreender ou ter a maior quantidade de informação a respeito da realidade objetiva. Conhecemos a realidade do fenômeno e os eventos que a rodeiam por meio de suas manifestações, e para entender cada realidade (o porquê das coisas) precisamos registrar e analisar esses eventos. É claro que no *enfoque quantitativo* o subjetivo existe e tem um valor para os pesquisadores; só que, de alguma maneira, esse enfoque se dedica a mostrar como o conhecimento se adapta tão bem à realidade objetiva. Documentar essa coincidência é um propósito central de muitos estudos quantitativos (quando achamos que uma doença provoca efeitos e isso realmente acontece, quando captamos a relação "real" entre as motivações de um sujeito e sua conduta, quando supomos que um material tem uma determinada resistência e ele realmente tem, entre outros).
4. Quando as pesquisas críveis demonstrarem que a *realidade objetiva* é diferente de nossas crenças, estas devem ser modificadas ou adaptadas a essa realidade. Isso pode ser visto na Figura 1.2 (note que a "realidade" não muda, é a mesma; o que se ajusta é o conjunto de crenças ou hipóteses do pesquisador, portanto, a teoria).

No caso das ciências sociais, o enfoque quantitativo parte do princípio de que o mundo "social" é intrinsecamente cognoscível e todos nós podemos estar de acordo com a natureza da realidade social.

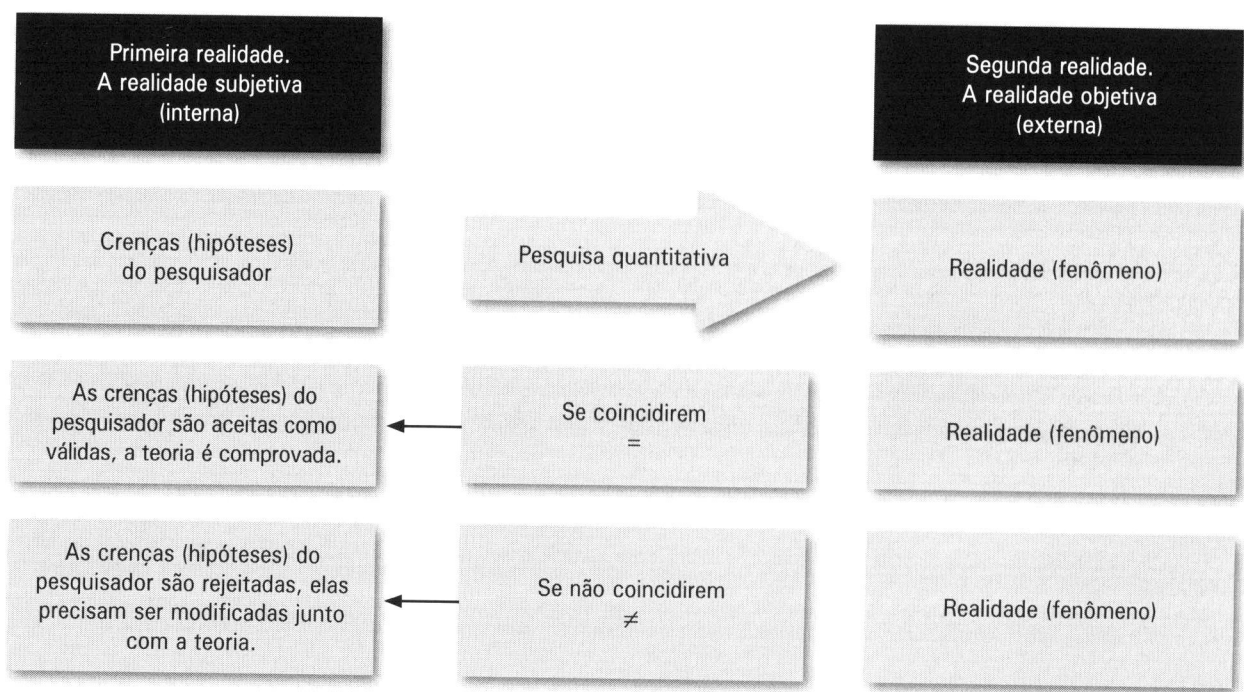

FIGURA 1.2 Relação entre a teoria, a pesquisa e a realidade no enfoque quantitativo.

QUAIS SÃO AS CARACTERÍSTICAS DO ENFOQUE QUALITATIVO DE PESQUISA?

O **enfoque qualitativo**[5] também se guia por áreas ou temas significativos de pesquisa. No entanto, ao contrário da maioria dos estudos quantitativos, em que a clareza sobre as perguntas de pesquisa e as hipóteses devem vir antes da coleta e da análise dos dados, nos *estudos qualitativos* é possível desenvolver perguntas e hipóteses antes, durante e depois da coleta e da análise dos dados. Geralmente, essas atividades servem para primeiro descobrir quais são as perguntas de pesquisa mais importantes, e depois para aprimorá-las e respondê-las. A ação indagativa se move de maneira dinâmica em ambos os sentidos: entre os fatos e sua interpretação, e é um processo mais "circular" no qual a sequência nem sempre é a mesma, ela varia de acordo com cada estudo específico. Na Figura 1.3 tentamos mostrá-lo, mas precisamos dizer que é simplesmente isso, uma tentativa, porque sua complexidade e flexibilidade são maiores. Esse processo é mostrado na terceira parte do livro.

> **ENFOQUE QUALITATIVO** Utiliza a coleta de dados sem medição numérica para descobrir ou aprimorar perguntas de pesquisa no processo de interpretação.

Para compreender a Figura 1.3, é necessário observar o seguinte:

a) Embora certamente exista uma revisão inicial da literatura, esta pode ser complementada em qualquer etapa do estudo e apoiar desde a formulação do problema até a elaboração do relatório de resultados (o vínculo teoria-etapas do processo é representado por setas curvas).

b) Na pesquisa qualitativa geralmente é necessário retornar às etapas anteriores. Por isso, as setas das fases que vão da imersão inicial no campo até o relatório de resultados podem ser vistas em dois sentidos. Por exemplo, o primeiro desenho do estudo pode ser modificado quando definimos a amostra inicial e pretendemos ter acesso a ela (quando, por exemplo, queremos observar determinadas pessoas em seus ambientes naturais e por alguma razão descobrimos que isso não pode ser feito; nesse caso, a amostra e os ambientes de estudo precisam variar e o desenho deve ser adaptado). Esse foi o caso de um estudante que desejava observar criminosos de alta periculosidade com certas características em uma prisão, mas o acesso foi negado e ele teve de ir a outra prisão, onde entrevistou criminosos menos perigosos. Quando analisamos os dados também podemos notar que precisamos de um número maior de participantes ou de outras pessoas que não foram inicialmente incluídas, o que modifica a amostra concebida originalmente. Ou, ainda, que devemos analisar outro tipo de dados não considerados no início do estudo (por exemplo, havíamos planejado realizar somente entrevistas e descobrimos documentos valiosos dos indivíduos que podem nos ajudar a compreendê-los melhor, como seria o caso de seus "diários pessoais").

c) A imersão inicial no campo significa se sensibilizar com o ambiente onde o estudo será realizado, identificar informantes que contribuam com dados e nos guiem pelo lugar, penetrar e se concentrar na situação de pesquisa, além de verificar a factibilidade do estudo.

d) No caso do processo qualitativo, a amostra, a coleta e a análise são fases realizadas praticamente de maneira simultânea.

Além disso, o *enfoque qualitativo* possui as seguintes características:

1. O pesquisador formula um problema, mas não segue um processo claramente definido. Suas formulações *não* são tão específicas quanto no enfoque quantitativo e as perguntas de pesquisa *nem* sempre foram conceituadas nem definidas por completo.

2. Na busca qualitativa, em vez de iniciar com uma teoria específica e depois "voltar" ao mundo empírico para confirmar se ela é apoiada pelos fatos, o pesquisador começa examinando o mundo social e nesse processo desenvolve uma teoria coerente com os dados, de acordo com aquilo que observa, geralmente denominada por *teoria fundamentada* (Esterberg, 2002), com a qual observa o que acontece. Em outras palavras, as *pesquisas qualitativas* se baseiam mais em uma lógica e em um processo indutivo (explorar e descrever, e depois gerar perspectivas teóricas). Vão do particular ao geral. Por exemplo, em um típico estudo qualitativo, o pesquisador entrevista uma pessoa, analisa os dados obtidos e tira algumas conclusões; posteriormente, entrevista outra pessoa, analisa essa nova informação e revisa seus resultados e conclusões; do

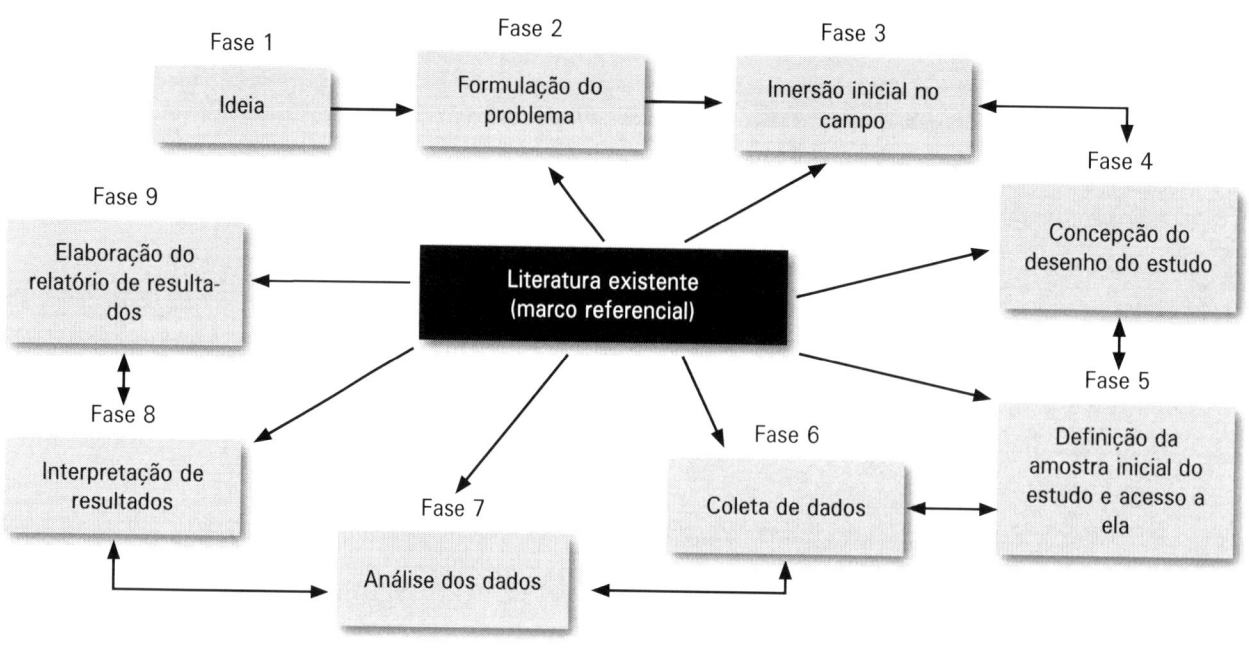

FIGURA 1.3 Processo qualitativo.

mesmo modo, realiza e analisa mais entrevistas para compreender o que busca. Isto é, segue todos os passos até chegar a uma perspectiva mais geral.

3. Na maioria dos estudos qualitativos, as hipóteses não são testadas, elas são construídas durante o processo e vão sendo aprimoradas conforme mais dados são obtidos ou, então, são um resultado do estudo.

4. O enfoque se baseia em métodos de coleta de dados *não* padronizados nem totalmente predeterminados. Não efetuamos uma medição numérica, portanto, a análise não é estatística. A coleta dos dados consiste em obter as perspectivas e os pontos de vista dos participantes (suas emoções, prioridades, experiências, significados e outros aspectos subjetivos). Também são de interesse as interações entre indivíduos, grupos e coletividades. O pesquisador formula perguntas abertas, coleta dados apresentados pela linguagem escrita, verbal, não verbal e também visual, que ele descreve e analisa para que sejam transformados em temas relacionados, e reconhece suas tendências pessoais (Todd, 2005). Por isso, a preocupação direta do pesquisador se concentra nas vivências dos participantes, tal como foram (ou são) sentidas e experimentadas (Sherman e Webb, 1988). Patton (1980, 1990) define os **dados qualitativos** como descrições detalhadas de situações, eventos, pessoas, interações, condutas observadas e suas manifestações.

DADOS QUALITATIVOS Descrições detalhadas de situações, eventos, pessoas, interações, condutas observadas e suas manifestações.

5. Nesse sentido, o pesquisador qualitativo utiliza técnicas para coletar dados, como a observação não estruturada, entrevistas abertas, revisão de documentos, discussão em grupo, avaliação de experiências pessoais, registro de histórias de vida, e interação e introspecção com grupos ou comunidades.

6. O processo de indagação é mais flexível e se move entre as respostas e o desenvolvimento da teoria. Seu propósito consiste em "reconstruir" a realidade, da mesma forma como ela é observada pelos atores de um sistema social previamente definido. Muitas vezes é chamado de *holístico*, porque é preciso considerar o "todo"[6] sem reduzi-lo ao estudo de suas partes.

7. O enfoque qualitativo avalia o desenvolvimento natural dos acontecimentos, isto é, não há manipulação nem estimulação em relação à realidade (Corbetta, 2003).

8. A pesquisa qualitativa se fundamenta em uma perspectiva interpretativa centrada no entendimento do significado das ações de seres vivos, principalmente dos humanos e suas instituições (busca interpretar aquilo que vai captando ativamente).

9. Postula que a "realidade" é definida por meio das interpretações que os participantes da pesquisa fazem a respeito de suas próprias realidades. Desse modo, há uma convergência de várias "realidades", ao menos a dos participantes, a do pesquisador e a produzida mediante a interação de todos os atores. Também são realidades que vão sendo modificadas no decorrer do estudo e são fontes de dados.
10. Nesse sentido, o pesquisador é introduzido nas experiências dos participantes e constrói o conhecimento, sempre consciente de que é parte do fenômeno estudado. Assim, no centro da pesquisa está a diversidade de ideologias e as qualidades únicas dos indivíduos.
11. As indagações qualitativas não pretendem generalizar probabilisticamente os resultados para populações mais amplas nem obter necessariamente amostras representativas; normalmente nem pretendem que seus estudos consigam ser replicados.
12. O enfoque qualitativo pode ser pensado como um conjunto de práticas interpretativas que tornam o mundo "visível", o transformam em uma série de representações na forma de observações, anotações, gravações e documentos. É *naturalista* (porque estuda os objetos e os seres vivos em seus contextos ou ambientes naturais e cotidianos) e *interpretativo* (pois tenta encontrar sentido para os fenômenos em função dos significados que as pessoas dão a eles).

Dentro do enfoque qualitativo, conforme já comentamos, existe uma variedade de concepções ou marcos de interpretação, só que em todos eles existe um denominador comum que poderíamos situar no conceito de **padrão cultural** (Colby, 1996), que parte da premissa de que toda cultura ou sistema social possui um modo único para entender situações e eventos. Essa cosmovisão, ou maneira de ver o mundo, afeta a conduta humana. Os modelos culturais estão no centro do estudo do qualitativo, pois são entidades flexíveis e maleáveis que são marcos referenciais para o ator social e construídos pelo inconsciente, aquilo que foi transmitido por outros e pela experiência pessoal.

> **PADRÃO CULTURAL** Denominador comum dos marcos de interpretação qualitativos, que parte da premissa de que toda cultura ou sistema social possui um modo único para entender situações e eventos.

Creswell (1997) e Neuman (1994) sintetizam as atividades principais do pesquisador qualitativo com os seguintes comentários:

- Obtém um ponto de vista "interno" (de dentro do fenômeno), embora mantenha uma perspectiva analítica ou alguma distância como observador externo.
- Utiliza diversas técnicas de pesquisa e habilidades sociais de uma maneira flexível, de acordo com as exigências da situação.
- Não define as variáveis com o propósito de manipulá-las experimentalmente.
- Produz dados na forma de notas extensas, diagramas, mapas ou "quadros humanos" para gerar descrições bem detalhadas.
- Extrai significado dos dados e não precisa reduzi-los a números nem deve analisá-los estatisticamente (embora a contagem possa ser utilizada na análise).
- Entende os participantes do estudo e se identifica com eles; não registra apenas fatos objetivos, "frios".
- Mantém uma perspectiva dupla: analisa os aspectos explícitos, conscientes e evidentes, assim como os implícitos, inconscientes e subjacentes. Nesse sentido, a própria realidade subjetiva é objeto de estudo.
- Observa os processos sem invadir, alterar ou impor um ponto de vista externo, mas da maneira como são percebidos pelos atores do sistema social.
- É capaz de trabalhar com paradoxos, incerteza, dilemas éticos e ambiguidade.

✓ QUAIS SÃO AS DIFERENÇAS ENTRE O ENFOQUE QUANTITATIVO E O QUALITATIVO?

O *enfoque qualitativo* busca principalmente a "dispersão ou expansão" dos dados e da informação, enquanto o *enfoque quantitativo* pretende intencionalmente "delimitar" a informação (medir com precisão as variáveis do estudo, ter "foco").[7]

Nas pesquisas qualitativas, a reflexão é a ponte que une o pesquisador e os participantes (Mertens, 2005).

Da mesma forma que um estudo quantitativo se baseia em outros estudos anteriores, o qualitativo se fundamenta primordialmente em si mesmo. O primeiro é utilizado para consolidar as crenças (formuladas de maneira lógica em uma teoria ou um esquema teórico) e estabelecer com exatidão padrões de comportamento em uma população; e o segundo, para construir crenças próprias sobre o fenômeno estudado, como no caso de um grupo de pessoas únicas.

Para enfatizar as características de ambos os enfoques e aprofundar em suas diferenças, preferimos resumi-las na Tabela 1.1, na qual procuramos fazer mais uma comparação do que expor uma a uma. Algumas concepções foram adaptadas ou reformuladas de diversos autores.[8]

TABELA 1.1
Diferenças entre o enfoque quantitativo e o qualitativo

Definições (dimensões)	Enfoque quantitativo	Enfoque qualitativo
Marcos referenciais gerais básicos	Positivismo, neopositivismo e pós-positivismo.	Fenomenologia, construtivismo, naturalismo, interpretativismo.
Ponto de partida*	Existe uma realidade a se conhecer. Isso pode ser feito pela mente.	Existe uma realidade a se descobrir, construir e interpretar. A realidade é a mente.
Realidade a ser estudada	Existe uma realidade objetiva única. O mundo é pensado como externo ao pesquisador.	Existem várias realidades subjetivas construídas na pesquisa, que variam em sua forma e conteúdo entre indivíduos, grupos e culturas. Por isso, o pesquisador qualitativo parte da premissa de que o mundo social é "relativo" e somente pode ser entendido a partir do ponto de vista dos atores estudados. Em outras palavras, o mundo é construído pelo pesquisador.
Natureza da realidade	A realidade não muda por causa das observações e medições realizadas.**	A realidade muda, sim, por causa das observações e da coleta de dados.
Objetividade	Procura ser objetivo.	Admite subjetividade.
Metas da pesquisa	Descrever, explicar e prever os fenômenos (causalidade). Gerar e comprovar teorias.	Descrever, compreender e interpretar os fenômenos, por meio das percepções e dos significados produzidos pelas experiências dos participantes.
Lógica	Aplica-se a lógica dedutiva. Do geral ao particular (das leis e teoria aos dados).	Aplica-se a lógica indutiva. Do particular ao geral (dos dados às generalizações – não estatísticas – e à teoria).
Relação entre ciências físicas/naturais e sociais	As ciências físicas/naturais e as sociais são uma unidade. Os princípios das ciências naturais podem ser aplicados às ciências sociais.	As ciências físicas/naturais e as sociais são diferentes. Os mesmos princípios não podem ser aplicados.
Posição pessoal do pesquisador	Neutra. O pesquisador "deixa de lado" seus próprios valores e crenças. Sua posição é "imparcial", tenta assegurar procedimentos rigorosos e "objetivos" de coleta e análise dos dados, assim como evitar que suas propensões e tendências influenciem nos resultados.	Explícita. O pesquisador reconhece seus próprios valores e crenças, que são, inclusive, parte do estudo.
Interação física entre o pesquisador e o fenômeno	Distanciada, separada.	Próxima, costuma haver contato.
Interação psicológica entre o pesquisador e o fenômeno	Distanciada, neutra, sem envolvimento.	Próxima, empática, com envolvimento.

(continua)

TABELA 1.1
Diferenças entre o enfoque quantitativo e o qualitativo (continuação)

Definições (dimensões)	Enfoque quantitativo	Enfoque qualitativo
Papel dos fenômenos estudados (objetos, seres vivos, etc.)	Os papéis são mais passivos.	Os papéis são mais ativos.
Relação entre o pesquisador e o fenômeno estudado	De independência e neutralidade, não se afetam. São separados.	De interdependência, se influenciam. Não são separados.
Formulação do problema	Delimitado, demarcado, específico. Pouco flexível.	Aberto, livre, não é delimitado ou demarcado. Muito flexível.
Uso da teoria	A teoria é utilizada para ajustar seus postulados ao mundo empírico.	A teoria é um marco referencial.
Criação da teoria	A teoria é criada a partir da comparação da pesquisa anterior com os resultados do estudo. Na verdade, estes são uma extensão dos estudos antecedentes.	A teoria não se fundamenta em estudos anteriores, mas é criada ou construída a partir dos dados empíricos obtidos e analisados.
Papel da revisão da literatura	A literatura tem um papel crucial, orienta a pesquisa. É fundamental para a definição da teoria, das hipóteses, do desenho e das demais etapas do processo.	A literatura desempenha um papel menos importante no início, embora seja realmente importante no desenvolvimento do processo. Algumas vezes, ela indica o caminho, mas o que realmente indica o rumo é a evolução de eventos, durante o estudo e a aprendizagem que são obtidos dos participantes. O marco teórico é um elemento que ajuda a justificar a necessidade de pesquisar um problema formulado. Alguns autores do enfoque qualitativo consideram que seu papel é apenas auxiliar.
A revisão da literatura e as variáveis ou conceitos de estudo	O pesquisador faz uma revisão da literatura principalmente para buscar variáveis significativas que possam ser medidas.	O pesquisador, mais do que se fundamentar na revisão da literatura para selecionar e definir as variáveis ou os conceitos-chave do estudo, confia no próprio processo de pesquisa para identificá-los e descobrir como se relacionam.
Hipóteses	As hipóteses são testadas. Elas são estabelecidas para que sejam aceitas ou rejeitadas, dependendo do grau de certeza (probabilidade).	As hipóteses são criadas durante o estudo e no final deste.
Desenho da pesquisa	Estruturado, predeterminado (precede a coleta dos dados).	Aberto, flexível, construído durante o trabalho de campo ou a realização do estudo.
População-amostra	O objetivo é generalizar os dados de uma amostra para uma população (de um grupo pequeno a um maior).	Geralmente, a pretensão não é generalizar os resultados obtidos na amostra para uma população.
Amostra	Muitos sujeitos são envolvidos na pesquisa porque a intenção é generalizar os resultados do estudo.	Poucos sujeitos são envolvidos, porque a intenção não é necessariamente generalizar os resultados do estudo.
Composição da amostra	Casos que em conjunto são estatisticamente representativos.	Casos individuais, representativos não a partir do ponto de vista estatístico.
Natureza dos dados	A natureza dos dados é quantitativa (dados numéricos).	A natureza dos dados é qualitativa (textos, narrativas, significados, etc.).
Tipo de dados	Dados confiáveis e sólidos. Em inglês: *hard.*	Dados profundos e enriquecedores. Em inglês: *soft.*

(continua)

TABELA 1.1
Diferenças entre o enfoque quantitativo e o qualitativo (continuação)

Definições (dimensões)	Enfoque quantitativo	Enfoque qualitativo
Coleta de dados	A coleta se baseia em instrumentos padronizados. É uniforme para todos os casos. Os dados são obtidos por observação, medição e documentação de medições. Os instrumentos utilizados são aqueles que se mostraram válidos e confiáveis em estudos anteriores ou, então, novos instrumentos são criados com base na revisão da literatura e eles são testados e ajustados. As perguntas ou itens utilizados são específicos, com possibilidades predeterminadas de resposta.	O objetivo da coleta de dados é proporcionar um entendimento maior sobre os significados e as experiências das pessoas. O pesquisador é o instrumento de coleta de dados, que se apoia em diversas técnicas desenvolvidas durante o estudo. Ou seja, a coleta de dados não é iniciada com instrumentos preestabelecidos, mas é o pesquisador que começa a aprender por meio da observação e das descrições dos participantes e pensa em formas para registrar os dados que vão sendo aprimorados conforme a pesquisa avança.
Concepção dos participantes na coleta de dados	Os participantes são fontes externas de dados.	Os participantes são fontes internas de dados. O pesquisador também é um participante.
Finalidade da análise dos dados	Descrever as variáveis e explicar suas mudanças e movimentos.	Compreender as pessoas e seus contextos.
Características da análise dos dados	• Sistemática. Intensa utilização da estatística (descritiva e inferencial). • Baseada em variáveis. • Impessoal. • Posterior à coleta de dados.	• A análise varia dependendo de como os dados foram coletados. • Fundamentada na indução analítica. • Uso moderado da estatística (contagem, algumas operações aritméticas). • Baseada em casos ou pessoas e suas manifestações. • Simultânea à coleta de dados. • A análise consiste em descrever informação e desenvolver temas.
Formato dos dados que serão analisados	Os dados são representados em formato de números que são analisados estatisticamente.	Dados no formato de textos, imagens, peças audiovisuais, documentos e objetos pessoais.
Processo de análise dos dados	A análise começa com ideias preconcebidas, baseadas nas hipóteses formuladas. Uma vez coletados os dados numéricos, estes são transferidos para uma matriz, que é analisada mediante procedimentos estatísticos.	Geralmente, a análise não começa com ideias preconcebidas sobre como os conceitos ou variáveis se relacionam. Depois que os dados verbais, escritos e/ou audiovisuais são agrupados, eles passam a fazer parte de uma base de dados composta por texto e/ou elementos visuais, que é analisada para determinar significados e descrever o fenômeno estudado a partir do ponto de vista de seus atores. As descrições de pessoas são integradas às do pesquisador.
Perspectiva do pesquisador na análise dos dados	Externa (à margem dos dados). O pesquisador não envolve seus antecedentes e suas experiências na análise, mantém distância dela.	Interna (a partir dos dados). O pesquisador envolve seus próprios antecedentes e experiências na análise, assim como sua relação com os participantes do estudo.
Principais critérios de avaliação na coleta e análise dos dados	Objetividade, rigor, confiabilidade e validade.	Credibilidade, confirmação, valoração e transferência.
Apresentação de resultados	Tabelas, diagramas e modelos estatísticos. O formato de apresentação é padrão.	O pesquisador emprega uma variedade de formatos para relatar seus resultados: narrativas, fragmentos de textos, vídeos, áudios, fotografias e mapas, diagramas, matrizes e modelos conceituais. O formato varia praticamente em cada estudo.

(continua)

TABELA 1.1
Diferenças entre o enfoque quantitativo e o qualitativo (continuação)

Definições (dimensões)	Enfoque quantitativo	Enfoque qualitativo
Relatório de resultados	Os relatórios utilizam um tom objetivo, impessoal, não emotivo.	Os relatórios utilizam um tom pessoal e emotivo.

* Becker (1993) diz: a "realidade" é o ponto mais estressante nas ciências sociais. As diferenças entre os dois enfoques tiveram um tom eminentemente ideológico. O grande filósofo alemão Karl Popper (1965) nos fez entender que a origem de visões conflitantes, sobre o que é ou deve ser o estudo do fenômeno social, está nas premissas de diferentes definições sobre o que é a realidade. O realismo, a partir de Aristóteles, estabelece que o mundo consegue ser conhecido pela mente. Kant introduz a ideia de que o mundo pode ser conhecido porque a realidade se assemelha às formas que a mente tem. Enquanto Hegel vai para um idealismo puro e propõe: "O mundo é minha mente". Certamente que este último é confuso, e assim o considera Popper, alertando que o grande perigo dessa posição é que permite o dogmatismo (como se pode comprovar com o exemplo do materialismo dialético). O avanço no conhecimento, diz Popper, necessita de conceitos que possamos refutar ou comprovar. Essa característica delimita o que é e o que não é ciência.
** Embora alguns físicos, ao estudar as partículas, tenham notado quão relativa é essa afirmação.

Para que o leitor que se inicia nesse ofício tenha uma ideia da diferença entre as duas abordagens, vamos utilizar um exemplo bem simples e cotidiano referente à atração física, ainda que para algumas pessoas possa parecer ingênuo. Claro que no exemplo não consideramos as implicações paradigmáticas que estão por trás de cada enfoque; mas realmente insistimos que, em termos práticos, os dois contribuem para o conhecimento de um fenômeno.

Exemplo
Compreensão dos enfoques quantitativo e qualitativo da pesquisa

Vamos supor que um(a) estudante está interessado(a) em saber quais fatores contribuem para que uma pessoa seja definida e vista como "atraente e conquistadora" (que cativa os indivíduos do gênero oposto e consegue fazer com que se sintam atraídos por ele ou ela e se apaixonem). Então, decide realizar um estudo (sua ideia para pesquisar) em sua escola.

De acordo com o enfoque quantitativo-dedutivo, o estudante formularia seu problema de pesquisa definindo seu objetivo e sua pergunta (o que quer fazer e o que quer saber).

O objetivo poderia ser, por exemplo: "conhecer os fatores que determinam que uma pessoa jovem seja vista como atraente e conquistadora", e a pergunta de pesquisa: "Quais fatores determinam que uma pessoa jovem seja vista como atraente e conquistadora?".

Um tema da pesquisa quantitativa-dedutiva poderia ser "Quais fatores determinam que uma pessoa jovem seja vista como atraente e conquistadora?".

> Em seguida, revisaria estudos sobre a atração física e psicológica nas relações entre jovens, a percepção dos(as) jovens sobre essas relações, os elementos que interferem no início da convivência amorosa, as diferenças por gênero de acordo com os atributos e as qualidades pelos quais se sentem atraídos, etc.
>
> Deixaria seu problema de pesquisa mais preciso; selecionaria uma teoria que explicasse de maneira satisfatória – com base em estudos anteriores – a atração física e psicológica, a percepção de atributos e qualidades desejáveis em pessoas do gênero oposto e a paixão nas relações entre jovens; e também, se fosse possível, formularia uma ou várias hipóteses. Por exemplo: "os meninos e as meninas que obtêm mais conquistas amorosas e são vistos(as) como mais 'atraentes' são aqueles(as) que têm maior prestígio social na escola, que confiam mais em si e são mais extrovertidos(as)".
>
> Depois, poderia entrevistar as amigas e os amigos de sua escola perguntando até que ponto o prestígio social, a confiança em si e a extroversão influenciam na "conquista" e na "atração" em relação às pessoas do outro gênero. Poderia, inclusive, utilizar questionários já estabelecidos, bem elaborados e confiáveis. Talvez entrevistasse apenas uma amostra de estudantes. Também seria possível perguntar para as pessoas jovens, que têm fama de conquistadoras e atraentes, o que elas pensam a esse respeito.
>
> Além disso, analisaria os dados e a informação das entrevistas para obter conclusões sobre suas hipóteses. Talvez também fizesse uma experiência escolhendo indivíduos jovens que tivessem diferentes graus de prestígio, segurança e extroversão (níveis do perfil "conquistador e atraente"), deixando-os livres para conquistar jovens do gênero oposto e assim avaliar os resultados.
>
> Seu interesse seria generalizar suas descobertas, ao menos em relação ao que acontece em sua comunidade estudantil. Tenta comprovar suas crenças e, caso *não* consiga demonstrar que o prestígio, a confiança em si e a extroversão sejam fatores relacionados com a conquista e a atração, então poderia tentar outras explicações; quem sabe acrescentando fatores como a maneira como se vestem, se são cosmopolitas (se viajaram muito, conhecem outras culturas), a inteligência emocional, entre outros aspectos.
>
> No processo, irá deduzindo da teoria o que encontra em seu estudo. Claro que, se a teoria que escolheu for inadequada, seus resultados serão pobres.
>
> De acordo com o enfoque qualitativo-indutivo, mais do que revisar as teorias sobre certos fatores, o que o estudante faria seria se sentar na cafeteria para observar os meninos e as meninas que têm fama de serem atraentes e conquistadores. Observaria a primeira pessoa jovem que considerasse ter essas características, começaria a analisá-la e construiria um conceito sobre ela (Como é? Quais são suas características? Como se comporta? Quais são seus atributos e qualidades? De que forma se relaciona com os demais?). Também seria testemunha de como conquista os(as) colegas. Dessa forma, chegaria a algumas conclusões. Posteriormente faria o mesmo (observar) com outras pessoas jovens. Pouco a pouco entenderia por que esses(as) colegas são considerados(as) atraentes e conquistadores(as). E disso poderia surgir algum esquema que explique as razões pelas quais essas pessoas conquistam as outras.
>
> Depois, por meio de perguntas abertas, entrevistaria estudantes de ambos os gêneros (considerados atraentes) e também aqueles que foram conquistados por eles. A partir daí chegaria novamente a descobertas e conclusões e poderia fundamentar algumas hipóteses, que no final contrastaria com as de outros estudos. Não seria indispensável obter uma amostra representativa nem generalizar seus resultados. Mas, ao ir conhecendo cada um dos casos, entenderia as experiências dos sujeitos conquistadores e atraentes e dos conquistados.
>
> Sua ação seria indutiva: de cada caso estudado talvez obtivesse o perfil que procura e também o significado de conquistar.

Devemos insistir que tanto no processo quantitativo quanto no qualitativo é possível voltar para uma etapa anterior. Além disso, a formulação sempre pode ser modificada, ou seja, ela está em evolução.

Em ambos os processos, as técnicas de coleta dos dados podem ser múltiplas. Por exemplo, na pesquisa quantitativa: questionários fechados, registros de dados estatísticos, testes padronizados, sistemas de medições fisiológicas, etc. Nos estudos qualitativos: entrevistas profundas, testes projetivos, questionários abertos, sessões de grupos, biografias, revisão de arquivos, observação, entre outros.

Finalmente, para concluir a resposta para a pergunta desse item, na Tabela 1.2 comparamos as etapas fundamentais de ambos os processos, tendo como base os conceitos descritos anteriormente.

TABELA 1.2*
Comparação das etapas de pesquisa nos processos quantitativo e qualitativo

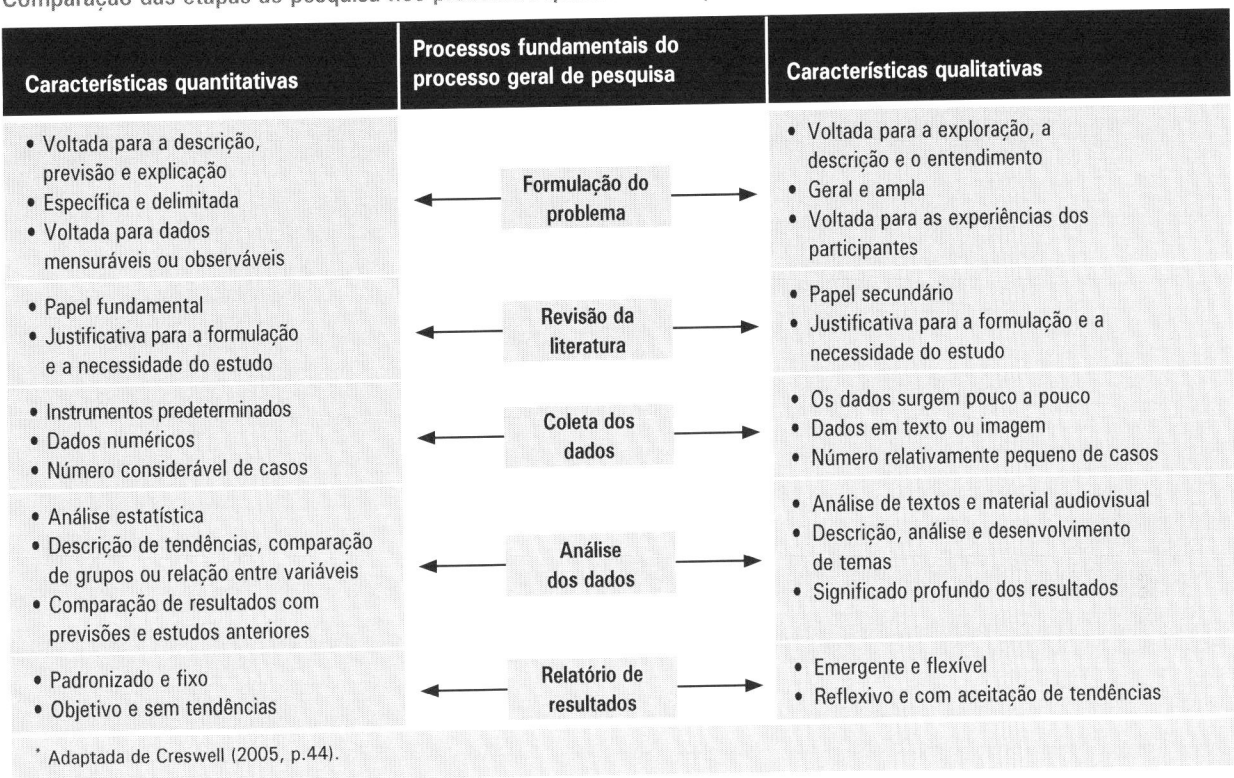

Características quantitativas	Processos fundamentais do processo geral de pesquisa	Características qualitativas
• Voltada para a descrição, previsão e explicação • Específica e delimitada • Voltada para dados mensuráveis ou observáveis	Formulação do problema	• Voltada para a exploração, a descrição e o entendimento • Geral e ampla • Voltada para as experiências dos participantes
• Papel fundamental • Justificativa para a formulação e a necessidade do estudo	Revisão da literatura	• Papel secundário • Justificativa para a formulação e a necessidade do estudo
• Instrumentos predeterminados • Dados numéricos • Número considerável de casos	Coleta dos dados	• Os dados surgem pouco a pouco • Dados em texto ou imagem • Número relativamente pequeno de casos
• Análise estatística • Descrição de tendências, comparação de grupos ou relação entre variáveis • Comparação de resultados com previsões e estudos anteriores	Análise dos dados	• Análise de textos e material audiovisual • Descrição, análise e desenvolvimento de temas • Significado profundo dos resultados
• Padronizado e fixo • Objetivo e sem tendências	Relatório de resultados	• Emergente e flexível • Reflexivo e com aceitação de tendências

* Adaptada de Creswell (2005, p.44).

✓ QUAL DOS ENFOQUES É O MELHOR?

Do nosso ponto de vista, ambos os enfoques são muito valiosos e contribuíram de maneira notável para o avanço do conhecimento. Nenhum é intrinsecamente melhor do que o outro. São apenas abordagens diferentes para o estudo de um fenômeno. A *pesquisa quantitativa* nos oferece a oportunidade de generalizar os resultados mais amplamente, ela nos permite ter o controle sobre os fenômenos, assim como um ponto de vista de contagem e suas magnitudes. Também nos proporciona uma grande possibilidade de réplica e um enfoque sobre pontos específicos desses fenômenos, além de facilitar a comparação entres estudos similares. Já a *pesquisa qualitativa* proporciona profundidade aos dados, dispersão, riqueza interpretativa, contextualização do ambiente ou entorno, detalhes e experiências únicas. Também traz um ponto de vista "novo, natural e holístico" dos fenômenos, assim como flexibilidade. Além disso, o método quantitativo foi o mais utilizado em ciências como a física, a química e a biologia. Então, ele é mais apropriado para as ciências chamadas "exatas ou naturais". O método qualitativo foi empregado mais em disciplinas humanísticas como a antropologia, a etnografia e a psicologia social.

No entanto, os dois tipos de estudo são úteis para todos os campos, como iremos mostrar ao longo deste livro. Por exemplo, um engenheiro civil pode realizar uma pesquisa para construir um grande edifício. Ele utilizaria estudos quantitativos e cálculos matemáticos para levantar sua construção, e analisaria dados estatísticos referentes à resistência de materiais e estruturas similares construídas em subsolos iguais nas mesmas condições. Mas ele também pode enriquecer o estudo realizando entrevistas abertas com engenheiros experientes que transmitiriam a ele suas vivências, os problemas que enfrentaram e as soluções adotadas. Também poderia conversar com futuros moradores do edifício para conhecer suas necessidades e se adaptar a elas.

Um estudioso dos efeitos de uma desvalorização na economia de um país complementaria suas análises quantitativas com sessões profundas com especialistas e realizaria uma análise histórica (tanto quantitativa quanto qualitativa) dos fatos.

Um analista da opinião pública, ao pesquisar sobre os fatores que mais interferem na votação para a próxima eleição, utilizaria grupos focais com discussão aberta (qualitativos), além de pesquisas por amostragem (quantitativas).

Um médico que tenta descobrir quais elementos deve considerar para tratar de pacientes em fase terminal e conseguir que enfrentem sua situação da melhor maneira possível, poderia revisar a teoria disponível, consultar pesquisas quantitativas e qualitativas a esse respeito para conduzir uma série de observações estruturadas da relação médico-paciente em casos terminais (realizando uma amostragem de atos de comunicação e quantificando-os). Além disso, poderia entrevistar doentes e médicos com técnicas qualitativas e organizar grupos de pacientes para que falem abertamente dessa relação e do tratamento que desejam. No final, pode tirar suas conclusões e obter perguntas de pesquisa, hipóteses ou novas áreas de estudo.

No passado, tanto o enfoque quantitativo como o qualitativo foram considerados visões opostas, não conciliáveis, que não deveriam se mesclar. Os críticos do *enfoque quantitativo* disseram que ele é "impessoal, frio, reducionista, restritivo, fechado e rígido". Além disso, consideravam que as pessoas eram estudadas como "objetos", e que as diferenças individuais e culturais entre grupos não podiam ter sua média calculada nem ser agrupadas estatisticamente. Já os detratores do *enfoque qualitativo* o consideravam "vago, subjetivo, inválido, meramente especulativo, sem possibilidade de réplica e sem dados sólidos que apoiem as conclusões". Argumentavam que não se tem controle sobre as variáveis estudadas e que falta o poder de entendimento sobre as medições.

O divórcio entre ambos os enfoques nasceu da ideia de que um estudo com um enfoque poderia neutralizar o outro. Era uma noção que impedia a união entre o enfoque quantitativo e o qualitativo.

A posição assumida nesta obra sempre foi que são enfoques complementares, isto é, cada um com sua respectiva função é utilizado para conhecer um fenômeno e levar à solução dos diversos problemas e questionamentos. O pesquisador deve ser metodologicamente plural e se orientar pelo contexto, pela situação, pelos recursos disponíveis, por seus objetivos e pelo problema de estudo. Essa é, realmente, uma postura pragmática.

A seguir apresentamos exemplos de pesquisas que, utilizando um ou outro enfoque, tinham como objetivo fundamental o mesmo fenômeno de estudo (Tabela 1.3).

TABELA 1.3
Exemplos de estudos quantitativos e qualitativos voltados para o mesmo tema de pesquisa

Tema-objeto de estudo/alcance	Estudos quantitativos	Estudos qualitativos
A família	María Elena Oto Mishima (1994): *Las migraciones a México y la conformación de la familia mexicana.*	Gabriel Careaga (1997): *Mitos y fantasías de la classe media en México.*
Alcance do estudo	Descrição da procedência dos imigrantes ao México; sua integração econômica e social em diferentes esferas da sociedade.	O livro é uma abordagem crítica e teórica do surgimento da classe média em um país pouco desenvolvido. O autor combina a análise documental, política, dialética e psicanalítica com a pesquisa social e biográfica para reconstruir tipologias ou famílias típicas.
A comunidade	Prodipto Ray, Frederick B. Waisanen e Everett Rogers (1969): *The impact of communication on rural development.*	Luiz Gonzáles e Gonzáles (1995): *Pueblo en vilo.*
Alcance do estudo	Determina como ocorre o processo de comunicação de inovações em comunidades rurais e identifica os motivos para aceitar ou rejeitar a mudança social. Também estabelece que tipo de meio de comunicação é o mais benéfico.	O autor descreve em detalhe a micro-história de San José de Gracia, onde são examinadas e entrelaçadas as vidas de seus colonizadores com seu passado e outros aspectos da vida cotidiana.

(continua)

TABELA 1.3
Exemplos de estudos quantitativos e qualitativos voltados para o mesmo tema de pesquisa (continuação)

Tema-objeto de estudo/alcance	Estudos quantitativos	Estudos qualitativos
As ocupações	Linda D. Hammond (2000): *Teacher quality and student achievement.*	Howard Becker (1951): *The professional dance musician and his audience.*
Alcance do estudo	Estabelece correlações entre estilos de ensino, desempenho da ocupação docente e êxito dos alunos.	Narração detalhada de processos de identificação e outras condutas de músicos de *jazz* tendo como base suas competências e seu conhecimento sobre música.
Organizações de trabalho	P. Marcus, P. Baptista e P. Brandt (1979): *Rural delivery systems.*	William D. Bygrave e Dan D'Heilly (editores) (1997): *The portable MBA entrepreneurship case studies.*
Alcance do estudo	Pesquisa que demonstra a pouca coordenação que há em uma rede de serviços sociais. Recomenda políticas a serem seguidas para conseguir que os serviços cheguem aos destinatários.	Compêndio de estudos de caso que apoiam a análise sobre a viabilidade de novas empresas e os desafios que enfrentam nos mercados emergentes.
O fenômeno urbano	Louis Wirth (1964): *¿Cuáles son las variables que afectan la vida social en la ciudad?*	Manuel Castells (1979): *The urban question.*
Alcance do estudo	A densidade da população e a escassez de moradia são consideradas influentes no descontentamento político.	O autor critica aquilo que o urbanismo tradicionalmente estuda, e argumenta que a cidade não é mais do que um espaço onde se expressam e manifestam as relações de exploração.
O comportamento delinquente*	Robert J. Sampson e John H. Laud (1993): *Crime in the making: pathways and turning points through life.*	Martín Sánchez Jankowski (1991): *Islands in the street: gangs and American urban society.*
Alcance do estudo	Os pesquisadores analisaram novamente os dados coletados entre 1939 e 1963 pelo casal de cientistas sociais (Sheldon e Eleanor Glueck). Analisam as variáveis que influenciam o comportamento desviante de adolescentes autores de delitos.	Durante 10 anos o pesquisador estudou 37 gangues de Los Angeles, Boston e Nova York. Jankowski conviveu e inclusive fez parte das gangues (sendo até mesmo preso e ferido). Sua indagação profunda teve como foco o indivíduo, as relações entre os membros da gangue e seu vínculo com a comunidade.

*Para uma revisão mais ampla desses estudos, com a finalidade de analisar a diferença entre uma abordagem quantitativa e uma qualitativa, recomendamos o livro de Corbetta (2003, p. 34-43).

Se olharmos mais atentamente para a Tabela 1.3, é possível ver que os estudos quantitativos estabelecem relações entre variáveis com a finalidade de chegar a proposições mais precisas e fazer recomendações específicas. Por exemplo, a pesquisa de Rogers e Waisanen (1969) indica que nas sociedades rurais a comunicação interpessoal é mais eficaz do que a comunicação dos meios coletivos. O que se espera é que nos estudos quantitativos os pesquisadores elaborem um relatório com seus resultados e ofereçam recomendações aplicáveis a uma população mais ampla, que servirão para a solução de problemas ou a tomada de decisões.

O alcance final dos estudos quantitativos consiste, muitas vezes, em compreender um fenômeno social complexo. O importante não é medir as variáveis envolvidas nesse fenômeno, mas entendê-lo.

Vamos pegar como exemplo o estudo das ocupações e seus efeitos na conduta individual que está na Tabela 1.3, nele é possível notar a divergência à qual nos referimos. No clássico estudo de Howard Becker (1951) sobre o músico de *jazz*, o autor consegue nos fazer compreender as regras e os ritos no desempenho dessa profissão. "E a utilidade de seu alcance?", podem perguntar alguns; ela não está somente em compreender esse contexto, mas no fato de que as normas que o orientam podem ser transferidas para outras situações similares de trabalho. Por outro lado, o estudo quantitativo de Hammond (2000) procura estabelecer claramente variáveis pessoais e do desempenho da profissão docente, que sirvam para formular políticas de contratação e de capacitação para o magistério. Para quê? Com a única finalidade de aumentar o êxito acadêmico dos estudantes.

Por último, a pesquisa de Sampson e Laud (1993) teve como objetivo analisar a relação entre nove variáveis estruturais independentes ou causas (entre outras a aglomeração habitacional, o número de irmãos, o *status* socioeconômico, as tendências dos pais, etc.) e o comportamento delinquente (variável dependente ou efeito). Ou seja, gerar um modelo teórico explicativo que pudesse ser extrapolado aos jovens norte-americanos da época em que os dados foram coletados. Enquanto o estudo qualitativo de Sánchez Jankowski (1991) pretende construir as vivências dos membros das gangues, os motivos da adesão e o significado de ser membro destas, assim como compreender as relações entre os atores e seu papel na sociedade. Em outras palavras: entendê-los.

Na quarta parte deste livro, no Capítulo 17, comentamos sobre a visão mista, que implica juntar os dois enfoques em uma mesma pesquisa, o que Hernández Sampieri e Mendonza (2008) chamaram de – metaforicamente falando – "o casamento quantitativo-qualitativo".

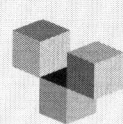

Resumo

- A *pesquisa* é definida como "um conjunto de processos sistemáticos e empíricos aplicado no estudo de um fenômeno".
- Durante o século XX dois enfoques surgiram para realizar pesquisa: o *enfoque quantitativo* e o *enfoque qualitativo*.
- Em termos gerais, os dois enfoques utilizam processos cuidadosos, sistemáticos e empíricos para gerar conhecimento.
- A definição de pesquisa é válida tanto para o enfoque quantitativo quanto para o qualitativo. Os dois enfoques são um processo que, por sua vez, integra diversos processos. O *enfoque quantitativo* é sequencial e comprobatório. Cada etapa precede à seguinte e não podemos "pular ou evitar" passos, embora seja possível, claro, redefinir alguma fase. O *processo qualitativo* é "em espiral" ou circular, no qual as etapas a serem realizadas interagem entre si e não seguem uma sequência rigorosa.
- No *enfoque quantitativo* as perguntas a serem pesquisadas são específicas e delimitadas desde o início de um estudo. Além disso, as hipóteses são estabelecidas previamente, isto é, antes de coletar e analisar os dados. A coleta dos dados se fundamenta na medição e a análise em procedimentos estatísticos.
- A *pesquisa quantitativa* deve ser a mais "objetiva" possível, evitando a influência das tendências do pesquisador ou de outras pessoas.
- Os estudos quantitativos seguem um padrão previsível e estruturado (o processo).
- Em uma pesquisa quantitativa o que se pretende é generalizar os resultados encontrados em um grupo para uma coletividade maior.
- A meta principal dos estudos quantitativos é a construção e a demonstração de teorias.
- O enfoque quantitativo utiliza a lógica ou raciocínio dedutivo.
- O enfoque qualitativo – às vezes chamado de *pesquisa naturalista*, fenomenológica, interpretativa ou etnográfica – é uma espécie de "guarda-chuva" no qual incluímos uma variedade de concepções, visões, técnicas e estudos não quantitativos. Ele é utilizado, primeiro, para descobrir e aprimorar perguntas de pesquisa.
- Na busca qualitativa, em vez de iniciar com uma teoria específica e depois "voltar" para o mundo empírico para confirmar se a teoria é apoiada pelos fatos, o pesquisador começa examinando o mundo social e, nesse processo, desenvolve uma teoria "consistente" com a qual observa o que acontece.
- Na maioria dos estudos qualitativos as hipóteses não são testadas, são construídas durante o processo e vão sendo aprimoradas conforme mais dados são coletados, ou são um resultado do estudo.
- O enfoque se baseia em métodos de coleta de dados não padronizados. Não se efetua uma medição numérica, portanto, a análise não é estatística. A coleta dos dados consiste em obter as perspectivas e os pontos de vista dos participantes.
- O processo de indagação é flexível e se move entre os eventos e sua interpretação, entre as respostas e o desenvolvimento da teoria. Seu propósito é "reconstruir" a realidade, da mesma forma como ela é observada pelos atores de um sistema social previamente definido. Muitas vezes é chamado de "holístico", porque é preciso considerar o "todo" sem reduzi-lo ao estudo de suas partes.
- As indagações qualitativas não pretendem generalizar os resultados de maneira probabilística para populações mais amplas.
- O enfoque qualitativo busca principalmente a "dispersão ou expansão" dos dados e informação; enquanto o quantitativo pretende, de maneira intencional, "delimitar" a informação.
- Ambos os enfoques são muito valiosos e contribuíram de maneira notável para o avanço do conhecimento.
- A *pesquisa* quantitativa nos oferece uma grande oportunidade de réplica e um enfoque sobre pontos

específicos dos fenômenos, além de facilitar a comparação entre estudos similares.
- Já a *pesquisa* qualitativa proporciona profundidade aos dados, dispersão, riqueza interpretativa, contextualização do ambiente ou entorno, detalhes e experiências únicas. Também traz um ponto de vista "novo, natural e completo" dos fenômenos, assim como flexibilidade.
- Os métodos quantitativos foram os mais utilizados pelas ciências chamadas exatas ou naturais. Os qualitativos foram empregados mais nas humanas.
- Nos dois processos as técnicas de coleta dos dados podem ser múltiplas.
- Anteriormente, o processo quantitativo era equiparado ao método científico. Hoje, tanto o processo quantitativo quanto o qualitativo são considerados formas de fazer ciência e produzir conhecimento.

Conceitos básicos

Análise dos dados
Coleta dos dados
Dados qualitativos
Dados quantitativos
Enfoque qualitativo
Enfoque quantitativo
Hipóteses
Lógica dedutiva

Lógica indutiva
Padrão cultural
Processo de pesquisa
Processo qualitativo
Processo quantitativo
Realidade
Teoria

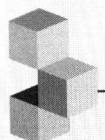

Exercícios

1. Revise os resumos de um artigo científico que se refira a um estudo quantitativo e um artigo científico que seja o resultado de um estudo qualitativo, de preferência sobre um tema similar.
2. De acordo com o que você leu neste capítulo, quais seriam as diferenças entre ambos os estudos? Discuta as implicações com seu professor e colegas.
3. No CD anexo você encontrará uma série de revistas científicas com característica quantitativa e qualitativa para escolher os artigos (Material complementario → Apéndices → Apéndice 1. Publicaciones periódicas más importantes).

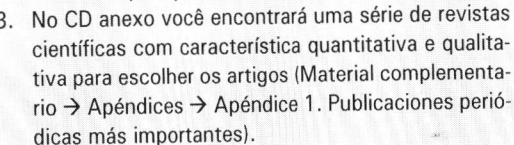

Os pesquisadores opinam

Ideias sobre o que é pesquisar e como se faz isso

Estou muito grata aos autores por terem me convidado para compartilhar meus pensamentos sobre pesquisa neste livro tão importante. Gostaria de dar algumas ideias sobre o que é pesquisar e como se faz isso. Começarei citando um exemplo que um professor da Universidade de Columbia me mostrou no início de meus estudos.

Você foi convidado para uma festa... Nela você pode conhecer um determinado convidado ou não conhecê-lo. O mesmo acontece com cada um dos convidados. Com base nisso, formulo uma pergunta: em uma festa, qual deve ser o número mínimo de convidados para que seja possível garantir que, diante de qualquer relação existente entre eles (que se conheçam ou que não se conheçam), *sempre* vamos encontrar *ao menos um grupo de três* que se conheçam entre si ou, ainda, um grupo de três que são desconhecidos? A resposta é seis. Em outras palavras, podemos garantir que em uma festa onde há seis convidados, vamos encontrar um grupo de três (desses seis) em que ou três se conhecem entre eles ou, ainda, os três são desconhecidos.

Não importa se você chegou ou não a essa resposta, você pode ter uma ideia do que é a pesquisa. De qualquer modo, eu dou algumas pistas que facilitam chegar ao resultado: imagine que toda pessoa convidada para uma festa é um ponto na superfície de um papel. Dois pontos representam dois convidados; três pontos, três convidados, etc. Então, pegue uma caneta para desenhar dois pontos em um papel em branco, que serão identificados como A e B. Esses dois convidados (A e B) podem se conhecer ou não. Caso eles se conheçam, una dois pontos com uma linha contínua, caso não, com uma linha descontínua.

Podemos transferir o dilema da festa para um problema de união de pontos em uma folha com linhas contínuas e descontínuas. Quantos pontos temos de desenhar em uma folha para que, não importando como estejam unidos (com linha contínua ou descontínua), seja possível garantir que sempre vamos encontrar um grupo de três em que, ou todos estão unidos com linhas contínuas ou, ainda, todos com linhas descontínuas? Naturalmente que não será uma festa de três porque, por exemplo, quando A conhece B (linha contínua entre ambos), mas não conhece C (linha descontínua entre B e C), não será possível encontrar o subgrupo de três em que todos estão unidos com uma linha contínua ou todos unidos com uma linha descontínua. O mesmo acontece em um grupo de quatro. E o mesmo acontece em um grupo de cinco (veja a figura).

Com cinco pontos nós não podemos garantir que *sempre* vamos encontrar um subgrupo de três pessoas em que todos estão unidos por uma linha contínua ou todos por uma linha descontínua, mas caso a situação que observamos na figura aconteça, então não existe um subgrupo de três convidados que estão unidos por uma linha contínua ou por uma descontínua (isto é, que os três se conheçam ou não). Portanto, nós demonstramos que se colocarmos menos de seis pontos em um papel será impossível garantir que diante de qualquer situação (os diferentes convidados se conheçam entre si ou não) seja possível encontrar um subgrupo de três em que todos estão unidos com linhas contínuas ou descontínuas. Então, o que aconteceria com seis? Se desenharmos seis pontos em um papel em branco, podemos garantir que encontraremos sempre um subgrupo de três em que todos estejam unidos com linhas contínuas ou descontínuas? Isso pode ser facilmente visto da seguinte forma: vamos voltar para a festa de cinco e acrescentar mais uma pessoa, F. Agora, independentemente das combinações de linhas (contínuas ou descontínuas) com que unimos F às outras, sempre haverá um subgrupo de três que está unido com linhas contínuas ou descontínuas.

A próxima pergunta é: qual tamanho deverá ter a festa para que possamos garantir que vamos encontrar ao menos um grupo de quatro convidados em que todos se conheçam ou todos sejam desconhecidos? Essa questão foi resolvida há muitos anos pelo famoso matemático Erdös. A resposta é 18 e é complicado chegar a ela. A resposta de Erdös é a mais simples que se conhece (de fato, ele era conhecido por sua devoção à simplicidade em pesquisa, assim como na vida) e exigiu mais de uma dúzia de páginas de testes técnicos matemáticos.

As perguntas anteriores são as primeiras e mais simples do denominado "dilema da festa". Agora você deve se perguntar qual é a resposta para a terceira questão: qual tamanho deverá ter a festa para que possamos garantir que vamos encontrar diante de qualquer situação (que os convidados se conheçam ou não), *ao menos um grupo de cinco convidados* em que ou todos se conheçam ou todos sejam desconhecidos? Você ficará surpreso se eu disser que até agora ninguém encontrou a resposta para essa pergunta!

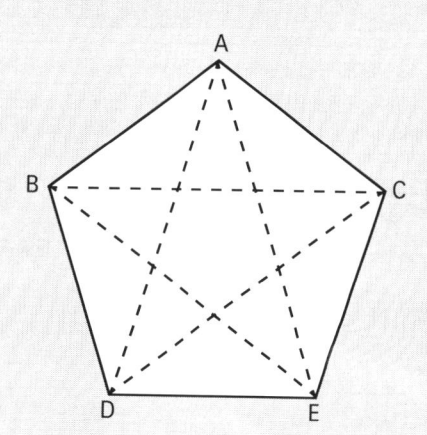

Eu suponho que você tentou responder ao menos a primeira pergunta. Portanto, deixe-me perguntar outra coisa: você encontrou alguma forma para chegar à resposta? Lembre-se de que encontrar a resposta para a última pergunta certamente o tornará famoso instantaneamente. Resumidamente, pesquisa não é outra coisa do que encontrar respostas satisfatórias para perguntas. As perguntas não precisam ser tecnicamente complexas, embora possam surgir dificuldades técnicas em alguma das fases do processo. Em vez disso, elas poderiam ser (e, de fato, as melhores são) simples questões do dia a dia. Surpreendentemente, a pesquisa de nível mais elevado, quando apresentada com os termos técnicos de um campo determinado, pode parecer muito teórica e abstrata ou muito distante da realidade. Mas, por incrível que pareça, ela costuma surgir de situações simples da vida real.

Esse tipo de pesquisa descrita anteriormente – que é conhecida como análise de redes – é realizada em laboratórios de pesquisa, e é por isso que eu gostaria de terminar com uma descrição de como funciona esse tipo de laboratório, tendo como base o laboratório de comunicação humana da Universidade de Columbia, onde trabalho parte do ano, e o da Associación Iberoamericana de la Comunicacíon, alojada na Universidade de Oviedo, primeiro laboratório de comunicação da Espanha.

Como funciona um laboratório

Primeiro, a ciência não é desenvolvida por uma pessoa, mas sim por um grupo, uma equipe. A comunidade científica nasce de uma investigação extremamente cuidadosa onde se formam pesquisadores. Também é um lugar físico, onde um grupo de pessoas trabalha em equipe. Geralmente, um laboratório consiste em um ou vários pesquisadores principais cuja responsabilidade é conseguir custear o laboratório e supervisionar o trabalho científico. No próximo nível estão os pesquisadores que obtiveram recentemente sua pós-graduação ou estão em processo de obtê-la. Eles terão como responsabilidade gerenciar os experimentos dentro do laboratório. Finalmente, temos os assistentes de pesquisa, geralmente estudantes de graduação ou trabalhadores assalariados que ajudam no trabalho diário dentro do laboratório, como preparar os experimentos, capturar dados e codificar as condutas observadas.

É importante considerar que existem questões éticas envolvidas no estudo do comportamento humano. Quando estudamos comportamento, estudamos pessoas que devem ser tratadas de acordo com os padrões éticos. Devemos tratar as pessoas com *autonomia*, permitindo que *elas* escolham livremente participar da observação científica; tratá-las com *altruísmo*, isso significa que devemos maximizar os benefícios dos participantes e minimizar qualquer possível efeito prejudicial que possa ser produzido no processo, por isso os participantes devem ganhar pelo fato de fazer parte da pesquisa. Esse ganho pode ser educacional, psicológico ou financeiro. Finalmente, devemos tratá-las com *justiça*, todas as pessoas podem se beneficiar igualmente da pesquisa e nenhum grupo específico de pessoas deve correr algum tipo de risco.

Qual o motivo dessas formalidades que, às vezes, podem até ser cansativas? Elas nos permitem criar reiteradamente, de maneira controlada, ambientes onde os participantes ou grupo de participantes possam se envolver em um comportamento específico.

Então, agora só me resta comentar as implicações da pesquisa na sociedade; algo relativamente simples. O conhecimento permite que a sociedade seja mais eficiente e avance. Por isso a pesquisa, com o único propósito de aumentar o conhecimento da sociedade (agora com a era da internet, uma sociedade internacional global) é a base e possivelmente a única força condutora dos seres humanos para uma vida melhor. A continuidade desse processo gradual está garantida, pois como disse o grande filósofo Carl Jaspers, "a resposta para um problema sempre traz novas questões".

Doutora Laura Galguera
Universidade de Oviedo (Espanha)
Universidade de Columbia (Estados Unidos)

Os estudantes ouvem tanto falar sobre como a pesquisa é difícil e chata que chegam a essa etapa de sua escolaridade com a mente cheia de preconceitos e trabalham sob pressão, com medo e até mesmo ódio em relação a ela.

Antes que se envolvam nas tarefas rotineiras da elaboração de um projeto é preciso fazer com que reflitam sobre sua atitude diante dessa tentativa, para que valorizem a pesquisa em sua justa dimensão, já que a ideia não é levá-los a acreditar que ela é a panaceia que irá solucionar todos os problemas, ou que somente nos países do primeiro mundo é que se tem capacidade para realizá-la.

A pesquisa é mais uma das fontes de conhecimento, portanto, se a decisão foi ampliar suas fronteiras, será indispensável realizá-la com responsabilidade e ética.

Embora a pesquisa quantitativa esteja consolidada como a predominante no horizonte científico internacional, nos últimos cinco anos a pesquisa qualitativa passou a ter maior aceitação; por outro lado, o antigo debate de oposição entre os dois tipos começa a ser superado.

Outro avanço na pesquisa é a internet; antigamente, a revisão da literatura era longa e entediante, hoje acontece o contrário, o pesquisador pode se dedicar mais à análise da informação em vez de escrever dados em centenas de cartões.

No entanto, ainda existem pesquisadores e docentes que gostam de adotar posturas radicais. Eles se comportam como a "criança do martelo", que após conhecer essa ferramenta passa a ver tudo que está a sua volta como um prego, sem sequer questionar se o que precisa é de um serrote ou uma chave de fenda.

Carlos G. Alonzo Blanquero
Professor-pesquisador titular
Facultad de Educación
Universidad Autónoma de Yucatán
Mérica, México

✓ NOTAS

1. No CD anexo o leitor encontrará um capítulo sobre os antecedentes da abordagem quantitativa e qualitativa (ver o primeiro capítulo: "Historia de los enfoques cuantitativo, cualitativo y mixto").
2. Embora no CD se aborde mais detalhadamente esse tema, por ora basta dizer que o enfoque quantitativo nas ciências sociais surge fundamentalmente na obra de Auguste Comte (1709-1857) e Émile Durkheim (1858-1917). Eles sugeriram que o estudo sobre os fenômenos sociais tem de ser "científico", isto é, suscetível à aplicação do mesmo método que era utilizado com êxito nas ciências naturais. Eles defendiam que todas as "coisas" ou fenômenos estudados pelas ciências eram mensuráveis. Essa corrente é chamada de *positivismo*. O enfoque qualitativo tem sua origem em outro pioneiro das ciências sociais: Max Weber (1864-1920), que introduz o termo *Verstehen* ou "entender", com o qual reconhece que além da descrição e medição de variáveis sociais, também é preciso considerar os significados subjetivos e a compreensão do contexto em que ocorre o fenômeno. Weber propôs um método híbrido, com ferramentas como os tipos ideais, no qual os estudos não sejam somente de variáveis macrossociais, mas de ocorrências individuais.
3. Não podemos, por exemplo, definir e selecionar a amostra antes de formularmos as hipóteses; também não é possível coletar ou analisar dados se não desenvolvemos previamente o desenho ou definimos a amostra.
4. Claro que sabemos que não existe a objetividade "pura ou completa".

5. Esse enfoque também ficou conhecido como pesquisa naturalista, fenomenológica, interpretativa ou etnográfica, e é uma espécie de "guarda-chuva" no qual se inclui uma variedade de concepções, visões, técnicas e estudos não quantitativos. De acordo com Grinnell (1997) existem diversos marcos interpretativos, como o interacionismo, a etnometodologia, o construtivismo, o feminismo, a fenomenologia, a psicologia dos constructos pessoais, a teoria crítica, etc., que são incluídos nesse "guarda-chuva para realizar estudos".
6. Aqui o "todo" é o fenômeno de interesse. Por exemplo, em seu livro *Police Work*, Peter Manning (1997) mergulha por semanas no estudo e na análise do trabalho policial. Seu interesse é compreender as relações e a lealdade que surgem entre pessoas que se dedicam a essa profissão. E ele consegue isso sem "medição" de atitudes, apenas captando o fenômeno próprio da vida na polícia.
7. Vamos utilizar o exemplo de uma câmera fotográfica: no estudo *quantitativo* definimos o que vamos fotografar e tiramos a foto. No *qualitativo* é como se a função "*zoom in*" (aproximação) e "*zoom out*" (distanciamento) fossem constantemente utilizadas para capturar em uma área qualquer a imagem de interesse.
8. Creswell (2009 e 2005), García e Berganza (2005), Mertens (2005), Todd (2005), Unrau, Grinnell e Willians (2005), Corbetta (2003), Sandín (2003), Esterberg (2002), Guba e Lincoln (1994).

2

Nascimento de um projeto de pesquisa quantitativo, qualitativo ou misto: a ideia

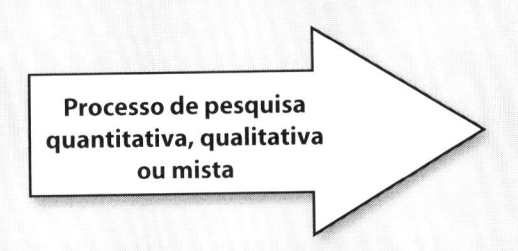

Processo de pesquisa quantitativa, qualitativa ou mista ➔ **Passo 1 O início de uma pesquisa: o tema e a ideia**
- Pensar no tema a ser pesquisado.
- Gerar a ideia que será estudada.

Objetivos da aprendizagem

Ao concluir este capítulo, o aluno será capaz de:

1. conhecer as fontes que podem inspirar pesquisas científicas, independentemente de ser um enfoque quantitativo, qualitativo ou misto;
2. gerar ideias potenciais para pesquisar a partir de uma perspectiva científica quantitativa, qualitativa ou mista.

Síntese

Neste capítulo, mostramos como as pesquisas de qualquer tipo são iniciadas: pelas ideias. Também falamos sobre as fontes que inspiram essas ideias de pesquisa e a maneira de desenvolvê-las, para assim conseguir formular propostas de pesquisa científica tanto quantitativas como qualitativas ou mistas. No final, sugerimos critérios para gerar boas ideias.

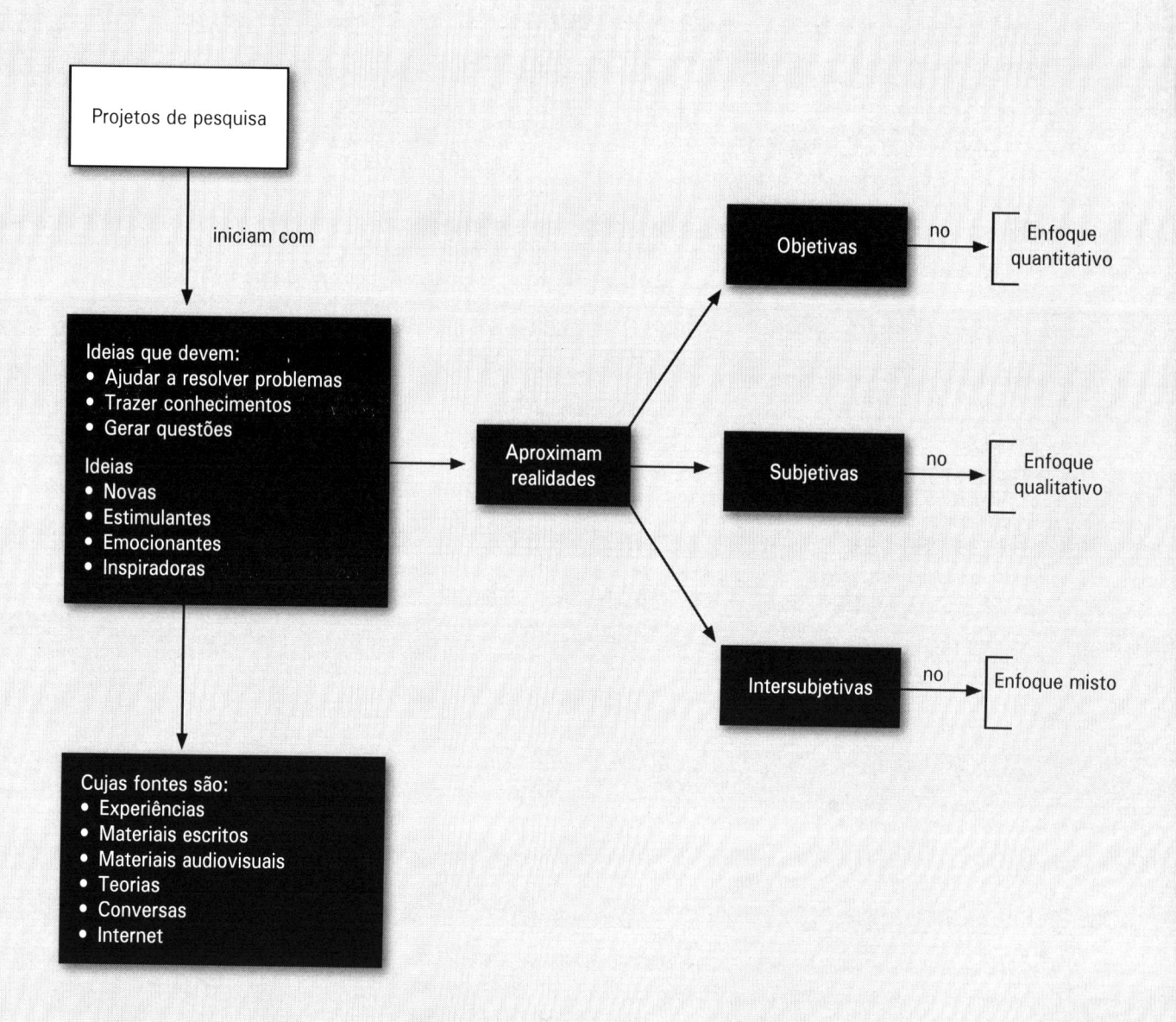

```
                    Projetos de pesquisa
                            │
                            │ iniciam com
                            ▼
    ┌─────────────────────────────────┐
    │ Ideias que devem:               │
    │  • Ajudar a resolver problemas  │                                    ┌──────────────┐      ┌──────────────┐
    │  • Trazer conhecimentos         │                                    │  Objetivas   │─ no →│   Enfoque    │
    │  • Gerar questões               │                                    └──────────────┘      │ quantitativo │
    │                                 │                                         ▲                └──────────────┘
    │ Ideias                          │         ┌──────────────┐                │
    │  • Novas                        │────────▶│  Aproximam   │────────────────┤
    │  • Estimulantes                 │         │  realidades  │────────▶ ┌──────────────┐      ┌──────────────┐
    │  • Emocionantes                 │         └──────────────┘          │  Subjetivas  │─ no →│   Enfoque    │
    │  • Inspiradoras                 │                │                  └──────────────┘      │  qualitativo │
    └─────────────────────────────────┘                │                                        └──────────────┘
                    │                                  ▼
                    │                           ┌──────────────────┐      ┌──────────────┐
                    ▼                           │ Intersubjetivas  │─ no →│ Enfoque misto│
    ┌─────────────────────────────────┐         └──────────────────┘      └──────────────┘
    │ Cujas fontes são:               │
    │  • Experiências                 │
    │  • Materiais escritos           │
    │  • Materiais audiovisuais       │
    │  • Teorias                      │
    │  • Conversas                    │
    │  • Internet                     │
    └─────────────────────────────────┘
```

COMO SURGEM AS PESQUISAS QUANTITATIVAS, QUALITATIVAS OU MISTAS?

As pesquisas surgem das **ideias**, não importando o tipo de paradigma que fundamenta nosso estudo nem o enfoque que iremos seguir. Para iniciar uma pesquisa, sempre precisamos de uma ideia; ainda não conhecemos o substituto de uma boa ideia.

IDEIAS DE PESQUISA São o primeiro contato que temos com a realidade que será pesquisada ou com os fenômenos, eventos e ambientes que serão estudados.

As ideias são nosso primeiro contato com a *realidade objetiva* (do ponto de vista quantitativo), a *realidade subjetiva* (do ponto de vista qualitativo) ou a *realidade intersubjetiva* (a partir da visão mista) que deverá ser pesquisado.

Fontes de ideias para uma pesquisa

Existe uma grande variedade de *fontes que podem gerar ideias de pesquisa*, entre as quais estão as experiências individuais, os materiais escritos (livros, artigos de revistas ou periódicos, documentos e teses), os materiais audiovisuais e os programas de rádio ou televisão, a informação disponível na internet (em sua ampla gama de possibilidades, como *sites*, fóruns de discussão, entre outros), as teorias, as descobertas como produto de pesquisas, as conversas pessoais, a observação de fatos, as crenças e até mesmo as intuições e os pressentimentos. No entanto, as fontes que dão origem às ideias não estão relacionadas com sua qualidade. O fato de um estudante ler um artigo científico e retirar dele uma ideia de pesquisa não significa necessariamente que esta seja melhor do que a de outro estudante que a obteve enquanto assistia a um filme ou a uma partida de futebol da Copa Libertadores. Essas fontes também conseguem gerar ideias, separadamente ou em conjunto; por exemplo, quando sintonizamos o noticiário e ficamos sabendo sobre casos de violência ou terrorismo, podemos começar então a desenvolver uma ideia para realizar uma pesquisa. Depois podemos conversar a respeito da ideia com alguns amigos e torná-la um pouco mais precisa ou modificá-la; e, posteriormente, buscar informação sobre elas em revistas e jornais ou até mesmo consultar artigos científicos e livros sobre violência, terrorismo, pânico coletivo, multidões, psicologia de massas, etc.

O mesmo poderia ser feito no caso da imigração, do pagamento de impostos, da crise econômica, das relações familiares, da amizade, das propagandas no rádio, das doenças sexualmente transmissíveis, da administração de uma empresa, do desenvolvimento urbano e de outros temas.

Como surgem as ideias de pesquisa?

Uma ideia pode surgir onde os grupos se reúnem – restaurantes, hospitais, bancos, indústrias, universidades e tantas outras formas de associação – ou quando se observa as campanhas para qualquer cargo político. Alguém poderia se perguntar: Será que toda essa publicidade serve para algo? Será que tantos cartazes, *outdoors*, anúncios na televisão e muros pintados têm algum efeito sobre os eleitores? Também é possível gerar ideias ao ler uma revista de divulgação – por exemplo, ao terminar um artigo sobre a política exterior espanhola, alguém poderia pensar em uma pesquisa sobre as relações atuais entre a Espanha e a América Latina –, ao estudar em casa, ver televisão ou ir ao cinema – o filme romântico da moda poderia sugerir uma ideia para pesquisar algum aspecto das relações heterossexuais –, ao conversar com outras pessoas ou ao lembrar alguma experiência. Por exemplo, um médico que a partir da leitura de notícias sobre o vírus da imunodeficiência humana (HIV) queira saber mais sobre os avanços no combate a essa doença. Enquanto "navega" na internet uma pessoa pode ter ideias de pesquisa ou, ainda, por causa de algum evento que esteja acontecendo no presente; um exemplo seria o caso de uma jovem que lê na imprensa notícias sobre o terrorismo em alguma parte do mundo e inicia um estudo sobre como seus conterrâneos veem esse fenômeno nos tempos atuais.

Uma aluna japonesa de mestrado em desenvolvimento humano iniciou um estudo com mulheres de 35 a 55 anos que ficaram viúvas recentemente. Seu objetivo era analisar o efeito psicológico provocado pela perda do esposo porque uma de suas melhores amigas havia sofrido tal perda e cabia a ela dar apoio à amiga (Miura, 2001). Essa experiência foi casual, mas motivou um estudo profundo.

Às vezes, as ideias são proporcionadas por outras pessoas e satisfazem determinadas necessidades. Por exemplo, um professor pode nos pedir uma pesquisa sobre determinado tema; no trabalho, um superior pode solicitar um estudo específico a um subordinado, ou um cliente contratar uma agência para realizar uma pesquisa de mercado.

A imprecisão das ideias iniciais

A maioria das ideias iniciais é vaga e exige ser analisada com cuidado para que se transforme em formulações mais precisas e estruturadas, principalmente no processo quantitativo. De acordo com Labovitz e Hagedorn (1981), quando uma pessoa desenvolve uma ideia de pesquisa deve se familiarizar com o campo de conhecimento no qual essa ideia se encontra.

Exemplo

Uma jovem (Mariana), ao refletir sobre o namoro poderia fazer a seguinte pergunta: "Quais aspectos contribuem para que um homem e uma mulher tenham uma relação que seja cordial e satisfatória para ambos?", e decidir realizar uma pesquisa que estude os fatores presentes na evolução do namoro. No entanto, até esse momento sua ideia é vaga e ela deve especificar diversas questões, tais como:

- Se irá incluir em seu estudo todos os fatores que podem interferir no desenvolvimento do namoro ou apenas alguns deles.
- Se irá se concentrar em pessoas de uma determinada idade ou de várias idades.
- Se a pesquisa terá um enfoque psicológico ou sociológico.

Ela também precisa começar a ver se irá utilizar o processo quantitativo, o qualitativo ou um estudo misto. Talvez seu interesse seja relacionar os elementos que afetam o namoro no caso de estudantes (criar uma espécie de modelo), ou prefira entender o significado do namoro para jovens de sua idade. Para que possa continuar sua pesquisa é indispensável que ela se insira na área de conhecimento em questão. Deverá conversar com pesquisadores no campo das relações interpessoais: psicólogos, psicoterapeutas, pessoas da área de comunicação e de desenvolvimento humano, e também procurar e ler alguns artigos e livros que abordem o namoro, conversar com vários casais, assistir a alguns filmes educativos sobre o tema, buscar *sites* na internet com informação útil para sua ideia e realizar outras atividades similares para se familiarizar com seu tema de estudo. Quando já estiver totalmente acostumado com ele, estará em condições de tornar sua ideia de pesquisa mais precisa.

Uma jovem poderia ter a ideia de pesquisar: "Quais aspectos contribuem para que um homem e uma mulher tenham uma relação que seja cordial e satisfatória para ambos?".

Necessidade de conhecer os antecedentes

Para entrar no tema é necessário conhecer estudos, pesquisas e trabalhos anteriores, principalmente se a pessoa não é especialista nesse tema. Conhecer o que foi feito a respeito de um tema ajuda a:

- *Não pesquisar sobre algum tema que já foi estudado a fundo.* Isso implica que uma boa pesquisa deve ser original, o que pode ser conseguido quando abordamos um tema não estudado, quando nos aprofundamos em um tema pouco ou medianamente conhecido, ou quando trazemos uma visão diferente ou inovadora para um problema mesmo que ele já tenha sido reiteradamente analisado (por exemplo: a família é um tema muito estudado; mas, se alguém a analisa de um ponto de vista diferente, digamos, a partir da maneira como ela é apresentada nos filmes espanhóis recentes, isso daria à sua pesquisa um enfoque original).
- **Estruturar mais formalmente a ideia de pesquisa.** Por exemplo, quando uma pessoa vê um programa de televisão com muitas cenas de conteúdo sexual explícito ou implícito, ela talvez se interesse em realizar uma pesquisa sobre esse tipo de programas. No entanto, sua ideia é confusa, não sabe como abordar o tema e este não está estruturado; então, consulta diversas fontes bibliográficas sobre ele, conversa com alguém que conhece a temática e analisa mais programas desse tipo; e, quando já se aprofundou no campo de estudo correspondente, é capaz de esboçar com maior clareza e formalidade o que quer pesquisar. Vamos supor que ela decida se centrar em um estudo quantitativo sobre os efeitos que esses programas provocam na conduta sexual dos adolescentes argentinos; ou, então, decida compreender os significados que essas transmissões televisivas têm para eles (qualitativo). Também poderia abordar o tema sob outro ponto de vista, por exemplo, pesquisar se há ou não uma quantidade considerável de programas com muito conteúdo sexual na televisão argentina atual, quais são os canais e os horários em que eles são transmitidos, quais situações mostram esse tipo de conteúdo e como isso é feito (quantitativo). Dessa maneira, sua ideia se tornará muito mais precisa. Claro que no enfoque qualitativo da pesquisa o propósito não é sempre contar com uma ideia e uma formulação de pesquisa completamente estruturadas; mas sim com uma ideia e uma visão que nos leve a um ponto de partida e, em qualquer caso, é aconselhável consultar fontes anteriores para obter referências, mesmo que no final nosso estudo comece partindo de bases próprias e sem estabelecer alguma crença preconcebida.

> **ESTRUTURAÇÃO DA IDEIA DE PESQUISA** Refere-se a esboçar com maior clareza e formalidade o que queremos pesquisar.

- *Selecionar a perspectiva principal a partir da qual a ideia de pesquisa será abordada.* Na realidade, embora os fenômenos do comportamento humano sejam os mesmos, eles podem ser analisados de diversas formas, de acordo com a disciplina dentro da qual a pesquisa se encaixa. Por exemplo, se as organizações forem estudadas basicamente a partir do ponto de vista da comunicação, o interesse estaria centrado em aspectos como as redes e os fluxos de comunicação nas organizações, os meios de comunicação, os tipos de mensagens emitidas e seu excesso, a distorção e a omissão da informação. Por outro lado, se forem estudadas mais do ponto de vista sociológico, a pesquisa iria se ocupar de aspectos como a estrutura hierárquica nas organizações, os perfis socioeconômicos de seus membros, a migração dos trabalhadores de áreas rurais para áreas urbanas e seu ingresso em centros fabris, as ocupações e outros aspectos. Se o ponto de vista adotado for fundamentalmente psicológico, outras questões seriam analisadas, como os processos de liderança, a personalidade dos membros da organização, a motivação no trabalho. Mas, se o enfoque das organizações for predominantemente mercadológico, então seriam pesquisadas questões como os processos de compra e venda, a evolução dos mercados e as relações entre empresas que competem dentro de um mercado.

A maioria das pesquisas, apesar de estar dentro de uma estrutura ou de uma perspectiva específica, não pode deixar de tocar de alguma forma em temas que estejam relacionados com diferentes campos ou disciplinas (por exemplo, as teorias da agressão social desenvolvidas pelos psicólogos foram utilizadas pelos comunicólogos para pesquisar os efeitos que a violência televisionada provoca na conduta das crianças que são expostas a ela). Portanto, quando consideramos o enfoque selecionado falamos de **perspectiva principal** ou **fundamental**, e não de perspectiva única. A escolha de uma ou de outra tem implicações significativas no desenvolvimento de um estudo.

> **PERSPECTIVA PRINCIPAL OU FUNDAMENTAL** Disciplina a partir da qual se aborda uma ideia de pesquisa utilizando conhecimentos provenientes de outros campos.

Também é comum realizar pesquisas interdisciplinares que abordem um tema utilizando várias estruturas ou perspectivas.

Se uma pessoa quer saber o que deve fazer para o desenvolvimento de um município, ela deverá utilizar uma perspectiva ambiental e urbanística para analisar aspectos como vias de comunicação, solo e subsolo, áreas verdes, densidade populacional, características das moradias, disponibilidade de terrenos, aspectos legais, etc. Mas não pode se esquecer de outras perspectivas como a educacional, de saúde, desenvolvimento econômico, desenvolvimento social, entre outras. Além disso, não importa se adotamos um enfoque qualitativo ou quantitativo da pesquisa, sempre temos de escolher uma perspectiva principal para abordar nosso estudo ou determinar quais perspectivas irão conduzi-lo. Então, estamos falando de **perspectiva** (disciplina a partir da qual a pesquisa é essencialmente conduzida) e **enfoque** do estudo (quantitativo, qualitativo ou misto).

Pesquisa prévia sobre os temas

É evidente que, quanto mais se conhece um tema, mais eficiente e rápido será o processo de aprimorar a ideia. Claro que existem temas que foram mais pesquisados que outros, portanto, seu campo de conhecimento está mais bem estruturado. Esses casos exigem formulações mais específicas. Poderíamos dizer que existem:

- *Temas já pesquisados, estruturados e formalizados,* sobre os quais é possível encontrar documentos escritos e outros materiais que relatam os resultados de pesquisas anteriores.
- *Temas já pesquisados, mas menos estruturados e formalizados,* que já foram pesquisados, embora existam somente alguns documentos escritos e outros materiais que relatam essa pesquisa; o conhecimento pode estar disperso ou não ser acessível. Por isso, seria necessário procurar os estudos não publicados e recorrer a meios informais como especialistas no tema, professores, amigos, etc. A internet é uma ferramenta valiosa nesse sentido.
- *Temas pouco pesquisados e pouco estruturados*, que exigem um esforço para encontrar aquilo que foi parcamente pesquisado.
- *Temas não pesquisados.*

Critérios para gerar ideias

Alguns pesquisadores famosos sugeriram os seguintes critérios para gerar ideias produtivas de pesquisa:

- *As boas ideias intrigam, estimulam e excitam o pesquisador pessoalmente.* Ao escolher um tema para pesquisar, e mais concretamente uma ideia, é importante que ele seja atraente. É muito chato ter de trabalhar em algo que não seja de nosso interesse. Quanto mais a ideia estimular e motivar o pesquisador, mais ele irá se envolver no estudo e mais predisposição terá para vencer os obstáculos que surgirem.
- *As boas ideias de pesquisa "não são necessariamente novas, mas originais".* Muitas vezes é necessário atualizar estudos anteriores ou adaptar as formulações vindas de pesquisas realizadas em contextos diferentes ou, às vezes, conduzir certas formulações por novos caminhos.
- *As boas ideias de pesquisa podem servir para elaborar teorias e solucionar problemas.* Uma boa ideia pode levar a uma pesquisa que ajude a formular, integrar ou comprovar uma teoria ou a iniciar outros estudos que, unidos à pesquisa, conseguem formar uma teoria. Ou, ainda, gerar novos métodos de coletar e analisar dados. Em outros casos, as ideias dão origem a pesquisas que ajudam a resolver problemas. Assim, um estudo elaborado para analisar os fatores que provocam condutas delituosas nos adolescentes poderia contribuir para a criação de programas voltados para a resolução de diversos problemas de delinquência juvenil.
- *As boas ideias podem servir para gerar novas perguntas e questionamentos.* Algumas delas precisam ser respondidas, mas também devemos criar outras. Às vezes um estudo consegue gerar mais perguntas do que respostas.

Resumo

- As pesquisas surgem a partir de ideias, que podem vir de diferentes fontes, e sua qualidade não está necessariamente relacionada com a fonte da qual vêm.
- Geralmente, as ideias são vagas e devem ser traduzidas em problemas mais concretos de pesquisa, por isso precisamos fazer uma revisão bibliográfica sobre a ideia ou buscar referências. Mas isso não nos impede de adotar uma perspectiva única e própria.
- As boas ideias devem estimular o pesquisador, ser originais e servir para a elaboração de teorias e a resolução de problemas.

Conceitos básicos

Enfoque de pesquisa
Estruturação da ideia de pesquisa
Fontes geradoras de ideias de pesquisa
Ideias de pesquisa

Inovação na pesquisa
Perspectiva da pesquisa
Tema de pesquisa

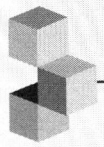

Exercícios

1. Veja um filme romântico e retire duas ideias de pesquisa.
2. Selecione uma revista científica (consulte no "Material complementario" do CD o Apéndice 1, a lista de revistas científicas), escolha um artigo e retire duas ideias de pesquisa.
3. Compare as ideias retiradas do filme e do artigo e responda as seguintes perguntas: Todas as ideias são frutíferas? Quais ideias são mais úteis, as que vieram do filme ou as do artigo científico? Como as ideias surgiram?
4. Navegue na internet e retire uma ideia de estudo como resultado de sua experiência.
5. Escolha uma ideia de pesquisa que você irá desenvolver durante a leitura do livro. Primeiro, utilizando o processo quantitativo e depois, o processo qualitativo.

Exemplos desenvolvidos

Exemplos quantitativos

A televisão e a criança
Descrever os usos que a criança faz da televisão e as gratificações que obtém ao ver programas televisivos.

O par e a relação ideais
Identificar os fatores que descrevem o casal ideal.

O abuso sexual infantil
Avaliar os programas para prevenir o abuso sexual infantil.

Exemplos qualitativos

A guerra Cristera* em Guanajuato
Compreender a guerra Cristera em Guanajuato (1926-1929) a partir das perspectivas de seus atores.

Consequências do abuso sexual infantil
Entender as experiências do abuso sexual infantil e suas consequências a longo prazo.

Shoppings centers
Conhecer a experiência de compra em *shoppings centers*.

Exemplos de métodos mistos

A pesquisa mista é um novo enfoque e implica combinar o método quantitativo e o qualitativo em um mesmo estudo. Por ora, vamos dar apenas uma ideia de um exemplo desse tipo de pesquisa. No Capítulo 17 aprofundamos as características e os desenhos do processo misto e incluímos diversos exemplos (entre eles este sobre a moda), assim como no Capítulo 12 do CD: "Ampliación y fundamentación de los métodos mixtos".

A moda e as mulheres brasileiras
Saber como as mulheres brasileiras definem e avaliam a moda.

---

* N. de T.: A luta entre a Igreja Católica e o Estado, ocorrida no México.

Os pesquisadores opinam

A formulação do problema ajuda a saber o que queremos pesquisar, a identificar os elementos presentes no processo e a definir o enfoque, porque na perspectiva quantitativa e qualitativa definimos claramente qual é o objeto de análise em uma situação determinada e, dependendo do tipo de estudo que pretendemos realizar, ambos podem ser mesclados.

Hoje existem muitos recursos para trabalhar em pesquisa qualitativa, e entre eles estão os livros, que apresentam técnicas e ferramentas atualizadas, e também as redes de computadores nas quais os pesquisadores podem obter informação para novos projetos.

Na pesquisa quantitativa se destaca o desenvolvimento de programas eletrônicos. Por exemplo, em minha área, que é a de engenharia de sistemas computacionais, existe o *software* de monitoramento, que contribui para a avaliação e o desempenho do *hardware*. Em ambos os enfoques, a internet representa uma ferramenta de trabalho, além de permitir realizar pesquisa em lugares remotos.

É fundamental incutir nos estudantes a importância de obter conhecimentos por meio de uma pesquisa, assim como um pensamento crítico e lógico, além de dizer a eles que para iniciar um projeto é necessário revisar a literatura existente e se manter informado sobre os problemas sociais.

Em meu campo de trabalho, a docência, a pesquisa é escassa, porque não se dedica tempo suficiente a ela; no entanto, na área de ciências, o governo desenvolve projetos muito importantes para o país.

Dilsa Eneida Vergara D.
Docente em tempo integral
Facultad de Ingeniería de Sistemas Computacionales
Universidad Tecnológica de Panamá
El Dorado, Panamá

O pesquisador não é só aquele indivíduo de avental branco fechado em um laboratório. A pesquisa tem um vínculo com a comunidade, o âmbito social ou a indústria. Ela não é realizada apenas pelos gênios; qualquer pessoa pode realizá-la, desde que se prepare para isso.

Um projeto começa com a formulação de perguntas baseadas na observação; essas perguntas surgem durante uma conferência, enquanto lemos os jornais ou na realidade cotidiana, e devem ser validadas por pessoas que possuem conhecimento sobre o tema abordado para atestar que são relevantes, que servem para realizar uma pesquisa e se esta, realmente, contribuiu com a disciplina relacionada ou se irá solucionar algum problema.

Depois vem a formulação do problema, que se for redigida de maneira clara e precisa representará um grande avanço. Sem descartar que posteriormente seja necessário fazer ajustes ou tornar as ideias mais precisas, mas na essência ela deve conter aquilo que foi proposto no início.

Quanto aos enfoques quantitativo e qualitativo da pesquisa, podemos dizer que houve mudanças significativas. Por exemplo, a pesquisa qualitativa adquiriu um nível mais elevado tanto no discurso como em seu marco epistemológico, além do desenvolvimento de instrumentos muito mais válidos para realizá-la.

Na pesquisa quantitativa houve um avanço nos processos, e *softwares* foram criados para facilitar a tabulação de dados; hoje os marcos epistemológicos também são trabalhados de uma maneira mais adequada. Vale lembrar que nesse tipo de pesquisa os testes estatísticos são muito importantes para determinar se existem diferenças significativas entre medições ou grupos, além de ajudar a obter resultados mais objetivos e precisos.

Gertrudys Torres Martínez
Docente pesquisadora
Facultad de Psicología
Universidad Piloto de Colombia
Bogotá, Colômbia

Quando um estudante conhece a obra *Metodologia de pesquisa*, talvez a veja apenas como um texto desconhecido, uma escolha de seu professor ou até mesmo uma proposta bibliográfica do programa de uma disciplina – a não ser que o trabalho de pesquisa esteja ligado a sua profissão, talvez por estar redigindo sua tese ou também porque a busca e a análise da informação façam parte de sua função no trabalho –, mas, tirando esses casos, ele a vê como mais um texto obrigatório. No entanto, se for um professor, essa obra já é uma companheira de suas aventuras docentes, uma obra clássica, mas nem por isso desatualizada, pois entre suas virtudes está o fato de conseguir ter êxito em todas as suas várias edições, que significa mais do que uma tiragem maior de livros. Como poucos títulos disponíveis no mercado, este foi revisado e atualizado, não só como uma decisão unilateral de seus autores e editores, mas também como parte de um processo de melhoria contínua por meio do produtivo e bilateral *feedback* com seus leitores, com aqueles que fizeram dela a primeira escolha por antonomásia na hora de pensar em ensinar teoria e ilustrá-la com casos reais sobre metodologia, muito mais do que repetir ou imitar exercícios do livro, mas com a ideia de criar indivíduos que de maneira autônoma e criativa sejam capazes de iniciar uma pesquisa original ou continuar o que foi pesquisado por outros com as bases suficientes para produzir novo conhecimento em suas diferentes disciplinas. E, para conseguir isso, uma obra deve estar sempre aberta a seus leitores, para melhorar, coisa que dentro da área de metodologia talvez esta seja a única que o fez, recusando-se a se transformar em um clássico ou *best-seller* que com o tempo envelhece, e que até aqueles que o tinham como livro de cabeceira o abandonam pela necessidade do atual, e é esta última característica que define o livro de Hernández Sampieri e colaboradores, pois nos leva por um caminho que começa com as diferenças entre a abordagem qualitativa e a quantitativa da realidade para formular um problema da maneira mais adequada, defini-lo de uma forma que nos leve a novas respostas sem cair nos mesmos caminhos de sempre. Propondo um desenho de pesquisa que, aliado aos caminhos idôneos para coletar informação confiável e tanto analisá-la como interpretá-la, nos coloquem em condições de dizer *encontramos algo novo, sabemos mais, melhoramos a compreensão de um tema* e também *encontramos a solução que todos buscavam*, caminho ou método que pelas mãos de Hernández Sampieri empreendemos reiteradamente, desde sua obra até espaços virtuais e fóruns *on-line* como material de apoio em formato eletrônico que potencializa as já poderosas ferramentas metodológicas, que expõe e submete à revisão crítica de seus leitores para assim melhorar a obra e, como um esforço em cadeia, melhorar tanto seus alcances como a produtiva assimilação e a prática dos usuários do livro, pois é de consulta permanente. Mais do que um livro passageiro em nossas vidas, chegou para ficar e nos fazer continuar juntos o caminho metódico de como encontrar as respostas que buscamos todos os dias de nossas vidas.

Doutor Moisés Del Pino Peña
Universidad Iberoamericana
México, D.F.

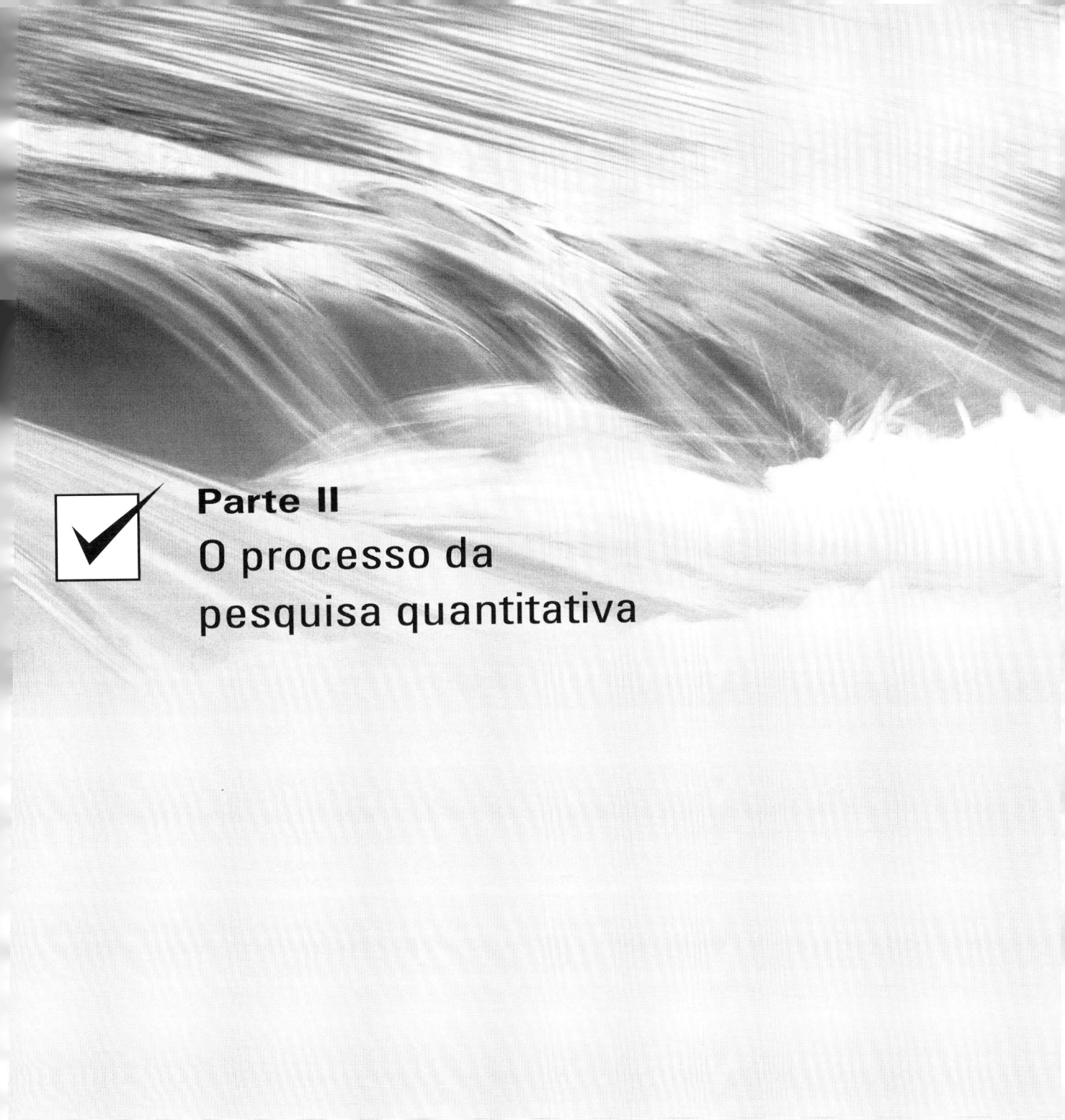

Parte II
O processo da pesquisa quantitativa

3
Formulação do problema quantitativo

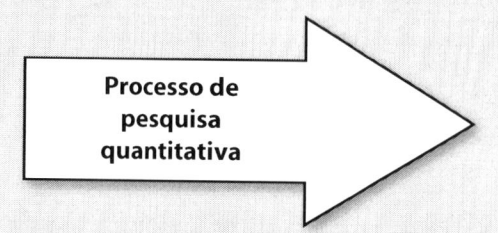

Processo de pesquisa quantitativa →

Passo 2 Formulação do problema de pesquisa
- Estabelecer os objetivos de pesquisa.
- Desenvolver as perguntas de pesquisa.
- Justificar a pesquisa e analisar sua viabilidade.
- Avaliar as deficiências no conhecimento do problema.

Objetivos da aprendizagem

Ao concluir este capítulo, o aluno será capaz de:

1. formular de maneira lógica e coerente problemas de pesquisa quantitativa com todos os seus elementos;
2. redigir objetivos e perguntas de pesquisa quantitativa;
3. compreender os critérios para avaliar um problema de pesquisa quantitativa.

Síntese

Neste capítulo iremos mostrar como a ideia é desenvolvida e se transforma na formulação do problema de pesquisa quantitativa. Em outras palavras, explicamos como formular um problema de pesquisa. Os cinco elementos analisados no capítulo são fundamentais *para formular quantitativamente um problema*: objetivos de pesquisa, perguntas de pesquisa, justificativa da pesquisa, viabilidade desta e avaliação das deficiências no conhecimento do problema.

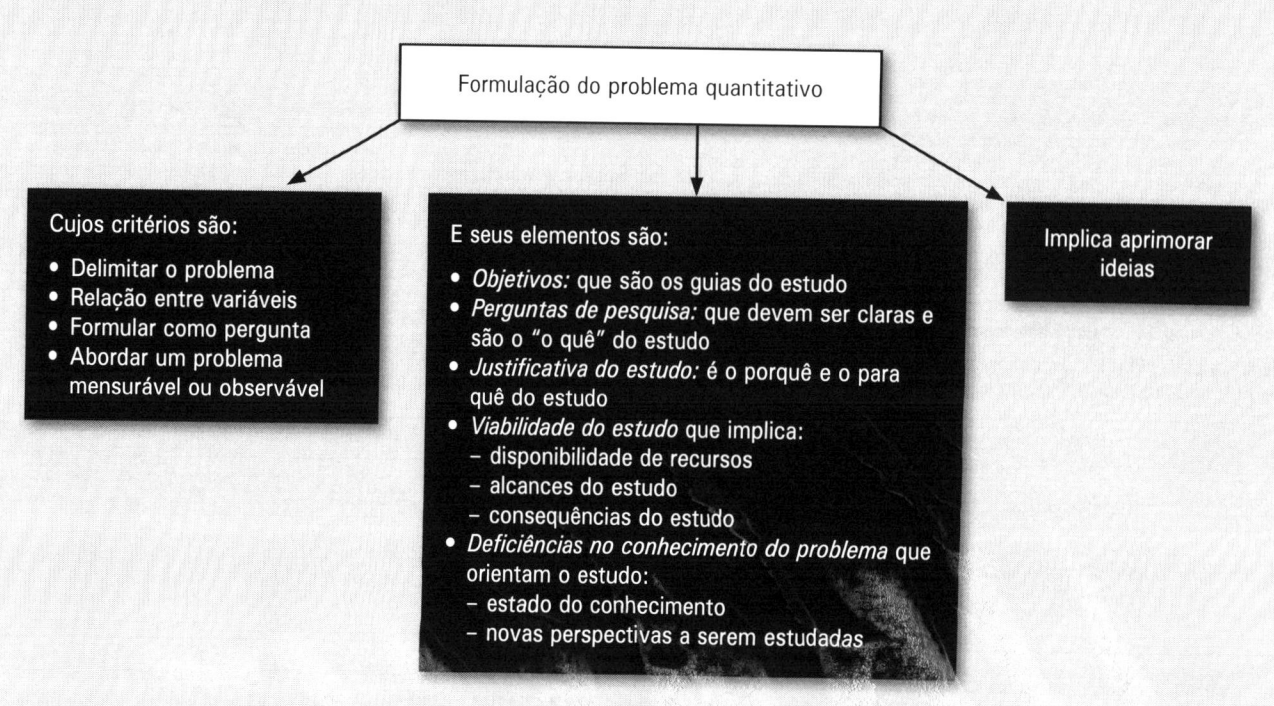

Formulação do problema quantitativo

Cujos critérios são:
- Delimitar o problema
- Relação entre variáveis
- Formular como pergunta
- Abordar um problema mensurável ou observável

E seus elementos são:
- *Objetivos:* que são os guias do estudo
- *Perguntas de pesquisa:* que devem ser claras e são o "o quê" do estudo
- *Justificativa do estudo:* é o porquê e o para quê do estudo
- *Viabilidade do estudo* que implica:
  – disponibilidade de recursos
  – alcances do estudo
  – consequências do estudo
- *Deficiências no conhecimento do problema* que orientam o estudo:
  – estado do conhecimento
  – novas perspectivas a serem estudadas

Implica aprimorar ideias

✓ O QUE SIGNIFICA FORMULAR O PROBLEMA DE PESQUISA QUANTITATIVA?

Quando a ideia de pesquisa foi pensada e o cientista, estudante ou especialista se aprofundou no tema em questão e escolheu o enfoque, já está em condições de formular o problema de pesquisa.

De nada adianta contar com um bom método e muito entusiasmo se não soubermos o que pesquisar. Na verdade, *formular o problema* não é nada mais do que aprimorar e estruturar mais formalmente a ideia de pesquisa. A passagem da ideia para a formulação do problema muitas vezes pode ser imediata, quase automática, ou também levar uma quantidade considerável de tempo; isso depende de quão familiarizado o pesquisador está com o tema a ser abordado, da complexidade própria da ideia, da existência de estudos antecedentes, do empenho do pesquisador e de suas habilidades pessoais. Selecionar um tema ou uma ideia não o coloca imediatamente na posição de considerar qual informação terá de coletar, com quais métodos e como irá analisar os dados obtidos. Antes, ele precisa formular o *problema específico* em termos concretos e explícitos, de maneira que seja suscetível de ser pesquisado com procedimentos científicos (Selltiz et al., 1980). *Delimitar* é a essência das formulações quantitativas.

> **FORMULAÇÃO QUANTITATIVA DO PROBLEMA** Desenvolvimento da ideia utilizando cinco elementos:
> 1. objetivos de pesquisa,
> 2. perguntas de pesquisa,
> 3. justificativa da pesquisa,
> 4. viabilidade da pesquisa,
> 5. avaliação das deficiências no conhecimento do problema.

Então, conforme diz Ackoff (1967), um problema bem formulado está parcialmente resolvido; quanto maior for a exatidão, mais possibilidades de obter uma solução satisfatória. O pesquisador deve ser capaz não só de conceituar o problema, mas também de escrevê-lo de forma clara, precisa e acessível. Muitas vezes ele sabe o que deseja fazer, mas não como comunicá-lo aos demais, então ele precisa realizar um esforço maior para traduzir seu pensamento em termos compreensíveis, pois hoje a maioria das pesquisas exige a colaboração de várias pessoas.

Critérios para formular o problema

De acordo com Kerlinger e Lee (2002), os critérios para formular adequadamente um problema de pesquisa quantitativa são:

- o problema deve apresentar uma relação entre dois ou mais conceitos ou variáveis;
- o problema deve estar formulado como pergunta, claramente e sem ambiguidade; por exemplo: Que efeito? Em quais condições...? Qual é a probabilidade de...? Como está relacionado com...?;
- a formulação deve implicar a possibilidade de realizar um teste empírico, ou seja, a factibilidade de ser observado na "realidade única e objetiva". Por exemplo, se alguém pretende estudar quão sublime é a alma dos adolescentes, está formulando um problema que não pode ser testado empiricamente, pois "o sublime" e "a alma" não são observáveis. Claro que o exemplo é extremo, mas ele nos lembra de que o enfoque quantitativo trabalha com aspectos da realidade que podem ser observados e mensurados.

✓ QUAIS SÃO OS ELEMENTOS DA FORMULAÇÃO DO PROBLEMA DE PESQUISA NO PROCESSO QUANTITATIVO?

Para nós, os elementos para formular um problema são cinco e estão relacionados entre si: os *objetivos de pesquisa, as perguntas de pesquisa, a justificativa e a viabilidade do estudo*, assim como a *avaliação das deficiências no conhecimento do problema*.

Objetivos da pesquisa

Primeiro é preciso determinar o que a pesquisa pretende, isto é, *quais são seus objetivos*. Algumas pesquisas buscam, antes de tudo, contribuir para resolver um determinado problema; nesse caso, devemos mencionar qual é e de que maneira achamos que o estudo irá ajudar a resolvê-lo; outras têm

OBJETIVOS DE PESQUISA Indicam o que queremos na pesquisa e devem ser apresentados com clareza, pois são os guias do estudo.

como objetivo principal comprovar uma teoria ou trazer evidência empírica a seu favor. Os **objetivos** devem ser apresentados com clareza para evitar possíveis distorções no processo de pesquisa quantitativa e serem possíveis de atingir (Rojas, 2002); *são os guias do estudo* e é preciso tê-los presentes durante todo seu desenvolvimento. É claro que os objetivos especificados precisam ser congruentes entre si.

> ### Exemplo
> Pesquisa de Mariana sobre o namoro
>
> Vamos continuar com o exemplo do capítulo anterior dizendo que, após Mariana ter se familiarizado com o tema e decidido realizar uma pesquisa quantitativa, ela descobriu que segundo alguns estudos os fatores mais importantes são a atração física, a confiança, a proximidade física, o grau com que cada um dos namorados reforça positivamente a autoimagem do outro e a semelhança entre ambos (em crenças fundamentais e valores). Então, os objetivos de sua pesquisa poderiam ser formulados da seguinte maneira:
>
> - determinar se a atração física, a confiança, a proximidade física, o reforço da autoestima e a semelhança têm uma influência importante no desenvolvimento do namoro entre jovens da Catalunha;
> - avaliar quais dos fatores mencionados é mais importante no desenvolvimento do namoro entre esses jovens;
> - analisar se há ou não diferenças entre os homens e as mulheres em relação à importância atribuída a cada um dos fatores mencionados;
> - analisar se há ou não diferenças entre os casais de namorados de diferentes idades em relação à importância dada a cada um desses fatores.

Também é bom lembrar que durante a pesquisa é possível surgir objetivos adicionais, que os objetivos iniciais sejam modificados e até mesmo substituídos por outros objetivos novos, dependendo do rumo tomado pelo estudo.

Perguntas de pesquisa

Além de definir os objetivos concretos da pesquisa é conveniente formular, por meio de uma ou várias perguntas, o problema que será estudado. Ao fazer isso na forma de perguntas temos a vantagem de apresentá-lo de maneira direta, minimizando a distorção (Christensen, 2006). As perguntas representam o *o quê?* da pesquisa.

Nem sempre na *pergunta* ou *perguntas* comunicamos totalmente o problema, com toda sua riqueza e conteúdo. Às vezes formulamos somente o propósito do estudo, embora as **perguntas** devam resumir o que a pesquisa terá de ser. Nesse sentido, não podemos dizer que existe uma forma correta de apresentar todos os problemas de pesquisa, pois cada um deles exige uma análise específica. As perguntas gerais precisam ser esclarecidas e delimitadas para delinear a área-problema e sugerir atividades pertinentes para a pesquisa (Ferman e Levin, 1979).

PERGUNTAS DE PESQUISA Levam às respostas que queremos obter com a pesquisa. As perguntas não devem utilizar termos ambíguos nem abstratos.

As perguntas muito gerais **não** levam a uma pesquisa concreta, portanto, aquelas como: Por que alguns casamentos duram mais do que outros? Por que há pessoas mais satisfeitas com seu trabalho do que outras? Em quais programas de televisão há muitas cenas de sexo? As pessoas que fazem psicoterapia mudam com o tempo? Os gerentes se comprometem mais com sua empresa do que os trabalhadores? Como os meios de comunicação de massa se relacionam com o voto? etc., devem ser delimitadas. Essas perguntas são mais ideias iniciais que devem ser aprimoradas e se tornar mais precisas para que orientem o início de um estudo.

A última pergunta, por exemplo, fala de "meios de comunicação de massa", termo que implica o rádio, a televisão, os jornais, as publicações, o cinema, os *outdoors*, a internet e tantos outros. Também se menciona "voto" sem especificar o tipo, o contexto nem o sistema social, se é uma votação política de nível nacional ou local, sindical, religiosa, para escolher o representante de uma câmara industrial ou um cargo público como um prefeito ou um membro do parlamento. E, mesmo no caso de o voto ser pensado para uma eleição presidencial, a relação apresentada não leva a elaborar atividades pertinentes para desenvolver uma pesquisa, a não ser que se pense em "um grande estudo" que analise todos os possíveis vínculos entre os dois termos (meio de comunicação de massa e voto).

De fato, a pergunta formulada dessa maneira provoca muitas dúvidas: iremos pesquisar os efeitos que a propaganda veiculada nesses meios pode ter na conduta dos votantes? Iremos analisar o papel desses meios como agentes de socialização política em relação ao voto? Iremos pesquisar em que medida o número de mensagens políticas nos meios de comunicação de massa aumenta durante os períodos eleitorais? Será que vamos estudar como os resultados da votação afetam a opinião das pessoas que trabalham nesses meios? Ou seja, não fica claro o que será realmente feito.

As perguntas de pesquisa devem ser concretas, pois não é o mesmo votar para um conselheiro juvenil e votar para escolher o presidente de um país.

O mesmo acontece com as outras perguntas, elas são muito gerais. Em vez disso, é possível formular perguntas muito mais específicas como: Será que o tempo que os casais gastam diariamente para avaliar sua relação está relacionado com o tempo que duram seus casamentos (em um contexto específico, por exemplo: casais há mais de 20 anos casados e que moram nos subúrbios de Madri)? Qual é a ligação entre a satisfação no trabalho e a instabilidade do cargo de administração nas indústrias com mais de mil trabalhadores em Caracas, Venezuela? No decorrer do último ano, será que as séries americanas de televisão *CSI* e *Law & Order* contêm mais cenas de sexo do que as novelas chilenas? Conforme as psicoterapias transcorrem, será que as expressões verbais de discussão e exploração de futuros planos pessoais manifestados pelas pacientes aumentam ou diminuem (nesse caso, mulheres executivas que moram em Barranquilla, Colômbia)? Existe alguma relação entre o nível hierárquico e a motivação intrínseca para o trabalho nos empregados do Ministerio de Economía y Finanzas Públicas da Argentina? Qual é a média de horas diárias que as crianças das áreas urbanas da Costa Rica veem televisão? Será que a exposição dos votantes aos debates televisivos dos candidatos à presidência da Guatemala está correlacionada à decisão de votar ou de se abster?

As perguntas podem ser mais ou menos gerais, conforme foi mencionado anteriormente, mas na maioria dos casos é melhor que sejam precisas, sobretudo no caso de estudantes que estão se iniciando na pesquisa. Claro que existem macroestudos que pesquisam muitas dimensões de um problema e que, inicialmente, chegam a formular perguntas mais gerais. No entanto, quase todos os estudos versam sobre questões mais específicas e limitadas.

Exemplo
Pesquisa de Mariana sobre o namoro

Ao aplicar o que foi dito anteriormente no exemplo da pesquisa sobre o namoro, as perguntas de pesquisa poderiam ser:

- Será que a atração física, a confiança, a proximidade física, o reforço da autoestima e a semelhança exercem uma influência significativa no desenvolvimento do namoro? (O desenvolvimento do namoro seria entendido como a avaliação que os namorados realizam sobre sua relação, o interesse que demonstram e sua disposição em dar continuidade a ela.)
- Qual desses fatores exerce maior influência na avaliação da relação, no interesse que demonstram e na disposição em dar continuidade a ela?
- Existe um vínculo entre a atração física, a confiança, a proximidade física, o reforço da autoestima e a semelhança?
- Existe alguma diferença por gênero (entre os homens e as mulheres) em relação ao peso que dão a cada fator na avaliação da relação, no interesse que demonstram e em sua disposição em dar continuidade a ela?

> - Será que a idade está relacionada com o peso dado a cada fator em relação à avaliação da relação, ao interesse que demonstram por esta e à disposição em dar continuidade a ela?
>
> Conforme podemos observar, as perguntas estão completamente relacionadas com seus respectivos objetivos (vão juntas, são um reflexo destes).
>
> Já sabemos que o estudo será realizado na Catalunha, mas precisamos ser mais específicos, por exemplo: realizá-lo entre estudantes do curso de Administração da Universidad Autónoma de Barcelona.
>
> Então, dando uma simples olhada no tema, podemos notar que ele será muito abrangente e, a menos que se conte com muitos recursos e tempo, seria necessário limitar o estudo como, por exemplo, à questão da semelhança. Assim, poderíamos perguntar: Será que a semelhança exerce alguma influência significativa sobre a escolha do par no namoro e na satisfação dentro deste?

De acordo com Rojas (2002) também é necessário estabelecer os limites temporais e espaciais do estudo (época e lugar) e traçar um perfil das unidades de observação (pessoas, jornais, moradias, escolas, animais, eventos, etc.), perfil que, embora seja uma tentativa, é muito útil para definir o tipo de pesquisa que será realizada. Então, é muito difícil que todos esses aspectos sejam incluídos nas perguntas de pesquisa; mas é possível formular uma ou várias perguntas, que virão acompanhadas de uma rápida explicação sobre o tempo, o lugar e as unidades de observação do estudo.

Assim como no caso dos objetivos, durante o desenvolvimento da pesquisa é possível modificar as perguntas originais ou acrescentar outras; e, como sugerimos até agora, a maioria dos estudos formula mais de uma pergunta, pois desse modo é possível abranger diversos aspectos do problema a ser pesquisado.

León e Montero (2003) mencionam os requisitos que as perguntas de pesquisa devem preencher:[1]

- as respostas não devem ser conhecidas (se forem, não valeria a pena realizar o estudo);
- as respostas devem ter evidência empírica (dados observáveis ou mensuráveis);
- implicam utilizar meios éticos;
- devem ser claras;
- o conhecimento obtido deve ser substancial (trazer conhecimento para um campo de estudo).

Justificativa da pesquisa

Além dos objetivos e das perguntas de pesquisa também *é necessário* **justificar o estudo** *mediante a exposição de suas razões* (o *para quê* e/ou *porquê* do estudo). A maioria das pesquisas é realizada com um propósito definido, pois não são simplesmente realizadas pelo capricho de uma pessoa, e esse propósito deve ser suficientemente significativo para que sua realização seja justificada. Além disso, em muitos casos temos de explicar por que é conveniente realizar a pesquisa e quais são seus benefícios: um bacharel deverá explicar a um comitê escolar a importância da tese que pensa realizar, o pesquisador universitário fará o mesmo com o grupo de pessoas que aprovam projetos de pesquisa em sua instituição e até mesmo com seus colegas, o assessor terá de esclarecer a seu cliente os benefícios que serão obtidos de um estudo determinado, o subordinado que propõe uma pesquisa ao seu superior deverá dar razões de sua utilidade. O mesmo acontece em quase todos os casos. Independentemente de serem estudos quantitativos ou qualitativos, a justificativa sempre é importante.

JUSTIFICATIVA DA PESQUISA Indica o porquê da pesquisa expondo suas razões. Com a justificativa devemos demonstrar que o estudo é necessário e importante.

Critérios para avaliar a importância potencial de uma pesquisa

Uma pesquisa consegue ser oportuna por diversos motivos: talvez ajude a resolver um problema social, a construir uma nova teoria ou a gerar novas perguntas de pesquisa. Aquilo que alguns consideram relevante para pesquisar pode não ser relevante para outros. A opinião das pessoas costuma diferir quanto a isso. No entanto, é possível estabelecer critérios para avaliar a utilidade de um estudo proposto e estes são evidentemente flexíveis e de maneira alguma os únicos. A seguir, indicamos alguns desses critérios formulados como perguntas, que foram adaptados de Ackoff (1973) e Miller e Salkind (2002). Também vamos afirmar que, quanto mais respostas forem dadas de maneira positiva e satisfatória, mais bases sólidas a pesquisa terá para justificar sua realização.

- *Conveniência.* Quão oportuna é a pesquisa? Isto é, para quê serve?
- *Relevância social.* Qual sua importância para a sociedade? Quem será beneficiado com os resultados da pesquisa? De que maneira? Resumindo, qual é seu alcance ou sua projeção social?
- *Implicações práticas.* Ela irá ajudar a resolver algum problema real? Tem implicações importantes para uma ampla gama de problemas práticos?
- *Valor teórico.* Com a pesquisa, algum vazio de conhecimento será preenchido? Será que é possível generalizar os resultados para princípios mais amplos? A informação obtida pode servir para revisar, desenvolver ou apoiar uma teoria? Será possível conhecer melhor o comportamento de uma ou de diversas variáveis ou a relação entre elas? Ela oferece a oportunidade de uma exploração frutífera de algum fenômeno ou ambiente? O que se espera saber agora com os resultados que antes não se conhecia? É possível sugerir ideias, recomendações ou hipóteses para futuros estudos?
- *Utilidade metodológica.* A pesquisa pode ajudar a criar um novo instrumento para coletar ou analisar dados? Ela contribui para a definição de um conceito, uma variável ou uma relação entre variáveis? Será que com ela é possível conseguir melhorar a forma de experimentar com uma ou mais variáveis? Será que ela sugere como estudar mais adequadamente uma população?

Claro que dificilmente uma pesquisa consegue responder de maneira positiva a todas essas perguntas; às vezes ela considera apenas um critério.

Exemplo
Pesquisa de Mariana sobre o namoro

Mariana poderia justificar seu estudo da seguinte maneira: [2]

De acordo com Méndez (2009), uma das preocupações centrais dos jovens é a relação com seu par sentimental. Em um estudo de Mendonza (2009) podemos ver que os(as) universitários(as) que têm dificuldades com seus pares ou estão fisicamente distantes deles (vamos dizer que moram em outra cidade ou se encontram de maneira ocasional) têm um desempenho acadêmico mais baixo do que aqueles(as) que mantêm um relacionamento harmonioso e se encontram regularmente. Muñiz e Rangel (2008) descobriram que um namoro satisfatório aumenta a autoestima...

Do mesmo modo, 85% dos universitários dedicam um tempo considerável de seus pensamentos ao seu par (Torres, 2009)... [*É importante incluir cifras de outros estudos que mostrem a importância e magnitude do problema em estudo.*]

A pesquisa formulada irá contribuir para gerar um modelo para entender esse importante aspecto na vida dos(as) jovens estudantes latino-americanos(as) (*valor teórico*). Os resultados do estudo também ajudarão a criar maior consciência entre os mentores dos(as) universitários(as) sobre esse aspecto de seu aconselhamento, e quando algum deles tiver problemas em seu relacionamento, eles poderão assessorá-los mais adequada e integralmente (*implicação prática*). Por outro lado, com a pesquisa será possível desenvolver um método para medir as variáveis do estudo no contexto catalão, mas com aplicações em outros ambientes latino-americanos (*valor metodológico*)...

Viabilidade da pesquisa

Além dos elementos anteriores é necessário considerar outro aspecto importante da formulação do problema: a *viabilidade* ou *factibilidade* própria do estudo; para tanto, devemos levar em conta a disponibilidade de recursos financeiros, humanos e materiais que irão determinar, em último caso, os alcances da pesquisa (Rojas, 2002). Também é indispensável termos acesso ao lugar ou contexto em que a pesquisa será realizada. Ou seja, temos de nos perguntar de maneira realista: Será que é possível realizar essa pesquisa? Quanto tempo levará para realizá-la? Esses questionamentos são particularmente importantes quando sabemos de antemão que iremos dispor de poucos recursos para realizá-la.

> ### Exemplo
> Um caso de inviabilidade
>
> Este fato ocorreu há alguns anos, quando um grupo de estudantes de ciências da comunicação decidiu realizar seu trabalho de conclusão de curso (TCC) sobre o efeito que teria introduzir a televisão em uma comunidade onde ela não era conhecida. O estudo buscava, entre outras coisas, analisar se os padrões de consumo mudavam, se as relações interpessoais eram modificadas e se as atitudes e os valores centrais dos habitantes – religião, atitudes em relação ao casamento, à família, ao trabalho, etc. – se transformavam com a introdução da televisão. A pesquisa era interessante porque havia poucos estudos similares, e esta traria informação útil para a análise dos efeitos desse meio, a difusão de inovações e para muitas outras áreas de conhecimento. No entanto, o custo da pesquisa era muito alto (seria necessário adquirir muitos televisores e dá-los de presente aos habitantes ou alugá-los, fazer com que as transmissões chegassem à comunidade, contratar muitas pessoas, fazer consideráveis gastos em provisões, etc.), e isso ia muito além das possibilidades econômicas dos estudantes, mesmo que conseguissem financiamento. Além disso, levaria bastante tempo para realizá-lo (cerca de três anos), levando em conta que se tratava de um TCC. Certamente que para um pesquisador especializado na área este tempo não representaria um obstáculo. O fator "tempo" varia em cada pesquisa; às vezes os dados são solicitados para logo, enquanto em outras o tempo não é relevante. Existem estudos que duram vários anos porque sua natureza assim o exige.

Avaliação das deficiências no conhecimento do problema

Também é importante considerarmos, em relação ao nosso problema de pesquisa, os seguintes questionamentos: O que mais precisamos saber do problema? O que falta estudar ou abordar? O que não consideramos? O que esquecemos? As respostas para essas perguntas irão nos ajudar a saber onde se encontra nossa pesquisa na evolução do estudo do problema e quais perspectivas novas poderíamos trazer.

No entanto, de acordo com Hernández Sampieri e Méndez (2009), esse elemento da formulação somente pode ser incluído se o pesquisador já trabalhou anteriormente ou possui um vínculo com o tema de estudo, e esse conhecimento permite que ele tenha uma visão clara do problema a ser indagado. Caso contrário, a avaliação das deficiências no conhecimento do problema terá de ser realizada depois de ter feito uma revisão mais completa da literatura, e isso é parte do próximo passo no processo de pesquisa quantitativa. Para dar um exemplo: ao iniciar sua pesquisa, Nuñez (2001) pretendia entender o sentido de vida dos professores universitários, utilizando os conceitos de Viktor E. Frankl.[3] No entanto, era a primeira vez que se aprofundava nessas noções e, nesse momento, ela não sabia que havia pouquíssimos instrumentos para medir essa variável tão complexa (e menos ainda no contexto latino-americano). Foi somente após revisar a literatura que percebeu isso, então modificou sua formulação e se dedicou, primeiro, a desenvolver e validar um questionário que medisse o sentido de vida, para depois compreender sua natureza e seu alcance nos docentes.

Consequências da pesquisa

Embora não seja por razões científicas, mas sim éticas,[4] o pesquisador precisa se questionar sobre as *consequências do estudo*. No exemplo anterior do caso de inviabilidade, supondo que a pesquisa

Elementos da formulação do problema de pesquisa no processo quantitativo

- Objetivos da pesquisa
- Perguntas de pesquisa
- Justificativa da pesquisa
- Viabilidade da pesquisa
- Avaliação das deficiências no conhecimento do problema

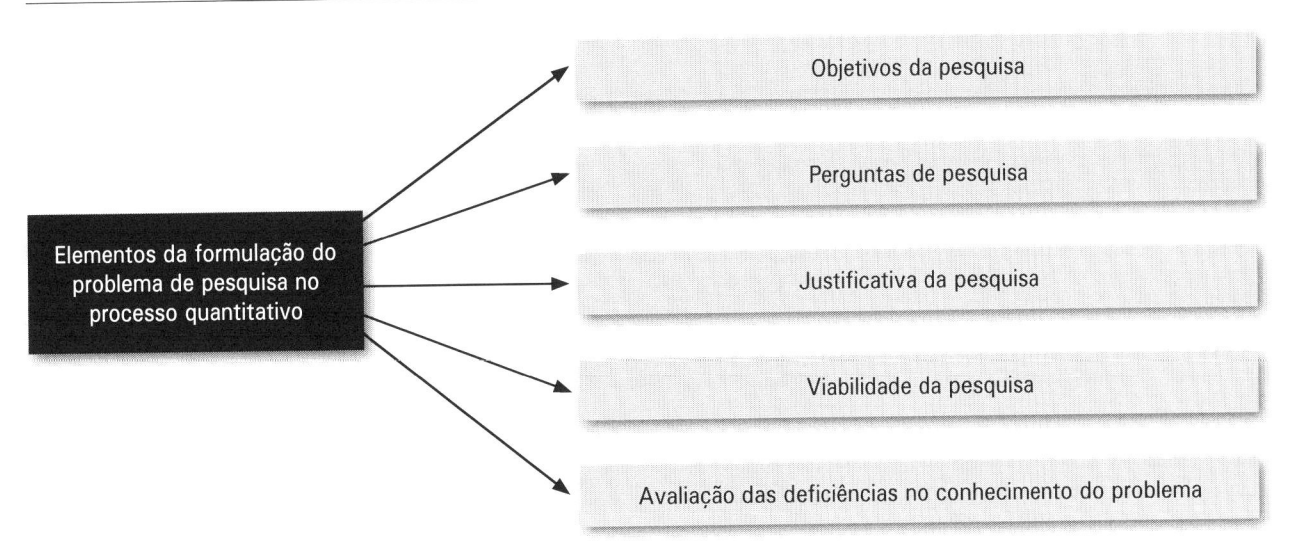

FIGURA 3.1 Elementos da formulação do problema na pesquisa quantitativa.

houvesse sido realizada, seria oportuno se perguntar antes de realizá-la como ela iria afetar os habitantes da comunidade.

Vamos supor que alguém queira realizar um estudo sobre o efeito de um medicamento muito forte, que é utilizado no tratamento de algum tipo de esquizofrenia. Nesse caso, teria de refletir sobre a conveniência de realizar ou não a pesquisa, o que não contradiz o postulado de que a pesquisa científica não estuda aspectos morais nem faz esse tipo de julgamento. Ela não faz isso, mas também não significa que um pesquisador não possa decidir se realiza ou não um estudo porque este irá provocar efeitos prejudiciais em outros seres humanos. Aqui, estamos falando de cancelar uma pesquisa por questões de ética pessoal, e não de realizar um estudo com questões éticas ou morais. A decisão de realizar ou não uma pesquisa, devido às consequências que ela pode acarretar, é uma decisão pessoal de quem a idealiza. Do ponto de vista dos autores, também é um aspecto da formulação do problema que deve ser discutido, e a responsabilidade é algo muito digno de ser considerado sempre que vamos realizar um estudo. Em relação a essa questão, hoje a pesquisa sobre a clonagem oferece desafios interessantes.

Para alguns estudantes é complexo delimitar a formulação do problema (ver Figura 3.1), por isso a seguir sugerimos um método gráfico simples para essa finalidade, que funcionou para várias pessoas.

Vamos supor que uma estudante se interesse pelo "desenvolvimento humano pessoal", por "seu próprio gênero" e pelo "divórcio", e decida realizar uma pesquisa sobre "algo" relacionado a esses conceitos, mas para ela é difícil *delimitar* sua pesquisa e formulá-la. Então, ela pode:

1. Primeiro escrever os conceitos que tem como "alvo".

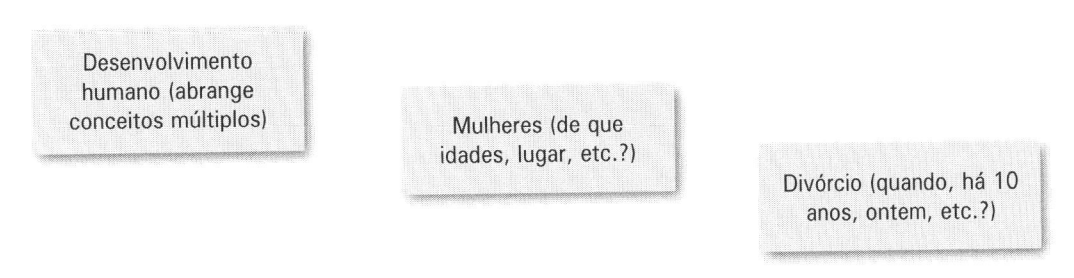

- Desenvolvimento humano (abrange conceitos múltiplos)
- Mulheres (de que idades, lugar, etc.?)
- Divórcio (quando, há 10 anos, ontem, etc.?)

Seus conceitos, que ainda são muito gerais, precisam ser delimitados.

2. Depois, buscar conceitos mais específicos para seus conceitos gerais.

> Autoestima (um elemento do desenvolvimento humano pessoal)
>
> Paceñas (mulheres de La Paz, Bolívia) com renda elevada
>
> Divórcio recente (um ano ou menos)

3. Após tornar os conceitos mais precisos, redigir o objetivo e a pergunta de pesquisa (um de cada é o suficiente).

Objetivo:
Determinar quais os efeitos que o divórcio recente provoca na autoestima (mulheres *paceñas* de 30 a 40 anos com um nível socioeconômico elevado, divórcio recente de um ano ou menos).

Pergunta de pesquisa:
Qual o efeito do divórcio recente na autoestima dessas mulheres?

Comentário: A formulação pode ser enriquecida com dados ou testemunhos que nos ajudem a situar o estudo ou a necessidade de realizá-lo.

Por exemplo: Se formularmos uma pesquisa sobre as consequências da violência com armas de fogo nas escolas, podemos acrescentar estatísticas sobre o número de incidentes violentos desse tipo, o número de vítimas, testemunhos de especialistas no tema, pais de família ou estudantes que tenham testemunhado os fatos, etc.

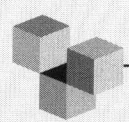

Resumo

- Formular o problema de pesquisa quantitativa consiste em aprimorar e estruturar de maneira mais formal a ideia de pesquisa, desenvolvendo cinco elementos da pesquisa: objetivos, perguntas, justificativa, viabilidade e avaliação das deficiências.
- Na pesquisa quantitativa, os cinco elementos devem ser capazes de levar a uma pesquisa concreta e com possibilidade de teste empírico.
- No enfoque quantitativo, a formulação do problema de pesquisa antecede a revisão da literatura e os outros processos de pesquisa, mas essa revisão pode modificar a formulação original.
- Os objetivos e as perguntas de pesquisa devem ser congruentes entre si e caminhar no mesmo sentido.
- Os objetivos determinam o que se pretende com a pesquisa; as perguntas nos dizem quais respostas devem ser encontradas com a pesquisa; a justificativa nos indica por que e para quê se deve fazer a pesquisa; a viabilidade nos mostra se é possível realizá-la e a avaliação de deficiências nos situa na evolução do estudo do problema.
- Os critérios principais para avaliar a importância potencial de uma pesquisa são: conveniência, relevância social, implicações práticas, valor teórico e utilidade metodológica. Além de analisar a viabilidade da pesquisa, é preciso considerar suas possíveis consequências.
- A formulação de um problema de pesquisa não pode incluir julgamentos morais nem estéticos, mas o pesquisador deve se questionar se é ou não ético realizá-la.

Conceitos básicos

Avaliação das deficiências no conhecimento do problema
Consequências da pesquisa
Critérios para avaliar uma pesquisa
Formulação quantitativa do problema
Justificativa da pesquisa
Objetivos de pesquisa
Perguntas de pesquisa
Processo quantitativo
Viabilidade da pesquisa

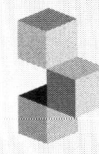

Exercícios

1. Veja um filme sobre estudantes (de nível médio ou superior) e sua vida cotidiana, retire uma ideia, depois consulte alguns livros ou artigos que abordem essa ideia e, por último, formule um problema de pesquisa quantitativa em torno dessa ideia, no mínimo com: objetivos, perguntas e justificativa da pesquisa.
2. Selecione um artigo de uma revista científica que contenha os resultados de uma pesquisa quantitativa e responda às seguintes perguntas: Quais são os objetivos dessa pesquisa? Quais são as perguntas? Qual é sua justificativa?
3. Quanto à ideia que escolheu no Capítulo 2, transforme-a em uma formulação do problema de pesquisa quantitativa. Pergunte a si mesmo: Os objetivos são claros, precisos e levarão à realização de uma pesquisa "de fato"? As perguntas são ambíguas? O que vou conseguir com essa formulação? É possível realizar essa pesquisa? Além disso, avalie sua formulação de acordo com os critérios expostos neste capítulo.
4. Compare os seguintes objetivos e perguntas de pesquisa. Qual das duas formulações é mais específica e clara? Qual você acha que é a melhor? Lembre-se de que estamos trabalhando com a visão quantitativa.

    Formulação 1

    Objetivo: Analisar o efeito de utilizar um professor autocrático ou um professor democrático na aprendizagem de conceitos da matemática elementar com crianças de escolas públicas das zonas rurais da província de Salta, na Argentina. O estudo seria realizado com crianças que frequentam seu primeiro curso de matemática.

    Pergunta: O estilo de liderança (democrático-autocrático) do professor está relacionado com o nível de aprendizagem de conceitos matemáticos elementares?

    Formulação 2

    Objetivo: Analisar as variáveis relacionadas com o processo de ensino-aprendizagem das crianças em idade pré-escolar.

    Perguntas: Quais são as variáveis que se relacionam com o processo de ensino-aprendizagem?

    Você acha que a segunda formulação é muito global? Ela poderia ser melhorada em relação à primeira? Se, sim, de que maneira?
5. Alguns qualificativos que não são aceitos na formulação de um problema de pesquisa são:

    Ambíguo
    Confuso
    Geral
    Vasto
    Injustificável
    Irracional
    Preconceituoso

    Vago
    Ininteligível
    Incompreensível
    Desorganizado
    Incoerente
    Inconsistente

    Que outros qualificativos um problema de pesquisa não pode aceitar?

Exemplos desenvolvidos

A televisão e a criança

Objetivos
- Descrever o uso que as crianças da Cidade do México fazem dos meios de comunicação coletiva.
- Indagar o tempo que as crianças da Cidade do México passam vendo televisão.
- Descrever quais são os programas preferidos das crianças da Cidade do México.
- Determinar as funções e gratificações que a televisão tem para a criança da Cidade do México.
- Conhecer o tipo de controle que os pais exercem sobre a atividade de seus filhos de ver televisão.
- Analisar que tipo de crianças veem mais televisão.

Perguntas de pesquisa
- Qual é o uso que as crianças da Cidade do México fazem dos meios de comunicação coletiva?
- Quanto tempo diferentes tipos de crianças passam vendo televisão da Cidade do México?
- Quais são os programas preferidos dessas crianças?
- Quais as funções e as gratificações da televisão para a criança da Cidade do México?

- Que tipo de controle os pais exercem sobre seus filhos em relação à atividade de ver televisão?

Justificativa
Para a maioria das crianças, as principais atividades são ver televisão, dormir e ir à escola. Então, a televisão é o meio de comunicação preferido pelos pequenos. Estima-se que, em média, a criança vê mais de três horas e meia de televisão diariamente, e o relatório de uma agência de pesquisa calculou que, ao completar 15 anos, uma criança viu mais de 16.000 horas de conteúdos televisivos (Fernández Collado et al., 1998). Esse fato provocou diversos questionamentos de pais, professores, pesquisadores e também da sociedade como um todo sobre a relação criança-televisão e seus efeitos na infância. Por isso se considerou importante estudar essa relação com o propósito de analisar o papel que um agente socializador tão relevante como a televisão tem na vida da criança.

Por outro lado, a pesquisa poderia contribuir para confrontar, com os dados do México, os dados encontrados em outros países sobre os usos e as gratificações da televisão para a criança.

Viabilidade da pesquisa
A pesquisa é viável, pois dispõe dos recursos necessários para realizá-la. É preciso pedir a autorização dos diretores das escolas públicas e particulares selecionadas para que o estudo seja realizado. Também obter o apoio de diversas associações que tentam elevar o conteúdo pró-social e educativo da televisão mexicana, o que facilitará a coleta de dados. Por outro lado, é importante que os pais ou os tutores dos meninos e meninas, que fazem parte da amostra, deem seu consentimento para que elas respondam ao questionário que, claro, será feito com o acordo destas, que são a fonte dos dados.

Consequências da pesquisa
A equipe de pesquisa deve tratar os meninos e as meninas que participam do estudo com muito respeito. Não fará perguntas delicadas ou que possam incomodar de modo algum às crianças, o que se pretende é simplesmente fazer a estimativa de seus conteúdos televisivos preferidos. Não antecipar algum efeito negativo; ao contrário, o que se pretende é proporcionar informação valiosa às pessoas que trabalham com os meninos e as meninas da Cidade do México. Ela servirá para que os pais ou tutores saibam mais sobre uma das atividades mais importante para a maioria de seus filhos: ver televisão. Será muito útil aos educadores para que entrem no mundo de seus pequenos alunos. Para a sociedade mexicana, é extremamente frutífero contar com dados atualizados a respeito dos conteúdos aos quais mais se expõem as crianças da principal cidade do país, para que possa refletir sobre a relação criança-televisão no contexto nacional.

O par e a relação ideais

Objetivo
Identificar os fatores que descrevem o par ideal dos jovens universitários de Celaya, no México.

Perguntas de pesquisa
- Quais são os fatores que descrevem o par ideal dos jovens universitários de Celaya?
- Os fatores que descrevem o par ideal são ou não similares entre os jovens e as jovens universitárias de Celaya? (Isto é, será que há diferenças por gênero?)

Justificativa
De que forma os jovens universitários de Celaya reconhecem que sua relação de namoro dá certo ou não? Quais bases consideram para decidir entre seguir adiante e se envolverem mais, morar juntos ou se casar? Ou, ao contrário, para procurar outro par? Essas perguntas são muito interessantes, mas complexas em suas respostas. Por isso, vários estudos, como o desenvolvido por Fletcher e Fitness (1996), tiveram como foco conseguir uma aproximação às respostas para essas perguntas.

Pesquisas anteriores mostraram que os julgamentos ou as decisões concernentes às relações de namoro se baseiam, por um lado, nas expectativas que cada integrante tem em relação a seu par e, por outro, nas percepções atuais do relacionamento que mantém com ele (Fletcher e Thomas, 1996; Rusbult, Onizuka e Lipkus, 1993; Sternberg e Barnes, 1985). Os atributos que os indivíduos dão a seu par também são importantes no início e durante o desenvolvimento da relação (Fletcher et al., 1999).

A presente pesquisa busca examinar a estrutura e a função das relações ideais de namoro dos jovens de Celaya, guiada por teorias e pesquisas anteriores que mantêm um desenho com um enfoque cognitivo.

O estudo mostra que pode ser útil ao considerar que as relações de casal são muito importantes para a vida das pessoas (Fletcher et al., 1999), e o fato de ser realizado com um grupo privilegiado e de grande impacto social, como são os jovens universitários, torna essa indagação muito relevante.

Viabilidade da pesquisa
Para que o estudo seja viável, a população ou universo ficará restrita aos cursos de administração das principais instituições de educação superior de Celaya.

Com isso, a pesquisa mostra-se factível, já que é possível contar com os recursos financeiros, materiais e humanos para que seja realizada.

Consequências da pesquisa
Com o estudo, vamos conseguir identificar os fatores que descrevem o par ideal do jovem universitário de

Celaya, e com isso tentaremos gerar um maior entendimento das relações amorosas próximas mantidas por esse importante grupo populacional.

Como a pesquisa apresentará seus resultados mediante informação agrupada e não de maneira individual, tanto a confidencialidade como toda questão ética serão respeitadas.

O abuso sexual infantil

Objetivo
Comparar o desempenho em função da validade e confiabilidade de duas medidas, uma cognitiva e a outra comportamental, para avaliar os programas de prevenção ao abuso em meninos e meninas entre 4 e 6 anos.

Pergunta de pesquisa
Qual das duas medidas para avaliar os programas de prevenção ao abuso infantil terá maior validade e confiabilidade, a cognitiva ou a comportamental?

Justificativa
Os estudos de Putman (2003) indicam que entre 12 e 35% das mulheres e entre 4 e 9% dos homens sofreram algum tipo de abuso sexual durante a infância. As consequências derivadas do abuso sexual infantil (ASI) podem ser classificadas em transtornos físicos e psicológicos. Diversos estudos encontraram uma grande quantidade de consequências a curto e longo prazo, mas a maioria está inserida no psicológico.

Como resposta para a preocupação social de proteger aqueles que são mais vulneráveis e diante da evidência de que o abuso sexual a menores não é um fato isolado nem localizado, no qual devemos considerar os dados que gera, é que surgiram os programas de prevenção ao abuso sexual infantil (PPASI). No geral, estes têm como objetivo desenvolver nas meninas e nos meninos os conhecimentos e as habilidades para cuidarem de si mesmos, de maneira assertiva e efetiva, ao valorizar as ações de outros, rejeitar os contatos que sejam incômodos ou abusivos para eles e, diante destes, buscar ajuda denunciando para adultos confiáveis. Junto com os programas de prevenção surge a necessidade de sistemas que permitam avaliar sua eficácia, de maneira válida e confiável, e também que possam medir seus alcances, suas consequências e, dependendo do caso, seus possíveis efeitos colaterais.

Viabilidade da pesquisa
O estudo é viável, já que foram detectadas instituições interessadas em instrumentar programas de prevenção ao abuso sexual infantil; além disso, qualquer esforço educativo que não for avaliado, não completa seu ciclo. Então, é necessário obter a anuência de autoridades escolares, pais de família ou tutores, assim como dos meninos e das meninas. Primeiro a pesquisa exigiria que os programas fossem implantados para depois medir seu impacto.

Consequências da pesquisa
Qualquer ação destinada a proteger os meninos e as meninas de qualquer parte do mundo deve ser bem recebida, ainda mais quando se trata de uma questão que pode ter sérias consequências em sua vida. Claro que o estudo deve ser conduzido por especialistas no tema, habituados a tratar com crianças pequenas que tenham uma enorme sensibilidade. Durante o desenvolvimento da pesquisa tanto os professores e as professoras, os pais ou tutores como os diretores das escolas deverão ser consultados sobre cada passo a ser seguido. As pessoas que irão instrumentar os programas serão envolvidas de forma permanente e devem preencher diversos requisitos, entre eles serem pais ou mães de família com filhos em idades similares aos participantes da amostra. É uma pesquisa que permitirá que as crianças estejam mentalmente preparadas e treinadas para se opor ou evitar o abuso sexual.

Os pesquisadores opinam

Acredito que devemos fazer os estudantes verem que compreender o método científico não é difícil e que, portanto, pesquisar a realidade também não o é. A pesquisa bem utilizada é uma ferramenta valiosa do profissional em qualquer área; não há melhor forma de propor soluções eficientes e criativas para os problemas do que ter conhecimentos profundos a respeito da situação. Também é preciso fazer com que compreendam que a teoria e a realidade não são polos opostos, mas estão totalmente relacionados.

Um problema de pesquisa bem formulado é a chave de acesso para o trabalho em geral, pois dessa maneira permite a precisão nos limites da pesquisa, a organização adequada do marco teórico e as relações entre as variáveis; portanto, é possível conseguir resolver o problema e gerar dados relevantes para interpretar a realidade que se deseja explicar.

Em um mesmo estudo é possível combinar diferentes enfoques; também estratégias e desenhos, visto que podemos estudar um problema quantitativamente e, ao mesmo tempo, penetrar em níveis de maior profundidade por meio das estratégias dos estudos qualitativos. Esta é uma excelente maneira de estudar as complexas realidades do comportamento social.

Quanto aos avanços conquistados em pesquisa quantitativa, destacamos a criação de instrumentos para medir uma série de fenômenos psicossociais que até pouco tempo eram considerados impossíveis de abordar cientificamente. Por outro lado, o desenvolvimento e o uso disseminado do computador na pesquisa facilitaram o uso de desenhos, com os quais é possível estudar diversas influências sobre uma ou mais variáveis. Isso aproximou a complexa realidade social à teoria científica.

A pesquisa qualitativa foi consolidada ao se determinar seus limites e possibilidades; também houve um avanço em suas técnicas para sintetizar dados e manejar situações próprias. Ao mesmo tempo, com esse modelo se consegue estudar questões que não podem ser analisadas com o enfoque quantitativo.

Embora seja difícil precisar os parâmetros de uma boa pesquisa, é claro que ela se caracteriza pela relação harmoniosa entre os elementos de sua estrutura interna; além disso, por sua originalidade, importância social e utilidade. A única coisa que não é recomendável na atividade científica é que o pesquisador aja de maneira negligente.

Edwin Salustio Blas
Facultad de Psicología
Universidad de Lima
Lima, Peru

Os estudantes que estão se iniciando na pesquisa começam formulando um problema em um contexto geral, depois inserem a situação no contexto nacional e regional para, por último, projetá-lo no âmbito local; isto é, no lugar onde estão academicamente situados (campo, laboratório, sala de aula, etc.).

Na Universidad de Oriente, na Venezuela, a pesquisa adquiriu relevância nos últimos anos por duas razões: o crescimento do quadro de professores e a diversificação de carreiras em Engenharia, área em que as pesquisas são geralmente quantitativas-positivistas, com resultados muito satisfatórios.

Da mesma forma, no estudo de fenômenos sociais e em ciências da saúde o enfoque qualitativo, visto como uma teoria da pesquisa, apresenta grandes avanços. É uma ferramenta metodológica geralmente utilizada em estudos de doutorado em Filosofia, Epistemologia, Educação e Linguística, entre outras áreas. As contribuições desses estudos se caracterizam por sua riqueza em descrição e análise.

O enfoque qualitativo e o quantitativo, vistos como teorias filosóficas, são completamente diferentes; no entanto, como técnicas para o desenvolvimento de uma pesquisa, podem ser combinados principalmente em relação à análise e à discussão de resultados.

Marianellis Salazar de Gómez
Professor titular
Escuela de Humanidades
Universidad de Oriente
Anzoátegui, Venezuela

✓ NOTAS

1. Os comentários entre parênteses são acréscimos nossos.
2. Por questão de espaço, o exemplo foi simplificado e reduzido, o importante é que se compreenda como justificar uma pesquisa.
3. Importante psicoterapeuta do século XX, que foi confinado no campo de concentração de Theresienstadt no final da Segunda Guerra Mundial, onde esboçou o conceito da busca de um sentido para a vida do ser humano.
4. No CD anexo (Material complementario → Capítulos → Capítulo 2), o leitor encontrará um capítulo sobre a ética na pesquisa.

4 ☑

Desenvolvimento da perspectiva teórica: revisão da literatura e construção do marco teórico

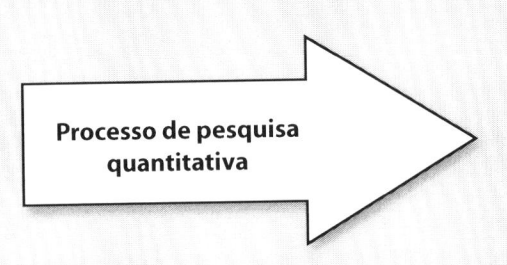

Processo de pesquisa quantitativa →

Passo 3 Desenvolvimento da perspectiva teórica
- Revisar a literatura.
- Detectar a literatura apropriada.
- Obter a literatura apropriada.
- Consultar a literatura apropriada.
- Extrair e recompilar a informação de interesse.
- Construir o marco teórico.

Objetivos da aprendizagem

Ao concluir este capítulo, o aluno será capaz de:

1. conhecer as atividades que deve realizar para revisar a literatura relacionada com um problema de pesquisa quantitativa;
2. ampliar suas habilidades na busca e revisão da literatura, assim como no desenvolvimento de perspectivas teóricas;
3. estar capacitado para, com base na revisão da literatura, construir marcos teóricos ou de referência que contextualizem um problema de pesquisa quantitativa;
4. compreender o papel que a literatura desempenha no processo da pesquisa quantitativa.

Síntese

Neste capítulo, comentamos e aprofundamos a maneira de contextualizar o problema de pesquisa formulado, mediante o desenvolvimento de uma perspectiva teórica.

Detalhamos as atividades que um pesquisador realiza para obter esse resultado: detectar, obter e consultar a literatura apropriada para o problema de pesquisa, extrair e recompilar a informação de interesse e construir o marco teórico.

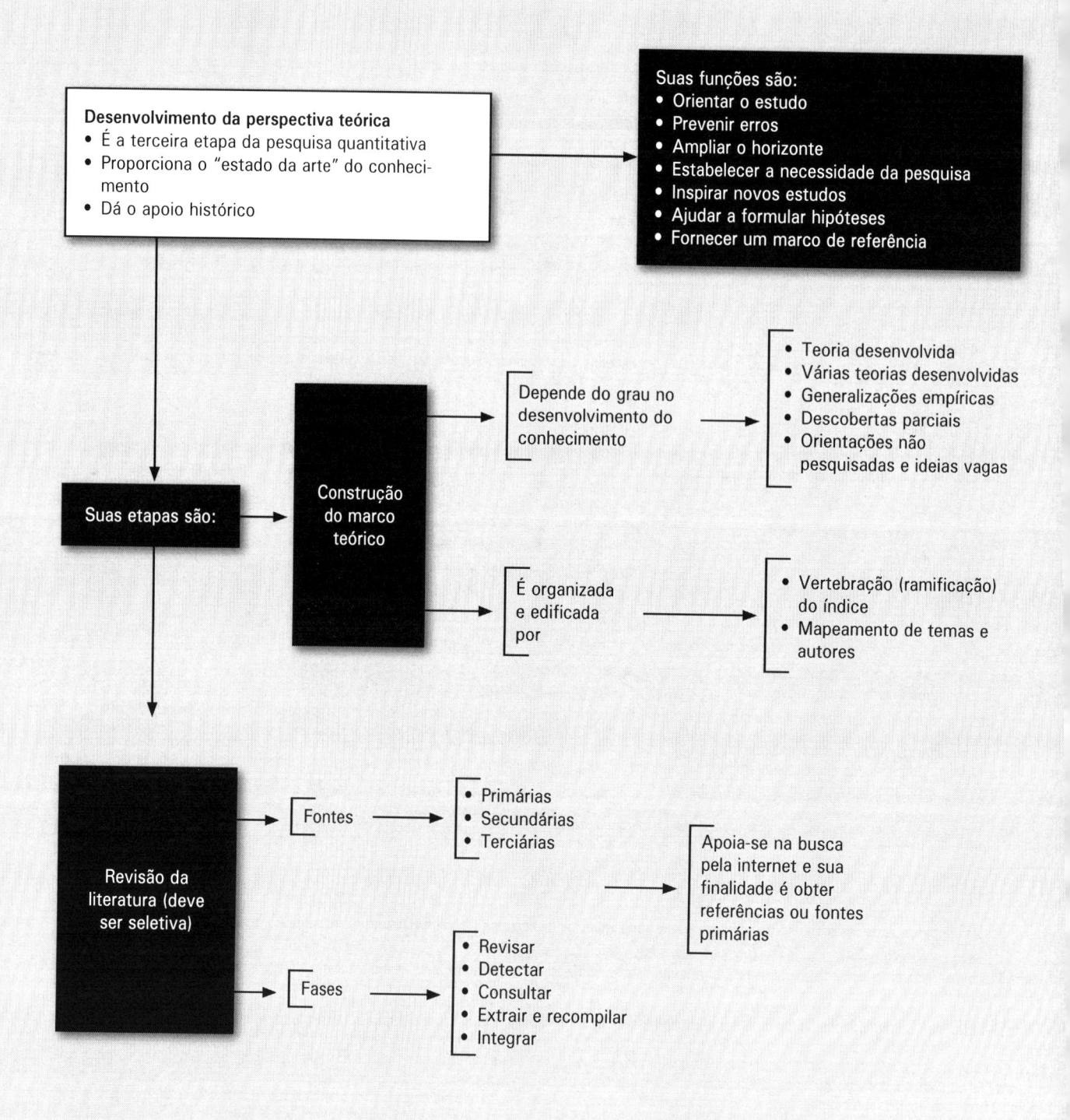

```
Desenvolvimento da perspectiva teórica
• É a terceira etapa da pesquisa quantitativa
• Proporciona o "estado da arte" do conheci-
  mento
• Dá o apoio histórico
```

→ Suas funções são:
• Orientar o estudo
• Prevenir erros
• Ampliar o horizonte
• Estabelecer a necessidade da pesquisa
• Inspirar novos estudos
• Ajudar a formular hipóteses
• Fornecer um marco de referência

Suas etapas são:

→ **Construção do marco teórico**
- Depende do grau no desenvolvimento do conhecimento →
  • Teoria desenvolvida
  • Várias teorias desenvolvidas
  • Generalizações empíricas
  • Descobertas parciais
  • Orientações não pesquisadas e ideias vagas
- É organizada e edificada por →
  • Vertebração (ramificação) do índice
  • Mapeamento de temas e autores

→ **Revisão da literatura (deve ser seletiva)**
- Fontes →
  • Primárias
  • Secundárias
  • Terciárias
  → Apoia-se na busca pela internet e sua finalidade é obter referências ou fontes primárias
- Fases →
  • Revisar
  • Detectar
  • Consultar
  • Extrair e recompilar
  • Integrar

No CD anexo (Material complementario → Capítulos), você encontrará o Capítulo 3, "Perspectiva teórica: comentarios adicionales", que amplia os conteúdos expostos neste Capítulo 4, principalmente ao que se refere à teoria e à construção de teorias, assim como à busca de referências. Parte do material que estava em edições anteriores, neste capítulo, foi atualizado e transferido para o CD (ele **não** foi eliminado).

O QUE SIGNIFICA O DESENVOLVIMENTO DA PERSPECTIVA TEÓRICA?

O **desenvolvimento da perspectiva teórica** é um processo e um produto. Um *processo* de imersão no conhecimento existente e disponível que pode estar vinculado à nossa formulação do problema, e um *produto* (marco teórico) que, por sua vez, é parte de um produto maior: o relatório de pesquisa (Yedigis e Weinbach, 2005).

> **DESENVOLVIMENTO DA PERSPECTIVA TEÓRICA** Apoiar teoricamente o estudo, desde que o problema de pesquisa já tenha sido formulado.

Uma vez que o problema de estudo foi formulado – isto é, quando já temos os objetivos e as perguntas de pesquisa – e quando, além disso, avaliamos sua relevância e factibilidade, então o próximo passo é *fundamentar teoricamente o estudo* (Hernández Sampieri e Méndez, 2009), que neste livro iremos denominar *desenvolvimento da perspectiva teórica*. Isso implica expor e analisar as *teorias*, as *conceituações*, as *pesquisas prévias* e os *antecedentes em geral* que sejam considerados válidos para o correto encaixe do estudo (Rojas, 2002).

Também é importante esclarecer que marco teórico não é o mesmo que teoria; portanto, nem todos os estudos que incluem um marco teórico têm de ser fundamentados em uma teoria. É um ponto que iremos ampliar ao longo do capítulo e seu complemento no CD.

A perspectiva teórica proporciona uma visão sobre onde se situa a formulação proposta dentro do campo de conhecimento no qual iremos "caminhar". Segundo Mertens (2005), ela nos mostra como a pesquisa se encaixa no panorama (*big picture*) daquilo que se sabe a respeito de um tema ou tópico estudado. Também pode nos proporcionar ideias novas e é útil para compartilhar as recentes descobertas de outros pesquisadores.

QUAIS SÃO AS FUNÇÕES DO DESENVOLVIMENTO DA PERSPECTIVA TEÓRICA?

A perspectiva teórica cumpre diversas funções dentro de uma pesquisa; entre as principais destacamos as sete seguintes:

1. Ajuda a prevenir erros cometidos em outras pesquisas.
2. Orienta sobre como o estudo deverá ser realizado. De fato, ao recorrermos aos antecedentes, podemos notar como um problema específico de pesquisa foi abordado:

   - que tipos de estudos foram realizados;
   - com que tipo de participantes;
   - como os dados foram coletados;
   - em que lugar foi realizado;
   - que desenhos foram utilizados.

   Mesmo no caso de descartarmos os estudos prévios, estes irão nos orientar sobre o que queremos e o que não queremos para nossa pesquisa.
3. Amplia o horizonte do estudo ou guia o pesquisador para que se centre em seu problema e evite fugir da formulação original.
4. Documenta a necessidade de realizar o estudo.
5. Leva à formulação de hipóteses ou afirmações que mais tarde deverão ser submetidas à prova na realidade, ou nos ajuda a não formulá-las por razões bem fundamentadas.
6. Inspira novas linhas e áreas de pesquisa (Yurén Camarena, 2000).
7. Proporciona uma estrutura de referência para interpretar os resultados do estudo. Embora possamos não estar de acordo com esse marco ou não utilizá-lo para explicar nossos resultados, ele é ponto de referência.

Exemplo
Sobre uma pesquisa sem sentido por não contar com uma perspectiva teórica

Se tentarmos provar que determinado tipo de personalidade aumenta a possibilidade de que um indivíduo seja líder, ao revisarmos os estudos sobre liderança na respectiva literatura iríamos perceber que essa pes-

> quisa não tem sentido, pois já foi amplamente demonstrado que a liderança é essencialmente produto da interação entre três elementos: características do líder, características dos seguidores (membros do grupo) e a própria situação. Por isso, possuir certas características de personalidade não está necessariamente relacionado com o surgimento de um líder em um grupo (nem todos os "grandes líderes históricos" eram extrovertidos, por exemplo).

☑ QUAIS SÃO AS ETAPAS DO DESENVOLVIMENTO DA PERSPECTIVA TEÓRICA?

Normalmente, ele contém duas etapas:

- a revisão analítica da literatura correspondente;
- a construção do marco teórico, que pode implicar a adoção de uma teoria.

Em que consiste a revisão da literatura?

REVISÃO DA LITERATURA Consiste em detectar, consultar e obter a bibliografia e outros materiais úteis para os propósitos do estudo, dos quais extraímos e sintetizamos informação relevante e necessária para o problema de pesquisa.

A **revisão da literatura** implica *detectar, consultar e obter a bibliografia* (referências) e outros materiais úteis para os propósitos do estudo, dos quais temos de *extrair e recompilar* a informação relevante e necessária para delimitar nosso problema de pesquisa. Essa revisão deve ser *seletiva*, porque todo ano em diversas partes do mundo são publicados milhares de artigos em revistas acadêmicas, periódicos, livros e outros tipos de materiais nas diferentes áreas do conhecimento. Se quando revisamos a literatura descobrimos que na área de interesse existem 5.000 possíveis referências, é evidente que devemos selecionar apenas as mais importantes e recentes e que também estejam diretamente ligadas à nossa formulação do problema de pesquisa. Às vezes, revisamos referências de estudos tanto quantitativos como qualitativos, independentemente do nosso enfoque, porque estão muito relacionadas com nossos objetivos e perguntas.

A seguir, comentamos os passos normalmente seguidos para revisar a literatura.

Início da revisão da literatura

A revisão da literatura pode ser iniciada diretamente com a coleta das referências ou fontes primárias,[1] que acontece quando o pesquisador sabe onde pode encontrá-las, está bem familiarizado com o campo de estudo e tem acesso a elas (pode utilizar material de bibliotecas, cinematecas, hemerotecas e banco de informação). No entanto, é pouco comum que isso aconteça dessa forma, principalmente em lugares onde se pode contar com um número reduzido de centros bibliográficos, poucas revistas acadêmicas e livros.

Por isso, *é recomendável iniciar a revisão da literatura consultando um ou vários especialistas no tema* (algum professor, por exemplo) e procurando – via internet – fontes primárias em centros ou sistemas de informação e bases de referências e dados.

Para tanto, precisamos escolher as "palavras-chave", "marcadores" ou "termos de busca", que devem ser característicos do problema de estudo e retirados da ideia ou tema e da formulação do problema. Este último exige algumas leituras preliminares para ser aprimorado e completado. Os especialistas também podem nos ajudar a selecionar tais palavras.

Se os termos forem vagos e gerais vamos obter uma consulta com muitas referências e informação que **não** são apropriadas para nossa formulação. Nesse sentido, as bases de referências funcionam como os "gatilhos ou motores de busca" (Google, Yahoo, Altavista, etc.).

Por exemplo, ao realizarmos uma consulta com palavras como "escola", "educação", "comunicação", "empresas" ou "personalidade" aparecerão milhares de referências, então "ficaremos perdidos em um mundo de informação".

Portanto, os termos de busca devem ser precisos, porque, se nossa formulação for concreta, a consulta terá maior enfoque e sentido e nos levará a referências apropriadas. Nossa busca também deverá ser feita com palavras em nossa língua e em inglês, pois uma grande quantidade de fontes primárias está nesse idioma.

Ao recorrermos a uma base de dados, somente nos interessam as referências que estiverem estreitamente relacionadas com o problema específico a ser pesquisado. Por exemplo, se pretendemos analisar a relação entre o clima organizacional e a satisfação no trabalho, como iremos encontrar as fontes primárias que estão verdadeiramente ligadas ao nosso problema de estudo? Primeiro, com a revisão de uma base de dados apropriada. Se nosso tema é sobre clima organizacional e satisfação no trabalho, então *não* iríamos consultar uma base de referências sobre questões de química, como *Chemical Abstracts*, nem uma base de dados com referências da história da arte, mas uma base de informação com fontes primárias relacionada com a matéria de estudo, como é o caso do Wiley InterScience, Comunication Abstracts e ABI/INFORM (bases de dados corretas para nossa pesquisa). Se vamos comparar diferentes métodos educativos por meio de um experimento, devemos recorrer à base de referências adequada: ERIC (Education Resources Information Center).[2] Em espanhol e português, também existem algumas bases, como *Latindex* e *Redalyc*, para diversas ciências e disciplinas; *bvs*, ciências da saúde; *ENFISPO*, enfermagem, etc.[3]

Após escolhermos a base de dados que iremos utilizar, consultamos o *catálogo de temas, conceitos e termos (thesaurus)* respectivo,[4] que contém um dicionário ou vocabulário no qual podemos encontrar uma lista de palavras para realizar a busca. Do catálogo devemos selecionar as palavras ou os conceitos-chave que direcionem a consulta. Também podemos realizar uma *busca avançada* com esses termos, utilizando os operadores do *sistema booleano*: *and* (e), *or* (ou) e *not* (não). Com os marcadores e as preposições, estabeleceremos os limites da consulta ao banco ou à base de referências.[5]

A busca nos proporcionará uma lista de referências relacionadas com as palavras-chave (em outras palavras, a lista obtida dependerá desses termos chamados marcadores, que escolhemos do dicionário ou simplesmente utilizamos os que estão incluídos na formulação). Por exemplo, se nosso interesse se centra em "procedimentos cirúrgicos para o câncer de próstata em idosos" e vamos revisar na base de referências "MEDLINE_1997-2008" (para medicina), se selecionarmos as palavras ou marcadores "câncer próstata", o resultado da consulta será uma lista de todas as referências bibliográficas que estiverem em tal base e que se relacionem com esses termos (doença). Se a busca foi realizada em 28 de janeiro de 2009 obtemos 39.643 referências (que são muitas, por isso temos de utilizar mais marcadores ou aumentar nossa precisão). Ao acrescentarmos o termo "idoso" o resultado foi de 14.282 referências (que ainda são muitas). E, ao acrescentarmos "cirurgia" (porque nosso estudo realmente se centra nela), o número é muito mais palpável, 132 fontes primárias. Então, as buscas avançadas podem ser delimitadas por datas (por exemplo, últimos três anos, de 2005 a 2010, de 2000 a 2009).

O Google tem um dos melhores sistemas de busca avançada, mas para uma consulta adequada é necessário recorrer a outras bases de referências mais especializadas, como EBSCO, SAGE, ERIC, MEDLINE, PsycINFO, entre outras (ver Apêndice 2, no CD).

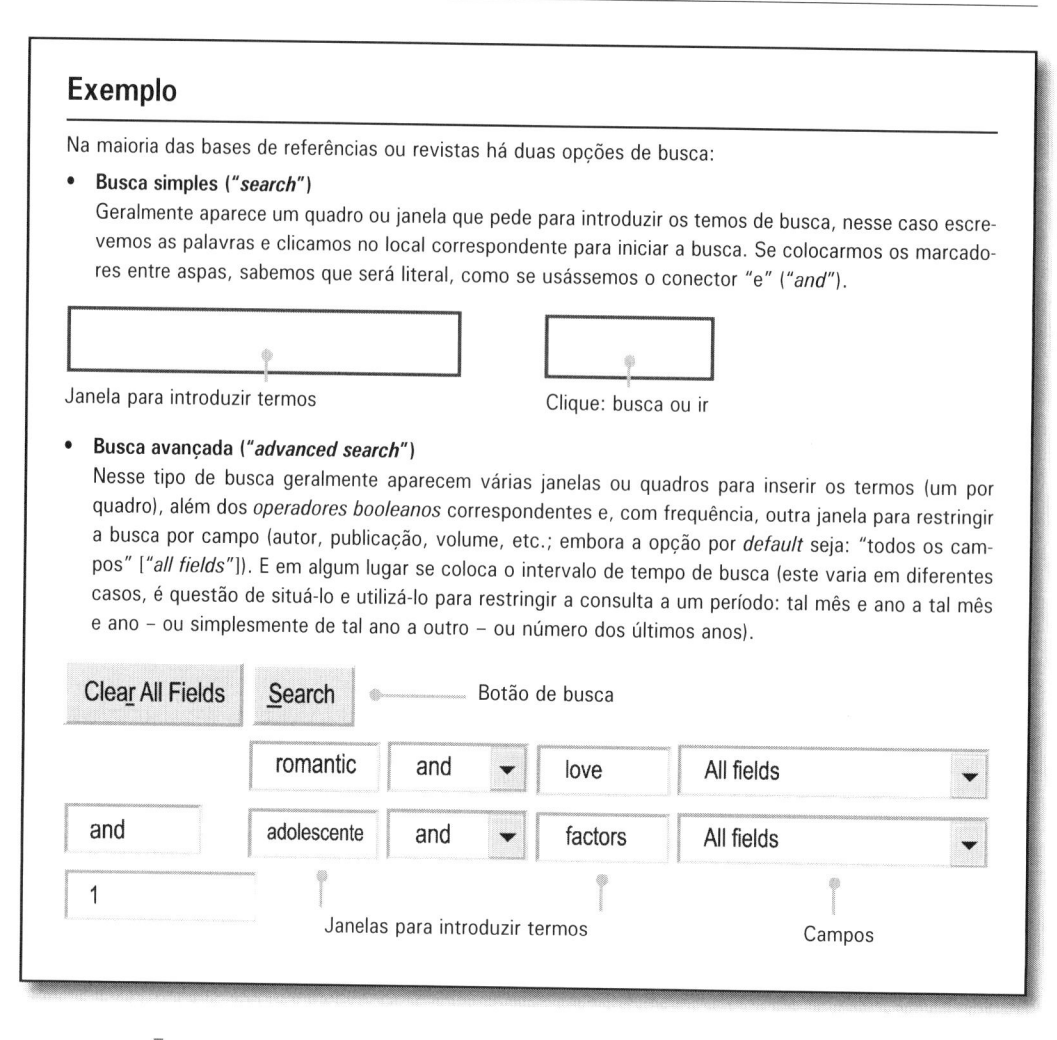

> **Exemplo**
>
> Na maioria das bases de referências ou revistas há duas opções de busca:
>
> - **Busca simples ("*search*")**
>   Geralmente aparece um quadro ou janela que pede para introduzir os temos de busca, nesse caso escrevemos as palavras e clicamos no local correspondente para iniciar a busca. Se colocarmos os marcadores entre aspas, sabemos que será literal, como se usássemos o conector "e" ("*and*").
>
>   Janela para introduzir termos — Clique: busca ou ir
>
> - **Busca avançada ("*advanced search*")**
>   Nesse tipo de busca geralmente aparecem várias janelas ou quadros para inserir os termos (um por quadro), além dos *operadores booleanos* correspondentes e, com frequência, outra janela para restringir a busca por campo (autor, publicação, volume, etc.; embora a opção por *default* seja: "todos os campos" ["*all fields*"]). E em algum lugar se coloca o intervalo de tempo de busca (este varia em diferentes casos, é questão de situá-lo e utilizá-lo para restringir a consulta a um período: tal mês e ano a tal mês e ano – ou simplesmente de tal ano a outro – ou número dos últimos anos).
>
>   Clear All Fields | Search — Botão de busca
>
> | | romantic | and | love | All fields |
> | and | adolescente | and | factors | All fields |
> | 1 | | | | |
>
>   Janelas para introduzir termos — Campos

PALAVRAS-CHAVE Para escolhê-las recomendamos: escrever um título preliminar do estudo e selecionar duas ou três palavras que captem a ideia central, retirar os termos da formulação ou utilizar os que os autores mais destacados no campo de nosso estudo costumam empregar em suas formulações e hipóteses. Na maioria dos artigos de revistas é comum incluir as palavras-chave no início.

Quanto aos livros, mais especificamente, já sabemos que é possível buscar nas páginas das principais editoras e livrarias, assim como em outros lugares (Amazon, AbeBooks, etc.).

Das referências encontradas nas buscas, escolhemos as mais apropriadas (vamos comentar sobre isso um pouco mais adiante).

Também existem *bancos de dados que são consultados manualmente*, onde as referências são buscadas em livros. No Capítulo 3 do CD anexo explicamos esse processo. Também são apresentados diversos exemplos de buscas.

Consultar na internet é necessário e tem suas vantagens, mas se *não* buscarmos em *sites* com informação científica ou acadêmica verdadeiramente de qualidade, pode ser arriscado. Não é recomendável recorrer a *sites* com um grande uso comercial. Creswell (2005 e 2009) faz uma análise das vantagens e desvantagens de utilizar a internet na busca de literatura apropriada para a formulação do problema, conforme mostramos na Tabela 4.1.

Obtenção (recuperação) da literatura

Após identificarmos as fontes primárias adequadas, precisamos localizá-las nas bibliotecas físicas e eletrônicas, cinematecas, hemerotecas, videotecas ou outros lugares onde elas estão. Se comprarmos artigos de revistas científicas, fazemos o *download* e salvamos em nosso HD para sua posterior consulta (e também costumam ser impressos). Se forem livros comprados via *internet*, temos de esperar que cheguem às nossas mãos, etc.

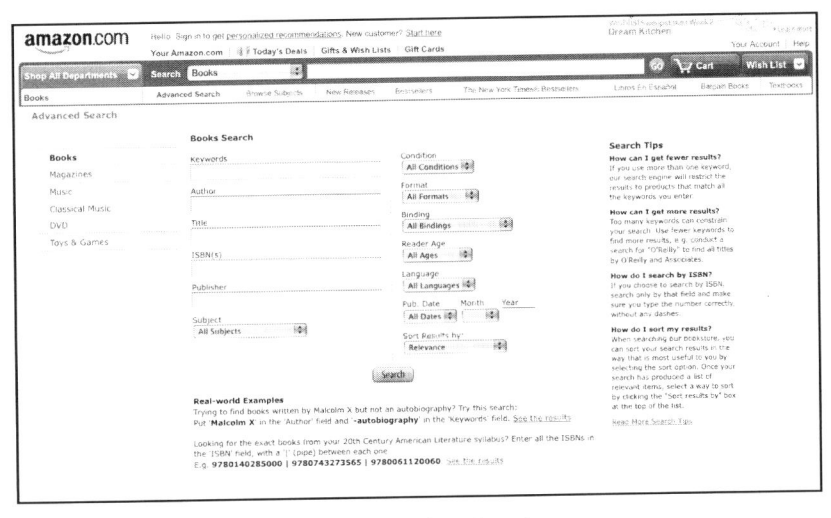

O Amazon foi considerado a livraria virtual mais completa da rede.

Consulta da literatura

Após localizarmos fisicamente as referências (literatura) de interesse, vamos *consultá-las*. O primeiro passo é selecionar as que serão de utilidade para nosso marco teórico específico e *desprezar* aquelas que *não* nos servem. Às vezes, uma fonte primária pode se referir a nosso problema de pesquisa, mas não ser útil porque não considera o tema do ponto de vista que pretendemos adotar, porque novos estudos foram realizados com explicações mais satisfatórias que invalidaram seus resultados ou foram contrários às suas conclusões, porque erros de método foram detectados ou porque foram realizados em contextos completamente diferentes ao de nossa pesquisa, etc. Quando a detec-

TABELA 4.1
Vantagens e desvantagens de utilizar a internet como fonte para localizar bibliografia

Vantagens	Desvantagens
Acesso fácil 24 horas.	Geralmente as pesquisas colocadas em *sites* não são revisadas por especialistas.
Grande quantidade de informação em diversos *sites* sobre muitos temas.	Os relatórios de pesquisa incluídos nos *sites* podem ser textos plagiados ou mostrados sem o consentimento do(s) autor(es), mas isso não temos como saber.
Informação em nossa própria língua.	Pode ser muito demorado localizar estudos sobre nosso tema e que sejam de qualidade, pois são muitas as páginas ou *sites* que se referem à nossa formulação, só que não incluem pesquisas com dados e sim com opiniões, ideias ou serviços de consultoria.
Informação recente.	A informação pode estar desorganizada, nesse caso pode ser de pouca utilidade.
Com os buscadores o acesso a *sites* é imediato.	Para ter acesso à maioria dos textos completos de artigos, é necessário pagar entre 5 e 30 dólares.
Na maioria dos casos o acesso é gratuito ou com um custo muito baixo.	
O pesquisador pode criar uma rede de contatos que o ajudem a obter a informação que busca.	
Os estudos localizados podem ser impressos de imediato.	

ção da literatura for realizada mediante compilações ou banco de dados em que há um breve resumo de cada referência, o risco de escolher uma fonte primária sem utilidade será menor.

Em todas as áreas de conhecimento, *as fontes primárias mais utilizadas* para elaborar marcos teóricos são: *livros, artigos de revistas científicas e palestras apresentadas em congressos, simpósios e eventos similares*, entre outras razões, porque essas fontes são as que sistematizam mais a informação, geralmente aprofundam mais no tema que desenvolvem e são altamente especializadas, além de conseguirmos acessá-las via internet. Assim, Creswell (2009) recomenda confiar, na medida do possível, em artigos de revistas científicas que são avaliados criticamente por editores e especialistas antes de sua publicação.

No caso dos livros, para delimitar sua utilidade devido ao tempo, convém começar analisando o índice de conteúdo e o índice analítico ou de matérias, que dão uma ideia dos temas incluídos na obra. Quando são artigos de revistas científicas, o mais adequado é revisar primeiro o resumo e as palavras-chave e, no caso de ele ser considerado útil, examinar as conclusões, observações ou comentários finais ou, em último caso, o artigo todo.

Mertens (2005) e Creswell (2005) sugerem uma revisão que pode ser aplicada, praticamente, a qualquer tipo de referência, conforme vemos na Figura 4.1.

Para selecionar as fontes primárias úteis para elaborar o marco teórico, é oportuno fazer as seguintes perguntas:

- A referência está relacionada com meu problema de pesquisa?
- Como?
- Quais aspectos ela aborda?
- Ela ajuda a desenvolver meu estudo de uma maneira mais rápida e profunda?
- A partir de que visão e perspectiva aborda o tema? Psicológica, antropológica, sociológica, médica, legal, econômica, da comunicação, administrativa?

A resposta para essa última pergunta é muito importante. Por exemplo, se o que pretendemos é estudar a relação entre superior e subordinado em termos do efeito que o *feedback* positivo do primeiro tem na motivação para as conquistas do segundo, a pesquisa possui um enfoque mais da comunicação. Vamos supor que encontramos um artigo que aborda a relação superior e subordinado ou chefe-subordinado mas trata das atribuições administrativas que certo tipo de subordinados tem em determinadas empresas. É óbvio que esse artigo deve ser descartado, pois enfoca o tema de outra perspectiva.

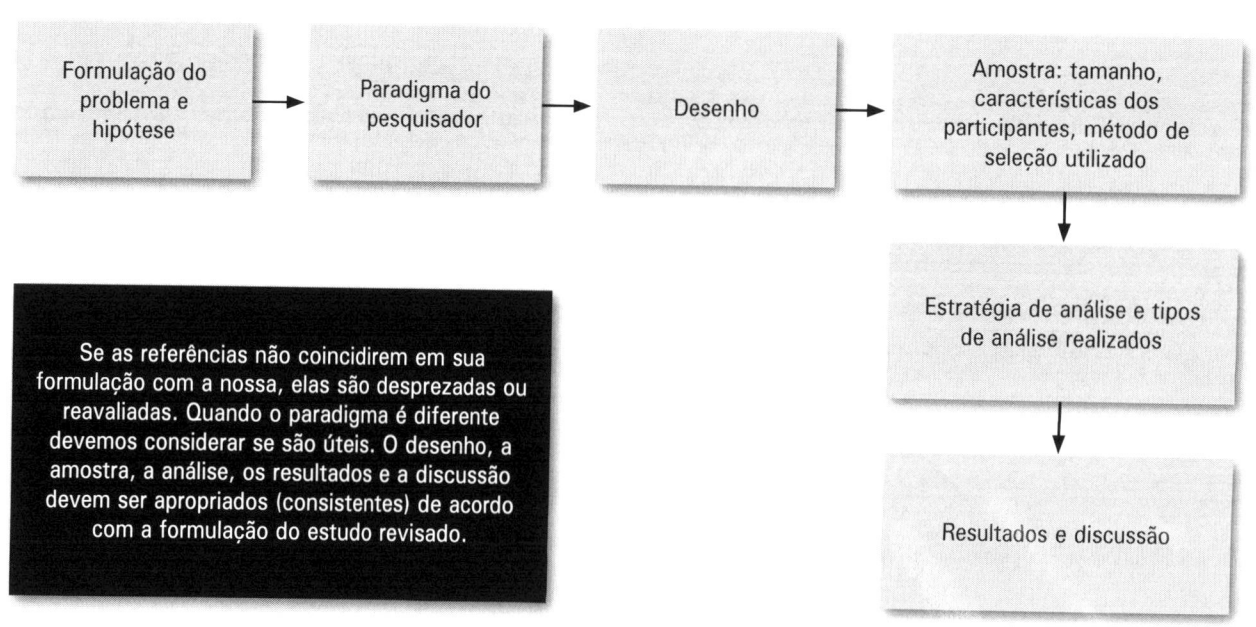

FIGURA 4.1 Revisão de uma referência primária.

Isso não significa que não possamos recorrer a outros campos de conhecimento para completar a revisão da literatura, pois em alguns casos é possível encontrar referências extremamente úteis em outras áreas.

Para analisar as referências, vamos lembrar o que devemos considerar:

- proximidade ou semelhança com nossa formulação (utilidades);
- semelhança com nosso método e amostra;
- data de publicação ou divulgação (quanto mais recente, melhor);
- que envolva pesquisa empírica (coleta e análise de dados);
- rigor e qualidade do estudo (quantitativo, qualitativo ou misto).

Quanto ao *apoio bibliográfico*, alguns pesquisadores consideram que não se deve recorrer a obras preparadas fora do país, porque a informação que apresentam e as teorias que defendem foram elaboradas para outros contextos e situações. Embora isso esteja correto, não significa que devemos desprezar ou não utilizar esse material; a questão é saber como usá-lo. Talvez a *literatura estrangeira* possa ajudar o pesquisador local de diversas maneiras: pode oferecer a ele um bom ponto de partida, guiá-lo no enfoque e tratamento que dará ao problema de pesquisa, orientá-lo a respeito dos diversos elementos presentes no problema, centrá-lo em um problema específico, sugerir como construir um marco teórico, etc.

Um caso ilustrativo foram os estudos de Rota (1978), cujo propósito primordial era analisar o efeito que a exposição à violência televisionada tem na conduta agressiva das crianças. Quando o autor citado revisou a literatura, constatou que praticamente não haviam sido realizados estudos prévios no México; mas que nos Estados Unidos foram realizadas diversas pesquisas e que também havia diferentes teorias a esse respeito (teoria do reforço, teoria da catarse e as teorias dos efeitos disfuncionais). Baseando-se na literatura americana, o autor começou a realizar estudos no México. Seus resultados diferiram dos encontrados nos Estados Unidos, embora os antecedentes localizados nessa nação tenham sido uma excelente estrutura de referência e um ponto de partida para suas pesquisas.

Claro que, às vezes, certos fenômenos evoluem ou mudam com o tempo. Por exemplo, talvez uma geração de crianças não sofra a influência de certos efeitos da televisão e outra geração sim, o que significa que as ciências não são estáticas. Hoje, nossa percepção sobre diversos fenômenos mudou com a decifração do genoma humano, os atos terroristas de 2001 nos Estados Unidos, o *tsunami* que impactou a Ásia em 2004, o desenvolvimento das comunicações telefônicas ou os eventos locais.

Uma vez selecionadas as referências ou fontes primárias úteis para o problema de pesquisa, nós a revisamos cuidadosamente e extraímos a informação necessária para integrá-la e desenvolver o marco teórico. Nesse sentido, é recomendável anotar os dados completos de identificação da referência.[6]

Que informação ou conteúdo extraímos das referências?

Às vezes, extraímos uma só ou várias ideias, outras uma cifra, um resultado ou diversos resultados. Isso varia em cada caso, alguns exemplos são mostrados no CD anexo, Capítulo 3: "Perspectiva teórica: comentarios adicionales".

Ao identificarmos a literatura útil, podemos desenhar um *mapa de revisão*, que é uma "imagem de conceitos" do agrupamento proposto em relação às referências da formulação e que ilustra como a indagação irá contribuir para seu estudo. Um exemplo disso será apresentado mais adiante.

Após reunirmos a literatura considerada para a elaboração do *mapa de revisão*, também devemos começar a fazer os resumos dos artigos e documentos mais relevantes e a extrair as ideias, cifras e comentários. Esses resumos e informação serão combinados posteriormente no marco teórico (Hernández Sampieri e Méndez, 2009).

O que a revisão da literatura pode nos revelar?

Um dos propósitos da revisão da literatura é analisar e discernir se a teoria existente e a pesquisa anterior sugerem uma resposta (ainda que parcial) para a pergunta ou as perguntas de pesquisa; e também se ela oferece um sentido a ser seguido dentro da formulação de nosso estudo (Danhke, 1989).

A literatura revisada pode revelar diferentes graus no desenvolvimento do conhecimento:

- que existe uma teoria completamente desenvolvida, com farta evidência empírica[7] que pode ser empregada em nosso problema de pesquisa;
- que existem várias teorias que podem ser empregadas em nosso problema de pesquisa;
- que existem "partes e fragmentos" de teoria com algum respaldo empírico, que sugerem variáveis potencialmente importantes e que são aplicadas ao nosso problema de pesquisa (podem ser generalizações empíricas e hipóteses com o apoio de alguns estudos);
- que existem descobertas interessantes, mas parciais, que não se adaptam a uma teoria;
- que só existem orientações ainda não estudadas e ideias vagamente relacionadas com o problema de pesquisa.

Também podemos descobrir que os estudos anteriores não são consistentes ou claros, que seu método é frágil (em seus desenhos, amostras, instrumentos para coletar dados, etc.), e suas aplicações não puderam ser realizadas corretamente ou demonstraram ter problemas (Mertens, 2005).

Dependendo do caso, a estratégia que iremos utilizar para *construir e organizar nosso marco teórico* pode variar.

1. *Existência de uma teoria completamente desenvolvida*

   Quando a revisão da literatura revela que existe uma teoria capaz de descrever, explicar e prever a formulação ou o fenômeno com um estudo lógico, completo, profundo e coerente, a melhor estratégia para construir o marco teórico é utilizar essa teoria como sua própria estrutura.

   TEORIA Conjunto de proposições inter-relacionadas capazes de explicar por que e como um fenômeno ocorre.

   Devemos lembrar que, de maneira geral, uma **teoria** é um conjunto de proposições inter-relacionadas, capazes de explicar por que e como um fenômeno ocorre. Nas palavras de Kerlinger e Lee (2002): a teoria é um conjunto de constructos (conceitos) vinculados, definições e proposições que apresentam uma visão sistemática dos fenômenos ao especificar as relações entre variáveis, com o propósito de explicar e prever os fenômenos.

   As teorias podem estar mais ou menos desenvolvidas e ter maior ou menor valor. Os critérios para avaliá-las, sua explicação e ilustração e também as concepções errôneas sobre o que é uma teoria, poderão ser encontrados pelo leitor no CD, Capítulo 3, "Perspectiva teórica: comentarios adicionales".

   Então, se descobrimos uma teoria que explica muito bem o problema de pesquisa que nos interessa, devemos ter o cuidado de não pesquisar algo já estudado profundamente. Vamos imaginar que alguém pretende realizar uma pesquisa para testar a seguinte hipótese referente ao Sistema Solar: "As forças centrípetas se projetam para os centros de cada planeta" (Newton, 1684, p. 61). Isso seria ridículo, porque é uma hipótese formulada há mais de 300 anos, testada de maneira exaustiva e que passou a fazer parte do saber comum.

   Quando encontramos uma teoria sólida que explique a formulação de interesse, devemos dar ao nosso estudo um novo enfoque: a partir do que já está comprovado, propor outras perguntas de pesquisa, claro que aquelas que a teoria não conseguiu resolver; ou, ainda, para aprofundar e ampliar elementos da teoria e visualizar novos horizontes. Caso isso aconteça, seria interessante submetê-las a teste empírico em outras condições. Por exemplo, uma teoria sobre as causas da satisfação no trabalho desenvolvida no Japão e que queremos testar na Argentina ou no Brasil; ou uma teoria dos efeitos da exposição a conteúdos sexuais na televisão que tenha sido somente pesquisada em adultos, mas não em adolescentes.

   No caso de uma teoria desenvolvida, nosso marco teórico consistiria em explicar a teoria, seja proposição por proposição, ou de forma cronológica, mostrando sua evolução. Vamos supor que tentamos resolver a seguinte questão: Quais são as características do trabalho relacionadas com a motivação pelas tarefas laborais?[8] Ao revisarmos a literatura poderíamos encontrar uma teoria extremamente desenvolvida, designada como a teoria da relação entre as características do trabalho e a motivação intrínseca. Essa teoria pode ser resumida no modelo da Figura 4.2 (adaptado de Hackman e Oldham, 1980, p. 83)[9].

Nosso marco teórico teria como base essa teoria, incorporando certas referências de interesse. Alguns autores iriam estruturá-lo da seguinte maneira:

1. A motivação intrínseca em relação ao trabalho
   1.1 O que é a motivação intrínseca no contexto de trabalho?
   1.2 A importância da motivação intrínseca no trabalho: sua relação com a produtividade
2. Os fatores do trabalho
   2.1 Fatores organizacionais (clima organizacional, políticas da empresa, instalações, características estruturais da organização: tamanho, tecnologia, normas da organização, entre outras questões) [*Abordados de forma bem resumida porque o foco da pesquisa está em outros aspectos*]
   2.2 Fatores do desempenho (atribuições internas, sentimentos de competência e autodeterminação, etc.) [*Também abordados resumidamente pela mesma razão*]
   2.3 Fatores pessoais (conhecimentos e habilidades, interesse inicial pelo trabalho e variáveis de personalidade, necessidades de desenvolvimento, etc.) [*Também abordados de maneira resumida*]
   2.4 Fatores de recompensa extrínseca (salário, benefícios e outros tipos de recompensas) [*Comentados resumidamente*]

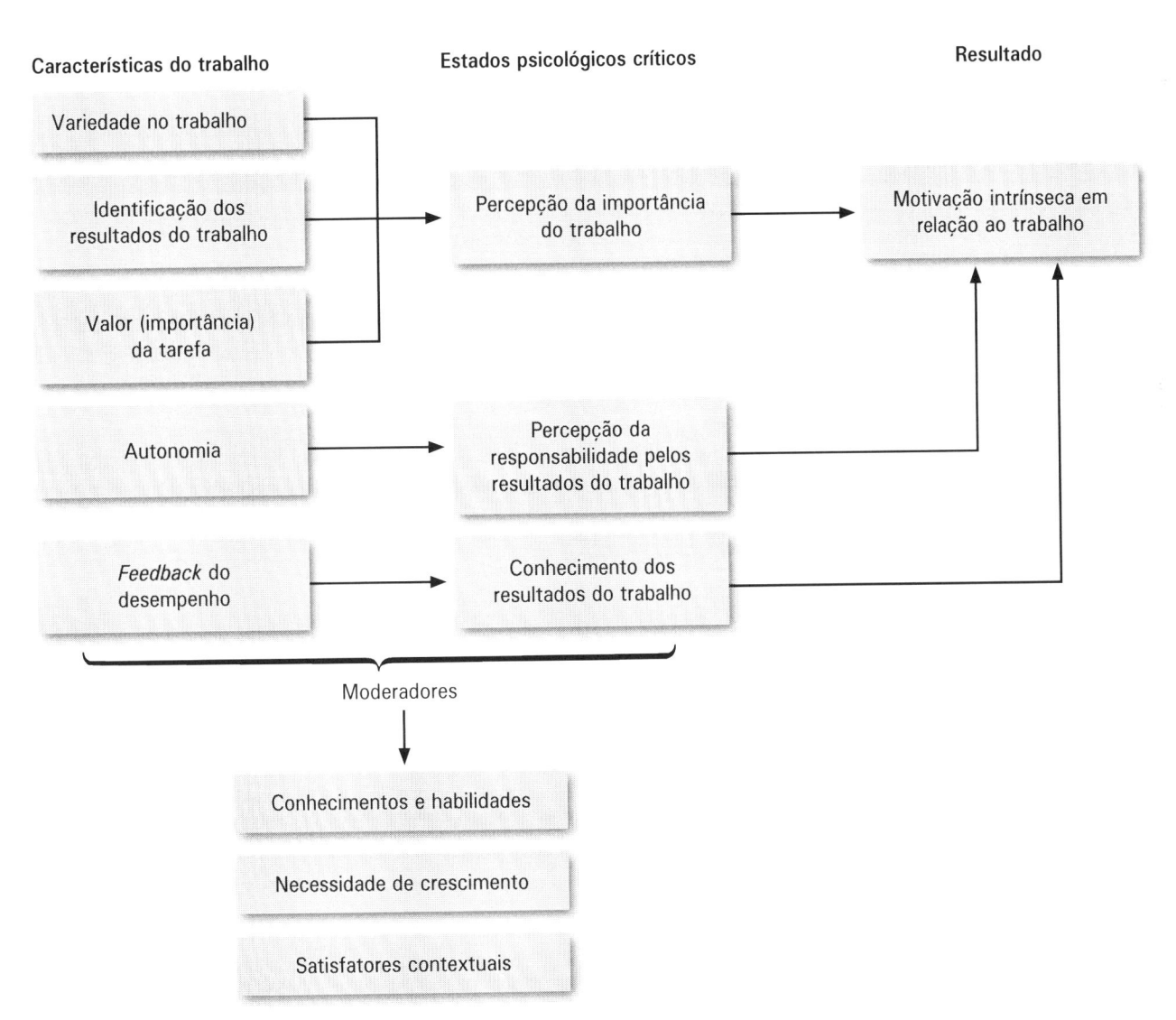

FIGURA 4.2 Moderadores da relação entre as características de trabalho e a motivação intrínseca.

3. Características do trabalho
   3.1 Variedade no trabalho
   3.2 Identificação dos resultados do indivíduo no produto final
   3.3 Importância do trabalho
   3.4 Autonomia
   3.5 *Feedback* do desempenho
      3.5.1 *Feedback* proveniente de agentes externos (superiores, supervisão técnica e colegas de trabalho, que também são uma forma de recompensa extrínseca)
      3.5.2 *Feedback* proveniente do próprio trabalho
   3.6 Outras características
4. A relação entre as características do trabalho e a motivação intrínseca [*Aqui comentaríamos como essas características se relacionam entre si e a forma como se associam, como um todo, à motivação intrínseca. Nessa parte do marco teórico, as características do trabalho seriam consideradas em conjunto, enquanto no item 3 mencionamos sua correlação individual com a motivação intrínseca. Ou seja, explicaríamos o modelo dos moderadores da relação entre as características do trabalho e a motivação intrínseca como se fosse um resumo.*]

Nesse caso, pelo menos cerca de 80% do marco teórico seria desenvolvido nos itens 3 e 4. Já o item 2 é narrativo e geral e poderia ser eliminado. Seu papel se limita a centrar o estudo nas variáveis de interesse. No pessoal, *agruparíamos* os fatores organizacionais, do desempenho, pessoais e de recompensas extrínsecas em apenas um item, pois serão comentados em termos muito gerais. Assim, obteríamos uma divisão mais simples dos capítulos.

Outra perspectiva para nosso marco teórico seria a *cronológica*, que consiste em desenvolver historicamente a evolução da teoria (analisar as contribuições mais importantes para o problema de pesquisa até chegar à teoria resultante). Se ele fosse desenvolvido com uma perspectiva cronológica, teríamos a seguinte estrutura:

1. A motivação intrínseca e a motivação extrínseca: uma divisão da motivação em relação ao trabalho
2. Os modelos motivacionais clássicos para estudar a motivação intrínseca
   2.1 Antecedentes: década de 1950
   2.2 Frederick Herzberg: década de 1960
   2.3 Victor Vromm: das décadas de 1950 à de 1970
   2.4 Edward E. Lawer: das décadas de 1960 à de 1970
   2.5 Edward L. Deci: das décadas de 1970 à de 1990
3. O modelo de redesenho do trabalho (Richard Hackman e Greg Oldham)

   Da década de 1980 até hoje

4. As novas redefinições: Richard Ryan e Edward Deci, Kenneth W. Thomas

   De 2000 até hoje

Nos parágrafos, falaríamos sobre as características do trabalho que cada autor considerou ou sobre uma perspectiva determinada, assim como sua relação com a motivação intrínseca. [*Embora o item 2 deva ser abordado de maneira bem resumida.*] No final, incluiríamos a teoria resultante, produto de anos de pesquisa. Independentemente de decidirmos construir o marco teórico de maneira cronológica ou desmembrar a estrutura da teoria (abordando uma a uma as proposições e os elementos principais dela), o importante é explicar claramente a teoria e a forma como se aplica ao nosso problema de pesquisa.

2. *Existência de várias teorias aplicáveis ao nosso problema de pesquisa*
   Se ao revisar a literatura descobrimos várias teorias e/ou modelos aplicáveis ao problema de pesquisa, podemos escolher uma(um) e nos basearmos nela(e) para construirmos o marco teórico (desmembrando a teoria ou de maneira cronológica); ou também pegarmos partes de algumas ou de todas as teorias.

   Na primeira situação, escolhemos a teoria que tenha uma avaliação mais positiva (de acordo com os critérios para avaliar uma teoria, comentados no Capítulo 3 do CD) e que se aplique mais ao problema de pesquisa. Por exemplo, se a formulação se centra nos efeitos que os programas de televisão com elevado conteúdo sexual têm nos adolescentes, poderíamos encontrar teorias que expliquem o efeito de ver sexo na televisão, mas apenas uma delas se refere aos adolescentes ou conta com evidência empírica do contexto escolhido. Sem dúvida, esta deveria ser a teoria que selecionaríamos para construir nosso marco teórico.

Na segunda situação, pegaríamos da teoria somente aquilo que se relaciona com o problema de estudo. Nesses casos, antes de construir o marco teórico, convém fazer um esboço deste, analisá-lo, decidir o que vai ser incluído de cada teoria, procurando não cair em contradições lógicas (às vezes diversas teorias rivalizam totalmente em um ou mais aspectos; se aceitarmos o que diz uma teoria devemos desprezar o que postulam as demais). Quando as proposições mais importantes das teorias não são compatíveis umas com as outras, devemos escolher apenas uma. Mas se somente diferem em aspectos secundários, pegamos as proposições centrais que são mais ou menos comuns a todas elas e escolhemos as partes de cada teoria que sejam de interesse e que possam ser acopladas umas às outras.

O mais comum para construir o marco teórico é pegar uma teoria como base e retirar elementos de outras teorias úteis.[10]

3. *Existência de "partes e pedaços" de teorias (generalizações empíricas)*
Em certos campos do conhecimento não se dispõe de muitas teorias que expliquem os fenômenos que estudam; às vezes temos apenas **generalizações empíricas**, isto é, proposições que foram comprovadas na maior parte das pesquisas realizadas. Quando revisamos a literatura é bem provável encontrar esse tipo de situação. O que fazemos então é construir a perspectiva teórica, mais do que adotar ou adaptar uma ou várias teorias.

> **GENERALIZAÇÕES EMPÍRICAS**
> Proposições que foram comprovadas na maior parte das pesquisas realizadas (formam a base do que serão as hipóteses submetidas a teste).

Se ao revisarmos a literatura encontramos uma proposição única ou se na formulação pensamos em limitar a pesquisa a uma generalização empírica (hipótese), então o marco teórico é criado incluindo os resultados e as conclusões dos estudos antecedentes, de acordo com algum esquema lógico (de maneira cronológica, por variável ou conceito da proposição, ou pelas implicações das pesquisas anteriores). Mas temos de lembrar que nosso estudo deve inovar.[11] Se nossa pergunta de pesquisa fosse: Os indivíduos de um sistema social que conhecem primeiro uma inovação estão mais expostos aos canais interpessoais de comunicação do que aqueles que a adotam posteriormente?[12], nosso marco teórico consistiria em comentar os estudos de difusão de inovações que, de uma ou outra maneira, fizeram referência ao problema de pesquisa. Comentar implicaria descrever cada estudo, o contexto em que foi realizado e os resultados e as conclusões a que se chegou.

Então, quase todos os estudos fazem várias perguntas de pesquisa ou uma pergunta da qual surgem diversas proposições. Nesses casos, o marco teórico também seria fundamentado nos estudos anteriores que se referem a essas proposições. Os estudos são comentados e vão sendo relacionados uns com os outros de acordo com um critério coerente (cronologicamente, por proposição ou pelas variáveis do estudo). Às vezes as proposições se entrelaçam de maneira lógica para, por tentativa, construir uma teoria (a pesquisa pode começar a integrar uma teoria cuja função será aprimorar estudos futuros).

Quando nos deparamos com generalizações empíricas, é comum organizarmos o marco teórico a partir de cada uma das variáveis do estudo. Por exemplo, se o que pretendemos é pesquisar o efeito de certas dimensões do clima organizacional sobre a rotatividade de pessoal, nosso marco teórico poderia ter a seguinte estrutura:

1. Definições fundamentais: o clima organizacional e a rotatividade de pessoal
2. Dimensões do clima organizacional[13] e seu efeito na rotatividade de pessoal
    2.1 Estado de espírito
    2.2 Apoio da direção
    2.3 Motivação intrínseca
    2.4 Autonomia
    2.5 Identificação com a organização
    2.6 Satisfação laboral

Em cada subseção do item 2 definiríamos a dimensão e incluiríamos as generalizações ou proposições empíricas sobre a relação entre a variável e a rotatividade.

As generalizações empíricas descobertas na literatura são a base do que serão as hipóteses submetidas a teste e, às vezes, elas são a própria hipótese. O mesmo acontece quando essas proposições fazem parte de uma teoria.

4. *Descobertas interessantes, mas parciais, que não se adaptam a uma teoria*
Na literatura, podemos descobrir que não existem teorias nem generalizações empíricas, mas somente alguns estudos prévios relacionados – relativamente – com nossa formulação. Podemos organizá-las como antecedentes de forma lógica e coerente, destacando a mais relevante em cada caso e citá-las como pontos de referência. Devemos nos aprofundar naquilo que cada antecedente oferece.

Por exemplo, o estudo já mencionado no capítulo anterior de Núñez (2001), que finalmente desenhou uma pesquisa para validar um instrumento que medisse o sentido de vida de acordo com o pensamento e a filosofia de Viktor Frankl. Ao revisar a literatura, descobriu que havia outros testes logoterapêuticos que mediam o propósito de vida; mas que não refletiam totalmente o pensamento desse autor. Ele construiu seu marco teórico com base no modelo concebido por Frankl (manifestações do espírito, liberdade, responsabilidade, consciência, valores, etc.) e utilizou os instrumentos prévios como pontos de referência. Não *recorreu* a uma teoria, ele *adaptou* um esquema de pensamento e delimitou seu estudo com outros anteriores (que desenvolveram diversos instrumentos de medição). Entre alguns de seus itens do marco teórico ele incluiu pontos como os seguintes:

Medição do sentido de vida
- Testes logoterapêuticos
- O teste de propósito vital de Crumbaugh e Maholick (PIL)
- Pesquisas realizadas com o PIL
- Pesquisas no México
- Teste de Song
- Escala de vazio existencial (EVS) do MMPI
- Questionário de propósito vital (LPQ)
- O teste do significado do sofrimento, de Starck
- Teste de Belfast
- Logoteste de Elizabeth Lukas

5. *Existência de orientações ainda não pesquisadas e ideias vagamente relacionadas com o problema de pesquisa*
Às vezes se descobre que poucos estudos foram realizados dentro do campo de conhecimento em questão. Nesses casos o pesquisador tem de buscar literatura que, embora não se refira ao problema específico da pesquisa, possa ajudá-lo a se orientar dentro dele. Paniagua (1985), ao fazer uma revisão da bibliografia sobre as relações interpessoais do comprador e do vendedor no contexto organizacional mexicano, não detectou nenhuma fonte primária sobre o tema específico. Então, utilizou referências sobre relações interpessoais vindas de outros contextos (superior-subordinado, entre colegas de trabalho e desenvolvimento das relações em geral) e aplicou-as à relação comprador-vendedor para construir o marco teórico.

Vamos pegar outro caso para ilustrar como o marco teórico é construído nas situações em que não há estudos prévios sobre o problema de pesquisa específico. Vamos supor que a ideia é analisar quais fatores do contexto de trabalho provocam o medo de ter êxito[14] e causam impacto na motivação para o êxito nas secretárias que trabalham na área burocrática do governo da Costa Rica. Possivelmente se descubra que não há nenhum estudo a esse respeito, mas talvez existam pesquisas sobre o medo e a motivação para o êxito das secretárias costa-riquenhas (embora não trabalhem no governo) ou de supervisores de departamentos públicos (embora não seja, especificamente, a ocupação que nos interessa). Se o segundo também não ocorre, talvez não existam estudos que abordem ambas as variáveis com executivos de empresas privadas ou de secretárias de repartições públicas de outros países. Se esse não for o caso, é possível recorrer às pesquisas sobre o medo e a motivação para o êxito, apesar de terem sido provavelmente realizadas entre estudantes de outro país. Mas, se não houvesse nenhum antecedente, poderíamos recorrer aos estudos iniciais de motivação para o êxito de David McClelland e aos do medo do êxito, embora, por exemplo, para o medo do êxito seria possível encontrar inúmeras referências (Mulig et al., 2006; Chalk et al., 2005; Kocovski e Endler, 2000; Lew, Allen, Papouchis e Ritzler, 1998; Janda, O'Grady e Capps, 1978; Cherry e Deaux, 1978; Tresemer, 1977 e 1976; e

Zuckerman, 1975; entre outras). Mas, supondo que elas também não existissem, poderíamos recorrer a estudos gerais sobre medo e motivação. No entanto, quase sempre se conta com um ponto de partida. As exceções nesse sentido são muito poucas. As queixas de que "não há nada", "ninguém estudou isso", "não sei em quais antecedentes eu posso me basear", geralmente se devem a uma revisão insuficiente da literatura. Outro exemplo sobre o que fazer quando não há literatura (inclusive sobre questões não pesquisadas) pode ser encontrado no já mencionado Capítulo 3 do CD anexo.

✓ ALGUMAS OBSERVAÇÕES SOBRE O DESENVOLVIMENTO DA PERSPECTIVA TEÓRICA

No processo quantitativo sempre é conveniente efetuar a revisão da literatura e apresentá-la de uma maneira organizada (seja ela chamada de marco teórico, estrutura de referência, conhecimento disponível ou de qualquer outra maneira), e embora nossa pesquisa possa se centrar em um objetivo de avaliação ou medição muito específico (por exemplo, um estudo que somente pretenda medir variáveis específicas, como no caso de um censo demográfico em uma determinada comunidade em que mediríamos nível socioeconômico, nível educativo, idade, gênero, tamanho da família, etc.), é recomendável revisar o que foi feito antes (como os censos demográficos anteriores foram realizados nessa comunidade ou, se não houver antecedentes, como foram realizados em comunidades similares; quais problemas eles tiveram, como foram resolvidos; que informação relevante foi excluída, etc.). Isso ajudará a criar um estudo melhor e mais completo.

O papel do marco teórico é fundamental antes e depois de coletar os dados. Isso pode ser visto na Tabela 4.2.

Ao construirmos o marco teórico devemos nos centrar em nosso problema de pesquisa sem divagar em outros temas alheios ao estudo. *Um bom marco teórico* não é aquele que contém muitas páginas, mas que aborda com profundidade apenas os aspectos relacionados com o problema e que une de maneira lógica e coerente os conceitos e as proposições existentes em estudos anteriores. Outro aspecto importante que às vezes esquecemos: construir o marco teórico não significa apenas reunir informação, mas também ligá-la e interpretá-la (nele a redação e a narrativa são importan-

TABELA 4.2
Papel do marco teórico durante o processo quantitativo

Antes de coletar os dados ele nos ajuda a...	Após coletar os dados ele nos ajuda a...
Aprender mais sobre a história, a origem e o alcance do problema de pesquisa.	Explicar as diferenças e semelhanças entre nossos resultados e o conhecimento existente.
Conhecer quais métodos foram aplicados com êxito ou de maneira errada para estudar o problema específico ou problemas relacionados.	Analisar formas de como podemos interpretar os dados.
Saber quais respostas existem atualmente para as perguntas de pesquisa.	Situar nossos resultados e conclusões dentro do conhecimento existente.
Identificar variáveis que exigem ser medidas e observadas, além de como foram medidas e observadas.	Construir teoria e explicações.
Decidir qual é a melhor maneira de coletar os dados de que precisamos e onde obtê-los.	Desenvolver novas perguntas de pesquisa e hipóteses.
Resolver como os dados podem ser analisados.	
Aprimorar a formulação e sugerir hipóteses.	
Justificar a importância do estudo.	

Fonte: Adaptada de Yedigis e Welnbach (2005, p. 47).

tes, porque as partes que irão integrá-lo devem estar entrelaçadas e não se deve "pular" de uma ideia a outra).

Um exemplo que, embora grosseiro, é ilustrativo do que acabamos de comentar seria o de alguém que tenta pesquisar como a exposição aos programas de televisão com elevado conteúdo sexual afeta os adolescentes, e desenvolve uma estrutura do marco teórico mais ou menos assim:

1. A televisão
2. História da televisão
3. Tipos de programas televisivos
4. Efeitos macrossociais da televisão
5. Usos e gratificações da televisão
   5.1 Crianças
   5.2 Adolescentes
   5.3 Adultos
6. Exposição seletiva à televisão
7. Violência na televisão
   7.1 Tipos
   7.2 Efeitos
8. Sexo na televisão
   8.1 Tipos
   8.2 Efeitos
9. O erotismo na televisão
10. A pornografia na televisão

É óbvio que isso seria divagar em um "mar de temas". Sempre devemos nos lembrar de que é muito diferente escrever um livro didático, que trata a fundo uma área determinada de conhecimento, e elaborar um marco teórico em que devemos ser seletivos.

☑ QUAL MÉTODO PODEMOS SEGUIR PARA ORGANIZAR E CONSTRUIR O MARCO TEÓRICO?

Uma vez extraída e recompilada a informação que nos interessa das referências apropriadas para nosso problema de pesquisa, podemos começar a *elaborar o marco teórico*, que terá como base a integração da informação recompilada.

Um passo prévio consiste em *ordenar essa informação* de acordo com um ou vários critérios lógicos e adequados ao tema da pesquisa. Às vezes, ordenamos cronologicamente; outras, por subtemas ou por teorias, etc. Por exemplo, se utilizarmos fichas ou documentos em arquivos e pastas (no computador) para recompilar a informação, então eles serão ordenados de acordo com o critério que definimos. De fato, há quem trabalhe seguindo um método próprio de organização. Em suma, o que importa é que ele seja eficaz.

Hernández Sampieri e Méndez (2009) e Creswell (2009) sugerem o **método de mapeamento** – elaborar primeiro um mapa – para organizar e construir o marco teórico. Além disso, nós autores recomendamos outro: por índices (tudo é estruturado a partir de um índice geral).

MÉTODO DE MAPEAMENTO
Consiste em elaborar um mapa conceitual para organizar e construir o marco teórico.

Método de mapeamento para construir o marco teórico

Esse método implica elaborar um mapa conceitual e, com base neste, aprofundar na revisão da literatura e no desenvolvimento do marco teórico.

Como todo mapa conceitual, sua clareza e estrutura dependem de selecionarmos os termos adequados, e isso também está relacionado com uma formulação enfocada. Vamos explicá-lo com um exemplo.

Exemplo
O clima organizacional

Este é um exemplo de mapa da literatura para um estudo cujo objetivo primordial era "validar uma escala para medir o clima organizacional no contexto de trabalho mexicano" (Hernández Sampieri, 2005). A revisão da literatura se centrou em estudos que incluíssem definições e modelos do clima organizacional[15] (suas causas e seus efeitos), assim como instrumentos que o medissem (por isso foi preciso recorrer a pesquisas que consideraram seus componentes, dimensões ou variáveis).

As palavras-chave de busca foram:

1. "Clima organizacional" (e, obviamente, *organizational climate*): foi utilizado porque representa a área central do estudo.
2. "Mensuração" (*measurement*): porque se pretende validar um instrumento de mensuração.
3. "Definições" (*definitions*): pela necessidade de definições do conceito.
4. "Dimensões" e "fatores" (*dimensions* e *factors*): buscava-se considerar as dimensões vistas como parte do clima organizacional.
5. "Modelos" (*models*): para encontrar esquemas empíricos sobre suas causas e seus efeitos.
6. Posteriormente foram incluídas variáveis relacionadas com o clima organizacional como *organizational culture* (cultura organizacional) e *work involvement* (envolvimento no trabalho), para ver suas diferenças em relação ao conceito de interesse; no entanto, elas foram excluídas do exemplo para não deixá-lo muito extenso.

Essas palavras apresentaram resultados na busca de referências em diferentes bases de dados (Wiley InterScience, Sage Journals, Latindex, ERIC e ABI/INFORM).

Portanto, o mapa inicial de conceitos foi o da Figura 4.3 (nesse caso, a estrutura tem como fundamento os conceitos-chave).

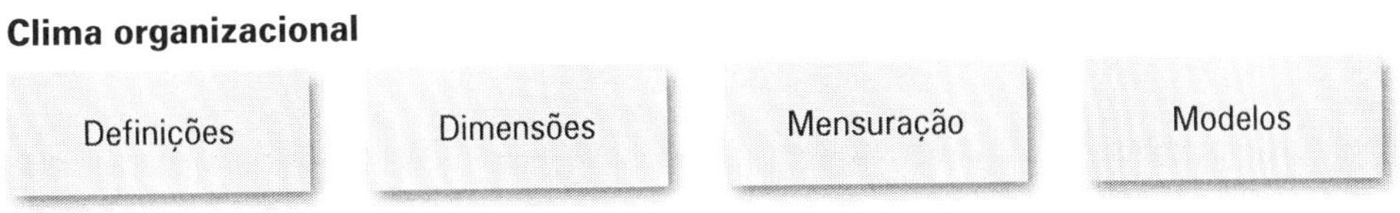

Clima organizacional

| Definições | Dimensões | Mensuração | Modelos |

FIGURA 4.3 Demonstração de um mapa da literatura com o exemplo do clima organizacional.

Os conceitos-chave do mapa permanecem ou são desmembrados em subtemas, de acordo com o que indicar a literatura essencial que revisarmos (eles serão temas na perspectiva ou marco teórico). O mapa vai sendo desdobrado em subtemas, conforme podemos ver na Figura 4.4.

Os autores principais são colocados no mapa (Figura 4.5).

Então, estruturamos o marco teórico tendo como base os quatro temas:

1. Definições, características e enfoques do clima organizacional
2. Dimensões do clima organizacional
3. Modelos do clima organizacional
4. Mensuração do clima organizacional
5. Conclusões para o marco teórico

Cada tema se desdobra em subtemas, por exemplo:

1. Definições, características e enfoques do clima organizacional
    1.1 Definições fundamentais
    1.2 Características organizacionais ou percepções?
       Dicotomia do clima: objetivo-subjetivo
         1.2.1 Concepção do clima como medida variada dos atributos organizacionais (visão "objetiva")
         1.2.2 O clima como a medida perceptiva dos atributos individuais
         1.2.3 O clima como a medida perceptiva dos atributos organizacionais
    1.3 Clima individual, grupal ou coletivo?
    1.4 O clima e outras variáveis organizacionais: semelhanças e diferenças

Clima organizacional

Concepções e definições:
Debates:
a) Essência.
- Medida múltipla dos atributos organizacionais.
- Medida perceptiva dos atributos individuais.
- Medida perceptiva dos atributos organizacionais.
b) Individual ou coletivo.
c) Objetivo ou subjetivo.

Dimensões:
Diversas, mais de 85 diferentes. As que foram mais consideradas na literatura: estado de espírito, apoio da direção, inovação, percepção da empresa ou identificação, comunicação, percepção do desempenho, motivação intrínseca, autonomia, satisfação geral, liderança, visão e recompensas.

Instrumentos para medi-lo:
28 detectados (cinco validados para o meio de trabalho de interesse).

Modelos:
Com maior profusão empírica e os mais recentes:
- J. L. Gibson, J. M. Ivancevich e J. H. Donnelly.
- Modelo da diversidade da efetividade gerencial (W. Wilborn).
- Modelo intermediador do clima organizacional (C. P. Parker et al.).
- Modelo do processo de senso comum (L. R. James e L. A. James).

FIGURA 4.4 Mapa da literatura desdobrado em temas e subtemas.

Desse modo, colocamos o conteúdo das referências em cada item (onde houver necessidade). Vale lembrar que estas foram obtidas fundamentalmente de revistas: *Journal of Organizational Behavior*, *Human Resource Management*, *Journal of Management*, *Human Resource Development Quarterly*, *Academy of Management Review*, *European Journal of Work and Organizational Psychology*, *Investigación Administrativa* e outras, além de livros. Para saber quais revistas são importantes é preciso considerar o Fator de Impacto (FI ou Impact Factor), que é um indicador bibliométrico elaborado pelo *Institute for Scientific* (ISI) dos Estados Unidos e publicado no *Journal Citation Reports* (JCR), onde as revistas e as matérias são compiladas por ordem alfabética. Cada revista recebe um número (FI) que é calculado dividindo a soma das citações realiza-

Clima organizacional

Concepções e definições:
O clima é perceptual, subjetivo e produto da interação entre os membros da organização. Litwin e Stringer (1968); Brunet (2002); McKnight e Webster (2001); Gonçalves (2004); Sparrow (2001); James e Sells (1981); Parker e colaboradores (2003)...

Dimensões:
Litwin e Stringer (1968); Clarke, Sloane e Aiken (2002); Patterson e colaboradores (2005); Brunet (2002); Parker e colaboradores (2003); Ochitwa (2004); Arvidsson e colaboradores (2004); Anderson e West (1998)...

Instrumentos para medi-lo:
Parker e colaboradores (2003); Ochitwa (2004); Arvidsson e colaboradores (2004); Anderson e West (1998); Patterson e colaboradores (2005); Aralucen (2003)...

Modelos:
James e colaboradores (1990); James e James (1992); James e McIntyre (1996); Gibson e Donnely (1979); Parker e colaboradores (2003)...

FIGURA 4.5 Mapa da literatura com autores.[16]

das a essa revista durante um ano, que é dividido pelo número total de artigos publicados por essa revista nos dois anos anteriores. Com esse indicador tenta-se medir o grau de difusão ou "impacto" e, portanto, de prestígio dessa publicação, embora também seja possível conhecer o FI de um autor ou uma instituição.

Vale destacar que os autores podem ir mudando com o tempo. Se Hernández Sampieri tivesse realizado seu estudo em 2009, teria de incluir novas referências: Gray (2007) com seu livro *A climate of success*, Pemberton (2008) com sua obra *Organizational climate at higher education institutions*, D'Amato (2009), com seu livro *Psychological and organizational climate research* e Sarros, Cooper e Santora (2008) com seu artigo "Building a climate for innovation through transformational leadership and organizational culture", para mencionar alguns exemplos.[17]

Método por índice para construir o marco teórico (vertebrado a partir de um índice geral)

A experiência mostra que outra maneira rápida e eficaz de construir um marco teórico é desenvolver, primeiro, seu índice experimental, global ou geral, e aprimorá-lo até que se torne bem específico, para depois colocar a informação (referências) em seu lugar correspondente dentro do esquema. A essa operação podemos dar o nome de "vertebrar" o marco ou a perspectiva teórica (criar a coluna vertebral desta).

Por outro lado, é importante insistir que o marco teórico não é um tratado de tudo aquilo que tenha relação com tema global ou geral da pesquisa, mas ele deve se limitar aos antecedentes da formulação específica do estudo. Se esta se refere aos efeitos secundários de um tipo de medicamento concreto em adultos com um determinado perfil, então a literatura que revisarmos e incluirmos deverá estar relacionada especificamente com o tema; não seria prático incluir itens como: "a história dos medicamentos", "os efeitos dos medicamentos em geral", "as reações secundárias dos medicamentos em bebês", etc.

O processo de "vertebrar" o marco teórico em um índice pode ser representado com o esquema da Figura 4.6.

Assim, completamos os itens (temas e subtemas) com conteúdos retirados das referências apropriadas para cada um deles, embora primeiro seja necessário estruturar o índice (a coluna vertebral). A seguir mostramos um exemplo:

Exemplo de um índice "vertebrado"

Ao elaborar uma pesquisa para determinar os fatores que interferem no voto para as eleições municipais na Bolívia foram encontrados, após a revisão da literatura, diversos fatores que causam um grande efeito no voto:

1. Imagem do candidato
2. Imagem do partido ou da força política que apoia o candidato
3. Estrutura partidária
4. *Marketing* partidário
5. *Marketing* eleitoral
6. Ação eleitoral

Nesse caso, estes seriam os temas, sendo que cada um se desdobra em subtemas e assim sucessivamente, e o índice ficaria da seguinte maneira:

Fatores que interferem no voto para as eleições municipais, no caso da Bolívia

1. Imagem do candidato
   1.1 Antecedentes do candidato e informações sobre ele, que os votantes conhecem

> 1.2 Atribuições em relação ao candidato (honestidade percebida, experiência, capacidade para governar, liderança atribuída, carisma, simpatia, inteligência e outras)
> 1.3 Percepção da família do candidato e o vínculo do candidato com ela
> 1.4 Credibilidade do candidato
> 1.5 Presença física do candidato
> 2. Imagem do partido ou da força política que apoia o candidato
> 2.1 Antecedentes do partido político e conhecimento que os votantes têm a respeito dele
> 2.2 Atribuições sobre o partido (honestidade dos governantes que pertencem ao partido, resultados demonstrados de seus governos, experiência de governo)
> 2.3 Identificação com o partido político
> 2.4 Credibilidade do partido político
> 3. Estrutura partidária
> 3.1 Número de afiliados
> 3.2 Participação nas eleições
> 3.3 Lealdade partidária
> 3.4 Organização do partido
> 3.5 Produtividade da estrutura
> 4. *Marketing* partidário
> 4.1 Investimento em publicidade e propaganda institucional permanente
> 4.2 Investimento em publicidade e propaganda dos governos municipais pertencentes ao partido
> 5. *Marketing* eleitoral
> 5.1 Investimento em publicidade e propaganda em meios de comunicação de massa durante as campanhas políticas
> 5.2 Investimento em *marketing* direto durante as campanhas
> 6. Ação eleitoral
> 6.1 Discursos do candidato, eventos e comícios
> 6.2 Solicitação direta do voto
>
> Quando o índice estiver pronto, vemos se está completo, se estão faltando ou sobrando itens para aprimorá-los; depois buscamos referências apropriadas para o desenvolvimento do marco teórico.
>
> Agora integramos as referências no lugar mais adequado.
>
> Mas, no caso de notarmos que o estudo pode ser muito extenso, como o do exemplo (ele tem uma grande quantidade de variáveis), então podemos tomar a decisão de especificar mais e delimitar o problema (podemos nos centrar somente nos fatores de imagem dos candidatos que influenciam o voto).

Quantas referências devem ser utilizadas para o marco teórico?

Isso depende da formulação do problema, o tipo de relatório que estivermos elaborando e nossa área de atuação, além do pressuposto. Portanto, não existe uma resposta exata, de maneira alguma. No entanto, alguns autores sugerem que se utilizem aproximadamente 30 referências (Mertens, 2005). Hernández Sampieri e colaboradores (2008) analisaram várias teses e dissertações, assim como artigos de revistas acadêmicas nos Estados Unidos e no México, e consultaram vários professores latino-americanos, encontrando parâmetros como os seguintes: em uma pesquisa em um curso de graduação para uma matéria ou disciplina o número pode variar entre 15 e 25, em uma pequena monografia entre 20 e 30, em um trabalho de conclusão de curso entre 25 e 35, em uma dissertação de mestrado entre 30 e 40, em um artigo para uma revista científica entre 50 e 70. Em uma tese de doutorado, o número aumenta entre 65 e 129 (não são de maneira alguma padrões, mas aparecem na maioria dos casos). No entanto, devem ser referências diretamente relacionadas com a formulação do problema, isto é, devemos excluir as fontes primárias que mencionam a formulação indiretamente ou de forma periférica, aquelas que não coletam dados ou não se fundamentam nestes (que são simples opiniões de um indivíduo) e também as que são de trabalhos escolares não publicados ou não têm o aval de uma instituição.

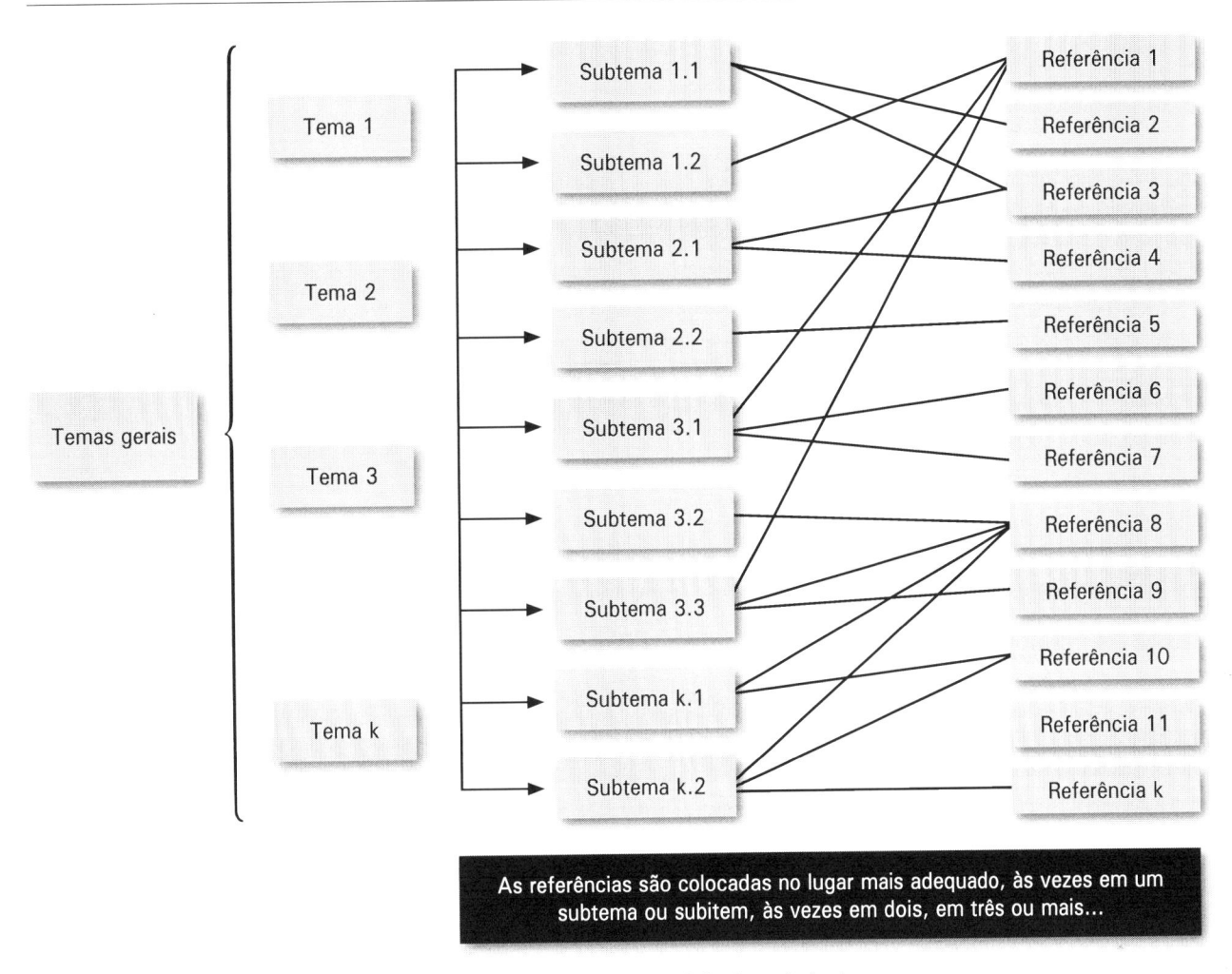

FIGURA 4.6 Processo de vertebração do índice do marco teórico e posição das referências.

SERÁ QUE A REVISÃO DA LITERATURA FOI ADEQUADA?

Às vezes surge essa dúvida, será que fizemos ou não uma revisão correta da literatura e também uma boa seleção de referências para integrá-las no marco ou perspectiva teórica? Para responder essa questão, é possível utilizar os seguintes critérios em forma de perguntas. Se a resposta for "sim" para todas elas teremos a certeza de que, ao menos, nos empenhamos ao máximo e ninguém que houvesse tentado poderia ter obtido um resultado melhor.

- Recorremos a alguns bancos de dados, seja com consulta manual ou por computador? E pedimos referências de pelo menos cinco anos atrás?
- Procuramos em diretórios, motores de busca e espaços da internet (ao menos três)?
- Consultamos no mínimo quatro revistas científicas que costumam abordar o tema de interesse? A consulta foi de cinco anos atrás até a data da pesquisa?
- Procuramos em algum lugar onde havia teses e dissertações sobre o tema de interesse?
- Procuramos livros sobre o tema em pelo menos duas boas bibliotecas físicas ou virtuais?
- Consultamos mais de uma pessoa que soubesse algo sobre o tema?
- Se, aparentemente, não descobrimos referências em bancos de dados, bibliotecas, hemerotecas, videotecas e cinematecas, então entramos em contato com alguma associação científica da área de nosso problema de pesquisa?

Além disso, quando existem teorias ou generalizações empíricas sobre um tema, seria apropriado acrescentar as seguintes perguntas para a autoavaliação:

- Quem são os autores mais importantes dentro do campo de estudo?
- Quais aspectos e variáveis foram pesquisados?
- Existe algum pesquisador que tenha estudado o problema em um contexto similar ao nosso?

Mertens (2005) acrescenta outras questões:

- Sabemos claramente qual é o panorama do conhecimento atual em relação a nossa formulação?
- Sabemos como nossa formulação foi conceituada?
- Produzimos uma análise crítica da literatura disponível? Reconhecemos os pontos fortes e fracos da pesquisa prévia?
- A literatura revisada está livre de críticas, interesses, pressões políticas e institucionais?
- O marco teórico mostra que nosso estudo é necessário ou importante?
- No marco ou perspectiva teórica fica claro como a pesquisa anterior tem um vínculo com nosso estudo?

✓ REDAÇÃO DO MARCO TEÓRICO

Construir o marco teórico implica redigir seu conteúdo, tecendo parágrafos e citando as referências de maneira apropriada. Os comentários a esse respeito estão no Capítulo 11 deste livro.

Exemplo
Pesquisa de Mariana sobre o namoro

Vamos recapitular o que foi comentado até agora e retomar o exemplo do namoro apresentado nos dois capítulos anteriores. O exemplo foi delimitado à semelhança: a semelhança exerce alguma influência na escolha do par no namoro e na satisfação do relacionamento? Isso também poderia ser delimitado à satisfação.

Se a jovem, Mariana, seguisse os passos que sugerimos para desenvolver sua perspectiva teórica, realizaria as seguintes ações:

1. Iria a um *cybercafé*, ao setor de informática de sua universidade ou utilizaria seu próprio computador e se conectaria a vários meios de referências. Buscaria referências dos cinco últimos anos em PsycINFO (*Psychological Abstracts*), SAGE Journals e Sociological Abstracts (que seriam os bancos de dados indicados), utilizando as palavras-chave ou guias: *atraction* (atração), *close* (proximidade), *relationships* (relacionamentos) e *similarity* (semelhança), tanto em sua própria língua como em inglês. Se tivesse feito isso em 2009, logo de cara descobriria que existem dezenas de referências (desse ano para trás, muitas delas gratuitas), que existem revistas que abordam o tema como a *Journal of Youth & Adolescence*, *Journal of Personality and Social Psychology* e *Journal of Social and Personal Relationship*, assim como diversos livros. Além disso, escreveria ou enviaria um *e-mail* para alguma associação nacional ou internacional para pedir informação a esse respeito.
2. Selecionaria apenas as referências que abordassem a semelhança nas relações interpessoais, principalmente as que se referem ao namoro.
3. Construiria seu marco teórico sobre a seguinte generalização empírica, sugerida pela literatura apropriada: "As pessoas tendem a selecionar, para suas relações interpessoais heterossexuais, indivíduos semelhantes a elas no que se refere à educação, nível socioeconômico, raça, religião, idade, cultura, atitudes e até mesmo atrativo físico e psíquico". Ou seja, a semelhança entre duas pessoas do sexo oposto aumenta a possibilidade de que estabeleçam uma relação interpessoal, como seria o caso do namoro.

Quão extenso deve ser o marco teórico?

Essa é uma pergunta difícil de responder, muito complexa. No entanto, no Capítulo 3 do CD anexo, complemento do presente capítulo, comentamos o ponto de vista de alguns autores relevantes.

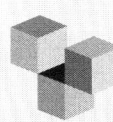

Resumo

- O terceiro passo do processo de pesquisa quantitativa é apoiar teoricamente o estudo.
- O marco teórico ou a perspectiva teórica se integra com as teorias, enfoques teóricos, estudos e antecedentes em geral, que se refiram ao problema de pesquisa.
- Para elaborar o marco teórico é necessário detectar, obter e consultar a literatura e outros documentos apropriados para o problema de pesquisa, assim como extrair e compilar a informação de interesse.
- A revisão da literatura pode ser iniciada manualmente ou recorrendo a bancos de dados e referências aos quais se tenha acesso na internet, utilizando palavras-chave.
- Ao compilar informação de referências é possível extrair uma ou várias ideias, dados, opiniões, resultados, etc.
- A construção do marco teórico depende do que encontrarmos na revisão da literatura:
  a) A existência de uma teoria completamente desenvolvida que possa ser aplicada ao nosso problema de pesquisa.
  b) A existência de várias teorias que possam ser aplicadas ao problema de pesquisa.
  c) A existência de generalizações empíricas que se adaptem a esse problema.
  d) Descobertas interessantes, mas parciais, que não se adaptam a uma teoria.
  e) Apenas a existência de orientações ainda não estudadas e ideias vagamente relacionadas com o problema de pesquisa.

A estratégia para construir o marco teórico varia em cada caso.

- Uma fonte importante para construir um marco teórico são as teorias. Uma teoria é um conjunto de conceitos, definições e proposições unidas entre si, que apresentam um ponto de vista sistemático de fenômenos que especificam relações entre variáveis, cujo objetivo é explicar e prever esses fenômenos.
- As funções mais importantes das teorias são: explicar o fenômeno, prevê-lo e sistematizar o conhecimento.
- O marco ou perspectiva teórica irá orientar o rumo das etapas posteriores do processo de pesquisa.
- Ao construirmos o marco teórico, devemos nos centrar em nosso problema de pesquisa sem divagar em outros temas alheios ao estudo.
- Para dar origem à perspectiva teórica, sugerimos dois métodos: mapeamento e vertebração.

Conceitos básicos

Avaliação da revisão realizada na literatura
Bases de referências/dados
Desenvolvimento da perspectiva teórica
Esquema conceitual
Estratégia de elaboração do marco ou perspectiva teórica
Estrutura do marco ou perspectiva teórica
Fontes primárias
Funções do marco teórico
Generalização empírica
Marco teórico
Modelo teórico
Palavras-chave
Perspectiva teórica
Processo quantitativo
Referência
Revisão da literatura
Teoria

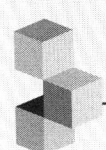

Exercícios

1. Selecione um artigo de uma revista científica que contenha uma pesquisa e analise seu marco teórico. Qual é o índice (explícito ou implícito) do marco teórico dessa pesquisa? O marco teórico está completo? Ele está relacionado com o problema de pesquisa? Você acha que ele ajudou o pesquisador ou pesquisadores em seu estudo? De que maneira?

2. Quanto à formulação do problema de pesquisa que escolheu, busque, pelo menos, dez referências e extraia delas a informação apropriada.

3. Escolha duas ou mais teorias que façam referência ao mesmo fenômeno e compare-as.
4. Construa um marco teórico apropriado para o problema de pesquisa que escolheu no início da leitura do livro.
5. Revise no CD anexo a informação adicional sobre este capítulo (Capítulo 3, "Perspectiva teórica: comentarios adicionales").

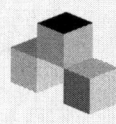

Exemplos desenvolvidos

A televisão e a criança

Índice do marco teórico

1. O enfoque de usos e gratificações da comunicação de massa
   1.1 Princípios básicos
   1.2 Necessidades satisfeitas pelos meios de comunicação de massa nas crianças
      1.2.1 Diversão
      1.2.2 Socialização
      1.2.3 Identidade pessoal
      1.2.4 Sobrevivência
      1.2.5 Outras necessidades
2. Resultados de pesquisas sobre o uso que a criança faz da televisão
3. Funções que a televisão desempenha na criança e gratificações que ela recebe por ver televisão
4. Conteúdos televisivos preferidos pela criança
5. Condições de exposição da criança à televisão
6 Controle que os pais exercem sobre seus filhos na atividade de ver televisão
7. Conclusões referentes ao marco teórico

O par e a relação ideais

Índice do marco teórico

1. Contexto dos jovens universitários de Celaya
2. Estrutura e função dos ideais nas relações de namoro.
3. Causas das relações bem-sucedidas e o conceito de par ideal
4. Teorias sobre as relações de namoro
   4.1 Teoria sociocognitiva
      - Constructos para o conhecimento das relações relevantes de casal
        - O indivíduo
        - O casal
        - A relação
      - Dimensões para avaliar as relações de casal.
        - Superficiais/íntimas
        - Românticas/tradicionais *versus* não tradicionais
   4.2 Teoria evolucionista
      - Dimensões do casal ideal
        - Relações próximas ou íntimas
        - Atrativo físico e social

O abuso sexual infantil

(O relatório em formato de artigo está incluído no CD):
   Material complementario/investigación cuantitativa/Ejemplo 7/Comparativo de instrumentos de evaluación para programas de prevención del abuso sexual infantil en preescolares.

Índice do marco teórico

1. O problema do abuso sexual infantil
   1.1 Estatísticas internacionais
   1.2 Dimensões do problema
2. Programas de prevenção ao abuso sexual infantil (PPASI)
   2.1 Tipos
   2.2 Efeitos
3. Avaliação dos PPASI
   3.1 CKAQ-R (EUA e versão em espanhol)
   3.2 What is situation test (WIST)
   3.3 Role play protocol (RPP) (EUA e México)
   3.4 Taking about touching evaluation program
   3.5 Evaluación de la prevención del abuso (EPA)

Os pesquisadores opinam

Criar o hábito de pesquisar é uma obrigação que os professores devem ter em relação aos seus alunos. Também devem incentivar o desenvolvimento de projetos que tenham aplicações práticas, pois um dos parâmetros que caracterizam uma boa pesquisa é o fato de ter alguma utilidade, que resolva problemas na sociedade ou nas empresas, e não fique somente no papel, embora seja publicado.

José Yee de Los Santos
Docente
Facultad de Ciencias de la Administración
Universidad Autónoma de Chiapas
Chiapas, México

A importância de contextualizar as pesquisas produzidas na América Latina está no fato de que possibilita a criação de conhecimentos válidos e aplicáveis a nossas realidades.

Na Venezuela, as disciplinas como Psicologia Social e da Educação se mostram mais receptivas ao uso de estratégias qualitativas, que se tornaram uma forma científica e rigorosa de realizar pesquisa, apesar de os estigmas que ainda dominam certos círculos acadêmicos. Na área tecnológica os avanços são impressionantes, graças ao computador que permite a análise de dados quantitativos.

A tendência é mais estatística; por isso, as técnicas de análise que servem para explicar fenômenos a partir de várias dimensões foram aperfeiçoadas, ao mesmo tempo em que oferecem a maior quantidade de variáveis para sua compreensão. Do mesmo modo, os pacotes estatísticos para a análise quantitativa agora são mais completos e eficazes.

Em uma pesquisa é possível combinar técnicas quantitativas e qualitativas para coletar informação, com questionários, observações e entrevistas. Mas no plano ontológico e epistemológico não é possível mesclar os enfoques porque as formulações, no que se refere à visão de ciência e à relação com o objeto de estudo, são muito divergentes.

Natalia Hernández Bonnett
Professora pesquisadora
Escuela de Psicología
Facultad de Humanidades y Educación
Universidad Católica Andrés Bello
Caracas, Venezuela

NOTAS

1. As referências ou fontes primárias proporcionam dados de primeira mão, pois são documentos que incluem os resultados dos estudos correspondentes. Exemplos destas são: livros, antologias, artigos de publicações periódicas, monografias, teses e dissertações, documentos oficiais, relatórios de associações, trabalhos apresentados em conferências ou seminários, artigos jornalísticos, testemunho de especialistas, documentários, vídeos em diferentes formatos, fóruns ou páginas na internet, etc.
2. Essas bases de referências têm páginas em inglês, e nossa consulta será basicamente de termos nesse idioma.
3. No CD anexo → (Material complementario → Apéndices → Apéndice 2: "Principales bancos/servicios de obtención de fuentes/bases de datos/páginas web para consulta de referencias bibliográficas", o leitor encontrará uma lista variada de bases para suas buscas.
4. De acordo com Cornell University Library (2005), o *thesaurus* é uma lista de todos os títulos ou marcadores utilizados em uma determinada base de dados, catálogo ou índice.
5. Se você, leitor, não está familiarizado com esses operadores ou preposições, ou nunca realizou uma "busca avançada", sugerimos recorrer ao Capítulo 3 do CD: "Perspectiva teórica: comentarios adicionales", no qual seus usos e funções são explicados.
6. No CD anexo (Documentos → Documento 3) o leitor encontrará um pequeno manual baseado nas normas da APA (American Psychological Association) que é utilizado na maioria das disciplinas. Nele mostramos quais elementos das principais referências devem ser anotados e como citá-las na lista final de referências ou bibliografia. O programa Sistema de Información para el Soporte a la Investigación (SISI) e seu respectivo manual contidos no CD servem para gerar, incluir e organizar referências bibliográficas, tanto no texto – citações – como no final na lista ou bibliografia – referências –, baseados no estilo de publicação da APA.
7. A evidência empírica, segundo o enfoque quantitativo, refere-se aos dados da "realidade" que apoiam ou dão testemunho de uma ou várias afirmações. Dizemos que uma teoria recebeu apoio ou evidência empírica quando há pesquisas científicas que mostraram que seus postulados são corretos na realidade observável ou mensurável. As proposições ou afirmações de uma teoria conseguem ter diversos graus de evidência empírica: a) se não há evidência empírica a favor nem contra uma afirmação ela é denominada de "hipótese"; b) se há apoio empírico, mas este é moderado, a afirmação ou proposição costuma ser denominada "generalização empírica", e c) se a evidência empírica é indiscutível, falamos de "lei" (Reynolds, 1980).
8. Em um contexto determinado, como em empresas do Parque Industrial de Villa El Salvador, em Lima, Peru.
9. Esse modelo continua sendo utilizado. Consulte, por exemplo: Hernández Sampieri (2005), Fornaciari e Dean (2005), Østhus (2007), Hornung e Rousseau (2007), Prowse e Prowse (2008) e Russell (2008).
10. Para ver como um marco teórico se integra em uma teoria, sugerimos ao leitor que revise no CD que acompanha esta edição em "Material complementario", "Investigación cuantitativa", "Ejemplo 6: Validación de un instrumento para medir la cultura empresarial en función del clima organizacional y vincular empíricamente ambos construtos".

11. Às vezes são realizadas pesquisas para avaliar a falta de coerência entre estudos prévios, encontrar "buracos" de conhecimento nestes ou explorar por que certas aplicações não puderam ser realizadas adequadamente.
12. Retirada de Rogers e Shoemaker (1971). Exemplos de inovações são a moda, a tecnologia, os sistemas de trabalho, etc.
13. Simplificamos as dimensões do clima organizacional para tornar o exemplo mais ágil.
14. Medo de ter êxito em um trabalho ou outra tarefa.
15. O clima organizacional é um conjunto de percepções dos indivíduos sobre seu meio interno de trabalho (Hernández Sampieri, 2005).
16. Omitimos alguns dos nomes para tornar o exemplo mais curto. Também não são incluídas as citações de referências na bibliografia do livro, pois o exemplo, embora seja real, é simplesmente utilizado para fins ilustrativos. Mas mencionamos as principais fontes em que foram localizadas.
17. Para ver quais elementos de uma referência são incluídos, lembramos que o leitor pode recorrer ao CD, documento 3: "Manual basado en las normas de la APA (American Psychological Association)" e utilizar o programa SISI (Sistema de Información para el Suporte y la Investigación).

5 ☑
Definição do alcance da pesquisa a ser realizada: exploratória, descritiva, correlacional ou explicativa

Processo de pesquisa quantitativa →

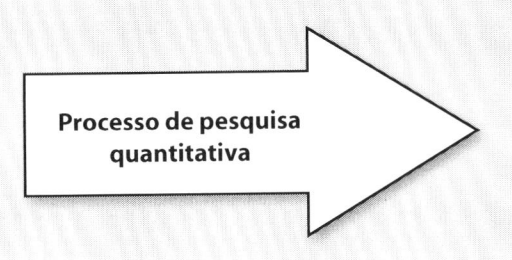

Passo 4 Definir o alcance da pesquisa
- Definir se a pesquisa começa como exploratória, descritiva, correlacional ou explicativa.
- Tentar estimar qual será o alcance final da pesquisa.

Objetivo da aprendizagem

Ao concluir este capítulo, o aluno será capaz de:

1. conhecer os alcances dos processos da pesquisa quantitativa.

Síntese

Neste capítulo apresentamos um contínuo do alcance das pesquisas quantitativas: exploratórias, descritivas, correlacionais e explicativas. Também mostramos a natureza e o propósito desses alcances em um estudo.

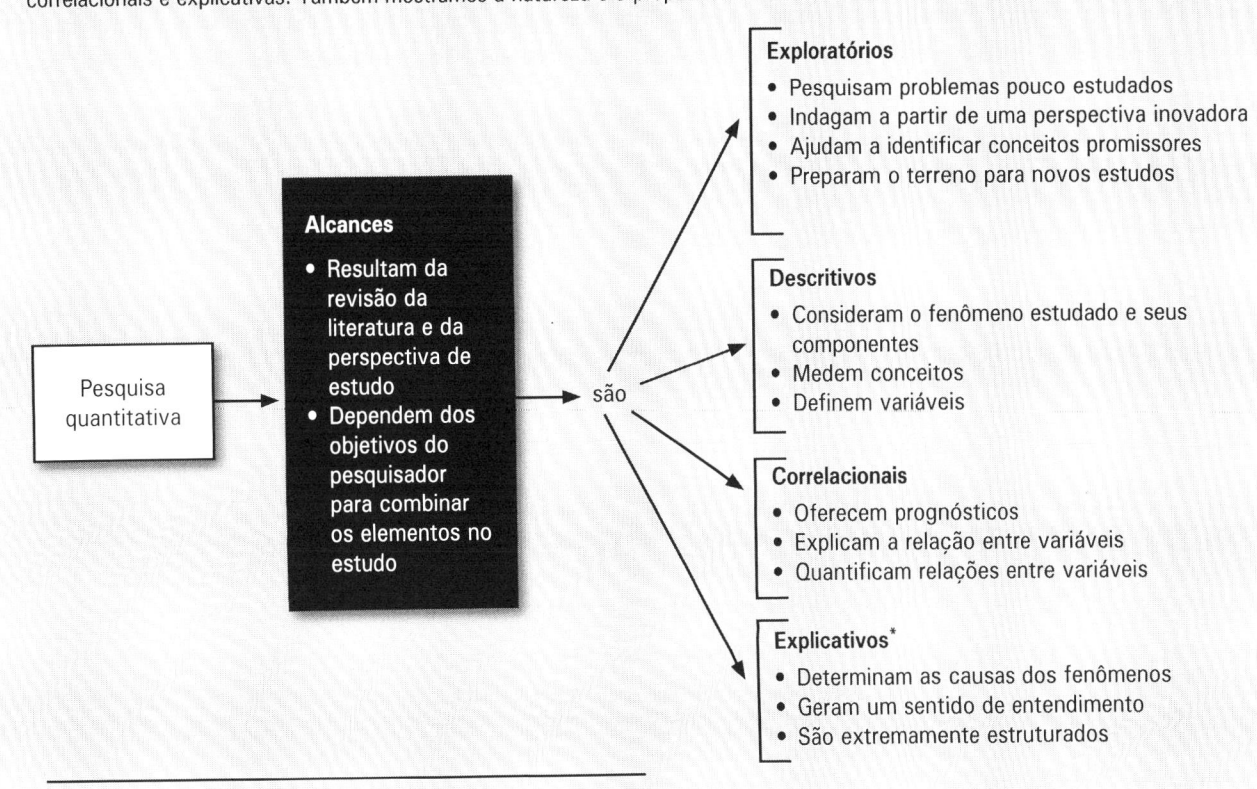

Pesquisa quantitativa →

Alcances
- Resultam da revisão da literatura e da perspectiva de estudo
- Dependem dos objetivos do pesquisador para combinar os elementos no estudo

são →

Exploratórios
- Pesquisam problemas pouco estudados
- Indagam a partir de uma perspectiva inovadora
- Ajudam a identificar conceitos promissores
- Preparam o terreno para novos estudos

Descritivos
- Consideram o fenômeno estudado e seus componentes
- Medem conceitos
- Definem variáveis

Correlacionais
- Oferecem prognósticos
- Explicam a relação entre variáveis
- Quantificam relações entre variáveis

Explicativos[*]
- Determinam as causas dos fenômenos
- Geram um sentido de entendimento
- São extremamente estruturados

---

[*] N. de R.T.: Os estudos explicativos também são chamados de causais.

☑ QUE ALCANCES PODE TER O PROCESSO DE PESQUISA QUANTITATIVA?

Se após a revisão da literatura decidimos que nossa pesquisa vale a pena e que deve ser realizada, o próximo passo é ver o alcance que ela terá.

Conforme comentamos em edições anteriores deste livro, os *alcances* não devem ser considerados como "tipos" de pesquisa, porque, mais do que ser uma classificação, eles são um contínuo de "causalidade" que um estudo pode ter, conforme mostramos na Figura 5.1.

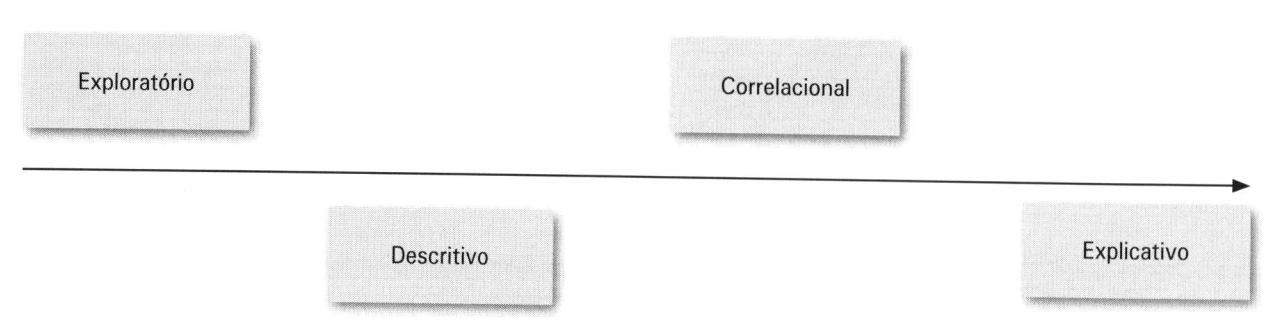

FIGURA 5.1 Alcances que pode ter um estudo quantitativo.

Essa reflexão é importante, pois a estratégia de pesquisa depende do alcance do estudo. Assim, o desenho, os procedimentos e outros componentes do processo serão diferentes em estudos com alcance exploratório, descritivo, correlacional ou explicativo. Mas, na prática, qualquer pesquisa pode incluir elementos de mais de um desses quatro alcances.

Os *estudos exploratórios* servem para preparar o terreno e normalmente antecedem as pesquisas com alcances descritivos, correlacionais ou explicativos. Os estudos descritivos – geralmente – são a base das pesquisas correlacionais que, por sua vez, proporcionam informação para realizar estudos explicativos que geram um sentido de entendimento e são extremamente estruturados. As pesquisas realizadas em um campo de conhecimento específico podem incluir diferentes alcances nas distintas etapas de seu desenvolvimento. Uma pesquisa pode começar sendo exploratória, depois pode ser descritiva e correlacional e terminar como explicativa (Figura 5.2).

Então, surge necessariamente a seguinte pergunta: Do que depende para que nosso estudo comece como exploratório, descritivo, correlacional ou explicativo? A resposta não é simples, mas diremos que depende fundamentalmente de dois fatores: "o estado da arte" do conhecimento sobre o problema de pesquisa, mostrado pela revisão da literatura, e também da perspectiva que pretendemos dar ao estudo. Mas, antes de analisarmos detalhadamente essa resposta, precisamos falar de cada um dos alcances da pesquisa.

Pesquisa exploratória
Geralmente antecede as demais pesquisas

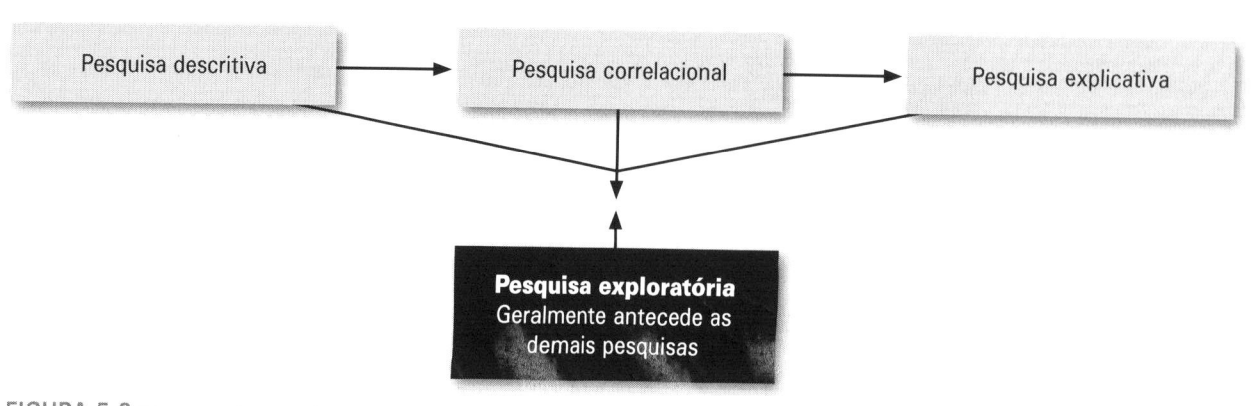

FIGURA 5.2 Alcances da pesquisa.

☑ EM QUE CONSISTEM OS ESTUDOS DE ALCANCE EXPLORATÓRIO?

Propósito

Os **estudos exploratórios** são realizados quando o objetivo é examinar um tema ou um problema de pesquisa pouco estudado, sobre o qual temos muitas dúvidas ou que não foi abordado antes. Ou seja, quando a revisão da literatura revelou que existem apenas orientações não pesquisadas e ideias vagamente relacionadas com o problema de estudo ou, ainda, se queremos pesquisar sobre temas e áreas a partir de novas perspectivas.

> **ESTUDOS EXPLORATÓRIOS** São realizados quando o objetivo é examinar um tema pouco estudado.

Esse seria o caso de pesquisas que pretendessem analisar fenômenos desconhecidos ou novos: uma doença surgida recentemente, uma catástrofe que ocorreu em um lugar onde nunca havia acontecido algum desastre, preocupações suscitadas a partir da decifração do código genético humano e a clonagem de seres vivos, uma nova propriedade observada nos buracos negros do Universo, o surgimento de um meio de comunicação totalmente inovador ou a visão de um fato histórico modificada pela descoberta de evidência que antes não era evidente.

O aumento da expectativa de vida além dos 100 anos, a futura população que irá habitar a Lua, o aquecimento global da Terra a níveis imprevistos, mudanças profundas na concepção do casamento ou na ideologia de uma religião, seriam fatos que poderiam gerar uma grande quantidade de pesquisas exploratórias.

Os estudos exploratórios são como realizar uma viagem a um lugar desconhecido, do qual não vimos nenhum documentário nem lemos algum livro, mas que tivemos conhecimento porque alguém simplesmente fez um rápido comentário sobre o lugar. Ao chegar, não sabemos quais atrações visitar, a quais museus ir, em quais lugares se come bem, como são as pessoas; em outras palavras, não sabemos nada sobre o lugar. A primeira coisa que fazemos é explorar: perguntar sobre o que fazer e aonde ir para o taxista ou o motorista do ônibus que irá nos levar ao hotel em que ficaremos hospedados; além disso, devemos pedir informação ao recepcionista, ao camareiro, ao atendente do bar do hotel, enfim, a todas as pessoas que considerarmos simpáticas. Claro que, se não buscarmos informação e ela existir, perderemos a oportunidade de economizar dinheiro e muito tempo. Assim, talvez vejamos algum espetáculo não tão agradável e que exige muita "grana" e ao mesmo tempo deixamos de assistir a um espetáculo fascinante e mais econômico; sem dúvida, no caso da pesquisa científica a revisão inadequada da literatura traz consequências mais negativas do que a simples frustração de gastar em algo que, pensando bem, não nos deu prazer.

Importância

Os estudos exploratórios servem para nos tornar familiarizados com fenômenos relativamente desconhecidos, obter informação sobre a possibilidade de realizar uma pesquisa mais completa relacionada com um contexto particular, pesquisar novos problemas, identificar conceitos ou variáveis promissoras, estabelecer prioridades para pesquisas futuras ou sugerir afirmações e postulados.

Esse tipo de estudos é comum na pesquisa, principalmente nas situações em que há pouca informação. Esse foi o caso das primeiras pesquisas de Sigmund Freud, surgidas da ideia de que os problemas de histeria estavam relacionados com as dificuldades sexuais; do mesmo modo, os estudos pioneiros da AIDS, os experimentos iniciais de Iván Pavlov sobre os reflexos condicionados e as inibições, a análise de conteúdo dos primeiros videoclipes, as pesquisas de Elton Mayo na fábrica Hawthorne da companhia Western Eletric, os estudos sobre terrorismo após os atentados contra as Torres Gêmeas de Nova York em 2001, entre outros acontecimentos. Todos foram realizados em diferentes épocas e lugares, mas com um denominador comum: explorar algo pouco pesquisado ou desconhecido.

Os estudos exploratórios poucas vezes são um fim em si mesmo, eles geralmente determinam tendências, identificam áreas, ambientes, contextos e situações de estudo, relações potenciais entre variáveis; ou estabelecem o "tom" de pesquisas anteriores mais elaboradas e rigorosas. Essas indagações se caracterizam por serem mais flexíveis em seu método se comparadas com as descritivas, correlacionais ou explicativas, e são mais amplas e dispersas. Elas também envolvem um "risco" maior e exigem muita paciência, serenidade e receptividade do pesquisador.

EM QUE CONSISTEM OS ESTUDOS DE ALCANCE DESCRITIVO?

Propósito

Geralmente, a meta do pesquisador é descrever fenômenos, situações, contextos e eventos; ou seja, detalhar como são e se manifestam. Os **estudos descritivos** buscam especificar as propriedades, as características e os perfis de pessoas, grupos, comunidades, processos, objetos ou qualquer outro fenômeno que se submeta a uma análise. Ou seja, pretendem unicamente medir ou coletar informação de maneira independente ou conjunta sobre os conceitos ou as variáveis a que se referem, isto é, seu objetivo não é indicar como estas se relacionam. Por exemplo, um pesquisador organizacional que tenha como objetivo descrever várias empresas industriais de Lima quanto a sua complexidade, tecnologia, tamanho, centralização e capacidade de inovação mede essas variáveis e com seus resultados descreverá:

> **ESTUDOS DESCRITIVOS** Buscam especificar propriedades, características e traços importantes de qualquer fenômeno que analisarmos. Descreve tendências de um grupo ou população.

1. quanto é a diferenciação horizontal (subdivisão das tarefas), a vertical (número de níveis hierárquicos) e a espacial (número de áreas de trabalho), assim como o número de metas definidas pelas empresas (complexidade);
2. quão automatizadas estão (tecnologia);
3. quantas pessoas trabalham nelas (tamanho);
4. quanta liberdade para tomar decisões têm os diferentes níveis e quantos deles podem tomar decisões (centralização das decisões) e
5. em que medida os métodos de trabalho e o maquinário conseguem ser modernizados ou passam por mudanças (capacidade de inovação).

Mas o pesquisador não pretende analisar com seu estudo se as empresas com tecnologia mais automatizada são aquelas que tendem a ser as mais complexas (relacionar tecnologia com complexidade) nem nos dizer se a capacidade de inovação é maior nas empresas menos centralizadas (correlacionar capacidade de inovação com centralização).

O mesmo ocorre com o psicólogo clínico que tem como objetivo descrever a personalidade de um indivíduo. Ele se limitará a medi-la em suas diferentes dimensões (hipocondria, depressão, histeria, masculinidade-feminilidade, introversão social, etc.), para depois conseguir descrevê-la. Seu interesse não é analisar se maior depressão está relacionada com maior introversão social; mas, se pretendesse estabelecer relações entre dimensões ou associar a personalidade com a agressividade do indivíduo, seu estudo seria basicamente correlacional e não descritivo.

Importância

Assim como os estudos exploratórios servem fundamentalmente para descobrir e pressupor, os estudos descritivos são úteis para mostrar com precisão os ângulos ou dimensões de um fenômeno, acontecimento, comunidade, contexto ou situação.

Nesse tipo de estudos, o pesquisador deve ser capaz de definir, ou pelo menos visualizar, o que será medido (quais conceitos, variáveis, componentes, etc.) e sobre o que ou quem os dados serão coletados (pessoas, grupos, comunidades, objetos, animais, fatos, etc.). Por exemplo, se vamos medir variáveis em escolas, precisamos indicar quais tipos teremos de incluir (públicas, particulares, administradas por religiosos, laicas, com determinada orientação pedagógica, de um gênero ou outro, mistas, etc.). Se vamos coletar dados sobre materiais pétreos, devemos indicar quais. A descrição pode ser mais profunda ou menos profunda, mas em qualquer caso ela se baseia na medição de um ou mais atributos do fenômeno de interesse.

Exemplo

Um censo demográfico nacional é um estudo descritivo, cujo propósito é medir uma série de conceitos em um país e momento específicos, aspectos da moradia (tamanho em metros quadrados, número de andares e cômodos, se conta ou não com energia elétrica e água encanada, combustível utilizado, se a propriedade é sua ou alugada, localização da moradia), informação sobre os moradores (número, meios de comunicação de que dispõem e idade, gênero, bens, rendimentos, alimentação, local de nascimento, idioma ou língua, religião, nível de escolaridade, ocupação de cada pessoa) e outras dimensões consideradas relevantes para o censo. Nesse caso, o pesquisador escolhe uma série de conceitos a serem considerados que também serão denominados de variáveis, depois os mede e os resultados servem para que ele descreva o fenômeno de interesse (população).

Outros exemplos de estudos descritivos são:

1. Uma pesquisa que determina qual dos partidos políticos tem mais seguidores em uma nação, quantos votos conseguiu cada um desses partidos nas últimas eleições nacionais e locais, assim como quão favorável ou positiva é sua imagem perante os cidadãos.[1] Observe que ela não nos diz os porquês (razões).
2. Uma pesquisa que irá nos indicar quantas pessoas frequentam a psicoterapia em uma comunidade específica e a que tipo de psicoterapia elas recorrem.

E também a informação sobre o número de fumantes em uma determinada cidade, as características de um condutor elétrico, o número de divórcios anuais em uma nação, o número de pacientes atendidos em um hospital, o índice de produtividade de uma fábrica e a atitude em relação ao aborto de um grupo específico de jovens, todos são exemplos de informação descritiva cujo propósito é dar um panorama (obter uma "fotografia") do fenômeno ao qual se faz referência.

✓ EM QUE CONSISTEM OS ESTUDOS DE ALCANCE CORRELACIONAL?

Os **estudos correlacionais** pretendem responder perguntas de pesquisa como as seguintes: Será que a autoestima do paciente aumenta no decorrer de uma psicoterapia direcionada a ele? Será que mais variedade e autonomia no trabalho significa mais motivação intrínseca em relação às tarefas laborais? Será que na Bolsa de Valores de Buenos Aires há diferença entre o rendimento das ações de empresas com muita tecnologia no setor de computadores e o rendimento das ações de empresas que pertencem a outro setor com um nível tecnológico menor? Os trabalhadores rurais que adotam mais rapidamente uma inovação têm atitudes mais cosmopolitas do que aqueles que a adotam depois? A distância física entre o casal de namorados está relacionada de maneira negativa com a satisfação na relação?

> **ESTUDOS CORRELACIONAIS**
> Associam variáveis mediante um padrão previsível para um grupo ou população.

Propósito

Esse tipo de estudos tem como finalidade conhecer a relação ou o grau de associação existente entre dois ou mais conceitos, categorias ou variáveis em um contexto específico.

Às vezes analisamos somente a relação entre duas variáveis, mas geralmente colocamos no estudo relações entre três, quatro ou mais variáveis.

Os estudos correlacionais, ao avaliar o grau de associação entre duas ou mais variáveis, medem cada uma delas (supostamente relacionadas) e depois quantificam e analisam o vínculo. Essas correlações se apoiam em hipóteses submetidas a teste. Por exemplo, um pesquisador que queira analisar a associação entre a motivação para o trabalho e a produtividade, digamos, em várias indústrias com mais de mil trabalhadores da cidade de Santa Fé de Bogotá, Colômbia, iria mensurar a motivação e a produtividade de cada indivíduo para depois analisar se os trabalhadores com maior motivação são ou não os mais produtivos. É importante insistir que, na maioria dos casos, as mensurações das variáveis a serem correlacionadas são provenientes dos mesmos participantes, pois não é comum que se correlacionem mensurações de uma variável realizadas em certas pessoas com mensurações de outra variável realizadas em pessoas diferentes. Assim, para estabelecer a relação entre a motivação e a produtividade, não seria válido correlacionar medições da motivação em trabalhadores colombianos com medições sobre a produtividade em trabalhadores peruanos.

Utilidade

A principal utilidade dos estudos correlacionais é saber como pode se comportar um conceito ou uma variável ao se conhecer o comportamento de outras variáveis vinculadas. Ou seja, tentar prever o valor aproximado que terá um grupo de indivíduos ou casos em uma variável a partir do valor que têm na ou nas variáveis relacionadas.

Um exemplo que talvez seja simples, mas que ajuda a compreender o propósito da previsão nos estudos correlacionais, seria associar o tempo dedicado a estudar para uma prova com a nota obtida nela. Assim, em um grupo de estudantes medimos quanto cada um se dedica a estudar para a prova e também obtemos suas notas (medições da outra variável); posteriormente determinamos se as duas variáveis estão relacionadas, e isso significa que uma varia quando a outra também o faz.

A correlação pode ser positiva ou negativa. Se for positiva, significa que alunos com valores elevados em uma variável também tenderão a mostrar valores elevados na outra variável. Por exemplo, aqueles que estudaram mais tempo para a prova tenderiam a obter uma nota mais alta. Se for negativa, significa que os sujeitos com valores elevados em uma variável tenderão a mostrar valores baixos na outra. Por exemplo, aqueles que estudaram mais tempo para a prova de estatística tenderiam a obter uma nota mais baixa.

Se não houver correlação entre as variáveis, isso pode indicar que estas oscilam sem seguir um padrão sistemático entre si. Desse modo, haverá estudantes que têm valores elevados em uma das duas variáveis e baixo na outra, sujeitos que têm valores elevados em uma variável e elevados na outra, alunos com valores baixos em uma e baixos na outra e estudantes com valores médios nas duas variáveis. No exemplo mencionado, haverá aqueles que dedicam muito tempo estudando para a prova e obtêm notas elevadas, mas também aqueles que dedicam muito tempo e obtêm notas baixas; outros que dedicam pouco tempo e tiram boas notas, mas também aqueles que dedicam pouco tempo e vão mal na prova.

Se duas variáveis estão correlacionadas e conhecemos a dimensão da associação, temos base para prever, com maior ou menor exatidão, o valor aproximado que terá um grupo de pessoas em uma variável ao sabermos que valor tem na outra.

Os estudos correlacionais se distinguem dos descritivos principalmente no fato de que, enquanto estes últimos se centram em medir com precisão as variáveis individuais (algumas das quais podem ser medidas de maneira independente em uma só pesquisa), os primeiros avaliam, com a maior exatidão possível, o grau do vínculo entre duas ou mais variáveis, sendo possível incluir vários pares de avaliações desse tipo em uma só pesquisa (normalmente se inclui mais de uma correlação). Para compreender essa diferença, vamos apresentar um exemplo simples.

Exemplo

Vamos supor que um psicanalista tem como pacientes um casal, Ana e Luís. Pode falar sobre eles de maneira individual e independente; ou seja, comentar como é Ana (fisicamente, quanto à sua personalidade, predileções, motivações, etc.) e como é Luís; ou, ainda, falar sobre seu relacionamento: como eles se tratam e percebem seu casamento, quanto tempo eles passam juntos diariamente, quais atividades compartilham e outros aspectos similares. No primeiro caso, a descrição é individual (se Ana e Luís fossem as variáveis, os comentários do analista seriam o produto de um estudo descritivo de ambos os cônjuges), enquanto no segundo o enfoque é relacional (o interesse primordial é a relação matrimonial de Ana e Luís). Então, em um mesmo estudo podemos ter interesse tanto em descrever os conceitos e as variáveis de maneira individual como a relação que têm.

Importância

A pesquisa correlacional, de alguma forma, tem um valor explicativo, embora parcial, pois o fato de saber que dois conceitos ou variáveis se relacionam contribui para que se tenha alguma informação explicativa. Por exemplo, se a aquisição de vocabulário por um grupo de crianças de certa idade (vamos dizer entre 3 e 5 anos) está relacionada com a exposição a um programa educativo de televisão, esse fato consegue proporcionar algum grau de explicação sobre como as crianças adquirem alguns conceitos. Do mesmo modo, se a semelhança de valores em casais de certas comunidades indígenas guatemaltecas está relacionada com a probabilidade de que se casem, essa informação nos ajuda a explicar por que alguns desses casais se casam e outros não.

Não há dúvida de que a explicação é parcial, pois existem outros fatores relacionados com a aquisição de conceitos e a decisão de se casar. Quanto maior for o número de variáveis que se associam no estudo e maior for a intensidade das relações, mais completa será a explicação. No exemplo sobre a decisão de se casar, se descobrirmos que, além da semelhança, as variáveis também estão relacionadas a tempo para se conhecerem, vínculo das famílias dos noivos, ocupação do noivo, atrativo físico e conservadorismo, então o grau de explicação para a decisão de se casar será maior. Além disso, se acrescentarmos mais variáveis relacionadas com tal decisão, a explicação se tornará mais completa.

Riscos: correlações espúrias (falsas)

Às vezes, duas variáveis podem estar aparentemente relacionadas, mas na realidade isso pode não ser bem assim. No âmbito da pesquisa, isso é conhecido como correlação espúria. Vamos supor que realizamos uma pesquisa com crianças, cujas idades oscilam entre 8 e 12 anos, com o propósito de analisar quais variáveis estão relacionadas com a inteligência e esta fosse medida com algum teste de QI.

Vamos supor, também, que aparece a seguinte tendência: para maior estatura maior inteligência; ou seja, que as crianças fisicamente mais altas tenderam a obter uma nota maior no teste de inteligência em relação às crianças mais baixas. Esses resultados não teriam sentido. Não poderíamos dizer que a estatura está correlacionada com a inteligência, embora os resultados do estudo assim o indicassem.

Isso acontece pelo seguinte: a maturidade está associada com as respostas para um teste de inteligência. Assim, crianças de 12 anos (normalmente mais altas) desenvolveram maiores habilidades cognitivas para responder o teste (compreensão, associação, retenção, etc.), do que as crianças de 11 anos; estas, por sua vez, desenvolveram mais essas habilidades do que as de 10 anos, e assim sucessivamente até chegar às crianças de 8 anos (normalmente as de menor estatura), que possuem menos habilidades do que os demais para responder o teste de inteligência. Estamos diante de uma correlação espúria, cuja "explicação" não é só parcial, mas errônea; nesse caso, seria necessário realizar uma pesquisa em um nível explicativo para saber como e por que as variáveis estão supostamente relacionadas.

✓ EM QUE CONSISTEM OS ESTUDOS DE ALCANCE EXPLICATIVO?

Propósito

Os **estudos explicativos** vão além da descrição de conceitos ou fenômenos ou do estabelecimento de relações entre conceitos; ou seja, são responsáveis pelas causas dos eventos e fenômenos físicos ou sociais. Como seu próprio nome diz, seu principal interesse é explicar por que um fenômeno ocorre e em que condições ele se manifesta, ou por que duas ou mais variáveis estão relacionadas.

ESTUDOS EXPLICATIVOS Pretendem determinar as causas dos eventos, acontecimentos ou fenômenos estudados.

Por exemplo, mostrar as intenções do eleitorado é uma atividade descritiva (indicar, de acordo com uma pesquisa de opinião realizada antes da eleição, quantas pessoas "irão" votar nos candidatos é um estudo descritivo), e relacionar essas intenções com conceitos como idade e gênero dos votantes ou a extensão do esforço propagandístico realizado pelos partidos dos candidatos (estudo correlacional) é diferente de mostrar por que alguém poderia votar em determinados candidatos e outras pessoas nos demais candidatos (estudo explicativo).[2] Fazendo novamente uma analogia com o exemplo do psicanalista e seus pacientes, no estudo explicativo é como se o médico dissesse por quais razões Ana e Luís se tratam de tal maneira (não como se tratam, porque isso corresponderia a um nível correlacional). Supondo que conduzissem "bem" seu casamento e a relação fosse percebida por ambos como satisfatória, o médico iria explicar por que isso acontece dessa maneira. Além disso, ele iria nos explicar por que realizam certas atividades e passam determinado tempo juntos.

> **Exemplo**
>
> Diferenças entre um estudo de alcance explicativo, um descritivo e um correlacional
>
> Os estudos explicativos responderiam perguntas como: Quais efeitos podem ter nos adolescentes peruanos, habitantes de zonas urbanas e com um nível socioeconômico elevado, o fato de verem videoclipes com muito conteúdo sexual? A que se devem esses efeitos? Quais variáveis influenciam os efeitos e de que maneira? Por que muitos adolescentes preferem ver videoclipes com muito conteúdo sexual em vez de outros tipos de programas e videoclipes? Quais usos os adolescentes dão ao conteúdo sexual dos videoclipes? Quais gratificações têm pelo fato de se exporem aos conteúdos sexuais dos videoclipes?
>
> Um estudo descritivo somente responderia perguntas como: Quanto tempo esses adolescentes dedicam para ver videoclipes e principalmente vídeos com muito conteúdo sexual? Em que medida eles têm interesse de ver esse tipo de vídeos? Em sua hierarquia de preferência por certos conteúdos televisivos, que lugar ocupa os videoclipes? Eles preferem ver videoclipes com alto, médio, baixo ou nenhum conteúdo sexual? Já um estudo correlacional responderia perguntas do tipo: Será que a exposição a videoclipes com muito conteúdo sexual, pelos adolescentes mencionados, está relacionada com o controle que seus pais exercem sobre a escolha de programas feita pelos jovens? Para maior exposição dos adolescentes a videoclipes com elevado conteúdo sexual, haverá uma maior manifestação de estratégias nas relações interpessoais para estabelecer contato sexual? Terão uma atitude mais favorável em relação ao aborto?

Grau de estruturação dos estudos explicativos

As pesquisas explicativas são mais estruturadas do que os estudos com os demais alcances e, de fato, envolvem os propósitos destes (exploração, descrição e correlação ou associação), além de proporcionarem um sentido de entendimento do fenômeno a que fazem referência.

✓ UMA MESMA PESQUISA PODE INCLUIR DIFERENTES ALCANCES?

Às vezes, uma pesquisa pode ser caracterizada como basicamente exploratória, descritiva, correlacional ou explicativa, mas não estar unicamente posicionada como tal. Isto é, ainda que um estudo seja em essência exploratório ele irá conter elementos descritivos; ou, ainda, um estudo correlacional pode incluir componentes descritivos, e o mesmo acontece com os demais alcances.

Também devemos lembrar que uma pesquisa pode começar sendo exploratória ou descritiva e depois ser correlacional e até mesmo explicativa.

Um exemplo seria o de um pesquisador que pensa realizar um estudo para determinar as razões pelas quais certas pessoas (de um determinado país) sonegam impostos. Seu objetivo inicial seria de caráter explicativo. No entanto, o pesquisador, ao revisar a literatura, não encontra antecedentes que se apliquem a seu contexto (as referências tiveram sua origem em nações muito diferentes do ponto de vista socioeconômico, da legislação fiscal, da mentalidade dos habitantes, etc.). Então, deve começar a explorar o fenômeno com algumas entrevistas com as pessoas que trabalham no Ministério da Fazenda (ou seu equivalente), com contribuintes (que pagam impostos) e com professores universitários que ministram aulas sobre temas fiscais e, posteriormente, gerar dados sobre os níveis de sonegação de impostos.

Mais adiante, descreve o fenômeno com maior exatidão e o associa com diversas variáveis: correlaciona grau de sonegação de impostos com nível de rendimentos (Aqueles que ganham mais sonegam mais ou menos os impostos?), profissão (Existem diferenças no grau de sonegação de impostos entre médicos, engenheiros, advogados, comunicólogos, psicólogos, etc.?) e idade (Quanto maior for a idade haverá menos sonegação de impostos?). Finalmente, consegue explicar por que as pessoas sonegam impostos (causas da sonegação tributária) e quem sonega mais.

O estudo começa como exploratório, para depois ser descritivo, correlacional e explicativo (ele não pode estar inserido apenas em algum dos tipos citados).

A seguir, mostramos na Tabela 5.1 os objetivos e importância das diferentes pesquisas, uma espécie de manual para o leitor.

TABELA 5.1
Propósitos e importância dos diferentes alcances das pesquisas

Alcance	Propósito das pesquisas	Importância
Exploratório	É realizado quando o objetivo é examinar um tema ou problema de pesquisa pouco estudado, sobre o qual se têm muitas dúvidas ou que não foi abordado antes.	Ajuda o pesquisador a se familiarizar com fenômenos desconhecidos, obter informação para realizar uma pesquisa mais completa de um contexto específico, pesquisar novos problemas, identificar conceitos ou variáveis promissoras, estabelecer prioridades para pesquisas futuras ou sugerir afirmações e postulados.
Descritivo	Procura especificar as propriedades, as características e os perfis de pessoas, grupos, comunidades, processos, objetos ou qualquer outro fenômeno que possa ser submetido a uma análise.	É útil para mostrar com precisão os ângulos ou dimensões de um fenômeno, acontecimento, comunidade, contexto ou situação.
Correlacional	Sua finalidade é conhecer a relação ou grau de associação que existe entre dois ou mais conceitos, categorias ou variáveis em um contexto específico.	Tem de certa forma um valor explicativo, embora parcial, pois o fato de saber que dois conceitos ou variáveis estão relacionados contribui para que se tenha alguma informação explicativa.
Explicativo	É responsável pelas causas dos eventos e fenômenos físicos ou sociais. Seu principal interesse é explicar por que um fenômeno ocorre e em quais condições ele se manifesta, ou por que duas ou mais variáveis estão relacionadas.	É mais estruturado do que as demais pesquisas (de fato envolve os propósitos destas), além de proporcionar um sentido de entendimento do fenômeno a que fazem referência.

☑ DO QUE DEPENDE QUE UMA PESQUISA COMECE COMO EXPLORATÓRIA, DESCRITIVA, CORRELACIONAL OU EXPLICATIVA?

Conforme já mencionamos, são dois os principais fatores que influem para que uma pesquisa comece sendo exploratória, descritiva, correlacional ou explicativa:

a) o conhecimento atual sobre o tema de pesquisa revelado pela revisão da literatura;
b) a perspectiva que o pesquisador pretende dar a seu estudo.

O conhecimento atual sobre o tema de pesquisa

Esse fator nos mostra quatro possibilidades de influência. Primeiramente, a literatura pode revelar que não existem antecedentes sobre o tema em questão ou que eles não são aplicáveis ao contexto no qual irá se desenvolver o estudo, então a pesquisa deverá ser iniciada como exploratória. Se a literatura nos revela orientações ainda não estudadas e ideias vagamente relacionadas com o problema de pesquisa, então a situação é semelhante, ou seja, o estudo começará sendo exploratório. Por exemplo, se o que pretendemos é realizar uma pesquisa sobre o consumo de drogas em determinadas prisões e queremos saber: Até que ponto isso acontece? Que tipos de droga são consumidos? E quais outras? A que se deve esse consumo? Quem fornece os entorpecentes? Como ela entra nas prisões? Quem as distribui? etc., mas descobrimos que não existem antecedentes nem temos uma ideia clara e precisa sobre o fenômeno, então o estudo começaria sendo *exploratório*.

Em segundo lugar, a literatura pode nos revelar que existem "partes e pedaços" de teorias com apoio empírico moderado; ou seja, estudos descritivos que detectaram e definiram certas variáveis e generalizações. Nesses casos nossa pesquisa pode começar sendo *descritiva* ou *correlacional*, pois foram descobertas algumas variáveis nas quais podemos fundamentar o estudo. Também é possível adicionar variáveis a serem medidas. Se a nossa intenção é descrever o uso que um grupo específico de crianças faz da televisão, podemos encontrar pesquisas que sugerem variáveis a serem consideradas: tempo que dedicam diariamente para ver televisão, conteúdos que veem mais, atividades que realizam enquanto veem televisão, etc. A elas podemos acrescentar outras, como o controle dos pais sobre o uso que as crianças fazem da televisão. O estudo será correlacional quando os antecedentes nos proporcionam generalizações que vinculam variáveis (hipóteses) sobre as quais trabalhar, por exemplo: quanto maior for o nível socioeconômico menos tempo será dedicado à atividade de ver televisão.

Em terceiro lugar, a literatura pode nos revelar que existe uma ou várias teorias que podem ser aplicadas ao nosso problema de pesquisa; nesses casos, o estudo pode começar sendo explicativo. Se o que pretendemos é avaliar por que certos executivos estão mais motivados intrinsecamente para o trabalho do que outros, quando revisamos a literatura podemos encontrar a teoria sobre a relação entre as características do trabalho e a motivação intrínseca, que possui evidência empírica de diversos contextos. Então, começaríamos a pensar em realizar um estudo para explicar o fenômeno em nosso contexto.

A perspectiva que daremos ao estudo

Por outro lado, o sentido ou perspectiva que o pesquisador der ao seu estudo irá determinar como iniciá-lo. Se sua intenção é realizar uma pesquisa sobre um tema previamente estudado, mas quer dar a ela um sentido diferente, então o estudo pode começar como exploratório. Nesse sentido, a liderança foi pesquisada em contextos e situações bem diversificadas (em organizações de diferentes tamanhos e características, com trabalhadores da linha de produção, gerentes, supervisores, etc.; no processo de ensino-aprendizagem; em diversos movimentos sociais de massa e muitos outros ambientes). As prisões como forma de organização também foram estudadas. No entanto, talvez alguém pretenda realizar uma pesquisa para analisar as características das mulheres líderes nas prisões femininas da cidade de San José, na Costa Rica e também quais fatores permitem que exerçam essa liderança. Nesse caso, o estudo começará como exploratório, desde que não existam antecedentes desenvolvidos a respeito dos motivos que provocam esse fenômeno (a liderança).

☑ QUAL DOS QUATRO ALCANCES PARA UM ESTUDO É O MELHOR?

Nós, autores, escutamos essa pergunta da boca dos estudantes, e a resposta é muito simples: *todos*. Os quatro alcances do processo de pesquisa quantitativa são igualmente válidos e importantes e contribuíram para o avanço das diferentes ciências. Cada um tem seus objetivos e razão de ser. Nesse sentido, um estudante não deve se preocupar se seu estudo vai ser ou irá começar como exploratório, descritivo, correlacional ou explicativo; na verdade, seu interesse deve ser realizá-lo bem e contribuir para o conhecimento de um fenômeno. O fato de a pesquisa ser de um tipo ou de outro, ou incluir elementos de um ou mais alcances, depende de como se formula o problema de pesquisa e dos antecedentes prévios. A pesquisa deve ser realizada "sob medida" para o problema formulado. Não dizemos *a priori*: "Vou realizar um estudo exploratório ou descritivo", mas primeiro formulamos o problema e revisamos a literatura e, depois, analisamos se a pesquisa terá um ou outro alcance.

☑ O QUE ACONTECE COM A FORMULAÇÃO DO PROBLEMA QUANDO SE DEFINE O ALCANCE DO ESTUDO?

Após a revisão da literatura, a formulação do problema pode permanecer sem mudanças, modificar-se radicalmente ou passar por alguns ajustes. O mesmo acontece quando definimos o alcance ou os alcances de nossa pesquisa.

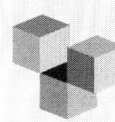

Resumo

- Após efetuarmos a revisão da literatura e aprimorarmos a formulação do problema, vamos considerar quais alcances, inicial e final, terá nossa pesquisa: *exploratório, descritivo, correlacional* ou *explicativo*. Ou seja, até onde, em termos de conhecimento, o estudo pode chegar?
- Às vezes, ao desenvolvermos nossa pesquisa podemos perceber que o *alcance* será diferente daquele que havíamos planejado.
- *Alcance* algum da pesquisa é superior aos demais, todos são significativos e valiosos. A diferença para escolher um ou outro está no grau de desenvolvimento do conhecimento em relação ao tema a ser estudado e aos objetivos e perguntas formuladas.
- Os *estudos exploratórios* têm como objetivo essencial nos familiarizar com um tópico desconhecido, pouco estudado ou novo. Esse tipo de pesquisas serve para desenvolver métodos que serão utilizados em estudos mais profundos.
- Os *estudos descritivos* servem para analisar como é e como se manifesta um fenômeno e seus componentes.
- Os *estudos correlacionais* pretendem determinar como os diversos conceitos, variáveis ou características estão relacionados ou vinculados entre si ou, também, se não estão relacionados.
- Os *estudos explicativos* querem encontrar as razões ou as causas que provocam certos fenômenos. No nível cotidiano e pessoal, seria como pesquisar por que uma jovem gosta tanto de ir dançar, por que um edifício foi incendiado ou por que um atentado terrorista foi realizado.
- Uma mesma pesquisa pode abranger finalidades exploratórias no início e terminar sendo descritiva, correlacional e até mesmo explicativa – tudo depende dos objetivos do pesquisador.

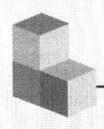

Conceitos básicos

Alcance do estudo
Correlação
Descrição
Explicação
Exploração

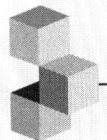

Exercícios

1. Formule uma pergunta sobre um problema de pesquisa exploratório, um descritivo, um correlacional e um explicativo.
2. Vá a um lugar onde várias pessoas se reúnem (estádio de futebol, uma lanchonete, um *shopping*, uma festa) e observe o que conseguir do lugar e o que está acontecendo; depois, retire um tópico de estudo e elabore uma pesquisa com alcance correlacional e explicativo.
3. As seguintes perguntas de pesquisa correspondem a qual tipo de estudo? Consulte as respostas no CD anexo → Apéndice 3 → Respuestas a los ejercícios).
    a) Qual é o grau de insegurança a que se expõem os habitantes da cidade de Madri? Em média, quantos assaltos ocorreram diariamente durante os últimos 12 meses? Quantos roubos a moradias? Quantos homicídios? Quantos assaltos a comércios? Quantos roubos a carros? Quantos feridos?
    b) Qual é a opinião dos empresários panamenhos sobre a carga tributária?
    c) O alcoolismo das esposas provoca mais separações e divórcios do que o alcoolismo dos maridos? (Nos casamentos da classe alta e de origem latino-americana que vivem em Nova York.)
    d) Quais são as razões pelas quais um determinado programa teve a maior plateia na história da televisão de determinado país?
4. Em relação ao problema de pesquisa formulado no Capítulo 3, a qual tipo de estudo ele corresponde?

Exemplos desenvolvidos

A televisão e a criança

A pesquisa começa como descritiva e termina como descritiva/correlacional, pois pretende analisar os usos e as gratificações da televisão em crianças de diferentes níveis socioeconômicos, idades, gêneros e outras variáveis (iremos relacionar nível socioeconômico e uso da televisão, entre outras).

O par e a relação ideais

A pesquisa começa como descritiva, pois o que se pretende é que os universitários participantes caracterizem com qualificativos o par e a relação ideais (protótipos), mas no final será correlacional, pois irá vincular os adjetivos utilizados para descrever o par ideal com os atribuídos à relação ideal. Também irá tentar hierarquizar esses adjetivos.

O abuso sexual infantil

Essa pesquisa tem um alcance correlacional/explicativo. Correlacional porque irá determinar a relação entre duas medidas, uma cognitiva e a outra comportamental, para avaliar os programas de prevenção ao abuso em meninos e meninas entre 4 e 6 anos. Explicativo porque pretende analisar qual tem maior validade e confiabilidade, assim como suas razões.

Os pesquisadores opinam

Uma boa pesquisa é aquela que dissipa dúvidas com o uso do método científico, ou seja, explica claramente as relações entre variáveis que afetam o fenômeno em estudo; da mesma forma, planeja com cuidado os aspectos metodológicos com a finalidade de garantir a validade e confiabilidade de seus resultados.

Em relação à forma de abordar um fenômeno, seja qualitativa ou quantitativamente, existe um debate muito antigo que, no entanto, não chega a uma solução satisfatória. Alguns pesquisadores consideram tais enfoques como modelos separados, pois se baseiam em suposições bem diferentes sobre como o mundo funciona, como o conhecimento é criado e qual é o papel dos valores.

Apesar de os processos e objetivos diferirem em ambos os enfoques, e de empregarem os resultados de maneira divergente, alguns pesquisadores consideram que existe a possibilidade de que os dois ofereçam meios complementares para se conhecer um fenômeno.

Existem estudos que combinam métodos qualitativos e quantitativos de pesquisa, embora sem um sólido referencial teórico. Essa superficialidade não se manifesta somente no âmbito conceitual, mas também no técnico, pois quase não há exemplos de combinação de técnicas estatísticas complexas com técnicas qualitativas sofisticadas.

A escolha de um ou outro método depende dos objetivos – talvez gerar teoria ou transformar a realidade – e do contexto do pesquisador, que terá de definir o enfoque a ser empregado, pois é importante que seja rigoroso, tanto no teórico como no metodológico, além de congruente com seu propósito.

Cecilia Balbás Diez Barroso
Coordenadora da Área de Psicologia Educativa
Escuela de Psicología
Universidad Anáhuac
Estado do México, México

Antes de iniciar um projeto de pesquisa é necessário que o estudante avalie suas preferências e conhecimentos, assim como a possibilidade de escolher um orientador que seja especialista na área de seu interesse; e também que analise os trabalhos que vão sendo realizados em sua escola e em outros países.

A partir daí, formulará o problema que queira esclarecer, e isso irá ajudá-lo a pôr suas ideias em ordem e definir as variáveis, e também contribuirá para situá-lo no contexto em que a pesquisa será realizada.

Nesse sentido, os professores devem mostrar a seus alunos a diferença entre uma pesquisa descritiva e uma explicativa, assim como deixar claro para eles que esta última contém uma hipótese e um marco teórico muito precisos, que exige um excelente manejo dos instrumentos metodológicos, pois estes, dependendo do caso, permitirão contrastar as hipóteses.

María Isabel Martínez
Diretora da Escuela de Economía
Escuela de Economía
Universidad Católica Andrés Bello
Caracas, Venezuela

✓ NOTAS

1. É importante notar que a descrição do estudo pode ser mais geral ou menos geral ou detalhada; por exemplo, poderíamos descrever a imagem de cada partido político em todo o país, em cada estado, em cada cidade ou município (e também nos três níveis).
2. Conforme mencionamos, é possível alcançar certo nível de explicação quando:
   a) relacionamos diversas variáveis ou conceitos e estes estão vinculados entre si (não apenas dois ou três, mas a maioria deles);
   b) a estrutura de variáveis apresenta correlações consideráveis; e, além disso,
   c) o pesquisador conhece muito bem o fenômeno de estudo.
   Por ora, devido à complexidade do tema, não nos aprofundamos em algumas considerações sobre a explicação e a causalidade, que iremos abordar mais adiante.

6

Formulação de hipóteses

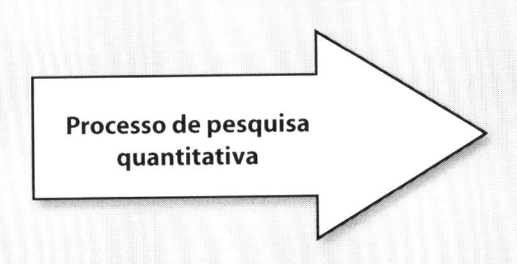

Processo de pesquisa quantitativa →

Passo 5 Estabelecimento das hipóteses
- Analisar a conveniência de formular ou não hipóteses que orientem o restante da pesquisa.
- Formular as hipóteses da pesquisa, desde que tenha sido considerado conveniente.
- Tornar precisas as variáveis das hipóteses.
- Definir conceitualmente as variáveis das hipóteses.
- Definir operacionalmente as variáveis das hipóteses.

Objetivos da aprendizagem

Ao concluir este capítulo, o aluno será capaz de:

1. compreender os conceitos de hipótese, variável, definição conceitual e definição operacional de uma variável;
2. conhecer e entender os diferentes tipos de hipótese;
3. aprender a deduzir e formular hipóteses, assim como definir de maneira conceitual e operacional as variáveis contidas em uma hipótese;
4. dar respostas para as preocupações mais comuns a respeito das hipóteses.

Síntese

Neste capítulo mostramos que nessa etapa da pesquisa é necessário analisar se é ou não conveniente formular hipóteses, dependendo do alcance inicial do estudo (exploratório, descritivo, correlacional ou explicativo). Também definimos o que é hipótese, apresentamos uma classificação dos tipos de hipóteses, tornamos o conceito de variável mais preciso e explicamos maneiras de deduzir e formular hipóteses. Além disso, por um lado estabelecemos a relação entre a formulação do problema, o marco teórico e o alcance do estudo e, por outro, as hipóteses.

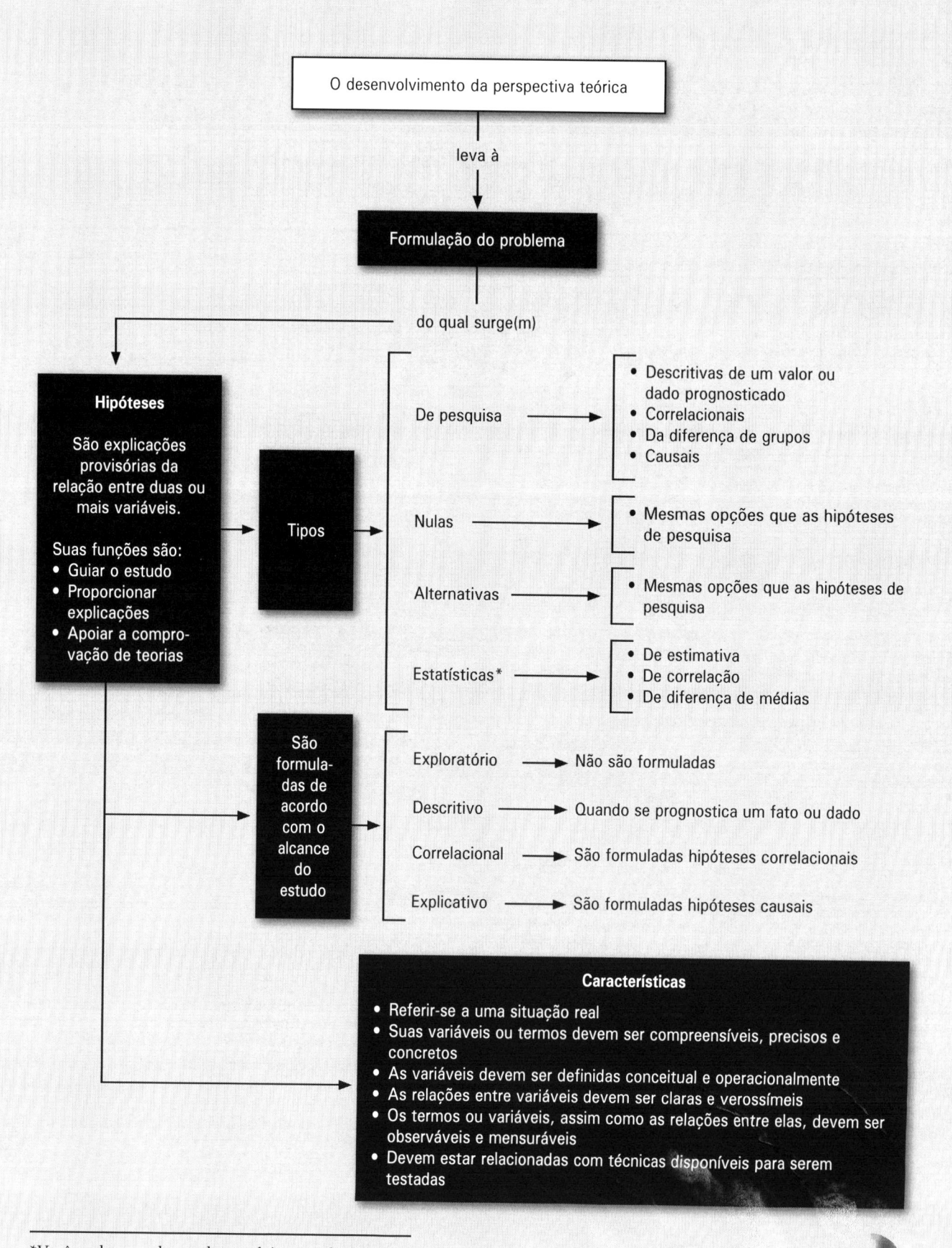

```
                    ┌─────────────────────────────────────────┐
                    │ O desenvolvimento da perspectiva teórica │
                    └─────────────────────────────────────────┘
                                        │
                                      leva à
                                        ▼
                            ┌──────────────────────┐
                            │ Formulação do problema │
                            └──────────────────────┘
                                        │
                                 do qual surge(m)
```

Hipóteses

São explicações provisórias da relação entre duas ou mais variáveis.

Suas funções são:
- Guiar o estudo
- Proporcionar explicações
- Apoiar a comprovação de teorias

Tipos

- **De pesquisa** →
  - Descritivas de um valor ou dado prognosticado
  - Correlacionais
  - Da diferença de grupos
  - Causais

- **Nulas** →
  - Mesmas opções que as hipóteses de pesquisa

- **Alternativas** →
  - Mesmas opções que as hipóteses de pesquisa

- **Estatísticas*** →
  - De estimativa
  - De correlação
  - De diferença de médias

São formuladas de acordo com o alcance do estudo

- Exploratório → Não são formuladas
- Descritivo → Quando se prognostica um fato ou dado
- Correlacional → São formuladas hipóteses correlacionais
- Explicativo → São formuladas hipóteses causais

Características

- Referir-se a uma situação real
- Suas variáveis ou termos devem ser compreensíveis, precisos e concretos
- As variáveis devem ser definidas conceitual e operacionalmente
- As relações entre variáveis devem ser claras e verossímeis
- Os termos ou variáveis, assim como as relações entre elas, devem ser observáveis e mensuráveis
- Devem estar relacionadas com técnicas disponíveis para serem testadas

---

*Você pode consultar o desenvolvimento do tema sobre hipóteses estatísticas no início do Capítulo 8 do CD anexo: "Análisis estadístico: segunda parte".

O QUE SÃO AS HIPÓTESES?

HIPÓTESES Explicações provisórias do fenômeno pesquisado que são formuladas como proposições.

São as orientações para uma pesquisa ou estudo. As **hipóteses** mostram o que estamos tentando comprovar e são definidas como explicações provisórias sobre o fenômeno pesquisado. Surgem da teoria existente (Williams, 2003) e devem ser formuladas como proposições. De fato, são respostas provisórias para as perguntas de pesquisa. Vale dizer que em nossa vida cotidiana elaboramos constantemente hipóteses sobre muitas coisas e depois averiguamos sua veracidade. Por exemplo, um rapaz formula uma pergunta de pesquisa: "Será que Paola gosta de mim?" e uma hipótese: "Paola me acha atraente". Essa hipótese é uma explicação provisória e está formulada como proposição. Depois ele vai investigar se aceita ou não a hipótese, quando for paquerar Paola e observar o resultado obtido.

As hipóteses são o centro, a medula e o eixo do método dedutivo quantitativo.

SERÁ QUE DEVEMOS FORMULAR HIPÓTESES EM TODA PESQUISA QUANTITATIVA?

Não, nem todas as pesquisas quantitativas formulam hipóteses. O fato de formularmos ou não hipóteses depende de um fator essencial: o alcance inicial do estudo. As pesquisas quantitativas que formulam hipóteses são aquelas cuja formulação define que seu alcance será correlacional ou explicativo, ou as que têm um alcance descritivo, mas que tentam prognosticar uma cifra ou um fato. Isso está resumido na Tabela 6.1.

Um exemplo de estudo com alcance descritivo e prognóstico seria aquele que pretende somente medir o índice de delitos em uma cidade (não se procura relacionar a incidência de delitos com outros fatores como o crescimento populacional, o aumento dos níveis de pobreza ou o uso de drogas; menos ainda determinar as causas de tal índice). Então, por tentativa iria prognosticar mediante uma hipótese alguma cifra ou proporção: o índice de delitos para o seguinte semestre será menor do que um delito para cada mil habitantes.

Os estudos qualitativos, normalmente, não formulam hipóteses antes de coletar dados (embora nem sempre isso aconteça). Sua natureza é essencialmente induzir as hipóteses por meio da coleta e análise dos dados, conforme iremos comentar na terceira parte do livro, "O processo da pesquisa qualitativa".

Em uma pesquisa podemos ter uma, duas ou várias hipóteses.

AS HIPÓTESES SÃO SEMPRE VERDADEIRAS?

As hipóteses não são necessariamente verdadeiras: podem ser ou não verdadeiras e podem ser ou não comprovadas com dados. São explicações provisórias, não os fatos em si. Ao formulá-las, o pesquisador não está totalmente certo de que irão ser comprovadas. Conforme mencionam e exemplificam Black e Champion (1976), uma hipótese é diferente da afirmação de um fato. Se alguém formula a seguinte hipótese (referindo-se a um país determinado): "as famílias que vivem em áreas ur-

TABELA 6.1
Formulação de hipóteses em estudos quantitativos com diferentes alcances

Alcance do estudo	Formulação de hipóteses
Exploratório	Não são formuladas hipóteses.
Descritivo	Somente são formuladas hipóteses quando se prognostica um fato ou dado.
Correlacional	São formuladas hipóteses correlacionais.
Explicativo	São formuladas hipóteses causais.

banas têm menos filhos do que as famílias que vivem em áreas rurais", esta pode ser ou não comprovada. Mas, se uma pessoa afirma isso tendo como base a informação de um censo demográfico recente realizado nesse país, ela não está formulando uma hipótese, mas afirmando um fato.

No âmbito da pesquisa científica, as hipóteses são proposições aproximadas sobre as relações entre duas ou mais variáveis, e se apoiam em conhecimentos organizados e sistematizados. Uma vez que se comprova uma hipótese, esta tem um impacto no conhecimento disponível, que pode ser modificado e, consequentemente, podem surgir novas hipóteses (Williams, 2003).

As hipóteses podem ser mais ou ser menos gerais ou precisas e envolver duas ou mais variáveis. De qualquer modo, são apenas proposições sujeitas à comprovação empírica e à verificação na realidade.

Exemplos de hipóteses

- "A proximidade geográfica entre as residências do casal de namorados está relacionada positivamente com o nível de satisfação proporcionado por seu relacionamento."
- "O índice de câncer pulmonar é maior entre os fumantes do que entre os não fumantes."
- "Conforme as psicoterapias dirigidas ao paciente se desenvolvem, há um aumento das expressões verbais de discussão e exploração de planos pessoais futuros e uma diminuição das manifestações de fatos passados."
- "Quanto mais variedade houver no trabalho, maior será a motivação intrínseca em relação a ele."

Observe, por exemplo, que a primeira hipótese vincula duas variáveis: "proximidade geográfica entre as residências dos namorados" e "nível de satisfação com o relacionamento".

O QUE SÃO AS VARIÁVEIS?

Agora precisamos definir o que é uma **variável**. Uma variável é uma propriedade que pode oscilar e cuja variação pode ser medida ou observada. Exemplos de variáveis são: o gênero, a motivação intrínseca em relação ao trabalho, o atrativo físico, a aprendizagem de conceitos, a religião, a resistência de um material, a agressividade verbal, a personalidade autoritária, a cultura fiscal e a exposição a uma campanha de propaganda política. O conceito de variável pode ser aplicado a pessoas ou outros seres vivos, objetos, fatos e fenômenos, que adquirem diversos valores em relação à variável mencionada. Por exemplo, a inteligência, já que é possível classificar as pessoas de acordo com sua inteligência: nem todas as pessoas a possuem no mesmo nível, isto é, há uma variação nele.

VARIÁVEL Propriedade que tem uma variação que pode ser medida e observada.

Outros exemplos de variáveis são: a produtividade de um determinado tipo de semente, a rapidez com que se oferece um serviço, a eficiência de um procedimento de construção, a eficácia de uma vacina, o tempo que uma doença demora em se manifestar, entre outros exemplos. Há variação em todos os casos.

As variáveis adquirem valor para a pesquisa científica quando conseguem se relacionar com outras variáveis, ou seja, se fazem parte de uma hipótese ou uma teoria. Nesse caso elas costumam ser chamadas de constructos ou construções hipotéticas.

DE ONDE SURGEM AS HIPÓTESES?

No enfoque quantitativo, se o processo de pesquisa foi realizado passo a passo é natural que as hipóteses surjam da formulação do problema que é, conforme lembramos, reavaliado e se necessário reformulado após a revisão da literatura. Ou seja, são provenientes da própria revisão da literatura.* Nossas hipóteses podem surgir do postulado de uma teoria, de sua análise, de generalizações empíricas apropriadas para nosso problema de pesquisa e de estudos revisados ou antecedentes consultados.

---

* N. de R.T.: A necessidade de as hipóteses "nascerem da literatura" é um dos aspectos mais considerados quando especialistas avaliam artigos, dissertações, teses, etc.

As hipóteses podem surgir até por analogia, ao aplicar certa informação a outros contextos, como a teoria de campo em psicologia que surgiu da teoria do comportamento dos campos magnéticos.

Existe, então, uma relação muito estreita entre a formulação do problema, a revisão da literatura e as hipóteses. A revisão inicial da literatura feita para nos familiarizar com o problema de estudo nos leva a formulá-lo, depois ampliamos a revisão da literatura e aprimoramos ou tornamos a formulação mais precisa, da qual derivamos as hipóteses. Ao formularmos as hipóteses, reavaliamos nossa formulação do problema.

Devemos lembrar que os objetivos e as perguntas de pesquisa podem ser confirmados ou melhorados durante o desenvolvimento do estudo. Também é possível que durante o processo surjam outras hipóteses que não foram consideradas na formulação original, produto de novas reflexões, ideias ou experiências; discussões com professores, colegas ou especialistas na área; ou até mesmo "de analogias, ao descobrir semelhanças entre a informação de outros contextos e a de nosso estudo" (Rojas, 2001). Esse último caso aconteceu várias vezes nas ciências. Por exemplo, algumas hipóteses na área da comunicação não verbal sobre a prática da territorialidade humana surgiram de estudos relacionados a esse tema, só que em animais; algumas concepções da teoria de campo ou psicologia tipológica (cujo principal expoente foi Kurt Lewin) têm antecedentes na teoria do comportamento dos campos eletromagnéticos. As hipóteses da teoria Galileu – propostas por Joseph Woelfel e Edward L. Fink (1980) – para medir o processo da comunicação têm origens importantes na física e outras ciências exatas (as dinâmicas do "eu" se apoiam em noções da álgebra vetorial). Selltiz e colaboradores (1980, p. 54-55), ao falarem das fontes de onde surgem as hipóteses, escrevem:

> As fontes de hipóteses de um estudo são muito importantes na hora de determinar a natureza da contribuição da pesquisa no *corpus* geral de conhecimentos. Uma hipótese que simplesmente emana da intuição ou de uma suspeita pode, afinal, dar uma importante contribuição para a ciência. Mas, se ela somente foi comprovada em um estudo, existem duas limitações quanto à sua utilidade. Primeiramente, não existe segurança de que as relações entre as variáveis encontradas em um determinado estudo serão encontradas em outros estudos [...] Em segundo lugar, uma hipótese baseada simplesmente em uma suspeita não é propícia para ser relacionada com outro conhecimento ou teoria. Então, as descobertas de um estudo baseadas nessas hipóteses não possuem uma clara conexão com o amplo *corpus* de conhecimento da ciência social. Elas podem suscitar questões importantes, podem estimular pesquisas posteriores e podem até mesmo ser integradas mais tarde em uma teoria explicativa. Mas, a não ser que esses avanços ocorram, a probabilidade de ficarem como fragmentos isolados de informação é muito grande.
>
> Uma hipótese que nasce das descobertas de outros estudos, de alguma forma está livre da primeira dessas limitações. Se a hipótese estiver baseada em resultados de outros estudos, e se o presente estudo apoia a hipótese daqueles, o resultado poderá ter

servido para confirmar essa relação de uma forma normal [...] Uma hipótese que não se apoia simplesmente nas descobertas de um estudo prévio, mas em uma teoria em termos mais gerais, está livre da segunda limitação: a de distanciamento de um *corpus* de doutrina mais geral.

As hipóteses podem surgir mesmo que não exista um *corpus* teórico abundante

Concordamos com o fato de que as hipóteses surgidas de teorias com evidência empírica superam as duas limitações mostradas por Selltiz e colaboradores (1980), e também com a afirmação de que uma hipótese que nasce das descobertas de pesquisas anteriores supera a primeira dessas limitações. Mas precisamos insistir que hipóteses úteis e frutíferas também podem ter sua origem em formulações do problema cuidadosamente revisadas, mesmo que o *corpus* teórico que as apoia não seja abundante. Às vezes, a experiência e a observação constante oferecem matéria potencial para o estabelecimento de hipóteses importantes, e podemos dizer o mesmo sobre a intuição. Quanto menos apoio empírico prévio tiver uma hipótese, mais cuidado deveremos ter em sua elaboração e avaliação, porque também não é recomendável formular hipóteses de maneira superficial.

Uma falha realmente grave na pesquisa é formular hipóteses sem ter revisado com cuidado a literatura, pois poderíamos cometer erros como o de sugerir hipótese sobre algo que foi muito comprovado ou de algo contundentemente desprezado. Um exemplo grosseiro, mas ilustrativo, seria pretender estabelecer a seguinte hipótese: "Os seres humanos podem voar por si mesmos, somente com seu corpo". Em síntese, a qualidade das hipóteses está relacionada positivamente com a revisão inesgotável da literatura.

✓ QUAIS CARACTERÍSTICAS UMA HIPÓTESE DEVE TER?

Dentro do enfoque quantitativo, para que uma hipótese seja digna de ser considerada, deve reunir certos requisitos:

1. A hipótese deve se referir a uma situação "real". Conforme argumenta Rojas (2001), as hipóteses somente podem ser submetidas a teste em um universo e um contexto bem definidos. Por exemplo, uma hipótese referente a alguma variável do comportamento gerencial (digamos, a motivação) deverá ser submetida a teste em uma situação real (com certos gerentes de organizações existentes). Algumas vezes, na mesma hipótese essa realidade se torna explícita (por exemplo, "As crianças guatemaltecas que vivem em áreas urbanas vão imitar mais a conduta violenta da televisão do que as crianças guatemaltecas que vivem em áreas rurais") e, outras vezes, a realidade é definida pelas explicações que acompanham a hipótese. Assim, a hipótese: "Quanto maior for o *feedback* sobre o desempenho no trabalho que um gerente proporciona aos seus supervisores, mais elevada será a motivação intrínseca destes em relação a suas tarefas laborais", não explica quais gerentes, de qual empresa. Então é preciso contextualizar a realidade dessa hipótese; afirmar, por exemplo, que são gerentes de todas as áreas, de empresas exclusivamente industriais com mais de mil trabalhadores e situadas em Medellín, na Colômbia.

    É muito comum que quando nossas hipóteses vêm de uma teoria ou uma generalização empírica (afirmação várias vezes comprovadas na "realidade") sejam manifestações contextualizadas ou casos concretos de hipóteses gerais abstratas. A hipótese "quanto maior for a satisfação com o trabalho maior será a produtividade" é geral e suscetível de ser testada em diversas realidades (países, cidades, parques industriais ou, ainda, em uma só empresa; com diretores, secretárias ou operários, etc.; em empresas comerciais, industriais, de serviços ou combinações desses tipos, atividade comercial ou com outras características). Nesses casos, ao testarmos nossa hipótese contextualizada traríamos evidência a favor da hipótese mais geral. É óbvio que os contextos ou as realidades podem ser mais ou menos gerais e que normalmente foram explicados claramente na formulação do problema. O que fazemos ao estabelecer as hipóteses é voltar a analisar se os contextos são os adequados para nosso estudo e se é possível ter acesso a eles (confirmamos o contexto, buscamos outro ou ajustamos a hipótese).

2. As variáveis ou termos da hipótese devem ser compreensíveis, precisas e as mais concretas possíveis. Termos vagos ou confusos não têm espaço em uma hipótese. Assim, globalização da economia e sinergia organizacional são conceitos imprecisos e gerais que devem ser substituídos por outros mais específicos e concretos.
3. A relação entre variáveis proposta por uma hipótese deve ser clara e verossímil (lógica). É indispensável que a forma como as variáveis estão relacionadas fique clara e que essa relação não pode ser ilógica. A hipótese: "A diminuição do consumo de petróleo nos Estados Unidos está relacionada com o grau de aprendizagem da álgebra pelas crianças que frequentam as escolas públicas de Buenos Aires" seria inverossímil. Não é possível considerá-la.
4. Os termos ou variáveis da hipótese devem ser observáveis e mensuráveis, assim como a relação proposta entre eles, ou seja, ter referentes na realidade. As hipóteses científicas, assim como os objetivos e as perguntas de pesquisa, não incluem aspectos morais nem questões que não possamos medir. Hipóteses como "Os homens mais felizes vão para o céu" ou "A liberdade de espírito está relacionada com a vontade angelical" implicam conceitos ou relações que não possuem referentes empíricos; portanto, não são úteis como hipótese para investigar cientificamente nem podem ser submetidas a teste na realidade.
5. As hipóteses devem estar relacionadas com técnicas disponíveis para testá-las. Esse requisito está estreitamente ligado ao anterior e se refere ao fato de que, quando formulamos uma hipótese, temos de analisar se existem técnicas ou ferramentas de pesquisa para verificá-la, se é possível desenvolvê-las e se estão ao nosso alcance.

Vamos supor que essas técnicas existem, mas que por algumas razões não temos acesso a elas. Então, alguém poderia tentar comprovar hipóteses referentes ao desvio de orçamento nos gastos do governo de um país latino-americano ou à rede de narcotraficantes na cidade de Miami, mas não dispor de formas eficazes para obter seus dados. Nesse caso, embora sua hipótese seja teoricamente muito valiosa, na realidade não pode ser testada.

✓ QUAIS SÃO OS TIPOS DE HIPÓTESES?

Existem diversas maneiras de classificar as hipóteses, mas aqui vamos nos concentrar nos seguintes tipos:

1. Hipóteses de pesquisa
2. Hipóteses nulas
3. Hipóteses alternativas
4. Hipóteses estatísticas

Estas últimas serão revisadas no Capítulo 8 do CD: "Análisis estadístico: segunda parte".

✓ O QUE SÃO AS HIPÓTESES DE PESQUISA?

Aquilo que ao longo deste capítulo definimos como hipóteses são, na verdade, **as hipóteses de pesquisa**. Estas são definidas como proposições provisórias sobre as possíveis relações entre duas ou mais variáveis e devem satisfazer os cinco requisitos mencionados. Elas costumam ser simbolizadas como H_i ou H_1, H_2, H_3, etc. (quando são várias) e também denominadas hipóteses de trabalho.

HIPÓTESES DE PESQUISA Proposições provisórias sobre a ou as possíveis relações entre duas ou mais variáveis.

Já as hipóteses de pesquisa podem ser:

a) descritivas de um valor ou dado prognosticado;
b) correlacionais;
c) de diferença de grupos;
d) causais.

Hipóteses descritivas de um dado ou valor prognosticado[1]

Essas hipóteses, às vezes, são utilizadas em estudos descritivos, para tentar prever um dado ou valor em uma ou mais variáveis que serão medidas ou observadas. Mas vale a pena comentar que não são todas as pesquisas descritivas que formulam hipóteses desse tipo ou afirmações mais gerais ("a ansiedade nos jovens alcoolistas será elevada"; "durante este ano o orçamento para publicidade irá aumentar entre 50 e 70%"; "a motivação extrínseca dos operários das zonas industriais de Valência, Venezuela, vai diminuir"; "o número de tratamentos psicoterápicos irá aumentar nas cidades da América do Sul com mais de três milhões de habitantes"). Não é fácil realizar estimativas com relativa precisão sobre certos fenômenos.

Exemplos

H_i: "O aumento do número de divórcios de casais cujas idades oscilam entre os 18 e 25 anos será de 20% no próximo ano." (Em um contexto específico como uma cidade ou um país)
H_i: "A inflação do próximo semestre não será superior a 3%."

Hipóteses correlacionais

Especificam as relações entre duas ou mais variáveis e correspondem aos estudos correlacionais ("o tabagismo está relacionado com a presença de doenças pulmonares"; "a motivação pelo êxito está vinculada com a satisfação laboral e o estado de espírito no trabalho"; "a atração física, as demonstrações de afeto, a semelhança em valores e a satisfação no namoro estão associadas entre si").

No entanto, as hipóteses correlacionais não podem somente determinar se duas ou mais variáveis estão vinculadas, mas também como estão associadas. Elas conseguem chegar ao nível preditivo e parcialmente explicativo.

Nos seguintes exemplos não só determinamos que há relação entre as variáveis, mas também como é a relação (que direção segue). Claro que é diferente formular hipóteses em que duas ou mais variáveis estão vinculadas e supor como são essas relações. No Capítulo 10, "Análise dos dados quantitativos", explicamos mais a fundo o tema da correlação e os tipos de correlação entre variáveis.

Exemplos

"Quanto maior for a exposição dos adolescentes a videoclipes com conteúdo sexual elevado, maior será o surgimento de estratégias nas relações interpessoais para manter contato sexual." (Aqui a hipótese indica que quando uma variável aumenta, a outra também aumenta; e vice-versa, quando uma variável diminui a outra também.)

"Quanto maior for a autoestima, menor será o medo de obter êxito." (Aqui a hipótese indica que quando uma variável aumenta a outra diminui; e se esta diminui a outra aumenta.)

"As telenovelas latino-americanas mostram cada vez mais cenas com muito conteúdo sexual." (Nessa hipótese há a correlação de duas variáveis: época ou tempo em que as telenovelas são produzidas e conteúdo sexual.)

Devemos acrescentar o seguinte: em uma hipótese de correlação, a ordem em que colocarmos as variáveis não é importante (nenhuma variável antecede a outra; não há relação de causalidade). É o mesmo indicar "para maior X, maior Y", do que "para maior Y, maior X"; ou "para maior X, menor Y", do que "para menor Y, maior X".

> **Exemplos**
>
> "Aqueles que conseguem notas mais altas na prova de estatística tendem a alcançar as notas mais altas na prova de economia" é o mesmo que "os que conseguem ter as notas mais altas na prova de economia são aqueles que tendem a obter notas mais altas na prova de estatística".

Conforme aprendemos desde pequenos: "A ordem dos fatores (variáveis) não altera o produto (a hipótese)". Claro que isso também acontece na correlação, mas não nas relações de causalidade, em que poderemos ver que, sim, a ordem das variáveis é importante. Mas na correlação não falamos de variável independente (causa) e dependente (efeito). Quando somente há correlação, esses termos precisam ter sentido. Os estudantes que iniciam seus cursos de pesquisa costumam indicar em toda hipótese qual é a variável independente e qual é a dependente em toda hipótese. Isso é um erro. Isso pode ser feito somente nas hipóteses causais.

Por outro lado, é comum que quando se pretende correlacionar diversas variáveis na pesquisa se tenham várias hipóteses, e cada uma delas relacione um par de variáveis. Por exemplo, se quiséssemos relacionar as variáveis como atração física, confiança, proximidade física e equidade no namoro (todas entre si), então formularíamos as hipóteses correspondentes.

> **Exemplos**
>
> H_1: "Para maior atração física, menor confiança."
> H_2: "Para maior atração física, maior proximidade física."
> H_3: "Para maior atração física, maior equidade."
> H_4: "Para maior confiança, maior proximidade física."
> H_5: "Para maior confiança, maior equidade."
> H_6: "Para maior proximidade física, maior equidade."

Essas hipóteses devem ser contextualizadas em sua realidade (com quais casais) e submetidas a teste empírico.

Hipóteses da diferença entre grupos

Essas hipóteses são formuladas em pesquisas cuja finalidade é comparar grupos. Por exemplo, vamos supor que um publicitário acha que um comercial televisivo em preto e branco, cujo objetivo é persuadir os adolescentes que começam a fumar para que deixem de fazê-lo, tem uma eficácia diferente de um colorido. Sua pergunta de pesquisa seria: Um comercial televisivo em preto e branco é mais eficaz que um colorido?, cuja mensagem é persuadir os adolescentes que começam a fumar para que deixem de fazê-lo. E sua hipótese ficaria formulada assim:

> **Exemplos**
>
> H_i: "O efeito persuasivo para deixar de fumar não será o mesmo em adolescentes que vejam a versão colorida do comercial televisivo do que o efeito em adolescentes que vejam a versão do comercial em preto e branco."

Outros exemplos desse tipo seriam:

> **Exemplos**
>
> H_i: "Os adolescentes dão mais importância aos atrativos físicos em suas relações de casal do que as adolescentes."
>
> H_i: "O tempo que as pessoas contagiadas por transfusão de sangue levam para desenvolver a AIDS é menor do que as que adquirem o HIV por transmissão sexual."

Nos três exemplos anteriores apresentamos uma possível diferença entre grupos, só que no primeiro deles apenas determinamos que há diferença entre os grupos comparados; mas não afirmamos em qual dos grupos o impacto será mais determinante. Não determinamos se o efeito persuasivo é maior em adolescentes que veem o comercial em preto e branco ou naqueles que o veem colorido. Somente nos limitamos a dizer que esperamos encontrar uma diferença. Mas, no segundo, além de a hipótese determinar a diferença, especifica qual dos grupos terá um maior valor na variável de comparação (os jovens são aqueles que, segundo se pensa, darão maior importância ao atrativo físico). O mesmo acontece com o terceiro exemplo (desenvolvem mais lentamente a doença aqueles que a adquirem por transmissão sexual).

Quando o pesquisador não possui bases para pressupor a favor de qual grupo será a diferença, ele formula uma hipótese simples de diferença entre grupos (como no primeiro exemplo dos comerciais). E quando ele realmente possui essas bases, estabelece uma hipótese direcional de diferença entre grupos (como nos outros exemplos). Este último normalmente acontece quando a hipótese vem de uma teoria ou estudos antecedentes ou, ainda, quando o pesquisador está bastante familiarizado com o problema de estudo.

Esse tipo de hipótese consegue abranger dois, três ou mais grupos.

> **Exemplo**
>
> H_i: "As cenas da novela *A verdade de Paola* terão mais conteúdo sexual do que as da novela *Sentimentos de Christian* e estas, por sua vez, um maior conteúdo sexual do que as cenas da novela *Mariana, meu último amor*".[2]

Alguns pesquisadores consideram as hipóteses de diferença entre grupos como um tipo de hipótese correlacional, porque em último caso relacionam duas ou mais variáveis. O caso do atrativo físico relaciona a variável "gênero" com a variável "atribuição da importância do atrativo físico nas relações de casal".

Hipóteses que estabelecem relações de causalidade

Esse tipo de hipótese não só afirma a ou as relações entre duas ou mais variáveis e a maneira como elas se manifestam, como também propõe um "sentido de entendimento" das relações. Tal sentido pode ser mais ou menos completo, pois depende do número de variáveis incluídas, mas todas essas hipóteses estabelecem relações de causa-efeito.

> **Exemplos**
>
> H$_i$: "A desintegração do casamento provoca baixa autoestima nos filhos e nas filhas". (No exemplo, além de se estabelecer uma relação entre as variáveis, propõe-se a causalidade dessa relação.)
> H$_i$: "Um clima organizacional negativo cria níveis baixos de inovação nos empregados."

As hipóteses correlacionais podem ser simbolizadas como "X–Y"; e as hipóteses causais como na Figura 6.1.

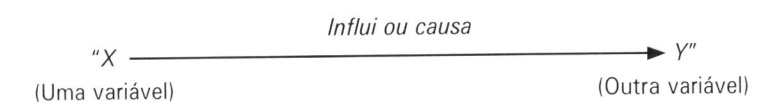

```
              Influi ou causa
    "X ─────────────────────────▶ Y"
 (Uma variável)              (Outra variável)
```

FIGURA 6.1 Simbolização da hipótese causal.

Correlação e causalidade são conceitos associados, mas diferentes. Se duas variáveis estão correlacionadas, isso não implica necessariamente que uma será causa da outra. Vamos supor que uma empresa fabrica um produto que é pouco vendido e decide melhorá-lo, ela faz isso e lança uma campanha para anunciar o produto no rádio e na televisão. Depois, nota um aumento nas vendas do produto. Os executivos da empresa podem dizer que o lançamento da campanha está relacionado com o aumento das vendas; mas se a causalidade não for demonstrada, não é possível garantir que a campanha tenha provocado esse aumento. Talvez a campanha seja a causa do aumento, mas talvez a causa em si seja o aprimoramento do produto, uma excelente estratégia de comercialização ou outro fator ou, ainda, todas podem ser causas.

Outro caso é aquele que explicamos no capítulo anterior, no qual a estatura parecia estar correlacionada com a inteligência em crianças (as com maior estatura tendiam a obter as notas mais altas no teste de inteligência); mas a realidade foi que a maturidade era a variável que estava relacionada com a resposta para um teste de inteligência (mais do que a inteligência em si). A correlação não tinha sentido; e menos ainda tendia a estabelecer uma causalidade, ao afirmar que a estatura é causa da inteligência ou que, pelo menos, tem uma influência sobre ela. Ou seja, nem todas as correlações têm sentido e nem sempre que encontramos uma correlação podemos inferir causalidade. Se cada vez que se obtém uma correlação se supusesse causalidade, isso equivaleria a dizer que toda vez que se observa uma mulher e uma criança juntas pudéssemos supor que ela é a mãe, quando pode ser sua tia, uma vizinha ou uma mulher que por acaso ficou muito perto da criança.

Para estabelecer causalidade é preciso ter demonstrado correlação, mas, além disso, a causa deve vir antes do efeito. As mudanças na causa também têm de provocar mudanças no efeito.

Quando falamos de hipótese, as *supostas causas* são conhecidas como *variáveis independentes* e os *efeitos* como *variáveis dependentes*. Somente é possível falar de variáveis independentes e dependentes quando formulamos hipóteses causais ou hipóteses de diferença entre grupos, sempre e quando nessas últimas se explique qual é a causa da suposta diferença na hipótese.

A seguir, apresentamos diferentes tipos de hipóteses causais:

1. **Hipóteses causais bivariadas.** Nestas se estabelece uma relação entre uma variável independente e uma variável dependente. Por exemplo: "Perceber que outra pessoa do gênero oposto é semelhante a alguém em termos de religião, valores e crenças, provoca em nós mais atração em relação a ela" (ver Figura 6.2).
2. **Hipóteses causais multivariadas.** Estabelecem relação entre diversas variáveis independentes e uma dependente, ou uma independente e várias dependentes, ou diversas variáveis independentes e várias dependentes.

```
┌─────────────────────────┐                                    ┌─────────────────────────┐
│ Percepção da semelhança em │                                │        Atrativo         │
│  religião, valores e crenças │ ─────────────────────────▶   │                         │
└─────────────────────────┘                                    └─────────────────────────┘
              X ─────────────────────────────────────────▶ Y
```

(Normalmente, a variável independente é simbolizada como X em hipóteses causais, enquanto em hipóteses correlacionais não significa variável independente, visto que não há suposta causa)

(Variável dependente, simbolizada como Y)

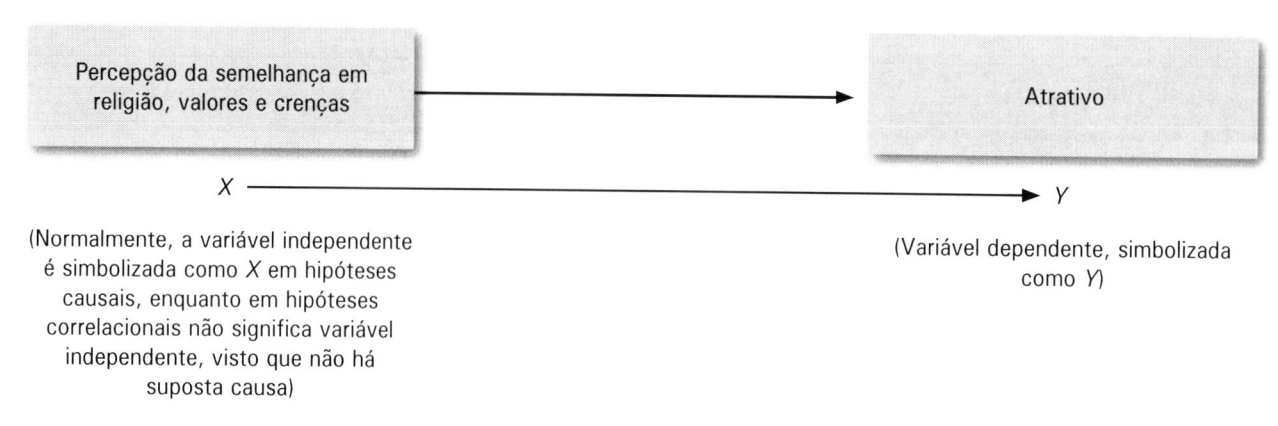

FIGURA 6.2 Esquema de relação causal bivariada.

Exemplo

"A coesão e a centralidade em um grupo submetido a uma dinâmica, assim como o tipo de liderança exercida dentro dele, determinam sua eficácia para atingir suas metas primárias." (Figura 6.3)

Independentes   **Dependente**

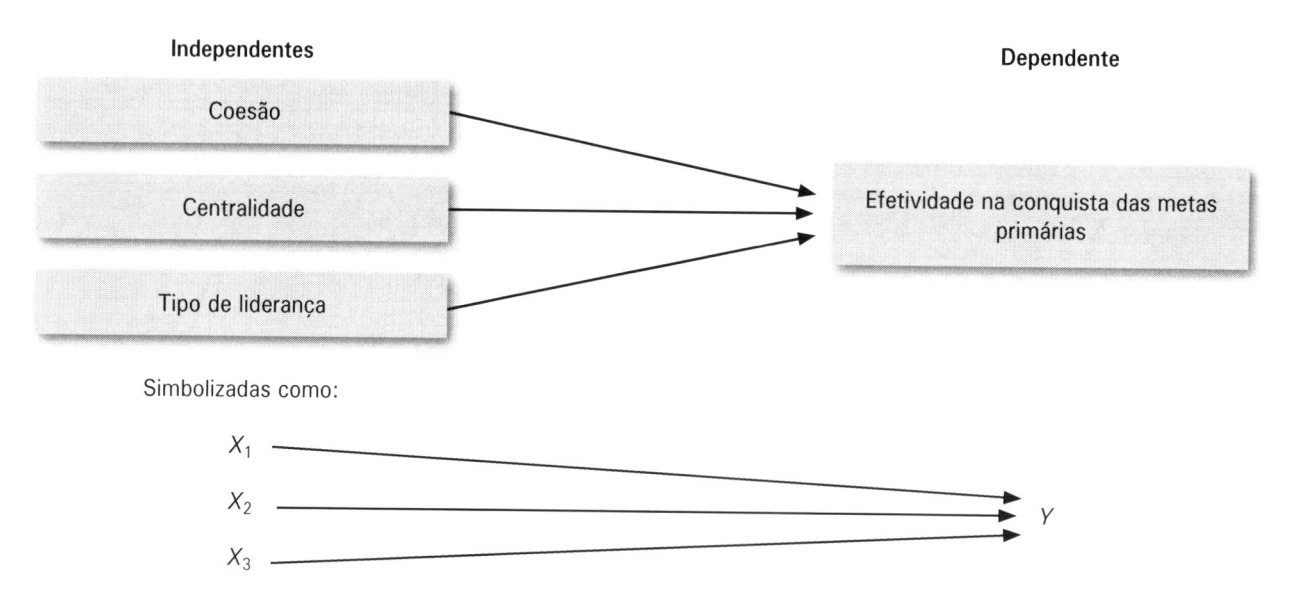

```
┌──────────────────┐
│      Coesão      │──────────────┐
└──────────────────┘              │
                                  ▼    ┌──────────────────────────────────┐
┌──────────────────┐              │    │ Efetividade na conquista das metas │
│   Centralidade   │──────────────▶    │            primárias             │
└──────────────────┘              ▲    └──────────────────────────────────┘
                                  │
┌──────────────────┐              │
│ Tipo de liderança │──────────────┘
└──────────────────┘
```

Simbolizadas como:

X_1 ─────────────────────────────┐
X_2 ─────────────────────────────▶ Y
X_3 ─────────────────────────────┘

FIGURA 6.3 Esquema de relação causal multivariada.

Exemplo

"A variedade e a autonomia no trabalho, assim como o *feedback* proveniente do desenvolvimento deste, geram maior motivação intrínseca e satisfação laborais." (Figura 6.4)

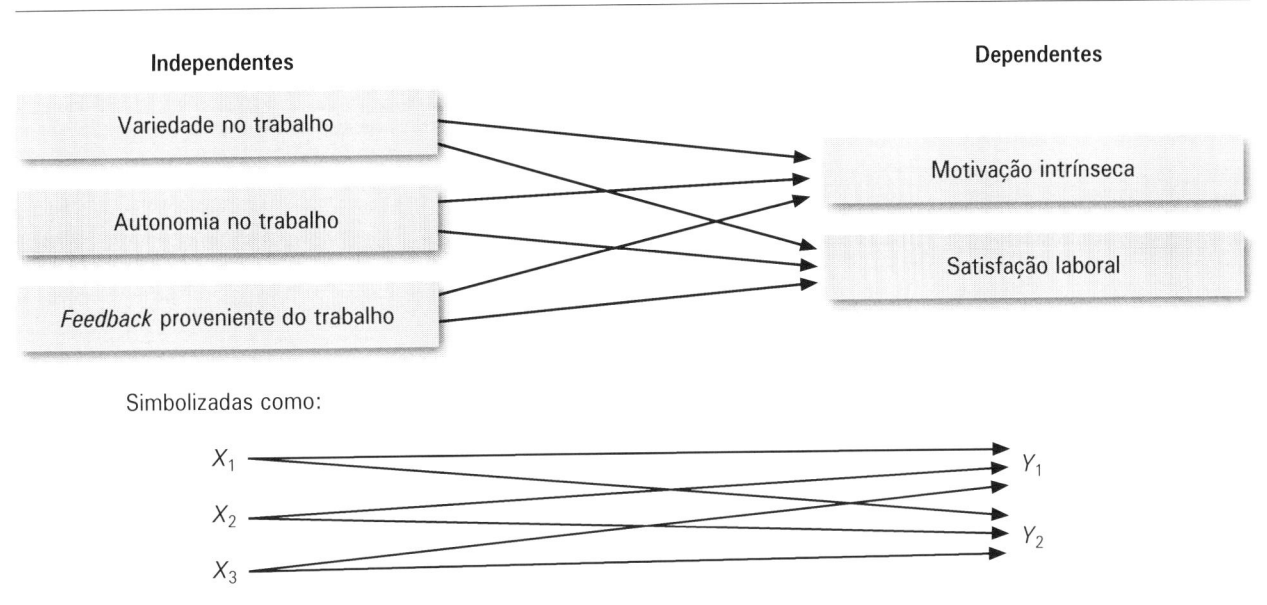

FIGURA 6.4 Esquema de relação causal multivariada com duas variáveis dependentes.

As hipóteses multivariadas podem propor outro tipo de relações causais, em que certas variáveis intervêm modificando a relação [hipótese com a presença de variáveis intervenientes].

Exemplo

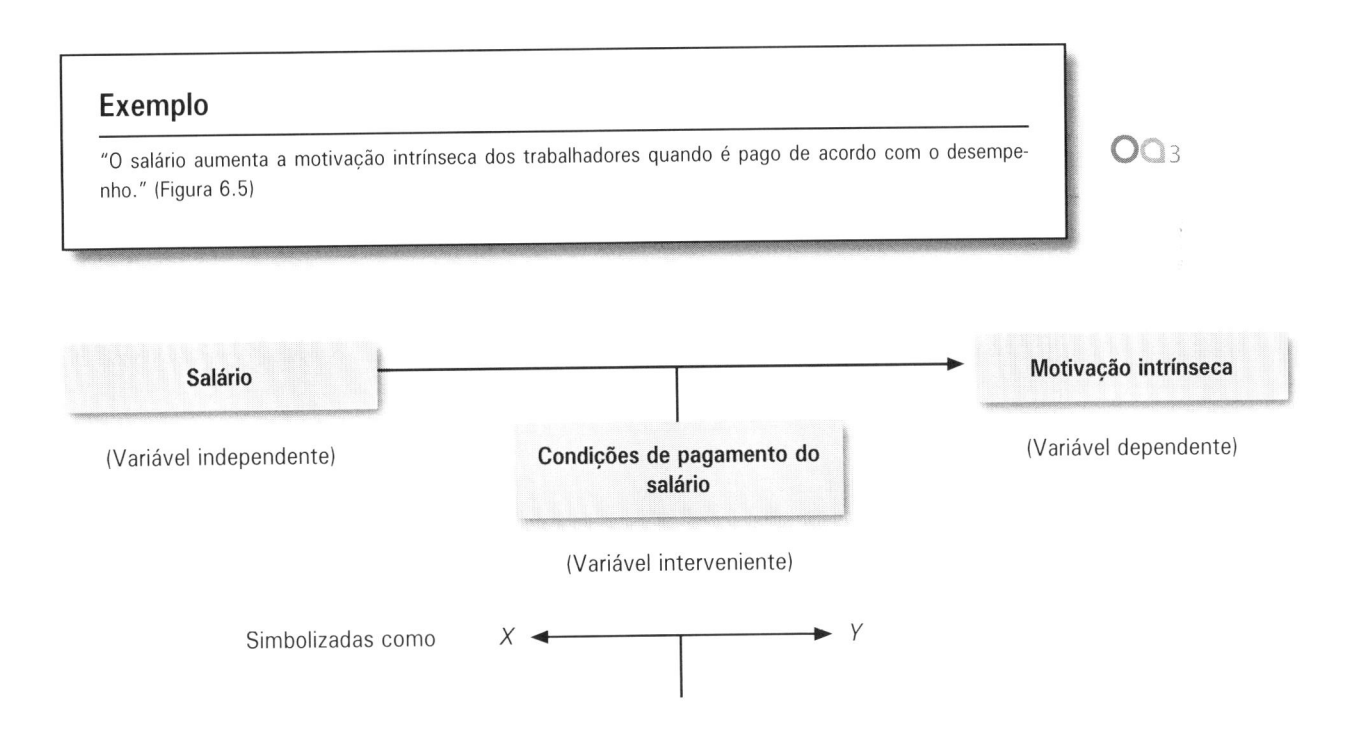

"O salário aumenta a motivação intrínseca dos trabalhadores quando é pago de acordo com o desempenho." (Figura 6.5)

FIGURA 6.5 Esquema causal com variável interveniente.

É possível que haja estruturas causais de variáveis mais complexas difíceis de expressar em uma só hipótese, porque as variáveis se relacionam entre si de diferentes maneiras. Então, podemos propor as relações causais em duas ou mais hipóteses ou de forma gráfica (ver Figura 6.6).

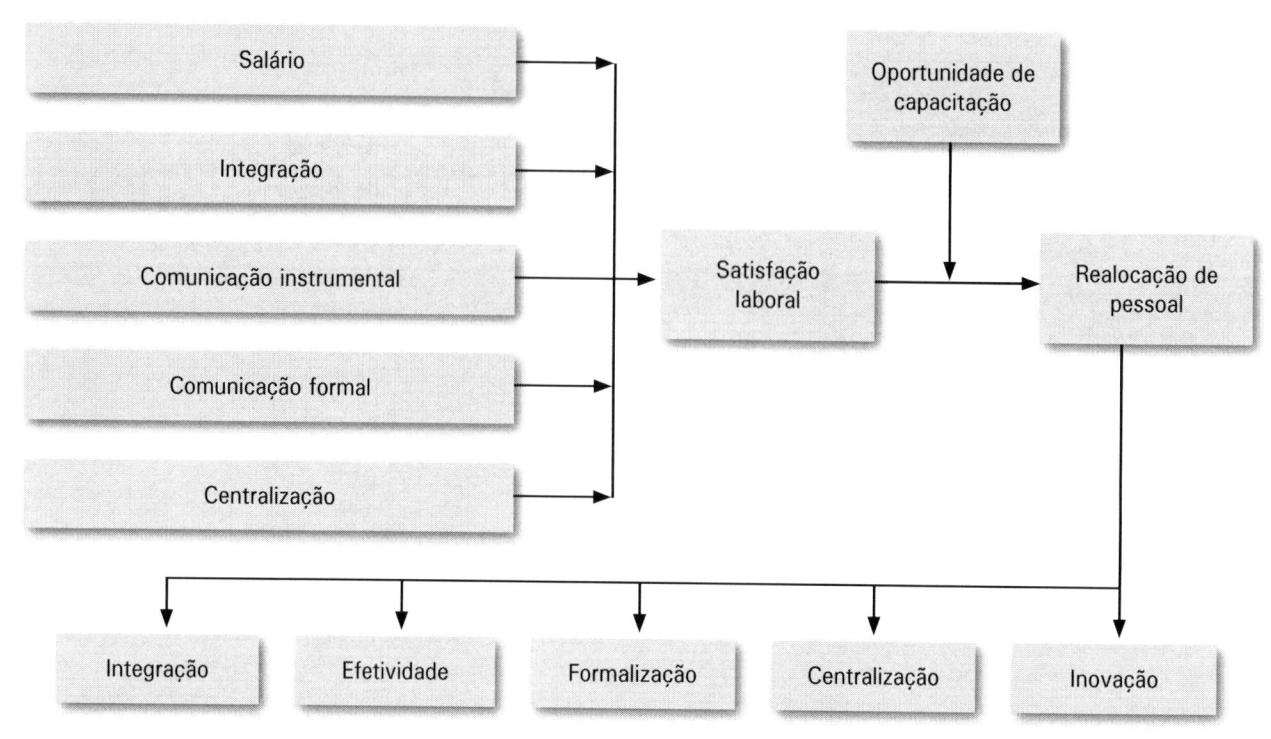

FIGURA 6.6 Estrutura causal complexa multivariada.

A Figura 6.6³ poderia ser desmembrada em várias hipóteses; por exemplo,

H_1: "O salário aumenta a satisfação laboral."
H_2: "A integração, a comunicação instrumental e a comunicação formal aumentam a satisfação laboral."
H_3: "A centralização diminui a satisfação laboral."
H_4: "A satisfação laboral influi na realocação de pessoal."
H_5: "A oportunidade de capacitação influencia a ligação entre a satisfação laboral e a realocação de pessoal."
H_6: "A realocação de pessoal afeta a integração, a efetividade organizacional, a formalização, a centralização e a inovação."

Quando as hipóteses causais são submetidas à análise estatística, avalia-se a influência de cada variável independente (causa) na dependente (efeito), e a influência conjunta de todas as variáveis independentes na dependente ou nas dependentes.

☑ O QUE SÃO AS HIPÓTESES NULAS?[4]

HIPÓTESES NULAS Proposições que negam ou refutam a relação entre variáveis.

As **hipóteses nulas**, de alguma maneira, são o reverso das hipóteses de pesquisa. Também são proposições sobre a relação entre variáveis, só que servem para refutar ou negar aquilo que a hipótese de pesquisa afirma.[5] Se a hipótese de pesquisa diz: "Os adolescentes dão mais importância ao atrativo físico em suas relações de casal do que as adolescentes", a hipótese nula postularia: "Os adolescentes *não* dão mais importância ao atrativo físico em suas relações de casal do que as adolescentes".

Como esse tipo de hipótese é a contrapartida da hipótese de pesquisa, existem praticamente tantos tipos de hipóteses nulas quanto de pesquisa. Ou seja, a classificação de hipóteses nulas é similar à topologia das hipóteses de pesquisa: hipóteses nulas descritivas de um valor prognosticado, hipóteses que negam ou contradizem a relação entre duas ou mais variáveis, hipóteses que negam que existe diferença entre grupos que são comparados e hipóteses que negam a relação de causalidade entre duas ou mais variáveis (em todas as suas formas). As hipóteses nulas são simbolizadas assim: H_0.

Vamos ver alguns exemplos de hipóteses nulas, que correspondem a exemplos de hipóteses de pesquisa já mencionados.

Exemplos

H_0: "O aumento do número de divórcios de casais cujas idades oscilam entre os 18 e 25 anos, não será de 20% no próximo ano."

H_0: "Não existe relação entre a autoestima e o medo de obter êxito." (Hipótese nula referente a uma correlação.)

H_0: "As cenas da novela *A verdade de Paola* não terá maior conteúdo sexual do que as da novela *Sentimentos de Christian*, e nem estas terão maior conteúdo sexual do que as cenas da novela *Mariana, meu último amor*". Essa hipótese nega a diferença entre grupos e também poderia ser formulada assim: "Não existem diferenças no conteúdo entre as cenas das novelas *A verdade de Paola, Sentimentos de Christian* e *Mariana, meu último amor*". Ou, ainda, "O conteúdo sexual das novelas *A verdade de Paola, Sentimentos de Christian* e *Mariana, meu último amor* é o mesmo".

H_0: "A percepção da semelhança em termos de religião, valores e crenças não provoca maior atração." (Hipótese que nega a relação causal.)

✓ O QUE SÃO AS HIPÓTESES ALTERNATIVAS?

Como o próprio nome já diz, são possíveis alternativas para as hipóteses de pesquisa e a nula: oferecem outra descrição ou explicação diferente das proporcionadas por esses tipos de hipóteses. Se a hipótese de pesquisa diz: "Esta cadeira é vermelha", a nula irá afirmar: "Esta cadeira não é vermelha", e uma ou mais hipóteses alternativas poderiam ser formuladas: "esta cadeira é azul", "esta cadeira é verde", "esta cadeira é amarela", etc. Cada uma delas é uma descrição diferente das proporcionadas pelas hipóteses de pesquisa e pela nula.

HIPÓTESES ALTERNATIVAS São possibilidades diferentes ou "alternativas" para as hipóteses de pesquisa e a nula.

As **hipóteses alternativas** são simbolizadas como H_a e somente podem ser formuladas quando realmente existem outras possibilidades, além das hipóteses de pesquisa e da nula. Se esse não for o caso, elas não devem ser formuladas.

Exemplos

H_i: "O candidato A vai obter na eleição para a presidência do conselho escolar entre 50 e 60% do total de votos."

H_0: "O candidato A não vai obter na eleição para a presidência do conselho escolar entre 50 e 60% do total de votos."

H_a: "O candidato A vai obter na eleição para a presidência do conselho escolar mais de 60% do total de votos."

H_a: "O candidato A vai obter na eleição para a presidência do conselho escolar menos de 50% do total de votos."

> **Exemplos**
>
> H_i: "Os jovens dão mais importância ao atrativo físico em suas relações de casal do que as jovens."
> H_0: "Os jovens não dão mais importância ao atrativo físico em suas relações de casal do que as jovens."
> H_a: "Os jovens dão menos importância ao atrativo físico em suas relações de casal do que as jovens."

Neste último exemplo dos jovens, se a hipótese nula tivesse sido formulada da seguinte maneira:

> **Exemplo**
>
> H_0: "Os jovens não dão mais ou menos importância ao atrativo físico em suas relações de casal do que as jovens."

Não haveria possibilidade de formular uma hipótese alternativa, pois as hipóteses de pesquisa e a nula englobam todas as possibilidades.

As hipóteses alternativas são, conforme podemos ver, outras hipóteses de pesquisa adicionais à hipótese de pesquisa original.

☑ SERÁ QUE É POSSÍVEL FORMULAR HIPÓTESES DE PESQUISA, HIPÓTESE NULA E ALTERNATIVA EM UMA MESMA PESQUISA?

Não existem regras universais a esse respeito, nem mesmo consenso entre os pesquisadores. Podemos ler em artigo de alguma revista científica no qual apenas a hipótese de pesquisa é formulada; e, em outra, encontrar um artigo somente com a hipótese nula. Um artigo em uma terceira revista no qual podemos encontrar apenas as hipóteses de pesquisa e a nula, mas não as alternativas. Em uma quarta publicação, outro artigo que contenha a hipótese de pesquisa e as alternativas. E mais outro no qual apareçam hipóteses de pesquisa, nulas e alternativas. Essa situação é similar nos relatórios apresentados por um pesquisador ou uma empresa. O mesmo acontece em dissertações de mestrado e teses de doutorado, estudos de divulgação popular, relatórios de pesquisas governamentais, livros e outras formas de apresentar estudos de diversos tipos.

Em estudos que contêm análise de dados quantitativos, a opção mais comum é incluir somente a ou as hipóteses de pesquisa (Degelman, 2005, consultor da American Psychological Association). Alguns pesquisadores somente enunciam uma hipótese nula ou de pesquisa quando pressupõem que o leitor de seu relatório irá deduzir a hipótese contrária.

Nossa recomendação é que, embora as hipóteses de pesquisa sejam incluídas de maneira exclusiva, todas estejam presentes, não só quando são formuladas, mas durante todo o estudo. Isso ajuda a fazer com que o pesquisador esteja sempre alerta para todas as possíveis descrições e explicações do fenômeno considerado; assim ele poderá ter um panorama mais completo daquilo que analisa.

A American Psychological Association (2002) recomenda que, para decidir que tipo de hipótese deve ser incluído no relatório, é preciso consultar os manuais ou um assessor qualificado de sua universidade ou as normas de publicações.

☑ QUANTAS HIPÓTESES DEVEM SER FORMULADAS EM UMA PESQUISA?

Cada pesquisa é diferente. Algumas contêm grande variedade de hipóteses porque o problema de pesquisa é complexo (p. ex., pretendem relacionar 15 ou mais variáveis), enquanto outras contêm uma ou duas hipóteses. Tudo depende do estudo que será realizado.

A qualidade de uma pesquisa não está necessariamente relacionada com o número de hipóteses que ela contém. Nesse sentido, devemos ter o número de hipóteses necessárias para guiar o estudo, nem uma a mais nem uma a menos.

☑ EM UMA MESMA PESQUISA É POSSÍVEL FORMULAR HIPÓTESES DESCRITIVAS DE UM DADO PROGNOSTICADO EM UMA VARIÁVEL, HIPÓTESES CORRELACIONAIS, HIPÓTESES DA DIFERENÇA ENTRE GRUPOS E HIPÓTESES CAUSAIS?

A resposta é *sim*. Em uma mesma pesquisa é possível estabelecer todos os tipos de hipóteses, porque o problema de pesquisa assim o exige. Vamos supor que alguém elaborou um estudo em uma cidade latino-americana e suas perguntas de pesquisa e hipóteses poderiam ser as mostradas na Tabela 6.2.

Nesse exemplo, encontramos todos os tipos gerais de hipóteses. Também podemos observar que não há perguntas que não são traduzidas em hipóteses (escolaridade e sua diferença por gênero). Isso talvez se deva ao fato de que é difícil estabelecê-las, pois não dispomos de informação a esse respeito.

Os estudos que começam e terminam como descritivos vão formular – caso prognostiquem um dado – hipóteses descritivas; os correlacionais poderão estabelecer hipóteses descritivas por estimativa, correlacionais e de diferença entre grupos (quando estas não explicam a causa que provoca a diferença); já os explicativos poderão incluir hipóteses descritivas de prognóstico, correlacionais, de diferença entre grupos e causais. Não podemos esquecer que uma pesquisa pode abordar parte do problema de maneira descritiva e parte explicativa. Mas também precisamos salientar que os estudos descritivos não costumam conter hipóteses, e isso se deve ao fato de que às vezes é difícil precisar o valor que pode se manifestar em uma variável.

TABELA 6.2
Exemplo de um estudo com várias perguntas de pesquisa e hipóteses

Perguntas de pesquisa	Hipóteses
Qual será, no final do ano, a taxa de desemprego na cidade de Baratillo?	A taxa de desemprego na cidade de Baratillo será de 5% no final do ano (H_i: % = 5).
Qual é a taxa média da renda familiar mensal na cidade de Baratillo?	A taxa média da renda familiar mensal oscila entre 650 e 700 dólares (H_i: $650 \leq X \leq 700$).
Existem diferenças entre os distritos (bairros ou equivalentes) da cidade de Baratillo quanto à taxa de desemprego? (Existem bairros ou distritos com maiores índices de desemprego?)	Existem diferenças quanto à taxa de desemprego entre os distritos da cidade de Baratillo (H_i: Índice 1 ≠ Índice 2 ≠ Índice 3 ≠ Índice K).
Qual é a taxa de escolaridade média dos jovens e das jovens que vivem em Baratillo? Existem diferenças por gênero a esse respeito?	Se não dispomos de informação, não estabelecemos hipóteses.
O aumento da delinquência dessa cidade está relacionado com o desemprego?	Para maior desemprego, maior delinquência (H_i: $r_{xy} \neq 0$)*.
A taxa de desemprego provoca uma rejeição contra a política fiscal do governo?	O desemprego provoca uma rejeição contra a política fiscal do governo (H_i: $X \rightarrow Y$).

---

* N. de R.T.: A notação r_{xy} refere-se à correlação de Pearson entre as variáveis x e y (ver Capítulo 10).

Os tipos de estudo que não estabelecem hipóteses são os exploratórios. Não podemos pressupor (afirmando) algo que ainda vamos explorar. É como se antes do primeiro encontro com uma pessoa totalmente desconhecida do gênero oposto, começássemos a conjecturar o quanto é simpática, quais interesses e valores ela tem, etc. Não poderíamos nem mesmo antecipar o quanto ela seria atraente para nós, e talvez no primeiro encontro nos deixássemos levar por nossa imaginação; mas na pesquisa isso não pode acontecer. Se ela nos proporcionar mais informação (lugares onde gosta de ir, ocupação, religião, nível socioeconômico, tipo de música que gosta e grupos aos quais é associada), podemos criar mais hipóteses, embora estejamos nos baseando em estereótipos. E se nos dessem informação muito pessoal e íntima sobre ela, poderíamos sugerir hipóteses sobre que tipo de relação vamos estabelecer com essa pessoa e por quê (explicações provisórias).

✓ O QUE SIGNIFICA TESTAR HIPÓTESES?

Conforme mencionamos desde o início deste capítulo, as hipóteses do processo quantitativo são submetidas a teste ou escrutínio para determinar se são apoiadas ou refutadas, de acordo com aquilo que o pesquisador observa. E é por isso que elas são formuladas na tradição dedutiva. Então, não podemos realmente provar se uma hipótese é verdadeira ou falsa, mas argumentar se foi aprovada ou não de acordo com certos dados obtidos em uma pesquisa específica. Do ponto de vista técnico, uma hipótese não é aceita por meio de um estudo, mas pela evidência que apresentamos a favor ou contra ela.[6] Quanto mais pesquisas apoiarem uma hipótese, mais credibilidade ela terá; e, claro, será válida para o contexto (lugar, tempo e participantes ou objetos) em que foi comprovada. Pelo menos probabilisticamente.

No enfoque quantitativo, as hipóteses são submetidas a teste na "realidade" quando aplicamos um desenho de pesquisa, coletamos dados com um ou vários instrumentos de medição e analisamos e interpretamos esses mesmos dados. E, conforme diz Kerlinger (1979), as hipóteses são instrumentos muito poderosos para o avanço do conhecimento, pois, embora sejam formuladas pelo ser humano, podem ser submetidas a teste e demonstradas como provavelmente corretas ou incorretas, sem a interferência dos valores e das crenças do indivíduo.

✓ QUAL É A UTILIDADE DAS HIPÓTESES?

É provável que alguém pense que com o que foi exposto neste capítulo seja possível saber claramente qual é o valor das hipóteses para a pesquisa. No entanto, achamos que é necessário aprofundar um pouco mais nesse ponto, mencionando as principais funções das hipóteses.

1. Em primeiro lugar, são as orientações de uma pesquisa no enfoque quantitativo. Formulá-las nos ajuda a saber o que estamos tentamos buscar, testar. Elas proporcionam ordem e lógica ao estudo. São como os objetivos de um projeto administrativo: as sugestões formuladas nas hipóteses podem ser soluções para os problemas de pesquisa. Se elas são ou não, essa é exatamente a tarefa do estudo (Selltiz et al., 1980).
2. Em segundo lugar, têm uma função descritiva e explicativa, dependendo do caso. Toda vez que uma hipótese recebe evidência empírica a seu favor ou contra, ela nos diz algo sobre o fenômeno com o qual se associa ou faz referência. Se a evidência for a favor, a informação sobre o fenômeno aumenta; e mesmo se a evidência for contra descobrimos algo sobre o fenômeno que antes não sabíamos.
3. A terceira função é testar teorias. Quando várias hipóteses de uma teoria recebem evidência positiva, a teoria vai se tornando mais forte; e, quanto mais evidência houver a favor daquelas, mais evidência haverá a favor desta.
4. Uma quarta função é sugerir teorias. Diversas hipóteses não estão associadas com teoria alguma; mas o que pode acontecer é que como resultado do teste de uma hipótese seja possível construir uma teoria ou suas bases. Isso não é muito comum, mas já chegou a acontecer.

✓ O QUE ACONTECE QUANDO NÃO SE TRAZ EVIDÊNCIA A FAVOR DAS HIPÓTESES DE PESQUISA?

Não é raro escutar uma conversa como esta entre duas pessoas que acabam de analisar os dados de sua tese (que é uma pesquisa):

Elisa: Os dados não apoiam nossas hipóteses.
Gabriel: E agora, o que vamos fazer? Nossa tese não é útil.
Elisa: Teremos de fazer outra tese.

Os dados nem sempre apoiam as hipóteses. Mas o fato de que estes não tragam evidência a favor das hipóteses formuladas não significa, de maneira alguma, que a pesquisa não tem utilidade. Claro que todos ficamos contentes quando aquilo que supomos condiz com a nossa "realidade". Se fizermos afirmações como: "eu gosto da Mariana", "o grupo mais popular de música nesta cidade é o meu grupo favorito", "tal equipe vai ganhar o próximo campeonato nacional de futebol"; "Paola, Chris, Sergio e Lupita vão me ajudar muito a vencer este problema", para nós será satisfatório que elas sejam cumpridas. Existe também aquele que formula uma pressuposição e depois a defende a qualquer custo, mesmo tendo consciência de que se equivocou. Isso é humano; porém, na pesquisa o objetivo final é o conhecimento e, nesse sentido, os dados contra uma hipótese também oferecem entendimento. O importante é analisar por que não se apresentou evidência a favor das hipóteses.

Aliás, é bom citarmos Van Dalen e Meyer (1994, p. 193):

> Para que as hipóteses tenham utilidade, não é necessário que as respostas para os problemas apresentados sejam corretas. Em quase todas as pesquisas o estudioso formula várias hipóteses e espera que alguma delas dê uma solução satisfatória para o problema. Ao eliminar cada uma das hipóteses, ele vai estreitando o campo no qual deverá encontrar a resposta.

E acrescentam:

> O teste de "hipóteses falsas" [que preferimos chamar de *hipóteses que não receberam evidência empírica*] também é útil quando direciona a atenção do pesquisador ou de outros cientistas para fatores ou relações imprevistas que, de alguma maneira, poderiam ajudar a resolver o problema.

A American Psychological Association (2002, p. 16) diz o seguinte, ao mencionar a apresentação das descobertas em um relatório de pesquisa: "Mencione todos os resultados relevantes, incluindo aqueles que contradizem as hipóteses".

✓ AS VARIÁVEIS DE UMA HIPÓTESE DEVEM SER DEFINIDAS COMO PARTE DE SUA FORMULAÇÃO?

Ao formularmos uma hipótese é indispensável definir os termos ou variáveis incluídos nelas. E isso é necessário por vários motivos:

1. Para que o pesquisador, seus colegas, os usuários do estudo e, geralmente, qualquer pessoa que irá ler a pesquisa possam dar o mesmo significado para os termos ou as variáveis incluídas nas hipóteses, é comum que um mesmo conceito seja empregado de diferentes maneiras. O termo *novios** pode significar para alguém uma relação entre duas pessoas de gêneros opostos que se comunicam de maneira interpessoal com a maior frequência que lhes é possível, que quando estão "cara a cara" se beijam e se dão as mãos, que se sentem atraídos fisicamente e compartilham informação que ninguém mais possui. Para outros poderia significar uma relação entre duas pessoas de gêneros opostos que têm como finalidade contrair matrimônio.

---

* N. de T.: *Novio* em espanhol pode ser usado tanto para namorado como para noivo. No Brasil, a diferença é que noivo implica um compromisso maior, uma etapa anterior ao casamento.

Para um terceiro, uma relação entre dois indivíduos de gêneros opostos que mantêm relações sexuais, e alguém mais poderia ter outra concepção. E, no caso de pensarmos em realizar um estudo com casais de *novios,* não conseguiríamos saber com exatidão a quem incluir ou não nesse estudo, a não ser que definíssemos com a maior precisão possível o conceito de *novios.* Termos como "atitude", "inteligência" e "aproveitamento" podem ter vários significados ou ser definidos de diversas maneiras.

2. Para termos a certeza de que as variáveis podem ser medidas, observadas, avaliadas ou inferidas, ou seja, que podemos obter delas dados da realidade.
3. Confrontar nossa pesquisa com outras similares. Se já temos nossas variáveis definidas, podemos comparar nossas definições com as de outros estudos para saber "se estamos falando da mesma coisa". Se a comparação for positiva, vamos confrontar os resultados de nossa pesquisa com os resultados das demais.
4. Avaliar de maneira mais adequada os resultados de nossa pesquisa, porque as variáveis, e não só as hipóteses, estão contextualizadas.

Em síntese, sem a definição das variáveis não há pesquisa. As variáveis devem ser definidas de duas formas: conceitual e operacional.

✓ DEFINIÇÃO CONCEITUAL OU CONSTITUTIVA

Uma definição conceitual dá outros nomes para a variável. Assim, *inibição proativa* poderia ser definida como: "a dificuldade de recordar que aumenta com o tempo"; e *poder* como: "exercer mais influência sobre os demais do que estes sobre uma pessoa". São definições de dicionários ou de livros especializados (Kerlinger, 2002; Rojas, 2001), que quando descrevem a essência ou as características de uma variável, objeto ou fenômeno são chamadas de definições reais (Reynolds, 1986). Estas são a adequação da definição conceitual às exigências práticas da pesquisa. Dessa forma, o termo atitude seria definido como "uma tendência ou predisposição para avaliar de alguma maneira um objeto ou um símbolo desse objeto" (Haddock e Maio, 2007; Kahle, 1985; Oskamp, 1991). Se nossa hipótese fosse: "Quanto maior for a exposição dos eleitores indecisos às entrevistas televisivas concedidas pelos candidatos, mais favorável será a atitude em relação ao ato de votar", teríamos de contextualizar a definição conceitual de "atitude" (formular a definição real). A "atitude" em relação ao ato de votar poderia ser definida como a predisposição para avaliar como positivo o fato de votar em uma eleição.

Alguns exemplos de definições conceituais são mostrados na Tabela 6.3.

Essas definições são necessárias, mas insuficientes para definir as variáveis da pesquisa, porque não nos vinculam diretamente com "a realidade" ou com "o fenômeno, contexto, expressão, comunidade ou situação". Não tem jeito, elas continuam se parecendo com conceitos. Os cientistas precisam ir além: eles devem definir as variáveis utilizadas em suas hipóteses de tal maneira que possam ser comprovadas e contextualizadas. E isso é possível quando utilizamos o que se conhece como definições operacionais.

✓ DEFINIÇÕES OPERACIONAIS

Uma **definição operacional** é o conjunto de procedimentos que descreve as atividades que um observador deve realizar para receber as impressões sensoriais, que indicam a existência de um conceito teórico em maior ou menor grau (Reynolds, 1986, p. 52). Em outras palavras, ela especifica quais atividades ou operações devem ser realizadas para medir uma variável. Uma definição operacional nos diz que para coletar dados sobre uma variável é preciso fazer isso e mais isso, além de articular os processos ou as ações de um conceito que são necessários para identificar seus exemplos (MacGregor, 2006). Assim, a definição da variável "temperatura" seria o termômetro; e "inteligência" seria definida operacionalmente como as respostas para um determinado teste de inteligência (p. ex., Stanford-Binet ou Wechsler). Quanto à "satisfação sexual de adultos", existem várias definições operacionais para mensurar esse constructo: The Female Sexual Function Index (Índice da Função Sexual Feminina, FSFI) (Rosen et al., 2000) aplicável a mulheres; Golombok Rust

DEFINIÇÃO OPERACIONAL Conjunto de procedimentos e atividades que desenvolvemos para medir uma variável.

TABELA 6.3
Exemplos de definições conceituais

Variável	Definição conceitual
Inteligência emocional	Capacidade para reconhecer e controlar nossas emoções, assim como conduzir com mais habilidade nossas relações (Goleman, 1996).
Produto Interno Bruto (PIB)	A soma de todos os bens e serviços finais produzidos em uma economia durante um período determinado, que pode ser trimestral ou anual. O PIB pode ser classificado como nominal ou real. No primeiro, os bens e serviços finais são calculados pelos preços vigentes durante o período em questão, enquanto no segundo os bens e serviços finais são calculados pelos preços vigentes em um ano base (CIDE, 2004).
Abuso sexual infantil	A utilização de um menor para a satisfação dos desejos sexuais de um adulto responsável pelos cuidados da criança e/ou em quem ela confia (Barber, 2005). A utilização de um menor de 12 anos para a satisfação sexual. O abuso sexual na infância pode incluir contato físico, masturbação, relações sexuais (inclusive penetração) e/ou contato anal ou oral. Mas também pode incluir o exibicionismo, voyeurismo, a pornografia e/ou a prostituição infantil (IPPF, 2000).
Clima organizacional	Conjunto de percepções compartilhadas pelos empregados em relação aos fatores de seu ambiente de trabalho (Hernández Sampieri, 2005).
Par ideal (nas relações românticas)	Protótipo de ser humano que os indivíduos consideram que possui os atributos mais valorizados por eles e que representaria a opção perfeita para se envolver em uma relação amorosa romântica e íntima de longo prazo (casar-se ou ao menos morar junto) (Hernández Sampieri e Mendonza, 2008).

Inventory of Sexual Satisfation (Inventário de Satisfação Sexual de Golombok e Rust, GRISS) (Rust e Golombok, 1986; Meston e Derogatis, 2002) e El Inventario de Satisfación Sexual (Álvarez-Gayou, 2004)[7], para ambos os gêneros.

A variável "renda familiar" poderia ser operacionalizada ao se perguntar sobre a renda pessoal de cada um dos membros da família e depois somar as quantidades que cada um indicou. Em um concurso de beleza o atrativo físico é operacionalizado ao se aplicar uma série de critérios que um jurado utiliza para avaliar as candidatas; os membros do júri dão uma nota para as concorrentes em cada critério e depois obtêm uma pontuação total do atrativo físico.

Quase sempre se dispõe de várias definições operacionais (ou formas de operacionalizar) de uma variável. Para definir operacionalmente a variável "personalidade" temos diversas alternativas: os testes psicométricos, como as diferentes versões do Inventário Multifásico de Personalidade de Minnesota (MMPI); testes projetivos como o teste de Rorschach ou o teste de apercepção temática (TAT), etc.

É possível medir a ansiedade de um indivíduo por meio da observação direta dos especialistas, que avaliam o nível de ansiedade dessa pessoa; com medições fisiológicas da atividade do sistema psicológico (pressão sanguínea, respirações, etc.) e com a análise das respostas para um questionário de ansiedade (Reynolds, 1986, p. 52). A aprendizagem de um aluno em um curso de metodologia de pesquisa seria medida com o emprego de várias provas, um trabalho, ou uma combinação de provas, trabalhos e práticas.

Alguns exemplos de definições operacionais estão incluídos na Tabela 6.4 (mostramos somente os nomes e algumas características).

Quando o pesquisador dispõe de várias opções para definir operacionalmente uma variável, ele deve escolher aquela que proporciona mais informação sobre a variável, que capte melhor sua essência, adapte-se ao seu contexto e seja mais precisa. Ou, ainda, uma mistura dessas alternativas.

Os critérios para avaliar uma definição operacional são basicamente quatro: adequação ao conteúdo, capacidade para captar os componentes da variável de interesse, confiabilidade e validade. Iremos falar a esse respeito no Capítulo 9, "Coleta dos dados quantitativos". Uma seleção correta das definições operacionais disponíveis ou a criação da própria definição operacional estão muito relacionadas com uma revisão adequada da literatura. Quando esta foi cuidadosa, temos mais opções de definições operacionais para escolher ou mais ideias para desenvolver uma nova definição. E quando também podemos contar com essas definições, o trajeto para a escolha do ou dos ins-

TABELA 6.4
Exemplos de definições operacionais

Variável	Definição operacional
Inteligência emocional	Emotional Intelligence Test (EIT). Teste com 70 itens ou assertivas.
Aceleração	Acelerômetro.
Abuso sexual infantil	Children's Knowledge of Abuse Questionnaire-Revised (CKAQ-R). Versão em espanhol. O CKAQ-R tem 35 perguntas que devem ser respondidas com verdadeiro-falso, e cinco extras para serem feitas a meninos e meninas de 8 anos em diante. Pode ser aplicado em qualquer criança sem prévia instrução.
Clima Organizacional	Escala Clima-UNI com 73 itens para medir as seguintes dimensões do clima organizacional: estado de espírito, apoio da direção, inovação, percepção da empresa-identidade-identificação, comunicação, percepção do desempenho, motivação intrínseca, autonomia, satisfação geral, liderança, visão e recompensas ou retribuição.

trumentos para coletar os dados é muito curto, só devemos tomar cuidado para que eles se adaptem ao desenho e à amostra do estudo.

Normalmente na pesquisa temos diversas variáveis, portanto, várias definições conceituais e operacionais serão formuladas.

Algumas variáveis não exigem que sua definição conceitual seja mencionada no relatório de pesquisa, porque esta é relativamente óbvia e compartilhada. O próprio título da variável a define; por exemplo, "gênero" e "idade". Só que praticamente todas as variáveis exigem uma definição operacional para serem avaliadas de maneira empírica, mesmo quando no estudo não sejam formuladas hipóteses. Sempre que houver variáveis, elas devem ser definidas operacionalmente. No exemplo a seguir mostramos uma hipótese com as correspondentes definições operacionais das variáveis que a integram.

Exemplo

H_i: "Quanto maior for a motivação intrínseca no trabalho, menor será o número de faltas."

Variável = "Motivação intrínseca no trabalho"   "Número de faltas"

Definições conceituais: "Estado cognitivo que reflete em que medida o trabalhador atribui a eficácia de seu comportamento no trabalho às satisfações ou benefícios derivados de suas próprias tarefas. Ou seja, a acontecimentos que não sofrem a influência de uma fonte externa às suas tarefas. Esse estado de motivação pode ser designado como uma experiência autossatisfatória."

"O número de vezes que o trabalhador não comparece ao trabalho na hora em que estava programado para fazê-lo."

Definições operacionais: "Autorrelatório de motivação intrínseca (questionário autoadministrado) do Inventário de Características do Trabalho, versão mexicana."

"Revisão dos cartões ponto durante o último trimestre."

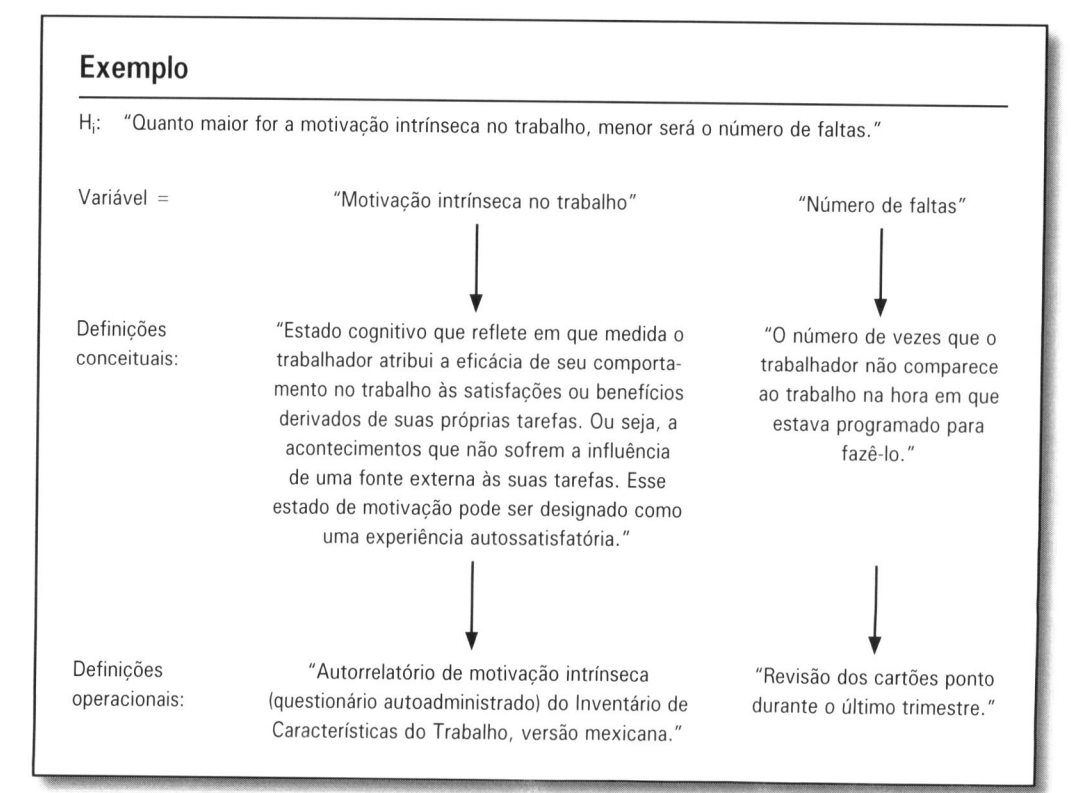

O questionário de motivação intrínseca seria desenvolvido e adaptado ao contexto do estudo na fase do processo quantitativo denominada de coleta de dados. Isso também poderia acontecer com o processo para medir o "número de faltas no trabalho". Claro que também durante essa etapa as variáveis podem ser objeto de modificação ou ajuste e, portanto, também suas definições.

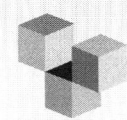

Resumo

- Nessa fase da pesquisa é necessário analisar se é conveniente ou não formular hipóteses, isso depende do alcance inicial do estudo (exploratório, descrito, correlacional ou explicativo).
- As hipóteses são proposições provisórias sobre as relações entre duas ou mais variáveis e se apoiam em conhecimentos organizados e sistematizados.
- As hipóteses são o centro do enfoque quantitativo-dedutivo.
- As hipóteses contêm variáveis; estas são propriedades cuja variação é suscetível de ser medida, observada ou inferida.
- As hipóteses normalmente surgem da formulação do problema e da revisão da literatura e, às vezes, a partir de teorias.
- As hipóteses devem se referir a uma situação, um contexto, um ambiente ou um evento empírico. As variáveis contidas devem ser precisas, concretas e conseguirem ser observadas na realidade; a relação entre as variáveis deve ser clara, verossímil e mensurável. As hipóteses também precisam estar ligadas a técnicas disponíveis para testá-las.
- Ao definir o alcance do estudo (exploratório, descritivo, correlacional ou explicativo) é que o pesquisador decide estabelecer ou não hipóteses. Nos estudos exploratórios não são estabelecidas hipóteses.
- As hipóteses são classificadas em:
  a) hipóteses de pesquisa,
  b) hipóteses nulas,
  c) hipóteses alternativas e
  d) hipóteses estatísticas.
- As hipóteses de pesquisa, por sua vez, são classificadas da maneira mostrada na Figura 6.7.
- Como as hipóteses nulas e as alternativas surgem das hipóteses de pesquisa, podem ser classificadas do mesmo modo, mas com os elementos que as caracterizam.
- As hipóteses estatísticas são classificadas em: a) hipóteses estatísticas por estimativa, b) hipóteses estatísticas por correlação e c) hipóteses estatísticas da diferença entre grupos. São próprias de estudos quantitativos. Elas são revisadas no Capítulo 8 do CD: "Análisis estadístico: segunda parte".
- Em uma mesma pesquisa é possível formular uma ou várias hipóteses de diferentes tipos.
- Dentro do enfoque dedutivo-quantitativo, as hipóteses são contrastadas com a realidade para que sejam aceitas ou rejeitadas em um contexto determinado.
- As hipóteses são as orientações de uma pesquisa.
- A formulação de hipóteses caminha junto com as definições conceituais e operacionais das variáveis contidas na hipótese.
- Uma definição conceitual dá outro nome para a variável, como se fosse uma definição de dicionário especializado.
- A definição operacional indica como vamos medir a variável.
- Em algumas pesquisas não é possível formular hipóteses porque o fenômeno a ser estudado é desconhecido ou se precisa de informação para estabelecê-las (mas isso acontece somente nos estudos exploratórios e em alguns estudos descritivos).

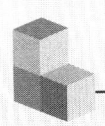

Conceitos básicos

Definição conceitual
Definição operacional
Hipóteses
Hipóteses alternativas
Hipóteses causais bivariadas
Hipóteses causais multivariadas
Hipóteses correlacionais
Hipóteses de pesquisa
Hipóteses da diferença entre grupos

Hipóteses descritivas do valor de variáveis
Hipóteses estatísticas
Hipóteses nulas
Teste de hipóteses
Tipo de hipóteses
Variável
Variável dependente
Variável independente
Variável Interveniente

a) Hipóteses descritivas de um dado ou valor que se prognostica

b) Hipóteses correlacionais
- Hipóteses que estabelecem somente relação entre variáveis
  - Bivariadas
  - Multivariadas
- Hipóteses que mostram como é a relação entre as variáveis (hipóteses direcionais)
  - Bivariadas
  - Multivariadas

c) Hipóteses da diferença entre grupos
- Hipóteses que estabelecem diferenças entre os grupos a serem comparados
- Hipóteses que especificam a favor de qual grupo (daqueles que são comparados) é a diferença

d) Hipóteses causais
- Bivariadas
- Multivariadas
  - Hipóteses com diversas variáveis independentes e uma dependente
  - Hipóteses com uma variável independente e várias dependentes
  - Hipóteses com diversas variáveis tanto independentes como dependentes
  - Hipóteses com presença de variáveis intervenientes
  - Hipóteses extremamente complexas

FIGURA 6.7 Classificação das hipóteses de pesquisa.

Exercícios

(Respostas no CD anexo, Material complementario → Apéndices → Apéndice 3)

1. Procure um artigo referente a um estudo quantitativo em uma revista científica de seu campo ou área de conhecimento que contenha pelo menos uma hipótese e responda: A(s) hipótese(s) está (estão) redigidas adequadamente? São inteligíveis? De que tipo elas são (de pesquisa, nula ou alternativa; descritiva de um dado ou valor que se prognostica, correlacional, de diferença entre grupos ou causal)? Quais são suas variáveis e como estão definidas, conceitual ou operacionalmente? O que poderíamos melhorar no estudo em relação às hipóteses?
2. A hipótese: "As crianças de 4 a 6 anos que passam a maior quantidade de tempo vendo televisão desenvolvem mais vocabulário do que as crianças que veem menos televisão" é uma hipótese de pesquisa: _____ .
3. A hipótese: "As crianças de áreas rurais da província de Antioqua, Colômbia, veem diariamente em média três horas de televisão". É uma hipótese de pesquisa: _____ .
4. Redija uma hipótese de diferença entre grupos e indique quais são as variáveis que a integram.
5. Que tipo de hipótese é a seguinte: "A motivação intrínseca em relação ao trabalho por parte dos executivos de grandes indústrias influencia sua produtividade e sua mobilidade ascendente dentro da organização"?
6. Formule as hipóteses que correspondem à Figura 6.8.
7. Formule a hipótese nula e a alternativa que corresponderiam à seguinte hipótese de pesquisa:

H$_i$: "Quanto mais assertiva for uma pessoa em suas relações interpessoais íntimas, maior número de conflitos verbais terá."

8. Formule uma hipótese e defina conceitual e operacionalmente suas variáveis, de acordo com o problema que você desenvolveu em capítulos anteriores dentro da seção de exercícios.

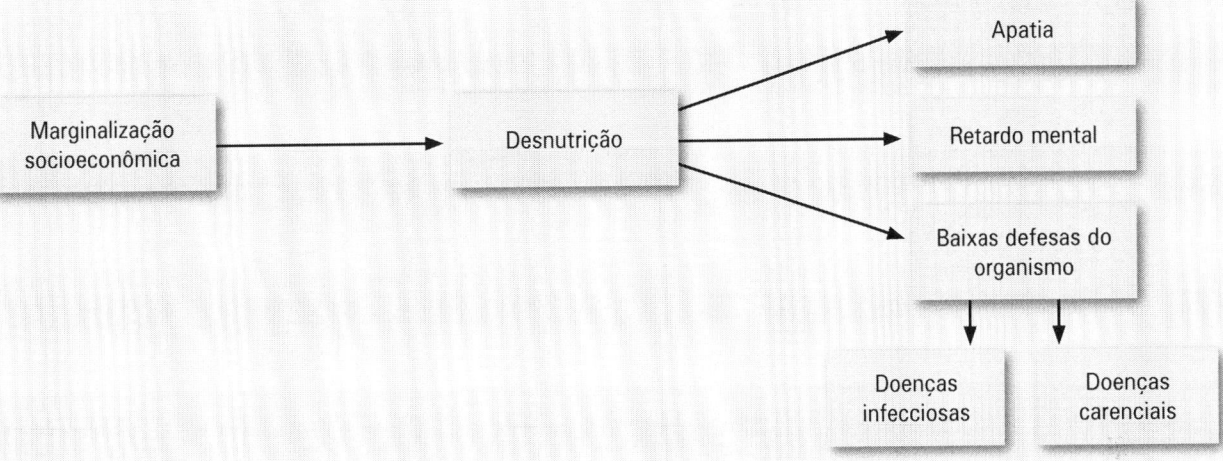

FIGURA 6.8 Formulação de hipótese.

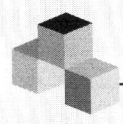

Exemplos desenvolvidos

A televisão e a criança

Algumas das hipóteses que poderiam ser formuladas são:
H$_i$: "As crianças da Cidade do México veem, em média, mais de três horas diárias de televisão."
H$_0$: "As crianças da Cidade do México não veem, em média, mais de três horas diárias de televisão."
H$_a$: "As crianças da Cidade do México veem, em média, menos de três horas diárias de televisão."
H$_i$: "O meio de comunicação de massa mais utilizado pelas crianças da Cidade do México é a televisão."
H$_i$: "Quanto maior for a idade, maior será o uso da televisão."
H$_i$: "As crianças da Cidade do México veem mais televisão de segunda a sexta-feira do que nos finais de semana."
H$_i$: "Os meninos e as meninas diferem quanto aos conteúdos televisivos preferidos."

O par e a relação ideais

Embora alguns estudos conduzidos no campo das relações interpessoais e do amor tenham encontrado alguns fatores e atributos para descrever tanto o par como a relação ideal, por exemplo: Weis e Sternberg (2007) e Fletcher e colaboradores (1999), nós consideramos que estes foram conduzidos em contextos diferentes ao do latino-americano, razão pela qual é preferível partir de uma perspectiva exploratória-descritiva e não estabelecer hipóteses sobre quais fatores irão surgir.

O abuso sexual infantil

H$_i$: "Para meninas e meninos de 4 a 6 anos, é mais confiável e válido avaliar os programas de prevenção do abuso infantil com uma escala comportamental do que com uma cognitiva."
Outra maneira de expressar essa hipótese:
H$_i$: "As escalas comportamentais que avaliam os programas de prevenção do abuso sexual infantil terão maior validade e confiabilidade do que as escalas cognitivas."

Os pesquisadores opinam

Uma das principais qualidades de um pesquisador é a curiosidade, embora também precise cultivar a observação, para que seja capaz de detectar ideias que o motivem a pesquisar.

Seja em uma pesquisa básica ou aplicada, um bom trabalho é aquele em que a equipe especialista colocou todo seu empenho na busca de conhecimento ou soluções, mantendo sempre a objetividade e a mente aberta para tomar decisões adequadas.

Nas pesquisas de caráter multidisciplinar, quando o propósito é encontrar a verdade a partir de diversos ângulos do conhecimento, é possível mesclar o enfoque quantitativo e o qualitativo; pois, a partir do enfoque aplicado, cada ciência mantém seus próprios métodos, categorias e especialidade.

Mesmo que a pesquisa realizada em meu país ainda não seja suficiente, a qualidade sempre pode ser melhorada. Para incentivar projetos em todas as áreas necessitamos do trabalho conjunto das universidades, do governo e da indústria.

Gladys Argentina Pineda
Professora de tempo integral
Facultad de Ingeniería
Universidad Católica Nuestra Señora de la Paz
Tegucigalpa, Honduras

Em pesquisa, o estudante deve empregar ações para descartar hipóteses desnecessárias e sair do empirismo equivocado. O docente poderá facilitar essa tarefa se orientá-lo no desenvolvimento e início de um projeto.

Uma boa pesquisa será obtida à medida que o especialista saiba claramente o que quer fazer, suas ideias, suas formulações e sua viabilidade.

Para aqueles que optaram pela pesquisa quantitativa, além de ela representar um processo de coleta e análise de dados com poucas margens de erro, a produção de dados estatísticos permite controlar o surgimento de respostas e obter resultados positivos, desde que possa contar com recomendações para melhorar os trabalhos quantificáveis.

O avanço em pesquisa qualitativa foi no sentido de fortalecê-la, pois possui diferentes opções para que possa ser realizada, e isso não acontece com a coleta de dados matemáticos exatos.

Em cada modelo experimental consideramos os elementos mais apropriados para ela, e ambos podem ser mesclados; por exemplo, quando em um projeto de publicidade ou *marketing* precisamos definir uma série de problemas primários e secundários, tal conjunção permitirá obter melhores resultados.

Para realizar uma pesquisa de mercado utilizo um pacote de análise qualitativa, algo que muitas pessoas veem como uma operação para obter informação e dados, e eu concordo com isso, porque quando os resultados não são favoráveis reforçamos a ideia da utilidade limitada dessa pesquisa.

Também apliquei a análise qualitativa em questões propagandísticas e acadêmicas. No Panamá, esse tipo de pesquisa é utilizado principalmente em relação ao comércio e para sondar as opiniões políticas.

Eric Del Rosario J.
Diretor de Relaciones Públicas
Universidad Tecnológica de Panamá
Professor de publicidade
Universidad Interamericana de Panamá
Professor de marketing, publicidade y vendas
Columbus University de Panamá
Panamá

Hoje, mais do que nunca, são necessários novos conhecimentos que permitam tomar decisões sobre os problemas sociais, e isso só pode ser conseguido por meio da pesquisa.

Para obter êxito ao realizar um projeto é necessário começar com uma boa formulação do problema e, conforme o tipo de estudo, definir o enfoque que este terá.

Algumas pesquisas como as de mercado ou de negócios abordam ao mesmo tempo aspectos qualitativos e quantitativos. Nesses casos é possível utilizar ambos os enfoques, sempre e de maneira complementar.

María Teresa Buitrago
Departamento de Economía
Universidad Autónoma de Colombia Manizales
Colômbia

✓ NOTAS

1. Alguns pesquisadores consideram que essas hipóteses são afirmações univariadas. Argumentam que as variáveis não se relacionam. Eles dizem que, mais do que relacionar as variáveis, o importante é saber como uma variável irá se manifestar em uma constante (no final, o grupo medido de pessoas ou objetos é constante). Esse raciocínio tem alguma validade, por isso deixamos a critério de cada leitor.
2. Claro que os nomes são fictícios. Se alguma novela teve esse nome (ou terá no futuro) é mera coincidência.
3. As variáveis foram retiradas de Price (1977) e Hernández Sampieri (2005).
4. O sentido que este livro dá à hipótese nula é o mais usual: de negação da hipótese de pesquisa proposto por Fisher (1925). Não propomos outras conotações ou usos do termo (por exemplo, especificar um parâmetro zero) porque provocaria confusões entre estudantes que se iniciam na pesquisa. Para aqueles que desejam saber mais sobre o tema, recomendamos as seguintes fontes: Van Dalen e Meyer (1994, p. 403-404) e, sobretudo, Henkel (1976, p. 34-40).

5. A hipótese nula é um componente essencial do teste de hipóteses na pesquisa. Ela é relevante quando foram efetuadas medições e as hipóteses vieram de teorias e têm de ser testadas. A hipótese de pesquisa define certo padrão que será encontrado nos dados, e a análise estatística é desenhada para avaliar o grau em que a evidência das medidas coletadas apoia a existência desse padrão. A hipótese nula é a hipótese que indica que o padrão encontrado nos dados é simplesmente fruto da casualidade (Voi, 2003).
6. Aqui, preferimos não falar sobre a lógica do teste de hipóteses, o qual indica que a única alternativa aberta em um teste de significância para uma hipótese está no fato de que é possível rejeitar uma hipótese nula ou se equivocar ao rejeitá-la. Mas a frase "se equivocar ao rejeitar" não é um sinônimo de aceitar. A razão para não incluir essa perspectiva se deve a que, ao fazer isso, ela poderia confundir mais do que esclarecer o panorama para quem se inicia no tema. Quem quiser se aprofundar na lógica do teste de hipóteses, recomendamos que consulte Blaikie (2007 e 2000) e Chalmers (1999). Principalmente Henkel (1976, p. 34-35) e outras referências que, do ponto de vista da epistemologia, defendem as posições a esse respeito, como Popper (1992, 1996) e Hanson (1958).
7. A exposição detalhada dessa definição operacional de satisfação sexual poderá ser encontrada pelo leitor no Exemplo 4 do CD anexo (em Material complementario → Ejemplos → Diseño de una escala autoaplicable para la autoevaluación de la satisfacción sexual en hombres y mujeres mexicanos).

7
Concepção ou escolha do desenho de pesquisa

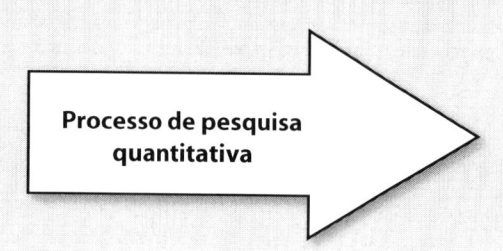

Processo de pesquisa quantitativa ➔ **Passo 6 Escolha ou desenvolvimento do desenho apropriado para a pesquisa: experimental, não experimental ou múltipla**
- Precisar o desenho específico.

Objetivos da aprendizagem

Ao concluir este capítulo, o aluno será capaz de:

1. definir o significado do termo "desenho de pesquisa", assim como as implicações por escolher um ou outro tipo de desenho;
2. compreender que em um estudo podem ser incluídos um ou vários desenhos de pesquisa;
3. conhecer os tipos de desenhos da pesquisa quantitativa e relacioná-los com os alcances do estudo;
4. compreender as diferenças entre a pesquisa experimental e a não experimental;
5. analisar os diferentes desenhos experimentais e seus graus de validade;
6. analisar os diferentes desenhos não experimentais e as possibilidades de pesquisa que cada um oferece;
7. realizar experimentos e estudos não experimentais;
8. compreender como o fator tempo altera a natureza de um estudo.

Síntese

Para que o pesquisador consiga responder as perguntas de pesquisa apresentadas e atingir os objetivos do estudo, ele deve selecionar ou desenvolver um determinado desenho de pesquisa. Quando estabelecemos e formulamos hipóteses, os desenhos também servem para submetê-las a teste. Os desenhos quantitativos podem ser experimentais ou não experimentais.

Propomos uma classificação de desenhos não experimentais na qual consideramos:

a) O fator tempo ou o número de vezes em que os dados são coletados.
b) O alcance do estudo.

Também deixamos claro que nenhum tipo de desenho é intrinsecamente melhor do que outro, mas que a formulação do problema, os alcances da pesquisa e a formulação ou não de hipóteses e seu tipo determinam qual desenho é mais adequado para um determinado estudo, sendo também possível utilizar mais de um desenho.

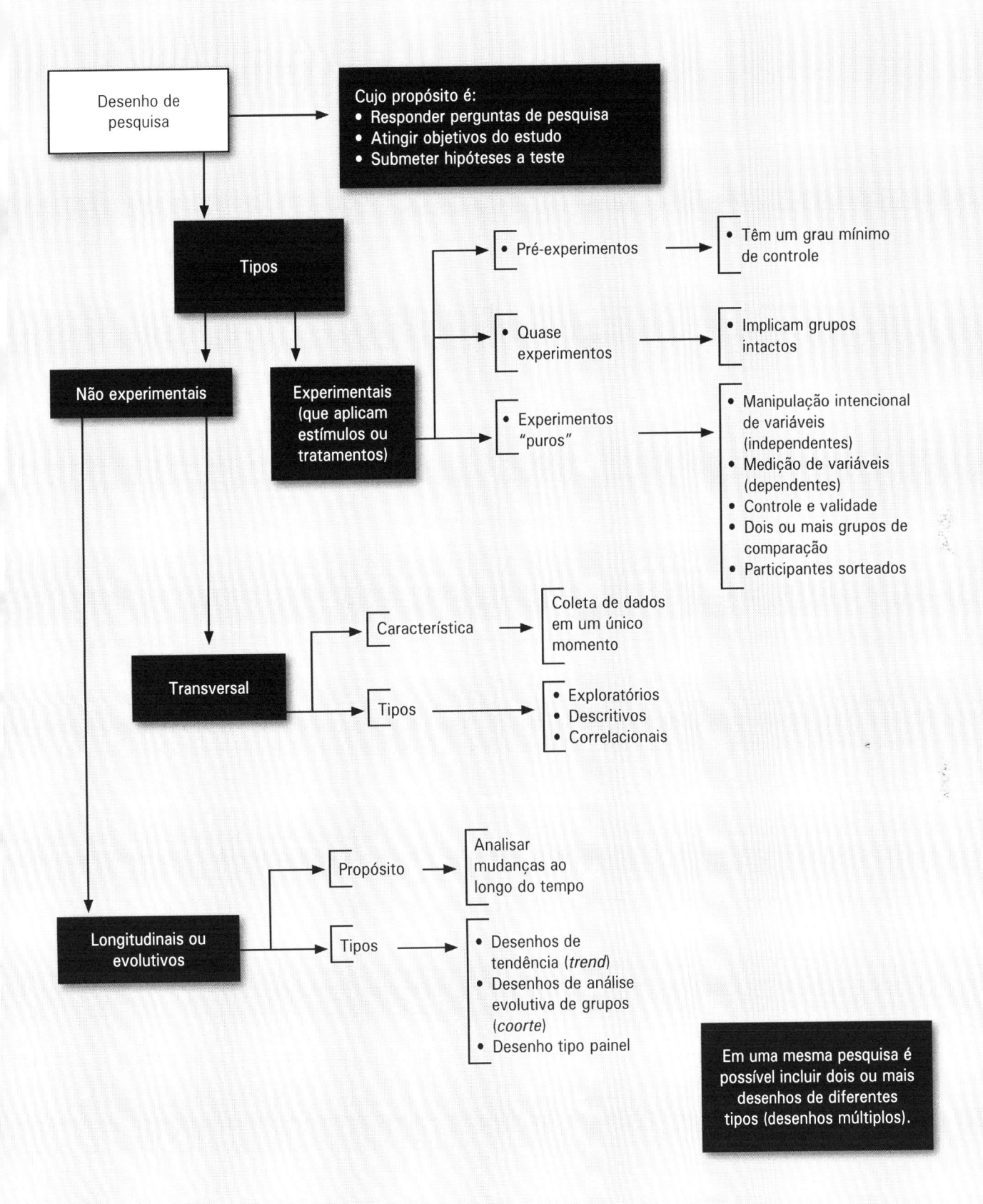

Desenho de pesquisa

Cujo propósito é:
- Responder perguntas de pesquisa
- Atingir objetivos do estudo
- Submeter hipóteses a teste

Tipos

Experimentais (que aplicam estímulos ou tratamentos):
- **Pré-experimentos** → Têm um grau mínimo de controle
- **Quase experimentos** → Implicam grupos intactos
- **Experimentos "puros"** →
  - Manipulação intencional de variáveis (independentes)
  - Medição de variáveis (dependentes)
  - Controle e validade
  - Dois ou mais grupos de comparação
  - Participantes sorteados

Não experimentais:

Transversal
- Característica → Coleta de dados em um único momento
- Tipos →
  - Exploratórios
  - Descritivos
  - Correlacionais

Longitudinais ou evolutivos
- Propósito → Analisar mudanças ao longo do tempo
- Tipos →
  - Desenhos de tendência (*trend*)
  - Desenhos de análise evolutiva de grupos (*coorte*)
  - Desenho tipo painel

Em uma mesma pesquisa é possível incluir dois ou mais desenhos de diferentes tipos (desenhos múltiplos).

No CD anexo (Material complementario → Capítulos) o leitor encontrará o Capítulo 5, "Diseños experimentales: segunda parte", que detalha os conteúdos desenvolvidos neste Capítulo 7, principalmente no que se refere à técnica de sorteio e emparelhamento, e também a séries cronológicas, fatoriais e quase experimentos. Parte do material que estava em edições anteriores, neste capítulo, foi atualizada e transferida para o CD (ou seja, não foi eliminada).

O QUE É UM DESENHO DE PESQUISA?

OA1

Quando a formulação do problema se tornou mais precisa, o alcance inicial da pesquisa foi definido e as hipóteses foram formuladas (ou não, devido à natureza do estudo), então o pesquisador deve pensar em uma maneira prática e concreta de responder as perguntas de pesquisa, além de atingir os objetivos fixados. Isso implica selecionar um ou mais desenhos de pesquisa e aplicá-los ao contexto específico de seu estudo. O termo **desenho** se refere ao plano de ação ou estratégia criado para obter a informação que se deseja.

No enfoque quantitativo, o pesquisador utiliza seu desenho ou desenhos para analisar se as hipóteses formuladas em um contexto determinado estão corretas ou para fornecer evidência a respeito das diretrizes da pesquisa (desde que ela não tenha hipóteses).

Para quem está iniciando na pesquisa, sugerimos que comece com estudos baseados em um só desenho, para depois desenvolver indagações que impliquem mais de um desenho, desde que a situação de pesquisa assim exigir. Utilizar mais de um desenho aumenta consideravelmente os custos da pesquisa.

Para conseguir visualizar mais claramente essa questão do desenho, vamos lembrar uma pergunta coloquial do capítulo anterior: Será que Paola gosta de mim? Por que sim ou por que não? E a hipótese: "Paola me acha atraente porque fica sempre me olhando".

O **desenho** seria o plano de ação ou a estratégia para confirmar se é ou não correto que sou atraente para Paola (o plano de ação incluiria procedimentos e atividades propensas a encontrar a resposta para a pergunta de pesquisa). Nesse caso, poderia ser: amanhã vou buscar Paola depois da aula de estatística, vou me aproximar dela, direi que ela está muito bonita e a convidarei para tomar um café. Quando estivermos na cafeteria vou segurar sua mão, e, se ela não retirá-la, eu a convidarei para jantar no próximo fim de semana; caso ela aceite, no local onde estivermos jantando comentarei que a acho atraente e perguntarei se ela me acha atraente. Então, posso selecionar ou criar outra estratégia, tal como convidá-la para dançar ou ir ao cinema em vez de jantar; ou, ainda, caso conheça várias amigas de Paola e também seja amigo delas, posso perguntar se elas acham que sou atraente para Paola. Na pesquisa, dispomos de diferentes tipos de desenhos preconcebidos e devemos escolher um ou vários entre as alternativas existentes, ou desenvolver nossa própria estratégia (p. ex., convidá-la para ir ao cinema e dar um presente para observar qual é sua reação ao recebê-lo).

> **DESENHO** Plano de ação ou estratégia que desenvolvemos para obter a informação que queremos em uma pesquisa.

Se o desenho foi cuidadosamente elaborado, o produto final de um estudo (seus resultados) terá mais possibilidades de êxito para gerar conhecimento. Pois selecionar um tipo de desenho ou outro faz toda diferença: cada um possui suas características próprias, conforme poderemos ver a seguir. Não é o mesmo perguntar diretamente a Paola se ela me acha atraente do que perguntar a suas amigas; ou em vez de interrogá-la verbalmente pode-se analisar sua conduta não verbal (como me olha, quais são suas reações quando a abraço ou quando me aproximo dela, etc.). Como também não será o mesmo se a questiono diante de outras pessoas do que se pergunto estando somente os dois. A precisão, a extensão e a profundidade da informação obtida variam em função do desenho escolhido.

COMO DEVEMOS APLICAR O DESENHO ESCOLHIDO OU DESENVOLVIDO?

OA2

Dentro do enfoque quantitativo, a qualidade de uma pesquisa está relacionada ao número de vezes que aplicamos o desenho tal como foi preconcebido (principalmente no caso dos experimentos). Assim, em qualquer tipo de pesquisa o desenho deve ser adaptado diante de possíveis contingências ou mudanças na situação (p. ex., um experimento no qual o estímulo experimental não funciona, este deverá ser modificado ou adaptado).

NO PROCESSO QUANTITATIVO, DE QUAIS TIPOS DE DESENHOS DISPOMOS PARA PESQUISAR?

OA3

Na literatura sobre a pesquisa quantitativa, é possível encontrar diferentes classificações dos desenhos. Nesta obra adotamos a seguinte classificação:[1] pesquisa experimental e pesquisa não experimental. A primeira pode ser dividida como as clássicas categorias de Campbell e Stanley (1966) em: pré-experimentos, experimentos "puros" e quase experimentos.[2] A pesquisa não experimental é subdividida em desenhos transversais e desenhos longitudinais. Dentro de cada classificação comentaremos os desenhos específicos. Sobre os desenhos da pesquisa qualitativa falaremos em outro item do livro.

Em termos gerais, não consideramos que um tipo de pesquisa – e os seus respectivos desenhos – seja melhor do que outros (experimental *versus* não experimental). Como mencionam Kerlinger e Lee (2002), ambos são relevantes e necessários, já que têm um valor próprio. Cada um possui suas características, e a decisão sobre que tipo de pesquisa e desenho específico selecionaremos ou desenvolveremos depende da formulação do problema, o alcance do estudo e as hipóteses formuladas.

✓ DESENHOS EXPERIMENTAIS

O que é um experimento?

O termo **experimento** possui pelo menos duas acepções, uma geral e outra específica. A geral se refere a "escolher ou realizar uma ação" e depois observar as consequências (Babbie, 2009). Esse uso do termo é muito coloquial; assim, falamos de "experimentar" quando misturamos substâncias químicas e vemos a reação provocada, ou quando mudamos de penteado e observamos o efeito que essa transformação suscita em nossos amigos. A essência dessa concepção de experimento é que exige a manipulação intencional de uma ação para analisar seus possíveis resultados.

Uma acepção específica de experimento, mais de acordo com um sentido científico do termo, se refere a um estudo em que são manipuladas intencionalmente uma ou mais variáveis independentes (supostas causas-antecedentes), para analisar as consequências que a manipulação tem sobre uma ou mais variáveis dependentes (supostos efeitos-consequentes), dentro de uma situação de controle para o pesquisador. Essa definição talvez possa parecer complexa; no entanto, conforme formos analisando seus componentes seu sentido se tornará mais claro (ver Figura 7.1).

```
        Causa                                    Efeito
(variável independente)                  (variável dependente)
        X ─────────────────────────────────────────▶ Y
```

FIGURA 7.1 Esquema de experimento e variáveis.

Creswell (2009) denomina os **experimentos** como estudos de intervenção, porque um pesquisador cria uma situação para tentar explicar como ela afeta aqueles que participam dela em comparação com aqueles que não participam. É possível experimentar com seres humanos, seres vivos e certos objetos.

Os experimentos manipulam tratamentos, estímulos, influências ou intervenções (denominadas variáveis independentes) para observar seus efeitos sobre outras variáveis (as dependentes) em uma situação de controle. Vamos vê-los graficamente na Figura 7.2.

Ou seja, os desenhos experimentais são utilizados quando o pesquisador pretende determinar o possível efeito de uma causa que manipula. Mas, para determinar influências (p. ex., dizer que o tratamento psicológico reduz a depressão), é necessário preencher vários requisitos que serão mostrados a seguir.

Então, existem ocasiões em que não podemos ou não devemos experimentar. Por exemplo, não podemos avaliar as consequências do impacto – deliberadamente provocado – de um meteorito sobre um planeta, o estímulo é impossível de ser manipulado (quem consegue enviar um meteorito em determinada velocidade para que se choque com um planeta?). Também não podemos experimentar com fatos passados, assim como não devemos realizar determinado tipo de experimentos por questões éticas (p. ex., experimentar em seres humanos um novo vírus para conhecer sua evolução). Claro que já foram realizados experimentos com armas bacteriológicas e bombas atômicas, castigos físicos com prisioneiros, deformações no corpo humano, etc., mas são situações que não devem ser permitidas em circunstância alguma.

Qual é o primeiro requisito de um experimento?

O primeiro requisito é a manipulação intencional de uma ou mais variáveis independentes. A variável independente é a que se considera suposta causa em uma relação entre variáveis, é a condição antecedente, e o efeito provocado por essa causa é denominado de variável dependente (consequente).

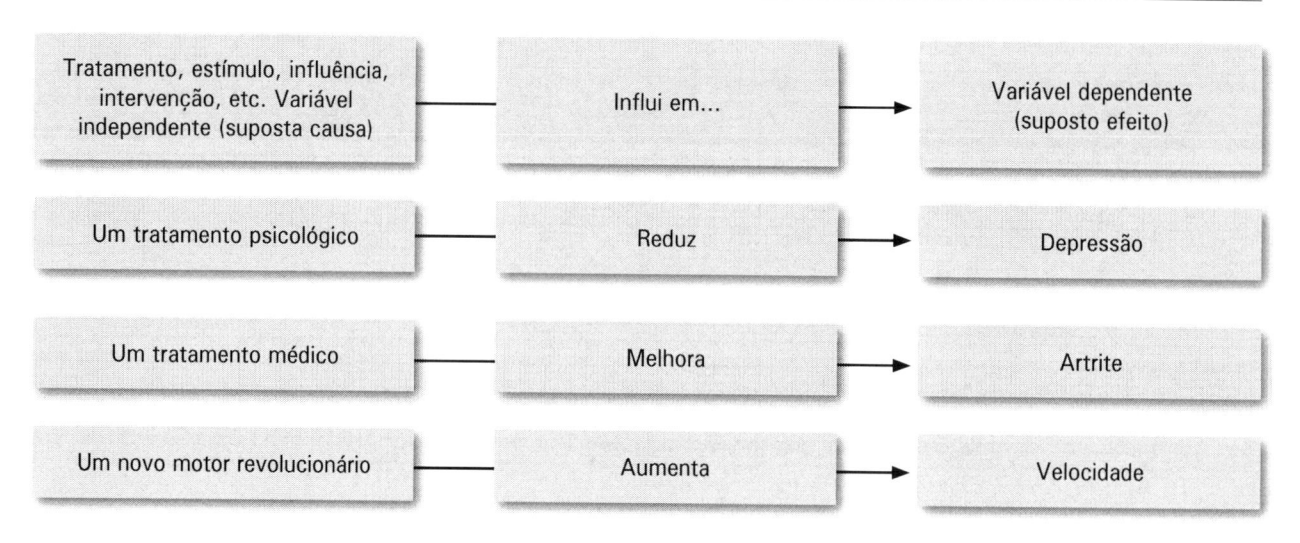

Tratamento, estímulo, influência, intervenção, etc. Variável independente (suposta causa)	→ Influi em... →	Variável dependente (suposto efeito)
Um tratamento psicológico	→ Reduz →	Depressão
Um tratamento médico	→ Melhora →	Artrite
Um novo motor revolucionário	→ Aumenta →	Velocidade

FIGURA 7.2 Exemplos da relação de variáveis independente e dependente.

EXPERIMENTO Situação de controle na qual manipulamos, de maneira intencional, uma ou mais variáveis independentes (causas) para analisar as consequências dessa manipulação sobre uma ou mais variáveis dependentes (efeitos).

E como foi mencionado no capítulo anterior referente às hipóteses, o pesquisador pode incluir em seu estudo duas ou mais variáveis independentes. Quando realmente existe uma relação causal entre uma variável independente e uma dependente, ao variar intencionalmente a primeira, a segunda também irá variar. Por exemplo, se a motivação for a causa da produtividade, ao variar a motivação a produtividade deverá variar.

Um **experimento** é realizado para analisar se uma ou mais variáveis independentes afetam uma ou mais variáveis dependentes e por que fazem isso. Por enquanto, vamos simplificar o problema de estudo em uma variável independente e uma dependente. Em um experimento, a variável independente é mais interessante para o pesquisador, pois hipoteticamente será uma das causas que produzem o suposto efeito. Para obter evidência dessa suposta relação causal, o pesquisador manipula a variável independente e observa se a dependente varia ou não. Aqui, manipular é sinônimo de fazer variar ou dar diferentes valores à variável independente.

Exemplo

Se um pesquisador quisesse analisar o possível efeito dos conteúdos televisivos antissociais na conduta agressiva de determinadas crianças, ele poderia fazer que um grupo visse um programa de televisão com esse tipo de conteúdo e outro visse um programa com conteúdo pró-social[3], e depois iria observar qual dos dois grupos apresenta mais conduta agressiva.

A hipótese de pesquisa poderia mostrar o seguinte: "A exposição das crianças a conteúdos antissociais terá a tendência de provocar um aumento em sua conduta agressiva". Desse modo, caso descubra que o grupo que viu o programa antissocial apresenta mais conduta agressiva em relação ao grupo que viu o programa pró-social, e que não há outra possível causa que possa ter afetado os grupos de maneira desigual, ele comprovaria sua hipótese.

O pesquisador manipula ou faz oscilar a variável independente para observar o efeito na dependente, e faz isso dando a ela dois valores: presença de conteúdos antissociais na televisão (programa antissocial) e ausência de conteúdos antissociais na televisão (programa pró-social). O experimentador realiza a variação de maneira proposital (não é casual): possui o controle direto sobre a manipulação e cria as condições para oferecer o tipo de variação desejado.

> Em um experimento, para que uma variável seja considerada independente, ela deve preencher três requisitos:
>
> 1. anteceder a dependente;
> 2. variar ou ser manipulada;
> 3. poder controlar essa variação.

A variável dependente pode ser medida

A variável dependente não pode ser manipulada, mas medida, para ver o efeito que a manipulação da variável independente tem sobre ela. Isso pode ser esquematizado da seguinte maneira:

Manipulação da variável independente
X_A
X_B
·
·
·

Medição do efeito sobre a variável dependente
Y

A letra "X" costuma ser utilizada para simbolizar uma variável independente ou um tratamento experimental, e as letras ou subíndices "$_A$, $_B$..." indicam diferentes níveis de variação da independente, a letra "Y" é utilizada para representar uma variável dependente.

Níveis de manipulação da variável independente

A manipulação ou variação de uma variável independente pode ser realizada em dois ou mais níveis. O nível mínimo de manipulação é de presença-ausência da variável independente. Cada nível ou grau de manipulação envolve um grupo no experimento.

Presença-ausência

Esse nível ou grau implica que um grupo se expõe à presença da variável e o outro não. Posteriormente, os dois grupos são comparados para saber se o grupo exposto à variável independente difere do grupo que não foi exposto.

Por exemplo, para um grupo de pessoas com artrite se administra o tratamento médico e para o outro grupo, não. O primeiro grupo é conhecido como grupo experimental, e o outro, no qual a variável independente está ausente, é denominado **grupo controle**. Mas, na verdade, ambos os grupos participam do experimento. Depois observamos se houve ou não alguma diferença entre os grupos no que se refere à cura da doença (artrite).

GRUPO CONTROLE Também conhecido como grupo testemunha.

A presença da variável independente normalmente é chamada de "tratamento experimental", "intervenção experimental" ou "estímulo experimental". Ou seja, o **grupo experimental** recebe o tratamento ou o estímulo experimental ou, o que dá no mesmo, é exposto à variável independente; o grupo controle não recebe o tratamento ou o estímulo experimental. Então, o fato de que um dos grupos não se exponha ao tratamento experimental não significa que sua participação no experimento seja passiva. Ao contrário, significa que realiza as mesmas atividades que o grupo experimental, exceto ser submetido ao estímulo. No exemplo da violência televisionada, se o grupo experimental vai

GRUPO EXPERIMENTAL É aquele que recebe o tratamento ou o estímulo experimental.

ver um programa de televisão com conteúdo violento, o grupo controle poderia ver o mesmo programa, mas sem as cenas violentas (outra versão do programa). Se a ideia fosse experimentar com um medicamento, o grupo experimental iria consumir o medicamento, enquanto o grupo controle consumiria um placebo (p. ex., uma suposta pílula que na verdade é uma bala com baixo teor de açúcar).

Geralmente, em um experimento é possível afirmar o seguinte: se em ambos os grupos tudo foi "igual" menos a exposição à variável independente, é muito razoável pensar que as diferenças entre os grupos são devido à presença-ausência dessa variável.

Mais de dois níveis

Outras vezes, é possível fazer variar ou manipular a variável independente em quantidades ou níveis. Vamos supor mais uma vez que queremos analisar o possível efeito do conteúdo antissocial na televisão sobre a conduta agressiva de determinadas crianças. Poderíamos fazer com que um grupo fosse exposto a um programa de televisão extremamente violento (violência física e verbal); um segundo grupo fosse exposto a um programa medianamente violento (apenas violência verbal); e um terceiro a um programa sem violência ou pró-social. Nesse exemplo, haveria três níveis ou quantidades da variável independente, que é representado da seguinte maneira:

X_1 (programa extremamente violento)
X_2 (programa medianamente violento)
— (ausência de violência, programa pró-social)

Manipular a variável independente em vários níveis tem a vantagem de não só podermos determinar se a presença da variável independente ou o tratamento experimental tem um efeito, mas também se diferentes níveis da variável independente produzem efeitos diferentes. Ou seja, se o tamanho do efeito (Y) depende da intensidade do estímulo (X_1, X_2, X_3, etc.).

Então, quantos níveis de variação devem ser incluídos? Não existe uma resposta exata, depende da formulação do problema e dos recursos disponíveis. Do mesmo modo, os estudos prévios e a experiência do pesquisador podem nos dar uma luz nesse sentido, pois cada nível envolve um grupo experimental a mais. Por exemplo, no caso do tratamento médico, dois níveis de variação podem ser suficientes para testar seu efeito, mas se tivermos de avaliar os efeitos de diferentes doses de um medicamento, vamos ter tantos grupos quanto doses e, além disso, o grupo controle.

Modalidades de manipulação em vez de níveis

Existe outra forma de manipular uma variável independente, que consiste em expor os grupos experimentais a diferentes modalidades da variável, mas sem que isso envolva quantidade. Por exemplo, experimentar com tipos de sementes, meios para comunicar uma mensagem a todos os executivos da empresa (*e-mail versus* telefone celular ou celular *versus* memorando escrito), vacinas, estilos de argumentações de advogados em tribunais, procedimentos de construção ou materiais.

Às vezes, a manipulação da variável independente provoca uma combinação de suas quantidades e modalidades. Os *designers* de automóveis fazem experiência com o peso do chassi (quantidade) e o material com o qual é construído (modalidade) para conhecer seu efeito na aceleração de um veículo.

Finalmente, precisamos insistir que cada nível ou modalidade envolve, pelo menos, um grupo. Se houver três níveis (graus) ou modalidades, teremos no mínimo três grupos.

✓ COMO DEFINIMOS A MANEIRA DE MANIPULAR AS VARIÁVEIS INDEPENDENTES?

Quando manipulamos uma variável independente é necessário especificar qual é o significado dessa variável no experimento (definição operacional experimental). Ou seja, transferir o conceito teórico para um estímulo experimental. Por exemplo, se a variável independente a ser manipulada for a exposição à violência televisionada (em adultos), o pesquisador deve pensar como irá transformar esse conceito em uma série de operações experimentais. Nesse caso, poderia ser: a violência televisionada será operacionalizada (transportada para a realidade) mediante a exposição a um programa no qual haja brigas e pancadas, insultos, agressões, uso de armas de fogo, crimes ou tentativas de crimes, portas arrombadas, pessoas aterrorizadas, perseguições, etc. A partir daí, selecionamos um programa em que essas condutas sejam mostradas (p. ex., *CSI*, *Prision break* ou *Law & order*, ou uma novela produzida na América Latina ou uma série espanhola em que esses comportamentos sejam apresentados). Assim, o conceito abstrato se transforma em um referente real.

```
┌─────────────────────────────┐
│ Manipulação intencional de  │
│ uma ou mais variáveis        │
│ independentes                │
└──────────────┬──────────────┘
               │
               ▼
┌─────────────────────────────┐     ┌──────────────────┐     ┌──────────────────────┐
│ Medir o efeito que uma ou   │     │ Controle ou      │     │ Procurar a validade  │
│ mais variáveis independentes│ ──► │ validade interna │ ──► │ externa da situação  │
│ têm sobre uma ou mais       │     │                  │     │ experimental         │
│ dependentes                 │     │                  │     │                      │
└─────────────────────────────┘     └──────────────────┘     └──────────────────────┘
```

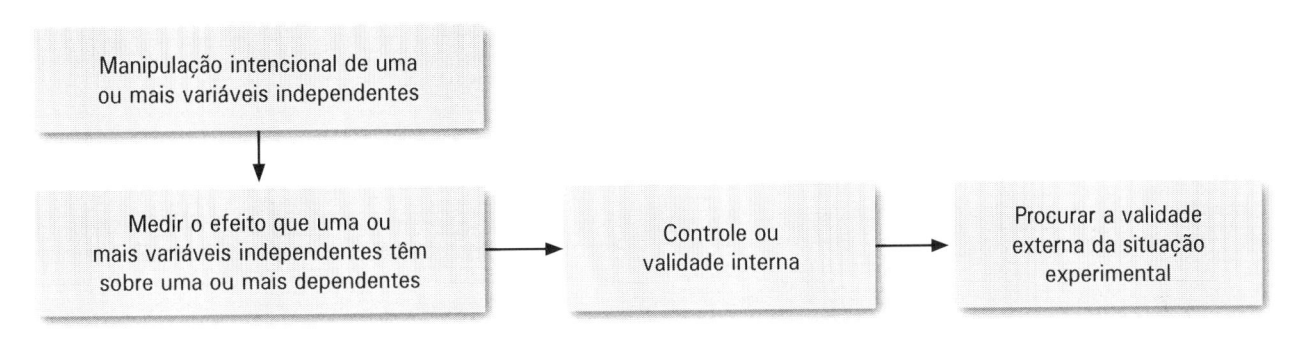

FIGURA 7.3 Requisitos de um experimento.

Vamos ver como um conceito teórico (grau de informação sobre a deficiência mental) foi traduzido, na prática, em dois níveis de manipulação experimental.

Exemplo

Naves e Poplawsky (1984) elaboraram um experimento para testar a seguinte hipótese: "Quanto maior for o grau de informação do sujeito comum sobre a deficiência mental, menor será a evitação na interação com o deficiente mental".[4]

A variável independente foi "o grau de informação sobre a deficiência mental" (ou, melhor dizendo, capacidade mental diferente); e a dependente, "a conduta de evitação na interação com pessoas com capacidades mentais são diferentes". A primeira foi manipulada por dois níveis de informação: 1) informação cultural e 2) informação sociopsicológica sobre esse tipo de capacidade mental. Portanto, teve dois grupos: um com informação cultural e outro com informação sociopsicológica. O primeiro grupo não recebeu nenhum tipo de informação sobre a deficiência mental ou a capacidade mental diferente, pois a suposição foi: "que todo indivíduo, por pertencer à determinada cultura domina esse tipo de informação, que consiste em noções gerais e normalmente estereotipadas sobre a deficiência mental; o que podemos concluir com isso é que, se um sujeito baseia suas previsões sobre a conduta do outro no nível cultural, obterá uma precisão mínima e poucas probabilidades de controlar o evento comunicativo" (Naves e Poplawsky, 1984, p. 119).

O segundo grupo foi a um centro de treinamento para pessoas cujas capacidades mentais são diferentes onde teve uma reunião com elas, que proporcionaram informação sociopsicológica (algumas contaram seus problemas no trabalho e suas relações com superiores e colegas, e também trataram de temas como o amor e a amizade). Esse grupo pode observar o que é "deficiência mental ou capacidade mental diferente", como ela é tratada clinicamente e seus efeitos no dia a dia de quem a possui, além de receber informação sociopsicológica a respeito.

Depois, todos os participantes foram expostos a uma interação surpresa com um suposto indivíduo com capacidade mental diferente (que, na verdade, era um ator treinado para se comportar como "deficiente mental" e com conhecimento sobre o assunto.[5] A situação experimental foi rigorosamente contro-

> lada e as interações foram filmadas para medir o grau de evitação em relação ao sujeito com capacidade mental diferente, utilizando quatro dimensões:
>
> a) distância física,
> b) movimentos corporais que denotavam tensão,
> c) conduta visual e
> d) conduta verbal.
>
> A hipótese foi comprovada, pois o grupo com informação cultural mostrou uma maior conduta de evitação que o grupo com informação sociopsicológica.

Dificuldades para definir como as variáveis independentes serão manipuladas

Às vezes, não é tão difícil transferir o conceito teórico (variável independente) para operações práticas de manipulação (tratamentos ou estímulos experimentais). Manipular o salário (quantidades de dinheiro pago), o *feedback*, o reforço e a administração de um medicamento não é muito difícil. No entanto, às vezes, é realmente complicado representar o conceito teórico na realidade, sobretudo com variáveis internas, variáveis que podem ter diversos significados ou variáveis que sejam difíceis de alterar. A socialização, a coesão, a tolerância, o poder, a motivação individual e a agressão são conceitos que exigem um esforço enorme do pesquisador para que possam ser operacionalizados.

Guia para superar as dificuldades

Para definir como iremos manipular uma variável é necessário:

1. *Consultar experimentos antecedentes* para ver se neles a forma de manipular a variável independente foi bem-sucedida. Nesse sentido, é imprescindível analisar se a manipulação desses estudos pode ser aplicada ao contexto específico do nosso, ou como poderia ser extrapolada para nossa situação experimental.
2. *Avaliar a manipulação* antes de realizar o experimento. Existem várias perguntas que o experimentador deve fazer para avaliar sua manipulação antes de realizá-la: as operações experimentais representam a variável conceitual que se tem em mente? Os diferentes níveis de variação da variável independente farão com que os sujeitos de comportem de forma diferente (Christensen, 2006)? Quais outras maneiras existem para manipular a variável? Esta é a melhor? Se o conceito teórico não pode ser transferido adequadamente para a realidade, no final talvez tenhamos realizado outro experimento bem diferente daquele que pretendíamos. Se nossa intenção fosse averiguar o efeito da ansiedade na memorização de conceitos, e nossa manipulação fosse errônea (em vez de provocar ansiedade, gerasse resistência), os resultados do experimento talvez nos ajudassem a explicar a relação resistência-memorização de conceitos; mas de maneira alguma servirão para analisar o efeito da ansiedade na memorização. E, ao não percebermos isso, podemos achar que estamos dando alguma contribuição quando, na verdade, não estamos.

    Do mesmo modo, se a presença da variável independente no ou nos grupos experimentais for precária, provavelmente não serão encontrados efeitos, mas isso não significa que eles não existam. Se o que pretendemos é manipular a violência televisionada e nosso programa não é realmente violento (inclui um ou outro insulto e algumas sugestões de violência física) e não encontramos um efeito, não podemos realmente afirmar ou negar que exista um efeito, porque a manipulação foi precária.
3. *Incluir verificações para a manipulação*. Quando experimentamos com pessoas, existem várias formas de verificar se a manipulação realmente funcionou. A primeira é entrevistar os participantes. Vamos supor que, com a manipulação, pretendemos fazer com que um grupo esteja muito motivado em relação a uma tarefa ou atividade e o outro não. Depois do experimento

poderíamos entrevistar os indivíduos para ver se o grupo que deveria estar muito motivado realmente estava, e o que grupo que não deveria estar motivado não estava. Uma segunda forma é incluir mensurações referentes à manipulação durante o experimento. Por exemplo, aplicar uma escala de motivação para os dois grupos quando supostamente alguns devem estar motivados e outros não.

✓ QUAL É O SEGUNDO REQUISITO DE UM EXPERIMENTO?

O segundo requisito é medir o efeito que a variável independente tem na variável dependente. Isso também é importante, e, como na variável dependente é possível observar o efeito, a medição deve ser válida e confiável. Se não pudermos garantir que medimos de maneira adequada, os resultados não servirão e o experimento será uma perda de tempo.

Vamos imaginar que estamos realizando um experimento para avaliar o efeito de um novo tipo de ensino sobre a compreensão de conceitos políticos em certas crianças, e em vez de mensurar compreensão mensuramos a memorização. Por mais correta que seja a manipulação da variável independente, o experimento será um fracasso porque a mensuração da dependente não é válida. Ou vamos supor que temos dois grupos que serão comparados com mensurações diferentes, se encontrarmos diferenças não poderemos mais saber se foram devido à manipulação da independente ou porque foram aplicadas provas diferentes de compreensão. Os requisitos para medir corretamente uma variável são comentados no Capítulo 9: "Coleta dos dados quantitativos". No planejamento de um experimento, é necessário deixar claro como as variáveis independentes serão medidas e como medir as dependentes.

✓ QUANTAS VARIÁVEIS INDEPENDENTES E DEPENDENTES DEVEM SER INCLUÍDAS EM UM EXPERIMENTO?

Não existem regras para isso; depende de como o problema de pesquisa foi formulado e das limitações existentes. Se o pesquisador interessado em contrastar os efeitos dos apelos emocionais e dos racionais em comerciais televisivos sobre a predisposição de compra de um produto quer se centrar apenas nesse problema, então ele terá somente uma variável independente e só uma dependente. Mas se também quer analisar o efeito de utilizar comerciais em branco e preto em relação aos coloridos, ele acrescentaria essa variável independente e a manipularia. Teria duas variáveis independentes (apelo e colorido) e uma dependente (predisposição de compra) e quatro grupos (sem contar o controle):

a) grupo exposto ao apelo emocional e comercial em preto e branco;
b) grupo exposto ao apelo emocional e comercial colorido;
c) grupo exposto ao apelo racional e comercial em preto e branco;
d) grupo exposto ao apelo racional e comercial colorido.

Além disso, poderia acrescentar uma terceira variável independente: duração dos comerciais, e uma quarta: realidade dos modelos do comercial (pessoas vivas em contraposição aos desenhos animados) e assim sucessivamente. É claro que, na medida em que se aumenta o número de variáveis independentes, também temos de aumentar as manipulações realizadas e o número de grupos necessário para o experimento. Então, entraria em jogo o segundo fator mencionado (limitante), pois poderíamos não contar com o número suficiente de pessoas para ter o número de grupos necessário ou com o orçamento para produzir essa variedade de comerciais.

Por outro lado, em cada caso poderíamos optar por medir mais de uma variável dependente e avaliar vários efeitos das independentes (em diferentes variáveis). Por exemplo, além da predisposição de compra, mensurar a lembrança do comercial e sua avaliação estética. É óbvio que, ao aumentar as variáveis dependentes, não é preciso aumentar os grupos, porque essas variáveis não são manipuladas. O que aumenta é o tamanho da mensuração (questionários com mais perguntas, maior número de observações, entrevistas mais longas, etc.), porque há mais variáveis para mensurar.

☑ QUAL É O TERCEIRO REQUISITO DE UM EXPERIMENTO?

VALIDADE INTERNA Nível de segurança que temos de que os resultados do experimento sejam interpretados adequadamente e sejam válidos (o que é conseguido quando há controle).

O terceiro requisito que todo experimento deve cumprir é o **controle** ou **validade interna** da situação experimental. O termo "controle" possui diversas conotações dentro da experimentação. No entanto, sua acepção mais comum é que, se no experimento observamos que uma ou mais variáveis independentes variam as dependentes, então a variação destas se deve à manipulação das primeiras e não a outros fatores ou causas; e se observamos que uma ou mais independentes não têm um efeito sobre as dependentes, então podemos confiar nisso. Em termos mais coloquiais, ter "controle" significa saber o que está realmente acontecendo com a relação entre as variáveis independentes e as dependentes. Isso poderia ser ilustrado da seguinte maneira (Figura 7.4):

Experimento (com controle)

$X \longrightarrow Y$

Tentativa de experimento (sem controle)

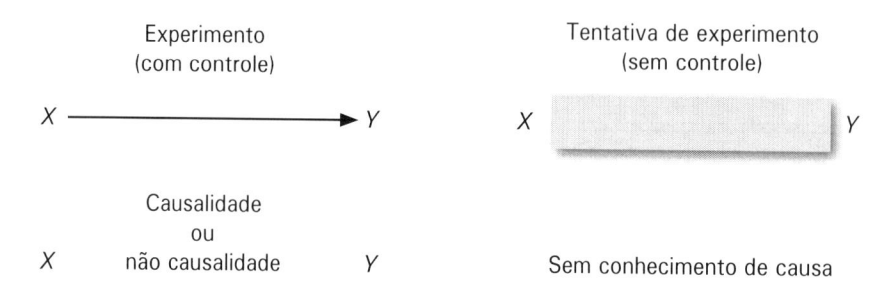

$X \quad\quad\quad Y$

Causalidade ou

$X \quad$ não causalidade $\quad Y$

Sem conhecimento de causa

FIGURA 7.4 Experimentos com controle e tentativa de experimento.

Quando há **controle**, é possível determinar a relação causal. Quando não conseguimos o controle, não podemos conhecer essa relação (não sabemos o que está atrás do retângulo, talvez fosse, por exemplo: "$X \rightarrow Y$" ou "$X\ Y$"; isto é, que há correlação ou que não existe nenhuma relação). Na estratégia de experimentação, o pesquisador não manipula uma variável apenas para comprovar a covariação, só que ao efetuar um experimento é necessário realizar uma observação controlada (Van Dalen e Meyer, 1994).

Uma terceira forma de dizer isso é que conseguir *controle* em um experimento significa reprimir a influência de outras variáveis estranhas sobre as variáveis dependentes, para assim saber realmente se as variáveis independentes que nos interessam têm ou não efeito nas dependentes. Isso poderia ser esquematizado da seguinte maneira (ver Figura 7.5):

X
X (estranhas e fontes de invalidação) → Controle
X

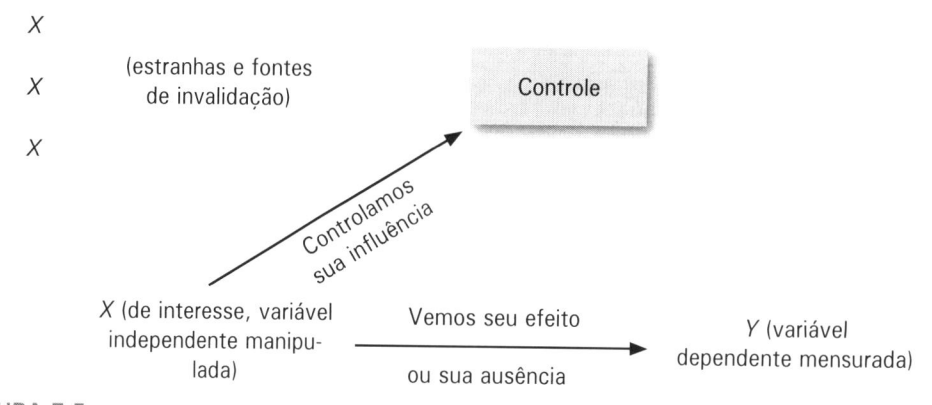

Controlamos sua influência

X (de interesse, variável independente manipulada) — Vemos seu efeito ou sua ausência → Y (variável dependente mensurada)

FIGURA 7.5 Experimentos com controle das variáveis estranhas.

Ou seja, "purificamos" a relação de X (independente) com Y (dependente) de outras possíveis fontes que possam afetar Y e "contaminar" o experimento. Isolamos as relações que nos interessam. Se o que queremos é analisar o efeito que um comercial pode ter sobre a predisposição de comprar o produto anunciado, sabemos que talvez existam outras razões ou causas pelas quais as pessoas pensam em comprar o produto (qualidade, preço, características, prestígio da marca, etc.). Então, no experimento é preciso controlar a possível influência dessas outras causas, para que assim possamos saber se o comercial tem ou não algum efeito. E, no caso contrário, se observamos que a predisposição de compra é elevada e não existe controle, não temos como saber se o comercial é a causa ou se são os demais fatores.

O mesmo acontece com um método de ensino, quando por meio de um experimento queremos avaliar sua influência na aprendizagem. Se não houver controle, não poderemos saber se uma boa aprendizagem se deveu ao método, ao fato de os participantes serem extremamente inteligentes, ao de terem conhecimentos aceitáveis sobre os conteúdos ou por qualquer outro motivo. Se não houver aprendizagem, não saberemos se isso foi porque os sujeitos estavam muito desmotivados em relação aos conteúdos a serem ensinados, porque eram pouco inteligentes ou por qualquer outra causa. Ou seja, tentamos descartar outras possíveis explicações para avaliar se a nossa é ou não a correta (variáveis independentes de interesse, estímulos ou tratamentos experimentais que têm o efeito que nos interessa comprovar). Essas explicações rivais são as fontes de invalidação interna (que podem invalidar o experimento).

Fontes de invalidação interna

Existem diversos fatores que talvez nos confundam e sejam o motivo de não sabermos mais se a presença de uma variável independente ou um tratamento experimental provoca ou não um efeito verdadeiro. São explicações rivais em relação àquela que diz que as variáveis independentes afetam as dependentes. Campbell e Stanley (1966) definiram essas explicações rivais, que foram ampliadas por Campbell (1975), Christensen (2006) e Babbie (2009). Elas são conhecidas como fontes de invalidação interna porque ameaçam (são contra) precisamente a validade interna de um experimento. Esta se refere ao grau de confiança que temos na possibilidade de interpretar os resultados do experimento e que estes sejam válidos. A *validade interna* está relacionada com a qualidade do experimento e ela é conquistada quando existe controle, quando os grupos diferem entre si somente na exposição à variável independente (ausência-presença ou em níveis ou modalidades), quando as medições da variável dependente são confiáveis e válidas e quando a análise é a adequada para o tipo de dados com os quais estamos trabalhando. O controle em um experimento é alcançado eliminando essas explicações rivais ou fontes de invalidação interna. Na Tabela 7.1 mencionamos rapidamente algumas dessas fontes de invalidação; uma explicação mais detalhada, assim como exemplos e outras fontes potenciais, o leitor poderá encontrar no CD anexo → Capítulo 5, "Diseños experimentales: segunda parte".

✓ COMO CONSEGUIR O CONTROLE E A VALIDADE INTERNA?

Em um experimento é o **controle** que consegue a validade interna e ele é alcançado mediante:

1. vários grupos de comparação (no mínimo dois);
2. equivalência dos grupos em tudo, exceto na manipulação da ou das variáveis independentes.

Vários grupos de comparação

Em um experimento é necessário ter, pelo menos, dois grupos para comparar. Primeiro, porque se tivermos apenas um grupo não é possível saber com certeza se as fontes de invalidação interna tiveram influência ou não. Por exemplo: se com um experimento queremos testar a hipótese: "quanto mais informação psicológica se tiver sobre uma classe social, menor será o preconceito em relação a ela". Se nossa decisão foi ter somente um grupo no experimento, poderíamos expor os sujeitos a um programa de sensibilização no qual fosse proporcionada informação sobre a maneira como essa classe vive, suas angústias e problemas, necessidades, sentimentos, contribuições para a sociedade, etc.; para em seguida observar o nível de preconceito (o programa incluiria palestras de especialistas, filmes e depoimentos gravados, leituras, etc.). Esse experimento poderia ser esquematizado assim:

Momento 1
Exposição ao programa
de sensibilização

Momento 2
Observação do nível
de preconceito

TABELA 7.1
Principais fontes de invalidação interna[6]

Fonte ou ameaça à validade interna	Descrição da ameaça	Em resposta, o pesquisador deve:
História	Eventos ou acontecimentos que ocorrem durante o experimento e influenciam somente alguns dos participantes.	Assegurar-se de que os participantes dos grupos experimentais e controle tenham contato com os mesmos eventos.
Maturação	Os participantes podem mudar ou amadurecer durante o experimento e isso pode afetar os resultados.	Selecionar participantes para os grupos que mudem ou amadureçam de maneira similar durante o experimento.
Instabilidade do instrumento de medição	Pouca ou nula confiabilidade do instrumento.	Elaborar um instrumento estável e confiável.
Instabilidade do ambiente experimental	As condições do ambiente do experimento não são iguais para todos os grupos participantes.	Conseguir que as condições ambientais sejam as mesmas para todos os grupos.
Aplicação de testes	Que a aplicação de um teste ou instrumento de medição antes do experimento influencie as respostas dos indivíduos quando o teste for aplicado após o experimento (lembrem suas respostas).	Ter testes equivalentes e confiáveis, mas que não sejam as mesmos e que os grupos comparados sejam equiparáveis.
Instrumentação	Que os testes ou instrumentos aplicados nos diferentes grupos participantes não sejam equivalentes.	Aplicar o mesmo teste ou instrumento para todos os indivíduos ou grupos participantes.
Regressão	Selecionar participantes que tenham pontuações extremas na variável medida (casos extremos) e que sua avaliação real não seja medida.	Escolher participantes que não tenham pontuações extremas ou que estejam passando por um momento fora do normal.
Seleção	Que os grupos do experimento não sejam equivalentes.	Conseguir que os grupos sejam equivalentes.
Mortalidade	Que os participantes abandonem o experimento.	Recrutar o número suficiente de participantes para todos os grupos.
Difusão de tratamentos	Que os participantes de diferentes grupos se comuniquem e isso afete os resultados.	Durante o experimento manter os grupos tão separados quanto for possível.
Compensação	Que os participantes do grupo controle percebam que não recebem nada e isso os desanime e afete os resultados.	Oferecer benefícios para todos os grupos participantes.
Conduta do experimentador	Que o comportamento do experimentador afete os resultados.	Agir da mesma forma com todos os grupos e ser "objetivo".

Tudo em um único grupo. O que acontece se observamos um nível baixo de preconceito no grupo? Podemos deduzir com absoluta certeza que foi por causa do estímulo? É claro que não. Pode ser que o nível baixo de preconceito se deva ao programa de sensibilização, que é a forma de manipular a variável independente "informação psicológica sobre uma classe social", mas também ao fato de que os participantes tinham um nível baixo de preconceito antes do experimento e, na verdade, o programa não afetou. E isso não podemos saber, porque não há uma mensuração do nível de preconceito no início do experimento (antes da apresentação do estímulo experimental); ou seja, não existe ponto de comparação. Mas, ainda que esse ponto de contraste inicial existisse, com apenas um grupo não poderíamos ter a certeza sobre qual foi a causa do nível de preconceito. Vamos supor que o nível de preconceito antes do estímulo ou tratamento era alto e, depois do estímulo, baixo. Talvez o tratamento seja a causa da mudança, mas talvez tenha acontecido o seguinte:

1. Que o primeiro teste de preconceito tenha sensibilizado os sujeitos participantes e influenciado suas respostas para o segundo teste. Assim, as pessoas passaram a ter consciência sobre como é negativo ser preconceituoso ao responder o primeiro teste (aplicação de teste).
2. Que os indivíduos selecionados ficaram cansados durante o experimento e suas respostas para o segundo teste foram "às pressas" (maturação).
3. Que durante o experimento os sujeitos preconceituosos saíram ou então uma parte importante deles (mortalidade experimental).

Ou, ainda, outras razões. E, caso não se tivesse observado uma mudança no nível de preconceito entre o primeiro teste (antes do programa) e o segundo (depois do programa), isso poderia significar que a exposição ao programa não tem efeitos, embora também pudesse acontecer de o grupo selecionado ser muito preconceituoso e talvez o programa tenha, sim, efeitos em pessoas com níveis normais de preconceito. Se a mudança for negativa (maior nível de preconceito na segunda mensuração do que na primeira), também poderíamos supor que o programa aumenta o preconceito, mas vamos supor que algo tenha acontecido durante o experimento criando momentaneamente preconceitos contra essa classe social (um arrombamento no local provocado por um indivíduo dessa classe), só que depois os participantes "retornaram" ao seu nível normal de preconceito (regressão). Também poderiam existir outras explicações.

Apenas com um grupo não poderíamos ter a certeza de que os resultados foram por causa do estímulo experimental ou por outras razões. A dúvida sempre estará presente. Os "experimentos" com um grupo se baseiam em suspeitas ou no que "aparentemente é", mas precisam de fundamentos. Quando se tem um único grupo, corremos o risco de selecionar sujeitos atípicos (os mais inteligentes ao experimentar com métodos de ensino, os trabalhadores mais motivados ao experimentar com programas de incentivos, os consumidores mais críticos, os casais de namorados mais integrados, etc.) e de que a história, a maturação e as demais fontes de invalidação interna interfiram, sem que o experimentador perceba.

Por isso, o pesquisador deve ter, ao menos, um ponto de comparação: dois grupos, um no qual se aplica o estímulo e outro em que não se aplica (o grupo controle).[7] Conforme foi mencionado ao falarmos sobre manipulação, às vezes a exigência é ter vários grupos porque queremos averiguar o efeito de diferentes níveis ou modalidades da variável independente.

Equivalência dos grupos

No entanto, para ter controle, não basta ter dois ou mais grupos, eles também precisam ser similares em tudo, menos na manipulação da ou das variáveis independentes. O controle implica que tudo permanece constante, salvo essa manipulação ou intervenção. Se entre dois grupos que formam o experimento tudo é similar ou equivalente, exceto a manipulação da variável independente, as diferenças entre os grupos podem ser atribuídas a ela e não a outros fatores (entre os quais estão as fontes de invalidação interna).

Vamos imaginar que queremos testar se uma série de programas educativos de televisão para crianças gera maior aprendizagem se comparado com um método educativo tradicional. Um grupo recebe o ensino com os programas, outro grupo o recebe da instrução oral tradicional e um terceiro grupo dedica esse mesmo tempo brincando livremente na sala de aula. Vamos supor que as crianças que aprenderam com os programas obtêm as melhores notas em um teste de conhecimentos referente aos conteúdos ensinados, aqueles que receberam o método tradicional obtêm notas muito mais baixas e aqueles que brincaram obtêm pontuações de zero ou próximas a esse valor. Aparentemente, os programas são um veículo melhor de ensino do que a instrução oral. Mas, se os grupos **não** são equivalentes, então não podemos confiar que as diferenças se devam, na verdade, à manipulação da variável independente (programas de televisão-instrução oral) e não a outros fatores, ou à combinação de ambos. Por exemplo, porque as crianças mais inteligentes, estudiosas e mais empenhadas foram colocadas no grupo que foi instruído pela televisão, ou simplesmente porque sua média de inteligência e aproveitamento era a mais elevada; ou a instrutora do método tradicional não tinha um bom desempenho, ou as crianças expostas a esse último método receberam uma carga maior de trabalho e tinham provas no dia em que o experimento foi realizado, etc. Quanto se deveu ao método e quanto a outros fatores? Para o pesquisador, a resposta para essa pergunta passa a ser um enigma: não existe controle.

Se fôssemos experimentar com métodos de motivação para trabalhadores e formássemos um grupo com aqueles que trabalham no turno matutino e outro grupo com os do turno vespertino, quem pode nos garantir que antes de iniciar o experimento os dois tipos de trabalhadores estavam igualmente motivados? Talvez existam diferenças na motivação inicial porque os supervisores dos diferentes turnos motivem de maneira e intensidade diferentes, ou talvez porque os do turno vespertino preferissem trabalhar de manhã ou porque pagam a eles menos horas extras, etc. Se não estiverem igualmente motivados, talvez o estímulo aplicado aos do turno da manhã aparentasse ser o mais efetivo quando, na verdade, não é bem assim.

Vamos ver um exemplo que ilustra o resultado tão negativo que pode ter a não equivalência dos grupos nos resultados de um experimento. Que pesquisador testaria o efeito de diferentes métodos para sensibilizar as pessoas sobre quão terrível pode ser o terrorismo, se um grupo estiver formado por membros da Al Qaeda e outro por familiares das vítimas dos atentados em Londres, em julho de 2005?

Os grupos devem ser equivalentes no início e durante todo o desenvolvimento do experimento, menos no que se refere à variável independente. Os instrumentos de medição também devem ser iguais e aplicados da mesma maneira.

Equivalência inicial

Significa que os grupos são similares no momento em que iniciamos o experimento. Se o experimento se refere aos métodos educativos, os grupos devem ser equiparáveis em termos de número de pessoas, inteligência, aproveitamento, disciplina, memória, gênero, idade, nível socioeconômico, motivação, alimentação, conhecimentos prévios, estado de saúde física e mental, interesse pelos conteúdos, extroversão, etc. Se inicialmente não são equiparáveis, digamos quanto à motivação ou aos conhecimentos prévios, as diferenças entre os grupos – em qualquer variável dependente – não poderiam com certeza ser atribuídas à manipulação da variável independente.

EQUIVALÊNCIA INICIAL Significa que os grupos são similares no momento em que iniciamos o experimento.

A **equivalência inicial** não se refere a equivalências entre indivíduos, porque temos, por natureza, diferenças individuais, mas à equivalência entre grupos. Se tivermos dois grupos em um experimento é claro que haverá, por exemplo, pessoas muito inteligentes em um grupo, mas também haver pessoas assim no outro grupo. Se em um grupo há mulheres, o outro também deve tê-las na mesma proporção. E assim com todas as variáveis que podem afetar a ou as variáveis dependentes, além da variável independente. A média de inteligência, motivação, conhecimentos prévios, interesse pelos conteúdos e demais variáveis deve ser a mesma nos grupos de contraste. Mas não exatamente igual, pois não pode existir uma diferença significativa nessas variáveis entre os grupos.

Equivalência durante o experimento

Além disso, durante o estudo, os grupos devem permanecer similares nos aspectos relacionados com o desenvolvimento experimental, exceto na manipulação da variável independente: mesmas instruções (salvo variações que sejam parte dessa manipulação), pessoas que mantêm contato com os participantes e maneira de recebê-los, lugares com características semelhantes (mesmos objetos nas salas, clima, ventilação, som ambiente, etc.), mesma duração do experimento, assim como do momento, enfim, tudo aquilo que fizer parte do experimento. Quanto maior for a equivalência durante seu desenvolvimento, maior controle e possibilidade haverá de que, se observarmos ou não efeitos, estejamos seguros de que ele realmente aconteceu ou não.

Quando trabalhamos simultaneamente com vários grupos, é difícil que as pessoas que dão as instruções e observam o desenvolvimento dos grupos sejam as mesmas. Então, devemos procurar fazer com que seu tom de voz, aparência, idade, gênero e outras características capazes de afetar os resultados sejam iguais ou similares e, por meio de treinamento, devemos padronizar sua maneira de agir. Às vezes se dispõe de menos salas ou lugares do que de grupos. Então, a colocação dos grupos nas salas e os horários devem ser por sorteio, procurando fazer com que os tratamentos sejam aplicados nos horários o mais próximos possível. Outras vezes, os participantes recebem os estímulos individualmente e sua exposição não pode ser simultânea. Eles devem ser sorteados de maneira que em um dia (pela manhã) as pessoas de todos os grupos participem do experimento, o mesmo pela tarde e durante o tempo em que for necessário (os dias que durarem o experimento).

Como conseguimos a equivalência inicial? A seleção por sorteio

Existe um método muito difundido para conseguir essa equivalência: a **seleção aleatória** ou **por sorteio** dos participantes dos grupos do experimento (em inglês, *randomization*).[8] A **seleção por sorteio** nos garante probabilisticamente que dois ou mais grupos são equivalentes entre si. É uma técnica de controle que tem como propósito dar ao pesquisador a segurança de que variáveis estranhas, conhecidas ou desconhecidas, não irão afetar de maneira sistemática os resultados do estudo (Christensen, 2006). Essa técnica elaborada por Sir Ronald A. Fisher, na década de 1940, demonstrou durante anos que funciona para tornar equivalentes os grupos de participantes. Conforme mencionam Cochran e Cox (1992, p. 24):

> SELEÇÃO ALEATÓRIA ou POR SORTEIO É uma técnica de controle muito difundida para garantir a equivalência inicial quando selecionamos aleatoriamente os sujeitos para os grupos do experimento.

> A seleção aleatória de alguma maneira é parecida com um seguro, pelo fato de ser uma precaução contra interferências que podem ou não ocorrer, e serem ou não importantes caso ocorram. Geralmente, é aconselhável ter o trabalho de distribuir aleatoriamente mesmo quando não se espera que exista uma alteração importante ao deixar de fazê-lo.

A seleção por sorteio pode ser realizada utilizando pedaços de papel. Escrevemos o nome de cada participante (ou algum tipo de símbolo que o identifique) em um deles, depois juntamos todos os pedaços em algum recipiente, misturamos e vamos tirando – sem olhá-los – para formarmos os grupos. Por exemplo, se tivermos dois grupos, as pessoas com número ímpar iriam para o primeiro grupo; e as pessoas com número par, para o segundo grupo. Ou, ainda, se houvesse 80 pessoas, os primeiros 40 papeizinhos retirados iriam para um grupo e os 40 restantes para o outro.

Quando temos dois grupos, a seleção aleatória também pode ser realizada utilizando uma moeda. Listamos os participantes e designamos qual lado da moeda será o grupo 1 e qual lado o grupo 2. Jogamos a moeda com cada sujeito e, dependendo do resultado, ele vai para o grupo 1 ou para o 2. Esse procedimento deve ser limitado a apenas dois grupos, porque as moedas têm duas faces, embora seja possível utilizar dados ou cubos, por exemplo.

Uma terceira forma de selecionar os participantes para os grupos é com o programa STATS® que está no CD anexo deste livro, selecionando o subprograma "Números aleatorios". Ele numera previamente todos os participantes (vamos supor que seja um experimento com dois grupos e 100 pessoas no total, então ele numera os participantes do 1 ao 100). O programa faz a seguinte pergunta na janela: "Quantos números aleatórios?". Então você escreve o número referente ao total dos participantes no experimento, assim, tecla "100". Imediatamente escolhe a opção: "Estabelecer limite superior e inferior", no limite inferior coloca "1" (será sempre "1") e no limite superior "100" (ou o número total de participantes). Depois clica em "Calcular" e o programa irá gerar 100 números de maneira aleatória, assim, pode designar os primeiros 50 para um grupo e os últimos 50 para o outro grupo ou, ainda, o primeiro número para o grupo 1 e o segundo para o grupo 2, o terceiro para o grupo 1, e assim sucessivamente. Como a geração dos números é completamente aleatória, às vezes o programa duplica ou triplica alguns números, então você pula um ou dois dos números repetidos e continua designando sujeitos – números – para os grupos; e ao terminar torna a repetir o processo e continua designando para os grupos os números que não haviam "saído" antes, até ter designado os 100 sujeitos para os dois grupos (se fossem quatro grupos, os primeiros 25 iriam para o grupo 1, os próximos 25 para o grupo 2, os seguintes 25 para o grupo 3 e os últimos 25 para o grupo 4).

A seleção por sorteio produz controle, pois as variáveis que devem ser controladas (variáveis estranhas e fontes de invalidação interna) são distribuídas aproximadamente da mesma maneira nos grupos do experimento. E como a distribuição é bastante similar em todos os grupos, a influência de outras variáveis que não sejam a ou as independentes se mantém constante, porque aquelas não podem exercer nenhuma influência diferencial na(s) variável(eis) dependente(s) (Christensen, 2006).

A seleção aleatória funciona melhor quanto maior for o número de participantes com o qual podemos contar para o experimento, isto é, quanto maior for o tamanho dos grupos. Nós, autores, recomendamos que cada grupo tenha ao menos 15 pessoas.[9]

Se a única diferença que distingue o grupo experimental e o controle for a variável independente, então as diferenças entre os grupos podem ser atribuídas a ela. Mas se houver outras diferenças, não poderemos fazer tal afirmação.

Outra técnica para conseguir a equivalência inicial: o emparelhamento

TÉCNICA DE EQUIPARAÇÃO OU EMPARELHAMENTO Consiste em igualar os grupos com alguma variável específica que possa influenciar de maneira decisiva a variável dependente.

Um método alternativo para tentar fazer os grupos serem equivalentes no início é o **emparelhamento** ou a **técnica de equiparação** (em inglês, *matching*). O processo consiste em igualar os grupos com alguma variável específica que pode influenciar de maneira decisiva a ou as variáveis dependentes.

O primeiro passo é escolher a variável concreta de acordo com algum critério teórico. É óbvio que essa variável deve estar muito relacionada com as variáveis dependentes. Se nossa pretensão fosse analisar o efeito provocado pela utilização de diferentes materiais suplementares de instrução no desempenho da leitura, o emparelhamento poderia estar baseado na variável "acuidade visual". Experimentos sobre métodos de ensino iriam emparelhar os grupos em "conhecimentos prévios", "aproveitamento anterior em uma disciplina relacionada com os conteúdos a serem ensinados" ou "inteligência". Experimentos relacionados com atitudes em relação aos produtos ou conduta de compra podem utilizar a variável "renda" para igualar os grupos. Em cada caso específico devemos pensar qual é a variável cuja influência sobre os resultados do experimento precisa ser mais controlada e buscar a equiparação dos grupos nessa variável.

O segundo passo é obter uma medição da variável escolhida para emparelhar os grupos. Essa medição pode existir ou ser efetuada antes do experimento. Vamos supor que nosso experimento fosse sobre métodos de ensino, o emparelhamento poderia ser feito com base na inteligência. Se fossem adolescentes, obteríamos seus registros de inteligência ou aplicaríamos um teste de inteligência.

O terceiro passo é ordenar os participantes na variável sobre a qual iremos efetuar o emparelhamento (das pontuações mais altas para as mais baixas).

O quarto passo é formar duplas, trios, quartetos, etc., de participantes de acordo com a variável de equiparação (são indivíduos que têm a mesma pontuação na variável ou uma pontuação similar) e ir designando o integrante de cada dupla, trio ou similar para os grupos do experimento, buscando um equilíbrio entre estes. Também poderíamos tentar igualar os grupos em duas variáveis, mas ambas devem estar extremamente relacionadas, porque do contrário o emparelhamento se tornaria muito difícil. Quanto mais variáveis forem utilizadas para equiparar grupos, mais complexo será o procedimento. No Capítulo 5 do CD: "Diseños experimentales: segunda parte" exemplificamos o procedimento.

✓ UMA TIPOLOGIA SOBRE OS DESENHOS EXPERIMENTAIS

OA5 A seguir, apresentamos os desenhos experimentais normalmente mais citados na respectiva literatura. Para isso, vamos pegar como base a tipologia de Campbell e Stanley (1966), que dividem os desenhos experimentais em três categorias:

a) pré-experimentos,
b) experimentos "puros"[10] e
c) quase experimentos.

Vamos utilizar a simbologia que geralmente é empregada nos textos sobre experimentos.

Simbologia dos desenhos experimentais

- R Seleção por sorteio ou aleatória. Quando ela aparece, significa que os sujeitos foram selecionados para um grupo de maneira aleatória (vem do inglês *randomization*).
- G Grupo de sujeitos (G_1, grupo 1; G_2, grupo 2; etc.).
- X Tratamento, estímulo ou condição experimental (presença de algum nível ou modalidade da variável independente).
- 0 Uma medição dos sujeitos de um grupo (teste, questionário, observação, etc.). Se aparece antes do estímulo ou tratamento ela é um pré-teste (prévio ao tratamento). Se aparece depois do estímulo é um pós-teste (posterior ao tratamento).
- — Ausência de estímulo (nível "zero" na variável independente). Indica que é um grupo controle.

> **SELEÇÃO POR SORTEIO** É o melhor método para tornar os grupos equivalentes (mais preciso e confiável). O emparelhamento não a substitui completamente.

Também devemos mencionar que a sequência horizontal indica tempos diferentes (da esquerda para a direita) e quando em dois grupos aparecem dois símbolos alinhados, isso indica que ocorrem no mesmo instante do experimento. Vamos ver de maneira gráfica essas duas observações (ver Figura 7.6):

RG_1	0	X	0
Primeiro, selecionamos por sorteio os participantes para o grupo 1	Segundo, aplicamos uma medição prévia	Terceiro, administramos o estímulo	Quarto, aplicamos uma medição posterior

RG_1	X	0	Os dois símbolos estão alinhados verticalmente porque ocorrem no mesmo instante.
RG_2	—	0	

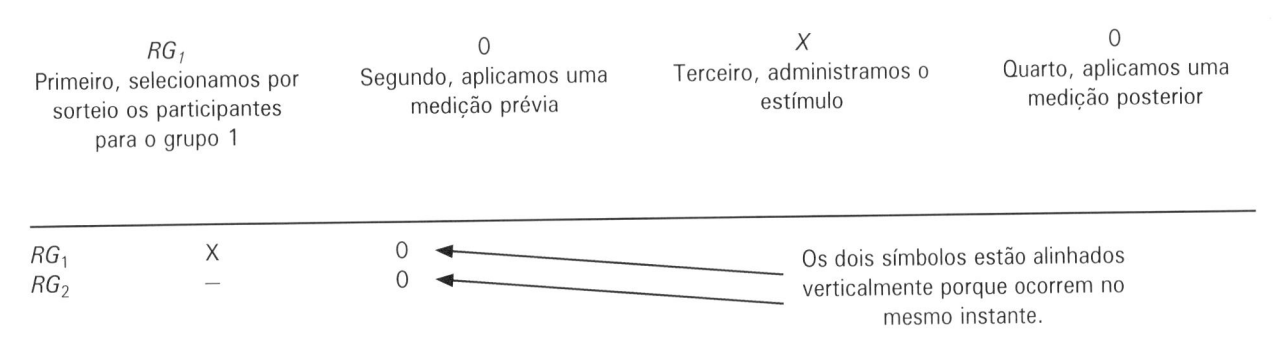

FIGURA 7.6 Simbologia dos desenhos experimentais.

Pré-experimentos

Os **pré-experimentos** são chamados assim porque seu grau de controle é mínimo.

1. Estudo de caso com uma só medição

Esse desenho poderia ser diagramado da seguinte maneira:

$$G \quad X \quad 0$$

Consiste em administrar um estímulo ou tratamento para um grupo e depois aplicar uma medição de uma ou mais variáveis para observar qual é o nível do grupo nelas.

Esse desenho não preenche os requisitos de um experimento "puro". Não há manipulação da variável independente (níveis) ou grupos de contraste (nem ao menos o mínimo de presença-ausência). Também não há referência sobre qual era o nível do grupo na ou nas variáveis dependentes antes do estímulo. Não é possível estabelecer com certeza causalidade nem se as fontes de invalidação interna são controladas.

2. Desenho de pré-teste/pós-teste com um só grupo

Esse segundo desenho seria diagramado assim:

$$G \qquad O_1 \qquad X \qquad O_2$$

Aplicamos em um grupo um teste prévio ao estímulo ou tratamento experimental, depois administramos o tratamento e finalmente aplicamos um teste posterior ao estímulo.

Esse desenho oferece uma vantagem sobre o anterior: existe um ponto de referência inicial para ver qual era o nível do grupo na ou nas variáveis dependentes antes do estímulo. Ou seja, há um acompanhamento do grupo. No entanto, o desenho não é adequado para estabelecer causalidade: não há manipulação nem grupo de comparação, e é provável que haja interferência de várias fontes de invalidação interna como, por exemplo, a história. Entre O_1 e O_2 poderiam ocorrer novos eventos capazes de provocar mudanças, além do tratamento experimental, e quanto mais longo for o lapso entre ambas as medições, maior será também a possibilidade de que essas fontes interfiram.

Por outro lado, corremos o risco de escolher um grupo atípico ou que não esteja em seu estado normal na hora do experimento.

Às vezes, esse desenho é utilizado com um só indivíduo (estudo de caso experimental). No Capítulo 4 do CD: "Estudos de caso" o leitor poderá encontrar muita informação sobre esse desenho.

Os dois desenhos pré-experimentais não são adequados para o estabelecimento de relações causais porque se mostram vulneráveis quanto à possibilidade de controle e validade interna. Alguns autores consideram que devem ser utilizados apenas como treino de outros experimentos com controle maior.

Algumas vezes os **desenhos pré-experimentais** servem como estudos exploratórios, mas seus resultados devem ser vistos com precaução.

DESENHO PRÉ-EXPERIMENTAL
Desenho de um só grupo cujo grau de controle é mínimo. Geralmente é útil como uma primeira aproximação ao problema de pesquisa na realidade.

✓ EXPERIMENTOS "PUROS"

Os **experimentos "puros"** são aqueles que reúnem os dois requisitos para conseguir o controle e a validade interna:

1. Grupos de comparação (manipulação da variável independente);
2. Equivalência dos grupos.

Esses desenhos conseguem incluir uma ou mais variáveis independentes e uma ou mais dependentes. Também podem utilizar pré-testes e pós-testes para analisar a evolução dos grupos antes e depois do tratamento experimental. Então, nem todos os desenhos experimentais "puros" utilizam pré-teste, embora o pós-teste seja realmente necessário para determinar os efeitos das condições experimentais (Wiersma e Jurs, 2008). A seguir são mostrados vários desenhos experimentais "puros".

1. Desenho só com pré-teste e grupo controle

Esse desenho inclui dois grupos: um recebe o tratamento experimental e o outro não (grupo controle). Ou seja, a manipulação da variável independente alcança somente dois níveis: presença e ausência. Os sujeitos são selecionados para os grupos de maneira aleatória. Quando conclui a manipulação, os dois grupos passam por uma medição sobre a variável dependente em estudo.

O desenho pode ser diagramado da seguinte maneira:

$$RG_1 \qquad X \qquad O_1$$
$$RG_2 \qquad - \qquad O_2$$

Nesse desenho, a única diferença entre os grupos deve ser a presença-ausência da variável independente. Inicialmente eles são equivalentes, e para ter certeza de que durante o experimento continue sendo (salvo pela presença ou ausência dessa manipulação) o experimentador deve tomar cuidado para que não aconteça algo que possa afetar somente um grupo. A hora em que o experimento é realizado deve ser a mesma para ambos os grupos (ou ir misturando um sujeito de um grupo com um sujeito do outro grupo quando a participação for individual), assim como as condições ambientais e os demais fatores mencionados quando falamos sobre a equivalência dos grupos.

Wiersma e Jurs (2008) comentam que, de preferência, o pós-teste deve ser administrado imediatamente após a conclusão do experimento, principalmente se a variável dependente tende a mudar com o passar do tempo. O pós-teste é aplicado de maneira simultânea para ambos os grupos.

A comparação entre os pré-testes de ambos os grupos (0_1 e 0_2) nos indica se houve ou não efeito da manipulação. Se as duas diferirem significativamente[11] ($0_1 \neq 0_2$), isso nos indica que o tratamento teve um efeito que deve ser considerado. Portanto, a hipótese de diferença entre grupos é aceita. Se não houver diferenças ($0_1 = 0_2$), isso indica que não houve um efeito significativo do tratamento experimental (X). Nesse caso, a hipótese nula é aceita.

Às vezes se espera que 0_1 seja maior do que 0_2. Por exemplo, se o tratamento experimental for um método educativo que facilita a autonomia do aluno, e se o pesquisador formula a hipótese de que aumenta a aprendizagem, cabe esperar que o nível de aprendizagem do grupo experimental, exposto à autonomia, seja maior do que o nível de aprendizagem do grupo controle, não exposto à autonomia: $0_1 > 0_2$.

Outras vezes se espera que 0_1 seja menor do que 0_2. Por exemplo, se o tratamento experimental for um programa de televisão que supostamente diminui o preconceito, seu nível no grupo experimental deverá ser menor que o do grupo controle: $0_1 < 0_2$. Mas se 0_1 e 0_2 forem iguais, significa que esse programa não reduz o preconceito. Às vezes também pode acontecer de os resultados irem contra a hipótese. Por exemplo, no caso do preconceito, se 0_2 for menor que 0_1 (o nível do preconceito é menor no grupo que não recebeu o tratamento experimental, isto é, aquele que não viu o programa de televisão).

Os testes estatísticos, que costumam ser utilizados nesse desenho e em outros que serão revisados a seguir, estão incluídos no Capítulo 10 "Análise dos dados quantitativos" e no Capítulo 8 do CD: "Análisis estadístico: segunda parte".

O desenho só com pós-teste e grupo controle pode ser ampliado para incluir mais de dois grupos (ter vários níveis ou modalidades de manipulação da variável independente). Nesse caso, são utilizados dois ou mais tratamentos experimentais. Os participantes dos grupos são selecionados por sorteio, e os efeitos dos tratamentos experimentais são investigados comparando os pós-testes dos grupos.

Seu formato geral seria:[12]

$$
\begin{array}{lll}
RG_1 & X_1 & 0_1 \\
RG_2 & X_2 & 0_2 \\
RG_3 & X_3 & 0_3 \\
\cdot & \cdot & \cdot \\
\cdot & \cdot & \cdot \\
\cdot & \cdot & \cdot \\
RG_k & X_k & 0_k \\
RG_{k+1} & — & 0_{k+1}
\end{array}
$$

Observe que o último grupo não se expõe à variável independente: é o grupo controle. Se não temos o grupo controle, o desenho pode ser chamado de "desenho com grupos de seleção aleatória e único pós-teste" (Wiersma e Jurs, 2008).

No desenho com um pós-teste e grupo controle, assim como em suas possíveis variações e extensões, conseguimos controlar todas as fontes de invalidação interna. A administração de testes não aparece porque não há pré-teste. A instabilidade não afeta porque os componentes do experimento são os mesmos para todos os grupos (exceto a manipulação ou os tratamentos experimentais), nem a instrumentação porque é o mesmo pós-teste para todos, nem a maturação porque a seleção é por sorteio (p. ex., se houver cinco sujeitos em um grupo que se cansam facilmente, haverá tantos outros em um grupo ou outros grupos), nem a regressão estatística, porque se um grupo está regressando a seu estado normal, o outro ou outros também. A seleção também não é um problema, pois, se há sujeitos atípicos em um grupo, no outro ou outros também haverá sujeitos atípicos. Tudo é compensado. As diferenças podem ser atribuídas à manipulação da variável independente e não ao fato de os sujeitos serem atípicos, pois a seleção aleatória torna os grupos equivalentes nesse fator.

Desse modo, se nos dois grupos houvesse somente pessoas muito inteligentes e a variável independente fosse o método de ensino, as diferenças nas aprendizagens seriam atribuídas ao método e não à inteligência. A mortalidade não afeta, pois, como os grupos são equiparáveis, o número de pessoas que abandonam cada grupo tenderá a ser o mesmo, salvo que as condições experimentais tenham algo especial que faça com que os sujeitos abandonem o experimento; por exemplo, que as condições sejam ameaçadoras para os participantes e, nesse caso, a situação é detectada, analisada a fundo e corrigida. De qualquer modo, o experimentador tem controle sobre a situação, porque sabe que tudo é igual para os grupos, com exceção do tratamento experimental.

Outras interações também não podem afetar os resultados, porque se a seleção é controlada, suas interações funcionam de modo similar em todos os grupos. Além disso, a história pode ser controlada se tomarmos o cuidado de que nenhum acontecimento afete somente um grupo. E se o evento ocorrer em todos os grupos, mesmo que afete o fará da mesma maneira em todos eles.

Em síntese, o que influencia em um grupo também irá influenciar de maneira equivalente nos demais. Esse raciocínio se aplica a todos os desenhos experimentais "puros".

Exemplo
Do desenho com um pós-teste, vários grupos e um controle

Um pesquisador realiza um experimento para analisar como o tipo de liderança do supervisor influencia a produtividade dos trabalhadores.

Pergunta de pesquisa: "O tipo de liderança exercida pelos supervisores de produção em uma montadora influencia a produtividade dos trabalhadores dessa área?".

Hipótese de pesquisa: "Diferentes tipos de liderança exercida pelos supervisores terão efeitos diferentes na produtividade".

Noventa trabalhadores da linha de produção da montadora são selecionados por sorteio para três condições experimentais: 1) 30 trabalhadores realizam uma tarefa sob o comando de um supervisor autoritário, 2) 30 executam a tarefa sob o comando de um supervisor democrático, 3) 30 efetuam a tarefa sob o comando de um supervisor *laissez-faire* (que não supervisiona diretamente, não exerce pressão e é permissivo). Por último, mais 30 são selecionados de forma aleatória para o grupo controle em que não há supervisor. No total, são 120 trabalhadores.

São formados grupos de 10 trabalhadores para o desempenho da tarefa (montar um sistema de alças ou cabos para automóveis). Portanto, haverá 12 grupos de trabalho divididos em três tratamentos experimentais e um grupo controle. A tarefa é a mesma para todos e os instrumentos de trabalho também, assim como o ambiente físico (iluminação, temperatura, etc.). As instruções são idênticas.

Foram preparados três supervisores (desconhecidos de todos os trabalhadores participantes) para que exerçam os três papéis (democrático, autoritário e *laissez-faire*). Os supervisores foram distribuídos entre os horários por sorteio.

Supervisor	Papéis		
Supervisor 1 trabalha com...	Autoritário 10 sujeitos 10:00 – 14:00 h Segunda-feira	Democrático 10 sujeitos 15:00-19:00 h Segunda-feira	*Laissez-faire* 10 sujeitos 10:00-14:00 h Terça-feira
Supervisor 2 trabalha com...	10 sujeitos 15:00-19:00 h Segunda-feira	10 sujeitos 10:00-14:00 h Terça-feira	10 sujeitos 10:00-14:00 h Segunda-feira
Supervisor 3 trabalha com...	10 sujeitos 10:00-14:00 h Terça-feira	10 sujeitos 10:00-14:00 h Segunda-feira	10 sujeitos 15:00-19:00 Segunda-feira

Supervisor	Papéis		
Sem supervisor	10 sujeitos 10:00-14:00 h Segunda-feira	10 sujeitos 15:00-19:00 h Segunda-feira	10 sujeitos 10:00-14:00 h Terça-feira

Se observarmos bem, os três supervisores interagem em todas as condições (exercem os três papéis), isso para evitar que a aparência física ou a personalidade do supervisor afete os resultados. Isto é, se um supervisor for mais "carismático" do que os demais e influenciar na produtividade, sua influência se dará nos três grupos.

O horário está controlado, pois os três papéis são aplicados em todas as horas em que o experimento é realizado. Isto é, as três condições sempre são realizadas de forma simultânea. Esse exemplo poderia ser esquematizado da seguinte maneira:

$$
\begin{array}{lll}
RG_1 & X_1 \text{ (supervisão com papel autoritário)} & O_1 \\
RG_2 & X_2 \text{ (supervisão com papel democrático)} & O_2 \quad \text{Comparações} \\
RG_3 & X_3 \text{ (supervisão com papel } laissez\text{-faire)} & O_3 \quad \text{em produtividade} \\
RG_4 & -\text{ (sem supervisão)} & O_4
\end{array}
$$

2. Desenho com um pós-teste e grupo controle

Esse desenho incorpora a administração de pré-testes para os grupos que compõem o experimento. Os participantes dos grupos são selecionados por sorteio, depois o pré-teste é aplicado simultaneamente; um grupo recebe o tratamento experimental e outro não (é o grupo controle); por último, administramos a eles, também simultaneamente, um pós-teste. O desenho seria diagramado assim:

$$
\begin{array}{llll}
RG_1 & O_1 & X & O_2 \\
RG_2 & O_3 & - & O_4
\end{array}
$$

A adição do teste prévio oferece duas vantagens: a primeira é que suas pontuações servem para o controle no experimento, pois ao compararmos os pré-testes dos grupos estamos avaliando quão adequada foi a seleção aleatória, que é conveniente com grupos pequenos. Em grupos grandes, a técnica de distribuição aleatória funciona, mas quando temos grupos de 15 pessoas não temos muito para avaliar o quanto a seleção por sorteio funcionou. A segunda vantagem é que ele permite analisar o ganho de pontos de cada grupo (a diferença entre as pontuações do pré-teste e do pós-teste).

O desenho elimina o impacto de todas as fontes de invalidação interna pelas mesmas razões apresentadas no desenho anterior (desenho com um pré-teste e grupo controle). E a aplicação de testes está controlada, porque se o pré-teste afetar as pontuações do pós-teste o fará da mesma maneira em ambos os grupos. O que influencia um grupo deverá afetar da mesma maneira o outro, para manter a equivalência entre ambos.

Em alguns casos, para não repetir exatamente o mesmo teste, são desenvolvidas duas versões dele que sejam equivalentes (que produzam os mesmos resultados).[13] A história é controlada quando se toma cuidado para que nenhum acontecimento afete apenas um grupo.

É possível ampliar esse desenho para incluir mais de dois grupos, que seria diagramado de uma maneira geral do seguinte modo:

$$
\begin{array}{llll}
RG_1 & O_1 & X_1 & O_2 \\
RG_2 & O_2 & X_2 & O_4 \\
RG_3 & O_3 & X_3 & O_6 \\
\cdot & \cdot & \cdot & \cdot \\
\cdot & \cdot & \cdot & \cdot \\
\cdot & \cdot & \cdot & \cdot \\
RG_k & O_{2k-1} & X_k & O_{2k} \\
RG_{k+1} & O_{2k+1} & \text{———} & O_{2(k+1)}
\end{array}
$$

Temos diversos tratamentos experimentais e um grupo controle. Se este for excluído, o desenho irá se chamar "desenho de pré-teste/pós-teste com grupos distribuídos aleatoriamente" (Simon, 1985).

> ## Exemplo
> Do desenho de pré-teste/pós-teste com grupo controle
>
> Um pesquisador quer analisar o efeito de utilizar um DVD didático com canções para ensinar hábitos de higiene para crianças de 4 a 5 anos.
>
> Pergunta de pesquisa: "Será que os DVDs didáticos com canções são mais efetivos para ensinar hábitos de higiene para as crianças de 4 a 5 anos se comparados com outros métodos tradicionais de ensino?".
>
> Hipótese de pesquisa: "Os DVDs didáticos são um método mais efetivo de ensino de hábitos de higiene para as crianças de 4 a 5 anos do que a explicação verbal e os livros impressos".
>
> Cem crianças de 4 a 5 anos foram selecionadas por sorteio para quatro grupos:
>
> 1. um grupo receberá instrução sobre hábitos de higiene com um DVD com caricaturas e canções com 30 minutos de duração;
> 2. outro grupo receberá explicações sobre hábitos de higiene de uma professora instruída para isso, o tempo será de 30 minutos e perguntas não serão permitidas;
> 3. o terceiro grupo lerá um livro infantil ilustrado com explicações sobre hábitos de higiene (a publicação foi pensada para que uma criança comum de 4 a 5 anos a leia em 30 minutos);
> 4. o grupo controle assistirá o DVD sobre outro tema durante 30 minutos.
>
> Os grupos permanecerão simultaneamente em quatro salas de aula. Todas as explicações (DVD, instrução oral e livro) conterão a mesma informação e as instruções são padronizadas.
>
> Antes de iniciar o tratamento experimental, será aplicado um teste para todos os grupos sobre conhecimento de hábitos de higiene criado especialmente para crianças, e ele também será aplicado quando todos tiverem recebido a explicação dentro do segmento correspondente. O exemplo seria esquematizado da seguinte forma:
>
> **TABELA 7.2**
> Diagrama do exemplo de desenho de pré-teste / pós-teste com grupo controle
>
> | | | | |
> |---|---|---|---|
> | RG_1 | O_1 | Vídeo didático (X_1) | O_2 |
> | RG_2 | O_2 | Explicação verbal (X_2) | O_4 |
> | RG_3 | O_3 | Leitura de livro ilustrado (X_3) | O_6 |
> | RG_4 | O_7 | Não estímulo | O_8 |
>
>   ↑ Teste de conhecimentos sobre higiene   ↑ Teste de conhecimentos sobre higiene
>
> As possíveis comparações nesse desenho são: a) entre os pré-testes (O_1, O_3, O_5 e O_7), b) entre os pós-testes para analisar qual foi o método de ensino mais efetivo (O_2, O_4, O_6 e O_8), c) o ganho de pontos de cada grupo (O_1 se comparado a O_2, O_3 se comparado a O_4, O_5 se comparado a O_6 e O_7 se comparado a O_8) e d) o ganho de pontos dos grupos entre eles. Assim como em todos os desenhos experimentais é possível ter mais de uma variável dependente (por exemplo, interesse por hábitos de higiene, satisfação com o método de ensino, etc.). Nesse caso, os pré-testes e os pós-testes medirão diversas variáveis dependentes.

> Vamos ver alguns possíveis resultados desse exemplo e suas interpretações:
>
> 1. Resultado: $O_1 \neq O_2$, $O_3 \neq O_4$, $O_5 \neq O_6$, $O_7 \neq O_8$; mas $O_2 \neq O_4$, $O_2 \neq O_6$, $O_4 \neq O_6$.
>   Interpretação: existem efeitos de todos os tratamentos experimentais, mas eles são diferentes.
> 2. Resultado: $O_1 = O_3 = O_5 = O_2 = O_6 = O_7 = O_8$; mas $O_3 \neq O_4$.
>   Interpretação: não existem efeitos de X_1 nem X_3, mas sim de X_2.
> 3. Resultado: $O_1 = O_3 = O_5 = O_7$ e $O_2 = O_4 = O_6 = O_8$; mas O_1, O_3, O_5 e $O_7 < O_2$, O_4, O_6 e O_8.
>   Interpretação: não existem efeitos dos tratamentos experimentais, mas um possível efeito de sensibilização do pré-teste ou de maturação em todos os grupos (ele é igual e está sob controle).

3. Desenho de quatro grupos, de Solomon

Solomon (1949) descreveu um desenho que era a mescla dos dois anteriores (desenho com um pós-teste e grupo controle mais desenho de pré-teste/pós-teste com grupo controle). A soma desses dois desenhos cria quatro grupos: dois experimentais e dois controle, os primeiros recebem o mesmo tratamento experimental e os segundos não recebem tratamento. O pré-teste é aplicado apenas para um dos grupos experimentais e um dos grupos controle; para os outros grupos se aplica o pós-teste. Os participantes são selecionados de forma aleatória.

O desenho é diagramado assim:

$$\begin{array}{cccc} RG_1 & O_1 & X & O_2 \\ RG_2 & O_3 & — & O_4 \\ RG_3 & — & X & O_5 \\ RG_4 & — & — & O_6 \end{array}$$

O desenho original inclui somente quatro grupos e um tratamento experimental. Os efeitos são determinados comparando os quatro pós-testes. Os grupos um e três são experimentais, e os grupos dois e quatro são controle.

A vantagem desse desenho é que o experimentador tem a possibilidade de verificar os possíveis efeitos do pré-teste sobre o pós-teste, porque para alguns grupos se aplica um teste prévio e para outros não. É provável que o pré-teste afete o pós-teste ou que aquele interaja com o tratamento experimental. Por exemplo, com médias de uma variável determinada poderíamos encontrar o que mostra a Tabela 7.3:

TABELA 7.3
Exemplo de efeito de pré-teste no desenho de Solomon

RG_1	$O_1 = 8$	X	$O_2 = 14$
RG_2	$O_3 = 8{,}1$	—	$O_4 = 11$
RG_3	—	X	$O_5 = 11$
RG_4	—	—	$O_6 = 8$

Teoricamente, O_2 deveria ser igual a O_5, porque ambos os grupos receberam o mesmo tratamento; do mesmo modo, O_4 e O_6 deveriam ter o mesmo valor, porque nenhum recebeu estímulo experimental. Mas se $O_2 \neq O_5$ e $O_4 \neq O_6$, então qual é a única diferença entre O_2 e O_5, e entre O_4 e O_6? A resposta é o pré-teste. As diferenças podem ser atribuídas a um efeito do pré-teste (o pré-teste atinge, aproximadamente, três pontos e o tratamento experimental três pontos também, um pouco mais ou um pouco menos). Vamos ver isso esquematicamente:

Ganho com pré-teste e tratamento = 6
Ganho com pré-teste e sem tratamento = 2,9 (quase 3)

Como a técnica de distribuição aleatória torna os grupos equivalentes no início, a média do pré-teste talvez fosse próxima de oito para todos se tivesse sido aplicada para os quatro grupos. O "suposto ganho" (suposto porque não houve pré-teste) do terceiro grupo, com tratamento e sem pré-testes, é de três. E o "suposto ganho" (suposto porque também não houve pré-teste) do quarto grupo é nulo ou inexistente (zero).

Isso indica que quando há pré-teste e estímulo podemos obter a pontuação máxima de 14, se há somente pré-teste ou estímulo a pontuação é de 11, e quando não há nem pré-teste nem estímulo é 8 (qualificação que todos devem ter inicialmente por causa da seleção por sorteio). Também poderíamos ter um resultado como o da Tabela 7.4. Nesse caso o pré-teste não afeta (veja a comparação entre 0_3 e 0_4), mas o estímulo sim (compare 0_5 com 0_6); mas quando o estímulo ou tratamento se une ao pré-teste podemos observar um efeito importante (compare 0_1 com 0_2), um efeito de interação entre o tratamento e o pré-teste.

O **desenho de Solomon** controla todas as fontes de invalidação interna pelas mesmas razões que foram explicadas em desenhos "puros" anteriores. A aplicação de testes é submetida a uma análise rigorosa.

TABELA 7.4
Exemplo do efeito de interação entre o pré-teste e o estímulo no desenho de Solomon

RG_1	$0_1 = 7,9$	X	$0_2 = 14$
RG_2	$0_3 = 8$	—	$0_4 = 8,1$
RG_3	—	X	$0_5 = 11$
RG_4	—	—	$0_6 = 7,9$

4. Desenhos experimentais de séries cronológicas múltiplas

Os três desenhos experimentais comentados servem essencialmente para analisar efeitos imediatos ou a curto prazo. Às vezes, o interesse do experimentador é analisar efeitos a médio ou longo prazo, porque tem bases para supor que a influência da variável independente na dependente demora a se manifestar. Por exemplo, programas de difusão de inovações, métodos educativos, modelos de treinamento ou estratégias das psicoterapias.

SÉRIE CRONOLÓGICA Desenho que ao longo do tempo realiza várias observações ou medições sobre uma ou mais variáveis, sendo ou não experimental (ver Capítulo 5 do CD anexo).

E, outras vezes, o que estamos buscando é avaliar a evolução do efeito no curto, médio e longo prazo (e não só o resultado). E também, às vezes, uma única aplicação do estímulo não tem efeitos (uma dose de um medicamento, um único programa de televisão, alguns poucos anúncios no rádio, etc.). Nesses casos é conveniente adotar desenhos com vários pós-testes ou, ainda, com diversos pré-testes e pós-testes, com repetição do estímulo, com vários tratamentos aplicados em um mesmo grupo e em outras condições. Esses desenhos são conhecidos como **séries cronológicas experimentais** (ver Capítulo 5 do CD anexo: "Diseños experimentales: segunda parte"). Na verdade, o termo "série cronológica" é aplicado a qualquer desenho que realize ao longo do tempo várias observações ou medições sobre uma ou mais variáveis, sendo ou não experimental, só que nesse caso elas são chamadas de experimentais porque reúnem os requisitos para sê-lo.

Nesses desenhos é possível ter dois ou mais grupos e os participantes são selecionados por sorteio.

5. Desenhos fatoriais

Às vezes, o pesquisador pretende analisar experimentalmente qual é o efeito da manipulação de mais de uma variável independente sobre a ou as variáveis dependentes. Por exemplo, analisar o efeito que têm sobre a produtividade dos trabalhadores: 1) a fonte de *feedback* sobre o desempenho no trabalho (pelo supervisor "cara a cara", por escrito ou por meio dos colegas) e 2) o tipo de *feedback* (positivo, negativo e positivo/negativo). Nesse caso são manipuladas duas variáveis independentes. Ou ainda, em outro exemplo, determinar o efeito de três medicamentos diferentes (primeira variável independente, tipo de medicamento) e a dose diária (segunda variável independente, com dois níveis, vamos supor 40 e 20 mg) sobre a cura de uma doença (variável dependente). Aqui também temos duas independentes. Mas poderíamos ter três ou mais: saber como afetam no nível de aceleração de um veículo (dependente) o peso do chassi (dois pesos diferentes), o material com que é fabricado (vamos supor três tipos de materiais), o tamanho dos aros ou diâmetros das rodas (14, 15 e 16 polegadas) e o *design* da carroceria (p. ex., dois desenhos diferentes). Quatro variáveis independentes. Esses desenhos são conhecidos como fatoriais.

Os **desenhos fatoriais** manipulam duas ou mais variáveis independentes e incluem dois ou mais níveis ou modalidades de presença em cada uma das variáveis independentes. Eles são utilizados frequentemente na pesquisa experimental. A construção básica de um desenho fatorial consiste em que todos os níveis ou modalidades de cada variável independente são utilizados em combinação com todos os níveis ou modalidades das outras variáveis independentes (Wiersma e Jurs, 2008). Esses desenhos são mostrados e avaliados no Capítulo 5 do CD: "Diseños experimentales: segunda parte".

✓ O QUE É A VALIDADE EXTERNA?

Um experimento deve buscar, antes de tudo, *validade interna*, isto é, confiança nos resultados. Se isso não for conseguido, não há experimento "puro". O primeiro a fazer é eliminar as fontes que ameaçam essa validade. Mas a validade interna é somente uma parte da validade de um experimento; além dela também se espera que o experimento tenha validade externa. A **validade externa** se refere a quão generalizáveis são os resultados de um experimento a situações não experimentais, assim como a outros participantes ou populações. Ela responde a pergunta: Aquilo que encontrei no experimento pode ser aplicado a quais tipos de pessoas, grupos, contextos e situações?

VALIDADE EXTERNA Possibilidade de generalizar os resultados de um experimento para situações não experimentais, assim como para outras pessoas e populações.

Por exemplo, se realizarmos um experimento com métodos de aprendizagem e os resultados puderem ser generalizados para o ensino diário da educação infantil do país, o experimento terá validade externa; nesse sentido, se eles forem generalizados para o ensino infantil, fundamental e médio diários, ele terá muito mais validade externa.

Assim, os resultados de experimentos sobre liderança e motivação que forem generalizados para situações diárias de trabalho nas empresas, a atividade das organizações governamentais e não governamentais, e até mesmo o funcionamento dos grupos de crianças e jovens escoteiros, são experimentos com validade externa.

Fontes de invalidação externa

Existem diversos fatores que podem ameaçar a validade externa, os mais comuns são:

1. Efeito reativo ou de interação dos testes

Ele aparece quando o pré-teste aumenta ou diminui a sensibilidade ou a qualidade da reação dos participantes em relação à variável experimental, e isso contribui para que os resultados obtidos para uma população, com pré-teste, não possam ser generalizados para aqueles que fazem parte dessa população, mas sem pré-teste. Babbie (2009) utiliza um excelente exemplo dessa influência: em um experimento desenhado para analisar se um filme diminui o preconceito racial, o pré-teste poderia sensibilizar o grupo experimental e o filme conseguir um efeito maior do que teria se os pré-testes não fossem aplicados (p. ex., se o filme fosse exibido em um cinema ou na televisão).

2. Efeito de interação entre os erros de seleção e o tratamento experimental

Esse fator se refere a que sejam escolhidas pessoas com uma ou várias características que façam com que o tratamento experimental produza um efeito, que não seria produzido se as pessoas não tivessem essas características. Por exemplo, se selecionarmos trabalhadores muito motivados para um experimento sobre produtividade, talvez o tratamento somente tivesse efeito nesse tipo de trabalhadores e não em outros (ele somente funciona com indivíduos extremamente motivados). Isso poderia ser resolvido com uma amostra representativa de todos os trabalhadores ou introduzindo um desenho fatorial, e uma das variáveis fosse o grau de motivação (ver desenhos fatoriais no Capítulo 5 do CD: "Diseños experimentales: segunda parte").

Às vezes, esse fator aparece quando são recrutados voluntários para a realização de alguns experimentos.

3. Efeitos reativos dos tratamentos experimentais

A "artificialidade" das condições pode fazer com que o contexto experimental seja atípico, em relação a como ele geralmente é aplicado (Campbell, 1975). Por exemplo, por causa da presença de observadores e da equipe, os participantes podem mudar sua conduta normal na variável dependente medida, que não seria alterada em uma situação comum onde o tratamento fosse aplicado. Então, o experimentador deve pensar nisso para fazer com que os sujeitos se esqueçam de que estão em um experimento e não se sintam observados. Essa fonte também é conhecida como "efeito Hawthorne", devido a uma série de experimentos muito famosos desenvolvidos – entre 1924 e 1927 – em uma fábrica da Western Eletric Company situada no bairro de Hawthorne, Chicago, em que ao variar as condições de iluminação a produtividade dos trabalhadores aumentava, mas de maneira igual ao aumentar a intensidade da luz do que ao diminuí-la e, nesse sentido, as mudanças na produtividade ocorreram porque os participantes se sentiam cuidados (Ballantyne, 2000).

4. Interferência de tratamentos múltiplos

Quando vários tratamentos são aplicados em um grupo experimental para conhecer seus efeitos separadamente e em conjunto (p. ex., em crianças para ensinar hábitos de higiene com um DVD, mais uma dinâmica que envolva jogos, mais um livro explicativo); e mesmo que os tratamentos não sejam de impactos reversíveis, isto é, que seus efeitos não possam ser apagados, as conclusões somente poderão ser válidas para as crianças que passem pela mesma sequência de tratamentos, sejam eles múltiplos ou a repetição destes (ver os desenhos com diversos tratamentos no Capítulo 5 do CD: "Diseños experimentales: segunda parte").

5. Impossibilidade de reproduzir os tratamentos

Quando os tratamentos são tão complexos que não podem ser reproduzidos em situações não experimentais é difícil generalizar.

6. Descrições insuficientes do tratamento experimental

Às vezes, o tratamento ou os tratamentos experimentais não são suficientemente descritos no relatório do estudo, portanto, se outro pesquisador quiser reproduzi-los será muito difícil ou impossível fazê-lo (Mertens, 2008). Por exemplo, indicações como: "a intervenção funcionou" não nos diz nada, e é por isso que devemos especificar qual foi a intervenção. As instruções devem ser incluídas, e a precisão é um elemento importante.

7. Efeito de novidade e interrupção

Um novo tratamento pode ter resultados positivos simplesmente por ser percebido como novidade ou, o contrário: ter um efeito negativo porque interrompe as atividades normais dos participantes. Nesse caso, é recomendável induzir paulatinamente os sujeitos ao tratamento (não de maneira intempestiva) e esperar que assimilem as mudanças provocadas por ele (Mertens, 2008).

8. O experimentador

Que também consideramos uma fonte de invalidação interna pode provocar alterações ou mudanças que não aparecem em situações não experimentais. Ou seja, que o tratamento somente tenha efeito com a intervenção do experimentador.

9. Interação entre a história ou o lugar e os efeitos do tratamento experimental

Um experimento conduzido em um contexto determinado (tempo e lugar), às vezes não pode ser duplicado (Mertens, 2005 e 2008). Por exemplo, um estudo realizado em uma empresa no momento em que os departamentos estão sendo reestruturados (onde alguns talvez sejam mantidos, outros reduzidos e até que certos departamentos sejam extintos). Ou, ainda, um experimento em uma escola de ensino médio, realizado ao mesmo tempo em que sua equipe de futebol conquistou um campeonato nacional. Às vezes, também, os resultados do experimento não podem ser generalizados para outros lugares ou ambientes. Se realizarmos uma pesquisa em uma escola pública recém inaugurada e que pode contar com os maiores avanços tecnológicos educativos, será que podemos extrapolar os resultados para todas as escolas públicas da localidade? Às vezes temos de analisar o efeito do tratamento em diferentes lugares e tempos (Creswell, 2009).

10. Mensuração da variável dependente

Às vezes um instrumento não registra mudanças na variável dependente (p. ex., questionário) e outro sim (observação). Se um experimento utilizar um instrumento para coletar dados e, desse modo, seus resultados podem ser comparados, outros estudos deverão avaliar a variável dependente com o mesmo instrumento ou um equivalente (o mesmo em situações não experimentais).

Para conseguir maior validade externa é conveniente ter grupos que sejam o mais parecido possível com a maioria das pessoas que queremos generalizar, e repetir o experimento várias vezes com diferentes grupos (até onde o orçamento e o tempo que se pode gastar permitirem). E, do mesmo modo, fazer com que o contexto experimental seja o mais similar possível ao contexto que se pretende generalizar. Por exemplo, no caso de métodos de ensino seria muito apropriado utilizar as mesmas salas de aula normalmente utilizadas pelos participantes, e que as instruções sejam proporcionadas pelos professores de sempre. Claro que às vezes isso não é possível. No entanto, o experimentador deve se esforçar para que aqueles que participam não sintam, ou que sintam o menos possível, que está sendo realizado um experimento com eles.

✓ QUAIS PODEM SER OS CONTEXTOS DOS EXPERIMENTOS?

Na literatura sobre a pesquisa do comportamento se distinguem dois contextos nos quais o desenho experimental pode ser desenvolvido: laboratório e campo. Assim, falamos de experimentos de laboratório e experimentos de campo.

Os primeiros são realizados sob condições controladas, nas quais o efeito das fontes de invalidação interna é eliminado, assim como de outras possíveis variáveis independentes que não são manipuladas ou não interessam (Hernández Sampieri e Mendonza, 2008). Os **experimentos de campo** são estudos realizados em

> **CONTEXTO DE CAMPO** Experimento em uma situação mais real e natural, na qual o pesquisador manipula uma ou mais variáveis.

uma situação "real" na qual uma ou mais variáveis independentes são manipuladas pelo experimentador em condições tão cuidadosamente controladas quanto a situação permitir (Kerlinger e Lee, 2002).

A diferença essencial entre ambos os contextos é o "realismo" com que os experimentos são realizados, isto é, o grau em que o ambiente é natural para os sujeitos.

Um exemplo é quando criamos salas para ver televisão e as adaptamos de tal modo que seja possível controlar o ruído exterior, a temperatura e outras distrações; daí incluímos uma equipe de filmagem escondida e levamos as crianças para que vejam programas de televisão gravados. Dessa maneira, estamos realizando um experimento de laboratório (situação construída "artificialmente"). Mas, se o experimento for realizado no ambiente cotidiano dos sujeitos (como em suas casas), ele é um experimento de campo.

CONTEXTO DE LABORATÓRIO
Experimento em que o efeito de todas ou quase todas as variáveis independentes que podem influenciar, e que não se referem ao problema de pesquisa, é mantido o mais reduzido possível.

Os **experimentos de laboratório** geralmente conseguem um controle mais rigoroso do que os experimentos de campo (Festinger, 1993), mas estes últimos costumam ter maior validade externa. Ambos os tipos de experimentos têm seu valor.

Alguns autores acusaram os experimentos de laboratório de "artificialidade", de ter pouca validade externa, de manter distância em relação ao grupo estudado, de impossibilitar um entendimento completo do fenômeno analisado, de ser reducionista e de descontextualizar a conduta humana para simplificar sua interpretação (Mertens, 2005).

Mas, como argumenta Festinger (1993, p. 139):

> Essa crítica precisa ser avaliada, pois é bem provável que seja consequência de uma interpretação equivocada sobre as finalidades do experimento de laboratório. Ele não precisa, e nem deve, ser uma tentativa de duplicar uma situação da vida real. Se quiséssemos estudar algo em uma situação desse tipo, seria muito bobo ter o trabalho de organizar um experimento de laboratório para reproduzir essa situação. Por que não estudá-la diretamente? O experimento de laboratório deve tentar criar uma situação na qual se possa ver claramente como as variáveis operam em situações especialmente identificadas e definidas. O fato de que essa situação possa ou não ser encontrada na vida real não tem importância. É evidente que a situação da maior parte dos experimentos de laboratórios nunca pode ser encontrada na vida real. No entanto, no laboratório podemos determinar com exatidão o quanto uma variável específica afeta a conduta ou as atitudes em condições especiais ou puras.

✓ QUAL É O ALCANCE DOS EXPERIMENTOS E DE QUAL ENFOQUE ELES VÊM?

Pelo fato de analisar as relações entre uma ou mais variáveis independentes e uma ou mais dependentes, e também os efeitos causais das primeiras sobre as segundas, os experimentos são estudos explicativos (que, obviamente, determinam correlações). São desenhos que se fundamentam no enfoque quantitativo e no paradigma dedutivo. Eles se baseiam em hipóteses preestabelecidas, medem variáveis, e sua aplicação deve se sujeitar ao desenho preconcebido; ao serem desenvolvidos, o pesquisador está centrado na validade, no rigor e no controle da situação de pesquisa. Além disso, a análise estatística dos dados é fundamental para se atingir os objetivos de conhecimento. Segundo Feuer, Towe e Shavelson (2002), sua finalidade é estimar efeitos causais.

✓ SIMBOLOGIA DOS DESENHOS COM EMPARELHAMENTO EM VEZ DE SELEÇÃO POR SORTEIO

Conforme já comentados, outra técnica para tornar os grupos inicialmente equivalentes é o emparelhamento. Mas esse método é menos preciso do que a seleção por sorteio. Os desenhos são representados com um "E" de emparelhamento, em vez do "R" (seleção aleatória ou por sorteio). Por exemplo:

$$\begin{array}{lll} EG_1 & X_1 & 0_1 \\ EG_2 & X_2 & 0_2 \\ EG_3 & — & 0_3 \end{array}$$

QUAIS SÃO OS OUTROS EXPERIMENTOS? QUASE EXPERIMENTOS

Os desenhos quase experimentais também manipulam deliberadamente, ao menos, uma variável independente para observar seu efeito e relação com uma ou mais variáveis dependentes, mas eles diferem dos experimentos "puros" no grau de segurança ou confiabilidade que possam ter sobre a equivalência inicial dos grupos. Nesses desenhos os sujeitos não são selecionados por sorteio para os grupos nem emparelhados, pois esses grupos já estão formados antes do experimento: são grupos intactos (a razão pela qual surgem e a maneira como foram formados é independente ou separada do experimento). Um exemplo é quando os grupos do experimento são três grupos formados antes da realização do experimento e cada um deles é um grupo experimental. Vamos ver isso graficamente:

Grupo A (30 estudantes)   Grupo experimental com X_1
Grupo B (26 estudantes)   Grupo experimental com X_2
Grupo C (34 estudantes)   Grupo controle

Outros exemplos seriam utilizar grupos terapêuticos já integrados, equipes esportivas previamente formadas, trabalhadores de turnos estabelecidos ou grupos de habitantes de diferentes regiões geográficas (que já estiverem agrupados por região).

Os desenhos quase experimentais específicos são revisados no Capítulo 5 do CD anexo: "Diseños experimentales: segunda parte".

PASSOS DE UM EXPERIMENTO

Na sequência serão apresentados os passos principais que são realizados no desenvolvimento de um experimento:

Passo 1: Decidir quantas variáveis independentes e dependentes deverão ser incluídas no experimento. O melhor experimento não é necessariamente aquele que inclui o maior número de variáveis; devemos incluir as variáveis necessárias para testar as hipóteses, atingir os objetivos e responder às perguntas de pesquisa.

Passo 2: Escolher os níveis ou modalidades de manipulação das variáveis independentes e traduzi-los para tratamentos experimentais.

Passo 3: Desenvolver o instrumento ou instrumentos para medir a ou as variáveis dependentes.

Passo 4: Selecionar para o experimento uma amostra de pessoas que têm o perfil que nos interessa.

Passo 5: Recrutar os participantes do experimento. Isso implica ter contato com eles, dar as explicações necessárias, obter seu consentimento e indicar a eles o lugar, dia, hora e pessoa para quem devem se apresentar. É sempre bom dar a eles o máximo de facilidades para que cheguem ao experimento (se possível oferecer transporte caso precisem, dar um mapa com as indicações precisas, etc.). Também é preciso entregar uma carta de apresentação (para eles ou para alguma instituição da qual fazem parte para facilitar sua participação no experimento; por exemplo, na escola para os diretores, professores e pais de família), ligar para eles no dia anterior à realização do experimento para que se lembrem de sua participação.

As pessoas devem achar sua participação no experimento estimulante. Portanto, é bom dar a elas algum presente (às vezes simbólico) que as agrade. Por exemplo, para donas de casa uma cesta de produtos básicos; para executivos uma cesta com dois ou três artigos; para estudantes, créditos escolares, etc., além de enviar a eles uma carta de agradecimento.

Passo 6: Selecionar o desenho experimental ou quase experimental apropriado para nossas hipóteses, objetivos e perguntas de pesquisa.

Passo 7: Planejar como vamos trabalhar com os participantes do experimento. Ou seja, elaborar um roteiro crítico sobre o que as pessoas vão fazer desde que chegam ao local do experimento até sua saída.

Passo 8: No caso de experimentos "puros", dividi-los por sorteio ou emparelhá-los; e no caso de quase experimentos, analisar cuidadosamente as propriedades dos grupos intactos.

Passo 9: Aplicar os pré-testes (quando houver), os respectivos tratamentos (quando não forem grupos controle) e os pós-testes.

Também é bom anotar o desenvolvimento do experimento, ter um registro minucioso de tudo que aconteceu ao longo dele.

Nos últimos anos, alguns autores têm sugerido (por razões éticas) que, algumas vezes, o estímulo ou tratamento experimental deve ser discutido com o sujeito antes de sua aplicação (Mertens, 2005), principalmente se envolver questões que exijam esforço físico ou que possam ter um forte impacto emocional. Isso é adequado desde que não se transforme em uma fonte de invalidação interna ou de anulação do experimento. Também se recomenda que, se um grupo tiver algum benefício com o tratamento (p. ex., com um método educativo ou um curso), após a conclusão do experimento ele seja oferecido para os demais grupos para que também aproveitem seus benefícios.

No Capítulo 5 do CD: "Diseños experimentales: segunda parte" também mostramos como controlar a influência de variáveis intervenientes e outros temas importantes.

✓ DESENHOS NÃO EXPERIMENTAIS

O que é a pesquisa não experimental quantitativa?

PESQUISA NÃO EXPERIMENTAL
Estudos realizados sem a manipulação deliberada de variáveis e nos quais somente observamos os fenômenos em seu ambiente natural para depois analisá-los.

Ela poderia ser definida como a pesquisa que é realizada sem a manipulação deliberada de variáveis. Ou seja, são estudos em que **não** fazemos variar de forma intencional as variáveis independentes para ver seu efeito sobre outras variáveis. O que fazemos na **pesquisa não experimental** é observar fenômenos da maneira como ocorrem em seu contexto natural, para depois analisá-los.

Em um experimento, o pesquisador constrói deliberadamente uma situação e vários indivíduos são expostos a ela. Essa situação consiste em receber um tratamento, uma condição ou um estímulo sob determinadas circunstâncias para depois avaliar os efeitos da exposição ou aplicação desse tratamento ou dessa condição. Em outras palavras, em um experimento "construímos" uma realidade.

Mas, em um estudo não experimental, não criamos nenhuma situação, observamos situações já existentes, não provocadas intencionalmente na pesquisa por nós que a realizamos. Na pesquisa não experimental as variáveis independentes acontecem e não é possível manipulá-las, não temos controle direto sobre essas variáveis nem podemos ter influência sobre elas, porque já aconteceram, assim como seus efeitos.

A pesquisa não experimental é um divisor de águas para vários estudos quantitativos, como as pesquisas de levantamento (*surveys*), os estudos *ex post facto** retrospectivos e prospectivos, etc. Para ilustrar a diferença entre um estudo experimental e um não experimental, vamos considerar o seguinte exemplo. Claro que não seria ético um experimento que obrigasse as pessoas a consumirem uma bebida que afeta gravemente a saúde. O exemplo é só para ilustrar o que foi exposto e talvez possa parecer um tanto grosseiro, mas é ilustrativo.

> ### Exemplo
> Para esclarecer a diferença entre a pesquisa experimental e a pesquisa não experimental
>
> Vamos supor que um pesquisador queira analisar o efeito do consumo de álcool nos reflexos humanos. Sua hipótese é: "Quanto maior for o consumo de álcool, maior será a lentidão nos reflexos das pessoas". Se ele decidisse seguir um enfoque experimental, vários grupos seriam formados com a seleção dos sujeitos por sorteio. Vamos supor que sejam quatro grupos: um primeiro grupo que os sujeitos ingerissem uma quantidade elevada de álcool (sete doses de tequila ou aguardente), um segundo grupo que tivesse um consumo médio de álcool (quatro doses), um terceiro que consumisse pouco álcool (apenas uma dose) e um quarto grupo controle que não ingerisse nenhum álcool. Ele iria controlar o intervalo no qual todos os sujeitos

---

* N. de R.T.: Estudos *ex post facto* são estudos que são realizados "após o fato" ter ocorrido.

> consomem sua "ração" de álcool (dose ou doses), assim como outros fatores (mesma bebida, quantidade de álcool servida em cada dose, etc.). Finalmente, iria medir a qualidade da resposta dos reflexos em cada grupo e comparar os grupos, para determinar o efeito do consumo de álcool sobre os reflexos humanos, e comprovar ou desconsiderar sua hipótese.
>
> Então, o enfoque poderia ser quase experimental (grupos intactos) ou a seleção para os grupos seria por emparelhamento (por exemplo, por gênero, que influencia a resistência ao álcool, pois a maioria das mulheres costuma tolerar menos quantidades que os homens).
>
> Mas, se decidisse seguir um enfoque não experimental, ele poderia ir a lugares onde sejam encontradas diferentes pessoas com diferentes consumos de álcool (p. ex., lugares onde seja feito o teste do nível de consumo de álcool, como uma delegacia de polícia). Ele encontraria pessoas que beberam quantidades elevadas, médias e baixas de álcool, e também aquelas que não ingeriram nada. Mediria a qualidade de seus reflexos, realizaria suas comparações e estabeleceria o efeito do consumo de álcool sobre os reflexos humanos, analisando se traz evidência a favor ou contra sua hipótese.

Em um estudo experimental construímos o contexto e manipulamos de maneira intencional a variável independente (nesse caso, o consumo do álcool), depois observamos o efeito dessa manipulação sobre a variável dependente (aqui, a qualidade dos reflexos). Ou seja, o pesquisador teve uma influência direta no grau de consumo de álcool dos participantes. Na pesquisa não experimental não há nem manipulação intencional nem seleção por sorteio. Os sujeitos já haviam consumido determinado nível de álcool e, nesse caso, o pesquisador não teve nada a ver com isso: ele não influenciou na quantidade de consumo de álcool dos participantes. Era uma situação que já existia, alheia ao controle direto que existe em um experimento. Na pesquisa não experimental foram escolhidas pessoas com diferentes níveis de consumo, que foram provocados por muitas causas, mas não pela manipulação intencional e prévia do consumo de álcool. Em síntese, em um estudo não experimental os indivíduos já pertenciam a um grupo ou nível determinado da variável independente por autosseleção.

Essa diferença essencial gera diferentes características entre a pesquisa experimental e a não experimental, que serão discutidas quando analisarmos comparativamente ambos os enfoques. Para que isso seja possível, precisamos abordar detalhadamente os tipos de pesquisa não experimental.

Os alcances da pesquisa experimental, tanto iniciais como finais, são correlacionais e explicativos. A pesquisa **não** experimental é sistemática e empírica, e nela as variáveis independentes não são manipuladas por que já aconteceram. As inferências sobre as relações entre variáveis são realizadas sem intervenção ou influência direta, e essas relações são observadas da mesma forma como acontecem em seu contexto natural.

Um exemplo não científico (e talvez muito coloquial) para insistir na diferença entre um experimento e um **não** experimento seriam as seguintes situações:

Experimento	Irritar intencionalmente uma pessoa e ver suas reações.
Não experimento	Ver as reações dessa pessoa quando chega irritada.

Mertens (2005) diz que a pesquisa não experimental é apropriada para variáveis que não podem ou devem ser manipuladas ou que é complicado fazê-lo. Alguns exemplos estão na Tabela 7.5.

✓ QUAIS SÃO OS TIPOS DE DESENHOS NÃO EXPERIMENTAIS?

Diferentes autores adotaram diversos critérios para catalogar a pesquisa não experimental. Mas neste livro consideramos a seguinte maneira de classificar essa pesquisa: por sua dimensão temporal ou o número de momentos ou pontos no tempo em que os dados são coletados.

Algumas vezes o principal objetivo da pesquisa é:

a) analisar qual é o nível ou modalidade de uma ou diversas variáveis em um momento determinado;

b) avaliar uma situação, comunidade, evento, fenômeno ou contexto em um ponto do tempo e/ou;
c) determinar ou situar qual é a relação entre um conjunto de variáveis em um momento.

TABELA 7.5
Variáveis não manipuláveis ou dificilmente manipuláveis em experimentos, e mais apropriadas para estudos não experimentais

Tipos	Exemplos
Características inerentes de pessoas ou objetos que são complexas de manipular.	*Habitat* de um animal, aumentos salariais elevados, tempo de serviço...
Características que não podem ser manipuladas por razões éticas.	Consumo de álcool, tabaco ou um medicamento (se a pessoa está saudável), agressões físicas, adoção, impedimentos físicos...
Características que não podem ser manipuladas.	Personalidade (todos os seus traços), energia explosiva de um vulcão, estado civil dos pais (divorciados, casados, união estável), massa de um meteorito...

Nesses casos, o desenho apropriado (com enfoque não experimental) é o transversal. Independentemente de seu alcance inicial ou final ser exploratório, descritivo, correlacional ou explicativo.

Outras vezes, a pesquisa se concentra em: a) estudar como uma ou mais variáveis evoluíram ou as relações entre elas, e/ou b) analisar as mudanças de um evento, uma comunidade, um fenômeno, uma situação ou um contexto ao longo do tempo. Em situações como estas, o desenho apropriado (com enfoque não experimental) é o longitudinal.

Então, os **desenhos não experimentais** podem ser classificados em transversais e longitudinais.

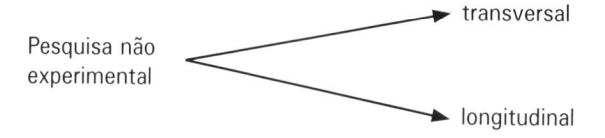

Pesquisa não experimental
→ transversal
→ longitudinal

Pesquisa transversal

DESENHOS TRANSVERSAIS
Pesquisas que coletam dados em um único momento.

Os **desenhos de pesquisa transversal** coletam dados em um só momento, em um tempo único. Seu propósito é descrever variáveis e analisar sua incidência e inter-relação em um momento determinado. É como tirar uma fotografia de algo que acontece. Por exemplo:

1. Pesquisar o número de empregados, desempregados e subempregados em uma cidade em determinado momento.
2. Medir as percepções e atitudes de mulheres jovens que foram abusadas sexualmente no último mês em uma cidade da América Latina.
3. Avaliar o estado dos edifícios de um bairro após um terremoto.
4. Analisar o efeito provocado por um ato terrorista na estabilidade emocional de um grupo de pessoas.
5. Analisar se existem diferenças de conteúdo sexual entre três novelas que estão sendo exibidas simultaneamente.

Esses desenhos seriam esquematizados da seguinte maneira:

> Coleta de dados única

Eles podem abranger vários grupos ou subgrupos de pessoas, objetos ou indicadores; e também diferentes comunidades, situações ou eventos. Por exemplo, analisar o efeito provocado por um ato terrorista na estabilidade emocional de crianças, adolescentes e adultos. Mas a coleta de dados sempre acontece em um único momento.

Os **desenhos transversais** se dividem em três: exploratórios, descritivos e correlacionais-causais.

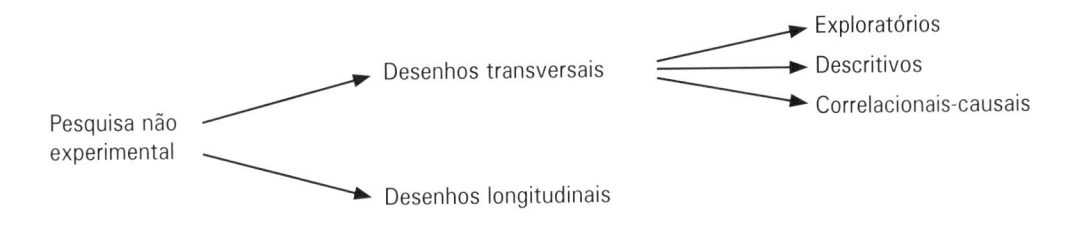

```
                          ┌──► Exploratórios
Pesquisa não ──► Desenhos transversais ──► Descritivos
experimental  └──► Desenhos longitudinais └──► Correlacionais-causais
```

Desenhos transversais exploratórios

O propósito dos **desenhos transversais exploratórios** é começar a conhecer uma variável ou um conjunto de variáveis, uma comunidade, um contexto, um evento, uma situação. Eles são uma exploração inicial em um momento específico. Geralmente são aplicados a problemas de pesquisa novos ou pouco conhecidos, além de ser o preâmbulo de outros desenhos (não experimentais e experimentais).

Por exemplo, algumas pesquisadoras pretendem obter um panorama sobre qual é o grau de contratação de pessoas com algum tipo de limitação (impedimentos físicos, deficiências motoras, visuais, mentais) realizada pelas empresas de uma cidade. Procuram nos arquivos municipais e encontram pouquíssima informação, vão até o Sindicato das Indústrias local e também não encontram dados relevantes. Então, iniciam uma sondagem nas empresas de sua localidade, fazendo uma série de perguntas para os chefes de pessoal, recursos humanos ou equivalentes: Vocês contratam pessoas com capacidades diferentes? Quantas pessoas por ano, por mês? Para que tipo de trabalhos?, etc. Quando exploram a situação conseguem ter uma visão do problema que lhes interessa e seus resultados são exclusivamente válidos para o tempo e lugar em que efetuaram seu estudo. Coletam os dados apenas uma vez. Depois poderiam planejar uma pesquisa descritiva mais profunda tendo como base a primeira abordagem, ou começar um estudo que verifique quais são as empresas que mais contratam indivíduos com algum tipo de limitação e por quais motivos.

✓ DESENHOS TRANSVERSAIS DESCRITIVOS

Os **desenhos transversais descritivos** têm como objetivo verificar a incidência das modalidades ou níveis de uma ou mais variáveis em uma população. O procedimento consiste em posicionar em uma ou diversas variáveis um grupo de pessoas ou outros seres vivos, objetos, situações, contextos, fenômenos, comunidades; e assim proporcionar sua descrição. São, portanto, estudos genuinamente descritivos e, quando estabelecem hipóteses, estas também são descritivas (de prognóstico de uma cifra ou valores).

> **DESENHOS TRANSVERSAIS DESCRITIVOS** Indicam a incidência das modalidades, categorias ou níveis de uma ou mais variáveis em uma população, são estudos genuinamente descritivos.

Por exemplo: posicionar um grupo de pessoas nas variáveis gênero, idade, estado civil e nível educacional.[14] Isso poderia ser representado assim (ver Figura 7.7):

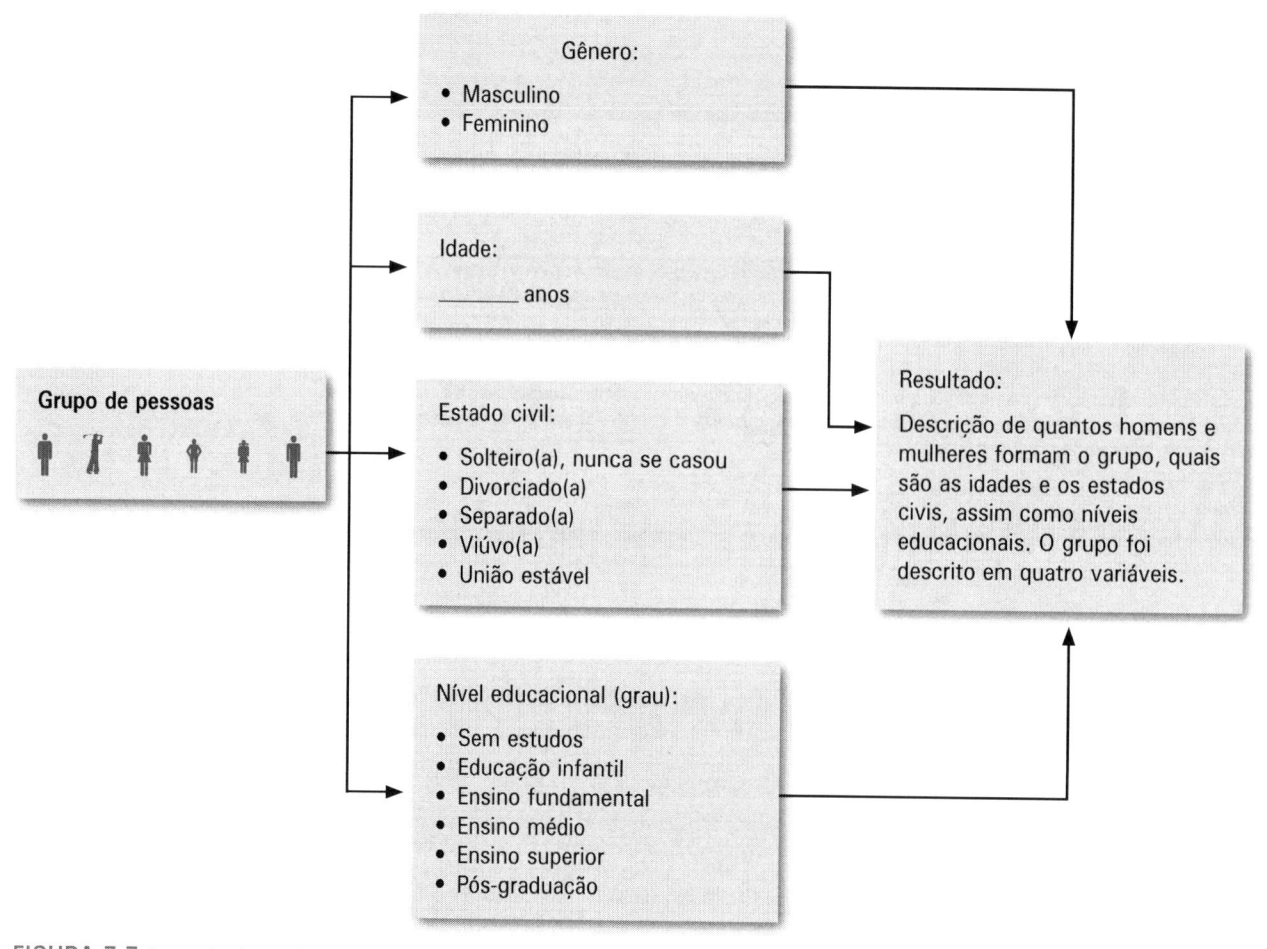

```
                    Gênero:
                    • Masculino
                    • Feminino

                    Idade:
                    _____ anos

Grupo de pessoas                                    Resultado:
                    Estado civil:                   Descrição de quantos homens e
                    • Solteiro(a), nunca se casou   mulheres formam o grupo, quais
                    • Divorciado(a)                 são as idades e os estados
                    • Separado(a)                   civis, assim como níveis
                    • Viúvo(a)                      educacionais. O grupo foi
                    • União estável                 descrito em quatro variáveis.

                    Nível educacional (grau):
                    • Sem estudos
                    • Educação infantil
                    • Ensino fundamental
                    • Ensino médio
                    • Ensino superior
                    • Pós-graduação
```

FIGURA 7.7 Exemplo de posicionamento de pessoas.

Às vezes, o pesquisador pretende realizar descrições comparativas entre grupos ou subgrupos de pessoas ou outros seres vivos, objetos, comunidades ou indicadores (ou seja, em mais de um grupo). Um exemplo é um pesquisador que queira descrever o nível de emprego em três cidades (Valência, Caracas e Trujillo, na Venezuela).

Exemplos

1. As famosas pesquisas de levantamento nacionais sobre as tendências dos eleitores durante períodos de eleição. Seu objetivo é descrever – em uma eleição específica – o número de eleitores que se mostram favoráveis aos diferentes candidatos que estão na disputa. Isto é, centram-se na descrição das preferências dos eleitores.
2. Uma análise sobre a tendência ideológica dos 15 jornais com maior tiragem na América Latina. O foco de atenção é somente descrever, em um momento determinado, qual é a tendência ideológica (esquerda ou direita) desses jornais. O objetivo não é ver por que apresentam uma ou outra ideologia, mas somente descrevê-las.
3. Uma pesquisa para avaliar os níveis de satisfação dos clientes de um hotel quanto ao serviço que recebem (não procura avaliar se as mulheres estão mais satisfeitas do que os homens, nem associar o nível de satisfação com a idade ou a condição financeira dos clientes).

Metodologia de pesquisa **173**

Imagine que seu único propósito é descrever fisicamente uma pessoa (vamos supor, Alexis, um menino de 8 anos), então você vai dizer qual é sua estatura, número de roupa, de que cor são seus cabelos e olhos, como é seu temperamento, etc. Assim são os estudos descritivos, e aqui fica claro que a noção de manipulação é inadmissível, porque cada variável ou conceito é abordado individualmente: as variáveis não são vinculadas. Além disso, a descrição de Alexis é a idade de 8 anos (um só momento), que irá variar em diferentes questões conforme ele cresça (número de roupa, p. ex.).

Desenhos transversais correlacionais-causais

Esses desenhos descrevem relações entre duas ou mais categorias, conceitos ou variáveis em um momento determinado. Às vezes, unicamente em termos correlacionais, outras em função da relação causa-efeito (causais).

A diferença entre os desenhos transversais descritivos e os **desenhos correlacionais-causais** está graficamente representada na Figura 7.8.

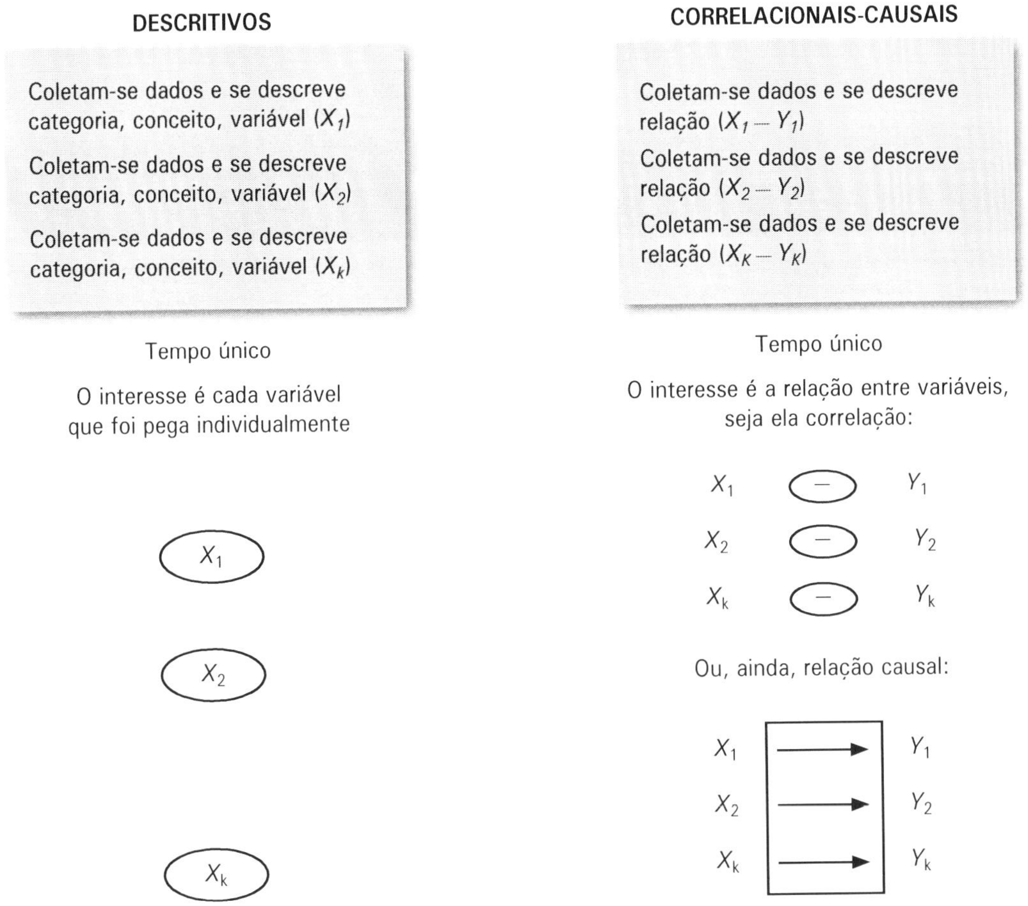

DESCRITIVOS

Coletam-se dados e se descreve categoria, conceito, variável (X_1)

Coletam-se dados e se descreve categoria, conceito, variável (X_2)

Coletam-se dados e se descreve categoria, conceito, variável (X_k)

Tempo único

O interesse é cada variável que foi pega individualmente

X_1

X_2

X_k

CORRELACIONAIS-CAUSAIS

Coletam-se dados e se descreve relação ($X_1 — Y_1$)

Coletam-se dados e se descreve relação ($X_2 — Y_2$)

Coletam-se dados e se descreve relação ($X_K — Y_K$)

Tempo único

O interesse é a relação entre variáveis, seja ela correlação:

X_1 — Y_1
X_2 — Y_2
X_k — Y_k

Ou, ainda, relação causal:

$X_1 \longrightarrow Y_1$
$X_2 \longrightarrow Y_2$
$X_k \longrightarrow Y_k$

FIGURA 7.8 Comparação de desenhos transversais descritivos e correlacionais-causais.

Portanto, os **desenhos correlacionais-causais** podem se limitar a estabelecer relações entre variáveis sem tornar preciso o sentido de causalidade ou pretender analisar relações causais. Quando se limitam a relações não causais, eles se fundamentam em formulações e hipóteses correlacionais; do mesmo modo, quando procuram avaliar vínculos causais, se baseiam em formulações e hipóteses causais. Vamos ver alguns exemplos.

> **Exemplos**
>
> 1. Uma pesquisa que pretendesse verificar a relação entre a atração e a confiança durante o namoro em casais jovens, observando quão vinculadas estão ambas as variáveis (limita-se a ser correlacional).
> 2. Uma pesquisa que estudasse como a motivação intrínseca influencia a produtividade dos trabalhadores da linha de produção de grandes indústrias, de um país específico e em um determinado momento, observando se os operários mais produtivos são os mais motivados; e se a resposta for positiva, avaliando por que e como a motivação intrínseca contribui para aumentar a produtividade (essa pesquisa estabelece primeiro a correlação e depois a relação causal entre as variáveis).
> 3. Um estudo sobre a urbanização e o alfabetismo em uma nação latino-americana, para ver quais variáveis medeiam essa relação (causal).
> 4. Um estudo que pretendesse analisar quem compra mais em uma loja de departamentos, os homens ou as mulheres (correlacional: associa gênero e nível de compra).

Com esses exemplos, podemos reafirmar o que foi comentado anteriormente: que em determinadas ocasiões o que se pretende é somente correlacionar categorias, variáveis, objetos ou conceitos; mas, em outras, o que se busca é determinar relações causais. Devemos lembrar que a causalidade implica correlação, mas nem toda correlação significa causalidade.

Esses desenhos podem ser extremamente complexos e abranger diversas categorias, conceitos ou variáveis. Quando determinam relações causais eles são explicativos. Sua diferença em relação aos experimentos é a base da distinção entre experimentação e não experimentação. Nos desenhos transversais correlacionais-causais, as causas e os efeitos já aconteceram na realidade (estavam dados e manifestados) ou estão acontecendo durante o desenvolvimento do estudo, e quem pesquisa os observa e anuncia. Mas, nos desenhos experimentais e quase experimentais, provocamos intencionalmente pelo menos uma causa e analisamos seus efeitos ou consequências.

Em todo estudo a causalidade é determinada pelo pesquisador de acordo com suas hipóteses, que se fundamentam na revisão da literatura. Nos experimentos – conforme já insistimos – a causalidade caminha na direção do tratamento ou tratamentos (variável ou variáveis independentes) até o efeito ou efeitos (variável ou variáveis independentes). Nos estudos transversais correlacionais-causais, a causalidade já existe, mas é o pesquisador que a direciona e determina qual é a causa e qual é o efeito (ou causas e efeitos). Já sabemos que para determinar um nexo causal:

a) a ou as variáveis independentes devem vir antes, no tempo, da ou das variáveis dependentes, embora seja por milésimos de segundo (p. ex., na relação entre "o nível de estudo dos pais" e o "interesse pela leitura dos filhos" é óbvio que a primeira variável vem antes da segunda); e
b) deve existir covariação entre a ou as variáveis independentes e dependentes, mas, além disso:
c) a casualidade tem de ser verossímil (se decidirmos que existe um vínculo causal entre as variáveis "nutrição" e "rendimento escolar", lógico que a primeira é causa da segunda, mas não o inverso).

DESENHOS TRANSVERSAIS CORRELACIONAIS-CAUSAIS
Descrevem relações entre duas ou mais categorias, conceitos ou variáveis em um momento determinado, seja em termos correlacionais ou em função da relação causa-efeito.

Um **desenho correlacional-causal** pode ter apenas duas categorias, conceitos ou variável ou, também, conter modelos ou estruturas tão complexas como mostramos na Figura 7.9 (em que cada letra dentro do quadrado representa uma variável, um conceito, etc.).

Mas, às vezes, os desenhos correlacionais-causais também descrevem relações em um ou mais grupos ou subgrupos, e costumam descrever primeiro as variáveis incluídas na pesquisa para depois determinar as relações entre estas (primeiramente são descritivos de variáveis individuais, mas depois vão além das descrições: estabelecem relações).

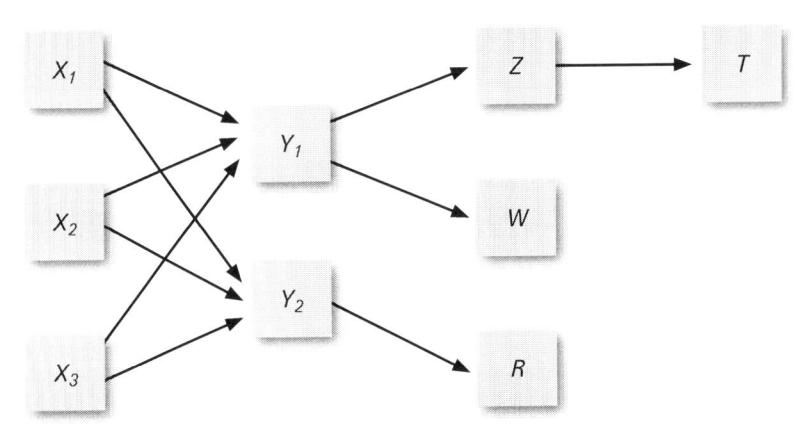

FIGURA 7.9 Exemplo de uma estrutura de um desenho correlacional-causal complexo.

> **Exemplo**
>
> Uma pesquisa para avaliar a credibilidade de três apresentadores de televisão e relacionar essa variável com o gênero, a ocupação e o nível socioeconômico do público. Nesse caso, primeiro mediríamos quão crível é cada apresentador e descreveríamos a credibilidade dos três. Determinaríamos o gênero das pessoas e pesquisaríamos sua ocupação e nível socioeconômico, assim, descreveríamos esses três elementos do público. Posteriormente, relacionaríamos a credibilidade e o gênero (para ver se a credibilidade dos apresentadores é similar ou diferente entre as distintas ocupações) e a credibilidade e o nível socioeconômico (para avaliar diferenças por nível socioeconômico). Desse modo, primeiro descrevemos e depois correlacionamos.

Nesses desenhos, em sua modalidade unicamente causal, às vezes reconstruímos as relações a partir da ou das variáveis dependentes, em outras, a partir da ou das independentes e em outras, ainda, com base na ampla variabilidade das independentes e dependentes (León e Montero, 2003). O primeiro caso é conhecido como *retrospectivos*, o segundo *prospectivos* e o terceiro como *causalidade múltipla*.

Vamos supor que meu interesse seja analisar as causas pelas quais alguns clientes, e outros não, utilizaram o crédito oferecido por uma rede de loja de departamentos. Então, a variável dependente possui dois níveis: a) clientes que utilizaram seu crédito e b) clientes que não utilizaram. Pego a base de dados dos clientes e os agrupo em seu nível correspondente. Passo a perguntar para quem utilizou o crédito quais foram as razões de sua utilização; faço o mesmo com aqueles que não o utilizaram, perguntando as razões da não utilização. Assim determino as causas que me importam. O estudo poderia ser diagramado como é mostrado na Figura 7.10. O estudo causal se desenvolve em um momento específico e único.

Vamos ver agora uma **pesquisa causal prospectiva**: vamos imaginar que eu quero verificar se a variável tempo de serviço faz ou não com que os empregados sejam mais leais com a empresa e por quê. Então, divido os empregados na variável independente:

a) muitíssimo tempo de serviço (25 ou mais anos trabalhando na organização),
b) muito tempo (16 a 24),
c) tempo médio (9 a 15),
d) pouco tempo (4 a 8),
e) pouquíssimo tempo (1 a 3 anos) e
f) contrato recente (1 ano ou menos).

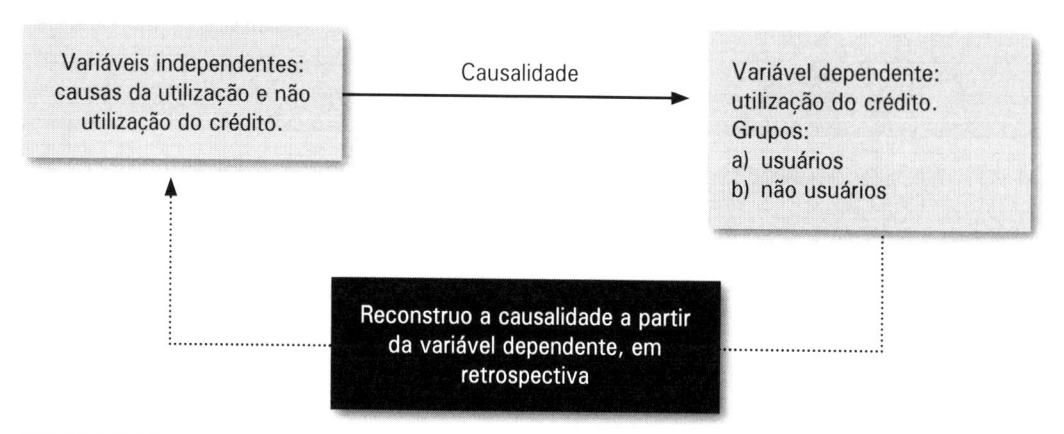

FIGURA 7.10 Exemplo de uma reconstrução causal retrospectiva.

Posteriormente, mensuro os níveis de lealdade e pergunto aos empregados como o tempo de serviço criou ou não maior lealdade. Assim, determino os efeitos de interesse.

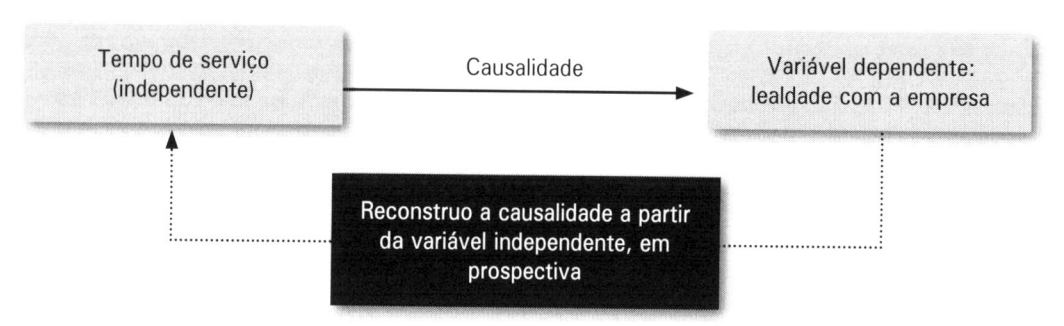

FIGURA 7.11 Exemplo de uma reconstrução causal prospectiva.

Nos desenhos em que reconstruímos as relações com base na ampla variabilidade das independentes e dependentes, não partimos de uma variável específica nem de grupos, mas avaliamos a estrutura causal completa (as relações em seu conjunto). Ver a Figura 7.12.

Todos os estudos transversais causais nos dão a oportunidade de prever o comportamento de uma ou mais variáveis a partir de outras, uma vez que estabelecemos a causalidade. Essas últimas são chamadas de **variáveis preditivas**. Esses desenhos exigem análises multivariadas, que são mencionadas no CD anexo (Capítulo 8: Análisis estadístico: segunda parte). Na Figura 7.12 apenas incluímos um exemplo de uma estrutura causal complexa. O importante é compreender como podemos, às vezes, analisar múltiplas variáveis e sequências causais.

Para o modelo da Figura 7.12, as percepções sobre as variáveis ou dimensões do clima organizacional (trabalho, papel desempenhado, líder ou superior, grupo de trabalho e elementos da organização) têm influência na motivação e no desempenho, mas é pela mensuração das atitudes em relação ao trabalho (satisfação, envolvimento no trabalho e o compromisso com a empresa ou instituição). Ou seja, existem dois níveis de variáveis intervenientes: as do clima e as atitudes em relação ao trabalho. O modelo está fundamentado em Parker e colaboradores (2003) e Hernández Sampieri (2005). As percepções psicológicas do clima são as variáveis preditivas iniciais.

```
┌─────────────────────────────┐           ┌─────────────────────────────┐
│ Percepções psicológicas do  │           │ Atitudes em relação ao      │
│ clima                       │           │ trabalho                    │
│ • Trabalho                  │           │ • Satisfação com o          │
│ • Papel desempenhado        │──────────▶│   trabalho                  │
│ • Líder                     │           │ • Envolvimento no           │
│ • Grupo de trabalho         │           │   trabalho                  │
│ • Organização               │           │ • Compromisso               │
└─────────────────────────────┘           └─────────────────────────────┘
            │                                         │
            │                                         ▼
            │                                   ┌───────────┐
            │─────────────────────────────────▶ │ Motivação │
            │                                   └───────────┘
            │                                         │
            │                                         ▼
            │                                   ┌────────────┐
            └─────────────────────────────────▶ │ Desempenho │
                                                └────────────┘
```

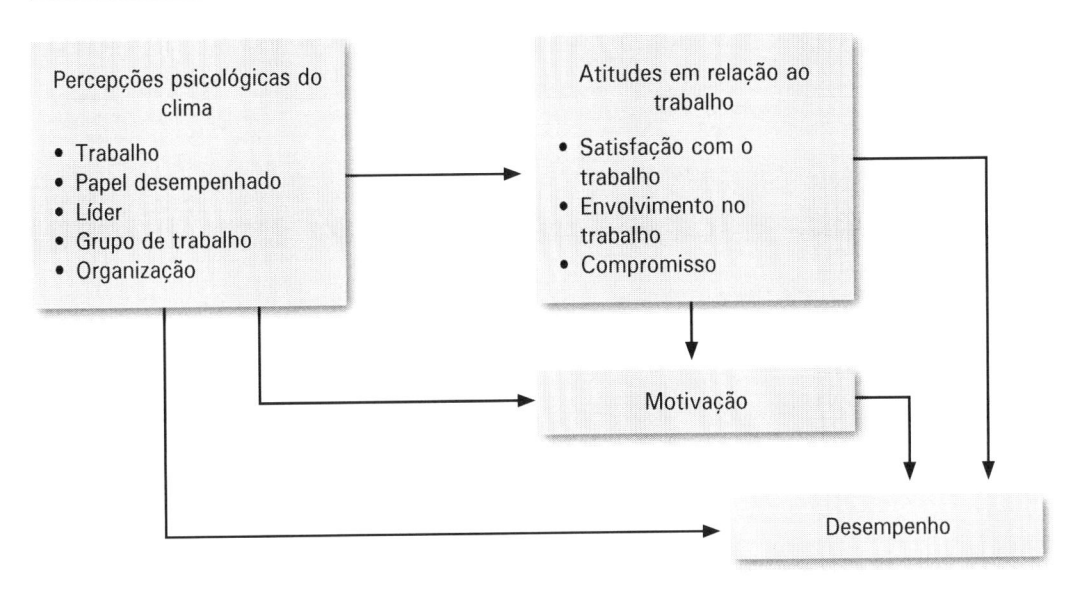

FIGURA 7.12 Modelo mediador do clima organizacional.

Pesquisas de levantamento (surveys)

As **pesquisas de levantamento** (*surveys*) são consideradas por diversos autores como um desenho (Creswell, 2009; Mertens, 2005) e concordamos que sejam consideradas dessa maneira. Em nossa classificação seriam pesquisas não experimentais transversais descritivas ou correlacionais-causais, pois às vezes têm os propósitos de uns ou outros desenhos e às vezes de ambos (Archester, 2005). Elas geralmente utilizam questionários que são aplicados em diferentes contextos (aplicados em entrevistas "cara a cara", via *e-mail* ou correio, em grupo). O processo de uma **pesquisa de levantamento** (*survey*) é comentado no CD anexo, no Capítulo 6: "Encuestas (*surveys*)".

Pesquisa longitudinal ou evolutiva

Às vezes o interesse do pesquisador é analisar mudanças que ocorrem ao longo do tempo em determinadas categorias, conceitos, eventos, variáveis, contextos ou comunidades, ou, ainda, entre suas relações. E, mais do que isso, às vezes seu interesse é analisar os dois tipos de mudanças. Então, para isso, dispomos dos **desenhos longitudinais**, que coletam dados ao longo do tempo em pontos ou períodos, para realizar inferências sobre a mudança, seus determinantes e suas consequências. Esses pontos ou períodos normalmente são especificados de antemão. Por exemplo, um pesquisador que tentasse analisar como os níveis de emprego evoluíram durante cinco anos em uma cidade; outro que pretendesse estudar como o conteúdo sexual das novelas de certo país mudou nos últimos 10 anos, e mais um que tentasse observar como uma comunidade indígena se desenvolveu ao longo de vários anos com a chegada do computador e da internet em suas vidas. Eles são, então, estudos de acompanhamento.

DESENHOS LONGITUDINAIS Estudos que coletam dados em diferentes pontos do tempo, para realizar inferências a respeito da evolução, suas causas e seus efeitos.

Os **desenhos longitudinais** costumam ser divididos em três tipos: *desenhos de tendência (trend), desenhos de análise evolutiva de grupos (coorte) e desenhos tipo painel*, conforme indicamos no seguinte esquema:

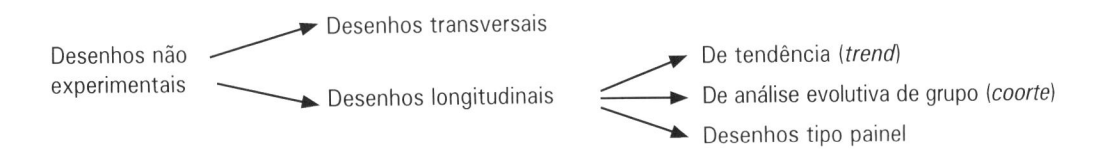

```
                    ┌─▶ Desenhos transversais
Desenhos não       ─┤                              ┌─▶ De tendência (trend)
experimentais       │                              │
                    └─▶ Desenhos longitudinais ────┼─▶ De análise evolutiva de grupo (coorte)
                                                   │
                                                   └─▶ Desenhos tipo painel
```

Desenhos longitudinais de tendência (*trend*)

Os **desenhos de tendência** são aqueles que analisam mudanças ao longo do tempo (em categorias, conceitos, variáveis ou suas relações), dentro de alguma população em geral. Sua característica diferencial é que a atenção está voltada exclusivamente para a população. Por exemplo, uma pesquisa para analisar mudanças na atitude de adolescentes de uma comunidade em relação ao aborto. Essa atitude é medida em vários pontos no tempo (vamos dizer, anualmente ou em períodos não preestabelecidos durante 10 anos) e sua evolução é observada atentamente ao longo desse grande período. Podemos observar ou medir toda a população ou, ainda, pegar uma amostra desta toda vez que observarmos ou medirmos as variáveis ou as relações entre elas. É importante dizer que os participantes do estudo não são os mesmos, mas a população sim. Os adolescentes crescem no decorrer do tempo, mas sempre há uma população de jovens. Por exemplo, os estudantes de Medicina da Universad Complutense de Madri de hoje não serão as mesmas pessoas que as dos anos futuros, mas sempre haverá uma população de estudantes de Medicina dessa instituição. Esses desenhos são representados na Figura 7.13.

Coleta de dados em uma população	Coleta de dados em uma população	Coleta de dados em uma população	Coleta de dados em uma população
Tempo 1	Tempo 2	Tempo 3	Tempo k

Amostras diferentes, mesma população

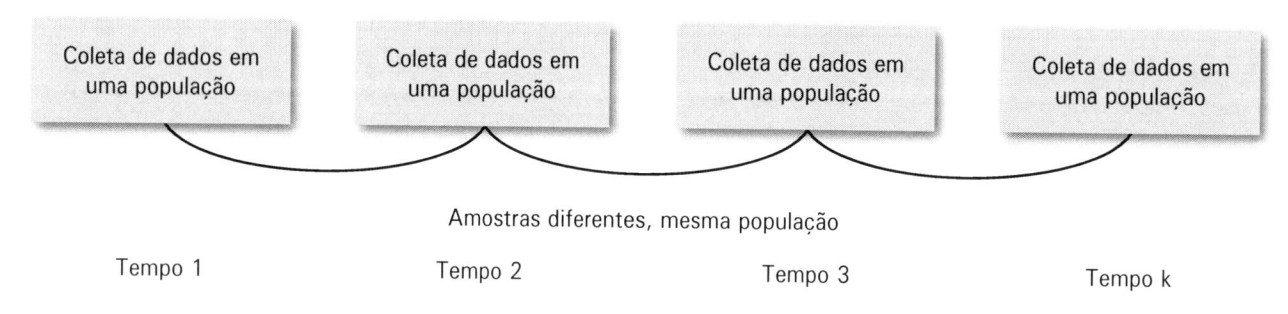

FIGURA 7.13 Esquema de um desenho longitudinal de tendência.

Exemplo

Analisar a maneira como evolui a percepção sobre ter relações sexuais antes do casamento nas mulheres jovens adultas (20 a 25 anos) de Valledupar, Colômbia, de hoje até o ano 2020. A idade das mulheres aumenta, mas sempre haverá uma população de mulheres com essas idades em tal cidade. As participantes selecionadas são outras, mas o universo ou população é o mesmo.

Desenhos longitudinais de evolução de grupo (*coorte*)

DESENHOS DE TENDÊNCIA E DE EVOLUÇÃO DE GRUPO Os dois tipos de desenhos monitoram as mudanças em uma população ou subpopulação ao longo do tempo, utilizando uma série de amostras que abrangem diferentes participantes em cada ocasião, mas nos primeiros a população é a mesma e nos segundos, o universo passa a ser os sobreviventes da população.

Com os **desenhos de evolução de grupo** observamos mudanças ao longo do tempo em subpopulações ou grupos específicos. Sua atenção são as *coortes* ou grupos de indivíduos vinculados de alguma maneira ou identificados por uma característica comum, geralmente a idade ou a época (Glenn, 1977). Um exemplo desses grupos (*coortes*) seria o formado pelas pessoas que nasceram em 1973 no Chile, durante a derrocada do governo de Salvador Allende; mas também seria possível utilizar outro critério de agrupamento temporal, como as pessoas que se casaram durante o ano 2000 em Rosario, Argentina; ou as crianças da Cidade do México que estavam nas escolas durante o grande terremoto que ocorreu em 1985. Esses desenhos acompanham os grupos ao longo do tempo e normalmente se extrai uma amostra toda vez que se coletam dados sobre o grupo ou a subpopulação, em vez de incluir toda a subpopulação.

> **Exemplo**
>
> Uma pesquisa nacional sobre as atitudes em relação à democracia com mexicanos nascidos em 1990 (vale lembrar que, no México, até o ano 2000 houve eleições presidenciais verdadeiramente democráticas), digamos que a cada cinco anos, começando a partir de 2015. Neste ano obteríamos uma amostra de mexicanos com 25 anos e mediríamos as atitudes. No ano 2020, selecionaríamos uma amostra de mexicanos com 30 anos e mediríamos as atitudes. Em 2025, escolheríamos uma amostra de mexicanos com 35 anos, e assim sucessivamente. Dessa forma, analisamos a evolução e as mudanças das atitudes mencionadas. É claro que, embora o conjunto específico de pessoas estudadas em cada tempo ou medição seja diferente, cada amostra representa os sobreviventes do grupo de mexicanos nascidos em 1990.

Os **desenhos de evolução de grupo** podem ser esquematizados como na Figura 7.14:

Coleta de dados em uma subpopulação	Coleta de dados em uma subpopulação	Coleta de dados em uma subpopulação	Coleta de dados em uma subpopulação
Tempo 1	Tempo 2	Tempo 3	Tempo k

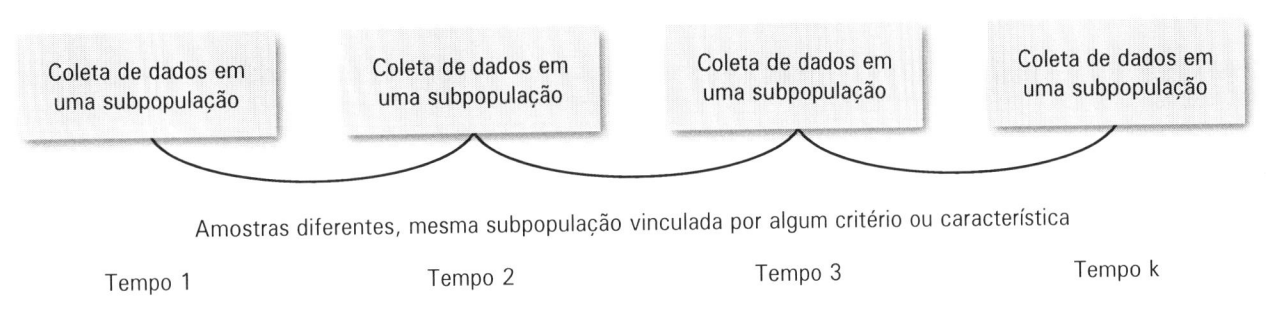

Amostras diferentes, mesma subpopulação vinculada por algum critério ou característica

FIGURA 7.14 Esquema dos desenhos de evolução do grupo.

Desenhos longitudinais tipo painel

Os **desenhos tipo painel** são similares aos tipos de desenhos vistos anteriormente, mas neste os **mesmos** participantes são medidos ou observados em todos os tempos ou momentos.

Um exemplo seria uma pesquisa que observasse anualmente as mudanças nas atitudes (com a aplicação de um teste padronizado) de um grupo de executivos relacionadas com um programa para aumentar a produtividade, por exemplo, durante cinco anos. Em cada ano iríamos observar a atitude dos mesmos executivos. Ou seja, os indivíduos, e não só a amostra, população ou subpopulação, são os mesmos.

Outro exemplo seria observar mensalmente (durante dois anos) um grupo que frequenta psicoterapia, para analisar se aumentam suas expressões verbais de discussão e exploração de planos futuros e se diminuem sobre fatos passados (em cada observação os pacientes seriam as mesmas pessoas). A maneira gráfica de representar esse desenho longitudinal seria como a da Figura 7.15.

Outro exemplo de desenho tipo painel consiste em analisar a evolução de pacientes com um determinado tipo de câncer (de mama, p. ex.), em que se veja o que acontece com o grupo durante quatro etapas: a primeira, um mês após iniciar o tratamento médico; a segunda, seis meses depois;

Christian Torres Sergio Cuevas Ana Méndez Viridiana Rangel Guadalupe Flores	Christian Torres Sergio Cuevas Ana Méndez Viridiana Rangel Guadalupe Flores	Christian Torres Sergio Cuevas Ana Méndez Viridiana Rangel Guadalupe Flores	Christian Torres Sergio Cuevas Ana Méndez Viridiana Rangel Guadalupe Flores
Tempo 1	Tempo 2	Tempo 3	Tempo k

FIGURA 7.15 Exemplo de desenho longitudinal tipo painel.

a terceira, um ano depois e a quarta, dois anos depois de iniciá-lo. Sempre serão incluídas as mesmas pacientes com nome e sobrenome, descartando aquelas que, lamentavelmente, venham a falecer.

Um exemplo adicional seria pegar um grupo de 50 guatemaltecos que estejam emigrando para os Estados Unidos para trabalhar, e avaliar como a percepção que têm de si mesmos muda durante 10 anos (com coleta de dados em vários períodos, mas sem definir previamente de quando a quando).

Nos **desenhos tipo painel** temos a vantagem de que, além de conhecer as mudanças nos grupos, conhecemos as mudanças individuais. Sabemos quais casos específicos provocam a mudança.

DESENHO TIPO PAINEL Toda uma população ou grupo é acompanhada ao longo do tempo.

A desvantagem é que, às vezes, é muito difícil obter com exatidão os mesmos participantes para uma segunda medição ou observações subsequentes. Esse tipo de desenho serve para estudar populações ou grupos mais específicos e é conveniente quando temos populações relativamente estáticas.

Por outro lado, devemos ver com cuidado os efeitos que uma medição, um registro ou uma observação pode ter sobre outras posteriores (lembrem-se do efeito de administração do teste visto como fonte de invalidação interna em experimentos e quase experimentos, mas aplicada ao contexto não experimental). Os desenhos tipo painel poderiam ser esquematizados como na Figura 7.16.

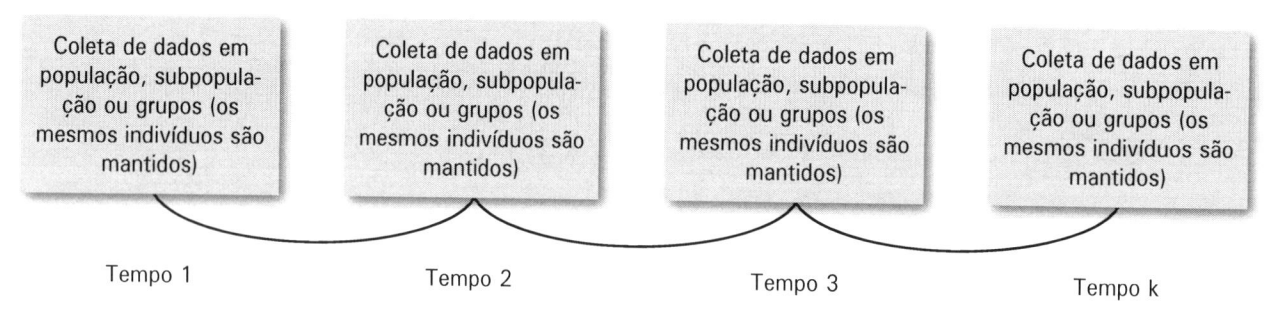

Coleta de dados em população, subpopulação ou grupos (os mesmos indivíduos são mantidos) — Tempo 1

Coleta de dados em população, subpopulação ou grupos (os mesmos indivíduos são mantidos) — Tempo 2

Coleta de dados em população, subpopulação ou grupos (os mesmos indivíduos são mantidos) — Tempo 3

Coleta de dados em população, subpopulação ou grupos (os mesmos indivíduos são mantidos) — Tempo k

FIGURA 7.16 Esquema de desenho tipo painel.

Os **desenhos longitudinais** se fundamentam em hipóteses de diferença entre grupos, correlacionais e causais. Esses desenhos coletam dados sobre categorias, eventos, comunidades, contextos, variáveis ou suas relações, em dois ou mais momentos, para avaliar a mudança nestas. Seja ao pegar uma população (desenhos de tendência ou *trends*), uma subpopulação (desenhos de análise evolutiva de um grupo ou coorte) ou os mesmos participantes (desenhos tipo painel). Exemplos de temas seriam: resistência de materiais para construir edifícios ao longo do tempo, arrecadação fiscal em diferentes anos, comportamento das ações na bolsa de valores de uma nação antes e depois de alguns eventos, duração de algum material para restaurar "marcas" ou danos aos molares, a relação entre o clima e a cultura organizacional durante um período, ou os impactos depois de uma guerra (a médio e longo prazo) em alguma sociedade do século XVI (histórico).

Comparação dos desenhos transversais e longitudinais

A vantagem dos estudos longitudinais é que eles proporcionam informação sobre como as categorias, os conceitos, as variáveis, as comunidades, os fenômenos e suas relações evoluem ao *longo do tempo*. No entanto, eles costumam dar mais trabalho do que os transversais. A escolha de um ou outro tipo de desenho depende mais dos propósitos da pesquisa e de seu alcance.

✓ QUAIS SÃO AS CARACTERÍSTICAS DA PESQUISA NÃO EXPERIMENTAL SE COMPARADA COM A PESQUISA EXPERIMENTAL?

Mais uma vez enfatizamos que tanto a **pesquisa experimental** como a **não experimental** são ferramentas muito valiosas e nenhum tipo é melhor que o outro. O desenho que será selecionado em uma pesquisa depende mais do problema a ser resolvido e do contexto que rodeia o estudo. Então, os dois tipos de pesquisa têm características próprias que precisam ser ressaltadas.

O controle sobre as variáveis é mais rigoroso nos experimentos do que nos desenhos quase experimentais e, por sua vez, os dois tipos de pesquisa conseguem um controle maior do que os desenhos não experimentais. Em um experimento, analisamos relações "puras" entre as variáveis em questão, sem a contaminação de outras variáveis, portanto, é possível estabelecer relações causais com maior precisão. Por exemplo, em um experimento sobre a aprendizagem iríamos variar o estilo de liderança do professor, o método de ensino e outros fatores. Assim, saberíamos o quanto cada variável afetou. No entanto, na pesquisa não experimental é mais complexo separar os efeitos da interferência das diversas variáveis, mas isso pode ser feito, só que inferindo.

Quanto à possibilidade de réplica, todos os desenhos podem ser replicados, embora nos longitudinais seja muito mais complexo e, às vezes, impossível.

Então, como diz Kerlinger (1979), nos **experimentos** (sobretudo nos de laboratório) as variáveis independentes poucas vezes têm tanta força como na realidade e no cotidiano. Ou seja, no laboratório essas variáveis não mostram a verdadeira extensão de seus efeitos, que costuma ser maior fora do laboratório. Portanto, se encontrarmos um efeito no laboratório, este tenderá a ser maior na realidade.

Mas na **pesquisa não experimental**, estamos mais próximos das variáveis formuladas hipoteticamente como "reais", portanto, a validade externa é maior (possibilidade de generalizar os resultados para outros indivíduos e situações comuns).

Uma desvantagem dos experimentos é que, normalmente, selecionamos um número de pessoas pouco ou medianamente representativo em relação às populações estudadas. A maioria dos experimentos utiliza amostras com não mais do que 200 pessoas, e isso dificulta a generalização de resultados para populações mais amplas. É por essa razão que os resultados de um experimento devem ser observados com precaução, e é com sua réplica (em diferentes contextos e com diferentes tipos de pessoas) que esses resultados vão sendo generalizados.

Em síntese, os dois tipos de pesquisa, experimental e não experimental, são utilizados para o avanço do conhecimento e às vezes um tipo é mais apropriado que outro, dependendo do problema de pesquisa que iremos abordar.

Para vincular os alcances do estudo, as hipóteses e o desenho, sugerimos que considerem a Tabela 7.6.

Diversos problemas de pesquisa podem ser abordados de maneira experimental e não experimental. Por exemplo, se quiséssemos analisar a relação entre a motivação e a produtividade nos trabalhadores de determinada empresa, selecionaríamos um conjunto desses trabalhadores e o dividiríamos por sorteio em quatro grupos: um em que se proporcione uma motivação elevada, outro com motivação média, outro com baixa motivação e um último com nenhum motivador. Depois compararíamos a produtividade dos grupos. Assim, teríamos um experimento.

Se fossem grupos intactos teríamos um quase experimento. Mas, se medíssemos a motivação existente nos trabalhadores, assim como sua produtividade e relacionássemos ambas as variáveis, estaríamos realizando uma pesquisa transversal correlacional. E se a cada seis meses medíssemos as duas variáveis e estabelecêssemos sua correlação, efetuaríamos um estudo longitudinal.

Os estudos de caso

Os **estudos de caso** são considerados por alguns autores um tipo de desenho, ao lado dos experimentais, não experimentais e qualitativos (Williams, Grinnell e Unrau, 2005), enquanto outros os

TABELA 7.6
Correspondência entre tipos de estudo, hipóteses e desenho de pesquisa

Estudo	Hipóteses	Possíveis desenhos
Exploratório	• Não são formuladas, o que podemos formular são conjecturas iniciais	• Transversal descritivo • Pré-experimental
Descritivo	• Descritiva	• Pré-experimental • Transversal descritivo
Correlacional	• Diferença de grupos sem atribuir causalidade	• Quase experimental • Transversal correlacional • Longitudinal (não experimental)
	• Correlacional	• Quase experimental • Transversal correlacional • Longitudinal (não experimental)
Explicativo	• Diferença de grupos atribuindo causalidade	• Experimental • Quase experimental, longitudinal e transversal causal (quando existem bases para inferir causalidade, um controle mínimo e análises estatísticas apropriadas para analisar relações causais)
	• Causais	• Experimental • Quase experimental, longitudinal e transversal causal (quando existem bases para inferir causalidade, um controle mínimo e análises estatísticas apropriadas para analisar relações causais)

situam como um tipo de desenho experimental (León e Montero, 2003) ou um desenho etnográfico (Creswell, 2005). Eles também foram vistos como um tema de amostragem ou um método (Yin, 2009).

A realidade é que os **estudos de caso** são tudo isso (Blatter, 2008; Hammersley, 2003). Eles têm seus próprios procedimentos e tipos de desenhos. Poderíamos defini-los como "estudos que ao utilizar os processos de pesquisa quantitativa, qualitativa ou mista, analisam profundamente uma unidade para responder a formulação do problema, testar hipóteses e desenvolver alguma teoria" (Hernández Sampieri e Mendoza, 2008). Essa definição os coloca muito além de um tipo de desenho ou a amostra, mas ela é certamente a mais próxima da evolução do que os estudos de caso tiveram nos últimos anos.

Algumas vezes, os **estudos de caso** utilizam a experimentação, isto é, passam a ser estudos pré-experimentais. Outras vezes se fundamentam em um desenho não experimental (transversal ou longitudinal) e em determinadas ocasiões se transformam em estudos qualitativos, quando empregam métodos qualitativos. E eles também podem se valer das diferentes ferramentas da pesquisa mista.

Esses estudos em suas principais modalidades são comentados no CD anexo, Capítulo 4: "Estudios de caso", pois devido a sua importância eles merecem uma atenção especial.

Por enquanto vamos mencionar que a unidade ou caso pesquisado pode ser um indivíduo, um casal, uma família, um objeto (uma pirâmide como a de Quéops, um material radiativo), um sistema (fiscal, educacional, terapêutico, de capacitação, de trabalho social), uma organização (hospital, fábrica, escola), um fato histórico, uma catástrofe natural, uma comunidade, um município, um estado, uma nação, etc. No Capítulo "Estudios de caso" mostramos o exemplo de uma pesquisa de uma pessoa que sofria de lúpus eritematoso sistêmico com 31 anos de evolução, que mescla aspectos experimentais com elementos qualitativos.

Algumas perguntas de pesquisa, que corresponderiam a estudos de caso, são mostradas na seguinte Tabela 7.7.

TABELA 7.7
Possíveis estudos de caso derivados de perguntas de pesquisa

Perguntas de pesquisa
Quais eram as funções sociais e religiosas da construção primitiva de Stonehenge em Solisbury, Inglaterra? (Unidade ou caso: um objeto ou construção)
Por que Lupita e Adrián se divorciaram? (Unidade: casal)
Quais foram as causas que provocaram a queda de um determinado avião? (Unidade: desastre aéreo)
Quais foram as razões que levaram Carlos Codolla a um estado de esquizofrenia? (Unidade: indivíduo)
Quem seria o assassino de um determinado crime? (Unidade: evento)
Como era a personalidade de Robert F. Kennedy? (Unidade: personagem histórico)
Quais foram os danos causados a uma determinada comunidade pelo Tsunami de 2004? (Unidade: evento ou catástrofe)
Como pode ser caracterizado o clima organizacional da empresa Lucymex? (Unidade: organização)

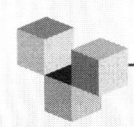

Resumo

- O "desenho" se refere ao plano ou à estratégia criados para obter a informação que se deseja.
- No caso do enfoque quantitativo, o pesquisador utiliza seu desenho para analisar se as hipóteses formuladas em um contexto específico estão corretas ou para fornecer evidência quanto às diretrizes da pesquisa (quando não se têm hipóteses).
- Em um estudo é possível propor ou admitir um ou mais desenhos.
- A tipologia proposta classifica os desenhos em experimentais e não experimentais.
- Os desenhos experimentais são subdivididos em experimentos "puros", quase experimentos e pré-experimentos.
- Os desenhos não experimentais são subdivididos pelo número de vezes em que coletam dados, podem ser transversais e longitudinais.
- Em sua acepção mais geral, um experimento consiste em aplicar um estímulo ou tratamento em um indivíduo ou grupo de indivíduos, e ver o efeito desse estímulo em alguma(s) variável(eis). Essa observação pode ser realizada em condições de maior ou menor controle. O controle máximo é alcançado nos experimentos "puros".
- Deduzimos que um tratamento afetou quando observavamos diferenças (nas variáveis que supostamente seriam as afetadas) entre um grupo que recebeu esse estímulo e um grupo que não recebeu, sendo ambos iguais em tudo, exceto neste último item.
- A variável independente é a causa e a dependente, o efeito.
- Para conseguir o controle ou a validade interna os grupos comparados devem ser iguais em tudo, menos no fato de um grupo ter recebido o estímulo e o outro não. Às vezes graduamos a quantidade do estímulo aplicado, isto é, diferentes grupos (semelhantes) recebem diferentes graus do estímulo para observar se provocam efeitos diferentes.
- A seleção por sorteio normalmente é o método preferível para conseguir que os grupos do experimento sejam comparáveis (semelhantes).
- As principais fontes que podem invalidar um experimento são: história, maturação, instabilidade, administração de testes, instrumentação, regressão, seleção, mortalidade experimental, difusão de tratamentos experimentais, compensação e o experimentador.
- Os experimentos que tornam os grupos equivalentes, e que mantêm essa equivalência durante o desenvolvimento daqueles, controlam as fontes de invalidação interna.
- Conseguir a validade interna é o objetivo metodológico e principal de todo experimento. Uma vez conseguida é ideal alcançar validade externa (possibilidade de generalizar os resultados para a população, outros experimentos e situações não experimentais).
- As principais fontes de invalidação externa são: efeito reativo dos testes, efeito de interação entre os erros de seleção e o tratamento experimental, efeitos reativos dos tratamentos experimentais, interferência de tratamentos variados, impossibilidade de replicar os tratamentos, descrições insuficientes do tratamento experimental, efeitos de novidade e interrupção, o experimentador, interação entre a história ou o lugar e os efeitos do tratamento experimental, medições da variável dependente.
- Existem dois contextos em que os experimentos são realizados: o laboratório e o campo.
- Nos quase experimentos, os sujeitos não são selecionados por sorteio para os grupos experimentais, mas se trabalha com grupos intactos.

- Os quase experimentos conseguem a validade interna na medida em que demonstram a equivalência inicial dos grupos participantes e a equivalência no processo de experimentação.
- Os experimentos "puros" são estudos explicativos; os pré-experimentos são basicamente estudos exploratórios e descritivos; os quase experimentos são, fundamentalmente, correlacionais embora possam ser tornar explicativos.
- A pesquisa não experimental é a que realizamos sem manipular deliberadamente as variáveis independentes; baseia-se em categorias, conceitos, variáveis, eventos, comunidades ou contextos que já aconteceram ou que ocorreram sem a intervenção direta do pesquisador.
- A pesquisa não experimental também é conhecida como pesquisa *ex pos facto* (os fatos e as variáveis já ocorreram) e observa as variáveis e suas relações em seu contexto natural.
- Os desenhos não experimentais são divididos da seguinte maneira:

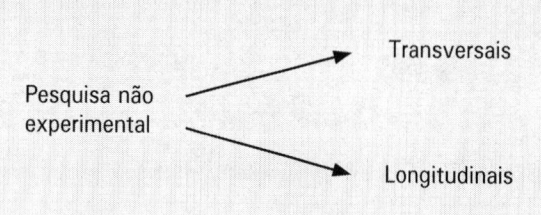

```
                    → Transversais →  Exploratórios
Pesquisa não                          Descritivos
experimental                          Correlacionais-causais
                    → Longitudinais → De tendência
                                      De análise evolutiva de grupo
                                      Painel
```

- Os desenhos transversais realizam observações em um único momento no tempo. Quando coletam dados sobre uma nova área sem ideias predeterminadas e com receptividade, eles são mais exploratórios; quando coletam dados sobre cada uma das categorias, conceitos, variáveis, contextos, comunidades ou fenômenos e comunicam o que esses dados apresentam, eles são descritivos; quando, além disso, eles descrevem vínculos e associações entre categorias, conceitos, variáveis, acontecimentos, contextos ou comunidades, são correlacionais, e se estabelecem processos de causalidade entre esses termos eles são considerados correlacionais-causais.
- As pesquisas de levantamento (*surveys*) são pesquisas não experimentais transversais descritivas ou correlacionais-causais, porque às vezes têm o mesmo objetivo de outros desenhos e às vezes de ambos.
- Nos desenhos transversais, em sua modalidade "causal", às vezes reconstruímos as relações a partir da ou das variáveis dependentes, outras a partir da ou das independentes e outras, ainda, tendo como base a ampla variabilidade das independentes e dependentes (o primeiro caso é conhecido como "retrospectivo", o segundo como "prospectivo" e o terceiro como "causalidade múltipla").
- Os desenhos longitudinais realizam observações em dois ou mais momentos ou pontos no tempo. Se estudam uma população eles são desenhos de tendência (*trends*), se analisam uma subpopulação ou grupo específico, são desenhos de análise evolutiva de grupo (*coorte*) e se estudam os mesmos participantes são desenhos tipo painel.
- O tipo de desenho a ser escolhido depende do enfoque selecionado, do problema a ser pesquisado, do contexto que rodeia a pesquisa, dos alcances do estudo a ser realizado e das hipóteses formuladas.

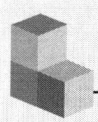

Conceitos básicos

Alcances do estudo e desenho
Controle experimental
Coorte
Desenho
Desenho experimental
Desenho pré-experimental
Desenhos longitudinais
Desenhos transversais
Emparelhamento
Equivalência inicial
Estímulo ou tratamento experimental/ manipulação da variável independente
Experimento
Experimento de campo
Experimento de laboratório
Fontes de invalidação externa

Fontes de invalidação interna
Grupo controle
Grupo experimental
Grupos intactos
Participantes do experimento
Pesquisa *ex pos facto*
Pesquisa não experimental
Pré-experimento
Quase experimento
Seleção aleatória
Série cronológica
Validade externa
Validade interna
Variável dependente
Variável experimental
Variável independente

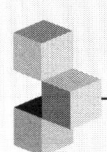

Exercícios

1. Selecione uma série de variáveis e pense como elas seriam manipuladas em situações experimentais. Quantos níveis poderiam ser incluídos para cada variável? Como esses níveis poderiam ser traduzidos em tratamentos experimentais? Teríamos um nível de ausência (zero) da variável independente? Como ele seria?

2. Selecione um experimento em alguma revista acadêmica (ver CD anexo: Material complementario → Apéndices → Apéndice 1: "Publicaciones periódicas más importantes"). Analise: Qual é a formulação do problema (objetivos e perguntas de pesquisa)? Qual é a hipótese a ser testada com os resultados do experimento? Qual é a variável independente ou quais são as variáveis independentes? Qual é a variável ou as variáveis dependentes? Quantos grupos estão incluídos no experimento? Eles são equivalentes? Qual é o desenho que o autor ou os autores escolheram? As fontes de invalidação interna são controladas? E as fontes de invalidação externa? Foi encontrado algum efeito?

3. Um grupo de pesquisadores tenta analisar o efeito da duração de um discurso político na atitude em relação ao tema abordado e ao orador. A duração do discurso é a variável independente e possui quatro níveis: meia hora, uma hora, uma hora e meia e duas horas. As variáveis dependentes são a atitude em relação ao orador (favorável-desfavorável) e a atitude em relação ao tema (positiva-negativa), que serão medidas por testes que indiquem esses níveis de atitude. No experimento estão envolvidas pessoas de ambos os gêneros, idades que oscilam entre 18 e 50 anos e diversas profissões de dois colégios eleitorais. Existe a possibilidade de selecionar os participantes para os grupos experimentais por sorteio. Desenvolva e descreva dois ou mais desenhos experimentais que possam ser aplicados ao estudo, considere cada uma das fontes de invalidação interna (alguma afeta os resultados do experimento?). Estabeleça as hipóteses apropriadas para cada estudo.

4. Um exercício para demonstrar os benefícios da seleção por sorteio:
    Os estudantes que estão se iniciando na pesquisa às vezes acham muito difícil acreditar que a seleção por sorteio funciona. Para que eles próprios consigam demonstrar que realmente funciona, podemos indicar o seguinte exercício:
    - Pegue um grupo com 60 ou mais pessoas (a sala de aula, um grupo grande de conhecidos, etc.) ou imagine que esse grupo existe.
    - Invente um experimento que precise de dois grupos.
    - Imagine um conjunto de variáveis que possam afetar as variáveis dependentes.
    - Distribua a cada pessoa um pedacinho de papel e peça que escrevam em quais níveis estão nas variáveis do item anterior (p. ex.: gênero, idade, inteligência, escola de procedência, interesse por algum esporte, motivação para algo com pontuação de 1 a 10, etc.). As variáveis podem ser qualquer uma, dependendo de seu exemplo.
    - Sorteie os pedacinhos de papel e dê para dois grupos, em quantidades iguais.
    - Nos dois grupos compare número de mulheres e homens, média de inteligência, idade, motivação, renda familiar ou o que tenha pedido. Você verá que ambos os grupos são "extremamente parecidos".

    Se não puder contar com um grupo real, faça isso de maneira teórica. Escreva você mesmo os valores das variáveis nos papéis e poderá ver como os grupos são muito parecidos (equiparáveis). Claro que de maneira geral eles não são "perfeitamente iguais", mas sim comparáveis.

5. Considere o seguinte desenho:
    RG_1 O_1 X_1 O_2
    RG_2 O_3 X_2 O_4
    RG_3 O_5 — O_6

    O que poderia ser concluído das seguintes comparações e resultados? (Os sinais de "igual" significam que as medições não diferem em seus resultados; os sinais de "diferente" que as medições diferem substancial ou significativamente entre si. Considere somente os resultados apresentados e, de maneira independente, cada conjunto de resultados.)
    a) $O_1 = O_2$, $O_3 = O_4$, $O_5 = O_6$ e $O_1 = O_3 = O_5$
    b) $O_1 \neq O_2$, $O_3 \neq O_4$, $O_5 = O_6$ e $O_2 \neq O_4$, $O_2 \neq O_6$
    c) $O_1 = O_2$, $O_3 \neq O_4$, $O_5 = O_6$, $O_1 = O_3 = O_5$, $O_4 \neq O_6$, $O_2 = O_6$

    Veja as respostas no CD anexo: Material complementario → Apéndices → Apéndice 3: "Respuestas a los ejercicios que las requieren".

6. Escolha uma pesquisa não experimental (de algum livro ou revista, ver novamente o apêndice no CD anexo: Material complementario → Apéndices → Apéndice 1: "Publicaciones periódicas más importantes") e analise: Quais são suas diferenças em relação a um estudo experimental? Escreva cada uma e discuta-as com seus colegas.

7. Um pesquisador quer avaliar a relação entre a exposição a videoclipes com elevado conteúdo sexual e a atitude em relação ao sexo. Esse pesquisador pede sua ajuda para construir um desenho experimental para analisar essa relação e também um desenho transversal-correlacional. Como seriam esses desenhos? Quais atividades seriam desenvolvidas em cada caso? Quais seriam as diferenças entre os dois desenhos? Como a variável "conteúdo sexual" seria

manipulada no experimento? Como poderia ser inferida a relação entre as variáveis no desenho transversal-correlacional? Por que as variáveis já teriam acontecido se ele fosse realizado?
8. Construa um exemplo de um desenho transversal descritivo.
9. Elabore um exemplo de um desenho longitudinal de tendência, um de evolução de grupo e um do tipo painel. Tendo-os como base, analise as diferenças entre os três tipos de desenhos longitudinais.
10. Se um pesquisador estudasse a cada cinco anos a atitude em relação à guerra dos ingleses que lutaram na Guerra do Iraque (2003), ele teria um desenho longitudinal? Explique as razões de sua resposta.
11. Desenhe uma pesquisa que englobe um desenho experimental e um não experimental.
12. O exemplo de pesquisa desenvolvido sobre a televisão e a criança corresponde a um experimento? Responda e explique.
13. Qual desenho você utilizaria para o exemplo que vem desenvolvendo até agora no processo quantitativo? Explique a razão de sua escolha.

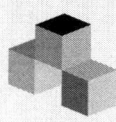

Exemplos desenvolvidos

A televisão e a criança

A pesquisa utilizará um desenho não experimental transversal correlacional-causal. Primeiro descreverá: o uso que as crianças da Cidade do México fazem dos meios de comunicação de massa, o tempo que dedicam para ver televisão, seus programas preferidos, as funções e gratificações que a televisão tem para as crianças e outras questões similares. Posteriormente, analisará os usos e as gratificações da televisão em crianças com diferentes níveis socioeconômicos, idades, gêneros e outras variáveis (relacionar nível econômico e uso da televisão, entre outras associações).

Um tipo de estudo experimental sobre a televisão e a criança poderia ser: expor durante determinado tempo um grupo de crianças a três horas diárias de televisão, outro a duas horas diárias, um terceiro a uma hora e um quarto que não seria exposto à televisão. Tudo isso para conhecer o efeito da quantidade de horas expostas a conteúdos televisivos (variável independente) em diferentes variáveis dependentes (p. ex., autoestima, criatividade, socialização).

O par e a relação ideais

Esse estudo terá como base um desenho não experimental transversal correlacional, porque irá analisar diferenças por gênero quanto aos fatores, atributos e qualificativos que descrevem o par e a relação ideais.

Essa pesquisa não poderia ser de maneira alguma experimental. Imaginem tentar analisar certos atributos do par e da relação ideais. Primeiramente, porque essa manipulação não seria ética, não podemos tentar interferir nos sentimentos humanos profundos, como é o caso dos relacionados com o "amor romântico". Depois, porque a complexidade de papéis não poderia ser traduzida em estímulos experimentais; e as percepções são muito variadas e, em parte, determinadas cultural e socialmente.

O abuso sexual infantil

É um desenho experimental. Os dados serão obtidos de 150 alunos da educação infantil de três escolas com uma população similar, filhos e filhas de mães que trabalhem para a Secretaría de Educación del Estado de Querétaro, México. Vamos avaliar seis grupos escolares que serão selecionados para três grupos experimentais. O primeiro grupo (n = 49 crianças) será avaliado quando terminar um programa de prevenção ao abuso sexual infantil (PPASI); o segundo será medido após um ano de conclusão do mesmo programa (PPASI) (acompanhamento, n = 22 crianças); e o terceiro, um grupo controle que não será exposto a algum PPASI específico (n = 79 crianças). Para todos os integrantes serão aplicadas tanto as escalas comportamentais como a cognitiva. As condições de coleta de dado seguirão o protocolo estabelecido em cada escala, em um espaço físico similar e de maneira individual. A pessoa que irá avaliar será a mesma em todos os casos, para evitar tendências entre observadores. Ou seja, é um desenho experimental:

G_1 X_1 (avaliação imediata ao terminar o PPASI) O_1

G_2 X_2 (avaliação um ano após concluir o PPASI) O_2

G_3 —   (sem PPASI) O_3

O_1, O_2 e O_3 são medições comportamentais e cognitivas

Estímulo (PPASI) por meio da oficina: "Porque gosto de mim, eu me cuido", que terá como base principal melhorar a autoestima, saber lidar e expressar sentimentos, ter consciência de seu próprio corpo, distinguir contatos apropriados e impróprios, assertividade e também palestras com redes de apoio e práticas para pedir ajuda denunciando o abuso. As técnicas utilizadas nessa oficina serão principalmente: modelagem, treinamentos, conto, *feedback*, atuação e desenho. O programa será realizado ao longo do ciclo escolar, com sessões de 40 minutos uma vez por semana. A oficina será conduzida por uma facilitadora treinada nesse programa com a integração dos pais e mães de família por meio de atividades.

Os pesquisadores opinam

O aluno deve ser pesquisador desde o início de seus estudos, pois é obrigado a aprender a detectar problemas dentro de sua comunidade ou instituição educacional; tal ação permitirá que ele inicie vários projetos. Para realizar uma boa pesquisa é necessário exercer o rigor científico, isto é, seguir um método científico.

M. A. Idalia López Rivera
Professora de tempo completo titular A
Facultad de Ciencias de la Administración
Universidad Autónoma de Chiapas
Chiapas, México

O êxito de qualquer pesquisa científica depende, em grande parte, de que o especialista decida indagar a respeito de algum problema formulado adequadamente; pois, se houver um problema mal formulado, o fracasso será inevitável. Nesse sentido, diversos autores afirmam que começar com um "bom" problema de pesquisa é ter quase 50% do caminho percorrido.

Além de um problema bem formulado e apoiado de maneira sólida na teoria e nos resultados empíricos prévios, também é preciso utilizar adequadamente as técnicas de coleta de dados e de análises estatísticas apropriadas, assim como realizar a correta interpretação dos resultados tendo como base os conhecimentos que serviram de apoio à pesquisa.

Quanto aos testes estatísticos, podemos dizer que eles permitem dar significado aos resultados, portanto, são indispensáveis em todas as disciplinas, incluindo as ciências do comportamento, cuja característica é trabalhar com dados bem diversificados. Mas esses testes, por mais variados e sofisticados que sejam, não permitem superar as fragilidades de uma pesquisa teórica e metodologicamente mal projetada.

Os estudantes podem projetar sua pesquisa de forma adequada, desde que a situem dentro de uma linha de pesquisa iniciada. Isso não só facilita o trabalho de selecionar corretamente um problema – que é uma das atividades mais difíceis e importantes –, mas também permite que a construção do conhecimento, em determinada área, avance de maneira sólida.

Dra. Zuleyma Santalla Peñalosa
Professora adjunta de Metodologia da pesquisa,
Psicologia experimental e Psicologia geral II
Facultad de Humanidades y Educación/
Escuela de Psicología
Universidad Católica Andrés Bello
Caracas, Venezuela

Devido à crise econômica dos países latino-americanos, é necessário orientar os alunos para a pesquisa que ajude a resolver problemas como a pobreza e a fome, assim como para a geração de conhecimento com a finalidade de serem menos dependentes dos países desenvolvidos.

Pesquisadores capazes existem; o que falta é ligar mais os projetos com nossa realidade social, cultural, econômica e técnica.

Nesse sentido, o que precisamos fazer é que os estudantes que estão iniciando um projeto de pesquisa abordem problemas de seus próprios países, regiões ou cidades, e que o façam de maneira criativa e sem restrição alguma.

Miguel Benites Gutiérrez
Professor
Facultad de Ingeniería
Escuela Industrial
Universidad Nacional de Trujillo
Trujillo, Peru

✓ NOTAS

1. A tipologia foi aceita em edições anteriores por sua simplicidade.
2. Essa classificação continua sendo a mais citada em textos contemporâneos, por exemplo: Creswell (2009) e Babbie (2009).
3. Aqui não explicamos o método utilizado com as crianças ou os grupos, que será visto no item sobre controle e validade. O que importa agora é que o significado da manipulação da variável independente seja compreendido.

4. No exemplo, às vezes são empregados os termos "deficiência mental" e "deficiente mental" porque são os utilizados por Esther Naves e Silvia Poplawsky. Os termos mais corretos seriam: "capacidade mental diferente" e "pessoa com tal capacidade". Pedimos desculpas, antecipadamente, se alguém se sentir ofendido por esses vocábulos.
5. As atuações foram testadas várias vezes diante de um grupo de quatro especialistas em deficiência mental até que o grupo, unanimemente, validou o desempenho do ator.
6. Baseada em Hernández Sampieri e colaboradores (2006) e Mertens (2005), mas principalmente em Creswell (2009, p. 163-165).
7. O grupo controle ou testemunha é útil para ter um ponto de comparação. Sem ele, não poderíamos saber o que acontece quando a variável independente está ausente. Seu nome indica sua função: ajudar a estabelecer o controle, colaborando na eliminação de hipóteses rivais ou influências das possíveis fontes de invalidação interna.
8. O fato de que os participantes sejam selecionados por sorteio significa que não há um motivo sistemático pelo qual foram escolhidos para fazer parte de um grupo ou de outro, a casualidade é o que define a qual grupo eles irão pertencer.
9. Esse critério se baseia nos requisitos de algumas análises estatísticas.
10. Preferimos utilizar mais o termo "experimentos puros" do que "verdadeiros" (que é o termo original e assim foi traduzido em diversas obras), porque cria confusão entre os estudantes.
11. Os estudantes geralmente se perguntam: o que é uma diferença significante? Se a média no pós-teste de um grupo em alguma variável é 10 (p. ex.) e no outro 12, essa diferença é ou não significante? Nós podemos ou não dizer que o tratamento teve um efeito sobre a variável dependente? Quanto a isso, cabe mencionar que existem testes ou métodos estatísticos que nos indicam se uma diferença entre duas ou mais cifras (médias, porcentagens, pontuações totais, etc.) é ou não significante. Esses testes consideram aspectos como o tamanho dos grupos cujos valores são comparados, as diferenças entre aqueles que integram os grupos e outros fatores. Cada comparação entre grupos é diferente e isso é considerado pelos métodos, que são explicados no Capítulo 10: "Análise dos dados quantitativos". Não seria conveniente apresentá-los aqui, porque alguns aspectos estatísticos nos quais esses métodos se baseiam precisariam ser esclarecidos, o que iria provocar confusão, sobretudo entre aqueles que estão se iniciando no estudo da pesquisa.
12. O fator "K" foi retirado de Wiersma e Jurs (2008) e indica "um número tal de grupos". Outros autores utilizam "n". Nos exemplos, esse fator significa o número do último grupo com tratamento experimental mais um. Então, o grupo controle é incluído no final e o número que corresponde ao seu pós-teste será o último.
13. Existem procedimentos para obter testes "pareados" ou "gêmeos", que são comentados no Capítulo 9. Se a equivalência dos testes não estiver garantida, não podemos comparar as pontuações obtidas por ambos. Ou seja, podem surgir as fontes de invalidação interna: "instabilidade", "instrumentação" e "regressão estatística".
14. O nível educacional varia entre diferentes países.

> # 8 ☑
> # Seleção da amostra

Processo de pesquisa quantitativa ➡

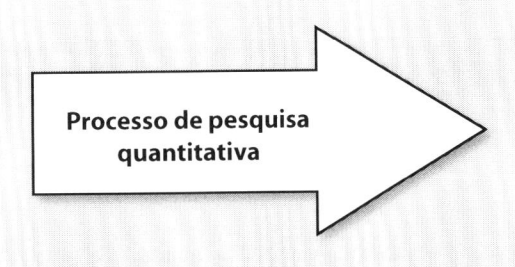

Passo 7 Selecionar uma amostra apropriada para a pesquisa
- Definir os casos (participantes ou outros seres vivos, objetos, fenômenos, eventos ou comunidades) sobre os quais deverão ser coletados os dados.
- Delimitar a população.
- Escolher o método de seleção da amostra: probabilístico ou não probabilístico.
- Precisar o tamanho exigido da amostra.
- Aplicar o procedimento de seleção.
- Obter a amostra.

Objetivos da aprendizagem

Ao concluir este capítulo, o aluno será capaz de:

1. identificar os diferentes tipos de amostras na pesquisa quantitativa, seus procedimentos de seleção e características, as situações em que é conveniente utilizar cada um e suas aplicações;
2. enunciar os conceitos de amostra, população e procedimento de seleção da amostra;
3. determinar o tamanho adequado da amostra em diferentes situações de pesquisa;
4. obter amostras representativas da população estudada quando há interesse em generalizar os resultados de uma pesquisa para um universo mais amplo.

Síntese

Neste capítulo analisamos os conceitos de amostra, população ou universo, tamanho da amostra, sua representatividade e o procedimento de seleção. Também apresentamos uma tipologia de amostras: probabilísticas e não probabilísticas. Explicamos como definir as unidades de análise (participantes, outros seres vivos, objetos, eventos ou comunidades), das quais é preciso coletar os dados.

Também mostramos como determinar o tamanho adequado de uma amostra quando pretendemos generalizar os resultados para uma população, e o que fazer para obter a amostra, dependendo do tipo de seleção escolhido.

```
┌─────────────────────────┐
│ Amostra                 │
│ (é um subgrupo da       │
│ população)              │
│                         │
│ • É utilizada porque    │
│   economiza tempo e     │
│   recursos              │
│ • Implica definir a     │
│   unidade de análise    │
│ • Exige delimitar a     │
│   população para        │
│   generalizar resultados│
│   e estabelecer         │
│   parâmetros            │
└─────────────────────────┘
            │
            ▼
         ┌──────┐
         │Tipos │──────┬──► Probabilística ──┬──► Exige precisar o tamanho da amostra
         └──────┘      │                     │
                       │                     ├──► Selecionar elementos que podem servir como amostra por meio de: ──┬──► Listagem ou estrutura amostral
                       │                     │                                                                      │
                       │                     │                                                                      └──► Procedimentos ──┐
                       │                     │                                                                                           │
                       │                     └──► Seus tipos são:                                                                         │
                       │                          • Amostra aleatória simples              • Sorteio*                                    │
                       │                          • Amostra estratificada                  • Tabelas de números aleatórios   ◄───────────┘
                       │                          • Amostra por conglomerado ou clusters   • STATS®
                       │                                                                   • Seleção sistemática
                       │
                       └──► Não probabilística ou por julgamento ──► • Seleciona participantes por um ou vários propósitos
                                                                     • Não pretende que os casos sejam representativos da população
```

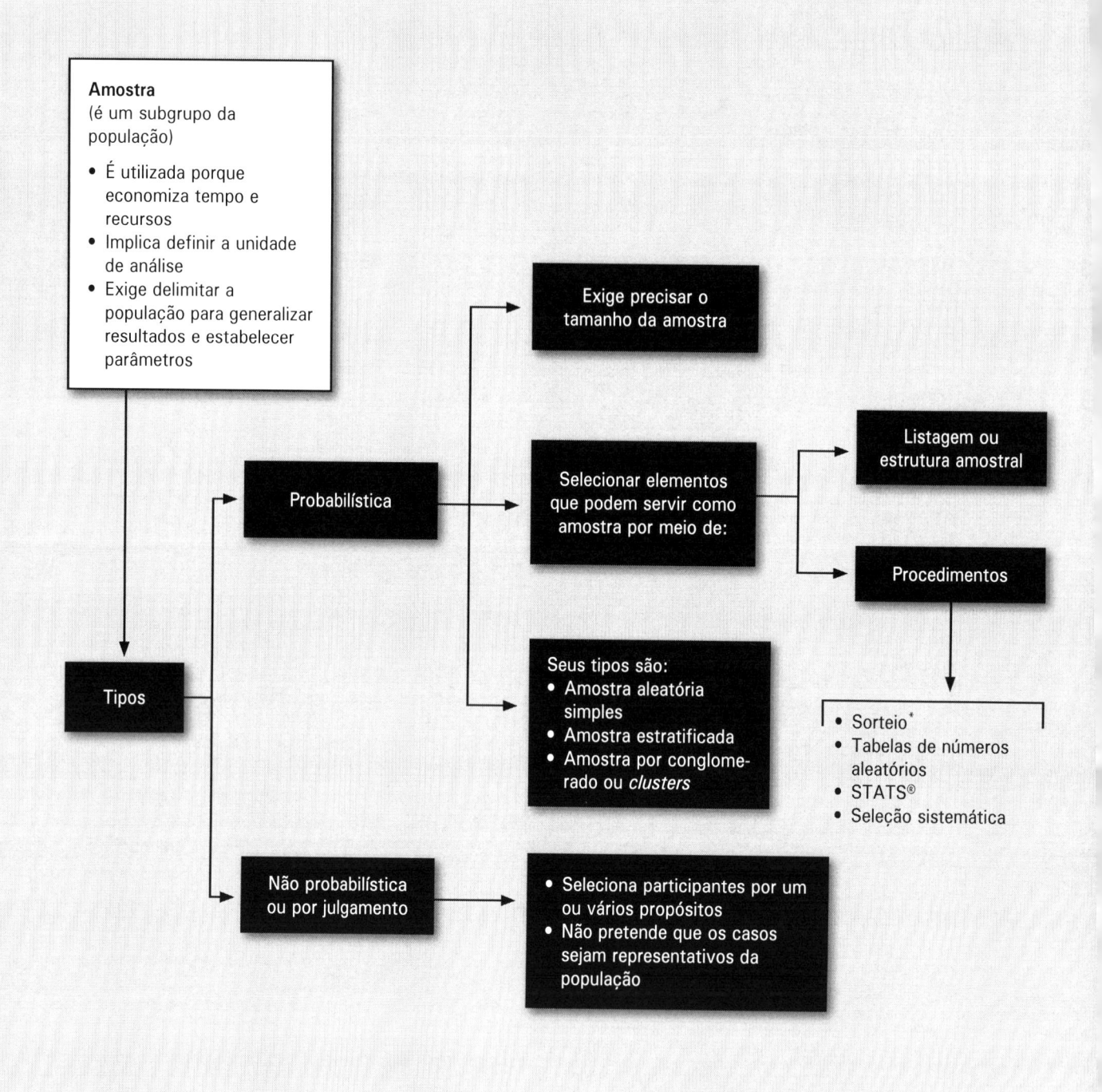

* Os procedimentos para calcular o tamanho da amostra com fórmulas, assim como a seleção da amostra com tabelas de números aleatórios ou *random*, foram excluídos deste capítulo porque o programa STATS® realiza esse cálculo e escolha de maneira muito mais simples e rápida. Porém, o leitor que preferir os cálculos manuais e o uso de uma tabela de números aleatórios poderá encontrar essa parte no CD anexo (Material complementario → Documentos → Documento "Cálculo del tamaño de muestra y otros procedimientos por fórmulas"). As tabelas de números também estão no STATS e no "Apéndice 5" do CD.

✓ EM UMA PESQUISA SEMPRE TEMOS UMA AMOSTRA?

Nem sempre, mas na maioria das situações, sim, realizamos o estudo em uma amostra. Somente quando queremos realizar um censo é que devemos incluir no estudo todos os casos (pessoas, animais, plantas, objetos) do universo ou da população. Por exemplo, os estudos motivacionais em empresas costumam englobar todos seus empregados para evitar que os excluídos pensem que sua opinião não é considerada. As amostras são utilizadas porque economizam tempo e recursos.

✓ PRIMEIRO: SOBRE O QUE OU QUEM OS DADOS SERÃO COLETADOS?

Aqui o interesse está centrado em "o que e quem", isto é, nos participantes, objetos, eventos ou comunidades de estudo (as unidades de análise), que depende da formulação da pesquisa e dos alcances do estudo. Assim, caso o objetivo fosse descrever o uso que as crianças fazem da televisão, o mais factível seria consultar um grupo de crianças. Também poderia ser bom entrevistar os pais das crianças. Escolher entre as crianças ou seus pais, ou ambos, dependeria não só do objetivo da pesquisa, mas também de seu desenho. No caso da pesquisa utilizada como exemplo ao longo do livro, em que o propósito básico do estudo é descrever a relação criança-televisão, seria possível determinar que os participantes selecionados para o estudo fossem crianças que respondessem sobre suas condutas e percepções relacionadas com esse meio de comunicação.

Em outro estudo de Greenberg, Ericson e Vlahos (1972), o objetivo de análise era pesquisar as discrepâncias ou semelhanças nas opiniões de mães e filhos quanto ao uso da televisão por estes últimos. Aqui a finalidade do estudo considerou a seleção de mães e crianças, para entrevistá-los separadamente, correlacionado posteriormente a resposta de cada dupla mãe-filho(a).

Esse caso talvez possa parecer muito óbvio, porque os objetivos dos dois exemplos mencionados são claros. Na prática isso não parece ser tão simples para muitos estudantes que, em propostas de pesquisa e de teses, não conseguem uma coerência entre os objetivos da pesquisa e sua unidade de análise. Alguns erros comuns são mostrados na Tabela 8.1.

TABELA 8.1
Quem será medido: erros e soluções

Pergunta de pesquisa	Unidade de análise errônea	Unidade de análise correta
As mulheres são discriminadas nos anúncios da televisão?	Mulheres que aparecem nos anúncios de televisão. **Erro:** não existe grupo de comparação.	Mulheres e homens que aparecem nos anúncios de televisão, para comparar se ambos são apresentados com a mesma frequência e igualdade de papéis desempenhados e atributos.
Os operários da região metropolitana da cidade de Guadalajara estão satisfeitos com seu trabalho?	Computar o número de conflitos sindicais registrados na Junta Local de Conciliação e Julgamento do Ministério do Trabalho durante os últimos cinco anos. **Erro:** a proposta da pergunta é indagar sobre atitudes individuais, e essa unidade de análise denota dados agregados em uma estatística de trabalho e macrossocial.	Amostra de operários que trabalham na região metropolitana de Guadalajara. Cada um deles responderá as perguntas de um questionário sobre satisfação no trabalho.
Existem problemas de comunicação entre pais e filhos?	Grupo de adolescentes, aplicação de questionário. **Erro:** a descrição seria somente como os adolescentes percebem a relação com seus pais.	Grupo de pais e filhos. Aplicação de questionário para ambas as partes.

(continua)

TABELA 8.1
Quem será medido: erros e soluções (continuação)

Pergunta de pesquisa	Unidade de análise errônea	Unidade de análise correta
Como é a comunicação que os pacientes com enfisema pulmonar em fase terminal têm com seus médicos?	Pacientes com enfisema pulmonar em estágio terminal. **Erro**: a comunicação é um processo entre dois atores: médicos e pacientes.	Pacientes com enfisema pulmonar em estágio terminal e seus médicos.
Quão arraigada está a cultura fiscal dos contribuintes de Medellín?	Tesoureiros e *controllers* das empresas de Medellín. **Erro**: e o restante dos contribuintes?	Pessoas físicas (contribuintes que não são empresas de todo tipo: profissionais liberais, trabalhadores, empregados, comerciantes, assessores, consultores) e representantes de empresas (contribuintes morais).
Qual é o grau de aplicação do modelo construtivista nas escolas de uma jurisdição escolar?	Alunos das escolas da jurisdição escolar. **Erro**: a resposta obtida para a pergunta de pesquisa seria incompleta e é provável que muitos alunos sequer saibam bem o que é o modelo construtivista da educação.	Modelos curriculares das escolas dessa jurisdição (análise da documentação disponível), diretores e professores das escolas (entrevistas) e eventos de ensino-aprendizagem (observação de aulas e tarefas em cada escola).

UNIDADES DE ANÁLISE Também são chamadas de casos ou elementos.

Portanto, para selecionar uma amostra, primeiro é preciso definir a **unidade de análise** (indivíduos, organizações, periódicos, comunidades, situações, eventos, etc.). Uma vez definida a unidade de análise, delimitamos a população.

Para o processo quantitativo a **amostra** é um subgrupo da população de interesse sobre o qual os dados serão coletados, e que deve ser definido ou delimitado anteriormente com precisão, pois será representativo dessa população. O pesquisador espera que os resultados encontrados na amostra consigam ser generalizados ou extrapolados para a população (no sentido da validade externa, que foi comentado ao falarmos de experimentos). O interesse é que a amostra seja estatisticamente representativa. A essência da amostragem quantitativa poderia ser esquematizada como na Figura 8.1:

AMOSTRA Subgrupo da população do qual são coletados os dados e que deve ser representativo dessa população.

Objetivo central
Selecionar casos representativos para a generalização

↓

Generalizar
- Características
- Hipóteses

Com a finalidade de construir e/ou testar teorias que expliquem a população ou fenômeno

↓

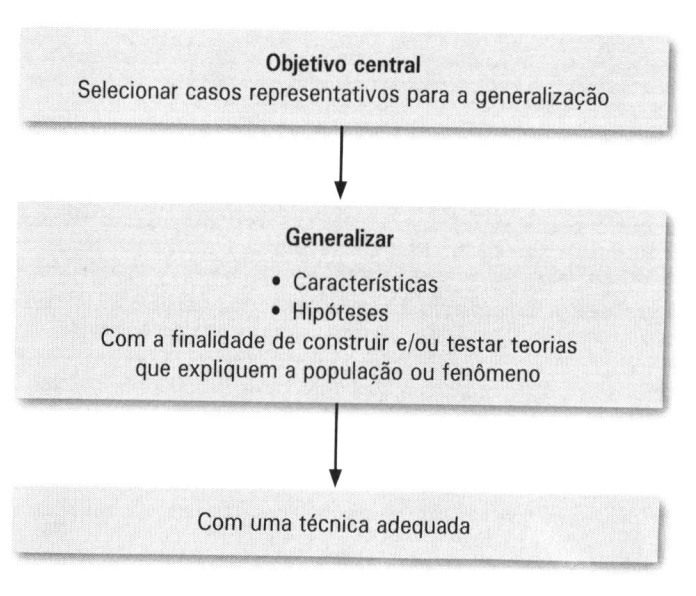

Com uma técnica adequada

FIGURA 8.1 Essência da amostragem quantitativa.

✓ COMO DELIMITAMOS UMA POPULAÇÃO?

Quando já definimos qual será a unidade de análise, começamos a delimitar a população que será estudada e sobre a qual pretendemos generalizar os resultados. Assim, uma **população** é o conjunto de todos os casos que preenchem uma série de especificações (Selltiz et al., 1980).

> **POPULAÇÃO OU UNIVERSO**
> Conjunto de todos os casos que preenchem determinadas especificações.

Uma falha que aparece em alguns trabalhos de pesquisa é que as características da população não são suficientemente descritas ou consideram que a amostra representa essa população de maneira automática. É comum vermos em alguns estudos, que somente se baseiam em amostras de estudantes universitários (porque é fácil aplicar neles o instrumento de medição, pois estão à mão), generalizações arriscadas sobre jovens que talvez possam ter outras características sociais. Então, é preferível estabelecer claramente as características da população para delimitar quais serão os parâmetros amostrais.

Isso tudo pode ser ilustrado com o exemplo da pesquisa sobre o uso da televisão pelas crianças. Está claro que nessa pesquisa a unidade de análise são as crianças. Mas qual é essa população? São todas as crianças do mundo? Todas as crianças da República do México? Seria muito ambicioso e praticamente impossível nos referirmos a populações tão grandes. Assim, em nosso exemplo, a população seria delimitada com base na Figura 8.2:

> **Limites de população**
> Todas as crianças da região metropolitana da Cidade do México, que estão cursando a 4ª, 5ª e 6ª séries do ensino fundamental em escolas particulares e públicas na parte da manhã.

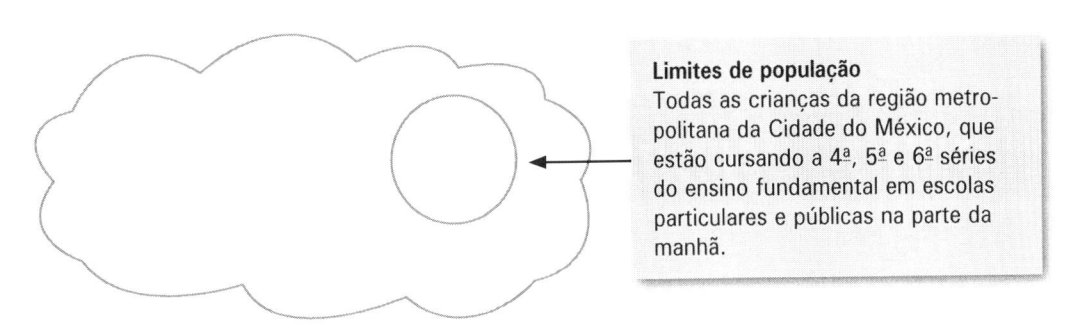

FIGURA 8.2 Exemplo de delimitação da amostra.

Essa definição elimina, portanto, as crianças mexicanas que não moram na região metropolitana da Cidade do México, as que não vão à escola, as que frequentam as aulas no período da tarde (turno vespertino) e as crianças menores, embora, por outro lado, permita realizar uma pesquisa economicamente viável, com questionários que serão respondidos por crianças que já sabem escrever e com um controle sobre a inclusão de crianças de todas as regiões da metrópole, ao utilizar a localização das escolas como pontos de referência e de seleção. Tanto nesses como em outros casos, a delimitação das características da população depende apenas dos objetivos da pesquisa, mas também de outras razões práticas. Um estudo não será melhor por ter uma população maior; a qualidade de um trabalho investigativo está no fato de delimitar claramente a população tendo como base a formulação do problema.

As populações devem estar claramente situadas em torno de suas características de conteúdo, de lugar e no tempo. Por exemplo, caso decidíssemos realizar um estudo sobre os diretores de empresas manufatureiras no México, e com base em certas considerações teóricas que descrevem o comportamento gerencial dos indivíduos e sua relação com outras variáveis do tipo organizacional, poderíamos começar a definir a população da seguinte maneira:

Nossa população compreende todos aqueles diretores gerais de empresas de manufatura localizadas no México que em 2010 têm um capital social superior a 10 milhões de pesos, com vendas superiores a 30 milhões de pesos e/ou com mais de 250 empregados (Mendoza e Hernández Sampieri, 2010).

Nesse exemplo, delimitamos claramente a população, excluindo pessoas que não são diretores gerais e empresas que não pertencem à indústria manufatureira. Estabelecemos também, baseados em critérios de capital e de recursos humanos, que são empresas grandes. Por último, indicamos que esses critérios funcionaram em 2010, no México.

Quando selecionamos a amostra devemos evitar três erros que podem surgir:

1. desconsiderar ou não escolher casos que deveriam ser parte da amostra (participantes que deveriam estar e não foram selecionados),
2. incluir casos que não deveriam estar porque não fazem parte da população e
3. selecionar casos que são verdadeiramente inelegíveis (Mertens, 2005).

Um exemplo seria realizar uma pesquisa de levantamento ou *survey* sobre preferências eleitorais e entrevistar indivíduos menores de idade que não podem votar legalmente (eles não podem ser anexados à amostra, mas suas respostas foram incluídas e isso, evidentemente, é um erro). Vamos imaginar, também, que estamos realizando uma pesquisa para determinar o perfil dos clientes-membros de uma loja de departamentos e geramos uma série de estatísticas sobre esses em uma amostra obtida com a base de dados. Uma possibilidade de erro seria, por exemplo, que a base de dados estivesse desatualizada e que várias pessoas já não fossem clientes da loja e, mesmo assim, foram escolhidas para o estudo (algumas poderiam ter mudado para outra cidade, outras falecido, e outras que já não utilizam mais essa condição privilegiada, e até pessoas que tenham se tornado clientes-membros da concorrência).

O primeiro passo para evitar esses erros é uma adequada *delimitação do universo* ou *população*. Os critérios que cada pesquisador adota dependem de seus objetivos de estudo, o importante é que sejam estabelecidos de maneira muito específica. Toda pesquisa deve ser transparente, assim como estar sujeita a crítica e réplica, e esse exercício não será possível se ao verificar os resultados o leitor não consegue relacioná-los à população utilizada em um estudo.

COMO SELECIONAR A AMOSTRA?

Até agora vimos que é necessário definir qual será a unidade de análise e quais são as características da população. Neste item vamos falar da amostra ou, melhor dizendo, dos tipos de amostra, para podermos escolher a mais conveniente para um estudo.

A *amostra* é basicamente um subgrupo da população. Vamos dizer que ela é um subgrupo de elementos que pertencem a esse conjunto definido em suas características que chamamos de *população*. Isso está representado na Figura 8.3. Com frequência lemos e ouvimos falar de amostra representativa, amostra por sorteio, amostra aleatória, como se simplesmente com os termos pudéssemos dar mais seriedade aos resultados. Na verdade, nem sempre é possível medir toda a população e é por isso que obtemos ou selecionamos uma amostra, e o que pretendemos é, sem dúvida, que esse subconjunto seja o reflexo fiel do conjunto da população. Todas as amostras – dentro do enfoque quantitativo – devem ser representativas; portanto, a utilização desse termo é extremamente inútil. Os termos por sorteio e aleatório denotam um tipo de procedimento mecânico relacionado com a probabilidade e com a seleção de elementos; mas também não conseguem deixar claro o tipo de amostra e o procedimento de amostragem.

Vamos falar desses conceitos nos próximos itens.

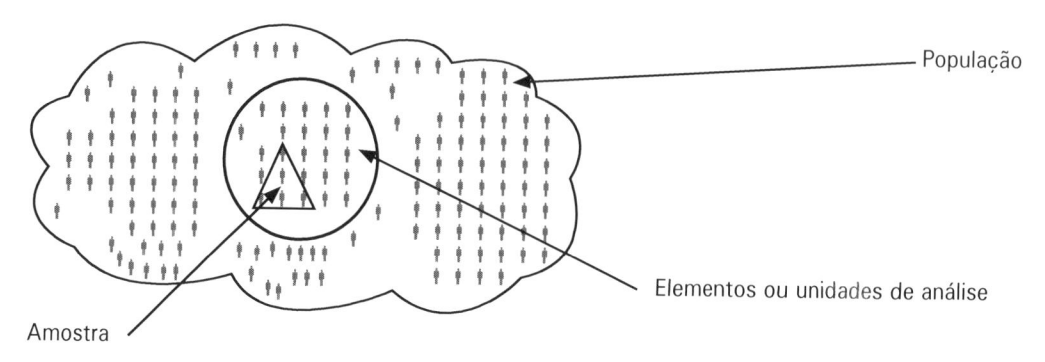

FIGURA 8.3 Representação de uma amostra como subgrupo.

Tipos de amostra

As amostras são categorizadas basicamente em duas grandes ramificações: as *amostras não probabilísticas* e as *amostras probabilísticas*. Nas **amostras probabilísticas** todos os elementos da população têm a mesma possibilidade de ser escolhidos e são obtidos pela definição das características da população e do tamanho da amostra e pela seleção aleatória ou mecânica das unidades de análise. Imagine o procedimento para obter o número premiado em um sorteio de loteria. Esse número vai sendo formado no momento do sorteio. Nas loterias tradicionais isso é feito a partir das bolinhas com um dígito, que são retiradas (depois de misturá-las mecanicamente) até formar o número, assim todos os números têm a mesma possibilidade de ser escolhidos.

Nas **amostras não probabilísticas**, a escolha dos elementos não depende da probabilidade, mas de causas relacionadas com as características da pesquisa ou de quem faz a amostra. Aqui o procedimento não é mecânico nem baseado em fórmulas de probabilidade, mas depende do processo de tomada de decisões de um pesquisador ou de um grupo de pesquisadores, portanto, as amostras selecionadas obedecem a outros critérios de pesquisa. Escolher entre uma amostra probabilística ou uma não probabilística depende dos objetivos do estudo, do esquema de pesquisa e da contribuição que se pretende dar com ela. Para ilustrar isso, mencionaremos três exemplos que levam em conta essas considerações.

> **AMOSTRA PROBABILÍSTICA**
> Subgrupo da população em que todos os elementos desta têm a mesma possibilidade de ser escolhidos.

> **AMOSTRA NÃO PROBABILÍSTICA OU POR JULGAMENTO** Subgrupo de uma população em que a escolha dos elementos não depende da probabilidade, mas das características da pesquisa.

Exemplo

Como primeiro exemplo temos uma pesquisa sobre imigrantes estrangeiros no México (Baptista, 1988). O objetivo da pesquisa era documentar suas experiências de viagem, de vida e de trabalho. Para atingir esse propósito foi selecionada uma amostra não probabilística de estrangeiros que, por diversas razões (econômicas, políticas, imprevistas), tinham chegado ao México entre 1900 e 1960. As pessoas foram selecionadas por meio de conhecidos, de abrigos e de referências. Assim, foram entrevistados 40 imigrantes com entrevistas semiestruturadas, que permitiram que o participante falasse livremente a respeito de suas experiências.

Comentário: nesse caso, uma amostra não probabilística é adequada, porque se trata de um estudo com um desenho de pesquisa exploratório e um enfoque fundamentalmente qualitativo; isto é, não conclusivo, mas seu objetivo é documentar certas experiências. Esse tipo de estudo pretende gerar dados e hipóteses que sejam a matéria-prima para pesquisas mais precisas.[1]

Exemplo

Como segundo caso vamos mencionar uma pesquisa em um país, por exemplo, a Nicarágua, para saber quantas crianças foram vacinadas e quantas não foram, e as variáveis associadas (nível socioeconômico, lugar onde vivem, educação) com essas condutas e suas motivações. Faríamos uma amostra probabilística nacional de – vamos dizer, por enquanto – 1600 crianças e, a partir dos dados obtidos tomaríamos decisões para formular estratégias de vacinação, assim como mensagens cujo objetivo é persuadir a rápida e oportuna vacinação das crianças.

Comentário: esse tipo de estudo, no qual se faz uma associação entre variáveis e cujos resultados servirão de base para tomar decisões políticas que irão afetar uma população, conseguimos com uma pesquisa de levantamento e, definitivamente, com uma amostra probabilística, desenhadas de tal maneira que os dados consigam ser generalizados para a população, com uma estimativa precisa do erro que possa ser cometido ao realizar essas generalizações.

> **Exemplo**
>
> Um experimento foi desenhado para determinar se os conteúdos violentos da televisão criam condutas antissociais nas crianças. Para alcançar esse objetivo, 60 crianças com 5 anos seriam selecionadas em um colégio, teriam o mesmo nível socioeconômico e intelectual e seriam destinadas aleatoriamente para dois grupos ou condições. Assim, 30 crianças veriam caricaturas pró-sociais e outras 30 observariam caricaturas muito violentas. Imediatamente após a exposição a esses conteúdos, as crianças seriam observadas em um contexto de grupo e suas condutas violentas e pró-sociais seriam medidas.
> Comentário: essa é uma amostra não probabilística. Embora essas crianças tenham sido selecionadas de maneira aleatória para as duas condições experimentais, para generalizar para a população, os experimentos teriam de ser realizados outras vezes. Esse tipo de estudo é valioso porque o nível causa-efeito é mais preciso ao isolar outras variáveis; no entanto, não é possível generalizar os dados para todas as crianças, a não ser para um grupo de crianças com as características mencionadas. Trata-se de uma amostra por julgamento e "clássica" de um estudo desse tipo. A seleção da amostra não é por sorteio, embora a seleção das crianças para os grupos seja.

☑ COMO SELECIONAMOS UMA AMOSTRA PROBABILÍSTICA?

Vamos resumir dizendo que a escolha entre a amostra probabilística e a não probabilística é determinada tendo como base a formulação do problema, as hipóteses, o desenho de pesquisa e o alcance de suas contribuições. As amostras probabilísticas possuem muitas vantagens, talvez a principal seja que ela pode medir o tamanho do erro em nossas previsões. Dizem, inclusive, que o principal objetivo no desenho de uma amostra probabilística é reduzir esse erro amostral ao mínimo, e isso é chamado de erro amostral padronizado* (Kish, 1995; Kalton e Heeringa, 2003).

As amostras probabilísticas são essenciais nos desenhos de pesquisa transversais, tanto descritivos como correlacionais-causais (p. ex., as pesquisas de levantamento ou *surveys*), em que se pretende realizar estimativas de variáveis na população. Essas variáveis são medidas e analisadas com testes estatísticos em uma amostra, em que se pressupõe que essa seja probabilística e todos os elementos da população têm a mesma possibilidade de ser escolhidos. As unidades ou elementos amostrais terão valores bem parecidos aos da população, de maneira que as medições no subconjunto nos darão estimativas precisas do conjunto maior. A precisão dessas estimativas depende do erro na amostragem, que pode ser calculado. Isso está representado na Figura 8.4.

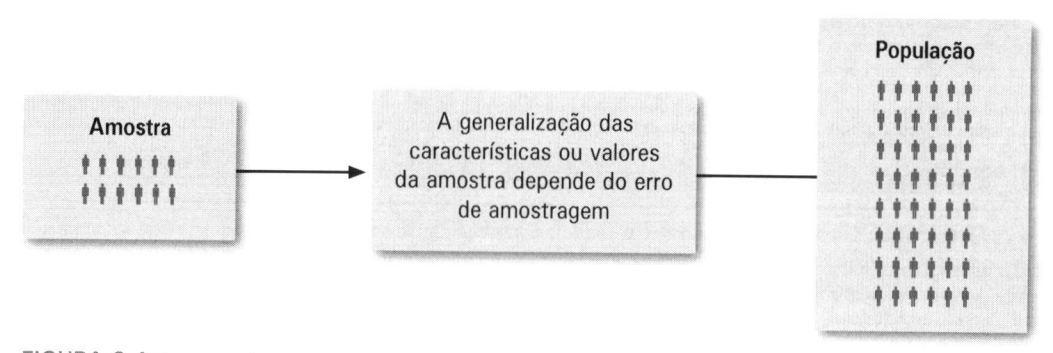

FIGURA 8.4 Esquema da generalização da amostra para a população.

---

* N. de R.T.: O autor se refere a valores de erros amostrais comumente usados em pesquisas. Por exemplo, se usa 2% ou 3% em pesquisas eleitorais.

Existem também outros erros que dependem da medição, mas eles serão abordados no próximo capítulo.

Para fazer uma amostra probabilística são necessários dois procedimentos:

1. calcular um tamanho de amostra que seja representativo da população;
2. selecionar elementos amostrais (casos) de maneira que no início todos tenham a mesma possibilidade de ser escolhidos.

Para o primeiro, recomendamos a utilização do programa STATS® que está no CD anexo (subprograma "Tamaño de la muestra"). Também podemos calcular o tamanho da amostra com um procedimento que consiste na utilização das fórmulas clássicas desenvolvidas, porém, ele é mais demorado e o resultado é o mesmo ou muito parecido ao proporcionado por esse programa.[2] Quem quiser fazer o cálculo, pode revisar esse procedimento "manual" também no CD anexo: Material complementario → Documentos → Documento "Cálculo del tamaño de muestra y otros procedimientos por fórmulas". Para o segundo (selecionar os elementos amostrais) precisamos de um contexto de seleção adequado e um procedimento que permita que a seleção seja aleatória. Falaremos das duas questões nos próximos itens.

Cálculo do tamanho da amostra

Quando fazemos uma amostra probabilística devemos nos perguntar: Se uma população é de N tamanho,[3] qual é o menor número de unidades amostrais (pessoas, organizações, capítulos de novelas, etc.) de que eu preciso para formar uma amostra (n) que me garanta um determinado nível de erro padrão, vamos dizer, menor do que 0,01?

A resposta para essa pergunta tenta encontrar uma amostra que seja representativa do universo ou população com certa possibilidade de erro (a ideia é minimizar) e nível de confiança (maximizar), assim como probabilidade.

Vamos imaginar que pretendemos realizar um estudo na seguinte população: empresas de minha cidade. Então, a primeira coisa a fazer é conhecer o tamanho da população (número de empresas na cidade). Vamos supor que há 2200 delas. Ao abrirmos o subprograma "Tamaño de la muestra" em STATS®[4] o programa irá pedir os seguintes dados:

Tamanho do universo:
Erro máximo aceitável:
Porcentagem estimada da amostra:
Nível desejado de confiança:

O tamanho do universo ou população já dissemos que é de 2200. Precisamos conhecer esse dado ou um aproximado, sem esquecer que acima de 99999 casos qualquer tamanho do universo dá o mesmo resultado (um milhão, 200 mil, 54 milhões, etc.), porque, se teclarmos um número maior do que 99999, o programa colocará essa cifra por omissão, mas se for menor ele a respeita.

O programa também nos pede para definir o erro padrão máximo aceitável (probabilidade), a porcentagem estimada da amostra e o nível de confiança (termos que são amplamente explicados no Capítulo 10 "Análise dos dados quantitativos", no passo 5 sugerido para a análise: "Analisar as hipóteses formuladas com testes estatísticos"). Por enquanto, diremos que o erro máximo aceitável se refere a uma porcentagem de erro potencial que admitimos tolerar pelo fato de que nossa amostra **não** seja representativa da população (de estarmos equivocados). Os níveis de erro podem ir de 20 a 1% no STATS®. Os mais comuns são 5 e 1% (um implica tolerar pouquíssimo erro, 1 em 100, por assim dizer; enquanto 5% é aceitar em 100, 5 possibilidades de estarmos equivocados).

Vamos explicar isso com um exemplo coloquial. Se você fosse apostar nas corridas de cavalos e tivesse 95% de probabilidade de acertar o vencedor, contra apenas 5% de perder, você apostaria?

É óbvio que sim, desde que tivesse esses 95% garantidos a seu favor. Ou, ainda, se alguém lhe desse 95 cartelas de 100 para a rifa de um carro, você estaria confiante de que o carro será seu? É claro que sim. Você não teria certeza absoluta; ela não existe no universo, ao menos para os seres humanos.

Pois bem, o pesquisador faz algo semelhante quando define um possível nível de erro na representatividade de sua amostra. Os níveis de erro mais comuns que costumam ser fixados na pesquisa são de 5 e 1% (em ciências sociais o mais usual é o primeiro).

A porcentagem estimada da amostra é a probabilidade de ocorrência do fenômeno (representatividade da amostra *versus* não representatividade), que é estimada sobre marcos anteriores de amostragem ou também é definida, a certeza absoluta sempre é igual a um. A partir daí, as possibilidades são "p" de que realmente ocorra e "q" de que não ocorra ($p + q = 1$). Quando não temos marcos anteriores de amostragem, utilizamos uma porcentagem estimada de 50% (que é a opção por *default* oferecida pelo STATS®, isto é, assumimos que "p" e "q" serão de 50%, que é o mais comum, principalmente quando selecionamos pela primeira vez uma amostra em uma população).

Finalmente, o nível desejado de confiança é o complemento do erro máximo aceitável (porcentagem de "acertar na representatividade da amostra"). Se o erro escolhido for de 5%, o nível desejado de confiança será de 95%. De novo, os níveis mais comuns são de 95 e 99%. O STATS® coloca, por *default*, o primeiro.

Com todos os campos já preenchidos, é só pressionar o botão de "calcular" que obtemos o tamanho apropriado da amostra para o universo. No exemplo poderia ser:

Tamanho do universo: 2200
Erro máximo aceitável: 5%
Porcentagem estimada da amostra: 50%
Nível desejado de confiança: 95%

O tamanho que o STATS® nos proporciona é:
Tamanho da amostra: 327,2776. Arredondando, nossa amostra precisa de 327 empresas para representar as 2200 da cidade.

Exemplo
Problema de pesquisa:

Vamos supor que o governo de um estado editou uma lei impedindo (proibição expressa) que as estações de rádio transmitam comerciais que utilizam uma linguagem insolente (grosserias, palavrões). Esse governo nos pede para analisar em que medida os anúncios radiofônicos transmitidos no estado utilizam essa linguagem em seu conteúdo, digamos, durante o último mês.

População (N):
Comerciais transmitidos pelas estações de rádio do Estado durante o último mês.

Tamanho da amostra (n):
A primeira coisa a fazer é determinar ou conhecer N (lembre-se de que significa população ou universo). Nesse caso $N = 20000$ (20 mil comerciais transmitidos). A segunda é estabelecer o erro máximo aceitável, a porcentagem estimada da amostra e o nível de confiança.
Teclamos os dados solicitados pelo STATS®:

Tamanho da população: 20000
Erro máximo aceitável: 5%
Porcentagem estimada da amostra: 50%
Nível desejado de confiança: 95%

Automaticamente o programa calcula o tamanho necessário ou exigido da amostra: $n = 376,9386$ (arredondando: 377), que é o número de comerciais radiofônicos que precisamos para representar o universo de 20000, com um erro de 0,05 (5%) e um nível de confiança de 95%.

Se mudarmos o nível de erro tolerado e o nível de confiança (1% de erro e 99% de confiança), o tamanho da amostra será muito maior, nesse caso de 9083,5153 comerciais.

Como se pode ver, o tamanho da amostra é sensível ao erro e nível de confiança que definirmos. Quanto menor for o erro e maior o nível de confiança, maior será o tamanho exigido da amostra para representar a população ou universo.

> **Exemplo**
>
> Pergunta de pesquisa:
>
> Analisar a motivação intrínseca dos empregados da rede de restaurantes "Lucy e Laura Bunny".
>
> *População:*
> N = 600 empregados (cozinheiros, garçons, ajudantes, etc.).
>
> *Tamanho da amostra:*
> Com um erro de 5% e um nível de confiança de 95%, o tamanho exigido para que a amostra seja representativa é de 234 empregados.
> Conforme o tamanho da população diminui, aumenta a proporção de casos que precisamos na amostra.

Dissemos anteriormente que para obter uma amostra probabilística eram necessários dois procedimentos. O primeiro é esse que acabamos de mencionar: calcular o tamanho da amostra que seja representativa da população. O segundo consiste em selecionar os elementos amostrais de maneira que no início todos tenham a mesma possibilidade de ser escolhidos. Ou seja, como e onde vamos escolher os casos. Mas isso será comentado mais adiante.

Os exemplos das amostras obtidas pelo STATS® são conhecidos como amostras aleatórias simples (AAS). Sua característica essencial, conforme já foi mencionado, é que todos os casos do universo têm inicialmente a mesma possibilidade de ser selecionados.

Amostra probabilística estratificada

Às vezes, o interesse do pesquisador é comparar seus resultados entre segmentos, grupos ou nichos da população, porque a formulação do problema assim o determina. Por exemplo, se efetuarmos comparações por gênero (entre homens e mulheres) e a seleção da amostra for aleatória, teremos unidades ou elementos de ambos os gêneros, mas isso não tem problema porque a amostra irá refletir a população.

> **AMOSTRA PROBABILÍSTICA ESTRATIFICADA** Amostragem em que a população é dividida em segmentos e uma amostra é selecionada para cada segmento.

Mas, às vezes, nosso interesse são os grupos que compõem as minorias da população ou universo, então se a amostra for aleatória simples será muito difícil determinar quais elementos ou casos desses grupos serão selecionados. Vamos imaginar que nosso interesse são pessoas de todas as religiões para confrontar certos dados, mas na cidade onde o estudo será realizado a maioria é – por exemplo – predominantemente católica. Com a AAS é quase certo que não iremos escolher indivíduos de diversas religiões ou somente alguns. Não poderíamos realizar as comparações. Talvez tenhamos 300 católicos e dois ou três de outras religiões. Então, é nessa hora que preferimos obter uma *amostra probabilística estratificada* (o nome nos diz que será probabilística e que serão considerados segmentos ou grupos da população, ou, o que dá no mesmo: estratos).

Exemplos de estratos na variável religião seriam: católicos, cristãos, protestantes, judeus, muçulmanos, budistas, etc. E da variável grau ou nível de estudos: educação infantil, ensino fundamental, ensino médio, ensino superior (ou equivalente) e pós-graduação.

Os exemplos anteriores que ilustram a utilização do STATS® são de amostras probabilísticas simples. Vamos supor, agora, que pretendemos realizar um estudo com diretores de recursos humanos para determinar sua ideologia e políticas para vermos como eles tratam os colaboradores de suas empresas. Vamos imaginar que nosso universo é de 1176 organizações com diretores de recursos humanos. Utilizando o STATS® ou com fórmulas, determinamos que o tamanho da amostra necessária para representar a população seria de $n = 298$ diretores. Mas vamos supor que a situação se complica e que precisamos estratificar esse n para que os elementos amostrais ou as unidades de análise possuam um determinado atributo. Em nosso exemplo, esse atributo poderia ser o ramo de atividade da empresa. Ou seja, quando o fato de que cada um dos elementos amostrais tenha a mesma possibilidade de ser escolhido não é suficiente e que, além disso, é preciso segmentar a amostra em relação aos estratos ou categorias que surgem na população, que também são relevantes para os objetivos do estudo, então desenhamos uma amostra probabilística estratificada. O que fazemos aqui é dividir a população em subpopulações ou estratos para depois selecionarmos uma amostra para cada estrato.

A estratificação aumenta a precisão da amostra e implica o uso deliberado de diferentes tamanhos de amostra para cada estrato, com a finalidade de conseguir reduzir a variância de cada unidade da média amostral (Kalton e Heeringa, 2003). Kish (1995) afirma que, em um número determinado de elementos amostrais $n = \sum nh$, a variância da média amostral $\bar{y}$ pode ser reduzida ao mínimo se o tamanho da amostra de cada estrato for proporcional ao desvio padrão dentro do estrato.

Isto é,

$$\sum fh = \frac{n}{N} = ksh$$

No qual a amostra n será igual à soma dos elementos amostrais nh. Ou seja, o tamanho de n e a variância de $\bar{y}$ podem ser minimizadas se calcularmos "subamostras" proporcionais ao desvio padrão de cada estrato. Isto é:

$$fh = \frac{nh}{Nh} = ksh$$

No qual nh e Nh são amostra e população de cada estrato, e sh é o desvio padrão de cada elemento em um determinado estrato. Então, temos:

$$ksh = \frac{n}{N}$$

Continuando com nosso exemplo, a população é de 1176 diretores de recursos humanos e o tamanho da amostra é $n = 298$. De que amostra vamos precisar para cada estrato?

$$ksh = \frac{n}{N} = \frac{298}{1176} = 0{,}2534$$

Então, o total da subpopulação será multiplicado por essa fração constante para obter o tamanho da amostra para o estrato. E ao se substituir temos:

$$(Nh)\,(fh) = nh \text{ (ver Tabela 8.2)}$$

Amostragem probabilística por conglomerados

Em alguns casos em que o pesquisador se vê limitado por recursos financeiros, tempo, distâncias geográficas ou por uma combinação desses e de outros obstáculos, ele pode recorrer à *amostragem por conglomerado* ou *clusters*. Nesse tipo de amostragem os custos, o tempo e a energia são reduzidos, pois muitas vezes as unidades de análise estão encapsuladas ou encerradas em determinados lugares físicos ou geográficos, que são denominados **conglomerados.** Alguns exemplos estão na Tabela 8.3. Na primeira coluna estão as unidades de análise que geralmente vamos estudar. Na segunda coluna sugerimos possíveis conglomerados onde esses elementos podem ser encontrados.

AMOSTRA PROBABILÍSTICA POR CONGLOMERADOS Amostragem em que as unidades de análise estão encapsuladas em determinados lugares físicos.

Extrair amostra por conglomerados implica diferenciar entre a unidade de análise e a unidade amostral. A unidade de análise indica aqueles que serão medidos, ou seja, os participantes ou os casos nos quais iremos aplicar finalmente o instrumento de medição. A unidade amostral (nesse tipo de amostra) se refere ao conglomerado por meio do qual conseguimos o acesso à unidade de análise. A amostragem

TABELA 8.2
Amostra probabilística estratificada de diretores de empresa

Estrato por ramos de atividade	Diretores de recursos humanos do ramo de atividade	Total população (fh) = 0,2534 Nh (fh) = nh	Amostra
1	Extração e siderurgia	53	13
2	Metal-mecânica	109	28
3	Alimentos, bebidas e tabaco	215	55
4	Papel e artes gráficas	87	22
5	Têxtil	98	25
6	Elétricas e eletrônicas	110	28
7	Automotiva	81	20
8	Químico-farmacêutica	221	56
9	Outras empresas de transformação	151	38
10	Serviços	51	13
		$N = 1176$	$n = 298$

Por exemplo:
Nh = 53 diretores de empresas extrativistas correspondem à população total dessa atividade.
Fh = 0,2534 é a fração constante.
Nh = 13 é o número arredondado de diretores de empresa da atividade de extração e siderurgia que teremos de entrevistar.

por conglomerados supõe uma seleção em duas ou mais etapas, todas com procedimentos probabilísticos. Na primeira selecionamos os conglomerados seguindo os passos já mostrados de uma amostra probabilística simples ou estratificada. Nas fases subsequentes e dentro desses conglomerados, selecionamos os casos que serão medidos. Para isso, fazemos uma seleção que garanta que todos os elementos do conglomerado tenham a mesma probabilidade de ser escolhidos.

Por exemplo, em uma amostra nacional de cidadãos de um país por *clusters* ou conglomerados, poderíamos primeiro escolher por sorteio uma amostra de estados ou cidades (primeira etapa); em seguida, cada estado ou cidade passa a ser um universo, daí selecionamos por sorteio os municípios (segunda etapa); posteriormente, cada município é considerado um universo ou população, então escolhemos por sorteio as comunidades (terceira etapa); essa comunidade, por sua vez, passa a ser vista como universo e, de novo por sorteio escolhemos quarteirões (quarta etapa); finalmente escolhemos por sorteio as moradias e os indivíduos (quinta etapa).

Às vezes, combinamos tipos de amostragem, por exemplo: uma amostra probabilística estratificada e por conglomerados, mas sempre utilizamos uma seleção aleatória que garante que no iní-

TABELA 8.3
Exemplo de conglomerados ou *clusters*

Unidade de análise	Possíveis conglomerados
Adolescentes	Cursinhos
Operários	Indústrias ou fábricas
Donas de casa	Mercados/supermercados/*shopping centers*
Crianças	Escolas

cio do procedimento todos os elementos da população têm a mesma probabilidade de ser escolhidos para integrar a amostra. No CD anexo: Material complementario → Documentos → Documento "Cálculo del tamaño de muestra y otros procedimientos por fórmulas" damos um exemplo que compreende vários dos procedimentos descritos até agora e que ilustra a maneira como normalmente se faz uma amostra probabilística por conglomerados em várias etapas.

✓ COMO É REALIZADO O PROCEDIMENTO DE SELEÇÃO DA AMOSTRA?

Quando iniciamos nossa exposição sobre a amostra probabilística, dissemos que os tipos de amostra dependem de duas coisas: do tamanho da amostra e do procedimento de seleção.

Sobre o primeiro já falamos minuciosamente, sobre o segundo vamos falar agora. Já determinamos o tamanho da amostra n, mas como selecionar os elementos amostrais (sejam eles casos ou conglomerados)? As unidades de análise ou os elementos amostrais são sempre escolhidos aleatoriamente para termos a garantia de que cada elemento tenha a mesma probabilidade de ser escolhido. Utilizamos basicamente três procedimentos de seleção, aqui vamos comentar apenas dois e o terceiro pode ser encontrado no CD anexo: Material complementario→ Documentos → Documento "Cálculo del tamaño de muestra y otros procedimientos por fórmulas".

Sorteio

É um procedimento muito despretensioso, porém, muito rápido. A ideia é enumerar todos os elementos amostrais da população, do 1 ao número N. Depois fazer fichas ou papéis, um para cada elemento, misturá-los em uma caixa e ir tirando n número de fichas, de acordo com o tamanho da amostra. Os números escolhidos por sorteio irão formar a amostra.

Quando nossa amostragem é estratificada, seguimos o procedimento anterior, mas para cada estrato. Por exemplo, na Tabela 8.2 vemos que, de uma população $N = 53$ empresas de extração e siderurgia, precisamos de uma amostra $n = 13$ de diretores de recursos humanos dessas empresas. Então, enumeramos cada uma dessas organizações em uma lista. Em fichas separadas sorteamos um dos 53 números, até obtermos os 13 necessários (podem ser as 13 primeiras fichas retiradas). Os números obtidos serão verificados com os nomes e os endereços de nossa lista, para precisar os diretores que serão os participantes do estudo.

Números *random* ou números aleatórios

Esse é o procedimento que está no CD anexo: Documento "Cálculo del tamaño de muestra y otros procedimientos por fórmulas".

STATS®

Uma excelente alternativa para gerar números aleatórios é o programa STATS®, que contém um subprograma para essa finalidade e evita o uso da tabela de números aleatórios. Ele é, até agora, a melhor forma que encontramos para fazer isso.

O programa nos pede para indicar "a quantidade de números aleatórios" (exigidos), então digitamos o tamanho da amostra; no CD escolhemos a opção: "Establecer límite superior e inferior", em seguida ele pede para estabelecermos o limite inferior (que sempre será um, o primeiro caso da população, pois a amostra é retirada dela) e o limite superior (o último número da população, que é o tamanho da população). Em seguida, digitamos "Calcular" e ele gera automaticamente os números. Verificamos em nossa lista a quem ou ao que corresponde cada número, e esses números serão os casos que passarão a fazer parte da amostra.

Aqui um exemplo cai bem. Vamos imaginar que uma pesquisa quer conhecer em uma escola ou faculdade quem são o jovem e a jovem mais populares. Então, decide realizar uma pesquisa de levantamento e deve obter uma amostra. Vamos supor que a escola tenha uma população de 1000 alunos. Se obtivesse uma amostra aleatória simples, seu procedimento seria esse que é mostrado na Figura 8.5.

Determina o tamanho da amostra: com o STATS®, para uma população de 1.000 casos, precisa de uma amostra de 277,74 estudantes (278 arredondando, 95% de confiança, 0,05 ou 5% de erro e porcentagem estimada da amostra ou $p = 0,5$).

→ **Obtém a base de dados dos alunos da escola** ou elabora uma com as listas dos grupos dos diferentes anos. Numera a base de dados ou a listagem do 1 ao 1.000.

↓

Seleciona os 278 jovens mediante a geração de números aleatórios pelo STATS®. O primeiro número que o programa registra é o 706, olha em sua base ou listagem quem é o aluno ou a aluna com esse número. Por exemplo: Lucía Phillips. Esse é o primeiro caso que entra na amostra. *Nota*: Toda vez que pedimos ao programa um conjunto de números aleatórios, ele é diferente. Portanto, se você fizer a mesma coisa irá obter outra sequência de números.

← **Continua com o segundo e o terceiro número registrado pelo programa:** 534-Laura Mejía, 15-Carlos Franco e assim sucessivamente... Escolhe 278 estudantes cujos números foram fornecidos por sorteio pelo STATS®.

← **Tem uma amostra probabilística para seu estudo.**

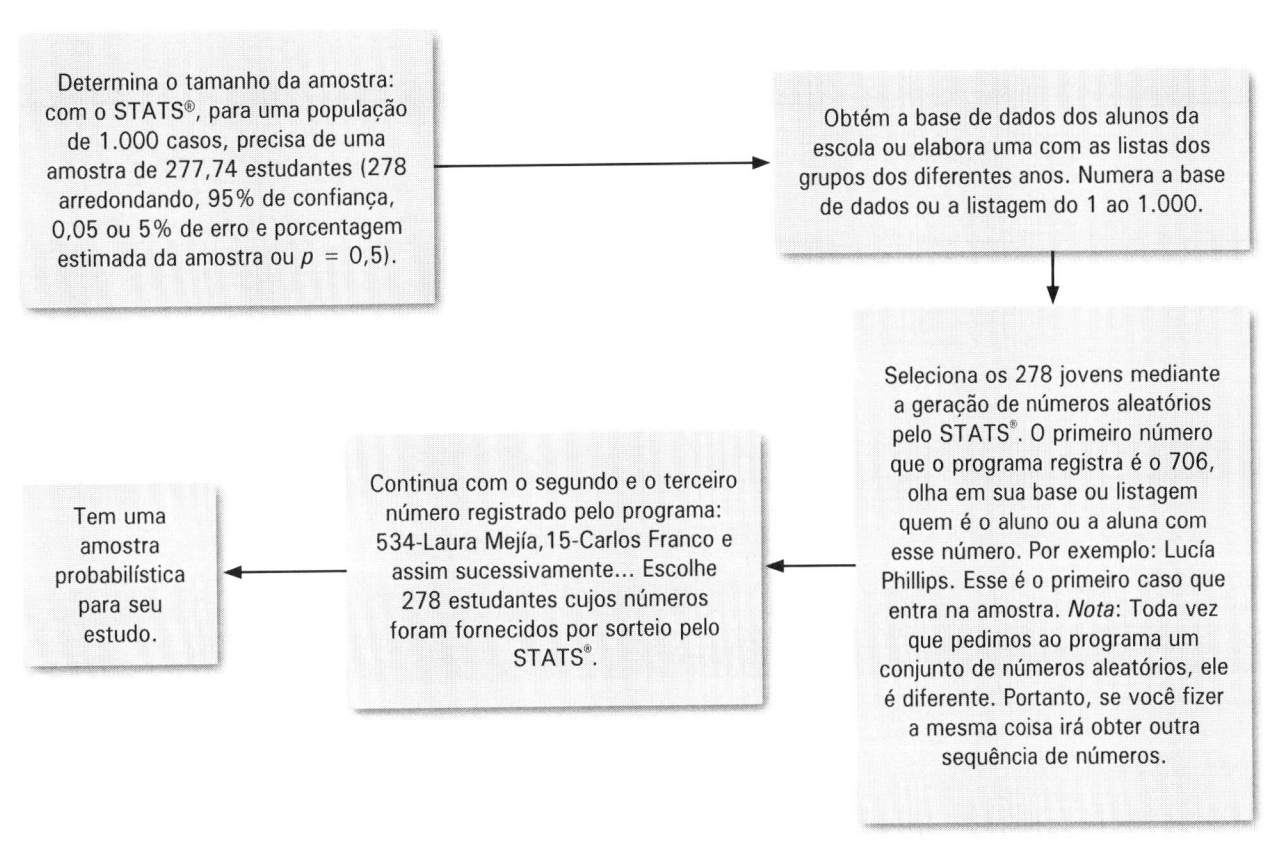

FIGURA 8.5 Exemplo do procedimento para escolher os casos de uma amostra aleatória simples utilizando o STATS®.

Com estratos ou conglomerados repetimos o procedimento para cada um.

Seleção sistemática de elementos amostrais

Esse procedimento de seleção é muito útil e implica escolher dentro de uma população N um número n de elementos a partir de um intervalo K. Este último (K) é um intervalo que será determinado pelo tamanho da população e pelo tamanho da amostra. Assim temos que $K = N/n$, em que K = um intervalo de seleção sistemática, N = a população e n = a amostra.

Daremos um exemplo para ilustrar os conceitos anteriores. Vamos supor que alguns pesquisadores querem realizar um estudo que pretende medir a qualidade do atendimento nos serviços prestados pelos médicos e pelas enfermeiras de um hospital. Para tanto, vamos considerar que os pesquisadores conseguem gravações de todos os serviços realizados durante um período determinado.[5] Vamos supor que eles tenham filmado 1.548 serviços (N). Com esse dado eles começam a determinar qual número de serviços precisam analisar para generalizar os resultados para toda a população. Com o STATS® eles determinam que vão precisar de 307,9 (308) serviços para avaliar (com um erro máximo de 5%, nível de confiança de 95% e uma porcentagem estimada de 50% para a amostra [$p = 0,5$]).

Se eles precisam de uma amostra de $n = 308$ episódios de serviços filmados, utilizam para a seleção o intervalo K, em que:

$$K = \frac{N}{n} = \frac{1548}{308} = 5{,}0259, \text{arredondado} = 5$$

O intervalo $1/K = 5$ indica que cada quinto serviço $1/K$ será selecionado até completar $n = 308$.

A seleção sistemática de elementos amostrais $1/K$ pode ser utilizada quando se escolhe os elementos de n para cada estrato ou para cada conglomerado. A regra de probabilidade, segundo a qual cada elemento da população deve ter a mesma probabilidade de ser escolhido, é cumprida ao iniciar a seleção de $1/K$ por sorteio. Mas, vamos dar continuidade ao nosso exemplo. A escolha dos 1.548 episódios não começa pelo 1, 6, 11, 16..., mas o que temos de fazer é que o início seja determinado pelo sorteio. Então, nesse caso, podemos jogar alguns dados e caso suas faces mostrem 1, 6, 9, iniciamos pelo serviço 169, e continuamos com 174, 179, 184, 189... $1/K$... e, se for necessário, recomeçamos pelos primeiros. Esse procedimento de seleção é menos complicado e possui várias vantagens: qualquer tipo de estratos em uma população X estará representado na amostra. A seleção sistemática também consegue uma amostra proporcional já que, por exemplo, o procedimento de seleção $1/K$ nos dará uma amostra com nomes que começam com as letras do alfabeto, de maneira proporcional à letra inicial dos nomes da população.

✓ LISTAGENS E OUTRAS ESTRUTURAS AMOSTRAIS

As *amostras probabilísticas* exigem a determinação do tamanho da amostra e um processo de seleção que garanta que todos os elementos da população tenham a mesma probabilidade de ser escolhidos. Tudo isso já vimos, mas ainda falta abordar algo essencial que precede à seleção de uma amostra: a **estrutura amostral**. Ela é uma estrutura de referência que nos permite identificar fisicamente os elementos da população, a possibilidade de enumerá-los e, finalmente, realizar a seleção dos elementos amostrais (os casos da amostra). Geralmente, é uma listagem existente ou uma lista que é preciso confeccionar *ad hoc*, com os casos da população.

ESTRUTURA AMOSTRAL Estrutura de referência que nos permite identificar fisicamente os elementos da população, assim como a possibilidade de enumerá-los e selecionar os elementos amostrais.

As listagens existentes sobre uma população são variadas: lista telefônica, listas de membros das associações, diretórios especializados, listas oficiais de escolas da região, bases de dados dos alunos de uma universidade ou dos clientes de uma empresa, registros médicos, cadastros, folha de pagamento de uma organização, etc. Em todo caso é preciso considerar a lista completa, sua exatidão, sua veracidade, sua qualidade e seu nível de cobertura em relação ao problema a ser pesquisado e à população que será medida, pois todos esses aspectos têm influência na seleção da amostra.

Por exemplo, para algumas pesquisas de levantamento a lista telefônica é considerada muito útil. No entanto, é preciso considerar que muitos números não irão aparecer porque são particulares ou porque existem lares que não têm telefone. A lista de associados de um agrupamento como a Cámara Nacional de la Industria de la Transformación (México), a Confederación Española de la Pequeña y Mediana Empresa, a Asociación Dominicana de Exportadores ou a Cámara Nacional de Comercio, Servicios y Turismo, do Chile; poderiam nos servir se o propósito do estudo fosse, por exemplo, conhecer a opinião dos associados a respeito de uma medida governamental. Mas, se o objetivo da pesquisa é analisar a opinião do setor patronal ou empresarial do país, a listagem de somente uma associação não seria adequada por várias razões: existem outras sociedades patronais,[6] as associações são voluntárias e nem todo patrão ou empresa pertence a elas. O correto, nessa situação, seria criar uma nova base de dados, justificada nas listagens existentes das associações patronais, eliminando dessa lista os casos duplicados, evitando que uma ou mais empresas apareçam em dois agrupamentos ao mesmo tempo.

Existem listas que são de grande ajuda para o pesquisador. Por exemplo: bases de dados locais especializadas em empresas, como a Industridata no México;[7] bases de dados internacionais de natureza empresarial como Kompass; lista de arquivos por ruas ou os programas de computador que têm esses arquivos em nível regional ou mundial; guias de meios de comunicação (que listam produtoras, estações de rádio e televisão, jornais e revistas). Esse tipo de estruturas de referência criado por profissionais é conveniente para o pesquisador, pois é uma compilação (de pessoas, empresas, instituições, etc.), resultado de horas de trabalho e investimento de recursos. Na internet também poderemos descobrir muitas listas de arquivo, que podem ser acessados com uma ferramenta de busca. Mas nossa recomendação é que eles sejam utilizados quando for oportuno, sempre prestando bastante atenção nas considerações que esses arquivos ou bases de informação apresentam em sua introdução, pois elas revelam o ano em que esses dados foram levantados, como foram obtidos (minuciosamente, por questionários, por voluntários) e, o mais importante, quem e por que foram excluídos do arquivo.

Muitas vezes precisamos criar listas *ad hoc*, pois é a partir delas que serão escolhidos os elementos que irão formar as unidades de análise em uma determinada pesquisa. Por exemplo, no caso da pesquisa "A televisão e a criança", criaríamos uma amostra probabilística estratificada por conglomerados, e a primeira etapa seria selecionar escolas para depois chegarmos até as crianças. Pois bem, para que isso seja possível, poderíamos obter uma base de dados das escolas de educação infantil da Cidade do México na Secretaría de Educación Pública. Cada escola teria um código de identificação para eliminar as escolas para crianças atípicas. Essa listagem, além disso, contém informação sobre cada escola, sua localização e seu regime jurídico de propriedade (pública ou particular).

Com a ajuda de outro estudo (Fernández Collado et al., 1998) que catalogou em diferentes estratos socioeconômicos as colônias da Cidade do México, tendo como base a arrecadação média da região, foram elaboradas oito listas:

1. escolas públicas classe A;
2. escolas particulares classe A;
3. escolas públicas classe B;
4. escolas particulares classe B;
5. escolas públicas classe C;
6. escolas particulares classe C;
7. escolas públicas classe D;
8. escolas particulares classe D.

Cada lista representaria um estrato da população e de cada uma delas seria selecionada uma amostra de escolas A, B, C, D, que representam níveis socioeconômicos. E depois, de cada escola seriam escolhidas as crianças para compor a amostra final.

Nem sempre existem listas que permitem identificar nossa população. Então, nesse caso, precisaremos recorrer a outras estruturas de referência que contenham descrições do material, das organizações ou de outros casos que serão selecionados como unidade de análise. Exemplos de algumas dessas estruturas de referência são os arquivos, os mapas e os arquivos eletrônicos de jornais na *web*. Vamos dar exemplos mais detalhados para cada um desses casos e recomendar soluções para alguns problemas comuns na amostragem.

Arquivos

Um gerente de recrutamento e seleção de uma empresa quer saber com exatidão se alguns dados fornecidos em uma solicitação de emprego estão correlacionados à falta de assiduidade do funcionário. Ou seja, se a partir de dados como idade, gênero, estado civil, nível educacional e tempo de permanência em outro emprego é possível prever esse tipo de conduta. Para estabelecer correlações, serão consideradas como população todas as pessoas contratadas durante 10 anos. Seus dados da solicitação de emprego são relacionados com os registros de faltas.

Como não existe uma lista elaborada desses indivíduos, o pesquisador decide recorrer aos arquivos das solicitações de emprego. Esses arquivos são uma estrutura amostral e é a partir dele que as amostras serão obtidas. O pesquisador calcula o tamanho da população, obtém o tamanho da amostra e seleciona sistematicamente cada elemento $1/K$, cada solicitação que será analisada. Aqui o problema que surge é que no arquivo existem solicitações de pessoas que não foram contratadas, portanto, não devem ser consideradas no estudo.

Nesse caso, e em outros em que nem todos os elementos da estrutura de referência ou de uma lista aparecem (p. ex.: nomes no diretório que não correspondem a uma pessoa física), os especialistas em amostragem (Kish, 1995; Sudman, 1976) não aconselham a substituição pelo próximo elemento, mas simplesmente a não considerar esse elemento, isto é, fazer de conta que ele não existe e continuar com o intervalo de seleção sistemática.

Mapas

Os mapas são muito úteis como estrutura de referência em amostras por conglomerado. Um exemplo é quando um pesquisador quer saber o que motiva os compradores das lojas de autosserviço. A partir de uma lista de lojas de cada rede concorrente ele marca sobre um mapa da cidade todas as lojas de autosserviços, que são uma população de conglomerados, porque em cada loja selecionada irá entrevistar um número de clientes. O mapa permite que ele veja a população (lojas de autosserviço) e sua situação geográfica, de maneira que possa escolher regiões onde coexistam diferentes lojas concorrentes, para garantir que o consumidor da região tenha todas as possíveis alternativas. Hoje existem mapas de todo tipo: mercadológicos, socioculturais, étnicos, marítimos, entre outros. O Global Positioning System (GPS) já pode ser muito útil para esse tipo de amostragem.

TAMANHO ÓTIMO DA AMOSTRA

Conforme foi mencionado, as amostras probabilísticas exigem dois procedimentos básicos:

1. determinar o tamanho da amostra e
2. selecionar aleatoriamente os elementos amostrais.

Precisar adequadamente o tamanho da amostra pode se tornar complexo, pois depende do problema de pesquisa e da população a ser estudada. Para o aluno e o leitor em geral, será muito útil comparar o tamanho da amostra utilizado por outros pesquisadores, à luz da revisão da literatura. Para tanto, mostramos alguns exemplos e criamos várias Tabelas (8.4, 8.5 e 8.6), que indicam os tamanhos da amostra mais utilizados pelos pesquisadores, de acordo com suas populações (nacionais ou regionais) e os subgrupos que querem estudar nelas.

As amostras nacionais, isto é, as que representam a população de um país, normalmente têm mais de 1000 sujeitos. A amostra do estudo "Como nós, mexicanos, somos?" (Hernández Medina, Narro e Rodríguez, 1987) consta de 1737 sujeitos divididos da seguinte maneira:

Fronteira e norte	696
Centro (sem a capital nacional ou Distrito Federal)	426
Sul-sudeste	316
Distrito Federal	299
	1737

A amostra dos barômetros de opinião na Espanha é nacional,[8] inclui pessoas de ambos os gêneros, com 18 anos ou mais e seu tamanho é de aproximadamente 2500 casos (Centro de Investigaciones Sociológicas, 2009). Sua seleção é por estratos e conglomerados. Primeiro são escolhidos os municípios e depois as seções. Os pontos de amostragem são 168 municípios e 49 províncias.

> Os estratos são compostos por sete categorias formadas pelo cruzamento das 17 comunidades autônomas com o tamanho do *habitat*. São as seguintes: a) menores ou iguais a 2000 habitantes, b) de 2001 a 10000, c) de 10001 a 50000, d) de 50001 a 100000, e) de 100001 a 400000, f) de 400001 a um milhão e g) mais de um milhão de habitantes. (Berganza e García, 2005, p. 91)

Mas o Barómetro del Real Instituto Elcano (BRIE) na Espanha conta com 1200 indivíduos (Real Instituto Elcano, 2009).

O Eurobarômetro é outra pesquisa de levantamento que engloba diversos países da União Europeia (UE) e sua amostra é de aproximadamente 1000 pessoas por país, exceto na Alemanha, onde se consulta o dobro, e no Reino Unido onde *n* é igual a 1300 (300 pesquisas de levantamento são realizadas na Irlanda) (Berganza e García, 2005). Por exemplo, um Eurobarômetro sobre as mulheres e as eleições europeias realizado em 4 de março de 2009, incluiu 35000 mulheres e 5500 homens da UE (Oficina del Parlament Europeu a Barcelona, 2009).

Na Tabela 8.4 observamos que o tipo de estudo pouco determina o tamanho da amostra. Mas realmente interfere na decisão de que sejam amostras nacionais ou regionais.

As amostras regionais (p. ex., as que representem a região metropolitana da Cidade do México ou outra grande metrópole com mais de três milhões de habitantes), de algum estado ou província de um país, ou algum município ou região, são tipicamente menores com variações entre 400 a 700 indivíduos.

TABELA 8.4
Amostras utilizadas com frequência em pesquisas nacionais e regionais de acordo com a área de estudo

Tipos de estudo	Nacionais	Regionais
Econômicos	1000+	100
Médicos	1000+	500
Condutas	1000+	700-300
Atitudes	1000+	700-400
Experimentos de laboratório	- - -	100

O tamanho de uma amostra também depende do número de subgrupos que nos interessam em uma população. Por exemplo, podemos subdividi-la em homens e mulheres com quatro grupos de idade ou, ainda, em homens e mulheres com quatro grupos de idade em cada um e de cinco níveis socioeconômicos. Se fosse esse o caso estaríamos falando de 40 subgrupos e, portanto, de uma amostra maior. Na Tabela 8.5 descrevemos amostras típicas de acordo com os subgrupos em estudo, conforme seu alcance (estudos nacionais ou estudos especiais ou regionais) e sua unidade de análise; isto é, se são indivíduos ou organizações. Nesse último caso o número da amostra diminui, porque quase sempre representa uma grande fração da população total.

TABELA 8.5
Amostras típicas de estudos sobre populações humanas e organizações

Número de subgrupos	População de indivíduos ou domicílios		População de organizações	
	Nacionais	Regionais	Nacionais	Regionais
Nenhum-poucos (menos de 5)	1000-1500	200-500	200-500	50-200
Médio (5-10)	1500-2500	500-1000	500-1000	200-500
Mais de 10	2500 +	1000 +	1000 +	500 +

Outra tabela que nos ajuda a compreender o tema que estamos analisando é a 8.6, que se baseia em Mertens (2005, p. 327) e Borg e Gall (1989), de acordo com o propósito do estudo. Aqui cada número é o mínimo sugerido.

As Tabelas 8.4 a 8.6 foram elaboradas com base em artigos de pesquisa publicados em revistas especializadas e em Sudman (1976) e dão uma ideia das amostras utilizadas por outros pesquisadores. Portanto, pode ajudá-lo a determinar o tamanho de sua amostra. No caso dos experimentos, a amostra representa o equilíbrio entre um maior número de casos e o número que conseguimos trabalhar. Lembre-se de que alguns testes estatísticos exigem, no mínimo, 15 casos por grupo de comparação (Mertens, 2005).

Vamos relembrar que o ótimo de uma amostra depende de quanto sua distribuição se aproxima da distribuição das características da população. Essa aproximação melhora quando se aumenta o tamanho da amostra. A "normalidade" da distribuição em amostras grandes não obedece

TABELA 8.6
Tamanhos mínimos de amostra em estudos quantitativos

Tipo de estudo	Tamanho mínimo de amostra
Transversal descritivo ou correlacional	30 casos por grupo ou segmento do universo.
Pesquisa de levantamento em grande escala	100 casos para o grupo ou segmento mais importante do universo e de 20 a 50 casos para grupos menos importantes.
Causal	15 casos por variável independente.
Experimental ou quase experimental	15 por grupo.

TEOREMA DO LIMITE CENTRAL
Teorema segundo o qual uma amostra aleatória com mais de trinta casos tenderá a uma distribuição normal em suas características, o que serve para o propósito de fazer estatística inferencial.

à normalidade da distribuição de uma população. A distribuição de diversas variáveis, às vezes, é "normal" e em outras está longe de sê-lo. No entanto, a distribuição de amostras aleatórias com trinta ou mais casos tende a ser normal, o que serve para o propósito de fazer estatística inferencial (generalizar da amostra ao universo). E isso é chamado de **teorema do limite central**.

Distribuição normal: essa distribuição em formato de sino geralmente se consegue com amostras de 100 ou mais unidades amostrais, e é útil e necessária quando fazemos inferências do tipo estatístico.

✓ COMO E QUAIS SÃO AS AMOSTRAS NÃO PROBABILÍSTICAS?

As amostras não probabilísticas, também chamadas de amostras por julgamento, supõem um procedimento de seleção informal. São utilizadas em diversas pesquisas quantitativas e qualitativas. Não vamos revisá-las agora, mas sim no Capítulo 13 "Amostragem na pesquisa qualitativa". Por enquanto, vamos dizer que elas selecionam indivíduos ou casos "típicos" sem tentar que sejam representativos de uma população determinada. É por isso que para fins dedutivo-quantitativos, em que a generalização ou extrapolação de resultados para a população é uma finalidade em si mesma, as amostras por julgamento implicam algumas desvantagens. A primeira é que, por não ser probabilística, não é possível calcular com precisão o erro padrão, isto é, não podemos calcular com qual nível de confiança efetuamos uma estimativa. Isso é um sério inconveniente se considerarmos que a estatística inferencial se baseia na teoria da probabilidade, portanto, os testes estatísticos em amostras não probabilísticas têm um valor limitado em relação à própria amostra, mas não à população. Ou seja, os dados não podem ser generalizados para esta. Nas amostras desse tipo, a escolha dos casos não depende de que todos tenham a mesma probabilidade de ser escolhidos, mas da decisão de um pesquisador ou grupo de pessoas que coletam os dados.

A única vantagem de uma amostra não probabilística – do ponto de vista quantitativo – é sua utilidade para determinado desenho de estudo que não exija tanto uma "representatividade" de elementos de uma população, mas sim de uma cuidadosa e controlada escolha de casos com certas características especificadas previamente na formulação do problema.

Para o enfoque qualitativo, por não ter tanto interesse na possibilidade de generalizar os resultados, as amostras não probabilísticas ou por julgamento são de grande valor, pois conseguem obter os casos (pessoas, contextos, situações) que interessam ao pesquisador, que são capazes de oferecer uma grande quantidade de dados para coleta e análise.

Amostragem por sorteio e ligação telefônica (*random digit dialing*)

Essa é uma técnica que os pesquisadores utilizam para selecionar amostras telefônicas. Implica identificar áreas geográficas[*] – para fazerem parte da amostragem por sorteio – e seus correspon-

---

[*] N. de R.T.: No Brasil, existe a portabilidade do número telefônico, o que descaracteriza de qual região o assinante pertence.

dentes códigos de área e prefixos telefônicos (os primeiros dígitos do número telefônico que as identificam). Em seguida, os demais dígitos do número a ser chamado podem ser gerados por sorteio de acordo com os casos que exigimos para a amostra (n). É possível reconhecer quais prefixos são utilizados de forma primária para telefones residenciais e enfocar a amostragem nesse subgrupo. Também pode ser muito útil incluir em amostras os telefones celulares ou móveis (Hernández Sampieri e Mendoza, 2008).

Para maiores referências dessa técnica recomendamos Fowler (2002) e Link, Town e Mokdad (2007). Um ótimo exemplo para ver como é formada uma amostra com esse método pode ser encontrado em Williams, Van Dyke e O'Leary (2006).

Uma máxima da amostragem e o alcance do estudo

Não importa que seja um tipo de amostragem ou outro, o importante mesmo é escolher os informantes (ou casos) adequados, de acordo com a formulação do problema e conseguir o acesso a eles.

Os estudos exploratórios empregam regularmente amostras por julgamento, embora pudessem utilizar amostras probabilísticas. As pesquisas experimentais utilizam, na maioria das vezes, amostras por julgamento porque, conforme já foi comentado, é difícil trabalhar com grupos grandes (e é por isso que insistimos que, nos experimentos, a validade externa seja consolidada mediante a repetição ou reprodução do estudo). Os estudos não experimentais descritivos ou correlacionais-causais devem utilizar amostras probabilísticas se quiserem que seus resultados sejam generalizados a uma população.

Algumas vezes a amostra também pode ser em várias etapas (polietápica). Por exemplo, primeiro escolher universidades, depois escolas ou faculdades, depois salas de aula ou grupos e, finalmente, estudantes.

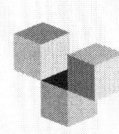

Resumo

- Neste capítulo definimos o conceito de amostra.
- Além disso, descrevemos como selecionar uma amostra no processo quantitativo. A primeira coisa que devemos fazer é saber sobre o que ou quem iremos coletar os dados, e isso significa tornar a unidade de análise precisa. Depois, começamos a delimitar claramente a população, tendo como base os objetivos do estudo e suas características de conteúdo, de lugar e de tempo.
- A amostra é um subgrupo da população e pode ser probabilística ou não probabilística.
- Escolher qual tipo de amostra é exigido depende do enfoque e dos alcances da pesquisa, dos objetivos do estudo e de seu desenho.
- No enfoque quantitativo as amostras probabilísticas são essenciais em desenhos de pesquisa por pesquisas de levantamento, pois o que pretendemos com eles é generalizar os resultados para uma população. A característica desse tipo de amostras é que todos os elementos da população têm inicialmente a mesma probabilidade de serem escolhidos. Assim, os elementos amostrais terão valores muito próximos aos valores da população, pois as medições do subconjunto serão estimações muito precisas do conjunto maior. Essa precisão depende do erro de amostragem.

- Para uma amostra probabilística, precisamos de dois elementos: determinar o tamanho adequado da amostra e selecionar os elementos amostrais de forma aleatória.
- O tamanho da amostra é calculado com fórmulas ou com o programa STATS®, que pode ser encontrado no CD que acompanha o livro.
- As amostras probabilísticas são: simples, estratificadas, sistemáticas ou por conglomerados. A estratificação aumenta a precisão da amostra e implica o uso deliberado de subamostras para cada estrato ou categoria que seja relevante na população. Amostragem por conglomerados implica existir diferenças entre a unidade de análise e a unidade amostral. Nesse tipo de amostragem há uma seleção em várias etapas, todas com procedimentos probabilísticos. Na primeira selecionamos os conglomerados e dentro deles os participantes que serão medidos.
- Os elementos amostrais de uma amostra probabilística sempre são escolhidos aleatoriamente para termos a certeza de que cada elemento tenha a mesma probabilidade de ser selecionado. É possível utilizar quatro procedimentos de seleção:
  1. sorteio,
  2. números aleatórios,

3. utilização do subprograma de números aleatórios do STATS® e
4. seleção sistemática.

Todo procedimento de seleção depende de listagens ou bases de dados, sejam as existentes ou as criadas *ad hoc*. As listagens podem ser: a lista telefônica, listas de associações, listas de escolas oficiais, etc. Quando não existem listas de elementos da população, podemos recorrer a outras estruturas de referência que contenham descrições do material, organizações ou participantes selecionados como unidades de análise. Alguns destes podem ser arquivos, hemerotecas e mapas, assim como a internet.

- As amostras não probabilísticas também podem ser chamadas de amostras por julgamento, pois a escolha de casos depende do critério do pesquisador.
- O teorema do limite central diz que uma amostra aleatória com mais de trinta casos tenderá a uma distribuição normal em suas características; mas a normalidade não deve ser confundida com probabilidade. Enquanto a primeira é necessária para realizar testes estatísticos, a segunda é requisito indispensável para fazer inferências corretas sobre uma população.

Conceitos básicos

Amostra
Amostra não probabilística ou por julgamento
Amostra probabilística
Amostra probabilística estratificada
Amostra probabilística por conglomerados
Base de dados
Elementos amostrais
Erro padrão
Estrutura amostral

Nível desejado de confiança
População
Representatividade
Seleção aleatória
Seleção sistemática
Tamanho da amostra
Teorema do limite central
Unidade amostral
Unidade de análise

Exercícios

1. Forme grupos de três ou quatro pessoas. Cada grupo dispõe de 15 minutos para formular uma pergunta de pesquisa. O problema pode ser de qualquer área de estudo. O que convém aqui é que seja sobre um tema que realmente desafie os estudantes, algo que eles considerem um fenômeno importante. As perguntas de pesquisa serão anotadas no quadro-negro. Depois e com cada uma dessas perguntas se define quem será medido. Discuta por que as respostas dos estudantes são corretas e por que não são corretas.

2. Como sequência do exercício anterior, proponha os seguintes temas de pesquisa. Vamos supor que, em outro curso, os estudantes de uma oficina de pesquisa sugeriram os seguintes temas para pesquisar. Em cada caso é preciso dizer quem será medido, para conseguir resultados nas pesquisas propostas.
   - Tema 1: Qual o efeito dos anúncios de bebidas alcoólicas nos jovens?
   - Tema 2: Faz três meses que uma fábrica de motores adotou um programa de círculos de qualidade. Será que esse programa teve êxito?
   - Tema 3: As crianças que fizeram a educação infantil em escolas laicas e mistas têm um melhor desempenho acadêmico na universidade do que as que vêm de escolas religiosas de um só gênero?
   - Tema 4: Quais são diferenças entre os comerciais de xampu da televisão espanhola, argentina e venezuelana?

3. Selecione dois estudos de alguma publicação científica (ver no CD anexo: Material complementario → Apéndices → Apéndice 1) e/ou duas teses. Analise os seguintes aspectos:
   a) Qual é o problema de pesquisa?
   b) Qual é a amostra?
   c) Como foi escolhida?
   d) A amostra e o procedimento de amostragem são adequados para o problema que foi pesquisado?
   e) Quais são os principais resultados ou conclusões?
   f) Esses resultados são generalizáveis a uma população maior?
   g) Tendo como base a amostra, essas generalizações podem ser consideradas sérias?
   Avalie a solidez dos quatro estudos, utilizando como critério os aspectos a, b, c, d, e, f e g.

4. Vamos supor que você trabalha em uma agência que realiza pesquisas e que diversos clientes pedem que você os assessore em estudos com diferentes características. Que tipo de amostra você poderia sugerir para cada um? Fundamente sua sugestão.

Cliente	Necessidade	Tipo de amostra
4.1 Clínica de terapias psicoemocionais	Pacientes com câncer que seguem a terapia reagem melhor aos tratamentos médicos usuais do que os doentes com câncer que não aceitam a terapia.	
4.2 Empresa no ramo químico	Definir quais são nossos funcionários e operários, de antes e de agora, que têm menos faltas, isto é, existe um perfil de absentismo?	
4.3 Empresa de cosmetologia	Que noções têm as jovens (de 15 a 20 anos) sobre sua higiene íntima e o cuidado com sua pele? Será que daria certo criar uma linha de produtos exclusivamente para elas?	
4.4 Grupo que defende os direitos do consumidor	Quais são as reclamações das crianças sobre os brinquedos que estão no mercado? Eles quebram? São perigosos? São chatos? Qual é sua durabilidade?	
4.5 Partidos políticos	Para qual candidato a governador os cidadãos de determinado estado irão votar?	

5. Vamos supor que uma associação ibero-americana de professores conta com 5000 membros. A junta diretora decidiu fazer uma pesquisa por levantamento (por telefone ou *e-mail*) com os associados para perguntar, entre outras coisas, sobre local de trabalho, posto que ocupam, salário aproximado, grau universitário cursado, produção, estudos posteriores, oportunidades percebidas de progresso, etc. Em resumo, a ideia é publicar um perfil profissional atualizado com o propósito de dar um *feedback* aos associados. Como seria muito difícil chegar aos 5000 membros espalhados na Espanha, América Latina e Estados Unidos, qual deveria ser o tamanho da amostra se quisermos um erro padrão não maior do que 0,015? Uma vez definido o tamanho da amostra, como seria o processo de seleção para que os resultados obtidos com base na amostra sejam generalizáveis para toda a população? Ou seja, o que se pretende é alcançar um perfil certeiro dos 5000 sócios dessa associação profissional.
6. Selecione um tamanho adequado de amostra para sua instituição utilizando o STATS®.
7. A partir do exemplo de estudo que vem sendo desenvolvido por você no processo quantitativo, pense como selecionaria a amostra apropriada de acordo com sua formulação, objetivos, hipóteses e desenho. Qual seria o universo ou população, a unidade de análise e o procedimento de seleção? Que tamanho teria a amostra?

Lembre-se de ver as respostas para os exercícios no CD anexo: Material complementario → Apéndices → Apéndice 3.

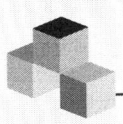

Exemplos desenvolvidos

A televisão e a criança

Para o estudo, primeiro foi realizada uma análise exploratória e um teste piloto com 60 crianças de diversos estratos socioeconômicos. Com base nisso, o questionário foi corrigido para realizar o estudo definitivo.

1. Limites da população:
   Todas as crianças da região metropolitana da Cidade do México, que estejam na 4ª, 5ª e 6ª séries do ensino fundamental em escolas particulares e públicas do turno matutino.
2. Processo de seleção:
   Foi criada uma amostra probabilística estratificada por conglomerado, em que a primeira etapa foi a seleção das escolas para, depois, chegar às crianças. A amostra foi obtida de uma base de dados da Secretaría de Educación Pública, na qual estivessem listadas e identificadas todas as escolas de ensino fundamental da região metropolitana da Cidade do México.

Foram excluídas as escolas do turno vespertino e as criadas para crianças com capacidades diferentes ou habilidades especiais. A seleção também estratificou o nível socioeconômico em quatro categorias: A, B, C e D (de acordo com os critérios do mapa mercadológico da Cidade do México, A = renda familiar elevada, B = média, C = mais ou menos baixas e D = baixas). Portanto, foram escolhidas escolas dos seguintes estratos:

1. escolas públicas classe A;
2. escolas particulares classe A;
3. escolas públicas classe B;
4. escolas particulares classe B;
5. escolas públicas classe C;
6. escolas particulares classe C;
7. escolas públicas classe D;
8. escolas particulares classe D.

Cada lista representou um estrato da população e de cada uma delas foi selecionada uma amostra de escolas: A, B, C, D, que representam níveis socioeconômicos. Posteriormente, de cada escola foram escolhidas as crianças para formar a amostra final.

Quando os cálculos já haviam sido realizados, ficou determinado que de cada estrato quatro escolas seriam selecionadas, isto é, n igual a 32 escolas situadas em diversas colônias que incluíram todas as cidades (municípios). Na segunda etapa, as crianças de cada escola foram selecionadas por amostragem aleatória simples. No exemplo, 264 crianças por escola de 4ª, 5ª e 6ª séries (88 de cada um). Uma amostra total de 2112 que envolveu ajustes e substituições.

O par e a relação ideais

Para saber o tamanho do universo, a informação foi proporcionada pela Asociación Nacional de Universidades e Instituciones de Educación Superior, Federeción de Instituciones Mexicanas Particulares de Educación Superior e pelo governo de Guanajuato. Também recorremos a fontes eletrônicas (páginas *web* das instituições) e solicitamos diretamente o dado para as organizações educacionais envolvidas. O tamanho da população total é de aproximadamente 13000 estudantes.[9] Com o STATS® descobrimos que o tamanho adequado da amostra para essa população (95% de confiança, 5% de erro e $p = 0,5$ ou 50%) seria de 373 casos. Mas preferimos segmentar o universo em: 1) instituições com matrícula considerável (mais de 2000 estudantes) e 2) universidades com matrícula padrão para uma cidade média (1000 a 1500 estudantes). No primeiro estrato estavam duas organizações (que representa um total de 6000 universitários) e no segundo sete (7000 alunos). Cada estrato foi visto como uma população, depois o tamanho da amostra foi calculado com o STATS® e o resultado foi: estrato 1 ($n = 361$), estrato 2 ($n = 364$). Assim, para o estrato 1 consideramos entrevistar 180 universitários em uma instituição e, na outra, 181. No caso do estrato 2, o instrumento de medição foi aplicado em cada uma das sete universidades para 52 estudantes. Futuramente serão incluídos no estudo o Instituto Tecnológico Roque, o Centro Universitario ITESBA e outras organizações para que possamos fazer uma comparação entre instituições, e cada uma poderia ser vista como uma população em si mesma.

O abuso sexual infantil

O estudo é um experimento e a amostra é por julgamento. Foram recrutados alunos da educação infantil de três escolas com uma população similar, filhas e filhos de mães que trabalham para a Secretaría de Educación Pública del Estado de Querétaro. Seis grupos escolares foram avaliados e selecionados para três grupos experimentais ($n_1 = 49$ crianças, $n_2 = 22$ crianças e $n_3 = 79$ crianças).

No início do processo, obtivemos a permissão das autoridades escolares. Foram realizadas reuniões prévias com todos os pais de família para dar informação sobre o programa. Houve uma seção para que a pessoa que aplicou as escalas tivesse contato com os meninos e as meninas por meio de atividades lúdicas para criar confiança e proximidade com os grupos. Ela também explicou de forma geral o processo a ser realizado, e sua participação foi voluntária (ela poderia se negar a isso). Antes de cada avaliação foi pedido que as crianças dessem seu consentimento.

Os pesquisadores opinam

A importância da pesquisa está no fato de gerar conhecimentos, o que contribui para o desenvolvimento social. Então, é importante que os estudantes sintam prazer e tenham interesse em pesquisar.

É a partir da preferência por determinado tema que surge a orientação que se deve dar ao projeto, e este deve ter clareza conceitual e exatidão em relação ao problema, além de buscar a comunicação dos resultados.

Álvaro Camacho Medina
Docente
Facultad de Mercadeo y Publicidad
Politécnico Grancolombiano
Bogotá, Colômbia

Em nossa realidade existem pesquisas sérias que fornecem indicadores sobre como estão, por exemplo, os diferentes níveis do sistema educacional peruano; no entanto, elas não são suficientes na aplicação de propostas metodológicas, seja devido à seleção da amostra, ao emprego de instrumentos adequados ou à preparação do pessoal que as realiza.

É por essa razão que nós, responsáveis pela orientação de projetos, devemos incutir em nossos alunos que a pesquisa é um processo que exige a nossa energia e perseverança para obter resultados que sejam significativos para a sociedade peruana.

Para isso é necessário passar por determinadas experiências. No caso da educação, seria recomendável visitar um centro acadêmico que esteja testando diferentes e novos enfoques para que se possa conhecer o meio, dialogar com os protagonistas e descobrir sua problemática.

Uma boa formulação do problema nos permitirá orientar a pesquisa, tornar precisas as variáveis que serão analisadas, conhecer o grupo com o qual se pretende trabalhar, determinar os objetivos e, em um determinado momento, redigir coerentemente os resultados.

Por último, considero que os resultados de uma pesquisa passam a ser significativos quando, além de apresentar dados quantitativos, ela também considera os dados qualitativos. Uma experiência de pesquisa deve levar em conta ambos os enfoques, porque assim ela será vista e considerada de forma integral.

Eng. Guillermo Evangelista Benites
Docente principal
Facultad de Ingeniería Química
Universidad Nacional de Trujillo
Trujillo, Peru

✓ NOTAS

1. Iremos falar mais detalhadamente sobre as amostras qualitativas no Capítulo 13 deste livro.
2. Alguns céticos em relação ao programa STATS® quiseram comparar os resultados gerados por esse programa com os que são obtidos por meio das fórmulas, e a conclusão foi que em vários cálculos os resultados eram muito parecidos (normalmente com uma diferença de menos de um caso, por causa do arredondamento).
3. Quando utilizamos em amostragem uma letra maiúscula estamos falando da população e uma letra minúscula da amostra (N = tamanho da população, n = tamanho da amostra).
4. É óbvio que primeiro você deve instalar o programa em seu computador ou equivalente.
5. Todos sabem que o número de serviços em um hospital é muito variável e depende de diversos fatores, como o número de camas, de médicos e paramédicos; o tipo e o nível de atendimento (desde consulta simples até cirurgia complexa), a época, o número de habitantes da região onde está localizado ou o número de pessoas que têm direito de utilizá-lo, etc. O exemplo tenta ser simples para que seja entendido por leitores de diversas áreas.
6. No México, a Canacintra representa somente o setor da indústria da transformação; na Espanha a Cepyme não agrupa os grandes consórcios empresariais; na República Dominicana a Adoexpo não é a única associação do Consejo Nacional de la Empresa Privada; e, no Chile, a CNC não inclui a indústria da construção e da mineração, por exemplo.
7. Lista de arquivos que permite consultar informação das empresas por ramo de atividade: industriais, comerciais, de serviço e construtoras, assim como o número de funcionários. A base de dados classifica essas companhias em: empresas AAA, com mais de 500 funcionários; empresas AA que têm entre 251 e 500 funcionários; empresas A, entre 151 e 250; e empresas B, entre 100 e 50 funcionários.
8. Os barômetros são *surveys* ou pesquisas de levantamento de alcance nacional ou continental e incluem questões políticas, econômicas, sociais e da atualidade.
9. O nome de cada instituição foi preservado porque quatro universidades pediram expressamente que esse dado não fosse divulgado. Também devemos mencionar que o tamanho do universo é aproximado, porque somente no final do semestre é que se tem a informação precisa sobre as baixas escolares.

9
Coleta dos dados quantitativos

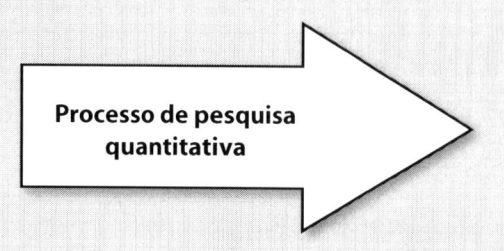

Processo de pesquisa quantitativa →

Passo 8 Coletar os dados
- Definir a forma idônea de coletar os dados de acordo com a formulação do problema e as etapas prévias da pesquisa.
- Selecionar ou elaborar um ou vários instrumentos ou métodos para coletar os dados necessários.
- Aplicar os instrumentos ou métodos.
- Obter os dados.
- Codificar os dados.
- Arquivar os dados e prepará-los para a análise por computador.

Objetivos da aprendizagem

Ao concluir este capítulo, o aluno será capaz de:

1. visualizar diferentes métodos para coletar dados quantitativos;
2. entender o significado de "medir" e sua importância no processo quantitativo;
3. compreender os requisitos que toda coleta de dados deve incluir;
4. conhecer os principais instrumentos para coletar dados quantitativos;
5. elaborar e aplicar os diferentes instrumentos de coleta de dados quantitativos;
6. preparar os dados para sua análise quantitativa.

Síntese

Neste capítulo analisamos os requisitos que um instrumento deve atender para coletar de maneira apropriada os dados quantitativos: confiabilidade, validade e objetividade. Também definimos o conceito de mensuração e os erros que podem ser cometidos ao coletar dados.

Ao longo do capítulo apresentamos o processo para elaborar um instrumento de mensuração e as principais alternativas para coletar dados: questionários e escalas de atitudes. Por último, examinamos o procedimento de codificação de dados quantitativos e a forma de prepará-los para sua análise.

Fases de construção de um instrumento:

1. Redefinições fundamentais
2. Revisão da literatura focada em instrumentos pertinentes
3. Identificação do domínio das variáveis a serem medidas e seus indicadores
4. Tomada de decisões-chave
5. Construção do instrumento
6. Teste piloto
7. Elaboração da versão final do instrumento ou sistema e seu procedimento de aplicação
8. Treinamento do pessoal que irá aplicar o instrumento e qualificação
9. Obter autorizações para aplicar o instrumento
10. Aplicação do instrumento

Coleta de dados quantitativos

É realizada mediante

Instrumento(s) de medição
Deve(m) representar verdadeiramente a(s) variável(eis) da pesquisa

Cujas respostas são obtidas, codificadas e transferidas para uma matriz de dados e preparadas para análise com um pacote estatístico para computador

Tipos

Seus requisitos são

Confiabilidade
Grau em que um instrumento produz resultados consistentes e coerentes

Procedimentos para determinar a confiabilidade
- Medida de estabilidade
- Método de formas alternativas ou paralelas
- Método de metades divididas (*split-halves*)
- Medidas de consistência interna

Validade
Grau em que um instrumento mede a variável que pretende medir

Dela surgem diferentes tipos de evidência
- Validade de conteúdo
- Validade de critério
- Validade de constructo

Objetividade
Grau em que o instrumento é flexível às preferências e tendências do pesquisador que o administra, qualifica e interpreta

Validade total é a consideração dos tipos de evidência

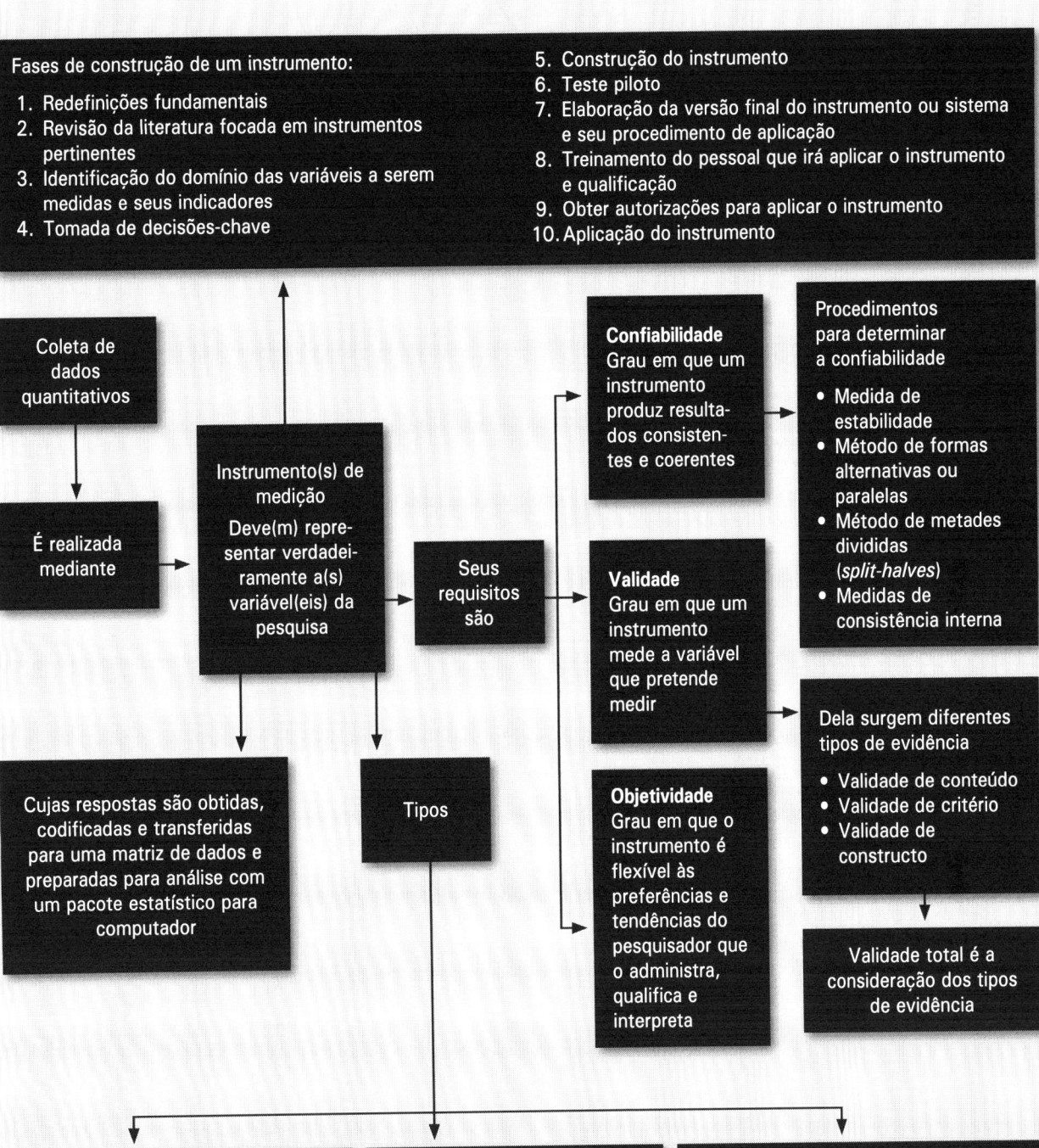

Questionários
- Baseiam-se em perguntas que podem ser fechadas ou abertas
- Seus contextos podem ser: autoaplicados ou entrevistas pessoal ou telefônica, via internet

Escalas de mensuração de atitudes, que podem ser
- Escala de Likert
- Diferencial semântico
- Escala de Guttman (no CD)

Outros tipos são (no CD)
- Análise de conteúdo quantitativo
- Observação
- Testes padronizados e inventários
- Dados secundários (coletados por outros pesquisadores)

Este capítulo acaba se integrando ao outro do CD anexo (Material complementario → Capítulos → Capítulo 7: "Recolección de los datos cuantitativos: segunda parte", que contém outras alternativas de instrumentos para coletar dados como a análise de conteúdo e os sistemas de observação (nas edições anteriores eles estavam neste mesmo capítulo), além de testes e inventários, escala de Guttman (escala de atitudes) e dados secundários.

✓ O QUE IMPLICA A ETAPA DE COLETA DE DADOS?

OA1 Uma vez que selecionamos o desenho de pesquisa apropriado e a amostra adequada (probabilística ou não) de acordo com nosso problema de estudo e hipóteses (se é que foram formuladas), então a próxima etapa é coletar os dados apropriados sobre os atributos, conceitos ou variáveis das unidades de análise ou casos (participantes, grupos, organizações, etc.).

Coletar os dados implica elaborar um plano detalhado de procedimentos que nos levem a reunir dados com um propósito específico. Esse plano inclui determinar:

a) Quais são as fontes das quais os dados serão obtidos? Ou seja, os dados serão proporcionados por pessoas, serão produzidos de observações ou encontrados em documentos, arquivos, bases de dados, etc.
b) Onde estão essas fontes? Normalmente na amostra selecionada, mas é indispensável definir com precisão.
c) Com qual meio ou método vamos coletar os dados? Essa fase implica escolher um ou vários meios e definir os procedimentos que vamos utilizar na coleta dos dados. O método ou métodos devem ser confiáveis, válidos e objetivos.
d) Uma vez coletados, de que forma vamos prepará-los para que possam ser analisados e tenhamos condições de satisfazer a formulação do problema?

O plano se nutre de diversos elementos:

1. Das *variáveis*, conceitos ou atributos a serem mensurados (contidos na formulação e hipóteses ou diretrizes do estudo).
2. Das *definições operacionais*. A maneira como operacionalizamos as variáveis é crucial para determinar o método para mensurá-las e isso, por sua vez, é fundamental para realizar as inferências dos dados.
3. Da *amostra*.
4. Dos *recursos disponíveis* (de tempo, apoio institucional, econômicos, etc.).

Claro que aqui simplificamos a informação por questão de espaço.

O plano é adotado para obter dados necessários, não devemos nos esquecer de que todos os atributos, qualidades e variáveis devem ser mensuráveis. Um exemplo desse tipo de plano pode ser visto na Figura 9.1.

Para coletar dados, dispomos de uma grande variedade de instrumentos ou técnicas, tanto quantitativas como qualitativas, e é por isso que podemos utilizar os dois tipos em um mesmo estudo. Existe até instrumentos, como o teste do propósito de vida (PIL) (para diagnosticar a finalidade de vida de uma pessoa) de Crumbaugh e Maholick (1969), que contêm uma parte quantitativa e uma qualitativa (Brown, Ashcroft e Miller, 1998). Mas isso será revisado no Capítulo 17: "Os métodos mistos".

Antes de continuarmos, precisamos revisar alguns conceitos essenciais para a coleta dos dados quantitativos.

✓ O QUE SIGNIFICA MEDIR?

OA2 Em nosso dia a dia, sempre estamos medindo. Por exemplo, quando nos levantamos pela manhã olhamos para o despertador e *medimos* a hora; quando tomamos banho *ajustamos* a temperatura da água na banheira ou no chuveiro, *calculamos* a quantidade de pó para fazer o café; vamos até a janela e estimamos como será o dia para decidir a roupa ou o acessório que vamos usar; quando vemos o trânsito de dentro do ônibus ou de outro veículo, avaliamos e *inferimos* a que hora vamos chegar à universidade ou ao trabalho, assim como a velocidade em que estamos (ou observamos o velocímetro); algumas vezes contamos quantos anúncios impressionantes observamos no trajeto ou outras questões, e até mesmo inferimos a partir de certos sinais sobre o motorista do ônibus ou outros motoristas: Quão alegres ou irritados eles estão?, além de outras atividades. Medir faz parte de nossa vida (Bostwick e Kyte, 2005).

	Formulação
Objetivo:	Analisar a relação entre a satisfação com as recompensas, o grau de responsabilidade, o desenvolvimento pessoal e a confiança em si mesmo nos trabalhadores da indústria farmacêutica.
Pergunta:	Qual é a relação entre a satisfação com as recompensas, o grau de responsabilidade, o desenvolvimento pessoal e a confiança em si mesmo nos trabalhadores da indústria farmacêutica?

PLANO

Quais são as fontes?	Onde elas estão?
Trabalhadores de laboratórios farmacêuticos da província de León	Nas cidades de Vilecha e León

Com quais métodos vamos coletar os dados?	De que forma vamos prepará-los para que possam ser analisados?
Entrevista, utilizando um questionário que será aplicado por entrevistadores qualificados	Matriz de dados

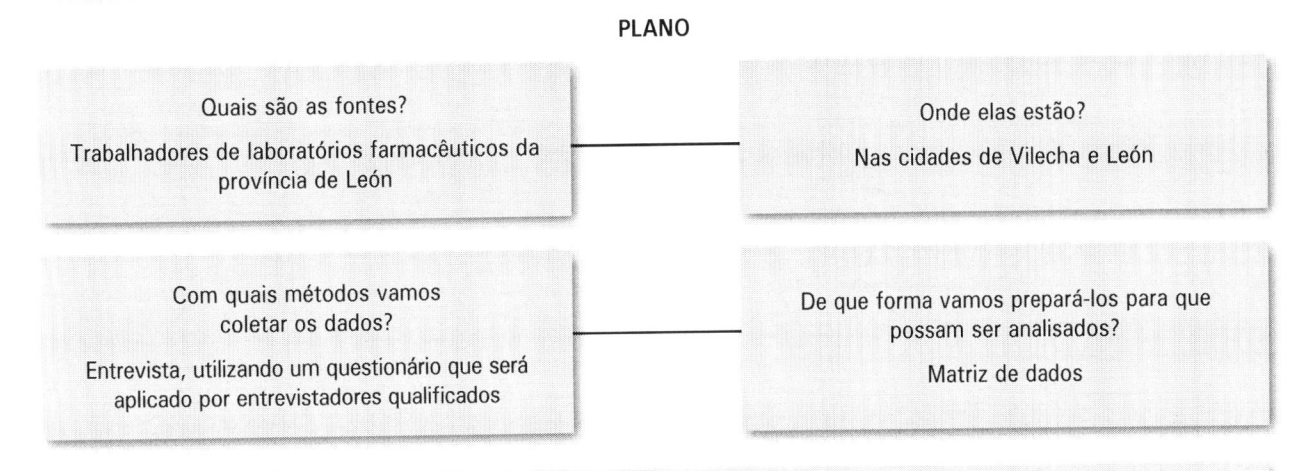

1. As variáveis mensuradas: satisfação com as recompensas, grau de responsabilidade, desenvolvimento pessoal, confiança em si mesmo.
2. As definições operacionais: escalas de um questionário que mede as variáveis em questão, denominado "Pesquisa de levantamento (*survey*) do clima organizacional CPMT" (Hernández Sampieri e Mendoza, 2009).
3. A amostra: 300 trabalhadores.
4. Recursos disponíveis: econômicos, suficientes. Tempo: um mês.

FIGURA 9.1 Exemplo de plano para a obtenção de dados.

De acordo com a definição clássica do termo, amplamente difundida, medir (ou mensurar) significa "atribuir números, símbolos ou valores para as propriedades de objetos ou eventos de acordo com regras" (Stevens, 1951). Então, eles não são atribuídos aos objetos, mas às suas propriedades (Bostwick e Kyte, 2005). No entanto, segundo Carmines e Zeller (1991), essa definição é mais apropriada para as ciências físicas do que para as ciências sociais, porque vários dos fenômenos que são medidos nestas não podem ser caracterizados como objetos ou eventos, pois eles são muito abstratos para isso. A dissonância cognitiva, o par ideal, o clima organizacional, a cultura fiscal e a credibilidade são conceitos tão abstratos que não devem ser considerados "coisas que podem ser vistas ou tocadas" (definição de objeto) ou apenas como "resultado, consequência ou produto" (definição de evento) (Carmines e Zeller, 1991). Esse raciocínio nos sugere que é mais adequado definir a **mensuração** como "o processo de vincular conceitos abstratos com indicadores empíricos", sendo que esse processo é realizado com um plano explícito e organizado para classificar (e, com frequência, quantificar) os dados disponíveis (os indicadores), em termos do conceito que o pesquisador tem em mente (Carmines e Zeller, 1991). Nesse processo, o instrumento de mensuração ou de coleta de dados tem um papel central. Sem ele, não existem observações classificadas.

MENSURAÇÃO Processo que vincula conceitos abstratos com indicadores empíricos.

A definição sugerida inclui duas considerações: a primeira é partir do ponto de vista empírico e se resume no fato de que o centro de atenção é a resposta observável (seja uma alternativa de resposta assinalada em um questionário, uma conduta gravada por observação ou uma resposta dada a um entrevistador). A segunda, de acordo com a perspectiva teórica, é que o interesse está no conceito subjacente não observável que é representado por meio da resposta. Assim, os registros do instrumento de mensuração representam valores visíveis de conceitos abstratos. Um **instrumento**

INSTRUMENTO DE MENSURAÇÃO
Recurso que o pesquisador utiliza para registrar informação ou dados sobre as variáveis que tem em mente.

de mensuração adequado é aquele que registra dados observáveis que representam verdadeiramente os conceitos ou as variáveis que o pesquisador tem em mente (Grinnell, Williams e Unrau, 2009). Em termos quantitativos: capturo verdadeiramente a "realidade" que desejo capturar. Bostwuick e Kyte (2005) dizem isso da seguinte maneira: A função da mensuração é estabelecer uma correspondência entre o "mundo real" e o "mundo conceitual". O primeiro fornece evidência empírica, o segundo proporciona modelos teóricos para dar sentido a esse segmento do mundo real que estamos tentando descrever.

Em toda pesquisa quantitativa aplicamos um instrumento para mensurar as variáveis contidas nas hipóteses (e, quando não existe hipótese, simplesmente para mensurar as variáveis em estudo). Essa mensuração é efetiva quando o instrumento de coleta de dados realmente representa as variáveis que temos em mente. Se esse não for o caso, nossa mensuração será incompleta; portanto, a pesquisa não é digna de ser levada em conta. Claro que não existe mensuração perfeita. É quase impossível representarmos fielmente variáveis, tais como a inteligência emocional, a motivação, o nível socioeconômico, a liderança democrática, o abuso sexual infantil e tantas outras; mas o fato é que devemos nos aproximar o máximo possível da representação fiel das variáveis a serem observadas com o instrumento de mensuração que vamos desenvolver. Esse é um preceito básico do enfoque quantitativo. Quando mensuramos, padronizamos e quantificamos os dados (Botswick e Kyte, 2005; Babbie, 2009).

✓ QUAIS REQUISITOS UM INSTRUMENTO DE MENSURAÇÃO DEVE SATISFAZER?

Toda mensuração ou instrumento de coleta de dados deve reunir três requisitos essências: *confiabilidade, validade* e *objetividade*.

Confiabilidade

A **confiabilidade** de um instrumento de mensuração se refere ao grau em que sua aplicação reiterada em um mesmo indivíduo ou objeto produz resultados iguais. Por exemplo, caso medíssemos agora a temperatura ambiente usando um termômetro e este indicasse 22ºC, um minuto depois o consultássemos novamente e marcasse 5ºC, e três minutos depois indicasse 40ºC, esse termômetro não seria confiável, já que sua aplicação reiterada produz resultados diferentes. Do mesmo modo, se um teste de inteligência (Quociente de Inteligência – QI) for aplicado hoje em um grupo de pessoas e der certos valores de inteligência, for aplicado um mês depois e der valores diferentes, e assim em todas as mensurações subsequentes, esse teste não seria confiável (analise os valores da Tabela 9.1, supondo que os coeficientes de inteligência oscilaram entre 100 e 135). Os resultados não são coerentes, pois não podemos "confiar" neles.

CONFIABILIDADE Grau em que um instrumento produz resultados consistentes e coerentes.

TABELA 9.1
Exemplo de resultados proporcionados por um instrumento de mensuração sem confiabilidade

Primeira aplicação		Segunda aplicação		Terceira aplicação	
Mariana	135	Sérgio	131	Guadalupe	127
Viridiana	125	Laura	130	Agustín	120
Sérgio	118	Chester	125	Mariana	118
Laura	110	Guadalupe	112	Laura	115
Guadalupe	108	Mariana	110	Chester	112
Chester	106	Viridiana	105	Viridiana	108
Agustín	100	Agustín	101	Sérgio	105

A confiabilidade de um instrumento de mensuração é determinada com o uso de diversas técnicas, que serão comentadas rapidamente após a revisão dos conceitos de validade e objetividade.

Validade

A **validade**, de uma forma geral, se refere ao grau em que um instrumento realmente mensura a variável que pretende mensurar. Por exemplo, um instrumento válido para mensurar a inteligência deve mensurar a inteligência e não a memória. Um método para mensurar o rendimento das ações de uma empresa na Bolsa de Valores deve mensurar precisamente isso e não sua imagem. Aparentemente, é simples conseguir a validade. Afinal de contas, como disse um estudante: "Nós pensamos na variável e vemos como fazer perguntas sobre essa variável". Isso poderia ser feito em alguns casos (como no caso do gênero a que uma pessoa pertence). No entanto, a situação não é tão simples quando essas variáveis são a motivação, a qualidade do serviço aos clientes, a atitude em relação a um candidato político, e menos ainda os sentimentos e as emoções e também as variáveis com as quais trabalhamos em todas as ciências. A validade é uma questão mais complexa que deve ser alcançada em todo instrumento de mensuração que aplicarmos. Kerlinger (1979, p. 138) faz a seguinte pergunta sobre a validade: será que está mensurando aquilo que acredita que está mensurando? Se for isso, sua medida é válida; se não, é evidente que não tem validade.

> **VALIDADE** Grau em que um instrumento realmente mensura a variável que pretendemos mensurar.

A validade é um conceito do qual podemos ter diferentes tipos de evidência (Grounlund, 1990; Streiner e Norman, 2008; Wiersma e Jurs, 2008; e Babbie, 2009):

1. *evidência relacionada com o conteúdo,*
2. *evidência relacionada com o critério* e
3. *evidência relacionada com o constructo.*

A seguir, vamos analisar cada uma delas.

1. Evidência relacionada com o conteúdo

A **validade de conteúdo** se refere ao grau em que um instrumento reflete um domínio específico de conteúdo daquilo que se mensura. É o quanto a medição representa o conceito ou variável mensurada (Bohrnstedt, 1976). Por exemplo, uma prova de operações aritméticas não teria validade de conteúdo se incluísse apenas problemas de subtração e excluísse os de adição, multiplicação ou divisão. Ou, ainda, um teste de conhecimentos sobre as músicas dos Beatles não deveria se basear somente em seus álbuns *Let it Be* e *Abbey Road*, mas incluir músicas de todos seus discos. Ou um teste de conhecimentos de líderes históricos da América Latina que omitisse Simón Bolívar, Salvador Allende ou Benito Juárez e se concentrasse em Eva e Domingo Perón, Augusto Pinochet, no padre Miguel Hidalgo e em outros líderes.

> **VALIDADE DE CONTEÚDO** Refere-se ao grau em que um instrumento reflete um domínio específico de conteúdo daquilo que mensuramos.

Um instrumento de mensuração exige que todos ou a maioria dos componentes do domínio de conteúdo das variáveis mensuradas estejam representados. E isso é ilustrado na Figura 9.2.

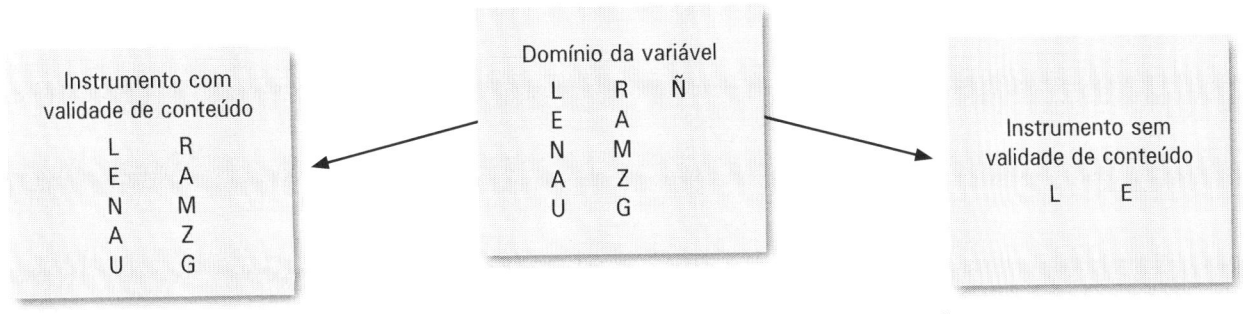

FIGURA 9.2 Exemplo de um instrumento de medição com validade de conteúdo e de outro que não a tem.

O domínio de conteúdo de uma variável é normalmente definido ou estabelecido pela literatura (teoria ou estudos antecedentes). Em estudos exploratórios, nos quais as fontes prévias são escassas, o pesquisador começa a entrar no problema de pesquisa e a sugerir como pode ser formado esse domínio. Mas, em cada estudo é preciso provar que o instrumento utilizado é válido. Um exemplo dessa tentativa de estabelecer o domínio de conteúdo de uma variável é o seguinte:

> **Exemplo**
>
> Para estabelecer o domínio da variável "clima organizacional", Hernández Sampieri (2005) revisou 20 estudos clássicos sobre o conceito, compreendidos entre 1964 e 1977, assim como mais de 100 pesquisas publicadas em revistas científicas entre 1975 e 2005. Por outro lado, considerou diversos livros sobre o tema, três metanálises e tantas outras revisões sobre o estado da arte do conhecimento em relação a esse clima. Também avaliou 15 estudos efetuados no contexto em que sua própria pesquisa seria realizada. Ele descobriu que na literatura foram consideradas dezenas de dimensões ou componentes do clima organizacional, por isso realizou uma análise para determinar quais teriam sido os mais frequentes, e estes foram:
>
> 1. estado de espírito,
> 2. apoio da direção,
> 3. inovação,
> 4. identificação com a empresa,
> 5. comunicação,
> 6. percepção do desempenho,
> 7. motivação intrínseca,
> 8. autonomia,
> 9. satisfação geral,
> 10. liderança,
> 11. visão e
> 12. recompensas ou retribuições.
>
> Deixando de lado outras, como confiança em si mesmo, padrões de excelência ou conformidade, de tudo isso é que ele criou seu instrumento de mensuração.

Se o domínio de um instrumento é muito estreito em relação ao domínio da variável, o primeiro não irá representá-la. A pergunta que respondemos com a validade de conteúdo é: *Será que o instrumento mensura adequadamente as principais dimensões da variável em estudo?* Em um questionário, por exemplo, a pergunta poderia ser: *Até que ponto as perguntas representam todas as perguntas que poderiam ser feitas?*

2. Evidência relacionada com o critério

VALIDADE DE CRITÉRIO É estabelecida ao validar um instrumento de mensuração quando comparado com algum critério externo que pretende medi-lo.

A **validade de critério** estabelece a validade de um instrumento de mensuração ao comparar seus resultados com os de algum critério que pretende mensurá-lo. Vamos supor que Fernando queira "medir" o grau em que é aceito por Laura. Então ele decide que vai pegar sua mão e observar sua reação. Se ela não retirar sua mão, isso supostamente indicaria alguma aceitação. Mas para ter certeza de que sua mensuração é válida, ele decide utilizar outra forma de mensuração adicional, por exemplo, olhar fixamente sem afastar os olhos dela. Se Laura mantiver o olhar, isso aparentemente seria outro indicador de aceitação. Assim, sua mensuração de aceitação é validada com dois métodos ao comparar dois critérios. O exemplo talvez seja simples, mas descreve a essência da validade referente ao critério.

Esse critério é um padrão com o qual se julga a validade do instrumento (Wiersma e Jurs, 2008). Quanto mais os resultados do instrumento de mensuração estiverem relacionados com o critério, maior será a validade de critério. Por exemplo, um pesquisador valida uma prova para pilotar aviões ao mostrar a exatidão com que a prova prevê até que ponto um grupo de pilotos é capaz de operar um aeroplano.

Se o critério é fixado no presente de maneira paralela, falamos de **validade concorrente** (os resultados do instrumento se correlacionam com o critério no mesmo momento ou ponto de tempo). Por exemplo, Nuñez (2001) desenvolveu uma ferramenta para mensurar o sentido da vida de acordo com a visão de Viktor Frankl, o teste Celaya. Para trazer evidência de validade para seu instrumento, ele o aplicou e ao mesmo tempo administrou outros instrumentos que mensuram conceitos parecidos, tal como o PIL (Teste do Propósito de Vida) de Crumbaugh e Maholik (1969) e o Logo Teste de Lukas (1984). Posteriormente comparou as pontuações dos participantes nos três testes, demonstrou que as correlações entre as pontuações eram significativamente elevadas, e foi assim que ele trouxe validade concorrente para seu instrumento.

Se o critério é fixado no futuro, falamos de **validade preditiva**. Por exemplo, um teste para determinar a capacidade gerencial de candidatos que irão ocupar altos cargos executivos seria validado comparando seus resultados com o desempenho posterior dos executivos em seu trabalho habitual. Um questionário para detectar as preferências dos eleitores pelos diferentes partidos e por seus candidatos na época das campanhas pode ser validado comparando seus resultados com os resultados finais e definitivos da eleição.

O princípio da validade de critério é simples: se diferentes instrumentos ou critérios mensuram o mesmo conceito ou variável, então eles devem produzir resultados similares. Bostwick e Kyte (2005) dizem isso da seguinte maneira:

> Se existe validade de critério, então as pontuações obtidas por certos indivíduos em um instrumento devem estar correlacionadas e prever as pontuações dessas mesmas pessoas obtidas em outro critério.

A pergunta que respondemos com a validade de critério é: *Em que grau o instrumento comparado com outros critérios externos mensura a mesma coisa?* ou *O quanto as pontuações do instrumento se relacionam estreitamente com outro(s) resultado(s) sobre o mesmo conceito?*

3. Evidência relacionada com o constructo

A **validade de constructo** é provavelmente a mais importante, sobretudo do ponto de vista científico, e se refere à quão satisfatoriamente um instrumento representa e mensura um conceito teórico (Grinnell, Williams e Unrau, 2009). A ela compete principalmente o significado do instrumento, isto é, o que está mensurando e como faz para mensurá-la. Faz parte da evidência que apoia a interpretação do sentido presente nas pontuações do instrumento (Messick, 1995).

> **EVIDÊNCIA SOBRE A VALIDADE DE CONSTRUCTO** Deve explicar o modelo teórico empírico que subjaz à variável de interesse.

Parte do grau em que as mensurações do conceito, proporcionadas pelo instrumento, relacionam-se de maneira consistente com outras medições de outros conceitos, de acordo com os modelos e as hipóteses derivadas teoricamente (que concernem aos conceitos que estão sendo medidos) (Carmines e Zeller, 1991). E esses conceitos são denominados constructos. Um **constructo** é uma variável mensurada e que acontece dentro de uma hipótese, teoria ou um esquema teórico. É um atributo que não existe isolado, mas em relação com outros. Não pode ser visto, sentido, tocado ou escutado; mas deve ser inferido da evidência que temos em nossas mãos e que vêm das pontuações do instrumento que utilizamos.

> **CONSTRUCTO** Variável mensurada que acontece dentro de uma hipótese, teoria ou esquema teórico.

A validade de constructo inclui três etapas (Carmines e Zeller, 1991):

1. estabelecemos e especificamos a relação teórica entre os conceitos (com base na revisão da literatura);
2. correlacionamos os conceitos e analisamos cuidadosamente a correlação;
3. interpretamos a evidência empírica de acordo com o nível no qual a validade de constructo de uma determinada mensuração se torna clara.

O processo de *validação de um constructo* está vinculado com a teoria. Não é conveniente realizar essa validação, a menos que exista um marco teórico que apoie a variável em relação a outras variáveis. Claro que não é necessária uma teoria muito desenvolvida, mas sim pesquisadores que tenham demonstrado que os conceitos se relacionam. Quanto mais elaborada e comprovada estiver a teoria que apoia a hipótese, maior será a luz que a validação do constructo lança sobre a validade geral de um instrumento de mensuração. Confiamos mais na validade de constructo de uma mensuração quando seus resultados estão significativamente correlacionados com um maior número de mensurações de variáveis que, na teoria e de acordo com estudos antecedentes, estão relacionadas. Vamos ver a validade de constructo com o exemplo já comentado sobre o clima organizacional.

> **Exemplo**
>
> Hernández Sampieri (2005) aplicou um instrumento para avaliar o clima organizacional que, vale lembrar, mensurou 12 variáveis (estado de espírito, apoio da direção, inovação, etc.). A pergunta óbvia é: Esse instrumento mensura realmente o clima organizacional? Ele verdadeiramente o representa? Quanto ao conteúdo, ficou demonstrado que sim, ele refletia as principais dimensões do clima organizacional. Mas isso não é suficiente, é preciso demonstrar que o instrumento é consistente com a teoria. Esta, baseada em diversos estudos, indica que tais dimensões estão extremamente vinculadas e que se unem ou se fundem para formar um constructo multidimensional denominado de clima organizacional, e que também se associam com o envolvimento no trabalho e o compromisso organizacional. Então, para dar validade de constructo, todas as dimensões foram correlacionadas entre si e, depois, a escala de clima com esse envolvimento e compromisso. Esses vínculos foram encontrados com a análise estatística e os resultados coincidiram com a teoria e se obteve evidência sobre a validade de constructo do instrumento.

As perguntas respondidas com a validade de constructo são: *O conceito teórico está realmente refletido no instrumento? O que significam as pontuações do instrumento? O instrumento mensura o constructo e suas dimensões? Por que sim e por que não? Como funciona o instrumento?*

VALIDADE DE ESPECIALISTAS
Refere-se ao grau em que aparentemente um instrumento de mensuração mensura a variável em questão, de acordo com especialistas no tema.

Outro tipo de validade que alguns autores consideram é a **validade de especialistas** ou *face validity*, que se refere ao grau em que aparentemente um instrumento de mensuração mensura a variável em questão, de acordo com "pessoas qualificadas". Ela está vinculada à validade de conteúdo e, de fato, durante muitos anos foi considerada parte desta. Hoje, ela é vista como um tipo diferente de evidência (Streiner e Norman, 2008). Normalmente é estabelecida por meio da avaliação do instrumento por especialistas. Por exemplo, Hernández Sampieri (2005) fez o instrumento passar pela revisão de assessores em desenvolvimento organizacional, acadêmicos e gerentes de recursos humanos. Hoje também se comenta sobre a *validade consequente*, que se refere às sequelas sociais da utilização e interpretação de um teste (Mertens, 2005).

Validade total

A validade de um instrumento de mensuração é avaliada tendo como base todos os tipos de evidência. Quanto mais evidência de validade de conteúdo, de validade de critério e de validade de constructo tiver um instrumento de mensuração, mais próximo ele estará de representar a ou as variáveis que pretende mensurar.

Validade total = validade de conteúdo + validade de critério + validade de constructo

Relação entre confiabilidade e validade

Um instrumento de mensuração pode ser confiável, mas não necessariamente válido (um artefato, p. ex., talvez seja consistente nos resultados que produz, mas pode não medir o que pretende). Por isso, é requisito que o instrumento de mensuração demonstre ser *confiável* e *válido*. E, se não for esse o caso, os resultados da pesquisa não devem ser levados a sério.

Para ampliar esse comentário recorreremos a uma analogia de Bostwick e Kyte (2005, p. 108-109). Vamos supor que iremos testar uma arma com três atiradores. Cada um deve efetuar cinco disparos, então:

> **A VALIDADE E A CONFIABILIDADE**
> Não são assumidas, são testadas.

Atirador 1   Seus disparos não atingem o centro do alvo e estão espalhados por todo o alvo.
Atirador 2   Também não atinge o centro do alvo, ainda que seus disparos estejam próximos um do outro, ele foi consistente, manteve um padrão.
Atirador 3   Os disparos estão próximos um do outro e atingiram o centro do alvo.

Seus resultados poderiam ser vistos como na Figura 9.3, na qual a confiabilidade e a validade estão vinculadas.

Fatores que podem afetar a confiabilidade e a validade

Existem diversos fatores que conseguem afetar tanto a confiabilidade como a validade dos instrumentos de mensuração e provocam erros na mensuração,[1] e os mais comuns serão mencionados a seguir.

O primeiro deles é a improvisação. Algumas pessoas acham que escolher ou desenvolver um instrumento de mensuração é algo que pode ser feito rapidamente. Alguns professores, inclusive, pedem aos alunos que criem instrumentos de mensuração de um dia para outro ou, o que dá quase no mesmo, de uma semana para a outra, e isso reflete quão pouco ou inexistente é o conhecimento sobre o processo de elaboração de instrumentos de mensuração. Essa improvisação quase sempre faz surgir instrumentos pouco válidos ou confiáveis, que não deveriam existir na pesquisa.

Os pesquisadores experientes também demoram algum tempo para desenvolver um instrumento de mensuração. Além disso, para criar um instrumento de mensuração é necessário conhecer muito bem a variável que se pretender medir, assim como a teoria que a apoia.

O segundo fator é que, às vezes, são utilizados instrumentos desenvolvidos em outro país que não foram validados em nosso contexto: cultura e tempo. Traduzir um instrumento, mesmo quando adaptamos os termos para nossa linguagem e os contextualizamos, não é nem remotamente uma validação. Este é um primeiro e necessário passo, embora seja somente o começo. No caso das traduções, é importante verificar que os termos principais tenham referentes com o mesmo significado – ou algum bem parecido – na cultura em que esse instrumento será utilizado (vincular termos entre a cultura de origem e a cultura final). Às vezes, traduzimos e obtemos uma versão e esta, por sua vez, é traduzida novamente para o idioma original.

Atirador 1
Nem confiabilidade nem validade

Atirador 2
Confiabilidade, mas não validade

Atirador 3
Confiabilidade e validade

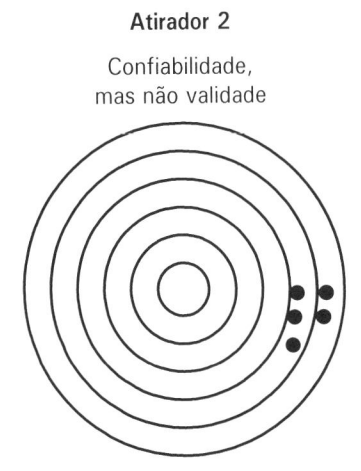

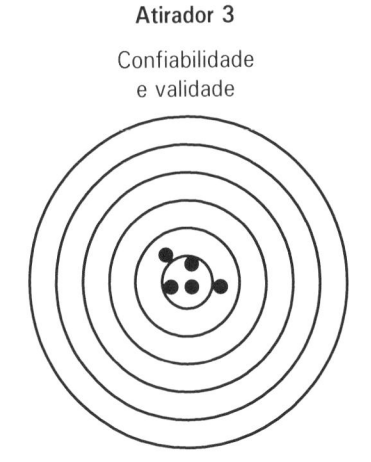

FIGURA 9.3 Representação da confiabilidade e da validade.

Por outro lado, existem instrumentos que foram validados em nosso contexto, só que há muito tempo. Existem instrumentos em que até a linguagem nos parece "antiquada". As culturas, os grupos e as pessoas mudam; e isso deve ser considerado quando escolhemos ou desenvolvemos um instrumento de mensuração.

Um terceiro fator é que, às vezes, *o instrumento é inadequado para as pessoas nas quais é aplicado*. Utilizar uma linguagem muito elevada para o sujeito participante, não levar em conta as diferenças em relação ao gênero, idade, conhecimentos, memória, nível ocupacional e educacional, motivação para responder, capacidades de contextualização e outras diferenças nos participantes são erros que podem afetar a validade e confiabilidade do instrumento de mensuração. Esse erro sempre ocorre quando os instrumentos precisam ser aplicados com crianças. Também existem grupos da população que exigem instrumentos apropriados para eles, esse é o caso das pessoas com capacidades diferentes. Hoje já existem diversos testes que levam isso em conta (p. ex., testes no sistema Braille para pessoas com incapacidades visuais ou testes orais para indivíduos que não podem escrever). Outro exemplo é o dos indígenas ou imigrantes de outras culturas, pois às vezes são aplicados instrumentos que não levam em conta sua linguagem e contexto.

Aquele que realiza uma pesquisa sempre deve se adaptar aos participantes e não o contrário, porque é preciso dar a eles todo tipo de facilidades. Se for esse o caso, sugerimos que o leitor consulte Mertens e McLaughlen (2004), em cujo livro há um capítulo dedicado à coleta de informação de pessoas com capacidades diferentes ou de culturas especiais, e Eckhardt e Anastas (2007). Também é recomendável revisar o *site* de alguma associação internacional como a American Psychological Association.

O quarto fator agrupa diversas questões vinculadas com os estilos pessoais dos participantes (Botswick e Kyte, 2005) tais como: desejabilidade social (tentar dar uma impressão muito favorável por meio das respostas), tendência em concordar com tudo o que é perguntado, dar respostas incomuns ou responder sempre negativamente.

Um quinto fator que pode influenciar *é formado pelas condições em que se aplica o instrumento de mensuração*. O barulho, a iluminação, o frio (p. ex., em uma pesquisa de levantamento de casa em casa), um instrumento muito longo ou entediante, uma pesquisa de levantamento telefônica após algumas companhias terem utilizado o *marketing* telefônico em excesso e fora de horário (promover serviços às 7h de um domingo ou após as 23h durante a semana) são questões que conseguem afetar negativamente a validade e a confiabilidade, assim como se o tempo oferecido para responder ao instrumento for inadequado. Nos experimentos, normalmente temos instrumentos de mensuração mais longos e complexos do que nos desenhos não experimentais. Em uma pesquisa de levantamento pública, por exemplo, seria muito difícil aplicar um teste longo ou complexo.

O sexto elemento é a falta de padronização. Por exemplo, que as instruções não sejam as mesmas para todos os participantes, que a ordem das perguntas seja diferente para alguns indivíduos, que os instrumentos de observação não sejam equivalentes, etc. Esse elemento também está relacionado com a objetividade.

Aspectos mecânicos tais como: se o instrumento for escrito, que as instruções não sejam legíveis, que faltem páginas, não tenha espaço adequado para responder ou as instruções não sejam compreendidas, isso tudo também influencia de maneira desfavorável.

Quanto à validade de constructo, dois fatores podem afetá-la significativamente: a) pouco conteúdo, isto é, que sejam excluídas dimensões importantes da variável ou das variáveis mensuradas e b) tamanho exagerado, em que o risco é o instrumento conter intrusão excessiva de outros constructos.

Muitos dos erros podem ser evitados com uma adequada revisão da literatura, que nos permite selecionar as dimensões apropriadas das variáveis do estudo, critérios para comparar os resultados de nosso instrumento, teorias de respaldo, instrumentos de onde escolher, etc.

Objetividade

Esse é um conceito difícil de ser conquistado, principalmente no caso das ciências sociais. Às vezes ele é alcançado por meio do consenso (Grinnell, Williams e Unrau, 2009). Quando são questões físicas, as percepções costumam ser compartilhadas (p. ex., a maioria das pessoas concorda que a água do mar contém sal ou que os raios do Sol queimam), mas em temas relacionados com a conduta humana como os valores, as atribuições e as emoções, o consenso é mais complexo. Vamos imaginar que 10 observadores devem assistir a um filme e qualificá-lo como "muito violento", "violento", "neutro", "pouco violento" e "nada violento". Três pessoas indicam que é muito violento, três que é violento e quatro o avaliam como neutro; saber o quanto o filme é violento é um questionamento difícil. Ou, ainda, quem foi melhor compositor: Mozart, Beethoven ou Bach? Tudo é relativo. No entanto, a objetividade aumenta ao se reduzir a incerteza (Unrau, Grinnell e Williams, 2005).

Mas a certeza absoluta não existe nem nas ciências físicas; o conhecimento é aceito como verdadeiro até que uma nova evidência demonstre o contrário.

Em um instrumento de mensuração, a **objetividade** se refere ao grau em que este é permeável à influência dos vieses e das tendências do pesquisador ou dos pesquisadores que o aplicam, qualificam ou interpretam (Mertens, 2005). Pesquisadores racistas ou "machistas" talvez influenciem negativamente por seu preconceito em relação a um grupo étnico ou o gênero feminino. O mesmo poderia acontecer com as tendências ideológicas, políticas, religiosas ou a orientação sexual. Nesse sentido, os artefatos e sistemas calibrados (p. ex., uma pistola a *laser* para medir a velocidade de um automóvel) são mais objetivos do que outros sistemas que exigem certa interpretação (como um detector de mentiras) e estes, por sua vez, mais objetivos do que os testes padronizados, que são menos subjetivos do que os testes projetivos.

> **OBJETIVIDADE DO INSTRUMENTO**
> Refere-se ao grau em que o instrumento é permeável à influência dos vieses e tendências dos pesquisadores que o aplicam, quantificam e interpretam.

A objetividade é reforçada com a padronização da aplicação do instrumento (mesmas instruções e condições para todos os participantes) e da avaliação dos resultados, assim como quando se emprega pessoal capacitado e experiente para aplicar o instrumento. Por exemplo, no caso de utilizarmos observadores, sua maneira de agir em todos os casos deve ser a mais parecida possível e seu treinamento terá de ser profundo e adequado.

Os estudos quantitativos procuram fazer com que as influências das características e das tendências do pesquisador sejam reduzidas ao mínimo possível e isso, insistimos, é um ideal, porque a pesquisa sempre é realizada por seres humanos.

A validade, a confiabilidade e a objetividade não devem ser abordadas separadamente. Sem uma das três, o instrumento não serve para a realização de um estudo.

✓ COMO SABEMOS SE UM INSTRUMENTO DE MENSURAÇÃO É CONFIÁVEL E VÁLIDO?

Na prática, é quase impossível que uma mensuração seja perfeita. Geralmente temos um grau de erro. Claro que a ideia é que esse erro seja o menor possível, por isso a mensuração de qualquer fenômeno é definida com a seguinte fórmula básica:

$$X = t + e$$

Na qual X representa os valores observados (resultados disponíveis); t os valores verdadeiros; e e o grau de erro na mensuração. Se não houver um erro de medição (e for igual a zero), o valor observado e o valor verdadeiro serão equivalentes. Isso pode ser visto claramente assim:

$$X = t + 0$$
$$X = t$$

Essa situação representa o ideal da mensuração. Quanto maior for o erro ao mensurar, mais o valor que observamos (no qual nos baseamos) se distancia do valor real ou verdadeiro. Por exemplo, se mensurarmos a motivação de um indivíduo e a mensuração estiver contaminada por um grau de erro considerável, a motivação registrada pelo instrumento será bem diferente da motivação real desse indivíduo. Por isso, é importante que o erro seja reduzido o máximo possível. Mas como sabemos o grau de erro que temos em uma mensuração? Quando calculamos a confiabilidade e a validade.

Cálculo da confiabilidade

Existem diversos procedimentos para calcular a confiabilidade de um instrumento de mensuração. A maioria deles pode oscilar entre zero e um, no qual um coeficiente de zero significa nenhuma confiabilidade e um representa o máximo de confiabilidade (confiabilidade absoluta, perfeita). Quanto mais o coeficiente se aproximar de zero (0), maior erro existirá na mensuração. Isso é ilustrado na Figura 9.4.

| Nenhuma | Muito baixa | Baixa | Regular | Aceitável | Alta | Absoluta |

0
0% de confiabilidade na mensuração (está contaminada por erro).

1
100% de confiabilidade (não existe erro).

FIGURA 9.4 Interpretação de um coeficiente de confiabilidade.

Os procedimentos mais utilizados para determinar a confiabilidade com um coeficiente são:

1. *medida de estabilidade* (*confiabilidade por teste-reteste*),
2. *método de formas alternativas ou paralelas*,
3. *método de metades divididas* (split-halves) e
4. *medidas de consistência interna*.

Esses procedimentos não são detalhados neste item, mas explicados no Capítulo 10, "Análise dos dados quantitativos", porque exigem o entendimento de certos conceitos estatísticos. Vamos simplesmente comentar sua interpretação com a medida de consistência interna denominada "coeficiente alfa de Cronbach", que talvez seja a mais utilizada.

Vamos supor que uma pesquisadora desenvolveu um instrumento para mensurar o grau de "amor romântico" entre casais universitários jovens, que foi fundamentado em quatro das ferramentas mais conhecidas para isso: a mensuração de Rubin sobre amar e se ligar aos demais, a escala sobre atitudes em relação ao amor, a mensuração sobre a paixão e a escala do amor triangular (Graham e Christiansen, 2009). Para estimar a confiabilidade de seu instrumento, ela deve aplicá-lo em sua amostra e, tendo como base os resultados, calcular o coeficiente. Vamos imaginar que ela obteve um valor alfa de Cronbach de 0,96, que é muito elevado, o que significa que sua mensuração do "amor romântico" é extremamente confiável, e isso é representado na Figura 9.5.

| Nenhuma | Muito baixa | Baixa | Regular | Aceitável | Alta | Absoluta |

0

0,96   1
Extremamente confiável

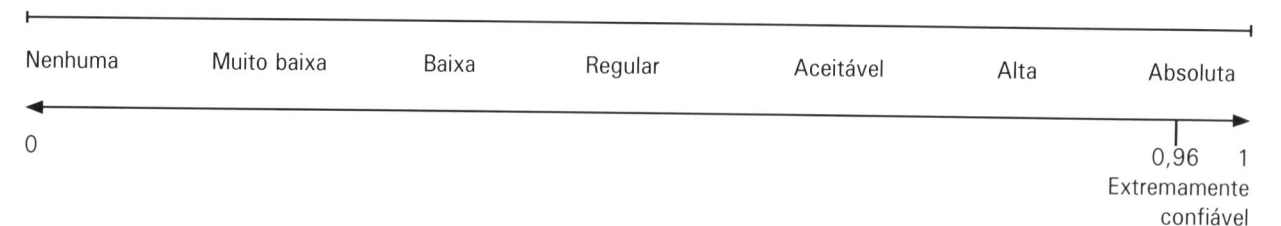

FIGURA 9.5 Interpretação de um coeficiente de confiabilidade sobre um instrumento que mensura o "amor romântico".

A confiabilidade varia de acordo com o número de itens[2] incluído pelo instrumento de mensuração. Quanto mais itens houver, maior ela será, o que parece ser lógico. Mas vamos ver isso com um exemplo cotidiano: se quiséssemos testar quão confiável ou consistente é a lealdade de um amigo em relação a nós, quanto mais testes aplicarmos, maior será sua confiabilidade. É claro que muitos itens irão provocar cansaço nos participantes.

Toda vez que se aplica um instrumento de mensuração é preciso calcular a confiabilidade, assim como avaliar a evidência sobre a validade.

Cálculo da validade

Quanto à validade de conteúdo, primeiro é preciso revisar como a variável foi mensurada por outros pesquisadores. E, com base nessa revisão, elaborar um universo de itens ou assertivas possíveis para mensurar a variável e suas dimensões (o universo deve ser o mais exaustivo possível). Depois, consultamos pesquisadores familiarizados com a variável para ver se o universo é realmente exaustivo. Selecionamos os itens efetuando uma avaliação cuidadosa, um a um. E se a variável estiver formada por diversas dimensões ou facetas, extraímos uma amostra probabilística de assertivas, seja por sorteio ou estratificada (cada dimensão passaria a ser um estrato). Aplicamos os itens, correlacionamos as pontuações destes entre si (é preciso haver correlações elevadas, principalmente entre itens que medem uma mesma dimensão, mas tendo o cuidado de que sejam capazes de discriminar entre participantes) (Bohrsnsredt, 1976; Punch, 2009); e efetuamos estimativas estatísticas para vermos se a amostra é representativa. Para calcular a validade de conteúdo, são necessários vários coeficientes. Este seria um procedimento ideal. Mas, conforme veremos mais adiante, às vezes esses coeficientes não são calculados, porque os itens são selecionados com um processo que garante a representatividade (não de maneira estatística, mas conceitual).

A *validade de critério* é estimada quando correlacionamos a mensuração com o critério externo (pontuações do instrumento comparadas com as pontuações no critério), e esse coeficiente é utilizado como coeficiente de validade (Bohrnstedt, 1976), que poderia ser representado com o exemplo da Figura 9.6.[3]

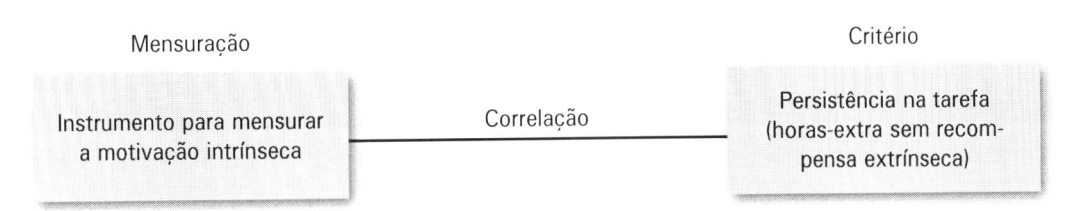

Mensuração — Instrumento para mensurar a motivação intrínseca — Correlação — Critério — Persistência na tarefa (horas-extra sem recompensa extrínseca)

FIGURA 9.6 Exemplo para a estimativa da validade de critério.

A *validade de constructo* costuma ser determinada com procedimentos de análise estatística multivariada ("análise fatorial", "análise discriminante", "regressões múltiplas", etc.), que são revisadas no CD anexo: Material complementario → Capítulos → Capítulo 8: "Análisis estadístico: segunda parte".

✓ QUAL É O PROCEDIMENTO PARA CONSTRUIR UM INSTRUMENTO DE MENSURAÇÃO?

Existem diversos tipos de instrumentos de mensuração, cada um com características diferentes. Mas o procedimento geral para construí-los e aplicá-los é semelhante. E este está resumido nas etapas que aparecem no diagrama da Figura 9.7 e corresponde à parte do plano de coleta que responde a seguinte pergunta: Com qual método vamos coletar os dados? E devemos lembrar que cada etapa ou fase não é detalhada neste capítulo, mas no CD anexo: Material complementario → Capítulos → Capítulo 7: "Recolección de los datos cuantitativos: segunda parte".

As fases 1 a 7 do diagrama se referem especificamente ao desenvolvimento do instrumento ou sistema de mensuração, enquanto as etapas 8 a 11 representam sua administração e a preparação dos dados para sua análise.

✓ TRÊS QUESTÕES FUNDAMENTAIS PARA UM INSTRUMENTO OU SISTEMA DE MENSURAÇÃO

Existem três questões básicas que precisam ser consideradas na hora de construir um instrumento.

FASE 1
Redefinições fundamentais

Nesta etapa devemos reavaliar as variáveis da pesquisa (ver se são mantidas ou modificadas), o lugar específico no qual os dados serão coletados, o propósito dessa coleta, quem e quando (momento) serão mensurados, as definições operacionais e o tipo de dados que queremos obter (respostas verbais, respostas escritas, condutas observáveis, etc.).

FASE 2
Revisão focada da literatura

Esse passo deve servir para encontrar, com a revisão da literatura, os instrumentos ou sistemas de mensuração utilizados em outros estudos anteriores para mensurar as variáveis de interesse, que ajudará a identificar quais ferramentas podem ser úteis.

FASE 3
Identificação do domínio das variáveis a serem mensuradas e seus indicadores

A ideia é identificar e indicar com precisão os componentes, dimensões ou fatores que teoricamente integram a variável. Também é necessário estabelecer os indicadores de cada dimensão.

FASE 6
Teste piloto

Essa fase consiste em administrar o instrumento a uma pequena amostra para testar sua pertinência e eficácia (incluindo instruções), assim como as condições da aplicação e os procedimentos envolvidos. A partir desse teste, calculamos a confiabilidade e a validade iniciais do instrumento.

FASE 5
Construção do instrumento

A etapa implica gerar todos os itens ou assertivas e/ou categorias do instrumento, assim como determinar os níveis de mensuração e a codificação dos itens ou assertivas, ou categorias de observação.

FASE 4
Tomada de decisões-chave

Nessa parte será necessário tomar decisões importantes ligadas ao instrumento ou sistema de mensuração:
1. Utilizar um instrumento de mensuração já elaborado, adaptá-lo ou desenvolver um novo.
2. No caso de ser um novo, decidir seu tipo (questionário, escala de atitudes, folha de observação, etc.) e seu formato (tamanho, cores, tipo de fonte, etc.).
3. Determinar o contexto em que será administrado ou aplicado (autoaplicado, cara a cara em moradias ou locais públicos, internet, observação pela câmara de Gesell,* etc.).

FASE 7
Elaboração da versão final do instrumento ou sistema e seu procedimento de aplicação

Implica a revisão do instrumento ou sistema de mensuração e sua forma de ser administrado para realizar as mudanças necessárias (tirar ou acrescentar itens, ajustar instruções, tempo para responder, etc.). e, posteriormente, criar a versão definitiva incluindo um desenho atraente.

FASE 8
Treinamento do pessoal que vai administrar o instrumento e qualificá-lo

Essa etapa consiste em treinar e motivar as pessoas que deverão aplicar e codificar as respostas ou os valores produzidos pelo instrumento ou sistema de mensuração.

FASE 9
Obter autorizações para aplicar o instrumento

Nessa etapa é fundamental conseguir as autorizações necessárias para aplicar o instrumento ou sistema de mensuração (das pessoas ou representantes de organizações que estiverem envolvidas no estudo).

(continua)

FIGURA 9.7 Processo para construir um instrumento de mensuração.

---

* N. de R.T.: Câmara de Gesell se refere a uma sala dividida com vidro semitransparente, onde os observandos veem os observados, mas estes não os veem.

FASE 10
Administração do instrumento

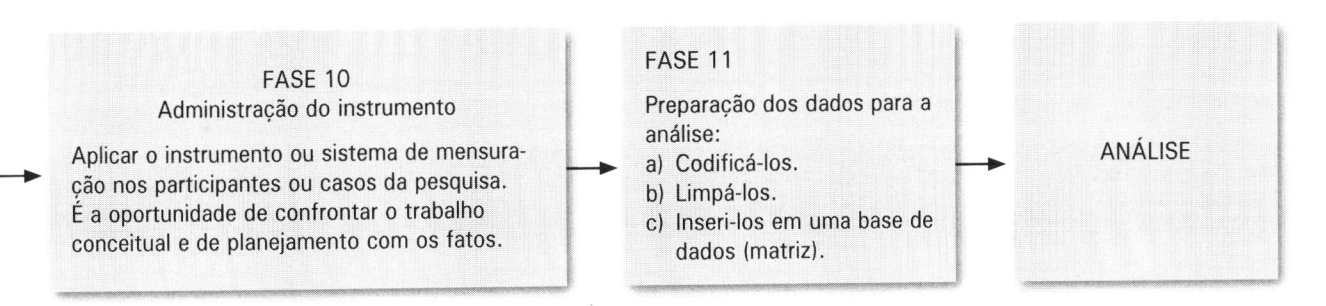

Aplicar o instrumento ou sistema de mensuração nos participantes ou casos da pesquisa. É a oportunidade de confrontar o trabalho conceitual e de planejamento com os fatos.

FASE 11
Preparação dos dados para a análise:
a) Codificá-los.
b) Limpá-los.
c) Inseri-los em uma base de dados (matriz).

ANÁLISE

FIGURA 9.7 Processo para construir um instrumento de mensuração (continuação).

Passagem da variável ao item

Quando construímos um instrumento, o processo mais lógico para fazê-lo é ir da variável para suas dimensões ou componentes, depois para os indicadores e, finalmente, para os itens ou assertivas. Na Tabela 9.2 podemos ver exemplos dessa passagem.

TABELA 9.2
Exemplo de desenvolvimento de itens

Estudo das preferências dos jovens para se divertir (exemplo simplificado)[4]			
Variável	**Dimensão**	**Indicadores**	**Itens**
Preferência por atividade para sair com alguém do gênero oposto	Atividade noturna durante a semana	Hierarquia de preferências por atividade de segunda a quinta-feira (embora alguns comecem o fim de semana a partir de quinta-feira).	De segunda a quinta-feira, qual seria sua atividade noturna preferida para sair com o rapaz ou a garota de que você mais gosta? (Marque a que mais lhe agrade.) 1. Sair para jantar em um restaurante. 2. Ir ao cinema. 3. Ir a um bar, boteco, lanchonete, etc. 4. Ir a um boteco ou cervejaria. 5. Ir dançar em uma discoteca ou boate. 6. Ir a uma festa particular. 7. Ir ao teatro. 8. Ir a um concerto. 9. Passear por um parque, jardim ou avenida. 10. Outra (especificar).
	Atividade noturna no fim de semana	Hierarquia de preferências por atividades na sexta-feira e no sábado.	Mesmas categorias ou opções de resposta.
	Atividade noturna no domingo	Hierarquia de preferências por atividades no domingo.	Mesmas categorias ou opções de resposta.
Clima organizacional	Estado de espírito	Grau em que os membros de uma organização ou departamento percebem que colaboram e cooperam uns com os outros, apoiam-se mutuamente e mantêm relações de amizade e companheirismo.	• Meus colegas de trabalho são meus amigos 5. Concordo totalmente 4. Concordo 3. Não concordo nem discordo 2. Discordo 1. Discordo totalmente

(continua)

TABELA 9.2
Exemplo de desenvolvimento de itens (continuação)

Estudo das preferências dos jovens para se divertir (exemplo simplificado)[4]			
Variável	Dimensão	Indicadores	Itens
Clima organizacional	Estado de espírito	Grau em que os membros de uma organização ou departamento percebem que colaboram e cooperam uns com os outros, apoiam-se mutuamente e mantêm relações de amizade e companheirismo.	• Em meu trabalho existe muito companheirismo. (Mesmas opções de resposta do item.) • Sempre que eu preciso, meus companheiros de trabalho me oferecem apoio. (Mesmas opções de resposta.) • No departamento em que trabalho nos mantemos unidos. (Mesmas opções de resposta.) • Em meu departamento, na maioria das vezes compartilhamos mais a informação do que a guardamos para nós. (Mesmas opções de resposta.) • Quanto apoio seus colegas oferecem quando você precisa dele? 5. Total 4. Bastante 3. Aceitável 2. Pouco 1. Nenhum
	Autonomia	Grau de liberdade percebida para tomar decisões e realizar o trabalho.	• Nesta empresa tenho liberdade para tomar decisões relacionadas ao meu trabalho. 5. Concordo totalmente 4. Concordo 3. Não concordo nem discordo 2. Discordo 1. Discordo totalmente • Meu chefe dá liberdade para que eu tome decisões relacionadas ao meu trabalho. (Mesmas opções de resposta do item anterior.)
	Atribuição do desempenho	Grau de consciência compartilhada por desempenhar bem as tarefas, tendo como base a cooperação	• Nesta empresa todos procuramos realizar bem nosso trabalho. (Mesmas opções de resposta do item anterior.) • Nesta empresa todos queremos dar o melhor de nós no trabalho. (Mesmas opções.)

Codificação

CODIFICAÇÃO Significa atribuir aos dados um valor ou um símbolo que os represente, e isso é necessário para que possam ser analisados quantitativamente.

Codificar os dados significa atribuir a eles um valor numérico ou um símbolo que os represente. Ou seja, atribuir às categorias (opções de resposta ou valores) de cada item e variável os valores numéricos ou os sinais que têm um significado. Por exemplo, se tivéssemos a variável "gênero" com suas respectivas categorias, masculino e feminino, a cada uma delas iríamos atribuir um valor. Esse poderia ser:

Categoria	Codificação (valor atribuído)
Masculino	1
Feminino	2

Assim, Paola Yáñez na variável "gênero" seria 2, Luis Gerardo Vera e José Ramón Calderón seriam 1, Liz Rangel 2, e assim sucessivamente.

Outro exemplo seria a variável "horas de exposição diária à televisão", que poderia ser codificada como na Tabela 9.3.

TABELA 9.3
Exemplo de codificação

Categoria	Codificação (valor atribuído)
– Não vê televisão	0
– Menos de uma hora	1
– Uma hora	2
– Mais de uma hora, porém, menos de duas	3
– Duas horas	4
– Mais de duas horas, porém, menos de três	5
– Três horas	6
– Mais de três horas, porém, menos de quatro	7
– Quatro horas	8
– Mais de quatro horas	9

No primeiro exemplo da Tabela 9.2 na resposta para a pergunta: *De segunda a quinta-feira, qual seria sua atividade noturna preferida para sair com o rapaz ou a garota de que você mais gosta?*, a codificação era com números (1 = sair para jantar em um restaurante; 2 = ir ao cinema; 3 = ir a um bar, boteco, lanchonete, etc.; 4 = ir a um boteco ou cervejaria; 5 = ir dançar em uma discoteca ou boate; 6 = ir a uma festa particular; 7 = ir ao teatro; 8 = ir a um concerto; 9 = passear por um parque, jardim, avenida e 10 = outra).

Enquanto no item "Nesta empresa tenho liberdade para tomar decisões relacionadas com meu trabalho", a codificação era:

5. Concordo totalmente
4. Concordo
3. Não concordo nem discordo
2. Discordo
1. Discordo totalmente

Precisamos insistir que cada item e variável deverá ter uma codificação (códigos numéricos ou simbólicos) para suas categorias, e isso é conhecido como "pré-codificação". Mas às vezes um item não pode ser codificado *a priori* (pré-codificado) porque é muito difícil saber quais serão suas categorias. Por exemplo, se fôssemos perguntar em uma pesquisa: Qual é sua opinião sobre o programa econômico adotado recentemente pelo governo? As categorias poderiam ser muito mais do que imaginamos e seria difícil antecipar com precisão quantas e quais seriam elas. Nessas situações, a codificação é realizada quando se aplica o item (*a posteriori*). Esse é o caso de alguns itens que, por ora, denominaremos "abertos".

A codificação é necessária para analisar quantitativamente os dados (aplicar análise estatística). Às vezes são utilizadas letras ou símbolos em vez de números (*, A, Z). A codificação pode ou não ser incluída no instrumento de mensuração. Vamos ver isso com um exemplo de pergunta:

Pergunta pré-codificada
(Você tem namorada?)

| 1 | Sim |
| 0 | Não |

Pergunta não pré-codificada
(Você tem namorada?)

| | Sim |
| | Não |

Também é muito importante indicar o nível de mensuração de cada item e, portanto, o das variáveis, porque é parte da codificação e é a partir desse nível que selecionamos um ou outro tipo de análise estatística (p. ex., o teste estatístico para correlacionar duas variáveis de intervalo é bem diferente do teste para correlacionar duas variáveis ordinais). Então, é necessário fazer uma relação de variáveis, itens e níveis de mensuração.

Níveis de mensuração

Existem quatro níveis de mensuração amplamente conhecidos.

1. *Nível de mensuração nominal.* Nesse nível existem duas ou mais categorias do item ou da variável. As categorias não têm ordem nem hierarquia. O que mensuramos (objeto, pessoa, etc.) é colocado em uma ou outra categoria, o que irá indicar tão somente as diferenças em relação a uma ou mais características. Por exemplo, a variável "gênero" da pessoa possui apenas duas categorias: masculino e feminino. Nenhuma das categorias implica maior hierarquia que a outra. As categorias refletem unicamente as diferenças na variável. Não há ordem da maior para a menor.

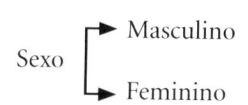

Sexo ⎡ Masculino
     ⎣ Feminino

Se atribuirmos um rótulo ou um símbolo para cada categoria, isso irá identificar unicamente a categoria. Por exemplo:

* = Masculino
z = Feminino

Se usarmos numerais, dá no mesmo:

1 = Masculino   2 = Masculino

que é igual a:

2 = Feminino   1 = Feminino

Os números utilizados nesse nível de mensuração têm uma função puramente de classificação e *não* podem ser manipulados de maneira aritmética. Por exemplo, a afiliação religiosa é uma variável nominal; se pretendêssemos calculá-la de forma aritmética teríamos situações tão ridículas como esta:

1= Católico
2= Judeu   1 + 2 = 3
3= Protestante   Um católico + um judeu = um protestante?
4= Muçulmano   (Não tem sentido)
5= Outros

As variáveis nominais podem incluir duas categorias (dicotômicas) ou, ainda, três ou mais categorias (categóricas). Exemplos de variáveis nominais dicotômicas seriam o gênero, o veredicto de um júri (culpado-inocente) e o tipo de escola que frequentamos (particular-pública); e como exemplos de variáveis nominais categóricas teríamos a afiliação política (partido A, partido B, etc.), o curso escolhido, o grupo étnico, a cidade ou o estado de nascimento, o tipo de material de construção ("não" sua resistência, essa seria outra variável), tipo de medicamento ministrado ("não" a dose, que seria uma variável diferente), blocos de mercado (asiático, latino-americano, comunidade europeia, etc.) e o canal de televisão preferido.

2. *Nível de mensuração ordinal*. Nesse nível existem várias categorias, mas, além disso, mantém uma ordem da maior para a menor. Os rótulos ou os símbolos das categorias indicam, sim, hierarquia. Por exemplo, o prestígio das funções nos Estados Unidos foi mensurado por diversas escalas que reordenam as profissões de acordo com seu prestígio, por exemplo.[5]

Valor em escala	Profissão
90	Engenheiro químico
80	Cientista de ciências naturais (excluindo a química)
60	Ator comum
50	Operador de estações elétricas de potência
02	Operário da indústria de cigarro

Os números (símbolos de categorias) definem posições, no exemplo: 90 é mais do que 80, 80 é mais do que 60, 60 mais do que 50, e assim sucessivamente. No entanto, as categorias não estão situadas em intervalos iguais (não há um intervalo comum). Não poderíamos dizer com exatidão que entre um ator (60) e um operador de estações elétricas (50) existe a mesma distância em prestígio do que entre um cientista de ciências naturais (80) e um engenheiro químico (90). Aparentemente, em ambos os casos a distância é 10, mas não é uma distância real. Outra escala[6] classificou o prestígio dessas profissões da seguinte maneira:

Valor em escala	Profissão
98	Engenheiro químico
95	Cientista de ciências naturais (excluindo a química)
84	Ator comum
78	Operador de estações elétricas de potência
13	Operário da indústria de cigarro

Aqui a distância entre um ator (84) e um operador de estações (78) é de seis, e a distância entre um engenheiro químico (98) e um cientista de ciências naturais (95) é de três. Outro exemplo seria a posição hierárquica na empresa:

Presidente	10
Vice-presidente	9
Diretor geral	8
Gerente de área	7
Subgerente ou superintendente	6
Chefe	5
Funcionário *A*	4
Funcionário *B*	3
Funcionário *C*	2
Manutenção	1

Sabemos que o presidente (10) é mais do que o vice-presidente (9), este mais do que o diretor geral (8), que, por sua vez, é mais do que o gerente (7) e assim sucessivamente; mas em cada caso não se indica com precisão quanto mais. Também não são utilizadas as operações aritméticas básicas: não poderíamos dizer que 4 (funcionário *A*) + 5 (chefe) = 9 (vice-presidente), nem que 10 (presidente) ÷ 5 (chefe) = 2 (funcionário *C*). Seria absurdo, não faz sentido. Outros exemplos desse nível seriam: a mensuração por faixas das preferências pelas marcas de bebidas

refrescantes com gás (refrescos ou refrigerantes), autopercepção do grau de dor de cabeça e hierarquização de valores (em primeiro lugar, em segundo lugar, em terceiro).
3. *Nível de mensuração intervalar.* Além da ordem e da hierarquia entre categorias ele estabelece intervalos iguais na mensuração. As distâncias entre categorias são as mesmas ao longo de toda a escala, e é por isso que há um intervalo constante, uma unidade de medida (ver Figura 9.8).

Intervalo constante

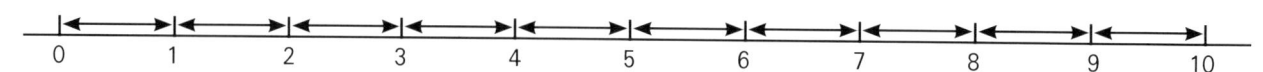

|←——→|←——→|←——→|←——→|←——→|←——→|←——→|←——→|←——→|←——→|
0   1   2   3   4   5   6   7   8   9   10

FIGURA 9.8 Escala com intervalos iguais entre categorias.

Vamos dar um exemplo. Em um teste de resolução de problemas matemáticos (30 problemas com a mesma dificuldade), se Ana Cecília resolveu 10, Laura resolveu 20 e Abigail 30, a distância entre Ana Cecília e Laura é igual à distância entre Laura e Abigail.

Contudo, o zero (0) na medição é um zero arbitrário, não é real, pois o valor de zero é atribuído a uma categoria de maneira arbitrária, e a partir desta construímos a escala. Um exemplo clássico em ciências naturais é a temperatura, que pode ser medida em graus centígrados e Fahrenheit: o zero é arbitrário, pois não implica que realmente há zero (nenhuma) temperatura (e mesmo nas duas escalas o zero é diferente).

Devemos acrescentar que diversas mensurações no estudo do comportamento humano não são verdadeiramente de intervalo (p. ex., escala de atitudes, testes de inteligência e de outros tipos); mas se aproximam desse nível e costumam ser tratadas como se fossem mensurações intervalares. E isso é feito porque esse nível de mensuração permite utilizar operações aritméticas básicas e algumas estatísticas modernas, que de outra maneira não seriam utilizadas. Mas existem alguns autores que não concordam em considerar essas mensurações como se fossem de intervalo. O produto interno bruto ou produto nacional bruto estaria nesse estágio.

4. *Nível de mensuração de razão.* Nesse nível, além de termos todas as características do nível de intervalos (períodos iguais entre as categorias e aplicação de operações aritméticas básicas e suas derivações), o zero é real e é absoluto (não é arbitrário). Zero absoluto significa que existe um ponto na escala onde a propriedade medida está ausente ou ela não existe (ver Figura 9.9).

| | | | | | | | | | | |
0   1   2   3   4   5   6   7   8   9   10

O zero é real

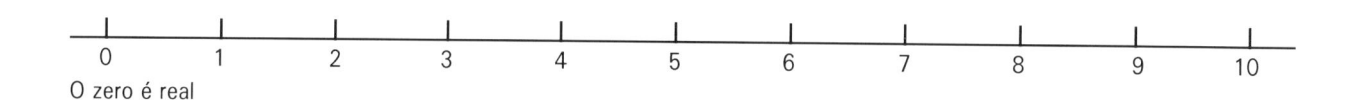

FIGURA 9.9 Exemplo de escala para o nível de mensuração de razão.

Exemplos dessas mensurações seriam a exposição à televisão (em minutos), o número de filhos, as vendas de um produto, os metros quadrados de construção, valores da receita financeira (em renda), pressão arterial, etc.

☑ DE QUAIS TIPOS DE INSTRUMENTOS DE MENSURAÇÃO OU COLETA DE DADOS QUANTITATIVOS DISPOMOS NA PESQUISA?

Na pesquisa, dispomos de diversos tipos de instrumentos para mensurar variáveis de interesse e, em alguns casos, é possível combinar várias técnicas de coleta dos dados. Vamos descrevê-las rapidamente a seguir.

Os instrumentos que serão revisados neste capítulo são: questionários[7] e escalas de atitudes. No capítulo "Recolección de los datos cuantitativos: segunda parte", que o leitor encontrará no CD anexo, comentaremos os seguintes: análise de conteúdo e observação, testes padronizados (mensurações do desempenho individual), coleta de informação factual e indicadores (análise de dados secundários de registros públicos e documentação) e metanálise, assim como outras mensurações.

A codificação e a preparação dos dados obtidos serão discutidas após a apresentação dos principais instrumentos de mensuração.

Questionários

Esse talvez seja o instrumento mais utilizado para coletar os dados. Um **questionário** é um conjunto de perguntas a respeito de uma ou mais variáveis que serão mensuradas. Deve ser congruente com a formulação do problema e a hipótese (Brace, 2008). Vamos comentar primeiro as perguntas e depois as características desejáveis desse tipo de instrumento, assim como os contextos nos quais podemos aplicar os questionários.

> **QUESTIONÁRIO** Talvez seja o instrumento mais utilizado para coletar os dados. É um conjunto de perguntas a respeito de uma ou mais variáveis que serão mensuradas.

Quais tipos de perguntas podem ser feitas?

O conteúdo das perguntas de um questionário é tão variado quanto os aspectos que mensura. Basicamente são considerados *dois tipos de perguntas: fechadas e abertas.*

Perguntas fechadas

As **perguntas fechadas** contêm categorias ou opções de resposta que foram previamente delimitadas. Ou seja, as possibilidades de resposta são apresentadas aos participantes, e são eles que devem escolhê-las. Podem ser dicotômicas (duas possibilidades de resposta) ou incluir várias opções de resposta. Exemplos de perguntas fechadas dicotômicas seriam:

> **PERGUNTAS FECHADAS** São aquelas que contêm opções de resposta previamente delimitadas. São mais fáceis de codificar e analisar.

Você estuda atualmente?

( ) Sim
( ) Não

Na semana passada você viu a final da Liga de Campeões Europeus?

( ) Sim
( ) Não

Exemplos de perguntas fechadas com várias opções de resposta seriam:

Como você bem sabe, todos os países desenvolvidos recebem imigrantes. Você acha que, em termos gerais, a imigração é positiva ou negativa para esses países?

☐ Positiva
☐ Nem positiva nem negativa
☐ Negativa
☐ Não saberia dizer

Qual é o cargo que você ocupa em sua empresa?

☐ Presidente/Diretor geral
☐ Subdiretor/Diretor/Gerente
☐ Coordenador
☐ Supervisor
☐ Operário

☐ Vice-presidente/Diretor corporativo
☐ Subgerente/Superintendente
☐ Chefe de seção
☐ Funcionário
☐ Outro (especificar) _____

Se você tivesse escolha, iria preferir que seu salário fosse de acordo com sua produtividade no trabalho?

☐ Definitivamente sim
☐ Provavelmente sim
☐ Não tenho certeza
☐ Provavelmente não
☐ Definitivamente não

Como é possível observar, nas perguntas fechadas as categorias de resposta são definidas *a priori* pelo pesquisador e mostradas ao entrevistado, e é ele quem deve escolher a opção que descreve mais adequadamente sua resposta. Gambara (2002) chama nossa atenção para algo muito lógico que às vezes esquecemos, mas que é fundamental: quando as perguntas apresentam várias opções, estas devem reunir todas as possíveis respostas.

Então, existem perguntas fechadas em que o participante pode selecionar mais de uma opção ou categoria de resposta (*possível multirrespostas*).

Exemplo

Vamos supor que um entrevistador pergunta:

Esta família tem em seu domicílio...? (*Marque com uma cruz ou risque as opções que o entrevistado indica ter em seu domicílio*):

☐ Rádio
☐ Aparelho de DVD
☐ Computador
☐ Telefone celular
☐ iPod

☐ Telefone fixo
☐ Televisão
☐ TV por assinatura (SKY, NET, DirectTV, outros sistemas locais a cabo ou satélite)
☐ Internet
☐ Equipamento de som para CD

Em perguntas como a do exemplo anterior os participantes podem marcar uma, duas, três, quatro ou mais opções de resposta. As categorias não são mutuamente excludentes.

Exemplo

Outro exemplo desse tipo de perguntas seria o seguinte:

Dos seguintes serviços prestados pela sala de leitura da biblioteca, qual ou quais você utilizou o semestre passado? (Pode assinalar mais de uma opção.)

☐ Não entrei
☐ Consultar algum livro
☐ Consultar algum jornal
☐ Consultar alguma revista
☐ Estudar
☐ Utilizar o computador buscar referências e documentos na internet
☐ Utilizar o computador para ver meu *e-mail*
☐ Utilizar o computador para elaborar um trabalho
☐ Procurar alguma pessoa
☐ Outros (especificar) _____

Às vezes, o entrevistado tem de hierarquizar opções.

> **Exemplo**
>
> Das seguintes colegas de classe, quem lhe atrai mais? Qual em segundo lugar? Qual em terceiro lugar? Qual em quarto lugar? e Qual em quinto e último lugar?
>
> ☐ Sandra
> ☐ Lúcia
> ☐ Ana
> ☐ Mariana
> ☐ Paola

Ou, ainda, em outras perguntas é preciso dar pontos para uma ou diversas questões.

> **Exemplo**
>
> A seguir, vou mencionar alguns dos problemas que costumam preocupar os habitantes deste município e peço que em cada caso você me diga: Quanto você se preocupa com cada um deles?, onde 10 significa: "Me preocupa muitíssimo" e 0 significa: "Não me preocupa de modo algum".[8]
>
> __ Desemprego
> __ Pobreza
> __ Insegurança ao transitar pela rua ou andar em transporte público
> __ Emprego mal remunerado/salários baixos
> __ Roubos/assaltos nas moradias
> __ Roubos de veículos/automóveis, motocicletas, bicicletas
> __ Gangues
> __ Tráfico de drogas-venda de drogas em pequena escala
> __ Sequestros
> __ Coleta do lixo (não são recolhidos todos os dias)
> __ Horário inadequado para a coleta do lixo
> __ Falta de água
> __ Corte no fornecimento de água
> __ Falta de moradia
> __ Serviços de saúde insuficientes
> __ Falta/deficiência de serviços educacionais
> __ Drenagem inadequada nas ruas
> __ Trânsito/tráfego/rodovias
> __ Pavimentação e consertos de buracos mal executados
> __ Falta de infraestrutura (ruas, pontes, etc.)
> __ Corrupção de funcionários municipais, policiais, guardas de trânsito e rodoviários
> __ Situação econômica familiar

Em outras perguntas se anota uma cifra dentro de uma faixa predeterminada:

> **Exemplo**
>
> Aproximadamente, quantos minutos você dedica diariamente para praticar esporte durante a semana, isto é, de segunda a sexta-feira?

Em algumas outras o entrevistado se situa em uma escala. O conceito de escala (aplicado à mensuração) pode ser definido como: "sucessão ordenada de valores diferentes de uma mesma natureza" (Real Academia Española, 2001, p. 949). É um padrão, conjunto, valor mensurado ou estimativa regular de acordo com algum modelo ou taxa em relação a uma variável. Exemplos: escala de temperatura em graus centígrados, escala de inteligência, escala de distância em quilômetros, metros e centímetros, escala de peso em quilogramas, escala musical com oitavas, etc.

Exemplo

O quanto você está apaixonada por seu namorado? (De 0 a 100)

☺ 100 – Completamente apaixonada
99
98
•
•
•
80
70
60
☺ 50

•
•
20
10
•
•
2
1
☹ 0 – Nada apaixonada

Algumas vezes também juntamos várias perguntas em uma, como no próximo exemplo (os candidatos são fictícios). Qualquer semelhança com algum nome é mera coincidência.

Exemplo

Vou mencionar alguns nomes de políticos de nosso município e pedir que em cada caso diga se você sabe quem é e a que partido pertence, assim como sua opinião sobre essa pessoa:[*]

Político(a) (Girar opções)	P.8 Você sabe quem é?		Quando sabe quem é P.9 Você sabe a que partido pertence? *(Não ler opções)*		Quando sabe quem é P. 10 Quão favorável ou desfavorável é sua opinião sobre...? *(Ler opções)*			
	Sim	Não (Passar para a p. 16)	Sim identificou	Não identificou	Muito favorável	Favorável	Desfavorável	Muito desfavorável
Guadalupe Méndez Peña	1	2	(Partido 1) 1	2	4	3	2	1
Agustín Almanza Mendoza	1	2	(Partido 2) 1	2	4	3	2	1
Sandra Hernández Jiménez	1	2	(Partido 3) 1	2	4	3	2	1
Roberto Yáñez Ruiz	1	2	(Partido 4) 1	2	4	3	2	1

---

[*] N. de R.T.: Neste exemplo, as frases entre parênteses: (girar opções), (não ler opções) e (ler opções) são instruções para a pessoa que fará a entrevista com o respondente.

Perguntas abertas

As **perguntas abertas**, diferentemente das perguntas fechadas, não delimitam de antemão as alternativas de resposta, por isso o número de categorias é muito elevado; na teoria, é infinito, e pode variar de população a população.

> **PERGUNTAS ABERTAS** Não delimitam as alternativas de resposta. São úteis quando não há informação suficiente sobre as possíveis respostas das pessoas.

Exemplos

Por que você frequenta a psicoterapia?
_____
_____

Qual sua opinião a respeito das medidas de apoio à população, adotadas pelo governo, para diminuir o impacto do último terremoto ocorrido em 20 de novembro?
_____
_____

Qual das perguntas é mais apropriada, as fechadas ou as abertas?

Um questionário vai ao encontro de diferentes necessidades e de um problema de pesquisa, e isso faz com que o tipo de perguntas em cada estudo seja diferente. Às vezes, são incluídas somente perguntas fechadas e outras apenas perguntas abertas e, dependendo do caso, os dois tipos de perguntas. Cada tipo de pergunta tem suas vantagens e desvantagens, e estas serão mencionadas a seguir.

As *perguntas fechadas* são mais fáceis de codificar e preparar para a análise. Essas perguntas também exigem um menor esforço dos entrevistados, que não precisam escrever ou verbalizar pensamentos, mas apenas selecionar a alternativa que mais bem sintetize sua resposta. Responder um questionário com perguntas fechadas leva menos tempo do que responder um com perguntas abertas. Quando o questionário é enviado pelo correio, podemos ter um maior grau de resposta quando é fácil de responder e completá-lo exige menos tempo. Outras vantagens são: reduzir a ambiguidade das respostas e facilitar as comparações entre as respostas (Burnett, 2009).

A *principal desvantagem das perguntas fechadas* é que elas limitam as respostas da amostra e às vezes nenhuma das categorias descreve exatamente o que as pessoas têm em mente, pois nem sempre conseguimos capturar o que passa pela cabeça dos participantes. Sua redação dá mais trabalho e exige um profundo conhecimento do pesquisador sobre a formulação (Vinuesa, 2005).

Para *formular perguntas fechadas* é necessário antecipar as possíveis alternativas de resposta, pois, do contrário, é muito difícil formulá-las. Além disso, o pesquisador deve ter certeza de que os participantes que irão respondê-las conhecem e compreendem as categorias de resposta. Por exemplo, se perguntássemos qual canal de televisão é o preferido, seria muito fácil determinar as opções de resposta e que os participantes as compreendam. Mas, se perguntássemos sobre as razões e os motivos dessa preferência, assinalar as opções seria um pouco mais complexo.

As *perguntas abertas* proporcionam uma informação mais ampla e são especialmente úteis quando não temos informação sobre as possíveis respostas das pessoas ou quando esta é insuficiente. Também servem em situações nas quais se deseja saber mais a respeito de uma opinião ou os motivos de um comportamento. Sua maior desvantagem é que são mais difíceis de codificar, classificar e preparar para a análise. Além disso, podem apresentar desvios que surgem de diferentes fontes; por exemplo, as pessoas que têm dificuldades para se expressar de forma oral ou por escrito talvez não respondam com precisão àquilo que realmente desejam, ou criem confusão em suas respostas. O nível educacional, a capacidade de domínio da linguagem e outros fatores podem afetar o tipo de respostas (Black e Champion, 1976; Saris e Gallhofer, 2007). Responder perguntas abertas exige um esforço maior e mais tempo.

A escolha do tipo de perguntas para o questionário depende do quanto é possível anteciparmos as possíveis respostas, do tempo que dispomos para codificar e se queremos uma resposta mais precisa ou saber mais sobre alguma questão. Uma recomendação para a elaboração de um questionário é analisar, variável por variável, que tipo de pergunta ou perguntas costumam ser mais confiáveis e válidas para mensurar essa variável, de acordo com a situação do estudo (formulação do problema, características da amostra, tipo de análise a ser realizada, etc.).

Geralmente as perguntas fechadas são elaboradas tendo como base as perguntas abertas. Por exemplo, no teste piloto é possível elaborar uma pergunta aberta e logo após sua aplicação, baseados na resposta, criarmos um item fechado (ver Figura 9.10).

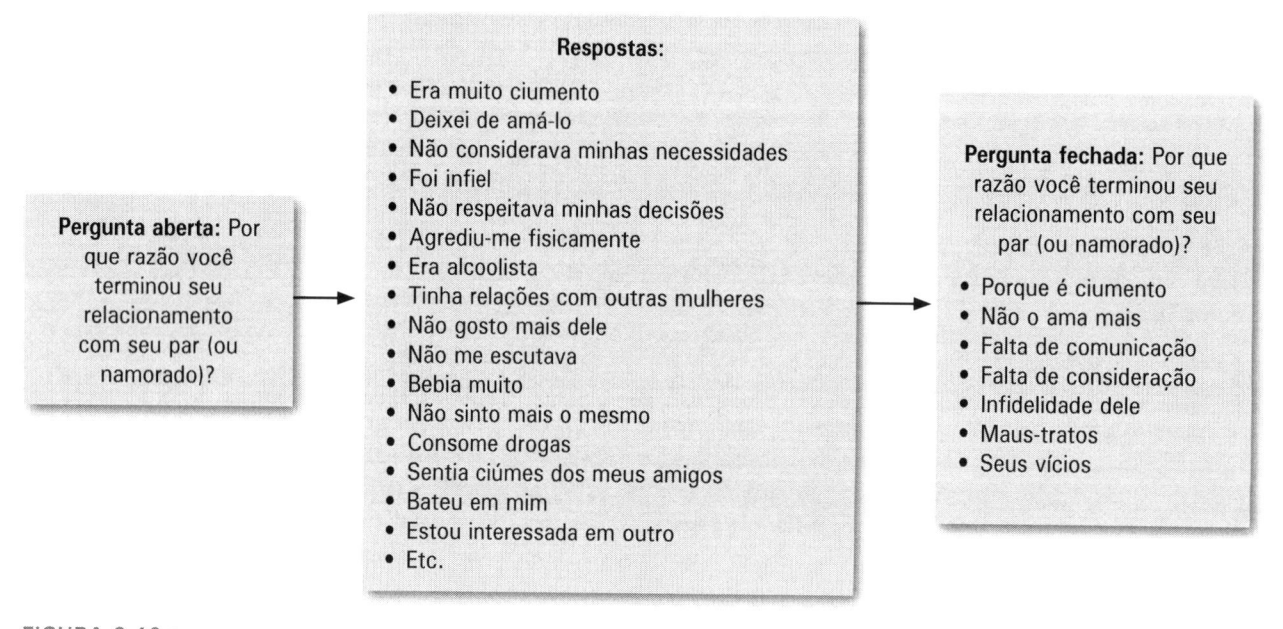

Pergunta aberta: Por que razão você terminou seu relacionamento com seu par (ou namorado)?

Respostas:
- Era muito ciumento
- Deixei de amá-lo
- Não considerava minhas necessidades
- Foi infiel
- Não respeitava minhas decisões
- Agrediu-me fisicamente
- Era alcoolista
- Tinha relações com outras mulheres
- Não gosto mais dele
- Não me escutava
- Bebia muito
- Não sinto mais o mesmo
- Consome drogas
- Sentia ciúmes dos meus amigos
- Bateu em mim
- Estou interessada em outro
- Etc.

Pergunta fechada: Por que razão você terminou seu relacionamento com seu par (ou namorado)?
- Porque é ciumento
- Não o ama mais
- Falta de comunicação
- Falta de consideração
- Infidelidade dele
- Maus-tratos
- Seus vícios

FIGURA 9.10 Exemplo da passagem de uma pergunta aberta à elaboração de uma pergunta fechada.

Uma ou várias perguntas para mensurar uma variável?

Às vezes, basta só uma pergunta para coletar a informação necessária sobre a variável considerada. Por exemplo, para mensurar o nível de escolaridade de uma amostra basta perguntar: Até que ano escolar você cursou?, ou, Qual é seu grau máximo de estudos? Outras vezes é preciso elaborar várias perguntas para verificar a consistência das respostas.

Vamos dar um exemplo. Algumas associações latino-americanas de pesquisa de mercado e instituições educacionais medem o nível socioeconômico levando em conta diversas variáveis:[9]

1. Escolaridade do chefe da casa.
2. Número de pontos de luz elétrica na moradia.
3. Número de aposentos na moradia, sem incluir banheiros.
4. Número de banheiros com chuveiro.
5. Número de automóveis e outros veículos na garagem.

6. Posse de certos aparelhos (computador, lavadora, equipamento de som, forno de micro-ondas, etc.).
7. Características da moradia (teto estável e seguro – não de papelão nem de encerado, etc., – piso firme em seu interior – cimento, concreto ou piso frio –, água encanada ou não, etc.).

A partir dessas variáveis criamos índices, cada uma delas tem um peso ou coeficiente e, no final, atribuímos pontos que poderão determinar o nível socioeconômico com maior precisão. No entanto, isso pode ser muito complexo para o aluno que está realizando suas primeiras pesquisas, então, a alternativa seria perguntar aos membros da família que trabalham: Qual é seu nível aproximado de renda mensal? e questionar: Quantos pontos de luz elétrica há aproximadamente em sua casa?[10]

Nesse sentido, é recomendável *fazer somente as perguntas necessárias* para obter a informação desejada ou mensurar a variável. Se uma pergunta for suficiente, não é necessário incluir mais, porque não teria sentido. Se houver uma justificativa para se fazer várias perguntas, então é conveniente formulá-las no questionário. Isso geralmente ocorre no caso de variáveis com diferentes dimensões ou componentes, nas quais são incluídas perguntas para mensurar essas dimensões. Temos vários indicadores.

Exemplo

A empresa Comunicometría, S. C. realizou uma pesquisa para a Fundación Mexicana para la Calidad Total, A. C. (1988), cujo objetivo era conhecer práticas, técnicas, estruturas, processos e temáticas existentes em matéria de qualidade total no México. O estudo foi de caráter exploratório e representou o primeiro esforço para obter uma radiografia sobre a condição dos processos de qualidade nesse país.

Nessa pesquisa foi elaborado um questionário que media o quanto as organizações mexicanas aplicavam diversas práticas para aumentar a qualidade, a produtividade e o nível de vida no trabalho. Uma das variáveis importantes era o "quanto a informação sobre o processo de qualidade na organização era divulgada". Essa variável foi mensurada com as seguintes perguntas:

a) Em relação aos programas de informação sobre qualidade, quais das seguintes atividades são realizadas nesta empresa?

1. Planejamento do manuseio de dados sobre qualidade
2. Formas de controle
3. Elaboração de relatórios com dados sobre qualidade
4. Avaliação sistemática dos dados sobre qualidade
5. Divulgação ampla de informação sobre qualidade
6. Sistemas de autocontrole de qualidade
7. Divulgação seletiva de dados sobre qualidade
8. Programa de comunicação interna sobre o processo de qualidade

b) Somente para aqueles que divulgam seletivamente os dados sobre qualidade: para quais níveis da empresa?
c) Somente para aqueles que divulgam seletivamente os dados sobre qualidade: para quais funções?
d) Que outras atividades são realizadas nesta empresa para os programas de informação sobre qualidade?

Nesse exemplo, as perguntas b) e c) foram elaboradas para se saber mais sobre os destinatários ou usuários dos dados em relação aos aspectos do controle de qualidade divulgados seletivamente. Essas duas perguntas são justificadas porque ajudam a ter mais informação sobre a variável.

Uma modalidade de questionamentos variados é a bateria de perguntas, que serve para:

a) economizar espaço no questionário,
b) facilitar a compreensão do mecanismo de resposta (se entendem a primeira pergunta, compreendem as demais) (Corbetta, 2003) e
c) criar índices que permitam obter uma qualificação total.

> **Exemplo**
>
> Variável a ser mensurada: visão departamental
>
> Definição conceitual: percepção da meta departamental quanto à transparência, natureza visionária, grau em que é possível alcançá-la e medida em que pode ser compartilhada, e que representa uma força motivacional para o trabalho (Anderson e West, 1998; Hernández Sampieri, 2005).[11]
>
> | Perguntas ou itens: | Completamente (muito) | Aceitável | Regular | Pouco | Nada |
> |---|---|---|---|---|---|
> | 1. Quão claros são os objetivos de seu departamento? | 5 | 4 | 3 | 2 | 1 |
> | 2. Até que ponto você considera que os objetivos de seu departamento são úteis e apropriados? | 5 | 4 | 3 | 2 | 1 |
> | 3. Quão de acordo você está com os objetivos de seu departamento? | 5 | 4 | 3 | 2 | 1 |
> | 4. Até que ponto você acha que os objetivos de seu departamento são claros? | 5 | 4 | 3 | 2 | 1 |
> | 5. Até que ponto você acha que os objetivos de seu departamento são compreendidos por seus colegas de trabalho do mesmo departamento? | 5 | 4 | 3 | 2 | 1 |
> | 6. Até que ponto você considera que seus colegas de departamento concordam com os objetivos? | 5 | 4 | 3 | 2 | 1 |
> | 7. Até que ponto você considera que os objetivos do departamento podem ser alcançados atualmente? | 5 | 4 | 3 | 2 | 1 |

As perguntas devem vir pré-codificadas ou não?

Sempre que pretendemos realizar análise estatística é necessário codificar as respostas dos participantes para as perguntas do questionário, e devemos lembrar que isso significa atribuir a elas símbolos ou valores numéricos e que quando temos perguntas fechadas também podemos codificar *a priori* ou pré-codificar as opções de resposta e incluir essa pré-codificação no questionário (como no exemplo a seguir).

> **Exemplo**
>
> De perguntas pré-codificadas
>
> Você tem investimentos na Bolsa de Valores?
>
> ( ) 1 Sim   ( ) 2 Não
>
> Quando se depara com um problema em seu trabalho, para resolvê-lo você geralmente recorre a:
>
> 1. Seu supervisor imediato
> 2. Sua própria experiência
> 3. Seus colegas
> 4. Manuais de políticas e procedimentos
> 5. Outra fonte (especificar) _____

Nas duas perguntas as respostas vêm acompanhadas por seu valor numérico correspondente, isto é, foram pré-codificadas. É óbvio que nas perguntas abertas a codificação é realizada depois, quando temos as respostas. As perguntas e opções de resposta pré-codificadas têm a vantagem de que sua codificação e preparação para a análise são mais simples e exigem menos tempo.

Quais perguntas são obrigatórias?

As perguntas chamadas demográficas ou a localização dos entrevistados: sexo, idade, nível socioeconômico, estado civil, escolaridade, religião, afiliação político-partidária, bairro, região onde mora, associação ou agremiação a que pertence, ocupação/profissão, anos em que vive na residência atual, etc. Nas empresas: posição, tempo de serviço, área funcional onde trabalha (gerência, departamento, área empresarial), fábrica ou escritório onde trabalha e outras questões. Em cada pesquisa, devemos analisar o que achar útil e relevante.

Que características deve ter uma pergunta?

Independentemente de as perguntas serem abertas ou fechadas, e de suas respostas estarem pré-codificadas ou não, existe uma série de características que devem ser cumpridas ao formulá-las:

a) As perguntas devem ser claras, precisas, compreensíveis para os sujeitos entrevistados. Devem evitar termos confusos, ambíguos e com duplo sentido. Por exemplo, a pergunta "Você vê televisão?" é confusa, não delimita o período. Seria bem melhor especificar "Você costuma ver televisão diariamente?", "Quantos dias durante a última semana você viu televisão?", e depois perguntar horários, canais e conteúdos dos programas. Outro exemplo inadequado seria: "Você gosta de esportes?". Não sabemos se significa vê-lo pela televisão ou ao vivo, se praticá-lo ou outra coisa, e em último caso, qual esporte. Outro caso que provoca confusão são os termos com vários significados (Burnett, 2009), por exemplo, "Seu emprego é estável?", que envolve um conceito de estabilidade de emprego que não tem somente um significado, o que consideramos estável: um contrato por um ano, dois, cinco...?

Um caso comum de confusão são as palavras sobre a temporalidade, pois tornam o questionamento pouco claro: "Você foi recentemente ao cinema?", pois envolve outras perguntas: O que significa recentemente? Ontem, na última semana, no último mês? Seria melhor perguntar: "Durante as últimas semanas (ou mês), quantas vezes você foi ao cinema?". Da mesma forma que "Você trabalha desde jovem?" deverá ser substituída por "A partir de qual idade você começou a trabalhar?".

b) É aconselhável que as perguntas sejam as mais curtas possíveis, porque as perguntas longas costumam ser entediantes, tomam mais tempo e podem distrair o participante; mas, conforme menciona Rojas (2001), não é recomendável sacrificar a clareza pela concisão. No caso de assuntos complicados, talvez seja melhor uma pergunta mais longa, porque facilita a lembrança, dá ao sujeito mais tempo para pensar e favorece uma resposta mais articulada (Corbetta, 2003). A diretriz a ser seguida é que sejam incluídas as palavras necessárias para a compreensão da pergunta, sem ser repetitivo ou exagerado.

c) Elas precisam ser formuladas com um vocabulário simples, direto e familiar para os participantes. A linguagem deve ser adaptada à fala da população que irá responder as perguntas (Gambarra, 2002). Lembre-se de que é inevitável considerar seu nível educacional e socioeconômico, as palavras com as quais sabe trabalhar, etc.

d) Não podemos incomodar a pessoa entrevistada nem sermos considerados ameaçadores, e ela nunca deve se sentir julgada por nós. Devemos perguntar de maneira sutil. Uma pergunta como: "Você costuma consumir algum tipo de bebida alcoólica?" tende a provocar rejeição. Nesse caso é melhor questionar "Alguns de seus amigos costumam consumir algum tipo de bebida alcoólica?", e depois utilizar perguntas sutis que indiretamente nos indique se a pessoa costuma consumir esse tipo de bebidas ("Qual é seu tipo favorito de bebida?", "Com que frequência você se reúne com seus amigos?", etc.). Mertens (2005) sugere substituir a pergunta "Você é alcoolista?" (extremamente ameaçadora) pela seguinte formulação: O consumo de bebidas como rum, tequila, vodca e uísque nesta cidade é de X garrafas de um litro. Até que ponto você estaria acima ou abaixo dessa quantidade? (alternativas de resposta: acima, igual ou abaixo). Gochros (2005) recomenda mudar a pergunta: "Você consome drogas?" por "Qual é sua opinião sobre as pessoas que consomem drogas em doses mínimas?". Nesses casos de perguntas difíceis, é possível utilizar escalas de atitude em vez de perguntas ou mesmo outras formas de mensuração (conforme veremos na parte de escalas atitudinais e em outros instrumentos). Existem temáticas em que apesar de utilizarmos perguntas sutis, o entrevistado pode se sentir ofendido. Esse é o caso do desemprego, da homossexualidade, da AIDS, da prostituição, da pornografia, dos anticoncepcionais e dos vícios.

e) As perguntas devem se referir, de preferência, a um só aspecto ou a uma relação lógica. Por exemplo, a pergunta: "Você costuma ver televisão e ouvir rádio diariamente?" apresenta dois aspectos e pode confundir. É necessário dividi-las em duas perguntas, uma relacionada com a televisão e a outra com o rádio. Outro exemplo, "seus pais eram saudáveis?" é uma pergunta problemática, além do conceito "saudável" (que é confuso) é impossível responder no caso de a mãe nunca ter ficado gravemente doente e nunca ter sido hospitalizada, mas o pai ter sofrido problemas sérios de saúde.

f) As perguntas não deverão induzir as respostas. É preciso evitar perguntas tendenciosas ou que deem motivo para escolher um tipo de resposta (diretivas). Por exemplo, "Você considera nosso companheiro Ricardo Hernández o melhor candidato para dirigir nosso sindicato?" é uma pergunta tendenciosa, pois induz a resposta. Assim como a pergunta "Os trabalhadores argentinos são muito produtivos?", que insinua a resposta na pergunta. Seria muito mais conveniente perguntar: "Quão produtivos você considera, de maneira geral, os trabalhadores argentinos?" (e mostrar alternativas).

Exemplo

– Quão produtivos você considera, de maneira geral, os trabalhadores argentinos?

| Extremamente produtivos | Mais produtivos | Mais improdutivos | Extremamente improdutivos |

Outros exemplos inadequados seriam: "Você pensa em votar em tal partido nas próximas eleições?", "Você acha que devemos retirar as tropas de nosso país da coalizão... para evitar ameaças a nossa segurança nacional?". O participante nunca deve se sentir pressionado. Um fator importante a ser considerado é a desejabilidade social, às vezes as pessoas utilizam respostas culturalmente aceitáveis. Por exemplo, a pergunta "Você gostaria de se casar?" poderia induzir e forçar mais de uma pessoa a responder de acordo com as normas de sua comunidade. Seria melhor perguntar "Qual sua opinião sobre o casamento?" e mais adiante inquirir sobre seus anseios e expectativas a esse respeito. Uma questão como "Você costuma ler o jornal?" pode nos levar a respostas socialmente válidas "Sim, eu leio o jornal, eu leio muito" (quando não é o correto). É melhor perguntar "Você costuma ter tempo para ler o jornal? Com que frequência?".

g) As perguntas não podem se apoiar em instituições, ideias respaldadas socialmente nem em evidência comprovada. Também é uma maneira de induzir respostas. Por exemplo, a pergunta "A Organização Mundial da Saúde realizou diversos estudos e concluiu que o tabagismo provoca diversos danos ao organismo. Você acha que fumar é nocivo para a saúde? Esquemas do tipo "A maioria das pessoas opinam que...", "A Igreja considera...", "Os pais de família acham que...", etc., não devem anteceder as perguntas, pois influenciam e distorcem as respostas.

h) É aconselhável evitar perguntas que neguem o assunto que é perguntado. Por exemplo, "Quais setores da estrutura organizacional *não* apoiam o processo de qualidade?". É melhor perguntar sobre quais setores, sim, apoiam o processo. Ou, ainda, a "O que *não* o agrada nesse *shopping center*?" é preferível questionar "O que lhe agrada neste *shopping center*?". Também não é conveniente incluir duplas negações (são positivas, mas costumam confundir): "Você acha que as mulheres casadas prefeririam *não* trabalhar se *não* houvesse pressão econômica?". Fica mais bem redigida de maneira positiva.

i) Não devemos fazer perguntas racistas ou sexistas nem perguntas que ofendam os participantes. Isso é óbvio, mas não custa nada insistir. Também é recomendável evitar as perguntas *com grande carga emocional ou muito complexas*, que na verdade são perguntas para entrevistas qualitativas (por exemplo: "Como era o relacionamento com seu ex-marido?" – embora uma escala completa possa ser a solução – ou, "O que você sente sobre a morte de seu filho?").

j) Nas perguntas com várias categorias de resposta, e nas quais o sujeito participante só tem de escolher uma, talvez a ordem em que essas opções são apresentadas possa afetar as respostas dos participantes (p. ex., que tendem a favorecer a primeira ou a última opção de resposta). Então é conveniente trocar a ordem de leitura das respostas a serem escolhidas de maneira proporcional. Por exemplo, quando perguntamos: "Qual dos próximos quatro candidatos presidenciais você acha que realmente conseguirá diminuir a inflação?". Em 25% das vezes (ou uma em quatro vezes) que essa pergunta é feita mencionamos primeiro o candidato A, 25% primeiro o candidato B, 25% o candidato C e os 25% restantes o candidato D. Do mesmo modo, quando se tem muitas alternativas é mais difícil responder, por isso é conveniente limitá-las às mínimas necessárias.

A seguir, incluímos a Tabela 9.4 sobre problemas que surgem quando elaboramos perguntas, adaptada de Creswell (2005).

TABELA 9.4
Exemplos de alguns problemas que surgem ao elaborar perguntas

Problema	Exemplo de pergunta problemática	Para melhorar a pergunta
Pergunta confusa devido à imprecisão dos termos	Você irá votar nas próximas eleições?	Deixar os termos mais precisos: Nas próximas eleições de 10 de novembro para escolher o prefeito de Monterrey, você pensa em ir votar?
Dois ou mais conceitos ou duas perguntas em uma só	Quão satisfeito você está com o serviço do refeitório e o serviço médico oferecidos na empresa?	Uma pergunta por conceito: Quão satisfeito você está com o serviço do refeitório oferecido na empresa? Quão satisfeito você está com o serviço médico oferecido na empresa?
Muitas palavras	Conforme você sabe, no próximo dia 10 de novembro serão realizadas eleições locais neste município de Cortázar para escolher o prefeito, nesta data: você pensa ir às urnas para dar seu voto para o candidato que acha que será o melhor prefeito para o município?	Reduzir termos: Nas próximas eleições de 10 de novembro para escolher o prefeito de Cortázar, você pensa em ir votar?
Pergunta negativa	Os estudantes não devem portar ou levar armas na ou à escola.	Trocá-la por uma neutra: Os estudantes devem ou não portar armas na escola?
Contém "gírias"	Quão "legal" ou "bacana" é a relação com sua empresa?	Eliminar essa gíria: Quão orgulhoso você se sente por trabalhar nesta empresa?
As categorias de resposta se sobrepõem	Você poderia me indicar sua idade? _18_19 _19_20 _20_21 _21_22	Conseguir que as categorias sejam mutuamente excludentes: Você poderia me indicar sua idade? _18_19 _20_21 _22_23
Categorias de resposta sem equilíbrio entre as favoráveis e as desfavoráveis (positivas e negativas)	Até que ponto você está satisfeito com seu superior imediato? ( ) Insatisfeito ( ) Medianamente satisfeito ( ) Satisfeito ( ) Extremamente satisfeito	Proporcionar equilíbrio entre opções favoráveis e desfavoráveis: Até que ponto você está satisfeito com seu superior imediato? ( ) Extremamente insatisfeito ( ) Mais insatisfeito ( ) Nem insatisfeito nem satisfeito ( ) Mais satisfeito ( ) Extremamente satisfeito

(continua)

TABELA 9.4
Exemplos de alguns problemas que surgem ao elaborar perguntas (continuação)

Problema	Exemplo de pergunta problemática	Para melhorar a pergunta
Incongruência entre a pergunta e as opções de resposta	Até que ponto você está satisfeito com seu superior imediato? ( ) Nada importante ( ) Pouco importante ( ) Medianamente importante ( ) Importante ( ) Muito importante	Criar categorias que coincidam com a pergunta: Até que ponto você está satisfeito com seu superior imediato? ( ) Extremamente insatisfeito ( ) Mais insatisfeito ( ) Nem insatisfeito nem satisfeito ( ) Mais satisfeito ( ) Extremamente satisfeito
Apenas uma parte dos participantes consegue entender a pergunta	Qual é o gênero e marca de bebida etílica que você costuma adquirir com um maior índice de frequência em suas compras?	Simplificar os termos: Qual é o tipo de bebida alcoólica e de qual marca você costuma comprar com maior frequência?
Utilização de termos em outro idioma	Quais foram os efeitos do *downsizing* nesta empresa?	Traduzir os termos: Quais foram os efeitos da redução de empregados nesta empresa?
A pergunta pode ser inadequada para parte da população	Como o aumento da taxa de impostos para empregados do governo o afetou?	Acrescentar perguntas que segmentem a população: Você trabalha atualmente? ( ) Sim ( ) Não Você trabalha em... ( ) Empresa? ( ) Por conta própria (autônomo)? ( ) Governo? Então, para aqueles que pertencem à última categoria, perguntar: Como o aumento da taxa de impostos para empregados do governo o afetou?

Em relação a cada pergunta do questionário, León e Montero (2003) sugerem questionar: A pergunta é necessária? Será que ela é suficientemente concreta? Será que os participantes irão responder com sinceridade?

Como devem ser as primeiras perguntas de um questionário?

Em alguns casos é bom começar com perguntas neutras ou fáceis de responder, para que o participante entre na situação. Não recomendamos começar com perguntas difíceis ou muito diretas. Vamos imaginar um questionário elaborado para obter opiniões a respeito do aborto que comece com uma pergunta nada sutil como: Você concorda com a legalização do aborto neste país? Sem dúvida alguma ele seria um fracasso. Bostwick e Kyte (2005) e Babbie (2009) dizem que os primeiros questionamentos devem ser interessantes para os participantes. Sendo que às vezes podem até ser divertidos. Por exemplo, na pesquisa sobre a moda e a mulher mexicana que será vista na quarta parte do livro sobre modelos mistos, ao começar a inquirir sobre os tipos de acessórios comprados pelas participantes, a primeira pergunta foi: Você costuma usar pijama para dormir? Questionamento que foi extremamente divertido e provocou risos, conseguindo relaxar as entrevistadas. Claro que a pergunta foi feita por mulheres entrevistadoras jovens.

Às vezes os questionários começam com as perguntas demográficas já mencionadas, mas outras vezes é muito melhor fazer esse tipo de pergunta no final do questionário, principalmente nos casos em que os participantes acham que podem se comprometer se responderem o questionário.

Quando criamos um questionário, é indispensável pensarmos sobre quais são as perguntas ideais para iniciá-lo. Estas deverão possibilitar que o sujeito se concentre no questionário. Gambarra (2002) sugere o procedimento de "funil" na apresentação das perguntas: ir das mais gerais às mais específicas. Uma característica fundamental de um questionário é que as perguntas importantes nunca devem estar no final.

Do que é formado um questionário?

Além das perguntas e categorias de respostas, um questionário é formado basicamente por: capa, introdução, instruções inseridas ao longo dele e agradecimento final.

Capa

Ela inclui a folha de rosto; geralmente deve ser graficamente atraente para favorecer as respostas. Deve incluir o nome do questionário e o logotipo da instituição que o patrocina. Algumas vezes se acrescenta um logotipo próprio do questionário ou um símbolo que o identifique.

Introdução

Deve incluir:

- Propósito geral do estudo.
- Motivações para o sujeito entrevistado (importância de sua participação).
- Agradecimento.
- Tempo aproximado de resposta (uma média ou um intervalo de tempo). Que seja suficientemente amplo para não pressionar o participante, mas tranquilizá-lo.
- Espaço para que assine ou indique seu consentimento (às vezes é incluído no final ou em algumas oportunidades é desnecessário).
- Identificação de quem irá aplicá-lo.
- Explicar rapidamente como os questionários serão processados e uma cláusula indicando que a informação individual será trabalhada de maneira confidencial.
- Instruções iniciais claras e simples (como responder no geral, com exemplos caso seja preciso).

Quando o questionário é aplicado com entrevista, a maioria desses elementos é explicada pelo entrevistador. O questionário deve ser e parecer curto, fácil e atraente.

A seguir, apresentamos um exemplo de carta introdutória e outro de instruções gerais para responder o questionário.

Exemplo

Carta introdutória

Bom dia (Boa tarde):

Estamos trabalhando em um estudo que servirá para elaborar um trabalho de conclusão de curso a respeito da biblioteca da Universidad de Celaya.

Gostaríamos de pedir sua ajuda no sentido de responder algumas perguntas que não levarão muito tempo. Suas respostas serão confidenciais e anônimas. Não há perguntas delicadas.

As pessoas que foram selecionadas para o estudo não foram escolhidas pelos nomes, mas por sorteio.

As opiniões de todos os entrevistados serão somadas e incluídas no estudo, mas os dados individuais nunca serão informados.

Pedimos que você responda este questionário com a maior sinceridade possível. Não há respostas corretas nem incorretas.

Leia as instruções com muito cuidado, pois existem perguntas com apenas uma opção de resposta; outras têm várias opções e também são incluídas perguntas abertas.

Gratos por sua colaboração.

> **Exemplo**
> Instruções de um questionário
>
> **PESQUISA DE LEVANTAMENTO DO CLIMA ORGANIZACIONAL**
> *INSTRUÇÕES*
>
> Utilize um lápis ou uma caneta preta para preencher o questionário. Ao fazer isso, pense no que acontece na maioria das vezes em seu trabalho.
> Não há respostas corretas ou incorretas. Elas apenas refletem sua opinião pessoal.
> Todas as perguntas têm cinco opções de resposta, escolha a que melhor descreva aquilo que você pensa. Apenas uma opção.
> Marque com clareza a opção escolhida com um X ou risque ou, ainda, com uma "pomba" (símbolo de verificação). Lembre-se: Você NÃO deve marcar duas opções. Marque assim:
>
> X   ✓
>
> Se não conseguir responder uma pergunta ou se achar que ela não tem sentido, por favor, pergunte sobre ela à pessoa que lhe entregou este questionário e explicou a importância de sua participação.
>
> *Confidencialidade*
> Suas respostas serão anônimas e absolutamente confidenciais. Os questionários serão processados por pessoas externas. E, como você pode ver, em momento algum seu nome foi solicitado.
> Antecipadamente, GRATOS POR SUA COLABORAÇÃO.

Alguns recursos que podemos utilizar na introdução são mostrados na Tabela 9.5.[12]

TABELA 9.5
Exemplos de recursos para incentivar a participação

Recurso	Exemplo
Incentivo	"Ao responder, você receberá..." (dinheiro, um presente, uma entrada, etc.).
Altruísmo	"Os resultados servirão para resolver...", "O estudo ajudará a..." (problema social, melhorar a qualidade de vida, resolver um problema da comunidade, etc.).
Autoconceito da pessoa	"Você é uma das poucas pessoas que pode evidenciar certas questões...", "Devido a sua experiência (perícia, importância, conhecimentos, etc.) você pode... e por isso pedimos..."(sua opinião qualificada, etc.).
Interesse pelo conhecimento	"Vamos enviar a você uma cópia dos resultados..."
Interesses profissionais	"Os resultados serão úteis para conhecer temas importantes em nossa profissão..."
Ajuda-auxílio	"Precisamos de seu apoio para conhecer...", "Os jovens precisam de ajuda para..."
Autoridade	Introdução acompanhada da assinatura de um líder ou pessoa reconhecida. Ou, ainda: "A sra. Paola Castelán nos pediu para fazermos essa pesquisa para que ela possa conhecer o problema das crianças...", "O cientista...", "O empresário..."
Agradecimento	"A comunidade de... ficará muito grata por..."

Também são inseridas instruções ao longo do questionário (normalmente com outro caractere ou fonte ou, ainda, em letra cursiva, para distingui-las das perguntas e respostas), que nos indicam como responder. Por exemplo:

- Neste terreno ou nesta comunidade tem gado, aves ou colmeias que sejam de propriedade coletiva? (*Marque a resposta com um X*)

    ( ) Sim
    (*continue*)

    ( ) Não
    (*passe para a pergunta 30*)

- Conseguimos obter a colaboração de todo o pessoal ou de sua maioria para o projeto de qualidade?

    (1) Sim
    (*passe para a pergunta 26*)

    (2) Não
    (*passe para a pergunta 27*)

Devemos lembrar que às vezes são apresentados cartões com as opções de resposta e o entrevistador é instruído a mostrá-los aos participantes. Por exemplo:

- Falando da maioria de seus fornecedores, até que ponto você conhece... (*Mostrar o cartão um e marcar a resposta em cada caso*).

Exemplo
De pergunta com cartão de respostas

	Completamente (5)	Bastante (4)	Regular (3)	Pouco (2)	Nada (1)
As políticas de seu fornecedor?					
Suas finanças (condições financeiras)?					
Os objetivos de sua área de vendas?					
Seus programas de capacitação para vendedores?					
Número de funcionários de sua área de vendas?					
Problemas trabalhistas?					
Seus métodos de produção?					
Seus outros clientes?					
Seu índice de rotatividade de pessoal?					

As instruções são tão importantes quanto as perguntas e elas precisam ser claras para os usuários a quem são dirigidas.

Agradecimento final

Embora tenha agradecido de antemão agradeça novamente.

Formato, distribuição de instrução, perguntas e categorias

As perguntas devem estar organizadas para que seja mais fácil responder o questionário. É importante termos o cuidado de verificar se numeramos as páginas e as perguntas.

Existem muitas formas de distribuir perguntas, categorias de respostas e instruções. Alguns preferem colocar as perguntas à esquerda e as respostas à direita, então o formato seria o seguinte:

Exemplo

Modelo de formato de distribuição de perguntas

Você considera que seu chefe ou superior imediato é seu amigo?	( ) Definitivamente sim	( ) Sim	( ) Não	( ) Definitivamente não
Quando você tem problemas se sente apoiado por seu chefe ou superior imediato?	( ) Definitivamente sim	( ) Sim	( ) Não	( ) Definitivamente não
Você considera que seu chefe ou superior imediato o orienta adequadamente em seu trabalho?	( ) Definitivamente sim	( ) Sim	( ) Não	( ) Definitivamente não
Você tem uma boa impressão de seu chefe ou superior imediato?	( ) Definitivamente sim	( ) Sim	( ) Não	( ) Definitivamente não

---

Outros dividem o questionário por seções de perguntas e utilizam um formato horizontal.

Exemplo

Modelo de formato horizontal

APRESENTAÇÃO

Você considera que seu chefe ou superior imediato é seu amigo?
( ) Definitivamente sim   ( ) Sim   ( ) Não   ( ) Definitivamente não

Quando você tem problemas se sente apoiado por seu chefe ou superior imediato?
( ) Definitivamente sim   ( ) Sim   ( ) Não   ( ) Definitivamente não

Você considera que seu chefe ou superior imediato o orienta adequadamente em seu trabalho?
( ) Definitivamente sim   ( ) Sim   ( ) Não   ( ) Definitivamente não

Você tem uma boa impressão de seu chefe ou superior imediato?
( ) Definitivamente sim   ( ) Sim   ( ) Não   ( ) Definitivamente não

PERGUNTAS SOBRE MOTIVAÇÃO

Outros combinam diversas possibilidades, distribuindo perguntas que medem a mesma variável ao longo de todo o questionário. Cada pessoa é capaz de utilizar o formato que desejar ou julgar conveniente, o importante é que ele todo seja compreensível para o usuário: que as instruções, perguntas e respostas sejam diferenciadas; que o formato não seja visualmente cansativo e seja lido sem dificuldade.

Hoje, é comum elaborar questionários em CD ou outros meios como Palm, PC (responder diretamente em aparelhos portáteis e questionários eletrônicos, etc.), assim como formatos destes para páginas *web* e *blogs* na internet que contêm fotografias, desenhos, sequências de vídeo e música. São extremamente atrativos.

Qual deve ser o tamanho de um questionário?

Não há uma regra a esse respeito, mas se for muito curto podemos perder informação e se for muito longo pode ser cansativo. Neste último caso, as pessoas se negariam a responder ou, ao menos, o responderiam de forma incompleta. A avó dona Margarita Castelán Sampieri repetia o ditado: "O bom e curto é duas vezes melhor". O tamanho depende do número de variáveis e dimensões a serem medidas, o interesse dos participantes e a maneira como se aplica (sobre isso falaremos no próximo item). Questionários que duram mais de 35 minutos costumam ser cansativos, a não ser que os sujeitos estejam muito motivados para responder (p. ex., questionários de personalidade ou questionários para obter um trabalho). Uma recomendação que ajuda a evitar um questionário mais longo do que o exigido é: ***não fazer perguntas desnecessárias ou injustificadas.***

Como as perguntas abertas são codificadas?

As perguntas abertas são codificadas assim que tivermos todas as respostas dos participantes ou, ao menos, as principais tendências de respostas em uma amostra dos questionários aplicados. É importante dizer que essa atividade é similar a "fechar" uma pergunta aberta com um teste piloto, só que o produto é diferente. Nesse caso, com a codificação de perguntas abertas é possível obter certas categorias que representam os resultados finais.

O procedimento consiste em encontrar e dar nome aos padrões gerais de resposta (respostas similares ou comuns), listar esses padrões e depois atribuir um valor numérico ou um símbolo a cada um deles. Assim, um padrão passará a ser uma categoria de resposta. Para fechar as perguntas abertas sugerimos o seguinte procedimento:

1. selecionar determinado número de questionários utilizando um método adequado de amostragem, que garanta a representatividade dos participantes pesquisados;
2. observar a frequência com que aparece cada resposta para determinadas perguntas;
3. escolher as respostas que aparecem com maior frequência (padrões gerais de resposta);
4. classificar as respostas escolhidas em temas, aspectos ou itens de acordo com um critério lógico, tomando o cuidado de que sejam mutuamente excludentes;
5. dar um nome ou título para cada tema, aspecto ou item (padrão geral de resposta);
6. atribuir o código para cada padrão geral de resposta.

Vamos dar um exemplo. No caso da pesquisa da *Comunicometría* (1988) foi efetuada uma pergunta aberta: De que maneira o cargo mais alto de gestão procura obter a cooperação do pessoal para o desenvolvimento do projeto de qualidade?

As respostas foram variadas, mas foi possível encontrar os padrões gerais de resposta que são mostrados no exemplo.

> **Exemplo**
> De codificação de perguntas abertas
>
> | Códigos | Categorias (padrões ou respostas mencionadas com maior frequência) | Frequência com que são mencionadas |
> |---|---|---|
> | 1 | Envolvendo o pessoal e se comunicando com ele | 28 |
> | 2 | Motivação e integração | 20 |
> | 3 | Capacitação em geral | 12 |
> | 4 | Incentivos/recompensas | 11 |
> | 5 | Difundindo o valor "qualidade" ou a filosofia da empresa | 7 |
> | 6 | Grupos ou sessões de trabalho | 5 |
> | 7 | Posicionamento da área de qualidade ou equivalente | 3 |
> | 8 | Sensibilização em grupo | 2 |
> | 9 | Desenvolvimento da qualidade de vida no trabalho | 2 |
> | 10 | Incluir aspectos de qualidade no manual de conduta | 2 |
> | 11 | Enfatizar o cuidado com a maquinaria | 2 |
> | 12 | Ter um bom ambiente de trabalho | 2 |
> | 13 | Capacitação "em cascata" | 2 |
> | 14 | Outras | 24 |

Como várias categorias ou diversos padrões foram mencionados apenas duas vezes, eles foram reduzidos a somente seis, conforme exemplificamos a seguir.

> **Exemplo**
> De redução ou agrupamento de categorias
>
> | Códigos | Categorias (frequências) |
> |---|---|
> | 1 | Envolvendo o pessoal e se comunicando com ele (28) |
> | 2 | Motivação e integração/melhoria do ambiente de trabalho (22) |
> | 3 | Capacitação (14) |
> | 4 | Incentivos/recompensas (11) |
> | 5 | Difundindo o valor "qualidade" ou a filosofia da empresa (7) |
> | 6 | Grupos ou sessões de trabalho (7) |
> | 7 | Outras (33) |

Quando "fechamos" perguntas abertas e as codificamos, é preciso considerar que um mesmo padrão de resposta pode ser agrupado com outras palavras. Por exemplo, diante da pergunta: Quais sugestões você daria para melhorar o programa *Estelar*? As respostas, melhorar as canções e a música, mudar as canções, incluir novas e melhores canções, etc., poderiam ser agrupadas na categoria ou no padrão de resposta *modificar o roteiro musical do programa*.

Em quais contextos podemos administrar ou aplicar um questionário?

Os questionários são aplicados de duas maneiras fundamentais: autoadministrado e por entrevistas (pessoal ou telefônica).

1. Autoadministrado

Autoadministrado significa que o questionário é oferecido diretamente aos participantes, que são aqueles que irão respondê-lo. Não há intermediários e as respostas são marcadas pelos participantes. Mas a forma de autoadministração pode ter diferentes contextos: *individual, em grupo ou por envio (correio tradicional, e-mail e página web ou blog)*.

No caso individual, o questionário é entregue ao participante e este o responde, seja indo a um lugar para respondê-lo (como no caso em que se preenche um formulário para solicitar emprego) ou respondendo em seu local de trabalho, casa ou estúdio. Por exemplo, se os participantes fossem uma amostra de diretores de laboratórios farmacêuticos de Bogotá, iríamos aos seus escritórios e entregaríamos a eles os questionários. Os executivos autoadministrariam seu questionário e esperaríamos que respondessem (caso pouco comum) ou o pegaríamos no outro dia. O desafio dessa última situação é conseguir fazer com que os participantes devolvam o questionário completamente respondido. Nesse sentido, seria interessante que aquele que for entregar o questionário possua habilidades para se relacionar com as pessoas, seja assertivo e, além disso, caracterize-se por ser muito persistente. De acordo com experiência, em diferentes países ibero-americanos os jovens de ambos os gêneros com boa capacidade de comunicação conseguem reaver esses questionários com porcentagens acima de 90% em períodos aceitáveis (uma semana ou menos). E eles não precisam ser fisicamente atraentes (embora ajude), pois, na verdade, o êxito se deve a sua motivação e tenacidade. Além disso, o custo ou a despesa maior com esse tipo de administração dos questionários são representados por sua distribuição e coleta.

No segundo caso, os participantes são reunidos em grupos (às vezes pequenos – 4 a 6 pessoas –, outras em grupos intermediários – entre 7 e 20 sujeitos –, e até mesmo em grupos grandes de 21 a 40 indivíduos). Por exemplo, funcionários (em pesquisas de levantamento sobre clima organizacional é muito comum juntar grupos com 25, entregar a eles o questionário, introduzi-los no propósito do estudo e no instrumento, tirar dúvidas e pedir que ao concluírem o depositem em uma urna lacrada, para manter a confidencialidade), pais de família (em reuniões escolares), telespectadores (quando participam de uma teleconferência), alunos (em suas salas de aula), etc. Esse segundo caso talvez seja a forma mais econômica de aplicar um questionário.

A seguir incluímos na Tabela 9.6 uma lista de verificação dos aspectos centrais para administrar questionários em grupo.

Os questionários autoadministrados devem ser especialmente atraentes (coloridos, em papel especial, com formato original, etc.; desde que o orçamento permita).

No caso de autoadministração por envio o questionário é enviado aos participantes pelo correio ou por mensagens (devido à rapidez) no *e-mail*, também podemos pedir que acessem uma página *web* ou *blog* para respondê-lo.

Pelo correio tradicional: serviço normal ou sedex. O questionário é enviado junto com uma carta explicativa assinada pelo pesquisador ou pesquisadores, que substitui a introdução (com os elementos comentados anteriormente: propósito do estudo, recursos para motivar, agradecimento, tempo de resposta, etc., exceto as instruções que costumam ser incluídas no instrumento). Se a carta for carimbada com o logotipo do instrumento, melhor.

A recomendação é que os questionários sejam mais curtos. Se quando falamos de outros instrumentos autoadministrados dissemos que as instruções devem ser precisas e claras, isso é ainda

TABELA 9.6
Listagem de pontos a serem verificados quando se administra questionários em grupo[13]

	Sim	Não
1. Temos questionários suficientes?	Sim	Não
2. Tomamos alguma precaução para que aqueles que não possam comparecer à sessão respondam o questionário? Qual?	Sim	Não
3. Notificamos formalmente os potenciais participantes sobre a data, a hora e o local em que o questionário seria aplicado? Como (carta, *e-mail*, memorando)?	Sim	Não
4. Verificamos se o local onde o questionário será aplicado possui as condições adequadas de espaço e iluminação? Quem verificou?	Sim	Não
5. Foram realizadas ações para isolar o local das fontes potenciais de barulho ou outras distrações?	Sim	Não
6. Quem irá ler em voz alta as instruções e ajudar os participantes durante a sessão? Pessoa(s):	Sim	Não
7. As instruções incluem como responder o questionário?	Sim	Não
8. Destinamos um tempo razoável para tirar dúvidas e responder as questões dos participantes antes de começarem a responder o questionário?	Sim	Não
9. Quem irá ler em voz alta as instruções tem uma voz nítida e suficientemente forte para que todos o escutem, e sua leitura será pausada? Pessoa(s):	Sim	Não
10. Será verificado se todos responderam o questionário?	Sim	Não
11. Quem irá agradecer os participantes por sua cooperação? Pessoa(s):	Sim	Não
12. Quem irá enviar cartas de agradecimento ou equivalentes aos participantes e para aqueles que possibilitaram a sessão? Pessoa(s):	Sim	Não

mais importante nesses casos, porque as possibilidades de *feedback* e resolução de dúvidas são reduzidas ao mínimo. A folha de rosto, além do que já foi dito, deve conter a data exata de envio. Nas instruções é necessário acrescentar a data em que ele precisa ser devolvido e a forma de devolvê-lo, passo a passo. Se for possível, é aconselhável designar uma pessoa que irá tirar dúvidas ou responder os comentários sobre o instrumento e o estudo, pelo telefone ou *e-mail*, claro que é preciso fornecer seus dados completos. Oferecer aos participantes um resumo dos resultados, após concluir a pesquisa, é uma prática recomendável (e que pode ser enviado por *e-mail*).

O pacote enviado a cada indivíduo potencial deve incluir dois envelopes: um que contém o questionário e a carta e outro para que devolva o questionário preenchido. Claro que esse último com os dados completos do remetente (destinatário final) e com o valor do retorno ou o protocolo do sedex pré-pago (temos de cobrir todas as despesas geradas nesse processo). Um formato original dos envelopes pode ser de grande ajuda, para que no mínimo sejam abertos.

É fundamental contatar o futuro entrevistado, por telefone e/ou *e-mail*, para motivá-lo a responder o questionário. Quando recebermos sua resposta, precisamos agradecer sua cooperação. Algumas pessoas se negam a participar de pesquisas, porque foram tratadas com indelicadeza após terem obtido delas aquilo que queriam.

Os questionários autoadministrados podem ser processados de forma quase que imediata se utilizarmos codificação por leitura óptica. Isto é, desde que o papel do questionário cumpra certos requisitos e seja respondido com um lápis ou caneta especial. Há uma economia na codificação, já que o sistema lê as respostas e automaticamente as envia para a base de dados correspondentes.

Por e-mail. É um procedimento similar, a única coisa que muda é o meio de entrar em contato. A carta, folha de rosto, instruções e o questionário são enviados por *e-mail*.

Por uma página da internet. Esse caminho é similar aos dois anteriores em relação ao mecanismo. Mas, nesse caso, pedimos aos participantes (por contato telefônico ou *e-mail*) que acesse um *site* onde está o questionário, que é respondido na hora ou por etapas; outra modalidade pode ser fazer *download* ou "baixar" o questionário para mantê-lo em arquivo no computador e posteriormente, quando for respondido, enviá-lo por *e-mail*.

Os questionários utilizados em meios eletrônicos normalmente são elaborados em um programa de texto e imagem ou escaneados (se estiverem impressos com antecedência) e "anexados" no *e-mail* (como um "arquivo anexo"), também é possível colocar ou fazer *upload* para o *site*, embora para esse segundo caso o mais comum é que sejam elaborados especialmente para esse ambiente. Em ambas as situações, as possibilidades de formato do instrumento são extremamente amplas.

As limitações dos estudos que utilizam o *e-mail* e a *web* são pelo fato de que nem todas as pessoas possuem computador e internet (sobretudo na América Latina) e alguns indivíduos (p.ex., com mais de 60 anos) resistem em utilizar esses recursos, porque é uma tecnologia recente e desconhecida para a maioria deles.

Uma taxa de devolução de questionários preenchidos via correio ou de maneira eletrônica acima de 50% é muito favorável (Mertens, 2005).

Uma possibilidade com caráter de novidade são as entrevistas interativas (algumas são modalidades telefônicas, outras são os denominados "meios inteligentes" de *e-mail* ou de *sites*), em que um sistema entra em contato via telefone ou por *e-mail* com os potenciais participantes e administra o questionário ou o envia. Eles são mecanismos com reconhecimento de voz, leitura óptica e ditado digital. O problema é – até agora – que a maioria das pessoas percebe que não é outro ser humano que está do outro lado e costuma se negar a responder. Além disso, a grande quantidade de *e-mails*, ligações telefônicas e *sites* tornam difícil captar a atenção dos potenciais participantes. Se for utilizá-los, nosso conselho é que os questionários sejam bem curtos, não mais do que 10 perguntas. Claro que essa situação passará por mudanças e poderemos ter cada vez mais estudos que utilizam essas tecnologias.

Por outro lado, os *sites* que contêm pesquisas de opinião rápidas, onde as pessoas acessam páginas para responder o questionário, apresentam sérios problemas de amostragem (se forem amostras não probabilísticas, é óbvio), e isso se deve ao fato de que, conforme já dissemos, nem toda a população tem acesso a eles, então diversos segmentos acabam ficando de fora, assim como as pessoas extremamente ocupadas ou as que simplesmente não se interessam em responder.

Nesse sentido, Cook, Heath e Thompson (2000 e 2001) realizaram dois estudos que tinham como principal abordagem a utilização da internet, cujos resultados podem ser aplicados a todas as vertentes de autoadministração de questionários por envio. Assim, a conclusão foi a existência de três fatores chave para se obter índices elevados de retorno de questionários: a) acompanhamento persistente dos casos em que a pessoa não responde, b) vínculo personalizado com os participantes e c) contato antes do envio. A taxa de retorno é maior nos questionários curtos do que nos longos.

Uma vantagem desses métodos é que, quando se fazem perguntas pessoais ou com carga emocional maior, o sujeito pode responder de maneira mais relaxada e sincera, pois não está diante de outra pessoa. Vinuesa (2005) diz que a pesquisa de levantamento via correio permite uma seleção amostral dos participantes de acordo com seu perfil social e demográfico, de compra, estilo de vida, etc., e de indivíduos específicos (profissionais, membros de algumas associações, etc.).

Algumas desvantagens são que nunca poderemos saber exatamente quem respondeu o questionário, e a ausência de um entrevistador impede garantir a sinceridade das respostas.

É importante não realizar pesquisas cujo envio coincida com épocas complicadas do ano (férias de verão ou inverno: no Natal a quantidade de postagem é impressionante) ou que sejam difíceis para a população em estudo (p. ex., para *controllers* e contadores de empresas durante o fechamento contábil e pagamento de impostos; para pessoas com idade avançada em períodos de frio extremo, etc.).

Para aprofundar no tema das aplicações de questionários via internet e correio, recomendamos Dillman, Smyth e Christian (2009).

2. Entrevista pessoal

As *entrevistas* implicam que uma pessoa qualificada (entrevistador) aplique o questionário aos participantes; a pessoa faz as perguntas para cada entrevistado e anota as respostas. Seu papel é crucial, é uma espécie de filtro.

O primeiro contexto de uma entrevista que vamos revisar é o pessoal ("cara a cara").

Geralmente, há vários entrevistadores, que deverão estar capacitados na arte de entrevistar e conhecer muito bem o questionário. Que não deverão distorcer ou influenciar nas respostas, por exemplo, evitar expressar aprovação ou crítica sobre as respostas do entrevistado, reagir com tranquilidade quando os participantes ficarem agitados, responder com gestos ambíguos quando os sujeitos tentarem provocar uma reação neles, etc. Seu propósito é conseguir que cada entrevista termine de maneira satisfatória, evitando que a concentração e o interesse do participante diminuam, além de orientá-lo no acesso ao instrumento. As explicações que irá proporcionar deverão ser curtas, porém, suficientes. Ele tem de ser neutro, mas cordial e disponível. Também é muito importante que diga a todos os participantes que não há respostas corretas ou equivocadas. Por outro lado, sua maneira de agir deve ser a mais padronizada possível (mesmas indicações, apresentação uniforme, etc.). Quanto às instruções do questionário, algumas são para o entrevistado e outras para o entrevistador. Este último deve lembrar que no início é necessário falar sobre: o propósito geral do estudo, as motivações e o tempo aproximado de resposta, e agradecer antecipadamente a colaboração.

Concordamos com León e Montero (2003) quando eles dizem que o método descrito anteriormente é o que consegue uma maior porcentagem de resposta para as perguntas, sua estimativa é de 80 a 85%. Essa cifra pode ser ainda maior com um planejamento adequado.

Quanto ao perfil dos entrevistadores não existe um consenso, Corbetta (2003), por exemplo, sugere que sejam mulheres casadas, donas de casa, de meia idade, formadas e da classe média. León e Montero (2003) recomendam que sejam sempre profissionais. Em nossa experiência o tipo de entrevistador depende do tipo de pessoa entrevistada. Por exemplo, que pertença a um nível socioeconômico similar à maioria da amostra, seja jovem e tenha cursado disciplinas ou matérias sobre pesquisa, que tenha facilidade com as palavras e capacidade de socializar. Conforme já explicamos anteriormente, os estudantes de ambos os gêneros funcionam muito melhor. Portanto, é claro que para esse fim devemos desconsiderar pessoas inseguras ou excessivamente tímidas.

Rogers e Bouey (2005), assim como Moule e Goodman (2009), diferenciam entre a entrevista quantitativa e a qualitativa; em relação à primeira eles mencionam as seguintes características:

a) O início e o final da entrevista estão claramente definidos. De fato, essa definição faz parte do questionário.
b) O mesmo instrumento é aplicado a todos os participantes, em condições que sejam as mais similares possíveis.
c) O entrevistador pergunta, o entrevistado responde.
d) Tenta-se fazer com que seja individual, sem a intromissão de outras pessoas que possam opinar ou alterar de alguma maneira a entrevista.
e) É pouco ou nada episódica (embora em alguns casos seja recomendável que o entrevistador anote questões fora do comum como certas reações e negativas em responder).
f) A maioria das perguntas costuma ser fechada, com pouquíssimos elementos rebatíveis ou ampliações e sondagens.
g) O entrevistador e o próprio questionário controlam o ritmo e a direção da entrevista.
h) O contexto social não é um elemento a ser considerado, somente o ambiental.
i) O entrevistador procura fazer com que o padrão de comunicação seja similar (sua linguagem, instruções, etc.).

Claro que são entrevistas cuja natureza é muito diferente e às vezes oposta. Mas, para complementar a leitura dessas linhas com a de entrevistas qualitativas, recomendamos o Capítulo 14, "Coleta e análise dos dados qualitativos".

A capacitação de entrevistadores também deve incluir questões básicas de comunicação não verbal (controle de gestos, saber trabalhar com as pausas, etc.), além de todos os outros pontos que foram revisados anteriormente.

Vale a pena dizer que, no caso da *entrevista pessoal*, o lugar onde ela é realizada será muito importante (escritório, moradia, local público, como *shopping center*, parque, escola, etc.). Por exemplo, Jaffe, Pasternak e Grifel (1983) realizaram um estudo para comparar, entre outros aspectos, as respostas obtidas em dois pontos diferentes: na moradia e em pontos de venda. O interesse do estudo era a conduta do comprador e os resultados concluíram que é possível obter dados exatos em ambos os pontos, embora a entrevista nos pontos de compra e venda seja menos trabalhosa. Em qualquer caso nosso conselho é que procurem o lugar mais discreto, silencioso e privado possível. Hernández Sampieri, Cuevas e Méndez (2009) chegaram à mesma conclusão após realizarem, entre 2007 e 2009, oito pesquisas de levantamento para conhecer a intenção de voto e as tendências dos eleitores em vários municípios do México, e chegaram a resultados similares ao entrevistar na moradia e nos locais públicos (parques, mercados, *shopping centers*, etc.).

Nessas entrevistas é comum mostrar visualmente as opções de resposta aos entrevistados, mediante cartões, principalmente quando são incluídas mais de cinco ou são complexas. Vamos dar um exemplo com o seguinte cartão.[14]

Exemplo

De cartão para mostrar ao entrevistado quando há diversas opções de resposta:
Para você, quais são os três principais problemas deste município?

( ) Gangues
( ) Tráfico de drogas – venda em pequena escala
( ) Pobreza
( ) Corrupção de funcionários da prefeitura
( ) Desemprego
( ) Falta de moradia
( ) Falta de infraestrutura (ruas, pontes, etc.)
( ) Emprego mal remunerado
( ) Insegurança nas ruas
( ) Problemas na coleta de lixo
( ) Escassez de água
( ) Carência de serviços de saúde

Há alguns anos também foi criado um sistema para substituir o questionário (com lápis e papel), que é o CAPI (Computer-Assisted Personal Interviewing), no qual o entrevistador mostra ao participante um computador maior ou um computador portátil (*notebook* ou *laptop*) que contém o questionário e o participante responde orientado pelo entrevistador. Às vezes, o computador tem o formato de um pequeno quadro-negro plano e não tem teclado (de 20 a 40 centímetros de comprimento e altura), então o instrumento (colorido, com vídeo, imagens e muitas outras possibilidades) é apresentado ao entrevistado e ele responde utilizando uma caneta eletrônica.

As entrevistas são quase sempre individuais, embora possam ser aplicadas a um grupo pequeno (se esta fosse a unidade de análise ou o caso). Ou seja, o questionário é respondido por todos seus membros ou parte deles (p. ex., questionários para casais ou uma família, para um departamento ou uma empresa).

A vantagem dos questionários aplicados por CAPI, Palm e outros dispositivos similares é que os dados são capturados e acrescentados à base de dados automaticamente, assim em qualquer momento podemos fazer um corte e efetuar todo tipo de análise (ver tendências, avaliar funcionamento do instrumento, etc.) (Hernández Sampieri e Mendoza, 2008). A desvantagem é óbvia: o custo, que não é nada atraente para um estudante ou professor e até mesmo para uma instituição.[15]

O ideal após uma entrevista seria preparar um relatório que indicasse: se o participante mostrava ser sincero, a maneira como respondeu, o tempo que durou a entrevista, o local onde ela foi realizada, as características do entrevistado, os contratempos que surgiram e a forma como ela foi desenvolvida, bem como outros aspectos que sejam considerados relevantes.

3. Entrevista telefônica

É óbvio que a diferença entre esse tipo de entrevista e o anterior é o meio de comunicação, que nesse caso é o telefone (residência, escritório, móvel ou celular). As entrevistas telefônicas são a forma mais rápida de realizar uma pesquisa de levantamento. Ao lado da aplicação de questionários em grupo, é a maneira mais econômica de aplicar um instrumento de mensuração, com a possibilidade de auxiliar os sujeitos da amostra. Ela tem sido utilizada nos países desenvolvidos devido à vertiginosa evolução da telefonia.

As habilidades exigidas dos entrevistadores são parecidas com as da entrevista pessoal, exceto que estes não têm de se encontrar "cara a cara" com os participantes (não importando a roupa nem o aspecto físico, mas a voz, sua modulação e clareza são fundamentais). O nível de rejeição costuma ser menor do que as entrevistas diante do participante, com exceção de períodos de "saturação da linha telefônica". Um exemplo é quando as companhias de um segmento competem em questões de *marketing* telefônico, como aconteceu em vários países latino-americanos com a abertura comercial para novas empresas telefônicas (esses consórcios iniciaram uma campanha para entrar em contato com todos os números telefônicos do país a qualquer hora do dia para oferecer seus serviços, ligando para as residências no domingo às 7h ou após as 22h durante a semana e até de madrugada). Outro caso é o período de eleições em países nos quais não há uma legislação para o *telemarketing*. As equipes dos candidatos que estão na disputa conseguem perturbar os cidadãos com ligações telefônicas em busca de voto e para realizar pesquisas de levantamento de tendências.

Uma vantagem enorme desse método é que podemos ter acesso a bairros em que não há segurança, a condomínios e edifícios ou residências onde a entrada é proibida (León e Montero, 2003), assim como a lugares geograficamente distantes para o pesquisador.

Algumas recomendações para as entrevistas telefônicas são as seguintes:[16]

1. enviar uma carta, *e-mail* ou ligar antes, nos quais se indiquem o objetivo da entrevista, a pessoa ou instituição responsável e o dia e hora em que será efetuada a ligação telefônica;
2. fazer a ligação no dia e hora marcados;
3. o entrevistador deve se identificar e lembrar ao entrevistado o propósito do estudo; também deve ter certeza de que é um bom momento para a ligação;
4. entre a ligação prévia e a entrevista telefônica não deve passar mais de uma semana (programar ligações adequadamente);
5. o entrevistador deve ter certeza de que está falando com a pessoa certa ou que possui o perfil adequado segundo a definição da amostra;
6. indicar o tempo que irá durar a entrevista;
7. utilizar um questionário curto com perguntas preferencialmente estruturadas (fechadas) e simples. Mais de 15 a 17 perguntas costuma complicar a situação;
8. o entrevistador deve falar corretamente e na mesma velocidade do interlocutor;
9. anotar casos de rejeição e as razões;
10. no treinamento, simular as condições de aplicação (igual no teste piloto);
11. estabelecer metas de ligações telefônicas por hora;
12. caso pretenda gravar a entrevista, perguntar ao participante se ele está de acordo.

Claro que essas recomendações se aplicam a uma pesquisa de levantamento telefônica quando temos um tempo maior para realizá-la. Mas, às vezes, precisamos realizar sondagens imediatas para obter tendências da opinião pública, então algumas dessas recomendações não são apropriadas. Por exemplo, após uma catástrofe (como um assassinato de pessoa ilustre, ato terrorista ou desastre natural), uma notícia mundial (a escolha de um novo Papa, um acordo de paz) ou local (uma vitória eleitoral, um novo imposto). Esse é o caso das pesquisas de levantamento realizadas dias após o assassinato de J. F. Kennedy (Sheatsley e Feldman, 1964), as realizadas após os ataques terroristas de 11 de setembro de 2001 em Nova York (University of Southern California e Bendixen & Associates, 2002), as feitas devido aos atentados ocorridos em Madri em 11 de março de 2004 (Michavila, 2005) ou as posteriores às explosões de 7 de julho de 2005 em Londres (COMPAS, 2005; The Harris Poll, 2005; British Broadcasting Corporation, 2005), assim como a pesquisa de levantamento telefônica nacional realizada no México após o surto do vírus *Influenza* (Consulta Mitofsky, 2009).

Para a aplicação de pesquisas de levantamento telefônicas dispomos de várias tecnologias, além das já comentadas de reconhecimento de voz e ditado digital, como o CATI (Computer-Assisted Telephone Interviewing), no qual o entrevistador se senta diante de um computador cujo sistema seleciona números telefônicos gerados por sorteio e liga para eles automaticamente. Quando a pessoa indicada responde à ligação, ele começa a ler as perguntas no monitor e anota as respostas (claro que utilizando o teclado ou o *mouse*), que são capturadas e codificadas de maneira automática. O sistema gerencia o desenvolvimento da entrevista, pois ele vai enviando as opções adequadas (no caso de perguntas condicionadas, como, por exemplo: Você tem conta neste banco, sim ou não? Se a resposta for "sim", então ele continua com a próxima pergunta concatenada: Quais serviços você utiliza...? Mas se a resposta for um "não", pode concluir com um obrigado..., ou passar para outras perguntas). O entrevistador pode utilizar fones de ouvido com microfone. Ou, ainda, o sistema pode ter a facilidade do reconhecimento de voz e de capturar diretamente a resposta. É uma interface com o *Random Digit Dialing*.

Uma enorme desvantagem das pesquisas de levantamento telefônicas é o fato de se limitar a poucas perguntas, portanto, não é possível efetuar mensurações complexas de variáveis e aprofundar em certos temas. Mas, insistimos, os dados são capturados e adicionados à base de dados de maneira automática e é possível realizar cortes na informação de maneira imediata assim como todo tipo de análise.

Corbetta (2003) sugere que se as perguntas forem apresentadas oralmente (mediante entrevista) não devem conter mais de cinco opções de resposta, porque acima desse limite as pessoas costumam se esquecer das primeiras.

Quando as entrevistas pessoais são realizadas na residência ou por telefone é preciso considerar o *horário*, pois se fizermos a visita ou conversarmos por telefone apenas uma hora (vamos dizer, pela manhã), iremos encontrar apenas alguns subgrupos da população (p. ex., donas de casa).

Uma alternativa para a administração de questionários por telefone é a seguinte: em um programa de rádio ou de televisão o apresentador pede a opinião das pessoas ou que elas respondam uma pergunta ou algumas perguntas, então elas devem ligar para um número de telefone e escolher as opções de resposta com as quais mais concordam. O problema dessas pesquisas de levantamento é a amostra que, claro, não é probabilística, mas formada por voluntários que satisfazem duas condições: possuir telefone e estar vendo ou ouvindo o programa. Essa abordagem nos leva a algo maior do que um estudo, a uma sondagem, e isso não é propriamente um erro, porque o mais grave seria pretender generalizar os resultados a uma população (p. ex., os habitantes de uma cidade, um Estado, município; ou pior ainda, um país).

Algumas considerações adicionais para a administração do questionário

Quando temos população analfabeta, com níveis educacionais baixos ou crianças que estão começando a ler ou não dominam a leitura, o método mais adequado de administração de um questionário é por entrevista. Embora hoje já existam alguns questionários mais gráficos que utilizam escalas simples para as opções de resposta, como no seguinte exemplo.

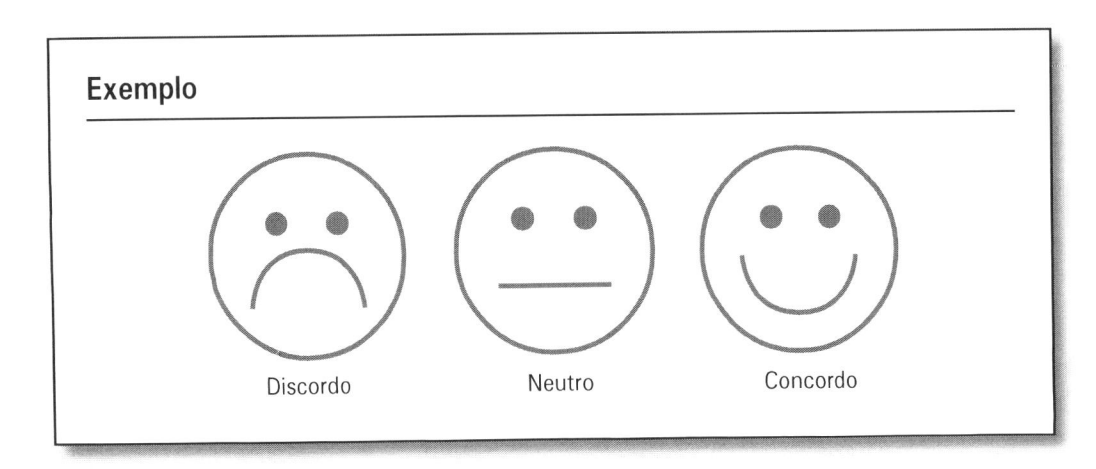

Exemplo

☹ Discordo   😐 Neutro   🙂 Concordo

Com trabalhadores com níveis de leitura básica a recomendação é utilizar entrevistas ou questionários autoaplicados simples que sejam realizados em grupos, com a assessoria de entrevistadores ou supervisores capacitados.

Em alguns casos, como os executivos que dificilmente irão se dedicar a um só assunto por mais do que 20 minutos, podemos utilizar questionários autoaplicados ou entrevistas telefônicas. Com estudantes os questionários autoaplicados costumam funcionar.

Algumas associações realizam pesquisas de levantamento via correio e certas empresas enviam questionários para seus executivos e supervisores pelo serviço interno de mensagem ou por *e-mail*. Quando o questionário contém apenas algumas perguntas (seu preenchimento pode demorar entre 4 e 5 minutos), a entrevista telefônica é uma boa alternativa.

Então, independentemente da forma de preenchimento, sempre deve haver um ou vários supervisores que verifiquem se os questionários estão sendo aplicados corretamente.

A escolha do contexto para administrar o questionário deverá ser muito cuidadosa e vai depender do orçamento disponível, do tempo de entrega dos resultados, da formulação do problema, da natureza dos dados e do tipo de participante (idade, nível educacional, etc.).

A seguir incluímos a Tabela 9.7 que compara de maneira simples as formas de administração.

TABELA 9.7
Comparação das principais formas de administração de questionários

Método de administração	Taxa de resposta	Orçamento ou custo (fonte que provoca o maior custo)	Rapidez com que se administra	Profundidade dos dados obtidos	Tamanho do questionário
Autoadministrado (individual)	Média	Médio (pagamento dos coletores)	Média	Alta	Qualquer tamanho razoável
Autoadministrado (grupos)	Alta	Baixo (sessões)	Rápido	Alta	Qualquer tamanho razoável
Autoadministrado (envio por correio ou serviço de entrega)	Baixa	Baixo via correio (envios) Médio por serviço de entrega (envios)	Lenta	Alta	Qualquer tamanho razoável
Autoadministrado por *e-mail* ou página *web*	Baixa	Baixo (formato eletrônico)	Média	Alta	Qualquer tamanho razoável
Entrevista pessoal	Alta	Elevado (pagamento de entrevistadores e despesas com viagem)	Média	Alta	Qualquer tamanho razoável
Entrevista telefônica	Alta	Baixo (ligações telefônicas locais e entrevistadores)	Rápido	Baixa	Curto

Quando os questionários são muito complexos de responder ou aplicar, costuma-se utilizar um manual que explica detalhadamente as instruções e como ele deve ser respondido ou administrado.

OA4 ✓ ESCALAS PARA MENSURAR AS ATITUDES

ATITUDE Predisposição aprendida para agir de maneira coerente, favorável ou desfavoravelmente, diante de um objeto, um ser vivo, uma atividade, um conceito, uma pessoa ou seus símbolos.

Uma **atitude** é uma predisposição aprendida para agir de maneira coerente, favorável ou desfavoravelmente, diante de um objeto, um ser vivo, uma atividade, um conceito, uma pessoa ou seus símbolos (Fishbein e Ajzen, 1975; Haddock e Maio, 2007 e Oskamp e Schultz, 2009). Assim, nós, seres humanos, temos atitudes em relação a diversos objetos, símbolos, etc.; por exemplo, atitudes em relação ao aborto, à política econômica, à família, a um professor, aos diferentes grupos étnicos, à lei, ao nosso trabalho, a uma nação específica, aos ursos, ao nacionalismo, a nós mesmos, etc.

As atitudes estão relacionadas com o comportamento que temos em relação aos objetos a que elas se referem. Se minha atitude em relação ao aborto é desfavorável, eu provavelmente não farei ou não participarei de um aborto. Se minha atitude em relação a um partido político é favorável, o mais provável é que eu vote nele nas próximas eleições. Claro que as atitudes são apenas um indicador da conduta, mas não a própria conduta. Por isso, as mensurações de atitudes devem ser interpretadas como "sintomas" e não como "fatos" (Padua, 2000). Se eu detecto que a atitude de um grupo em relação à poluição é desfavorável, isso não significa que as pessoas estejam realizando ações para evitar poluir o ambiente, embora seja realmente um indicador de que podem adotá-las paulatinamente. A atitude é como uma "semente" que, sob certas condições, costuma "brotar no comportamento".

As atitudes possuem diversas propriedades, entre as quais destacam: direção (positiva ou negativa) e intensidade (alta ou baixa); essas propriedades fazem parte da mensuração.

Os métodos mais conhecidos para mensurar por escalas as variáveis formadas por atitudes são: o método de escala de Likert, o diferencial semântico e a escala de Guttman. A seguir vamos examinar os dois primeiros, que são os mais utilizados. No Capítulo 7 do CD anexo: "Recolección de los datos cuantitativos: segunda parte" comentamos o terceiro método: escala de Guttman.

Escala de Likert

Esse método foi desenvolvido por Rensis Likert em 1932; claro que é um enfoque ainda em vigor e muito popular.[17] Ele é um conjunto de itens apresentados como afirmações ou opiniões, para os quais se pede a reação dos participantes. Ou seja, apresentamos cada afirmação e pedimos ao sujeito que manifeste sua reação escolhendo um dos cinco pontos ou categorias da escala. Para cada ponto atribuímos um valor numérico. Assim, o participante obtém uma pontuação pela afirmação e no final sua pontuação total, somando as pontuações obtidas em todas as afirmações.

ESCALA DE LIKERT Conjunto de itens apresentados como afirmações para mensurar a reação do sujeito em três, cinco ou sete categorias.

As afirmações qualificam o objeto de atitude que está sendo mensurado. O objeto de atitude pode ser qualquer "coisa física" (um vestido, um automóvel...), um indivíduo (o Presidente, um líder histórico, minha mãe, meu sobrinho Alexis, um candidato para uma eleição...), um conceito ou símbolo (pátria, sexualidade, a mulher argentina, o trabalho), uma marca (Adidas, Ford...), uma atividade (comer, tomar café...), uma profissão, um edifício, etc. Por exemplo, Kafer e colaboradores (1989) criaram várias escalas para mensurar as atitudes em relação aos animais e Meerkerk e colaboradores (2009) desenvolveram um instrumento baseado nas escalas de Likert para determinar a gravidade da utilização compulsiva da internet.

Essas frases ou opiniões devem expressar somente uma relação lógica; além disso, é muito recomendável que não ultrapassem 20 palavras.

Exemplo
De frase

Objeto de atitude mensurado
O voto

Afirmação
"Votar é uma obrigação de todo cidadão responsável"

Nesse caso, a afirmação inclui oito palavras e expressa somente uma relação lógica (X–Y). As opções de resposta ou pontos da escala são cinco e indicam até que ponto concordamos com a frase correspondente.[18] As opções mais comuns são mostradas na Figura 9.11. Devemos lembrar que para cada uma delas devemos atribuir um valor numérico (pré-codificado ou não) e podemos marcar somente uma resposta. Quando marcamos duas ou mais opções, o dado é considerado inválido.

As opções de resposta ou categorias podem ser colocadas de maneira horizontal, como na Figura 9.11, ou de maneira vertical.

( ) Concordo muito
( ) Concordo
( ) Não concordo nem discordo
( ) Discordo
( ) Discordo muito

Alternativa 1: "Afirmação"

| Concordo muito | Concordo | Não concordo nem discordo | Discordo | Discordo muito |

Alternativa 2: "Afirmação"

| Concordo totalmente | Concordo | Neutro | Discordo | Discordo totalmente |

Alternativa 3: "Afirmação"

| Sempre | Na maioria das vezes sim | Algumas vezes sim, algumas vezes não | Na maioria das vezes não | Nunca |

Alternativa 4: "Afirmação"

| Completamente verdadeiro | Verdadeiro | Nem falso nem verdadeiro | Falso | Completamente falso |

FIGURA 9.11 Opções ou pontos nas escalas de Likert.

Ou utilizando quadradinhos em vez de parênteses:

☐ Definitivamente sim
☐ Provavelmente sim
☐ Indeciso
☐ Provavelmente não
☐ Definitivamente não

É indispensável dizer que o número de categorias de resposta deve ser igual para todas as afirmações, mas sempre respeitando a mesma ordem ou hierarquia de apresentação das opções para todas as frases (ver Tabela 9.8).

Direção das afirmações

As afirmações podem ter direção: *favorável ou positiva e desfavorável ou negativa*. E essa direção é muito importante para saber como codificar as alternativas de resposta.

Se a afirmação for *positiva*, significa que qualifica favoravelmente o objeto de atitude; desse modo, quanto mais os participantes concordarem com a frase, sua atitude também será mais favorável.

TABELA 9.8
Opções hierarquicamente corretas e incorretas em um exemplo[19]

Objeto de atitude: minha namorada	
Correto	**Incorreto (a mesma hierarquia não é respeitada em todos os itens)**
"Eu gosto muito de estar com minha namorada" ☐ Definitivamente sim ☐ Provavelmente sim ☐ Indeciso ☐ Provavelmente não ☐ Definitivamente não	"Eu gosto muito de estar com minha namorada" ☐ Provavelmente sim ☐ Indeciso ☐ Definitivamente sim ☐ Provavelmente não ☐ Definitivamente não
"Se dependesse de mim, estaria todos os dias com minha namorada" ☐ Definitivamente sim ☐ Provavelmente sim ☐ Indeciso ☐ Provavelmente não ☐ Definitivamente não	"Se dependesse de mim, estaria todos os dias com minha namorada" ☐ Definitivamente sim ☐ Provavelmente sim ☐ Provavelmente não ☐ Definitivamente não ☐ Indeciso
"Amo muito minha namorada" ☐ Definitivamente sim ☐ Provavelmente sim ☐ Indeciso ☐ Provavelmente não ☐ Definitivamente não	"Amo muito minha namorada" ☐ Definitivamente sim ☐ Provavelmente sim ☐ Provavelmente não ☐ Indeciso ☐ Definitivamente não

---

Exemplo

"O Ministério da Fazenda ajuda o contribuinte a resolver seus problemas para a quitação de impostos."

Nesse exemplo, se "concordamos muito" com a afirmação, isso implica uma atitude mais favorável em relação ao Ministério da Fazenda do que se apenas respondêssemos "concordo". Mas, se "discordamos muito", isso implica uma atitude muito desfavorável. Portanto, *quando as afirmações são positivas elas são comumente qualificadas da seguinte maneira:*

(5) Concordo muito
(4) Concordo
(3) Não concordo nem discordo
(2) Discordo
(1) Discordo muito

Ou seja, nesse exemplo, concordar muito implica uma pontuação maior.

Mas se a afirmação for *negativa*, significa que qualifica desfavoravelmente o objeto de atitude, e quanto mais os participantes concordarem com a frase, então sua atitude será menos favorável, isto é, mais desfavorável.

> **Exemplo**
>
> "O Ministério da Fazenda se caracteriza por criar obstáculos para o contribuinte quitar seus impostos."

Nesse novo exemplo, se nossa opção for "concordo muito" essa atitude será mais desfavorável do que um "concordo", e assim sucessivamente. Mas, se nossa opção for "discordo muito", nossa atitude será favorável em relação ao Ministério da Fazenda. Então, temos de desconsiderar a frase porque ela qualifica negativamente o objeto de atitude. Um exemplo cotidiano de afirmação negativa seria: "Luis é um mau amigo". Quanto mais concordarmos com essa opinião, menos favorável será nossa atitude em relação a Luis. Ou seja, concordar mais implica uma pontuação menor. *Quando as afirmações são negativas elas são qualificadas de maneira contrária às positivas.*

(1) Concordo totalmente
(2) Concordo
(3) Não concordo nem discordo
(4) Discordo
(5) Discordo totalmente

Na Figura 9.12 apresentamos um exemplo de uma escala de Likert para mensurar a atitude em relação a um órgão responsável pelos tributos.[20]

As afirmações que vou ler são opiniões com as quais algumas pessoas concordam e outras discordam. Vou pedir que me diga até que ponto você concorda com uma dessas opiniões.

1. O pessoal da Secretaria Geral de Impostos Nacionais é mal-educado ao atender o público.
   1. Concordo muito
   2. Concordo
   3. Não concordo nem discordo
   4. Discordo
   5. Discordo muito

2. A Secretaria Geral de Impostos Nacionais se caracteriza pela desonestidade de seus funcionários.
   1. Concordo muito
   2. Concordo
   3. Não concordo nem discordo
   4. Discordo
   5. Discordo muito

3. Os serviços prestados pela Secretaria Geral de Impostos Nacionais geralmente são muito bons.
   1. Discordo muito
   2. Discordo
   3. Não concordo nem discordo
   4. Concordo
   5. Concordo muito

4. A Secretaria Geral de Impostos Nacionais informa claramente como, onde e quando pagar os impostos.
   1. Discordo muito
   2. Discordo
   3. Não concordo nem discordo
   4. Concordo
   5. Concordo muito

5. A Secretaria Geral de Impostos Nacionais é muito lenta na restituição de impostos.
   1. Concordo muito
   2. Concordo
   3. Não concordo nem discordo
   4. Discordo
   5. Discordo muito

FIGURA 9.12 Demonstração de uma escala de Likert.

(continua)

6. A Secretaria Geral de Impostos Nacionais informa a tempo como, onde e quando pagar os impostos.
   1. Discordo muito
   2. Discordo
   3. Não concordo nem discordo
   4. Concordo
   5. Concordo muito

7. A Secretaria Geral de Impostos Nacionais possui normas e procedimentos bem definidos para o pagamento de impostos.
   1. Discordo muito
   2. Discordo
   3. Não concordo nem discordo
   4. Concordo
   5. Concordo muito

8. A Secretaria Geral de Impostos Nacionais tem um relacionamento ruim com as pessoas porque cobra impostos muito altos.
   1. Concordo muito
   2. Concordo
   3. Não concordo nem discordo
   4. Discordo
   5. Discordo muito

FIGURA 9.12 Demonstração de uma escala de Likert (continuação).

Conforme podemos observar na Figura 9.12, as afirmações 1, 2, 5 e 8 são negativas (desfavoráveis); e as 3, 4, 6 e 7 são positivas (favoráveis).

Forma de obter as pontuações

As pontuações das escalas de Likert são obtidas somando os valores alcançados em cada frase. Por isso é chamada de *escala aditiva*. A Figura 9.13, que é baseada na Figura 9.12, seria um exemplo de como qualificar uma escala de Likert.

1. O pessoal da Secretaria Geral de Impostos Nacionais é mal-educado ao atender o público.
   X. Concordo muito
   2. Concordo
   3. Não concordo nem discordo
   4. Discordo
   5. Discordo muito

2. A Secretaria Geral de Impostos Nacionais se caracteriza pela desonestidade de seus funcionários.
   1. Concordo muito
   X Concordo
   3. Não concordo nem discordo
   4. Discordo
   5. Discordo muito

3. Os serviços prestados pela Secretaria Geral de Impostos Nacionais geralmente são muito bons.
   X Discordo muito
   2. Discordo
   3. Não concordo nem discordo
   4. Concordo
   5. Concordo muito

4. A Secretaria Geral de Impostos Nacionais informa claramente como, onde e quando pagar os impostos.
   1. Discordo muito
   2. Discordo
   X Não concordo nem discordo
   4. Concordo
   5. Concordo muito

(continua)

FIGURA 9.13 Demonstração de pontuações da escala de Likert.

5. A Secretaria Geral de Impostos Nacionais é muito lenta na restituição de impostos.
   X. Concordo muito
   2. Concordo
   3. Não concordo nem discordo
   4. Discordo
   5. Discordo muito

6. A Secretaria Geral de Impostos Nacionais informa a tempo como, onde e quando pagar os impostos.
   X. Discordo muito
   2. Discordo
   3. Não concordo nem discordo
   4. Concordo
   5. Concordo muito

7. A Secretaria Geral de Impostos Nacionais possui normas e procedimentos bem definidos para o pagamento de impostos.
   1. Discordo muito
   X. Discordo
   3. Não concordo nem discordo
   4. Concordo
   5. Concordo muito

8. A Secretaria Geral de Impostos Nacionais tem um relacionamento ruim com as pessoas porque cobra impostos muito altos.
   X. Concordo muito
   2. Concordo
   3. Não concordo nem discordo
   4. Discordo
   5. Discordo muito

Valor = 1 + 2 + 1 + 3 + 1 + 1 + 2 + 1 = 12

FIGURA 9.13 Demonstração de pontuações da escala de Likert (continuação).

Uma pontuação é considerada alta ou baixa de acordo com o número de itens ou afirmações. Por exemplo, na escala para avaliar a atitude acima, a pontuação mínima possível é de oito (1 + 1 + 1 + 1 + 1 + 1 + 1 + 1) e a máxima é de 40 (5 + 5 + 5 + 5 + 5 + 5 + 5 + 5), porque há oito afirmações. A pessoa do exemplo obteve 12. Sua atitude em relação ao órgão responsável pelos tributos é muito mais desfavorável; vamos ver isso graficamente:

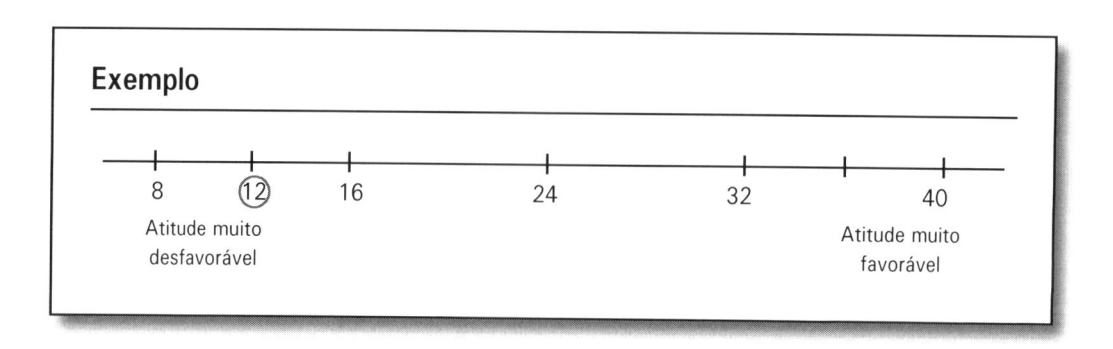

Exemplo

8 — ⑫ — 16 — 24 — 32 — 40
Atitude muito desfavorável — — — — Atitude muito favorável

Se a pontuação de alguém fosse de 37 (5 + 5 + 4 + 5 + 5 + 4 + 4 + 5) sua atitude seria qualificada como extremamente favorável. Nas *escalas de Likert* às vezes se qualifica a média resultante na escala com a fórmula simples *PT/NT* (em que *PT* é a pontuação total na escala e *NT* é o número de afirmações), então uma pontuação é analisada no contínuo 1-5 da seguinte maneira, com o exemplo de quem obteve 12 na escala (12/8 = 1,5).

> **Exemplo**
>
> ```
> +-------+---(1.5)---+-------+-------+-------+-------+
> 0           1.5     2       3       4       5
> Atitude muito                              Atitude muito
> desfavorável                                favorável
> ```

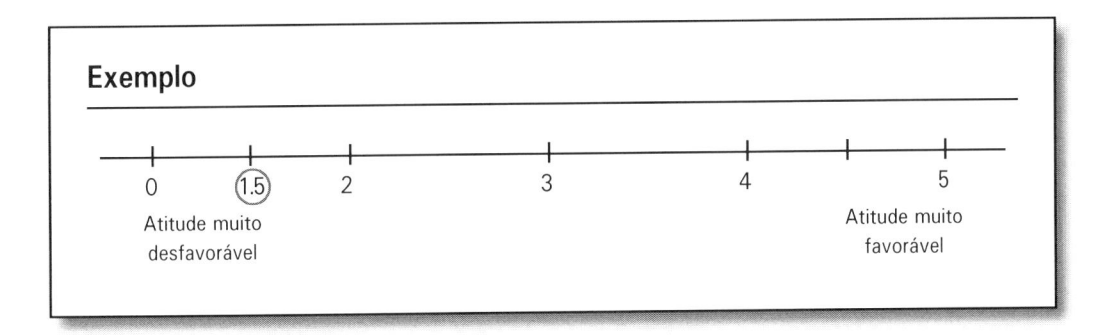

A escala de Likert é, estritamente falando, uma mensuração ordinal; no entanto, é comum que seja trabalhada como se fosse intervalar. Creswell (2005) e Pell (2005) dizem que ela precisa ser considerada no nível de mensuração intervalar porque foi testada em inúmeras ocasiões. Mas outros autores, como Jamieson (2004), consideram que tem de ser vista como ordinal e analisada como tal. Para saber mais sobre essa polêmica recomendamos Hodge e Gillespie (2003) assim como Carifio e Rocco (2007 e 2008) e Achyar (2008).

Às vezes, também se utiliza um intervalo de 0 a 4 ou de -2 a +2, em vez de 1 a 5. Mas isso não importa, porque a estrutura de referência da interpretação também é modificada. Vamos ver isso graficamente.

> **Exemplo**
>
> (4) Concordo totalmente   (3) Concordo   (2) Não concordo nem discordo
>
> (1) Discordo   (0) Discordo totalmente
>
> ```
> +-------+-------+-------+-------+
> 0       1       2       3       4
> ```
>
> (2) Concordo totalmente   (1) Concordo   (0) Não concordo nem discordo
>
> (-1) Discordo   (-2) Discordo totalmente
>
> ```
> +-------+-------+-------+-------+
> -2      -1      0       +1      +2
> ```

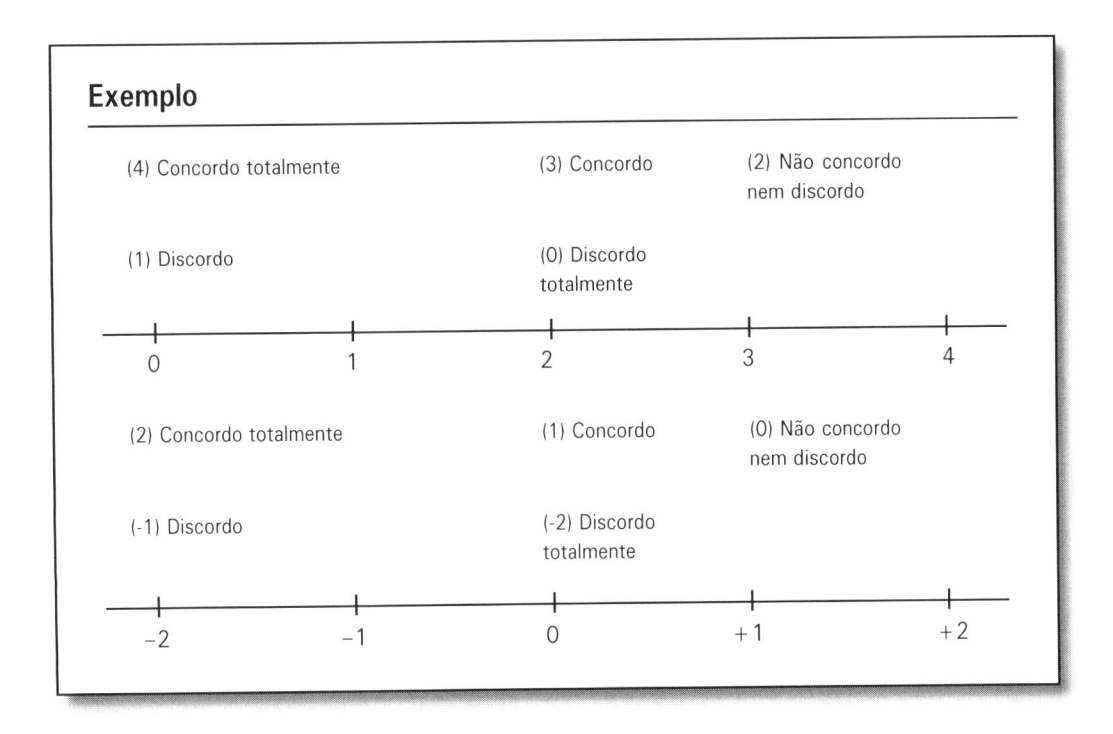

Simplesmente adaptamos a estrutura de referência; mas a faixa é mantida e as categorias continuam sendo cinco.

Outras condições sobre a escala de Likert

Às vezes diminuímos ou aumentamos o número de categorias, principalmente quando os potenciais participantes têm uma capacidade muito limitada de discernimento ou, por exemplo, muito ampla.

> **Exemplos**
>
> [1] Concordo   [0] Discordo
>
> [3] Concordo   [2] Não concordo nem discordo   [1] Discordo
>
> [7] Concordo totalmente   [6] Concordo   [5] Indeciso, porém, mais para concordo
>
> [4] Indeciso, não concordo nem discordo   [3] Indeciso, porém, mais para discordo
>
> [2] Discordo   [1] Discordo totalmente

    Se a capacidade de discernimento dos participantes for pequena, podemos considerar duas ou três categorias. Mas, se forem pessoas com um nível educacional elevado e grande capacidade de discernimento, então podemos incluir sete ou mais categorias. No entanto, devemos insistir que o número de categorias de resposta tem de ser o mesmo para todos os itens. Se forem três, serão três categorias para todos os itens ou afirmações. Se forem cinco, serão cinco categorias para todas as assertivas. Algumas vezes eliminamos a opção ou categoria intermediária e neutra (não concordo nem discordo, neutro, indeciso...) para comprometer o sujeito ou forçá-lo para que se pronuncie de maneira favorável ou desfavorável.

    Também segundo Hodge e Gillespie (2003) alguns participantes graduam sua intensidade em um contínuo que vai do "concordo extremamente" a "neutro" e até o "discordo extremamente", enquanto outros entendem essa categoria central como um "não sei" ou "não é o caso". Esses indivíduos vêm o ponto neutro como uma extensão da dimensão de conteúdo, considerando-o uma opção de resposta quando não têm informação suficiente. Nesse caso, é apropriado ignorar essas respostas quando for calcular a pontuação total (Raaijmakers et al., 2000; Hodge e Gillespie, 2003). Se após o teste piloto observarmos que uma quarta parte ou mais dos participantes tende a ir para a categoria neutra em um item, então precisamos revisá-lo e até mesmo eliminá-lo. Se isso acontecer em várias assertivas, devemos eliminar essa categoria ou revisar minuciosamente a escala.

    Um aspecto muito importante da escala de Likert é assumir que os itens ou as afirmações mensuram a atitude em relação a um único conceito subjacente. No caso de medir atitudes em relação a vários objetos é preciso incluir uma escala por objeto, porque embora sejam apresentados em conjunto, são qualificados separadamente. *Em cada escala se considera que todos os itens têm o mesmo peso.*

Como se constrói uma escala de Likert?

De maneira geral, uma escala de Likert é construída com um grande número de afirmações que qualificam o objeto de atitude e é administrada a um grupo piloto para obter suas pontuações em cada item ou frase. Essas pontuações se correlacionam com as do grupo para toda a escala (a soma das pontuações de todas as afirmações), e as frases ou assertivas, cujas pontuações estiverem correlacionadas significativamente com as pontuações de toda a escala, são selecionados para integrar o instrumento de mensuração. Também devemos calcular a confiabilidade e validade da escala.

Perguntas em vez de afirmações

Hoje, a escala original com frases passou a ter perguntas e observações. Conforme podemos ver no próximo exemplo para avaliar o apresentador de um programa de televisão.

> **Exemplo**
> Qual é sua opinião sobre o apresentador do programa...?
>
> [5] Ótimo apresentador　　[4] Bom apresentador　　[3] Regular
>
> [2] Mau apresentador　　[1] Péssimo apresentador

Outro exemplo seria um conjunto de perguntas formuladas em uma pesquisa para analisar a relação de compra e venda em empresas da Cidade do México (Paniagua, 1985). Na Tabela 9.9 apresentamos um fragmento da pesquisa.[21]

TABELA 9.9
Exemplo da escala de Likert aplicada a várias perguntas

Para escolher seus fornecedores, quão importante é...	Indispensável (5)	Extremamente importante (4)	Medianamente importante (3)	Pouco importante (2)	Não se leva em conta (1)
o preço?	5	4	3	2	1
a forma de pagamento (à vista/a prazo)?	5	4	3	2	1
o tempo de entrega?	5	4	3	2	1
o local de entrega?	5	4	3	2	1
a garantia do produto?	5	4	3	2	1
o prestígio do produto?	5	4	3	2	1
o prestígio da empresa fornecedora?	5	4	3	2	1
o cumprimento das especificações pelo fornecedor?	5	4	3	2	1
a informação sobre o produto proporcionada pela fornecedor?	5	4	3	2	1
o tempo de trabalho com o fornecedor?	5	4	3	2	1
a entrega do produto nas condições combinadas?	5	4	3	2	1
a qualidade do produto?	5	4	3	2	1

As respostas são qualificadas da maneira que já comentamos.

A escala na pergunta

Às vezes a escala é incluída na pergunta. Mertens (2005) as denomina de *perguntas atitudinais*, por exemplo: Você é extremamente a favor, mais a favor, mais contra ou extremamente contra o aborto quando a mulher foi violentada?

Na pergunta a categoria central ou intermediária foi eliminada. Mas essas questões costumam se limitar a entrevistas com poucas perguntas, porque exigem alguma capacidade de memorização.

Método de completar as frases

Hodge e Gillespie (2003) desenvolveram uma nova abordagem a partir da escala clássica de Likert, nela são incluídas frases incompletas sobre o objeto de atitude e a essas é acrescentado um contínuo que serve como base para as respostas-chave. Esses autores propuseram um contínuo com 11 pontos ou categorias (0 a 10) que está "ancorado" em cada extremo com as conclusões da frase, que representam a ausência do constructo (zero) e a "quantidade" máxima ou sua "presença" (10). Eles afirmam que os participantes utilizam um número para guiar suas respostas, e a frase introdutória os orienta no contínuo. Pedimos a eles que circulem ou marquem o número que melhor reflita sua resposta. O constructo é mensurado por itens que enfatizam a força do atributo. Os números trabalham junto com as frases para incluir seu grau de presença. O exemplo seria a *atitude em relação à religião*.[22]

Exemplo
De uma escala em que as afirmações são completadas

Atitude intrínseca em relação à religião

1. Minhas crenças religiosas afetam:

Nenhum aspecto da minha vida										Absolutamente todos os aspectos da minha vida
0	1	2	3	4	5	6	7	8	9	10

2. Tenho consciência da presença de Deus...

Constantemente										Nunca
10	9	8	7	6	5	4	3	2	1	0

3. Quanto às perguntas que tenho sobre a vida, minha religião responde...

Absolutamente nenhuma das minhas perguntas										Absolutamente a todas minhas perguntas
0	1	2	3	4	5	6	7	8	9	10

4. Minha religião é...

O motivo mais importante da minha vida, pois orienta todos os outros aspectos										Não é um fator em minha vida
10	9	8	7	6	5	4	3	2	1	0

5. Eu leio livros, busco informação na internet e vejo programas ligados à minha fé...

Nunca										Todos os dias, infalivelmente
0	1	2	3	4	5	6	7	8	9	10

6. Procuro ter momentos para meditar e pensar sobre minha religião e Deus...

Todos os dias, infalivelmente										Nunca
10	9	8	7	6	5	4	3	2	1	0

Quando construímos uma escala de Likert devemos ter certeza de que as afirmações e as alternativas de resposta serão compreendidas pelos participantes e que estes terão a capacidade necessária de discernimento. E isso é avaliado cuidadosamente no teste piloto. As escalas podem ser autoadministradas ou aplicadas mediante entrevistas, nesse caso é recomendável mostrar ao entrevistado um cartão onde são apresentadas as alternativas de resposta ou categorias. As escalas de Likert também podem ser colocadas dentro de um questionário.

Diferencial semântico

O **diferencial semântico** foi originalmente desenvolvido por Osgood, Suci e Tannenbaum (1957) para explorar as dimensões do significado.[23] Ele é uma série de adjetivos extremos que qualificam o objeto de atitude, para os quais se pede a reação do participante. Ou seja, ele deve qualificar o objeto de atitude a partir de um conjunto de adjetivos bipolares; entre cada par desses adjetivos são apresentadas várias opções e a pessoa escolhe aquela que reflete mais a intensidade de sua atitude.

> **DIFERENCIAL SEMÂNTICO** Série de pares de adjetivos extremos que servem para qualificar o objeto de atitude, para os quais se pede a reação do sujeito, ao posicioná-lo em uma categoria por par.

Exemplo
Escala bipolar

Objeto de atitude: candidato "A"

Justo: __:__:__:__:__:__:__: Injusto

Observem que os adjetivos são "extremos" e que entre eles há sete opções de resposta. Cada participante qualifica o candidato "A" com os termos dessa escala de adjetivos bipolares.

Osgood, Suci e Tannenbaum (1957) dizem que, se o participante considera que o objeto de atitude está *extremamente* relacionado com um ou outro extremo da escala, a resposta deve ser marcada assim:

Justo: **X** :__:__:__:__:__:__:Injusto

Ou da seguinte maneira:

Justo:__:__:__:__:__:__: **X** :Injusto

Se o participante considera que o objeto de atitude está *muito* relacionado com um ou outro extremo da escala, a resposta é marcada assim (dependendo do extremo em questão):

Justo:__: **X** :__:__:__:__:__:Injusto
Justo:__:__:__:__:__: **X** :__:Injusto

Se o participante considera que o objeto de atitude está *mais ou menos* relacionado com algum dos extremos, a resposta é marcada assim (dependendo do extremo em questão):

Justo:__:__: **X** :__:__:__:__:Injusto
Justo:__:__:__:__: **X** :__:__:Injusto

E se ele considera que o objeto de atitude ocupa uma posição neutra na escala (nem justo nem injusto, nesse caso), a resposta é marcada assim:

Justo:__:__:__: **X** :__:__:__:Injusto

Ou seja, no exemplo, quanto mais justo considerar o candidato "A" mais eu me aproximo do extremo "justo"; e, vice-versa, quanto mais injusto eu o considero, mais me aproximo do extremo oposto.

Alguns casos de adjetivos bipolares são mostrados no próximo exemplo. Claro que existem muitos mais do que foram utilizados ou nos quais se possa pensar. A escolha de adjetivos depende do objeto de atitude a ser qualificado, pois a exigência é que eles possam ser aplicados a ele.

Exemplos
Adjetivos bipolares

forte – fraco	poderoso – impotente
grande – pequeno	vivo – morto
bonito – feio	jovem – velho
alto – baixo	rápido – lento
claro – escuro	gigante – anão
quente – frio	perfeito – imperfeito
caro – barato	agradável – desagradável
ativo – passivo	abençoado – maldito
seguro – perigoso	acima – abaixo
bom – mau	útil – inútil
doce – amargo	favorável – desfavorável
profundo – superficial	assertivo – tímido
agressivo – pacífico	honesto – desonesto
sincero – hipócrita	bem-intencionado – mal-intencionado

Codificação das escalas

Os pontos ou as categorias da escala podem ser codificados de diversas maneiras, que são apresentadas na Figura 9.14.

Adjetivo favorável (p. ex.: forte, bonito, ativo, etc.)   3   2   1   0   -1   -2   -3   Adjetivo desfavorável (p. ex.: fraco, feio, passivo, etc.)

Adjetivo favorável (p. ex.: forte, bonito, ativo, etc.)   7   6   5   4   3   2   1   Adjetivo desfavorável (p. ex.: fraco, feio, passivo, etc.)

Nos casos em que os participantes possuam uma capacidade menor de discernimento, podemos reduzir as categorias a cinco opções. Por exemplo:

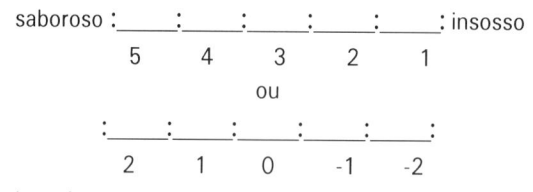

saboroso   5   4   3   2   1   insosso

ou

2   1   0   -1   -2

Ou, ainda, a três opções (que é pouco comum):

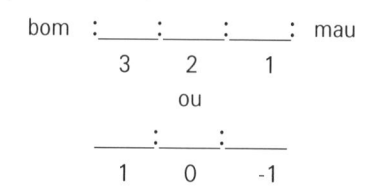

bom   3   2   1   mau

ou

1   0   -1

Também podemos acrescentar qualificativos aos pontos ou às categorias de cada escala (Babbie, 1979, p. 411).

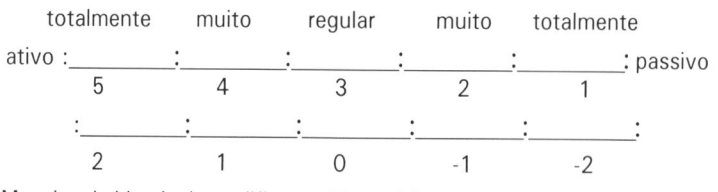

         totalmente   muito   regular   muito   totalmente

ativo   5   4   3   2   1   passivo

2   1   0   -1   -2

FIGURA 9.14 Maneiras habituais de qualificar o diferencial semântico.

Codificar de 1 a 7 ou de -3 a 3 não importa, desde que estejamos conscientes do marco de interpretação. Por exemplo, se uma pessoa qualificar o objeto de atitude Candidato "A" na escala justo-injusto, marcando a categoria mais próxima do extremo "injusto", a pontuação seria "1" ou "-3".

Justo:____:____:____:____:____:____: X ____:Injusto
       7   6   5   4   3   2   1

Justo:____:____:____:____:____:____: X ____:Injusto
       3   2   1   0   -1   -2   -3

Em um caso a escala oscila entre 1 e 7 e no outro entre -3 e 3. Se quisermos evitar o trabalho com números negativos, então utilizaremos a escala de 1 a 7.

O diferencial semântico (DS) foi utilizado em diversas situações para avaliar "objetos" de atitude. Por exemplo, Lilja e colaboradores (2004) utilizaram um instrumento com 57 pares de adjetivos bipolares para verificar a atitude de um grupo de enfermeiras com determinados pacientes psiquiátricos e sua posição em relação a eles (focadas no "ser humano" e em estabelecer um relacionamento genuíno e duradouro *versus* centradas simplesmente na conduta "defeituosa" do paciente). Shields (2007) aplicou o DS para analisar as atitudes e as opiniões do pessoal de apoio e dos pais sobre a assistência prestada às crianças hospitalizadas em quatro países (dois desenvolvidos: Austrália e Grã-Bretanha, e dois subdesenvolvidos: Indonésia e Tailândia). Salcuni e colaboradores (2007) utilizaram essa técnica na Itália para avaliar as representações que os pais fazem a respeito de seus filhos (6 a 11 anos de idade). Enquanto Bauer (2008) utilizou o DS para determinar atitudes em relação à Química (como ciência e matéria) pelos estudantes universitários.

Outro estudo é o de Friborg, Martinussen e Rosenvinge (2006), que mediram com uma escala de Likert e um diferencial semântico a resiliência em alunos universitários mensuraram (capacidade dos indivíduos de se recuperarem de acontecimentos desestabilizadores, condições de vida difíceis, períodos de dor emocional e traumas psicológicos).

Maneiras de aplicar o diferencial semântico

A aplicação do diferencial semântico pode ser *autoadministrada* (entregamos a escala ao participante e ele marca a categoria que descreve melhor sua reação ou que considera conveniente) ou *mediante entrevista* (o entrevistador marca a categoria que corresponde à resposta do participante). Nessa segunda situação é muito adequado mostrar um cartão ao participante, que inclua os adjetivos bipolares e suas respectivas categorias.

A Figura 9.15 mostra parte de um exemplo de um diferencial semântico utilizado em uma pesquisa para avaliar a atitude em relação a um produto.

barato	____	: ____	: ____	: ____	: ____	: ____	: caro
saboroso	____	: ____	: ____	: ____	: ____	: ____	: insosso
doce	____	: ____	: ____	: ____	: ____	: ____	: amargo
limpo	____	: ____	: ____	: ____	: ____	: ____	: sujo
bom	____	: ____	: ____	: ____	: ____	: ____	: ruim
suave	____	: ____	: ____	: ____	: ____	: ____	: áspero
próprio	____	: ____	: ____	: ____	: ____	: ____	: alheio
completo	____	: ____	: ____	: ____	: ____	: ____	: incompleto

FIGURA 9.15 Parte de um diferencial semântico para mensurar a atitude em relação a um produto consumível.

As respostas são qualificadas de acordo com a codificação. Por exemplo, se uma pessoa deu a seguinte resposta:

bom:____X____:____:____:____:____:____:____:ruim

e a escala oscila entre 1 e 7, essa pessoa obteria 7.

Às vezes incluímos a codificação na versão apresentada aos participantes para aclarar as diferenças entre as categorias.

Por exemplo:

saboroso:_____:_____:_____:_____:_____:_____:_____:insosso
             7   6   5   4   3   2   1

Passos para integrar a versão final

Para integrar a versão final da escala devemos realizar os seguintes passos:

1. *Gerar uma lista exaustiva de adjetivos bipolares e aplicáveis ao objeto de atitude a ser mensurado.* Se for possível, é bom selecionar adjetivos utilizados em pesquisas similares a nossa (contextos parecidos).
2. *Elaborar uma versão preliminar* da escala e administrá-la a um grupo de participantes como se fosse um teste piloto.
3. *Correlacionar as respostas dos participantes com cada par de adjetivos ou itens.* Assim, correlacionamos um item com todos os outros (cada par de adjetivos com o restante).
4. *Calcular a confiabilidade e a validade da escala total* (todos os pares de adjetivos).
5. *Selecionar os itens que apresentam correlações significativas e discriminam entre casos* com os outros itens. Claro que, se houver confiabilidade e validade, essas correlações serão significativas.
6. *Desenvolver a versão final da escala.*

A escala definitiva é qualificada da mesma maneira que a de Likert: somando as pontuações obtidas em relação a cada item ou par de adjetivos. A Figura 9.16 é um exemplo disso.

saboroso _____:___X___:_____:_____:_____:_____:_____: insosso
bom _____:___X___:_____:_____:_____:_____:_____:_____: ruim
suave _____:___X___:_____:_____:_____:_____:_____: áspero
equilibrado _____:___X___:_____:_____:_____:_____:_____: desequilibrado

Valor = 6 + 7 + 6 + 6 = 25

FIGURA 9.16 Exemplo de como qualificar um diferencial semântico.

Sua interpretação depende do número de itens ou pares de adjetivos. Às vezes também se qualifica a média obtida na escala total.

$$\left(\frac{\text{pontuação total}}{\text{número de itens}} \right)$$

Podemos utilizar diferentes escalas ou diferenciais semânticos para mensurar atitudes em relação a vários objetos. Por exemplo, é possível mensurar com quatro pares de adjetivos a atitude em relação ao candidato "A", com outros três pares de adjetivos a atitude a respeito de sua plataforma ideológica, e com outros seis pares de adjetivos a atitude em relação ao seu partido político. Temos três escalas, cada uma com diferentes pares de adjetivos para mensurar a atitude relacionada com três diferentes conceitos ("objetos de atitudes").

O *diferencial semântico* é uma escala de mensuração ordinal, embora seja comum trabalhá-lo como se fosse intervalar (Key, 1997), pelas mesmas razões de Likert.

Escala de Guttman

A escala de Guttman é outra técnica para mensurar as atitudes e, assim como a de Likert, fundamenta-se em afirmações ou opiniões a respeito do conceito ou objeto de atitude, diante das quais os participantes devem externar sua opinião selecionando um dos pontos ou categorias da respectiva escala. Aqui, novamente, para cada categoria é atribuído um valor numérico. Assim, o participante obtém uma pontuação em relação à afirmação e, no final, sua pontuação total somando as pontuações obtidas em todas as afirmações.

> **ESCALA DE GUTTMAN** Técnica para mensurar as atitudes que, assim como a de Likert, fundamenta-se em opiniões, diante das quais os participantes devem externar sua opinião selecionando um dos pontos ou categorias da respectiva escala.

A diferença com o método de Likert é que as frases têm diferentes intensidades (são escolhidas pela intensidade), por exemplo, a seguinte afirmação em relação ao aborto (atitude avaliada): "Se nesta etapa da vida eu engravidasse, jamais abortaria"; é mais intensa do que essa outra: "Se uma das minhas melhores amigas engravidasse, eu nunca a aconselharia a abortar" e essa, por sua vez, é mais intensa do que a afirmação: "Se uma colega de classe engravidasse, eu provavelmente não a aconselharia a abortar". Ou seja, baseia-se no princípio de que alguns itens indicam mais a força ou intensidade da atitude.

Por questão de espaço, a escala de Guttman não é comentado na parte impressa deste livro, mas no CD anexo: Material complementario → Capítulos → Capítulo 7: "Recolección de los datos cuantitativos: segunda parte".

✓ OUTROS MÉTODOS QUANTITATIVOS DE COLETA DOS DADOS

Quais são as outras maneiras de coletar os dados a partir da perspectiva do processo quantitativo?

Na pesquisa temos outros métodos para coletar os dados, tão úteis e frutíferos como os questionários e as escalas de atitudes, mas aqui eles serão apenas comentados rapidamente. Para saber mais consulte o CD anexo: Material complementario → Capítulos → Capítulo 7: "Recolección de los dtos cuantitativos: segunda parte". Entre essas técnicas estão:

1. Análise de conteúdo quantitativo

Essa é uma técnica para estudar qualquer tipo de comunicação de uma maneira "objetiva" e sistemática, que quantifica as mensagens ou conteúdos em categorias e subcategorias e as submete à análise estatística.

Sua utilização é bem variada, por exemplo: avaliar a quantidade de conteúdo sexual em um ou vários programas de televisão; estudar os estratagemas e as características das campanhas publicitárias (p. ex:, de perfumes femininos caros) nos meios de comunicação de massa (rádio, televisão, jornais e revistas); comparar estratégias propagandísticas de partidos políticos na internet; conhecer discrepâncias ideológicas entre vários jornais quando abordam um tema como o terrorismo internacional; determinar a evolução de certo tipo de pacientes que frequentam a psicoterapia quando se analisam seus escritos e suas expressões verbais; confrontar o vocabulário aprendido pelas crianças pequenas que se expõem mais à utilização do computador comparando com crianças que o utilizam menos; conhecer e contrastar a posição de diversos presidentes latino-americanos sobre o problema do desemprego; comparar estilos de escritores que se destacam em uma mesma corrente literária; e/ou analisar a qualidade e profundidade da informação sobre um vírus, que pode ser encontrada na internet.

Uma pesquisa desse tipo é a de Guillaume e Bath (2008), que estudaram a cobertura e o tratamento que a imprensa britânica dava para a informação sobre as vacinas contra o sarampo, a caxumba e a rubéola durante um período de dois meses. Hall e Wright (2008) aplicaram a análise de conteúdo para examinar opiniões judiciais.

2. Observação

Esse método de coleta de dados consiste no registro sistemático, válido e confiável de comportamentos e situações observáveis, utilizando um conjunto de categorias e subcategorias. Útil, por exemplo, para analisar conflitos familiares, eventos de massa (como a violência nos estádios de futebol), a aceitação-rejeição de um produto em um supermercado, o comportamento de pessoas com capacidades mentais diferentes, etc. Haynes (1978) menciona que é o método mais utilizado por aqueles que trabalham na área comportamental.

Como exemplo desse tipo de pesquisa podemos citar Regina e colaboradores (2008), que utilizaram uma técnica conhecida como a lista de verificação da conduta autista para comparar as observações de profissionais da saúde sobre os comportamentos autistas de crianças brasileiras com as observações de suas mães. Também Franco, Rodrigues e Balcells (2008) avaliaram a pedagogia dos instrutores de exercícios físicos e aeróbicos em três academias de Portugal ao analisarem, por observação, aulas gravadas em vídeo. Labus, Keefe e Jensen (2003) revisaram estudos para indagar sobre a relação entre os autorrelatos de intensidade da dor e as observações diretas da conduta provocada por essa dor.

3. Testes padronizados e inventários

Esses testes ou inventários mensuram variáveis específicas, como a inteligência, a personalidade em geral, a personalidade autoritária, o raciocínio matemático, o sentido da vida, a satisfação no trabalho, o tipo de cultura organizacional, o estresse pré-operatório, a depressão pós-parto, a adaptação à escola, interesses vocacionais, a hierarquia de valores, o amor romântico, a qualidade de vida, a lealdade a uma marca de algum produto, etc. Existem milhares deles.

Também há um tipo de teste que avalia projeções dos participantes e determinam sua posição em uma variável, com elementos quantitativos e qualitativos: os testes projetivos como o *teste de Rorschach* (que apresenta manchas de tinta em cartões ou pranchas brancas numeradas aos participantes e estes relatam suas associações e interpretações relacionadas com as manchas).

4. Dados secundários (coletados por outros pesquisadores)

Implica a revisão de documentos, registros públicos e arquivos físicos ou eletrônicos. Por exemplo, se nossa hipótese fosse: "a violência explícita na Cidade do México é maior que na cidade de Caracas"; então iríamos até as prefeituras das cidades para solicitar dados relacionados com a violência, como número de assaltos, estupros, roubos a moradias, assassinatos, etc. (dados gerais, por região e habitante). Também iríamos obter informação dos arquivos dos hospitais e das diferentes procuradorias ou delegacias de polícia. Um caso de uma pesquisa cujo método de coleta foi baseado em dados secundários é esse que comentamos a seguir.

Exemplo

Um grupo de pesquisadores realizou – em 2008 e início de 2009 – um estudo para analisar o impacto que as bolsas de estudos concedidas e/ou gerenciadas por uma instituição de educação superior têm sobre o desenvolvimento acadêmico dos alunos beneficiados e sua evasão escolar.[24]

Os pesquisadores pediram para os diferentes diretores informação sobre os estudantes em relação a sua média geral na carreira, nível socioeconômico, situação em relação à bolsa (bolsista-não bolsista), tipo de bolsa (institucional, concedida pelo Ministério da Educação, por órgão privado, com fundos estatais), valor da bolsa, situação acadêmica do aluno (regular, irregular, deixou de estudar), semestre em que estão, gênero, idade, entre outras questões. Consideraram os últimos cinco anos escolares. Com essa informação criaram uma base de dados (com mais de meio milhão de registros) e efetuaram análises. Entre outras questões descobriram que a média dos bolsistas era muito superior a dos não bolsistas e a evasão escolar era mínima entre os primeiros, quase inexistente. Mas não encontraram uma relação entre o valor da bolsa e a média geral da carreira (acumulada). Também descobriram que as mulheres geralmente tinham uma média melhor do que seus colegas.

Comparar indicadores econômicos de países da Comunidade Europeia, analisar a relação comercial entre duas nações, comparar o número e o tipo de casos atendidos por diferentes hospitais, contrastar a efetividade com que os recém-formados de diferentes universidades são inseridos no mercado de trabalho, avaliar as tendências eleitorais em um país, antes e depois de um acontecimento crítico (como no caso dos deploráveis atos terroristas em Madri em 2004), são exemplos em que a coleta e a análise de dados secundários são a base da pesquisa.

5. Instrumentos mecânicos ou eletrônicos

Sistemas de medição por aparelhos, como o detector de mentiras, ou polígrafo, que considera a resposta galvânica da pele (em investigações sobre crimes); a pistola a *laser*, que mede a velocidade de um automóvel a partir de um ponto externo do veículo (em estudos sobre o comportamento de motoristas); instrumentos que captam a atividade cerebral (avaliações médicas e psicológicas); o *scanner*, que mede de maneira precisa o corpo de um ser humano e localiza o tamanho ideal para confeccionar toda sua roupa (em pesquisas para desenhar os uniformes dos soldados); a medição elétrica de distâncias, etc.

6. Instrumentos específicos próprios de cada disciplina

Em todas as áreas de estudo foram criados métodos valiosos para coletar dados sobre variáveis específicas. Por exemplo, na comunicação organizacional são utilizados formatos para avaliar como os executivos utilizam os meios de comunicação interna (telefone, reuniões, etc.), assim como ferramentas para conhecer processos de comunicação na empresa (a auditoria em comunicação).

Para a análise de grupos são utilizados os sistemas sociométricos e a análise de redes sociais, entre outras.

É possível utilizar mais de um tipo de instrumento de coleta de dados?

É cada vez mais comum ver estudos em que são utilizados diferentes métodos de coleta de dados. Nos estudos quantitativos não é estranho incluir vários tipos de questionários e, ao mesmo tempo, testes padronizados e recopilação de conteúdos para análise estatística ou observação. Utilizar diversos instrumentos ajuda, inclusive, a estabelecer a validade de critério. Não só podemos como devemos utilizá-los, desde que tenhamos a verba necessária para fazê-lo.

✓ COMO SÃO CODIFICADAS AS RESPOSTAS DE UM INSTRUMENTO DE MENSURAÇÃO?

Após coletarmos os dados, eles devem ser codificados. Já dissemos que as categorias de um item ou pergunta precisam ser codificadas com símbolos ou números; e isso deve ser feito porque, do contrário, não seria possível realizar nenhuma análise ou somente se contaria o número de respostas em cada categoria (p. ex., 25 responderam "sim" e 24 responderam "não").[25] Normalmente, o interesse do pesquisador é realizar análises que vão além de uma contagem de casos por categoria e, hoje, as análises são realizadas por meio do computador ou equivalentes. Portanto, é necessário transformar as respostas em símbolos ou valores numéricos. Os dados devem ser resumidos, codificados e preparados para a análise. Também comentamos que as categorias podem vir ou não pré-codificadas (incluir a codificação no instrumento de medição) e que as perguntas abertas não costumam estar pré-codificadas.

Valores perdidos e sua codificação

Quando as pessoas não respondem um item, respondem incorretamente (p. ex., marcam duas opções, quando as alternativas eram mutuamente excludentes) ou a informação não pode ser registrada, criamos uma ou várias categorias de valores perdidos e atribuímos a elas seus respectivos códigos.

> **Exemplo**
>
> Sim = 1   Sim = 1
> Não = 0   Não = 0
> Não respondeu = 3
> Respondeu incorretamente = 4   Valor perdido por diversas razões = 9

Também temos o caso de perguntas que **não** se destinam a certos participantes, nessas situações devemos considerar e codificar a categoria "não é o caso". Por exemplo, se um questionário preenchido mediante entrevista com mulheres contivesse as perguntas: No decorrer do último mês você fez alguma compra na loja de roupas femininas "Quimera"?[26] Poderia me dizer quais artigos ou presentes você comprou? Se a pessoa dissesse que respondeu a primeira pergunta com um "não" (não havia comprado na loja), então anotaríamos essa categoria e, obviamente, não faríamos a segunda pergunta, apenas marcaríamos a opção "não é o caso" (a pergunta).

Os valores perdidos podem ser reduzidos com instrumentos que motivem o participante e não sejam muito longos, com instruções claras e capacitação para os entrevistadores. Um elevado número de valores perdidos (mais de 10%) indica que o instrumento pode ter problemas. O adequado é que não ultrapasse 5% em relação ao total de possíveis dados ou valores.

Tradicionalmente, a codificação das respostas para perguntas ou afirmações envolve quatro passos que vamos comentar rapidamente apenas para reforçar alguns conceitos:

1. Estabelecer os códigos das categorias ou alternativas de resposta dos itens ou perguntas

Quando todas as categorias foram pré-codificadas e não temos perguntas abertas, esse primeiro passo não é necessário, já foi realizado. Se as categorias não foram pré-codificadas e/ou temos perguntas abertas, devemos atribuir os códigos ou a codificação a todas as categorias dos itens. Por exemplo:

Pergunta não pré-codificada:

Você pratica algum esporte ao menos uma vez por semana?
( ) Sim ( ) Não

Codificar:
1 = Sim
0 = Não

Frase não pré-codificada:

"Eu acho que estou recebendo um salário justo por meu trabalho."

( ) Concordo totalmente   ( ) Concordo   ( ) Não concordo nem discordo
( ) Discordo   ( ) Discordo totalmente

Codificar:

5 = Concordo totalmente
4 = Concordo
3 = Não concordo nem discordo
2 = Discordo
1 = Discordo totalmente

O tema sobre a codificação de perguntas abertas já foi abordado antes.

2. Elaborar o livro de códigos incluindo todos os itens, um a um

Após codificarmos todas as categorias dos itens, podemos começar a elaborar o "livro de códigos", que descreve a localização das variáveis e dos códigos atribuídos às categorias *em uma matriz ou base de dados*. Os elementos comuns de um livro de códigos são: variáveis da pesquisa, perguntas ou itens, categorias, códigos (números ou símbolos utilizados para atribuirmos às categorias) e número de coluna na matriz de dados a que cada item corresponde.

Vamos supor que temos uma escala de Likert com três itens (frases):

1. "A Secretaria Geral de Impostos Nacionais informa a tempo como, onde e quando pagar os impostos."
   (5) Concordo muito
   (4) Concordo
   (3) Não concordo nem discordo
   (2) Discordo
   (1) Discordo muito

2. "Os serviços prestados pela Secretaria Geral de Impostos Nacionais geralmente são muito bons."
   (5) Concordo muito
   (4) Concordo
   (3) Não concordo nem discordo
   (2) Discordo
   (1) Discordo muito

3. "A Secretaria Geral de Impostos Nacionais se caracteriza pela desonestidade de seus funcionários."
   (1) Concordo muito
   (2) Concordo
   (3) Não concordo nem discordo
   (4) Discordo
   (5) Discordo muito

O livro de códigos seria como o mostrado na Tabela 9.10.

Ou seja, o livro de códigos é uma espécie de manual para interpretar a matriz de dados (que, conforme veremos mais adiante, é uma matriz em Excel, SPSS – Pacote Estatístico para as Ciências Sociais –, Minitab ou qualquer outro programa similar).

TABELA 9.10
Exemplo de um livro ou documento de códigos com uma escala de atitude tipo de Likert (três itens)

Variável	Item	Categorias	Códigos	Colunas
Atitude em relação à Secretaria Geral de Impostos Nacionais	Frase 1 (informa)	• Concordo muito • Concordo • Não concordo nem discordo • Discordo • Discordo muito	5 4 3 2 1	1
	Frase 2 (serviços)	• Concordo muito • Concordo • Não concordo nem discordo • Discordo • Discordo muito	5 4 3 2 1	2
	Frase 3 (desonestidade)	• Concordo muito • Concordo • Não concordo nem discordo • Discordo • Discordo muito	1 2 3 4 5	3

3. Efetuar fisicamente a codificação

O terceiro passo do processo é a codificação física dos dados, isto é, preencher a matriz de dados com os valores envolvidos nas respostas fornecidas ao instrumento de medição (transferi-las para a matriz).

Vamos ver um exemplo simplificado com a escala de Likert com três itens, aplicada para quatro indivíduos (Figura 9.17).

Pessoa 1

Continuando...
1. "A Secretaria Geral de Impostos Nacionais informa a tempo como, onde e quando pagar os impostos."
   (5) Concordo muito   (ⓧ) Concordo   (3) Não concordo nem discordo   (2) Discordo   (1) Discordo totalmente
2. "Os serviços prestados pela Secretaria Geral de Impostos Nacionais geralmente são muito bons."
   (ⓧ) Concordo muito   (4) Concordo   (3) Não concordo nem discordo   (2) Discordo   (1) Discordo totalmente
3. "A Secretaria Geral de Impostos Nacionais se caracteriza pela desonestidade de seus funcionários."
   (1) Concordo muito   (2) Concordo   (ⓧ) Não concordo nem discordo   (4) Discordo   (5) Discordo totalmente

O participante obteve: 4 (concordo)
                         5 (concordo muito)
                         3 (não concordo nem discordo)

Pessoa 2
Obteve respectivamente: 3 (não concordo nem discordo)
                         4 (concordo)
                         3 (não concordo nem discordo)

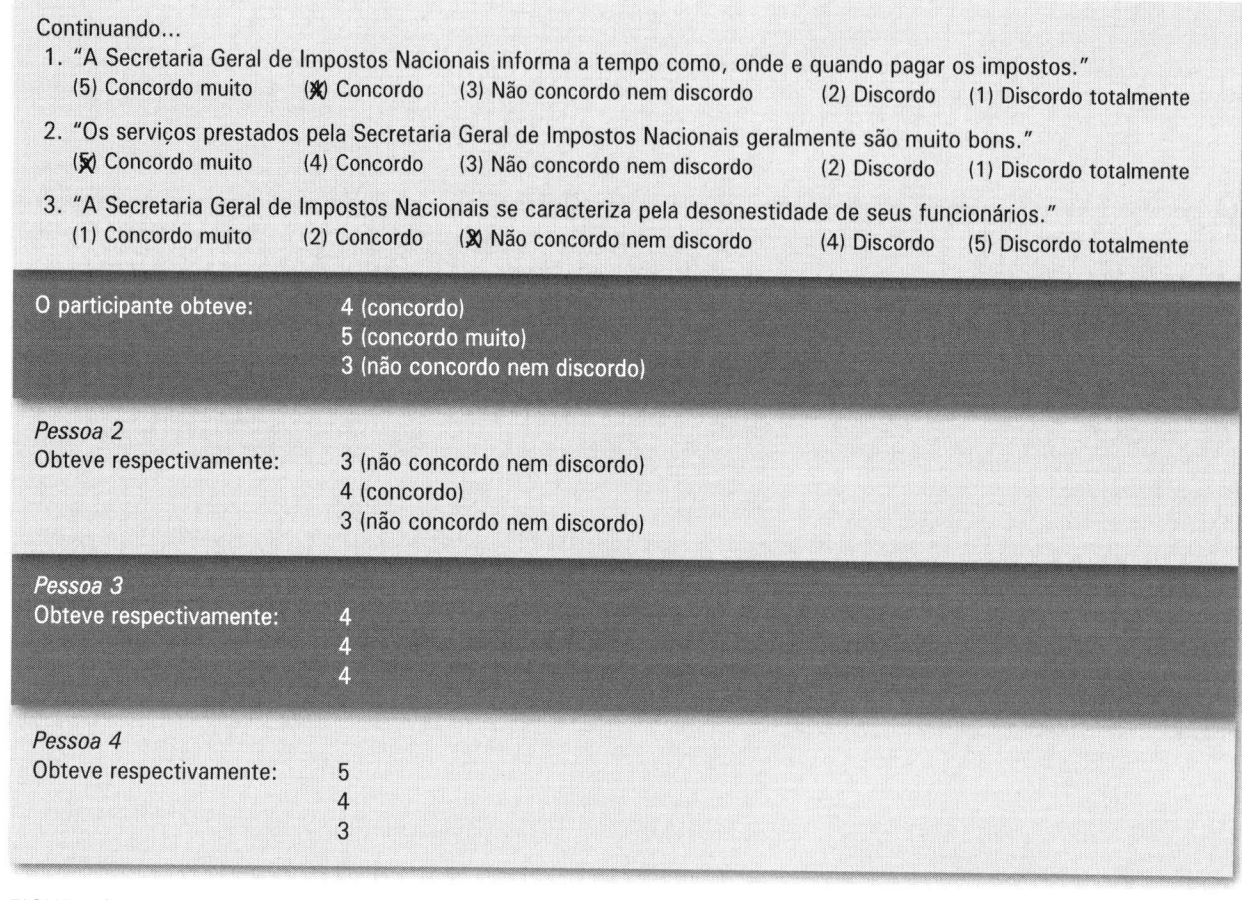

Pessoa 3
Obteve respectivamente: 4
                         4
                         4

Pessoa 4
Obteve respectivamente: 5
                         4
                         3

FIGURA 9.17 Exemplo de aplicação de três itens para quatro sujeitos.

De acordo com o livro de códigos da Tabela 9.10 e as respostas para as escalas teríamos a matriz da Figura 9.18.

4. Salvar os dados codificados (casos) em um arquivo permanente

Em outras palavras, salvar a matriz como documento do SPSS®, Excel, Minitab ou equivalente e, claro, dar a ele um nome que o identifique.

Codificação utilizando um programa de análise estatística

Mas hoje os pesquisadores já não trabalham da maneira descrita, porque a codificação é realizada diretamente, transferindo os valores registrados nos instrumentos aplicados (questionários, escalas

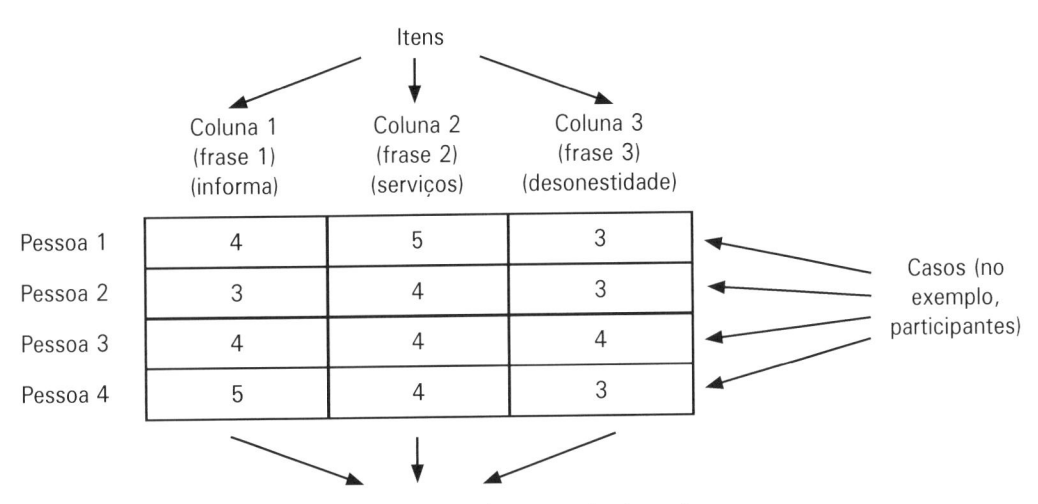

```
                                    Itens
                    ↙                 ↓                 ↘
              Coluna 1          Coluna 2          Coluna 3
              (frase 1)         (frase 2)         (frase 3)
              (informa)         (serviços)        (desonestidade)
```

	Coluna 1	Coluna 2	Coluna 3
Pessoa 1	4	5	3
Pessoa 2	3	4	3
Pessoa 3	4	4	4
Pessoa 4	5	4	3

← Casos (no exemplo, participantes)

Valores dos indivíduos nos itens (no exemplo, frases)
(categorias nas quais se encaixam, transformadas em seus
valores numéricos, isto é, codificadas)

FIGURA 9.18 Exemplo de matriz de dados para o livro de códigos da Tabela 9.10.

de atitudes ou equivalente) para um arquivo/matriz de um programa computadorizado de análise estatística (SPSS®, Minitab ou equivalente). Ou, ainda, quando não têm o programa, os dados são capturados em um documento do Excel (matriz) e, em seguida, transferidos para um arquivo do programa de análise. Vamos ver o processo no SPSS®, mas antes é necessário fazer alguns esclarecimentos:

- Abrimos o programa SPSS®, como qualquer outro, e caso já exista um arquivo com os dados codificados (matriz preenchida), então o abrimos e realizamos as análises apropriadas. Se formos criar um novo arquivo ou base de dados, escolhemos a opção "inserir dados" e começamos a executar essa função.
- O SPSS® e outros programas equivalentes têm duas matrizes ou janelas: a) *visualização das variáveis* (*variable view*) e b) *visualização dos dados* (*data view*). Ambas aparecem como abas (simulando pastas ou *folders*) localizadas na parte inferior da tela do nosso lado esquerdo.
- A "visualização de variáveis" representa o sistema de codificação ou livro/documento de códigos eletrônicos (forma uma matriz). As linhas ou fileiras significam itens ou assertivas, e as colunas representam características, propriedades ou atributos de cada item. Nesses programas os itens são chamados de "variáveis" da matriz, às vezes coincidem com o conceito de variável que temos na pesquisa (p. ex., gênero é tanto uma variável da pesquisa como uma linha ou fileira em "visualizar variáveis") e, outras vezes, são simplesmente um item de uma variável do estudo.

	Nome	Tipo	Largura	Decimais	Rótulo	Valores	Perdidos	Coluna	Alinhamento	Medida
Item 1 ou variável 1 da matriz										
Item 2 ou variável 2 da matriz										
Item k...										

Conforme dissemos, as colunas são propriedades do item que devemos definir:

1. Nome de cada item ou variável da matriz: nós mesmos damos o nome (é claro que ele deve refletir o item ou assertiva ao qual se faz referência). Por exemplo, gênero, idade, p1 (pergunta um), renda familiar, etc.
2. Tipo de variável da matriz (numérica, não numérica ou sequência de caracteres – símbolos ou números que indicam um nível nominal, como uma data –, etc.). A ordem pode, inclusive, ser numérica, como uma cifra com decimais. Esse tipo é vinculado ao nível de mensuração. Também é necessário especificar a largura (caracteres) da variável e os decimais, se tiver (p. ex., se a variável envolve quantidades em moeda e centavos).
3. Largura (em dígitos ou caracteres). Isso depende do número de caracteres que queremos trabalhar e da largura das categorias (exemplos: em um item atitudinal a qualificação ocupa um dígito – concordo totalmente = 5, concordo = 4, etc. –, a renda pode ocupar vários dígitos de acordo com o tipo de moeda, ou podemos agrupar e decidir colocar a quantidade completa). A largura deve coincidir com o que foi especificado em tipo de variável.
4. Decimais (se for o caso). Eles precisam coincidir com os colocados em tipo de variável.
5. Rótulo (definição ou parágrafo que descreve a variável ou item). Por exemplo: tempo de serviço na empresa, renda acumulada no ano, pergunta um do teste sobre inteligência emocional...
6. Valores. Os códigos de cada opção de resposta ou categoria. A codificação em si. Ele inclui, claro, valor (por exemplo, = 1) e seu rótulo ("mulher"). Também os códigos dos valores perdidos.
7. Valores perdidos (são especificados os códigos das categorias ou as opções dos valores perdidos).
8. Colunas (de novo, o número de dígitos da variável, contando decimais e o ponto decimal, se for o caso). Deve coincidir com a largura.
9. Alinhamento (se quisermos que os dados, cifras ou valores na matriz ou na visualização dos dados sejam alinhados à direita, à esquerda ou centralizados).
10. Medida (nível de mensuração do item: escala – intervalar ou razão –, ordinal ou nominal).

Na Figura 9.19 mostramos um exemplo da visualização das variáveis no SPSS®.

- A "visualização dos dados" é a matriz de dados. As colunas são itens ou variáveis da matriz e as linhas ou fileiras representam casos (unidades, participantes, etc.); enquanto as células são os dados ou valores. Cada célula representa um valor de um caso em uma variável ou item.

Erros de codificação

Ao teclarmos os valores na aba dos dados podemos cometer erros, isso faz parte da natureza humana. Por exemplo, se em um item ou variável da matriz em que deveriam estar somente duas categorias aparece, em um ou mais casos, uma não considerada (vamos imaginar que temos o item *gênero* com as opções: 1 = masculino e 2 = feminino, e alguém insere um "3" ou um "8", isso é um erro de codificação; ou, ainda, se numa escala com três opções: 1. discordo, 2. neutro e 3. concordo, aparecem valores como "w", "#", o que é isso?). Os erros de codificação precisam ser corrigidos. Isso pode ser feito da seguinte maneira: a) revisando fisicamente a aba dos dados e realizando modificações apropriadas, b) no SPSS®, utilizando a função "ordenar ou classificar casos" – *sort* – (em "Dados" ou "Data") para, assim, visualizar valores que não correspondem a cada variável ou item da matriz, c) executando a "análise de frequências" no menu "Analisar" e "Estatísticas descritivas". Após obter os resultados é possível verificar em quais variáveis da matriz (colunas) existem valores que não deveriam estar ali, para efetuar as correções necessárias.[27]

Cabe dizer que os *valores perdidos* não são erros de codificação, porque ao registrá-los como tal, estamos informando ao programa que eles são exatamente isso, valores perdidos, e se quisermos podemos excluí-los da análise de frequência, a não ser que nosso interesse seja saber quantos não responderam ou o fizeram de maneira incorreta (mas por *default* eles não são considerados, p. ex., para calcular médias e análises inferenciais).

Em ambas as abas são mostradas as opções para executar as funções do SPSS® (mais recentemente denominado de IBM-SPSS), como por exemplo: analisar dados e elaborar gráficos, que serão comentadas no Capítulo 10: "Análise dos dados quantitativos" e mais detalhadamente no CD ane-

FIGURA 9.19 Exemplo de visualização das variáveis no SPSS®.

xo: Material complementario → Manuales → Manual "Introducción al SPSS®". Esse manual o levará a esse processo. Além disso, existem centenas de páginas sobre esse pacote e da própria empresa pelo mundo (https://www.spss.com/).[28]

No mesmo CD há uma *demo* desse programa. Então, o processo seria como o mostrado na Figura 9.21.

Se quisermos capturar os dados em nosso PC ou equivalente e não tivermos o SPSS® (apenas em nossa universidade, sala de informática pública ou empresa), podemos utilizá-lo em uma matriz do Excel e depois copiá-los e colá-los na aba de dados do SPSS®. Isso pode ser feito porque as colunas (A, B, C, D, etc.) correspondem às variáveis da matriz, e as linhas ou fileiras são os casos, assim como no SPSS®.

FIGURA 9.20 Exemplo de visualização dos dados no SPSS®.

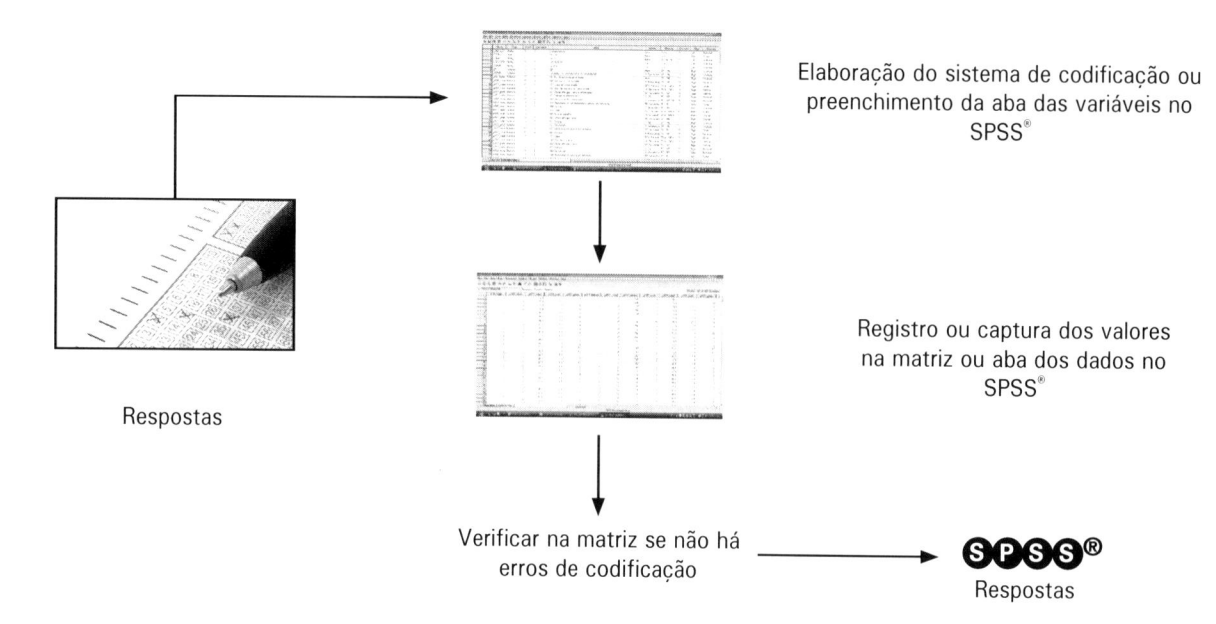

FIGURA 9.21 Processo de codificação e preparação dos dados para sua análise no SPSS®.

Como todo arquivo, precisamos salvá-lo e fazer um *backup*, porque ele contém nossos dados e o sistema de codificação.

Quando utilizamos dispositivos eletrônicos para capturar os dados (como Palms, leitores ópticos, questionários eletrônicos), é óbvio que não precisamos inserir os dados, estes passam diretamente da fonte para a matriz ou base de dados.

Neste capítulo, por razões didáticas, foram apresentadas matrizes pequenas, mas na pesquisa é possível ter 500 ou mais colunas.

Resumo

- Coletar os dados implica:
  a) selecionar um ou vários métodos ou instrumentos disponíveis, adaptá-lo(s) ou desenvolvê-lo(s), isso depende do enfoque que tiver o estudo, assim como da formulação do problema e dos alcances da pesquisa;
  b) aplicar o(s) instrumento(s) e
  c) preparar as mensurações obtidas ou os dados coletados para analisá-los corretamente.
- No enfoque quantitativo, coletar os dados é equivalente a mensurar.
- Mensurar é o processo de vincular conceitos abstratos com indicadores empíricos, mediante classificação ou quantificação.
- Em toda pesquisa quantitativa mensuramos as variáveis contidas na(s) hipótese(s).
- Qualquer instrumento de coleta de dados deve preencher dois requisitos: confiabilidade e validade.
- A confiabilidade se refere ao grau em que a aplicação reiterada de um instrumento de medição, aos mesmos indivíduos ou objetos, produz resultados iguais.
- A validade se refere ao grau em que o instrumento de mensuração mensura realmente a ou as variáveis que pretende mensurar.
- É possível fornecer três tipos principais de evidência para a validade quantitativa: evidência relacionada com o conteúdo, evidência relacionada com o critério e evidência relacionada com o constructo.
- Os fatores que podem principalmente afetar a validade são: improvisação, utilizar instrumentos desenvolvidos fora do país e que não foram validados para nosso contexto, pouca ou nenhuma empatia com os participantes e os fatores de aplicação.
- Não existe mensuração perfeita, mas o erro de mensuração deve ser reduzido a limites toleráveis.
- A confiabilidade quantitativa é determinada quando se calcula o coeficiente de confiabilidade.
- Os coeficientes de confiabilidade quantitativa variam entre 0 e 1 (0 = nenhuma confiabilidade, 1 = total confiabilidade).
- Os métodos mais conhecidos para calcular a confiabilidade são:

a) medida de estabilidade,
b) formas paralelas,
c) metades divididas,
d) consistência interna.

- A evidência sobre a validade de conteúdo é obtida quando se contrasta o universo de itens com os itens presentes no instrumento de mensuração.
- A evidência sobre a validade de critério é obtida quando se comparam os resultados de aplicação do instrumento de mensuração com os resultados de um critério externo.
- A evidência sobre a validade de constructo pode ser determinada com a análise fatorial e quando se verifica a teoria subjacente.
- Os passos genéricos para elaborar um instrumento de mensuração são:
  1. Redefinições fundamentais sobre propósitos, definições operacionais e participantes.
  2. Revisar a literatura, principalmente a que se refere aos instrumentos utilizados para mensurar as variáveis de interesse.
  3. Identificar o conjunto ou domínio de conceitos ou variáveis a serem mensuradas e indicadores de cada variável.
  4. Tomar decisões referentes a: tipo e formato; utilizar um existente, adaptá-lo ou construir um novo, assim como o contexto de administração.
  5. Criar o instrumento.
  6. Aplicar o teste piloto (para calcular a confiabilidade e a validade iniciais).
  7. Desenvolver sua versão definitiva.
  8. Treinar o pessoal que irá administrá-lo.
  9. Obter autorizações para aplicá-lo.
  10. Administrar o instrumento.
  11. Preparar os dados para a análise.
- Na pesquisa social dispomos de diversos instrumentos de mensuração.
  1. Principais escalas de atitudes: de Likert, diferencial semântico e de Guttman (este último é comentado no Capítulo 7 do CD anexo).
  2. Questionários (autoadministrado, por entrevista pessoal, por entrevista telefônica, internet e por correio).
  3. Coleta de conteúdos para análise quantitativa (Capítulo 7 do CD anexo).
  4. Observação quantitativa (idem acima).
  5. Testes padronizados (idem acima).
  6. Arquivos e outras formas de mensuração (idem acima).
- As respostas dadas a um instrumento de mensuração são codificadas.
- Hoje, a codificação é realizada transferindo os valores registrados nos instrumentos aplicados (questionários, escalas de atitudes ou equivalentes) para um arquivo/matriz de um programa computadorizado de análise estatística (SPSS®, Minitab ou equivalente).
- Para resumir alguns dos instrumentos abordados neste capítulo, acrescentamos a Tabela 9.11:

TABELA 9.11
Resumo de instrumentos para a coleta de dados

Métodos	Propósito geral básico	Vantagens	Desafios
Questionários/ Escalas de atitudes/Testes padronizados	• Obter os dados sobre as variáveis de maneira relativamente rápida. • Apropriados para atitudes, expectativas, opiniões e variáveis que podem ser mensuradas mediante expressões escritas ou porque o próprio participante pode indicar sua posição nas categorias das variáveis (autoindicação).	• Pode ser anônimo. • Sua aplicação individual custa pouco. • Relativamente fácil de responder. • Relativamente fácil de analisar e comparar. • Pode ser administrado para um considerável número de pessoas. • Geralmente dispomos de versões prévias para escolher ou nos basearmos nelas.	• Normalmente obtemos um *feedback* detalhado dos participantes. • São avaliadas atitudes e projeções, não comportamentos (mensurações indiretas). • O uso da linguagem pode ser uma fonte de distorções e influenciar nas respostas. • São impessoais. • Não nos proporcionam informação sobre o indivíduo, exceto nas variáveis medidas.
Observação	• Coletar informação imparcial sobre condutas e processos.	• Os eventos podem ser adaptados no momento em que ocorrem. • São avaliados fatos, comportamentos e não mensurações indiretas.	• Dificuldade para interpretar condutas. • Complexidade ao categorizar as condutas observadas. • Pode ser parcial e provocar distorções se for "participante". • Pode ser cara.

(continua)

TABELA 9.11
Resumo de instrumentos para a coleta de dados (continuação)

Métodos	Propósito geral básico	Vantagens	Desafios
Análise de conteúdos	• Coletar informação imparcial sobre mensagens.	• É possível adaptar os eventos no momento em que ocorrem. • São avaliadas mensurações indiretas.	• Dificuldade para interpretar mensagens. • Complexidade ao categorizar as mensagens

Conceitos básicos

Análise quantitativa de conteúdo (Capítulo 7 do CD anexo)
Arquivo de dados
Categorias
Codificação
Codificador
Coeficiente alfa de Cronbach
Coeficiente de confiabilidade
Coeficiente KR-20 de Kuder-Richarson
Coleta de dados
Confiabilidade
Contexto de administração do instrumento
Diferencial semântico
Entrevista
Escala de Likert
Escalas de atitudes
Escala de Guttman (Capítulo 7 do CD anexo)
Evidência relacionada com o constructo
Evidência relacionada com o conteúdo
Evidência relacionada com o critério
Folhas de codificação
Instrumento de mensuração
Matriz de dados
Mensuração
Medida de estabilidade
Método de metades divididas
Métodos de formas paralelas
Níveis de mensuração
Observação quantitativa (Capítulo 7 do CD anexo)
Questionários
Registro de codificação (Capítulo 7 do CD anexo)
Testes padronizados (Capítulo 7 do CD anexo)
Testes projetivos (Capítulo 7 do CD anexo)
Unidade de análise
Validade
Visualização das variáveis
Visualização dos dados

Exercícios

1. Procure uma pesquisa quantitativa em algum artigo de uma revista científica que inclua informação sobre a confiabilidade e a validade do instrumento de mensuração. O instrumento é confiável? Quão confiável? Qual técnica foi utilizada para determinar a confiabilidade? Ele é válido? Como a validade foi determinada?
2. Responda e explique com exemplos a diferença entre confiabilidade e validade.
3. Defina oito variáveis e indique seu nível de mensuração.
4. Defina uma variável de cada nível de mensuração.
5. Imagine que alguém tenta avaliar a atitude em relação ao Presidente da República, então elabore um questionário do tipo de Likert com 20 itens para mensurar essa atitude e indique como seria qualificada a escala total (10 itens positivos e 10 negativos). Por último, mostre a dimensão que cada item pretende mensurar dessa atitude (credibilidade, presença física, etc.).
6. Elabore um questionário para mensurar a variável que considere conveniente (com no mínimo 10 perguntas ou itens) e inclua perguntas demográficas adicionais. Aplique-o em 20 conhecidos seus; elabore o livro de códigos e a matriz de dados, ao menos no Excel.
7. Como você mensuraria a hostilidade mediante observação e como por meio de uma escala de atitudes? (Você deve ler o item sobre observação no Capítulo 7 do CD anexo.)
8. Crie uma formulação do problema, na qual utilize ao menos dois tipos de instrumentos quantitativos para coletar dados.
9. Como a análise quantitativa do conteúdo poderia ser aplicada para a avaliação de um programa educativo do nível superior? (Você deve ler o item sobre observação no Capítulo 7 do CD anexo.)
10. Elabore uma matriz de dados sobre as seguintes variáveis: gênero, idade, esporte preferido para praticar, esporte favorito para observar, escola de procedência (pública/particular), tipo de música que mais o agrada, se discorda ou não da política econômica do governo atual, partido em que votou nas últimas eleições municipais e líder histórico que mais admira. Os participantes serão seus colegas de classe (o exercício implica levantar dados e codificá-los, claro).
11. Elabore um ou vários instrumentos para o exemplo de estudo que você vem desenvolvendo até agora no processo quantitativo (inclua a codificação).

Exemplos desenvolvidos[29]

A televisão e a criança

Foi aplicado um questionário em uma amostra total de 2112 meninos e meninas do Distrito Federal (capital do México) de acordo com a estratégia de amostragem proposta. As variáveis mensuradas foram: utilização de meios de comunicação de massa, tempo de exposição à televisão, preferência de conteúdos televisivos (programas), períodos de exposição à televisão (manhã, tarde e/ou noite), comparação da televisão com outras fontes de entretenimento, atividades que realizam enquanto veem televisão, condições de exposição à televisão (sozinho-acompanhado), autonomia na escolha de programas, controle dos pais sobre a atividade de ver televisão, utilizações e gratificações da televisão, dados demográficos.

O questionário é descritivo e foi analisado e validado por 10 especialistas em pesquisa sobre a relação criança-televisão. Foi elaborada uma versão piloto com 100 crianças (50 meninas e 50 meninos), que foi testada e ajustada. Não houve escalas com vários itens, por isso não foram calculados coeficientes de confiabilidade.

O par e a relação ideais

Foi desenvolvido um instrumento inicial para coletar os dados baseado em perguntas. Por exemplo: "Pensando em sua relação ideal, quais seriam as características que você mais gostaria que tivesse essa relação?" ou, ainda, "Quais as qualidades que você gostaria que tivesse seu namorado ideal?". No entanto, no teste piloto com 100 estudantes foi possível observar que era melhor substituir as perguntas por afirmações, que foram completadas pelos participantes (p. ex.: "Pensando em sua relação ideal, as características que você mais gostaria que tivesse essa relação seriam..."). Elas eram mais compreensíveis para eles e foram respondidas com maior precisão. Então, o seguinte questionário foi aplicado com entrevista:[30]

Questionário sobre o par e a relação ideais

O objetivo desta pesquisa de levantamento é conhecer sua opinião sobre as relações e os pares sentimentais que você teve, tem e terá, assim como sua concepção de um par ideal, por isso ficaríamos muito gratos se você respondesse as seguintes perguntas, pensando e respondendo de acordo com o que considera mais adequado em cada caso.

Lembre-se de que suas respostas são totalmente confidenciais.

Idade: ____ anos

Gênero: 1) Masculino ____ 2) Feminino ____

Indique o curso que frequenta atualmente:

Psicologia ( )   Turismo ( )   Comunicação ( )
Medicina ( )   Administração ( )   *Marketing* ( )
Arquitetura ( )   Contabilidade ( )   Direito ( )
Eng. Industrial ( )   Eng. de Sistemas Computacionais ( )   Comércio Internacional ( )

Outro (mencionar) _____

1. Para você, o que é um(a) namorado(a)? Um(a) namorado(a) é _____
2. Para você, o que é uma relação de namoro? Um namoro é _____

Passado:

3. Você teve namorado(a)? 1) Sim ____ 2) Não ____
4. Com quantos(as) namorados(a) você ficou mais de um mês? _____
5. As qualidades que você mais apreciava no(a) namorado(a) mais importante que teve no passado são: Anote da mais importante (1) até a menos importante (5).
   1. _____
   2. _____
   3. _____
   4 _____
   5 _____
6. Pensando em sua relação passada mais importante, as características que você mais apreciava na relação de casal eram (não estamos falando de seu par, mas da relação de namoro):
   Anote da mais importante (1) até a menos importante (5).
   1. _____
   2. _____
   3. _____
   4 _____
   5 _____

Atualmente:

7. Você tem namorado(a)? 1) Sim ____ 2) Não ____
8. As qualidades de que você mais aprecia em seu (sua) namorado(a) são:
   Anote da mais importante (1) até a menos importante (5).
   1. _____
   2. _____
   3. _____
   4 _____
   5 _____
9. Há quantos meses você está com seu (sua) namorado(a) atual? _____
10. Pensando em sua relação atual, as características que você mais aprecia na relação de casal (não estamos falando de seu par, mas da relação de namoro) são:
    Anote da mais importante (1) até a menos importante (5).
    1. _____
    2. _____

3. _____
4. _____
5. _____

11. Quão importante é em sua vida seu par atual?
    1) Extremamente importante
    2) Muito importante
    3) Importante
    4) Pouco importante
    5) Não tem importância

Ideal:

12. Pense em seu (sua) namorado(a) ideal e mencione as qualidades que você gostaria que tivesse:
    Anote da mais importante (1) até a menos importante (5).
    1. _____
    2. _____
    3. _____
    4. _____
    5. _____

13. Pensando em sua relação ideal, as características que você mais gostaria que ela tivesse (não estamos falando de seu par, mas da relação de namoro) seriam:
    Anote da mais importante (1) até a menos importante (5).
    1. _____
    2. _____
    3. _____
    4. _____
    5. _____

Futuro:

14. No futuro, você gostaria ou não de ter uma relação a dois para toda a vida?
    1) Sim _____ 2) Não _____ 3) Não sei _____
15. Por quê? _____
16. No futuro, que tipo de relação a dois duradoura você gostaria de estabelecer, ter ou formar?
    1. Casamento civil.
    2. Casamento religioso.
    3. Casamento religioso e civil.
    4. União livre (morar juntos sem estar casados legalmente).
    5. Ter um relacionamento a dois sem morar juntos.
    6. Outra _____

Gratos por sua colaboração.

O abuso sexual infantil

Escala cognitiva

O instrumento Children's Knowledge of Abuse Questionnaire-Revised (CKAQ-R) foi traduzido para o espanhol e adaptado para pré-escolares. Nessa escala adaptada, foram excluídos os elementos redundantes e os que avaliavam as atitudes diante dos desconhecidos, partindo da tese de que quem agride sexualmente os menores são, em sua maioria, pessoas próximas. Além disso, as perguntas formuladas negativamente foram simplificadas, tais como: "Algumas vezes é bom não fazer o que um adulto nos pede?", que tendem a ser confusas para os pré-escolares. O CKAQ-Espanhol pode ter uma pontuação máxima de 22, e cada assertiva tem uma avaliação dicotômica, dando um ponto para cada resposta correta. Ele segue o mesmo esquema e protocolo do CKAQ original. Cada pergunta pode ser respondida com "sim", "não" ou "não sei" e sua avaliação é dicotômica (correto ou incorreto). Inclui questões para medir o desenvolvimento cognitivo e atitudes assertivas diante de contatos positivos e negativos, chantagem emocional, dissociação dos contatos com a afetividade e o ato de pedir ajuda diante do abuso.

O estudo da confiabilidade interna foi efetuado com o modelo Kurder Richardson 20 (KR-20), partindo da versão adaptada de Cronbach para assertivos dicotômicos. Esse estudo foi realizado com o número total de casos ($n = 150$). Obteve-se um alfa de 0,69, o que representa um nível moderadamente aceitável.

Escala comportamental

Após o estudo de diversas escalas, decidiu-se partir do RPP para o desenvolvimento do instrumento comportamental. As razões para essa decisão tiveram como base o fato de que o RPP foi aplicado em amostras grandes ($n = 670$). Por outro lado, avalia os padrões da ação seguidos pelos agressores, dando assim a oportunidade de analisar as reações das crianças e suas habilidades de proteção "ao vivo". Além disso, não aborda o menino ou a menina de maneira indelicada ou ameaçadora, seu foco são os preâmbulos do abuso, que é onde se inibe a possibilidade. Por essas razões é que esse instrumento parece ser um dos mais acertados, por sua avaliação comportamental, por se aproximar daquilo que um(a) menino(a) pode viver em seu dia a dia em relação à contatos que provocam desconforto e por avaliar seus recursos assertivos, sua segurança emocional e suas habilidades de autoproteção.

Um dos inconvenientes desse protocolo é que não dispomos de valores psicométricos que o avalizem. Portanto, não há comparativos para os resultados obtidos nessa pesquisa.

Partindo do RPP original, foi realizada uma adaptação com a tradução e adequação ao contexto mexicano. Então essa escala será chamada de Role Play-México. Um dos inconvenientes pelo qual fazemos objeção ao RPP é que somente pode ser aplicado um a um. Isto é, não podemos aplicar para grupos de crianças em conjunto. Mas, no caso de pré-escolares, isso não é bem assim porque, geralmente, os testes administrados para grupos exigem que as habilidades de leitura e escrita estejam desenvolvidas, uma condição não dominada na etapa pré-escolar. Portanto, esse inconveniente não é importante no caso do estudo. Outra desvantagem atribuída a ele é que a escala não inclui elementos que avaliam a atitude das crianças pequenas diante de contatos positivos, para determinar se os PPASI (Programas de Prevenção ao Abuso Sexual Infantil) provocam um efeito nocivo de suspeita indiscriminada diante de qualquer contato. Por isso é que se decidiu incluir no Role Play-México duas assertivas para avaliar essa possibilidade. Essas assertivas incluem, por exemplo, abraços dados pelos pais ou cumprimentos. Foi desenvolvido, também, um teste paralelo a essa adaptação, que chamamos de Evaluación de la Prevención del Abuso (EPA).

A escala RPP tem uma pontuação máxima de 14 pontos, que avalia a negação verbal e não verbal de seis cenas "ao vivo". Ou seja, em que o avaliador atua e se pede à criança que responda a pergunta: O que você diria e faria? em uma situação proposta. Além disso, nas três assertivas em que se aborda a chantagem emocional e a coerção, o participante recebe um ponto a mais caso demonstre a intenção de denunciar o fato. No caso da avaliação RP-México e da EPA é considerado um total de oito cenas "ao vivo", seis do tipo abusiva e duas de contatos não abusivos. A pontuação de ambas as escalas (RP-México e EPA) tem no máximo de 40 pontos. Assim como o RPP, ela avalia a assertividade verbal e comportamental, mas a avaliação é ampliada quando a criança demonstra a intenção de denunciar o evento abusivo, satisfazendo a necessidade de melhorar o sistema de mensuração com a persistência das crianças de pedir ajuda até obtê-la. Mensura, além disso, as seguintes subescalas: reconhecimento de contatos, tanto positivos como negativos, e as habilidades de assertividade verbal (*o que dizer*), não verbal (*o que fazer*) e a persistência na intenção de denúncia diante de algum incidente abusivo (*denúncia*). Chega-se aos 40 pontos somando um ponto para cada acerto na assertividade verbal (máximo oito), um ponto para cada assertividade comportamental (máximo oito), um ponto para cada intenção de denunciar os contatos inapropriados (máximo seis) e um ponto para cada pessoa que faria a denúncia, até um máximo de três a cada cena de contato inapropriado (máximo de 18 pontos).

Foi desenvolvida a análise de confiabilidade tanto temporal como interna. Aplicou-se *teste-reteste* de acordo com um método de formas paralelas ao se administrar o RP-México e a EPA. A correlação entre os dois testes alcançou um bom nível e foi significativo ($r = 0,75$, $p = 0,01$), o que avaliza a utilização desses instrumentos de forma paralela. O *teste-reteste* foi aplicado em um subgrupo ($n = 44$) do grupo controle ($n = 79$). Esse estudo confirma que existe correlação entre *teste* e *reteste* entre cada instrumento RPP, RP-México e em todas as subescalas, os índices vão de 0,59 a 0,78, todas com $p = 0,01$. O instrumento RP-México tem uma correlação ($r = 0,75$) equivalente à anunciada em outros instrumentos similares (WIST, PSQ). Esse índice mostra um grau de estabilidade temporal aceitável, dado o tamanho da amostra.

Os pesquisadores opinam

Coleta de dados quantitativos

Dentro do modelo de pesquisa quantitativa, a etapa de coleta dos dados é de vital importância para o estudo, dela dependem tanto a validade interna como a externa.

A validade interna de uma pesquisa depende de uma adequada seleção ou construção do instrumento com o qual se irá coletar a informação desejada, a teoria que apoia o estudo tem de combinar perfeitamente com as características teóricas e empíricas do instrumento; se isso não acontecer, corremos o risco de coletar dados que depois não poderão ser interpretados ou discutidos de forma alguma, a teoria e os dados podem caminhar em direções opostas. Um exemplo bem simples para mostrar esse problema seria formular hipóteses e teorizar sobre a personalidade tendo como base uma das teorias das características e utilizar um instrumento projetivo para coletar dados. O correto seria que a mesma teoria apoiasse as formulações hipotéticas e teóricas, assim como fundamentasse o instrumento. Embora o exemplo possa ser um pouco ingênuo e rudimentar, no nível da iniciação científica, esse problema é bastante comum e o estudante médio acha difícil trabalhar com ele.

Do mesmo modo, a coleta de dados está relacionada com a validade externa do estudo, portanto, a generalização depende da qualidade e quantidade dos dados que coletamos. Por isso, nos estudos quantitativos é importante determinar uma amostra adequada, que tenha representatividade no tamanho e que ao mesmo tempo reflita a mesma estrutura existente na população. Sem uma boa amostra de dados, não podemos generalizar; e se o pesquisador correr esse risco, suas conclusões poderão ir além da realidade, quando o que se quer é refletir a realidade.

Uma ideia-chave, para não se deparar com questões insuperáveis nesse momento da pesquisa ou para não tomar decisões que levem ao erro, é elaborar um bom projeto de pesquisa. Na etapa do planejamento é preciso ficar claramente estabelecido e justificado qual instrumento será utilizado; como, onde e em quem será aplicado; quais instruções serão oferecidas aos sujeitos ou participantes; quais dados serão submetidos ao tratamento e quais outros não serão levados em conta; como eles serão tratados e como se chegará dos dados à teoria.

Edwuin Salustio Salas Blas
Universidad de Lima
Peru

NOTAS

1. Omitimos intencionalmente a apresentação dos erros sistemáticos e não sistemáticos que afetam a confiabilidade e a validade para simplificar as explicações para o leitor. Um comentário foi incluído no CD anexo (Material complementario → Capítulos → Capítulo 7 "Recolección de los datos cuantitativos: segunda parte".
2. Um item é a unidade mínima que compõe uma mensuração; é um reativo que estimula uma resposta em um sujeito (por exemplo, uma pergunta, uma frase, uma figura, uma foto ou um objeto de descrição).
3. Os testes de correlação são apresentados no próximo capítulo: "Análise dos dados quantitativos".
4. Nos exemplos da tabela somente são incluídos alguns itens ou assertivas por questões de espaço, são exemplos bem resumidos.
5. Duncan (1977).
6. Nam e colaboradores (1965) e Nam (1983).
7. As entrevistas são apresentadas como um contexto no qual os questionários podem ser administrados.
8. Essa pergunta foi feita para pessoas que tiveram estudos mínimos de ensino médio ou vestibulandos, embora tenha funcionado com pessoas cujo nível era de ensino fundamental. Não foram incluídos todos os problemas por questões de espaço, somente alguns para ilustrar o tipo de pergunta.
9. Asociación Mexicana de Agencias de Investigación de Mercados y Opinión Pública, AMAI (2008) e Universidad de Celaya (2009). Para conhecer o método por pontos para a localização do nível socioeconômico, recomendamos consultar diretamente essas fontes ou entrar em contato com a associação de agências de pesquisa de mercados de seu país.
10. Em vários estudos ficou demonstrado que o nível de renda está relacionado com o número de pontos de luz elétrica de uma casa-habitação (residência, domicílio ou propriedade). O número de pontos está vinculado com o número de quartos, tamanho da casa, tamanho do jardim e outros fatores, isto é, com o valor da propriedade (Comunicometría, 1988; Universidad de Celaya, 2009). As faixas poderiam ser: 3 pontos de luz ou menos: estratos muito desfavorecidos; de 4 a 5 pontos: estratos desfavorecidos; de 6 a 10 pontos: estratos mais ou menos típicos; 11 a 15: estratos mais ou menos favorecidos; 16 a 20: mais ou menos/altos; 21 a 30: muito favorecidos; mais de 30: muito ou completamente favorecidos. A designação de cada estrato muda em cada nação, e não queremos utilizar o termo "baixo" porque achamos pejorativo.
11. O exemplo contém apenas algumas das perguntas da escala original. Elas também se juntaram com escalas e foram distribuídas ao longo do questionário.
12. Baseada em Mertens (2005).
13. Adaptado de McMurthy (2005).
14. O exemplo foi simplificado em razão de espaço, as opções foram obtidas de um teste piloto, trata-se de uma pesquisa de levantamento realizada em um município da Colômbia.
15. Embora na Universidade de Celaya estejam pesquisando uma forma de baixar custos e tornar o sistema acessível, inclusive com financiamento público. Talvez logo tenhamos notícias nas páginas deste livro.
16. Mertens (2005), Hernández Sampieri e Mendoza (2008) e Kuusela, Callegaro e Vehovar (2009).
17. Para conhecer as origens dessa técnica, recomendamos consultar Likert (1976a ou 1976b), Seiler e Hough (1976) e principalmente o livro original: Likert (1932).
18. Likert (1932), Futrell e colaboradores (1998), Clark (2000) e Roberts e Jowell (2008).
19. É um exemplo simples para ilustrar o conceito.
20. O exemplo foi utilizado em um país latino-americano e sua confiabilidade total foi de 0,89; aqui apresentamos uma versão reduzida da escala original. O nome do órgão responsável pelos tributos aqui utilizado é fictício.
21. Essas perguntas continuam sendo utilizadas em estudos mais recentes, continuam em vigor.
22. Adaptado para o espanhol e modificado após um teste piloto (Hodge e Gillespie, 2003, p. 52).
23. Para saber mais sobre o diferencial semântico recomendamos consultar: Osgood, Suci e Tannenbaum (1957, 1976a e 1976b), assim como Heise (1976).
24. O nome da instituição não é mencionado porque esta solicitou o anonimato, tampouco o de todos os pesquisadores, entre os quais estavam dois dos autores deste livro.
25. Em edições anteriores este item incluiu a codificação relacionada com a análise de conteúdo e a observação, agora essa codificação é comentada no final desses dois temas no Capítulo 7 do CD anexo: "Recolección de los datos cuantitativos: segunda parte".
26. Nome fictício.
27. Como o SPSS® é permanentemente atualizado, claro que os comandos podem variar, mas as funções não.
28. Procure também em seu país ou região pelo representante do SPSS® Inc.
29. Devido ao espaço, eles são comentados rapidamente. O primeiro exemplo aborda um aspecto da coleta: o procedimento e as variáveis centrais; o segundo, o instrumento de medição; e o terceiro a consideração e comparação de instrumentos (escalas).
30. As opções de resposta foram reduzidas também devido à questão de espaço (p. ex.: cursos).

10
Análise dos dados quantitativos

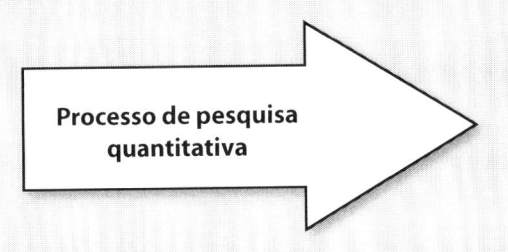

Processo de pesquisa quantitativa →

Passo 9 Analisar os dados
- Decidir o programa de análise de dados utilizado.
- Explorar os dados obtidos na coleta.
- Analisar descritivamente os dados por variável.
- Visualizar os dados por variável.
- Avaliar a confiabilidade, validade e objetividade dos instrumentos de mensuração utilizados.
- Analisar e interpretar mediante testes estatísticos as hipóteses formuladas (análise estatística inferencial).
- Realizar análises adicionais.
- Preparar os resultados para apresentá-los.

Objetivos da aprendizagem

Ao concluir este capítulo, o aluno será capaz de:

1. revisar o processo para analisar os dados quantitativos;
2. intensificar os conhecimentos estatísticos fundamentais;
3. compreender os principais testes ou métodos estatísticos desenvolvidos, assim como suas aplicações e a forma de interpretar seus resultados;
4. analisar a inter-relação entre diferentes testes estatísticos;
5. diferenciar a estatística descrita e a inferencial, a paramétrica e a não paramétrica.

Síntese

Neste capítulo apresentamos um resumo dos principais programas de análise estatística para computador utilizado pela maioria dos pesquisadores, assim como o processo fundamental para efetuar análise quantitativa.

Também comentamos, analisamos e exemplificamos os testes estatísticos mais utilizados. Mostramos a sequência de análise mais comum, incluindo estatísticas descritivas, análises paramétricas, não paramétricas e multivariadas.

Na maioria dessas análises, o enfoque do capítulo se centra nos usos e na interpretação dos métodos, mais do que nos procedimentos de cálculo, porque hoje as análises são realizadas com a ajuda de um computador.

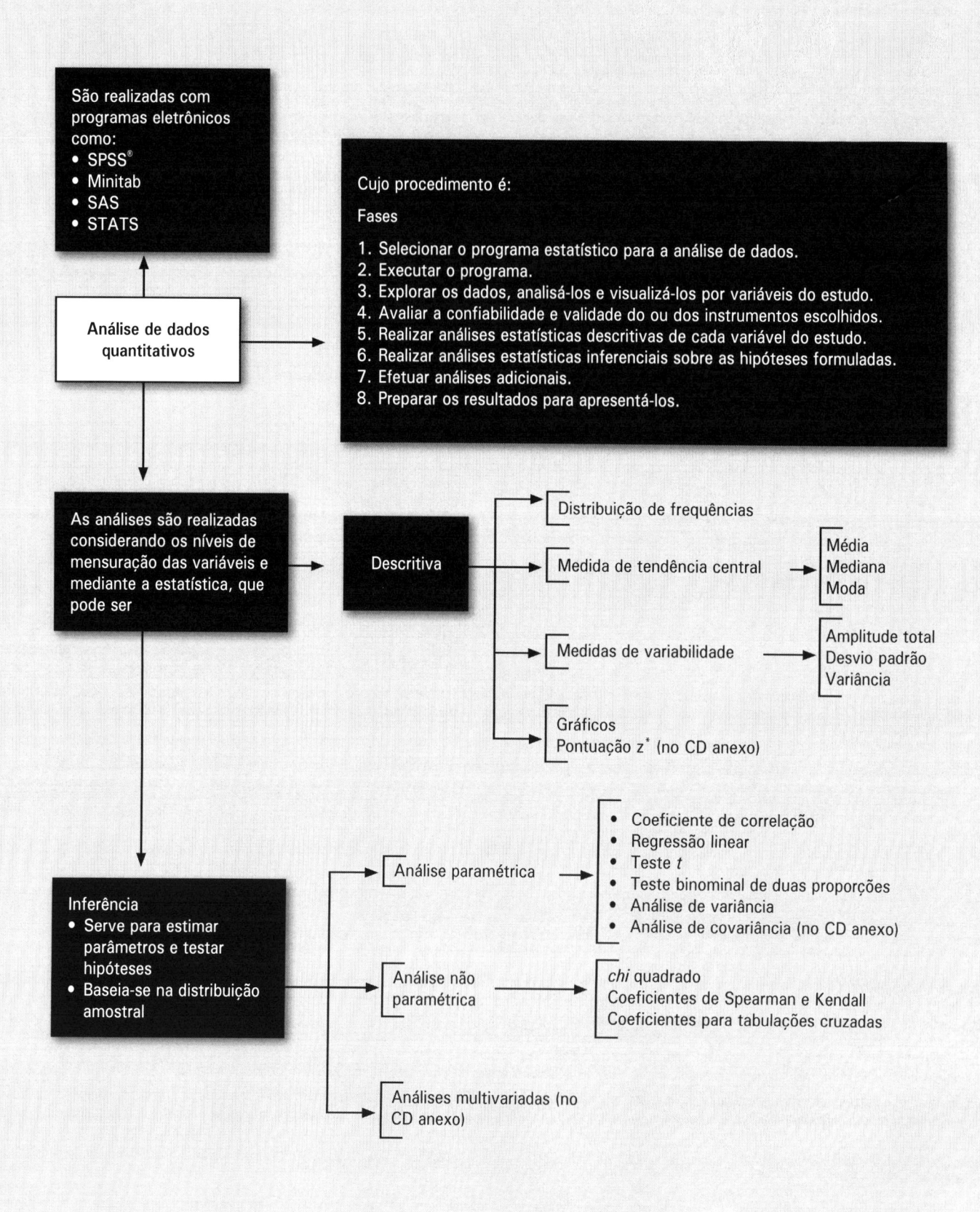

Análise de dados quantitativos

São realizadas com programas eletrônicos como:
- SPSS®
- Minitab
- SAS
- STATS

Cujo procedimento é:

Fases

1. Selecionar o programa estatístico para a análise de dados.
2. Executar o programa.
3. Explorar os dados, analisá-los e visualizá-los por variáveis do estudo.
4. Avaliar a confiabilidade e validade do ou dos instrumentos escolhidos.
5. Realizar análises estatísticas descritivas de cada variável do estudo.
6. Realizar análises estatísticas inferenciais sobre as hipóteses formuladas.
7. Efetuar análises adicionais.
8. Preparar os resultados para apresentá-los.

As análises são realizadas considerando os níveis de mensuração das variáveis e mediante a estatística, que pode ser:

- **Descritiva**
  - Distribuição de frequências
  - Medida de tendência central → Média, Mediana, Moda
  - Medidas de variabilidade → Amplitude total, Desvio padrão, Variância
  - Gráficos
  - Pontuação z* (no CD anexo)

- **Inferência**
  - Serve para estimar parâmetros e testar hipóteses
  - Baseia-se na distribuição amostral

  - **Análise paramétrica**
    - Coeficiente de correlação
    - Regressão linear
    - Teste t
    - Teste binominal de duas proporções
    - Análise de variância
    - Análise de covariância (no CD anexo)

  - **Análise não paramétrica**
    - *chi* quadrado
    - Coeficientes de Spearman e Kendall
    - Coeficientes para tabulações cruzadas

  - Análises multivariadas (no CD anexo)

Este capítulo é complementado com um do CD anexo: Material complementario → Capítulos → Capítulo 8 "Análisis estadístico: segunda parte". Também com o documento incluído no CD: "Fórmulas estadísticas", que contém fórmula que estavam na parte impressa de edições anteriores e no apêndice 4 "Tablas anexas".

* N. de R.T.: As pontuações z são também conhecidas como z-escores.

QUAL DEVE SER O PROCEDIMENTO PARA ANALISAR QUANTITATIVAMENTE OS DADOS?

Quando os dados já foram codificados, transferidos para uma matriz, salvos em um arquivo e seus erros foram "limpos", o pesquisador pode começar a analisá-los.

Hoje, a análise quantitativa dos dados é realizada por *computador*. Quase ninguém mais faz isso de forma manual ou aplicando fórmulas, principalmente quando há um número considerável de dados. Por outro lado, a maioria das instituições de educação média e superior, centros de pesquisa, empresas e sindicatos dispõe de sistemas de computação para arquivar e analisar dados. E é dessa suposição que parte o presente capítulo. Por isso nos centramos na *interpretação dos resultados dos métodos de análise quantitativa* e não nos procedimentos de cálculo.

A análise dos dados é efetuada sobre a *matriz de dados* utilizando um *software*. O processo de análise está esquematizado na Tabela 10.1. Depois vamos ver o processo passo a passo.

Fase 1
Selecionar um programa estatístico no computador para analisar os dados.

Fase 2
Executar o programa: SPSS, Minitab, STATS, SAS ou outro equivalente.

Fase 3
Explorar os dados:
a) Analisar descritivamente os dados por variável.
b) Visualizar os dados por variável.

Fase 4
Avaliar a confiabilidade e validade obtidas pelo ou pelos instrumentos de mensuração.

Fase 5
Analisar as hipóteses formuladas com testes estatísticos (análise estatística inferencial).

Fase 6
Realizar análises adicionais.

Fase 7
Preparar os resultados para apresentá-los (tabelas, gráficos, quadros, etc.).

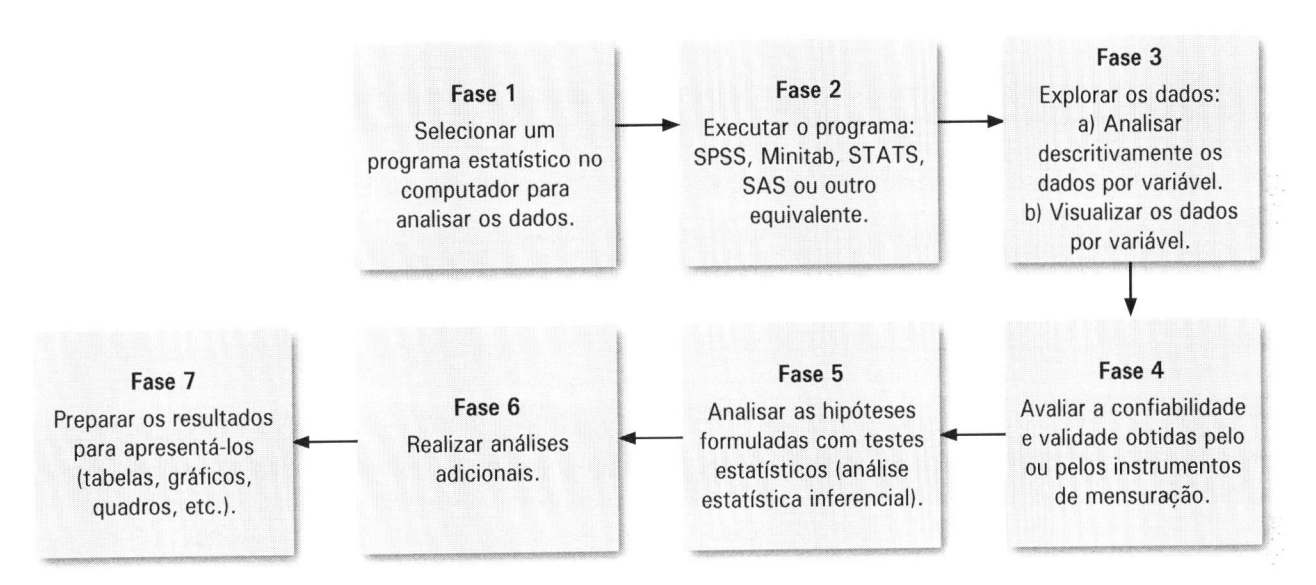

FIGURA 10.1 Processo para efetuar análise estatística.

PASSO 1: SELECIONAR UM PROGRAMA DE ANÁLISE

Existem diversos programas para analisar dados. Na essência, seu funcionamento é muito semelhante, eles incluem duas partes ou segmentos que foram mencionados no capítulo anterior: uma parte de definições das variáveis, que por sua vez explicam os dados (os elementos da codificação item por item), indicador por indicador em casos próprios das engenharias e diversas áreas do saber e, a outra parte, a matriz dos dados. A primeira parte é para que se compreenda a segunda. As definições, claro, são efetuadas pelo pesquisador. O que este faz, após coletar os dados, é determinar os parâmetros da matriz de dados no programa (nome de cada variável na matriz – que equivale a um item, assertiva, categoria ou subcategoria de conteúdo ou observação, indicador –, tipo de variável ou item, número de algarismos dos dígitos, etc.) e inserir os dados na matriz, que é como qualquer planilha de cálculo. Também devemos lembrar que a matriz tem colunas (variáveis ou itens), fileiras ou linhas (casos) e células (intersecção entre uma coluna e uma linha). Cada célula contém um dado (que significa um valor de um caso em uma variável). Vamos supor que temos quatro casos ou pessoas e três variáveis (gênero, cor de cabelo e idade); a matriz seria vista como aparece na Tabela 10.1.

A codificação (especificada na parte das definições das variáveis ou colunas que correspondem a itens) seria:

TABELA 10.1
Exemplo de matriz de dados com três variáveis e quatro casos

Caso	Coluna 1 (gênero)	Coluna 2 (cor de cabelo)	Coluna 3 (idade)
1	1	1	35
2	1	1	29
3	2	1	28
4	2	4	33

- Gênero (1 = masculino e 2 = feminino).
- Cor de cabelo (1 = preto, 2 = castanho, 3 = ruivo, 4 = louro).
- Idade (dado "bruto" em anos).

Dessa forma, se a leitura for feita por linha ou fileira (caso), da esquerda para a direita, então a primeira célula indica um homem (1); a segunda, com cabelo preto (1), e a terceira, com 35 anos (35). Na segunda, um homem com cabelo preto e 29 anos. A terceira, uma mulher com cabelo preto, com 28 anos. A quarta fileira (caso número quatro) nos mostra uma mulher (2), loura (4) e com 33 anos (33). Mas, se a leitura for por coluna ou variável de cima para baixo, teríamos na primeira (gênero) dois homens e duas mulheres (1, 1, 2, 2).

Geralmente, na parte superior da matriz de dados aparecem as opções dos comandos para utilizar o programa de análise estatística como qualquer outro programa (Arquivo, Editar, etc.). Quando já temos certeza de que não há erros na matriz, começamos a realizar a análise da matriz, a análise estatística. Em cada programa essas opções podem ser diferentes, mas as diferenças são mínimas.

Agora, vamos fazer um resumo dos programas mais importantes e mostrar os comandos gerais de dois desses programas.

Statistical Package for the Social Sciences SPSS®

O SPSS (Pacote Estatístico para as Ciências Sociais) desenvolvido na Universidade de Chicago é um dos mais difundidos. Contém todas as análises estatísticas que serão descritas neste capítulo.

Algumas instituições educacionais da América Latina possuem versões antigas do SPSS; outras, as versões mais recentes (IBM-SPSS), sejam em espanhol ou inglês. Existem versões para Windows, Macintosh e UNIX. Claro que elas somente poderão ser utilizadas em computadores com a capacidade necessária para o pacote.

Como acontece com todos os programas ou *softwares*, o SPSS® Statistics é constantemente atualizado para versões novas em vários idiomas.[1] Todo ano também surgem textos ou manuais para essas novas versões. No CD anexo o leitor encontrará o manual que reúne os aspectos essenciais desse pacote de análise. O melhor a fazer para se manter atualizado sobre as inovações do SPSS é consultar seu *site* na internet (www.spss.com/); ou, se esse endereço mudar, com a palavra-chave "SPSS" é possível encontrá-lo em um diretório ou com uma ferramenta de busca como Google, Altavista ou qualquer outro. Para a atualização de manuais, as palavras-chave seriam: "SPSS manuals" (lembre-se de que para cruzar as palavras elas têm de estar entre aspas "").

Conforme já dissemos, o SPSS contém as duas partes citadas:

a) aba de variáveis (para definições das variáveis e, portanto, dos dados) e
b) aba dos dados (matriz de dados).

Nas duas abas podemos ver os comandos para utilizar o programa na parte superior. Na página do SPSS também é possível "baixar" ou fazer *download* para o computador de uma demonstração do programa por um tempo limitado.

O pacote SPSS trabalha de uma maneira muito simples: ele abre a matriz de dados e o pesquisador usuário seleciona as opções mais apropriadas para sua análise, da mesma forma que fazemos em outros programas.

File (arquivo): serve para criar um novo arquivo, localizar um já criado, guardar arquivos, especificar impressora, imprimir, fechar, enviar arquivos por *e-mail*, entre outras funções.

Edit (edição): utilizado para modificar arquivos, manipular a matriz, buscar dados, copiar, recortar, excluir e outras ações de edição.

View (ver): como o nome já diz é para ver ou visualizar a barra de *status*, barra de ferramentas, fontes, linha de grade (matriz), rótulos e variáveis.

Data (dados): para inserir variáveis, distribuir casos, inserir casos, ordenar casos para limpar arquivos, juntar arquivos (juntar vários arquivos ou matrizes), segmentar arquivos (por uma variável ou critério; p. ex., a variável gênero, que nesse caso passaria por uma análise por subamostra segmentada, com resultados para homens e para mulheres), selecionar casos, etc.

Transform (transformar): a função é de recodificar, combinar ou unir e modificar variáveis e dados; categorizar variáveis; atribuir posições a casos, entre outras.

Analyse (analisar): solicitar análises estatísticas que basicamente seriam:*

1. Relatórios (resumos de casos, informação de colunas e linhas).
2. Estatísticas descritivas (tabelas de frequências, medidas de tendência central e dispersão, razões, tabelas de contingência).
3. Comparar médias (teste *t* e análise de variância – ANOVA – fator único).
4. Modelo linear geral (independente ou fator e dependente, com covariável).
5. ANOVA (análise de variância fatorial em vários fatores).
6. Correlações (bivariadas – duas – e multivariadas – três ou mais) para qualquer nível de mensuração das variáveis.
7. Regressão (linear, curvilínea e múltipla).
8. Classificação (conglomerados e análise discriminante).
9. Redução de dados (análise fatorial).
10. Escalas (confiabilidade e escalonamento multidimensional).
11. Testes não paramétricos.
12. Respostas múltiplas (escalas).
13. Validação complexa.
14. Séries de tempos.
15. Equações estruturais e modelagem matemática.

Add-ons (agregados): com essa função (que não está incluída em todas as versões nem variações) é possível ter acesso a análises complexas como redes neutras, identificação de casos incomuns e vários testes estatísticos avançados.

Graphs (gráficos): com essa função solicitamos gráficos (histogramas, de áreas ou tipo *pizza*, diagramas de dispersão, Pareto, **Q-Q** – solicitar normalização de distribuições –, P-P, curva COR, etc.).

> **DIAGRAMA Q-Q** É utilizado para verificar até que ponto a distribuição de nossas variáveis é "normal".

Utilities (utilidades ou ferramentas): definimos ambientes, conjuntos, informação sobre variáveis, etc.

S-plus: é para a aquisição, edição ou transformação de dados, da linha de comandos, métodos estatísticos básicos com S-Plus e R, gráficos estatísticos básicos com S-Plus e R, métodos estatísticos multivariados avançados e criação de funções próprias com S-Plus.

Window (janela): serve para ir de um arquivo a outro e para outros programas.

Help (ajuda): contém tópicos de ajuda para utilizar o SPSS, comandos, tutoriais, "assistência estatística" e outros elementos aplicados ao pacote (com índice).

---

* N. de R.T.: O programa SPSS é aferido em módulos. Nem todas as instalações possuem os módulos descritos no texto. Para saber mais acesse o *site* da IBM-SPSS.

Minitab®

É um pacote muito conhecido por ter um custo relativamente baixo. Inclui um considerável número de testes estatísticos e tem um tutorial para ensinar a utilizá-lo e a praticar; além disso, é muito simples de manejar.

O Minitab tem um *site* (http://www.minitab.com/) no qual podemos ter acesso a uma *demo* gratuita do programa por tempo limitado.

Para começar a utilizar o Minitab abrimos uma sessão (que é definida com nome e data), e abrimos uma matriz ou planilha de trabalho (*worksheet*) (na parte superior da tela aparece a sessão e na parte inferior está a matriz). Definimos as variáveis (*C* – colunas –): nome, formato (numérico, texto, data/tempo), largura (em dígitos), sua descrição e ordem dos valores. As linhas ou fileiras são os casos. As análises realizadas aparecem na sessão (parte ou tela superior) e os gráficos são reproduzidos em molduras.

Seus comandos incluem:

File (arquivo): para criar um novo arquivo, localizar um já existente, guardar ou abrir arquivos, abrir um gráfico do Minitab, especificar impressora, imprimir, fechar, entre outras funções.

Edit (edição): útil para modificar arquivos, buscar dados, copiar, recortar e excluir células, conectar o Minitab com outras aplicações, etc.

Data (dados): funções para atribuir códigos para as colunas, dividir a matriz, copiar colunas, excluir colunas e linhas ou fileiras, criar linhas de grade, recodificar, mudar o tipo de dados, exibir dados, mostrar os dados da folha de trabalho na janela da sessão, entre outros.

Calc (calcular): calcula as estatísticas de colunas e fileiras, distribuições de probabilidade, matrizes, padronizações, operações aritméticas.

Stat (estatísticas): executa, basicamente, os seguintes tipos de estatísticas:

1. Básicas: descritivas, correlação, covariância, *chi* quadrado, teste *t*, teste de hipóteses sobre a média populacional...
2. Regressão linear e múltipla.
3. Análise de variância (ANOVA) unidirecional e fatorial.
4. DOE (análises para desenhos experimentais, análise de respostas).
5. Diagramas (*controle charts*) (de atributos, multivariados, de tempo) individuais e em grupo.
6. Diagramas de dispersão, Pareto, causa-efeito...
7. Confiabilidade.
8. Análise multivariada: análise fatorial (validação), análise discriminante, análise de conglomerados, de correspondência simples ou múltipla.
9. Séries de tempos: autocorrelação, correlação parcial, correlação cruzada, entre outras.
10. Tabelas: tabulação cruzada, *chi* quadrado.
11. Estatística não paramétrica.
12. EDA (análise exploratória de dados, diagramas de caixa, fotograma, etc.).
13. Poder e tamanho da amostra (1-amostra *z*, 1-amostra-*t*, ANOVA, e outras. Serve para determinar se o tamanho da amostra é apropriado para vários testes estatísticos).

Graph (gráfico): solicitar gráficos (histogramas, barra, *pizza*, diagramas de dispersão, Pareto, séries de tempos, etc.).

Editor (editor): mover colunas, redefinir colunas, inserir colunas, buscar, ir para um caso, entre outras ações.

Tools (ferramentas): definir ambientes, conjuntos, informação sobre variáveis, conexão com a internet, consultas, etc.

Window (janela): serve para ir de um arquivo a outro e para outros programas, minimizar janelas e demais funções similares em outros programas.

Help (ajuda): contém tópicos de ajuda para utilizar o Minitab, comandos, guias e demais elementos do Windows aplicados ao pacote. Na Figura 10.2 mostramos uma aba da tela do Minitab.

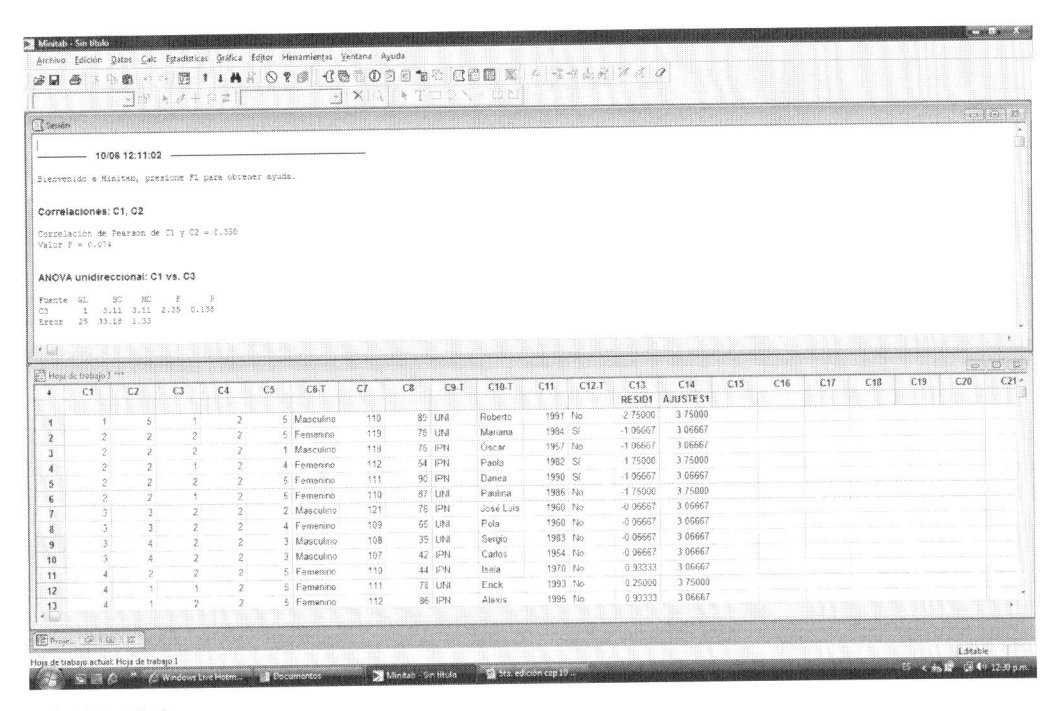

FIGURA 10.2 Tela do Minitab.

Outro programa de análise amplamente divulgado é o SAS (Sistema de Análise Estatística), que foi criado na Universidade da Carolina do Norte. Ele é muito poderoso e sua utilização aumentou extraordinariamente. É um pacote bem completo para computadores pessoais que contém uma variedade considerável de testes estatísticos.

No CD incluímos um programa (*software*) simples que chamamos de STATS, com as análises bivariadas mais elementares para começar a praticar e compreender os testes básicos. Na internet também existem diversos programas gratuitos de análise de estatística para qualquer ciência ou disciplina.*

Geralmente escolhemos o programa de análise que está disponível em nossa instituição educacional, centro de pesquisa ou organização de trabalho, ou aquele que possamos comprar ou obter na internet. Todos os programas mencionados são excelentes opções. Qualquer um serve para nós, mas o fato é que temos de escolher um. Nossa recomendação é que você peça informação no centro de computação de sua instituição sobre os programas disponíveis.

✓ PASSO 2: EXECUTAR O PROGRAMA

No caso do SPSS e do Minitab, ambos são fáceis de usar, pois a única coisa que precisamos fazer é solicitar as análises exigidas selecionando as opções apropriadas. Claro que antes dessas análises devemos verificar se o programa "roda" ou funciona em nosso computador. Após comprovar que está tudo certo, podemos começar a executar o programa e o trabalho analítico.

✓ PASSO 3: EXPLORAR OS DADOS

Nessa etapa, imediatamente após a execução do programa, iniciamos a análise. É bom lembrar que, se a pesquisa foi concluída seguindo todos os passos, então essa etapa é relativamente simples porque:

1. formulamos a pergunta de pesquisa que pretendemos responder,
2. visualizamos um alcance (exploratório, descritivo, correlacional e/ou explicativo),

---

* N. de R.T.: Um programa gratuito e muito amigável é o BIOESTAT, escrito em português e disponível no *site* www.mamiraua.org.br.

3. determinamos nossas hipóteses (ou estamos conscientes de que não as temos),
4. definimos as variáveis,
5. elaboramos um instrumento (sabemos quais itens mensuram quais variáveis e qual é o nível de mensuração de cada variável: nominal, ordinal, intervalar ou razão) e
6. coletamos os dados.

Sabemos o que queremos fazer, isto é, temos clareza.

A exploração típica é mostrada na Figura 10.3 (nela utilizamos o programa SPSS, pois, insistimos, ela pode variar de programa para programa no que se refere aos comandos ou instruções, mas não quanto as suas funções). Por enquanto, alguns conceitos podem não significar muito para o leitor que está se iniciando nas atividades da pesquisa, mas vamos explicá-los aos poucos ao longo do capítulo.

Vamos ver agora os conceitos estatísticos aplicados na exploração de dados, mas antes de continuarmos precisamos fazer alguns comentários, um sobre as *variáveis do estudo* e as *variáveis da matriz de dados* e o outro sobre os fatores dos quais a análise depende.

Comentário 1

Desde o final do capítulo anterior começamos a introduzir o conceito de *variável da matriz de dados*, que é diferente do conceito *variável da pesquisa*. As **variáveis da matriz de dados** são colunas ou itens. As **variáveis da pesquisa** são as propriedades mensuradas, que fazem parte das hipóteses ou que pretendemos descrever (gênero, idade, atitude em relação ao prefeito municipal, inteligên-

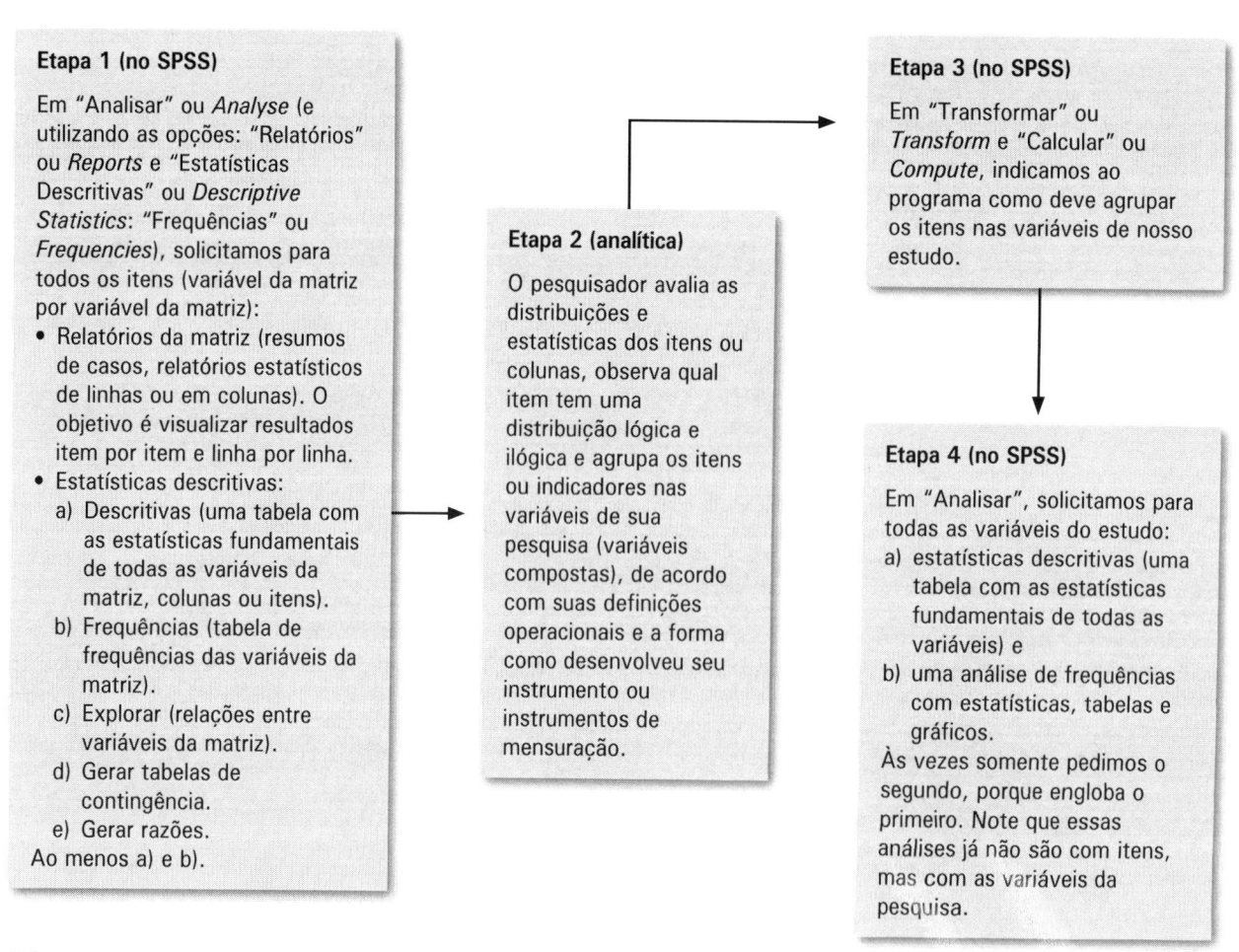

Etapa 1 (no SPSS)

Em "Analisar" ou *Analyse* (e utilizando as opções: "Relatórios" ou *Reports* e "Estatísticas Descritivas" ou *Descriptive Statistics*: "Frequências" ou *Frequencies*), solicitamos para todos os itens (variável da matriz por variável da matriz):
- Relatórios da matriz (resumos de casos, relatórios estatísticos de linhas ou em colunas). O objetivo é visualizar resultados item por item e linha por linha.
- Estatísticas descritivas:
    a) Descritivas (uma tabela com as estatísticas fundamentais de todas as variáveis da matriz, colunas ou itens).
    b) Frequências (tabela de frequências das variáveis da matriz).
    c) Explorar (relações entre variáveis da matriz).
    d) Gerar tabelas de contingência.
    e) Gerar razões.
Ao menos a) e b).

Etapa 2 (analítica)

O pesquisador avalia as distribuições e estatísticas dos itens ou colunas, observa qual item tem uma distribuição lógica e ilógica e agrupa os itens ou indicadores nas variáveis de sua pesquisa (variáveis compostas), de acordo com suas definições operacionais e a forma como desenvolveu seu instrumento ou instrumentos de mensuração.

Etapa 3 (no SPSS)

Em "Transformar" ou *Transform* e "Calcular" ou *Compute*, indicamos ao programa como deve agrupar os itens nas variáveis de nosso estudo.

Etapa 4 (no SPSS)

Em "Analisar", solicitamos para todas as variáveis do estudo:
a) estatísticas descritivas (uma tabela com as estatísticas fundamentais de todas as variáveis) e
b) uma análise de frequências com estatísticas, tabelas e gráficos.
Às vezes somente pedimos o segundo, porque engloba o primeiro. Note que essas análises já não são com itens, mas com as variáveis da pesquisa.

FIGURA 10.3 Sequência mais comum para explorar dados no SPSS.

cia, durabilidade de um material, etc.). Às vezes, as variáveis da pesquisa exigem um único item ou indicador para serem mensuradas (como na Tabela 10.2 com a variável "tipo de escola que frequenta"), mas outras vezes são necessários vários itens. Quando precisamos apenas de um item ou indicador, as variáveis da pesquisa ocupam uma coluna da matriz (uma variável da matriz). Mas se estiverem compostas por vários itens, irão ocupar o mesmo número de colunas e itens (ou variáveis na matriz) que as formam. Isso é exemplificado na Tabela 10.2 com casos da variável "satisfação em relação ao superior" e "estado de espírito dos empregados".

VARIÁVEIS DA MATRIZ DE DADOS
São colunas e itens.
VARIÁVEIS DA PESQUISA São as propriedades mensuradas, que fazem parte das hipóteses ou que pretendemos descrever.

TABELA 10.2
Exemplos de variáveis de pesquisa e formulação de itens

Variável: tipo de escola que frequenta (com um item)	Variável: satisfação em relação ao superior (com três itens)	Variável: estado de espírito dos empregados (com cinco itens)
Você frequenta uma escola pública ou privada? [1] Escola pública [2] Escola privada	1. Até que ponto você está satisfeito com seu superior imediato? [1] Extremamente insatisfeito [2] Mais insatisfeito [3] Nem insatisfeito nem satisfeito [4] Mais satisfeito [5] Extremamente satisfeito	1. "No departamento em que trabalho nós nos mantemos unidos." [5] Concordo totalmente [4] Concordo [3] Não concordo nem discordo [2] Discordo [1] Discordo totalmente
	2. Quão satisfeito você está com o tratamento que recebe de seu superior imediato? [1] Extremamente insatisfeito [2] Mais insatisfeito [3] Nem insatisfeito nem satisfeito [4] Mais satisfeito [5] Extremamente satisfeito	2. "Em meu departamento, na maioria das vezes compartilhamos mais a informação do que a guardamos para nós." [5] Concordo totalmente [4] Concordo [3] Não concordo nem discordo [2] Discordo [1] Discordo totalmente
	3. Quão satisfeito você está com a orientação proporcionada por seu superior imediato para que realize seu trabalho? [1] Extremamente insatisfeito [2] Mais insatisfeito [3] Nem insatisfeito nem satisfeito [4] Mais satisfeito [5] Extremamente satisfeito	3. "Em meu departamento nos mantemos em contato permanentemente." [5] Concordo totalmente [4] Concordo [3] Não concordo nem discordo [2] Discordo [1] Discordo totalmente
		4. "Em meu departamento, nos reunimos com frequência para falarmos tanto de assuntos de trabalho como de questões pessoais." [5] Concordo totalmente [4] Concordo [3] Não concordo nem discordo [2] Discordo [1] Discordo totalmente
		5. "Em meu trabalho todos nos damos muito bem." [5] Concordo totalmente [4] Concordo [3] Não concordo nem discordo [2] Discordo [1] Discordo totalmente
Essa variável é medida por uma só pergunta e ocupa uma coluna ou variável da matriz.	Essa variável é medida por três perguntas e ocupa três colunas ou variáveis da matriz.	Essa variável é medida por cinco perguntas e ocupa cinco colunas ou variáveis da matriz.

E, quando as variáveis da pesquisa são formadas por vários itens ou variáveis na matriz, as colunas podem ser contínuas ou não (uma após a outra ou em diferentes partes da matriz). No terceiro exemplo (variável: "estado de espírito dos empregados") as perguntas poderiam ser as de número 1, 2, 3, 4 e 5 do questionário, então nesse caso as primeiras cinco colunas da matriz iriam representar esses itens. Mas elas também podem estar em diferentes segmentos do questionário (p. ex., ser as perguntas 1, 5, 17, 22 e 38), nesse caso as colunas que as representam estarão posicionadas de forma descontínua (serão as colunas ou variáveis da matriz 1, 5, 17, 22 e 38) porque, normalmente, a sequência das colunas corresponde à sequência dos itens no instrumento de mensuração.

O objetivo dessa explicação se deve ao fato de termos notado que vários estudantes confundem as variáveis da matriz de dados com as variáveis do estudo. São questões vinculadas, mas diferentes.

Quando uma variável da pesquisa é integrada por diversas variáveis da matriz ou itens ela costuma ser chamada de *variável composta,* e sua pontuação total é obtida adicionando os valores das assertivas que a compõem. Talvez o caso mais claro seja o da escala de Likert, na qual as pontuações de cada item são somadas para se obter a qualificação total. Às vezes, a adição é por somatória, outras vezes por multiplicação ou por outras formas, isso depende de como o instrumento foi desenvolvido. Ao executarmos o programa, e durante a fase exploratória, devemos levar em conta *todas as variáveis da pesquisa* e itens e considerar as *variáveis compostas,* daí indicamos no programa como elas estão formadas mediante algumas instruções (em cada programa elas podem ser diferentes quanto ao nome, mas sua função é similar). Por exemplo, no SPSS as novas variáveis compostas são criadas na matriz de dados com o comando "Transformar" e depois com o comando "Calcular" ou "Computar", assim criamos a variável composta mediante uma expressão numérica. Vamos ver um exemplo.

No caso da variável "estado de espírito no local de trabalho", seria possível atribuir as seguintes colunas (supondo que sejam contínuas) aos cinco itens, conforme mostramos na Tabela 10.3.

E a matriz seria a seguinte:

Exemplo

	fr1	fr2	fr3	fr4	fr5
1	1	2	2	4	3
2	2	2	2	2	2
K	2	3	2	2	3

Nas opções "Transformar" e "Calcular" ou "Computar" o programa pede que indiquemos o nome da nova variável (nesse caso a composta por cinco frases): *estado de espírito*. Ele também pede para desenvolvermos a expressão numérica que corresponde a essa variável composta: *fr1+fr2+fr3+fr4+fr5* (o programa realiza automaticamente a operação, agrega a nova variável composta "estado de espírito" à nova matriz de dados e efetua os cálculos e, agora sim, a *variável do estudo* é uma variável a mais da matriz de dados). A matriz seria modificada da seguinte maneira:

Exemplo

	fr1	fr2	fr3	fr4	fr5	Estado de espírito
1	1	2	2	4	3	12
2	2	2	2	2	2	10
K	2	3	2	2	3	12

TABELA 10.3
Exemplo com a variável "estado de espírito"

Variável da pesquisa: estado de espírito	Variável da matriz que corresponde à variável da pesquisa	Posição na matriz
1. "No departamento em que trabalho nós nos mantemos unidos." [5] Concordo totalmente [4] Concordo [3] Não concordo nem discordo [2] Discordo [1] Discordo totalmente	Frase 1 (fr1)	Coluna 1
2. "Em meu departamento, na maioria das vezes compartilhamos mais a informação do que a guardamos para nós." [5] Concordo totalmente [4] Concordo [3] Não concordo nem discordo [2] Discordo [1] Discordo totalmente	Frase 2 (fr2)	Coluna 2
3. "Em meu departamento nos mantemos em contato permanentemente." [5] Concordo totalmente [4] Concordo [3] Não concordo nem discordo [2] Discordo [1] Discordo totalmente	Frase 3 (fr3)	Coluna 3
4. "Em meu departamento, nos reunimos com frequência para falarmos tanto de assuntos de trabalho como de questões pessoais." [5] Concordo totalmente [4] Concordo [3] Não concordo nem discordo [2] Discordo [1] Discordo totalmente	Frase 4 (fr4)	Coluna 4
5. "Em meu trabalho todos nos damos muito bem." [5] Concordo totalmente [4] Concordo [3] Não concordo nem discordo [2] Discordo [1] Discordo totalmente	Frase 5 (fr5)	Coluna 5

Claro que para manter essa variável, é preciso demonstrar que ela foi medida de forma confiável e válida, assim como avaliar se todos os itens contribuem favoravelmente com os dois elementos ou se alguns não. E, em vez de uma soma, a variável *estado de espírito* poderia ser uma média das cinco frases ou variáveis da matriz (conforme já foi mencionado na questão da escala de Likert). Então, a expressão em "Calcular" ficaria assim: $(fr1+fr2+fr3+fr4+fr5)/5$, e os valores em "estado de espírito" seriam:

Exemplo

	fr1	fr2	fr3	fr4	fr5	Estado de espírito
1	1	2	2	4	3	2,4
2	2	2	2	2	2	2,0
K	2	3	2	2	3	2,4

Por último, as variáveis da pesquisa são as que nos interessam, independentemente de serem formadas por um, dois, dez ou mais itens. A primeira análise se refere aos itens, com o único objetivo de explorar; a análise descritiva final se refere às *variáveis do estudo*.

Comentário 2

As análises dos dados dependem de três fatores:

a) O *nível de mensuração* das variáveis.
b) A maneira como as hipóteses foram formuladas.
c) O *interesse do pesquisador*.

Por exemplo, as análises realizadas em uma variável nominal são diferentes das realizadas em uma variável intervalar. Sugerimos que releia os níveis de mensuração vistos no capítulo anterior.

O pesquisador primeiro busca descrever seus dados e depois efetuar análises estatísticas para relacionar suas variáveis. Ou seja, ele realiza análise estatística descritiva para cada uma das variáveis da matriz (itens) e em seguida para cada uma das variáveis do estudo e, finalmente, aplica cálculos estatísticos para testar suas hipóteses. Existem vários tipos ou métodos de análise quantitativa ou estatística que serão comentados a seguir; mas vale lembrar que a análise não é indiscriminada, cada método tem sua razão de ser e um propósito específico; por isso não podemos realizar análises além das necessárias. A estatística não é o objetivo final, mas uma ferramenta para avaliar os dados.

✓ ESTATÍSTICA DESCRITIVA PARA CADA VARIÁVEL

A primeira tarefa é descrever os dados, os valores ou as pontuações obtidas para cada variável. Por exemplo, se aplicarmos em 2 112 crianças o questionário sobre os usos e as gratificações que a televisão tem para eles, como esses dados poderão ser descritos? Isso pode ser conseguido quando descrevemos a distribuição das pontuações ou frequências de cada variável.

O que é uma distribuição de frequências?

DISTRIBUIÇÃO DE FREQUÊNCIAS
Conjunto de pontuações organizadas em suas respectivas categorias.

Uma **distribuição de frequências** é um conjunto de pontuações organizadas em suas respectivas categorias e geralmente apresentadas como uma tabela.

A Tabela 10.4 mostra um exemplo de uma distribuição de frequências.

Exemplo

Em um estudo entre 200 pessoas latinas que vivem no Estado da Califórnia, Estados Unidos,[2] foi perguntado a elas: Como preferem que se refiram a vocês quanto a sua origem étnica? As respostas foram:

TABELA 10.4
Exemplo de uma distribuição de frequências

Variável: preferências ao se referir à origem étnica (nomeada no SPSS: prefoe)		
Categorias	Códigos (valores)	Frequências
Hispânico	1	52
Latino	2	88
Latino-americano	3	6
Americano	4	22
Outros	5	20
Não responderam	6	12
Total		200

Às vezes, as *categorias* das distribuições de frequências são tantas que elas precisam ser resumidas. Por exemplo, vamos analisar detalhadamente a distribuição da Tabela 10.5. Essa distribuição poderia ser resumida como na Tabela 10.6.

TABELA 10.5
Exemplo de uma distribuição que precisa ser resumida

Variável: qualificação no teste de motivação			
Categorias	Frequências	Categorias	Frequências
48	1	73	2
55	2	74	1
56	3	75	4
57	5	76	3
58	7	78	2
60	1	80	4
61	1	82	2
62	2	83	1
63	3	84	1
64	2	86	5
65	1	87	2
66	1	89	1
68	1	90	3
69	1	92	1
		Total	63

Quais são os outros elementos de uma distribuição de frequências?

As distribuições de frequências podem ser preenchidas adicionando as porcentagens de casos em cada categoria, as porcentagens válidas (excluindo os valores perdidos) e as porcentagens acumula-

TABELA 10.6
Exemplo de uma distribuição resumida

Variável: qualificação no teste de motivação			
Categorias	Frequências	Categorias	Frequências
55 ou menos	3	76-80	9
56-60	16	81-85	4
61-65	9	86-90	11
66-70	3	91-96	1
71-75	7	Total	63

das (porcentagem do que vai sendo acumulado em cada categoria, desde a mais baixa até a mais alta).

A Tabela 10.7 mostra um exemplo com as frequências e as porcentagens, e também com as porcentagens válidas e as acumuladas. A *porcentagem acumulada* é aquilo que aumenta em cada categoria de maneira percentual e progressiva (a ordem descendente em que as categorias aparecem), levando em conta as *porcentagens válidas*. Na categoria "sim, obtivemos a cooperação" acumulamos 74,6%. Na categoria "não obtivemos a cooperação", acumulamos 78,7% (os 74,6% da categoria anterior e 4,1% da categoria em questão). Na última categoria sempre acumulamos o total (100%).

TABELA 10.7
Exemplo de uma distribuição de frequências com todos os seus elementos

Variável: cooperação do pessoal com o projeto de qualidade da empresa				
Categorias	Códigos	Frequências	Porcentagem válida	Porcentagem acumulada
Sim, obtivemos a cooperação	1	91	74,6	74,6
Não obtivemos a cooperação	2	5	4,1	78,7
Não responderam	3	26	21,3	100,0
Total		122	100,0	

As colunas *porcentagem e porcentagem válida* são iguais (mesmas cifras ou valores) quando *não* há valores perdidos; mas se tivermos valores perdidos, a coluna *porcentagem válida* mostra os cálculos sobre o total menos esses valores. Na Tabela 10.8 mostramos um exemplo com valores perdidos no caso de um estudo exploratório sobre os motivos de as crianças de Celaya escolherem seu personagem televisivo favorito (García e Hernández Sampieri, 2005).

Quando elaboramos o relatório de resultados devemos apresentar uma distribuição com os elementos que tragam mais informação para o leitor e também apresentar a descrição dos resultados ou um comentário, conforme é mostrado na Tabela 10.9.

No SPSS as tabelas com distribuições de frequências são solicitadas em: Analisar → Estatísticas descritivas → Frequências.[3]

Quais são as outras maneiras de apresentar as distribuições de frequências?

As distribuições de frequências, principalmente quando utilizamos as porcentagens, podem ser apresentadas na forma de histogramas ou com outro tipo de gráficos (p. ex., de *pizza*). Alguns exemplos são mostrados na Figura 10.4.

TABELA 10.8
Exemplo de tabela com valores perdidos (no SPSS)

	Motivos da preferência por seu personagem favorito				
		Frequência	Porcentagem	Porcentagem válida	Porcentagem acumulada
Válidos	Divertidos	142	72,1	73,2	73,2
	Bons	10	5,1	5,2	78,4
	Têm poderes	23	11,7	11,9	90,2
	São fortes	19	9,6	9,8	100
	Total	194	98,5	100	
Perdidos	Não responderam	3	1,5		
Total		**197**	**100**		

TABELA 10.9
Exemplo de uma distribuição de frequências que será apresentada a um usuário

Obteve-se a cooperação do pessoal para o projeto de qualidade?		
Obtenção	Número de organizações	Porcentagens
Sim	91	74,6
Não	5	4,1
Não responderam	26	21,3
Total	122	100

Comentário: Praticamente três quartos da organização obtiveram a cooperação do pessoal. O que chama a atenção é que pouco mais de um quinto não quis se comprometer com sua resposta. As organizações que não conseguiram a cooperação do pessoal mencionaram como fatores o absentismo, a rejeição à mudança e o conformismo.

Histogramas[4]
Opiniões a respeito do atual prefeito do município de San Martín Aurelio[5]

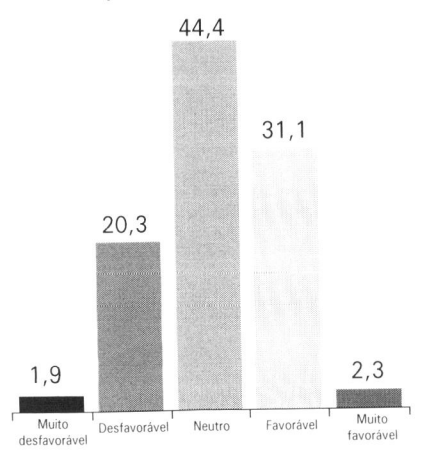

- Muito desfavorável: 1,9
- Desfavorável: 20,3
- Neutro: 44,4
- Favorável: 31,1
- Muito favorável: 2,3

Somente um terço dos cidadãos manifesta uma opinião positiva em relação ao prefeito (favorável ou muito favorável).

Gráficos de *pizza*
Cooperação de todo o pessoal (ou a maioria) para o projeto de qualidade (122 = 100%)

- Sim: 74,6%
- Não: 4,1%
- Não responderam: 21,3%

Praticamente três quartos da organização obtiveram a cooperação de todo o pessoal (ou da maioria). Mas o que chama a atenção é que pouco mais de um quinto não quis se comprometer com sua resposta. Os cinco motivos da não cooperação com esse projeto foram: o absentismo, a rejeição à mudança, a falta de interesse, a falta de conscientização e o conformismo.

Outros tipos de gráficos
Controle paterno em relação ao uso que as crianças fazem da televisão

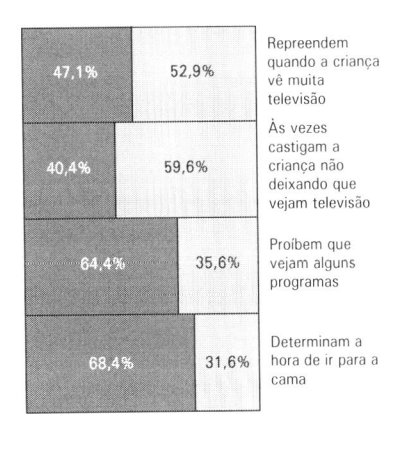

	Há controle	Não há controle
Repreendem quando a criança vê muita televisão	47,1%	52,9%
Às vezes castigam a criança não deixando que vejam televisão	40,4%	59,6%
Proíbem que vejam alguns programas	64,4%	35,6%
Determinam a hora de ir para a cama	68,4%	31,6%

FIGURA 10.4 Exemplos de gráficos para apresentar distribuições.

O SPSS e o Minitab geram esses gráficos, mas os dados também podem ser exportados para outros programas e/ou pacotes que fazem o mesmo (de qualquer tipo, colorido, utilizando efeitos de movimento e em terceira dimensão como, p. ex., o Power Point).

Para obter os gráficos no SPSS não se esqueça de consultar no CD anexo o manual do SPSS.

As distribuições de frequências também podem ser apresentadas como gráficos de polígonos de frequências

POLÍGONOS DE FREQUÊNCIAS
Relacionam as pontuações com suas respectivas frequências, por meio de gráficos úteis para descrever os dados.

Os **polígonos de frequências** relacionam as pontuações com suas respectivas frequências. Ele é mais adequado para um nível de mensuração intervalar ou razão. Os polígonos são construídos sobre os pontos médios dos intervalos. Por exemplo, se os intervalos fossem 20-24, 25-29, 30-34, 35-39 e assim sucessivamente; os pontos médios seriam 22, 27, 32, 37, etc. O SPSS ou o Minitab realizam esse trabalho de forma automática.

Um exemplo de um polígono de frequências seria o da Figura 10.5.

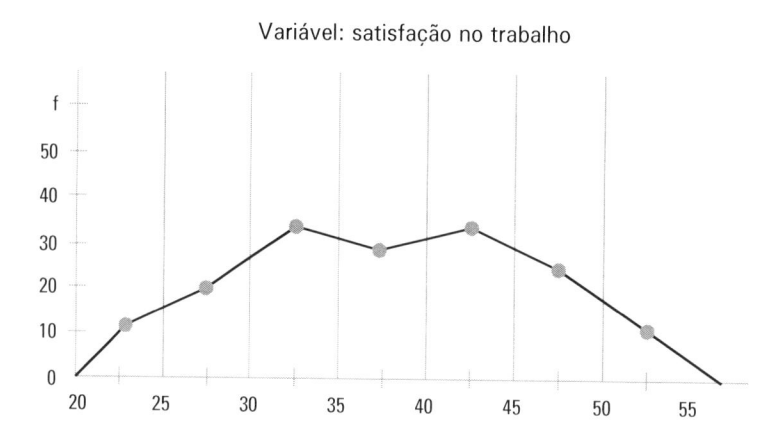

FIGURA 10.5 Exemplo de um polígono de frequências.

O polígono de frequências obedece à seguinte distribuição:

Categorias/intervalos	Frequências absolutas
20-24,9	10
25-29,9	20
30-34,9	35
35-39,9	33
40-44,9	36
45-49,9	27
50-54,9	8
Total	**169**

Os polígonos de frequências representam curvas úteis para descrever os dados. Eles nos indicam até onde se concentram os casos (pessoas, organizações, segmentos de conteúdo, medições de poluição, etc.) na escala da variável; vamos falar sobre isso mais adiante.

Em síntese, para cada uma das variáveis da pesquisa obtemos sua distribuição de frequências e, se for possível, passamos isso para um gráfico para obter seu polígono de frequências correspondente (para criar os polígonos no SPSS não se esqueça de consultar no CD anexo seu respectivo manual).

Na Figura 10.6 mostramos mais um exemplo.

O polígono pode ser apresentado com frequências, como na Figura 10.5, ou com porcentagem, como no último exemplo. Mas além do polígono de frequências, devemos calcular as *medidas de tendência central* e de *variabilidade ou dispersão*.

Variável: inovação

Quanto à inovação na empresa, que é a percepção do apoio às iniciativas para introduzir melhorias na maneira como o trabalho é realizado, tanto no nível organizacional como departamental, a maioria dos indivíduos tende a estar nos níveis mais elevados da escala.

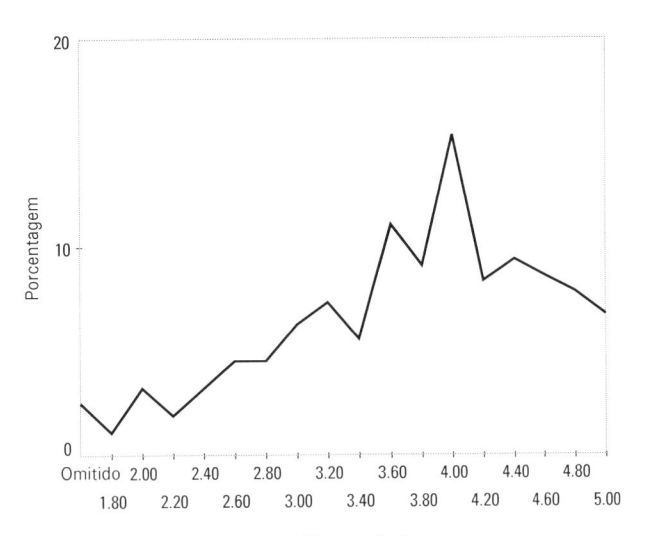

FIGURA 10.6 Exemplo de um polígono de frequências com a variável "inovação".

Quais são as medidas de tendência central?

As **medidas de tendência central** são pontos em uma distribuição obtida, os valores médios e centrais desta, que nos ajudam a posicioná-la dentro da escala de mensuração. As principais medidas de tendência central são três: *moda, mediana* e *média*. O nível de mensuração da variável determina qual é a medida de tendência central apropriada para interpretar.

A **moda** é a categoria ou pontuação que ocorre com maior frequência. Na Tabela 10.7, a moda é "1" (sim, a cooperação foi obtida). Ela é utilizada com qualquer nível de mensuração.

A **mediana** é o valor que divide a distribuição pela metade. Ou seja, a metade dos casos fica abaixo da mediana e a outra metade fica acima desta. A mediana reflete a posição intermediária da distribuição. Por exemplo, se os dados obtidos fossem:

> **MEDIDAS DE TENDÊNCIA CENTRAL** Valores médios ou centrais de uma distribuição que servem para posicioná-la dentro da escala de medição.
>
> **MODA** Categoria ou pontuação que aparece com maior frequência.
>
> **MEDIANA** Valor que divide a distribuição pela metade.

24   31   35   35   38   43   45   50   57

A mediana é 38, porque deixa quatro casos acima (43, 45, 50 e 57) e quatro casos abaixo (35, 35, 31 e 24). Divide a distribuição em duas metades. Geralmente, para se descobrir o caso ou a pontuação que compõe a mediana de uma distribuição nós simplesmente aplicamos a fórmula:

$$\frac{N+1}{2}$$

Se tivermos nove casos, então procuramos o quinto valor e este é a mediana. Note que a mediana é o valor observado que está na metade da distribuição, não é o valor de cinco. A fórmula não nos proporciona diretamente o valor da mediana, mas o número do caso onde está a mediana.

A mediana é uma medida de tendência central própria dos níveis de mensuração ordinal, intervalar de razão. Ela não tem sentido com variáveis nominais, porque nesse nível não há hierarquias nem noção de acima e abaixo. A mediana também é especialmente útil quando existem valores extremos na distribuição. Ela não é sensível a eles. Se tivéssemos os seguintes dados:

24   31   35   35   38   43   45   50   248

a mediana continuaria sendo 38.

Para a interpretação da média e da mediana incluímos um comentário no próximo exemplo.[6]

> ### Exemplo
>
> Qual é sua idade? Se você tem medo de responder, não se preocupe, os perfis de idade diferem de um país a outro.
>
> Com base nas projeções sobre a população em 2009, a população mundial no final de 2010 será de aproximadamente 6.867 milhões de habitantes (Knol, 2009).[7]
>
> A mediana de idade mundial em 2009 é de 28,1 anos, o que significa que a metade dos habitantes do globo terrestre ultrapassa essa idade e a outra metade é mais jovem. É preciso dizer que a mediana varia de um lugar para outro, pois nos países mais desenvolvidos a idade mediana da população – isto é, a idade que divide a população em duas partes iguais – teve um aumento constante desde 1950 até chegar a 38,8 anos em 2009. Nos países mais pobres do mundo é de 19,3. Por continente, temos as seguintes medianas: África = 19,2 anos (não houve variação desde 1950), Ásia = 27,7, Europa = 39,2 (aumentou 10 anos, desde 1950), América Latina e Caribe = 26,4 (houve um avanço de 6,4 anos em quase 60 anos), Canadá e Estados Unidos da América = 36,4 e Oceania = 32,3[8]. Estima-se que na metade deste século a idade mediana mundial terá aumentado para aproximadamente 36 anos. Hoje, o país com a população mais jovem é o Iêmen, com uma idade mediana de 15 anos, e o mais velho é o Japão, com uma idade mediana de 41 anos (Di Santo, 2009).
>
> Essa é uma boa notícia para o atual cidadão global médio, porque parece que seu destino é envelhecer mais lentamente.

MÉDIA É a média aritmética de uma distribuição e também a medida de tendência central mais utilizada.

A **média** é a medida de tendência central mais utilizada e pode ser definida como a média aritmética de uma distribuição. Simbolizada como $\bar{X}$ ela é a soma de todos os valores dividida entre o número de casos. É uma medida somente aplicável em mensurações intervalares ou de razão. Não tem sentido utilizá-la em variáveis medidas em um nível nominal ou ordinal. É uma medida sensível a valores extremos. Se tivéssemos as seguintes pontuações:

8   7   6   4   3   2   6   9   8

A média seria igual a 5,88. Mas, bastaria uma pontuação extrema para alterá-la de maneira evidente:

8   7   6   4   3   2   6   9   **20** (média igual a 7,22).

O cálculo da média, assim como outras fórmulas de diversos estatísticos, o leitor poderá encontrar no CD anexo: Material complementario → Capítulos → Capítulo 8 "Análisis estadístico: segunda parte" (no final).

Quais são as medidas da variabilidade?

As **medidas da variabilidade** indicam a dispersão dos dados na escala de mensuração e respondem a pergunta: Onde estão disseminadas as pontuações ou os valores obtidos? As medidas de tendência central são valores em uma distribuição e as medidas da variabilidade são intervalos que indicam distâncias ou um número de unidades na escala de mensuração. As medidas da variabilidade mais utilizadas são *amplitude, desvio padrão* e *variância*.

MEDIDAS DA VARIABILIDADE São intervalos que indicam a dispersão dos dados na escala de mensuração.

A **amplitude,** também conhecida como *percurso*, é a diferença entre a pontuação maior e a pontuação menor, e indica o número de unidades na escala de mensuração que precisamos para incluir o valor máximo e mínimo. Ela é calculada assim: $X_M - X_m$ (pontuação maior menos pontuação menor). Se tivermos os seguintes valores:

> **AMPLITUDE** Indica a extensão total dos dados na escala.

17   18   20   20   24   28   28   30   33

a amplitude será: $33 - 17 = 16$.

Quanto *maior* for a amplitude, *maior* será a dispersão dos dados de uma distribuição.

O **desvio padrão** ou **típico** é a média de desvio das pontuações em relação à média. Essa medida é expressa nas mesmas unidades que os dados originais de mensuração da distribuição. É interpretada em relação à média. Quanto maior for a dispersão dos dados em torno da média, maior será o desvio padrão. Ele é simbolizado como *s* ou o sigma minúsculo σ, ou ainda com a abreviatura DP. Seu cálculo poderá ser encontrado no CD anexo: Material complementario → Capítulos → Capítulo 8: "Análisis estadístico: segunda parte" (no final).

> **DESVIO PADRÃO** Média de desvio das pontuações em relação à média que é expressa nas mesmas unidades que os dados originais de medição da distribuição.

O desvio padrão pode ser interpretado como *o quanto um conjunto de pontuações se desvia, em média, da média.*

Vamos supor que um pesquisador obteve para sua amostra uma média da renda familiar anual de R$ 6.000,00 e um desvio padrão de R$ 1.000,00. A interpretação é que as rendas familiares da amostra se desviam, em média, mil unidades monetárias em relação à média.

O desvio padrão somente é utilizado em variáveis medidas intervalares ou de razão.

Variância

A **variância** é o desvio padrão elevado ao quadrado e simbolizado como s^2. É um conceito estatístico muito importante, porque muitos dos testes quantitativos o utilizam como fundamento. Diversos métodos estatísticos partem da decomposição da variância (Jackson, 2008; Beins e McCarthy, 2009). Mas, para fins descritivos, preferimos utilizar o desvio padrão.

> **VARIÂNCIA** Utilizada em análises inferenciais.

Como as medidas de tendência central e da variabilidade são interpretadas?

Cabe destacar que quando descrevemos nossos dados, em relação a cada *variável do estudo*, interpretamos as medidas de tendência central e da variabilidade em conjunto, não de maneira isolada. Consideramos todos os valores. Para interpretá-los, a primeira coisa que fazemos é levar em conta a amplitude potencial da escala. Vamos supor que apliquemos uma escala de atitudes do tipo de Likert para mensurar a "atitude em relação ao presidente" de uma nação (vamos supor que a escala tivesse 18 itens e a média dos valores tivesse sido calculada). A amplitude potencial é de um para cinco (ver Figura 10.7).

Atitude em relação ao presidente

1 — 2 — 3 — 4 — 5

Atitude totalmente desfavorável   Atitude totalmente favorável

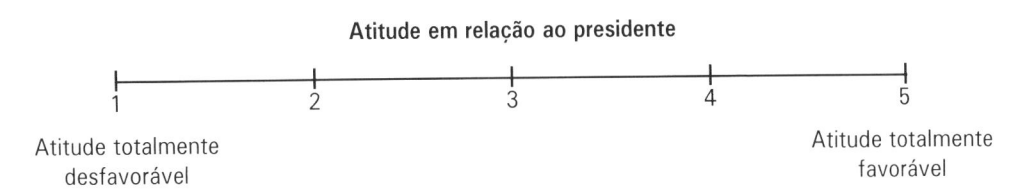

FIGURA 10.7 Exemplo de escala com amplitude potencial.

Caso obtivéssemos os seguintes resultados:

Variável: atitude em relação ao presidente
Moda: 4,0
Mediana: 3,9
Média ($\bar{X}$): 4,2
Desvio padrão: 0,7
Pontuação mais alta observada (máximo): 5,0
Pontuação mais baixa observada (mínimo): 2,0
Amplitude: 3

então, poderíamos fazer a seguinte interpretação descritiva: a atitude em relação ao presidente é favorável. A categoria que mais se repetiu foi a 4 (favorável). Cinquenta por cento dos indivíduos estão acima do valor 3,9 e os outros 50% estão abaixo desse valor (mediana). Em média, os participantes se situam em 4,2 (favorável). Eles também se desviam 4,2, em média, 0,7 unidades da escala. Nenhuma pessoa qualificou o presidente de maneira muito desfavorável (não existe "1"). As pontuações tendem a se posicionar em valores médios ou elevados.

Mas, se os resultados fossem:

Variável: atitude em relação ao presidente
Moda: 1
Mediana: 1,5
Média ($\bar{X}$): 1,3
Desvio padrão: 0,4
Variância: 0,16
Máximo: 3,0
Mínimo: 1,0
Amplitude: 2,0

a interpretação seria que a atitude em relação ao presidente é muito desfavorável. Na Figura 10.8 podemos ver graficamente a comparação dos resultados. A variabilidade também é menor no caso da atitude muito desfavorável (os dados estão menos dispersos).

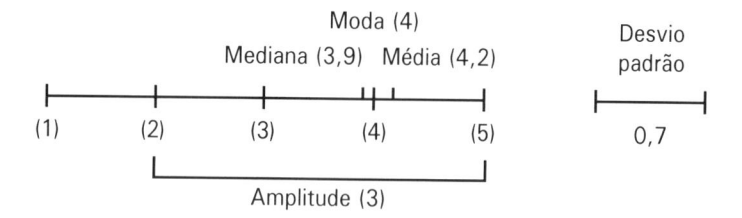

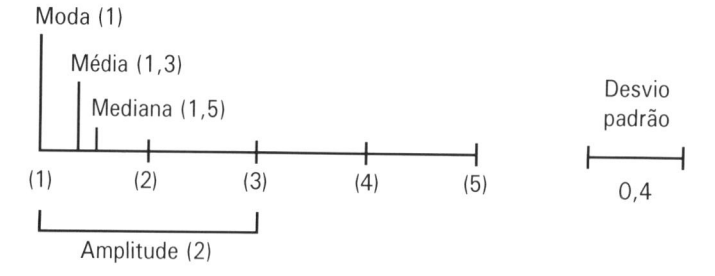

FIGURA 10.8 Exemplo de interpretação gráfica das estatísticas descritivas.

Outro exemplo de interpretação dos resultados de uma mensuração em relação a uma variável seria o seguinte.

Exemplo

Hernández Sampieri e Cortés (1982) aplicaram um teste de motivação intrínseca sobre a execução de uma tarefa em 60 participantes de um experimento. A escala continha 17 itens (com cinco opções cada um, um a cinco) e os resultados foram os seguintes:[9]

N: 60	Amplitude: 41	Mínimo: 40	Máximo: 81
Média: 66,883	Mediana: 67,833	Moda: 60	DP: 9,11
Variância: 83,02	Curtose: 0,587	Assimetria: – 0,775	EP: 1,176
Somatório: 4.013			

O que poderíamos dizer sobre a motivação intrínseca dos participantes?

O nível de motivação intrínseca demonstrado pelos participantes tende a ser elevado, conforme indicam os resultados. A amplitude real da escala foi de 17 a 85. A amplitude resultante para essa pesquisa variou de 40 a 81. Portanto, é evidente que a tendência dos indivíduos foi na direção de valores elevados na medida de motivação intrínseca. Além disso, a média dos participantes é de 66,9 e a mediana de 67,8, o que confirma a tendência da amostra para valores altos da escala. Ainda que a dispersão das pontuações dos sujeitos seja considerável (o desvio padrão é igual a 9,1 e a amplitude é de 41), essa dispersão aparece na área mais elevada da escala. Vamos ver isso graficamente.

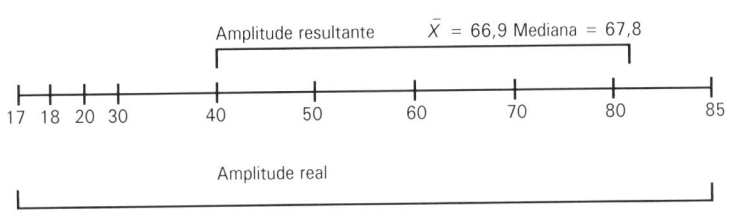

Escala de motivação intrínseca (dados ordinais, admitidos supostamente como dados em nível intervalar)

Em síntese, a tarefa foi intrinsecamente motivadora para a maioria dos participantes, mas para alguns ela foi muito motivadora; para outros, relativamente motivadora e, para os demais, medianamente motivadora. Ou seja, a tendência geral é para valores superiores.

Então, o que significa um nível elevado de motivação intrínseca que é demonstrado em relação a uma tarefa? Significa que a tarefa foi percebida como atraente, interessante, divertida e categorizada como uma experiência agradável. E também que os indivíduos, ao realizá-la, extraíram dela sentimentos de satisfação, prazer e realização pessoal. Geralmente, quem está intrinsecamente motivado para um trabalho, sente prazer em executá-lo, pois é dele que poderá obter recompensas internas como sentimentos de conquista e de autorrealização. Além disso, quando se dedica ao desenvolvimento da tarefa e nota que seu desempenho é bom, a opinião que tem sobre si mesmo pode melhorar ou ser confirmada.

Existe algum outro tipo de estatística descritiva?

Sim, a *assimetria e a curtose*. Os *polígonos de frequência* costumam ser representados como *curvas* (Figura 10.9) para que possam ser analisados em termos de probabilidade e visualizarmos seu grau de dispersão. Eles são, de fato, curvas. Os dois elementos mencionados são essenciais para essas curvas ou polígonos de frequências.

A **assimetria** é uma estatística necessária para saber quanto nossa distribuição se parece com uma distribuição teórica chamada de *curva normal* (que também é representada na Figura 10.9) e é um indicador do lado em que as frequências se agrupam na curva. Se for zero (assimetria = 0), a curva ou distribuição é

ASSIMETRIA E CURTOSE Estatísticas utilizadas para saber quanto uma distribuição se parece com a distribuição teórica chamada de *curva normal* ou sino de Gauss.

simétrica. Quando for positiva, significa que existem mais valores agrupados à esquerda da curva (abaixo da média). Quando for negativa, significa que os valores tendem a se agrupar à direita da curva (acima da média).

A **curtose** é um indicador de quão plana ou "bicuda" é uma curva. Quando for zero (curtose = 0) significa que pode ser uma *curva normal*. Se for positiva, significa que a curva, a distribuição ou o polígono é mais "bicuda(o)" ou elevada(o). Se a curtose for negativa, indica que a curva é mais "plana".

A assimetria e a curtose exigem o mínimo de um nível de medição intervalar. Na Figura 10.9 mostramos exemplos de curvas com sua interpretação.

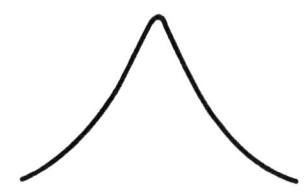

Distribuição simétrica (assimetria = 0), com curtose positiva e um desvio padrão e variância médios.

Distribuição com assimetria negativa, curtose positiva e desvio padrão e variância maiores.

Distribuição com assimetria positiva, curtose negativa e desvio padrão e variância consideráveis.

Distribuição com assimetria negativa, curtose positiva e desvio padrão e variância menores.

Distribuição simétrica, curtose positiva e um desvio padrão e variância baixos.

Curva normal, curtose = 0, assimetria = 0, e desvio padrão e variância médios.

FIGURA 10.9 Exemplos de curvas ou distribuições e sua interpretação.

Como as estatísticas descritivas são traduzidas para o inglês?

Alguns programas e pacotes estatísticos para computador podem efetuar o cálculo das estatísticas descritivas, cujos resultados aparecem ao lado de seu respectivo nome, muitas vezes em inglês.

A seguir, indicamos as diferentes estatísticas e seu equivalente em inglês.

Estatística	Equivalente em inglês
Moda	*Mode*
Mediana	*Median*

Estatística	Equivalente em inglês
Média	Mean
Desvio padrão	Standard deviation
Variância	Variance
Máximo	Maximun
Mínimo	Minimum
Amplitude	Range
Assimetria	Skewness
Curtose	Kurtosis

Nota final

Devemos lembrar que em uma pesquisa obtemos uma distribuição de frequências e calculamos as estatísticas descritivas para cada *variável*, as que forem necessárias de acordo com os propósitos da pesquisa e dos níveis de mensuração.

Exemplo

Hernández Sampieri (2005), em sua pesquisa sobre o clima organizacional, obteve as seguintes estatísticas fundamentais de suas variáveis em uma das amostras:

	N	Mínimo	Máximo	Média	Desvio padrão
Estado de espírito	390	1,00	5,00	3,3818	0,91905
Direção	393	1,00	5,00	2,7904	1,08775
Inovação	396	1,00	5,00	3,4621	0,91185
Identificação	383	1,00	5,00	3,6584	0,91283
Comunicação	397	1,00	5,00	3,2519	0,87446
Desempenho	403	1,00	5,00	3,6402	0,86793
Motivação intrínseca	401	2,00	5,00	3,911	0,73900
Autonomia	395	1,00	5,00	3,2025	0,85466
Satisfação	399	1,00	5,00	3,7249	0,90591
Liderança	392	1,00	5,00	3,4532	1,10019
Visão	391	1,00	5,00	3,7341	0,89206
Recompensas	381	1,00	5,00	2,4528	1,14364

Notas: Todas as variáveis são compostas (integradas por vários itens). A coluna "N" representa o número de casos válidos para cada variável. O *N* total da amostra é de 420, mas, conforme podemos ver na tabela, o número de casos é distinto nas diferentes variáveis, porque o SPSS exclui de toda a variável os casos que tenham respondido a um item ou mais assertivas. A variável com maior média é a *motivação intrínseca* e a mais baixa é *recompensas*.

Posteriormente, obteve as tabelas e distribuições de frequências de todas as suas 12 variáveis. Destas incluímos apenas a variável "desempenho" em função do espaço.

	Desempenho			
	Valores	Frequência	Porcentagem válida	Porcentagem acumulada
	1	2	0,5	0,5
	2	35	8,7	9,2
	3	133	33,0	42,2
	4	169	41,9	84,1
	5	64	15,9	100,0
Total N = 420 Perdidos = 17		403	100	

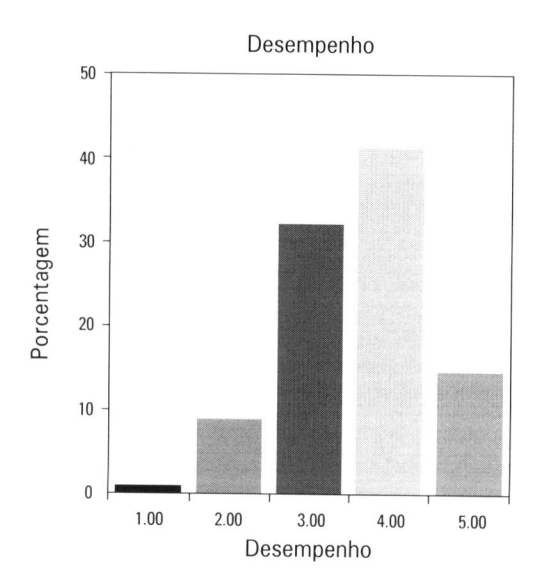

Para o cálculo de estatísticas descritivas (tendência central e dispersão) no SPSS, sugerimos consultar no CD anexo o respectivo manual.

Pontuações z ou z-escores

As pontuações z são transformações que podem ser feitas nos valores ou nas pontuações obtidas cujo objetivo é analisar sua distância em relação à medida, em unidades de desvio padrão. Uma pontuação z nos indica a direção e quanto um valor individual obtido se distancia da média, em uma escala de unidades de desvio padrão. O leitor pode saber mais sobre as pontuações z no CD anexo: Material complementario → Capítulos → Capítulo 8: "Análisis estadístico: segunda parte".

Razões e taxas

Uma **razão** é a relação entre duas categorias. Por exemplo:

Categorias	*Frequência*
Masculino	60
Feminino	30

A razão de homens para mulheres é de 60/30 = 2. Ou seja, para cada dois homens há uma mulher.

Uma **taxa** é a relação entre o número de casos, frequências ou eventos de uma categoria e o número total de observações, que é multiplicada por um múltiplo de 10, geralmente 100 ou 1000. A fórmula é:

> **TAXA** É a relação entre o número de casos de uma categoria e o número total de observações.

$$\text{Taxa} = \frac{\text{Número de eventos}}{\text{Número total de eventos possíveis}} \times 100 \text{ ou } 1000$$

$$\text{Exemplo} = \frac{\text{Números de nascidos vivos na cidade}}{\text{Número de habitantes na cidade}} \times 1000$$

$$\text{Taxa de nascidos vivos em Santa Lucía: } \frac{10000}{300000} \times 1000 = 33{,}33$$

Ou seja, existem 33,33 nascidos vivos para cada 1000 habitantes em Santa Lucía.

Corolário

Até aqui, os dados por *variável do estudo* foram analisados descritivamente e visualizados graficamente. Caso alguma distribuição seja ilógica, devemos questionar se a variável deve ser excluída, seja por erros do instrumento de mensuração ou na coleta dos dados, já que a codificação pode ser verificada. Por exemplo, vamos supor que nos deparamos com uma porcentagem alta de valores perdidos (de 20%),[10] então nossa pergunta deve ser: Por que tantos participantes não responderam ou o fizeram da maneira errada? Ou, ao medirmos a satisfação no trabalho, vemos que 90% estão "extremamente satisfeitos" (isso é lógico?); e outro caso seria que, nas rendas anuais a média fosse de 15.000 dólares por família (será que é possível nesse município?). A tarefa é revisar a informação descritiva de todas as variáveis.

Agora, devemos demonstrar a confiabilidade e validade de nosso instrumento, tendo como base os dados coletados.

✓ PASSO 4: AVALIAR A CONFIABILIDADE E VALIDADE CONSEGUIDA PELO INSTRUMENTO DE MENSURAÇÃO

A confiabilidade é calculada e avaliada para todo o instrumento de mensuração utilizado, mas caso sejam administrados vários instrumentos, então é preciso determinar a confiabilidade para cada um deles. Também é comum que o instrumento contenha várias escalas para diferentes variáveis, nesse caso a confiabilidade é estabelecida para cada escala e para o total de escalas (se podem ser somadas, se forem aditivas).

Conforme mencionado no Capítulo 9, existem diversos procedimentos para calcular a confiabilidade de um instrumento de mensuração. Todos utilizam fórmulas que geram coeficientes de confiabilidade que podem oscilar entre zero e um, no qual, vale lembrar, um coeficiente de zero significa nenhuma confiabilidade e um representa o máximo de confiabilidade. Quanto mais o coeficiente se aproximar de zero, maior será o erro na mensuração.

Os procedimentos mais utilizados para determinar a confiabilidade com um coeficiente são:

1. *Medida de estabilidade* (confiabilidade por *teste-reteste*). Nesse procedimento um mesmo instrumento de mensuração é aplicado duas ou mais vezes para um mesmo grupo de pessoas, após determinado período. Se a correlação entre os resultados das diferentes aplicações for muito positiva, então o instrumento é considerado confiável. É uma espécie de desenho em painel. Claro que o período entre as medições é um fator a ser considerado. Se o período for longo e a variável capaz de mudanças, isso costuma confundir a interpretação do coeficiente de confiabilidade obtido por esse procedimento. E se o período for curto as pessoas podem

lembrar como responderam na primeira aplicação do instrumento, então eles podem aparecer como mais consistentes do que na verdade são (Bohrnstedt, 1976). O processo de cálculo com duas aplicações é representado na Figura 10.10.

```
[Resultados do teste A,        [Resultados do teste A,
    momento 1]                      momento 2]
              \                    /
               \                  /
                [Coeficiente
                 de correlação]
```

FIGURA 10.10 Medida de estabilidade.

2. *Método de formas alternativas ou paralelas.* Nesse esquema não se administra o mesmo instrumento de medição, mas duas ou mais versões equivalentes. As versões (quase sempre duas) são similares em termos de conteúdo, instruções, duração e de outras características, e são administrados para um mesmo grupo de pessoas simultaneamente ou dentro de um período relativamente curto. O instrumento é confiável se a correlação entre os resultados de ambas as administrações for positiva de maneira significativa. Os padrões de resposta devem variar pouco entre as aplicações. Uma variação desse método é o das formas alternativas teste/pós-teste (Creswell, 2005), cuja diferença é que o tempo entre a administração das versões é muito mais longo, como é o caso de alguns experimentos. O método é representado na Figura 10.11.

```
            [Coeficiente
             de correlação]
            /              \
           /                \
[Resultados do teste A₁]   [Resultados do teste A₂]
```

FIGURA 10.11 Método de formas alternativas ou paralelas.

3. *Método de metades divididas (split-halves).* Os procedimentos anteriores (medida de estabilidade e método de formas alternativas) exigem no mínimo duas administrações da mensuração no mesmo grupo de indivíduos. Só que o método de metades divididas, ao contrário, precisa de somente uma aplicação da mensuração. De maneira específica acontece o seguinte: o conjunto total de itens ou assertivas é dividido em duas metades equivalentes e, a partir daí, comparamos as duas metades ou seus resultados. Se o instrumento for confiável, as pontuações das duas metades devem estar muito correlacionadas. Um indivíduo com baixa pontuação em uma metade terá a tendência de também mostrar uma baixa pontuação na outra metade. O procedimento é diagramado na Figura 10.12.

```
┌─────────────────┐                    ┌─────────────────┐
│ Resultados da   │                    │ Resultados da   │
│ metade          │                    │ outra metade    │
│ do teste A      │                    │ do teste A      │
└────────┬────────┘                    └────────┬────────┘
         └──────────────┐      ┌───────────────┘
                        ▼      ▼
                   ┌─────────────────┐
                   │   Coeficiente   │
                   │  de correlação  │
                   └─────────────────┘
```

FIGURA 10.12 Método de metades divididas.

4. *Medidas de coerência ou consistência interna.* Esses são coeficientes que estimam a confiabilidade:

   a) *o alfa de Cronbach* (desenvolvido por J. L. Cronbach) e
   b) *os coeficientes KR-20 e KR-21* de Kuder e Richarson (1937).

   O método de cálculo em ambos os casos exige só uma administração do instrumento de mensuração. Sua vantagem é que não precisamos dividir os itens do instrumento de mensuração em duas metades, simplesmente aplicamos a mensuração e calculamos o coeficiente. A maioria dos programas estatísticos, como o SPSS e o Minitab, efetua esse cálculo e só temos de interpretá-los.

   Quanto à interpretação dos diferentes coeficientes mencionados, devemos dizer que não existe uma regra que indique: a partir deste valor o instrumento não é confiável. Em vez disso, o pesquisador calcula seu valor, elabora um relatório e o submete ao exame minucioso dos usuários do estudo ou de outros pesquisadores. No entanto, é possível dizer – de maneira mais ou menos geral – que se eu obtenho 0,25 na correlação ou coeficiente, então isso indica baixa confiabilidade; se o resultado for 0,50 a confiabilidade é média ou regular. Mas, se ela for acima de 0,75 é aceitável, e se for maior do que 0,90 é elevada, precisa ser levada muito em conta.

   Na questão dos métodos baseados em coeficientes de correlação, esperamos que o leitor passe a ter uma ideia mais clara após revisar o item sobre correlação que será apresentado mais adiante neste capítulo. Mas, agora, temos uma consideração importante que precisa ser feita. O coeficiente que escolhermos para determinar a confiabilidade deverá ser apropriado ao nível de mensuração da escala de nossa variável (p. ex., se a escala de minha variável for intervalar, eu posso utilizar o coeficiente de correlação de Pearson; mas se for ordinal poderei utilizar o coeficiente de Spearman ou de Kendall; e se for nominal, outros coeficientes). O *alfa* trabalha com variáveis intervalar ou de razão e o KR-20 e KR-21, com itens dicotômicos. O cálculo do coeficiente *alfa* foi incluído no CD anexo: Material complementario → Capítulos → Capítulo 8 "Análisis estadístico: segunda parte".

   Para compreender melhor os métodos para determinar a confiabilidade veja a Tabela 10.10.
   Na Tabela 10.11 também são mostrados exemplos de estudos com sua respectiva confiabilidade.
   Outro caso já mencionado é o de Núñez (2001) e seu instrumento para medir o sentido de vida, cuja confiabilidade foi de 0,96 em sua terceira versão com 99 itens (ver no CD anexo → Material complementario → Investigación cuantitativa → Ejemplo 5).
   Conforme podemos ver na Tabela 10.11, quanto mais informação for proporcionada sobre a confiabilidade mais o leitor poderá ter uma ideia clara sobre seu cálculo e as condições em que foi demonstrada. É indispensável incluir as dimensões da variável medida, o tamanho da amostra e o método utilizado. Uma questão importante é que os coeficientes são sensíveis ao número de itens ou assertiva, quanto mais itens forem acrescentados, mais elevado tenderá a ser o valor do coeficiente.
   Insistimos, o coeficiente *alfa* é intervalar e os coeficientes Kuder Richarson para itens dicotômicos (p. ex.: sim-não). Estes últimos são utilizados no método de "metades divididas", embora – conforme diz Creswell (2005) e Babbie (2009) – estaremos confiando na metade da informação do instrumento, por isso é preciso acrescentar o cálculo de "profecia" Spearman-Brown.

TABELA 10.10
Aspectos básicos dos métodos para determinar a confiabilidade

Método	Número de vezes em que o instrumento foi administrado	Número de versões diferentes do instrumento	Número de participantes que fornecem os dados	Preocupação ou pergunta que responde
Estabilidade (*teste-reteste*)	Duas vezes em tempos diferentes.	Uma versão.	Cada participante responde o instrumento duas vezes.	Os indivíduos respondem da mesma maneira se o instrumento for administrado duas vezes?
Formas alternativas	Duas vezes ao mesmo tempo ou com uma diferença muito curta de tempo.	Duas versões diferentes, mas equivalentes.	Cada participante responde ambas as versões do instrumento.	Quando duas versões de um instrumento são similares, existe convergência ou divergência nas respostas para ambas as versões?
Formas alternativas e teste/pós-teste	Duas vezes em tempos diferentes.	Duas versões diferentes, mas equivalentes.	Cada participante responde ambas as versões do instrumento.	Quando duas versões de um instrumento são similares, existe convergência ou divergência nas respostas para ambas as versões?
Metades divididas	Uma vez.	Uma fragmentada em duas partes equivalentes.	Cada participante responde uma única versão.	Será que as pontuações de uma metade do instrumento são similares às obtidas na outra metade?
Medidas de consistência interna (alfa e Kr-20 e 21)	Uma vez.	Uma versão.	Cada participante responde uma única versão.	As perguntas ou itens do instrumento são coerentes?

TABELA 10.11
Exemplos de confiabilidade

Pesquisa	Instrumento	Métodos de cálculo e resultados	Comentário
Avaliação dos conhecimentos, opiniões, experiências e ações a respeito do abuso sexual infantil (Kolko et al., 1987).	Escala cognitiva com nove itens para crianças em idade pré-escolar e primeiros anos do ensino fundamental.	Coerência interna alfa = 0,34.	Confiabilidade baixa que demonstra incongruência, atribuída pelos autores ao pequeno tamanho da escala (poucos itens).
Estudo sobre a repercussão da ansiedade no desempenho escolar gerada pelas atividades acadêmicas (Suárez Gallardo, 2004).	Duas escalas com 25 itens tipo de Likert, uma para medir a ansiedade nas atividades acadêmicas e outra para o desempenho escolar.	O valor da confiabilidade para a escala de ansiedade, quando se aplicou um teste alfa de Cronbach, foi de 0,916, enquanto para a escala de desempenho escolar foi de 0,93.	As duas medições (da ansiedade gerada pelas atividades acadêmicas e a do desempenho escolar) indicam uma estabilidade muito alta.
Desenvolvimento e validação de uma escala autoaplicável para medir a satisfação sexual em homens e mulheres do México (Álvarez Gayou, Honold e Millán, 2005).	Um inventário para medir a satisfação sexual formado por 29 itens e que foi administrado para uma amostra de 760 pessoas, de ambos os gêneros, cujas idades oscilaram entre 16 e 65 anos.	A confiabilidade do inventário determinada com um teste alfa de Cronbach foi de 0,92.	O valor α indica uma confiabilidade extremamente elevada.

(continua)

TABELA 10.11
Exemplos de confiabilidade (continuação)

Pesquisa	Instrumento	Métodos de cálculo e resultados	Comentário
Validação de um instrumento para medir a cultura empresarial em função do clima organizacional e vincular empiricamente ambos os constructos (Hernández Sampieri, 2009).	Questionário padronizado que mede o clima organizacional em função do Modelo de Valores Competitivos de Quinn e Rohrbaugh, e com as escalas de Likert com quatro opções de resposta: duas positivas e duas negativas.	O coeficiente alfa de Cronbach obtido foi igual a 0,95 (com 95 itens). A amostra era formada por 1.424 empregados de 12 empresas (972 casos válidos completos).	Confiabilidade muito elevada.
Atitudes em relação ao casamento: integração e seus resultados nas relações pessoais (Riggio e Weiser, 2008).	Escalas do Modelo de Investimento (EMI), que a partir de 37 itens (cada um com 9 categorias) mede a entrega, o comprometimento e a satisfação com um relacionamento romântico atual.	Os coeficientes alfa resultantes da aplicação das escalas para 400 universitários foram: 0,94 para entrega e satisfação, e 0,88 para o comprometimento.	Coeficientes muito consideráveis para entrega e satisfação, e aceitável para comprometimento.

Além de estimar um coeficiente de correlação e/ou um coeficiente de coerência entre os itens do instrumento, também é conveniente calcular a correlação item-escala completa. Ela representa o vínculo de cada item com toda a escala. O número de correlações será igual ao número de itens contidos no instrumento. Corbetta (2003, p. 237) dá um exemplo muito adequado nesse sentido: se estivermos mensurando o autoritarismo, é lógico pensar que a pessoa que alcança pontuações elevadas nessa variável em toda a escala é muito autoritária, também deverá ter pontuações elevadas em todos os itens presentes nessa escala. Mas se um dos itens apresenta sistematicamente (em um número considerável de indivíduos) valores contraditórios em relação à escala total, podemos concluir que esse item não funciona adequadamente (contradiz os demais). Os itens que alcançarem baixos coeficientes de correlação com a escala, talvez devam ser analisados e, eventualmente, excluídos.

Cada um dos itens também pode ser avaliado em relação a sua capacidade de discriminação mediante o teste *t* de Student (paramétrico). Nesse caso, dois grupos são considerados, o primeiro formado por 25% dos casos com as pontuações mais altas obtidas no item e o outro grupo composto por 25% dos casos com as pontuações mais baixas. Os itens cujo teste não seja significante serão reconsiderados.

Os conceitos estatísticos aqui traduzidos (p. ex., correlação) farão mais sentido quando forem revisados mais amplamente, o que será feito mais adiante neste capítulo.

Validade

Já comentamos no capítulo anterior que a evidência sobre a validade de conteúdo é obtida mediante as opiniões de especialistas e ao se garantir que as dimensões medidas pelo instrumento sejam representativas do universo ou domínio de dimensões da ou das variáveis de interesse (às vezes com uma amostragem aleatória simples). A evidência da validade de critério ocorre quando se correlaciona as pontuações dos participantes, obtidas por meio do instrumento, com seus valores conquistados no critério. Devemos lembrar que uma correlação implica associar pontuações obtidas pela amostra em duas ou mais variáveis.

Por exemplo, Núñez (2001), além de aplicar seu instrumento sobre o sentido de vida, aplicou outros dois testes que supostamente mensuram variáveis similares: o PIL (propósito de vida) e o Logo-test de Elizabeth Lukas. O coeficiente de correlação de Pearson entre o instrumento criado e o PIL foi de 0,541, valor que se considera moderado. O coeficiente de correlação *rho* de Spearman foi igual a 0,42 entre o Logo Test e seu instrumento, e isso revela duas questões: os três instrumentos não medem a mesma variável, mas conceitos relacionados.

A evidência da validade de constructo é obtida com a análise fatorial. Esse método nos indica quantas dimensões estão presentes em uma variável e quais itens compõem cada dimensão. Quando os itens não pertencem a uma dimensão, significa que estão "isolados" e não mensuram o mesmo que os demais itens; portanto, devem ser excluídos. É um método tradicionalmente considerado complexo, por causa dos cálculos estatísticos, mas é relativamente simples de ser interpretado e, como hoje os cálculos são realizados pelo computador, qualquer pessoa que estiver se iniciando na pesquisa pode ter acesso a ele. Esse método é revisado – com exemplos reais – no CD anexo → Material complementario → Capítulos → Capítulo 8: "Análisis estadístico: segunda parte".

No Minitab a confiabilidade é obtida seguindo os comandos: Estatísticas (*Statistics*) → Confiabilidade/sobrevivência (*Reliability/Survival*), e no SPSS o leitor deve consultar o respectivo manual no CD anexo. Nas futuras versões desses programas as opções talvez mudem, mas é só localizar onde você deve solicitar a análise de seu interesse.

Quando já determinamos a confiabilidade (de 0 a 1) e mostramos a evidência sobre a validade, se alguns itens forem problemáticos (não discriminam, não estão vinculados a outros itens, não estão no lugar adequado na escala, não mensuram o mesmo, etc.), então eles devem ser excluídos dos cálculos (mas no relatório da pesquisa é preciso indicar quais foram excluídos, o motivo de sua exclusão e como alteram os resultados); posteriormente voltamos a realizar a análise descritiva (distribuição de frequências, mensurações de tendência central e de variabilidade, etc.).

No CD anexo → Material complementario → Investigación cuantitativa → Ejemplo 4 "Diseño de una escala autoaplicable para la evaluación de la satisfacción sexual en hombres y mujeres mexicanos" (Álvarez Gayou, Honold e Millán, 2005) mostramos a validação de um instrumento que apresenta todos os elementos para tal, passo a passo. Ele também inclui a criação de redes semânticas. Sua abordagem é do ponto de vista da saúde e com exatidão científica.

Chegamos até aqui, e agora?

Quando o estudo tem uma finalidade puramente exploratória ou descritiva, devemos nos perguntar: Será que podemos estabelecer relações entre variáveis? Se a resposta for positiva, então é possível continuar; mas tivermos dúvidas ou o alcance se limitou a explorar e descrever, o trabalho de análise está concluído e devemos começar a preparar o relatório de pesquisa. Se esse não for o caso, então o próximo passo é a estatística inferencial.

✓ PASSO 5: ANALISAR AS HIPÓTESES FORMULADAS UTILIZANDO TESTES ESTATÍSTICOS (ANÁLISE ESTATÍSTICA INFERENCIAL)

Aqui as hipóteses são analisadas segundo os critérios dos testes estatísticos, que serão detalhados a seguir.

Estatística inferencial: da amostra à população

Por que a estatística inferencial é útil?

ESTATÍSTICA INFERENCIAL Utilizada para testar hipóteses e estimar parâmetros.

Geralmente, o propósito da pesquisa vai além de descrever as distribuições das variáveis: o que se pretende é testar hipóteses e generalizar os resultados obtidos na amostra para a população ou universo. Os dados quase sempre são coletados de uma amostra e seus resultados estatísticos são chamados de *estadígrafos(estimadores)*; a média ou o desvio padrão da distribuição de uma amostra são estadígrafos(estimadores). As estatísticas da população são conhecidas como *parâmetros*. Estes não são calculados, porque os dados não são coletados de toda a população, mas podem ser inferidos dos estadígrafos, por isso o nome de **estatística inferencial**. O procedimento desse tipo de estatística é esquematizado na Figura 10.13.

```
Coleta de dados      Cálculo de       Inferência dos
na amostra    →     estadígrafos   →  parâmetros         →   População ou
                                      mediante técnicas       universos
                                      estatísticas apropriadas
```

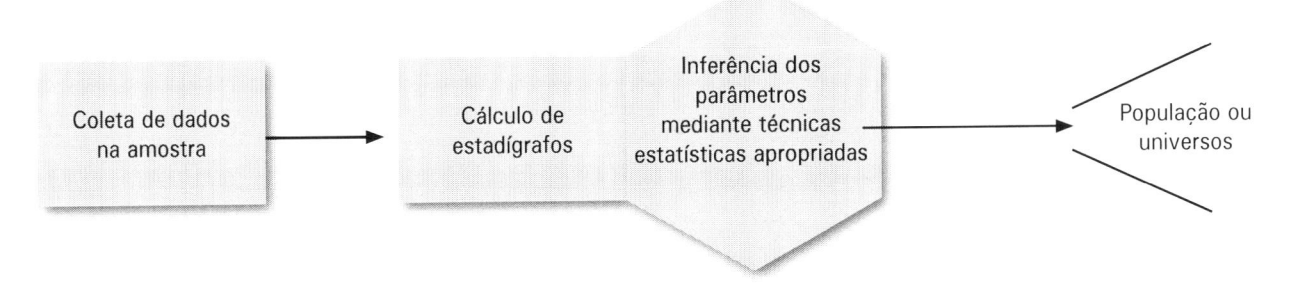

FIGURA 10.13 Procedimento da estatística inferencial.

Então, a estatística inferencial é utilizada fundamentalmente para dois procedimentos vinculados (Wiersma e Jurs, 2008; Asadoorian, 2008):

a) Testar hipóteses populacionais
b) Estimar parâmetros

O teste de hipóteses será comentado neste capítulo e efetuado dependendo de qual for a hipótese. Existem testes estatísticos para diferentes tipos de hipóteses, conforme poderemos ver a seguir.

A inferência dos parâmetros dependerá de termos escolhido uma amostra probabilística com um tamanho que garanta um nível de significância adequado. No CD anexo → Material complementario → Capítulos → Capítulo 8 "Análisis estadístico: segunda parte" há um exemplo de inferência sobre a hipótese da média populacional.

Em que consiste o teste de hipóteses?

Uma hipótese no contexto da estatística inferencial é uma proposição sobre um ou vários parâmetros, e o que o pesquisador faz por meio do **teste de hipóteses** é determinar se a hipótese populacional é congruente com os dados obtidos na amostra (Wiersma e Jurs, 2008; Gordon, 2010).

TESTE DE HIPÓTESES Determina se a hipótese é congruente com os dados da amostra.

Uma hipótese é mantida como um valor aceitável do parâmetro se for consistente com os dados. Se não for, ela é rejeitada (mas os dados não são descartados). Para compreender o que é o teste de hipóteses na estatística inferencial é necessário revisar os conceitos de distribuição amostral[11] e o nível de significância.

O que é uma distribuição amostral?

Uma **distribuição amostral** é um conjunto de valores sobre uma estatística calculada de todas as amostras possíveis de determinado tamanho de uma população. As distribuições amostrais de médias são, provavelmente, as mais conhecidas. Vamos explicar esse conceito com um exemplo. Vamos supor que nosso universo são os motoristas de uma cidade e queremos averiguar quanto tempo eles passam diariamente dirigindo (no volante). Desse universo poderia ser retirada uma amostra representativa. Vamos supor que o tamanho adequado da amostra seja de 512 motoristas ($n = 512$). Do mesmo universo poderiam ser retiradas diferentes amostras, cada uma com 512 pessoas.

DISTRIBUIÇÃO AMOSTRAL Conjunto de valores sobre uma estatística calculada de todas as amostras possíveis de uma população.

Teoricamente, também poderiam ser escolhidas por sorteio uma, duas, três, quatro amostras, e assim quantas vezes fosse necessário, até esgotar todas as amostras possíveis de 512 motoristas dessa cidade (todos os indivíduos seriam selecionados em várias amostras). Em cada amostra obteríamos uma média do tempo que os motoristas passam dirigindo. Teríamos então uma grande quantidade de médias, tantas quanto as amostras retiradas ($\bar{X}_1, \bar{X}_2, \bar{X}_3, \bar{X}_4, \bar{X}_5, ... \bar{X}_k$). E com estas elaboraríamos uma distribuição de médias. Haveria amostras que, em média, passaram mais tempo "ao volante" do que outras. Esse conceito é representado na Figura 10.14.

Se calculássemos a média de todas as médias das amostras, obteríamos praticamente o valor da média populacional.

Realmente, quase nunca se obtém a distribuição amostral (a distribuição das médias de todas as amostras possíveis). Esse é, na verdade, um conceito teórico definido pela estatística para os pesquisadores. O que comumente fazemos é extrair uma só amostra.

No exemplo dos motoristas, apenas uma das linhas verticais da distribuição amostral apresentada na Figura 10.14 é a média obtida para nossa única amostra selecionada de 512 pessoas. E a pergunta é: Nossa média calculada está próxima da distribuição amostral? Porque se ela estiver próxima poderemos ter uma estimação precisa da média populacional (o parâmetro populacional é praticamente o mesmo que o da distribuição amostral). E é isso que diz o *teorema do limite central*.

Se uma população (não necessariamente normal) tem uma média m e de desvio padrão s, a distribuição das médias na amostragem aleatória realizada nessa população tende, quando se aumenta n, a uma distribuição normal de média m e desvio padrão $\frac{s}{\sqrt{n}}$, onde n é o tamanho da amostra.

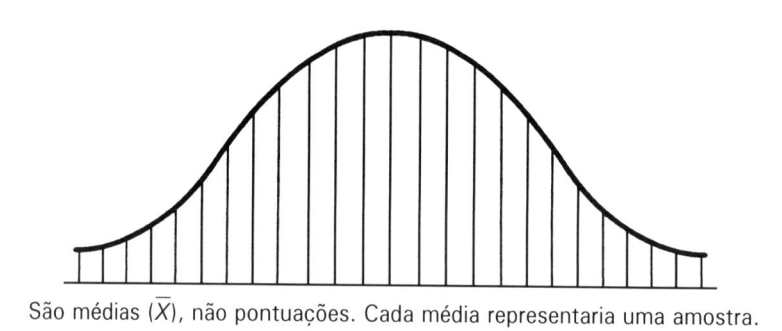

São médias ($\overline{X}$), não pontuações. Cada média representaria uma amostra.

FIGURA 10.14 Distribuição amostral de médias.

O teorema especifica que a distribuição amostral tem uma média igual à da população, uma variância igual à variância da população dividida entre o tamanho da amostra (seu desvio padrão é $\frac{\sigma}{\sqrt{n}}$ e é distribuído normalmente). O desvio padrão (s) é um parâmetro normalmente desconhecido, embora seja possível estimá-lo pelo desvio padrão da amostra. Aqui o conceito de *distribuição normal* é importante, por isso damos uma rápida explicação sobre ele na Figura 10.15.

O que é o nível de significância?

Wiersma e Jurs (2008) oferecem uma explicação simples do conceito, na qual iremos nos basear para analisar seu significado. A probabilidade de que um evento ocorra oscila entre 0 e 1, onde implica a impossibilidade de ocorrência e 1 a certeza de que o fenômeno ocorra. Quando lançamos uma moeda no ar, a probabilidade de dar "coroa" é de 0,50 e a probabilidade de dar "cara" também é de 0,50. Com um dado, a probabilidade de obter qualquer de suas faces quando o jogamos é de $1/6 = 0,1667$. A soma de possibilidades sempre é de um.

Aplicando o conceito de probabilidade na distribuição amostral, vamos considerar sua área como 1,00; então, qualquer área compreendida entre dois pontos da distribuição irá corresponder à probabilidade da distribuição. Para testar hipóteses inferenciais em termos da média, o pesquisador deve avaliar se a probabilidade de que a média da amostra esteja próxima da média da distribuição amostral é alta ou baixa. Se for baixa, o pesquisador terá dúvida se deve generalizar para a população. Se for alta, o pesquisador poderá fazer generalizações. E é aqui que entra o **nível de significância** ou **nível alfa** (α),[12] que é um nível da probabilidade de se cometer algum erro e deve ser fixado antes de testar hipóteses inferenciais.

NÍVEL DE SIGNIFICÂNCIA É um nível da probabilidade de se cometer algum erro, que o pesquisador fixa de maneira *a priori*.

Uma grande quantidade dos fenômenos do comportamento humano se manifesta da seguinte forma: a maioria das pontuações está concentrada no meio da distribuição, enquanto nos extremos podemos encontrar somente algumas pontuações. Por exemplo, a inteligência: existem poucas pessoas muito inteligentes (gênios), mas também poucas pessoas com inteligência muito baixa (p. ex.: pessoas com capacidades mentais diferentes). A maioria dos seres humanos, como nós, é medianamente inteligente. Isso poderia ser representado assim:

Por isso é que foi criado um modelo de probabilidade chamado curva normal ou distribuição normal. Como todo modelo, esse também é uma distribuição teórica que dificilmente ocorre na realidade exatamente como ela é, mas o que temos é uma aproximação dela. A curva normal tem o seguinte formato:

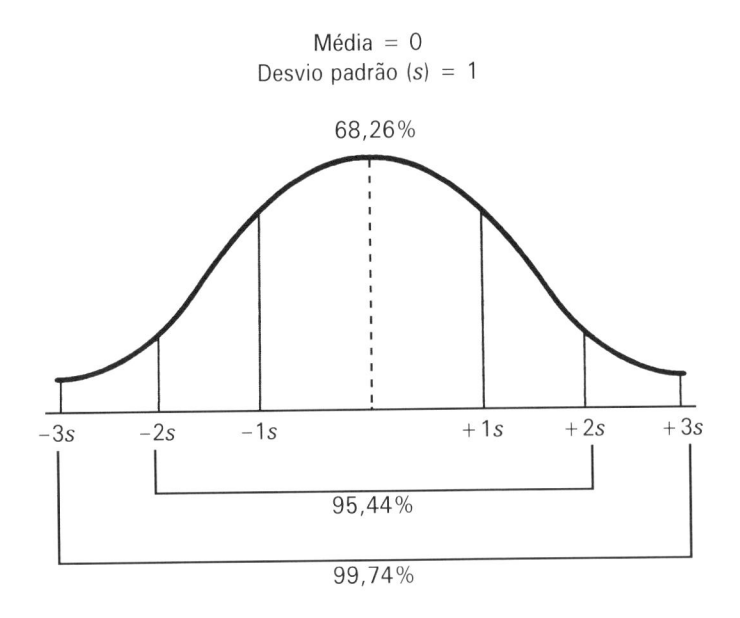

68,26% da área da curva normal está entre -1s e + 1s, 95,44% da área dessa curva está entre -2s e + 2s e 99,74% está em -3s e + 3s.

As principais características da distribuição normal são:

1. É *unimodal,* uma só moda.
2. A *assimetria é zero*. A metade da curva é exatamente igual à outra metade. A distância entre a média e + 3s é igual à distância entre a média e - 3s.
3. *É uma função* particular entre desvios relativos à média de uma distribuição e a probabilidade de que essas ocorram.
4. A base é dada em *unidades de desvio padrão* (pontuações z), destacando as pontuações -1s, -2s, -3s, +1s, + 2s e + 3s (que equivalem respectivamente a -1,00z, -2,00z, -3,00z, + 1,00z, + 2,00z, + 3,00z). As distâncias entre pontuações z representam área sob a curva. De fato, a distribuição de pontuações z é a curva normal.
5. É *mesocúrtica* (curtose de zero).
6. A *média,* a *mediana* e a *moda* coincidem no mesmo ponto.

FIGURA 10.15 Conceito de curva ou distribuição normal.

Esse conceito foi esboçado no Capítulo 8 com um exemplo coloquial, mas vamos retomá-lo: se você fosse apostar nas corridas de cavalos e tivesse 95% de probabilidade de acertar o vencedor, contra somente 5% de perder, você apostaria? É óbvio que sim, desde que tivesse esses 95% garantidos a seu favor.

Pois bem, o pesquisador também faz algo parecido. Obtém uma estatística em uma amostra (p. ex., a média) e analisa qual é a porcentagem de confiança que tem de que essa estatística se aproxima do valor da distribuição amostral (que é o valor da população ou o parâmetro). Ele busca uma porcentagem alta de certeza, uma probabilidade elevada para ficar tranquilo, porque sabe que talvez haja erro de amostragem e, embora a evidência possa indicar uma aparente "proximidade" entre o valor calculado na amostra e o parâmetro, essa "proximidade" pode não se real ou existir devido a erros na seleção da amostra.

Com qual porcentagem de confiança o pesquisador generaliza, para supor que essa proximidade é real e não devido a um erro de amostragem? *Existem dois níveis convencionados em ciências sociais:*

a) *O nível de significância de 0,05*, que significa que o pesquisador tem 95% de segurança para generalizar em cometer um erro e apenas 5% contra. Em termos de probabilidade, 0,95 e 0,05, respectivamente; ambos somam a unidade.
b) *O nível de significância de 0,01*, que significa que o pesquisador tem 99% a seu favor e 1% contra (0,99 e 0,01 = 1,00).

Além do nível de significância (α), há outro muito importante que os *softwares* estatísticos calculam: a probabilidade de significância ou p-valor. O α representa um risco de se rejeitar a hipótese nula (H_0) quando é verdadeira, e é comumente fixado em 5%.[13] O p-valor representa o valor real calculado desse risco de se cometer o referido erro ao aceitar a H_0. Assim, em um teste estatístico de hipótese se adota um valor de α e o compara com o p-valor calculado. Se $p \leq \alpha$, rejeita-se H_0 – o risco de erro é menor que o esperado –, mas se $p > \alpha$ o risco é maior que o esperado, assim não se rejeita (ou se aceita) a H_0. Em situações em que se necessita de mais rigor, tais como ao generalizar resultados de medicamentos ou vacinas ou as resistências de materiais de um edifício, são apenas considerados p-valores muito menores do que 5% (por ex.: 0,001, 0,00001, 0,00000001) para se rejeitar a H_0. Nesses casos, teríamos a confirmação de que o teste é altamente significante. Nos casos mais frequentes, o p-valor deve ser pelo menos de 5%. Se o p-valor resultar em 0,06 (ou 6%) comumente não se rejeita a H_0 (94% a favor da generalização confiável), porque o que queremos é fazer ciência da maneira mais exata possível.

O nível de significância é um valor de certeza que o pesquisador fixa a *priori*, para não cometer erros. Quando alguém lê em um relatório de pesquisa que os resultados foram significantes, isto é, que a probabilidade de significância ou p-valor foi menor do que 0,05 ($p < 0,05$), isso indica o que foi comentado: que existe menos de 5% de probabilidade de se cometer o erro de aceitar a hipótese de pesquisa (H_i), a correlação ou valor obtido ao se aplicar um teste estatístico; ou menos de 5% de rejeitar a hipótese nula quando era verdadeira (Mertens, 2005; Babbie, 2009).

Como a distribuição amostral e o nível de significância se relacionam?

O *nível de significância* é expresso em termos de probabilidade (0,05 e 0,01) e a *distribuição amostral* também como probabilidade (a área total dela como 1,00). Pois bem, para ver se há ou não confiança quando generalizamos, recorremos à distribuição amostral, com uma probabilidade adequada para a pesquisa. Consideramos o nível de significância como uma área sob a distribuição amostral, conforme se observa na Figura 10.16, e depende se escolhemos um nível de 0,05 ou de 0,01. Ou seja, que nosso valor estimado na amostra não esteja na área de risco e estejamos distantes do valor da distribuição amostral que, insistimos, é muito próximo ao da população.

Assim, o nível de significância representa áreas de risco ou confiança na distribuição amostral.

É possível cometer erros quando testamos hipóteses e realizamos estatística inferencial?

Nunca teremos plena certeza sobre nossa estimação. Trabalhamos com níveis altos de confiança ou segurança, mas, ainda que o risco seja mínimo, poderíamos cometer um erro. *Os resultados possíveis quando testamos hipóteses seriam:*

Média hipotética da população 99% da área 0,5% da área 0,5% da área
Média hipotética da população 95% da área 2,5% da área 2,5% da área

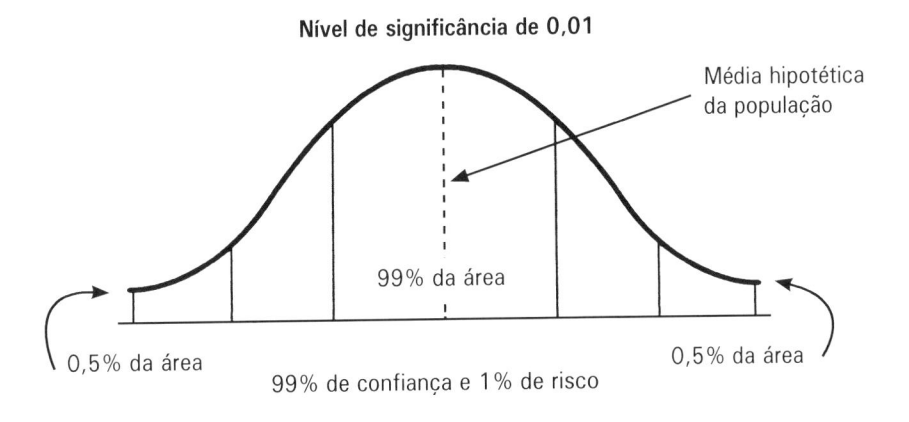

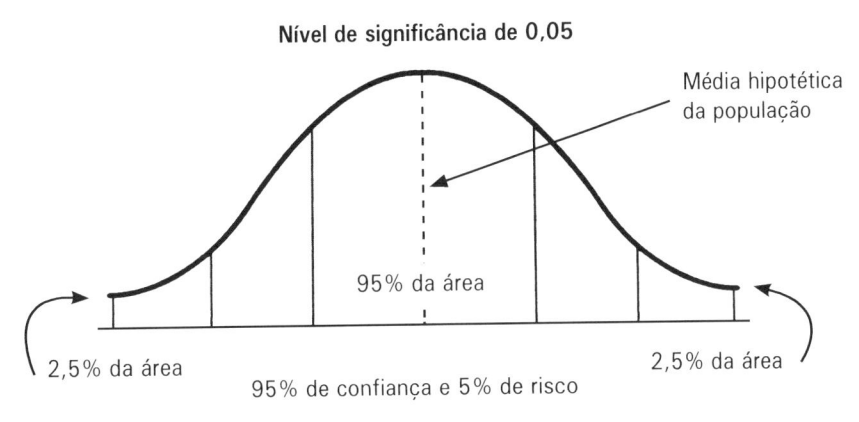

Nível de significância de 0,01

Média hipotética da população

99% da área

0,5% da área   0,5% da área

99% de confiança e 1% de risco

Nível de significância de 0,05

Média hipotética da população

95% da área

2,5% da área   2,5% da área

95% de confiança e 5% de risco

Nota:
1. Podemos expressá-lo em proporções (0,025, 0,95 e 0,025, respectivamente) ou porcentagens como está no gráfico.
2. 95% representam a área de confiança e 2,5% a área de risco (2,5% + 2,5% = 5%) em cada extremo, porque em nossa estimativa da média populacional passaríamos para valores mais altos ou baixos.

FIGURA 10.16 Níveis de significância na distribuição amostral.

1. Aceitar uma hipótese verdadeira (decisão *correta*).
2. Rejeitar uma hipótese falsa (decisão *correta*).
3. Aceitar uma hipótese falsa (conhecido como *erro do Tipo II* ou *erro beta*).
4. Rejeitar uma hipótese verdadeira (conhecido como *erro do Tipo I* ou *erro alfa*).

Os dois tipos de erro são perigosos; no entanto, podemos *reduzir muito a possibilidade* de que ocorram mediante:

a) *amostras representativas probabilísticas;*
b) *verificação cuidadosa dos dados;*
c) *seleção dos testes estatísticos apropriados;*
d) *maior conhecimento da população.*

✓ TESTE DE HIPÓTESES

Existem dois tipos de análises estatísticas que podem ser realizadas para testar hipóteses: as *análises paramétricas* e as *não paramétricas*. Cada tipo possui suas características e pressupostos que a apoiam; a escolha sobre que tipo de análise realizar depende dessas pressuposições. Também é preciso dizer que, em uma mesma pesquisa, é possível realizar análises paramétricas para algumas hipóteses e variáveis e análises não paramétricas para outras. Do mesmo modo, as análises que serão realizadas dependem das hipóteses que formulamos e do nível de mensuração das variáveis que as compõem.

✓ ANÁLISES PARAMÉTRICAS

Quais são as suposições ou os pressupostos da estatística paramétrica?

Para realizar análises paramétricas devemos partir das seguintes suposições:

1. A *distribuição populacional da variável dependente é normal*: o universo tem uma distribuição normal.
2. O *nível de mensuração* das variáveis é *intervalar ou razão*.
3. Quando *duas ou mais populações são estudadas, elas têm uma variância homogênea*: as populações em questão possuem uma dispersão similar em suas distribuições (Wiersma e Jurs, 2008).

Claro que esses critérios talvez sejam muito rigorosos e alguns pesquisadores somente baseiem suas análises no tipo de hipótese e nos níveis de mensuração das variáveis. Isso fica a critério do leitor. Na pesquisa acadêmica, e quando quem a realiza é uma pessoa experiente, devemos realmente exigir que tenham esse rigor.

Quais são os métodos ou os testes estatísticos paramétricos mais utilizados?

Existem diversos testes paramétricos, mas os mais utilizados são:

- Coeficiente de correlação de Pearson e regressão linear.
- Teste *t*.
- Teste binominal de duas proporções.
- Análise de variância unidirecional (ANOVA em um sentido ou *oneway*).
- Análise de variância fatorial (ANOVA).
- Análise de covariância (ANCOVA).

Alguns desses métodos são abordados aqui neste capítulo e outros são explicados no CD anexo → Material complementario → Capítulos → Capítulo 8 "Análisis estadístico: segunda parte".

Cada teste obedece a um tipo de hipótese de pesquisa e hipótese estatística diferente. As hipóteses estatísticas são comentadas no já mencionado Capítulo 8 do CD anexo.

O que é o coeficiente de correlação de Pearson?

Definição: é um teste estatístico para analisar a relação entre duas variáveis mensuradas em um nível intervalar ou de razão.

Simbolizado por: r.

Hipótese a testar: correlacional, do tipo "para maior X, maior Y", "para maior X, menor Y", "valores elevados em X estão associados a elevados valores em Y", "elevados valores em X são associados a baixos valores de Y". A hipótese de pesquisa indica que a correlação é significativa.

Variáveis: duas. O teste em si não considera uma como independente e a outra como dependente, já que não avalia a casualidade. A noção de causa-efeito (independente-dependente) é possível de ser estabelecida teoricamente, mas o teste não assume essa casualidade.

O coeficiente de correlação de Pearson é calculado a partir das pontuações obtidas em uma amostra em duas variáveis. Relacionamos as pontuações coletadas de uma variável com as pontuações obtidas na outra, com os mesmos participantes ou casos.

Nível de mensuração das variáveis: intervalar ou razão.
Interpretação: o coeficiente *r* de Pearson *pode variar de -1,00 a +1,00*, onde:

-1,00 = *Correlação negativa perfeita*. ("Para maior *X*, menor *Y*", de maneira proporcional. Ou seja, toda vez que *X* aumenta uma unidade, *Y* sempre diminui uma quantidade constante.) Isso também se aplica a "para menor *X*, maior *Y*".
-0,90 = Correlação negativa muito forte.
-0,75 = Correlação negativa considerável.
-0,50 = Correlação negativa média.
-0,25 = Correlação negativa fraca.
-0,10 = Correlação negativa muito fraca.
 0,00 = Não existe correlação alguma entre as variáveis.
+0,10 = Correlação positiva muito fraca.
+0,25 = Correlação positiva fraca.
+0,50 = Correlação positiva média.
+0,75 = Correlação positiva considerável.
+0,90 = Correlação positiva muito forte.
+1,00 = *Correlação positiva perfeita*. ("Para maior *X*, maior *Y*" ou "para menor *X*, menor *Y*", de maneira proporcional. Toda vez que *X* aumenta *Y* sempre aumenta uma quantidade constante.)

O *sinal indica a direção da correlação* (positiva ou negativa); e, *o valor numérico, a intensidade da correlação*. Os principais programas de computador para análise estatística indicam se o coeficiente é ou não significante da seguinte maneira:

r = 0,7831 (valor do coeficiente)
p = 0,001 (significância)
N = 625 (número de casos correlacionados)

Se *p* for menor que o valor 0,05, dizemos que o coeficiente é *significante* ao nível de 0,05 (95% de confiança de que a correlação seja verdadeira e 5% de probabilidade de erro). Se for menor do que 0,01, o coeficiente é *significante* ao nível de 0,01 (99% de confiança de que a correlação seja verdadeira e 1% de probabilidade de erro).

Outros programas, como o SPSS, apresentam esses dados em uma tabela, indicando com asterisco(s) o nível de confiança: em que um asterisco (*) implica uma significância menor que 0,05 (ou seja, que o coeficiente é significante ao nível de 0,05, a probabilidade de erro é menor que 5%) e dois asteriscos (**) uma significância menor do que 0,01 (a probabilidade de erro é menor que 1%). Isso pode ser visto no exemplo da Tabela 10.12:

TABELA 10.12
Correlações entre estado de espírito e direção

	Correlações	Estado de espírito	Direção
Estado de espírito	Correlação de Pearson	1	0,557**
	Sig. (bilateral)		0,000
	N	362	335
Direção	Correlação de Pearson	0,557**	1
	Sig. (bilateral)	0,000	
	N	335	373

** A correlação é significante ao nível 0,01 (bilateral, em ambos os sentidos entre as variáveis).

Note que a correlação é entre duas variáveis: "estado de espírito" e "direção", embora a correlação apareça duas vezes por ser uma tabela que realiza todas as comparações possíveis entre as variáveis, quando faz isso gera um eixo diagonal (representado pelas correlações das variáveis contra si mesmas – "estado de espírito" com "estado de espírito" e "direção" com "direção", que não tem sentido porque são as mesmas pontuações, e por isso é perfeita –), e acima desse eixo aparecem todos os coeficientes que se repetem abaixo do eixo. A correlação é de 0,557 e é significante ao nível de 0,000* (menor do que 0,001). N representa o número de casos correlacionados.

Uma correlação de Pearson pode ser significante, mas se for menor do que 0,30 ela é fraca, embora possa ajudar a explicar o vínculo entre as variáveis.

Considerações: quando o coeficiente r de Pearson é elevado ao quadrado (r^2), obtemos o coeficiente de determinação e o resultado indica a *variância de fatores comuns*. Ou seja, a porcentagem da variação de uma variável devido à variação de outra variável e vice-versa (ou até que ponto uma variável explica ou determina a variação da outra). Vamos ver isso graficamente na Figura 10.17.

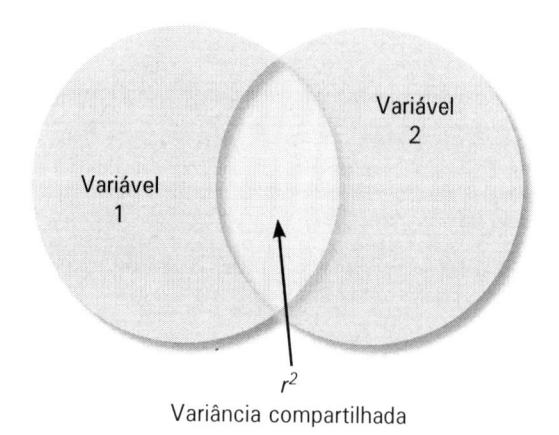

FIGURA 10.17 Variância de fatores comuns.

Por exemplo: Se a correlação entre "produtividade" e "presença no trabalho" for de 0,80.

$$r = 0,80$$
$$r^2 = 0,64$$

"A produtividade" é de, ou explica, 64% da variação da "presença no trabalho".

"A presença no trabalho" explica 64% "da produtividade". Se r for 0,72 e, consequentemente, $r^2 = 0,52$, isso significa que pouco mais da metade da variabilidade de um constructo ou variável é explicada pela outra.

Creswell (2005) diz que um coeficiente de determinação (r^2) entre 0,66 e 0,85 oferece uma boa previsão de uma variável em relação à outra variável; e acima de 0,85 significa que ambas as variáveis medem quase o mesmo conceito subjacente, são "aproximadamente" um constructo semelhante.

O coeficiente de correlação de Pearson é útil para relações lineares, conforme veremos na regressão linear, mas não para relações curvilíneas e, nesse caso, costuma-se utilizar o rho de Spearman (r_s).

Quando queremos correlacionar simultaneamente mais de duas variáveis (p. ex.: motivação, satisfação no trabalho, estado de espírito e autonomia), utilizamos o coeficiente de correlação múltipla ou R, que é revisado no CD anexo → Material complementario → Capítulos → Capítulo 8: "Análisis estadístico: segunda parte".

---

* N. de R.T.: O *software* SPSS trabalha com três casas depois da vírgula. Assim, quando aparece 0,000 para o valor de p significa que $p < 0,001$ ou 1/1000, que é um valor muito pequeno de probabilidade..

> **Exemplo**
>
> Hi: "para maior motivação intrínseca, maior produtividade".
> Resultado: r = 0,721
> p = 0,0001
> Interpretação: a hipótese de pesquisa é aceita no nível de 0,01. A correlação entre a motivação intrínseca e a produtividade é considerável e positiva.
> Hi: "para maior salário, maior motivação intrínseca".
> Resultado: r = 0,214
> p = 0,081
> Interpretação: a hipótese nula[*] é aceita. O coeficiente não é significante: 0,081 é maior do que 0,05; lembre-se de que 0,05 é o nível mínimo para aceitar a hipótese.
>
> Nota de advertência: Lembre-se do que foi dito sobre as correlações espúrias no Capítulo 5, "Definição do alcance da pesquisa a ser realizada".

Para o cálculo do coeficiente de correlação de Pearson com o SPSS não se esqueça de consultar no CD anexo seu respectivo manual. No Minitab está em Estatísticas → Estatísticas básicas.

O que é a regressão linear?

Definição: é um modelo teórico para estimar o efeito de uma variável sobre a outra. Está ligado ao coeficiente r de Pearson. Ele oferece a oportunidade de prever as pontuações de uma variável pegando as pontuações da outra variável. Quanto maior for a correlação entre as variáveis (covariação), maior capacidade de precisão.

Hipóteses: correlacionais e causais.

Variáveis: duas. Uma é considerada independente e a outra dependente. Mas, para poder fazer isso, é necessário ter um apoio teórico sólido.

Nível de mensuração das variáveis: intervalar ou razão.

Procedimento e interpretação: a regressão linear é determinada tendo como base o diagrama de dispersão. Esse consiste em um gráfico no qual relacionamos as pontuações de uma amostra em duas variáveis. Vamos ver isso com um exemplo simples com oito casos. Uma variável é a nota em Filosofia e a outra é a nota em Estatística; ambas mensuradas, hipoteticamente, de 0 a 10.

Sujeitos	Pontuações Filosofia (X)	Estatística (Y)
1	3	4
2	8	8
3	9	8
4	6	5
5	10	10
6	7	8
7	6	7
8	5	5

[**] N. de R.T.: A hipótese nula de um teste de correlação é $r = 0$ (não há correlação)

O *diagrama de dispersão* é construído com pontos para cada par de pontuações em um espaço ou plano bidimensional. Sujeito "1" teve 3 em X (Filosofia) e 4 em Y (Estatística):

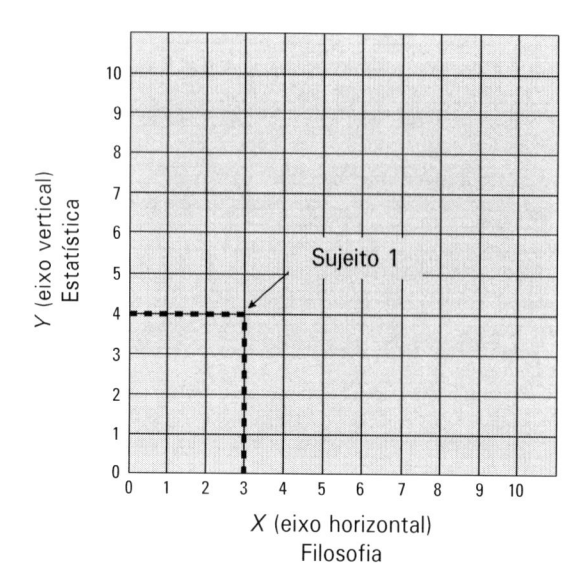

E assim para todos os pares:

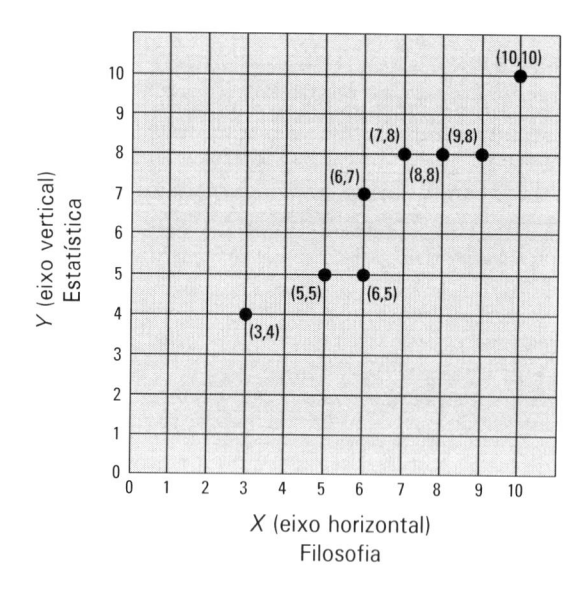

Os *diagramas de dispersão* são uma maneira de visualizar graficamente uma correlação. Por exemplo:

Se aplicássemos as provas de Filosofia e Estatística (escala de 0 a 10 em ambas as medições) para 775 alunos e obtivéssemos o seguinte resultado: $r = 0{,}814**$ (significante ao nível de 0,01). A correlação seria consideravelmente positiva e o diagrama de dispersão seria o seguinte:[14]

(continua)

FIGURA 10.18 Exemplos de gráficos de dispersão.

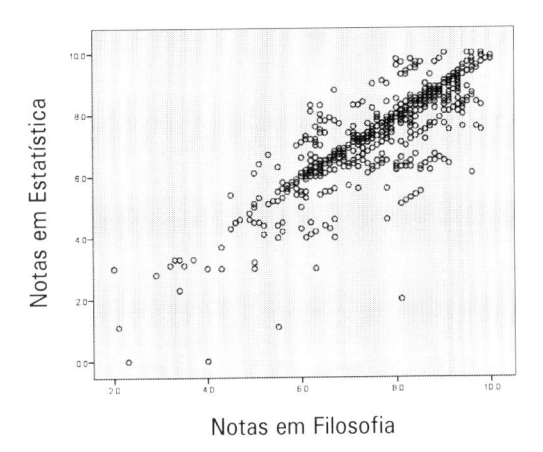

[Gráfico de dispersão: Notas em Estatística vs Notas em Filosofia]

A tendência é ascendente, pontuações altas em Y, pontuações altas em X (melhores notas em Estatística estão associadas com melhores notas em Filosofia).

No entanto, se administrássemos um teste sobre a "depressão" (escala de 0 a 50) e uma que mensurasse o "sentido de vida" (0 a 100) e o resultado fosse: -0,926** (significante ao nível 0,01). A correlação é extremamente negativa e o diagrama de dispersão seria o seguinte:

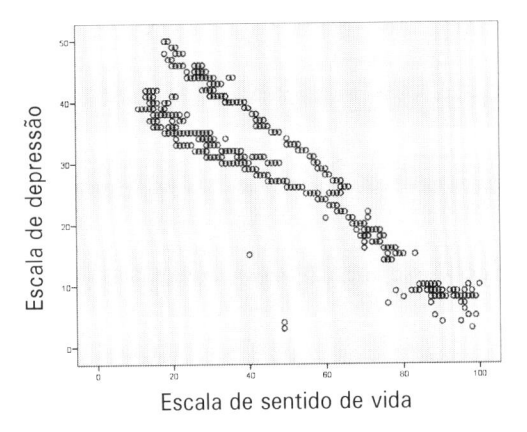

[Gráfico de dispersão: Escala de depressão vs Escala de sentido de vida]

A tendência é descendente, pontuações altas em *depressão* estão vinculadas a pontuações baixas em *sentido de vida*, e vice-versa.

Quando duas variáveis não estiverem correlacionadas, por exemplo: $r = 0,006$ (não significante) (vamos dizer, entre "inteligência" – 90 a 140 – e "motivação para o trabalho" – 0 a 50 –). O diagrama de dispersão não tem nenhuma tendência:

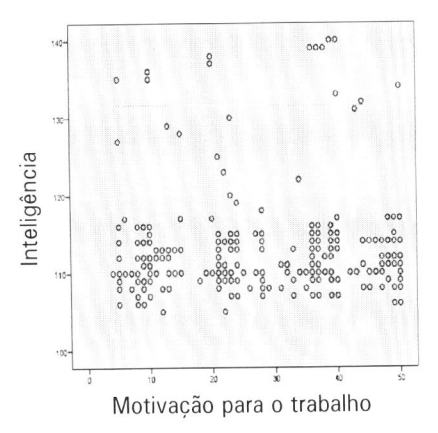

[Gráfico de dispersão: Inteligência vs Motivação para o trabalho]

(continua)

FIGURA 10.18 Exemplos de gráficos de dispersão (continuação).

Assim, cada ponto representa um caso e um resultado da intersecção das pontuações em ambas as variáveis. O diagrama de dispersão pode se resumir a uma linha, se houver tendência.

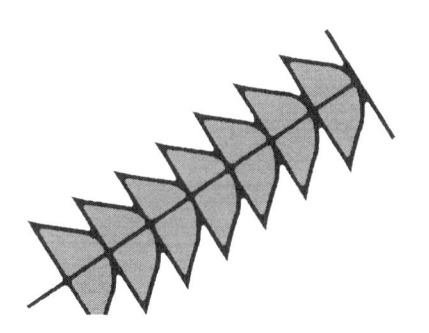

Então, quando conhecemos a linha e a tendência, podemos prever os valores das variáveis a partir desse conhecimento da outra variável.

FIGURA 10.18 Exemplos de gráficos de dispersão (continuação).

Essa linha é a reta de regressão e é expressa mediante a *equação de regressão linear*:

$$Y = a + bX$$

na qual Y é um *valor da variável dependente* que queremos prever, a é a *ordenada* na origem e b o *declive* ou inclinação, X é o valor que fixamos na variável independente.

Os programas e pacotes de análise estatística para computador que incluem a *regressão linear* proporcionam os dados de a e b.

a ou *intercept* e b ou *slope*

Para prever um valor de Y, substituímos os valores correspondentes na equação.

Exemplo

a (*intercept*) = 1,2
b (*slope*) = 0,8

Então podemos fazer a previsão: Se temos um valor 7 em Filosofia, qual valor irá corresponder a ele em Estatística?

$$Y = \underbrace{1,2}_{a} + \underbrace{(0,8)}_{b} \underbrace{(7)}_{X}$$

$$Y = 6,8$$

Prevemos que um valor de 7 em X irá corresponder a um valor de 6,8 em Y.

Exemplo
Regressão linear

Hi: "A autonomia laboral é uma variável que prevê a motivação intrínseca no trabalho. Ambas as variáveis estão relacionadas."
As duas variáveis foram mensuradas em uma escala intervalar de 1 a 5.

Resultado: a (*intercept*) = 0,42
b (*slope*) = 0,65

Interpretação: Quando X (autonomia) for 1, a previsão estimada de Y é 1,07; quando X for 2, a previsão estimada de Y é 1,72; quando X for 3, Y será 2,37; quando X for 4, Y será 3,02, e quando X for 5, Y será 3,67.

$$Y = a + bX$$
$$1,07 = 0,42 + 0,65\,(1)$$
$$1,72 = 0,42 + 0,65\,(2)$$
$$2,37 = 0,42 + 0,65\,(3)$$
$$3,02 = 0,42 + 0,65\,(4)$$
$$3,67 = 0,42 + 0,65\,(5)$$

Considerações: a *regressão linear* é útil para relações lineares, não para *relações curvilíneas*. Porque, segundo León e Montero (2003, p. 191), é um erro atribuir à relação causal uma covariação exclusivamente linear: para maiores valores na variável independente, maiores valores na dependente. Existem muitas relações de causa-efeito que não são lineares como, por exemplo, a vinculação entre ansiedade e rendimento. Um pouco de ansiedade ajuda a conseguir melhores resultados em uma prova ou na prática de um esporte; mas, acima de um determinado nível (nervosismos extremo), o desempenho fica pior. Na Figura 10.19 mostramos exemplos dessas relações.

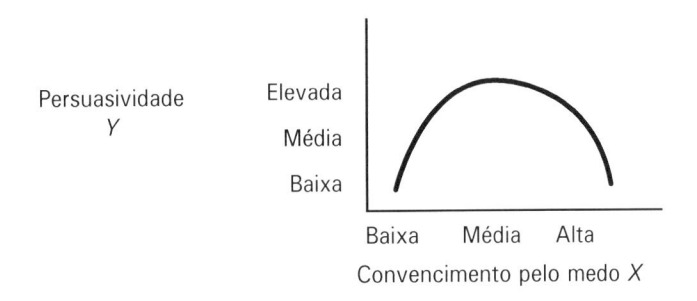

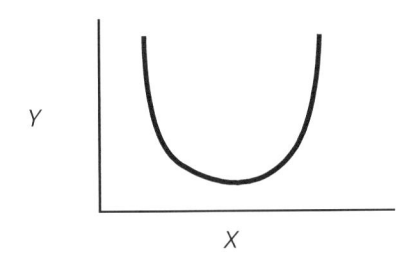

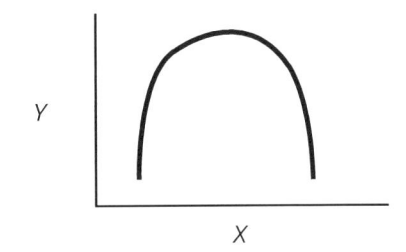

FIGURA 10.19 Exemplos de relações curvilíneas.

Na prática, os estudantes não devem se preocupar em representar graficamente os diagramas de dispersão. Isso pode ser feito pelos respectivos programas (SPSS, Minitab ou outro). No caso do SPSS, não se esqueça de recorrer ao manual no CD anexo.

O que é o teste *t*?

Definição: é um teste estatístico para avaliar se os grupos diferem entre si de maneira significante em relação a suas médias em uma variável.

Simbolizado por: *t*.

Hipótese: de diferença entre dois grupos. A hipótese de pesquisa propõe que os grupos diferem de maneira significante entre si e a hipótese nula que os grupos não diferem significativamente. Os grupos podem ser duas indústrias comparadas em termos de sua produtividade, duas escolas para contrastar os resultados para uma prova, dois tipos de materiais de construção confrontando seu rendimento, etc.

Variáveis: a comparação é realizada sobre uma variável (regularmente e de maneira teórica: dependente). Se houver diferentes variáveis, serão efetuados vários testes *t* (um para cada par de variáveis), e a razão que motiva a criação dos grupos pode ser uma variável independente. Por exemplo, um experimento com dois grupos em que um recebe o estímulo experimental e o outro não, este é de controle.

Nível de mensuração da variável de comparação: intervalar ou razão.

Cálculo e interpretação: o valor *t* é calculado pelo programa estatístico, ele quase já não é mais determinado manualmente.[15] Os programas, como o SPSS, fornecem uma tabela com vários resultados, dos quais os mais necessários para interpretar são o valor *t* e sua significância. Vamos primeiro ver um exemplo e depois uma interpretação do resultado de uma análise utilizando o SPSS.

Exemplo

H_i: "Os homens dão mais importância à atração física em seus relacionamentos heterossexuais do que as mulheres."

H_0: "Os homens não dão mais importância à atração física em seus relacionamentos heterossexuais do que as mulheres."

A variável *atração física* foi mensurada com uma escala intervalar, que varia de 0 a 18. O grupo de mulheres era formado por 119 pessoas e o de homens por 128 (variável que gera o contraste: *gênero*). Os resultados foram:

$\bar{X}_1$ (mulheres) = 12
$\bar{X}_2$ (homens) = 15
Valor t = 6,698

Significância menor do que 0,01
($p < 0,01$)

n_1 = 119 mulheres
n_2 = 128 homens
Graus de liberdade: 245

Conclusão: se aceita a hipótese de pesquisa e se rejeita a hipótese nula.

Se o valor *t* tivesse sido de 1,05 e não significante, a hipótese nula seria aceita.

O teste *t* se baseia em uma distribuição amostral ou populacional por diferença de médias, conhecida como a distribuição *t* de Student, que é identificada pelos graus de liberdade, ou seja, o número de maneiras no qual os dados podem variar livremente. Eles são determinantes, pois nos indicam qual valor devemos esperar de *t*, dependendo do tamanho dos grupos comparados. *Quanto maior número de graus, se houver, mais próxima a distribuição t de Student estará de ser uma distribuição normal* e, geralmente, se os graus de liberdade ultrapassam os 120, a distribuição normal é utilizada como uma aproximação adequada da distribuição *t* de Student (Wiersma e Jurs, 2008; Babbie, 2009).

Os graus de liberdade são calculados com a seguinte fórmula, na qual n_1 e n_2 são o tamanho dos grupos comparados:

$$gl = (n_1 + n_2) - 2$$

Vogt (1999) diz que os graus de liberdade indicam quantos casos foram utilizados para calcular um valor estatístico específico.

Realizamos uma análise com o teste *t* em pouco menos de meio milhão de alunos de uma instituição pública, cuja finalidade era comparar o desempenho entre mulheres e homens quanto à média geral da carreira, o valor obtido foi de 22,802, significância = 0,000 (menor do que 0,001). A média dos estudantes foi de 6,58 ($n = 302.272$) e o das estudantes de 7,11 ($n = 193.436$). Diante da pergunta: Foram observadas diferenças no desempenho acadêmico em relação ao gênero? Podemos dizer que as mulheres obtêm maior média que os homens com uma diferença de 0,53 pontos, que é significante ao nível 0,01.

Considerações: O teste *t* é utilizado para comparar os resultados de um pré-teste com os resultados de um pós-teste em um contexto experimental. As médias e as variâncias do grupo são comparadas em dois momentos diferentes: $\overline{X_1} \times \overline{X_2}$. Ou, ainda, para comparar os pré-testes ou pós-testes de dois grupos que participam de um experimento:

G_1 $(\overline{X}_1)$

               t

G_1 $(\overline{X}_1)$ são os pós-testes

Quando o valor t é calculado com um *software*, a significância é proporcionada como parte dos resultados e deve ser menor que 0,05 ou 0,01, mas isso depende do nível de confiança selecionado (no SPSS e Minitab o resultado é oferecido em duas versões, de acordo com o caso, se assumirmos ou não variâncias iguais.[16] O mais importante é visualizar o valor t e sua significância. Veja a Tabela 10.13.

Para saber onde conseguir o teste t no SPSS não se esqueça de consultar o manual que está no CD anexo. No Minitab esse método pode ser encontrado em: Estadísticas → Estadísticas básicas. No STATS ele é chamado de **diferença de duas médias independentes** e só precisamos colocar o número de casos ou respostas em cada grupo, as médias e os desvios padrão dos grupos que ele automaticamente calcula o valor t e o nível de significância registrado em porcentagem.

TABELA 10.13
Elementos fundamentais para interpretar os resultados de um teste t

				Valores de grupo	
F3	Gênero	N	Média	Desvio padrão	Erro padrão de média
	Masculino	86	3,69	1,043	0,113
	Feminino	88	3,84	1,071	0,114

Teste de amostras independentes

		Teste de Levene para a igualdade de variâncias		Teste t para a igualdade de médias					intervalo de confiança de 95% para a diferença	
		F	Sig.*	t	gl	Sig. (bilateral)	Diferença de médias	Erro padrão da diferença	inferior	superior
F3	Foram assumidas duas variâncias iguais	0,001	0,970	-0,966	172	0,335	-0,15	0,160	-0,471	0,162
	Não foram assumidas variâncias iguais			-0,966	171,98	0,335	-0,15	0,160	-0,471	0,162

Valor *F* diferença entre as variâncias dos grupos (dispersão dos dados)

Valor *t*

Significância: não é menor para 0,05, muito menos para 0,01: não há diferenças entre os grupos na variável de contraste

O que é o tamanho do efeito?

Quando comparamos grupos, nesse caso com o teste t, é importante determinar o tamanho do efeito, que é uma medida que representa a "força" da diferença das médias ou de outros valores considerados (Creswell, 2005; Alhija e Levy, 2009). Ela é uma medida em unidades de desvio padrão.

---

* N. de R.T.: O programa SPSS denomina o p-valor (significância ou probabilidade de significância) de "Sig.", que é a abreviatura de *significance* (em inglês).

Como é calculado? O tamanho do efeito é justamente a diferença padronizada entre as médias dos dois grupos. Em outras palavras:

$$\text{Tamanho total do efeito} = \frac{\text{Média do grupo 1} - \text{Média do grupo 2}}{\text{Desvio padrão ponderado}}$$

O desvio padrão ponderado é a estimação agrupada do desvio padrão de ambos os grupos, baseada na premissa de que qualquer diferença entre seus desvios se deve à variação da amostragem (Creswell, 2005).

O desvio padrão ponderado (denominador na fórmula) é calculado assim:

$$\sqrt{\frac{(N_E - 1)SD_E^2 + (N_C - 1)SD_C^2}{N_E + N_C - 2}}$$

No qual N_E e N_C são o tamanho dos grupos (graus de liberdade), respectivamente; enquanto SD_E e SD_C são seus desvios padrão.

Exemplo

(17,9 – 15,2) 3,3 = 0,82 (interpretação: as médias variam menos de um desvio padrão, uma em relação à outra).

(28,5 – 37,5) 4,1 = -2,19 (as médias variam mais de dois desvios padrão, um sobre o outro).

O que é o teste binominal de duas proporções?

Definição: é um teste estatístico para analisar se duas proporções ou porcentagens diferem significativamente entre si.

Hipótese: de diferença de proporções em dois grupos.

Variável: a comparação é realizada sobre uma variável. Se houver várias será efetuado um teste binomial de duas proporções por variável.

Nível de medição da variável de comparação: qualquer nível, até mesmo intervalar ou razão, mas sempre expressos em proporções ou porcentagens.

Procedimento e interpretação: essa análise pode ser facilmente realizada no programa STATS, subprograma: Diferença de duas proporções independentes. É só colocar o número de casos e a porcentagem obtida para cada grupo e calcular. Isso é tudo, não precisamos de fórmulas ou tabelas como era feito anteriormente.

Exemplo

Hi: "A porcentagem de liberais na cidade de Arualm é maior que em Linderbuck."
No STATS colocamos os dados que ele nos pede:

Grupo 1

Número de respostas?
410

Grupo 2

Número de respostas?
301

Porcentagem estimada?	Porcentagem estimada?
55%	48%
Probabilidade de diferença significante	93,56%
Valor z	1,894230

Como não se atinge uma significância de 95% (porque o STATS®, ao contrário do SPSS ou do Minitab, proporciona sua porcentagem a favor), então aceitamos a hipótese nula e rejeitamos a de pesquisa.

O que é a análise de variância unidirecional ou de um fator? (ANOVA *one-way*)

Definição: é um teste estatístico para analisar se mais de dois grupos diferem significativamente entre si em relação a suas médias e variâncias. O *teste* t é utilizado para *dois grupos* e a *análise de variância unidirecional* é utilizada para *três, quatro ou mais grupos*. Embora ela também possa ser utilizada com dois grupos.

Hipótese: de diferença entre mais de dois grupos. A hipótese de pesquisa propõe que os grupos diferem significativamente entre si e a hipótese nula que os grupos não diferem significativamente.

Variáveis: uma variável independente e uma dependente.

Nível de mensuração das variáveis: a variável independente é categórica e a dependente é intervalar ou razão.

O fato de a variável independente ser categórica significa que é possível formar grupos diferentes. Pode ser uma variável nominal, ordinal, intervalar ou de razão (mas, nesses últimos dois casos, a variável deve ser reduzida a categorias).

Por exemplo:

- Religião.
- Nível socioeconômico (muito alto, alto, médio, baixo, muito baixo).
- Tempo de serviço na empresa (de zero a um ano, mais de um ano a cinco canos, mais de cinco anos a 10, mais de 10 anos a 20 e mais de 20 anos).

Interpretação: a *análise de variância unidirecional* gera um valor conhecido como *F* ou *razão F* baseada em uma distribuição amostral, conhecida como *distribuição F*, que é outro membro da família de distribuições amostrais. A *razão F* compara as variações nas pontuações causadas por duas fontes: variações entre os grupos comparados e variações dentro dos grupos. Se o valor *F* for significante, isso implica que os grupos diferem entre si em suas médias. Então a hipótese de pesquisa é aceita e a nula rejeitada[17]. A seguir apresentamos um exemplo de um estudo em que a análise apropriada é a de variância.

ANÁLISE DE VARIÂNCIA Teste estatístico para analisar se mais de dois grupos diferem entre si de maneira significativa em suas médias e variâncias.

Exemplo

H_i: "As crianças que ficarem expostas a conteúdos com elevada violência exibidos na televisão demonstrarão uma conduta mais agressiva em suas brincadeiras se comparadas com as crianças que ficarem expostas a conteúdos com média ou baixa violência."

H_0: "As crianças que ficarem expostas a conteúdos com elevada violência exibidos na televisão não demonstrarão uma conduta mais agressiva em suas brincadeiras se comparadas com as crianças que ficarem expostas a conteúdos com média ou baixa violência."

A variável independente é o grau de exposição à violência na televisão e a variável dependente é a agressividade demonstrada nas brincadeiras, medida pelo número de condutas agressivas observadas (nível de mensuração intervalar).

Para testar a hipótese desenhamos um experimento com quatro grupos:

G_1X_1 (elevada violência)   0 ⎤
G_2X_2 (média violência)   0 ⎥ Número de atos agressivos
G_3X_3 (baixa violência)   0 ⎥
G_4 — (conduta prossocial)   0 ⎦

Em cada grupo há 25 crianças.

A razão F foi de 9,89 e é significante ao nível de 0,05: a hipótese de pesquisa é aceita. A diferença entre as médias dos grupos é admitida, o conteúdo altamente violento tem um efeito sobre a conduta agressiva das crianças em suas brincadeiras. O estímulo experimental teve um efeito.

E isso pode ser comprovado quando comparamos as médias de pós-testes dos quatro grupos, porque a análise de variância unidirecional indica apenas se a diferença entre as médias e as distribuições dos grupos é ou não significante; mas não indica a favor de quais grupos é essa diferença. Mas isso pode ser feito ao visualizarmos as médias e compará-las com as distribuições de seus grupos. E se também quisermos cotejar cada par de médias (X_1 com X_2, X_1 com X_3, X_2 com X_3, etc.) e determinar com exatidão onde estão as diferenças significativas, podemos aplicar um contraste posterior, com o cálculo de um teste t para cada par de médias; ou, ainda, por meio de alguma estatística que costumam ser parte das análises efetuadas nos *softwares* estatísticos.

Essas estatísticas estão na Tabela 10.14.

TABELA 10.14
Principais estatísticas para comparações posteriores (*post hoc*) no **ANOVA** unidirecional ou de um fator[18]

Nome	Siglas
Diferença menos significativa	DMS
Teste F de Ryan-Einot-Gabriel-Welsch	R-E-G-W-F
Teste de amplitude de Ryan-Einot-Gabriel-Welsch	R-E-G-W Q
Teste de Tukey	
Outros: Walter-Duncan, T2 de Tamhane, T3 de Dunnett, Games-Howell, C de Dunnett, Bonferroni, Sidak, Gabriel, Hochberg, Scheffé...	

Exemplo

Vamos supor que com uma escala de Likert (1-5) mensuramos a atitude, em relação ao treinador da equipe de futebol de uma cidade, de três torcidas organizadas: a Ultra, a Central e a dos Veteranos. Nossa intenção é analisar se elas diferem significativamente entre si. Para tanto, realizamos uma análise de variância e os resultados foram os mostrados na Tabela 10.15, com os elementos que os programas estatísticos como o SPSS costumam incluir, só que estes abreviam os termos.

Comentário: a atitude das três torcidas em relação ao treinador é significante, a mais favorável é a dos veteranos (sua média é de 3,07, arredondando para décimos: 3,1).

TABELA 10.15
Exemplo de análise de variância

ANOVA
Atitude em relação ao treinador da equipe de futebol

Fonte de variação	Soma dos quadrados	Graus de liberdade	Médias quadráticas	Valor F	Significância
Intergrupos	46768	2	23384	17394	0,000
Intragrupos	793175	590	1344		
Total	839943	592			

Descritivos
Atitude em relação ao treinador da equipe de futebol

	N	Média	Desvio padrão	Erro padrão	Intervalo de confiança para a média 95%		Mínimo	Máximo
					Limite inferior	Limite superior		
Torcida Ultra	195	3,61	1,046	0,075	3,46	3,76	1	5
Torcida Central	208	3,72	1,090	0,076	3,53	3,87	1	5
Torcida Veteranos	190	3,07	1,331	0,097	3,88	3,26	1	5
Total	593	3,48	1,191	0,049	3,38	3,57	1	5

☑ ESTATÍSTICA MULTIVARIADA

Até aqui, vimos testes paramétricos com apenas uma variável independente e uma dependente. Mas o que acontece quando temos diversas variáveis independentes e uma dependente, várias independentes e dependentes? Esquemas como os mostrados na Figura 10.20.

Objetivo: Analisar o efeito que a *autoestima*, a *idade*, o *gênero* e a *religião* têm sobre o *sentido de vida*.

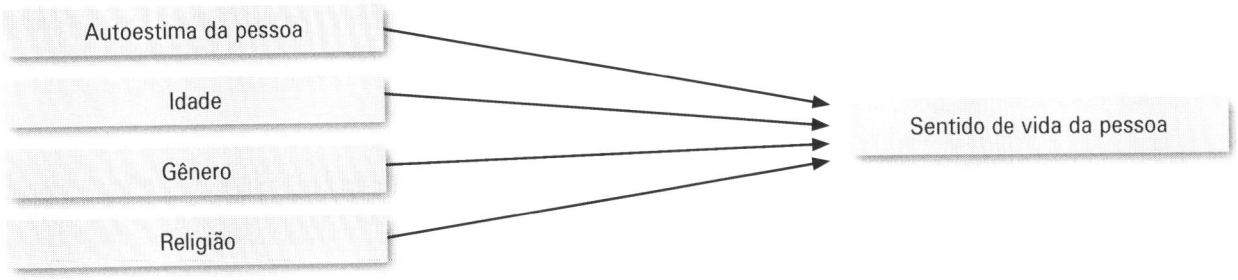

Ou, se queremos testar a hipótese: "A *semelhança em valores*, a *atração física* e o *grau de feedback positivo* são fatores que interferem na *satisfação com o relacionamento* em casais de namorados cujas idades oscilam entre 24 e 32 anos".

(continua)

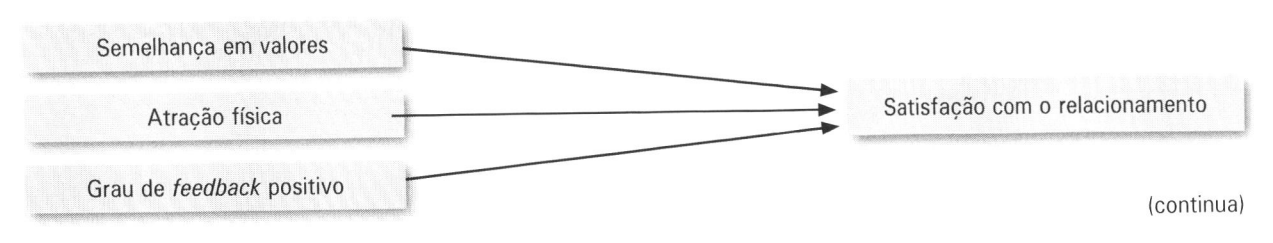

FIGURA 10.20 Exemplos de esquemas com diversas variáveis tanto dependentes como independentes.

Também se pretendemos avaliar se um *método educacional* aumenta a *consciência e os valores ecológicos* dos estudantes do Ensino Médio, controlando e analisando a influência da variável *nível educacional dos pais*.

```
Método educacional vivencial  ─────────┐────────▶  Consciência e valores ecológicos
                                       │                      ▲
                                       ▼                      │
                              Nível educacional dos pais ─────┘
```

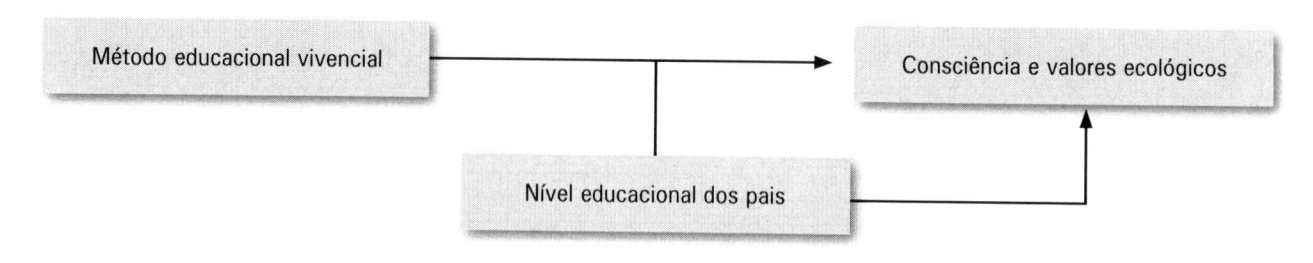

Quando buscamos conhecer a influência de quatro variáveis, por exemplo, médicos em relação à adesão ao tratamento e à satisfação de seus pacientes com o atendimento hospitalar.

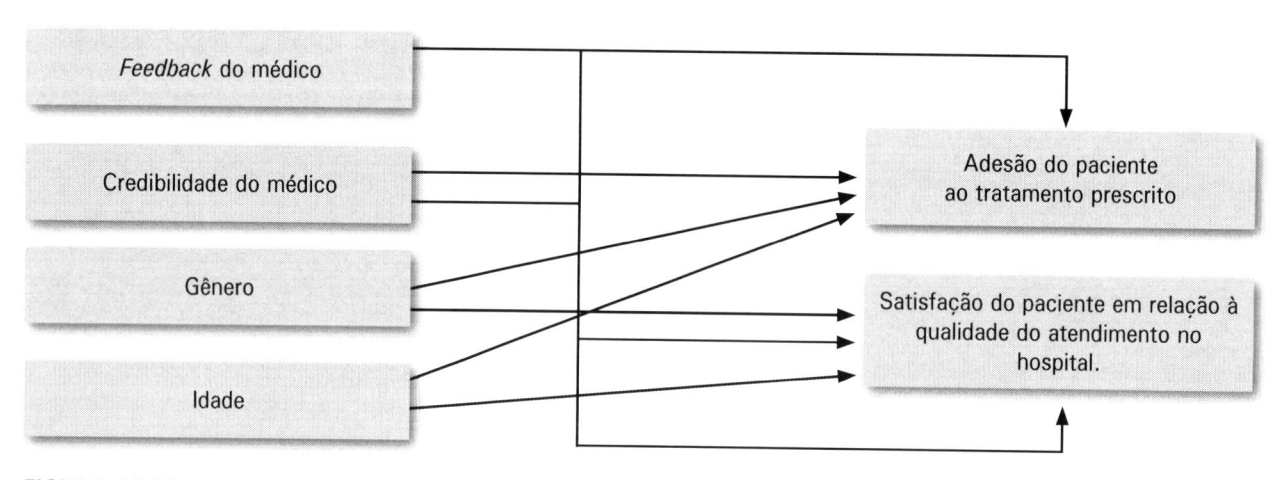

```
Feedback do médico          ────────────┐
                                         │──▶ Adesão do paciente
Credibilidade do médico     ────────────┤    ao tratamento prescrito
                                         │
Gênero                      ────────────┤──▶ Satisfação do paciente em relação à
                                         │    qualidade do atendimento no
Idade                       ────────────┘    hospital.
```

FIGURA 10.20 Exemplos de esquemas com diversas variáveis tanto dependentes como independentes (continuação).

Então, vamos precisar de outros métodos estatísticos como os que são mostrados na Tabela 10.16. Esses métodos são comentados no CD anexo: Material complementario → Capítulos → Capítulo 8 "Análisis estadístico: segunda parte", em análise multivariada.

✓ ANÁLISES NÃO PARAMÉTRICAS

Quais são os pressupostos da estatística não paramétrica?

Para realizar as análises não paramétricas devemos partir das seguintes considerações:

OA5
1. A maioria dessas análises não precisa de pressupostos sobre a forma da distribuição populacional. Aceitam distribuições não normais.
2. As variáveis não têm necessariamente de estarem mensuradas em um nível intervalar ou de razão; podem analisar dados nominais ou ordinais. Realmente, se quisermos aplicar análises não paramétricas em dados intervalar ou razão, estes precisam ser resumidos em categorias discretas (em algumas). As variáveis devem ser categóricas.

TABELA 10.16
Métodos estatísticos multivariados (ver mais no CD anexo)

Método	Propósitos fundamentais
Análise de variância fatorial (ANOVA de vários fatores)	Avaliar o efeito de duas ou mais variáveis independentes sobre uma variável dependente.
Análise de covariância (ANCOVA)	Analisar a relação entre uma variável dependente e duas ou mais independentes, ao eliminar e controlar o efeito de pelo menos uma dessas variáveis independentes.
Regressão múltipla	Avaliar o efeito de duas ou mais variáveis independentes sobre uma variável dependente, assim como prever o valor da variável dependente com uma ou mais variáveis independentes, e estimar qual é a independente que melhor prevê as pontuações da variável dependente. É uma extensão da regressão linear.
Análise multivariada de variância (MANOVA)	Analisar a relação entre duas ou mais variáveis independentes e duas ou mais variáveis dependentes.
Análise de caminhos (*path analysis*)	Determinar e representar inter-relações entre variáveis a partir de regressões, assim como analisar o tamanho da influência de algumas variáveis sobre outras, influência direta e indireta. É um modelo causal.
Análise discriminante	Construir um modelo que verifique *a priori* a qual grupo pertence um caso a partir das características observadas em cada caso (prever se um caso pertence a uma das categorias da variável dependente, tendo como base duas ou mais independentes).
Distâncias euclidianas	Avaliar a semelhança entre variáveis (em unidades de correlação).

Quais são os métodos ou testes estatísticos não paramétricos mais utilizados?

Os *testes não paramétricos mais utilizados* são:

1. o *chi* quadrado ou χ^2;
2. os coeficientes de correlação e independência para tabulações cruzadas;
3. os coeficientes de correlação por amplitudes ordenadas, de Spearman e Kendall.

O que é o *chi* quadrado ou χ^2?

Definição: é um teste estatístico para avaliar hipóteses sobre a relação entre duas variáveis categóricas.
    Simbolizado como: χ^2.
    Hipóteses a testar: correlacionais.
    Variáveis envolvidas: duas. O teste *chi* quadrado não considera relações causais.
    Nível de mensuração das variáveis: nominal ou ordinal (ou intervalar ou razão reduzidos a ordinais).
    Procedimento: calculado com uma *tabela de contingência ou tabulação cruzada*, que é um quadro de duas dimensões, e cada dimensão contém uma variável. E cada variável, por sua vez, subdivide-se em duas ou mais categorias.
    O exemplo de uma tabela de contingência é mostrado a seguir (Tabela 10.17).
    Essa tabela demonstra o conceito de *tabela de contingência* ou tabulação cruzada. As variáveis aparecem indicadas ao lado do quadro (*intenção de voto e gênero*), cada uma com suas duas categorias. Dizemos que essa é uma tabela 2 x 2, em que cada dígito significa uma variável e o valor deste indica o número de categorias da variável:

> ***CHI* QUADRADO** Teste estatístico para avaliar hipóteses sobre a relação entre duas variáveis categóricas.

    2   ×   2
    ↑   ↑
Uma variável com duas categorias   Outra variável com duas categorias

TABELA 10.17
Exemplo de uma tabela de contingência

		Gênero		Total
		Masculino	Feminino	
Intenção de voto	Candidata A Guadalupe Torres	40	58	98
	Candidata B Liz Almanza	32	130	162
Total		72	188	260

O exemplo de uma tabela de contingência 2 x 3 está na Tabela 10.18. As duas variáveis são: *identificação política* (três categorias) e *zonas eleitorais* (duas categorias). Os números que aparecem nas células são frequências. Por exemplo: 180 pessoas da zona norte se identificam com o partido de direita. Precisamos chamar a atenção para o seguinte: não importa qual variável está na parte superior ou à esquerda porque o fundamental é que, no final, todas as categorias de uma variável se cruzem com todas as categorias da outra.

O *chi* quadrado é, essencialmente, uma *comparação* entre a *tabela de frequências observadas* e a denominada *tabela de frequências esperadas*, que é a tabela que esperaríamos encontrar se as variáveis fossem estatisticamente independentes ou não estivessem relacionadas (Wright, 1979). É um teste que parte do pressuposto de "não relação entre variáveis" e o pesquisador avalia se para seu caso isso é correto ou não, analisa se as frequências observadas são diferentes do que poderia ser esperado no caso da ausência de correlação. A lógica é a seguinte: "Se não existe relação entre as variáveis, então devemos ter a seguinte tabela (a das frequências esperadas). Se existe relação, a tabela que iremos obter como resultado em nossa pesquisa tem de ser bem diferente da tabela de frequências esperadas". Ou seja, o que foi contado *versus* o que seria esperado do acaso.

TABELA 10.18
Exemplo de uma tabela de contingência 3 × 2

		Zona eleitoral		Total
		Norte	Sul	
Identificação política	Partido de direita	180	100	280
	Partido de centro	190	280	470
	Partido de esquerda	170	120	290
	Total	540	500	1040

O *chi* quadrado pode ser obtido nos programas estatísticos ou com o STATS. Nos programas solicitamos a análise em: *Estatísticas* (utilizando as opções "básicas" e "tabelas"), no Minitab e no SPSS: *Analyze* (em inglês) (Analisar) → *Descriptive Statistics* (Estatísticas Descritivas) → *Crosstabs* (Tabulações Cruzadas).

No SPSS o programa gera um resumo dos casos válidos e perdidos para cada variável e uma tabela de contingência simples, como a 10.17, ou, ainda, uma tabela mais complexa com diversos resultados por célula (frequências contadas ou observadas, frequências esperadas, porcentagens marginais e totais, etc.). Esse segundo caso está no CD anexo: Material complementario → Capítulos → Capítulo 8: "Análisis estadístico: segunda parte", no final, na parte sobre *chi* quadrado.

O programa também fornece o valor de *chi* quadrado junto com outros testes (mas recomendamos que o foco seja no resultado deste), conforme é mostrado no seguinte exemplo que corresponde à Tabela 10.17:

	Valor	Graus de liberdade (gl)	Significância
Chi quadrado de Pearson	13529	1	0,000

Nesse caso, o valor de *chi* quadrado é significante ao nível 0,01, isto é, aceita-se a hipótese de pesquisa de que existe relação entre as variáveis *intenção de voto* e *gênero* (Liz Almanza vence, mas principalmente pelo voto feminino).

Às vezes, o valor de *chi* quadrado é utilizado simplesmente para verificar se existe ou não relação entre as variáveis.

Exemplo

Hi: "Os três canais de televisão de âmbito nacional diferem na quantidade de programas prossociais, neutros e antissociais que transmitem. Existe relação entre a variável *canal de televisão nacional* e a variável *transmissão de programas prossociais, neutros e antissociais*."

Resultados:

$$\chi^2 = 7,95$$
$$gl = 4$$

Significância maior do que 0,05.
Conclusão: rejeita-se a hipótese de pesquisa e se aceita a nula. Não existe relação entre as variáveis.

O cálculo do *chi* quadrado pode ser encontrado no CD anexo: Material complementario → Capítulos → Capítulo 8 "Análisis estadístico: segunda parte", até o final.

O que são os coeficientes de correlação e independência para tabulações cruzadas?

Além do *chi* quadrado, há *outros coeficientes* para avaliar se as variáveis incluídas na tabela de contingência ou tabulação cruzada estão correlacionadas. Na Tabela 10.19 descrevemos os coeficientes mais importantes para essa finalidadade.[18]

Quais são as outras aplicações das tabelas de contingência?

As tabelas de contingência, além de servirem para o cálculo do *chi* quadrado e outros coeficientes, são úteis para descrever ao mesmo tempo duas ou mais variáveis. Isso é feito quando transformamos as frequências observadas em frequências relativas ou porcentagens. Em uma tabulação cruzada, pode haver três tipos de porcentagens para cada célula.

- *Porcentagem relacionada com o total de frequências observadas* ("N" ou "n" *da amostra*).
- *Porcentagem relacionada com o total marginal da coluna.*
- *Porcentagem relacionada com o total marginal da linha.*

Vamos ver isso com um exemplo hipotético de uma tabela 2 x 2 com as variáveis: gênero e preferência por um apresentador de televisão. As frequências observadas seriam:

TABELA 10.19
Principais coeficientes para tabelas de contingência

Coeficiente	Para quadros de contingência	Nível de mensuração de ambas as variáveis	Interpretação
Phi (φ)	2 x 2	Nominal. Pode ser utilizado com variáveis ordinais reduzidas a duas categorias. No SPSS ele está em cálculos para dados nominais.	Em tabelas 2 x 2 varia de 0 a 1, onde zero implica ausência de correlação entre as variáveis; e um, que existe correlação perfeita entre as variáveis. Em tabelas maiores, o *phi* pode ser maior do que 1,0, mas a interpretação é complexa. Por isso, recomendamos limitar o uso para tabelas 2 x 2.
Coeficiente de contingência *C* de Pearson	Qualquer tamanho. Na verdade ele é um ajuste do *phi* para tabelas com mais de duas categorias nas variáveis. Funciona melhor, inclusive, com tabelas de 5x5.	Nominal. Pode ser utilizado com variáveis ordinais reduzidas a duas categorias.	0 a 1, mas em tabelas menores do que 5 x 5, ele se aproxima, mas nunca atinge 1.
V de Cramer (*C*)	Qualquer tamanho.	Qualquer nível de variáveis, mas sempre reduzidas categorias. No SPSS ele está em cálculos para dados nominais.	0 a 1, mas somente se chega a 1 se ambas as variáveis tiverem o mesmo número de categorias (ou marginais).
Goodman-Kruskal *Lambda* ou só *Lambda* (λ)	Qualquer tamanho.	Qualquer nível de variáveis, mas sempre reduzidas categorias. No SPSS ele está em cálculos para dados nominais.	Oscila entre 0 e 1, assume causalidade, o que significa que podemos prever a variável dependente definida na tabela, tendo como base a independente. A versão usual do *Lambda* é assimétrica. Mas o SPSS e outros programas apresentam três versões: uma simétrica e duas assimétricas (estas representam cada uma das variáveis considerada dependente). A versão simétrica é simplesmente a média dos dois *Lambdas* assimétricos. Um teste assimétrico pressupõe que o pesquisador pode designar qual é a variável independente e qual a dependente. Em um simétrico não se assume essa causalidade.
Coeficiente de incerteza ou entropia ou *U* de Theil	Qualquer tamanho.	Qualquer nível de variáveis, mas sempre reduzidas categorias. No SPSS ele está em cálculos para dados nominais.	Oscila entre 0 e 1, assume causalidade, o que significa que podemos prever a variável dependente definida na tabela, tendo como base a independente. Por razões históricas (de hábito), o coeficiente tem sido sempre calculado em termos de prever a variável das colunas, pegando como base a variável das fileiras.
Gamma de Goodman e Kruskal	Qualquer tamanho.	Ordinal.	Varia de -1 a +1 (-1 é uma relação negativa perfeita, e +1 uma relação positiva perfeita).
Tau-a, Tau-b e *Tau-c* (τa, τb, τc)	Qualquer tamanho.	Ordinal.	Variam de -1 a +1. *Tau-a* e *Tau-b* são assimétricas e *Tau-c* é simétrica.
D de Somers	Qualquer tamanho.	Ordinal.	Varia de -1 a +1.
Kappa	Qualquer tamanho.	Dados categorizados intervalares.	Geralmente de 0 a 1.

Exemplo

Preferência pelo apresentador	Gênero		
	Masculino	Feminino	
A	25	25	50
B	40	10	50
	65	35	100

As células poderiam ser representadas assim:

a	c
b	d

Vamos pegar o caso de *a* (célula superior esquerda). A célula *a* (25 frequências observadas) em relação ao total ($N = 100$) representa 25%. Em relação ao total marginal da coluna (cujo total é 65) representa 38,46% e ao total marginal da linha (cujo total é 50) significa 50%. Isso pode ser expresso assim:

Exemplo

	Frequências observadas		
	25		
Em relação a *N*	25,00%		
Em relação a "a + b"	38,46%	c	$a + c = 50$
Em relação a "a + c"	50,00%		
	b	d	$b + d$
	$a + b = 65$	$c + d$	$100 = n$

E fazemos assim com cada categoria, como na Tabela 10.20.

Alguns programas colocam as porcentagens incluídas nas células em outra ordem. Por exemplo, a porcentagem em relação ao total é colocada no final, mas as interpretações são similares.

✓ OUTROS COEFICIENTES DE CORRELAÇÃO

O coeficiente de correlação de Pearson é uma estatística apropriada para variáveis mensuradas por intervalos ou razão e para relações lineares. O *chi* quadrado e outros coeficientes são estatísticas

TABELA 10.20
Exemplo de uma tabela de contingência para descrever em conjunto duas variáveis

		Gênero		
		Masculino	Feminino	
Preferência pelo apresentador	A	25 25,0% 38,5% 50,0%	25 25,0% 71,4% 50,0%	50
	B	40 40,0% 61,5% 80,0%	10 10,0% 28,6% 20,0%	50
		65	35	100

adequadas para tabelas de contingência com variáveis nominais, ordinais e intervalar, mas reduzidas a categorias; agora, o que pode acontecer se as variáveis de nosso estudo forem ordinais, intervalares e de razão? Ou, ainda, uma mistura de níveis de mensuração, ou os dados não podem ser encontrados necessariamente em uma tabela de contingência. Existem outros coeficientes que iremos comentar rapidamente.

O que são os coeficientes e a correlação por postos ordenados de Spearman e Kendall?

COEFICIENTES *RHO* DE SPEARMAN E *TAU* DE KENDALL São medidas de correlação para variáveis em um nível de mensuração ordinal; os indivíduos podem ser ordenados por postos.

Os **coeficientes *rho* de Spearman**, simbolizado como r_s, e ***tau* de Kendall**, simbolizado como τ, são medidas de correlação para variáveis em um nível de mensuração ordinal (ambas), para que os indivíduos ou objetos possam ser ordenados por postos (hierarquias). Por exemplo, vamos supor que temos as variáveis "preferência pelo sabor" e "embalagem atraente" e pedimos para um grupo de pessoas representativas do mercado que avaliem simultaneamente 10 marcas de garrafas de refrigerantes específicas e as ordenem do 1 ao 10; em que "1" é a categoria ou o posto máximo em ambas as variáveis. E, finalmente, obtemos os seguintes resultados do grupo:

Marca[20]	Variável 1 – Preferência pelo sabor	Variável 2 – Embalagem atraente
Loy	1	2
Wiz Cola	2	5
Fan	3	1
Energizador	4	3
Maron	5	4
Manzanol	6	6
Cold	7	8
Zoda II	8	7
Frutol	9	10
Roanapause	10	9

Para analisar esses resultados, utilizaríamos os coeficientes r_s e τ. Nesse caso, é preciso observar que todos os refrigerantes devem ser hierarquizados por postos que contém as propriedades de uma escala ordinal (ordenados do maior para o menor). Ambos os coeficientes variam de -1,0 (correlação negativa perfeita) a +1,0 (correlação positiva perfeita), considerando o 0 como ausência de correlação entre as variáveis hierarquizadas. São estatísticas extremamente eficientes para dados ordinais. A diferença entre elas é explicada por Nie e colaboradores, (1975, p. 289) da seguinte maneira: o coeficiente de Kendall (τ) é um pouco mais significativo quando os dados contêm um número considerável de postos empatados. O coeficiente *rho* de Spearman parece ser uma abordagem próxima ao coeficiente *r* de Pearson, quando os dados são contínuos (p. ex., não caracterizados por um número considerável de empates em cada posto). Segundo Creswell (2005) também serve para analisar relações curvilíneas.

Sua significância também é interpretada da mesma forma que a de Pearson e outros valores estatísticos.

Outro exemplo seria relacionar a opinião de dois médicos e a hierarquização dos próprios pacientes em relação ao progresso de sua doença terminal.

Quais outros coeficientes existem?

Um coeficiente muito importante é o *eta*, que é similar ao coeficiente *r* de *Pearson*, mas com relações não lineares, que foram comentadas anteriormente. Ou seja, o *eta* define a "correlação perfeita"(1,00) como curvilínea e a "relação nula" (0,0) como a independência estatística das variáveis. Esse coeficiente é assimétrico (conceito explicado na Tabela 10.19) e, ao contrário de Pearson, é possível obter um valor diferente para o coeficiente ao determinar qual variável é considerada a independente e qual a dependente. O eta^2 é interpretado como a porcentagem da variância na variável dependente explicada pela independente. O pesquisador pode calcular o *eta* de suas maneiras: ao mudar a definição da independente e dependente, depois calcular a média dos dois coeficientes e obter um simétrico. O *eta* pode ser trabalhado em tabelas de contingência. Outros coeficientes são descritos na Tabela 10.21.

TABELA 10.21
Outros coeficientes de correlação

Coeficiente	Nível de medição das variáveis	Exemplo	Interpretação
Bisserial (r_b)	Uma ordinal e a outra intervalar ou razão.	Hierarquia na organização e motivação.	-1,00 (correlação negativa perfeita). 0,00 (ausência de relação). +1,00 (correlação positiva perfeita).
Bisserial por postos (r_{rb})	Uma variável nominal e a outra ordinal.	Escola de procedência (pública-particular) e posto em um teste de um idioma estrangeiro (alto, médio, baixo).	-1,00 (correlação negativa perfeita). 0,00 (ausência de relação). +1,00 (correlação positiva perfeita).
Bisserial pontual (r_{pb})	Uma variável intervalar e a outra nominal.	Motivação para o estudo e curso (Economia, Direito, Administração, etc.).	-1,00 (correlação negativa perfeita). 0,00 (ausência de relação). +1,00 (correlação positiva perfeita).
Tetrachoric	As duas dicotômicas, não necessariamente expressas em tabelas.	Gênero e afiliação/não afiliação a um partido político.	-1,00 (correlação negativa perfeita). 0,00 (ausência de relação). +1,00 (correlação positiva perfeita).

Existem muitos outros coeficientes, porém, os mais importantes são esses que destacamos aqui. O melhor de tudo é que os programas eletrônicos de análise estatística calculam esses coeficientes, e a única coisa que temos de fazer é interpretá-los e mostrar seus resultados com comentários.

Uma visão geral dos procedimentos ou testes estatísticos

OA4 Agora, vamos apresentar uma tabela final (10.22) sobre os principais métodos estatísticos, considerando:

a) *o tipo de pergunta de pesquisa* (descritiva, por diferença de grupos, correlacional ou causal),
b) *o número de variáveis envolvidas*,
c) *o nível de mensuração das variáveis* ou *tipo de dados* e
d) na comparação de grupos se são *amostras independentes* ou *pareadas*.

Neste último caso, as amostras independentes são selecionadas de maneira que não exista nenhuma relação entre os membros das amostras; por exemplo, um grupo experimental e um controle em um experimento. Não existe nenhum emparelhamento das observações entre as amostras. Mas nas pareadas existe, sim, uma relação entre os membros das amostras; por exemplo, o mesmo grupo antes e depois de um tratamento experimental, pré-teste e pós-teste. Alguns dos testes ou métodos estatísticos não foram abordados no capítulo e vários podem ser encontrados no CD anexo: Material complementario → Capítulos → Capítulo 8: "Análisis estadístico: segunda parte".

TABELA 10.22[21]
Escolha dos procedimentos estatísticos ou testes

1) Pergunta de pesquisa: descritiva	**Procedimento ou teste**
• Dados nominais	Moda
• Dados ordinais	Mediana, moda
• Dados intervalares ou razão	Média, mediana, moda, desvio padrão, variância e amplitude
2) Pergunta de pesquisa: diferenças de grupos	
a) Duas variáveis ou grupos	
a.1. Amostras pareadas	
• Dados nominais	Teste de McNemar
• Dados ordinais	Teste de Wilcoxon para pares de postos
• Dados intervalares ou razão	Teste *t* para amostras pareadas
a.2. Amostras independentes	
• Dados nominais	*Chi* quadrado
• Dados ordinais	Teste Mann-Whitney U ou teste Kolmogorov-Smirnov para duas amostras
• Dados intervalares ou razão	Teste *t* para amostras independentes
b) Mais de duas variáveis ou grupos	
b.1. Amostras pareadas	
• Dados nominais	Teste Q de Cochran
• Dados ordinais	Análise de variância de Friedman de dois fatores
• Dados intervalares ou razão	Análise de variância (ANOVA)
• Dados intervalares ou razão, controle de efeitos de outra variável independente	Análise de covariância (ANCOVA)
b.2. Amostras independentes	
• Dados nominais	*Chi* quadrado para *k* amostras independentes
• Dados nominais ou ordinais (categóricos) e intervalares-razão	*Chi* quadrado de Friedman
• Dados ordinais	Análise de variância de um fator de Kruskal-Wallis (ANOVA por postos)
• Dados intervalares ou razão	Análise de variância (ANOVA)

(continua)

TABELA 10.22[21]
Escolha dos procedimentos estatísticos ou testes (continuação)

3) Pergunta de pesquisa: correlacional a) Duas variáveis	
• Dados nominais	Coeficiente de contingência ou *Phi*
• Dados ordinais	Coeficiente de postos ordenados de Spearman ou coeficiente de postos ordenados de Kendall
• Dados intervalares ou razão	Coeficiente de correlação de Pearson (produto-momento)
• Uma variável independente e uma dependente (ambas intervalares ou razão)	Regressão linear
• Dados intervalares e nominais ou ordinais	Coeficiente bisserial por pontos
• Dados intervalares e uma dicotomia artificial em uma escala ordinal (a dicotomia é artificial porque subjaz uma distribuição contínua)	Coeficiente bisserial
b) Mais de duas variáveis	
• Dados nominais	Análise discriminante
• Dados ordinais	Análise de correlação parcial por postos de Kendall
• Dados intervalares ou razão	Coeficiente de correlação parcial ou múltipla, R^2
4) Pergunta de pesquisa: causal ou preditiva • Diversas independentes e uma dependente (as independentes em qualquer nível de mensuração, a dependente em um nível intervalar ou razão) Quando as independentes são nominais ou ordinais se transformam em variáveis *dummy*	Regressão múltipla
• Diversas independentes e dependentes • Agrupamento (união de todos os dados)	Análise multivariada de variância (MANOVA) Análise discriminante (em um sentido, hierárquica ou fatorial, de acordo com o número de variáveis envolvidas)
• Estruturas e redes causais.	Análise de caminho (*path analysis*)
5) Pergunta de pesquisa: estrutura de variáveis ou validação de constructo As variáveis devem ser intervalares ou razão	Análise fatorial

✓ PASSO 6: REALIZAR ANÁLISES ADICIONAIS

Esse passo significa – simplesmente – que após realizarmos nossas análises talvez nossa decisão seja efetuar outras análises ou testes para confirmar tendências e avaliar os dados a partir de diferentes ângulos. Por exemplo, em uma tabela de contingência podemos calcular primeiro o *chi* quadrado e depois *phi*, *lambda*, φ *(phi)* de Cramer *(C)* e o coeficiente de contingência. Ou, após uma ANOVA, efetuar os contrastes posteriores que considerarmos apropriados. Esse passo é o momento-chave para verificar se não nos esquecemos de realizar alguma análise pertinente.

✓ PASSO 7: PREPARAR OS RESULTADOS PARA APRESENTÁ-LOS

Recomendamos que, após obter os resultados das análises estatísticas (tabelas, gráficos, quadros, etc.), realizem as seguintes atividades; principalmente aqueles que estão se iniciando na pesquisa:

1. Revisar cada resultado [análise geral → análise específica → valores resultantes (incluindo a significância) → tabelas, diagramas, quadros e gráficos].

2. Organizar os resultados (primeiro os descritivos, por variável do estudo; em seguida os resultados referentes à confiabilidade e a validade; posteriormente os inferenciais, que podem ser ordenados por hipóteses ou de acordo com seu desenvolvimento).
3. Comparar diferentes resultados: sua congruência e, no caso de inconsistência lógica, tornar a revisá-los. Também é preciso evitar a combinação de tabelas, diagramas ou gráficos que repetem dados. Normalmente, as colunas ou fileiras idênticas de dados não devem aparecer em duas ou mais tabelas. Quando isso acontecer, devemos escolher a tabela ou o elemento que ilustre ou reflita melhor os resultados e seja a opção que apresente maior clareza. Uma boa pergunta nesse momento do processo é: Quais valores, tabelas, diagramas ou gráficos são necessários? Quais explicam melhor os resultados?
4. Priorizar a informação mais valiosa (que é, em grande parte, resultado da atividade anterior), principalmente se houver a necessidade de elaborar relatórios mais formais e outros mais extensos.
5. Copiar e/ou "formatar" as tabelas no programa com o qual iremos elaborar o relatório de pesquisa (processador de textos ou um para apresentações, como o Word ou o Power Point). Alguns programas, como o SPSS e o Minitab, permitem que os resultados (tabelas, p. ex.,) sejam transferidos diretamente para outro programa (copiar e colar). Por isso, é bom utilizar uma versão do programa de análise que esteja no mesmo idioma que será empregado para escrever o relatório ou elaborar a apresentação. Mas, se esse não for caso, o texto das tabelas e dos gráficos pode ser modificado, o único problema é que o processo é mais demorado.
6. Comentar ou descrever rapidamente a essência das análises, valores, tabelas, diagramas, gráficos.
7. Tornar a revisar os resultados.
8. E, finalmente, elaborar o relatório de pesquisa.

No CD anexo o leitor poderá encontrar mais exemplos de estudos com diferentes análises abordadas neste capítulo e no Capítulo 8 do CD "Análisis estadístico: segunda parte". No final do presente capítulo, incluímos uma sequência de análises no Minitab com a pesquisa sobre a televisão e a criança, e no Capítulo 8 do CD uma sequência de análises no SPSS com um estudo sobre o clima organizacional.

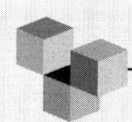

Resumo

- A análise quantitativa dos dados é efetuada com a matriz de dados, que foi salva como arquivo.
- Os passos mais importantes na análise dos dados são:
  - Decidir o programa de análise que será utilizado.
  - Explorar os dados obtidos na coleta:
    a) Analisar descritivamente os dados por variável do estudo.
    b) Visualizar os dados por variável.
  - Avaliar a confiabilidade e a validade do instrumento ou instrumentos de medição utilizados.
  - Analisar e interpretar com testes estatísticos as hipóteses formuladas (análise estatística inferencial).
  - Realizar análises adicionais.
  - Preparar os resultados para apresentá-los.
- As análises estatísticas são realizadas com programas eletrônicos, com a ajuda de pacotes estatísticos, os mais conhecidos são: SPSS, Minitab e SAS.
- O tipo de análises ou testes estatísticos depende do nível de mensuração das variáveis, das hipóteses e do interesse do pesquisador.
- As principais análises estatísticas que podem ser realizadas são: estatística descritiva para cada variável (distribuição de frequências, medidas de tendência central e medidas da variabilidade), a transformação para pontuações z, razões e taxas, cálculos de estatística inferencial, testes paramétricos e não paramétricos e análises multivariadas. Algumas foram abordadas neste capítulo e outras são comentadas no Capítulo 8 do CD anexo.
- As distribuições de frequências contêm as categorias, os códigos, as frequências absolutas (número de casos), as porcentagens, as porcentagens válidas e as porcentagens acumuladas.
- As distribuições de frequências (principalmente das porcentagens) podem ser apresentadas de forma gráfica.
- Uma distribuição de frequências pode ser representada pelo polígono de frequências ou pela curva de frequências.
- As medidas de tendência central são a moda, a mediana e a média.
- As medidas da variabilidade são a amplitude (diferença entre o máximo e o mínimo), o desvio padrão e a variância.
- Outras estatísticas descritivas de utilidade são a assimetria e a curtose.

- As pontuações z são transformações dos valores obtidos para unidades de desvio padrão (sua explicação está no Capítulo 8 do CD anexo).
- Uma razão é a relação entre duas categorias; uma taxa é a relação entre o número de casos de uma categoria e o número total de casos, multiplicada por um múltiplo de dez.
- A confiabilidade é calculada com coeficientes: de correlação, *alfa* e Kr-20 e 21.
- A validade de critério é obtida com coeficientes de correlação e a de constructo com a análise fatorial.
- A estatística inferencial serve para efetuar generalizações da amostra para a população. É utilizada para testar hipóteses e estimar parâmetros. Baseia-se no conceito de distribuição amostral.
- A curva ou distribuição normal é um modelo teórico extremamente útil; sua média é 0 (zero) e seu desvio padrão é um (1).
- O nível de significância e o intervalo de confiança são níveis de probabilidade de cometer um erro, ou de se equivocar no teste de hipóteses ou na estimação de parâmetros. Os níveis mais comuns são 0,05 e 0,01.
- As análises ou testes estatísticos paramétricos mais utilizados são:

Teste	Tipo de hipótese
Coeficiente de correlação de Pearson	Correlacional
Regressão linear	Correlacional/causal
Teste *t*	Diferença de grupos
Binomial de duas proporções	Diferença de grupos
Análise de variância (ANOVA): unidirecional com uma variável independente e fatorial com duas ou mais variáveis independentes	Diferença de grupos/causal
Análise de covariância (ANCOVA). Ver no CD	Correlacional/causal

- Em todos os testes estatísticos paramétricos as variáveis são medidas em um nível intervalar ou razão.
- As análises ou os testes estatísticos não paramétricos mais utilizados são:

Teste	Tipo de hipótese
Chi quadrado	Diferenças de grupos para estabelecer correlação
Coeficiente de correlação e independência para tabulações cruzadas: *phi*, C de Pearson, V de Cramer, *lambda*, *gamma*, *tau* (vários), Somers, etc.	Correlacional
Coeficientes de correlação de Spearman e Kendall	Correlacional
Coeficiente *eta* para relações não lineares (ex.: curvilíneas)	Correlacional

- Os testes não paramétricos são utilizados com variáveis nominais ou ordinais ou relações não lineares.
- As análises multivariadas trabalham com mais de um par de variáveis de maneira simultânea. Elas podem ser encontradas no Capítulo 8 do CD anexo.
- Após a análise dos dados, os resultados são preparados para que sejam incluídos no relatório da pesquisa.

Conceitos básicos

Amplitude
Análise de dados
Análise fatorial
Análise de variância
Análises multivariadas
Assimetria
Categoria
Chi quadrado
Codificação
Coeficiente de correlação de Pearson
Coeficiente de Kendall

Coeficiente de Spearman
Coeficientes de correlação e independência para tabulações cruzadas
Curtose
Curva de frequências
Curva ou distribuição normal
Desvio-padrão
Diagrama Q-Q
Distribuição amostral
Distribuição de frequências
Estatística

Estatística descritiva
Estatística inferencial
Estatística não paramétrica
Estatística paramétrica
Eta
Gráficos
Intervalo de confiança
Matriz de dados
Média
Mediana
Medida de tendência central
Medidas de variabilidade
Métodos quantitativos
Minitab
Moda
Nível de significância
Pacotes estatísticos

Polígono de frequências
Pontuação z
Razão
Regressão linear
Rho de Spearman
SPSS
STATS®
Tabulação cruzada
Tau de Kendall
Taxa
Teste de hipóteses
Teste t
Testes estatísticos
Variância
Variável da matriz de dados
Variável do estudo
Visualização das variáveis
Visualização dos dados

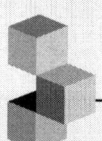

Exercícios

1. Construa uma distribuição de frequências hipotéticas, com todos os seus elementos e a interprete verbalmente.
2. Encontre uma pesquisa científica que relate a estatística descritiva das variáveis e analise as propriedades de cada estadígrafo ou informação proporcionada (distribuição de frequências, medidas de tendência central e medidas de variabilidade).
3. Um pesquisador obteve, em uma amostra, as seguintes frequências absolutas para a variável "atitude em relação ao diretor da escola":

Categoria	Frequências absolutas
Totalmente desfavorável	69
Desfavorável	28
Nem favorável nem desfavorável	20
Favorável	13
Totalmente favorável	6

   a) Calcule as frequências relativas ou porcentagens.
   b) Passe as porcentagens para um gráfico com um histograma (barras).
   c) Explique os resultados para responder a pergunta: A atitude em relação ao diretor da escola tende a ser favorável ou desfavorável?
4. Um pesquisador obteve, em uma amostra de trabalhadores, os seguintes resultados ao medir o "orgulho pelo trabalho realizado". A escala oscilava entre 0 (nenhum orgulho pelo trabalho realizado) e 8 (totalmente orgulhoso).
   Máximo = 5
   Mínimo = 0
   Média = 3,6
   Moda = 3,0
   Mediana = 3,2
   Desvio padrão = 0,6
   O que pode ser dito nessa amostra sobre o orgulho pelo trabalho realizado?
5. O que é a curva normal? Quais são o nível de significância e o intervalo de confiança? Responda essas perguntas em equipe com seus colegas.
6. Relacione as colunas A e B. Na coluna A estão as hipóteses; e na coluna B os testes estatísticos apropriados para as hipóteses. A ideia é encontrar o teste que corresponde a cada hipótese (as respostas estão no CD anexo → Material complementario → Apéndices → Apéndice 3: "Respuestas a los ejercícios".

Coluna A	Coluna B
Hi: "Para maior inteligência, maior capacidade de resolver problemas matemáticos" (mensurações das variáveis intervalares).	Diferença de proporções
Hi: "As crianças com pais alcoolistas demonstram menor autoestima em relação às crianças com pais não alcoolistas" (mensuração intervalar da autoestima).	Chi quadrado
Hi: "A porcentagem de delitos por assalto à mão armada, em relação ao total de crimes cometidos, é maior na Cidade do México do que em Caracas".	Spearman
Hi: "O gênero está relacionado com a preferência por novelas ou espetáculos esportivos".	Coeficiente de correlação de Pearson
Hi: "A intensidade do sabor de produtos empacotados de peixe está relacionada com a preferência pela marca" (sabor	ANOVA unidirecional

intenso, sabor medianamente intenso, sabor pouco intenso, sabor pouquíssimo intenso) (preferência = postos para 12 marcas).

Hi: "Foram apresentadas diferenças quanto ao aproveitamento entre um grupo exposto a um método de ensino novo, um grupo que recebe instrução com um método tradicional e um grupo controle que não é exposto a nenhum método". — Teste t

7. Desenvolva uma hipótese que precise ser analisada com o teste t, uma hipótese que precise ser analisada com *chi* quadrado e outra com o coeficiente de Spearman ou Kendall.
8. Imagine um estudo cuja variável independente seja: anos de experiência do docente, e a dependente: satisfação do grupo (ambas mensurações intervalares). Quais testes e modelo estatístico irão ajudá-lo a analisar os dados e como a análise poderá ser realizada?
9. Crie um exemplo hipotético com uma razão F significativa e interprete-a.
10. Crie um exemplo hipotético de uma tabulação cruzada e a utilize para fins descritivos.
11. Procure um artigo de pesquisa social em revistas científicas que contenha resultados de testes t, ANOVA e χ^2 aplicados; avalie a interpretação dos autores.
12. Para interpretar um teste é preciso avaliar o resultado (valor) e... (complete a frase).
13. Em relação ao estudo que você vem desenvolvendo ao longo do processo quantitativo, quais testes estatísticos podem ser úteis para que analisar os dados? Qual sequência de análise deverá seguir? (Discuta-o com seu professor e seus colegas.)

Exemplos desenvolvidos

Comentário: em razão do espaço incluímos alguns resultados de cada exemplo somente para ilustrar este capítulo.

A televisão e a criança

A análise foi realizada com o Minitab. Como são muitos dados e o espaço é pequeno, então optamos por incluir apenas a sequência de análise (ver Figura 10.21). Para sua informação, a média de horas que as crianças dedicam diariamente vendo televisão é de 3,1. O teste t não revelou diferenças de gênero nesse sentido.

Os programas favoritos das crianças em 2005 foram: Bob Esponja, novelas infantis e Os Simpsons (ver Figura 10.22).

O par e a relação ideais

As análises foram realizadas no programa SPSS e os gráficos no Power Point. O $n = 725$ estudantes. Apresentamos somente as tabelas e os gráficos descritivos de algumas variáveis e/ou perguntas em termos de porcentagens, com anotações bem curtas para que o leitor, como exercício, – de preferência em grupo – amplie os comentários e desenvolva implicações dos resultados.

A média de idade da amostra foi de 21 anos e a mediana de 20. Quanto ao gênero: 46% mulheres e 54% homens com uma grande variedade de cursos universitários.

Da amostra, mais da metade não tem namorado ou namorada.

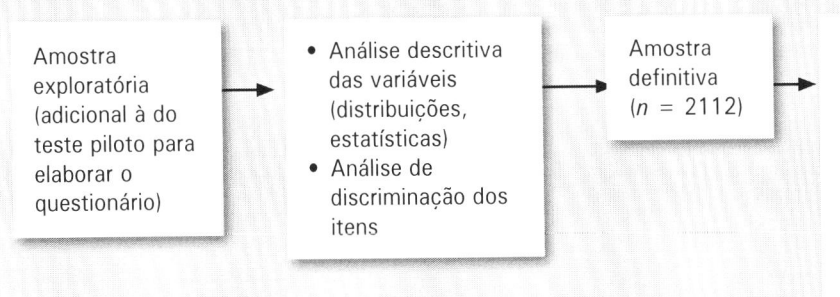

Amostra exploratória (adicional à do teste piloto para elaborar o questionário) → • Análise descritiva das variáveis (distribuições, estatísticas) • Análise de discriminação dos itens → Amostra definitiva ($n = 2112$) → Análise das variáveis: uso de meios de comunicação de massa, tempo de exposição à televisão, preferência por conteúdos televisivos (programas), blocos de horários de exposição à televisão (manhã, meio da tarde, final da tarde e/ou noite), personagens favoritos (quais e motivos), comparação da televisão com outras fontes de entretenimento, atividades que realizam enquanto veem televisão, condições de exposição à televisão (sozinha ou acompanhada), autonomia na escolha dos programas, controle dos pais sobre a atividade de ver televisão, usos e gratificações da televisão, dados demográficos.

Testes de tabelas de contingência para correlacionar dados nominais e ordinais. Por exemplo: *chi* quadrado e *Phi* entre gênero e condição de exposição à televisão (sozinha ou acompanhada), coeficiente de contingência para bloco preferido de horário e autonomia na escolha dos programas (ordinal). Bisserial pontual (gênero e tempo de exposição à televisão).

FIGURA 10.21 A sequência de análise com o Minitab.

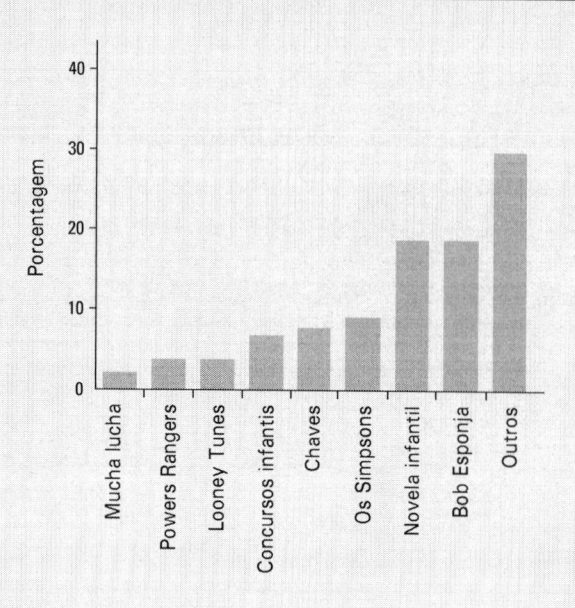

FIGURA 10.22 Programas preferidos (foram agrupados por aqueles com menos de 4%).

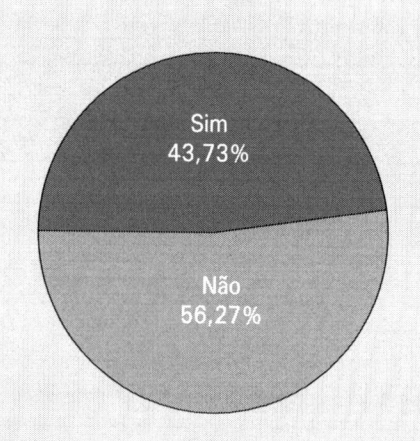

FIGURA 10.23 Você tem namorado/namorada?

Apenas um de cada 10 estudantes definiu explicitamente o namoro pela dimensão pré-matrimonial ("a relação em que você conhece a pessoa com quem irá se casar"). Além disso, 15,25% disseram que o namoro é uma "etapa da vida". O que mais poderíamos comentar sobre esse gráfico?

Não houve quem considerasse que "não é importante".

A média foi de 4,13 e a mediana igual a 4,0 (mínimo 2 e máximo 5, desvio padrão = 0,813). O que pode ser dito sobre essa tabela de acordo com o que foi exposto nos itens de estatística descritiva deste capítulo?

TABELA 10.23
Quão importante é em sua vida seu par atual?

Válidos	Categorias	Porcentagem válida	Porcentagem acumulativa
5	Extremamente importante	38,4	38,4
4	Importante	37,6	76,0
3	Medianamente importante	22,4	98,4
2	Pouco importante	1,6	100,0
	Total	100,0	

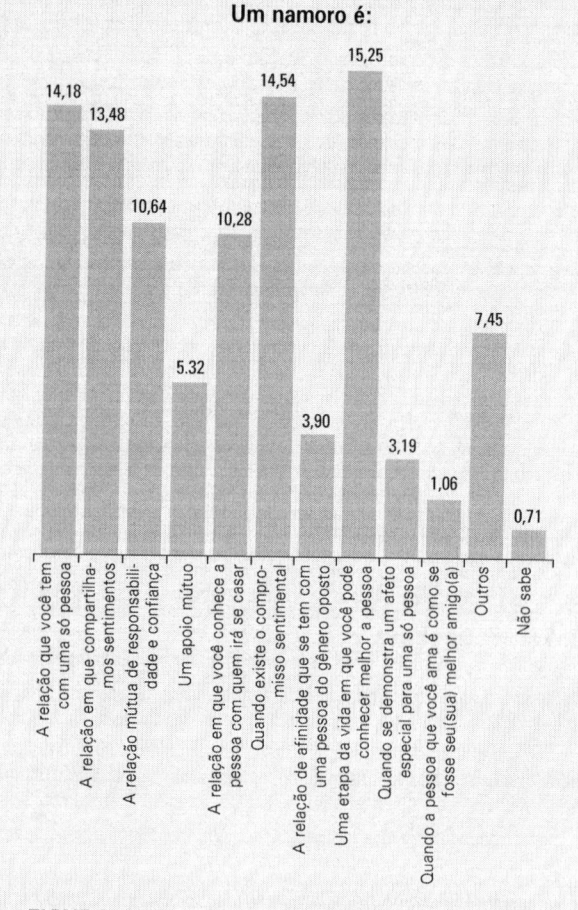

FIGURA 10.24 Definição de namoro.

Pense no(a) namorado(a) ideal e mencione as qualidades que você gostaria que ele(a) tivesse

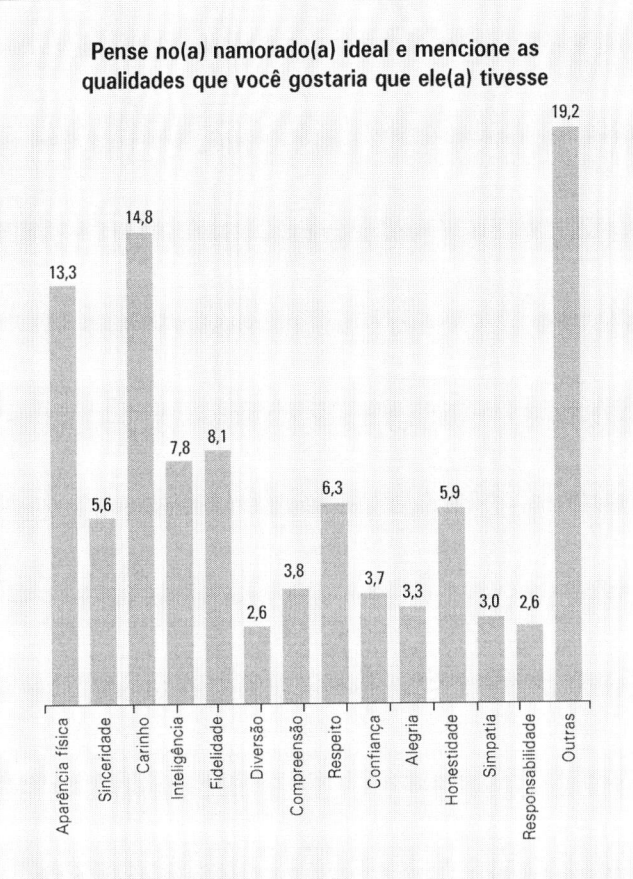

Valores (%): Aparência física 13,3; Sinceridade 5,6; Carinho 14,8; Inteligência 7,8; Fidelidade 8,1; Diversão 2,6; Compreensão 3,8; Respeito 6,3; Confiança 3,7; Alegria 3,3; Honestidade 5,9; Simpatia 3,0; Responsabilidade 2,6; Outras 19,2.

FIGURA 10.25 Qualidades do(a) namorado(a) ideal.

Para o gráfico anterior foram pegas as cinco qualidades mencionadas por todos os estudantes que fizeram parte da amostra. Caro leitor, o que o gráfico nos diz? Por favor, compare-o com as qualidades que você gostaria que seu namorado ou sua namorada tivesse e discuta-as com seus melhores amigos ou suas melhores amigas.

Praticamente um quinto da amostra não sabe se gostaria ou não de ter uma relação a dois para a vida toda. Mas a maioria (quase na proporção quatro para um) diz que sim, ficaria muito feliz.

Futuramente, você gostaria ou não de ter uma relação a dois para a vida toda?

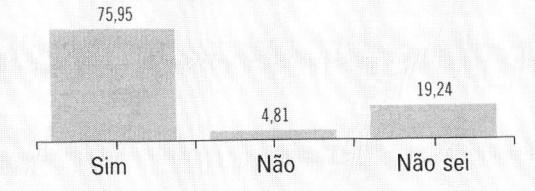

Sim 75,95; Não 4,81; Não sei 19,24.

FIGURA 10.26 Relação a dois para a vida toda.

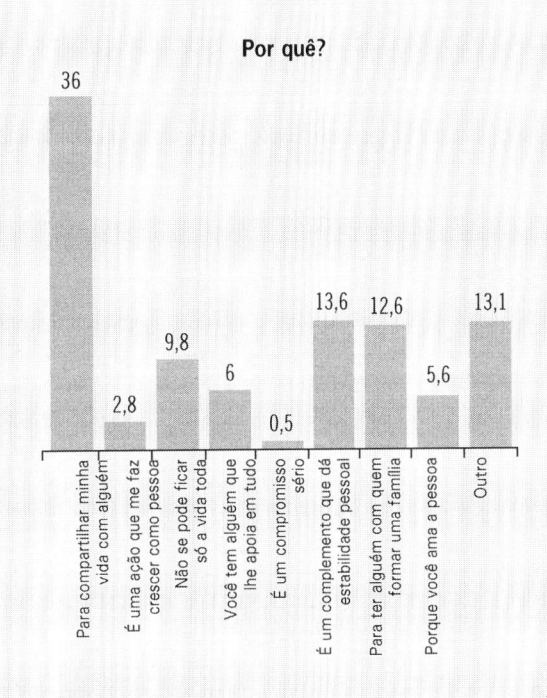

Por quê?

Valores (%): Para compartilhar minha vida com alguém 36; É uma ação que me faz crescer como pessoa 2,8; Não se pode ficar só a vida toda 9,8; Você tem alguém que lhe apoia em tudo 6; É um compromisso sério 0,5; É um complemento que dá estabilidade pessoal 13,6; Para ter alguém com quem formar uma família 12,6; Porque você ama a pessoa 5,6; Outro 13,1.

FIGURA 10.27 Razão do "sim".

Se a pergunta tivesse sido: Futuramente, você gostaria ou não de ter uma só ou única relação de casal para a vida toda (acrescentado "só ou única")? Você, amigo(a) leitor(a), acha que as respostas teriam mudado em algo?

A razão principal daqueles que responderam afirmativamente que gostariam de ter uma relação a dois para a vida toda é o fato de "compartilhar uma vida" (pouco mais de um terço).

Dos participantes, 22,2% gostariam de futuramente ter uma relação a dois duradoura a longo prazo à margem dos "cânones estabelecidos" (*união estável e relacionamento sem morar juntos*). E 62,5% quiseram um matrimônio tradicional (Figura 10.28).

Um último comentário é que, ao realizar um teste binomial de duas proporções entre homens e mulheres quanto à aparência, não há dúvida de que os estudantes de Celaya dão maior importância a ela do que suas companheiras (significância menor do 0,05).

O abuso sexual infantil

A confiabilidade dos instrumentos está resumida na Tabela 10.24 (Confiabilidade de instrumentos), sendo que para o CKAQ-Espanhol ($n = 150$, $\bar{X} = 5{,}08$, $DP = 3{,}43$ e faixa de 8 a 22 pontos) e o RP-México ($n = 150$, $\bar{X} = 11{,}53$, $DP = 7{,}97$ e uma faixa de 0 a 38 pontos).

Os três grupos experimentais mostraram que existe um tipo de sensibilidade ao instrumento no CKAQ-Espanhol (Kruskal-Wallis $\chi^2 = 78{,}4$, gl = 2, $p < 0{,}001$) e RP-México (Kruskal-Wallis $\chi^2 = 83{,}06$, gl = 2, $p < 0{,}001$), e isso indica que os grupos diferem em loca-

Futuramente, que tipo de relação a dois duradoura a longo prazo você gostaria de estabelecer, ter ou formar?

- Matrimônio civil: 9,4
- Matrimônio religioso: 1,7
- Matrimônio religioso e civil: 62,5
- União estável: 17,7
- Relação sem morar juntos: 4,5
- Outra: 4,2

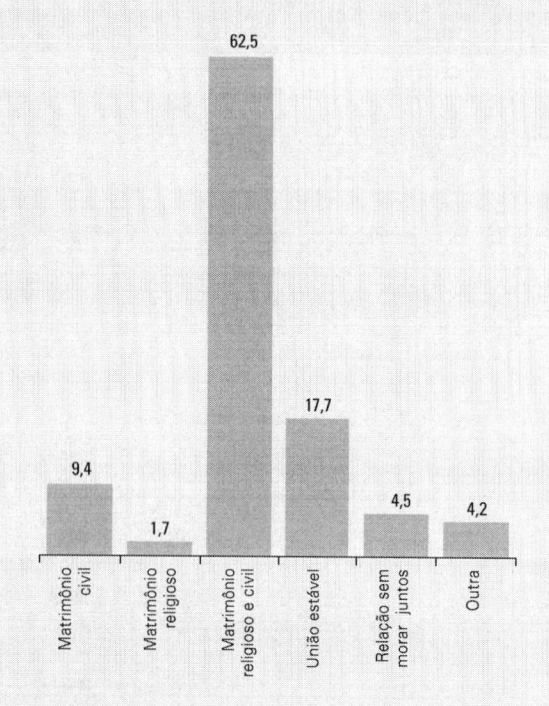

FIGURA 10.28 Tipo de relação duradoura.

TABELA 10.24
Confiabilidade de instrumentos

Instrumento	Confiabilidade interna ($p < 0,01$)	Confiabilidade de estabilidade temporal "teste-reteste" ($p < 0,01$)	Tipo de instrumento
CKAQ-Espanhol	0,69	0,50	Cognitivo
RP-México	0,75	0,75	Comportamental
EPA	0,78	0,75	Comportamental

lização ou forma, e reafirma a sensibilidade nas escalas ao mostrar um comportamento diferente entre os grupos, onde aqueles que saíram mais recentemente do Programa de Prevenção ao Abuso Sexual Infantil (PPASI) obtêm melhores pontuações.

Com o objetivo de averiguar o comportamento dos grupos de acompanhamento e controle em relação ao grupo recém saído de um PPASI, foram calculadas as porcentagens relativas nas subescalas de fazer, dizer, denunciar e do reconhecimento de contatos positivos e negativos. Os resultados estão na Tabela 10.25, que apresenta as porcentagens de acertos em relação ao grupo que acaba de concluir um PPASI no RP-México. Deduz-se que para as subescalas de reconhecimento de contatos negativos, DIZER e DENUNCIAR, a mudança esperada é mantida, pois aqueles que participaram mais recentemente de um PPASI obtêm uma pontuação melhor. Na habilidade de FAZER é possível observar que o grupo de acompanhamento tem, em média, um desempenho melhor. Isso pode ser explicado devido ao aumento da maturidade dos meninos e das meninas ao longo de, aproximadamente, um ano; de 5,58 anos no primeiro grupo e de 6,47 anos em média no grupo de acompanhamento.

Na subescala de contatos positivos é possível notar que, ao terminar o PPASI "Porque gosto de mim, eu me cuido", a pontuação média é ligeiramente menor do que o grupo controle (11,45%) e muito melhor no grupo de acompanhamento (53,71%), o que comprova que a escala é sensível para medir essa habilidade e seu possível efeito nocivo diante de um PPASI. Esse resultado confirma parcialmente os resultados de Underwager e Wakefield (1993), quando dizem que ao participar dos PPASI os meninos e as meninas se mostram desconfiados(as) diante das aproximações cotidianas normais. Também é possível constatar que, um ano após o término do programa, as crianças são capazes de superar isso e demonstram ser muito mais assertivas. Entre os grupos que concluíram o PPASI e o de controle foi possível verificar que a habilidade de reconhecer contatos positivos (Mann-Whitney $z = -1,48$, $n = 124$, $p = 0,14$) é a única habilidade que tem a mesma localização e essa evidência contradiz a teoria de Underwager e Wakefield (1993). O que podemos concluir nesse estudo é que, embora seja correto dizer que após terminar o PPASI as meninas e os meninos ficassem um pouco mais receosos diante dos contatos positivos, isso não é significativo e, com tempo e a idade, o fenômeno é superado.

No caso dos grupos que concluem um PPASI e nos de acompanhamento, descobriu-se que há um mesmo comportamento nas subescalas de DIZER (Mann-Whitney $z = 1,20$, $n = 72$, $p = 0,23$) e FAZER (Mann-Whitney $z = 1,26$, $n = 72$, $p = 0,21$), portanto, essas duas habilidades são mantidas.

A correlação entre as diferentes escalas confirma que existe um vínculo moderado entre as escalas CKAQ-Espanhol e RP-México (Spearman $r = 0,68$, $n = 150$, $p < 0,01$), para o total de casos experimentais. No caso dos grupos controle (Spearman $r = 0,23$, $n = 79$, $p < 0,05$) e ao concluir o PPASI (Spearman $r = 0,35$, $p < 0,05$) as escalas têm um nível de correlação ainda menor.

O resumo de porcentagens por escala e grupo experimental é apresentado na Tabela 10.26, onde a coluna CKAQ-Espanhol (Modificado) apresenta a transformação de uma escala com uma pontuação de 0 a 22 para uma de 0 a 40, para que se possa ter um comparativo equivalente entre as escalas cognitiva e comportamental. Podemos observar que a escala cognitiva está acima da comportamental em todos os grupos. Mas, o grupo controle tem uma diferença maior entre as escalas comportamentais e cognitivas. Na porcentagem relativa, em relação à pontuação média do grupo ao concluir o PPASI, o grupo de acompanhamento obtém proporcionalmente 87,07% de acertos e o grupo controle 69,88% para a escala

TABELA 10.25
Porcentagem de amplitudes relativas relacionada com o grupo que conclui um PPASI

Grupo	Contatos negativos (%)	Contatos positivos (%)	Dizer	Fazer	Denunciar
Ao concluir o PPASI	100,00	100,00	100,00	100,00	100,00
Acompanhamento	77,82	53,71	90,86	105,71	74,28
Controle	37,39	115,45	44,14	49,14	41,52

CKAQ-Espanhol. No caso do instrumento comportamental RP-México, a porcentagem relativa é de 70,85% de acertos no grupo de acompanhamento e 31,19% no grupo controle. O que evidencia que a sensibilidade à mudança nessa escala comportamental é maior.

Podemos também perceber que a distribuição da escala cognitiva CKAQ-Espanhol, no geral, está acima das escalas comportamentais, o que permite deduzir que as crianças podem ter algum grau de conhecimento que não é traduzido em habilidades de autoproteção.

TABELA 10.26
Resumo descritivo de pontuações por escala e grupo experimental

Grupo experimental	CKAQ-Espanhol	CKAQ-Espanhol (Modificado)	RP-México
Ao concluir o PPASI			
Média	18,33	33,32	19,11
Desvio padrão	2,66	4,83	6,48
Acompanhamento			
Média	15,96	29,01	13,54
Desvio padrão	2,34	4,26	5,23
Controle			
Média	12,81	23,29	5,96
Desvio padrão	2,17	3,94	4,37
Total			
Média	15,08	27,42	11,53
Desvio padrão	3,43	2,24	7,97

Os pesquisadores opinam

A partir de 1990 as tensões entre qualitativo *versus* quantitativo diminuíram, por isso se procurou estabelecer uma sinergia, assim como ser mais flexível e eclético nos procedimentos, no bom sentido.

A pesquisa quantitativa venceu quando detalhou os instrumentos e considerou as características dos grupos para os quais o estudo é dirigido. Isso possibilitou um grande avanço na explicação dos processos psicológicos, principalmente os cognoscitivos; e também nas descobertas neuropsicológicas, assim como no uso de *software* para a criação de experimentos, demonstrações e simulações.

Nesse tipo de pesquisas se destacam os testes estatísticos por sua utilidade na análise de dados categóricos de correspondência, na organização dos dados para conhecer preferências, na análise fatorial confirmativa, nas corretas estimações de conjuntos de dados complexos, no manejo de resultados estatísticos dos experimentos, na validação de dados, na determinação do tamanho da amostra e na análise de regressão, entre outros aspectos a serem considerados.

Apesar de avanços tão importantes na pesquisa, ainda precisamos de financiamento para uma divulgação significativa que, além disso, estimule a especialização dos pesquisadores, pois isso permitirá que eles tenham condição de competir de maneira efetiva.

Para realizar uma boa pesquisa é necessário formular o problema de maneira correta, pois com isso temos 50% da solução, e também com um rigor metodológico, isto é, incluir todos os passos do processo.

Esse apego à metodologia implica a utilização dos recursos apropriados; por exemplo, nas pesquisas sociais os testes estatísticos proporcionam uma visão mais precisa do objeto de estudo, já que apoiam ou não as hipóteses para que sejam validadas ou rejeitadas.

Os estudantes podem ter uma ideia de pesquisa a partir de seus interesses pessoais, embora se recomende que escolham temas intimamente relacionados com sua carreira, e que tentem fazer com que sejam atuais e de interesse comum.

Nesse sentido, os professores devem incutir nos alunos a importância da pesquisa no campo acadêmico e no profissional, destacando sua relevância tanto para gerar conhecimentos como para buscar soluções para problemas.

Ciro Hernando León Pardo
Coordenador da Área de Pesquisa
Facultad de Psicología
Universidad Javeriana
Bogotá, Colômbia

Roberto de Jesús Cruz Castillo
Professor de tempo completo
Facultad de Ciencias de la Administración
Universidad Autónoma de Chiapas
Chiapas, México

✓ NOTAS

1. Hoje o SPSS conta com o programa básico "Base" e inúmeras derivações e aplicações. Por exemplo: Quancept™ CATI (sistema para processar e analisar entrevistas telefônicas), Amos™ (modelar equações estruturais) e o Advanced Statistics (para estatística multivariada complexa). Para ver grande parte das estatísticas avançadas recomendamos: Sharpe, De Veaux e Velleman (2010), assim como Madarassy (2010). O leitor interessado pode baixar uma versão do SPSS para teste em www.spss.com.
2. Pesquisa de levantamento com 7% de margem de erro (University of Southern California e Bendixen & Associates, 2002).
3. Tanto essa sequência do SPSS para se obter as análises de frequências necessárias como o restante da análise (valores, tabelas e gráficos) estão no CD anexo → Manual do SPSS/SPAW.
4. Esse histograma foi feito no Power Point, a partir do SPSS.
5. O nome real do município foi substituído por um fictício.
6. Baseado em uma ideia de Leguizamo (1987).
7. De acordo com a Organização das Nações Unidas (2009), no início de 2009 a população mundial era de aproximadamente 6.829 bilhões de indivíduos.
8. Todos os dados foram obtidos da Organização das Nações Unidas (2009).
9. EP significa "erro padrão".
10. Uma porcentagem de valores perdidos (*missing data*) não deve ser maior do que 15%, assim ela não é razoável (Creswell, 2005). Quando temos valores perdidos, podemos ignorá-los ou substituí-los pelo valor médio obtido do total de pontuações válidas, muitos programas de análise fazem isso se quisermos, e essa pode ser uma solução (McKnight et al., 2007).
11. Distribuição amostral e distribuição de uma amostra são conceitos diferentes, esta última é o resultado dos dados de nossa pesquisa e é por variável.
12. Não confundir com coeficiente alfa de Cronbach, pois este é para determinar a confiabilidade.
13. O nível de significância mínimo é de 0,05 em ciências sociais. Esse valor foi determinado com o acordo de várias associações científicas, estudos de probabilidade, comitês editoriais de revistas acadêmicas e autores.
14. Esses diagramas foram visualizados com o SPSS, versão 15.
15. Para quem se interessar pelas fórmulas para o cálculo manual do valor do teste *t*, pedimos que consulte o CD anexo: Material complementario → Capítulos → Capítulo 8: "Análisis estadístico: segunda parte", no final.
16. Quando são incluídos participantes diferentes nos grupos de experimento, o desenho é considerado "grupos independentes" (León e Montero, 2003) e não são assumidas variâncias iguais.
17. O apoio e a explicação da análise de variância unidirecional que antes eram incluídos nesta parte, agora o leitor pode encontrar no CD anexo: Material complementario → Capítulos → Capítulo 8: "Análisis estadístico: segunda parte".
18. Alguns testes são para quando assumimos variâncias iguais e outros não, o programa indica quais são utilizados em cada caso.
19. No SPSS o leitor pode encontrar outros que são incluídos por nível de medição: Kappa, McNemar, Cochran, etc.
20. Nomes fictícios.
21. Adaptado de Mertens (2005, p. 409).

11
Relatório de resultados do processo quantitativo

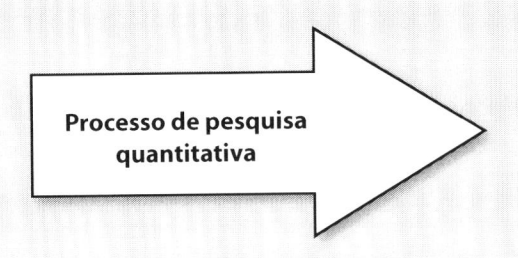

Processo de pesquisa quantitativa →

Passo 10 Elaborar o relatório de resultados
- Definição do usuário.
- Seleção do tipo de relatório que será apresentado: formato e contexto acadêmico ou não acadêmico, dependendo do usuário.
- Elaboração do relatório e do material adicional correspondente.
- Apresentação do relatório.

Objetivos da aprendizagem

Ao concluir este capítulo, o aluno será capaz de:

1. entender a importância do usuário da pesquisa quando se elabora o relatório de resultados;
2. reconhecer os tipos de relatórios de resultados na pesquisa quantitativa;
3. compreender os elementos que integram um relatório de pesquisa quantitativa.

Síntese

Neste capítulo comentamos a importância dos usuários na apresentação de resultados. São eles que tomam decisões baseadas nos resultados da pesquisa; portanto, a apresentação deve ser adaptada às suas características e necessidades.

Mencionamos dois tipos de relatórios: acadêmicos e não acadêmicos, assim como os elementos ou divisões mais comuns que integram um relatório como produto da pesquisa quantitativa.

```
                          ┌─────────────────────┐
                    ┌────▶│ O tipo de relatório │
                    │     │  que será elaborado │
                    │     └─────────────────────┘
                    │
                    │     ┌─────────────────────┐
┌──────────────┐    │     │   Os usuários ou    │
│ É necessário │────┼────▶│     receptores      │
│    definir   │    │     │ que tomarão as      │
└──────────────┘    │     │ decisões baseadas   │
        │           │     │   nos resultados    │
        │           │     └─────────────────────┘
        │           │
        │           │     ┌─────────────────────┐          ┌───────────────────┐      ┌──────────────────┐
        │           └────▶│   O contexto em     │─────────▶│     Acadêmico     │─────▶│  Folha de rosto  │
        │                 │ que será apresentado│    │     │ cujas divisões são:│      │  Índice          │
        │                 └─────────────────────┘    │     └───────────────────┘      │  Corpo do documento
        │                                            │                                │  Referências     │
        │                                            │                                │  Apêndices       │
        │                                            │                                └──────────────────┘
        │                                            │     ┌───────────────────┐                │
        │                                            │     │  Não acadêmico:   │                │
        │                                            └────▶│ • Folha de rosto  │                ▼
        │                                                  │ • Sumário         │      ┌──────────────────┐
        │                                                  │ • Resumo executivo│      │  Que consta de:  │
        │                                                  │ • Método (sintetizado)   │ • Resumo         │
        │                                                  │ • Resultados      │      │ • Introdução     │
        │                                                  │ • Conclusões      │      │ • Revisão da     │
        │                                                  │ • Apêndices       │      │   literatura ou  │
        │                                                  └───────────────────┘      │   marco teórico  │
        │                                                                             │ • Método         │
        ▼                                                                             │ • Resultados     │
┌──────────────────┐     ┌─────────────────────┐                                      │ • Discussão      │
│ Relatório de     │     │   Elaboração:       │                                      └──────────────────┘
│ resultados do    │────▶│ Deve ser baseada em:│
│ processo         │     │ • Possibilidades    │
│ quantitativo     │     │   criativas         │
│ Informa os       │     │ • Elementos gráficos│
│ resultados do    │     │ • Manuais de estilo │
│ estudo           │     │   de publicações    │
└──────────────────┘     │   (APA, ACS Style,  │
                         │   Chicago Style,    │
                         │   etc.)*            │
                         └─────────────────────┘
```

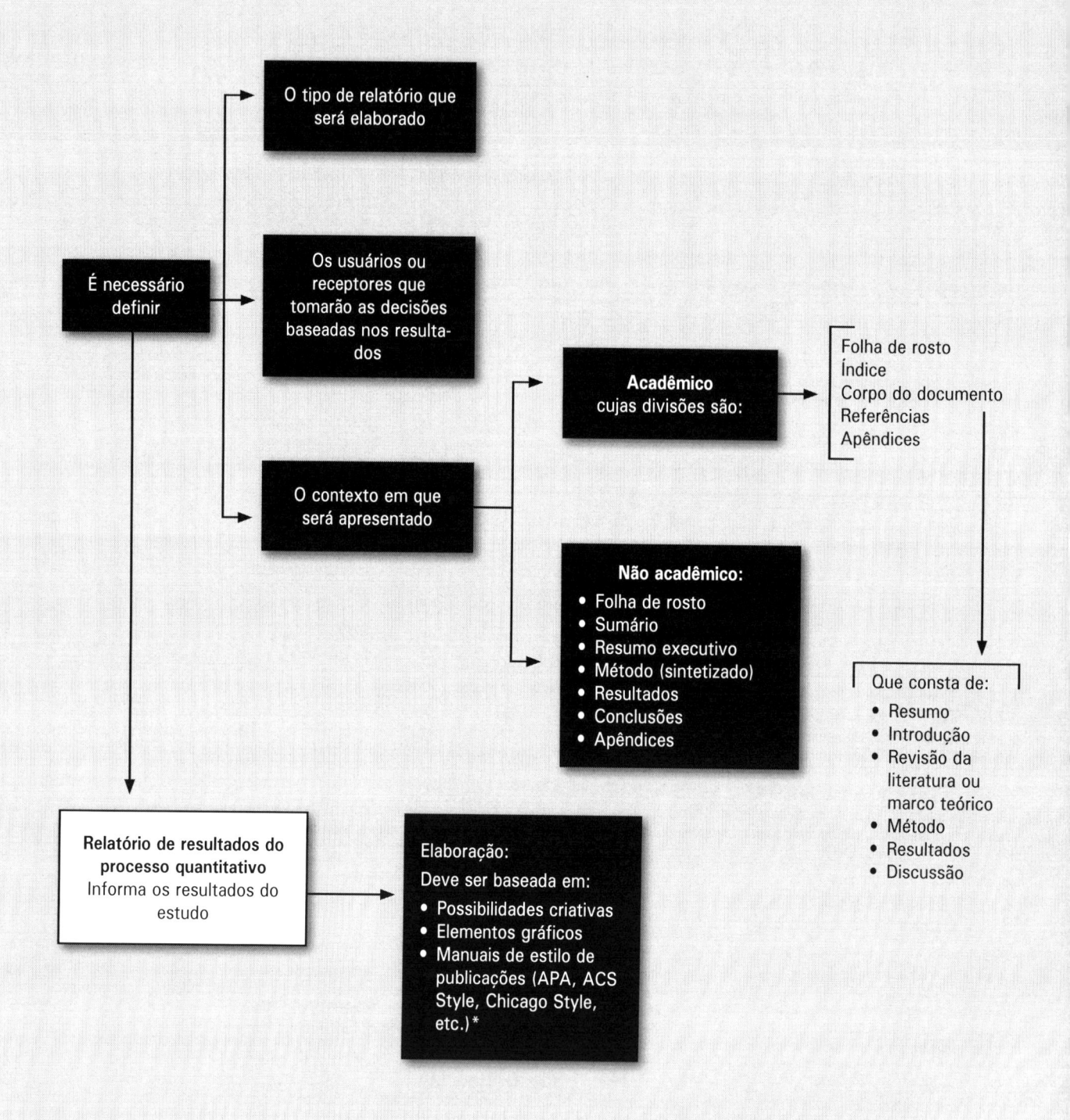

* No CD anexo há um manual que resume o estilo APA e o programa SISI para gerar, incluir e organizar referências bibliográficas, tanto no texto – citações – como no final na listagem ou bibliografia – referências – utilizando o estilo APA.

✓ ANTES DE ELABORAR O RELATÓRIO DE PESQUISA, É NECESSÁRIO DEFINIR OS RECEPTORES OU USUÁRIOS E O CONTEXTO

Realizamos uma pesquisa e já temos os resultados do estudo (os dados estão em tabelas, gráficos, quadros, diagramas, etc.); mas o processo ainda não terminou. Agora temos de comunicar os resultados com um relatório, que pode ter diferentes formatos: um livro, um artigo para uma revista acadêmica, um jornal de divulgação geral, uma apresentação no computador, um documento técnico, uma tese ou dissertação, um DVD, etc. Não importa a maneira, o que temos de fazer é descrever a pesquisa realizada e as descobertas que fizemos.

USUÁRIOS Pessoas que tomam decisões baseadas nos resultados da pesquisa; portanto, a apresentação deve ser adaptada a suas necessidades.

A primeira coisa então é definir o tipo de relatório que precisamos elaborar, e isso depende de alguns itens que devem estar bem claros:

1. as razões pelas quais a pesquisa surgiu;
2. os usuários do estudo;
3. o contexto em que deverá ser apresentado.

Portanto, antes de começar a desenvolver o relatório, o pesquisador deve refletir sobre as seguintes perguntas: Qual foi o motivo ou os motivos que fizeram surgir o estudo que ninguém sabe melhor do que o pesquisador ou pesquisadora? Qual é o contexto em que os resultados deverão ser apresentados? Quem são os usuários dos resultados? Quais são as características desses usuários? A maneira como esses resultados serão apresentados depende das respostas para essas perguntas.

Se o motivo foi elaborar uma monografia (geral) para obter um título acadêmico, o panorama é claro: o formato do relatório deve ser justamente uma tese de acordo com o título estudado (trabalho de final de curso, mestrado ou doutorado) e as diretrizes a seguir são as estabelecidas pela instituição educacional em que deverá ser apresentada, o contexto será acadêmico e os usuários serão primeiro a banca examinadora e, posteriormente, outros alunos e professores da própria universidade e outras organizações educacionais. Se for um trabalho solicitado por um professor para uma matéria ou curso, o formato é um relatório acadêmico cujo usuário principal é esse professor e os usuários diretos são os colegas de classe, depois outros estudantes da escola ou faculdade que frequentamos e também de outras universidades passarão a ser os usuários. Quando a razão que fez surgir o estudo foi o pedido de uma empresa para que seja analisado um determinado aspecto que interessa aos seus diretores, o relatório será em um contexto não acadêmico e o usuário será, basicamente, um grupo de executivos dessa organização que irá utilizar os dados para tomar certas decisões.

Às vezes, os motivos para realizar a pesquisa são vários e os usuários são diferentes (vamos imaginar que realizamos um estudo pensando em diversos produtos e usuários: um artigo que será analisado para ser publicado em uma revista científica, uma palestra para ser apresentada em um congresso, um livro, etc.). Nesse caso, é comum primeiro elaborar um documento principal para depois retirar dele diferentes subprodutos.

Vamos primeiro considerar os usuários da pesquisa, os contextos em que ela pode ser apresentada, os padrões que normalmente são utilizados quando se elabora um relatório e que devem ser levados em conta, assim como o tipo de relatório que normalmente é utilizado em cada caso. Esses itens estão resumidos na Tabela 11.1.

Os padrões são as bases para elaborar o relatório. A regulação no campo acadêmico quase sempre é maior do que em contextos não acadêmicos, nos quais não existem tantas regras gerais.

Os relatórios variam em extensão, pois eles dependem do próprio estudo e das normas institucionais, embora hoje a tendência seja incluir apenas os elementos e conteúdos realmente necessários.

Alguns autores, como Creswell (2005), sugerem que em trabalhos de final de curso e mestrado um tamanho comum seja de 50 a 125 páginas de conteúdo essencial (sem contar os apêndices). As teses de doutorado, entre 100 e 300 páginas e os relatórios executivos de 3 a 10 páginas.

Os artigos para revistas científicas raramente têm mais de 30 páginas.[1] Os pôsteres ou cartazes normalmente são de uma ou duas páginas de acordo com o tamanho exigido pelos organizadores do congresso. Os textos para serem apresentados como palestras costumam não ir além de 30 minutos (será preciso calcular o equivalente em páginas de acordo com o ritmo do orador), mas também depende do comitê que organiza cada evento acadêmico. Os artigos jornalísticos não ocupam mais de uma página do jornal, no caso mais extenso.

TABELA 11.1
Usuários, contextos e padrões da pesquisa*

Usuários	Contextos comuns possíveis	Padrões normalmente utilizados para elaborar o relatório	Tipo de relatório
Acadêmicos da própria instituição educacional: professores, assessores, membros de comitês e jurados, alunos (teses e dissertações, estudos institucionais para suas próprias publicações ou de interesse para a comunidade universitária).	Acadêmico	• Diretrizes utilizadas no passado para regular as pesquisas na escola ou faculdade (ou institucionalmente). É comum existir um manual institucional. • Diretrizes individuais dos decanos e professores-pesquisadores da escola, faculdade ou departamento.	• Teses e dissertações • Relatório de pesquisa • Apresentações audiovisuais (Power Point, Flash, Dreamweaver, Slim Show, etc.) • Livro
Editores e revisores de revistas científicas (*journals*).	Acadêmico	• Diretrizes publicadas pelo editor e/ou comitê editorial da revista (algumas vezes são diferenciadas por seu tipo: se são pesquisas quantitativas, qualitativas ou mistas). É comum que sejam denominadas como "normas ou instruções para os autores". O tema de nosso estudo deve se encaixar dentro do tema da revista e às vezes no volume em questão (que pode ser anual ou bianual).	• Artigos
Revisores de palestras para congressos e acadêmicos externos (palestras, apresentações em congressos, fóruns da internet, *sites*, prêmios para pesquisa, etc.).	Acadêmico	• Diretrizes ou padrões definidos na convocatória do congresso, fórum ou concurso. Esses padrões são para o texto que é apresentado e/ou publicado, assim como para os materiais adicionais exigidos (p. ex., apresentação visual, vídeo, resumo gráfico para cartaz). O tema de nosso estudo deve se encaixar no tema da conferência e temos de nos adaptar à normatividade definida para as palestras.	• Palestras • Pôster ou cartaz
Formuladores de políticas, executivos ou funcionários que tomam decisões (empresas, organizações governamentais e organizações não governamentais).	Acadêmico Não acadêmico (geralmente o caso das empresas)	• Diretrizes lógicas ou padrões utilitários: – informe curto, cujos resultados sejam fáceis de entender; – orientação mais visual do conteúdo (gráficos, quadros, etc.; somente os elementos mais importantes); – possibilidade de aplicar os resultados de maneira imediata; – clareza de ideias.	• Resumo executivo • Informe técnico • Apresentações audiovisuais
Profissionais e estagiários no campo em que o estudo está inserido.	Acadêmico Não acadêmico (geralmente o caso das empresas)	• Diretrizes lógicas ou padrões pragmáticos: – relevância do problema estudado; – orientação mais visual do conteúdo (gráficos, quadros, etc.; somente os elementos mais importantes); – resultados facilmente identificáveis e aplicáveis; – sugestões práticas e concretas para implementar.	• Resumo executivo • Informe técnico • Apresentações audiovisuais
Opinião pública não especializada (estudantes dos primeiros ciclos, pais de família, grupos da sociedade em geral).	Não acadêmico	• Padrões centrados na simplicidade dos resultados, sua importância para o grupo da sociedade ou esta em seu conjunto: – rapidez; – clareza; – aplicabilidade em situações cotidianas; – orientação mais visual do conteúdo (gráficos, quadros, etc.; poucos elementos, dois ou três bem simples).	• Artigo jornalístico • Livro

* Adaptada de Creswell (2005, p. 258).

Quais itens ou seções fazem parte de um relatório de pesquisa ou um relatório de resultados em um contexto acadêmico?

As seções mais comuns dos relatórios de pesquisa, na maioria dos casos, são as seguintes:

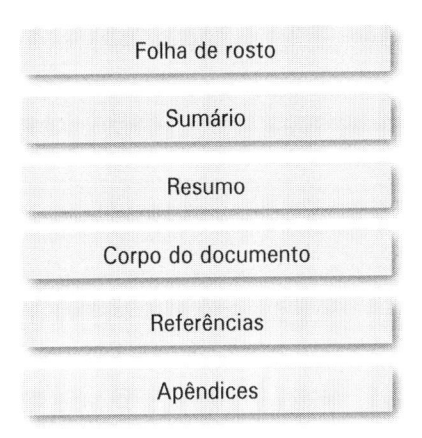

- Folha de rosto
- Sumário
- Resumo
- Corpo do documento
- Referências
- Apêndices

1. Folha de rosto

Inclui o título da pesquisa; o nome do autor ou dos autores e seu vínculo institucional, ou o nome da organização que patrocina o estudo, assim como a data e o lugar em que o relatório será apresentado. No caso de teses e dissertações, as folhas de rosto variam de acordo com as diretrizes estabelecidas pela autoridade pública ou pela instituição de educação superior correspondente.

2. Sumário

Normalmente são vários, primeiro o da tabela de conteúdos, que inclui capítulos, itens e subitens (diferenciados por numeração progressiva ou tamanho e características da tipografia). Posteriormente, o de tabelas e o de figuras.[2]

3. Resumo

É o principal conteúdo do relatório de pesquisa e normalmente inclui a formulação do problema e hipóteses, o método (menção de desenho, instrumento e amostra), os resultados mais importantes e as principais conclusões e descobertas. Deve ser compreensível, simples, informativo, preciso, completo, conciso e específico. No caso de artigos para revistas científicas, a recomendação é não ultrapassar 120 palavras (APA, 2002). Em teses e dissertações a sugestão é não ultrapassar 320 palavras (o padrão é de 300). Para relatórios técnicos a sugestão é de no mínimo 200 palavras e no máximo 350.[3] Em quase todas as revistas acadêmicas e teses, a exigência é que o resumo esteja no idioma original em que o estudo foi produzido e em inglês. Vamos dar um exemplo.

Exemplo

Um exame transcultural dos motivos para comunicação interpessoal no México e nos Estados Unidos[4]

Rebecca B. Rubin
Kent State University

> **Carlos Fernández Collado**
> Universidad Anáhuac
> **Roberto Hernández Sampieri**
> Universidad Anáhuac
>
> **Resumo**
> Este estudo analisa as diferenças culturais nos motivos para se comunicar de maneira interpessoal, comparando uma amostra de estudantes norte-americanos com outra de alunos mexicanos. A pesquisa prévia indica que existem seis motivos principais para iniciar conversações com os demais: *prazer, fuga, descontração, inclusão, afeto interpessoal* e *controle*. As quatro dimensões da cultura nacional comunicadas por Hofstede (1980): distância do poder, aversão à incerteza, individualismo e masculinidade foram utilizadas para prever diferenças interculturais nesses motivos interpessoais.
>
> Oito hipóteses foram submetidas a teste. Os resultados indicam que as pontuações dos universitários mexicanos não foram significativamente maiores que as pontuações dos alunos norte-americanos nos motivos de *controle interpessoal, descontração* e *fuga* (tal como havia sido previsto); mas foram significativamente menores quanto aos motivos de *afeto interpessoal, prazer* e *inclusão*. Também foram apresentadas correlações negativas significativas entre os motivos interpessoais e a idade nos dados dos Estados Unidos, mas não nos dados do México. Também foram descobertas correlações positivas significativas entre o gênero e os motivos de *afeto e inclusão*, e correlações negativas entre o gênero e o motivo de *controle*, mas somente nos universitários norte-americanos.
>
> A amostra de mexicanos incluiu 225 indivíduos e a de norte-americanos, 504.

4. Corpo do documento

- *Introdução*: inclui os antecedentes (rapidamente abordados de maneira concreta e específica), a formulação do problema (objetivos e perguntas de pesquisa, assim como a justificativa do estudo), o contexto de pesquisa (como, quando e onde foi realizada), as variáveis e os termos da pesquisa e também suas limitações. É importante comentar a utilidade do estudo para o campo profissional. Creswell (2005) determina a formulação do problema e acrescenta as hipóteses. Laflen (2001) recomenda uma série de perguntas para elaborar a introdução: O que a pesquisa descobriu ou comprovou? Que tipo de problema foi trabalhado, como trabalhamos e por que trabalhamos de determinada maneira? O que motivou o estudo? Por que escrevemos o relatório? O que o leitor deve saber ou entender quando terminar de ler o relatório?
- *Revisão da literatura (marco teórico)*: aqui incluímos e comentamos as teorias utilizadas e os estudos prévios que foram relacionados com a formulação, fazemos um sumário dos temas e das descobertas mais importantes no passado e indicamos como nossa pesquisa amplia a literatura atual. Finalmente, essa revisão deve nos dar uma resposta para a seguinte pergunta: Qual é nossa posição atual em relação ao conhecimento referente a nossas perguntas e objetivos?
- *Método:* essa parte do relatório descreve como a pesquisa foi realizada e inclui:
  - Enfoque (quantitativo, qualitativo ou misto).
  - Contexto da pesquisa (lugar ou espaço e tempo, assim como acessos e autorizações).
  - Casos, universo e amostra (tipo, procedência, idades, gênero ou aquelas características que sejam relevantes dos casos; descrição do universo e da amostra, e procedimento de seleção da amostra).
  - Desenho utilizado (experimental ou não experimental – desenho específico – assim como intervenções, caso tenham sido utilizadas).
  - Procedimento (um resumo de cada passo no desenvolvimento da pesquisa). Por exemplo, em um experimento é preciso descrever a maneira de selecionar os participantes para os grupos, as instruções, os materiais, as manipulações experimentais e como transcorreu o experimento. Em uma pesquisa de levantamento é preciso dizer como os participantes foram contatados e as entrevistas realizadas. Nesse item incluímos os problemas enfrentados e a forma como foram resolvidos.
  - Descrição detalhada dos processos de coleta dos dados e o que foi feito com os dados após serem obtidos.

- Quanto à coleta de dados, é preciso descrever quais dados foram coletados, quando e como: forma de coleta e/ou instrumentos de medição utilizados, com relatório sobre a confiabilidade, validade e objetividade, assim como as variáveis ou conceitos, eventos, situações e categorias.

- *Resultados:* são o produto da análise dos dados. Eles sintetizam o tratamento estatístico que demos aos dados. Normalmente sua ordem é: a) análises descritivas dos dados, b) análises inferenciais para responder as perguntas e/ou testar hipóteses (na mesma ordem em que as hipóteses ou as variáveis foram formuladas). A American Psychological Association (2002) recomenda que primeiro se descreva de maneira rápida a ideia principal que resume os resultados ou descobertas, para depois comunicar os resultados detalhadamente. É importante salientar que nesse item não incluímos as conclusões nem as sugestões, assim como também não explicamos as implicações da pesquisa. Isso é feito no próximo item.

  No item de resultados, o pesquisador se limita a descrever suas descobertas. Uma boa maneira de fazer isso é com tabelas, quadros, gráficos, desenhos, diagramas, mapas e figuras geradas pela análise. São elementos que servem para organizar os dados, de tal modo que o usuário ou leitor possa lê-los e dizer: "para mim, está claro que isso está ligado com aquilo, com essa variável acontece o seguinte...". Cada um desses elementos deve ser numerado (em arábico ou romano) (p. ex.: Quadro 1, Quadro 2... Quadro k; Gráfico ou Diagrama 1, Gráfico ou Diagrama 2... Gráfico ou Diagrama k, etc.) e com o título que o identifica. Wiersma e Jurs (2008) recomendam os seguintes pontos para elaborar tabelas estatísticas:

  a) O *título* deve especificar o conteúdo da tabela, assim como ter um cabeçalho e os subcabeçalhos necessários (p. ex., colunas e linhas, diagonais, etc.).
  b) Não devemos misturar muitas estatísticas que dificultem o trabalho com elas (p. ex., incluir médias, desvios padrão, correlações, razão F, etc., em uma mesma tabela).
  c) Em cada tabela devemos *espaçar os números e as estatísticas incluídas* (têm de ser legíveis).
  d) Se possível, *cada tabela deverá se limitar a uma só página.*
  e) Os formatos das tabelas têm de ser coerentes e homogêneos dentro do relatório (p. ex., não incluir em uma tabela cruzada as categorias da variável dependente em colunas e, em outra tabela, colocar as categorias da variável dependente em linhas).
  f) As *categorias das variáveis devem ser diferenciadas* claramente umas das outras.

  A melhor regra para elaborar uma tabela é organizá-la logicamente e eliminar a informação que possa confundir o leitor. Quando incluímos testes de significância: F, *chi* quadrado, r, etc., devemos incorporar informação sobre a intensidade ou o valor obtido no teste, os graus de liberdade, o nível de confiança (*alfa* = α) e a direção do efeito (APA, 2002). Também teremos de especificar se aceitamos ou rejeitamos a hipótese de pesquisa ou a nula em cada caso.

  Recomendamos que os leitores consultem os exemplos de pesquisa quantitativa e mista incluídos no CD e revisem a forma como as tabelas são apresentadas.

  Quando os *usuários*, receptores ou leitores são pessoas com conhecimentos sobre estatística, não é necessário explicar em que consiste cada teste, basta mencioná-los e comentar seus resultados (que é o normal nos meios acadêmicos). Se o usuário não possui esses conhecimentos, não tem sentido incluir os testes estatísticos, a não ser que sejam explicados com extrema simplicidade e a apresentação dos resultados sejam mais compreensíveis. Nesse caso, as tabelas são descritas.

  Os diagramas, figuras, mapas cognoscitivos, esquemas, matrizes e outros elementos gráficos também devem ser numerados sequencialmente e observar o princípio básico: *uma boa figura é simples, clara e não atrapalha a continuidade da leitura.* As tabelas, os quadros, as figuras e os gráficos terão de enriquecer o texto; em vez de simplesmente torná-lo maior, mostram os fatos essenciais, são fáceis de ler e compreender e, ao mesmo tempo, são coerentes.

- *Discussão* (conclusões, recomendações e implicações): nessa parte,
  a) tiramos as conclusões;
  b) explicitamos as recomendações para outros estudos (p. ex., sugerir novas perguntas, amostras, instrumentos, linhas de pesquisa, etc.) e indicamos o que vem depois e o que deve ser feito;
  c) generalizamos os resultados para a população;
  d) avaliamos as implicações do estudo;

e) mostramos como as perguntas de pesquisa foram respondidas e também se os objetivos foram ou não atingidos;
f) relacionamos os resultados com os estudos existentes (vincular com o marco teórico e mostrar se nossos resultados coincidem ou não com a literatura prévia, no que sim e no que não);
g) reconhecemos as limitações da pesquisa;
h) destacamos a importância e o significado de todo o estudo e a forma como se encaixa no conhecimento disponível;
i) explicamos os resultados inesperados; e
j) quando as hipóteses não foram testadas, é necessário dizer ou pelo menos especular sobre as razões.

Ao elaborar as conclusões é aconselhável verificar se todos os pontos necessários estão traduzidos aqui. E lembrar que a ideia **não** é repetir os resultados, mas resumir os mais importantes. Então, as conclusões devem ser congruentes com os dados. Sua adequação em relação à generalização dos resultados deverá ser avaliada em termos de aplicabilidade em diferentes amostras e populações. Se houve uma na formulação, então é preciso explicar por que e como foi modificada. Essa parte deve ser redigida de tal maneira que facilite a tomada de decisões sobre uma teoria, um curso de ação ou uma problemática. O relatório de um experimento deve explicar claramente as influências dos tratamentos.

5. Referências, bibliografia

São as fontes primárias utilizadas pelo pesquisador para elaborar o marco teórico ou outros propósitos; são incluídas no final do relatório, ordenadas alfabeticamente. Quando um mesmo autor aparece duas vezes, devemos organizar as referências que o contenham da mais antiga para a mais recente.

6. Apêndices

São úteis para descrever com profundidade certos materiais, sem tirar a atenção da leitura do texto principal do relatório ou evitar que altere seu formato. Alguns exemplos de apêndices seriam o questionário utilizado, um novo programa de computador, análises estatísticas adicionais, o desenvolvimento de uma fórmula complicada, fotografias, etc.

Vale destacar que em relatórios destinados à publicação, como os artigos de uma revista científica, todos os elementos são desenvolvidos de maneira bem concisa ou resumida. Sempre temos de buscar clareza, precisão e explicações diretas, assim como eliminar repetições, argumentos desnecessários e redundância não justificada. Quanto à linguagem, precisamos ser cuidadosos e sensíveis, não devemos utilizar termos pejorativos quando nos referimos a pessoas com capacidades diferentes, grupos étnicos diferentes dos nossos, etc.; para isso, é necessário consultar algum manual que recomendamos mais adiante.

Quais elementos fazem parte de um relatório de pesquisa ou relatório de resultados em um contexto não acadêmico?

Um relatório não acadêmico contém a maioria dos elementos de um relatório acadêmico:

1. Folha de rosto
2. Sumário
3. Resumo executivo (resultados mais relevantes e quase todos apresentados graficamente).
4. Método
5. Resultados
6. Conclusões[5]
7. Apêndices

Mas cada elemento é abordado de uma maneira mais concisa e as explicações técnicas que não possam ser compreendidas pelos usuários são excluídas. O marco teórico e a bibliografia costumam ser omitidos do relatório ou são acrescentados como apêndices ou antecedentes. Claro que isso não significa de maneira alguma que um marco teórico não tenha sido desenvolvido, mas que alguns usuários preferem não ter de encará-lo no relatório de pesquisa. No entanto, alguns usuários não acadêmicos realmente se interessam pelo marco teórico e pelas citações ou referência. Para ilustrar a diferença entre redigir um relatório acadêmico e um não acadêmico, apresentamos um exemplo de introdução de um relatório não acadêmico que, como podemos ver no exemplo, é bem simples, curto e não utiliza termos complexos.

Exemplo
Introdução de um relatório não acadêmico
Qualidade total

A Fundación Mexicana para la Calidad Total, A.C. (Fundameca) realizou uma pesquisa de levantamento para conhecer as práticas, técnicas, estruturas, processos e temáticas existentes em qualidade total no México. A pesquisa, de caráter exploratório, é o primeiro esforço para obter uma radiografia da condição dos processos de qualidade no México. Não é um estudo minucioso, mas apenas uma primeira aproximação que futuramente poderá ser ampliada e aprofundada pela Fundação.

O relatório de pesquisa que será apresentado a seguir tem como um de seus objetivos essenciais possibilitar a análise, a discussão e a reflexão profunda a respeito dos projetos para aumentar a qualidade dos produtos ou serviços oferecidos pelo México para os mercados nacional e internacional. Como nação, setor e empresa: Será que estamos no caminho certo para a conquista da qualidade total? O que estamos fazendo adequadamente? O que está faltando? Quais são os obstáculos que estamos enfrentando? Quais são os desafios que teremos de vencer na primeira década do século? Essas são algumas das perguntas que estamos analisando e que precisamos responder. A pesquisa pretende fornecer algumas pautas para que possamos começar a responder esses questionamentos de forma satisfatória.

A amostra da pesquisa foi selecionada por sorteio tendo como base três listagens: listagem *Expansión* 500, listagem do jornal *Cambio Organizacional* e listagem das reuniões para a criação da Fundameca. Recorremos a 184 empresas, das quais 60 não proporcionaram informação. Duas pesquisas de levantamento foram excluídas porque detectamos inconsistências lógicas. No total foram incluídos 122 casos válidos.

Esperamos que seus comentários e sugestões ampliem e enriqueçam esse processo de pesquisa.

Fundameca
Direção de pesquisa

Onde podemos consultar os detalhes referentes a um relatório de pesquisa (manuais)*?

Hoje, existem vários manuais que podem ser úteis para elaborar os relatórios:

1. *Manual de estilo* da American Psychological Association (APA)**, que tem tudo o que se refere a como apresentar um relatório de pesquisa. É publicado em inglês, espanhol e português. Vale a pena adquiri-lo na livraria de sua preferência, ele é extremamente completo (engloba desde como citar até detalhes de tabelas e referências). Além do manual existe um programa: APAStyle Helper.

    Para se manter atualizado com as novas edições do manual em inglês, a APA tem um *site* na internet: http://www.apastyle.org. Uma página de ajuda sobre o estilo APA é http://psywww.com/resource/apacrib.htm.

2. *The ACS style guide: A manual for author and editors*, que em 2006 estava em sua terceira edição. As autoras são Anne M. Coghill e Lorrin R. Garson e é publicado por The American Chemical Society e Oxford University Press. Dirigido mais para relatórios de pesquisadores em ciências

---

* N. de R.T.: No Brasil, as principais universidades disponibilizam manuais com regras e procedimentos para a elaboração de relatórios, dissertações e teses.
** N. de R.: A edição mais recente do manual foi publicada no Brasil pela editora Penso, sob o título *Manual de publicação da APA*.

químicas. Existe um endereço na internet onde podem ser obtidas algumas recomendações do manual: http://oup.com/us/samplechapters/0841234620/?view=usa.

3. *Requisitos uniformes para la entrega de los manuscritos a las revistas biomédicas: la escritura y la edición para la publicación biomédica*, que são baseados no documento oficial: *Uniform requirements for manuscripts submitted to biomedical journals: Writing and editing for biomedical publication*, publicado pelo Comitê Internacional de Diretores de Revistas Médicas (CIDRM). Disponível em espanhol sem custo em: http://bvs.sld.cu/revistas/aci/vol12_3_04/aci112304.htm.

O *site* do documento original em inglês é: http://www.icmje.org/.

É bom sempre procurar a edição mais atualizada dos manuais.

4. As páginas *web* das revistas acadêmicas (*journals*) na seção "Instruções para autores" também são muito úteis no que se refere a artigos.

5. Na base de dados EBSCOhost Research Databases é possível localizar vários manuais sobre a elaboração de relatórios.

6. *AMA manual of style. A guide for authors and editors*, para publicações nas áreas de ciências da saúde. Editado pela American Medical Association y Oxford University Press (em 2007 foi publicada a décima edição).

Nota importante

No CD anexo: Manuales → "Manual APA" o leitor poderá encontrar um documento que resume o estilo da American Psychological Association para citar de maneira apropriada as fontes no texto do relatório de resultados da pesquisa, e no final na seção de referências ou bibliografia. Também incluímos um programa SISI para capturar documentos e gerar, incluir e organizar referências bibliográficas, tanto no texto – citações – como no final na listagem ou bibliografia – referências –, baseadas no estilo APA, que coloca de maneira automática e correta essas fontes nesse texto ou seção.

Quais os recursos disponíveis para apresentar o relatório de pesquisa?

Hoje temos tantos programas de desenho, gráficos, apresentações e elaboração de documentos que é impossível comentar ou sequer nomear cada um deles neste espaço. Utilize todos que conhecer e aos quais possa ter acesso, mas lembre-se de que uma apresentação deve ser visualmente interessante. Nos documentos existem certas regras que não podem ser deixadas de lado, mas na apresentação o limite é nossa própria imaginação.

Quais critérios ou parâmetros podemos definir para avaliar uma pesquisa ou um relatório?

Uma proposta de parâmetro ou critérios para avaliar a qualidade de um estudo quantitativo e, consequentemente, seu relatório, pode ser encontrada no CD anexo: Material complementar → Capítulos → Capítulo 10: "Parámetros, criterios, indicadores y/o cuestionamientos para evaluar a calidad de una investigación".

Com o que podemos comparar o relatório da pesquisa? E a proposta ou protocolo de pesquisa?

O relatório pode ser comparado com a proposta ou protocolo da pesquisa, a que fizemos no início do processo, que não foi comentada no livro porque primeiro era necessário conhecer o processo de pesquisa quantitativa.

O protocolo será revisado no CD anexo: Material complementario → Capítulos → Capítulo 9 "Elaboración de propuestas cuantitativas, cualitativas y mixtas".

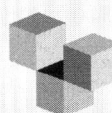

Resumo

- Antes de elaborar o relatório de pesquisa é preciso definir os usuários, pois o relatório terá de ser adaptado a eles.
- Os relatórios de pesquisa podem ser apresentados em um contexto acadêmico ou não acadêmico.
- Os usuários e o contexto determinam o formato, a natureza e a extensão do relatório de pesquisa.
- As seções mais comuns de um relatório de pesquisa apresentado em um contexto acadêmico são: folha de rosto, índice, resumo, corpo do documento (introdução, marco teórico, método, resultados), discussão, referências ou bibliografia e apêndices.
- Os elementos mais comuns em um contexto não acadêmico são: folha de rosto, sumário, resumo executivo, método, resultados, conclusões e apêndices.
- Para apresentar o relatório de pesquisa é possível utilizar diversos suportes ou recursos.

Conceitos básicos

Contexto acadêmico
Contexto não acadêmico
Corpo do documento
Relatório de pesquisa
Usuários/receptores

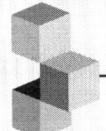

Exercícios

1. Elabore o sumário de uma tese.
2. Encontre um artigo de uma revista científica mencionada no apêndice 1 do CD anexo e analise as seções do artigo.
3. Desenvolva o índice do relatório da pesquisa que você criou ao longo dos exercícios do livro.
4. Elabore uma apresentação de sua tese ou de qualquer pesquisa realizada por você ou outra pessoa em um programa para essa finalidade disponível em sua instituição (p. ex., Power Point ou Flash).

Exemplos desenvolvidos

A televisão e a criança

SUMÁRIO DO RELATÓRIO DE PESQUISA
RESUMO
LISTA DE CONTEÚDOS
LISTA DE TABELAS
LISTA DE FIGURAS

	Página
1. INTRODUÇÃO	1
1.1 Problema a pesquisar	2
1.2 Importância do estudo	5
1.3 Definição de termos	7
1.4 Problemas e limitações	10
1.5 Hipóteses	12
2. MARCO TEÓRICO	13
2.1 O enfoque de usos e gratificações na comunicação de massa	14
2.2 O uso que as crianças fazem da televisão	22
2.3 Conteúdos televisivos preferidos pelas crianças	26
2.4 As funções e gratificações da televisão para a criança	29
2.5 Elementos que interferem nas condições às quais as crianças se expõem ao ver televisão	37
3. MÉTODO	43
3.1 Amostra	44
3.2 Contexto e desenho	47
3.3 Instrumento de medição	49
3.4 Procedimentos	51
3.4.1 Seleção da amostra	51
3.4.2 Coleta dos dados	54
3.4 3 Análise dos dados	55
4. RESULTADOS	56
4.1 Características demográficas da amostra	57
4.2 Fontes alternativas de entretenimento	60
4.3 Tempo que as crianças passam vendo televisão	63
4.4 Programas preferidos das crianças	65
4.5 Personagens favoritos	69
4.6 Funções e gratificações da televisão para as crianças da amostra	73
4.7 Controle dos pais	77

5. DISCUSSÃO 79
   5.1 Resultados fundamentais 80
   5.2 Conclusões e recomendações 82
      5.2.1 Implicações para os pais 84
      5.2.2 Implicações para os educadores 88
      5.2.3 Implicações para os produtores 93
   5.3 O futuro da televisão infantil 101
REFERÊNCIAS ....
APÊNDICE A: Carta para os diretores da escola. 111
APÊNDICE B: Questionário aplicado 112

O par e a relação ideais

Sumário do relatório de estudo

INTRODUÇÃO 1
1. REVISÃO DA LITERATURA 5
   1.1 Contexto dos jovens
       universitários de Celaya 6
   1.2 Estrutura e função dos ideais
       nas relações de namoro 8
   1.3 Causas das relações bem-sucedidas e o
       conceito de par e relação ideal 13
   1.4 Teorias sobre as relações
       de namoro e casal 17
       1.4.1 Teoria sociocognitiva 17
       1.4.2 Teoria evolucionista 21
       1.4.3 Qualificativos utilizados para
             caracterizar o par e a relação
             ideais 25
2. MÉTODO 30
   2.1 Amostra 31
   2.2 Desenho 32
   2.3 Variáveis e questionário 32
   2.4 Procedimentos 34
3. RESULTADOS 36
   3.1 O passado: atributos do par mais
       significativo no passado e da relação
       com ele 37
   3.2 O presente: atributos do par atual e da
       relação com ele 41
   3.3 O futuro: atributos do par e da relação
       projetados a longo prazo no futuro 45
   3.4 Atributos do par e da relação ideais 50
   3.5 Vínculos no tempo: passado, presente
       e futuro 54
   3.6 Continuar sonhando e acordar: a realidade
       versus as aspirações ideais 57
4. DISCUSSÃO 60
5. REFERÊNCIAS 68
6. APÊNDICE: Questionário 74

O abuso sexual infantil

Está no CD anexo: Material complementarIO → Capítulos → Capítulo 9 "Elaboración de propuestas cuantitativas, cualitativas y mixtas".

Os pesquisadores opinam

Pesquisar se aprende pesquisando; portanto, é necessário desmistificar a complexidade da tarefa e sentir paixão por ela. Nesse sentido, a experiência na pesquisa enriquece muito o trabalho do docente.

Uma pesquisa será muito mais factível se a formulação do problema for realizada de maneira adequada; também é importante que o tema seja atual e apropriado, e que seu objetivo seja a solução de problemas concretos.

A realidade é quantitativa e qualitativa; por isso é necessário combinar ambos os enfoques, desde que não sejam incompatíveis com o método empregado.

Quanto à pesquisa realizada na Colômbia, de acordo com a Colciencias, órgão estatal para as ciências e a tecnologia, a Universidad de Antioquía ocupa um lugar muito preponderante em todo o país.

Duván Salavarrieta T.
Professor-pesquisador
Facultad de Administración
Universidad de Antioquía
Medellín, Colômbia

Uma pesquisa bem-sucedida, isto é, que contribua de maneira importante para a geração de conhecimentos, depende em grande parte de que a formulação do problema seja realizada adequadamente.

Outro aspecto a ser considerado é que a pesquisa pode englobar tanto o enfoque qualitativo como o quantitativo, e conseguir se complementar, além de ser possível misturá-los quando são utilizados diversos tipos de instrumentos de medição, como registros de observações, questionários, testes, estudos de caso, etc. Quanto aos pacotes de análises, em pesquisa qualitativa eu utilizo atualmente o SPSS.

Para os estudantes, a importância da pesquisa está no fato de que é um meio que oferece a oportunidade de resolver problemas reais, como aqueles que irão encontrar em sua vida profissional; por isso é importante que escolham um tema de seu interesse que também deve ser original, viável, preciso e de extensão delimitada.

Também devem considerar os parâmetros que caracterizam uma boa pesquisa, assim como formular o problema de maneira adequada. É necessário definir objetivos precisos; efetuar uma intensa revisão bibliográfica; selecionar o desenho de pesquisa adequado; realizar uma boa análise estatística, que é uma ferramenta que permite fazer inferências significativas sobre os resultados obtidos; e, por último, chegar a conclusões objetivas.

Esteban Jaime Camacho Ruiz
Catedrático
Departamentos de Psicología y Pedagogía
Universidad Hispanoamericana
Estado do México, México

Por que é importante que as crianças e os jovens aprendam a pesquisar?

Disse Mario Molina Montes, mexicano reconhecido com um prêmio Nobel em temas científicos, que quando criança tinha uma enorme curiosidade como todas as crianças têm. A diferença é que ele conseguiu que não a tirassem dele.

George Bernard Shaw, o grande humanista britânico, também dizia que teve de interromper sua educação aos 6 anos, para "começar a ir à escola".

A reflexão que proponho com esses dois exemplos, especialmente válida para o mundo e o tempo em que nos coube viver, é sobre como devemos ter cuidado para não tolher a criatividade de crianças e jovens, incorporando-os a uma vida repleta de paradigmas, valores estabelecidos e necessidades satisfeitas.

Como conseguir que os jovens recuperem a capacidade de se surpreender? Como equilibrar essa curiosidade inata com a enorme oferta de soluções imediatas que recebem de todos os lados?

Precisamos reconhecer que nossas instituições e procedimentos educativos não funcionaram à altura das circunstâncias atuais. E é do processo de ensino-aprendizagem que teremos de partir e o mais rápido possível, para despertar esse novo jovem pesquisador.

É evidente que não podemos continuar fazendo as coisas da mesma forma. Muitos jovens repetem paradigmas testados achando que são a melhor solução, não se preocupam em buscar propostas de pesquisadores que apresentam soluções alternativas evitando, por exemplo, problemas de sustentabilidade, ou não confiam no trabalho dos pesquisadores, já que os jovens acreditam que as coisas já estão resolvidas.

O que não podemos negar é que na criatividade do ser humano houve e continuará havendo respostas para muitas questões e problemas. Os grandes problemas do mundo não se resolverão sozinhos; o homem terá de resolvê-los, e poderá fazer isso na medida em que saiba observar, analisar e interpretar as variáveis do ambiente que o rodeia. E não é só isso, quando conseguir tudo o que foi dito, também terá de saber tomar as decisões, que também é uma habilidade fundamental que tem de adquirir.

Por tudo isso é que eu poderia concluir essa ideia dizendo que não é somente importante que os jovens aprendam a desenvolver suas habilidades criativas e de pesquisa... Essa é, simplesmente, uma necessidade de sobrevivência.

Este livro de Hernández Sampieri e colaboradores é uma grande oportunidade que devemos aproveitar, aprender e difundir do mesmo jeito que o autor faz dia após dia. Convido vocês a refletir e, sobretudo, a construir um mundo melhor.

Paulina de La Mora Campos
Coordinación de Admisión y Enlace Estudantil
Departamento de Ciencias de la Salud
Universidad del Valle de México, Campus Querétaro

✓ NOTAS

1. Williams, Tutty e Grinnell (2005). Esse número também é estipulado pelas normas editoriais e/ou para autores da maioria das revistas acadêmicas e/ou científicas.
2. As figuras incluem diagramas, fotografias, desenhos, esquemas e gráficos de resultados, como histogramas e diagramas de dispersão.
3. Williams, Unrau e Grinnell (2005).
4. Adaptado de Rubin, Fernández e Hernández Sampieri (1992).
5. Nos meios não acadêmicos se utiliza o termo "conclusões" em vez de discussão.

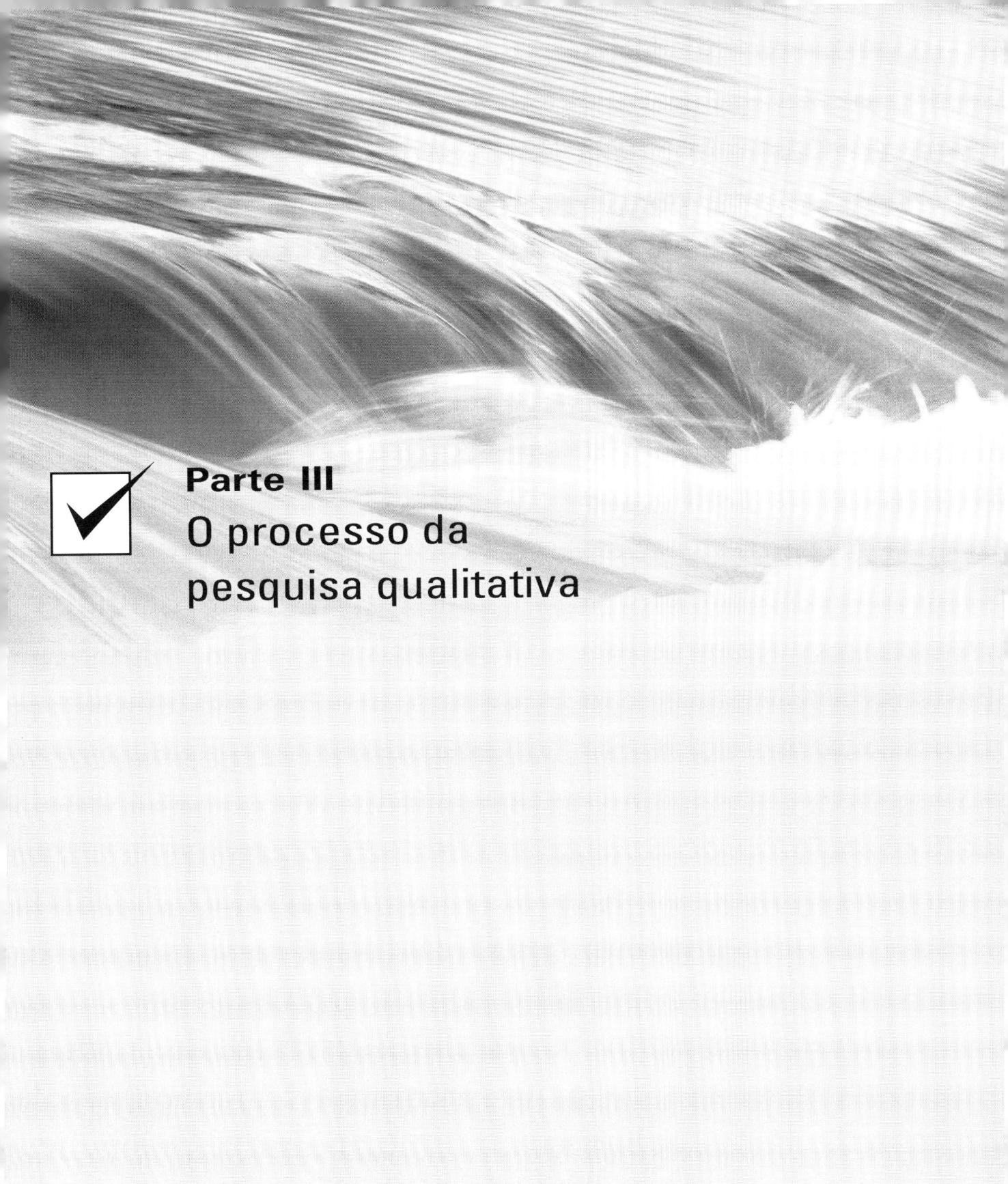

Parte III
O processo da pesquisa qualitativa

12
Início do processo qualitativo: formulação do problema, revisão da literatura, surgimento das hipóteses e imersão no campo

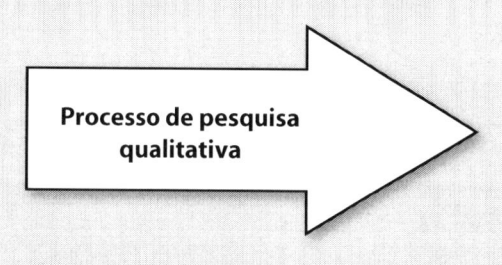

Processo de pesquisa qualitativa →

Passo 2 Formulação do problema
- Estabelecer objetivos e perguntas de pesquisa iniciais, justificativa e viabilidade.
- Definir provisoriamente o papel que a literatura irá desempenhar.
- Escolher o ambiente ou contexto no qual começaremos a estudar o problema de pesquisa.
- Entrar no ambiente ou contexto.

Objetivos da aprendizagem

Ao concluir este capítulo, o aluno será capaz de:

1. formular perguntas para pesquisar de maneira indutiva;
2. visualizar os aspectos que deve considerar para iniciar um estudo qualitativo;
3. compreender como se inicia uma pesquisa qualitativa;
4. conhecer o papel da revisão da literatura e das hipóteses no processo de pesquisa qualitativa.

Síntese

Neste capítulo vamos mostrar como uma ideia se desenvolve e se transforma na formulação do problema de pesquisa (qualitativa). Ou seja, o capítulo aborda a questão de como formular um problema de pesquisa, só que agora a partir do ponto de vista qualitativo. Seis elementos são fundamentais para formular um problema qualitativo: objetivos de pesquisa, perguntas de pesquisa, justificativa da pesquisa, sua viabilidade, avaliação das deficiências no conhecimento do problema e definição inicial do ambiente ou contexto. No entanto, os objetivos e as perguntas são mais gerais e sua delimitação é menos precisa. No capítulo, esses elementos são analisados do ponto de vista qualitativo. Também explicamos qual é o papel da literatura e das hipóteses no processo indutivo; assim como o que é preciso fazer para iniciar, na prática, um estudo qualitativo mediante a entrada no contexto, ambiente ou campo.

Por outro lado, insistimos que o processo qualitativo não é linear, mas iterativo e recorrente, as supostas etapas são na verdade ações para que possamos penetrar mais no problema de pesquisa, e que a tarefa de coletar e analisar dados é permanente.

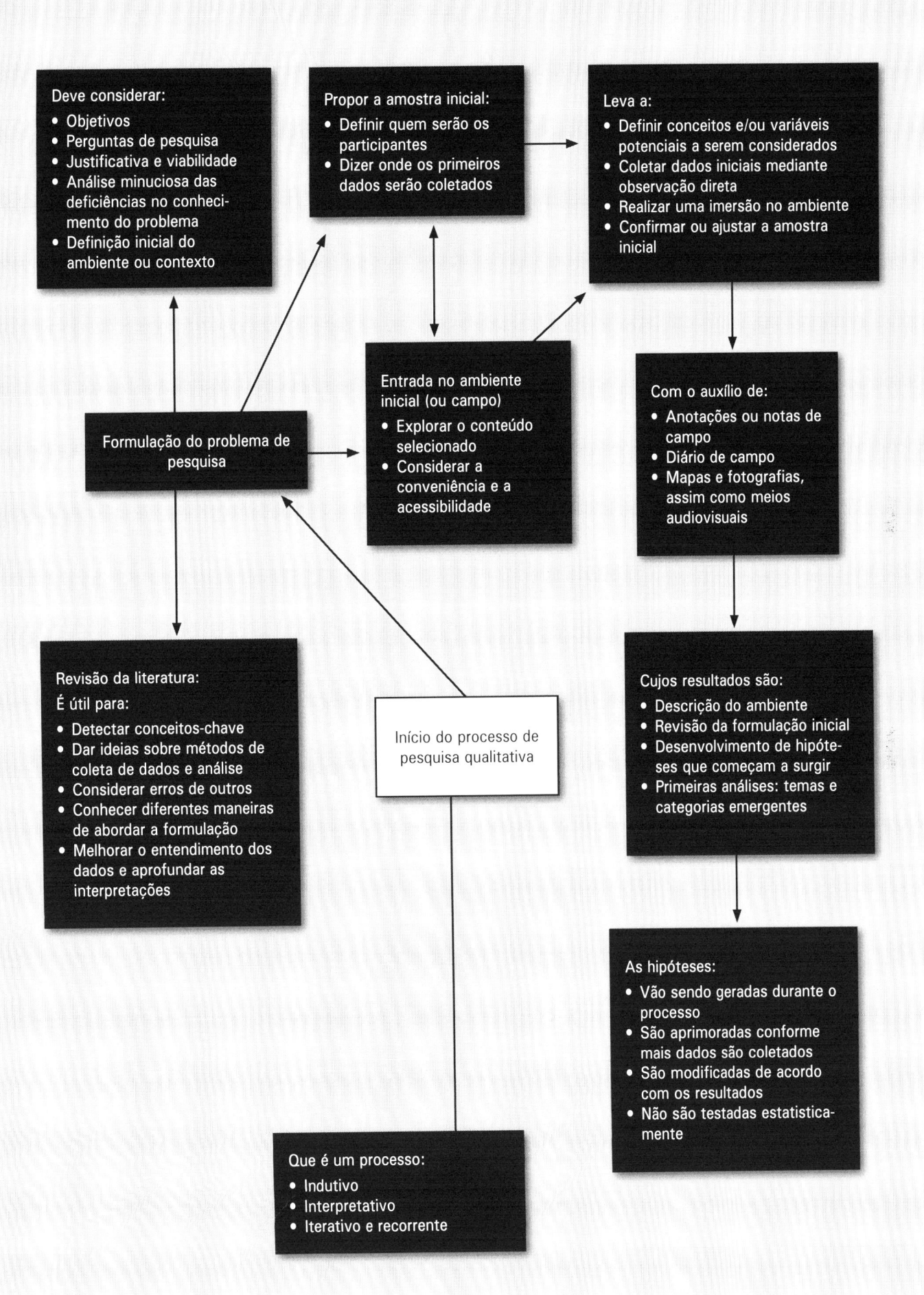

Início do processo de pesquisa qualitativa

Formulação do problema de pesquisa

Deve considerar:
- Objetivos
- Perguntas de pesquisa
- Justificativa e viabilidade
- Análise minuciosa das deficiências no conhecimento do problema
- Definição inicial do ambiente ou contexto

Propor a amostra inicial:
- Definir quem serão os participantes
- Dizer onde os primeiros dados serão coletados

Entrada no ambiente inicial (ou campo)
- Explorar o conteúdo selecionado
- Considerar a conveniência e a acessibilidade

Leva a:
- Definir conceitos e/ou variáveis potenciais a serem considerados
- Coletar dados iniciais mediante observação direta
- Realizar uma imersão no ambiente
- Confirmar ou ajustar a amostra inicial

Com o auxílio de:
- Anotações ou notas de campo
- Diário de campo
- Mapas e fotografias, assim como meios audiovisuais

Revisão da literatura:
É útil para:
- Detectar conceitos-chave
- Dar ideias sobre métodos de coleta de dados e análise
- Considerar erros de outros
- Conhecer diferentes maneiras de abordar a formulação
- Melhorar o entendimento dos dados e aprofundar as interpretações

Cujos resultados são:
- Descrição do ambiente
- Revisão da formulação inicial
- Desenvolvimento de hipóteses que começam a surgir
- Primeiras análises: temas e categorias emergentes

As hipóteses:
- Vão sendo geradas durante o processo
- São aprimoradas conforme mais dados são coletados
- São modificadas de acordo com os resultados
- Não são testadas estatisticamente

Que é um processo:
- Indutivo
- Interpretativo
- Iterativo e recorrente

✓ ESSÊNCIA DA PESQUISA QUALITATIVA

Conforme explicamos no Capítulo 1, o foco da pesquisa qualitativa é compreender e aprofundar os fenômenos, que são explorados a partir da perspectiva dos participantes em um ambiente natural e em relação ao contexto.

O enfoque qualitativo é selecionado quando buscamos compreender a perspectiva dos participantes (indivíduos ou grupos pequenos de pessoas que serão pesquisados) sobre os fenômenos que os rodeiam, aprofundar em suas experiências, pontos de vista, opiniões e significados, isto é, a forma como os participantes percebem subjetivamente sua realidade. Também é recomendável selecionar o enfoque qualitativo quando o tema do estudo foi pouco explorado, ou que não tenha sido realizada pesquisa sobre ele em algum grupo social específico. O processo qualitativo começa com a ideia de pesquisa.

✓ O QUE SIGNIFICA FORMULAR O PROBLEMA DE PESQUISA QUALITATIVA?

Quando a ideia do estudo já foi concebida, o pesquisador deve se familiarizar com o tema em questão. Embora o enfoque qualitativo seja indutivo, precisamos conhecer mais profundamente o "terreno em que estamos pisando". Vamos imaginar que estamos interessados em realizar uma pesquisa sobre uma cultura indígena, seus valores, ritos e costumes. Nesse caso, devemos saber ao menos de onde vem essa cultura, há quanto tempo existe, suas características essenciais (atividades econômicas, religião, nível tecnológico, total aproximado de sua população, etc.) e também quão hostil ela é em relação às pessoas desconhecidas. Da mesma forma, se vamos estudar a depressão pós-parto em certas mulheres precisamos ter conhecimentos sobre o que a distingue de outros tipos de depressão e como ela se manifesta.

Agora que já entramos no tema, podemos formular nosso *problema de estudo*. A formulação qualitativa costuma incluir:

- os objetivos;
- as perguntas de pesquisa;
- a justificativa e a viabilidade;
- uma exploração das deficiências no conhecimento do problema; e
- a definição inicial do ambiente ou contexto.

Os *objetivos* de pesquisa mostram a intenção principal do estudo em uma ou várias orações. Mostramos o que realmente pretendemos conhecer com o estudo.

Algumas sugestões de Creswell (2009) para estabelecer o propósito de uma pesquisa qualitativa são:

1. Estabelecer cada objetivo em uma oração ou parágrafo separadamente.
2. Ter como foco explorar e compreender um só fenômeno, conceito ou ideia. Considerar que no decorrer do estudo é provável que sejam identificadas e analisadas relações entre vários conceitos, mas que devido à natureza indutiva da pesquisa qualitativa não é possível antecipar esses vínculos no início do projeto.
3. Utilizar palavras que sugiram um trabalho exploratório ("razões", "motivações", "busca", "indagação", "consequências", "identificação", etc.).
4. Utilizar verbos que comuniquem as ações que serão realizadas para compreender o fenômeno. Por exemplo, os verbos "descrever", "entender", "desenvolver", "analisar o significado de", "descobrir", "explorar", etc., permitem a abertura e flexibilidade de que uma pesquisa qualitativa necessita.
5. Utilizar linguagem neutra, não direcionada. Evitar palavras (principalmente adjetivos qualificativos) que possam limitar o estudo ou introduzir a um resultado específico.
6. Se o fenômeno ou conceito não for muito conhecido, fornecer uma descrição geral deste.
7. Mencionar os participantes do estudo (independentemente de ser um ou vários indivíduos, grupos de pessoas ou organizações). Às vezes podem ser animais ou agrupamentos destes, assim como manifestações humanas (textos, construções, artefatos, etc.).
8. Identificar o lugar ou ambiente inicial do estudo.

Como complemento para os objetivos de pesquisa, formulamos as *perguntas de pesquisa*, que são aquelas que pretendemos responder ao finalizar o estudo para alcançar os objetivos. As perguntas de pesquisa deverão ser congruentes com os objetivos.

A *justificativa* é importante principalmente quando o estudo precisa da aprovação de outras pessoas; e aqui aparecem novamente os critérios já mencionados no Capítulo 3 do livro: conveniência, relevância social, implicações práticas, valor teórico e utilidade metodológica. Também podemos incluir na justificativa dados quantitativos para dimensionar o problema de estudo, embora nossa abordagem seja qualitativa. Se a pesquisa for sobre as consequências do abuso sexual infantil, a formulação poderá ser enriquecida com dados e depoimentos (p. ex., estatísticas sobre o número de abusos relatados, suas consequências e danos).

A *viabilidade* é um elemento que também avaliamos e situamos em relação ao tempo, recursos e habilidades. Precisamos nos fazer as seguintes perguntas: Será que é possível realizar o estudo? Será que temos os recursos para realizá-lo?

Quanto às *deficiências no conhecimento do problema* é necessário indicar quais serão as contribuições da pesquisa para o conhecimento atual.

Grinnell, Williams e Unrau (2009) têm uma excelente metáfora sobre o que representa uma abordagem qualitativa: é como entrar em um labirinto, sabemos onde começamos, mas não onde iremos terminar. Entramos com convicção, mas sem um "mapa" preciso. Uma comparação entre formulações quantitativas e qualitativas pode ajudar a reforçar os pontos anteriores (ver Tabela 12.1).

TABELA 12.1
Comparação entre formulações quantitativas e qualitativas

Formulações quantitativas	Formulações qualitativas
• Precisas e limitadas ou delimitadas • Focadas em variáveis as mais exatas e concretas possíveis • Direcionadas • Fundamentadas na revisão da literatura • São aplicadas em um grande número de casos • O entendimento do fenômeno é guiado por certas dimensões consideradas significativas por estudos prévios • Orientadas para testar hipóteses e/ou explicações, assim como para avaliar efeitos de algumas variáveis sobre outras (os correlacionais e explicativos)	• Abertas • Expansivas, sendo paulatinamente focadas em conceitos relevantes de acordo com a evolução do estudo • Não direcionadas no início • Fundamentadas na experiência e intuição • São aplicadas em um menor número de casos • O entendimento do fenômeno se dá em todas as suas dimensões, internas e externas, passadas e presentes • Orientadas para aprender com as experiências e os pontos de vista dos indivíduos, avaliar processos e gerar teorias fundamentadas nas perspectivas dos participantes

O exemplo de uma formulação qualitativa poderia ser a que é comentada a seguir.

Exemplo

Vamos supor que nosso interesse é realizar uma pesquisa sobre as emoções que os pacientes jovens podem sentir quando têm de realizar uma cirurgia para a retirada de um tumor cerebral. A formulação poderia ser:

Objetivos:
1. Conhecer as emoções que os pacientes jovens sentem quando têm de realizar uma cirurgia para a retirada de um tumor cerebral.
2. Aprofundar nas experiências de vida desses pacientes e seu significado.
3. Compreender os mecanismos que o paciente utiliza para encarar as emoções negativas profundas que surgem na etapa pré-operatória.

> **Perguntas de pesquisa:**
> 1. Quais são as emoções que os jovens sentem quando têm de realizar uma cirurgia para a retirada de um tumor cerebral?
> 2. Quais são suas experiências de vida antes de passarem pela cirurgia?
> 3. Quais mecanismos eles utilizam para encarar as emoções negativas que surgem na etapa pré-operatória?

Então, para responder as perguntas precisamos escolher um *contexto* ou *ambiente* onde o estudo será realizado, pois, embora as formulações qualitativas sejam mais gerais, elas devem nos situar em relação ao tempo e lugar (Creswell, 2009). Na formulação mencionada: Qual local é o adequado? A lógica nos indica que um ou vários hospitais são o contexto apropriado para nossa pesquisa. Por outro lado, nosso interesse é analisar jovens; mas, quais jovens (italianos, espanhóis, mexicanos, brasileiros)? É claro que então precisamos definir o intervalo que para nós engloba o conceito de jovens (vamos supor que o intervalo inclua pessoas de 13 a 17 anos) e o município ou cidade (p. ex., Salta, na Argentina). Além disso, o que nos interessa são as experiências de jovens que irão passar por esse tipo de cirurgia (descartamos aqueles que se submetem a cirurgias menores ou de outro tipo).

A primeira coisa é obter informação sobre quais hospitais da cidade realizam regularmente cirurgias desse tipo. Talvez, quando tivermos acesso aos registros, eles nos indiquem que todos os hospitais da cidade realizam essa cirurgia, mas somente uma vez por semana. Isso poderia implicar que a realização do estudo demoraria uma quantidade considerável de tempo. Podemos decidir que isso não é relevante em nosso caso e ir adiante. Ou, ainda, que devemos ampliar nossa faixa de idades ou de tipos de cirurgias. Outro panorama seria que, infelizmente para os jovens, essa cirurgia ocorre com maior frequência.

Ao formular o problema é importante ter em mente que a pesquisa qualitativa:

a) É conduzida primordialmente nos ambientes naturais dos participantes (nesse caso, hospitais, desde o quarto do paciente e a área pré-operatória até o restaurante do hospital e os corredores ou pátios).
b) As variáveis não são controladas nem manipuladas (inclusive, não definimos variáveis, mas conceitos gerais como "emoções", "vivências" e "mecanismos de confrontação").
c) Os significados serão extraídos dos participantes.
d) Os dados não serão reduzidos a valores numéricos (Rothery, Tutty e Grinnell, 1996).

Uma vez realizada a formulação inicial, começaríamos a contatar os participantes potenciais e a coletar dados, o método que iremos utilizar nesse trabalho será provavelmente a entrevista. Após realizarmos as primeiras entrevistas, poderíamos começar a gerar dados, mas talvez notássemos que antes de entrar na sala de cirurgia os jovens se sentem muito estressados. Em outras entrevistas poderíamos continuar detectando esse estresse e nosso foco passaria a ser ele. Os dados nos levam para diferentes direções e é nessa hora que podemos dar respostas para o problema original e modificá-lo.

Uma maneira de começar a formular o *problema de pesquisa* é utilizar um procedimento bem simples: primeiro, definimos o conceito central de nosso estudo e os conceitos que consideramos estar relacionados a ele, de acordo com nossa experiência e a revisão da literatura. Posteriormente, revisamos novamente o esquema no decorrer da pesquisa para ir consolidando, tornando mais preciso ou modificando esse esquema conforme coletamos e avaliamos os dados. Vejamos um caso que ilustra um problema de pesquisa.

O interesse do estudo poderia ser geral como, por exemplo, entender profundamente a experiência humana de perder um familiar como consequência de um desastre natural (terremoto, *tsunami*, etc.). Esse é o conceito central. Então a formulação inicial seria tão genérica como no seguinte exemplo.

> **Exemplo**
>
> **Objetivo:** Entender o significado da experiência humana resultante da perda de um familiar por causa de um desastre natural.
>
> **Pergunta de pesquisa:** Que significado tem para um ser humano a perda de um familiar por causa de um desastre natural?
> O porquê de estarmos interessados em uma pesquisa desse tipo poderia complementar a formulação junto com a viabilidade do estudo.
>
> **Justificativa** (resumida): Ao entendermos o significado dessas experiências e da realidade pessoal dos indivíduos que as vivem, podemos obter um conhecimento mais profundo da natureza humana em casos de desastre e planejar melhores esquemas de apoio psicológico para suas vítimas. Esse conhecimento nos permite, ao menos, uma maior empatia com aqueles que sofrem a perda de um familiar por causa de um fenômeno natural.
>
> **Viabilidade:** Há dois dias ocorreu um terremoto com consequências fatais e a pesquisa pode ser realizada. Temos os recursos e os conhecimentos para isso.

Mas a formulação também poderia estar enfocada no conceito central e outros conceitos relacionados, extraídos de nossas reflexões, experiências e da revisão da literatura, e ser visualizada graficamente como na Figura 12.1: depressão, diminuição no sentido de vida, mudanças na hierarquia de valores (reposicionamento de valores humanos coletivos, como a solidariedade, a convivência, etc.), reavaliação do conceito "família" e aumento ou diminuição na religiosidade (maior apego às crenças religiosas ou, ao contrário, sua perda). Assim, a formulação poderia ser como no próximo exemplo.

> **Exemplo**
>
> **Objetivo:** Entender o significado da experiência humana resultante da perda de um familiar por causa de um desastre natural e sua relação com a depressão, a diminuição no sentido de vida, as mudanças na hierarquia de valores, a reavaliação do conceito "família" e o aumento ou diminuição na religiosidade.
>
> **Pergunta de pesquisa:** Que significado tem para um ser humano o fato de perder um familiar por causa de um desastre natural e como isso está relacionado com a depressão, a diminuição no sentido de vida, as mudanças na hierarquia de valores, a reavaliação do conceito "família" e o aumento ou queda na religiosidade?

Poderia também estar focada somente na depressão provocada por esse tipo de tragédia. Ou seja, a formulação pode ser mais geral ou menos geral e deve estar situada em um contexto, nesse caso um desastre natural concreto (como, p. ex., o furacão Katrina que destruiu cidades e vilarejos no sudeste dos Estados Unidos em agosto de 2005). Um exemplo de pesquisa qualitativa realizada após um desastre natural (com crianças, embora elas não tivessem necessariamente perdido um familiar) foi a da Escuela de Psicología de la Universidad de Colima em 2003 (Montes, Otero, Castillo e Álvarez, 2003), depois de um grande terremoto de 7,8 graus na escala Richter que sacudiu a região onde essa instituição está localizada. Primeiro foram documentadas experiências emocionais de crianças em relação ao terremoto e elas receberam ajuda psicológica; depois foi elaborado um programa para divulgar uma cultura de prevenção de desastres, voltada para crianças de escolas primárias da cidade de Colima, México.

O objetivo dos resultados desse tipo de estudos não é ser generalizado para populações mais amplas, mas a compreensão de vivências em um ambiente específico, cujos dados emergentes contribuem para o entendimento do fenômeno.

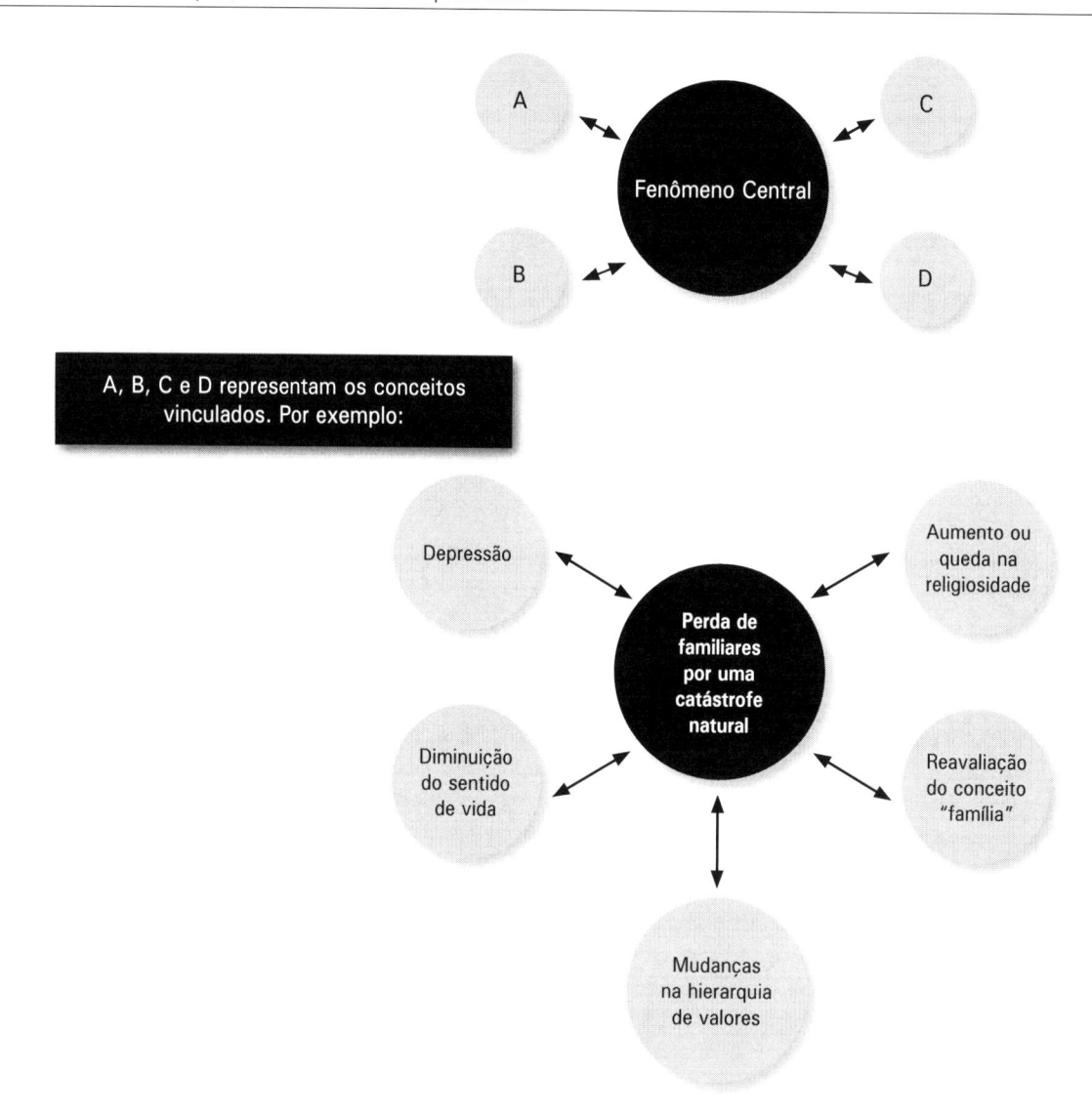

FIGURA 12.1 Sugestão para a visualização gráfica de uma formulação qualitativa.

Creswell (2005) recomenda outra forma gráfica para formular problemas qualitativos (ver Figura 12.2).

As formulações qualitativas são uma espécie de plano de exploração (entendimento emergente) e são apropriadas quando o pesquisador se interessa pelo significado das experiências e pelos valores humanos, pelo ponto de vista interno e individual das pessoas e pelo ambiente natural onde ocorre o fenômeno estudado, e também quando buscamos uma perspectiva mais próxima dos participantes. Patton (2002) identifica as seguintes áreas e necessidades como sendo adequadas para formulações qualitativas referentes a processos (p. ex., relacionadas a um programa educativo ou um de mudança organizacional):

1. O centro da pesquisa é formado pelas experiências dos participantes relacionadas com o processo, principalmente se enfatiza resultados individualizados.
2. É preciso ter informação detalhada e profunda sobre o processo.
3. Procuramos conhecer a diversidade de idiossincrasias e qualidades únicas dos participantes envolvidos no processo.

Escolher:
a) Um verbo que sintetize nossa intenção fundamental (explorar, entender, identificar, diferenciar, aprofundar, encontrar, gerar, compreender, examinar, etc.). Podemos recorrer à taxonomia de Bloom e Krathwohl (1956) e Bloom (1975).
b) Um fenômeno ou tema para o estudo.

→ Especificar casos, participantes, eventos, etc. → Determinar o ambiente, contexto ou lugar potencial do estudo.

Jovens universitários

Universidade específica

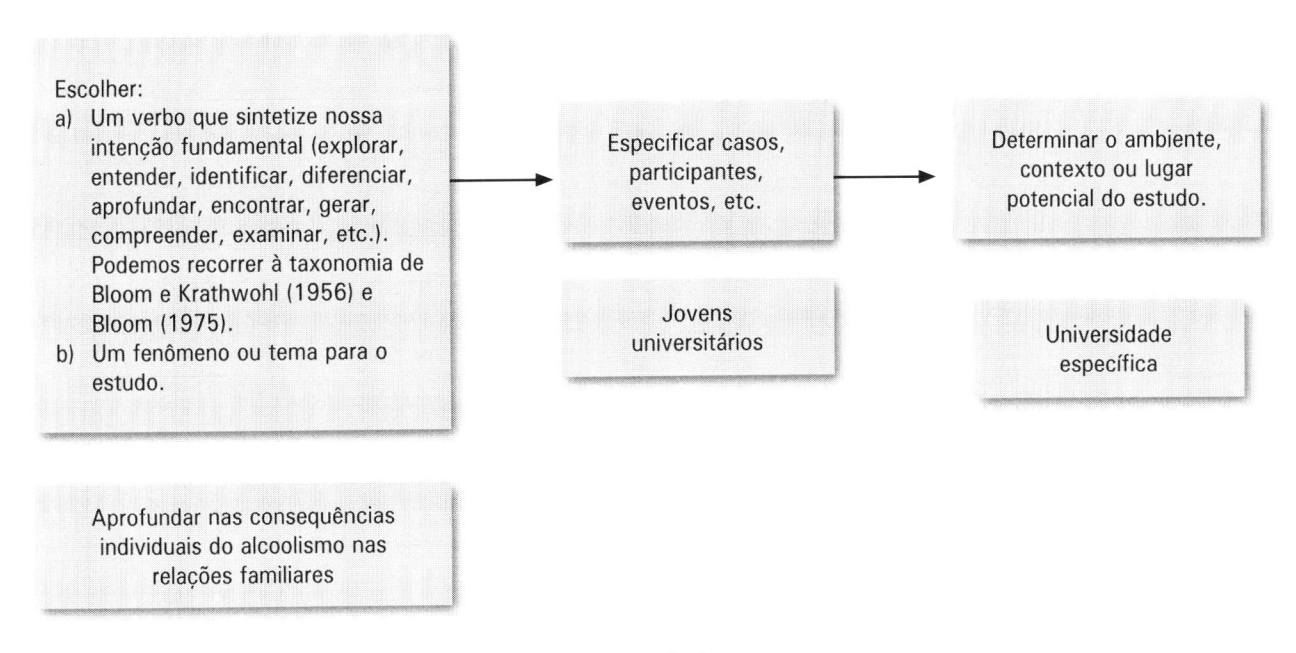

Aprofundar nas consequências individuais do alcoolismo nas relações familiares

FIGURA 12.2 Outro modelo para a formulação de problemas qualitativos.

Mertens (2005), além de Coleman e Unrau (2005), considera que a pesquisa qualitativa é especialmente útil quando o fenômeno de interesse é muito difícil de ser medido ou não foi medido anteriormente (deficiências no conhecimento do problema). Esse foi o caso de um estudo em que Donna Mertens e outros colaboradores pretendiam avaliar o impacto da sensibilização – via treinamento – sobre as atitudes de professores e administradores egípcios em relação a pessoas com capacidades diferentes. Como não encontraram instrumentos padronizados na cultura egípcia, eles preferiram coletar dados com técnicas qualitativas (observações e entrevistas, além de documentar a linguagem utilizada para descrever essas pessoas). Outro caso seria o de um estudo para pesquisar a fundo o medo que algumas mulheres sentem ao serem agredidas por seus maridos. Em situações como essas, a quantificação poderia ser até banal. O mais adequado seria se concentrar no significado profundo da experiência dessas mulheres.

Em síntese, o ponto de partida de uma pesquisa qualitativa é a presença do pesquisador no contexto, que é onde começa sua indução.

✓ QUAL É O PAPEL DA REVISÃO DA LITERATURA E DA TEORIA NA PESQUISA QUALITATIVA?

Nos estudos qualitativos também revisamos a literatura, embora no início seja de maneira menos intensa do que na pesquisa quantitativa. A literatura é útil para:

1. Detectar conceitos-chave que não havíamos pensado.
2. Termos ideias em relação a métodos de coleta de dados e análise, para sabermos como foram utilizados por outras pessoas.
3. Ter em mente os erros que outros cometeram anteriormente.
4. Conhecer diferentes maneiras de pensar e abordar a formulação.
5. Melhorar o entendimento dos dados e aprofundar as interpretações.

Deixar de lado "o passado" é algo ingênuo e irreal, pois segundo Williams, Unrau e Grinnell (2005) sempre começamos uma pesquisa com algumas experiências, ideias e opiniões sobre o problema que vamos estudar, e isso é o resultado de nossa própria história de vida.

É claro que tentamos colocar de lado – na medida do possível – nossas opiniões sobre como os conceitos estão relacionados, assim como nos mantemos abertos para novos conceitos e para as relações que surgirem entre eles.

A diferença na utilização da literatura entre a pesquisa quantitativa e a qualitativa é apresentada na Tabela 12.2.

TABELA 12.2
Diferenças na extensão e utilização da literatura na pesquisa quantitativa e qualitativa

Diferença	Pesquisa quantitativa	Pesquisa qualitativa
Quantidade de literatura citada no início do estudo.	Substancial.	Média, sem que a revisão da literatura dificulte que os dados ou a informação surjam dos participantes e sem nos limitar à visão de outros estudos.
Utilização ou funções da literatura no início do estudo.	Fornecer uma direção racional para o estudo (p. ex., aprimorar a formulação e hipótese).	Auxiliar em definições, assim como justificar e documentar a necessidade de realizar o estudo.
Utilização da literatura no final do estudo.	Confirmar ou não as previsões prévias emanadas da literatura.	Ter referências para comparar os resultados.

Conforme comentamos anteriormente, os dados estatísticos também nos auxiliam a dimensionar o problema de estudo. Vamos imaginar que estamos tentando responder as seguintes perguntas de pesquisa: Como podem ser descritas as experiências de algumas mulheres de Valledupar, Colômbia, que são agredidas fisicamente por seus maridos? O que provoca essas agressões? Por que essas mulheres continuam casadas? Nesse caso, os dados sobre denúncias para autoridades e todas as estatísticas e informação disponível seriam úteis, sem fugirmos de nosso esquema indutivo.

Em síntese, a *revisão da literatura* pode ser útil para a formulação do problema qualitativo inicial; mas nosso fundamento não se restringe ou se limita a essa revisão, seu papel é mais de apoio e consulta. A *pesquisa qualitativa* se baseia principalmente no próprio processo de coleta e análise. Lembre-se de que é interpretativa, já que o pesquisador realiza sua própria descrição e avaliação dos dados.

☑ QUAL É O PAPEL DAS HIPÓTESES NO PROCESSO DE PESQUISA QUALITATIVA?

Nos estudos qualitativos, as hipóteses adquirem um papel diferente do desempenhado na pesquisa quantitativa. Primeiro porque em raras ocasiões elas são estabelecidas antes de entrar no ambiente ou contexto e começar a coleta dos dados (Williams, Unrau e Grinnell, 2005). Na verdade, durante o processo o pesquisador vai gerando hipóteses de trabalho que são aprimoradas paulatinamente conforme mais dados são coletados, ou as hipóteses são um dos resultados do estudo (Henderson, 2009). As hipóteses são modificadas com base nos raciocínios do pesquisador, portanto, não são testadas estatisticamente.

HIPÓTESES DE TRABALHO QUALITATIVAS São gerais, emergentes, flexíveis e contextuais, e são aperfeiçoadas conforme a pesquisa avança.

As **hipóteses de trabalho qualitativas** são então gerais ou amplas, emergentes, flexíveis e contextuais, adaptam-se aos dados e às mudanças no decorrer da pesquisa.

Por exemplo, em um estudo sobre as oportunidades de emprego para as pessoas com capacidades diferentes em um município com meio milhão de habitantes (Amate e Morales, 2005), a primeira ideia foi que essas oportunidades eram desfavoráveis para essas pessoas. No entanto, quando se começou a observar o que acontecia em algumas empresas e a entrevistar diretores ou chefes da área de recursos humanos, assim como operários, foi possível determinar que a ideia inicial era incorreta: que as oportunidades eram iguais para indivíduos com capacidades normais e para aqueles com capacidades diferentes. Essa hipótese de trabalho foi variando conforme se coletavam mais dados, até se chegar à seguinte conclusão: "As empresas multinacionais ou presentes em todo o país são organizações que oferecem oportunidades similares tanto para as pessoas com capacidades normais como para os indivíduos com capacidades diferentes porque possuem recursos para oferecer a estes últimos mais treinamento em qualquer atividade laboral. Mas as empresas locais não possuem esses recursos e não oferecem oportunidades iguais, a questão não era de preconceito ou discriminação, mas de possibilidades econômicas (queriam, mas não podiam)".

✓ JÁ TEMOS A FORMULAÇÃO INICIAL E DEFINIMOS O PAPEL DA LITERATURA, QUAL É O PRÓXIMO PASSO?

Entrada no ambiente (campo)

Uma vez que escolhemos um ambiente, contexto ou lugar apropriado, então podemos começar a responder as perguntas de pesquisa. O ambiente pode ser tão variado como a formulação do problema (um hospital, uma ou várias empresas, uma região selvagem – no caso de estudarmos o comportamento de uma espécie animal –, uma comunidade indígena, uma universidade, um lugar público, um consultório, uma casa onde há reunião de grupos, etc.). E o contexto implica uma definição geográfica, mas é inicial, visto que ele pode variar, ser ampliado ou reduzido. Vamos imaginar que queremos estudar os valores de certos estudantes universitários com a observação de condutas que podem refleti-los ou representá-los. O local inicial poderia ser o *campus* de uma instituição, mas depois teríamos de mudar os locais de observação (botecos, bares e restaurantes que frequentam, salas de cinema, centros esportivos e de entretenimento, entre outros). Se a pesquisa for sobre gangues, teremos de ir aos pontos onde se reúnem e os locais onde agem. No caso do estudo de Montes e colaboradores (2003), o contexto foi o das escolas primárias.

Um tipo de estudo muito utilizado é o denominado "clientes misteriosos ou ocultos" (*mystery shoppers*), em que pessoas que são supostos clientes (mas, na verdade, são avaliadores qualificados) avaliam níveis de serviços de atendimento (são criados casos ou situações específicas para analisar questões como: tempo de espera para o atendimento, amabilidade das pessoas que se relacionam com o cliente, resolução de problemas, saber lidar com clientes difíceis). Nessas pesquisas o ambiente pode ser formado por todos os lugares onde se tem contato com o cliente; por exemplo, em um hotel teríamos desde o estacionamento, a porta de entrada e a recepção até o restaurante e demais espaços, como os quartos, os elevadores, corredores, etc.

A primeira tarefa é *explorar o contexto* selecionado inicialmente. E isso significa visitá-lo e avaliá-lo para verificar se é adequado, e até mesmo para considerar nossa relação com o ambiente com uma série de reflexões e resolver qualquer situação que possa atrapalhar o estudo (Esterberg, 2002):

1. Será que me conhecem nesse ambiente? E no caso de os participantes me conhecerem, como posso trabalhar nele sem afetar a pesquisa?
2. Sou bem diferente dos participantes do estudo e meu dia a dia não tem nada a ver com o do ambiente (p. ex.: pertencem a um grupo étnico ou uma classe social bem diferente da minha): como posso trabalhar nele? Vamos imaginar que a pesquisa é sobre os ritos que um grupo indígena possui para enterrar seus mortos (para começar, eles falam uma língua diferente da minha, sua cultura é outra e até meu físico não é igual). Ou, ainda, um estudo sobre integrantes de uma gangue como os "maras salvatruchas",[1] com os quais podemos ter pouco ou nada em comum.
3. Quais são os significados do contexto para mim? Será que posso trabalhar com ele? Por exemplo, se tive experiências ruins com as gangues (fui várias vezes assaltado por elas) e vou estudá-las ou se o ambiente é um hospital em que um amigo muito querido faleceu.

E também para tentar estimar o tempo aproximado do estudo e reavaliar sua viabilidade, porque, segundo Mertens (2005), duas dimensões são essenciais em relação ao ambiente: *conveniência e acessibilidade*. A primeira responde as seguintes perguntas: O ambiente definido contém os casos, pessoas, eventos, situações, histórias e/ou experiências de vida de que precisamos para responder a(s) pergunta(s) de pesquisa? A segunda está ligada à pergunta: Será que é possível realizar a coleta

> **GATEKEEPERS OU CONTROLADORES DE ENTRADA A UM LOCAL** Indivíduos que às vezes têm um papel oficial no contexto e outras vezes não, mas podem de qualquer maneira autorizar a entrada no ambiente ou ao menos facilitá-la. Também ajudam o pesquisador a localizar participantes e a identificar lugares.

de dados? Podemos ter acesso aos dados que precisamos? Conseguir o acesso ao ambiente é uma condição para continuar com a pesquisa e implica obter autorização daqueles que controlam a entrada (os denominados *gatekeepers*).

Isso significa, sem dúvida alguma, negociar com essas pessoas (em uma empresa podem ser o diretor e seu gerente de recursos humanos ou outros gerentes, em um hospital o diretor e junta médica, em uma gangue o líder e seu grupo superior, em um bairro o presidente de uma associação de moradores ou de agricultores). É imprescindível mostrar a eles o estudo, normalmente por meio de uma apresentação visual e a entrega do projeto ou protocolo (que inclui a formulação, por que o ambiente foi escolhido, quem serão os participantes, quanto tempo aproximadamente pretendemos estar no ambiente ou campo, o que vamos fazer com os resultados, onde pretendemos publicá-los, etc.). Também podemos oferecer a eles algum dos produtos ou resultados, tais como: um diagnóstico vinculado à formulação (da cultura organizacional, da problemática das gangues locais, de uma doença), contribuir para a solução de um problema (alcoolismo de jovens, capacitação de operários...), elaborar um plano ou alguns manuais (para atender psicologicamente as vítimas de um desastre, melhorar o tratamento dos pacientes que serão operados...), etc. Às vezes, a negociação é direta com os participantes (p. ex., mulheres agredidas por seus maridos) ou uma mistura destes e os *gatekeepers*. É normal que diversas organizações, comunidades e pessoas resistam ao fato de serem observadas por outros indivíduos, já que o medo da avaliação é natural.

Também devemos selecionar ambientes ou lugares alternativos, caso o acesso ao contexto original nos seja negado ou limitado além do razoável. Claro que também devemos visitá-los. Algumas das recomendações para se ter maior ou menor acesso ao ambiente, assim como sermos aceitos, são as seguintes:

1. Desenvolver relações

    - Ganhar a confiança dos *gatekeepers* e dos participantes ao sermos amáveis, honestos, sensíveis, cooperativos e sinceros (quanto mais confiança e empatia, melhor).
    - Apoiá-los em alguma necessidade (em termos educacionais, pedir assessoria médica ou psicológica; resolver problemas: alguns pesquisadores chegaram a consertar desde um curto-circuito até um encanamento; prestar favores, transportar pessoas: dar carona ou "nos transformarmos em táxi").
    - Detectar e cultivar informantes-chave (Willig, 2008): vários para contar com maior informação e diferentes perspectivas (em um hospital, enfermeiras, pessoal da limpeza, médicos; em uma empresa, trabalhadores com muito tempo de serviço, a secretária dessas pessoas, etc.).
    - Aproveitar nossas redes pessoais (p. ex., em estudos com religiosas, um parente sacerdote ou uma freira conhecida podem nos ajudar de maneira significativa; o mesmo com forças policiais e em hospitais).

2. Elaborar uma história sobre a pesquisa

    - Ter preparado um pequeno roteiro sobre o estudo (propósito central, tempo aproximado de permanência no ambiente, utilização dos resultados). É importante falar sobre a pesquisa, desde que não afete os resultados. Nesse caso recomendamos elaborar uma versão a mais próxima possível da verdade, mas desde que não atrapalhe. Por exemplo, se o estudo for sobre a equidade de gênero dos professores quando se relacionam com os alunos, se explicarmos a todos eles sobre o que é a pesquisa, talvez seu comportamento deixe de ser natural; então podemos comentar que o estudo é sobre atitudes de professores e alunos em sala de aula, mas após concluirmos a análise temos de explicar a eles a pesquisa verdadeira e seus resultados.

        Nunca devemos mentir nem enganar, afinal de contas, como esperar que sejam honestos se nós mesmos não somos? É necessário preparar algumas respostas para perguntas que muitas vezes os participantes costumam nos fazer. Por exemplo: Por que devo cooperar com o estudo? O que eu e os meus colaboradores ganhamos com a pesquisa? Por que fui escolhido para participar no estudo? Quem serão os beneficiados com os resultados?

3. Não tentar imitar os participantes para, supostamente, ganhar sua simpatia

    - "Não há nada pior do que uma pessoa da cidade querendo agir como *cowboy*, agricultor ou camponês." É absurdo e grotesco. Se somos diferentes, devemos assumir as diferenças e desempenhar nosso papel como pesquisador nos adaptando ao ambiente de forma natural, e não artificial (Neuman, 2009). De qualquer modo, é preferível trazer para a equipe de estudo uma pessoa com as mesmas características dos participantes e que possua os conhecimentos necessários ou, então, prepará-la; ou termos a ajuda de alguém de dentro. Isso é bastante comum em estudos de etnias. Também podemos ter um desenho de pesquisa participativa, em que as próprias pessoas do contexto colaboram em diferentes partes do estudo.

4. Planejar a entrada no ambiente ou contexto (campo)

    - Geralmente é melhor entrar da maneira menos brusca possível. A entrada deve ser natural. Se mantivermos boas relações desde o início, podemos nos adaptar às rotinas dos participantes, dizer o que temos em comum com eles, demonstrar um interesse genuíno pela comunidade e ajudar as pessoas, então o acesso será "menos barulhento" e mais efetivo. O planejamento não é rigoroso e devemos estar preparados para qualquer contingência que costuma ocorrer nos estudos qualitativos. Às vezes, o plano de entrada é paulatino (uma entrada por etapas). Por exemplo, se o estudo for sobre a violência dentro da própria família (pais que agridem seu cônjuge e seus filhos e filhas), primeiro devemos elaborar uma pesquisa sobre a família em geral (nossa coleta inicial será voltada para questões sobre como são as famílias, quantos integrantes têm, quais são seus hábitos, etc.); depois a indagação será sobre os problemas familiares. Finalmente, o estudo se centra na problemática de interesse, pois agora já ganhamos a confiança de vários participantes.

É muito difícil ficarmos "invisíveis" no contexto no momento em que entramos no campo, é ingênuo pensar isso. Mas, conforme o tempo vai passando, os participantes vão se acostumando com a presença do pesquisador e este vai "se tornando menos visível" (Esterberg, 2002). Por isso é que em alguns casos a permanência é longa. Além disso, aqueles que não agem de maneira natural vão ficando pouco a pouco mais tranquilos e seu comportamento é cada vez mais normal.

Outro aspecto importante é que o pesquisador nunca deve criar muitas expectativas nos participantes além do que é possível. Às vezes, as pessoas acham que a realização de um estudo implica melhorias em suas condições de vida, e isso não é bem assim. Então, temos de esclarecer que se trata de uma pesquisa cujos resultados podem diagnosticar certas problemáticas, mas ele se limita somente a isso. O máximo que podemos dizer é onde e para quem será apresentado o relatório de resultados. Lembre-se: não enganar ninguém sob nenhuma circunstância. O pesquisador também deve estar aberto para todo tipo de opiniões e escutar os diferentes participantes.

✓ ENTRAMOS NO AMBIENTE OU CAMPO, E...?

O pesquisador deve realizar uma imersão completa no ambiente. A primeira coisa a fazer é decidir em quais lugares específicos os dados serão coletados e quem serão os participantes (a amostra). Mas esse trabalho, diferentemente do processo quantitativo, não é sequencial, vai acontecendo e, na verdade, a coleta de dados e a análise já começaram.

A *imersão completa no ambiente* implica:

- Observar os eventos que ocorrem no ambiente (desde os mais banais até qualquer evento incomum ou importante). Aspectos explícitos e implícitos, sem impor pontos de vista e tentando, na medida do possível, evitar o transtorno ou interrupção de atividades das pessoas no contexto. Essa observação é holística (como um "todo" unitário e não em partes fragmentadas), mas também considera a participação dos indivíduos em seu contexto social. O pesquisador entende os participantes, não só registra "fatos" (Williams, Unrau e Grinnell, 2005).
- Estabelecer vínculos com os participantes, utilizando todas as técnicas de aproximação (programação neurolinguística, *rapport* e outras que sejam úteis), assim como as habilidades sociais.

- Começar a obter o ponto de vista "interno" dos participantes a respeito de questões vinculadas com a formulação do problema. Depois poderá ter uma visão mais analítica ou de um observador externo (Williams, Unrau e Grinnell, 2005).
- Solicitar dados sobre os conceitos, a linguagem e as maneiras de se expressar, histórias e relações dos participantes.
- Detectar processos sociais fundamentais no ambiente e determinar como funcionam.
- Fazer anotações e começar a gerar dados na forma de registros, mapas, esquemas, quadros, diagramas e fotografias, assim como solicitar objetos e artefatos.
- Elaborar as descrições do ambiente (esse item será retomado um pouco mais adiante).
- Ter consciência do próprio papel e das alterações que provocamos.
- Refletir sobre as experiências de vida, que também são uma fonte de dados.

As observações durante a imersão inicial no campo são várias, gerais e com pouco "enfoque" ou dispersas (para entender melhor o lugar e os participantes ou casos). Inicialmente, o pesquisador deve observar tudo que puder. Mas, no decorrer da pesquisa, deve se concentrar em certos aspectos de interesse (Anastas, 2005), cada vez mais vinculados com a formulação do problema, que ao ser extremamente flexível pode ir sendo modificada.

O trabalho do pesquisador se parece com o do detetive que chega à cena do crime: primeiro observa o lugar de forma holística; por exemplo, se for o assassinato em uma casa, observa toda a área em que está o cadáver (desde as paredes, portas e janelas até o piso), assim como os objetos que há no local e o mobiliário. Cada parte é vista em relação a todo o contexto. Analisa a posição do corpo, as expressões da pessoa morta, os rastros de sangue, etc. Também pega amostras de qualquer artefato ou material, desde uma possível arma até cabelos e fibras da roupa ou do piso, assim como rastros e vestígios. Tudo é considerado, e não só do local onde está o indivíduo supostamente assassinado, mas de cada quarto e canto da casa: jardim, garagem, sótão... Os dados coletados são enviados para um laboratório para que sejam realizadas as devidas análises (p. ex., tipo sanguíneo, DNA e composição química). E, conforme a evidência vai sendo interpretada, o detetive enfoca suas observações nos elementos vinculados com seu problema de pesquisa: o crime cometido.

Além disso, os policiais que revisam e avaliam a cena do crime fazem anotações do que observam, mesmo de questões que parecem banais. Se existem dados que não foram considerados, podemos perder informação valiosa que mais tarde poderia ser muito útil para responder as perguntas de pesquisa: Será que foi realmente um assassinato? Quando e como ocorreu? Quem pode ser o assassino?

A mente do pesquisador ao entrar no campo tem de ser inquisitiva. Em cada observação deve se perguntar: O que significa isso que observei? O que significa para o marco do estudo? Como se relaciona com a formulação? O que acontece ou aconteceu? Por quê? Também é necessário avaliar as observações a partir de diversos ângulos e das perspectivas de diferentes participantes (assim como o detetive vê o crime a partir da ótica da vítima e do assassino, em um estudo sobre a violência dentro da família, a visão de cada membro também é importante).

A descrição do ambiente é uma interpretação detalhada de casos, seres vivos, pessoas, objetos, lugares específicos e eventos do contexto, e deve transportar o leitor para o local da pesquisa (Creswell, 2009). Vamos mostrar um exemplo da descrição de um contexto.

Exemplo

A igreja ou paróquia de San Juan Chamula, Chiapas, México

A pouco mais de 10 quilômetros de San Cristóbal de las Casas, na região denominada Altos de Chiapas, no México, está a comunidade de San Juan Chamula. Superficialmente, se parece com qualquer vilarejo da montanha, mas sua organização social e cultural é tão diferente da que conhecemos que é indispensável manter a mente aberta para descobrir isso. Na praça central está a igreja de San Juan Chamula (em homenagem a São João Batista), um belo templo edificado no século XVIII. Essa praça é um local onde se encontram várias barracas nas quais são vendidos artesanatos (colares, pingentes, pulseiras, anéis...) assim como roupas confeccionadas em tecidos multicoloridos. No centro da praça há um pequeno quiosque coberto com telhas vermelhas e com colunas na cor verde claro.

A igreja (também coberta com telhas) está no final da praça, a fachada tem pouco mais de 15 metros de altura desde o chão até o final do campanário, que inclui três sinos médios (não mais do que um metro de altura) e uma cruz no ponto mais alto. No geral, a edificação é branca e plana dos lados (exceto por um relevo lateral que é um anexo da paróquia), seu portão é de madeira e este, por sua vez, tem no extremo direito uma porta menor para entrar no templo. Ao redor do portão há um arco pintado em verde claro azulado, que ocupa aproximadamente um terço de todo o edifício e é ornamentado com quadrados e retângulos com não mais do que 50 centímetros de cada lado com desenhos em relevo de flores, círculos e figuras parecidas com um "X" ou tachinhas (verdes, azuis, brancos e amarelos). Em cima do portal há outro arco que tem um balcão, esse arco menor (igual ao maior que rodeia o portão) tem os quadros multicoloridos. Além disso, nos lados dos arcos há quatro nichos na cor azul e verde claro.

Por dentro, a igreja é impressionante: não há bancos, assentos nem púlpito, e a pessoa pode ver no centro do altar São João Batista (Deus Sol) e não Jesus Cristo. O piso é de ladrilho e o chão está forrado com folhas de pinheiro (estas formam um gramado seco para "espantar os maus espíritos"). Nas paredes há alguns troncos de pinheiro reclinados. Nos lados do interior da igreja aparecem várias imagens de santos, entre eles: Santo Agostinho, São Pedro e São José. Como os chamulas (indígenas tzotziles que habitam a comunidade) oram para eles, os santos "não são suficientes para toda a população". Por isso cada um foi dividido em maior e menor. Assim, temos um São José Maior e um São José Menor. As imagens dos santos têm um espelho pendurado no pescoço e, às vezes, dão a impressão de serem obesas por causa das várias roupas que os fiéis vão colocando nelas quando pedem graças. Na frente (e às vezes ao lado) de cada santo há dezenas de velas acesas que são colocadas no chão, e isso faz com que dentro do templo seja possível encontrar centenas delas (que também cumprem a função de pedir graças aos santos, principalmente em questões de saúde e conforto material) e que junto com o incenso impregna o ar de fumaça e cheiro. A impressão é mágica e mística. "Quando o santo não atende as orações, as velas são retiradas dele e passadas para aqueles que realmente atendem, para que os primeiros vejam como as velas de seus colegas aumentam."

A Virgem Maria é a Deusa Lua. Está enfeitada com adornos multicoloridos e é uma imagem bela e cativante. Abaixo do teto da igreja podemos ver algumas faixas de tecido com cores mais sóbrias (com uma largura de não mais do que um metro) que estão dependuras e vão de um lado a outro da parede (dos lados do templo), parecem que estão descendo de cada lado até a metade da parede, como se a igreja fosse a grande tenda de um sultão no deserto. Às vezes se podem ver três faixas e outras cinco.

Em todo o interior do templo se pode escutar o murmúrio contínuo das orações dos indígenas, em que alguns começam antes que outros terminem; de tal maneira que essa espécie de "ommm, ommm!" pode ser ouvida como um som grave permanente, sem interrupções. Também no piso, perto dos santos, são entregues as oferendas: ovos frescos, galinhas (que são sacrificadas vivas, ali mesmo), aguardente e refrescos, principalmente os com gás, que servem para arrotar e expulsar os "maus espíritos".

Os tzotziles (muitos deles vestidos de branco e preto) bebem aguardente em garrafas de cristal, sentados no chão do templo. Alguns rezam sozinhos, outros em grupos pequenos, às vezes acompanham suas orações com música tocada no violão e com cânticos. É possível ver alguns que, devido ao excesso de álcool, estão deitados no chão e completamente embriagados. Os chamulas participam de rituais sincréticos com uma devoção e seriedade única, dialogam com os santos, repreendem, agradecem, recriminam, tudo isso em voz alta e em sua antiga língua: o tzotzil. Os xamãs (bruxos) rezam e mandam os espíritos embora, misturando ritos católicos e pagãos.

No interior é proibido tirar fotografias, já que se corre o risco de ser agredido e enviado à prisão por isso, pois os chamulas acreditam que dessa maneira estamos roubando um pouco de sua alma. Alguns turistas que ignoraram essa advertência contam que os chamulas quebraram sua câmera, brigaram com eles e os enviaram à prisão. Fora da igreja, uma cruz maia indica os pontos cardeais. É a árvore da vida. Ao sair, dezenas de crianças se aproximam para vender mercadorias, são pobres e começam a beber aguardente praticamente nos primeiros anos de sua vida.

Os chamulas mandaram os sacerdotes católicos embora de seus templos e estes foram transformados em recintos com sua própria cosmogonia. As poucas missas são celebradas em tzotzil. Três pinheiros juntos formam uma tríade sagrada que permitem que eles, de acordo com sua religião, entrem no além. Esse interessante conceito é muito semelhante ao de alguns aborígenes australianos que utilizam as árvores para a comunicação, segundo eles, "dos daqui" com "os do além". É por essa razão que os pinheiros são parte importante do interior da igreja de San Juan Chamula.

No contexto anterior, poderíamos pesquisar a religiosidade dos chamulas ou suas percepções sobre o mundo.

Na imersão inicial também é possível utilizar diversas ferramentas para coletar dados sobre o contexto e completar as descrições como entrevistas e revisão de documentos. Toda observação é oportuna.

É importante ampliar as descrições com mapas e fotografias. No caso de San Juan Chamula isso não é permitido. Algumas pessoas o fizeram, violando a regra tzotzil, o que para nós significa enganar, uma postura nada ética. O pesquisador qualitativo deve demonstrar respeito em suas observações.

Não existe um modelo de descrição, cada um irá capturar os elementos que chamam mais sua atenção e isso é um dado (como toda intervenção do pesquisador).

Por outro lado, o pesquisador escreve o que observa, escuta e percebe por meio de seus sentidos, mediante duas ferramentas: anotações e diário de campo. Geralmente nesse diário são registradas as anotações.

Anotações ou registros de campo

É muito importante manter registros e elaborar anotações durante os eventos ou acontecimentos relacionados com a formulação. Se não for possível, a segunda alternativa é fazer isso o mais rápido que pudermos após os fatos. E, como última opção, as anotações são feitas quando terminamos cada período no campo de estudo (na hora de um recesso, uma manhã ou um dia, no máximo).

É bom que esses registros e anotações sejam guardados ou arquivados separadamente por evento, tema ou período. Assim, os registros e as anotações do evento ou período 1 serão arquivados independentemente dos registros e das anotações do evento ou período 2, e assim sucessivamente. São como páginas separadas que se referem aos diferentes acontecimentos (p. ex., por dia: segunda, terça, quarta, quinta, sexta, sábado e domingo). De cada fato ou período anotamos a data e hora correspondentes. Não importa o meio de registro (computador de bolso, gravador de voz ou vídeo, papel e lápis, entre outros).

Os materiais de áudio e vídeo devem ser salvos. Também é bom tirar fotografias, elaborar mapas e diagramas sobre o contexto ou ambiente (e às vezes seus "movimentos" e os dos participantes observados).

Nas anotações é importante incluir nossas próprias palavras, sentimentos e condutas. E, toda vez que for possível, também é necessário ler novamente as notas e os registros e, assim, anotar novas ideias, comentários ou observações.

Outras recomendações sobre as notas são:

- Quando escrever as notas, recomendamos utilizar orações completas para evitar confusões posteriores. Se forem abreviadas (com palavras iniciais, incompletas ou mnemotécnicas) elas precisam ser transcritas de forma legível o mais rápido possível.
- Não esquecer que devemos registrar tempos (datas e horas) e lugares aos quais nos referimos, ou anotar a fonte bibliográfica.
- Se estivermos nos referindo a um evento, anotar sua duração.
- Transcreva as notas (ou o diário de campo) no computador o mais rápido possível e vá salvando as transcrições em outro meio (CD, *pen drive*, etc.).

As anotações podem ser de diferentes tipos:

1. **Anotações da observação direta**. Descrições daquilo que estamos vendo, escutando, cheirando ou apalpando do contexto e dos casos ou participantes observados. Geralmente são ordenadas de maneira cronológica. Elas nos permitirão contar com um relato dos fatos ocorridos (o quê, quem, como, quando e onde).

> **Exemplos**
>
> **O despertar**
>
> Era 10 de novembro de 2009, 9h30, André entrou no quarto em que estavam Ricardo e Sérgio. Vestia um conjunto esportivo (abrigo) azul marinho, seu cabelo estava desalinhado, não havia tomado banho, seu olhar refletia tristeza e parecia cansado. Sentou-se no chão (em silêncio). Ricardo e Sergio olharam para ele e o cumprimentaram com um leve sorriso; André não respondeu. Durante cinco minutos, aproximadamente, ninguém falou nem se olhou. De repente, André disse: "Eu me sinto péssimo, ontem eu não devia ter..." Interrompeu seu comentário e manteve silêncio. Estava pálido, com os olhos vidrados e vermelhos, a boca seca. Levantou-se e saiu do quarto, retornou e se limitou a dizer: "Vou à farmácia", saiu novamente [...]
>
> Guanajuato, 25 de novembro de 2009
>
> **Testemunho da guerra cristera no México (1926-1929)**
>
> Dois jovens, R. Melgarejo e Joaquín Silva Córdoba, foram assassinados em Zamora, Michoacán, em 17 de outubro de 1927. Melgarejo foi obrigado a gritar: "Viva Calles!". Em vez disso gritou: "Viva Cristo Rei!". Então, os soldados começaram a cortar suas orelhas e, ao não obterem melhores resultados, cortaram sua língua. O jovem Silva o abraçou e os soldados atiraram em ambos, assassinando os dois jovens.
>
> Parsons (2005, capítulo VIII).

2. **Anotações interpretativas**. Comentários sobre os fatos, isto é, nossas interpretações daquilo que estamos percebendo (sobre significados, emoções, reações, interações dos participantes).

> **Exemplos**
>
> **O despertar**
>
> André havia consumido drogas na noite anterior e sofria os efeitos posteriores de tal feito; provavelmente cocaína, que é a substância que esse grupo costuma consumir, de acordo com as observações prévias. Sua saúde está em péssimas condições e ele pode, inclusive, morrer de overdose qualquer dia desses.
>
> Guanajuato, 25 de novembro de 2009
>
> **Diário de Che Guevara (7 de outubro de 1967)[2]**
>
> Faz 11 meses que iniciamos nossa campanha guerrilheira sem complicações, bucolicamente; até às 12h30 em que uma velha, pastoreando suas cabras, entrou no desfiladeiro em que havíamos acampado e foi necessário prendê-la. A mulher não deu nenhuma notícia confiável sobre os soldados, respondendo a tudo com um não sei, que faz tempo que não anda por ali. Só deu informação sobre os caminhos; com a explicação da velha se deduz que estamos aproximadamente a uma légua de Higueras, e outra de Jagüey e a umas duas de Pucurá. Às 17h30, Inti, Aniceto e Pablito foram à casa da velha que tem uma filha debilitada e uma meio anã; deram a ela 50 pesos com a recomendação de que não dissessem nem uma palavra, mas com poucas esperanças de que a cumpra, apesar de suas promessas.
>
> Saímos os 17 com uma lua muito pequena. A caminhada foi muito cansativa e deixava muito rastro pelo desfiladeiro em que estávamos, que não tem casas perto, mas sim plantações de batata irrigadas com valetas do próprio riacho. Às 2h paramos para descansar, pois já era inútil continuar avançando. O Chino se transforma em um verdadeiro fardo quando é preciso caminhar à noite. O exército deu uma informação

> rara sobre a presença de 250 homens em Serrano para impedir a passagem dos sitiados em número de 37, dando a região de nosso refúgio entre o rio Acero e Oro.
> A notícia parece diversionista.
> Ernesto Che Guevara (1967, outubro). Diário da Bolívia

3. **Anotações temáticas.** Ideias, hipóteses, perguntas de pesquisa, especulações relacionadas com a teoria, conclusões preliminares e descobertas que, em nossa opinião, nascem das observações.

> **Exemplos**
> O despertar
>
> "Após consumir muitas drogas, no dia seguinte os jovens deste bairro evitam entrar em contato com seus amigos. As drogas podem provocar isolamento."
> Guanajuato, 25 de novembro de 2009
>
> A guerra cristera no México (1926-1929)
>
> Após revisar alguns depoimentos é possível considerar que na guerra cristera muitos bandidos, fazendo-se passar por cristeros, cometeram atos deploráveis como saques, roubos, assassinatos e estupros em mulheres. As guerras civis são aproveitadas por indivíduos que, na verdade, não lutam por um ideal, mas se aproveitam do caos e da imprevisibilidade gerada.
> Celaya, 1 de agosto de 2005
>
> Experiências de abuso sexual infantil
>
> Dois tipos de condições causais parecem surgir dos dados, que nos levam a certas experiências fenomenológicas relacionadas com o abuso sexual infantil. Essas condições podem ser: a) as normas culturais e b) as formas do abuso sexual. As normas culturais de dominação e submissão, a violência, os maus-tratos à mulher, a negação do abuso e a falta de poder da menina formam a pedra angular na qual se comete o abuso sexual.
> Morrow e Smith (1995, p. 6)

4. **Anotações pessoais** (da aprendizagem, dos sentimentos, das sensações do próprio observador ou pesquisador).

> **Exemplos**
> O despertar
>
> "Eu me sinto triste por André. Tenho pena de vê-lo assim. Está chovendo e gostaria de sair do quarto e ir descansar. Ver tantos problemas me dá angústia."
> Guanajuato, 25 de novembro de 2009
>
> A guerra cristera no México (1926-1929)
>
> Toda vez que alguém é perseguido por suas crenças, eu acho uma injustiça.
> Celaya, 1 de agosto de 2005

5. **Anotações sobre a reação dos participantes** (mudanças induzidas pelo pesquisador), problemas no campo e situações inesperadas.

Exemplo

A violência dentro da família

Ao começar a entrevistar as mulheres que parecem ser agredidas por seus maridos, estas formaram um grupo que foi conversar com funcionários da prefeitura para protestar contra o estudo e pressionar nossa saída.
   Valledupar, 5 de fevereiro de 2002

Essas anotações podem ser feitas em uma mesma folha em colunas ou divididas em páginas diferentes; o importante é que, se forem do mesmo episódio, estejam juntas e venham acompanhadas de auxílios visuais (mapas, fotografias, vídeos e outros materiais) e indicações pertinentes.

Depois podemos classificar o material por datas, temas (p. ex., expressões depressivas, de ânimo, de exaustão), indivíduos (André, Sérgio, Ricardo), unidades de análise ou qualquer critério que considerarmos conveniente, de acordo com a formulação do problema.

Logo depois, resumimos as anotações, tomando cuidado para não perder informação valiosa. Por exemplo, as notas como produto da observação direta de um episódio entre um médico e um paciente poderiam ser resumidas como na Tabela 12.3.[3]

TABELA 12.3
Um exemplo de anotações resumidas

Resumo	Anotação da observação direta
O paciente foi extremamente hostil com o médico, tanto verbal como não verbalmente.	Eram 14h30 quando na recepção do hospital o médico, que estava uniformizado com um jaleco branco, pediu ao paciente que fizesse o favor de ir para a sala de espera para que se registrasse para o exame de rotina (seu tom de voz foi amável e sua comunicação não verbal, afável; olhou o paciente diretamente nos olhos). O paciente gritou para o médico, determinado: "Não vou entrar, vá à merda" e deu um soco na parede. Não fez contato visual com o médico.
O médico respondeu com a mesma hostilidade, verbal e não verbal.	O médico respondeu para o paciente (que, aliás, estava vestido de maneira informal): "Vá você à merda, apodreça no inferno" e jogou os registros no chão.
Iniciou-se uma sucessão de violência verbal.	O paciente respondeu: "Olhe, curandeiro de quinta categoria, ultimamente você não tem me dado nada, nem ajudou em nada. Você se esquece de seus pacientes. Não duvido nada que faça o mesmo com seus amigos. Tomara que morra...".
O paciente fugiu da interação.	O paciente, visivelmente chateado, saiu da recepção do hospital em direção à rua.

Em síntese, as anotações ajudam-nos a lembrar, indicam o que é importante, contêm as impressões iniciais e as que temos durante a permanência no campo de estudo, documentam a descrição do ambiente, as interações e experiências.

Mas o fato de tomar notas não deve interromper o fluxo das ações. Quanto às primeiras, também devemos evitar generalizações *a priori* e juízos de valor imprecisos que às vezes são racistas ou depreciam os participantes. Exemplos de anotações errôneas seriam: "O sujeito comprou muito" (O que significa muito?), "O cliente come como um porco" (O que estamos querendo dizer, além de ser uma expressão ofensiva para quem nos ajuda a avaliar um serviço?), "O tipo é um caipira", "Ela é uma vadia" (E isso significa...?).

Diário de campo

Também é comum que as anotações sejam registradas no chamado *diário de campo*, que é uma espécie de diário pessoal onde são incluídas:

1. **As descrições do ambiente ou contexto** (iniciais e posteriores). Lembre-se de que descrevemos lugares e participantes, relações e eventos, tudo aquilo que julgarmos relevante para a formulação.
2. **Mapas** (do contexto em geral e de lugares específicos).
3. **Diagramas, quadros e esquemas** (sequências de fatos ou cronologia de eventos, vínculos entre conceitos da formulação, rede de pessoas, organogramas, etc.). Vamos tomar como exemplo as explosões em Celaya em setembro de 1999. Os elementos gráficos são mostrados na Figura 12.3.
4. **Listagens de objetos e artefatos** recolhidos no contexto, assim como fotografias e vídeos (indicando data e hora e por que foram coletados ou gravados e, claro, seu significado e contribuição para a formulação).

Exemplo
Guerra cristera no México (1926-1929)

Fotografia do Claustro de São Francisco em Acámbaro, Michoacán. Podemos ver nos pilares as perfurações que eram utilizadas para construir o curral dos cavalos do Exército do Governo Mexicano. Isso mostra que as igrejas foram ocupadas e transformadas em quartéis.

---

5. **Aspectos do desenvolvimento do estudo** (como estamos indo até agora, o que está faltando, o que devemos fazer).

Exemplo
A descoberta da tumba de Tutankamon (1922)

"Até este ponto nosso progresso era satisfatório. No entanto, logo notamos um fato muito mais preocupante. A segunda urna, que, pelo que se podia ver através da gaze, parecia ser uma obra de artesanato, apresentava sintomas evidentes do efeito de algum tipo de umidade e em alguns pontos a tendência das incrustações era cair. Devo admitir que foi um pouco frustrante, pois indicava que havia existido antigamente algum tipo de umidade no interior das urnas. Se for isso, o estado de conservação da múmia do rei seria menos satisfatório do que havíamos esperado" (Carter, 1989, p. 173).

Às 10h45 ocorreu uma explosão em um armazém que fabrica e vende fogos de artifício, que surpreendeu os clientes dos restaurantes vizinhos, transeuntes e comerciantes que estavam na região da Central de Abastecimento, em frente à Central de Caminhões de Celaya.

Minutos depois chegaram os bombeiros e elementos da Cruz Vermelha para tentar apagar o incêndio e prestar socorro aos feridos. Os corpos sem vida começavam a ser retirados pelos paramédicos, enquanto os socorristas removiam os escombros em busca de outras vítimas, ao mesmo tempo em que os primeiros curiosos começam a se aglomerar, que também foram surpreendidos pouco depois.

Às 11h as chamas ainda fora de controle atingiram o posto de gasolina, provocando mais duas explosões que pegaram desprevenidos os socorristas e os bombeiros que realizam seu trabalho de resgate, causando duas baixas entre o grupo de "combatentes do fogo" e três no de paramédicos. Além disso, fizeram novas vítimas entre os feridos que não puderam ser retirados a tempo. Os primeiros repórteres a chegar ao local dos fatos também sofreram baixas. Um fotógrafo do *El Sol de Bajío* morreu. As cifras preliminares contavam já 52 cadáveres: 32 homens adultos, 10 mulheres e 10 menores.

Às 14h, mais de três horas após a primeira explosão, o governador do estado de Guanajuato informou que a situação estava "sob controle" e com um comunicado na imprensa forneceu o primeiro relatório oficial, que corroborava as cifras fornecidas pela equipe de resgate: 50 mortos e 76 feridos, mas não explicou a existência de um grande depósito ilegal de pólvora e materiais inflamáveis em pleno centro da cidade.

Às 11h40, elementos da XVI Zona Militar isolaram uma área que compreende umas 15 ruas a partir da Central de Abastecimento, incluindo um terminal rodoviário, uma feira-livre, restaurantes e várias lojas de autosserviço que foram destruídas até em seus alicerces. A informação é que, na zona residencial mais próxima (a 700 metros do acidente), foram registrados somente alguns vidros quebrados, mas nada de mais grave.

Causas das explosões

Corrupção de funcionários locais e em nível nacional que permitiram o armazenamento ilegal de pólvora e outros explosivos.

Armazenamento ilegal de pólvora e outros explosivos.

Origem da explosão (desconhecida). Não se sabe se foi uma fagulha, um incêndio criminoso ou outro fator.

FIGURA 12.3 Explosões em Celaya (26 de setembro de 1999): cronologia das explosões.[4]

Como resultado da imersão o pesquisador deve:

IMERSÃO NO CONTEXTO, AMBIENTE OU CAMPO Implica, às vezes, morar nele ou ser parte dele (trabalhar na empresa, morar na comunidade, etc.).

a) identificar que tipos de dados devem ser coletados;
b) quem será ou serão os participantes (amostra);
c) quando (uma aproximação) e onde (lugares específicos, p. ex., em uma empresa detectar os locais onde os empregados se reúnem para falar sobre seus problemas);
d) por quanto tempo (provisoriamente) (Creswell, 2009; Daymon, 2010);
e) e também definir seu papel.

Algumas das atividades que um pesquisador pode realizar, tanto durante a imersão inicial como ao começar a coleta dos dados, estão apresentadas na Tabela 12.4. Algumas já foram comentadas e outras serão revisadas nos próximos capítulos.

TABELA 12.4
Questões importantes no trabalho de campo de uma pesquisa qualitativa

Acesso ao contexto, ambiente ou local
- Escolher o contexto, ambiente ou local.
- Avaliar nossos vínculos com o contexto.
- Conseguir o acesso ao contexto ou lugar e aos participantes.
- Contatar as pessoas que controlam a entrada no ambiente ou local e que têm acesso aos lugares e pessoas que o compõem (*gatekeepers*), assim como obter sua boa vontade e participação.
- Realizar uma imersão completa no contexto e avaliar se é o adequado de acordo com nossa formulação.
- Conseguir que os participantes atendam ao pedido de informação e forneçam dados.
- Decidir em que lugar do contexto os dados serão coletados.
- Planejar os tipos de dados que deverão coletados.
- Desenvolver os instrumentos para coletar os dados (roteiro de entrevistas, de observação, etc.).

Observações
- Registrar notas de campo críveis, desde a entrada no ambiente (impressões iniciais) até a saída; escritas ou gravadas em algum meio eletrônico.
- Registrar citações textuais dos participantes.
- Definir e assumir o papel de observador.
- Transitar na observação: ir paulatinamente do geral ao particular.
- Validar se os meios planejados para coletar os dados são as melhores opções para obter informação.

Entrevistas iniciais
- Planejá-las cuidadosamente.
- Marcar reuniões.
- Preparar a equipe para gravar as entrevistas.
- Comparecer às reuniões pontualmente.
- Realizar as entrevistas.
- Registrar anotações e fatos relevantes das entrevistas.

Documentos
- Elaborar listas de lugares onde é possível localizar e obter documentos.
- Seguir os trâmites para pedir autorização para obtê-los e reproduzi-los.
- Preparar a equipe para escanear, gravar em vídeo ou fotografar os documentos.
- Questionar o valor dos documentos.
- Certificar a autenticidade dos documentos.

Diários
- Pedir aos participantes que escrevam diários.
- Revisar periodicamente esses diários.

Materiais e objetos
- Coletar, gravar ou filmar, tirar fotografias, fita-cassetes e todo tipo de objetos e artefatos que possam ser úteis.

Como podemos ver, as fases do processo de pesquisa se sobrepõem e não são sequenciais, então podemos retornar para uma etapa inicial e tomar outra direção. A formulação pode variar e nos levar para rumos que sequer havíamos previsto. Por exemplo, na pesquisa sobre as emoções que podem sentir os pacientes jovens que irão se submeter a uma cirurgia por causa de um tumor, podemos nos concentrar no estresse ou em temores específicos; ou, ainda, enfocar no tratamento que recebem dos médicos, enfermeiras e pessoal auxiliar que prestam atendimento antes da cirurgia. Podemos também estudar suas emoções antes e depois da cirurgia, incluir ou não seus familiares; enfim, o labirinto pode nos levar a várias partes.

A imersão inicial nos leva a selecionar um desenho e uma amostra que, como veremos, exige continuar entrando no ambiente e tomar decisões.

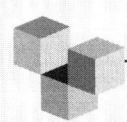

Resumo

- O principal interesse da formulação qualitativa é se aprofundar nos fenômenos, que são explorados a partir da perspectiva dos participantes.
- Nos estudos qualitativos, os objetivos e as perguntas são mais gerais e enunciativos.
- Os elementos para justificar a formulação qualitativa são iguais aos da quantitativa: conveniência, relevância social, implicações práticas, valor teórico e utilidade metodológica.
- A flexibilidade da formulação qualitativa é maior do que a da quantitativa.
- As formulações qualitativas são: abertas, expansivas, inicialmente não direcionadas, fundamentadas na experiência e intuição, são aplicadas a um número pequeno de casos, o entendimento do fenômeno se dá em todas suas dimensões, estão voltadas para aprender com as experiências e os pontos de vista dos indivíduos, avaliar processos e gerar teoria fundamentada nas perspectivas dos participantes.
- Para responder as perguntas de pesquisa é necessário escolher um contexto ou ambiente onde o estudo será realizado; também é preciso situar a formulação no espaço e no tempo.
- Para aqueles que estão se iniciando na pesquisa qualitativa, sugerimos que visualizem graficamente o problema de estudo.
- As formulações qualitativas são uma espécie de plano de exploração e são apropriadas quando o pesquisador se interessa pelo significado das experiências e dos valores humanos, pelo ponto de vista interno e individual das pessoas e pelo ambiente natural onde ocorre o fenômeno estudado; também quando buscamos ter uma perspectiva próxima à dos participantes.
- Nos estudos qualitativos, as hipóteses têm um papel diferente do da pesquisa quantitativa. Elas geralmente não são estabelecidas antes de entrar no ambiente e começar a coleta dos dados. Na verdade, é durante o processo que o pesquisador vai gerando hipóteses de trabalho que são aprimoradas paulatinamente conforme mais dados são coletados, ou elas são um dos resultados do estudo.
- Após escolhermos um ambiente ou lugar apropriado é que iniciamos a tarefa de responder as perguntas de pesquisa. O ambiente pode ser tão variado como a formulação do problema.
- Esse ambiente pode variar, ser ampliado ou reduzido e é explorado para ver se é o apropriado.
- Duas dimensões são essenciais para a seleção do ambiente: conveniência e acessibilidade.
- Para conseguir o acesso ao ambiente devemos negociar com os *gatekeepers*.
- Para se ter maior e melhor acesso ao ambiente, assim como ser aceito, recomenda-se: desenvolver relações, elaborar uma história sobre a pesquisa, não tentar imitar os participantes, planejar a entrada e não criar muita expectativa além do necessário.
- A imersão total implica observar eventos, estabelecer vínculos com os participantes, começar a obter seu ponto de vista; coletar dados sobre seus conceitos, linguagem e maneiras de se expressar, histórias e relações; detectar processos sociais fundamentais. Tomar notas e começar a gerar dados na forma de apontamentos, mapas, esquemas, quadros, diagramas e fotografias, assim como coletar objetos e artefatos; elaborar descrições do ambiente. Ter consciência de seu próprio papel como pesquisador e das alterações que são provocadas; e também refletir sobre as experiências de vida.
- No início, as observações são gerais, mas vão se concentrando na formulação.
- A descrição do ambiente é uma interpretação detalhada de casos, seres vivos, pessoas, objetos, lugares específicos e eventos do contexto, e deve transportar o leitor para o local da pesquisa.
- É preciso fazer diferentes tipos de anotações: da observação direta, interpretativas, temáticas, pessoais e da reação dos participantes.
- As anotações são registradas no diário de campo, que contém: descrições, mapas, diagramas, esquemas, listagens e aspectos do andamento do estudo.
- Para complementar as observações podemos realizar entrevistas, coletar documentos, etc.

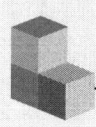

Conceitos básicos

Acesso ao contexto ou ambiente
Ambiente (contexto)
Anotações de campo
Descrições do ambiente
Diário de campo
Formulação do problema
Gatekeepers
Hipótese de trabalho qualitativa
Imersão inicial no campo

Imersão total no contexto, ambiente ou campo
Justificativa do estudo
Literatura
Objetivos da pesquisa
Observação
Participantes
Perguntas de pesquisa
Processo qualitativo
Viabilidade do estudo

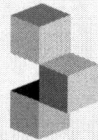

Exercícios

1. Assista a um filme da moda e formule um problema de pesquisa qualitativa (no mínimo com objetivos, perguntas e justificativa da pesquisa). Qual é o contexto ou ambiente inicial desse estudo?
2. Selecione um artigo de uma revista científica que contenha os resultados de uma pesquisa qualitativa e responda as seguintes perguntas: Quais são os objetivos dessa pesquisa? Quais são as perguntas? Qual é sua justificativa? Qual seu contexto ou ambiente? Como o pesquisador ou pesquisadores entraram no campo?
3. Visite uma comunidade rural e observe o que acontece nela, converse com seus habitantes e colete informação sobre um assunto de seu interesse. Anote e analise as informações obtidas. A partir dessa experiência, formule um problema de pesquisa qualitativa.
4. Pegue a ideia que escolheu no Capítulo 2, e que foi desenvolvendo com o enfoque quantitativo ao longo do livro, e agora a transforme em uma formulação de pesquisa qualitativa. Qual seria o contexto ou ambiente inicial dessa formulação?
5. Descreva um quadro (pintura) de um artista renascentista, de um impressionista, outro de um cubista, mais outro de um surrealista e, finalmente, de um pintor do século XXI. Analise e compare suas descrições.
6. Realize uma imersão inicial de campo em uma fábrica, uma escola, um hospital, um bairro, uma festa ou uma comunidade, tendo em mente uma formulação. Quem são os *gatekeepers*? Quem são os participantes? Quais acontecimentos chamaram sua atenção? Quais dados podem ser coletados e ser úteis para o estudo formulado? Descreva um lugar específico do ambiente ou contexto.

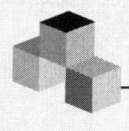

Exemplos desenvolvidos

A guerra cristera em Guanajuato

Uma rápida explicação

A guerra que ocorreu de 1926 a 1929 entre o governo mexicano e a igreja católica ficou conhecida como "Cristiada". As relações entre ambos os poderes já não eram tranquilas há anos e se tornaram políticas com a divisão de liberais e conservadores durante o conflito armado que foi, na verdade, uma guerra civil. Enquanto a Igreja apoiava os conservadores e propunha a cristandade como solução, os liberais defendiam a secularização dos bens do clero e a abolição das ordens religiosas (Scavino, 2005).

Os antecedentes são diversos e começam a partir do início do século XIX. Mas resultaram em vários eventos que precisam ser destacados:

- Em 1924, o general Plutarco Elías Calles assume a presidência do México.
- Em 21 de fevereiro de 1925, os caudilhos da Confederación Regional Obrera Mexicana (CROM), apoiados por Calles, proclamam o surgimento da "Igreja católica apostólica mexicana" (Carrèrre, 2005). Isso significava uma espécie de ruptura com a autoridade do Vaticano.
- O projeto dessa instituição fracassou completamente. O Papa Pio XI na encíclica *Quas Primas*, de 11 de dezembro de 1925, declara de maneira universal a festividade de Cristo Rei (Carrère, 2005).
- No centro do México, Cristo Rei era um símbolo fundamental do catolicismo; anos atrás haviam até construído um monumento no estado de Guanajuato para essa figura.
- Em 2 de fevereiro de 1926, Pio XI envia para o Episcopado mexicano uma carta na qual pede que os católicos iniciem a ação cívica contra algumas medidas persecutórias que começavam a se materializar, mas que abrissem mão de formar um partido político, para assim evitar acusações do governo de Calles de interferir em assuntos políticos (Carrère, 2005).

- Em março é criada a Liga Nacional de la Defensa de la Libertad Religiosa, que iria lutar pelos direitos de professar, confessar e promover a "fé católica" (Carrère, 2005).

    > Plutarco Elías Calles, presidente mexicano mais radical em assuntos religiosos, obteve do Congresso, em janeiro de 1926, a aprovação da Lei Regulamentar do artigo 130, que concedia ao Poder Federal o controle da "disciplina" da Igreja e confirmava o desconhecimento da personalidade jurídica da Igreja, de tal modo que os sacerdotes seriam considerados meros pregadores e as legislaturas estatais teriam poder para determinar o número máximo de sacerdotes dentro de sua jurisdição. Era necessário, além disso, uma autorização do Ministério do Interior (atualmente Secretaría de Gobernación) para a abertura de novos lugares de culto (Dirección General de Archivo Histórico del Senado, 2003). Os sacerdotes deveriam ser registrados no Ministério do Interior.

- Em 31 de julho de 1926 entra em vigor a "Lei Calles". Enquanto isso, o Episcopado mexicano consulta o Vaticano em Roma para suspender os cultos nas igrejas nesse mesmo dia. O Papa aprova as medidas propostas pela Igreja mexicana. O general Calles, ao conhecer as intenções dos católicos, ordena que as igrejas sejam fechadas e inventariadas (Dirección General del Archivo Histórico del Senado, 2003).
- O fechamento dos templos provoca uma grande quantidade de protestos oficiais da Igreja mexicana, e a Lei Calles, na prática, transforma-se em ações como proibição do culto religioso, de ministrar sacramentos, da catequese; a extinção de monastérios e conventos, da liberdade de imprensa e a desapropriação de alguns templos. As sanções foram, inclusive, desde uma multa até a prisão por tempo indeterminado e, em alguns casos, a morte por fuzilamento.
- A Liga Nacional de la Defensa de la Libertad Religiosa se organiza política e militarmente, e decide comandar uma luta armada. Estabelece centros locais e regionais em todo México, promete aos combatentes armas e dinheiro para apoiar a insurreição e derrubar o governo Calles. Finalmente, nos primeiros dias de janeiro de 1927, após surgirem focos espontâneos de rebelião, vários exércitos (porque não era somente um, mas diferentes grupos armados em várias províncias do México) se rebelam com o grito de: "Viva Cristo Rei!".
- O levante ocorreu principalmente nos estados de Jalisco, Zacatecas, Guanajuato, Michoacán, Querétaro, Colima e Nayarit. Depois em outros estados: Puebla, Estado do México, Oaxaca, Veracruz, Durango e Guerrero, e até mesmo em estados do norte como Sinaloa, houve focos.
- Na verdade, ninguém saiu vitorioso dessa guerra civil, nem militar nem moralmente. Ao assumir a Presidência do México, Emilio Portes Gil, que substituiu o candidato oficial assassinado em 1928 por um jovem católico (o general Álvaro Obregón, que já havia sido presidente antes de Calles), decretou a trégua e o final oficial da guerra cristera. O embaixador americano Dwight W. Morrow serviu como intercessor entre o governo mexicano e a igreja para acabar com o conflito. Calcula-se que morreram cerca de cem mil pessoas.
- A perseguição aos católicos continuou e anos depois, em 1934, houve um novo levante que se estendeu até 1941, quando o último chefe cristero Federico Vázquez se entregou em Durango (Carrère, 2005).[5]

Formulação do problema
Durante muitos anos, houve um tipo de acordo silencioso que impedia tocar nesse tema da Cristiada. Mas, após 71 anos em que o conflito entre a igreja católica e o Estado já desapareceu até dos textos constitucionais, a história pode ser contada tranquilamente (Jean Meyer).

I. Objetivos
- Compreender o significado da guerra cristera para a população da época do estado de Guanajuato (1926-1929).
- Entender a experiência e vivências dos cristeros de Guanajuato durante essa guerra.
- Documentar os acontecimentos da guerra cristera em Guanajuato, principalmente aqueles não registrados na literatura disponível.
- Conhecer as repercussões que essa guerra teve em Guanajuato de "viva voz" de seus atores.

II. Perguntas de pesquisa
- Quais foram os significados da guerra cristera para a população de Guanajuato naquela época?
- Quais foram as vivências profundas dos cristeros de Guanajuato durante essa guerra?
- Quais foram as repercussões dessa guerra em Guanajuato?

III. Justificativa (resumida)
Pouquíssimos estudos foram realizados no estado de Guanajuato para documentar os acontecimentos da guerra cristera de 1926-1929, especialmente nos municípios com menos habitantes. A literatura disponível se limita ao conflito nacional ou estatal, as referências geralmente são feitas a líderes militares ou figuras do movimento cristero. Por isso, é importante realizar uma pesquisa em todos os municípios do estado (46 no total), localmente, a partir da perspectiva dos sobreviventes que experimentaram "em carne e osso" (diretamente) o conflito ou o escutaram de seus pais (fontes indiretas). Além disso, revisaríamos fisicamente os lugares onde os fatos ocorreram, assim como os arquivos disponíveis. Ambos irão sendo registrados. Cabe salientar que hoje o número de sobreviventes é pequeno, porque o conflito começou há mais de 80 anos. Essa é a última oportunidade para coletar seus depoimentos diretos.

IV. Viabilidade
Ao iniciarmos a pesquisa, precisávamos do apoio de alguma instituição. Os recursos viriam dos pesquisadores, por isso na primeira etapa foram incluídos apenas os seguintes municípios: Apaseo El Alto, Apaseo El Grande, Celaya, Irapuato, Juventino Rosas, Salamanca, Villagrán, Tarimoro, Salvatierra, Acámbaro e San Miguel de Allende.

V. Contexto ou ambiente inicial
Cada município seria um contexto ou ambiente.

O processo de imersão no campo é resumido assim pela pesquisadora:

> Ao chegar a cada município, a primeira coisa que fazia era me dirigir à Prefeitura e perguntar sobre a localização do arquivo histórico da cidade. A maioria dos arquivos está na própria Prefeitura.
>
> Após consultar o arquivo, perguntava à pessoa responsável por ele (*gatekeepers*) quem era o cronista da cidade e onde morava. Além disso, perguntava quais pessoas idosas ele conhecia na cidade que pudessem me dar depoimentos sobre a guerra cristera. Em vários arquivos o responsável é o cronista da cidade.
>
> A entrevista com os cronistas foi uma parte-chave na pesquisa, já que além da informação proporcionada, eles me indicaram quais pessoas haviam vivido a guerra cristera. Algumas me forneceram fotos da época.
>
> Quando já tinha os nomes e os endereços das testemunhas do movimento, então a tarefa era buscá-las em suas casas, deixando claro que haviam sido indicadas pelo cronista da cidade, pois como é lógico imaginar não é fácil que deixem estranhos entrarem em suas casas.
>
> Considero que a parte mais enriquecedora da pesquisa foi ter entrevistado testemunhas diretas do conflito cristero; ter visto como relatavam os acontecimentos com suas mãos, gestos e olhares, como suas lágrimas caíam quando se lembravam das mortes de seus compatriotas, e ouvir suas risadas que ecoavam ao falarem sarcasticamente sobre o governo da época. Os próprios entrevistados indicaram pessoas que conheciam para que eu também pudesse entrevistá-las.
>
> Para mim, ter feito essas entrevistas foi como resgatar um pouquinho da história do povo da região. Com o tempo esses idosos partirão e, com eles, seus relatos e suas lembranças ficarão perdidos para sempre.
>
> Por último, consultava as bibliotecas públicas, que abrigam livros sobre a história de cada município, assim como os museus da cidade para buscar mais dados e fotografias.
>
> No entanto, eu gostaria de mencionar como exemplo o município de Celaya, pois nessa cidade assim como em muitas outras não havia documentação de 1926 a 1929. Além disso, a impressão é que não iria encontrar em nenhum lugar informação sobre essa localidade. O que fazer nesse caso?
>
> Eu havia consultado o arquivo e as bibliotecas públicas de Celaya e não havia encontrado dado algum sobre o conflito cristero na cidade. Entrevistei o cronista, que me forneceu dados representativos, porém, eles se limitavam mais a descrever a vida dessa época; mas não eram dados históricos com datas e lugares precisos. Uma bibliotecária me falou sobre a existência de um arquivo histórico no templo de São Francisco. Ainda me surpreendo com a riqueza histórica que os franciscanos guardam nesse arquivo, foi uma das principais fontes de pesquisa para o caso de Celaya. O sacerdote responsável e uma historiadora me instruíram sobre o manuseio dos documentos.
>
> Eu poderia dizer que já tinha bastante informação, mas, de alguma maneira, essa informação relatava o ponto de vista da Igreja. Não conformada com isso, e consultando o supervisor, eu queria que minha pesquisa apresentasse diferentes "vozes históricas"; portanto, eu precisava do ponto de vista oficial, do governo. Sem essa intenção, ao visitar arquivos históricos de localidades vizinhas, encontrei informação sobre a cidade de Celaya e descobri, além disso, que essa cidade teve um papel fundamental na região durante a Cristiada. Também fiquei surpresa quando as testemunhas e os cronistas de outras cidades faziam referências a Celaya.
>
> E foi assim, com informação de vários municípios, que montei o desenvolvimento histórico do conflito nessa cidade. Também houve o caso, como em Salamanca, que não havia informação nem em arquivos nem em bibliotecas. Nesses casos, não há nada que se possa fazer a não ser utilizar a história oral.

Consequências do abuso sexual infantil[6]

I. Objetivos
- Entender as experiências vividas por mulheres que foram abusadas sexualmente durante sua infância.
- Construir um modelo teórico que possa contextualizar a maneira como as mulheres sobreviveram ao abuso e o enfrentaram.

II. Perguntas de pesquisa[7]
- O que significa para um grupo de mulheres todas as experiências de abuso sexual que elas viveram em sua infância?
- Quais foram as condições em que esse abuso aconteceu?
- Quais estratégias de sobrevivência e enfrentamento as mulheres desenvolveram em relação ao abuso sexual?
- Quais condições estão presentes nessas estratégias?
- Quais foram as consequências das estratégias seguidas para sobreviver e enfrentar o abuso?

III. Entrada no campo ou contexto
As participantes foram recrutadas em uma área metropolitana dos Estados Unidos, por intermédio de terapeutas conhecidos por sua experiência de trabalho com sobreviventes de abuso sexual. Uma carta foi enviada para cada terapeuta (*gatekeepers*) na qual se descrevia o estudo detalhadamente. Uma carta semelhante também foi enviada às pacientes *que* poderiam se beneficiar do estudo ou que *estivessem* interessadas em partici-

par. As pacientes entraram em contato com Susan L. Morrow. Das 12 que originalmente se interessaram, 11 participaram da pesquisa. Uma se recusou a colaborar por razões pessoais.

Quando as participantes potenciais entraram com contato com Morrow, o propósito e o alcance do estudo foram novamente revisados e um encontro foi marcado para a entrevista inicial. O consentimento ou autorização para participar foi discutido detalhadamente no início das entrevistas, ressaltando a confidencialidade e as possíveis consequências emocionais da participação. Após cada mulher ter assinado o formulário de consentimento, a gravação de áudio e vídeo teve início. Todas as participantes escolheram um pseudônimo pelo qual seriam chamadas na pesquisa, com a promessa de que teriam a oportunidade de revisar seus comentários (citações) e qualquer outra informação que fosse escrita sobre elas, antes da publicação do estudo.

Shopping centers[8]

I. Objetivos
- Avaliar a experiência de compra dos clientes em *shopping centers* (*malls*) de uma importante rede latino-americana.
- Conhecer as preferências dos clientes por determinados *shopping centers* de sua cidade e suas razões.
- Obter dos clientes uma avaliação comparativa de diferentes *shopping centers* da localidade.
- Compreender os atributos que os clientes conferem a cada *shopping center* da localidade.
- Obter definições do *shopping center* ideal.

II. Perguntas de pesquisa
- Como é a experiência de compra dos clientes nos diferentes *shopping centers* de uma importante rede latino-americana? Como pode ser caracterizada?
- Quais são os *shopping centers* preferidos pelos clientes em cada cidade e por quê?
- Como os clientes avaliam os diferentes *shopping centers* da localidade?
- Quais são os atributos conferidos para cada *shopping center* da localidade?
- Como pode ser definido o *shopping center* ideal a partir da visão dos clientes?

III. Entrada no campo ou contexto
Cada cidade (foram 12 no total) foi estudada de maneira independente e no final foram obtidos resultados comuns cuja natureza não foi local.

Não foi necessário obter nenhuma autorização, pois foi a própria empresa proprietária dos *shopping centers* que encomendou o estudo.

O contexto inicial foi o *shopping center*, no qual foram recrutadas pessoas de ambos os gêneros (cujas idades oscilaram entre 18 e 75 anos) para participarem em sessões de grupo focal (*focus groups*), onde foram coletadas opiniões sobre conceitos relacionados com a formulação do problema.

Outro exemplo

No CD anexo, em: Material complementario → Ejemplos → Ejemplo 3, o leitor poderá encontrar um relatório em PDF, versões Word e Power Point de uma pesquisa qualitativa, que mostra a utilização do Atlas.ti e a teoria fundamentada, com o título de: "Entre 'no sabía qué estudar' y 'esa fue siempre mi opción': selección de institución de educación superior por parte de estudiantes en una ciudad del centro de México" (Hernández Sampieri e Méndez, 2009).

Esse estudo qualitativo foi realizado para aprofundar nas razões pelas quais os jovens em idade de efetuar seus estudos universitários escolheram ou descartaram a Universidad Latinoamericana del Conocimiento[9] como opção educativa e para compreender o papel que desempenham os pais e demais atores relevantes (professores, amigos e outros parentes) na escolha da instituição de nível superior em que os jovens continuarão seus estudos. Foram formados 17 grupos focais em um total de 17 sessões que foram complementadas com três entrevistas. A amostra contou com 118 participantes (estudantes do ensino médio, universitários, que já estavam fora da universidade e pais de família). Os principais resultados revelam que existem vários fatores envolvidos na decisão dos estudantes: influência de outras pessoas, razões pessoais, características da universidade e o contato com ela. Além disso, foram identificadas seis tendências no processo de decisão. Os participantes também compartilharam quais são as universidades que eles acham melhores no país, principalmente na região central do México; e as razões pelas quais as consideram assim. Finalmente, descobriu-se que essa Universidade possui características únicas que devem ser potencializadas e áreas de oportunidade que precisam ser modificadas e melhoradas.

Recomendamos que o leitor revise o exemplo (que está em dois documentos: relatório e apresentação resumida) para compreender todo o processo da pesquisa qualitativa.

Os pesquisadores opinam

Quando uma pessoa tem tantos anos de experiência na pesquisa e em seu ensino, quando foi testemunha e participante da incorporação da metodologia de pesquisa nos currículos dos diversos níveis escolares, ela consegue perceber as tendências e mudanças que surgiram nessa área, ao longo dos diversos momentos históricos que nos coube viver.

Quando na década de 1970 começaram a surgir formalmente os cursos de pesquisa nas universidades latino-americanas, ficou evidente o predomínio do paradigma quantitativo. Era necessário se apegar ao positivismo, com todos seus vários enfoques (do survey aos desenhos experimentais). Esse era o dogma indiscutível.

Foi somente no final do século XX que o paradigma qualitativo começou a ter mais importância, e isso continua até hoje. Assim sendo, temos agora outras opções para considerar quando vamos realizar pesquisa (do interacionismo simbólico à hermenêutica). Esse é, para muitos, o novo dogma, também inquestionável.

No entanto, o livro que você, caro leitor, tem diante de seus olhos nos mostra o paradigma qualitativo, não como um dogma que substitui outro; não como uma mera substituição mecânica de uma receita a outra. Ao contrário, Hernández Sampieri e colaboradores nos propõem esse paradigma em sua exata dimensão, como mais uma ferramenta do trabalho da pesquisa científica.

Muitas turmas de alunos meus tiveram de responder (e, sobretudo, responder a si mesmos) a pergunta: O que é melhor: um serrote, uma chave de fenda ou um martelo? Claro que todos chegaram à conclusão de que tudo depende para que vamos utilizá-lo.

Todos conhecemos pessoas que, por inexperiência ou inaptidão, insistem em utilizar um serrote para pregar um prego ou uma chave de fenda para cortar uma madeira. De maneira análoga, todos já conhecemos pesquisadores que insistem em utilizar somente determinada técnica, porque acham que é o que está na moda ou porque é a de sua preferência, independentemente do problema ou dos objetivos de pesquisa que têm em suas mãos.

Peço gentilmente que vocês reflitam sobre o raciocínio por trás da tomada de decisões quanto à metodologia de pesquisa, para o qual, tenho certeza, vocês encontrarão as bases conceituais nesta edição, que dá um novo destaque para os métodos qualitativos.

Carlos G. Alonso Blanqueto
Decano da docência e da pesquisa
Facultad de Educación de la Universidad
Autónoma de Yucatán
Miembro del Comité Consultivo del Consejo Mexicano
de Investigación Educativa (COMIE)

A metodologia qualitativa permite entender como os participantes de uma pesquisa percebem os eventos. A variedade de seus métodos como: a fenomenologia, o interacionismo simbólico, a teoria fundamentada, o estudo de caso, a hermenêutica, a etnografia, a história de vida, a biografia e a história temática, refletem a perspectiva daquele que vive o fenômeno, isto é, do participante que experimenta o fenômeno. A utilização dessa abordagem é de caráter indutivo e sugere que a partir de um determinado fenômeno é possível encontrar semelhanças em outro, permitindo entender processos, mudanças e experiências.

A obra, *Metodologia de pesquisa*, aborda a visão qualitativa de maneira fascinante, utilizando exemplos que facilitam a assimilação das etapas essenciais da pesquisa.

Prof. Ricardo Ortiz Ayala
Instituto Tecnológico de Querétaro
y Universidad Autónoma de Querétaro

✓ NOTAS

1. Gangues que surgiram em meados da década de 1970 em El Salvador e que se espalharam pela América Central e América do Norte. No início eram refugiados que buscavam externar sua rebeldia, mas com o tempo, algumas das gangues evoluíram até se transformarem em criminosos. O nome "mara salvatrucha" vem de: "mara", que em El Salvador significa bando; "salva" de salvadorenho e "trucha" significa rápido ou agitado (Bobango, 1981).
2. Ernesto Che Guevara (1967). Referência de 2005. Embora não seja a anotação de uma pesquisa, ela realmente reflete a interpretação de fatos. Essas anotações são a última coisa que esse grande personagem histórico escreveu em seu diário pessoal.
3. Aqui no livro o espaçamento entre linhas é pequeno, mas para as transcrições ele precisa ser duplo e com margens amplas para caber comentários e reflexões do pesquisador (Cuevas, 2009).
4. Em razão do espaço, os eventos foram resumidos. Baseado em relatos de sobreviventes e do jornal *La Jornada*, 27 de setembro de 1999, primeira página, colunas 1-3.
5. Para entender melhor essa guerra civil, recomendamos a obra de Meyer (1994) e a de Carrère (2005).
6. (Morrow e Smith, 1995). Resumido em função do espaço.
7. Deduzidas da leitura do artigo.
8. Mostramos uma formulação resumida do estudo original.
9. Para manter a confidencialidade, o nome verdadeiro da instituição não é mencionado, ele foi substituído por esse. Até onde sabemos, não existe uma organização educativa com esse nome, mas se existir, o estudo não se refere a ela, e pedimos desculpas de antemão por qualquer confusão que possa surgir desse fato. A pesquisa é real, mas o nome da universidade é bem diferente. Vamos nos limitar a dizer que está localizada na região central do México e que tem aproximadamente 1500 alunos e é particular.

13

Amostragem na pesquisa qualitativa

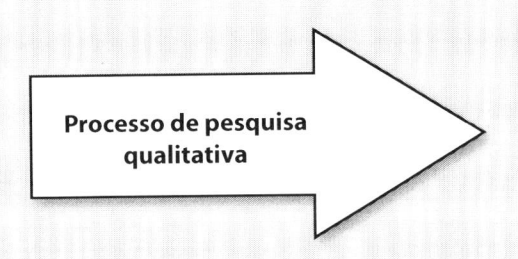

Processo de pesquisa qualitativa →

Passo 3 Escolha das unidades de análise ou casos iniciais e amostra de origem
- Definir as unidades de análise e casos iniciais.
- Escolher a amostra inicial.
- Revisar permanentemente as unidades de análise e amostra iniciais e, dependendo do caso, sua redefinição.

Objetivos da aprendizagem

Ao concluir este capítulo, o aluno será capaz de:

1. conhecer o processo de seleção da amostra na pesquisa qualitativa;
2. compreender os conceitos essenciais relacionados com a unidade de análise e com a amostra em estudos qualitativos;
3. entender os diferentes tipos de amostras não probabilísticas ou por julgamento e ter elementos para decidir, em cada pesquisa, qual é o tipo apropriado de amostra de acordo com as condições que surgem durante seu desenvolvimento.

Síntese

Neste capítulo comentaremos o processo para definir as unidades de análise e a amostra iniciais. Nos estudos qualitativos, o tamanho da amostra não é importante do ponto de vista probabilístico, porque o interesse do pesquisador não é generalizar os resultados de seu estudo para uma população mais ampla. Também vamos considerar os fatores que ajudam a "determinar" ou sugerir o número de casos que irão compor a amostra, e também vamos insistir que conforme o estudo avança é possível acrescentar outros tipos de unidades ou substituir as unidades iniciais, já que o processo qualitativo é mais aberto e está sujeito ao desenvolvimento do estudo.

Por último, vamos revisar os principais tipos de amostras por julgamento ou não probabilísticas que são comumente utilizados em pesquisas qualitativas.

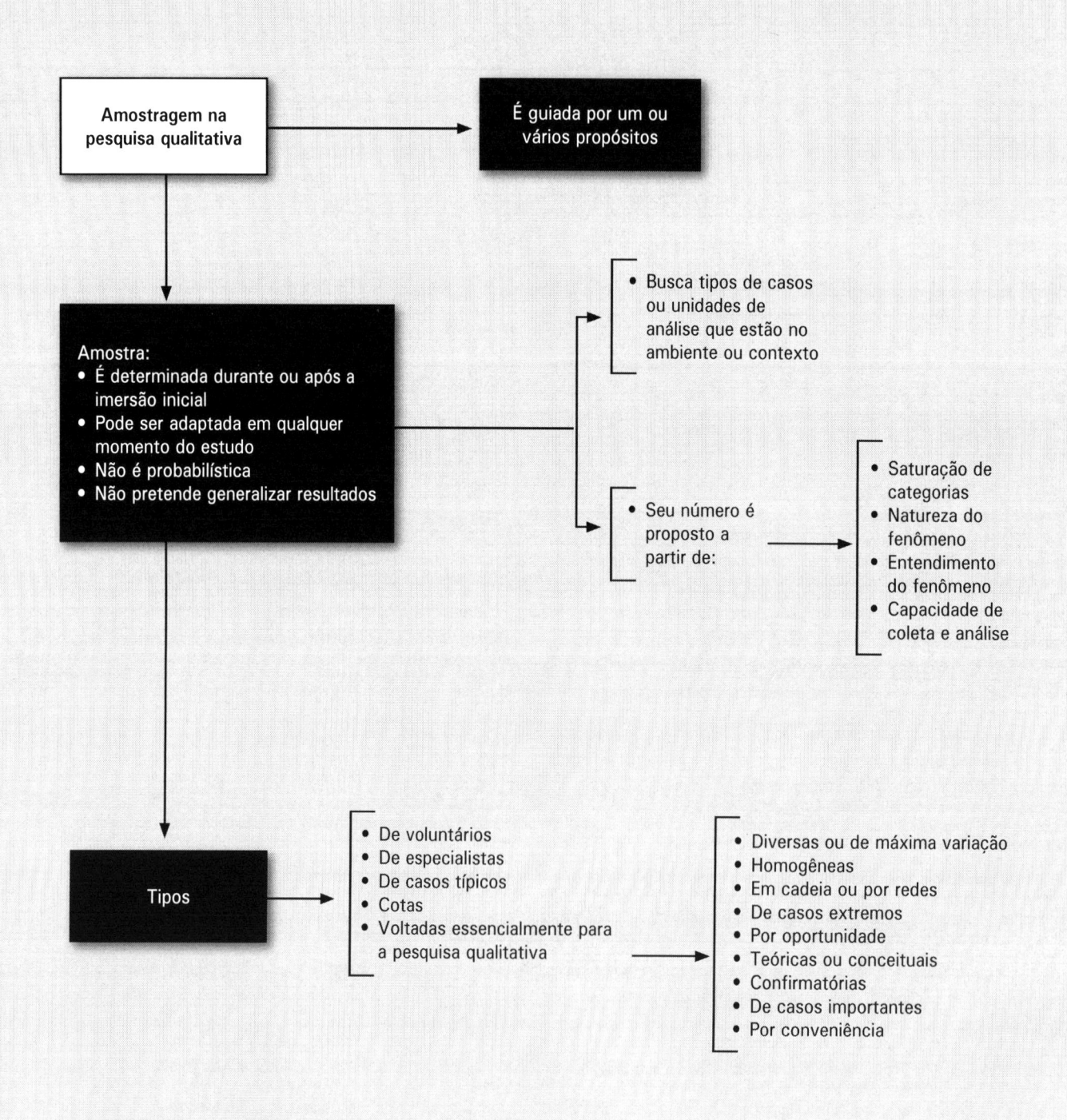

```
┌─────────────────────┐                    ┌─────────────────────┐
│   Amostragem na     │───────────────────▶│ É guiada por um ou  │
│  pesquisa qualitativa│                    │  vários propósitos  │
└──────────┬──────────┘                    └─────────────────────┘
           │
           │                                              ┌ • Busca tipos de casos
           ▼                                              │   ou unidades de
┌─────────────────────────────────┐                       │   análise que estão no
│ Amostra:                        │                       │   ambiente ou contexto
│ • É determinada durante ou após a│──────────────────────┤
│   imersão inicial               │                       │                          ┌ • Saturação de
│ • Pode ser adaptada em qualquer │                       │                          │   categorias
│   momento do estudo             │                       │ • Seu número é           │ • Natureza do
│ • Não é probabilística          │                       │   proposto a      ──────▶│   fenômeno
│ • Não pretende generalizar      │                       │   partir de:             │ • Entendimento
│   resultados                    │                       │                          │   do fenômeno
└──────────┬──────────────────────┘                       └                          │ • Capacidade de
           │                                                                         └   coleta e análise
           │
           ▼
        ┌───────┐      ┌ • De voluntários           ┌ • Diversas ou de máxima variação
        │ Tipos │─────▶│ • De especialistas         │ • Homogêneas
        └───────┘      │ • De casos típicos         │ • Em cadeia ou por redes
                       │ • Cotas                    │ • De casos extremos
                       │ • Voltadas essencialmente para ──▶ • Por oportunidade
                       └   a pesquisa qualitativa   │ • Teóricas ou conceituais
                                                    │ • Confirmatórias
                                                    │ • De casos importantes
                                                    └ • Por conveniência
```

✓ APÓS A IMERSÃO INICIAL: A AMOSTRA INICIAL

Realizamos a imersão inicial, que nos faz mergulhar no contexto, ao mesmo tempo coletamos e analisamos dados (certamente já observamos diferentes eventos, passamos a entender o dia a dia do ambiente, conversamos ou entrevistamos várias pessoas, fizemos anotações, temos impressões, etc.).

> **AMOSTRA** No processo qualitativo é um grupo de pessoas, eventos, acontecimentos, comunidades, etc., sobre o qual deveremos coletar os dados, sem que necessariamente seja representativo do universo ou população que estudamos.

Em algum momento da imersão ou após ela, começamos a definir a amostra "provisória" sujeita à evolução do processo indutivo. Conforme menciona Creswell (2009), a amostragem qualitativa é proposicional. As primeiras ações para escolher a **amostra** acontecem a partir da própria formulação e quando selecionamos o contexto, onde esperamos encontrar os casos que nos interessam. Nas pesquisas qualitativas fazemos a seguinte pergunta: Quais casos nos interessam inicialmente e onde podemos encontrá-los?

No exemplo do estudo sobre as emoções que podem sentir os pacientes jovens que serão operados, quando vemos os objetivos já sabemos que os casos serão pessoas de 13 a 17 anos da cidade de Salta, Argentina, que satisfazem a condição de ter de fazer uma cirurgia para a retirada de um tumor cerebral. Também localizamos hospitais onde esse tipo de cirurgia é realizado. Agora, devemos escolher os casos (p. ex., de uma listagem que nos indique a programação de cirurgias do tipo que procuramos nos próximos meses) e entrar em contato com eles para conseguir sua autorização (tendo em vista que os hospitais já autorizaram a pesquisa). Mas, quantos casos? Quantos jovens que irão se submeter à cirurgia devemos incluir: 10, 15, 50, 100? Qual tamanho de amostra é o adequado? Conforme já foi comentado, nos estudos qualitativos o tamanho da amostra *não* é importante do ponto de vista probabilístico, porque o interesse do pesquisador *não* é generalizar os resultados do estudo para uma população mais ampla. O que se busca na indagação é profundidade. Nosso interesse são casos (participantes, pessoas, organizações, eventos, animais, fatos, etc.) que nos ajudem a entender o fenômeno de estudo e a responder as perguntas de pesquisa. A amostragem adequada tem uma importância crucial na pesquisa, e a pesquisa qualitativa não é uma exceção (Barbour, 2007). Por isso, é necessário refletir com muito cuidado sobre qual é a estratégia de amostragem mais adequada para conseguir os objetivos de pesquisa, levando em conta critérios de rigor, estratégicos, éticos e pragmáticos, conforme serão explicados a seguir.

Geralmente são três os fatores que contribuem para "determinar" ou sugerir o número de casos:

1. a capacidade operacional de coleta e análise (o número de casos com o qual podemos trabalhar de maneira realista e de acordo com os recursos de que dispomos);
2. o entendimento do fenômeno (o número de casos que nos ajudam a responder as perguntas de pesquisa, que mais adiante será denominado "saturação de categorias");
3. a natureza do fenômeno em análise (se os casos são frequentes e acessíveis ou não, se a coleta de informação sobre eles dura relativamente pouco ou muito tempo).

Por exemplo, no estudo sobre as emoções que os jovens pacientes podem sentir antes da cirurgia, o pesquisador ou a pesquisadora procurará analisar o maior número de casos possível (que depende, em primeiro lugar, de quantas cirurgias para retirar tumores cerebrais são realizadas em Salta – mensal ou anualmente – em jovens de 13 a 17 anos).

Do mesmo modo, na pesquisa de Morrow e Smith (1995), as participantes foram recrutadas livremente (quanto mais, melhor, desde que pudessem ser analisadas). A amostra final foi de 11 mulheres (o requisito era que tivessem sofrido abuso sexual durante muito tempo em sua infância).

Às vezes, o ideal seria obter amostras grandes, que nos permitiriam ter um sentido de entendimento completo do problema de estudo, só que na prática elas são impossíveis de manusear (p. ex., como poderíamos estudar com profundidade 200 ou 300 casos de experiências prévias à cirurgia ou documentar de forma exaustiva – com entrevistas e sessões em grupo – mais de 100 casos de abuso sexual persistente durante a infância? Isso exigiria vários anos ou uma grande equipe de pesquisadores muitíssimo preparada e com critérios similares para pesquisar). Finalmente, como diz Neuman (2009), na indagação qualitativa *o tamanho da amostra não é fixado a priori* (antes da coleta dos dados), mas estabelecemos um tipo de unidade de análise e às vezes esboçamos um número relativamente aproximado de casos, porém, a amostra final somente será conhecida quando as

○○2 unidades que vão sendo adicionadas não fornecem informação ou dados novos ("saturação de categorias"), mesmo quando inserimos casos extremos. Embora Mertens (2005) também faça uma observação sobre o número de unidades que costumam ser utilizadas em diversos estudos qualitativos, que aparecem na Tabela 13.1, queremos deixar claro, não existem parâmetros definidos para o tamanho da amostra (fazer isso certamente vai contra a própria natureza da indagação qualitativa). A Tabela 13.1 é apenas uma estrutura de referência, mas a decisão sobre o número de casos que irão compor a amostra é do pesquisador, assim como resultado dos três fatores mencionados (porque, como diz o Doutor Roberto Hernández Galicia: os estudos qualitativos são artesanais, "roupas feitas na medida das circunstâncias"). E o principal fator é que os casos devem nos proporcionar um sentido de compreensão profunda do ambiente e do problema de pesquisa. As amostras qualitativas não devem ser utilizadas para representar uma população (Daymon, 2010).

REFORMULAÇÃO DA AMOSTRA Nos estudos qualitativos a amostra inicial pode ser diferente da amostra final. Podemos acrescentar casos que não havíamos visto ou excluir outros que tínhamos sim em mente.

TABELA 13.1
Tamanhos de amostra comuns em estudos qualitativos

Tipo de estudo	Tamanho mínimo de amostra sugerido
Etnográfico, teoria fundamentada, entrevistas, observações	30 a 50 casos
Histórico de vida familiar	Toda a família, cada membro é um caso
Biografia	O sujeito de estudo (se vivo) e o maior número de pessoas vinculadas a ele, incluindo críticos
Estudo de casos em profundidade	6 a 10 casos
Estudo de caso	Um a vários casos
Grupos focais	Sete a 10 casos por grupo, quatro grupos para cada tipo de população

Devemos salientar que os tipos de estudo ou desenhos qualitativos ainda não foram comentados, portanto, o quadro irá adquirir mais sentido quando revisar os Capítulos 14 "Coleta e análise dos dados qualitativos" e 15 "Desenhos do processo de pesquisa qualitativa". Creswell (2009), por sua vez, diz que nas pesquisas qualitativas os intervalos das amostras variam de um a 50 casos.

Outra questão importante é a seguinte: em uma pesquisa qualitativa a amostra pode conter um determinado tipo definido de unidades iniciais, mas conforme os estudos avançam é possível acrescentar outros tipos de unidades e até mesmo descartar as primeiras unidades. Por exemplo, se eu decido analisar a comunicação médico-paciente (no caso de doentes terminais com AIDS), após uma imersão inicial (que implicaria observar atos de comunicação entre médicos e pacientes terminais, manter conversas informais com os dois separadamente, etc.), talvez perceba que essa relação está mediada pelo pessoal não médico (enfermeiras, auxiliares, pessoal da limpeza) e então decida acrescentá-lo à amostra. Assim, eu poderia analisar tanto os protagonistas das interações como ela própria e seus processos.

Também podemos ter unidades cuja natureza é diferente. Por exemplo, no estudo sobre a guerra cristera em Guanajuato a partir do ponto de vista de seus atores, a amostra inicial teve dois tipos de unidades:

a) Documentos produzidos na época e disponíveis em arquivos públicos e particulares (notas jornalísticas, correspondência oficial, relatórios e, no geral, publicações do governo municipal ou estatal; diários pessoais, etc.).
b) Participantes (testemunhas diretas, pessoas que viveram na época da guerra cristera e seus descendentes).

Posteriormente, foram adicionadas como unidades "artefatos ou objetos" e "locais específicos" (armas utilizadas no conflito, casas onde foram celebradas secretamente as missas católicas, igrejas e lugares onde foram executados cristeros ou ocorreram batalhas ou combates menores).

Mertens (2005) diz que na amostragem qualitativa é comum começar identificando os ambientes propícios, depois os grupos e, finalmente, os indivíduos. A amostra também pode ser uma só unidade de análise (estudo de caso).[1] A pesquisa qualitativa, por suas características, exige que a amostra seja mais flexível. A amostra vai sendo avaliada e redefinida permanentemente. A essência da amostragem qualitativa é definida na Figura 13.1

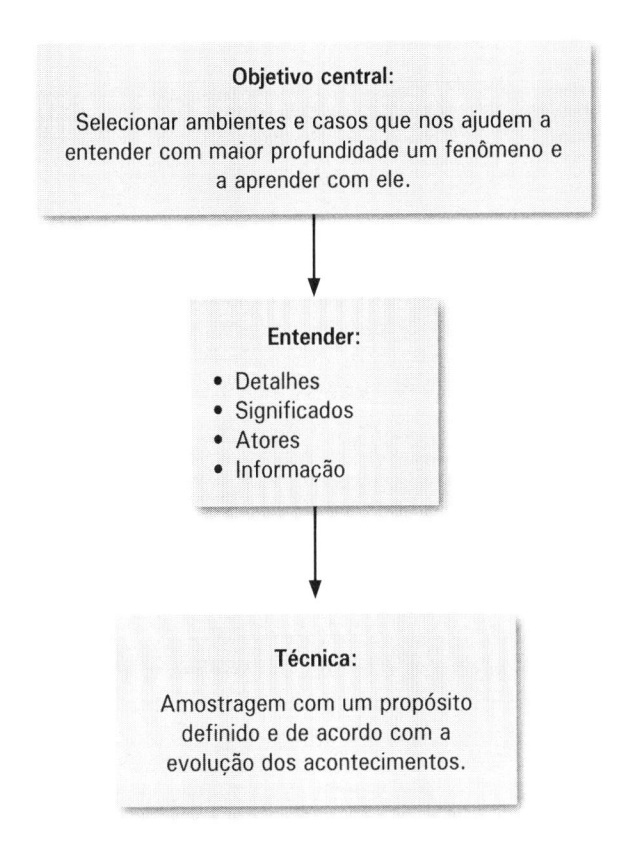

Objetivo central:
Selecionar ambientes e casos que nos ajudem a entender com maior profundidade um fenômeno e a aprender com ele.

Entender:
- Detalhes
- Significados
- Atores
- Informação

Técnica:
Amostragem com um propósito definido e de acordo com a evolução dos acontecimentos.

FIGURA 13.1 Essência da amostragem qualitativa.[2]

As amostras mais utilizadas nas pesquisas são as *não probabilísticas* ou *por julgamento*, cuja finalidade não é a generalização em termos de probabilidade. Elas também são conhecidas como "guiadas por um ou vários propósitos", pois a escolha dos elementos depende de razões relacionadas com as características da pesquisa. Vamos ver esses tipos de amostras, mas vale lembrar que *não são exclusivas dos estudos qualitativos*, elas também podem ser utilizadas em pesquisas quantitativas, só que estão mais associadas às primeiras.

Amostra de participantes voluntários

As amostras de voluntários são comuns em ciências sociais e médicas. Vamos pensar, por exemplo, nos indivíduos que concordam em participar de um estudo que investiga a fundo as experiências de alguma terapia; outro caso seria o do pesquisador que desenvolve um trabalho sobre as motivações das gangues de um bairro de Madri e pede que elas aceitem ir a uma entrevista aberta. Nesses casos, a escolha dos participantes depende de diversas circunstâncias. Esse tipo de amostra também pode ser chamado de *autosselecionada*, já que as pessoas se apresentam como participantes no estudo ou respondem ativamente a um convite.

Esse tipo de amostra é utilizado em estudos experimentais de laboratório, mas também em pesquisas qualitativas. O exemplo de Morrow e Smith (1995) é um caso desse tipo.

Amostra de especialistas

Em alguns estudos precisamos da opinião de indivíduos especialistas em um tema. Essas amostras são comuns em estudos qualitativos e exploratórios para gerar hipóteses mais precisas ou a matéria prima do desenho de questionários. Por exemplo, em um estudo sobre o perfil da mulher jornalista no México (Barrera et al., 1989) se recorreu a uma amostra de 227 mulheres jornalistas, pois se considerou que eram os participantes idôneos para falar sobre contratação, salários e desempenho dessa ocupação. Essas amostras são válidas e úteis quando os objetivos do estudo assim o exigir.

Amostra de casos típicos

Essa amostra também é utilizada em estudos quantitativos exploratórios e em pesquisas qualitativas, em que o objetivo é a riqueza, a profundidade e a qualidade da informação, não a quantidade nem a padronização. Em estudos com perspectiva fenomenológica, em que o objetivo é analisar os valores, ritos e significados de um determinado grupo social, o uso de amostras tanto de especialistas como de casos típicos é frequente. Por exemplo, vamos pensar nos trabalhos de Howard Becker (*El músico de Jazz,* 1951; *Los muchachos de Blanco,* 1961) que se baseiam em típicos grupos de músicos de *jazz* e característicos estudantes de medicina, para penetrar na análise dos padrões de identificação e socialização dessas duas profissões: a de músico e a de médico.

Os estudos motivacionais, que são realizados para a análise das atitudes e condutas do consumidor, também utilizam amostras de casos típicos. Aqui são definidos os segmentos aos quais se dirigem um determinado produto (p. ex., jovens da classe socioeconômica A, alta, e B, média, donas de casa da classe B, executivos da classe A-B) para formar os grupos, cujos integrantes tenham as características sociais e demográficas desse segmento.

Amostra por cotas

Esse tipo de amostra é muito utilizado em estudos de opinião e de *marketing.* Os entrevistadores recebem instruções para administrar questionários a indivíduos em um local público (um *shopping center,* uma praça ou um bairro), e ao fazer isso vão formando ou preenchendo cotas de acordo com a proporção de certas variáveis demográficas na população. Assim, em um estudo sobre a atitude dos cidadãos em relação a um candidato político, se diz aos entrevistadores: "Vão a um determinado bairro e entrevistem 150 pessoas adultas em idade de votar: que 25% sejam homens com mais de 30 anos, 25% mulheres com mais de 30 anos, 25% homens com menos de 25 anos e 25% mulheres com menos de 25 anos". Essas amostras costumam ser comuns em pesquisas de levantamento (*surveys*) e indagações qualitativas.

Amostras voltadas essencialmente para a pesquisa qualitativa

Miles e Huberman (1994), além de Creswell (2009) e Henderson (2009), sugerem outras amostras não probabilísticas que, além das já indicadas, costumam ser utilizadas em estudos qualitativos e que serão comentadas brevemente a seguir:

1. *Amostras diversas ou de máxima variação:* são utilizadas quando o que queremos é mostrar diferentes perspectivas e representar a complexidade do fenômeno estudado ou, ainda, documentar a diversidade para localizar diferenças e coincidências, padrões e particularidades. Vamos imaginar um médico que avalia doentes com diferentes tipos de lúpus; um psiquiatra que considera desde pacientes com níveis elevados de depressão até indivíduos com depressão leve.

> **Exemplo**
>
> Studs (1997) realizou um estudo sobre o significado do trabalho na vida do indivíduo, utilizando entrevistas profundas com pessoas que tinham uma grande variedade de trabalhos e ocupações.

2. *Amostras homogêneas:* ao contrário das amostras diversas, nessas as unidades selecionadas possuem um mesmo perfil ou características ou, ainda, compartilham traços similares. Seu propósito é se centrar no tema a ser pesquisado ou ressaltar situações, processos ou episódios em um grupo social.

> **Exemplo**
>
> Hernández Sampieri e Mendoza (2010) iniciaram uma pesquisa para analisar o contexto que rodeia as mulheres profissionalmente bem-sucedidas (obstáculos que tiveram em sua carreira, as relações com sua família e subordinados, como lidaram com a maternidade, etc.). A primeira etapa de seu estudo foi com um grupo de 50 mulheres que ocupam cargos de destaque (empresárias, diretoras gerais ou presidentes de organizações privadas e públicas, reitoras de universidades, deputadas federais, senadoras ou equivalentes); e as selecionadas deveriam preencher um perfil: casadas e mães, que estivessem à frente de sua organização ou tivessem capacidade de decisão no nível máximo, cujo grau de instrução mínimo fosse superior e com idade acima de 40 anos. Ou seja, o grupo tem de ser homogêneo.

Uma forma de amostra homogênea, combinada com a amostra de casos típicos, mas que alguns autores dizem ser própria de um tipo de amostra qualitativa (p. ex., Mertens, 2005), são as chamadas "amostras típicas ou intensivas", que escolhem casos com um perfil similar, mas que são considerados representativos de um segmento da população, uma comunidade ou uma cultura (não no sentido estatístico, mas de protótipo). Por exemplo, executivos com um salário médio e características nada fora do comum para seu tipo (a expressão "homem médio" é utilizada para identificá-los) ou soldados que se alistaram em uma guerra e não foram gravemente feridos nem receberam medalhas, que estiveram em serviço no tempo previsto, etc.

3. *Amostras em cadeia ou por redes* ("bola de neve"): os participantes-chave são identificados e adicionados à amostra, perguntamos a eles se conhecem outras pessoas que possam proporcionar dados mais amplos e, uma vez contatados, também são incluídos na amostra. A pesquisa sobre a guerra cristera trabalhou em parte com uma amostra em cadeia (os sobreviventes recomendavam outros indivíduos da mesma comunidade).

> **Exemplo**
>
> González e González (1995), em seu estudo sobre uma população, utilizaram uma amostra em cadeia: primeiro entraram em contato com alguns participantes, que falaram com seus conhecidos e eles, por sua vez, com outras pessoas; a finalidade era obter boas informações sobre uma cultura por meio de indivíduos-chave que relataram a história dessa cultura.

4. *Amostras de casos extremos:* úteis quando o que interessa é avaliar características, situações e fenômenos especiais, distantes da "normalidade" (Creswell, 2005). Vamos imaginar que quere-

mos estudar pessoas extremamente violentas, nesse caso poderíamos selecionar uma amostra com membros de uma gangue. Do mesmo modo, se quiséssemos avaliar métodos de ensino para estudantes muito problemáticos, escolheríamos aqueles que foram expulsos várias vezes. Escolhemos deliberadamente participantes que estão distantes do protótipo de normalidade. Mertens (2005) diz que a análise de casos extremos nos ajuda, paradoxalmente, a entender o normal.

Esse tipo de amostras é utilizado para estudar etnias bem diferentes da população comum de um país, também para aprofundar a análise de comportamentos terroristas e suicidas. Na história, poderíamos fazer isso com faraós extraordinários ou, ao contrário, com faraós que não foram tão relevantes. Às vezes, na amostra são selecionados casos de extremos opostos, cuja finalidade é comparar (p. ex., escolas em que a violência estudantil é elevada e escolas extremamente tranquilas; edifícios sólidos que resistiram a terremotos ou outros fenômenos naturais e estruturas que desabaram).

Exemplo

Hernández Sampieri e Martínez (2003) realizaram uma série de sessões em grupos para definir quais critérios poderiam considerar, em relação a sexo, violência, consumo de drogas, terror e linguagem ofensiva, para classificar filmes como aptos para crianças, adolescentes e adultos. Alguns dos grupos eram formados por pessoas qualificadas como muito liberais (entre elas alguns escritores, críticos de cinema e cineastas) e outros por indivíduos vistos como conservadores (membros de ligas em defesa da família e da moral, sacerdotes, etc.).[3]

5. *Amostras por oportunidade:* casos que de maneira fortuita aparecem diante do pesquisador, exatamente quando ele precisa. Ou, ainda, indivíduos dos quais precisamos e que se reúnem por algum motivo alheio à pesquisa, o que nos dá uma oportunidade extraordinária para recrutá-los. Por exemplo, uma convenção nacional de alcoólicos anônimos, justamente quando estamos realizando um estudo sobre as consequências do alcoolismo na família.

Exemplo

Herrera (2004) realizou um estudo de caso com ela própria, sobre o lúpus eritematoso sistêmico (ela era portadora, com 31 anos de evolução), e ao apresentar os resultados de sua pesquisa pôde entrar em contato com médicos que conheciam doentes com o mesmo problema, que recomendaram seus pacientes para que ela ampliasse sua indagação.

6. *Amostras teóricas ou conceituais:* quando o pesquisador precisa entender um conceito ou teoria pode criar amostras de casos que o ajudem nessa compreensão. Ou seja, as unidades são escolhidas porque possuem um ou vários atributos que contribuem para o desenvolvimento da teoria. Vamos supor que eu queira testar uma teoria microeconômica sobre a falência de certas companhias aéreas, claro que vou selecionar empresas desse tipo que passaram pelo processo de falência. Se eu quiser avaliar os fatores que influenciam um homem ser capaz de estuprar uma mulher, então posso obter a amostra em prisões onde estão encarcerados estupradores. Outro exemplo característico seriam os detetives quando selecionam suspeitos que se encaixam em suas "teorias" sobre o assassino.

> **Exemplo**
>
> Lockwood (1996) concluiu um estudo para encontrar em comunidades específicas subamostras de indivíduos com diferentes trabalhos, para analisar se algumas situações laborais levam a certas percepções sobre as classes sociais.

7. *Amostras confirmatórias:* a finalidade é adicionar novos casos quando nos já analisados provocamos alguma controvérsia ou surge informação que aponta para diferentes direções. Às vezes, em alguns dos primeiros casos podem surgir hipóteses de trabalho e depois casos que as contradigam ou nos quais "não sejam encontradas tendências claras". Então, selecionamos casos similares em que as hipóteses surgiram, mas também casos similares em que as hipóteses não vêm ao caso. Isso poderia ser representado como na Figura 13.2.

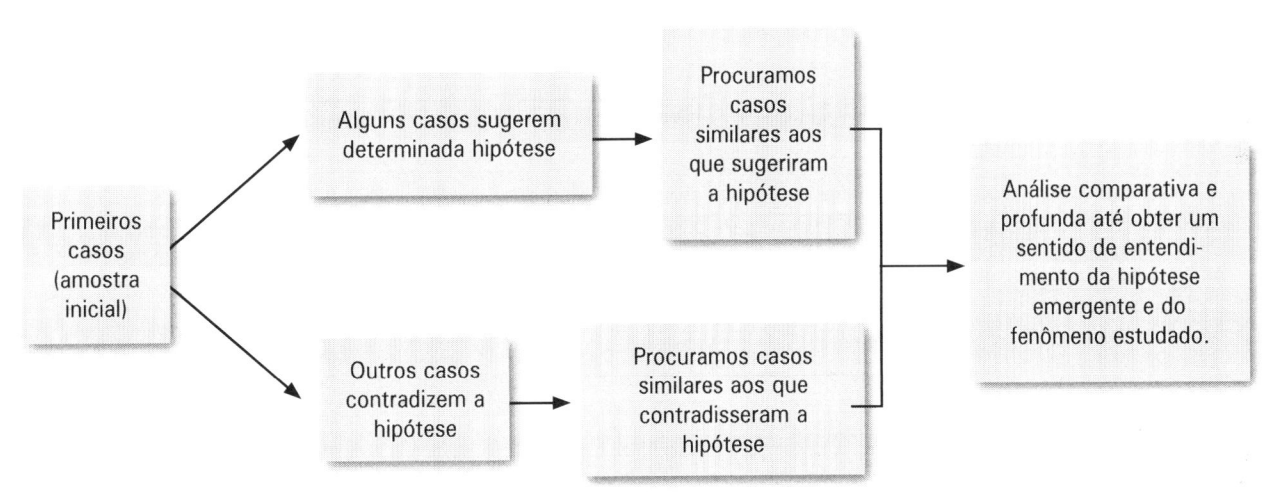

FIGURA 13.2 Amostras confirmativas: casos contraditórios na amostra inicial, processo para seu entedimento.

Um exemplo é a pesquisa de Amate e Morales (2005) sobre as oportunidades de emprego para as pessoas com capacidades diferentes. Os primeiros casos (que eram empresas grandes, multinacionais e nacionais) sugeriam que as oportunidades eram as mesmas tanto para indivíduos com capacidades normais como para com capacidades diferentes. Posteriormente, outros casos (empresas locais menores) contradisseram a hipótese de trabalho, então foram acrescentados mais casos tanto de organizações locais como de nacionais presentes em todo o país e também multinacionais. Isso tudo para conseguir o sentido de compreensão da hipótese emergente e uma explicação sobre as causas do fenômeno (que foram, enfim, a capacidade de recursos para treinamento e as políticas corporativas, assim como a presença de um programa de imagem externa).

8. *Amostras de casos extremamente importantes para o problema analisado:* casos do ambiente que não podemos deixar de fora. Um exemplo é o do estudo sobre a guerra cristera em que os cronistas das cidades em questão não podiam ser excluídos. No caso de uma pesquisa qualitativa em uma empresa não é conveniente deixar de lado o presidente(a) ou diretor(a) geral. Existem amostras, inclusive, que consideram somente casos importantes. Por exemplo, um estudo sobre gangues em que somente os líderes são entrevistados.
9. *Amostras por conveniência:* simplesmente casos disponíveis aos quais temos acesso. Essa foi a situação de Rizzo (2004), que não pôde entrar em várias empresas para realizar entrevistas profundas com gerentes sobre os fatores que compõem o clima organizacional, então decidiu

AMOSTRAS POR JULGAMENTO São válidas quando um determinado desenho de pesquisa exige que sejam dessa forma; no entanto, os resultados se destinam apenas à própria amostra ou às amostras similares em termos de tempo e lugar (transferência de resultados), mas esse último com extrema precaução. Não são generalizáveis para uma população nem têm interesse nessa extrapolação.

entrevistar seus colegas que estavam no mesmo curso de pós-graduação em Desenvolvimento Humano e eram executivos de diferentes organizações.

Às vezes, uma mesma pesquisa exige uma estratégia de amostragem mista que combine vários tipos de amostra como, por exemplo, de cotas e em cadeia.

As **amostras por julgamento** são válidas quando um determinado desenho de pesquisa exige que sejam assim; no entanto, os resultados se destinam apenas à própria amostra ou às amostras similares em termos de tempo e lugar (transferência de resultados), mas esses últimos com extrema precaução. Não são generalizáveis para uma população nem têm interesse nessa extrapolação.

Finalmente, para reforçar os conceitos mostrados incluímos um diagrama de tomada de decisões sobre a amostra inicial (ver Figura 13.3), adaptado de Creswell (2005, p. 205). Embora esse autor divida as decisões em antes e depois da coleta dos dados, do nosso ponto de vista isso é relativo porque, conforme já dissemos em várias oportunidades, o processo qualitativo é iterativo e emergente.

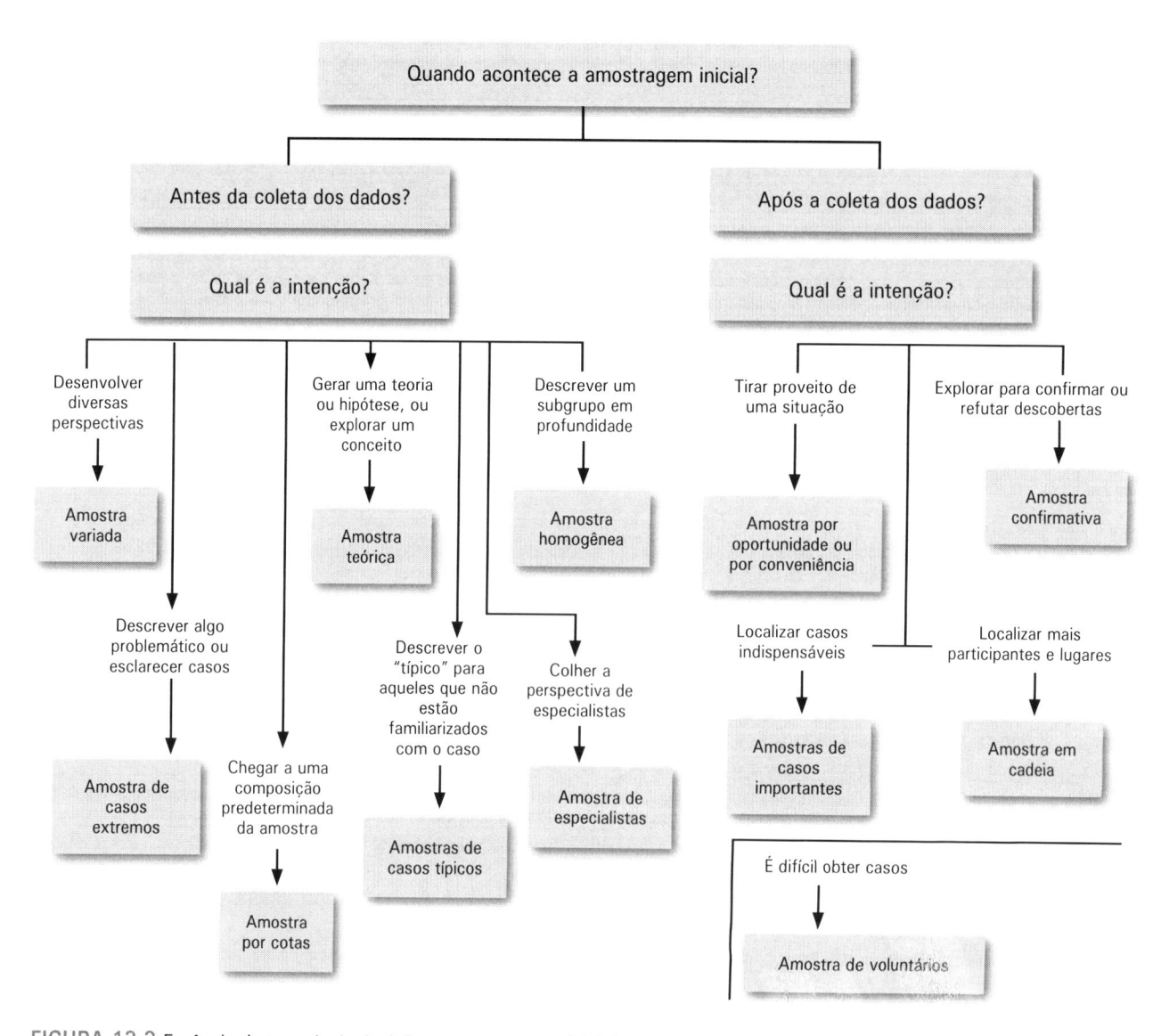

FIGURA 13.3 Essência da tomada de decisões para a amostra inicial em estudos qualitativos.

Um comentário final: em todo o processo de imersão inicial no campo, imersão total, escolha das unidades ou casos e da amostra, devemos sempre considerar a formulação do problema, pois ela é o principal elemento que orienta todo o processo, só que essas ações também podem fazer que essa formulação seja modificada de acordo com a "realidade do estudo" (construída pelo pesquisador, pela situação, pelos participantes e pelas interações entre o primeiro e esses últimos). A formulação sempre está sujeita a revisão e mudanças.

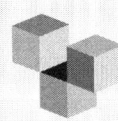

Resumo

- Durante a imersão inicial ou depois dela é que se define a amostra.
- Nos estudos qualitativos o tamanho da amostra *não* é importante do ponto de vista probabilístico, porque o interesse do pesquisador *não* é generalizar os resultados de seu estudo para uma população mais ampla.
- São três os fatores que contribuem para "determinar" ou sugerir o número de casos que irá compor a amostra:
  1. capacidade operacional de coleta e análise,
  2. o entendimento do fenômeno ou a saturação de categorias e
  3. a natureza do fenômeno em análise.
- Em uma pesquisa qualitativa a amostra pode conter algum tipo definido de unidades iniciais, mas conforme o estudo avança é possível acrescentar outros tipos de unidades.
- Em um estudo qualitativo podemos ter unidades cuja natureza é diferente.
- Na amostragem qualitativa é comum iniciar com a identificação de ambientes propícios, depois de grupos e, finalmente, de indivíduos.
- A pesquisa qualitativa, por suas características, exige que a amostras sejam mais flexíveis.
- As amostras por julgamento são de vários tipos:
  1. amostra de sujeitos voluntários,
  2. amostra de especialistas,
  3. amostras de casos típicos,
  4. amostragem por cotas e
  5. amostras voltadas para a pesquisa qualitativa (amostra variada, variada homogênea, amostra por cadeia, amostra de casos extremos, amostras por oportunidade, amostra teórica, amostra confirmatória, amostra de casos importantes e amostra por conveniência).

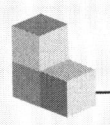

Conceitos básicos

Amostra
Amostras de casos típicos
Amostra de especialistas
Amostra por julgamento (não probabilística)
Amostra por cotas
Amostra voltada para a pesquisa qualitativa
Reformulação da amostra

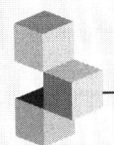

Exercícios

1. Encontre o artigo da revista científica que contém os resultados de uma pesquisa qualitativa, que você selecionou como parte dos exercícios do capítulo anterior, e responda: Qual é a unidade de análise? Qual foi o tipo final de amostra escolhida pelos pesquisadores?
2. Uma pessoa visitou uma comunidade rural e observou o que acontecia nela, conversou com seus habitantes, coletou informação sobre um assunto que chamou sua atenção, fez anotações e as analisou; finalmente, a partir dessa experiência formulou um problema de pesquisa qualitativa. Qual ou quais são as unidades de análise apropriadas para desenvolver o estudo? Qual seria o tipo adequado de amostragem? Lembre-se de que é possível mesclar amostras de vários tipos.
3. Uma instituição quer lançar pela televisão mensagens de prevenção ao uso de substâncias nocivas (narcóticos) dirigidas a estudantes universitários. Os produtores não sabem o nível de realismo que deve conter essas mensagens nem seu tom; isto é, se devem recorrer ao medo, à saúde ou aos problemas morais que desencadeiam nas famílias. A única certeza é que precisam realizar essa campanha, mas não têm uma ideia clara sobre a forma de estruturar as mensagens para que sejam mais efetivas. Em suma, para conceituar e colocar em imagens essas mensagens, eles precisam de informação prévia sobre a relação participante-substância. Nesse caso, qual seria o seu conselho? Que tipo de amostra eles precisam para coletar essa informação?
4. Utilizando o enfoque qualitativo, um pesquisador quer analisar os motivos que forçaram um grupo de jovens (homens e mulheres) a fazer parte de uma gangue que rouba carros como meio de sobrevivência. Como você iria propor seu estudo? Quais unidades de análise iriam compor sua amostra? Que

tipo de amostra qualitativa não probabilística seria adequado para sua pesquisa?
5. Em relação à ideia que você escolheu no Capítulo 2 e transformou em uma formulação do problema de pesquisa qualitativa, qual seria a unidade de análise inicial e o tipo de amostra direcionada que você considera mais apropriado para seu estudo?
6. Veja as respostas para o Exercício 3 no CD anexo: Material complementario → Apéndices → Apéndice 3 → Respuestas a los ejercicios que las requieren.

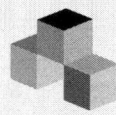

Exemplos desenvolvidos

A guerra cristera em Guanajuato

Unidades iniciais da amostra:
a) Documentos produzidos na época e disponíveis nos arquivos históricos da Prefeitura, no museu local e nas igrejas (notas jornalísticas, correspondência oficial, relatórios e, no geral, publicações do governo municipal ou estatal; diários pessoais, editais municipais e avisos à população).
b) Depoimentos de:
- Participantes da guerra (testemunhas diretas), sejam como combatentes cristeros, soldados do Exército Mexicano, sacerdotes e testemunhas que viveram na época da guerra cristera (1926-1929), não importando a idade que tinham nesse período.
- Descendentes de participantes na guerra cristera (filhos ou netos das testemunhas diretas e que tivessem contado a eles histórias sobre os acontecimentos).

Unidades posteriores que foram integradas à amostra:
a) "Artefatos ou objetos" (armas usadas no confronto, símbolos religiosos – escapulários, imagens, crucifixos, entre outros –, fotografias, artigos pessoais, como o pente do avô, as botas do pai, etc.).
b) Documentos pessoais que pertenceram às testemunhas (cartas e diários).
c) "Locais específicos":
- Casas ou outros lugares (como praças, mercados e armazéns) onde as missas católicas eram celebradas secretamente.
- Quartéis do Exército (ambos os lados utilizaram com frequência as igrejas como quartéis).
- Lugares onde foram executados cristeros ou ocorreram batalhas ou combates menores.

Tipo de amostra por julgamento: em cadeia ou "bola de neve" (em todos os casos). Conforme os participantes iam se incorporando à amostra, indicavam outros informantes. Quem deu início à rede na maioria dos municípios foi o cronista da cidade. Muitas vezes um documento também levou a outros. Os lugares foram mencionados nos documentos escritos e/ou nas indicações das testemunhas ou seus descendentes. Os locais foram inspecionados visualmente em busca de evidência física que comprovasse ser o correto.

Consequências do abuso sexual infantil

Unidades iniciais e finais da amostra:
Onze mulheres entre 25 e 72 anos, que haviam sido abusadas sexualmente em sua infância. Uma mulher era afro-americana, uma hindu e o restante caucasiana. Três eram lésbicas, uma bissexual e sete heterossexuais. Três participantes ficaram fisicamente incapacitadas. Seus níveis de escolaridade iam de nível superior a mestrado. As experiências de abuso foram: de um só episódio praticado por um amigo da família a um caso de 18 anos de abuso progressivo sádico praticado por diversos autores. A idade relacionada com o abuso inicial oscilou entre a primeira infância e os 12 anos; e o abuso continuou, na situação mais extrema, até os 19. Todas as mulheres participaram de processos de assessoria ou recuperação (desde uma reunião com o sistema de 12 passos até anos de psicoterapia).
Tipo de amostra: participantes voluntárias.

Shopping centers

Unidades iniciais e finais da amostra:
Homens e mulheres clientes dos *shopping centers*, de 18 até 89 anos, em um total de 80 participantes por *shopping*. Os clientes participaram de uma sessão de discussão ou foco (10 indivíduos por sessão) e foram agrupados por indicações da empresa que encomendou o estudo (e esta se apoiou na informação disponível em sua base de dados sobre a conduta de compra de cada segmento de clientes), da seguinte forma:
- Mulheres com menos de 40 anos.
- Homens com mais de 30 anos.
- Grupo misto (homens e mulheres) de adultos jovens (18 a 27 anos).
- Mulheres com mais de 40 anos.

Ou seja, de cada segmento saíram dois grupos.
Tipo de amostra: uma mescla de amostragem por cotas e participantes voluntários.

Os pesquisadores opinam

No debate intelectual sobre as diversas posturas com as quais se pode abordar a metodologia de pesquisa, surge hoje uma grande disposição para apoiar e validar aquelas voltadas para os aspectos qualitativos.

Motivados pela complexidade dos problemas, pela necessidade de estudar os fenômenos de maneira holística e até mesmo de fornecer ferramentas heurísticas que interpretem devidamente determinados objetos de estudo, cada vez mais os pesquisadores se aprofundam nessas ferramentas e as tornam mais precisas, principalmente no que se refere à justificativa e ao apoio da pesquisa qualitativa. E é por esse motivo que o discurso administrativo atual começa a reconhecê-la e a ter um maior interesse pela devida utilização das propostas que estão sendo geradas nessa área.

O certo é que, embora seja indispensável apoiar de maneira indiscutível qualquer estudo qualitativo, também é verdade que hoje começam a surgir grandes áreas de oportunidade, inclusive para a definição do que deve ser o rigor metodológico desse tipo de pesquisa.

Todos os esforços realizados para apoiar corretamente os estudos sobre a aplicação da metodologia de pesquisa qualitativa têm um valor incalculável, porque, além de dar a oportunidade de abrir novos horizontes para a correta utilização dos métodos modernos, abre um novo leque de possibilidades para discorrer sobre diversos temas.

Os esforços mostrados neste livro permitem o reconhecimento da existência da metodologia de pesquisa qualitativa, motivam sua aplicação em todos aqueles casos em que for adequada, sem também descartar a conveniência de em algum momento vinculá-la a elementos quantitativos quando esse for o caso.

Dr. Carlos Miguel Barber Kuri
Vice-reitor acadêmico
Universidad Anáhuac Sur, México

✔ NOTAS

1. Os estudos de caso qualitativos não serão revisados neste espaço, mas no Capítulo 4 do CD anexo: "Estudios de caso".
2. Adaptado de Mertens (2005).
3. Claro que foram incluídos grupos com tendências "intermediárias" ou de centro no contínuo "liberalismo-conservadorismo".

14
Coleta e análise dos dados qualitativos

Processo de pesquisa qualitativa →

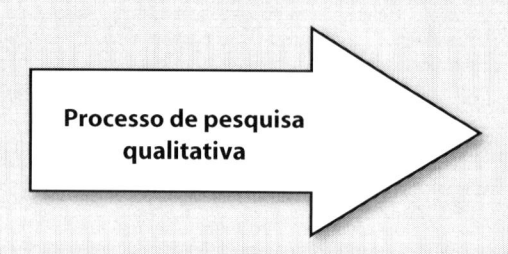

Passo 4A Coleta e análise dos dados qualitativos
- Confirmar a amostra ou modificá-la.
- Coletar os dados qualitativos apropriados.
- Analisar os dados qualitativos.
- Gerar conceitos, categorias, temas, hipóteses e/ou teoria fundamentada nos dados.

Objetivos da aprendizagem

Ao concluir este capítulo, o aluno será capaz de:

1. entender a estreita relação existente entre a seleção da amostra, a coleta e a análise dos dados no processo qualitativo;
2. compreender quem coleta os dados na pesquisa qualitativa;
3. conhecer os principais métodos para coletar dados qualitativos;
4. efetuar análise de dados qualitativos.

Síntese

Neste capítulo consideramos a estreita relação existente entre a formação da amostra, a coleta dos dados e sua análise. Também revisamos o papel do pesquisador nessas tarefas.

Os principais métodos para coletar dados qualitativos são a observação, a entrevista, os grupos focais, a coleta de documentos e materiais e as histórias de vida.

A análise qualitativa implica organizar os dados coletados, transcrevê-los para texto quando for necessário e codificá-los. A codificação se dá em dois planos ou níveis. Do primeiro são geradas unidades de significado e categorias. Do segundo surgem temas e relações entre conceitos. No final produzimos a teoria baseada nos dados.

A análise qualitativa é iterativa e recorrente, e pode ser efetuada com a ajuda de programas eletrônicos como o Atlas.ti® e o Decision Explorer®, cujas demonstrações (*demos*) poderão ser encontradas no CD anexo. Nele também colocamos à disposição do leitor um pequeno manual do Atlas.ti® em PDF.

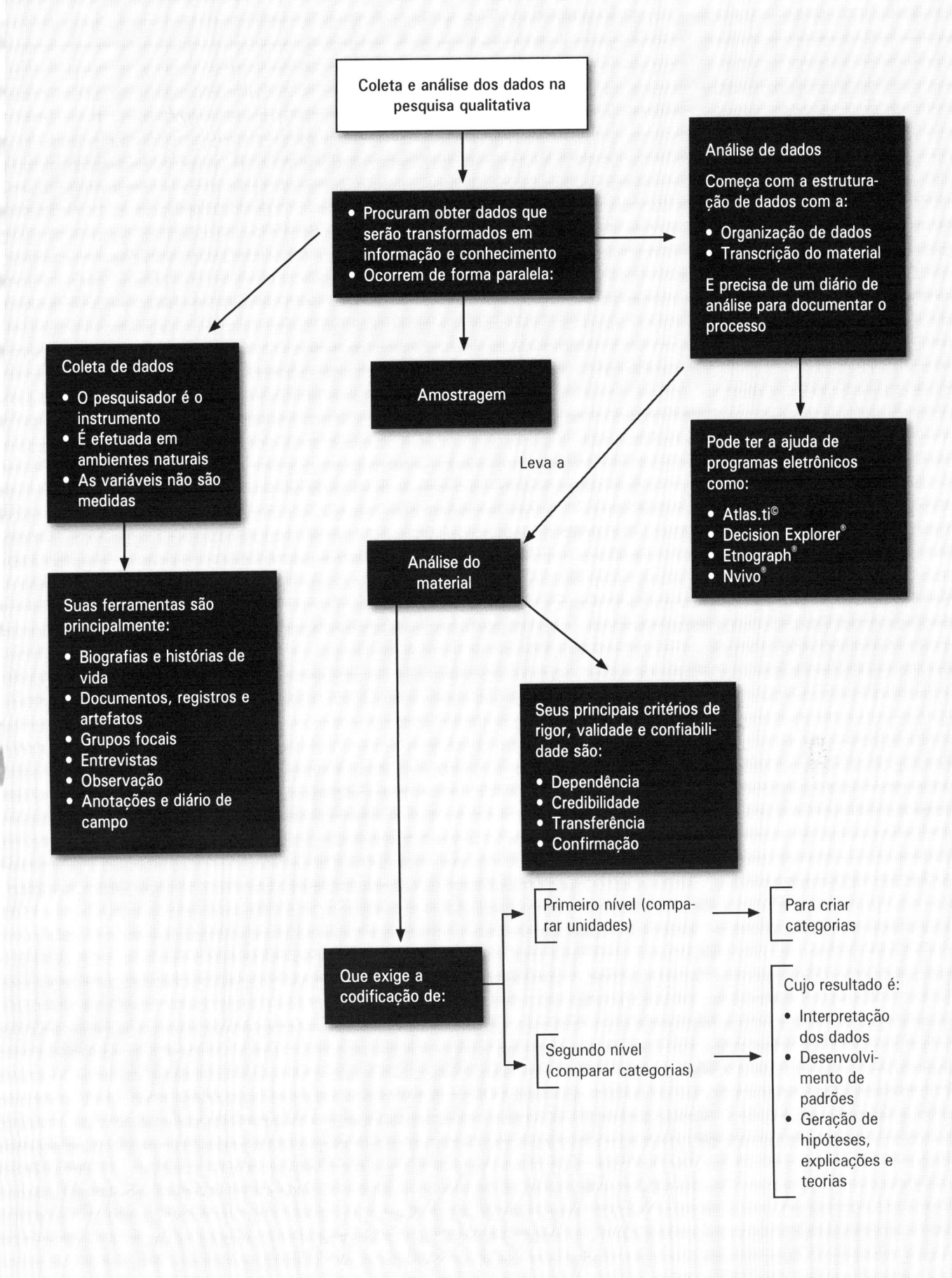

```
                    ┌─────────────────────────┐
                    │ Coleta e análise dos     │
                    │ dados na pesquisa        │
                    │ qualitativa             │
                    └───────────┬─────────────┘
                                │
                                ▼
```

- Procuram obter dados que serão transformados em informação e conhecimento
- Ocorrem de forma paralela:

Análise de dados

Começa com a estruturação de dados com a:

- Organização de dados
- Transcrição do material

E precisa de um diário de análise para documentar o processo

Coleta de dados

- O pesquisador é o instrumento
- É efetuada em ambientes naturais
- As variáveis não são medidas

Amostragem

Leva a

Análise do material

Pode ter a ajuda de programas eletrônicos como:

- Atlas.ti©
- Decision Explorer®
- Etnograph®
- Nvivo®

Suas ferramentas são principalmente:

- Biografias e histórias de vida
- Documentos, registros e artefatos
- Grupos focais
- Entrevistas
- Observação
- Anotações e diário de campo

Seus principais critérios de rigor, validade e confiabilidade são:

- Dependência
- Credibilidade
- Transferência
- Confirmação

Que exige a codificação de:

- Primeiro nível (comparar unidades) → Para criar categorias
- Segundo nível (comparar categorias)

Cujo resultado é:

- Interpretação dos dados
- Desenvolvimento de padrões
- Geração de hipóteses, explicações e teorias

☑ ENTRAMOS NO CAMPO E ESCOLHEMOS A AMOSTRA INICIAL, E AGORA?

Conforme já mencionamos em várias oportunidades, o processo qualitativo não é linear nem tem uma sequência como o processo quantitativo. As etapas são, na verdade, ações que realizamos para atingir os objetivos da pesquisa e responder as perguntas do estudo e que se justapõem. Além disso, são iterativas ou recorrentes. No processo não existem momentos em que podemos dizer: esta etapa terminou aqui e agora vem tal etapa. Quando entramos no campo ou ambiente já estamos coletando e analisando dados, pelo simples fato de observar o que acontece nele, e durante esse trabalho a amostra pode ir se ajustando. Amostragem, coleta e análise são atividades quase paralelas. Claro que nem sempre a amostra inicial muda. Então, apesar de vermos um a um os temas apropriados para a coleta e análise, não devemos esquecer a natureza do processo qualitativo, que é representada na Figura 14.1.

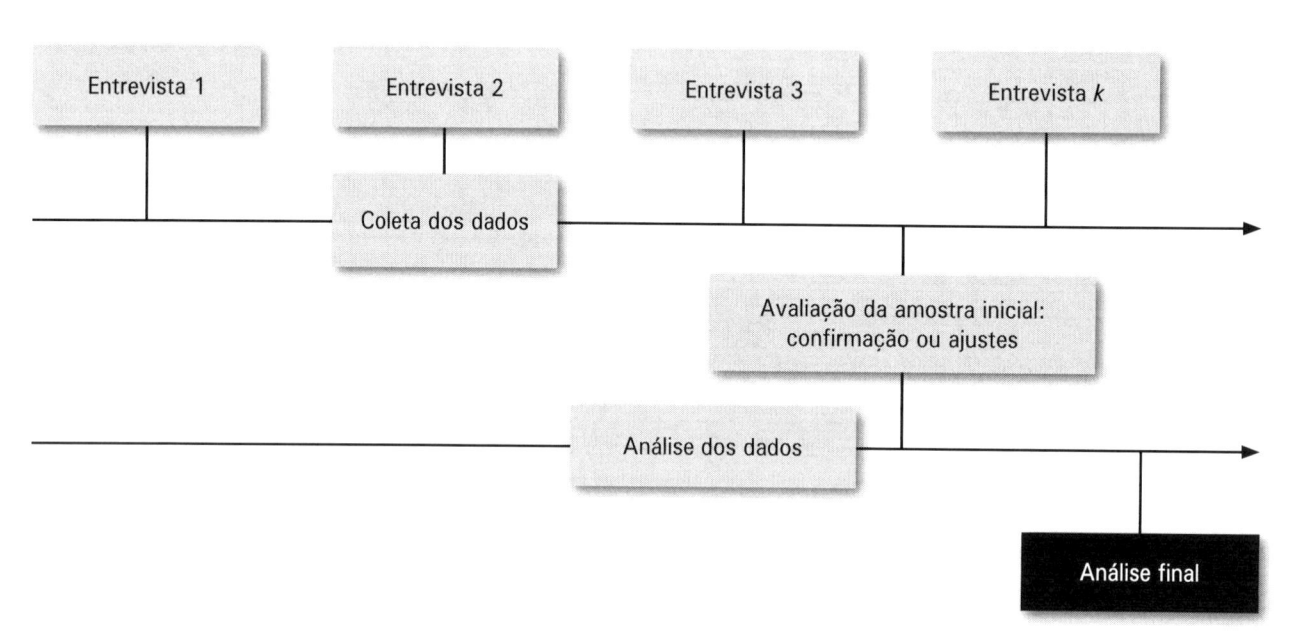

FIGURA 14.1 Natureza do processo qualitativo exemplificado com um tipo de coleta de dados: a entrevista.

Na Figura 14.1 pretendemos mostrar o procedimento usual de coleta e análise dos dados, com o método das entrevistas, mas poderiam ser sessões de grupo, revisão de documentos ou de artefatos, observações ou outro método para coletar informação.

Na amostra inicial, coletamos e analisamos os dados de uma unidade de análise ou caso, e simultaneamente avaliamos se a unidade é apropriada de acordo com a formulação do problema e a definição da amostra inicial. Coletamos e analisamos dados de uma segunda unidade, e novamente avaliamos se essa unidade é adequada; também obtemos dados de uma terceira unidade e analisamos; e assim sucessivamente. Nessas atividades a amostra inicial pode ou não ser modificada (mantermos as unidades, trocarmos por outras, acrescentarmos novos tipos, etc.), e mesmo a formulação está sujeita a mudanças.

Já comentamos a essência do processo de coleta e análise, agora vamos fazer algumas considerações fundamentais.

☑ COLETA DOS DADOS A PARTIR DO ENFOQUE QUALITATIVO

Para o enfoque qualitativo, assim como para o quantitativo, a coleta de dados é fundamental, só que seu propósito não é medir as variáveis para realizar inferências e análise estatística. O que se busca em um estudo qualitativo é obter dados (que serão transformados em informação) de pessoas, seres vivos, comunidades, contextos ou situações de maneira profunda; nas próprias "formas de expressão" de cada um deles. Quando se referem a seres humanos, os dados que interessam são conceitos, percepções, imagens mentais, crenças, emoções, interações, pensamentos, experiências, processos e vivências manifestadas na linguagem dos participantes, seja de maneira individual, grupal ou coletiva. Eles são coletados para que possamos analisá-los e compreendê-los, e assim respondermos as perguntas de pesquisa e gerarmos conhecimento.

Esse tipo de dados é muito útil para capturar completamente (o quanto for possível) e, sobretudo, entender os motivos subjacentes, os significados e as razões internas do comportamento humano. Também não são reduzidos a números para serem analisados estatisticamente (embora em alguns casos seja possível realizar algumas análises quantitativas, mas essa não é a finalidade dos estudos qualitativos).

A **coleta de dados** acontece nos ambientes naturais e cotidianos dos participantes ou unidades de análise. No caso dos seres humanos em seu dia a dia: como falam, em que acreditam, o que sentem, como pensam, como interagem, etc.

> **COLETA DE DADOS** Acontece nos ambientes naturais e cotidianos dos participantes ou unidades de análise.

Mas qual é o instrumento de coleta dos dados no processo qualitativo? Quando fazemos essa pergunta em um curso, a maioria dos alunos responde: são vários os instrumentos, como as entrevistas ou os grupos focais; o que é parcialmente correto. No entanto, a verdadeira resposta, que também é uma das características fundamentais do processo qualitativo, deve ser: o próprio pesquisador ou os próprios pesquisadores. Sim, é o **pesquisador** que, utilizando diversos métodos ou técnicas, coleta os dados (é ele que observa, entrevista, revisa documentos, conduz sessões, etc.). Ele não só analisa como também é o meio de obtenção da informação. Por outro lado, na indagação qualitativa os instrumentos não são padronizados, nela se trabalha com várias fontes de dados, que podem ser entrevistas, observações diretas, documentos, material audiovisual, etc. Essas técnicas serão revisadas logo mais no capítulo. Além disso, coleta dados de diferentes tipos: linguagem escrita, verbal e não verbal, condutas observáveis e imagens. Seu maior desafio é entrar no ambiente e passar despercebido, como se fizesse parte dele, mas também conseguir capturar o que as unidades ou casos expressam e adquirir um profundo sentido de entendimento do fenômeno estudado.

Quais tipos de unidades podem ser incluídos no processo qualitativo, além das pessoas ou casos? Lofland e colaboradores (2005) sugerem várias unidades de análise, que serão comentadas resumidamente. É necessário acrescentar que estas vão do micro ao macroscópico, isto é, do nível individual ao social.

- *Significados*. São os referentes linguísticos que os atores humanos utilizam para aludir à vida social como definições, ideologias ou estereótipos. Os significados vão além da conduta e podem ser descritos, interpretados e justificados. Os significados compartilhados por um grupo são regras e normas. No entanto, outros significados podem ser confusos ou pouco articulados para que possam ser considerados como tal; mas isso também é informação relevante para o analista qualitativo.
- *Práticas*. É uma unidade de análise comportamental muito utilizada e se refere a uma atividade contínua, definida pelos membros de um sistema social como rotineira. Por exemplo, os rituais (como os passos que devem ser seguidos para se obter a carteira de habilitação ou as práticas de um professor na sala de aula).
- *Episódios*. São acontecimentos dramáticos ou que chamam a atenção, pois não são condutas rotineiras. Os divórcios, os acidentes e outros eventos traumáticos são considerados episódios, e seus efeitos nas pessoas são analisados em diversos estudos qualitativos. Os episódios podem envolver um casal, uma família ou milhões de pessoas, como aconteceu em 11 de setembro de 2001 com os ataques terroristas em Nova York e Washington, ou o terremoto em Sichuan, China, em 2008.
- *Encontros*. É uma unidade dinâmica e pequena que ocorre entre duas ou mais pessoas que estão presentes. Serve, geralmente, para completar uma tarefa ou trocar informação e termina quando as pessoas se separam. Por exemplo, uma reunião entre um fiscal municipal de saúde e o diretor de recursos humanos de uma empresa, um exame médico com um paciente.
- *Papéis*. São unidades conscientemente articuladas que definem as pessoas no âmbito social. O papel serve para que as pessoas organizem e deem sentido ou significado para suas práticas. O estudo qualitativo de papéis é muito útil para desenvolver tipologias – que de alguma maneira também é uma atividade de pesquisa reducionista –; no entanto, a vida social é tão rica e com-

plexa que precisamos de algum método para "codificar" ou tipificar os indivíduos, como nos estudos de tipos de liderança ou de famílias.
- *Relações.* São díades que interagem por um período prolongado ou são consideradas conectadas por algum motivo e criam um vínculo social. As relações adquirem muitas "tonalidades": íntimas, maritais, paternais, amigáveis, impessoais, tiranas ou burocráticas. Sua origem, intensidade e processos também são estudados de maneira qualitativa.
- *Grupos.* Representam conjuntos de pessoas que interagem por um longo período, que estão ligados entre si por uma meta e consideram a si próprios como uma entidade. As famílias, as redes e as equipes de trabalho são exemplos dessa unidade de análise.
- *Organizações.* São unidades formadas com finalidades coletivas. Sua análise quase sempre se centra na origem, no controle, nas hierarquias e na cultura (valores, ritos e mitos).
- *Comunidades.* São assentamentos humanos em um território definido socialmente onde surgem organizações, grupos, relações, papéis, encontros, episódios e atividades. É o caso de um pequeno povoado ou de uma grande cidade.
- *Subculturas.* Os meios de comunicação e as novas tecnologias favorecem o surgimento de uma nebulosa unidade social; por exemplo, a "cibercultura" da internet ou as subculturas em torno dos grupos de *rock*. As características das subculturas são o fato de conter uma população grande e praticamente "ilimitada", e por isso suas fronteiras nem sempre se tornam definidas. Os verdadeiros seguidores ou "torcedores" do Boca, River, Real Madrid, Barça, América (na Colômbia e no México), do Guadalajara (Chivas), do Colo-Colo, da Católica, do Atlético Nacional, Liga de Quito, Alianza, Sporting, Comunicaciones, Saprisa, Blooming, The Strongest, Atlético Nacional, Independiente, Deportivo Táchira, Caracas FC, Pumas, Cruz Azul, Monterreym Cerro Porteño, Olimpia, Defensor Sporting, Peñarol, Nacional, etc., são subculturas muito importantes.[1]
- *Estilos de vida.* São ajustes ou condutas adaptativas que um grande número de pessoas realiza em uma situação similar. Por exemplo, estilos de vida adotados pela classe social, pela ocupação de um sujeito ou até mesmo por seus vícios.

Todas essas são unidades de análise, sobre as quais o pesquisador se faz perguntas como: De que tipo é (tipo de organizações, papéis, práticas, estilos de vida e demais unidades)? Qual é a estrutura dessa unidade? Como são apresentados os episódios, os eventos, as interações, etc.? Quais são as conjunturas e as consequências de que ocorram? O pesquisador analisa as unidades e os vínculos com outro tipo de unidades. Por exemplo, as consequências de um papel nos episódios, nos significados e nas relações, entre outras.

✓ PAPEL DO PESQUISADOR NA COLETA DOS DADOS QUALITATIVOS

Na indagação qualitativa os pesquisadores devem construir formas inclusivas para descobrir os vários pontos de vista dos participantes e adotar papéis mais pessoais e interativos com eles. O *pesquisador* deve principalmente respeitar os participantes; aquele que transgredir essa regra não tem motivo para estar no campo. A pessoa deve ser sensível e aberta.

O pesquisador nunca deve esquecer quem é e por que está no contexto. O mais difícil é criar laços de amizade com os participantes e manter ao mesmo tempo uma perspectiva interna e outra externa. Em cada estudo deve considerar qual é seu papel, em quais condições o adota e ir se juntando às circunstâncias. Claro que ele utiliza uma postura reflexiva e procura, da melhor maneira possível, minimizar a influência que suas crenças, fundamentos ou experiências de vida ligadas ao problema de estudo possam ter sobre os participantes e o ambiente (Grinnell e Unrau, 2007). A ideia é que essas questões não interfiram na coleta dos dados para que assim possa obter dos indivíduos a informação tal como eles a revelam.

Algumas das recomendações que podem ser feitas para quem realiza uma pesquisa qualitativa são as seguintes:

1. evitar induzir respostas e comportamentos dos participantes;
2. conseguir que os participantes narrem suas experiências e pontos de vista sem julgá-los ou criticá-los;

3. ter várias fontes de dados, pessoas diferentes e métodos diferentes;
4. lembrar que cada cultura, grupo e indivíduo representa uma realidade única. Por exemplo, os homens e as mulheres veem "o mundo" de maneira diferente, os jovens urbanos e os da zona rural constroem realidades diferentes, etc. Cada um deles percebe o ambiente social a partir da perspectiva criada por suas crenças e tradições. Por isso, para os estudos qualitativos, os testemunhos de todos os indivíduos são importantes e o tratamento sempre é o mesmo, respeitoso, sincero e genuíno;
5. não falar sobre medos ou angústias nem preocupar os participantes, também não tentar oferecer terapia, esse não é o papel do pesquisador. O que pode realmente fazer é solicitar a ajuda de profissionais e recomendar aos participantes que entrem em contato com eles;
6. não ofender nenhuma pessoa nem ser sexista ou racista, pois isso vai contra a ética na pesquisa;
7. repelir de maneira prudente aqueles que tiverem comportamentos "machistas" ou "impróprios" com o pesquisador ou a pesquisadora. Não ceder a nenhum tipo de chantagem;
8. nunca colocar em risco a própria segurança pessoal nem a dos participantes;
9. quando se tem vários pesquisadores para entrar no campo é bom fazer reuniões para avaliar os avanços e analisar se o ambiente, lugar ou contexto é o adequado, fazer isso também com as unidades e a amostra;
10. ler e obter a maior quantidade possível de informação sobre o ambiente, lugar ou contexto, antes de entrar nele;
11. sempre conversar com alguns membros ou integrantes do contexto ou ambiente, para conhecer mais a fundo onde estamos pisando e compreender seu dia a dia, assim como conseguir sua autorização para nossa participação. Por exemplo, em uma comunidade iríamos conversar com alguns vizinhos, sacerdotes, médicos, professores ou autoridades; em uma fábrica, com operários, supervisores, pessoas que tomam conta do refeitório, etc.;
12. participar em alguma atividade para se aproximar das pessoas e conseguir empatia (em uma população, p. ex., ajudar um clube esportivo ou prestar auxílio voluntário na Cruz Vermelha ou participar de ritos sociais);
13. o pesquisador deve saber lidar com suas emoções: não negá-las, pois são fontes de dados, mas evitar que influenciem nos resultados, por isso é conveniente fazer anotações pessoais.

Os dados são coletados com métodos que também podem mudar com o transcorrer do estudo. Vamos ver as principais ferramentas das quais o pesquisador qualitativo pode dispor.

OBSERVAÇÃO

Na pesquisa qualitativa precisamos estar treinados para observar e isso é diferente de simplesmente ver (o que fazemos diariamente). É uma questão de grau. E a "observação investigativa" não se limita ao sentido da visão, envolve todos os sentidos. Por exemplo, se estivermos em uma igreja (como a de San Juan Chamula descrita no Capítulo 12), o que nos diz o "cheiro de pinho, incenso e fumaça", e o mesmo quando "bate o sino" ou se ouvem as preces.

Os propósitos essenciais da observação na indução qualitativa são:

OBSERVAÇÃO QUALITATIVA Não é uma mera contemplação ("sentar-se para ver o mundo e tomar notas"). Implica entrarmos profundamente em situações sociais e mantermos um papel ativo, assim como uma reflexão permanente, estarmos atentos aos detalhes, acontecimentos, eventos e interações.

a) explorar ambientes, contextos, subculturas e a maioria dos aspectos da vida social (Grinnell, 1997);
b) descrever comunidades, contextos ou ambientes; também as atividades desenvolvidas nestes, as pessoas que participam dessas atividades e seus significados (Patton, 2002);
c) compreender processos, vínculos entre pessoas e suas situações ou circunstâncias, os eventos que ocorrem ao longo do tempo, os padrões desenvolvidos, assim como os contextos sociais e culturais em que ocorrem as experiências humanas (Jorgensen, 1989);
d) identificar problemas (Daymon, 2010);
e) gerar hipóteses para futuros estudos.

Em relação a esses propósitos, quais questões são importantes para a observação? Embora cada pesquisa seja diferente, Willig (2008), Anastas (2005), Rogers e Bouey (2005) e Esterberg (2002) nos dão uma ideia de alguns dos elementos mais específicos que podemos observar, além das unidades que Lofland e colaboradores (2005) nos sugerem.[2]

- *Ambiente físico* (entorno): tamanho, organização espacial ou distribuição, indicações, acessos, locais com funções centrais (igrejas, centros do poder político e econômico, hospitais, mercados e outros), além disso, um elemento muito é importante são as nossas impressões iniciais. É recomendável não interpretar o contexto ou cenário com adjetivos gerais, a não ser que representem comentários dos participantes (tais como: confortável, lúgubre, bonito ou grandioso). Os adjetivos utilizados na descrição de San Juan Chamula vêm dos moradores. Lembramos que o ambiente pode ser muito grande ou muito pequeno, desde um centro cirúrgico, um recife de coral, um quarto; até um hospital, uma fábrica, um bairro, uma população ou uma megalópole. Um mapa do ambiente ajuda os usuários a se situarem nele.
- *Ambiente social e humano* (gerado no ambiente físico): formas de organização em grupos e subgrupos, padrões de interação ou vinculação (propósitos, redes, direção da comunicação, elementos verbais e não verbais, hierarquias e processos de liderança, frequência das interações). Características dos grupos, subgrupos e participantes (idades, origens étnicas, níveis socioeconômicos, ocupações, gênero, estado civil, vestuário, acessórios, etc.); atores-chave; líderes e aqueles que tomam decisões; hábitos, além de nossas impressões iniciais a respeito deles. Portanto, um mapa de relações ou redes é conveniente.
- *Atividades* (ações) *individuais e coletivas:* O que fazem os participantes? A que se dedicam? Quando e como fazem isso? (desde o trabalho até a diversão, o consumo, o uso de meios de comunicação, a punição social, a religião, a imigração e a emigração, os mitos e rituais, etc.), propósitos e funções de cada uma.
- *Artefatos que* os participantes *utilizam* e suas funções.
- *Fatos relevantes*, eventos e histórias (cerimônias religiosas ou pagãs, desastres, guerras) ocorridos no ambiente e com os indivíduos (perda de um ente querido, casamentos, infidelidades e traições, etc.). Podem ser apresentados em uma cronologia de acontecimentos ou, em outro caso, ordenados por sua importância.
- *Retratos humanos* dos participantes.

E esta é uma lista parcial. Claro que nem todos os elementos são aplicados em todos os estudos qualitativos. Esses elementos vão sendo transformados em unidades de análise; além disso, não são predeterminados, já que surgem da própria imersão e observação.

Desta maneira, selecionamos as unidades de análise (uma ou mais, de acordo com os objetivos e as perguntas de pesquisa). É a isso que nos referimos quando dizemos que a observação vai tendo um foco.

Exemplo

Vamos supor que estamos interessados em analisar a relação entre pacientes com câncer terminal e seus médicos, para entender os laços que são criados conforme a doença vai evoluindo e também o significado que a morte tem para cada grupo.

Escolhemos o ambiente: um hospital oncológico em Valência. Na imersão inicial observaríamos o hospital e sua organização social (seu ambiente físico: quão grande ele é, como é sua distribuição, como são as alas, as enfermarias, os quartos, a cafeteria ou restaurante e demais espaços; sua estrutura organizacional: hierarquias, níveis de cargos; seu ambiente social: grupos e subgrupos, padrões de relacionamento, autonomia dos médicos, quem são os líderes, hábitos, hospitalidade, atendimento ao paciente, etc.). Precisamos entender tudo o que rodeia a relação que nos interessa.

Posteriormente, a observação iria se centrar na interação médico-paciente. Como resultado das observações na imersão inicial e total, escolheríamos alguns médicos e seus pacientes. Para finalizar, poderíamos escolher episódios de interação e observá-los e, se for possível, também filmá-los. A observação começa a ter um foco até chegar às unidades relacionadas com a formulação inicial.

Um exemplo de unidades de observação (após o processo começar a ter um foco) é proporcionado por Morse (1999), utilizando um estudo com pacientes que chegavam machucados à sala de emergências e que demonstravam claramente que sentiam dor. A pesquisa pretendeu explorar o significado de "confortar" em relação ao pessoal da enfermaria. Ele considerou o contexto em que os pacientes eram reanimados e analisou o processo para oferecer conforto; observou – entre outras dimensões – as estratégias que as enfermeiras utilizavam (verbais e não verbais), o tom e o volume das conversas, assim como as funções que tinha o processo. A seguir, reproduzimos um diálogo entre paciente e enfermeira dessa pesquisa.

Paciente: Aaaagh, aaagh (chorando).
Enfermeira: Vou ficar com você. Tudo bem? (7h36). Vou ficar com você até... Tudo bem?
Paciente: Ugh, ugh, ugh, ugh, ugh, ugh, ugh (chorando).
Enfermeira: Demorou muito, querida. Eu sei, sei que dói.
Paciente: Ugh, ugh, ugh, ugh, ooooh (chorando).
Enfermeira: Não chore, querida; eu sei, querida, eu sei... Tudo bem.
Paciente: Agh, agh, agh, aaaagh (chorando).
Enfermeira: Tudo bem, querida. Não chore (7h38).
Paciente: Aaah, aaah (chorando).
Enfermeira: Oh, tudo bem; eu sei que dói, querida. Tudo bem, tudo bem.
Paciente: Agafooo (chorando).
Enfermeira: Eu sei.
Paciente: Diga a eles para parar já (chorando e gritando).
Enfermeira: Eles precisam prender as pernas só um pouquinho, querida. Tudo bem? Logo, logo eles vão deixá-las em paz, tudo bem? (7h40)... Eles precisam manter suas pernas retas. Você é uma menina grande... É...é...é importante, tudo bem? Vou ficar aqui com você; vou segurar sua mão. Tudo bem? Você vai segurar minha mão, isso!

O diálogo anterior poderia ser uma unidade para analisar. E por meio de várias unidades coletadas são analisados os dados gerados por elas.

No exemplo o ambiente natural e cotidiano é a sala de emergência. Também já reiteramos que parte da observação consiste em fazer anotações para ir conhecendo o contexto, suas unidades (participantes, quando são pessoas) e as relações e eventos que ocorrem. As anotações e o diário de campo evitam esquecer aspectos que observamos, principalmente se o estudo for longo. Não escrevê-las é como não observar. Emerson, Fretz e Shaw (1995) dizem que não é questão de "copiar" passivamente o que aconteceu ou está acontecendo, mas de interpretar seu significado (é por isso existem diferentes tipos de anotações que foram explicadas no Capítulo 12). Então, quando escrevê-las?

Se o fato de elaborar anotações interrompe o fluxo das ações ou vai contra a naturalidade da situação, é melhor não escrevê-las diante dos participantes (sobretudo em eventos carregados de emoções, como o reencontro de um casal ou a morte de um amigo), embora, como também já dissemos, é indispensável redigi-las o mais rápido possível. Se não afetarem, o ótimo é fazê-las em plena ação, no próprio momento que observamos (existem lugares que se prestam a isso como, p. ex., *shopping centers* ou salas de aula).

Formatos de observação

Diferentemente da observação quantitativa (na qual usamos formatos ou formulários de observação padronizados), na *imersão inicial* geralmente não utilizamos registros padrão. O que sabemos é que devemos observar e anotar tudo o que considerarmos apropriado e o formato pode ser tão simples como uma folha dividida em dois, um lado em que registramos as anotações descritivas da observação e outro, as interpretativas (Cuevas, 2009). E isso é uma das razões pelas quais a observação não pode ser delegada; por esse motivo, o pesquisador qualitativo deve receber treinamento em áreas psicológicas, antropológicas, sociológicas, da comunicação, educacionais e outras similares. Talvez o único que pode ser incluído como "padrão" na observação durante a imersão no contexto sejam os tipos de anotações, por isso sua importância.

Conforme a *indução avança,* podemos criar listagens de elementos que não podemos deixar de lado e unidades que devem ser analisadas.

Por exemplo, no início da pesquisa sobre a guerra cristera os templos eram unidades de análise, que foram totalmente observadas; cada área do recinto era vista com extremo cuidado, principalmente porque não existem dois templos iguais (todos têm suas peculiaridades, significados e história). Após observar algumas igrejas, começaram a procurar marcas ou rastros das ações armadas[3] (buracos de bala dentro e fora das construções, estragos provocados por projéteis de canhões), assim como evidências de que foram utilizadas como quartéis (em alguns templos foram encontradas marcas que indicavam que foram utilizadas dessa forma: vãos para sustentar as vigas onde os cavalos eram presos, áreas com vestígios de velhas cocheiras ou armazéns para guardar alimentos).[4] Claro que as conjecturas sobre o que foi observado eram confirmadas pelas entrevistas com os sobreviventes. Também observavam se havia imagens religiosas da época e quem elas representavam.

Outro caso seria o de avaliar como é o atendimento aos clientes, após observar profundamente o ambiente e também vários casos; assim, podemos determinar questões nas quais temos de focar: condição em que o cliente chega (mal-humorado, contente, muito irritado, tranquilo, etc.), aquele(s) que o recebe(m), quem ou aqueles que o atendem, como o tratam (com cortesia, de forma grosseira, com indiferença), quais estratégias utilizam para a prestação de serviço, etc. A formulação do problema (e sua evolução) certamente nos ajuda a particularizar as observações. O pesquisador decide dia após dia o que é conveniente observar ou de quais outras formas de coleta dos dados ele precisa aplicar para obter mais dados, mas sempre tendo a mente aberta a novas unidades e temáticas; é por isso que a pesquisa qualitativa é indutiva.

Após a imersão inicial e quando já sabemos quais elementos focar, podemos então desenhar alguns formatos de observação. Vamos ver a seguir dois exemplos, lembrando que são apresentados com comentários e dados.

Exemplo 1
Estudo sobre os obstáculos para a implementação da tecnologia no âmbito escolar

Essa é uma pesquisa para analisar os obstáculos na implementação da tecnologia no âmbito escolar. Nela foram observados vários episódios para entender as resistências. O formato foi o seguinte:

Episódio ou situação: Reunião com a comunidade educativa
Data: 25 de abril de 2005
Hora: 14h
Participantes: Docentes e diretores
Lugar: Primaria Pública General Simón Bolívar

1. **Temas principais. Impressões (do pesquisador). Resumo do que acontece no evento, episódio, etc.**
   O diretor não apoia as propostas do Ministério da Educação para integrar a tecnologia no âmbito escolar com incentivos para a criação de centros tecnológicos nas instalações da escola.

   Ele pensa que a mudança poderá interferir no trabalho do docente, em vez de apoiá-lo. Desconfia das intervenções anteriores do ministério, pois prometem muitas inovações e recursos e depois "não acontece nada".

   Os professores jovens estão entusiasmados com a ideia de centros tecnológicos. Eles acham que realmente irão contribuir para a qualidade da educação e para melhor preparar os jovens.

   Tema recorrente: as oportunidades futuras irão melhorar para o estudante. Eles começarão a fazer parte de um mundo mais global. Diretor: pensa em outras despesas.

2. **Explicações ou especulações, hipótese sobre o que acontece no lugar.**
   O diretor está em uma fase de retiro, não de busca. Quer terminar seu período tranquilamente, disse literalmente "sem fazer ondas". Ele acha que o projeto do ministério pode ser algo potencialmente perigoso e não desejável. Uma situação que não irá refletir em seu desempenho, mas que irá criar mais problemas para ele.

   Propósito ou hipótese: a idade do diretor e seu tempo de serviço no cargo terão um impacto negativo em sua vontade de inovação ou na atitude em relação aos programas tecnológicos.

3. **Explicações alternativas. Relatos de outras pessoas que vivem a situação.**
   Alguns docentes informam que o diretor teve uma experiência negativa com inovações tecnológicas em outra instituição, onde foi sabotado pelos docentes.
   Sua aparente "experiência" está impedindo que a escola faça parte de um mundo global.
   Segmentos de jovens da docência demonstram insatisfação. Os jovens têm medo de que sua instituição seja vista como atrasada.

4. **Próximos passos na coleta de dados. Considerando o que foi dito, que outras perguntas ou indagações é preciso fazer.**
   Entrevista com o diretor para confirmar percepções. Perguntar a colegas se a proposição é válida. Entrevista profunda com dirigentes. Grupo focal de docentes.
   Tema: discutir benefícios e ameaças da tecnologia. Proporcionar muitas ideias sobre a percepção de outras necessidades da instituição. Analisar situações similares na literatura sobre tecnologias emergentes.

5. **Revisão, atualização. Implicações das conclusões.**
   Considerar se as forças jovens da instituição podem neutralizar os efeitos estabilizadores de diretores.
   Considerar ligações nas fases de implementação-análise das novas tecnologias no âmbito escolar.
   Introduzir dinâmicas de grupo para mudança de atitudes.

Exemplo 2
Roteiro de observação para o início do estudo sobre a moda e as mulheres mexicanas

Um estudo (que será apresentado como exemplo de pesquisa mista) sobre a moda e a mulher mexicana (Costa, Hernández Sampieri e Fernández Collado, 2002) cuja indagação pretendia – entre outras questões – conhecer o conceito de moda para a mulher mexicana e como o relacionava a uma grande cadeia de lojas de departamento. Ele foi iniciado indutivamente. Primeiro foi realizada uma imersão no ambiente (nesse caso, os departamentos, áreas ou seções de roupa para mulheres adultas e jovens adolescentes e adolescentes da cadeia em questão). Depois se observou, abertamente durante uma semana, a conduta de compra de diferentes mulheres nessas seções; dessa observação (que evidentemente não era guiada por um formulário ou formato) foram determinados alguns elementos que deveriam ser considerados e se elaborou um roteiro de observação, para continuar com mais observações focais.

Data: 6/VIII/02
Lugar: loja de Cuernavaca
Observador: RGA **Hora do início:** 11h20 **Hora do término:** 13h30
Episódio: desde que a cliente entra na seção de roupas e acessórios para mulheres até que saia dela.
Seção à qual se dirige primeiro: roupa casual (confortável).
Peças e marcas de roupa que escolhe ver: vestidos (Marcia, Rocío, Valente), blusas (Rocío, Clareborma). Cores dos vestidos: branca, azul marinho, preta. Cores das blusas: branca, azul marinho com pontos brancos e vermelhos.
Peças e marcas de roupa que decide experimentar: vestido (Rocío) e blusas (Clareborma). Cores dos vestidos: branca e azul marinho. Cores das blusas: branca e azul marinho com pontos brancos.
Peças e marcas de roupa que decide comprar: vestido (Rocío) cor branca.
Tempo de permanência na seção: 60 minutos.

Seção à qual se dirige depois (2º lugar): vestidos de noite (para festa).
Peças e marcas de roupa que escolhe ver: vestidos de seda preta (Rocío).
Peças e marcas de roupa que decide experimentar: nenhuma.
Peças e marcas de roupa que decide comprar: nenhuma.
Tempo de permanência na seção: 30 minutos.

Seção à qual se dirige depois (3º lugar): acessórios para senhoras.
Peças e marcas de roupa que escolhe ver: pulseiras douradas de bijuteria (Riggi), relógios pretos (Moss) e cachecóis pretos com quadrados verdes e azuis (La Escocesa e Abril).

> **Peças e marcas de roupa que decide experimentar:** cachecol preto (Abril).
> **Peças e marcas de roupa que decide comprar:** cachecol com quadrados verdes e azuis (La Escocesa).
> **Tempo de permanência na seção:** 40 minutos.
>
> **Seção à qual se dirige depois (4º lugar):**
> **Peças e marcas de roupa que escolhe ver:**
> **Peças e marcas de roupa que decide experimentar:**
> **Peças e marcas de roupa que decide comprar:.**
> **Tempo de permanência na seção:**
> E assim por diante...
>
> **Descrição da experiência de compra:** A mulher entrou na seção séria, com expressão melancólica, sem se dirigir a alguma pessoa e sem olhar para algum objeto em especial. Vestia uma roupa casual-informal, com uma saia até o tornozelo. Sua roupa em tons café, assim como sua bolsa. Ao ver um manequim com a nova coleção de roupas de banho (verde fosforescente), parou para olhá-lo (chamou sua atenção) e sorriu, deixando de lado sua atitude séria; seu humor mudou, ficou relaxada e, enquanto estava na seção de roupa casual, se mostrou alegre e entretida. Assim se manteve durante toda sua permanência na seção de roupas e acessórios para mulheres.
> **Experiência de compra:** Satisfatória, pois não demonstrou nenhum cansaço e sorriu durante toda sua permanência; esteve alegre e contente, e foi amável com o pessoal que a atendeu. Seus olhos se "abriam" quando uma peça ou um artigo a agradou.
> **Reclamações:** Nenhuma.
> **Agradecimentos ao pessoal ou comentários positivos:** Ela comentou com uma funcionária: "Hoje, aqui, mudaram meu dia".
>
> Foi até lá [X]   Sozinha [ ]   Acompanhada de:
>
> **Observações:** O que chamou sua atenção foram os manequins com roupas de banho e as vitrinas com os relógios. Pagou com cartão de crédito e saiu feliz com suas compras; até se despediu do segurança que estava na porta de saída.
> **Nível socioeconômico aparente da cliente:** A/B (média alta).
> **Idade aproximada:** 48 anos.
>
> Nota: As marcas são nomes fictícios, as verdadeiras foram modificadas para evitar a possível discordância de algum fabricante. Qualquer semelhança com uma marca real é mera coincidência.

Claro que um formato assim se consegue após várias observações abertas.

Papel do observador qualitativo

Já mencionamos que o observador tem um papel muito ativo na indagação qualitativa. Mas seu papel também pode adquirir diferentes níveis de participação (geralmente mais de um), que são mostrados na Tabela 14.1.

Os papéis que permitem maior entendimento do ponto de vista interno são a participação ativa e a completa, mas também podem fazer com que o observador perca o foco. É um equilíbrio muito difícil de conseguir e as circunstâncias poderão nos indicar qual é o papel mais apropriado em cada estudo.

Mertens (2005) recomenda contar com vários observadores para evitar tendências pessoais e ter diferentes pontos de vista, e isso envolve uma equipe de pesquisadores, "sentir na própria pele" o ambiente e as situações. Lembre-se de que a observação qualitativa não é uma questão de unidades e categorias predeterminadas (em que ao estabelecê-las, como na observação quantitativa, elas eram definidas e todos os observadores-codificadores entendiam do mesmo jeito como atribuir unidades para categorias), mas de criar o próprio esquema de observação para cada problema de estudo e ambiente (as unidades e categorias irão surgindo das observações). As histórias, os hábitos, os desejos, as vivências, as idiossincrasias, as relações, etc., são únicas em cada ambiente (no tempo e lugar). Na observação quantitativa também se pretende evitar qualquer reação (efeitos da presen-

TABELA 14.1
Papel do observador

Não participação	Participação passiva	Participação moderada	Participação ativa	Participação completa
Por exemplo: quando observa vídeos.	O observador está presente, mas não interage.	Participa de algumas atividades, mas não em todas.	Participa da maioria das atividades; no entanto, não se mistura completamente com os participantes, continua sendo, antes de tudo, um observador.	Mistura-se completamente, o observador é um participante a mais.

Papéis mais desejáveis na observação qualitativa

ça e condutas do observador), só que na qualitativa não é bem assim (o efeito de reação é analisado e as mudanças provocadas pelo observador também são dados).

O observador qualitativo às vezes também vive e desempenha um papel no ambiente (professor, assistente social, médico, voluntário, etc.). O papel do pesquisador deve ser o apropriado para situações humanas que não podem ser "capturadas" à distância.

Jorgensen (1989) recomenda ter um papel mais participativo quando:

a) Sabemos pouco sobre a situação ou contexto (p. ex., etnias desconhecidas, gangues, etc.).
b) Existem diferenças importantes entre as percepções de diferentes grupos (imigrantes de diversas culturas).
c) Estamos diante de fenômenos complexos (dependência em algum tipo de droga nas classes mais altas, a prostituição de jovens, as consequências de um desastre natural).

Os períodos da observação qualitativa são abertos (Anastas, 2005). A observação é formativa e é o único meio sempre utilizado em todo estudo qualitativo. Podemos decidir realizar entrevistas ou sessões focais, mas não podemos prescindir da observação. E mesmo quando nossa ferramenta principal de coleta de dados qualitativos for, por exemplo, a biografia, nós também observamos.

A observação é muito útil: para coletar dados sobre fenômenos, temas ou situações delicadas ou difíceis de discutir ou descrever; também quando os participantes não são muito eloquentes, articulados ou descritivos; quando se trabalha com um fenômeno ou um grupo com o qual o pesquisador não está muito familiarizado; e quando precisamos confirmar com os melhores dados o que foi coletado nas entrevistas (Cuevas, 2009).

> **UM BOM OBSERVADOR QUALITATIVO** Precisa saber ouvir e utilizar todos os sentidos, prestar atenção nos detalhes, possuir habilidades para decifrar e compreender condutas não verbais, ser reflexivo e disciplinado para fazer anotações, assim como flexível para mudar o foco de atenção, se for necessário.

✓ ENTREVISTAS

Quando falamos sobre os contextos em que um questionário é aplicado (instrumentos quantitativos) fazemos comentários sobre alguns aspectos das entrevistas. No entanto, a *entrevista qualitativa* é mais íntima, flexível e aberta (King e Horrocks, 2009). Ela é definida como uma reunião para conversar e trocar informação entre uma pessoa (o entrevistador) e outra (o entrevistado) ou outras (entrevistados). Nesse último caso poderia ser um casal ou um grupo pequeno como uma família (claro que podemos entrevistar cada membro do grupo individualmente ou em conjunto; isso sem tentar realizar uma dinâmica de grupo, o que seria um grupo focal).

Na entrevista, com as perguntas e respostas, conseguimos uma comunicação e ao mesmo tempo a construção de significados a respeito de um tema (Janesick, 1998).

As entrevistas são divididas em estruturadas, semiestruturadas ou não estruturadas, ou abertas (Grinnell e Unrau, 2007). Nas entrevistas estruturadas o entrevistador realiza seu trabalho tendo como base um roteiro de perguntas específicas e se limita exclusivamente a ele (o instrumento indica quais perguntas serão feitas e em qual ordem). Já as entrevistas semiestruturadas se baseiam em um roteiro de assuntos ou perguntas e o entrevistador tem a liberdade de fazer outras perguntas para precisar conceitos ou obter mais informação sobre os temas desejados (isto é, nem todas as perguntas estão predeterminadas). As entrevistas abertas se baseiam em um roteiro geral de conteúdo e o entrevistador tem toda a flexibilidade para trabalhar com elas (é ele ou ela quem determina o ritmo, a estrutura e o conteúdo).

Na pesquisa qualitativa as primeiras entrevistas normalmente são abertas e do tipo "piloto", e vão se estruturando conforme o trabalho de campo avança, mas o comum não é serem estruturadas. É por isso que o entrevistador deve ser altamente qualificado(a) na arte de entrevistar (recomendamos, de novo, que seja o próprio pesquisador a realizá-las). Creswell (2009) coincide em dizer que as entrevistas qualitativas devem ser abertas, sem categorias preestabelecidas, para que os participantes expressem da melhor maneira suas experiências sem serem influenciados pela visão do pesquisador ou pelos resultados de outros estudos; ele também diz que as categorias de resposta surgem dos próprios entrevistados. No final cada um, de acordo com as necessidades determinadas pelo estudo, tomará suas decisões.

O treinamento sugerido como indispensável para quem realiza entrevistas qualitativas consiste em: técnicas de entrevista, saber lidar com as emoções, comunicação verbal e não verbal e também programação neurolinguística.

As entrevistas, como ferramentas para coletar dados qualitativos, são empregadas quando o problema de estudo não pode ser observado ou é muito difícil observá-lo por ética ou complexidade (p. ex., a pesquisa sobre tipos de depressão ou a violência no lar) e permitem obter informação pessoal detalhada. Uma desvantagem é que proporcionam informação "permeada" pelos pontos de vista do participante (Creswell, 2009).

No Capítulo 9 comentamos as características das entrevistas quantitativas (estruturadas e padronizadas). Agora, com os mesmos elementos vamos comentar as características essenciais das entrevistas qualitativas, de acordo com Rogers e Bouey (2005) e Willig (2008):

1. O início e o final da entrevista não são predeterminados nem definidos claramente. As entrevistas podem ser inclusive realizadas em várias etapas. Ela é flexível.
2. As perguntas e a ordem em que são feitas se adaptam aos participantes.
3. A entrevista qualitativa é em grande parte episódica.
4. O entrevistador compartilha com o entrevistado o ritmo e a direção da entrevista.
5. O contexto social é considerado e é fundamental para a interpretação de significados.
6. O entrevistador adapta sua comunicação às normas e linguagem do entrevistado.
7. A entrevista qualitativa tem um caráter mais amistoso.
8. As perguntas são abertas e neutras, já que pretendem obter pontos de vista, experiências e opiniões detalhadas dos participantes em sua própria linguagem (Cuevas, 2009).

A entrevista qualitativa tem um caráter mais amistoso e suas perguntas são abertas e neutras.

Tipos de perguntas nas entrevistas

Vamos falar de duas tipologias sobre as perguntas: a primeira que se aplica a entrevistas em geral (quantitativas e qualitativas) e a segunda mais apropriada para entrevistas qualitativas. Mas ambas fornecem tipos de perguntas que podem ser utilizadas em diferentes casos.

Grinnell, Williams e Unrau (2009) consideram quatro tipos de perguntas:

1. *Perguntas gerais* (gran tour). Partem de formulações globais (deflagradoras) para chegarem ao tema que interessa ao entrevistador. São próprias das entrevistas abertas; por exemplo: Qual é sua opinião sobre a violência entre duas pessoas casadas? Quais são suas metas na vida? Como você vê a economia do país? Do que você tem medo? Como é a vida aqui em Barranquilla? Qual é a experiência de confortar pacientes que estão sentindo muita dor?
2. *Perguntas para exemplificar.* Servem como deflagradores de explorações mais profundas, nas quais se pede ao entrevistado que dê um exemplo de um evento, um acontecimento ou uma categoria. Estes seriam casos desse tipo de perguntas: Você comentou que o atendimento médico é péssimo neste hospital, poderia me dar um exemplo? Quais personagens históricos tiveram metas claras em sua vida? Quais situações provocavam ansiedade em você na guerra cristera, poderia exemplificar de maneira mais concreta?
3. *Perguntas de estrutura ou estruturais.* O entrevistador pede ao entrevistado uma lista de conceitos como se fosse um conjunto ou categorias. Por exemplo: Quais tipos de drogas são mais vendidos no bairro de Tepito (México)? Que tipo de problemas teve quando construiu esta ponte? Quais elementos você leva em conta para dizer que a roupa de uma loja de departamentos é de boa qualidade?
4. *Perguntas de contraste.* O entrevistador pergunta ao entrevistado sobre semelhanças e diferenças em relação a símbolos ou tópicos, e pede que ele classifique símbolos em categorias. Por exemplo: Algumas pessoas gostam que os funcionários da loja se mantenham próximos do cliente e estejam cientes de suas necessidades, enquanto outras preferem que se aproximem apenas quando são solicitados, qual é sua opinião em cada caso? O terrorismo praticado pelo Grupo Escorpión é para chamar a atenção, intimidador, indiscriminado ou tudo isso? Como é o acolhimento das enfermeiras do turno matutino se comparado com as do turno vespertino ou noturno? Quais semelhanças e diferenças você pode encontrar?

Mertens (2005) classifica as perguntas em seis tipos, que são exemplificados a seguir:

1. *De opinião:* Você acha que há corrupção no atual governo de...? Do seu ponto de vista, qual você acha que é o problema nesse caso...? O que pensa sobre isso...?
2. *De expressão de sentimentos:* Como você se sente em relação ao alcoolismo de seu marido? Como descreveria o que sente sobre...?
3. *De conhecimentos:* Quais são os candidatos para ocupar a prefeitura de...? O que você sabe sobre as causas que provocaram o alcoolismo de seu marido?
4. *Sensitivas* (relativas aos sentidos): Qual gênero de música você mais gosta de escutar quando está estressado? O que viu na cena do crime?
5. *De antecedentes:* Quanto tempo você participou na guerra cristera? Depois que deu à luz seu primeiro filho, você teve depressão pós-parto?
6. *De simulação:* Imagine que você é o prefeito de..., qual o principal problema que tentaria resolver?

Recomendações para realizar entrevistas

- O propósito das entrevistas é obter respostas sobre o tema, problema ou tópico de interesse nos termos, na linguagem e na perspectiva do entrevistado ("em suas próprias palavras"). O "especialista" é o próprio entrevistado, por isso é que o entrevistador deve escutá-lo com atenção e cuidado. O que nos interessa são o conteúdo e a narrativa de cada resposta.
- É essencial conseguir naturalidade, espontaneidade e uma grande quantidade de respostas.

- É muito importante que o entrevistador crie um clima de confiança no entrevistado (*rapport*) e desenvolva empatia com ele. Cada situação é diferente e o entrevistador deve se adaptar. Esterberg (2002) recomenda que o entrevistador fale alguma coisa sobre si mesmo para conquistar a confiança. Existem temas em que um perfil é melhor do que outro. Por exemplo, se a entrevista for sobre a depressão pós-parto, a maternidade ou a viuvez feminina, óbvio que uma mulher é mais adequada para realizar a entrevista. Mas, se a entrevista for sobre a perda do emprego, no caso de trabalhos tipicamente masculinos, um adulto jovem é mais apropriado. Gochros (2005) diz que não deve existir uma grande diferença de idade entre o entrevistador e o entrevistado nem de origem étnica, nível socioeconômico ou religião; mas às vezes é muito difícil que o pesquisador seja igual aos entrevistados nesses aspectos.
- É indispensável não fazer perguntas de forma tendenciosa ou induzindo a resposta. Um erro é fazer perguntas que induzem respostas em perguntas posteriores (Gochros, 2005). Por exemplo: Você acha que a maioria dos casamentos é feliz? Você é feliz em seu casamento? Você acha que seu casamento é como o da maioria? A sequência induz respostas e gera confusão. É melhor perguntar: Como você se sente em seu casamento? O que em seu casamento o faz se sentir feliz? E deixar que a pessoa exponha seus sentimentos e emoções.
- Não devemos utilizar qualificativos. Por exemplo: A greve dos trabalhadores está fora de controle? Essa é uma pergunta preconceituosa que não deve ser feita. Seria melhor: Qual é a situação atual da greve? Outro exemplo negativo e equivocado de pergunta seria: Você acha que o processo de seu divórcio provoca efeitos negativos em seus filhos? Melhor perguntar: Como você acha que seu divórcio vai afetar seus filhos?
- Escutar atentamente, pedir exemplos e fazer uma só pergunta de cada vez.
- Quanto à questão se o entrevistador deve ou não se tornar amigo do entrevistado, existem diversas posições.
- A amizade ajuda na empatia, porém, algumas pessoas preferem externar certas questões com entrevistadores que sejam amigáveis, mas que sejam pessoas não próximas que provavelmente nunca irão ver de novo. Babbie (2009) e Fowler (2002) consideram que o papel deve ser neutro, o de um profissional da entrevista. Nós, os autores deste livro, consideramos que é necessário procurar se identificar com o entrevistado, compartilhar conhecimentos e experiências e tirar dúvidas, mas sempre mantendo nosso papel como pesquisador. Lembrando, também, de não tentarmos nos transformar em psicólogos ou assessores pessoais.
- Devemos evitar elementos que atrapalhem a conversação – como o toque de algum telefone, o barulho da rua, a fumaça de um cigarro, as interrupções de terceiros, o som de um aparelho – ou qualquer outra distração. Também é importante que o entrevistado relaxe e mantenha um comportamento natural. Não é preciso interrompê-lo, mas orientá-lo com discrição.
- É recomendável não pular "abruptamente" de um tema a outro, mesmo nas entrevistas não estruturadas, pois se o entrevistado está focado em um tema, não deve perdê-lo, mas se aprofundar no assunto.
- Sempre é conveniente informar o entrevistado sobre o objetivo da entrevista e o uso que se dará a ela. Algumas vezes isso acontece antes da entrevista, e outras vezes depois. Se essa notificação não afetar a entrevista, é melhor que seja feita no início. Às vezes é até bom ler primeiro todas as perguntas.
- A entrevista deve ser um diálogo e é importante deixar que o ponto de vista único e profundo do entrevistado corra livremente. O tom deve ser espontâneo, instigante, cuidadoso e com certo ar de "curiosidade" por parte do entrevistador. Nunca incomodar o entrevistado ou invadir sua privacidade é uma regra. Evitar sarcasmos; e, se estiver errado, admitir.
- Normalmente, primeiro são efetuadas as perguntas gerais e depois as específicas. Uma ordem que podemos sugerir principalmente para quem está se iniciando nas entrevistas qualitativas é a mostrada na Figura 14.2.
- O entrevistador tem de demonstrar interesse pelas reações do entrevistado quanto ao processo e às perguntas, também deve pedir a ele que indique ambiguidades, confusões e opiniões não incluídas.
- Quando uma pergunta não fica clara para o entrevistado é recomendável repeti-la; do mesmo modo, quando uma resposta não for inteligível ou nítida para o entrevistador ele deve pedir que a resposta seja repetida para verificar erros de compreensão. Quando as respostas estão incompletas é possível dar uma pausa para sugerir que falta profundidade ou fazer perguntas e comentários para ampliá-las (p. ex.: Conte mais. O que quer dizer? E isso significa que...?).

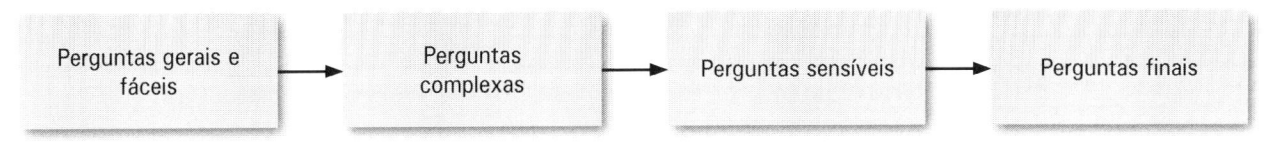

```
[Perguntas gerais e fáceis] → [Perguntas complexas] → [Perguntas sensíveis] → [Perguntas finais]
```

FIGURA 14.2 Ordem de formulação das perguntas em uma entrevista qualitativa.

- O entrevistador deve estar preparado para lidar com emoções e imprevistos. Se fizermos comentários solidários, devemos fazê-lo com autenticidade, pois a hipocrisia ou a manipulação de sentimentos é inadmissível na pesquisa.
- Cada entrevista é única e crucial, e sua duração deve manter um equilíbrio entre obter a informação de interesse e não cansar o entrevistado.
- Sempre devemos mostrar ao entrevistado a legitimidade, seriedade e importância do estudo e da entrevista.
- O entrevistado deve ter sempre a possibilidade de fazer perguntas e tirar suas dúvidas. É importante fazer com que ele saiba disso.

Partes na entrevista qualitativa (e mais recomendações)

Agora, na Figura 14.3 vamos falar sobre recomendações de acordo com a sequência mais comum de uma entrevista, principalmente para quem a realiza pela primeira vez, lembrando que cada entrevista é uma experiência única de diálogo e não existe padronização.

Vamos mostrar um exemplo de um roteiro ou protocolo de entrevista semiestruturada que foi utilizado em vários países latino-americanos com executivos médios (supervisores, coordenadores, chefes de seção e gerentes) nos estudos sobre o clima laboral em empresas de médio porte:

Exemplo
Roteiro de entrevista sobre o clima laboral

Data: ___ Hora: ___
Lugar (cidade e local específico): _____
Entrevistador(a):
Entrevistado(a) (nome, idade, gênero, cargo, direção, gerência ou departamento):

Introdução
Descrição geral do projeto (propósito, participantes escolhidos, motivo pelo qual foram selecionados, utilização dos dados).

Características da entrevista
Confidencialidade, duração aproximada (este item nem sempre é conveniente, só se o entrevistado perguntar pelo tempo, então podemos dizer algo como: não irá durar mais de...)

Perguntas
1. Qual é sua opinião sobre esta empresa?
2. Como você se sente trabalhando nesta empresa?
3. Como você se sente em relação a sua motivação no trabalho?
4. Como é a relação com seu superior imediato, seu chefe (boa, ruim, regular)?
5. Quão orgulhoso você se sente por trabalhar aqui nesta empresa?
6. Quão satisfeito você está nesta empresa? Por quê?
7. Se comparar o trabalho que realiza nesta empresa com trabalhos anteriores, em qual deles se sentiu melhor? Por quê?
8. Se oferecessem a você um emprego em outra empresa, pagando o mesmo, você mudaria de trabalho?

> 9. Como é a relação com seus colegas de trabalho? Poderia descrevê-la?
> 10. O que você gosta e o que não gosta em seu trabalho nesta empresa?
> 11. Como vê seu futuro nesta empresa?
> 12. Se estivesse diante dos donos desta empresa, o que diria a eles? O que não funciona bem? O que pode ser melhorado?
> 13. Qual é a opinião de seus colegas de trabalho sobre a empresa?
> 14. Quão motivados eles estão com seu trabalho?
> 15. O que eles gostariam de mudar?
>
> *Observações:*
> Agradecer e insistir na confidencialidade e na possibilidade de participações futuras.

ENTREVISTA QUALITATIVA Podem ser feitas perguntas sobre experiências, opiniões, valores e crenças, emoções, sentimentos, fatos, histórias de vida, percepções, atribuições, etc.

No exemplo da entrevista sobre o clima laboral, o entrevistador, dependendo do andamento da interação, tem liberdade para examinar detidamente as respostas (adicionado os "porquês" e outras perguntas que complementem a informação).

Para desenhar o roteiro de tópicos de uma entrevista qualitativa semiestruturada, é necessário considerar aspectos práticos, éticos e teóricos. Práticos porque devemos fazer com que a entrevista capte e mantenha a atenção e motivação do participante e que ele se sinta confortável ao conversar sobre a temática. Éticos porque o pesquisador deve pensar nas possíveis consequências que teria se o participante falasse sobre certos aspectos do tema. E teóricos porque a finalidade do roteiro de entrevista é obter a informação necessária para compreender de maneira completa e profunda o fenômeno do estudo. Não existe uma única forma de desenhar o roteiro, desde que tenhamos em mente esses aspectos. A seguir mostramos algumas das características mais comuns de um roteiro de tópicos para entrevistas qualitativas (Cuevas, 2009):

- A quantidade de perguntas está relacionada com a extensão que se busca nas respostas. Geralmente são incluídas poucas perguntas ou frases desencadeadoras. Mas isso não significa necessariamente que a entrevista será curta ou incompleta, já que as perguntas devem ser meticulosamente selecionadas e elaboradas para que motivem o entrevistado a se expressar de maneira extensa e detalhada.
  - Conforme já foi mencionado, as perguntas são totalmente abertas e neutras.
  - Começamos pelas mais gerais de responder, para depois passar para as mais delicadas. Embora a ordem seja flexível e esteja subordinada aos temas que surgirem e a como estes podem construir uma melhor compreensão do fenômeno.
  - As perguntas e a forma de apresentá-las têm a intenção de que o participante compartilhe sua perspectiva e sua experiência sobre o fenômeno, já que ele é o especialista, o "protagonista".
  - É recomendável, sobretudo para quem é pesquisador iniciante, redigir várias formas de propor a mesma pergunta, para tê-las como alternativa caso a pergunta não seja entendida.

EM GRAVAÇÕES DE ENTREVISTAS É importante evitar sons que distorçam os diálogos. Os vídeos e as fotografias devem estar nítidos.

Como em qualquer atividade de coleta de dados qualitativos, no final de cada jornada de trabalho é necessário preencher o diário de campo, no qual o pesquisador transcreve suas anotações, reflexões, pontos de vista, conclusões preliminares, hipóteses iniciais, dúvidas e preocupações.

Ao terminar as entrevistas, teremos um material valioso que precisa ser preparado para a análise qualitativa.

Paradoxalmente, às vezes podemos nos interessar por uma determinada unidade de análise, só que não fazemos as entrevistas com o ser humano que a representa, mas com pessoas do ambiente que as rodeia. O próximo caso é um exemplo disso e achamos que fala por si mesmo.

Planejamento:
Uma vez identificado o participante (pessoa que será entrevistada):
- Entrar em contato (se apresentar e falar sobre o objetivo da entrevista, garantir que será confidencial e conseguir sua participação, marcar um encontro em um lugar adequado, que geralmente deve ser privado e confortável). Essa tarefa pode ser realizada pelo telefone e/ou por carta ou e-mail.
- Prepare uma entrevista (roteiro) mais aberta ou pouco estruturada (em diversas pesquisas as perguntas surgem por meio de "tempestade de ideias"). As perguntas devem ser inteligíveis e estar relacionadas com a formulação do problema (que já foi revisada várias vezes) e também com a imersão no campo, embora em alguns estudos a primeira entrevista possa ser a própria imersão.
- Ensaie o roteiro de entrevista com algum amigo (ou parente) com as mesmas características do futuro participante.
- Nas entrevistas são utilizadas várias ferramentas para obter e registrar a informação; entre elas temos:
  a) gravação de áudio ou vídeo;
  b) anotações em pequenos cadernos e computadores pessoais ou de bolso (*pocket* ou *palm*);
  c) ditado digital (que transfere as entrevistas para um processador de textos e programas de análise);
  d) fotografias e
  e) simuladores ou programas eletrônicos para interagir com o entrevistado, nas situações em que forem necessários e que possam ser realizados.
No mínimo, faça anotações e grave a entrevista (veja se a bateria está completa para que a gravação seja interrompida o menos possível).
- Vista-se de maneira apropriada (de acordo com o perfil do participante). Por exemplo, com executivos em seus escritórios, sua vestimenta será formal ou de trabalho. Em outras ocasiões, roupa esporte.
- Além do roteiro, leve um documento de autorização para a entrevista (dados do entrevistado, frase que dá sua permissão, data), que será assinado pelo participante.

No início:
Desligue seu telefone celular.
- Converse sobre um tema de interesse e fale novamente sobre o objetivo da entrevista, a confidencialidade, etc.
- Entregue a autorização, peça seu consentimento para gravar e fazer anotações.
- Comece.

Durante a entrevista:
- Escute atentamente, mantenha a conversação e não deixe transparecer tensão.
- Seja paciente, respeite silêncios, tenha um interesse genuíno.
- Certifique-se de que o entrevistado terminou de responder uma pergunta antes de passar para a próxima.
- Deixe que a conversação transcorra livremente.
- Capte aspectos verbais e não verbais.
- Anote e grave (as gravações devem ser tranquilas ou o mais discretas possível).
- Demonstre consideração para cada resposta.

No final:
- Perguntar ao entrevistado se tem algo a acrescentar ou alguma dúvida.
- Agradeça e explique novamente o que será feito com os dados coletados.

Após a entrevista:
- Faça um resumo.
- Coloque quem entrevistou em seu contexto (O que disse? Por que me disse isso? Quem era o entrevistado realmente? Como transcorreu a entrevista?).
- Revise suas anotações de campo.
- Transcreva a entrevista o mais rápido possível (se usou ditado digital fica mais fácil).
- Envie uma carta de agradecimento ou e-mail.
- Analise a entrevista (falaremos sobre isso mais adiante no capítulo, na parte sobre análise qualitativa).
- Revise o roteiro e a entrevista (veja uma sugestão de avaliação na Tabela 14.3).
- Melhore o roteiro.
- Repita o processo até que tenha um roteiro adequado e casos suficientes (conseguir a saturação, já mencionada com um comentário de que falaremos sobre ela na parte de análise).

FIGURA 14.3 Esquema sugerido de entrevista qualitativa (com recomendações).

> **Exemplo[5]**
>
> Para cada 100 mil crianças que nascem na Indonésia, calcula-se que morrem até 400 mulheres. Acredita-se que em algumas regiões – incluindo a província de Java Ocidental – as taxas de mortalidade materna são até mais elevadas.
>
> Será que é possível reduzir a mortalidade materna nessa região com a mudança do comportamento individual? Se for possível, como pode ser feito? Será que os órgãos públicos e os serviços de saúde podem colocar em prática alguma política, capacitação ou orçamento, ou mudar os procedimentos para prevenir as mortes dessas mães?
>
> Para responder essas perguntas, os pesquisadores do Centro de Pesquisas em Saúde da Universidade da Indonésia empregaram métodos de pesquisa qualitativa para entender melhor as experiências de 63 mulheres procedentes de regiões geograficamente diversas de Java Ocidental, que haviam passado por emergências obstétricas – 53 delas mortais – em 1994 e 1995. Utilizando uma técnica inovadora de coleta de dados qualitativos chamada de "Rashomon", os pesquisadores realizaram entrevistas profundas com uma média de seis testemunhas das emergências, entre elas familiares, vizinhos, funcionários municipais, parteiras tradicionais e profissionais da saúde. As testemunhas compartilharam suas observações e interpretações sobre as causas do resultado obstétrico. Em seguida, seus relatos detalhados foram comparados para se fazer um resumo sobre circunstâncias do acontecimento. Por último, esses relatos foram anexados às provas; que eram: históricos clínicos, relatórios policiais, atestados de óbito e outros documentos. Baseados em toda essa informação, os médicos e pesquisadores avaliaram o motivo da morte e como seria possível evitar futuramente uma morte desse tipo.

Finalmente, incluímos um modelo para avaliar as entrevistas qualitativas realizadas (Tabela 14.2) que é baseado em Creswell (2005).

TABELA 14.2
Sugestão de formato para avaliar a entrevista

1. O ambiente físico da entrevista foi o adequado (silencioso, confortável, sem perturbações)?
2. A entrevista foi interrompida? Com que frequência? As interrupções afetaram o andamento da entrevista, a profundidade e a possibilidade de fazer todas as perguntas?
3. O ritmo da entrevista foi adequado para o entrevistado ou a entrevistada?
4. O roteiro de entrevista funcionou? Todas as perguntas foram feitas? Os dados necessários foram obtidos? O que pode ser melhorado no roteiro?
5. Quais dados não vistos originalmente surgiram com a entrevista?
6. O entrevistado mostrou ser honesto e aberto em suas respostas?
7. A equipe de gravação funcionou adequadamente? A entrevista toda foi gravada?
8. Evitou influenciar nas respostas do entrevistado? Conseguiu? Foram introduzidos vieses?
9. As últimas perguntas foram respondidas com a mesma profundidade que as primeiras?
10. Seu comportamento com o entrevistado foi cortês e amável?
11. O entrevistado se chateou, irritou-se ou teve alguma outra reação emocional significativa? Qual? Isso afetou a entrevista? Como?
12. Você foi um entrevistador ativo?
13. Alguém mais esteve presente além de você e o entrevistado? Isso atrapalhou? De que maneira?

✓ SESSÕES PROFUNDAS OU GRUPOS FOCAIS

NOS GRUPOS FOCAIS Existe um interesse do pesquisador em saber como os indivíduos criam um esquema ou perspectiva sobre um problema, por meio da interação.

Um método de coleta de dados que tem se tornado cada dia mais popular são os **grupos focais** (*focus groups*). Alguns autores os consideram como uma espécie de entrevistas em grupo, que consistem em reuniões de grupos pequenos ou médios (3 a 10 pessoas), em que os participantes conversam sobre um ou vários temas em um ambiente tranquilo e informal, conduzida por um especialista em dinâmicas de grupo. Seu objetivo vai além de fazer a mesma pergunta para vários participantes, pois o que se quer é gerar e analisar a interação entre eles (Barbour, 2007). Os grupos focais são utilizados na pesquisa qualitativa em todos os campos do conhecimento, e variam em alguns detalhes conforme a área. A seguir vamos desenvolver uma abordagem geral para qualquer disciplina.

Creswell (2005) sugere que o tamanho dos grupos pode variar dependendo do tema: 3 a 5 pessoas quando as questões focalizam emoções profundas ou temas complexos e de 6 a 10 participantes se as questões abordadas tratam de assuntos mais cotidianos, embora nas sessões não se deva ir além de um número manejável de indivíduos. O formato e a natureza da sessão dependem do objetivo e das características dos participantes e da formulação do problema (Krueger e Casey, 2008).

Em um estudo dessa natureza, é possível ter um grupo em uma só sessão; vários grupos que participem de uma sessão cada um; um grupo que participe de duas, três ou mais sessões; ou vários grupos que participem em diversas sessões. Geralmente o número de grupos e sessões é difícil de ser predeterminado, por isso é comum pensar em uma aproximação, mas é a evolução do trabalho com o grupo ou os grupos que irá nos dizer quando ele "é suficiente" (de novo a "saturação" da informação, que significa que temos os dados que queríamos, desempenha um papel crucial, além dos recursos que tivermos à disposição).

Uma coisa muito importante é que, nessa técnica de coleta de dados, a unidade de análise é o grupo (aquilo que expressa e constrói) e tem sua origem nas dinâmicas de grupo, muito utilizadas na psicologia, e seu formato se parece com o de uma reunião de alcoólicos anônimos ou com grupos de crescimento no desenvolvimento humano.

Reunimos um grupo de pessoas e trabalhamos com ele em relação aos conceitos, as experiências, emoções, crenças, categorias, acontecimentos ou temas que interessam na formulação da pesquisa. O que pretendemos é analisar a interação entre os participantes e como os significados são construídos em grupo, ao contrário das entrevistas qualitativas, onde o que queremos é explorar em detalhe as narrativas individuais. Os grupos focais têm um potencial descritivo, mas têm sobretudo um grande potencial comparativo que precisa ser aproveitado (Barbour, 2007).

Os grupos focais são positivos quando todos os membros participam e evitamos que um dos participantes direcione a discussão. Alguns exemplos do que pode ser feito com essa técnica estão na Tabela 14.3.

É importante que aquele que conduz ou modera as sessões esteja habilitado para organizar de maneira eficiente esses grupos e conseguir os resultados esperados; nesse caso, saber lidar com as emoções quando estas surgirem e obter significados dos participantes em sua própria linguagem, além de ser capaz de alcançar um nível elevado de aprofundamento. O roteiro deve incentivar a participação de cada pessoa, evitar agressões e conseguir que todos tenham sua vez de falar.

Quanto à formação dos grupos, se eles devem ser homogêneos ou heterogêneos, a formulação do problema e o trabalho de campo é que irá nos dizer qual formação é a mais adequada.

Às vezes os grupos focais são úteis quando o tempo é curto e precisamos de informação rápida sobre um tema pontual (p. ex.: opinião sobre um comercial de televisão), mas com toda certeza perde a essência indutiva do processo qualitativo.

Assim como insistimos que os grupos focais não devem ser utilizados quando estamos buscando narrativas individuais e, portanto, a entrevista qualitativa seria mais adequada, nossa recomendação também é que os grupos focais não sejam utilizados em excesso para evitar grandes expectativas em relação à transferência dos resultados (Barbour, 2007).

Passos para realizar as sessões de grupo

Determinar um número provisório de grupos e sessões que deverão ser realizadas (e, conforme mencionamos, esse número geralmente pode ser diminuído ou aumentado de acordo com o desenvolvimento do estudo).

1. Tentar definir o tipo de pessoas (perfis) que deverão participar da ou das sessões. Normalmente é durante a imersão no campo que o pesquisador vai percebendo o tipo de pessoas adequadas para os grupos; mas o perfil também pode ser modificado se a pesquisa assim o exigir.
2. Alguns exemplos de perfis são:
    - Jovens dependentes químicos entre 16 e 19 anos de um determinado bairro de uma cidade.

- Mulheres limenhas de 45 a 60 anos recentemente divorciadas – há um ano ou menos – com um nível socioeconômico elevado (A).
- Pacientes terminais com câncer que não tenham família, que tenham mais de 70 anos e estejam em hospitais públicos (do governo) de uma cidade, etc.

3. Encontrar pessoas do tipo escolhido.
4. Convidar essas pessoas para a sessão ou as sessões.
5. Organizar a ou as sessões. Cada uma delas deve ser realizada em um local confortável, silencioso e isolado. Os participantes devem se sentir "à vontade", tranquilos, despreocupados e relaxados. Também é indispensável planejar cuidadosamente o que será abordado na sessão ou nas sessões (criar uma agenda) e garantir os detalhes (mesmo as questões mais simples, como servir café e refrescos; também não se esquecer de colocar crachás com o nome de cada participante ou etiquetas coladas à roupa).

TABELA 14.3
Exemplos de estudos com grupos focais

Natureza geral do estudo	Grupos que poderiam integrar o estudo
• Compreender as razões pelas quais mulheres que são constantemente agredidas fisicamente por seus maridos continuam mantendo o relacionamento apesar do abuso.	Três ou quatro grupos pequenos (cinco participantes por grupo). Os grupos poderiam ser formados pela intensidade da agressão física ou pelo tempo de abuso ou, ainda, considerando ambos os elementos. Quatro a cinco sessões por grupo, em princípio.
• Analisar os problemas no atendimento a pacientes de um hospital.	Um grupo formado por médicos, outro por enfermeiras, um por residentes, um por pessoal de apoio, dois grupos mistos (médicos, enfermeiras, residentes, auxiliares) e dois por pacientes; além de dois por familiares dos pacientes. Seis ou sete participantes por grupo. Com esse número, uma sessão para cada um, mas se for necessário, é possível realizar mais de uma.
• Entender a depressão pós-parto de um grupo de mulheres totalmente dedicadas ao lar, comparando com um grupo de mulheres que trabalham fora.	Dois grupos (um com donas de casa e outro com mulheres que têm emprego formal), várias sessões com cada grupo até compreender o fenômeno de interesse. E diferentemente de um estudo quantitativo, a comparação não é estatística, mas cada grupo é encaixado em seu próprio contexto. Os grupos poderiam ser formados por seis ou sete mulheres com sintomas desse tipo de depressão.
• Saber como os professores de uma escola preparatória aplicam o modelo construtivista.	Dois ou três grupos, uma sessão por grupo ou mais, se for necessário. Oito a nove professores por grupo. Docentes que ensinem diferentes disciplinas de todos os níveis escolares.
• Analisar minuciosamente o fenômeno da adoção: – Explorar o significado da paternidade e maternidade em casais que não puderam ter filhos biológicos e decidiram adotar. – Indagar sobre suas razões profundas para tomar a decisão de adotar. – Conhecer os sentimentos e as emoções que experimentaram antes da adoção, durante o processo e após sua conclusão. – Verificar seu estado de ânimo atual, seu sentido de vida, a percepção de si mesmos e sua relação de casal. – Analisar a interação com o filho ou filhos adotados.	Dois grupos, cada um deles formado por quatro ou cinco casais que tenham adotado pelo menos um filho. Várias sessões.

6. Iniciar cada sessão. O moderador deve ser uma pessoa treinada para trabalhar com grupos ou conduzi-los, e tem de criar um clima de confiança (*rapport*) entre os participantes. Também deve ser um indivíduo que não seja percebido como "distante" pelos participantes da sessão e que possibilite a intervenção organizada e a interação entre todos. A paciência é uma característica necessária. Durante a sessão é possível pedir opiniões, fazer perguntas, administrar questionários, discutir casos, trocar ideias e avaliar diversos aspectos. É muito importante que cada sessão seja gravada em áudio e vídeo (essa segunda opção é muito mais recomendável, porque assim se pode dispor de mais evidência não verbal nas interações, como gestos, posturas corporais ou expressões com as mãos) e depois realizar análise de conteúdo e observação. A pessoa que conduz a sessão deve saber claramente qual informação ou quais dados deverão ser coletados, assim como evitar desvios em relação ao objetivo proposto, mas vai precisar ser flexível (p. ex., se o grupo muda a direção da conversa para um tema que não é de interesse para o estudo, deve deixar a comunicação fluir livremente, embora sutilmente retome os temas importantes para a pesquisa).

> **GRAVAR CADA SESSÃO** É fundamental; por isso é recomendável utilizar equipamentos de última geração.

7. Elaborar o relatório de sessão, que inclui principalmente:

- Dados sobre os participantes (idade, gênero, nível de escolaridade e tudo aquilo que seja relevante para o estudo).
- Data e duração da sessão (hora de início e término).
- Informação completa sobre o desenvolvimento da sessão, atitude e comportamento dos participantes em relação ao moderador e à própria sessão, resultados da sessão.
- Observações de quem conduz a sessão, assim como um diário sobre ela. É praticamente impossível que essa pessoa tome notas durante a sessão, por isso elas podem ser elaboradas por outro pesquisador.

No estudo sobre casais que adotam crianças, se a intenção fosse incluir diversos grupos para obter uma quantidade maior de opiniões, então vários grupos poderiam ser organizados:

- Casais sem filhos que adotam um menino ou uma menina.
- Casais sem filhos que adotam duas ou três crianças.
- Casais com pelo menos um filho ou uma filha que adotam um menino ou uma menina.
- Casais com pelo menos um filho ou uma filha que adotam dois ou três meninos ou meninas.

Claro que conforme os grupos vão aumentando a situação da pesquisa também vai se tornando complicada e a logística é mais difícil de ser controlada.

A agenda de cada sessão tem de ser estruturada com cuidado e nela devemos indicar as atividades principais, embora também seja uma ferramenta flexível. A Tabela 14.4 é um exemplo de agenda.

É costume pagar os participantes ou dar a eles um presente (vale-refeição, perfume, entradas para o cinema, vale para jantar em um restaurante elegante, etc., conforme for o caso).

O roteiro de tópicos ou temáticas – assim como no caso das entrevistas – podem ser: estruturado, semiestruturado ou aberto. No estruturado os tópicos são específicos e a margem de liberdade é mínima; no semiestruturado apresentamos os tópicos que devem ser abordados, mas o moderador tem liberdade para incorporar novos tópicos que surgirem durante a sessão e até mesmo alterar parte da ordem em que eles são abordados; finalmente, no roteiro aberto apresentamos as temáticas gerais que serão trabalhadas livremente durante a sessão.

De acordo com Barbour (2007), os roteiros de tópicos geralmente são curtos, com poucas perguntas ou frases deflagradoras. Mas por trás dessa aparente economia há um trabalho minucioso de seleção e formulação das perguntas que estimulem mais a interação e o aprofundamento nas respostas. Ao desenhar o roteiro de tópicos, o pesquisador deve se antecipar às possíveis respostas e reações dos participantes para otimizar a sessão.

Vamos mostrar dois exemplos de roteiro de tópicos. O primeiro (que está logo abaixo) é sobre uma primeira sessão para jovens com problemas de dependência em narcóticos (oito jovens: quatro mulheres e quatro homens de 18 a 21 anos). O roteiro de tópicos é aberto.

TABELA 14.4
Agenda de uma sessão profunda ou focal

Data: Horário: Hora	Número de sessão: Facilitador (condutor): Atividade
9:00	Inspecionar o salão (Francis Barrios)
9:10	Instalar o equipamento de vídeo (filmagem) (Guadalupe Riojas)
9:30	Testar equipamentos (incluindo microfones) (Guadalupe Riojas)
9:45	Verificar serviço de café (Francis Barrios)
10:00	Verificar disponibilidade de estacionamento para participantes (Francis Barrios)
10:15	Receber os participantes
10:30	Iniciar a sessão: René Fujiyama. Observadora: Talía Ramírez
12:00	Encerrar a sessão: René Fujiyama
12:15	Entregar presentes aos participantes (Francis Barrios)
12:30	Revisão de anotações, gravação em áudio e vídeo (René Fujiyama e Talía Ramírez)
13:30	Levar o equipamento (Guadalupe Riojas)

> **Exemplo**
>
> Um roteiro de tópicos aberto sobre dependências químicas
>
> 1. Que tipo de drogas (narcóticos, substâncias) os jovens deste bairro consomem?
> 2. Elas são mais consumidas individualmente ou em grupo?
> 3. Quem as fornece? Elas são vendidas?
> 4. Quanto um jovem consome cada vez que a usa?
> 5. Por que as consomem (razões, motivos)?
> 6. Que tipo de sensações e experiências eles têm quando se drogam?
> 7. Como se sentem no dia seguinte ao consumo da droga?
> 8. Como definem a dependência da droga?
> 9. Quais as coisas boas e ruins que obtêm do consumo?
> 10. Como é sua vida hoje?
> 11. O que esperam do futuro?
> 12. Como se veem daqui a cinco anos? E dez anos?

O segundo exemplo de roteiro faz parte do estudo sobre a moda e a mulher mexicana (Costa, Hernández Sampieri e Fernández Collado, 2005). Conforme já foi comentado, a pesquisa envolveu: imersão inicial no campo, observação aberta e observação particularizada. Posteriormente, foram coletados dados quantitativos e qualitativos (este último será um pouco mais detalhado no processo misto). Na parte qualitativa foram realizadas cinco sessões em cada uma das oito cidades onde o estudo foi executado (40 no total). Em cada cidade os grupos foram formados da seguinte maneira:

Exemplo

Número de sessão	Faixa de idade	Nível socioeconômico
1	Mulheres adultas 18-25 anos	A e B (alto e médio alto)
2	Mulheres adultas 18-25 anos	C (médio)
3	Mulheres adultas 26-45 anos	A e B (alto e médio alto)
4	Mulheres adultas 26-45 anos	C (médio)
5	Jovens 15-17 anos	B e C (médio alto e médio)

O roteiro de tópicos é mostrado a seguir e desenvolvido nas páginas seguintes, e é produto da imersão e da observação prévias:

Exemplo
Roteiro de tópicos para "a moda e a mulher mexicana"[6]
Departamento de roupas e acessórios para mulheres

a) **Preferência por lojas**
   1. Quais lojas de departamento você tem visitado ultimamente?
   2. Por que razão foi até essas lojas?
   3. A qual loja você prefere ir? Por quê?
   4. Quantas vezes você vai até sua loja favorita?

b) **Percepção sobre o departamento de roupas e acessórios para mulheres da LLL**
   1. Quais seções do departamento de roupas e acessórios para mulheres vocês conhecem?
   2. Quais seções poderiam ser consideradas as melhores?
   3. Quais dessas seções precisam ser melhoradas?
   4. Dentro de todo o departamento de roupas e acessórios para mulheres, quais serviços da LLL vocês acham que são melhores do que os de outras lojas?
   5. Como qualificariam o pessoal do departamento de roupas e acessórios para mulheres?
   6. Quanto ao tamanho, sempre:
      a) encontram todos?
      b) há seções para tamanhos extragrandes ou pequenos?
      c) tem em estoque?
      d) os preços são acessíveis?
   7a. Como avaliariam as roupas vendidas ali em relação a...
      a) qualidade?
      b) estoque?
      c) moda?
   7b. Como avaliariam as ofertas especiais para as roupas vendidas nesse departamento em relação a...
      a) qualidade?
      b) estoque?
      c) moda?

c) **Percepção sobre a moda**
   1. O que significa estar na moda?
   2. Quais marcas vocês consideram que estão na moda?
   3. Qual loja de departamentos vocês consideram que estão mais na moda?
   4. O que entendem por:
      a) qualidade?

b) estoque?
c) moda?

d) Avaliação das seções da LLL
1. A seguir, eu vou perguntar sobre cada uma das seções do departamento de roupas e acessórios para mulheres e gostaria de saber o que acham de cada uma delas em relação a: *variedade, qualidade, preço e moda.*
   a) Roupa casual.
   b) Vestidos, terninhos, calças ou saias (roupa formal).
   c) Vestidos para festa/noite.
   d) Sapatos finos/exclusivos.
   e) Sapatos para uso diário/esporte.
   f) Roupas íntimas (lingeries, espartilho).
   g) Tamanhos pequenos (*petite*) (explicar o termo antes).
   h) Tamanhos grandes.
   i) Pijamas
      – Que tipo de roupa usam para dormir?
      – Quais fatores são importantes para que você escolha uma roupa de dormir?
   j) Bijuterias.
   k) Roupas de banho.
   l) Bolsas, acessórios, óculos, chapéus, echarpes, etc.
   m) Joias finas.
   Quando for o caso:
   n) Roupas para grávidas.
   o) Uniformes.

e) Percepção sobre a LLL *versus* concorrência
1. Comparando a LLL com a concorrência, avalie as vantagens e desvantagens do departamento de roupas e acessórios para mulheres em ambas as lojas em relação a...
   a) Produtos.
   b) Preços.
   c) Qualidade.
   d) Variedade.
   e) Pessoal (atenção, serviço, conhecimento sobre os produtos que vendem, etc.).
   f) Moda.
   g) Estoque.
   h) Provadores de roupa.
   i) Publicidade.

f) Sugestões
1. Para terminar, quais sugestões você daria ao departamento de roupas e acessórios para mulheres desta loja?
2. Comentários gerais.

Data: **Hora:**   **Moderador:**

Para elaborar e otimizar o roteiro a recomendação é:

a) Considerar as observações da imersão no ambiente.
b) Realizar uma "tempestade de ideias" com especialistas na formulação do problema para obter perguntas ou tópicos.
c) Efetuar a primeira sessão como teste piloto para melhorar o roteiro.
d) Às vezes convém utilizar a sequência proposta na Figura 14.4 para gerar perguntas.

FIGURA 14.4 Sequência para a formulação de perguntas.

Vamos supor, por exemplo, que você está realizando um estudo para conhecer os perfis de consumidores de uma loja que vende roupas. O processo para obter perguntas poderia ser o da Tabela 14.5.

TABELA 14.5
Processo para se obter perguntas

Conceito	Categorias	Perguntas
Determinar os perfis e caracterizações dos consumidores de...	• Frequência com que compram • Marcas que compram • Marcas ideais • Objetos que compram • Objetos ideais ou de desejo • Objetos que gostam de comprar • Motivos da compra • Preços • Preço máximo • Local da compra	1. De quanto em quanto tempo compram roupas? 2. Quais são as três marcas de roupa que costumam comprar? 3. Por quê? 4. Qual é a marca de roupa que vocês gostariam de comprar (seu ideal)? 5. Por quê? O que tem essa marca que chama a sua atenção? 6. Qual é o tipo de roupa que vocês adquirem com mais frequência (calças, de praia, blusas, etc.)? 7. Por quê? 8. Quais roupas vocês gostariam de comprar mais se tivesse todo o dinheiro para fazê-lo sem limites? 9. Por quê? 10. Quais são as roupas que vocês mais gostam de comprar? 11. No que vocês prestam atenção na hora de escolher a roupa ou marca que compram? 12. Quanto costumam pagar por uma blusa, jaqueta ou suéter e roupa íntima? 13. Quanto estariam dispostos a pagar por uma blusa ou camisa, calça ou saia, jaqueta ou suéter e roupa íntima (o máximo, supondo que gostam muito das roupas)? 14. Onde compram suas roupas? 15. Por que nesse lugar?

Em alguns grupos focais, é possível utilizar material de estímulo (*stimulus material*), como desenhos, fotografias, recortes de jornal, entre outros; para quebrar "o gelo", introduzir um tema, incentivar uma discussão ou fornecer pontos de comparação e para que os participantes exponham seu ponto de vista e suas experiências de forma detalhada sobre um tema, fenômeno ou situação específica.

Exemplo

Em algumas sessões de grupo realizadas para conhecer o ponto de vista dos pacientes em relação ao atendimento médico básico que recebiam em uma clínica de uma localidade pequena, o material de estímulo foi

> a imagem de uma conhecida telenovela cujos personagens principais e cuja história se passava em uma clínica desse tipo. Todos os participantes haviam visto essa telenovela, portanto, eles podiam utilizá-la para comparar os personagens com seus médicos pessoais. Na sessão o moderador mostrava a fotografia dos médicos da telenovela e dizia: "Este é um médico com o qual provavelmente todos estão familiarizados. Como você compara seu médico da clínica com este da novela?" (Barbour, 2007).

Outra alternativa para complementar a discussão nos grupos focais são os exercícios escritos adicionais. O pesquisador pode, por exemplo, elaborar uma série de perguntas que os participantes respondem por escrito de maneira individual antes de discutir o tema com todo o grupo, e isso o ajuda a conhecer a resposta pessoal e a fazer com que os participantes reflitam mais sobre sua resposta (se esse for o objetivo do pesquisador).

Tanto no caso dos materiais de estímulo como nos exercícios escritos, é indispensável que sejam elaborados em função do objetivo da pesquisa, assim como realizar um teste piloto para garantir que são adequados (Cuevas, 2009).

Também devemos lembrar que no final de cada jornada de trabalho é necessário preencher o diário, no qual transcrevemos as anotações de cada sessão, as reflexões, os pontos de vista, as conclusões preliminares, as hipóteses iniciais, as dúvidas e preocupações. Após a realização das sessões, os materiais são preparados para que sejam analisados.

☑ DOCUMENTOS, REGISTROS, MATERIAIS E ARTEFATOS

Uma fonte muito valiosa de dados qualitativos são os documentos, os materiais e os artefatos diversos. Eles podem nos ajudar a entender o fenômeno central do estudo. Eles são produzidos e narrados praticamente pela maioria das pessoas, grupos, organizações, comunidades e sociedades, ou fazem um resumo sobre suas histórias e *status* atuais. Servem para que o pesquisador conheça os antecedentes de um ambiente, as experiências, vivências ou situações e como é seu dia a dia. Vamos ver o uso dos principais documentos, registros, materiais e artefatos como dados qualitativos.

Individuais

1. *Documentos pessoais escritos.* Os documentos pessoais são fundamentalmente de três tipos:
    1. documentos ou registros preparados por razões oficiais, como certidões de nascimento ou de casamento, carteira de habilitação, credenciais profissionais, escrituras de propriedade, extratos bancários, etc. (vários deles são de domínio público);
    2. documentos preparados por razões pessoais, às vezes íntimas, por exemplo: cartas, diários, manuscritos e anotações; e
    3. documentos preparados por razões profissionais (relatórios, livros, artigos jornalísticos, correios eletrônicos, etc.), cuja divulgação geralmente é pública.
2. *Materiais audiovisuais.* São imagens (fotografias, desenhos, tatuagens, pinturas e outros), assim como fitas de áudio e vídeo produzidas por um indivíduo com um propósito definido. Sua divulgação pode ser desde pessoal até para um grande número de pessoas.
3. *Artefatos individuais.* Artigos criados ou utilizados por uma pessoa com algumas finalidades: vasilhas, roupas, ferramentas, mobiliário, brinquedos, armas, computadores, etc. Alguns autores, como Esterberg (2002), colocam as pinturas nessa categoria.
4. *Arquivos pessoais.* Coleções ou registros particulares de um indivíduo.

Grupais

1. *Documentos grupais.* Documentos criados com alguma finalidade oficial por um grupo de pessoas (como a ata de constituição de uma empresa para atender uma exigência do governo), profissional (uma palestra para um congresso), ideológica (uma declaração de independência) ou outros motivos (uma ameaça de um grupo terrorista ou um protesto de um grupo pacifista contra um ato terrorista).
2. *Materiais audiovisuais grupais.* Imagens, grafites, fitas e áudio e vídeo, páginas *web*, etc., produzidas por um grupo com objetivos oficiais, profissionais ou outras razões.
3. *Artefatos e construções de grupos ou comunitárias.* Criados por um grupo para determinados propósitos (desde uma tumba egípcia até uma pirâmide, um castelo, uma escultura coletiva, alguns escritórios corporativos).
4. *Documentos e materiais organizacionais.* Memorandos, relatórios, planos, avaliações, cartas, mensagens nos meios de comunicação de massa (comunicados de imprensa, anúncios e outros), fotografias, publicações internas (boletins, revistas, etc.), avisos e outros. Embora alguns sejam produzidos por uma pessoa, atingem ou afetam toda a instituição. Em uma escola temos como exemplos: registros de presença e relatórios de disciplina, arquivos dos estudantes, atas de registro de notas, atas acadêmicas, minutas de reuniões, currículos, programas educativos, entre outros documentos.
5. *Registros em arquivos públicos.* Neles podemos encontrar muitos dos documentos, materiais e artefatos mencionados nas outras categorias, e outros criados para fins públicos (cadastros, registros da propriedade intelectual...). Os arquivos podem ser governamentais (nacionais ou locais) ou particulares (p. ex., de fundações).
6. *Pegadas, rastros, vestígios, medidas de erosão ou desgaste e de acumulação.* Impressões digitais, rastros ou vestígios (da presença de um ser vivo, uma civilização, etc.), medidas de desgaste (de um subsolo, das presas de um animal, de objetos como automóveis, etc.), medidas de acumulação ou crescimento (p. ex., do lixo).

Obtenção dos dados provenientes de documentos, registros, materiais, artefatos

Os diferentes tipos de materiais, documentos, registros e objetos podem ser obtidos como fontes de dados sob três circunstâncias que serão comentadas a seguir.

Pedir aos participantes de um estudo que forneçam amostras desses elementos

Por exemplo, em um estudo sobre a violência que ocorre dentro da própria família (maridos que agridem fisicamente sua família), pedir aos participantes fotografias dos ferimentos ou hematomas provocados pelas agressões. Ou, ainda, em uma pesquisa sobre a cultura organizacional de uma empresa, solicitar vídeos de reuniões de trabalho. Em uma indagação sobre a depressão pós-parto, pedir para as participantes uma peça de roupa que evoque suas melhores lembranças durante a gravidez e outra que traga recordações negativas. Claro que os participantes devem explicar os motivos pelos quais selecionaram essas amostras.

Pedir aos participantes que elaborem alguns desses elementos para o estudo

Às vezes, podemos pedir aos participantes que elaborem textos (uma autodescrição, como se veem dentro de um determinado número de anos, uma lembrança muito agradável, as 10 questões que mais os incomodam quando estão deprimidos, etc.); que tirem fotografias (dos familiares que mais os apoiam quando estão deprimidos, do colega de trabalho com quem mais colabora, de um lugar que os agrada e relaxa) ou que criem vídeos, desenhem uma imagem que represente alguma etapa de sua vida, etc. Eles também precisam explicar por que elaboraram esse material específico e seus significados.

Obter os elementos sem pedi-los diretamente aos participantes (dados não obstrutivos)

Esse caso é comum na pesquisa histórica, mas também em outros campos. Alguns exemplos são:

1. Os isqueiros da marca Zippo que foram dados para alguns soldados americanos na guerra do Vietnã, que gravaram atrás desses artefatos diversas inscrições (Esterberg, 2002): seus nomes, data de partida e/ou local de trabalho, também mensagens curtas que mencionavam desde o patriotismo e orgulho por seu país até o ódio em relação à guerra e seu governo.

   Amostras dessas mensagens são: "Somos os obstinados liderados pelos incompetentes fazendo o desnecessário para os ingratos"; "Para aqueles que lutam por ela, a liberdade tem um sabor que os privilegiados nunca irão conhecer"; "Quase nada e tudo"; "Estamos no inferno"; "Eu admito! Eu serei o primeiro de todos a lutar, sou o soldado indo para a trincheira". Teve até quem desenhou personagens como o Snoopy ou escreveu poemas completos.

   As mensagens podem ser analisadas para conhecer sentimentos, experiências, desejos, vínculos e outros aspectos dos combatentes.

2. Rathje (1992 e 1993) analisou o lixo das residências de Tucson, Arizona, Estados Unidos; isso com a finalidade de saber mais sobre os hábitos e as condutas das pessoas, principalmente em aspectos complexos de avaliar como o consumo de álcool ou a compra de alimentos processados. Do mesmo modo, diversos investigadores de crimes realizaram a análise do lixo para encontrar armas envolvidas em delitos ou obter o DNA dos suspeitos.

3. Em um cemitério é possível pesquisar os sobrenomes inscritos nos túmulos para analisar o fenômeno da migração.

Exemplo

No exemplo da guerra cristera que está sendo utilizado neste texto foram coletados e analisados, entre outros:

- Símbolos religiosos da época, desde imagens e figuras nas casas dos sobreviventes até objetos menores (escapulários e medalhas, p. ex.) e monumentos como o de Cristo Rei (uma escultura que mede 20 metros de altura e pesa 80 toneladas) situado em uma colina denominada El Cubilete, local que foi o centro cristero mais importante em Guanajuato.
- Fotografias da época.
- Fotografias atuais de diversos ambientes onde ocorreu esse conflito armado.
- Diferentes documentos (cartas, editais municipais, comunicado oficial sobre a guerra, artigos de jornais, etc.) que estavam em arquivos municipais, de igrejas, de grupos religiosos e de arquivos pessoais. Esses elementos serviram como fontes complementares às entrevistas e observações.

NA COLETA DE MATERIAIS HISTÓRICOS Uma questão muito importante é que o pesquisador deve verificar a autenticidade do material e que ele esteja em bom estado.

Se estivermos realizando uma pesquisa sobre a violência nas escolas, os vídeos do sistema de segurança podem ser um elemento fundamental, além das observações e entrevistas.

A criminologia, por exemplo, utiliza muito a análise de vestígios, rastros, artefatos e objetos encontrados na cena do crime ou relacionados a ela (os suspeitos inclusive são fotografados para avaliar atitudes e comportamentos), assim como arquivos de crimes.

Independentemente de qual for a maneira de obtê-los, o fato é que esses elementos têm a vantagem de terem sido produzidos pelos participantes do estudo, estão em sua "linguagem" e normalmente são importantes para eles. A desvantagem é que às vezes é complexo obtê-los. Mas são fontes ricas em dados.

Para conseguir alguns dos materiais é comum que o pesquisador solicite autorização formal e tenha de se sujeitar à legislação – de uso, de acesso à informação e privacidade – de sua região ou país. E, logicamente, muitas vezes não se tem a possibilidade de interagir com os indivíduos que os produziram (porque faleceram, são personagens que não querem aparecer, estão em um local distante, etc.).

A seleção desses elementos deve ser cuidadosa, isto é, somente escolher aqueles que sejam reveladores e proporcionem informação útil para a formulação do problema. Às vezes eles são a fonte principal dos dados do estudo e outras vezes material complementar.

O que fazer com os documentos, registros, materiais e artefatos?

A resposta é que isso depende muito de cada estudo específico. Mas existem questões inevitáveis. A primeira coisa a fazer é registrar a informação de cada documento, artefato, registro, material ou objeto (data e lugar de obtenção, tipo de elemento, uso aparente que será dado a ele no estudo, quem o produziu, se houver uma maneira de saber isso). Também integrá-lo ao material que será analisado – se isso for possível – ou, ainda, fotografá-lo ou escaneá-lo, além de fazer anotações sobre ele. Por outro lado é perguntar: Como o material ou elemento está relacionado com a formulação do problema? E no caso de documentos também perguntar:

- Quem foi o autor?
- Que interesses e tendências eles têm? Sua história é sensata?
- Quão direta é sua relação com os fatos (ator-chave, ator secundário, testemunha, filho de um sobrevivente ou o papel que desempenhou)?
- Suas fontes são confiáveis?

No caso de materiais ou objetos:

- Quem os produziu?
- Como, quando e onde foram produzidos?
- Quais foram as razões para produzi-los? Com que finalidade?
- Quais são ou seriam as características, tendências e/ou ideologia dos autores dos materiais?
- Como eram, são e/ou serão utilizados?
- Qual é seu significado em si mesmo e para os produtores?
- Como era o contexto social, cultural, organizacional, familiar e/ou interpessoal em que foram realizados?
- Eles foram guardados por quem (uma ou várias pessoas)? Por que foram preservados? Como foram danificados?

Também é fundamental ver como o registro, documento ou material se "encaixa" no esquema de coleta dos dados. Quando são os próprios participantes que fornecem ou elaboram os elementos, então precisamos realizar entrevistas profundas sobre esses elementos para entender a relação e as experiências do indivíduo com cada objeto ou material.

Quando falamos de artefatos ou fósseis com valor histórico ou paleontológico também é bom considerar: Que outros elementos similares foram descobertos? E no caso de artefatos: Que outros objetos eram utilizados para as mesmas finalidades? Como o uso dos elementos evoluiu? Nesses casos o pesquisador realiza uma imersão na cultura, sociedade ou no período correspondente. Esterberg (2002) sugere, inclusive, avaliar quais teorias e estudos prévios podem ajudar a entender o contexto. Por outro lado, vale a pena perguntar sobre eles para os especialistas no assunto.

COLETA DE ARTEFATOS Inclui entender o contexto social e histórico em que foram fabricados, usados, descartados e reutilizados.

☑ BIOGRAFIAS E HISTÓRIAS DE VIDA

A **biografia** ou **história de vida** é uma forma muito utilizada para coletar dados na pesquisa qualitativa. Pode ser individual (um participante ou um personagem histórico) ou coletiva (uma família, um grupo de pessoas que viveu durante um período e que compartilhou fatos e experiências). Vamos ver alguns exemplos na Tabela 14.6 em que esse método seria útil.

Algumas questões importantes sobre essa forma de coleta de dados são as seguintes:

- As histórias ou biografias geralmente são elaboradas:

  a) Com a obtenção de documentos, registros, materiais e artefatos comentados anteriormente (em qualquer de suas modalidades: solicitação de amostras, pedido para que o pesquisador providencie sua elaboração ou obtenção).
  b) Por meio de entrevistas em que se pede que um ou vários participantes narrem suas experiências cronologicamente, de maneira geral ou sobre um ou mais aspectos específicos (trabalho, escolaridade, sexual, casamento, etc.). É óbvio que esse segundo caso somente pode ser utilizado quando o protagonista da biografia ou história está vivo, assim como as pessoas que estiveram ao seu lado ou que o conheceram nos aspectos que interessam para o estudo (Cuevas, 2009).

TABELA 14.6
Amostras de biografias ou histórias de vida

Individuais	Coletivas
Uma pesquisa para determinar os fatores que levaram ao poder um líder como Alexandre Magno.	Um estudo sobre como o cartel dedicado à comercialização de drogas de Cali, dos irmãos Rodríguez, Orihuela foi desmantelado pelo general Rosso José Serrano na Colômbia (na década de 1990).
Um estudo para documentar as experiências vividas por várias pessoas devido à perda de um filho em um terremoto (uma história de vida por participante após o evento).	Uma pesquisa sobre as experiências dos cristeros combatentes de Apaseo el Alto, Guanajuato.
Uma indagação sobre o papel que algum sacerdote desempenhou na guerra cristera.	Um estudo sobre como uma família enfrentou a violência provocada pelo pai.
Uma análise sobre as razões pelas quais um jovem ganhou uma medalha de ouro em um determinado esporte.	Uma análise sobre as razões pelas quais uma equipe venceu um campeonato mundial de futebol.

- Nas biografias e nas histórias de vida, o pesquisador deve obter dados completos e profundos sobre como os indivíduos veem os acontecimentos de suas vidas e a si mesmos. Nas histórias de vida e nas biografias, é essencial ter várias fontes de dados (quanto mais, melhor). Por exemplo, se a coleta de dados for sobre a experiência de mulheres com depressão pós-parto, claro que entrevistar as participantes é o "coração" do estudo, mas obter o ponto de vista de seu par, seus filhos e suas amigas enriquece muito a pesquisa. No caso de Iskandar e colaboradores (1996), a técnica que eles denominam Rashomon é pura e simplesmente incluir várias fontes de dados (em média seis testemunhas das emergências: familiares, vizinhos, funcionários municipais, parteiras tradicionais e profissionais da saúde).
- O entrevistador pede ao participante que faça uma reflexão retrospectiva sobre suas experiências relacionadas com um tema ou aspecto (ou vários). Durante a narração do indivíduo, pede que ele se estenda sobre os significados, as vivências, os sentimentos e as emoções que percebeu e viveu em cada experiência; também que ele faça uma análise pessoal sobre as consequências, as sequelas, os efeitos ou as situações que surgiram após essas experiências.
- O entrevistador – de acordo com seu critério – pede detalhes e circunstâncias das experiências para relacioná-las com a vida do sujeito. As influências, inter-relações com outras pessoas e o contexto de cada experiência proporcionam grande riqueza de informação.

- Esse método exige que o entrevistador tenha habilidade para conversar e que saiba chegar aos aspectos mais profundos das pessoas. Os conceitos mostrados sobre a entrevista podem ser aplicados a esse método.
- O pesquisador presta atenção na linguagem e estrutura de cada história e a analisa tanto de maneira holística (como um "todo") como pelas partes que a formam.
- Também considera o que permanece do passado (sequelas e extensão atual da história).
- É importante descrever os fatos ocorridos e entender as pessoas que os vivenciaram, assim como os contextos dos quais faziam parte.
- Se a história estiver ligada a um fato específico (uma guerra, uma catástrofe, uma vitória), e quanto mais próximo dos eventos o participante esteve, então mais informação ele trará sobre eles.
- Devemos tentar verificar (em relação ao item anterior) quanto tempo passou entre o evento ou acontecimento descrito e o momento em que relembra ou recria, e também quando o escreveu.
- O pesquisador deve ter cuidado com algo que costuma acontecer nas histórias: os participantes tendem a exagerar seus papéis em certos acontecimentos, assim como tentar distinguir o que é ficção do que foi real (Stuart, 2005).
- O significado de cada vivência ou experiência é central.
- Lembrar que a história pode ser de vida (todas as experiências de uma pessoa ao longo de sua existência, por exemplo: a vida toda de um sacerdote cristero até seu fuzilamento ou de uma mulher bem-sucedida em um campo profissional) ou de experiência (um ou vários episódios, p. ex.: a experiência vivida por uma ou várias vítimas de um sequestro ou a de uma professora que trabalhou com diferentes sistemas educativos).
- Obter a cronologia dos acontecimentos é importante.
- As histórias são os dados que são chamados de "textos de campo" (Creswell, 2005).
- As histórias são contadas pelo participante, mas a estruturação e narração final cabem ao pesquisador.
- Algumas perguntas que costumam ser feitas nas entrevistas sobre histórias de vida estão na Tabela 14.7.

TABELA 14.7
Perguntas comuns que costumam ser feitas em entrevistas sobre histórias de vida

Tipo de pergunta	Exemplos
De acontecimentos	Quais eventos ou acontecimentos foram mais importantes em sua vida? Quais foram importantes em determinada etapa ou período? Quais eventos foram os mais importantes em relação a um determinado fato?
De laços	Quais pessoas foram as mais importantes em sua vida? Ou, ainda, em relação a uma etapa ou acontecimento?
Quais estiveram ligadas a...?	Quais souberam desses fatos?
De orientação sobre acontecimentos	O que aconteceu? Onde? Quando? Como? Em que contexto?
De razões	Por que esse fato ocorreu? Por que você se envolveu em...? O que o motivou a...?
De avaliação	Por que foi (é) importante? Qual é sua opinião sobre ele? Como qualificaria o acontecimento?
Do papel desempenhado	Qual foi seu papel no fato?
De resultados	O que aconteceu no final? Quais foram as consequências...? Como terminou?
De omissões	Quais detalhes você omitiu? Poderia acrescentar mais alguma coisa?

Mertens (2005) sugere uma técnica de entrevista histórica para obter respostas do participante que são até certo ponto projetivas. Um tipo de formulação como: Se você escrevesse sobre... (mencionar o fato pesquisado), o que incluiria? O que consideraria importante? A quem entrevistaria (projeção de atores destacados)?

- É necessário que o pesquisador vá além do episódico.
- Quando revisa documentos traduzidos ou transcritos, é fundamental avaliar quem realizou esse trabalho.
- Qualquer tipo de comunicação é material útil para a análise qualitativa. O material de hemerotecas e arquivos em muitos casos é inestimável.
- A tarefa final na coleta de dados por meio das histórias e biografias é "encaixar" os dados vindos de diferentes fontes. Para fazer esse encaixe, um esquema pode ser o mostrado na Figura 14.5.

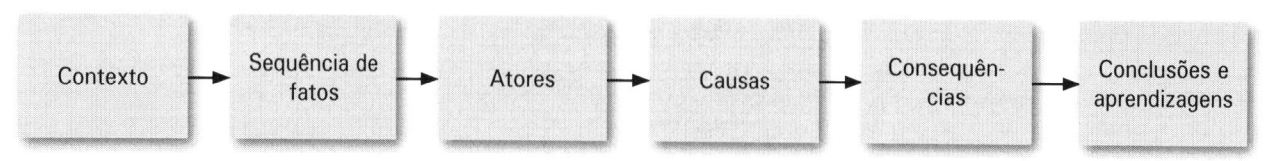

Contexto → Sequência de fatos → Atores → Causas → Consequências → Conclusões e aprendizagens

Vivências e experiências embutidas no encaixe narrativo

FIGURA 14.5 Encaixe dos dados vindos de diferentes fontes.

As biografias e as histórias de vida provaram ser um excelente método para compreender – por exemplo – os assassinos em série e seu terrível modo de agir, as razões do sucesso de líderes e o comportamento atual de uma pessoa. Também foram utilizadas para analisar experiências de mulheres estupradas, homens e mulheres sequestrados, e até para conhecer a visão de estudantes de Educação Física. Uma limitação é que às vezes a amostra se concentra em sobreviventes (Cerezo, 2001) e, como disse Mertens (2005), os mais vulneráveis são excluídos (p. ex., que morreram em uma guerra ou catástrofe).

Na hora de escolher e criar o ou os instrumentos de coleta de dados mais adequados para atingir o objetivo do estudo, é necessário fazer uma reflexão sobre as vantagens e desvantagens de cada um. Em outras palavras, a seleção do estilo de pesquisa para um determinado projeto depende da formulação do estudo, dos objetivos específicos de análise, do nível de intervenção do pesquisador, dos recursos disponíveis e do tempo (Cuevas, 2009).

☑ TRIANGULAÇÃO DE MÉTODOS DE COLETA DOS DADOS

Ter várias fontes de informação e métodos para coletar os dados é importante, desde que o tempo e os recursos possibilitem. Na indagação qualitativa, os dados podem oferecer uma maior riqueza, amplitude e profundidade se estas vierem de diferentes atores do processo, de várias fontes e quando as formas de coletá-los são as mais variadas. Vamos imaginar que queremos entender o fenômeno da depressão pós-parto em mulheres de uma comunidade indígena e nosso esquema de estudo inclui:

- Observação durante a imersão na comunidade (contexto).
- Entrevistas com mulheres que passaram por essa experiência.
- Entrevistas com seus familiares.
- Observação logo após o parto (durante a convalescença) em hospitais rurais, em suas residências (em várias comunidades indígenas o parto é realizado na própria "casa-quarto" da mãe).
- Algum grupo focal com mulheres que tiveram essa experiência.

TRIANGULAÇÃO DE DADOS
Utilização de diferentes fontes e métodos de coleta.

Assim, o sentido de entendimento da depressão pós-parto nessa comunidade será maior do que se realizássemos somente entrevistas.

O ato de utilizar diferentes fontes e métodos de coleta é denominado **triangulação de dados**. Voltaremos a falar sobre esse tema mais vezes.

ANÁLISE DOS DADOS QUALITATIVOS

No processo quantitativo primeiro coletamos todos os dados para depois analisá-los, mas na pesquisa qualitativa não é assim, porque conforme reiteramos, a coleta e a análise acontecem praticamente ao mesmo tempo. Além disso, a análise não é padrão, pois cada estudo exige um esquema ou "coreografia" própria de análise.

Neste item vamos sugerir um processo de análise que incorpora as concepções de diversos teóricos da metodologia no campo qualitativo, além das nossas. A proposta não pode ser totalmente aplicada a qualquer estudo qualitativo que se realize (pois isso seria tentar padronizar o esquema e iria contra a lógica indutiva), na verdade são diretrizes e recomendações gerais que cada estudante, orientador de pesquisa ou pesquisador poderá adotar ou não de acordo com as circunstâncias e natureza de sua própria pesquisa.

Na coleta de dados, o processo essencial é que recebemos dados não estruturados, e somos nós que damos estrutura a eles. Os dados são bem variados, mas eles são essencialmente narrações dos participantes: a) visuais (fotografias, vídeos, pinturas, entre outros), b) auditivas (gravações), c) textos escritos (documentos, cartas, etc.) e d) expressões verbais e não verbais (como respostas orais e gestos em uma entrevista ou grupo focal), além das narrações do pesquisador (anotações ou gravações no diário de campo, seja em um pequeno caderno de apontamentos ou um dispositivo eletrônico).

Algumas das características que definem a natureza da análise qualitativa são as seguintes:

1. O processo essencial da análise é que recebemos dados não estruturados e somos nós quem os estruturamos.
2. Os principais objetivos da análise qualitativa são:
   - Dar estrutura aos dados (Patton, 2002), e isso implica organizar as unidades, as categorias, os temas e os padrões (Willig, 2008).
   - Descrever as experiências das pessoas estudadas sob sua ótica, em sua linguagem e com suas expressões (Creswell, 2009).
   - Compreender profundamente o contexto que rodeia os dados (Daymon, 2010).
   - Interpretar e avaliar unidades, categorias, temas e padrões (Henderson, 2009).
   - Explicar ambientes, situações, fatos, fenômenos.
   - Reconstruir histórias (Baptiste, 2001).
   - Encontrar sentido para os dados no âmbito da formulação do problema.
   - Relacionar os resultados da análise com a teoria fundamentada ou construir teorias (Charmaz, 2000).
3. Conseguir esses propósitos é um trabalho paulatino. Para satisfazê-los devemos organizar e avaliar uma grande quantidade de dados coletados (gerados), para que as interpretações decorrentes do processo sejam direcionadas para a formulação do problema.
4. Uma fonte de dados importantíssima que é adicionada à análise são as impressões, percepções, sentimentos e experiências do pesquisador ou pesquisadores (na forma de anotações ou registradas por um meio eletrônico).
5. Nossa interpretação sobre os dados será diferente da interpretação de outros pesquisadores; e isso não significa que uma seja melhor do que a outra; mas que cada um possui seu próprio ponto de vista, apesar de alguns acordos recentes para sistematizar mais a análise qualitativa.
6. A análise é um processo eclético (que concilia diversos pontos de vista) e sistemático, mas não é rígido nem mecânico.
7. Como qualquer tipo de análise, a qualitativa é contextual.
8. Não é uma análise "passo a passo", o que fazemos é estudar cada "peça" dos dados em si mesma e em relação às demais ("como montar um quebra-cabeça").
9. É um caminho com direção, mas não em "linha reta", nos movemos continuamente "daqui para lá"; vamos e retornamos dos primeiros dados coletados para os últimos, interpretamos e

damos significado a eles, e isso ajuda a ampliar a base de dados quando for necessário, até que construímos um significado para todos os dados.

10. Mais do que seguir uma série de regras e procedimentos concretos sobre como analisar os dados, o pesquisador constrói sua própria análise. A interação entre a coleta e a análise nos permite ter maior flexibilidade na interpretação dos dados e adaptabilidade quando elaboramos as conclusões (Coleman e Unrau, 2005). Precisamos insistir: a análise dos dados não é predeterminada, mas "pré-desenhada, coreografada ou delineada". Ou seja, começa a ser realizada a partir de um esquema geral, mas seu desenvolvimento vai passando por modificações de acordo com os resultados (Dey, 1993). Em outras palavras, a análise é moldada pelos dados (aquilo que os participantes ou os casos vão revelando e o que o pesquisador vai descobrindo).
11. O pesquisador analisa cada dado (que por si só tem um valor), deduz semelhanças e diferenças com outros dados.
12. Os segmentos de dados são organizados em um sistema de categorias.
13. Os resultados da análise são sínteses de "ordem superior" que surgem na forma de descrições, expressões, temas, padrões, hipóteses e teoria (Boeije, 2009).
14. Existem diversas formas de abordar a análise qualitativa, dependendo do desenho ou do marco referencial selecionado. Entre essas abordagens podemos encontrar várias como a etnografia, a teoria fundamentada, a fenomenologia, o feminismo, a análise do discurso, a análise conversacional, as análises semióticas e pós-estruturais (Álvarez-Gayou, 2003; Grbich, 2007).

Quando após analisarmos vários casos já não encontramos informação nova ("saturação"), a análise termina. Mas, se notarmos que há inconsistências ou se o problema apresentado não pode ser entendido claramente, então retornamos ao campo ou contexto para coletar mais dados.

Creswell (1998) simboliza o desenvolvimento da análise qualitativa como uma espiral, que abrangem várias facetas ou diversos ângulos do mesmo fenômeno de estudo. E isso é mostrado na Figura 14.6.

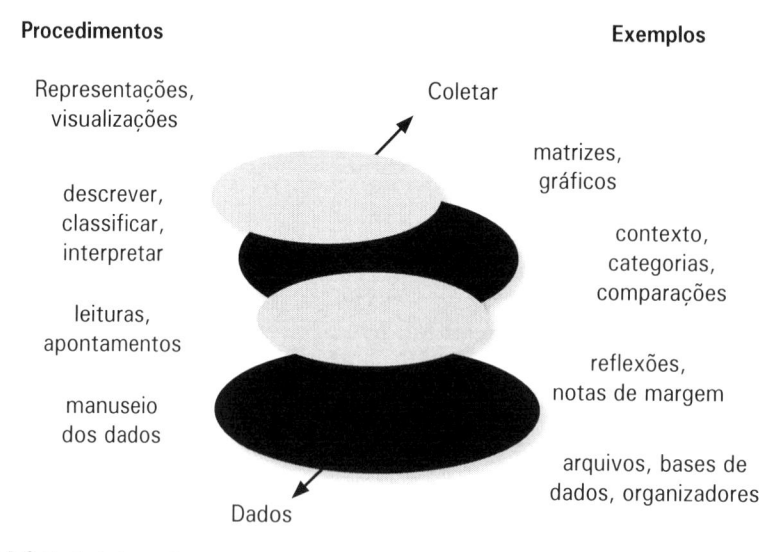

FIGURA 14.6 Espiral de análise dos dados qualitativos.

Alguns dos procedimentos de análise serão detalhados mais adiante (p. ex., matrizes).

Uma proposta de diretriz geral para a "coreografia" da análise dos dados é apresentada na Figura 14.7. As setas nos dois sentidos significam que podemos retornar para etapas prévias e não uma linearidade.

Já falamos sobre a coleta dos dados, vamos ver agora, caminhando um pouco mais em seu estudo minucioso, as tarefas analíticas e os resultados.

Coleta dos dados

- Primeiros dados da imersão (observações gerais, conversas informais, anotações, etc.). ↔
- Dados posteriores à imersão profunda (observações enfocadas, conversas direcionadas, anotações mais completas). ↔
- Dados obtidos por meio das técnicas utilizadas (entrevistas, grupos focais, observação, coleta de documentos e materiais, etc.).

Preparação dos dados para a análise.

Tarefas analíticas

- Realizar reflexões contínuas durante a **imersão inicial** no campo sobre os dados coletados e suas impressões a respeito do ambiente. ↔

- Realizar reflexões contínuas durante a **imersão profunda** no campo sobre os dados coletados e suas impressões a respeito do ambiente.
- Analisar a correspondência entre os primeiros e os últimos novos dados. ↔

- Análise detalhada dos dados utilizando diferentes ferramentas:
  - Teoria fundamentada.
  - Matrizes, diagramas, mapas conceituais, desenhos, esquemas, etc.

  O trabalho pode ser realizado com o apoio de programas eletrônicos de análise qualitativa.

Resultados

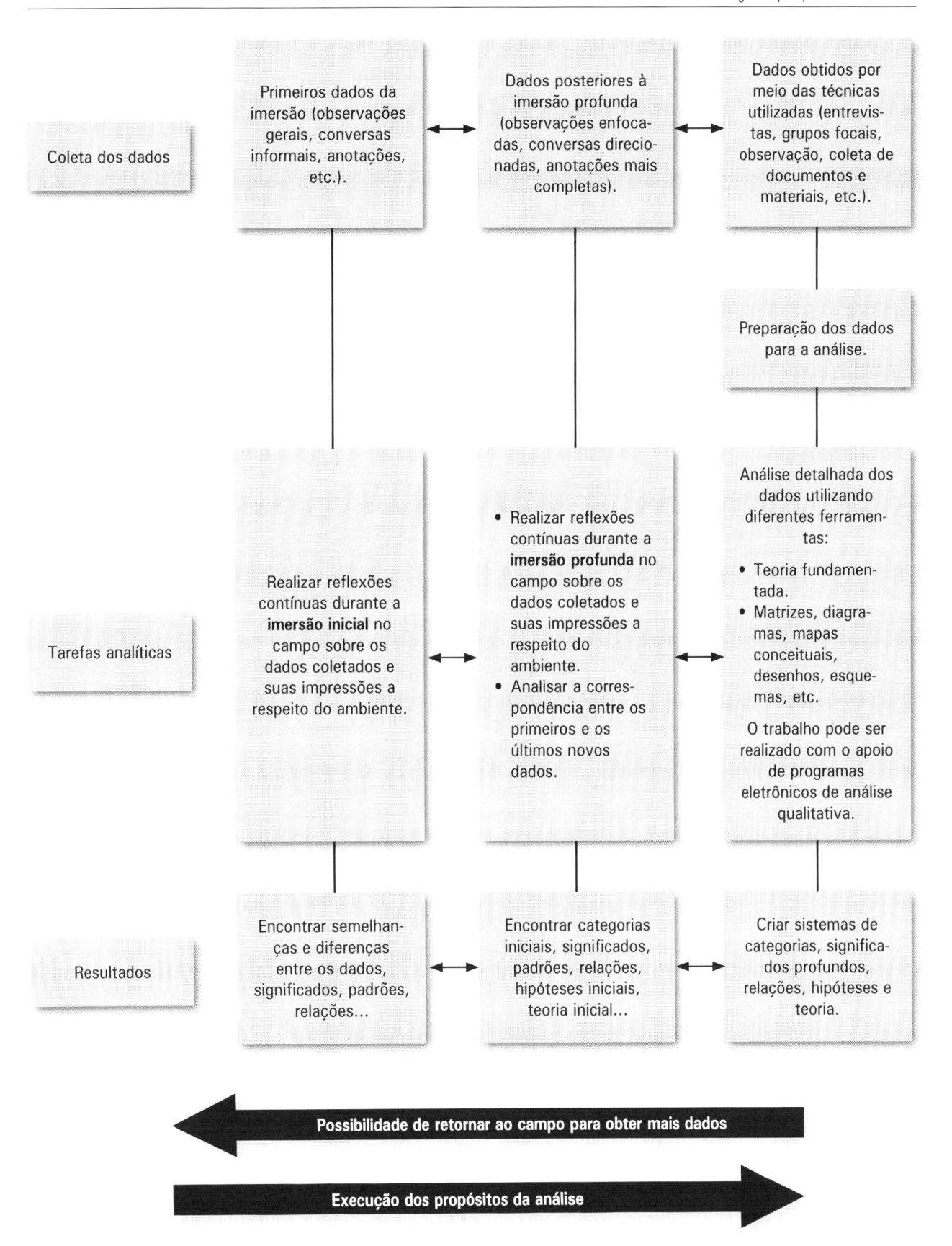

- Encontrar semelhanças e diferenças entre os dados, significados, padrões, relações... ↔
- Encontrar categorias iniciais, significados, padrões, relações, hipóteses iniciais, teoria inicial... ↔
- Criar sistemas de categorias, significados profundos, relações, hipóteses e teoria.

← **Possibilidade de retornar ao campo para obter mais dados**

Execução dos propósitos da análise →

FIGURA 14.7 Proposta de "coreografia" da análise qualitativa (diretrizes das tarefas potenciais para o pesquisador).

Reflexões e impressões durante a imersão inicial

Durante a imersão, o pesquisador realiza diversas observações sobre o ambiente, que junto com suas impressões são anotadas no diário de campo (anotações de vários tipos conforme já mostramos no Capítulo 12). Ele também conversa com integrantes do ambiente (alguns deles serão potenciais participantes), coleta documentos e outros materiais e – finalmente – realiza diversas atividades para começar a responder as formulações de seu problema de pesquisa. Baseando-se nesses primeiros dados, o pesquisador – diariamente – reflete e avalia sua formulação (ele se faz perguntas como: É o que tenho em mente? A formulação reflete o fenômeno que quero estudar? A formulação é adequada? Devo mantê-la ou modificá-la?) e a ajusta de acordo com suas próprias considerações. Também analisa se o ambiente e a amostra são apropriados em relação a sua formulação e realiza as mudanças que julgar necessárias. Como produto das reflexões começa a esboçar conceitos-chave que ajudem a responder as formulações e entender os dados (quais temas surgem, o que se relaciona com o quê, o que é importante, o que é parecido com o quê, etc.).

Esse foi o caso do estudo sobre a guerra cristera que, com as primeiras visitas aos contextos, os pesquisadores começaram a ter uma ideia sobre como foi o conflito em cada município. E foi assim que começaram a entender a arraigada religiosidade das pessoas dessa região naqueles tempos (1926-1929) e como continua sendo até hoje.

Basta lembrar o exemplo mencionado no capítulo anterior sobre os templos: na visita a uma igreja é possível encontrar buracos nas paredes (algo aparentemente comum), mas ao visitar outro templo o fato se repete; então surgem perguntas, ideias (Qual é a altura das marcas? Elas vão de uma coluna a outra nos pátios dos templos, o que isso significa?): "Aqui prendiam seus cavalos, essa igreja foi um quartel". É possível encontrar algo em comum entre duas, três ou mais igrejas (unidades de análise), e ao recorrer a outras fontes chegar à conclusão de que os templos foram quartéis, em alguns casos de cristeros, mas em outros de tropas do Governo Federal que haviam fechado e ocupado.

Reflexões e impressões durante a imersão profunda

Esse processo de reflexão se mantém conforme mais dados são coletados (O que isso me diz? O que significa este outro? Por que aquilo acontece?). As observações vão tendo um foco mais nítido para responder a formulação, as conversas são cada vez mais direcionadas e as anotações mais completas. Às vezes, isso depende da pesquisa específica, então realizamos as primeiras entrevistas, observações com um roteiro, sessões de grupos e coleta de materiais e objetos. Reavaliamos a formulação do problema, o ambiente e a amostra (unidades ou casos). Comparamos novos dados com os primeiros: No que são semelhantes, no que são diferentes? Como estão relacionados? Quais conceitos-chave são consolidados? Que outros conceitos novos aparecem? De maneira indutiva e paulatina surgem categorias iniciais, significados, padrões, relações, hipóteses primárias e um início de teoria.

Para compreender como a análise qualitativa vai sendo efetuada (e que é quase paralela à coleta dos dados), vamos pegar um exemplo coloquial.

Exemplo

Quando vamos conhecer uma pessoa do gênero oposto (fenômeno de estudo) com um encontro em um lugar que desconhecemos, mas que foi escolhido por ela (ambiente, contexto ou cenário), o que nós fazemos primeiro? É bem provável que seja averiguar algo sobre essa pessoa (talvez conversando com algumas amigas ou amigos que a conhecem, o que seria equivalente a uma revisão da literatura). Além disso, quem sabe vamos ao lugar (ambiente) para conhecê-lo ou procuramos informação sobre ele (imersão inicial). Ou, ainda, podemos nos aventurar e nos apresentarmos no local. Ao chegarmos, veremos como é esse lugar (se é grande ou pequeno, se tem estacionamento, a decoração, se é um restaurante ou um bar – ou outro tipo –, o ambiente social, etc.) e nos perguntaremos por que a pessoa o escolheu (imersão inicial).

> Quando estivermos diante da outra pessoa, a observaremos em sua totalidade (desde os cabelos até os sapatos [observação geral]). Começaremos a fazer a ela perguntas gerais (nome, ocupação, onde mora, gostos e *hobby*). Enquanto a observamos e conversamos (coleta dos primeiros dados) nos questionamos mentalmente (Como ela é? Que impressão ela me passa? Por que me diz isso e aquilo? [reflexões iniciais]). Conforme o tempo vai passando, iremos centrando nossa atenção em sua roupa, nos acessórios que ela usa, na cor de seus olhos, seus gestos (como sorri, p. ex. [observação enfocada]); e cada vez nossas perguntas serão mais direcionadas (continuamos coletando dados visuais e verbais, e simultaneamente analisamos cada dado de maneira individual e em conjunto). Ao observarmos os movimentos de suas mãos (dado), analisamos se está nervosa ou relaxada (categoria) e se ela é ou não uma pessoa expressiva (categoria). Por outro lado, estabelecemos relações entre conceitos (p. ex., como sua forma de se vestir está relacionada com as ideias que transmite ou a maneira como a comunicação verbal e não verbal se associam). E começamos a gerar hipóteses (que surgem dos dados e da própria interação): "É uma pessoa tranquila?", "Eu acho que poderíamos ser muito bons amigos". E uma coisa muito importante: não fundamentamos o processo naquilo que os amigos ou amigas disseram dessa pessoa, mas no que vemos e escutamos. Finalmente, fazemos perguntas mais concretas e tiramos nossas próprias conclusões. Sempre que obtemos um dado, ele é analisado em função de todo o encontro.
>
> Vamos imaginar que as pessoas do encontro se chamam Marcela e Roberto. Quando vão embora, cada um leva uma impressão do outro, têm uma interpretação que é única (se o encontro em vez de ser com Roberto tivesse sido com Pedro – outro indivíduo – a situação para Marcela teria sido diferente). Se o encontro foi em um restaurante, mas em vez disso tivesse sido em um bar (outro contexto), certamente a situação também seria diferente. Assim é a coleta e a análise qualitativas.

Análise detalhada dos dados

Obtivemos os dados utilizando ao menos três fontes: observação do ambiente, diário (anotações de diferentes tipos) e coleta focada (entrevista, documentos, observação mais específica, sessões, histórias de vida, materiais diversos). Realizamos reflexões e analisamos dados, temos um primeiro sentido de entendimento e continuamos gerando mais dados (cuja coleta é flexível, mas regularmente focada, conforme já foi mencionado). Na maioria das vezes podemos contar com um grande volume de dados (páginas de anotações ou outros documentos, horas de gravação ou filmagem de entrevistas, sessões de grupos ou observação, imagens e diferentes artefatos). O que fazer com esses dados? Como já havíamos comentado, a forma específica de analisá-los pode variar de acordo com o formato do processo de pesquisa selecionado: teoria fundamentada, estudo de caso, etnografia, fenomenologia, narrativa, etc. Cada um sugere um plano de ação para o processo de análise, já que os resultados que buscamos são diferentes (Grbich, 2007).

O procedimento mais comum de análise específica é esse mencionado a seguir e parte da denominada **teoria fundamentada** (*grounded theory*),[7] que significa que a teoria (descobertas) vai surgindo fundamentada nos dados. O processo está na Figura 14.8 e não é linear (precisávamos representá-lo de alguma maneira para que fosse compreendido). Mais uma vez, sabemos onde começamos (as primeiras tarefas), mas não onde iremos terminar. Ela é extremamente iterativa (vamos e voltamos) e às vezes é necessário retornar ao campo para obtermos mais dados enfocados (mais entrevistas, documentos, sessões e outros tipos de dados).

> **TEORIA FUNDAMENTADA** Teoria ou descobertas que surgem baseadas nos dados.

Organização dos dados e da informação, assim como revisão do material e preparação dos dados para a análise detalhada

Devido ao grande volume de dados, eles devem estar muito bem organizados. Também devemos planejar quais ferramentas vamos utilizar (hoje a maioria das análises é realizada por computador, no mínimo em um processador de textos). Esses dois aspectos dependem do tipo de dados que geramos. Talvez tenhamos apenas dados escritos como, por exemplo, anotações feitas à mão e documentos. Nesse caso podemos copiar as anotações em um processador de textos, escanear os documentos e arquivá-los no mesmo processador (ou escanear as anotações e os documentos). Se tivermos apenas imagens e anotações escritas, as primeiras são escaneadas ou enviadas ao computador e as segundas copiadas e escaneadas.

Quando temos gravações de áudio e vídeo como resultado de entrevistas e sessões, devemos transcrevê-las para realizarmos uma análise minuciosa da linguagem (embora alguns possam decidir analisar os materiais diretamente). A maioria dos autores (incluindo nós) sugere transcrever e analisar as transcrições, além de analisar diretamente os materiais visuais e auditivos (com a ajuda das transcrições). Tudo depende dos recursos que dispomos e da equipe de pesquisa com a qual podemos contar.

A primeira atividade é voltar a revisar todo o material (explorar o sentido geral dos dados) em sua forma original (notas escritas, gravações em áudio, fotografias, documentos, etc.). Na revisão começamos a escrever um segundo diário (diferente do de campo), que costuma ser denominado por *diário de análise* e cuja função é documentar passo a passo o processo analítico (mais adiante veremos que é uma ferramenta fundamental). Durante essa revisão devemos ter certeza de que o material está completo e que tem a qualidade necessária para ser analisado; mas se esse não for o caso (gravações que não podem ser entendidas, documentos que não podem ser lidos), precisamos realizar os ajustes técnicos possíveis ("limpar" as gravações, otimizar imagens, etc.).

No CD anexo, em: Material complementario → Investigación cualitativa → Ejemplo 3: "Entre 'no sabía qué estudiar' y 'esa fue siempre mi opción': selección de institución de educación superior por parte de estudiantes en una ciudad del centro de México" (Hernández Sampieri e Méndez, 2009), o leitor encontrará um exemplo completo de uma "clássica" análise qualitativa.

A segunda atividade é transcrever os materiais das entrevistas e sessões (anotações e o que for necessário). Claro que essa é uma tarefa complexa que exige paciência. Por exemplo, uma hora de entrevista – aproximadamente – dá 30 a 50 páginas no processador de textos (isso depende do programa, das margens e do espaçamento). E uma hora de áudio ou vídeo demora mais ou menos de três a quatro horas para ser transcrita. Se o pesquisador dispõe de várias pessoas para esse trabalho, ele pode realizar duas ou três transcrições para mostrar quais são as regras e os procedimentos (Coleman e Unrau, 2005). Os responsáveis pela transcrição deverão ser treinados (o número de pessoas depende do volume de dados, dos recursos disponíveis e do tempo que tivermos para terminá-las).

A seguir, fazemos uma série de recomendações sobre as transcrições.

- Sugerimos – por questão de ética – observar o princípio de confidencialidade. Isso pode ser feito quando substituímos o nome verdadeiro dos participantes por códigos, números, iniciais, apelidos ou outros nomes. Assim como foi feito por Morrow e Smith (1995). O mesmo acontece com o relatório de resultados.
- Utilizar um impresso com margens amplas (se quisermos fazer anotações ou comentários).
- Separar as intervenções (no mínimo com espaço duplo). Por exemplo, em entrevistas as intervenções do entrevistador e do entrevistado; em sessões, as intervenções do condutor e de cada participante (toda vez que alguém intervém), além de indicar quem está falando:

    Entrevistador: Você poderia me esclarecer o ponto?
    Entrevistado: Claro que sim, eu sempre achei Ana Paula atraente; se não propus que fossemos além é porque...
    Entrevistador: Mas, então, como poderia definir seu relacionamento com ela?
    Entrevistado: É uma coisa diferente, estranha, dadas as circunstâncias...

    Ou seja, indicar quando começa e termina cada pergunta e resposta.
- Transcrever todas as palavras, sons e elementos paralinguísticos: caretas, interjeições (tais como Oh! Hummm! Eh!, e outras).[8]
- Indicar pausas (pausa) ou silêncios (silêncio); expressões significativas (choro), (risos), (soco na mesa), sons ambientais (o celular tocou), (a porta foi batida); fatos que são deduzidos (alguém entrou); quando não se escuta (inaudível), etc. A ideia é incluir o máximo de informação possível.
- Se vamos analisar linha a linha (quando esta for a unidade de análise), numerar todas as linhas (isso pode ser feito automaticamente pelos processadores de textos e pelos programas de análise qualitativa).

```
O pesquisador revisa todo o material (conjunto de dados). → O pesquisador identifica um tipo de segmento para ser caracterizado como unidade constante (p. ex., em documentos: a linha, o parágrafo ou a página; em fotografias: o quadrante – superior esquerdo, superior direito –, etc.). → O pesquisador começa a codificar e vai avaliando se a unidade é apropriada para a análise; continua com a tarefa de codificação, até que decide manter essa unidade como a definitiva para todo o processo. → O pesquisador pode consolidar a unidade escolhida como constante ou mudar de unidade.
```

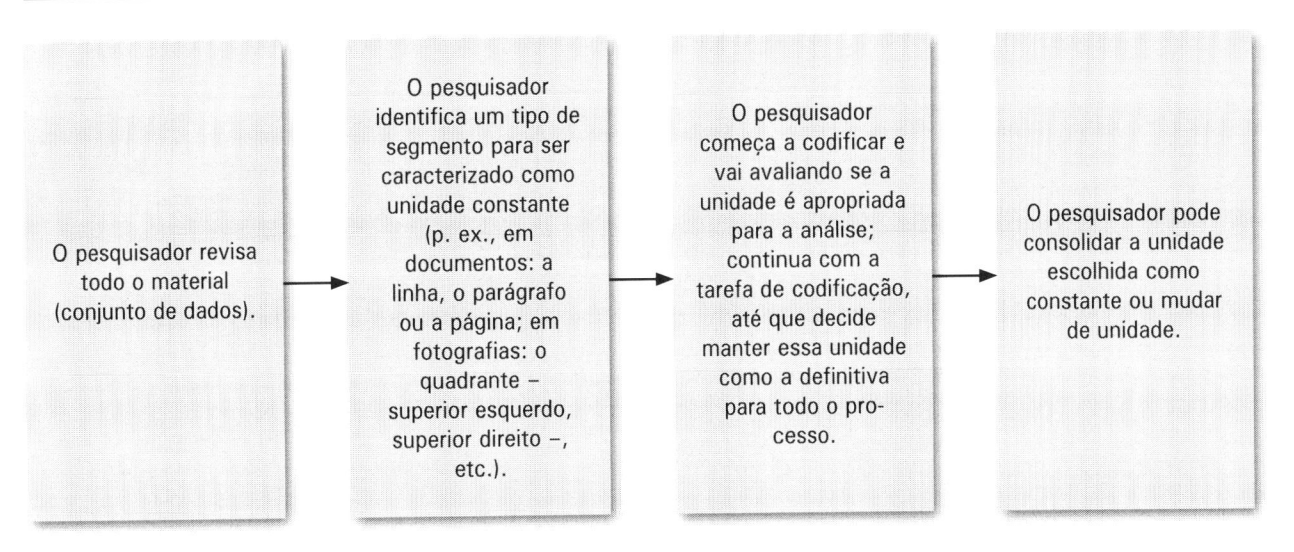

FIGURA 14.9 Processo de escolha de uma unidade constante.

dor ou refletir os eventos críticos das narrações dos participantes. No diário de análise é necessário explicar claramente as razões pelas quais criamos uma categoria.

A essência do processo é que os segmentos que têm natureza, significado e características semelhantes entram em uma mesma categoria e recebem o mesmo código, e os que são diferentes são colocados em diferentes categorias e recebem outros códigos. A tarefa é identificar e rotular categorias relevantes dos dados.

Os segmentos se transformam em unidades quando têm um significado (de acordo com a formulação do problema), e em categorias do esquema final de codificação no primeiro nível se sua essência se repetir depois nos dados (p. ex., na entrevista ou em outras entrevistas). As unidades são segmentos dos dados que formam os "tapumes" para construir o esquema de classificação e o pesquisador considera que elas, sozinhas, têm um significado.

Coffey e Atkinson (1996) dizem que são três as atividades da codificação em primeiro plano:

1. Perceber questões relevantes nos dados.
2. Analisar essas questões para descobrir semelhanças e diferenças, assim como estruturas.
3. Recuperar exemplos sobre essas questões.

Como Coleman e Unrau (2005) resumem, a codificação no primeiro nível é predominantemente concreta e envolve identificar propriedades dos dados, as categorias são construídas comparando dados, mas nesse nível não combinamos ou relacionamos dados, ainda não interpretamos o significado subjacente nos dados.

Em teoria fundamentada, esse primeiro nível de codificação é denominado "codificação aberta". Nela trabalhamos intensamente, unidade por unidade, para a identificação de categorias que podem ser interessantes, sem restrições; e também para a inclusão de questões que aparentemente não são relevantes para a formulação do problema. É importante termos certeza de que entendemos as categorias que vão sendo mostradas nos dados.

Caso o pesquisador decida escolher uma "unidade constante", alguns exemplos seriam os mencionados a seguir:

Em textos:

1. Palavras: "alcoolismo", "Ricardo", "divórcio".
2. Linhas: "Meu marido me deixou depois que engravidei pela terceira vez".
3. Parágrafos.

Não posso deixar de pensar (hummm!) que minhas filhas podem ver o pai completamente embriagado. É algo em que penso todas as noites antes de me deitar. Tomara que deixasse a bebida (uh!), mas vejo como algo impossível. Não conseguiu fazer isso desde que o conheço... (humm!), mas antes ele bebia bem menos (...)

4. Intervenções de participantes (desde que começa até que cada um conclua sua intervenção).

> Jesus: Não consigo parar de beber, não consigo (argh!)
> Alessandra: Você nem quer tentar. Pense no quanto você se sente mal; em suas filhas, o que vai acontecer quando forem mais velhas?

Nesse último caso temos duas unidades de análise (intervenções).
5. Páginas.
6. Mudanças de temas (toda vez que surge um novo tema).
7. O texto todo.

Em gravações de áudio e vídeo (tenham ou não sido transcritas para texto):

1. Palavras ou expressões.
2. Intervenções de participantes.
3. Mudanças de tema.
4. Períodos (segundo, minuto, cada *x* minutos, hora).
5. Sessão completa (entrevista, grupos focais, outro).

Biografias:

1. Dia, mês, ano, período, fragmentos sobre a vida.
2. Mudanças de tema.
3. Ações conhecidas.

Música:

1. Linha da canção.
2. Estrofe.
3. Canção completa.
4. Obra.

Construções, materiais ou artefatos:

1. Peça completa.
2. Partes específicas ou lugares dependendo do material, artefato ou construção (em igrejas: átrio, altar, confessionário, etc.).

Abaixo, apresentamos amostras de unidades de análise dos exemplos desenvolvidos nesta terceira parte do livro (Tabela 14.9).

Cabe destacar que as unidades ou segmentos de significado são analisados tal como são coletados no campo (na linguagem dos participantes, mesmo que as expressões sejam gramaticalmente incorretas, a estrutura seja incoerente, haja erros de ortografia e até grosserias ou termos vulgares).

Em nosso diário de análise, por exemplo, anotaríamos que as unidades de análise escolhidas foram as linhas.

Na codificação qualitativa, as **categorias** são conceitos, experiências, ideias, fatos relevantes e com significado.

CATEGORIAS Devem manter uma relação estreita com os dados.

Resumindo o que foi dito até agora, desde o início – por meio da comparação constante – cada segmento ou unidade é classificado como similar ou diferente de outros. Se as primeiras duas unidades têm qualidades similares, geram – por tentativa – uma categoria, e as duas recebem um mesmo código. Na hora de atribuir os códigos,

TABELA 14.9
Amostras de unidades de significado nos exemplos desenvolvidos

Estudo	Participantes	Método de coleta dos dados	Exemplos de unidades
Estudo sobre as experiências de abuso sexual infantil, de Morrow e Smith (1995).	Mulheres adultas que sofreram abuso sexual durante sua infância.	Entrevista inicial e sessões focais.	• "Eu costumava brincar com bonecas de papel. Elas eram minhas amigas. Elas nunca iriam me ferir." • "Minha avó me deu amparo, ela era uma mulher muito espiritualizada... Ela costumava nos embalar e cantar para nós." • "Eu me isolei para sempre." • "Posso ser invisível se for uma boa menina, muito boa menina."
A guerra cristera em Guanajuato (1926-1929).	Sobreviventes da época.	Entrevista.	• O padre aos poucos começava a conversar: "não estamos bem aqui, rapaz, de jeito nenhum... Veja, aqui estou preso com os líderes... Pedro não sabe nem quando vai embora... não sabem que o líder está aqui, porque se não..." • "Era difícil, se o Governo chegava aos ranchos, comia tudo o que havia lá e as pessoas passavam fome; se os cristeros chegavam, era igual; não, a confusão estava armada." • "Nada tinha importância, quando não gostavam de alguém o matavam. Alguns eram cristeros e não colocavam nem um pé na prisão."
Avaliação da experiência de compra dos clientes em *shopping centers* de uma importante cadeia de lojas latino-americana.	Clientes de diferentes idades.	Grupos focais.	• "Eu venho para comprar, quando temos tempo viemos tomar um café, mas eles deveriam abrir mais cedo, meus filhos que são adolescentes vêm porque é perto e visitam muito a área de *fast-food*, na parte da tarde há muitos jovens." • "O ambiente me dá paz, cheira delicioso, eu gosto do som, o ar condicionado é agradável e tudo é muito organizado." • "A praça não é para comprar, é mais para dar uma volta."

elaboramos uma nota sobre as características pelas quais as unidades são consideradas similares (um memo analítico sobre a regra), que é incluída no diário de análise. Se as duas unidades não forem similares, a segunda produz uma nova categoria que recebe outro código. E novamente, a informação que define essa segunda categoria é registrada no diário (um memo analítico sobre a regra). Durante o processo vamos especificando a(s) regra(s) que indica(m) quanto e por que essa unidade é incluída nessa categoria. Pegamos uma terceira, quarta, quinta, "*n*" unidades ou segmentos e repetimos o processo. A atividade é esquematizada na Figura 14.10.

O número de categorias aumenta toda vez que o pesquisador identifica unidades diferentes (quanto ao significado) do restante dos dados (unidades prévias categorizadas).

Vamos ver isso com um exemplo simples (análise dos tipos de violência entre casais), no qual mostramos um texto com nove unidades de análise (constantes), definindo a unidade como linha:

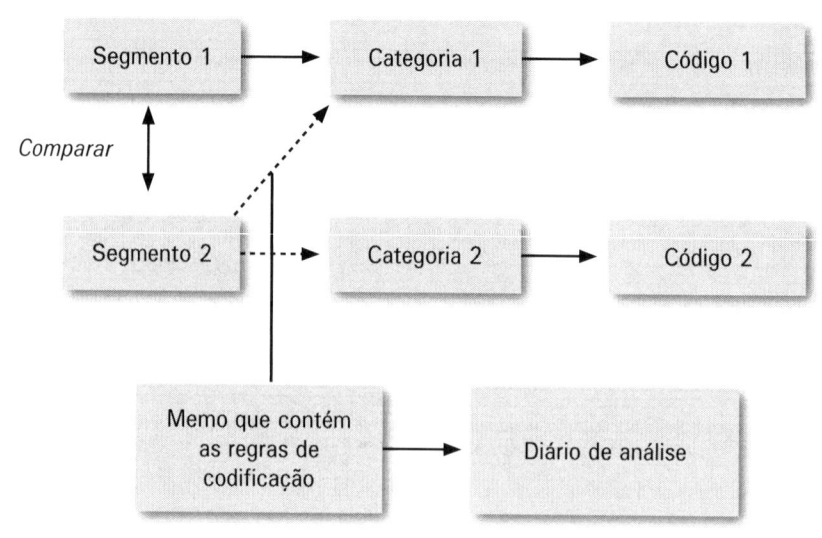

```
Segmento 1  →  Categoria 1  →  Código 1
   ↕ Comparar      ↑
Segmento 2  ┄→ Categoria 2  →  Código 2
      ↓
Memo que contém
as regras de      →  Diário de análise
codificação
```

FIGURA 14.10 Processo de codificação qualitativa.

Exemplo

De unidades de análise (constantes)
Pesquisa sobre a experiência negativa de uma mulher agredida por seu marido e os tipos de violência praticados pelos maridos que abusam de seus pares.

Coleta dos dados: Entrevistas profundas.
Unidade de análise: Linha.
Contexto: Entrevista com uma jovem esposa de 20 anos, dois anos de casada, de origem humilde, que vive nos subúrbios de Valledupar, Colômbia.

1. Carolina: Meu marido me espancou várias vezes (ohh!). (pausa)
2. Não sei como dizer isso. Ele me bate com a mão aberta e com ela fechada.
3. A última vez ele me disse: "Você é uma puta". Também me
4. disse que sou bastarda, cadela. Sempre me insulta. E a
5. verdade é que nunca dei motivo. Nunca (pausa). Ele me disse que
6. os homens se dirigem a mim como cobras. Que eu gosto de fazer
7. com que se sinta mal. Ele me olha com ódio doentio. Me ameaça com os olhos.
8. E às vezes eu respondo e bato nele também. Outro dia eu quebrei
9. um abajur na cabeça dele...

Analisamos a primeira linha (unidade de análise):

1. Carolina: "Meu marido me espancou várias vezes (ohh!). (pausa)".
Consideramos seu significado: A que se refere? Decidimos criar a categoria "violência física" (memo: a "violência física" implica que uma pessoa avança na outra utilizando uma parte de seu corpo). Se depois descobrirmos que na violência física foram utilizados objetos (além de partes do corpo), a regra poderia ser modificada (ampliando-a): a "violência física" implica que uma pessoa avança na outra utilizando uma parte de seu corpo ou um objeto. E se essa violência gerou hematomas ou ferimentos, isso poderia ser acrescentado na regra, o mesmo para "uso de armas de fogo". Cada elemento novo é adicionado à regra ou definição.

A segunda unidade ou segmento:

2. "Não sei como dizer isso. Ele me bate com a mão aberta e com ela fechada".
Comparamos com a primeira (as duas significam o mesmo? Que tipo de violência elas refletem?).
A conclusão é que se refere ao mesmo, também seria parte da "violência física".

A terceira:

3. "A última vez ele me disse: 'Você é uma puta'. Também me..."
O que significa? Será que significa o mesmo se comparada com as outras duas? A resposta é que é alguma coisa diferente, não é violência física, a regra não pode ser aplicada. Essa terceira unidade tem um significado diferente, criamos a categoria "violência verbal" (memo: "a violência verbal" se refere ao fato de que uma pessoa insulta a outra).

O quarto segmento ou unidade:

4. "...disse que sou bastarda, cadela. Sempre me insulta. E a..."
O que significa? (comparando essa unidade com as demais, ela é semelhante ou diferente?) A resposta é que é diferente das duas primeiras e similar à terceira, por isso vai para a categoria "violência verbal".

A quinta:

5. "...verdade é que nunca dei motivo. Nunca (pausa). Ele me disse que..."

Não é similar a nenhuma unidade; devemos criar outra categoria, mas se o objetivo da análise for descrever os tipos de violência utilizados pelo marido, essa unidade não é apropriada para gerar categorias. No entanto, se a análise pretende avaliar, além dos tipos de violência presentes nas interações, o contexto em que ocorrem e a responsabilidade da esposa quanto às razões pelas quais os maridos abusam delas, então seria necessário criar uma categoria e sua regra (p. ex.: "desconhecimento da razão ou motivo", quando a mulher não apresenta uma razão ou diz não conhecê-la). E assim continuaríamos com cada unidade de análise, comparando-a com as demais.

Na codificação qualitativa, as unidades vão produzindo categorias ou vão sendo "encaixadas" nas que surgiram previamente. No exemplo, a sétima linha faria "brotar" a categoria "violência psicológica".

Na transcrição do exemplo analisado percebemos três tipos de violência. Também notamos que o processo de gerar categorias é realizado tendo como base a comparação constante entre unidades de análise. As categorias surgirão mais rapidamente se primeiro lermos todo o material (unidades) e nos familiarizarmos com ele.

O número de categorias aumenta conforme revisamos mais unidades de análise. Claro que no início da comparação entre unidades são criadas várias categorias; mas conforme vamos caminhando para o final, o ritmo de criação de novas categorias diminui.

Às vezes as unidades de análise ou significado não geram categorias claras. Então costumamos criar a categoria "outras" ("vários", "miscelânea"...). Essas unidades são colocadas nessas categorias, juntamente com outras difíceis de classificar. Assim como dizem Grinnell, Williams e Unrau (2009), devemos registrar a razão pela qual uma categoria não é criada ou não pode ser colocada em nenhuma categoria existente. É provável que depois, quando formos revisar outras unidades de análise, criemos uma nova categoria na qual possam ser colocadas duas ou mais unidades que estavam na categoria "outras". Quando terminarmos de considerar todas as unidades é bom revisar essa categoria miscelânea e avaliar quais unidades poderão ser inseridas em novas categorias. Devemos lembrar que, se uma unidade de análise não puder ser classificada no sistema de categorias, ela não deve ser descartada, mas inserida na categoria miscelânea.

Essa categoria tem a função preventiva de descartar aquilo que "aparentemente" são unidades irrelevantes, mas que mais adiante podem nos mostrar seu significado.

Quando notarmos que a categoria "outras" inclui muitas unidades de significado, é recomendável voltar a revisar o processo e nos certificarmos de que nosso esquema de categorias e as regras estabelecidas para classificar são claros e nos ajudam a discernir entre categorias. Coleman e Unrau

DIÁRIO DE ANÁLISE OU ANALÍTICO
Serve para garantir a aplicação coerente das regras emergentes que orientam a criação de categorias e suas definições, assim como a atribuição de unidades posteriores para as categorias já existentes.

(2005) sugerem que a categoria "outras" não deve ser maior do que 10% em relação do conjunto total do material analisado. Quando ela ultrapassa – um pouco – essa porcentagem ou notamos que essa categoria contém muitas unidades, isso talvez se deva ao cansaço, à "cegueira", "falta de concentração" ou, o que é mais delicado, que temos problemas com o esquema de categorização (codificação e as regras).

Ocasionalmente, podemos parar e confirmar as regras emergentes ou modificá-las (ampliá-las ou transformá-las completamente). As categorias também podem mudar seu *status* (passar a ser irrelevantes de acordo com a formulação ou serem eliminadas, p. ex., por serem redundantes).

O número de categorias encontradas e criadas depende do volume de dados, da formulação do problema, do tipo de material revisado e da extensão e profundidade da análise. Por exemplo, analisar percepções de um grupo de crianças sobre suas mães é diferente do que analisar as percepções das crianças sobre suas mães, pais, irmãos e irmãs.

A complexidade da categorização também deve ser considerada, uma unidade pode gerar mais de uma categoria ou ser colocada em duas, três ou mais categorias. Portanto, a unidade:

25. Carolina: "Ele disse que eu era uma estúpida e que ele manda e só ele fala em casa".

Pode aparecer como a categoria "violência verbal" (categoria da dimensão tipo de violência) e como a categoria "autocrático ou impositivo" (ao situar o papel do marido na relação).

Também é possível codificar unidades (que façam surgir categorias) que se sobreponham ou cruzem entre si.

Em outros casos, "pequenas" categorias podem se "encaixar" em categorias mais amplas e inclusivas, que costumam ser denominadas "códigos aninhados" (Coleman e Unrau, 2005).

Algumas categorias podem ser tão complexas que é necessário fragmentá-las em várias, mas se isso for muito difícil, é melhor deixá-las como "um todo" e continuar a codificação e, ao aprimorar a análise, a fragmentação pode ser mais simples. Na Figura 14.11 mostramos um exemplo de fragmentação de categorias.

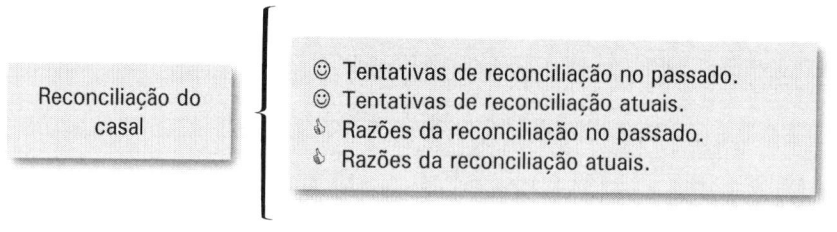

Reconciliação do casal
☺ Tentativas de reconciliação no passado.
☺ Tentativas de reconciliação atuais.
💧 Razões da reconciliação no passado.
💧 Razões da reconciliação atuais.

FIGURA 14.11 Demonstração da fragmentação de uma categoria.

A categoria fragmentada depois pode passar a ser um tema.

Um exemplo de categorias referentes ao "estado emocional dos pacientes" é o proporcionado por Morse (1999), que surgiram ao observar como as enfermeiras consolavam os pacientes traumatizados (em estado grave) na sala de emergência de hospitais nos Estados Unidos e no Canadá (do qual falamos um pouco no capítulo anterior).

- Inconsciente
- Tranquilo e relaxado
- Assustado
- Aterrorizado
- Fora de controle

Essas categorias emergentes refletem o estado dos pacientes durante a emergência.

Outras categorias que surgiram foram as estratégias utilizadas pelas enfermeiras para consolar os pacientes:

1. Falar com os pacientes em situações dolorosas.
2. Ajudá-los a suportar o sofrimento, utilizando um estilo próprio de conversação e posturas que denominamos registro de conversação para dar conforto.
3. Normalizar a situação ao evitar os gritos, a excitação e o pânico, assim como controlar a própria expressão enquanto as lesões eram tratadas.
4. Brincar com os pacientes em condições difíceis para que a situação não pareça grave.
5. Apoiar os médicos em suas tarefas e lembrar a eles há quanto tempo haviam começado os procedimentos de reanimar os pacientes, quando era hora de movê-los, se era necessário dar mais analgésicos ou outra observação.
6. Trazer os familiares dos pacientes, o que implicava esconder qualquer sinal de que a situação era grave (limpar o sangue), descrever a eles o que deviam fazer ao entrar na sala de traumatologia.
7. Apoiar os parentes e explicar a eles como falar com seus entes queridos.

A criação de categorias, a partir da análise de unidades de conteúdo, demonstra claramente porque o enfoque qualitativo é essencialmente indutivo. Os nomes das categorias e as regras de classificação devem ser suficientemente claros para evitar que os processos tenham de ser repetidos várias vezes na hora da codificação. Devemos lembrar que na análise qualitativa temos de mostrar o que dizem as pessoas estudadas usando suas "próprias palavras".

Vamos ver um exemplo das categorias geradas no estudo sobre as experiências de abuso sexual infantil, de Morrow e Smith (1995).

- Os abusos foram desde insinuações e contatos íntimos indesejados até violações completas com a presença de armas de fogo carregadas. Essas formas de abuso foram classificadas pela análise de dados em cinco categorias:

    a) abusos sexuais não físicos,
    b) ferimentos físicos (atos físicos para ferir),
    c) forçar a praticar atos sexuais,
    d) penetração e
    e) tortura sexual.

- As principais categorias que surgiram das experiências do abuso sexual infantil foram:

    a) Extrema angústia pelos sentimentos de medo e sensação de perigo.
    b) Sentir-se impotente, que não tem apoio e controle.

- Desses sentimentos profundos descritos pelas vítimas, também surgiram duas estratégias fundamentais paralelas (categorias) para sobreviver e enfrentar a terrível experiência:

    a) Evitar ser consumida pela ansiedade provocada pelos sentimentos perigosos e ameaçadores.
    b) Saber lidar com a sensação de falta de apoio, impotência e falta de controle. Como a menina dispunha de poucos recursos de ajuda, a maior parte das estratégias descritas pelas participantes foi realizada internamente tendo como foco as emoções.

Uma questão adicional é que surgem diversos tipos de categorias: 1) esperadas (que antecipávamos encontrar; p. ex., no caso da guerra cristera, crimes contra sacerdotes), 2) inesperadas (uso das igrejas como quartéis pelos dois lados), 3) fundamentais para a formulação do problema (proibição oficial de que toda a população participasse de qualquer culto religioso), 4) secundárias para a formulação (lugares específicos onde assassinavam os cristeros) e 5) as miscelâneas. A essa classificação podemos acrescentar outras duas sugeridas por Creswell (2009): categorias não usuais (situações pouco comuns, mas que têm um interesse conceitual para a compreensão do fenômeno) e categorias teóricas (obtidas a partir de um ponto de vista teórico).

Se voltarmos aos códigos, devemos lembrar que eles são atribuídos às categorias (são rotuladas) para que a análise seja mais fácil de trabalhar e simples de realizar, além de ser uma forma de distinguir uma categoria de outras. Podem ser números, letras, símbolos, palavras, abreviaturas, imagens ou qualquer tipo de identificador, conforme mostramos no seguinte exemplo:

> **Exemplo**
> Tipo de violência
>
> 1: Física
> 2: Violência verbal
> 3: Violência psicológica
>
> VF: Violência física
> VV: Violência verbal
> VP: Violência psicológica
>
> 🗲 : Violência física
> 🗣 : Violência verbal
> 👥 : Violência psicológica

Assim como os códigos identificam as categorias, também podemos atribuir um código para indicar dimensão e categoria. Por exemplo:

TVF: Violência física
TVV: Violência verbal
TVP: Violência psicológica

Em que T indica que é a dimensão "Tipo de violência" e VF, VB e VP as diferentes categorias. Às vezes, as codificações são mais complexas:

PASJE: Parente que abusou sexualmente da jovem e que estava sob o efeito de algum entorpecente.
PASJA: Parente que abusou sexualmente da jovem e que estava sob a influência do álcool.
PASJNS: Parente que abusou sexualmente da jovem e que não estava sob o efeito de nenhuma substância.
PAPT: Professor autoritário que pune os alunos fazendo com que permaneçam na classe após o término das aulas.
PARP: Professor autoritário pune os alunos ridicularizando-os em público.
PDPA: Professor democrático que não pune os alunos.

Existem aqueles que separam a sequência; por exemplo, P-A-S-J-E, etc.

Quando as categorias são pessoas (p. ex., ao analisar relações entre membros de uma família ou um grupo de gangues), os códigos costumam ser as siglas de cada uma (GRR: Guadalupe Riojas Rodríguez). Também é comum identificar sequências de ações utilizando códigos (E- VF- ES- A: O esposo abusou, com Violência Física, da Esposa sob a influência do Álcool). Os códigos são como "apelidos" das categorias, pois permitem que sejam identificadas mais rapidamente. Essa é uma maneira relativamente simples de códigos, muito útil quando realizamos os primeiros trabalhos de codificação qualitativa. O ideal é que os códigos reflitam aquilo que é mais importante nas unidades.

Por exemplo:
"Depois que meu marido me deixou, não me sinto segura, estou gorda (silêncio), olho para mim e digo 'não sirvo para nada'".
Código: Autoestima (reflete algo da unidade, mas não toda a riqueza).
Seria mais apropriado: Baixa autoestima.
Uma forma de atribuir códigos para unidades é o que se denomina "códigos ao vivo", em que o código é um segmento do texto. Por exemplo:
Unidade (guerra cristera).
"(...) é óbvio que essas pessoas não chegavam perguntando pela chave ou perguntando quem iria abrir, mas eles, em um autêntico assalto, entravam à força".
Código ao vivo:

"...é óbvio que essas pessoas não chegavam perguntando pela chave."

Ou seja, é um fragmento da própria unidade (ou poderia ser toda a unidade). Claro que a codificação "ao vivo" não é conveniente para unidades grandes.

Quando trabalhamos a codificação com um processador de textos, deixamos um espaço na margem direita para anotar os códigos. Por exemplo:

> Começaram a...fazer um massacre desta vez... eu estava passando por ali, fui ver e havia muitas pessoas, feridos e mortos em todo o quarteirão entre Corregidora e Hidalgo. Nesse quarteirão, uma atrocidade, muitos estavam ali. E quando chegou esse exército para trazer a paz, não recolheram mais do que 22 cadáveres, os outros já tinham sido levados pelas pessoas, era 1940.

> O conflito continuou muito tempo depois de 1929.

> **ATLAS TI**

Os programas de análise qualitativa (como o Atlas.tic© e o Etnograph®) deixam uma margem direita para os códigos e os anotam automaticamente. Para ver um exemplo de categorização no Atlas.ti© recomendamos que o leitor consulte o Exemplo 3 do CD: "Entre 'no sabía qué estudiar' y 'esa fue siempre mi opción': selección de institución de educación superior por parte de estudiantes en una ciudad del centro de México" (Hernández Sampieri e Méndez, 2009).

Quando todas as unidades foram categorizadas, fazemos "uma varredura" ou revisão dos dados para:

1. Ver se captamos ou não o significado que os participantes querem transmitir ou o que pretendemos encontrar nos documentos ou materiais.
2. Refletir se incluímos todas as categorias relevantes possíveis.
3. Revisar as regras para determinar as categorias emergentes.
4. Avaliar o trabalho realizado.

Após essa revisão talvez nossa decisão seja validar o processo, mas podemos estar confusos sobre as razões pelas quais geramos certas categorias ou inseguros em relação às regras. Também podemos considerar que algumas categorias são muito complexas e gerais e que devemos fragmentá-las em novas categorias. Então, esse é o momento de avaliar cada unidade para que seja incluída em uma determinada categoria. O propósito é evitar ambiguidade e incerteza na criação de categorias.

Também podemos descobrir que algumas categorias não foram totalmente desenvolvidas ou que foram definidas parcialmente. Além disso, detectar que as categorias esperadas não vieram à tona. Diante desses problemas e inconsistências precisamos rever no que falhamos: se na definição das unidades de análise, nas regras de categorização, ao detectar categorias que surgiram da comparação entre unidades, etc. Então, o melhor que temos a fazer é anotar tudo isso no diário e não ficarmos aflitos.

Algumas decisões que podemos tomar diante desse tipo de contingências negativas são: a) retornar ao campo em busca de dados adicionais (mais entrevistas, observações, sessões, artefatos ou outros dados, b) pedir a outro pesquisador que "teste" nosso sistema de categorias e regras, com sua própria análise em pelos menos alguns casos (p. ex., entrevistas). Conforme já dissemos, existe sempre uma diferença entre os resultados que duas pessoas que analisam o mesmo material poderiam obter, mas se essa for além do razoável, Coleman e Unrau (2005) recomendam recorrer a uma terceira para voltarmos a codificar e verificarmos o que está acontecendo, para que possam realizar as modificações apropriadas.

Por outro lado, quando estamos analisando dados e "tudo está funcionado", às vezes nos perguntamos: Quando devo terminar ou parar? Será que temos entrevistas, sessões e artefatos suficientes? (p. ex., Realizamos 15 entrevistas, temos de fazer mais?) Geralmente "paramos" no que se refere a coletar dados ou acrescentar casos, quando ao revisarmos novos dados (entrevistas, sessões, documentos, etc.) já não podemos mais encontrar categorias novas (significados diferentes); ou, ainda, quando esses dados se "encaixam" facilmente em nosso esquema de categorias (Neuman, 2009). E esse fato recebe o nome de **saturação de categorias**, o que significa que os dados se transformam em algo "repetitivo" ou redundante, e as novas análises confirmam o que fundamentamos. Esse conceito é apresentado na Figura 14.12.

> **SATURAÇÃO DE CATEGORIAS**
> Quando os dados se tornam repetitivos ou redundantes e as novas análises confirmam o que fundamentamos.

Há duas questões que, apesar de já terem sido mencionadas, precisam ser repetidas: durante o processo de codificação inicial é aconselhável ir escolhendo

```
┌─────────────┐      ┌──────────────┐      ┌─────────────┐      ┌──────────────┐
│• Entrevista │      │              │      │• Entrevista │      │              │
│• Observação │      │   Análise    │      │• Observação │      │   Análise    │
│• Documento  │ ───▶ │  (primeiras  │ ───▶ │• Documento  │ ───▶ │  (segundas   │
│• Artefato   │      │  categorias) │      │• Artefato   │      │  categorias) │
│• Anotações… │      │              │      │• Anotações… │      │              │
│• Outros     │      │              │      │• Outros     │      │              │
└─────────────┘      └──────────────┘      └─────────────┘      └──────────────┘
```

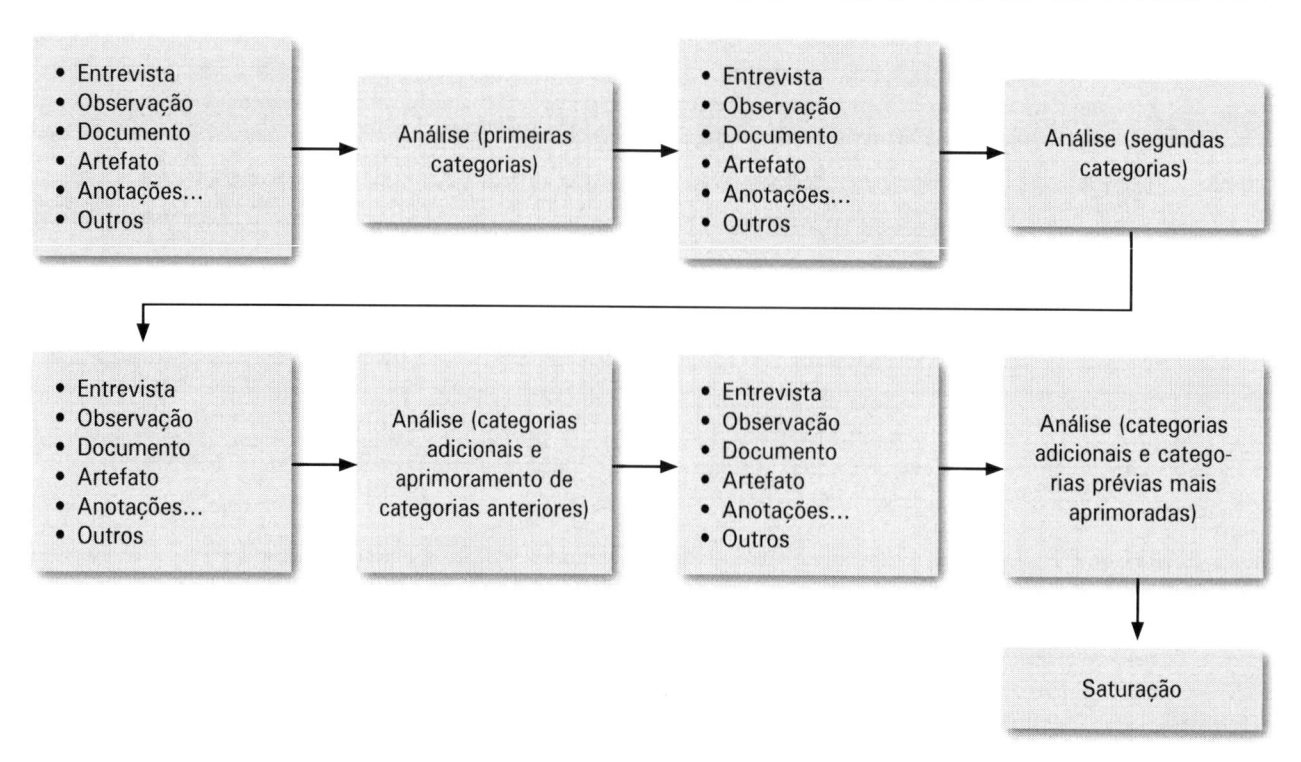

┌─────────────┐   ┌──────────────┐   ┌─────────────┐   ┌──────────────┐
│• Entrevista │   │   Análise   │   │• Entrevista │   │   Análise   │
│• Observação │   │ (categorias │   │• Observação │   │ (categorias │
│• Documento │ ───▶ │ adicionais e │ ───▶ │• Documento │ ───▶ │ adicionais e │
│• Artefato   │   │aprimoramento │   │• Artefato   │   │categorias   │
│• Anotações… │   │de categorias │   │• Anotações… │   │prévias mais │
│• Outros   │   │ anteriores) │   │• Outros   │   │ aprimoradas) │
└─────────────┘   └──────────────┘   └─────────────┘   └──────────────┘
                                                                        │
                                                                        ▼
                                                                   ┌─────────┐
                                                                   │Saturação│
                                                                   └─────────┘

FIGURA 14.12 Saturação de categorias.

segmentos representativos das categorias (p. ex., citações textuais), que as caracterizem ou que tenham um significado muito ligado à formulação, porque mais tarde vamos precisar deles no que costuma ser conhecido como recuperação de unidades. Assim como devemos lembrar que as anotações do pesquisador (presentes no diário de coleta dos dados ou outro meio) também são codificadas (às vezes separadamente e outras vezes juntamente com as entrevistas, sessões, etc.; nessa segunda opção devem estar relacionadas com os dados).

Se o processo foi completado, então a grande quantidade de dados será reduzida a categorias e serão transformados, sem perder seu significado (que é imprescindível na pesquisa qualitativa), além de agora estarem codificados. As vezes, temos como resultado algumas categorias, e em outras diversidade de categorias.

Descrever as categorias codificadas que surgiram e codificar os dados em um segundo nível ou central

O segundo plano é mais abstrato e conceitual do que o primeiro e envolve descrever e interpretar o significado das categorias (no primeiro plano interpretamos o significado das unidades). Para esse propósito, Berg (2004) recomenda recuperar pelo menos três exemplos de unidades para apoiar cada categoria. Em um processador de textos, os segmentos são recuperados com as funções "copiar" e "colar" (os programas eletrônicos de análise qualitativa têm uma forma específica de fazer isso). Essa atividade nos leva a examinar as unidades dentro das categorias, que são dissociadas dos participantes que as expressaram e dos materiais de que surgiram. Cada categoria é descrita em relação ao seu significado (A que a categoria se refere? Qual é sua natureza e essência? O que a categoria nos "diz"? Qual é seu significado?) e exemplificada ou caracterizada com segmentos. A seguir, mostramos um exemplo simples dessa recuperação com o caso que abordamos sobre os centros comerciais.

Também começamos a comparar categorias (assim como fizemos com as unidades), identificamos semelhanças e diferenças entre elas e consideramos vínculos possíveis entre categorias. A recuperação de unidades, além de ajudar na compreensão do significado, também serve para os con-

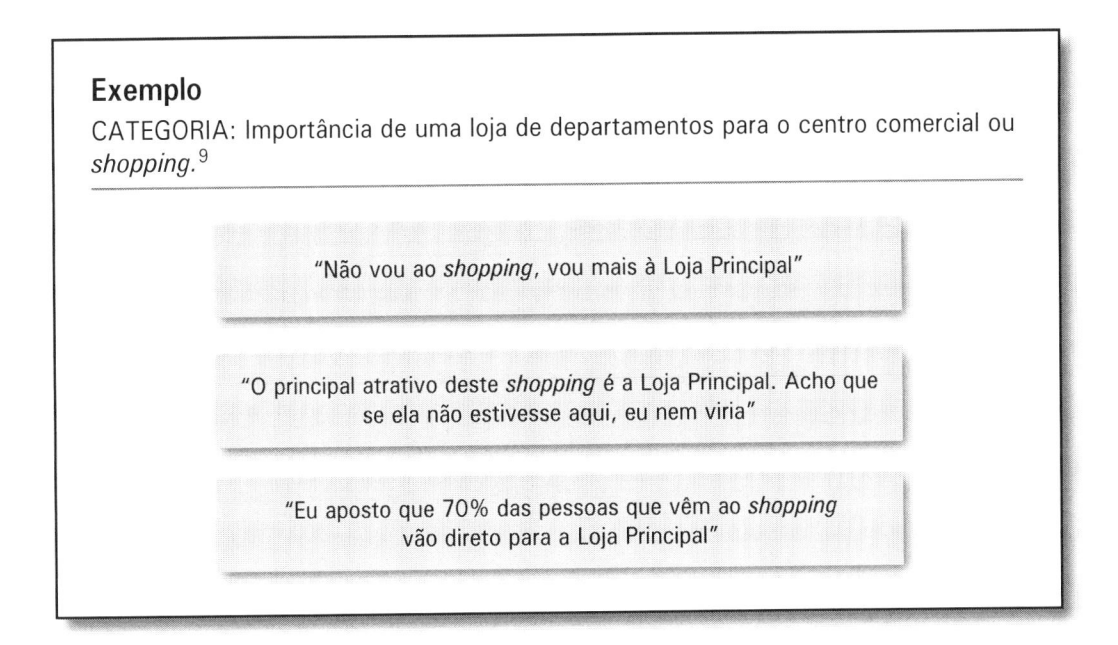

> **Exemplo**
> CATEGORIA: Importância de uma loja de departamentos para o centro comercial ou *shopping*.[9]
>
> "Não vou ao *shopping*, vou mais à Loja Principal"
>
> "O principal atrativo deste *shopping* é a Loja Principal. Acho que se ela não estivesse aqui, eu nem viria"
>
> "Eu aposto que 70% das pessoas que vêm ao *shopping* vão direto para a Loja Principal"

trastes entre categorias. O foco da análise se desloca do contexto do dado para o contexto da categoria. Antes de aprofundarmos na comparação de categorias, vamos deixar claro essa questão de recuperação de unidades ou segmentos do material analisado.

Recuperar as unidades significa que retomamos o texto ou a imagem original (no primeiro caso, a transcrição do segmento). As unidades recuperadas são colocadas novamente em sua correspondente categoria (por isso é que insistimos que é preciso selecionar exemplos representativos ou significativos de cada categoria). Lembramos que todos os segmentos vêm de entrevistas, sessões de grupo ou outros meios; por isso ao recuperá-los os colocamos fora do contexto da expressão de cada participante. E esse é o risco de interpretar erroneamente a unidade quando for separada de seu contexto original (como é o caso da experiência de cada participante). A vantagem é que podemos considerar a informação em cada categoria em um nível entre casos (p. ex., considerarmos as experiências de vários indivíduos ou de um participante em diferentes momentos). E é assim que o pesquisador percebe a importância de deixar as regras claras na codificação inicial.

A comparação entre categorias na questão de semelhanças e diferenças ocorre entre significados e segmentos, que pode ser representada como na Figura 14.13.

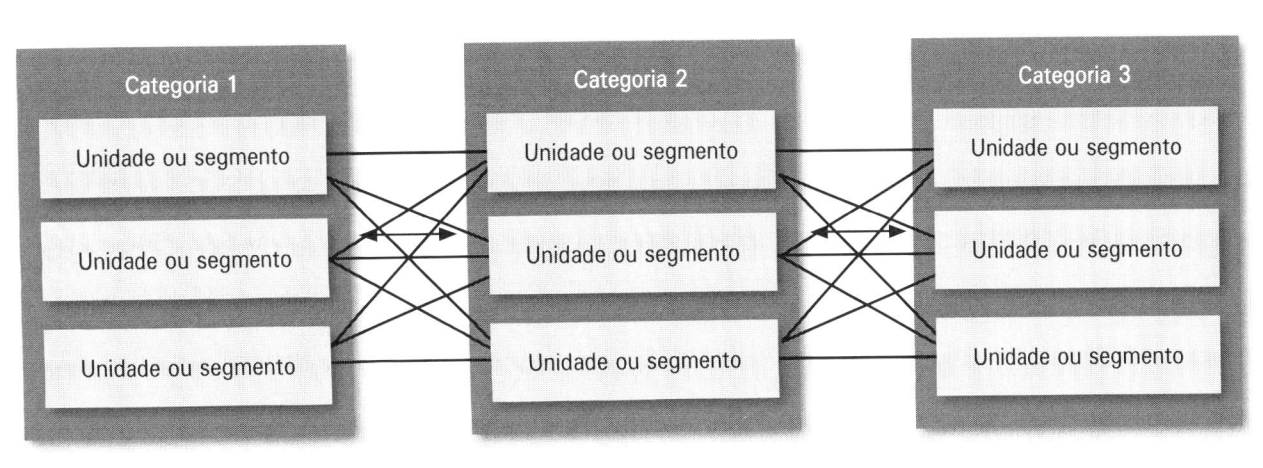

FIGURA 14.13 Comparação entre categorias quanto às semelhanças e diferenças.

No exemplo, três segmentos foram recuperados para cada categoria, mas às vezes são menos e outras vezes mais. Além disso, nem sempre o número de unidades é igual para todas as categorias. Para que as várias comparações sejam menos complexas é bom começar contrastando categorias por pares, mas com o método de comparação constante (ver Figura 14.14).

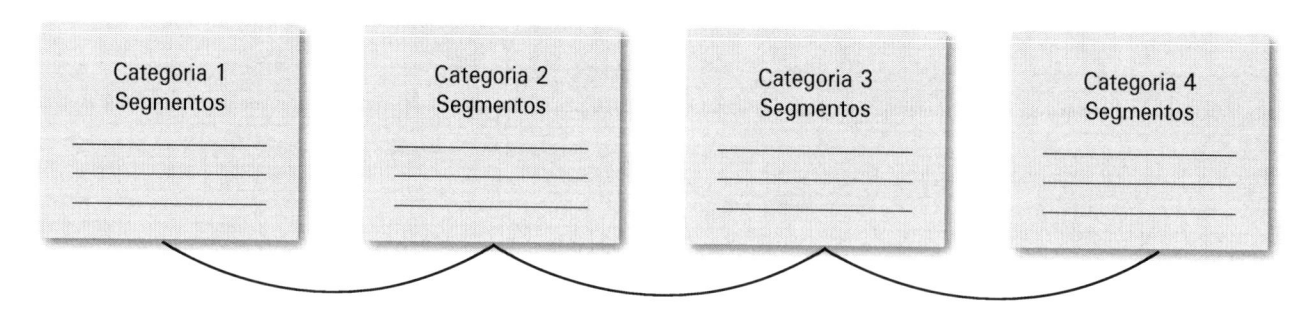

FIGURA 14.14 Contraste de categorias por pares e comparação.

Nessa etapa da análise, a meta é integrar as categorias em temas e subtemas mais gerais (categorias com maior "extensão conceitual", que agrupem as categorias que surgiram no primeiro plano de codificação), tendo como base suas propriedades. Descobrir temas implica localizar os padrões que aparecem repetidamente entre as categorias. Cada tema identificado recebe um código (como fazíamos com as categorias). Os temas são a base das conclusões que serão tiradas da análise.

Grinnell (1997, p. 519) exemplifica a construção de temas com as seguintes categorias: "assuntos relacionados com a custódia dos filhos", "procedimentos legais de separação ou divórcio" e "obtenção de ordens de restrição", que podem se tornar um tema (categoria mais geral): "assuntos relacionados com o sistema legal".

No estudo sobre a moda e a mulher mexicana foi perguntado às participantes dos grupos focais quais eram o fatores que influenciavam para que escolhessem sua loja favorita de roupas. Surgiram, entre outras, as categorias "variedade de modelos", "estoque de peças", "diversidade de roupas". Essas categorias foram agrupadas no tema "diversidade". "Preço", "promoções" e "ofertas" foram categorias integradas no tema "economia". "Qualidade", "bons artigos ou roupas", "peças sem defeito" e "produtos bem confeccionados" foram incluídas no tema "qualidade do produto", assim como com outras categorias.

Tutty (1993), em outro caso, encontrou duas categorias: "Os homens pedem a volta da mulher e pretendem até mesmo suborná-la para que retornem ao lar" e "Ameaçar a mulher dizendo que a deixará sem os recursos necessários se não voltar" e as tratou como categorias diferentes, mas ao analisar as supostas "súplicas" dos maridos, estas estavam ligadas às ameaças. Então surgiu um novo tema (resultado da união das duas categorias): "Estratégias do marido para pressionar o retorno".

Claro que algumas categorias podem conter informação suficiente para que sejam consideradas temas por si mesmas, como aconteceu com o estudo sobre a guerra cristera com a categoria "utilizar as igrejas como quartéis".

Os códigos dos temas podem ser números, siglas, ícones e, geralmente, palavras ou frases curtas. Por exemplo: "autoestima elevada", "abundância", "violência", "sentir-se impotente, falta de apoio e controle".

Por meio da codificação em um primeiro e segundo planos (inicial e central), os dados continuam sendo reduzidos até chegar aos elementos centrais da análise. Em cada passo o número de códigos vai ficando menor. Conforme comentamos anteriormente, cada estudo é diferente e nunca sabemos quantos "temas" poderão surgir no final do processo. Creswell (2005, p. 238) mostra, visualmente, como é o processo em diversos estudos, é óbvio que os números são relativos (ver Figura 14.15). Nessa visualização fica claro que a análise qualitativa não implica resumir, mas fazer com que a interpretação avance gradualmente para níveis mais abstratos, que Creswell (2009) compara como "ir descascando as diferentes camadas de uma cebola".

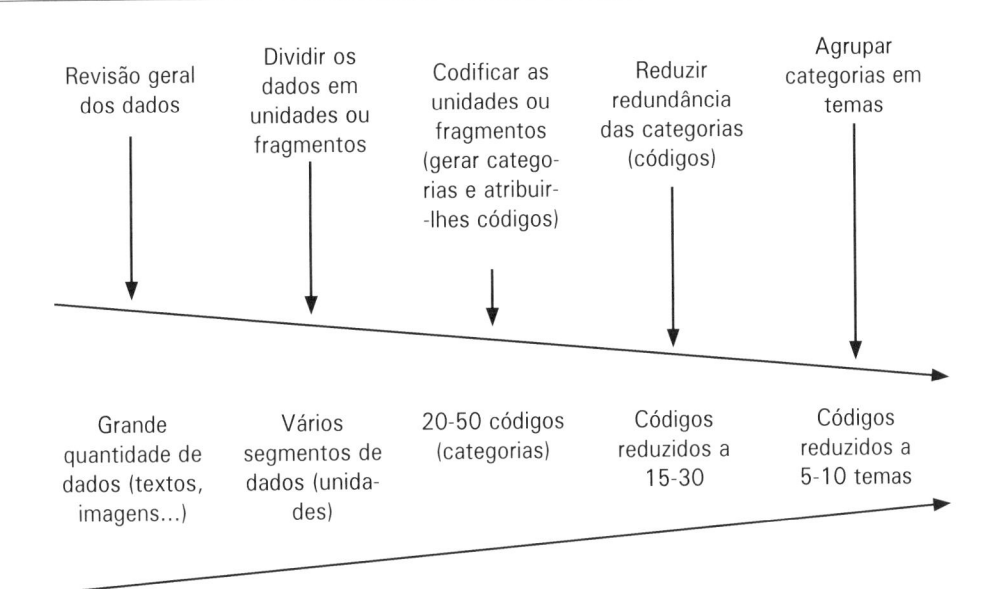

```
Revisão geral      Dividir os          Codificar as       Reduzir              Agrupar
dos dados          dados em            unidades ou        redundância          categorias em
                   unidades ou         fragmentos         das categorias       temas
                   fragmentos          (gerar catego-     (códigos)
                                       rias e atribuir-
                                       -lhes códigos)
     ↓                  ↓                   ↓                  ↓                   ↓

Grande             Vários              20-50 códigos      Códigos              Códigos
quantidade de      segmentos de        (categorias)       reduzidos a          reduzidos a
dados (textos,     dados (unida-                          15-30                5-10 temas
imagens...)        des)
```

FIGURA 14.15 Redução de códigos por meio do processo completo de codificação.

Já codificamos o material em um primeiro plano (quando encontramos categorias, avaliamos as unidades de análise mediante regras, além de darmos um código para cada categoria) e em um segundo plano (quando encontramos temas ou categorias mais gerais). Agora estamos prontos para a interpretação.

Na análise qualitativa é fundamental dar sentido para:

1. *As descrições de cada categoria.* Isso implica oferecer uma descrição completa de cada categoria e situá-la no fenômeno que estudamos. Por exemplo, a categoria "violência física" praticada pelo esposo pode ser descrita com as perguntas: Como é? Quanto dura? Em quais circunstâncias se manifesta? Como pode ser exemplificada? (Devemos lembrar que para essa finalidade nos apoiamos nos exemplos recuperados de unidades.)
2. *Os significados de cada categoria.* Isso significa analisar o significado da categoria para os participantes. Qual é o significado da "violência física" para cada esposa que sofre esse tipo de agressão? (E que foi narrado em uma entrevista ou uma sessão de grupo, com suas próprias palavras e de acordo com o contexto.) Que significado tem para essas mulheres ver o marido em estado de embriaguez? Qual é o significado de cada palavrão que escutam dos lábios de seu cônjuge? (Usamos novamente os exemplos.)
3. *A presença de cada categoria.* A frequência com que ela aparece nos materiais analisados (certo sentido quantitativo). Quantas vezes cada categoria surgiu? A maioria dos programas de análise qualitativa efetua uma contagem de categorias, frases e palavras, além de expressá-la em porcentagens. Por exemplo, é interessante saber qual é a palavra que elas usam para chamar seus maridos com mais frequência ou como se referem a ele, e qual é o significado das designações mais comuns? Ou, ainda, qual é o tipo de violência mais habitual? Quantas das participantes passam por certos problemas após a separação? A contagem ajuda a identificar experiências pouco comuns (p. ex.: separação de um casal após a morte de um filho).
4. *As relações entre categorias.* Encontrar vínculos, nexos e associações entre categorias. Algumas relações comuns entre categorias são:
    - *Temporais:* quando uma categoria sempre ou quase sempre precede outra, embora a primeira não seja necessariamente causa da segunda. Por exemplo, VF --- E/A (quando há "Violência Física" do marido em relação ao seu par geralmente existe consumo excessivo e prévio de "Entorpecentes" ou "Álcool"). A relação pode ser ilustrada com vários exemplos de unidades de análise interpretadas, e é uma ligação profunda das categorias. Outro caso seria:

Diante da separação de um casal por causa da conduta violenta do marido, os filhos inicialmente reagem de maneira favorável ao fato de viverem longe do pai abusivo, mas depois tendem a pressionar para a reconciliação (Tutty, 1993).

Novamente, as unidades recuperadas não servem para ilustrar o vínculo.

- Causais: Quando uma categoria é a causa de outra. Por exemplo, MNCE / AM (as "Mulheres que Não têm Contato com seus Esposos" após a separação, por causa da violência física, geralmente conseguem se "Autoavaliar Melhor"). Mas precisamos ter cuidado com a atribuição de causalidade, porque, já que não dispomos de testes estatísticos que a apoiem, temos de documentá-la com diversos exemplos. Por exemplo: "As mulheres que não têm contato com seus esposos após terem se separado, têm aparentemente um maior sentido de vida e são mais animadas":

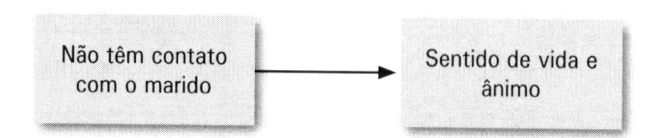

Não têm contato com o marido → Sentido de vida e ânimo

Mas também poderia ser o oposto, ou seja, justamente porque têm maior sentido de vida e ânimo, já não entram em contato com seus maridos. Claro que em um estudo qualitativo o fato em si é mais importante do que demonstrar a causalidade.

- De conjunto-subconjunto: quando uma categoria está contida na outra. Por exemplo:

CHE
NAE

CHE: "Chantagem do Esposo" com a mulher para que volte a viver com ele.
NAE: "Negar Apoio Econômico" para que a mulher volte a viver com ele.

Quando identificamos vínculo entre categorias é indispensável lembrar que na análise foram incluídos somente alguns casos (os da amostra do estudo), portanto, os resultados não podem ser generalizados, o que podemos fazer é compreender de maneira profunda o ponto de vista dos participantes específicos da indagação.

Gerar hipóteses, explicações e teorias

Tendo como base a seleção de temas e o estabelecimento de relações entre categorias, podemos começar a interpretar e entender o fenômeno de estudo, assim como gerar teoria.

Para completar idealmente o ciclo da análise qualitativa devemos:

a) Criar um sistema de classificação (tipologias).
b) Apresentar temas e teorias.

Com o objetivo de identificar relações entre temas, devemos desenvolver suas interpretações, que surgem de maneira consistente dos esquemas iniciais de categorização e das unidades. É um trabalho de encontrar sentido e significado para as relações entre temas e, para tanto, podemos ter como apoio diversas ferramentas para visualizarmos essas relações.

1. *Diagramas de conjuntos ou mapas conceituais.* Existem diferentes tipos de mapas ou diagramas, entre os quais podemos destacar:

a) Históricos (p. ex., que narram sequências de fatos, mudanças ocorridas em uma comunidade ou organização). Um caso seria um mapa sobre os diferentes modelos educacionais adotados em uma universidade durantes os últimos 20 anos, como parte de um estudo sobre a evolução dessa instituição.
b) Sociais (que determinam os grupos que integram um ambiente, uma organização, uma comunidade). Por exemplo, um mapa dos grupos que reúnem em uma organização (estrutura informal).
c) Relacionais (que dizem e explicam como os conceitos, os indivíduos, os grupos e as organizações estão vinculados). Por exemplo, um mapa sobre os conflitos entre indivíduos e grupos que lutam pelo poder em um partido político.

Cada elemento do mapa ou diagrama (com o nome do tema ou categoria) é colocado em relação aos demais temas. Devemos dizer como são os vínculos entre temas, pois alguns irão se sobrepor, outros estarão isolados e alguns outros serão associados. É comum que os temas mais importantes para a formulação, ou que explicam mais o fenômeno considerado, tenham mais destaque (ver Figura 14.16).

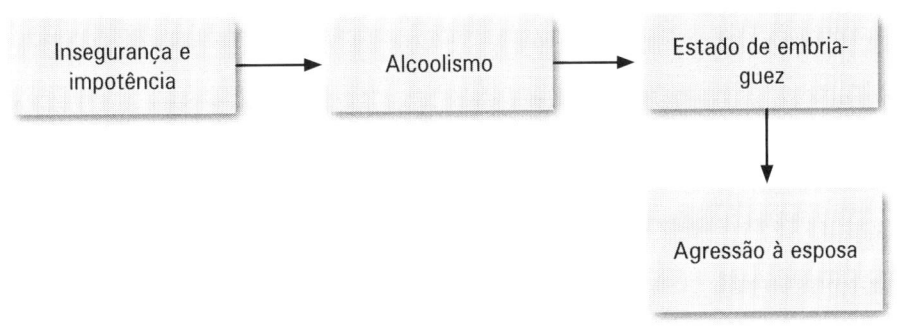

FIGURA 14.16 Exemplo de diagrama ou mapa conceitual.

A simbologia (→) indica relação causal (seja em um sentido ou em dois sentidos) e as linhas apenas associação (—), é óbvio que a ausência representa que o tema está isolado dos demais temas. O programa denominado Decision Explorer, cuja demonstração ("demo") poderá ser encontrada no CD anexo, é extremamente útil para esse tipo de diagrama. Outros programas de análise qualitativa também possuem ferramentas para desenhar esse tipo de mapas, como o Atlas.ti (ver novamente o CD).

A reflexão sobre a importância de cada tema, seu significado e como ele interage com os demais lança uma "luz" sobre o entendimento do problema estudado. Outro exemplo seria o da Figura 14.17.

Os mapas podem ser elaborados pelo pesquisador ou pelos participantes (p. ex., em uma sessão focal).

2. *Matrizes*. As matrizes são úteis para estabelecer vínculos entre categorias ou temas (ou ambos). As categorias e/ou temas são colocados como colunas (verticais) ou como linhas ou fileiras (horizontais). Em cada célula o pesquisador documenta se as categorias ou temas estão vinculados ou não; e pode criar uma versão na qual explique como e por que estão vinculados ou, ao contrário, por que não estão associados, e ainda outra na qual resuma o panorama: com a colocação de um sinal "mais" (+) se existir relação e um sinal de "menos" quando não existir relação. Um exemplo de matriz seria o da Tabela 14.10.

Outro exemplo de matriz na qual podemos indicar a relação entre categorias de temas seria a Tabela 14.11.[10]

A matriz indica algumas relações (e atenção: se você pensa: "essa relação não me parece lógica", você está agindo de acordo com suas experiências e crenças, mas lembre-se de que na pesquisa qualitativa o que importa é aquilo que os participantes nos dizem. Precisamos aprender a deixar de lado nossas "tendências" para podermos realizar estudos qualitativos).

Diagrama ou mapa conceitual
Fatores relacionados com a decisão pessoal de permanecer em uma comunidade

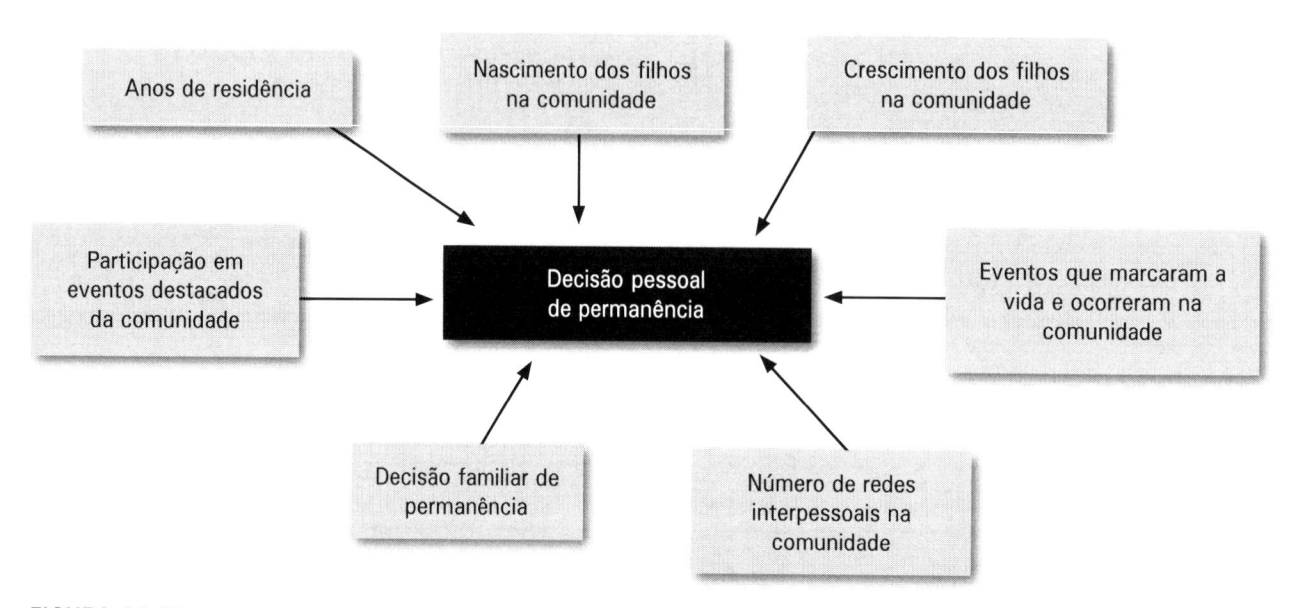

```
        Anos de residência      Nascimento dos filhos      Crescimento dos filhos
                                  na comunidade              na comunidade

  Participação em
  eventos destacados  ──────►   Decisão pessoal   ◄──────   Eventos que marcaram a
  da comunidade                 de permanência              vida e ocorreram na
                                                            comunidade

              Decisão familiar de         Número de redes
              permanência                 interpessoais na
                                          comunidade
```

FIGURA 14.17 Demonstração do estabelecimento de relações entre categorias de maneira gráfica.

TABELA 14.10
Demonstração de matriz para estabelecer vínculo entre categorias

Categorias dos pais/ Categorias dos filhos	Pais viciados em drogas	Pais viciados em álcool	Pais divorciados	Ausência do pai	Ausência da mãe
Tendência a se prostituir					
Consumo de drogas					
Consumo de álcool					
Delinquência, participação em gangues juvenis					
Abandono da educação formal					

TABELA 14.11
Exemplo de matriz com especificações da relação

		Estratégias do marido agressor para o encontro com a mulher			
		Suborno	Promessa de não beber	Promessa de não agredir	Os filhos
Convicções da mulher para deixar o marido agressor	Quero trabalhar	+	-	Informação insuficiente para determinar a relação	+
	Quero recuperar minha autoestima	+	+	+	+
	Quero ficar em paz	-	+	+	+

3. *Metáforas*. Utilizar metáforas tem sido uma ferramenta muito valiosa para extrair significados ou captar a essência de relações entre categorias. Muitas vezes essas metáforas surgem dos próprios sujeitos estudados ou do pesquisador. São os casos de: "Você quer um paraquedas quando a tempestade se torna mais violenta" (em uma relação romântica serve para estabelecermos o tipo de vínculo entre o casal), "Com ele não jogo nem bolinha de gude" (desconfiança), "Você é o típico chefe que comanda utilizando a técnica do limão espremido" (uma maneira de dizer: quando obtém tudo o que quer de um subordinado, quando já o espremeu e ficou sem o suco, joga-o fora, já não é mais útil), "Todos os caminhos levam a Roma" (diversas alternativas levam à mesma coisa), "Quanto mais escura for a noite mais rápido virá o amanhecer", "Escalada de violência", "todos os homens são iguais", etc.

   Um exemplo seria:

   > As participantes disseram que toda vez que há violência quando o marido chega bêbado em casa (lar), no dia seguinte vem a calma e o marido usa a linguagem do "arrependimento", pede perdão e promete que isso não acontecerá novamente (categoria).

   Uma das participantes utilizou uma metáfora para essa categoria: "Não existe homem de ressaca que não seja humilde".
4. *Estabelecimento de hierarquias* (de problemas, causas, efeitos, conceitos).
5. *Calendários* (datas-chave, dias críticos, etc.).
6. *Outros elementos de apoio* (fotografias, vídeos, etc.). É possível acrescentar em nossa análise o material adicional que coletamos no campo, como fotografias, desenhos, artefatos (se estudamos um grupo de gangues podemos incluir peças de seu vestuário, armas, acessórios, etc.; isso é muito comum na investigação policial quando a cena do crime é analisada), escritos (nas transcrições, nas anotações dos sujeitos; nos guardanapos, nas notas suicidas, nos diários pessoais, etc.) e em outros materiais. Conforme já comentamos, algumas vezes essas peças são o próprio objeto de análise, mas outras vezes são elementos adicionais complementares para o trabalho de análise.

Quando duas categorias ou temas parecem estar relacionados, mas não diretamente, é possível que exista outra categoria ou tema que crie um vínculo entre elas, nesse caso, devemos refletir sobre qual pode ser e tentar encontrá-la. Coleman e Unrau (2005) denominam essa atividade por "buscar laços perdidos"; sendo que às vezes precisamos voltar aos segmentos. Um caso de "vínculos perdidos" é que, às vezes, a relação está presente e outras vezes não, então temos de verificar o porquê.

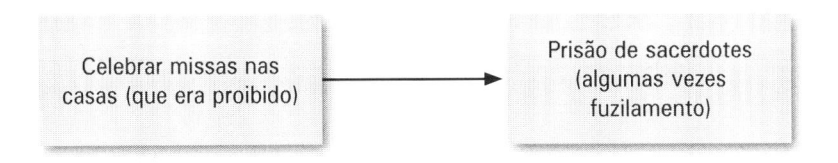

Celebrar missas nas casas (que era proibido) → Prisão de sacerdotes (algumas vezes fuzilamento)

Por exemplo, na guerra cristera a relação aparente era:
No entanto, em diversos casos não foi bem assim (As exceções foram por causa da corrupção? Ou, talvez, porque alguns militares eram muito católicos?). Ao considerar a evidência contraditória (que é importante analisar) e ampliar o número de entrevistas, foi possível descobrir que alguns membros do Exército da República eram sim muito católicos e permitiram a celebração de missas nas casas (alguns nem mesmo mandaram fechar o templo local), mas, além disso, também foi possível verificar (como no município de Salvatierra) que alguns oficiais haviam estudado em seminários e colégios católicos (as opções educacionais na época não eram muitas) e conheciam os sacerdotes (houve vários casos de laços de amizades). Quando a situação não está clara sempre voltamos ao campo para obtermos mais dados até que seja possível esclarecer os vínculos entre categorias.

Fechamos o ciclo da análise qualitativa com a criação de interpretações, hipóteses e teoria, desenvolvendo assim um sentido de entendimento do problema estudado. Vamos ver alguns exemplos curtos, devido ao espaço.

No estudo de Tutty (1993) um tema essencial foi que, quando o pai visita os filhos, a mulher corre o risco de sofrer novas agressões do marido. Isso realmente poderia ser uma hipótese que poderia ser formulada como:

> Após a separação, as mulheres que se encontram com seus maridos agressores durante a visita aos filhos, estão mais propensas a sofrer novas agressões se comparadas com as mulheres que não têm contato com seus maridos durante as visitas.

Uma pesquisa na qual foram documentadas as experiências de 63 mulheres procedentes de diversas regiões geográficas de Java Ocidental, que passaram por emergências obstétricas – 53 delas mortais. Iskandar e colaboradores (1996) chegaram a algumas conclusões sobre as principais causas dessas mortes. Três temas surgiram: hemorragia, infecção e eclampsia. Vamos ver como o segundo tema foi desenvolvido:

> Infecção. As condições pouco higiênicas na hora do parto contribuíram para a infecção no pós-parto. Além disso, a cultura javanesa realiza várias práticas de pós-parto que supostamente beneficiam à mãe, mas que são muito perigosas. Entre elas, introduzir ervas na vagina antes ou após o parto; permitir que a curandeira tradicional enfie a mão na vagina durante o nascimento e no útero após o parto para retirar a placenta; fazer com que a mãe permaneça sentada durante horas após o nascimento, com as costas contra um poste com as pernas esticadas para a frente, com pesos de cada lado dos pés para que não se mexa. A infecção também estava comumente relacionada com o aborto, o que provocou cinco mortes durante o estudo. Os métodos de aborto, geralmente realizados por curandeiras tradicionais, sempre consistiam em várias infusões de ervas para induzir as contrações, com uma forte compressão do útero, ou a inserção de objetos na vagina para perfurar a placenta.[11]

No caso da guerra cristera em Guanajuato foi possível obter um modelo que é mostrado na Figura 14.18.[12]

No exemplo de Morrow e Smith (1995) foi possível obter um sentido de entendimento das experiências (profundas e muito dolorosas) de abuso sexual durante a infância, relatadas por mulheres adultas. Vamos reproduzir alguns fragmentos do relatório que são indicativos disso:[13]

> Ser abusada sexualmente provoca confusão e emoções intensas nas vítimas infantis. Como não têm as habilidades cognoscitivas para processar os sentimentos angustiantes de pena, dor e raiva, as meninas desenvolvem estratégias para se manterem distante da angústia. Nesse caso, essas estratégias foram: a) reduzir a intensidade dos sentimentos problemáticos, b) evitar esses sentimentos ou fugir deles, c) trocar os sentimentos angustiantes por outros menos ameaçadores, d) descarregar ou liberar sentimentos, e) não se lembrar de experiências que geraram sentimentos ameaçadores e f) dividir os sentimentos angustiantes em partes "manejáveis".
>
> Para evitar o abuso sexual ou físico, as participantes procuraram distrair seus praticantes, ameaçando-os dizendo que alguém iria abusar deles ou pedindo que parassem o abuso. Velvia lembra: "Eu ficava pensando que, independentemente do que fosse acontecer, eu continuaria pedindo a ele: vamos apenas ler...". Elas também disseram ter desenvolvido uma grande intuição para o perigo e que mentiram para outras pessoas sobre seu abuso para evitar que fossem castigadas ou evitar futuros abusos. As participantes tentaram fugir do abuso se escondendo, literal e simbolicamente. Amanda encontrou refúgio em um barranco, enquanto Meghan fez de tudo para conseguir ser "invisível".
>
> Lauren e Kitty esconderam seus corpos usando roupas bem grandes. Para ignorar a realidade ou fugir dela, as participantes desejaram, fantasiaram, negaram, evitaram e minimizaram: "Evito as coisas...". O outro lado da negação: "eu não vou olhar para ele". Lauren "deixou a história para trás" e, gradualmente, o abuso era cada vez menos real em sua mente, até que foi esquecido. Algumas vezes as vítimas se distanciaram de forma mental ou emocional. Kitty disse: "Mente, leve-me fora daqui" e ela conseguiu o que queria. Teve a visão de um túnel, flutuando, "rumo ao espaço", ou uma sensação

de se separar de seu corpo ou ser outras pessoas. Amanda descreveu: "Um tipo de partida espiritual deste planeta".

Outra maneira que as participantes evitaram ser dominadas pela angústia foi trocar os sentimentos ameaçadores ou perigosos por outros, menos estressantes, ignorando seus sentimentos intensos; substituí-los por outros sentimentos ou afastá-los com atividades que provocassem sentimentos inócuos. As vítimas colocavam de lado os sentimentos sujos (desviavam dele), tentando purificá-los. Algumas causavam ou induziam dor física nelas próprias, assim como a automutilação, uma maneira de diminuir a dor emocional. Kitty comentou: "A dor física me impede de sentir minhas emoções. Foi daí que veio minha anorexia... A dor física por não comer. Eu já não posso sentir as coisas (eventos) quando estou com dor".

Além das estratégias desenvolvidas para se manter longe das emoções angustiantes, as participantes haviam criado estratégias para saber lidar com a impotência no momento do abuso. Seis categorias de estratégias de sobrevivência e enfrentamento foram usadas para conter a falta de apoio, a impotência e a falta de controle: a) criar

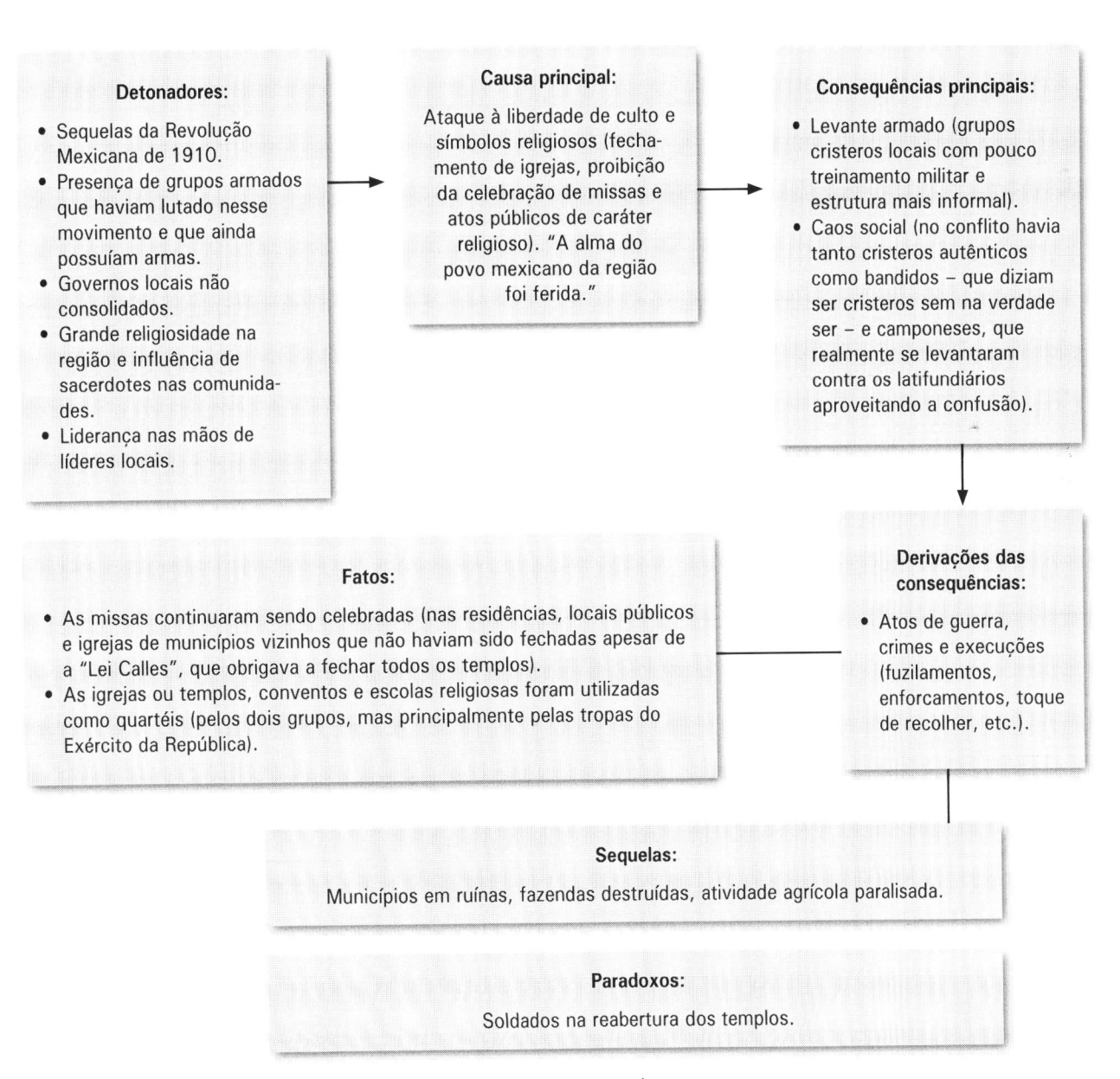

Detonadores:
- Sequelas da Revolução Mexicana de 1910.
- Presença de grupos armados que haviam lutado nesse movimento e que ainda possuíam armas.
- Governos locais não consolidados.
- Grande religiosidade na região e influência de sacerdotes nas comunidades.
- Liderança nas mãos de líderes locais.

Causa principal:
Ataque à liberdade de culto e símbolos religiosos (fechamento de igrejas, proibição da celebração de missas e atos públicos de caráter religioso). "A alma do povo mexicano da região foi ferida."

Consequências principais:
- Levante armado (grupos cristeros locais com pouco treinamento militar e estrutura mais informal).
- Caos social (no conflito havia tanto cristeros autênticos como bandidos – que diziam ser cristeros sem na verdade ser – e camponeses, que realmente se levantaram contra os latifundiários aproveitando a confusão).

Fatos:
- As missas continuaram sendo celebradas (nas residências, locais públicos e igrejas de municípios vizinhos que não haviam sido fechadas apesar de a "Lei Calles", que obrigava a fechar todos os templos).
- As igrejas ou templos, conventos e escolas religiosas foram utilizadas como quartéis (pelos dois grupos, mas principalmente pelas tropas do Exército da República).

Derivações das consequências:
- Atos de guerra, crimes e execuções (fuzilamentos, enforcamentos, toque de recolher, etc.).

Sequelas:
Municípios em ruínas, fazendas destruídas, atividade agrícola paralisada.

Paradoxos:
Soldados na reabertura dos templos.

FIGURA 14.18 Modelo da relação de categorias no exemplo da guerra cristera.

estratégias de resistência, b) reconstruir (reestruturar) o abuso para criar a ilusão de controle ou poder, c) procurar dominar o trauma, d) tentar controlar outras áreas da vida além do abuso, e) buscar confirmação ou evidência de outras pessoas a respeito do abuso e f) rechaçar o poder. Uma maneira que as participantes encontraram para lidar com sua falta ou ausência de poder foi resistir ou se rebelar. Meghan se recusou a comer. Kitty falou sobre sua resistência: "Esses malditos não vão conseguir nada comigo. Eu vou me matar...". Uma delas reconstruiu o abuso para criar uma fantasia sobre o controle ou poder. Meghan acreditou que conseguiria controlar o abuso: "Se de algum modo eu puder ser suficientemente boa e fazer as coisas suficientemente bem, ela (a agressora) não irá querer isso nunca mais".

Os conceitos, as hipóteses e as teorias nos estudos qualitativos são explicações daquilo que vivemos, observamos, analisamos e avaliamos profundamente. A teoria nasce das experiências dos participantes e se fundamenta nos dados.

Baptiste (2001) diz que os estudos qualitativos devem ir além de simples glossários de categorias ou temas e descrições (que é útil, porém, insuficiente); têm de proporcionar um sentido de entendimento profundo do fenômeno estudado.

Quando devemos deixar de coletar e analisar dados? Quando concluir o estudo?

São dois os indicadores fundamentais:

1. Quando as categorias foram "saturadas" e não encontramos informação nova.
2. No momento em que tivermos respondido à formulação do problema (que foi evoluindo) e gerado um entendimento sobre o fenômeno pesquisado.

E também quando estivermos "satisfeitos" com as explicações desenvolvidas (esse sentimento intocável que dentro de nós diz: "Sim, já entendi a que isso se refere").

Às vezes, podemos perceber que não conseguimos nem a saturação nem a compreensão do fenômeno, e talvez seja necessário coletar mais dados e informação, voltar a codificar, acrescentar novos esquemas ou elaborar outras análises. Mas isso não deve ser motivo de preocupação, desde que tenhamos sido cuidadosos na coleta e na análise dos dados. Talvez o fenômeno seja tão complexo que exija nosso retorno ao campo ao menos uma vez. Sem dúvida que a obtenção de *feedback* e a reflexão devem ser realizadas durante toda a análise. Mas isso vai depender da formulação e do tipo de indagação que estivermos realizando, e até mesmo dos recursos que tivermos a nossa disposição.

Alguns estudos podem durar um mês e outros cinco anos, como o caso de Martín Sánchez Jankowski (1991), que durante 10 anos pesquisou gangues nos Estados Unidos.

✓ ANÁLISE DOS DADOS QUALITATIVOS COM O AUXÍLIO DO COMPUTADOR

Hoje existem diferentes programas – além dos processadores de textos – que servem como auxiliares na análise qualitativa. Eles não substituem, de maneira alguma, a análise criativa e profunda do pesquisador. Eles apenas facilitam sua tarefa.

Alguns dos nomes de programas mais utilizados na análise qualitativa são:

1. Atlas.ti®

É um excelente programa desenvolvido na Universidade Técnica de Berlim por Thomas Muhr, para segmentar dados em unidades de significado, codificar dados (nos dois planos) e construir teoria (relacionar conceitos e categorias e temas). O pesquisador insere os dados ou documentos primários (que podem ser textos, fotografias, segmentos de áudio ou vídeo, diagramas, mapas e matrizes) e com a ajuda do programa os codifica de acordo com o esquema desenhado. As regras de codificação são estabelecidas pelo pesquisador. Na tela é possível ver um conjunto de dados ou um documento (p. ex., uma transcrição de entrevista ou as entrevistas completas se foram agrupadas em um só documento) e a codificação que vai surgindo na análise. Ele realiza contagens e visualiza a relação estabelecida pelo pesquisador entre as unidades, categorias, temas, memos e documentos primários. O pesquisador também pode introduzir memos e acrescentá-los à análise. Oferece diversas perspectivas ou visão das análises (diagramas, dados em separado, etc.).

No CD anexo, o leitor poderá encontrar uma demo do programa e um manual (em: "Material complementario", que sugerimos que explore e revise, e se quiser adquirir recomendamos que entre em contato com a editora).

2. Ethnograph®

É um programa muito popular para identificar e recuperar textos de documentos. A unidade básica é o segmento. Também codifica as unidades partindo do esquema de categorização estabelecido pelo pesquisador. Os segmentos podem ser "agrupados", entrelaçados e justapostos em vários níveis de profundidade. As buscas podem ser efetuadas baseadas em códigos indicados em um caractere, uma palavra ou em várias palavras. Os esquemas de codificação costumam ser modificados. Salva memos, notas e comentários. Também os incorpora à análise.

3. nVivo®

Um excelente programa de análise que é útil para criar grandes bases de dados estruturadas hierarquicamente, que pode inserir documentos para que sejam analisados. Assim como os anteriores, ele também codifica unidades de conteúdo (texto e outros materiais), utilizando como base o esquema elaborado pelo pesquisador. Localiza os textos por caractere, palavra, frase, tema ou padrão de palavras; e até por folhas de cálculo de variáveis. Um de seus pontos fortes é criar matrizes.

4. Decision Explorer®

Esse programa inglês é uma excelente ferramenta para mapear categorias. O pesquisador pode visualizar relações entre conceitos ou categorias em diagramas. Como em todo programa, é o pesquisador que insere as categorias e define seus vínculos, e o programa as mostra graficamente. Também realiza uma contagem da categoria com o maior número de relações com outras categorias. Qualquer ideia é transformada em conceito e nós as analisamos. Ele é muito útil para visualizar hipóteses e a associação entre os componentes mais importantes de uma teoria. Recomendável para análise qualitativa de relações entre categorias (causal, temporal ou outra).

No CD anexo, o leitor poderá encontrar uma demonstração do programa e nossa sugestão é que o explore, e se quiser adquiri-lo recomendamos que entre em contato com a editora McGraw-Hill).

5. Outros

Existem outros programas como o HyperQual®, HyperRESEARCH®, QUALPRO® e o WinMAX® para as mesmas finalidades. Assim como no caso dos programas de análise qualitativa, o *software* qualitativo evolui vertiginosamente (surgem novos programas que aumentam suas possibilidades). Praticamente todos servem para as etapas de análise: codificação em um primeiro plano e em um segundo plano, interpretação de dados, descoberta de padrões e criação de teoria fundamentada, além de nos ajudar a estabelecer hipóteses. Todos recuperam e editam textos, também enumeram linhas ou unidades de conteúdo. A tendência é que consigam incorporar todo tipo de material à análise (texto, vídeo, áudio, esquemas, diagramas, mapas, fotografias, gráficos – quantitativos e qualitativos –, etc.).

Para decidir qual utilizar em um estudo específico, nossa recomendação é que o leitor revise a Tabela 14.12 e, antes de utilizá-los, sugerimos que o estudante realize uma codificação simples no processador de textos.

TABELA 14.12
Elementos para decidir o programa de análise qualitativa a ser utilizado[14]

Facilidade de utilização
- Compatibilidade com os ambientes Windows e Macintosh ou outros.
- Simplicidade para começar a utilizá-lo.
- Poder entrar facilmente no programa.

Tipos de dados que aceita
- Texto
- Imagens
- Multimídia

Revisão de textos
- Possibilidade de marcar passagens importantes e conectar citações.
- Possibilidade de buscar passagens específicas de textos.

Memos
- Capacidade para que possamos acrescentar notas, memos sobre a análise e as reflexões.
- Facilidade de acesso a notas e memos escritos pelo pesquisador.

Codificação
- Possibilidade de gerar ou desenvolver códigos.
- Facilidade com a qual os códigos são aplicados a texto, imagens e multimídia.
- Facilidade para implantar e visualizar os códigos.
- Facilidade para revisar e modificar os códigos.

Capacidade de análise e avaliação
- Possibilidade de ordenar os dados de acordo com códigos específicos.
- Possibilidade de combinar códigos em uma busca.
- Possibilidade de gerar mapas, diagramas e relações.
- Possibilidade de gerar hipóteses e teorias.
- Possibilidade de comparar dados por características de participantes (gênero, idade, nível socioeconômico, grupo focal específico, etc.).

Vínculo com outros programas
Qualitativos
- Possibilidade de importar e exportar dados, textos, materiais, arquivos e sistemas de códigos para outros programas.

Quantitativos
- Possibilidade de importar bases de dados quantitativos (p. ex., matriz do SPPS ou do Minitab).
- Possibilidade de exportar texto, imagem, arquivos e bases de dados qualitativos para programas de análise qualitativa.

Interfaces com outros projetos
- Possibilidade de que mais de um pesquisador analise os dados e que o programa possa unir essas diferentes análises.

✓ RIGOR NA PESQUISA QUALITATIVA

OA4   Durante todo o processo de indagação qualitativa pretendemos realizar um trabalho de qualidade que tenha o rigor da metodologia de pesquisa. Os principais autores dessa área criaram uma série de critérios para tentar estabelecer um paralelo com a confiabilidade, validade e objetividade quantitativa, que foram aceitos por alguns pesquisadores, mas rejeitados por outros. Aqueles que são contra esses critérios argumentam que as preocupações positivistas foram simplesmente transferidas para o âmbito da pesquisa qualitativa (Sandín, 2003). Talvez, em parte, sua suposição se deva à não aceitação de uma grande quantidade de trabalhos qualitativos em revistas e congressos acadêmicos durante as últimas duas décadas do século passado. No entanto, os metodologistas que se aproximaram do enfoque misto da pesquisa parecem ser mais tolerantes com esses critérios e à ideia de adotá-los. Alguns colegas são da opinião de que eles devem ser aceitos enquanto outros não são desenvolvidos. Neste livro eles são apresentados para a consideração do leitor que, em última análise, tem a decisão final. E, assim como Hernández Sampieri e Mendoza (2008) e Cuevas (2009), também preferimos utilizar o termo "rigor" em vez de validade ou confiabilidade, embora iremos nos referir a esses termos.

Dependência

A *dependência* é uma espécie de "confiabilidade qualitativa". Guba e Lincoln (1989) a chamaram de *consistência lógica*, embora Mertens (2005) considere que equivale mais ao conceito de estabilidade. Franklin e Ballau (2005) a definem como o grau em que diferentes pesquisadores que coletam dados semelhantes no campo e efetuam as mesmas análises geram resultados equivalentes. Creswell (2009) a vê como "a consistência dos resultados". Para Hernández Sampieri e Mendoza (2008) implica que os dados devem ser revisados por diferentes pesquisadores e estes devem chegar a interpretações coerentes. Por isso a necessidade de gravar os dados (entrevistas, sessões, observações, etc.). A "dependência" envolve as tentativas dos pesquisadores de capturar as condições mutáveis de suas observações e do desenho de pesquisa. Franklin e Ballau (2005) consideram dois tipos de dependência: a) interna (grau em que diversos pesquisadores, pelo menos dois, geram temas similares com os mesmos dados) e b) externa (grau em que diversos pesquisadores geram temas similares no mesmo ambiente e período, mas cada um deles coleta seus próprios dados). Em ambos os casos esse grau não é expresso por meio de um coeficiente, simplesmente se trata de verificar a sistematização na coleta e na análise qualitativa.

As ameaças à "dependência" podem ser basicamente: as preferências pessoais que o pesquisador possa incluir na sistematização durante o trabalho de campo e de análise, o fato de dispor de uma só fonte de dados e também sua inexperiência para codificar. Coleman e Unrau (2005) fazem as seguintes recomendações para se conseguir a "dependência":

- Evitar que nossas crenças e opiniões afetem a coerência e a sistematização das interpretações dos dados.
- Não tirar conclusões antes de os dados serem analisados.
- Considerar todos os dados.

A dependência é demonstrada (ou ao menos se apresenta evidência a seu favor) quando o pesquisador:

a) Proporciona detalhes específicos sobre sua perspectiva teórica e o desenho utilizado.
b) Explica claramente os critérios de seleção dos participantes e as ferramentas para coletar dados.
c) Oferece descrições dos papéis desempenhados pelos pesquisadores no campo e os métodos de análise utilizados (procedimentos de codificação, desenvolvimento de categorias e hipóteses).
d) Especifica o contexto da coleta e como ele foi incorporado na análise (por exemplo, em entrevistas, quando, onde e como foram efetuadas).
e) Documenta o que fez para minimizar a influência de suas concepções e preferências pessoais.
f) Prova que a coleta foi realizada com cuidado e coerência (p. ex., em entrevistas, se todas as perguntas necessárias foram feitas para todos os participantes, se houve o mínimo indispensável de vínculo com a formulação).

Um exemplo de *inconsistência lógica* (baixa dependência) na coleta dos dados seria o seguinte:

Exemplo

Entrevistas
- Para alguns participantes fiz apenas uma pergunta relacionada com a formulação.
- Para outros fiz duas perguntas.
- Para alguns, três perguntas.
- E para alguns mais, todas as perguntas.

> - Em uns me aprofundei, em outros não.
> - Em certos casos me intrometi, em outros não.
>
> **Grupos focais**
> - Em certas sessões foi utilizado um roteiro semiestruturado e em outras, um aberto.
> - Em algumas sessões não se chegou nem à metade dos tópicos.
> - Em outras sessões apenas alguns participantes estavam presentes.

É claro que, embora a pesquisa qualitativa seja flexível e esteja sob a influência de eventos únicos, devemos seguir alguns padrões mínimos, isto é, manter o rigor investigativo. Algumas medidas que o pesquisador pode adotar para aumentar a "dependência" são:

1. Analisar as respostas dos participantes utilizando perguntas "paralelas" ou similares (perguntar o mesmo de duas formas diferentes). Essa medida somente seria válida para entrevistas ou sessões focais. O risco é que os participantes achem que os consideramos pouco inteligentes, por isso precisamos avaliar com extremo cuidado como obter redundância.
2. Estabelecer procedimentos para registrar sistematicamente as notas de campo e manter separados os diferentes tipos de notas, além disso, as anotações da observação direta devem ser elaboradas em dois formatos: condensadas (registros imediatos dos acontecimentos) e ampliadas (com detalhes dos fatos, quando for possível redigi-las). Do mesmo modo, no diário de campo é preciso organizar os procedimentos seguidos no ambiente com os pormenores e as descrições detalhadas, para que o trabalho realizado seja "transparente e claro" para quem for analisar os resultados. Cada decisão no campo e sua justificativa devem ficar registradas no diário. Também se acrescenta "dependência" se os dados estiverem bem organizados em um formato que possa ser recuperado por outros pesquisadores para que eles realizem suas próprias análises. Além disso, é recomendável registrar no diário a percepção que o pesquisador tem sobre a honestidade e sinceridade dos participantes. Em cada conjunto de dados (entrevistas ou observações) é indispensável indicar a data e hora de coleta, já que às vezes os primeiros dados têm menor qualidade do que os últimos (o que é normal quando focamos as observações ou melhorando as entrevistas ou sessões, e até mesmo a coleta de artefatos e materiais ou a captura de imagens).
3. Incluir *checagens cruzadas* (codificações do mesmo material por dois pesquisadores) para comparar as unidades, categorias e temas produzidos por ambos de maneira independente. Miles e Huberman (1994) sugerem um mínimo de 70% de acordo (que é um pouco paradoxal se levarmos em conta que estamos em um processo interpretativo e naturalista).
4. Demonstrar coincidência nos dados entre diferentes fontes (p. ex., se mencionamos que determinada pessoa foi um líder cristero em uma comunidade, demonstrar isso com diferentes fontes: entrevistas com várias pessoas, artigos de imprensa publicados na época e revisão de arquivos públicos e privados).
5. Estabelecer cadeias de evidência (conectar os acontecimentos mediante diferentes fontes de dados). Por exemplo, em criminologia se questiona: tal testemunha disse que viu essa pessoa em determinado lugar e em tal hora, outra testemunha mencionou que viu que essa pessoa cometeu um crime (em um local diferente na mesma hora). Um indivíduo não pode estar em dois lugares ao mesmo tempo. Qual das duas testemunhas tem razão? Nesse caso, é necessário criar uma cadeia de evidência (procurar outras possíveis testemunhas que tenham visto o indivíduo a essa hora ou em um momento próximo do crime e outros indicadores).
6. Duplicar amostras, isto é, realizar o mesmo estudo em dois ou mais ambientes homogêneos ou amostras homogêneas e comparar resultados da codificação e do estudo (Hill, Thompson e Williams, 1997). Uma espécie de "duplicação" do estudo que é complexo e que certamente possui características positivistas.
7. Aplicar um método de maneira coerente (p. ex., teoria fundamentada).
8. Utilizar um *software* de análise que:
    - permita criar uma base de dados que possa ser analisada por outros pesquisadores;
    - ajude-nos a codificar e estabelecer regras;

- proporcione contagem de códigos;
- ajude-nos a gerar hipóteses, utilizando diferentes sistemas lógicos;
- disponha de representações gráficas que nos ajudem a entender relações entre conceitos, categorias e temas, assim como a gerar teoria (como o Decision Explorer® e o Atlas.ti®).

9. Revisar as transcrições para que não tenham erros ou omissões (Cuevas, 2009).
10. Certificar-se de que não haja um desvio entre a definição dos códigos e sua atribuição a segmentos específicos, por meio da escrita contínua de notas no diário ("memos").
11. Quando a análise está sendo realizada por uma equipe de pesquisadores, marcar encontros periódicos para coordenar e homologar a análise. Manter um registro escrito dessas reuniões e os acordos estabelecidos nelas (Creswell, 2009).

Credibilidade

Refere-se a se o pesquisador captou o significado completo e profundo das experiências dos participantes, principalmente daquelas relacionadas com a formulação do problema. A pergunta a ser respondida é: Será que coletamos, compreendemos e transmitimos com profundidade e intensidade os significados, vivências e conceitos dos participantes? A credibilidade também está ligada a nossa capacidade para comunicar a linguagem, pensamentos, emoções e pontos de vista dos participantes. Mertens (2005) a define como a correspondência entre a forma como o participante percebe os conceitos relacionados com a formulação e a maneira como o pesquisador retrata os pontos de vista do participante.

As ameaças a essa validade são a reatividade (distorções que a presença dos pesquisadores no campo ou ambiente pode provocar), tendências e preferências dos pesquisadores (que os pesquisadores ignorem ou minimizem dados que não apoiem suas crenças e conclusões), tendências e preferências dos participantes. Essa última se refere ao fato de que eles próprios distorçam eventos do ambiente ou do passado. Por exemplo, que relatem eventos que não ocorreram, que esqueçam os detalhes, que exagerem sua participação em um fato, que suas descrições não revelem o que realmente pensaram e sentiram na hora dos acontecimentos, mas sim o que pensam agora, no presente. Coleman e Unrau (2005) fazem as seguintes recomendações para aumentar a "credibilidade":

- Evitar que nossas crenças e opiniões afetem a clareza das interpretações dos dados, quando devem enriquecê-las.
- Considerar importantes todos os dados, principalmente os que contradizem nossas crenças.
- Privilegiar igualmente todos os participantes.
- Estarmos conscientes do quanto influenciamos os participantes e como eles nos afetam.
- Buscar evidência tanto positiva como negativa (a favor e contra um postulado emergente).

Franklin e Ballau (2005) consideram que se consegue a credibilidade mediante:

a) Corroboração estrutural: processo em que várias partes dos dados (categorias, p. ex.) se "apoiam conceitualmente" entre si (mutuamente). Implica reunir os dados e a informação emergentes para estabelecer conexões ou vínculos que, eventualmente, criam um "todo" cujo apoio são as próprias peças de evidência que o formam.
b) Adequação referencial: um estudo a tem quando nos proporciona alguma habilidade para visualizar características que se referem aos dados e que sozinhos não conseguimos notar.

Para consolidar a credibilidade a partir do trabalho no campo, ambiente ou cenário, é conveniente escutar todas "vozes" da comunidade, organização ou grupo em estudo, recorrer a várias fontes de dados e registrar todas as dimensões dos eventos e experiências (p. ex., em entrevistas, estar ciente da comunicação verbal, mas também da não verbal).

Algumas medidas que o pesquisador pode adotar para aumentar a "credibilidade", de acordo com Franklin e Ballau (2005), Neuman (2009) e Creswell (2009), são:

1. Programar estadias prolongadas no campo. Permanecer longos períodos no ambiente ajuda a diminuir distorções ou efeitos provocados pela presença do pesquisador, pois as pessoas se

habituam a ele e, ao mesmo tempo, o pesquisador se acostuma e se adapta ao ambiente (isso também acontece quando viajamos para outro lugar, nossas primeiras impressões são diferentes das que temos quando permanecemos no local por vários dias). Além disso, o pesquisador também pode dispor de mais tempo para analisar suas notas e diário, aprofundar em suas reflexões, assim como avaliar as mudanças em suas percepções durante sua permanência. Por outro lado, o espectro de observação é mais amplo.

2. Realizar amostragem dirigida ou intencional. O pesquisador pode escolher alguns casos, analisá-los e depois selecionar casos adicionais para confirmar ou não os primeiros resultados. Posteriormente pode escolher casos homogêneos e depois heterogêneos para testar os limites e alcances de seus resultados. Depois amostras em cadeia e em seguida casos extremos. E, finalmente, analisar casos negativos (buscar intencionalmente casos contraditórios, exceções, que possibilitem ter outros pontos de vista e comparações). A riqueza dos dados é maior porque várias "vozes" se manifestam.

3. Realizar triangulação. Esta pode ser utilizada para confirmar a corroboração estrutural e a adequação referencial. Primeiro, a triangulação de teorias ou disciplinas, a utilização de várias teorias ou perspectivas para analisar o conjunto dos dados (a meta não é corroborar os resultados com estudos prévios, mas analisar os mesmos dados a partir de diferentes visões teóricas ou campos de estudo). Segundo, a triangulação de métodos (complementar com um estudo quantitativo, que nos levaria de um plano qualitativo para um misto). Terceiro, a triangulação de pesquisadores (vários observadores e entrevistadores que coletem o mesmo conjunto de dados), com a finalidade de obter maior riqueza interpretativa e analítica. Quarto, a triangulação de dados (diferentes fontes e instrumentos de coleta dos dados, assim como diferentes tipos de dados, p. ex., entrevistar participantes e pedir a eles tanto um texto escrito como fotografias relacionadas com a formulação do estudo). As "inconsistências" devem ser analisadas para verificar se realmente o são ou se representam expressões diversas.

Um exemplo de triangulação de fontes em um estudo para entender a aprendizagem de conceitos matemáticos complexos por crianças com algumas capacidades diferentes seria o da Figura 14.19.

4. Introduzir auditoria externa. Revisão do processo completo, a cargo de um colega qualificado ou de vários, para avaliar: diário e notas de campo, dados coletados (métodos e qualidade da informação), diário de análise (para avaliar os procedimentos de codificação: unidades, regras

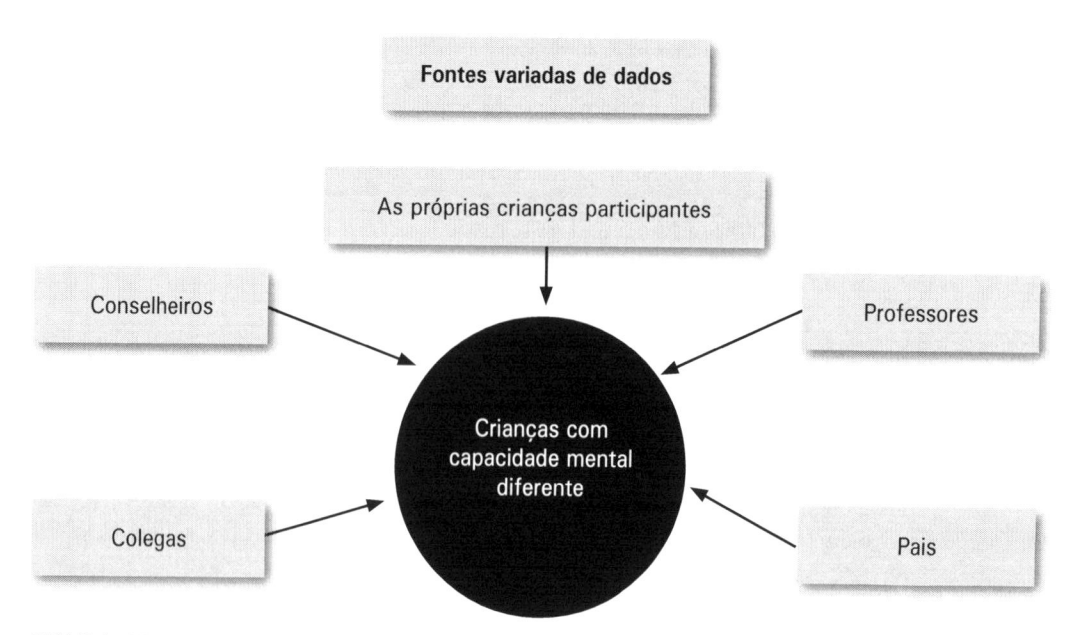

FIGURA 14.19 Triangulação de fontes de dados em um estudo (exemplo).

criadas, categorias, temas, códigos e descrições), assim como procedimentos para gerar teoria. A auditoria pode ser adotada desde o início do trabalho de campo ou em algum outro momento, além de no final do processo. O ideal da auditoria está representado no fluxo da Figura 14.20.

> **AUDITORIA** É uma forma de triangulação entre pesquisadores e sistemas de análise.

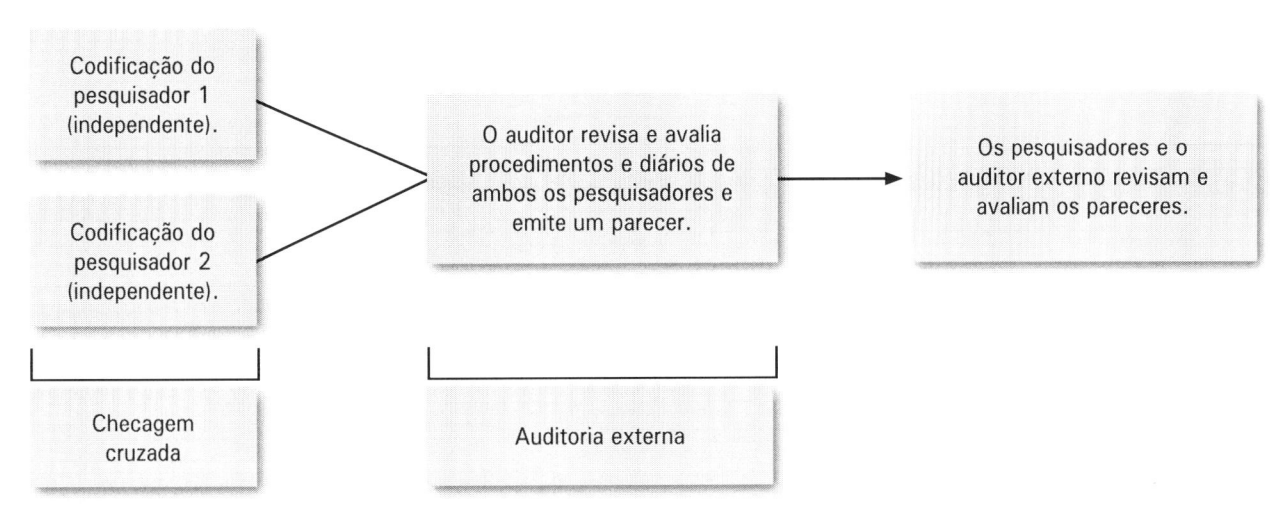

FIGURA 14.20 Demonstração de um ideal de auditoria.

5. Comparar com a teoria (embora seja produto de estudos quantitativos), simplesmente para refletir sobre o significado dos dados.
6. Efetuar checagem com os participantes: verificar com os participantes a riqueza dos dados e as interpretações, avaliar se eles dizem o que realmente querem dizer; também verificar se não esquecemos ninguém ("vozes perdidas ou ignoradas"). Algumas vezes, inclusive, revisamos com eles o processo de coleta dos dados e a codificação. Esse procedimento de verificação deve ser realizado considerando o nível educacional dos participantes e pode ser desenvolvido após a codificação de alguns dados e durante o trabalho de campo, além de realizá-lo no final do processo analítico.
7. Utilizar a lógica para testar nossas noções mediante expressões como "Se..., logo...". Isso nos ajuda a lembrar o que merece atenção e a formular proposições causais (Miles e Huberman, 1994). A maioria dos programas de análise qualitativa oferece essa função.
8. Usar descrições detalhadas, profundas e completas, mas nítidas e simples (Henwood, 2005; Daymon, 2010), que ajudarão o leitor a compreender mais completamente o contexto e os detalhes do fenômeno, dando a ele uma visão mais realista (Cuevas, 2009).
9. Demonstrar que cada caso foi reconstruído para que fossem analisados (as anotações de campo foram feitas em cada um).
10. Refletir sobre seus preconceitos, crenças e concepções em relação ao problema de estudo, para se conscientizar de que eles podem interferir em sua postura, e assim se esforçar para evitá-los, na medida do possível. Além disso, o relatório do estudo deve ser escrito de maneira aberta e honesta para que o leitor saiba qual é o ponto de vista do pesquisador (Creswell, 2009).
11. Apresentar os dados ou a informação discrepante ou contraditória das conclusões gerais, no caso de existirem. Na vida real é comum encontrar casos que não se adaptam à generalização e, se encontrarmos alguns desses casos no estudo, é importante que sejam discutidos como parte dos resultados para que a descrição se torne mais completa e realista (Cuevas, 2009).

> **CREDIBILIDADE DO ESTUDO** Melhora com a revisão e discussão dos resultados com pares ou colegas (um novo olhar).

Transferência (aplicabilidade dos resultados)

Esse critério **não** se refere a generalizar os resultados para uma população mais ampla, já que essa não é uma finalidade de um estudo qualitativo, mas que parte destes ou sua essência possa ser aplicada em outros contextos (Williams, Unrau e Grinnell, 2005). Mertens (2005) também a chama de "transporte". Sabemos que é muito difícil que os resultados de um estudo qualitativo específico possam ser transferidos para outro contexto, mas em certos casos eles podem nos oferecer pautas para ter uma ideia geral do problema estudado e a possibilidade de aplicar algumas soluções em outro ambiente. Por exemplo, os resultados de um estudo qualitativo sobre a depressão pós-parto realizado com 10 mulheres de Buenos Aires, não podem ser generalizados a outras mulheres dessa cidade que sofreram esse tipo de depressão, e menos ainda para mulheres argentinas ou latino-americanas. Mas podem, sim, contribuir para que se saiba mais sobre o fenômeno e para estabelecer pautas para futuros estudos sobre a depressão pós-parto, mesmo que sejam realizados em Montevidéu, Sevilha ou Monterrey. A **transferência** não é feita pelo pesquisador, mas pelo usuário ou leitor do estudo. É ele que se pergunta: Isso pode ser aplicado a meu contexto? A única coisa que o pesquisador pode fazer é tentar mostrar seu ponto de vista sobre onde e como seus resultados se "encaixam" no campo de conhecimento de um problema estudado.

TRANSFERÊNCIA Quando o usuário da pesquisa determina o grau de semelhança entre o contexto do estudo e outros contextos.

Para que o leitor ou usuário possa contar com mais elementos para avaliar a possibilidade de transferência, o pesquisador deve descrever da maneira mais ampla e precisa o ambiente, os participantes, materiais, momento do estudo, etc. A transferência nunca será total, pois não existem dois contextos iguais, em qualquer caso ela será parcial.

Para ajudar a fazer com que a possibilidade de transferência seja maior, é necessário que a amostra seja diversificada, os resultados (temas, descrições, hipóteses e teoria) vão "ganhando terreno" se surgem em muitos mais casos.

Confirmação

Esse critério está vinculado à credibilidade e significa demonstrar que minimizamos as preferências e tendências do pesquisador (Guba e Lincoln, 1989; Mertens, 2005). Implica rastrear os dados em sua fonte e explicitar a lógica utilizada para interpretá-los.

As longas permanências no campo, a triangulação, a auditoria, a checagem com os participantes e a reflexão sobre os prejulgamentos, crenças, e concepções do pesquisador nos ajudam a fornecer informação sobre a confirmação.

Outros critérios

Além dos critérios anteriores outros foram propostos mais recentemente por Tashakkori e Teddlie (2008) e Teddlie e Tashakkori (2009) e entre eles podemos citar:

- **Fundamentação:** até que ponto a pesquisa possui bases teóricas e filosóficas sólidas e fornece um marco referencial que dá apoio ao estudo. Está relacionada com uma revisão extensa e pertinente da literatura (enfocada em estudos similares). Além de incluir um raciocínio contundente sobre a ou as razões pelas quais se recorreu a um enfoque qualitativo.
- **Aproximação:** do ponto de vista metodológico, a contundência com que as opiniões e a lógica do estudo foram explicitadas. O pesquisador deve indicar de maneira específica a sequência seguida na pesquisa e os raciocínios que a orientaram.
- **Representatividade de vozes:** ter incluído todos os grupos de interesse ou pelo menos a maioria (p. ex., se estudamos os valores dos jovens universitários, devemos escutar estudantes de todos os níveis econômicos, homens e mulheres, de escolas públicas e particulares, de diferentes idades, tentando abranger o máximo de licenciaturas ou carreiras).
- **Capacidade de dar significado:** a profundidade com que as novas descobertas e o entendimento do problema de pesquisa são apresentados por meio dos dados e do método utilizado.

No CD anexo, Material complementario → Capítulos → Capítulo 10: "Parámetros, criterios, indicadores y/o cuestionamentos para evaluar la calidad de una investigación", o leitor poderá encontrar uma proposta de perguntas de autoavaliação em pesquisas qualitativas.

☑ FORMULAÇÃO DO PROBLEMA, SEMPRE PRESENTE

Em todo o processo de análise devemos ter sempre em mente a formulação original do problema de pesquisa, não para "amarrar" nossa análise, mas para não nos esquecermos de encontrar as respostas que buscamos. Também devemos lembrar que essa formulação pode sofrer mudanças ou ajustes conforme a pesquisa avança. As modificações realizadas na formulação devem ser justificadas.

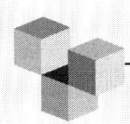

Resumo

- Amostragem, coleta e análise são atividades quase paralelas.
- A coleta de dados ocorre nos ambientes naturais e cotidianos dos participantes ou das unidades de análise.
- O instrumento de coleta dos dados no processo qualitativo é o pesquisador.
- As unidades de análise podem ser pessoas, casos, significados, práticas, episódios, encontros, papéis desempenhados, relações, grupos, organizações, comunidades, subculturas, estilos de vida, etc.
- O melhor papel que o pesquisador pode assumir no campo é o da empatia, devendo também minimizar o impacto que suas crenças, fundamentos ou experiências de vida, ligadas ao problema de estudo, possam ter sobre os participantes e o ambiente.
- Os dados são coletados por meio de diversas técnicas ou métodos, que também podem mudar no decorrer do estudo: observações, entrevistas, análise de documentos e registros, etc.
- Na observação qualitativa precisamos utilizar todos os nossos sentidos.
- Os propósitos essenciais da observação são:
    a) explorar ambientes, contextos, subculturas e a maioria dos aspectos da vida social;
    b) descrever comunidades, contextos ou ambientes, as atividades desenvolvidas neles, as pessoas que participam dessas atividades e seus significados;
    c) compreender processos, vínculos entre pessoas e suas situações ou circunstâncias, eventos que ocorrem ao longo do tempo, assim como os padrões desenvolvidos e os contextos sociais e culturais em que as experiências humanas acontecem;
    d) identificar problemas; e
    e) gerar hipóteses para futuros estudos.
- Os elementos potenciais a serem observados são: o ambiente físico, ambiente social, atividades (ações) individuais e coletivas, artefatos que os participantes usam e suas funções, fatos relevantes, eventos e história, e retratos humanos.
- O foco da observação vai se estreitando até chegar às unidades relacionadas com a formulação inicial do problema.
- Quando observamos devemos tomar notas.
- Diferentemente da observação quantitativa, na imersão inicial qualitativa normalmente não utilizamos registros padrão. Posteriormente, conforme enfocamos a observação, podemos criar roteiros mais concretos.
- Os papéis mais apropriados para o pesquisador na observação qualitativa são: participação ativa e participação completa.
- Para ser um bom observador qualitativo é necessário: saber escutar e utilizar todos os sentidos, prestar atenção nos detalhes, possuir habilidades para decifrar e compreender condutas não verbais, ser reflexivo e disciplinado para escrever anotações, assim como flexível para mudar o centro de atenção, se isso for necessário.
- Os períodos da observação qualitativa são abertos.
- A entrevista qualitativa é profunda e minuciosa, flexível e aberta. Pode ser definida como uma reunião para a troca de informação entre uma pessoa (o entrevistador) e outra (o entrevistado) ou outras (entrevistados).
- As entrevistas se dividem em estruturadas, semiestruturadas ou não estruturadas ou abertas.
- Nas estruturadas, o entrevistador realiza seu trabalho baseando-se em um roteiro de perguntas específicas e se prende somente a ele (o instrumento indica quais itens serão perguntados e em que ordem). As entrevistas semiestruturadas, por sua vez, baseiam-se em um roteiro de assuntos ou perguntas e o entrevistador tem a liberdade de incluir outras perguntas para tornar os conceitos mais precisos ou obter mais informação sobre os temas desejados (isto é, nem todas as perguntas estão predeterminadas). As entrevistas abertas se fundamentam em um roteiro geral de conteúdo e o entrevistador tem flexibilidade para manipulá-las.
- Na pesquisa qualitativa as primeiras entrevistas geralmente são abertas e do tipo piloto, que são estruturadas à medida que o trabalho de campo avança.

- As entrevistas qualitativas se caracterizam por:
  1. o início e o final da entrevista não são predeterminados nem definidos claramente, podendo inclusive ser efetuados em várias etapas;
  2. as perguntas e a ordem em que são realizadas se adaptam aos participantes;
  3. serem episódicas;
  4. o entrevistador compartilha com o entrevistado o ritmo e a direção da entrevista;
  5. o contexto social é considerado e é fundamental para a interpretação de significados;
  6. o entrevistador adapta sua comunicação às normas e linguagem do entrevistado; e
  7. têm um caráter mais amistoso.
- Uma primeira classificação do tipo de perguntas em uma entrevista é: perguntas gerais, perguntas para exemplificar, perguntas estruturais e perguntas de contraste.
- Outra classificação consiste em: de opinião, de expressão de sentimentos, de conhecimentos, sensitivas, de antecedentes e de simulação.
- Cada entrevista é uma experiência única de diálogo e não há padronização.
- Em uma entrevista qualitativa é possível fazer perguntas sobre experiências, opiniões, valores e crenças, emoções, sentimentos, fatos, histórias de vida, percepções, atribuições, etc.
- Os grupos focais consistem em reuniões de grupos pequenos ou médios (3 a 10 pessoas), nas quais os participantes conversam a respeito de um ou vários temas em um ambiente tranquilo e informal, conduzido por um especialista em dinâmicas de grupo que incentiva a interação na sessão.
- Os grupos focais são positivos quanto todos os membros participam e se evita que um deles oriente a discussão.
- Para organizar de maneira eficiente os grupos focais e conseguir os resultados esperados, é importante que quem conduz a sessão esteja habilitado para lidar com as emoções quando elas surgirem e para obter significados dos participantes em sua própria linguagem, além de ser capaz de atingir um nível elevado de aprofundamento. Deve estimular a participação de cada pessoa, evitar agressões e conseguir que todos tenham a chance de se expressar.
- O roteiro de tópicos dos grupos focais pode ser: estruturado, semiestruturado ou aberto.
- Uma fonte muito valiosa de dados qualitativos são os documentos, materiais e artefatos diversos.
- Os diferentes tipos de materiais, documentos, registros e objetos podem ser obtidos como fontes de dados qualitativos em três circunstâncias:
  a) Pedir aos participantes de um estudo que forneçam amostras desses elementos.
  b) Pedir aos participantes que elaborem os elementos especialmente para o estudo.
  c) Obter os elementos para análise sem pedi-los diretamente aos participantes (como dados não obstrutivos).
- Independentemente da forma de obtenção, esses elementos têm a vantagem de que foram produzidos pelos participantes do estudo ou os sujeitos de estudo, estão em sua "linguagem" e geralmente são importantes. A desvantagem é que às vezes são difíceis de obter. Mas são fontes ricas em dados.
- As biografias ou histórias de vida são narrações dos participantes sobre fatos do passado e suas experiências.
- Na coleta de dados qualitativos é conveniente ter várias fontes de informação e utilizar vários métodos.
- Na análise dos dados qualitativos o processo essencial consiste em recebermos dados não estruturados para então estruturá-los e interpretá-los.
- Os dados qualitativos são bem variados, mas na essência são narrações dos participantes:
  a) visuais (fotografias, vídeos, pinturas, etc.),
  b) auditivas (gravações),
  c) textos escritos (documentos, cartas, etc.) e
  d) expressões verbais e não verbais (respostas orais e gestos em uma entrevista ou grupo focal).

Além das narrações do pesquisador (notas no diário de campo).
- Durante a análise, elaboramos um diário com memos que documentam o processo.
- A análise qualitativa implica refletir constantemente sobre os dados coletados.
- Para efetuar uma análise qualitativa os dados são organizados e as narrações orais são transcritas.
- Ao revisar o material, as unidades de análise emergem dos dados.
- O pesquisador analisa cada unidade e extrai seu significado. Das unidades surgem as categorias, pelo método de comparação constante (semelhanças e diferenças entre as unidades de significado). E assim se efetua a codificação em um primeiro plano.
- A codificação em um segundo plano implica comparar categorias e agrupá-las em temas (também por meio da comparação constante).
- As categorias e temas são relacionados para obter classificações, hipóteses e teorias.
- Na pesquisa qualitativa surgiram critérios para tentar estabelecer um paralelo com a confiabilidade, validade e objetividade quantitativa: dependência, credibilidade, transferência e confirmação, representatividade de vozes e capacidade de dar significado.
- Para realizar a análise dos dados qualitativos o pesquisador pode recorrer a programas eletrônicos, principalmente ao Atlas.ti® e ao Decision Explorer®.

Conceitos básicos

- Ambiente
- Análise dos dados qualitativos
- Anotações
- Arquivo
- Artefatos
- Atlas.ti®
- Biografia
- Campo
- Categoria
- Codificação
- Código
- Coleta de dados
- Comparação constante
- Confirmação
- Credibilidade
- Dado(s)
- Decision Explorer®
- Dependência
- Diagrama
- Diário de análise
- Documento
- Entrevista qualitativa
- Entrevistado
- Entrevistador
- Gravação
- Grupo focal
- História de vida
- Imersão inicial
- Imersão profunda
- Mapa
- Material audiovisual
- Matriz
- Memo
- Metáfora
- Observação
- Observação enfocada
- Observação qualitativa
- Papel do pesquisador
- Participante(s)
- Pergunta
- Pesquisador qualitativo
- Programa de análise
- Reflexão
- Registro
- Relações
- Roteiro de entrevista
- Roteiro de observação
- Roteiro de tópicos
- Saturação de categorias
- Segmento
- Sessão profunda
- Significados
- Tema
- Teoria fundamentada
- Transcrição
- Transferência
- Triangulação de dados
- Unidade de análise

Exercícios

1. Observe o que acontece na lanchonete de sua universidade durante 15 minutos (no horário em que há um grande número de estudantes). Anote o que acontece (com detalhe). Depois reflita sobre o que observou, descreva: O que aconteceu? Quais são os tipos de relações que você pode perceber entre os estudantes que estão na lanchonete?
2. Procure um estudo qualitativo que tenha utilizado a entrevista como meio de coletar os dados: Em que contexto foi ou foram realizadas? Quais perguntas foram formuladas? Quais foram as conclusões? Que outras perguntas poderiam ter sido feitas?
3. Elabore e realize uma entrevista aberta e uma semiestruturada.
4. Retorne à lanchonete de sua instituição e observe como os colegas que você conhece conversam. Após 10 minutos, encontre um conceito para observar mais detalhadamente (roupas que usam, como se olham, quais produtos consomem enquanto conversam, como sorriem, como são seus trejeitos, etc.). Registre suas observações e notas em um caderno e discuta-as em classe. Se vários colegas de disciplina foram ao mesmo local e à mesma hora para observar, comparem as notas.
5. Elabore uma sessão profunda (indique os objetivos, procedimentos, participantes, agenda, roteiro de tópicos, etc.) e organize-a com seus amigos. Grave-a em áudio e vídeo, transcreva a sessão e analise as transcrições (realize todo o processo analítico mostrado). No final, autoavalie sua experiência.
6. Codifique em primeiro plano os seguintes segmentos de casos:

Caso 1:
- Eu gosto muito da minha mãe.
- Ela é bonita e boa.
- Ela sempre me ouve e não me repreende.

- É carinhosa, maravilhosa.
- Ela cuida de mim, me protege, se preocupa comigo.
- Ela me dá conselhos.
- Eu também a amo.
- Sempre vou amá-la.
- Tomara que viva muitos anos.
- Ela se chama Pola.

Caso 2
- Minha mãe é egoísta, às vezes má.
- Não me escuta.
- Não me deixa ver os programas de televisão de que gosto.
- Ela me obriga a ter várias atividades.
- Eu me sinto só, não tenho realmente uma mãe que me apoie.
- E, de qualquer modo, prefiro que não esteja em casa.
- Ela prefere meus irmãos.
- Ela se chama Alessa.

Compare categorias de ambos os casos. A que conclusão você chegou?

7. Codifique em primeiro e segundo planos as entrevistas que realizou (aberta e semiestruturada).
8. Na Figura 14.21, mostramos o diagrama para realizar análise qualitativa em um processador de texto. Com base no diagrama:
   a) Analise uma pesquisa feita por algum colega (com, no mínimo, cinco páginas), seja o trabalho de qualquer disciplina ou para fins pessoais.
   b) Analise um documento histórico que possa ser escaneado.
   c) Analise um artigo baixado da internet em seu computador.
9. Procure em uma revista científica uma pesquisa qualitativa e analise-a. Você poderia realizar um estudo similar no município onde vive? Quais seriam as adaptações necessárias?
10. Em relação à sua formulação do problema de pesquisa qualitativa: Quais instrumentos você utilizaria para coletar os dados? Defina e colete dados sobre cinco casos (participantes, materiais, etc.). Realize todo o processo de análise qualitativa.

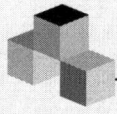

Exemplos desenvolvidos

A guerra cristera em Guanajuato

Ao longo do capítulo apresentamos uma parte dos resultados (mínima, devido ao espaço), por isso agora vamos apenas incluir alguns comentários breves sobre a análise e o fragmento de relatório sobre um tema em um dos municípios estudados.

A análise foi realizada de maneira independente em cada comunidade (um processo por município). Depois foram detectados os temas habituais em todas as comunidades e se fez uma análise global. O esquema está na Figura 14.22.

E assim com outros municípios.

O exemplo a seguir está na categoria: "Devoção aos sacerdotes cristeros" (Salamanca):

A devoção a San Jesús Méndez

Logo após terem fuzilado o padre Jesús Méndez, as pessoas iam deixar flores e velas no local em que o mataram. Até que o governo colocou um aviso que proibia essas manifestações de fé, e a punição seria a morte.

"Mas pensaram em uma pedrinha, para enganar o governo, uma pedrinha em vez de uma flor, uma pedrinha em vez de uma vela, e assim foi. Essa ideia foi daqui até Valtierrilla". (Entrevista com dona Pila, 2005).

Há aproximadamente 25 anos existe o monumento que conhecemos hoje. Além disso, a rua onde ele se encontra tem o nome do padre: "Rua Jesús Méndez".

Em 1987, os restos mortais do padre, que descansavam na antiga paróquia, foram levados para a nova paróquia de Guadalupe que fica ao lado esquerdo da antiga. E é ali, do lado esquerdo do altar, em um nicho com sua imagem, que repousam seus restos mortais.

Após a canonização do padre em 2000, dona Pila criou uma espécie de museu e capela em sua casa. Ali as pessoas encontram fotos sobre a vida do tio de Pila, roupa, objetos pessoais e religiosos. No centro do quarto a foto do padre ocupa o lugar, a seus pés há um genuflexório para orar e velas. O teto é decorado com tiras de tecido vermelho que exibem flores com as mesmas cores do material. O lugar está rodeado de imagens religiosas, velas e flores de plástico, além de oratórios de latão e ex-votos pendurados nas paredes.

A senhora comenta que juntou sete quilos de moedas antigas e foi vendê-las em Salamanca. Com o dinheiro arrecadado e a ajuda de uma sobrinha, conseguiu comprar tinta e lâmpadas para arrumar o que foi seu quarto de costura.

Também falam sobre os milagres atribuídos a San Jesús Méndez. Aqui menciono um exemplo de tantos testemunhos que Pila escutou dos devotos de seu tio:

Um rapaz que foi para os Estados Unidos, mas no caminho teve muitos contratempos, não conseguiu chegar nem à fronteira porque seu dinheiro acabou. Um senhor cruzou seu caminho e lhe emprestou o dinheiro para que retornasse, disse a ele que assim que pudesse deveria ir a Valtierrilla para pagá-lo e que se chamava Jesús Méndez. Tempos depois o homem foi a Valtierrilla para cumprir sua promessa e descobriu, surpreso, que o bem-aventurado Jesús Méndez havia morrido há muito tempo e que era sacerdote. Ao ver a foto do padre o reconheceu imediatamente, essa era a pessoa que emprestou o dinheiro a ele, então foi considerado um milagre.

A festa do padre é celebrada todo dia 5 de fevereiro, aniversário de seu fuzilamento.

O próximo é um exemplo da categoria: "Missas fora das igrejas" (San Miguel de Allende):

CONVERTER UM ARQUIVO DE TEXTO OU DOCUMENTO ESCANEADO EM UM ARQUIVO PARA ANÁLISE

Pode ser qualquer documento, mas de preferência uma entrevista ou um documento histórico. Apenas deixe uma margem à direita de 3 a 3,5 centímetros (para anotar a codificação).

CARACTERÍSTICAS DO PROCESSADOR

O programa deve ter – no mínimo – as seguintes funções habilitadas:
Salvar, copiar e colar, assim como colorir.

CODIFICAÇÃO EM PRIMEIRO PLANO OU NÍVEL

Selecionar as unidades de análise e percorrer o arquivo e ir codificando (encontrando categorias). Cada categoria pode ser marcada com uma cor. Exemplo:

Violência física   Violência verbal   Violência psicológica

Coloque a categoria correspondente na margem do documento a sua direita.

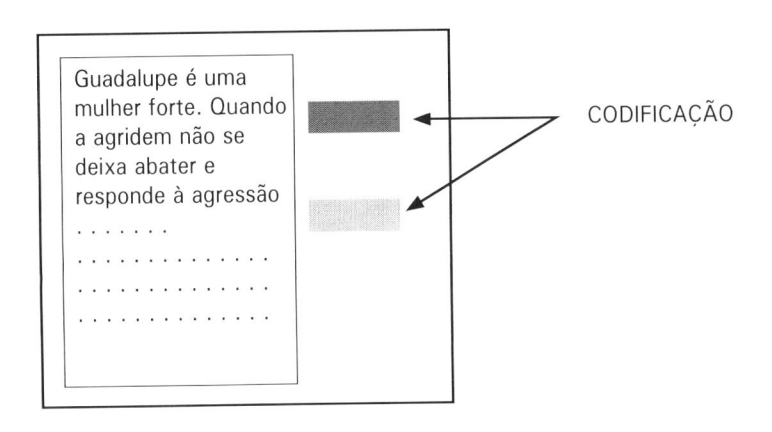

Guadalupe é uma mulher forte. Quando a agridem não se deixa abater e responde à agressão .... → CODIFICAÇÃO

CODIFICAÇÃO EM SEGUNDO PLANO OU NÍVEL

Agrupe as categorias (do mesmo "tom") em temas.

GERAÇÃO DE TEORIA, HIPÓTESES E RELAÇÕES

FIGURA 14.21 Procedimento para realizar uma análise qualitativa no processador de textos.

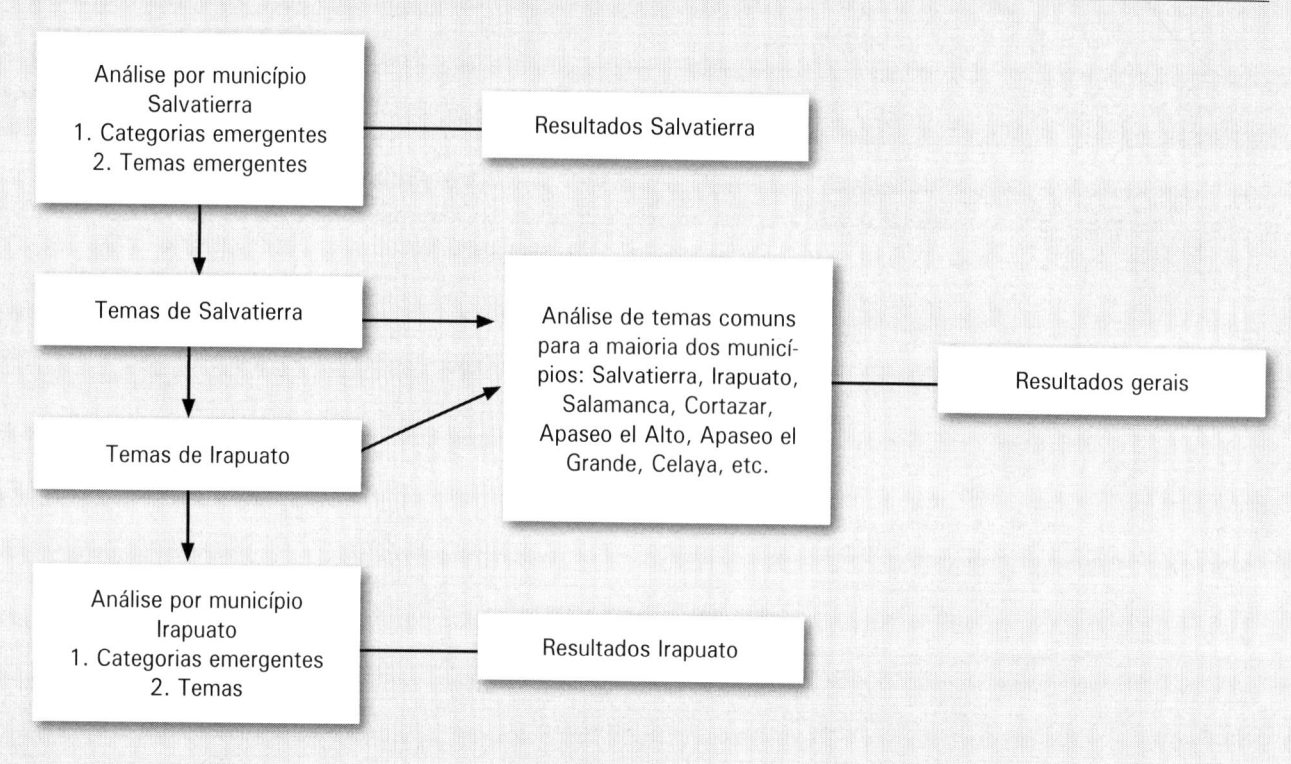

```
┌─────────────────────┐
│ Análise por município│
│     Salvatierra     │──────────▶ ┌──────────────────────┐
│ 1. Categorias       │            │ Resultados Salvatierra│
│    emergentes       │            └──────────────────────┘
│ 2. Temas emergentes │
└──────────┬──────────┘
           ▼
┌─────────────────────┐          ┌──────────────────────────┐
│ Temas de Salvatierra│─────────▶│ Análise de temas comuns  │
└──────────┬──────────┘          │ para a maioria dos muni- │           ┌──────────────────┐
           ▼                     │ cípios: Salvatierra,     │──────────▶│ Resultados gerais│
┌─────────────────────┐          │ Irapuato, Salamanca,     │           └──────────────────┘
│ Temas de Irapuato   │─────────▶│ Cortazar, Apaseo el Alto,│
└──────────┬──────────┘          │ Apaseo el Grande,        │
           ▼                     │ Celaya, etc.             │
┌─────────────────────┐          └──────────────────────────┘
│ Análise por município│
│      Irapuato       │──────────▶┌──────────────────────┐
│ 1. Categorias       │           │ Resultados Irapuato  │
│    emergentes       │           └──────────────────────┘
│ 2. Temas            │
└─────────────────────┘
```

FIGURA 14.22 Mapa ou diagrama de uma parte da análise do estudo.

A missa através das cercas

Foi na casa de dom Blas, situada a um quarteirão do templo de Capuchinas, que o padre Marciano Medina, guardião do templo de San Francisco, hospedou-se. Com o relato de dom Blas, podemos ver como era uma missa em uma casa:

> ...Todas as pessoas entravam como se fossem a uma igreja, a porta do vestíbulo ficava aberta e da rua entravam todas as irmãs terceiras e os terceiros, com seus xales, seus rosários na mão, os livros de oração, pois é, o templo de San Francisco se mudou para cá (risos).

Na biblioteca da casa, o padre Medina celebrava os atos religiosos, que eram presididos por uma imagem da Purísima Concepción. Mas os participantes eram cada vez mais indiscretos, pois muitas pessoas podiam ser vistas entrando pela porta principal.

> E depois, para incomodar ainda mais, veio o irmão organista (risos) que se chamava Macedonio Hernández. Então, trouxeram um pequeno órgão e havia cantos, daí veio o prefeito: "ouçam, não incomodem, porque também vão incomodar vocês, como também a mim por não denunciá-los. Então, façam-me o favor, vejam como fazer, mas acabem com isso".

O prefeito os repreendeu porque se não avisasse onde um sacerdote estava escondido ou onde era celebrada uma missa ou outros atos religiosos, seria punido legalmente. Eles interromperam o ato, mas a coisa não parou por aí. Desse dia em diante não entravam mais pela porta principal da casa, agora entravam pelas cercas das casas vizinhas:

> No fundo da casa havia uma cerca, e do outro lado havia uma escadinha, e era por ela que subiam. Se havia perigo ou algo assim, porque andavam revistando as casas procurando onde era realizado o culto, então as pessoas entravam por lá, muitas pessoas subiam pelas escadinhas. E as senhoras, na casa ao lado em que haviam empilhado laje ao lado do muro, então era por lá que as mulheres desciam, porque por aqui pelas escadas não conseguiam, só os rapazes.

Mas a família já estava na mira do governo, então decidiram ir para a Cidade do México em 1927 e assim evitar problemas. Não se sabe até onde teve de ir o padre Marciano Medina.

Assim como essa casa, existiram várias na cidade que abrigaram sacerdotes. O governo revistava as casas procurando por eles, mas os vizinhos tinham uma espécie de "espionagem e alerta", e caso vissem soldados federais se aproximando iam passando a informação para os outros.

Consequências do abuso sexual infantil

Como no caso anterior, ao longo do capítulo apresentamos uma parte dos resultados (mínima, devido ao espaço), por isso agora incluiremos somente os modelos teóricos que aparecem nas Figuras 14.23 e 14.24 (Morrow e Smith, 1995, p. 35)[15].

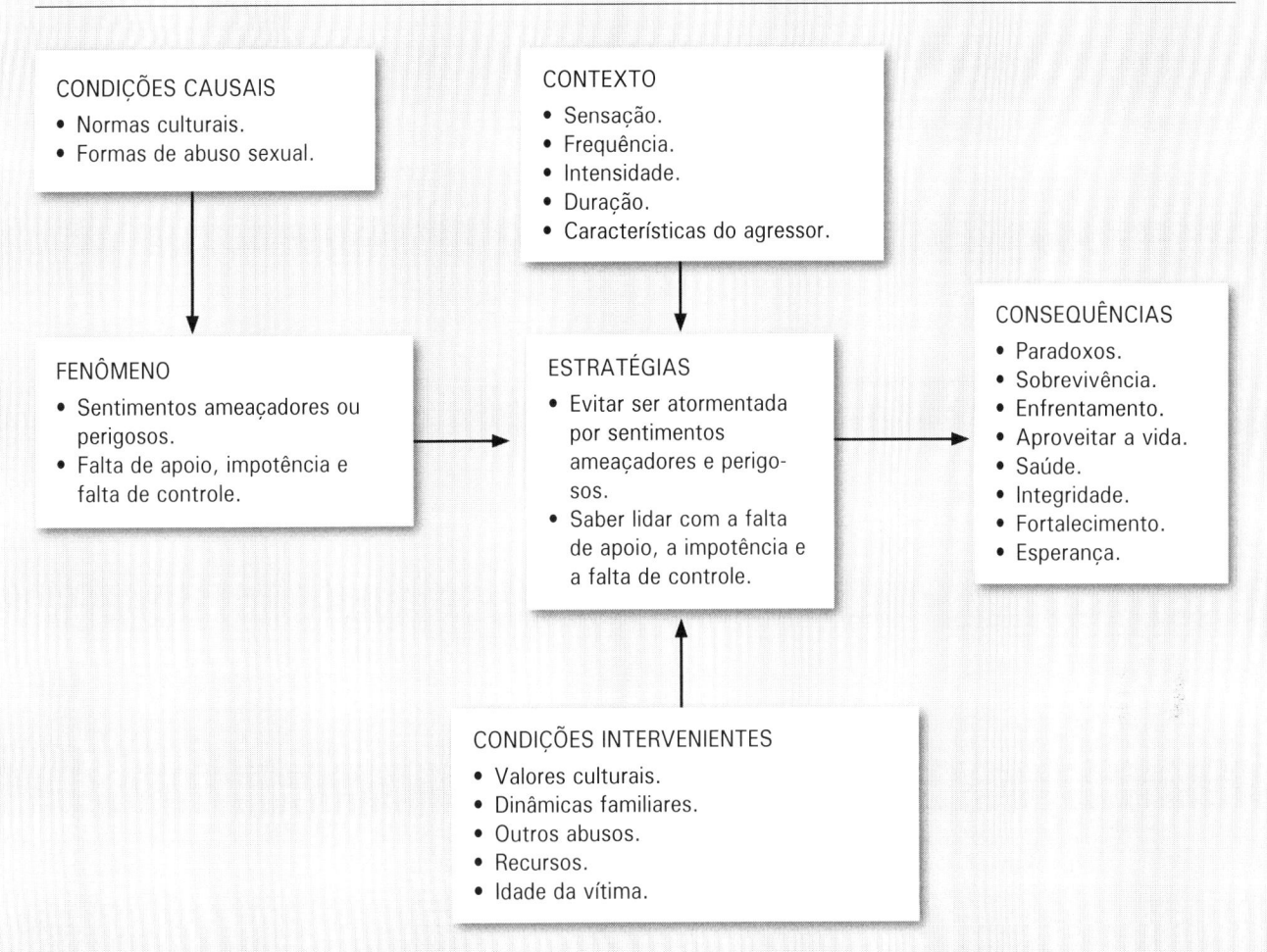

CONDIÇÕES CAUSAIS
- Normas culturais.
- Formas de abuso sexual.

CONTEXTO
- Sensação.
- Frequência.
- Intensidade.
- Duração.
- Características do agressor.

FENÔMENO
- Sentimentos ameaçadores ou perigosos.
- Falta de apoio, impotência e falta de controle.

ESTRATÉGIAS
- Evitar ser atormentada por sentimentos ameaçadores e perigosos.
- Saber lidar com a falta de apoio, a impotência e a falta de controle.

CONSEQUÊNCIAS
- Paradoxos.
- Sobrevivência.
- Enfrentamento.
- Aproveitar a vida.
- Saúde.
- Integridade.
- Fortalecimento.
- Esperança.

CONDIÇÕES INTERVENIENTES
- Valores culturais.
- Dinâmicas familiares.
- Outros abusos.
- Recursos.
- Idade da vítima.

FIGURA 14.23 Modelo teórico para a sobrevivência e o enfrentamento ao abuso sexual infantil.

ESTRATÉGIAS DE SOBREVIVÊNCIA E ENFRENTAMENTO

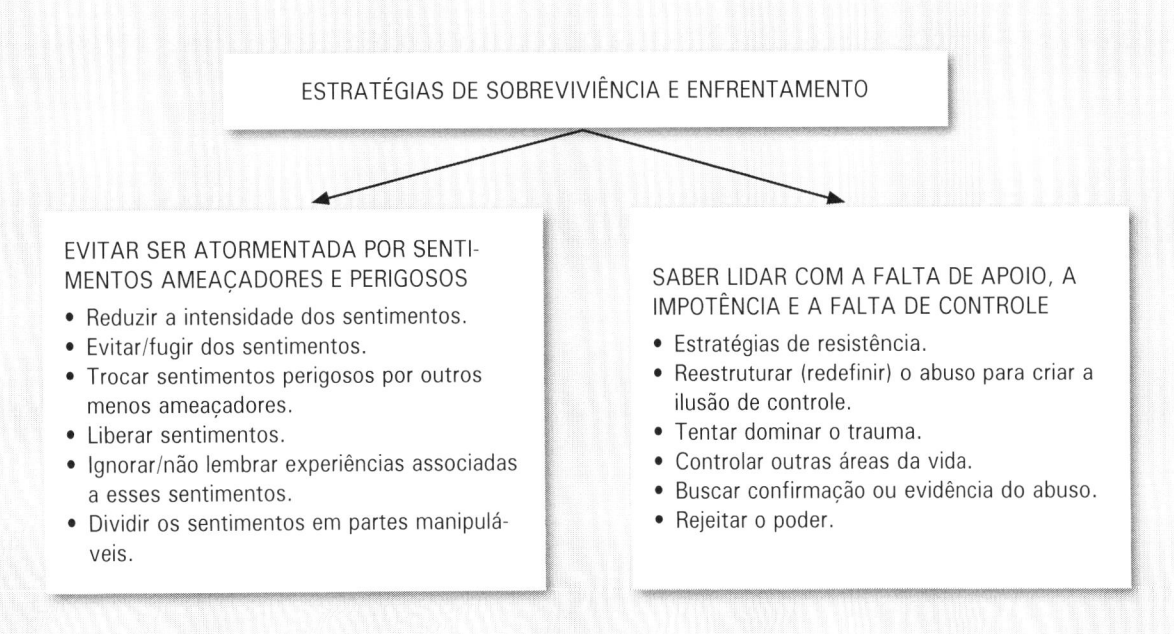

EVITAR SER ATORMENTADA POR SENTIMENTOS AMEAÇADORES E PERIGOSOS
- Reduzir a intensidade dos sentimentos.
- Evitar/fugir dos sentimentos.
- Trocar sentimentos perigosos por outros menos ameaçadores.
- Liberar sentimentos.
- Ignorar/não lembrar experiências associadas a esses sentimentos.
- Dividir os sentimentos em partes manipuláveis.

SABER LIDAR COM A FALTA DE APOIO, A IMPOTÊNCIA E A FALTA DE CONTROLE
- Estratégias de resistência.
- Reestruturar (redefinir) o abuso para criar a ilusão de controle.
- Tentar dominar o trauma.
- Controlar outras áreas da vida.
- Buscar confirmação ou evidência do abuso.
- Rejeitar o poder.

FIGURA 14.24 Estratégias de sobrevivência e enfrentamento de mulheres que sobreviveram ao abuso sexual infantil.

Shopping centers

O roteiro semiestruturado utilizado para as sessões sobre cada *shopping center* é o seguinte:

Área 1: Satisfação com a experiência de compra em *shopping centers*. Avaliação do usuário sobre sua experiência de compra no *shopping center* (específico).

- Satisfação em função dessa experiência.
- Necessidades para realizar a compra no *shopping center* com o máximo de satisfação.
- Necessidades de entretenimento e meios para satisfazê-las.

Área 2: Atributos do *shopping center*.

- Definição do *shopping center* ideal.
- Identificação e definição dos atributos, oportunidades e fatores críticos de êxito do *shopping center* ideal.
- Avaliação dos atributos e fatores críticos de êxito do *shopping center*.
- Identificação de fatores negativos e ameaças do *shopping center*.

Área 3: Percepção dos clientes sobre as reformas.

- Avaliação de áreas específicas das instalações do *shopping center* como: banheiros, telefones, sinalização, estacionamento, caixas eletrônicos, áreas de entretenimento, corredores, acesso de pedestres, limpeza, clima interior, música ambiente, decoração, áreas verdes, ilhas, mesas e lugares para se sentar.
- Sugestões para futuras reformas nessas áreas.

Para cada *shopping center* (16 no total) foram realizadas sete sessões (oito pessoas por grupo):

1. Sessão com mulheres com mais de 40 anos.
2. Sessão com mulheres com menos de 40 anos.
3. Sessão com homens de 31 a 40 anos.
4. Sessão com homens com mais de 40 anos.
5 e 6. Duas sessões mistas com homens e mulheres entre 21 e 30 anos.
7. Uma sessão mista com jovens de ambos os gêneros entre 16 e 19 anos.

Em razão do espaço, mostramos somente alguns dos resultados.

A análise envolveu duas etapas:
1. Análise por centro comercial.
2. Análise de temas emergentes comuns a todos os *shopping centers*.

Temas emergentes regulares em vários shoppings centers.

Razões mais importantes para escolher um centro comercial como o preferido:

- Variedade de lojas ou comércios.
- Proximidade (da residência).
- Ambiente social (pessoas do mesmo *status* e convivência).
- Segurança.

Outras razões:

- Fácil acesso.
- Bares e café.
- Cinemas.
- Eventos (concertos de música, teatro, espetáculos, etc.).
- Atividades para pessoas de todas as idades (crianças, adolescentes, adultos e indivíduos com mais de 60 anos).
- "Loja âncora" (loja de uma cadeia de lojas de departamento).

Exemplo
PADRÃO
O *shopping center* agora preenche a função que antes tinham as praças, os parques públicos e os espaços abertos, pois são espaços de socialização e convivência familiar. As pessoas querem que sejam centros de compra, mas antes de tudo, "centros de diversão".

Os pesquisadores opinam

Uma das críticas positivistas sobre o método qualitativo tem sido sua flexibilidade em relação ao processo metodológico. No entanto, é necessário entender que, quando esse tipo de pesquisa é realizado, mesmo que não exista um esquema predeterminado de ação, precisamos realmente contar com um planejamento que permita realizar a pesquisa com alguma organização que ajude a cumprir os objetivos.

O ponto de partida da pesquisa qualitativa é o próprio pesquisador, seu preparo e experiência. A partir desses elementos, o pesquisador escolhe um determinado tema e define as razões de seu interesse nessa ou naquela temática. O tópico a ser pesquisado não precisa ser em um primeiro momento algo totalmente definido, pode ser um tema ainda bem geral.

Quando o tópico já foi identificado, o pesquisador costuma buscar toda a informação possível sobre ele; tenta determinar o "estado de arte" ou "a situação da questão", ou seja, saber qual é a situação atual da problemática, o que se sabe e o que não se sabe, o que foi escrito e o que não foi, o que é evidente e o que é tácito.

A pesquisa qualitativa não surge na formulação de um problema específico, mas a partir de uma problemática mais ampla na qual existem muitos elementos entrelaçados que vão sendo observados conforme ela avança, isto é, precisa de algum tempo para acumular a informação oferecida por novos enfoques, que em algum momento podem até mudar a perspectiva inicial da pesquisa.

No processo de ir a campo, a recomendação é que realize uma aproximação inicial para conhecer a problemática e facilitar o uso das estratégias existentes. Isso fará com que o pesquisador conheça bem as áreas de conteúdo que não foram totalmente delimitadas nas primeiras etapas, comprove a adequação das questões de pesquisa, descubra novos aspectos que não tinham sido vistos inicialmente ou comece a ter um bom relacionamento com os participantes e crie com eles pontos adequados de comunicação.

Entre as principais técnicas e instrumentos de coleta de dados estão os diversos tipos de observação, diferentes tipos de entrevista, estudo de casos, histórias de vida, história oral, entre outros. Também é importante considerar o uso de materiais que facilitem a coleta de informação como gravações, vídeos, fotografias e técnicas de mapeamento necessárias para a reconstrução da realidade social.

Recentemente foram criados elementos tecnológicos que facilitam a análise e o trabalho com a grande quantidade de dados obtidos, como o caso do pacote *The Etnograph, QSR, NUD.IST, Atlas.ti, nVivo,* entre outros.

O pesquisador qualitativo precisa ter uma grande capacidade para interpretar toda a informação sintetizada no campo da pesquisa, pois mais do que ser uma técnica isso é uma arte, que não consiste somente na análise fria dos dados obtidos, mas em sua descrição sensível e detalhada.

Por outro lado, não é possível pensar em deixar o campo sem ter uma bagagem de dados analisáveis, e é a partir da transcrição e compreensão destes que damos início ao processo de interpretação, isto é, a partir dos dados fiéis e das notas de campo que posteriormente serão analisadas. Esse texto é reconstruído como um trabalho de interpretação, que contém as descobertas iniciais e também aqueles aspectos que o pesquisador aprendeu em campo.

Assim, os resultados da pesquisa qualitativa são mostrados no "relatório final", onde indicamos o processo com o qual os dados do tema estudado foram construídos e analisados, a estrutura geral, as interpretações e experiências adquiridas no campo de estudo. Em síntese, os argumentos mostrados deixam claro que a pesquisa qualitativa não se refere a um tipo de dado nem a um tipo de método específico, mas a um projeto diferente de produção do conhecimento voltado para uma noção de realidade constituída, privilegiando entidades ativas e interativas.

Dr. Antonio Tena Suck
Coordenador de Pós-graduação
Departamento de Psicología
Universidad Iberoamericana, Cidade do México

✓ NOTAS

1. Pedimos desculpas porque faltam muitas equipes que geram verdadeiras subculturas, só que são centenas delas na Península Ibérica.
2. Algumas unidades de Lofland e colaboradores (2005) podem ser repetitivas em relação aos elementos aqui apresentados, mas preferimos a redundância ao reducionismo.
3. Entre a guerra cristera de 1926 a 1929 e a segunda Cristiada não houve nenhum conflito armado que envolvesse a população, por isso se assumiu que as marcas eram dessas guerras. Uma análise que relacione o tipo de rastro com a arma pode ajudar, mas é preciso dizer que o armamento cristero continua sendo utilizado por alguns camponeses.
4. No Capítulo 12 mostramos uma fotografia como exemplo dessas marcas.
5. Exemplo retirado textualmente de "Elementos claves para reducir la mortalidad materna: se investigan las circunstancias de las defunciones maternas en Indonesia", *FHI*: *Boletín Trimestral de Salud*: *Network en Español*, 2002, vol. 22, num. 2, p. 1. A referência original é: Iskandar e colaboradores (1996).
6. O nome da empresa permanece anônimo devido ao acordo mantido com ela, aqui ela é mencionada como LLL.
7. Seria muito complexo mencionar as dezenas de autores que trabalharam com esse esquema de análise qualitativa, mas vamos mencionar algumas fontes relacionadas com seu uso generalizado. Os autores que conceituaram a teoria fundamentada foram Glaser e Strauss (1967). A partir daí ela foi evoluindo (Charmaz, 1990 e 2000; Strauss e Corbin, 1990 e 1998; Glaser, 1992; Grinnell, 1997; Berg, 1998; Denzin e Lincoln, 2000; Esterberg, 2002; Mertens, 2005; Wiersma e Jurs, 2008; Artinian et al., 2009; e Bernard e Ryan, 2009).
8. Em cada país e região existem expressões próprias da cultura local.
9. Esse foi o caso de um só *shopping center* com mais de 100 lojas. O nome verdadeiro da loja a que nos referimos foi substituído por Loja Principal.
10. O problema de pesquisa é mais complexo, mas devido ao espaço ele foi resumido.
11. *Network en español*, 2002, vol. 22, núm. 2, p. 2.

12. Apresentado parcialmente devido ao espaço. O contexto nacional foi extremamente simplificado para que os estudantes o vejam em termos simples.
13. S. L. Morrow e Smith, M. L. (1995), "Constructions of survival and coping by women who have survived childhood sexual abuse", *Journal of Counseling Psychology*, 42, 1. As páginas específicas não são citadas, pois, ao traduzir, o estudo não coincide plenamente com a paginação das versões em espanhol e inglês. Tentamos ficar o mais próximo possível do texto original, e também não pretendemos abusar das citações literais em respeito às autoras. Recomendamos que leiam a fonte original.
14. Adaptado de Creswell (2005, p. 236).
15. Em texto transferido para o Word.

15

Desenhos do processo de pesquisa qualitativa

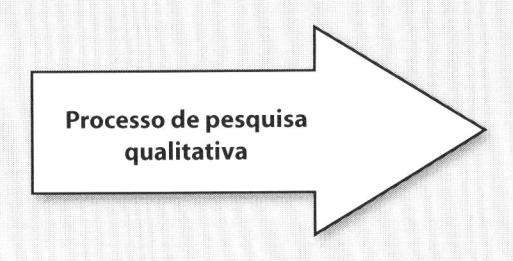

Processo de pesquisa qualitativa →

Passo 4B Concepção do desenho ou abordagem da pesquisa
- Decidir a "abordagem" do estudo durante o trabalho de campo, isto é, ao mesmo tempo em que os dados são coletados e analisados.
- Adaptar o desenho às circunstâncias da pesquisa (ao ambiente, aos participantes e ao trabalho de campo).

Objetivos da aprendizagem

Ao concluir este capítulo, o aluno será capaz de:

1. compreender a relação tão próxima existente entre a seleção da amostra, a coleta e a análise dos dados, e a concepção do desenho ou "abordagem" da pesquisa no processo qualitativo;
2. conhecer os principais desenhos ou "abordagens" gerais na pesquisa qualitativa;
3. entender a diferença entre os desenhos qualitativos e os desenhos quantitativos.

Síntese

Neste capítulo definimos o conceito de desenho na pesquisa qualitativa. Também consideramos os desenhos mais comuns no processo indutivo:

a) desenhos da teoria fundamentada,
b) desenhos etnográficos,
c) desenhos narrativos e
d) desenhos de pesquisa-ação, além dos desenhos fenomenológicos.

Em cada tipo de desenho serão consideradas as atividades mais importantes realizadas no ambiente e no processo indutivo. No capítulo mostramos que os desenhos qualitativos são flexíveis e abertos, e que seu desenvolvimento deve ser adaptado às circunstâncias do estudo. Por outro lado, destacamos a natureza iterativa dos desenhos qualitativos e o fato de que as fronteiras entre eles realmente não existem. Além disso, um estudo indutivo normalmente inclui elementos que pertencem a mais de um tipo de desenho qualitativo.

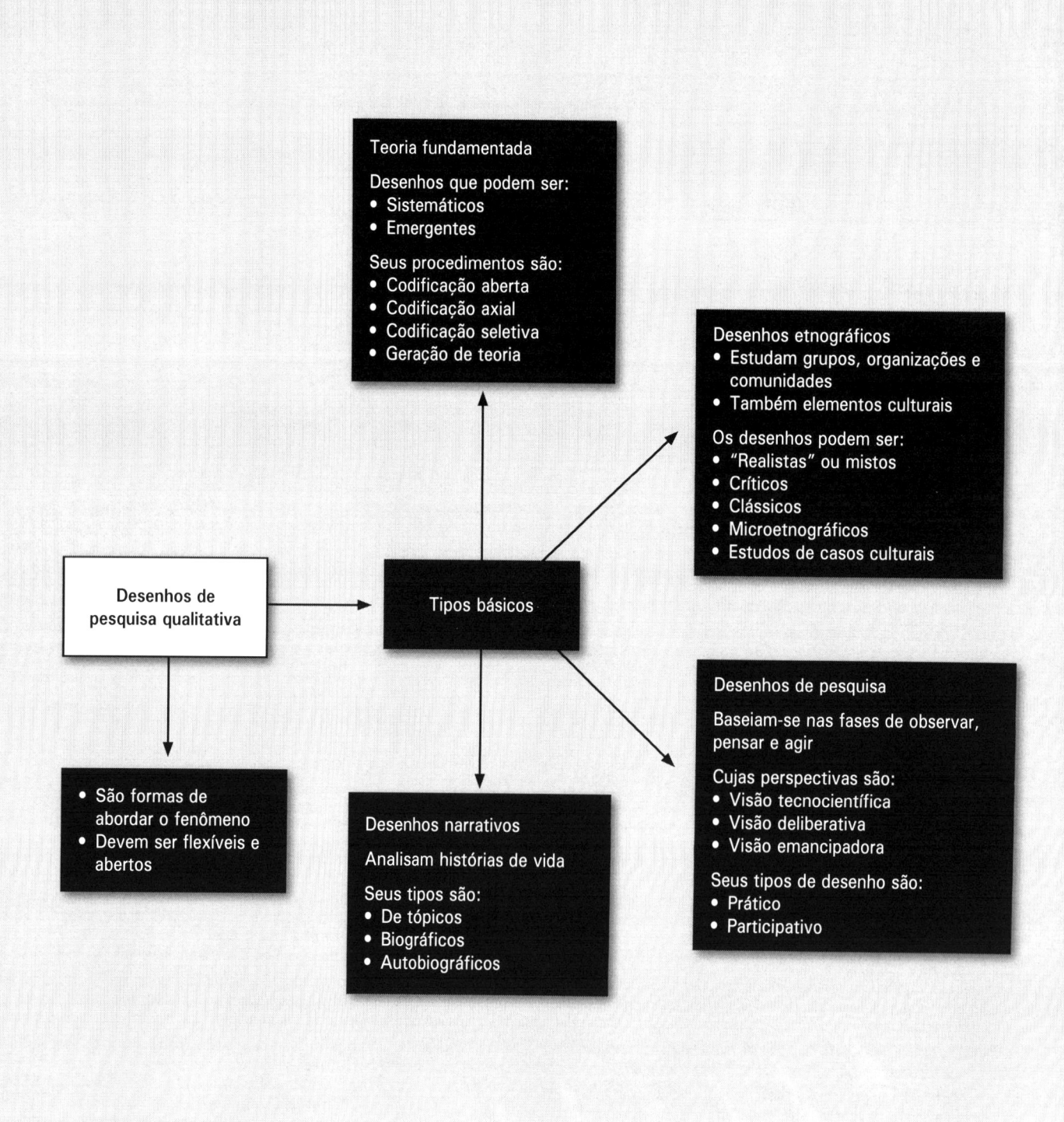

```
Desenhos de pesquisa qualitativa  →  Tipos básicos
```

Desenhos de pesquisa qualitativa
- São formas de abordar o fenômeno
- Devem ser flexíveis e abertos

Tipos básicos:

Teoria fundamentada

Desenhos que podem ser:
- Sistemáticos
- Emergentes

Seus procedimentos são:
- Codificação aberta
- Codificação axial
- Codificação seletiva
- Geração de teoria

Desenhos etnográficos
- Estudam grupos, organizações e comunidades
- Também elementos culturais

Os desenhos podem ser:
- "Realistas" ou mistos
- Críticos
- Clássicos
- Microetnográficos
- Estudos de casos culturais

Desenhos narrativos

Analisam histórias de vida

Seus tipos são:
- De tópicos
- Biográficos
- Autobiográficos

Desenhos de pesquisa

Baseiam-se nas fases de observar, pensar e agir

Cujas perspectivas são:
- Visão tecnocientífica
- Visão deliberativa
- Visão emancipadora

Seus tipos de desenho são:
- Prático
- Participativo

DESENHOS DE PESQUISA QUALITATIVA: UM COMENTÁRIO PRÉVIO

Talvez alguns leitores perguntem: Por que este capítulo não foi incluído antes da coleta e da análise dos dados? Principalmente no primeiro capítulo do livro (ao diagramar o processo de pesquisa qualitativa) quando foi apresentado como uma fase prévia a essas duas atividades. Então, a resposta é: para poder comentar algumas das temáticas deste capítulo, como o desenho de teoria fundamentada e as categorias culturais, era necessário definir certos conceitos como, por exemplo, a codificação em vários planos ou níveis (a transição: unidade de significado → categorias → temas → padrões e hipóteses) e os tipos de dados que podem ser coletados.

Também vale lembrar que cada estudo qualitativo é, por si só, um desenho de pesquisa. Ou seja, não existem duas pesquisas qualitativas iguais ou equivalentes (são conforme dissemos "peças artesanais do conhecimento", "feitas à mão", na medida das circunstâncias). Pode ser que existam estudos que sejam semelhantes, mas não réplicas, como na pesquisa quantitativa. Devemos lembrar que seus procedimentos *não* são padronizados. E, somente pelo fato de que o pesquisador seja o instrumento de coleta dos dados e que o contexto ou ambiente possa evoluir com o passar do tempo, tornam cada estudo único.

Por tudo isso é que o termo *desenho* adquire outro significado diferente daquele que tem dentro do enfoque quantitativo, principalmente porque as pesquisas qualitativas não são minuciosamente planejadas e estão sujeitas às circunstâncias de cada ambiente ou cenário específico. No enfoque qualitativo, o **desenho** se refere à "abordagem" geral que iremos utilizar no processo de pesquisa. Álvarez-Gayoy (2003) o denomina *marco interpretativo*.

> **DESENHO** No enfoque qualitativo é a "abordagem" geral que será utilizada no processo de pesquisa.

O desenho, assim como a amostra, a coleta dos dados e a análise vão surgindo desde a formulação do problema até a imersão inicial e o trabalho de campo e, claro, passando por modificações, mesmo que seja mais uma forma de enfocar o fenômeno de interesse. Dentro do âmbito do desenho são realizadas as atividades mencionadas até agora: imersão inicial e profunda no ambiente, permanência no campo, coleta dos dados, análise dos dados e geração de teoria.

QUAIS SÃO OS DESENHOS BÁSICOS DA PESQUISA QUALITATIVA?

Vários autores definem diversas tipologias dos desenhos qualitativos, difíceis de resumir nestas linhas, por isso vamos adotar a mais comum e recente[1] e que não abrange todos os marcos interpretativos, somente os principais. Essa classificação considera os seguintes desenhos genéricos:

a) teoria fundamentada,
b) desenhos etnográficos,
c) desenhos narrativos e
d) desenhos de pesquisa-ação.

Também precisamos dizer que as "fronteiras" entre esses desenhos são extremamente relativas, realmente não existem, e a maioria dos estudos pega elementos de mais de um deles. Ou seja, os desenhos se justapõem.

DESENHOS DE TEORIA FUNDAMENTADA

A **teoria fundamentada** (*Grounded Theory*) surgiu em 1967, foi proposta por Barney Glaser e Anselm Strauss em seu livro *The discovery of grounded theory*, que se baseia principalmente no interacionismo simbólico (Sandín, 2003). Com o tempo outros autores a desenvolveram em diversas direções.

> **TEORIA FUNDAMENTADA** Seu objetivo é desenvolver uma teoria baseada em dados empíricos e que pode ser aplicada a áreas específicas.

O desenho de teoria fundamentada utiliza um procedimento sistemático qualitativo para gerar uma teoria que explique, em um nível conceitual, uma ação, uma interação ou uma área específica. Essa teoria é conhecida como substantiva ou de médio porte e pode ser aplicada a um contexto mais concreto. Glaser e Strauss (1967) a distinguem da "teoria formal", cuja perspectiva é maior. Na Tabela 15.1 mostramos exemplos de teorias substantivas comparadas com teorias formais.

Como podemos observar, as teorias substantivas são de natureza "local" (estão ligadas a uma situação e um contexto específico). Suas explicações se limitam a uma área específica, mas possui riqueza interpretativa e oferecem novos pontos de vista sobre um fenômeno.

De acordo com Glaser e Strauss, se o procedimento adequado for seguido, qualquer indivíduo pode elaborar uma teoria substantiva utilizando o procedimento de teoria fundamentada, que logicamente deverá ser comprovada e validada (Sandín, 2003).

A ideia básica do desenho da teoria fundamentada é que as proposições teóricas surgem dos dados obtidos na pesquisa, mais do que dos estudos anteriores. É o procedimento que gera o entendimento de um fenômeno.

Creswell (2009) diz que a teoria fundamentada é especialmente útil quando as teorias disponíveis não explicam o fenômeno ou a formulação do problema ou, ainda, quando não abrangem os participantes ou a amostra de interesse.

A teoria fundamentada fornece um sentido de compreensão sólido porque "encaixa" um estudo na situação, pode ser trabalhada de maneira prática e concreta, é sensível às expressões dos indivíduos do contexto considerado, além de conseguir representar toda a complexidade que surge durante o processo (Glaser e Strauss, 1967; Creswell, 2009). A teoria fundamentada também vai além dos estudos prévios e dos marcos conceituais preconcebidos, procurando novas formas de entender os processos sociais que ocorrem em ambientes naturais (Draucker et al., 2007). Quando utilizada com grupos e comunidades especiais se mostrou extremamente frutífera (crianças com problemas de atenção, indivíduos com algum tipo de limitação, pessoas analfabetas, etc.). É um desenho qualitativo que mostra o rigor e a direção para os conjuntos de dados que avalia.

Quando B. Glaser e A. Strauss apresentaram a teoria fundamentada, ela tinha um único desenho; mas os dois autores tiveram divergências conceituais, o que fez surgir dois desenhos da teoria fundamentada: sistemático e emergente, que são mostrados a seguir.

Desenho sistemático

Esse desenho ressalta a utilização de alguns passos na análise dos dados[2] e se baseia no procedimento de Corbin e Strauss (2007), como podemos ver na Figura 15.1.

Vamos ver cada um dos elementos básicos a partir da codificação aberta (ainda que no capítulo anterior esta tenha sido amplamente abordada).

TABELA 15.1
Exemplos de teorias substantivas e teorias formais

Teorias substantivas (intermediárias)	Teorias formais
Teoria do cuidado de doentes (Morse, 1999). Exemplo trabalhado em capítulos anteriores.	Teoria da atribuição social (em Psicologia).
Teoria sobre a experiência de abuso sexual infantil em mulheres adultas (Morrow e Smith, 1995). Exemplo neste livro.	Teoria da mobilidade social (em Sociologia).
Teoria da psicologia educacional e da conduta problemática do aluno (Miller, 2004). Exemplo que será trabalhado neste capitulo.	Teoria de usos e gratificações dos meios de comunicação de massa (em Comunicação).
Teoria sobre o significado da relação matrimonial entre casais com diferenças de idade acima dos 20 anos (Hernández Sampieri e Mejía, 2009).	Teoria geral da evolução, de Darwin e Wallace (em Ciências Biológicas).
Teoria dos elementos para se preferir um *shopping center* (Hernández Sampieri, Fernández Collado e Costa, 2005). Exemplo neste livro.	Teoria da regulação (em Economia).

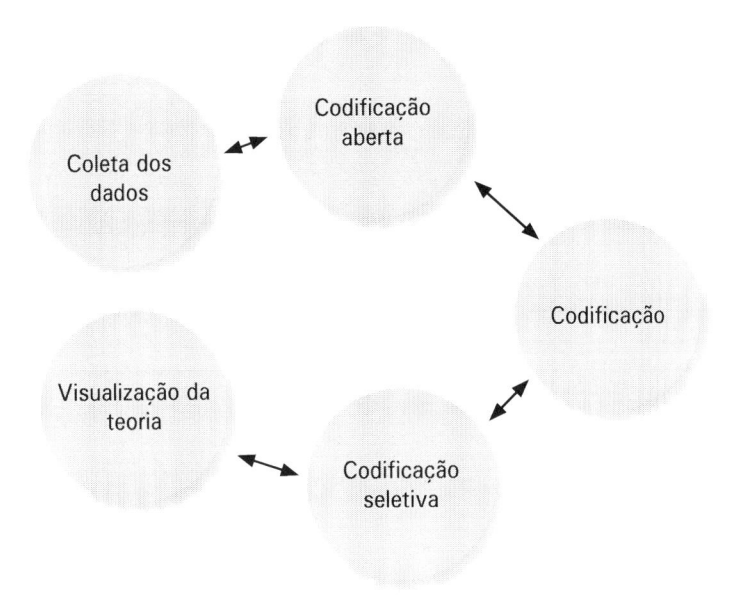

FIGURA 15.1 Processo de um desenho sistemático.

Codificação aberta

Lembramos que nessa codificação o pesquisador revisa todos os segmentos do material para analisar e gera – por comparação constante – categorias iniciais de significado. Elimina assim a redundância e desenvolve evidência para as categorias (vai para outro nível de abstração). As categorias se baseiam nos dados coletados (entrevistas, observações, anotações e outros dados). As categorias têm propriedades representadas por subcategorias, que são codificadas (as subcategorias fornecem detalhes de cada categoria).

Codificação axial

De todas as categorias codificadas de maneira aberta, o pesquisador seleciona a que considera mais importante e a coloca no centro do processo que está sendo explorado (a chamada *categoria central* ou *fenômeno-chave*). Posteriormente, relaciona a categoria central com outras categorias. Estas podem ter diferentes funções no processo:

- Condições causais (categorias que influenciam e afetam a categoria central).
- Ações e interações (categorias que surgem da categoria central e das condições contextuais e intervenientes, assim como das estratégias).
- Consequências (categorias que surgem das ações e interações e do emprego das estratégias).
- Estratégias (categorias que implementam ações que influenciam a categoria central e as ações, interações e consequências).
- Condições contextuais (categorias que fazem parte do ambiente ou situação e que delimitam a categoria central, que pode influenciar qualquer categoria incluindo a principal).
- Condições intervenientes (categorias que também influenciam outras e que são mediadoras da relação entre as condições causais, as estratégias, a categoria central, as ações e interações e as consequências).

CODIFICAÇÃO AXIAL Parte da análise na qual o pesquisador agrupa "as peças" dos dados identificados e separados por ele na codificação aberta, para criar conexões entre categorias e temas. Durante essa tarefa, constrói um modelo do fenômeno estudado que inclui: as condições em que ele ocorre ou não, o contexto em que ele acontece, as ações que o descrevem e suas consequências.

É claro que não é em todas as pesquisas baseadas na teoria fundamentada que surgem todos os papéis das categorias. A codificação axial termina com o esboço de um diagrama ou modelo chamado "paradigma codificado" que mostra as relações entre todos os elementos (condições causais, categoria-chave, condições intervenientes, etc.).

O processo e o resultado seriam representados como na Figura 15.2.

As categorias são "temas" de informação básica identificados nos dados para se entender o processo ou fenômeno estudado. Conforme podemos ver, a teoria fundamentada é muito útil para compreender processos educativos, psicológicos, sociais e outros similares, uma vez que identifica os conceitos considerados e a sequência de ações e interações dos participantes envolvidos. O produto (diagrama ou modelo) emergente é uma proposta teórica que explica esse processo ou fenômeno.

Strauss e Corbin (1998) concordam com Creswell (2005) quando consideram que a categoria central ou chave:

1. Deve ser o centro do processo ou fenômeno. O tema mais importante que impulsiona o processo ou explica o fenômeno e que mais contribui para a geração de teoria.

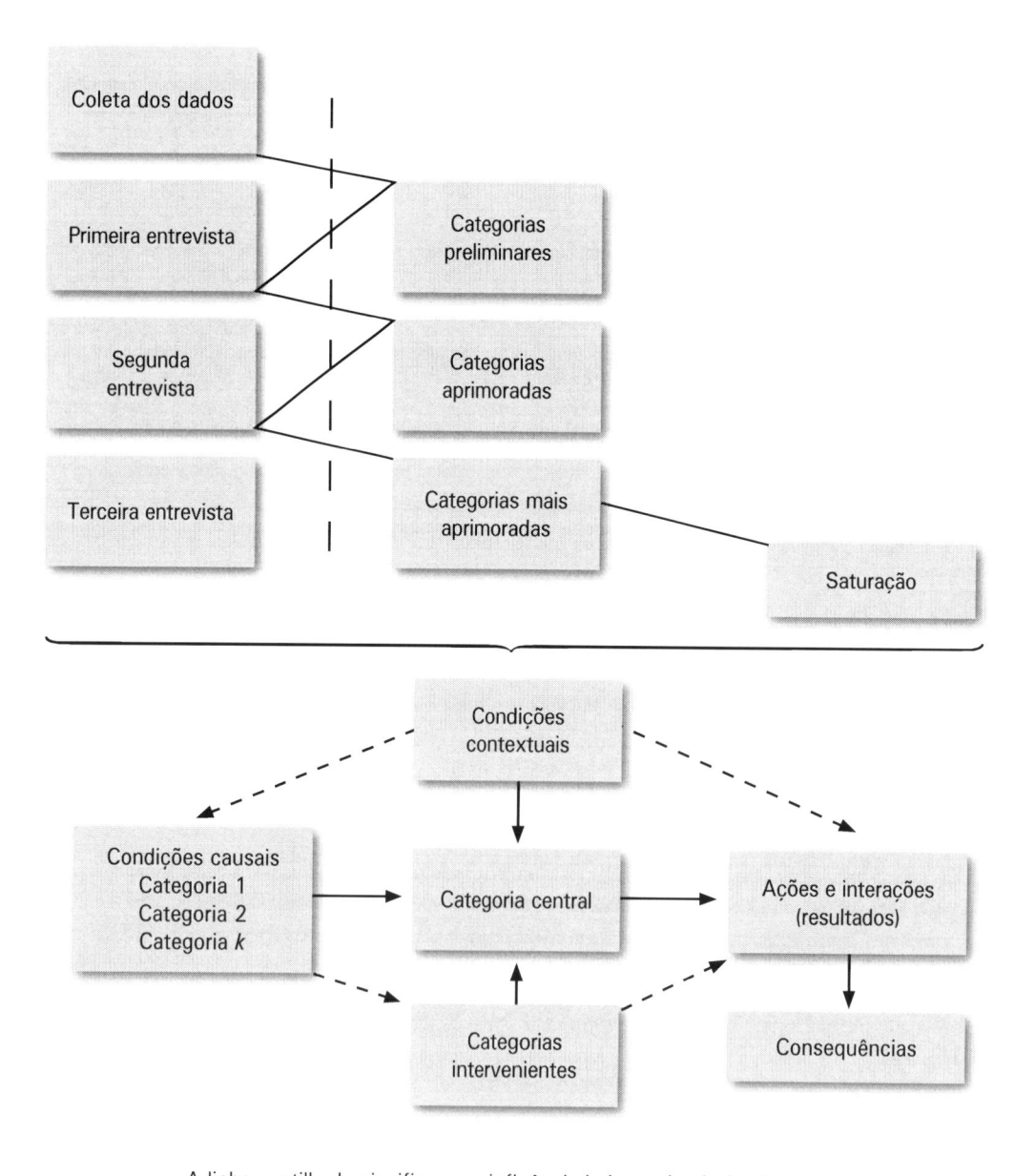

– – – – – A linha pontilhada significa uma influência indeterminada (pode ocorrer ou não).

FIGURA 15.2 Sequência e produto da teoria fundamentada (exemplificada com entrevistas).[3]

2. Todas ou a maioria das demais categorias devem estar vinculadas a ela. Ela é, de fato, a categoria que tem geralmente o maior número de conexões com outras categorias.
3. Deve aparecer frequentemente nos dados (na maioria dos casos).
4. Sua saturação geralmente é mais rápida.
5. Sua relação com as outras categorias deve ser lógica e consistente, os dados não devem ser forçados.
6. O nome ou frase que identifica a categoria deve ser o mais abstrato possível.
7. Conforme aprimoramos a categoria ou o conceito central, a teoria aumenta seu poder explicativo e sua profundidade.
8. Quando as condições variam, a explicação continua a mesma; claro que a forma como mostramos o fenômeno ou o processo pode ser um pouco diferente.

Creswell (2005), em uma tentativa de exemplificar os tipos de categorias que podem ser encontradas com a utilização da teoria fundamentada, indica as seguintes:

- Categorias do ambiente (p. ex., poder dos participantes no sistema – educacional, político, social ou outro –, função exercida pelo trabalhador, salas de aula).
- Posições assumidas pelos participantes (p. ex., ser contra o aborto, participação em algum partido político, entre outras).
- Desempenho dos participantes (aprendizagem fraca, grande motivação para o trabalho, etc.).
- Processos (aceitação da morte de um familiar, união de um grupo para realizar uma tarefa: sobreviver a um desastre, implantar um modelo educacional, resolver um conflito no trabalho, outros).
- Percepções de pessoas (criança problemática, jovem rebelde, assassino, etc.).
- Percepções de outros seres vivos e objetos (animal agressivo, uma pintura relaxante e outros exemplos similares).
- Atividades (prestar atenção nas explicações do professor, confortar um paciente, participar dos eventos da congregação religiosa, etc.).
- Estratégias (retornar ao lar para promover a reconciliação da família, recompensar o bom desempenho do funcionário).
- Relações (de casal, estudantes trocando ideias durante o recreio ou nos momentos de ócio, entre outras).

Codificação seletiva

Quando já criou o esquema, o pesquisador retoma as unidades ou segmentos para compará-los com o esquema criado para fundamentá-lo. Dessa comparação também surgem hipóteses (propostas teóricas) que estabelecem as relações entre categorias ou temas. E, assim, obtém o sentido de entendimento.

No final, escreve uma história ou narrativa que vincule as categorias e descreva o processo ou fenômeno. Nesse caso, é possível utilizar as típicas ferramentas de análise qualitativa (mapas, matrizes, etc.).

Conforme já dissemos, a teoria resultante é de alcance médio (geralmente sua aplicação não é ampla), mas possui uma grande capacidade de explicação para o conjunto dos dados coletados.

TEORIA FUNDAMENTADA Sua principal característica é que os dados são categorizados por codificação aberta, depois o pesquisador organiza as categorias resultantes em um modelo de inter-relações (codificação axial), que representa a teoria emergente e explica o processo ou o fenômeno em estudo.

Na teoria fundamentada é comum usar "códigos ao vivo" (que, lembramos, são rótulos para as categorias formadas por passagens, frases ou palavras exatas dos participantes ou notas de observação, mais do que a linguagem preconcebida do pesquisador). Exemplos desse tipo de códigos seriam os mostrados na Tabela 15.2.

Os memos analíticos têm um papel importante no desenvolvimento da teoria. Eles são criados para documentar as principais decisões e avanços (categorização, escolha da categoria central, das condições causais, intervenientes, etc.; sequências, vínculos, pensamentos, busca de novas fontes de dados, ideias, etc.). Podem ser longos ou curtos, mais gerais ou específicos, mas sempre relacionado com a evolução da teoria e sua fundamentação.

Enquanto gera uma teoria, é recomendável que o pesquisador se pergunte:

TABELA 15.2
Exemplos de "códigos ao vivo"

Código predeterminado	Códigos ao vivo
Mobilidade ascendente na hierarquia organizacional	"Subir de posto" (dito dessa maneira pelos participantes).
Tenho emprego	"Tenho emprego", "tenho um trabalho temporário", "tenho trabalho" (expressões dos participantes).

- Que tipo de dados estamos encontrando?
- O que os dados e os elementos emergentes estão nos indicando?
- Que processo ou fenômeno está ocorrendo?
- Qual teoria e hipótese estão surgindo?
- Por que essas categorias, vínculos e esquemas emergem?

O relatório de um estudo baseado na teoria fundamentada geralmente inclui:

a) diagrama ou esquema emergente,
b) conjunto de proposições (hipóteses) e
c) história narrativa (Creswell, 2005).

Desenho emergente

Esse desenho ou conceito surgiu como uma resposta de Glaser (1992) para Strauss e Corbin (1990). O primeiro autor criticou os outros dois por darem muito valor às regras e aos procedimentos para a geração de categorias, dizendo que a "armadura" que seu procedimento quer desenvolver (diagrama ou esquema fundamentado em uma categoria central) é uma forma de preconceber categorias, cuja finalidade é verificar teoria mais do que gerá-la. Glaser (2007) insiste na importância de que a teoria surja dos dados mais do que de um sistema de categorias prefixadas como acontece com a codificação axial.

No desenho emergente, a codificação é aberta e é dela que surgem as categorias (também por comparação constante), que são conectadas entre si para construir teoria. No final, o pesquisador explica essa teoria e as relações entre categorias. A teoria nasce dos próprios dados, não é forçada em categorias (central, causais, intervenientes, contextuais, etc.).

Em ambos os desenhos o tipo de amostragem preferida é a teórica, isto é, a coleta dos dados e a teoria que começam a "brotar" vão indicando como será a composição da amostra. E, segundo Mertens (2005), o pesquisador deve ser muito perspicaz à teoria emergente. Ele também deve fornecer detalhes suficientes para que aquele que for revisar o estudo possa ver no relatório de resultados como foi a evolução do desenvolvimento conceitual e a indução de relações entre categorias ou temas.

Um terceiro desenho, mais recente (Henderson, 2009), é o denominado construtivista. Esse desenho busca, acima de tudo, que o foco seja os significados fornecidos pelos participantes do estudo. O interesse da autora é considerar mais as visões, crenças, valores, sentimentos e ideologias das pessoas. E, de alguma forma, critica o uso de certas ferramentas como diagramas, mapas e termos complexos que "embaçam ou encobrem" as expressões dos participantes e a teoria fundamentada. Para Charmaz (2000), o pesquisador deve ficar bem próximo das expressões "vivas" dos indivíduos, e os resultados devem ser apresentados por meio de narrações (ou seja, apoia a codificação em primeiro plano, aberta, e o posterior agrupamento e vínculo de categorias, mas não em esquemas).

Uma demonstração dos esquemas que produz a teoria fundamentada pode ser vista no final do capítulo anterior, no exemplo sobre o abuso sexual infantil (modelo teórico para a sobrevivência e o enfrentamento do abuso sexual infantil).

Exemplo
Mais um exemplo de teoria fundamentada

Este exemplo vem do campo da psicologia da educação e àqueles que não estiverem familiarizados com os termos dessa área, pedimos que não se preocupem, pois o importante é:

a) ver como as categorias iniciais se transformam em temas,
b) como a causalidade é estabelecida (que na pesquisa qualitativa é conceitual, não se baseia em análises estatísticas como nos estudos quantitativos),
c) como uma categoria central se posiciona no esquema (que nesse caso está no final do esquema resultante).

A categoria central às vezes está no início do diagrama, outras vezes no meio e em alguns casos no final. Sua posição é determinada pelo pesquisador com base nos dados emergentes e suas reflexões.

Miller (2004) realizou, como parte de um amplo projeto de pesquisa, um estudo qualitativo na Inglaterra cuja pergunta geral de pesquisa no início foi: Como as intervenções (derivadas da psicologia) na conduta problemática de crianças que vão à escola podem conseguir os efeitos desejados?

Para tanto, analisou 24 intervenções psicológicas com estudantes de conduta problemática, envolvendo professores, os próprios alunos "problemáticos" e supervisores ou consultores dos processos educacionais (que eram em sua maioria psicólogos). A primeira atitude foi entrevistar os professores. As entrevistas giraram em torno de dois tópicos essenciais: 1) percepções sobre quão grave era o problema de conduta e 2) percepções sobre até que ponto eles consideravam satisfatório unir sua intervenção e a do psicólogo para resolver o problema. Assim, 10 professores disseram que a conduta problemática de determinado aluno era a maior dificuldade que tiveram de enfrentar em sua vida, oito consideravam que estava entre os problemas mais difíceis que haviam enfrentado e seis viram a conduta problemática como média. Em relação à segunda questão, seis a definiram como uma intervenção bem-sucedida, mas com reservas e dúvidas sobre um futuro agravamento da conduta, 11 disseram que a intervenção havia provocado uma melhora, sem qualificá-la, e sete, que a intervenção havia sido tão bem-sucedida que causou um grande impacto emocional. As entrevistas também incluíram uma discussão sobre teorias, modelos e conceitos educacionais, que foram transcritas. A codificação aberta gerou 80 códigos (categorias), vários deles recorrentes. Uma dessas categorias, que não havia sido prevista, foi "outros membros do *staff*" (colegas e o restante do pessoal que trabalha na escola), que passou a ser um "tema" (composta por 24 códigos que surgiram em praticamente dois terços do material, porque depois não apareceram mais novos códigos, o tema estava saturado). Os resultados da codificação para o tema "outros membros do *staff*" são apresentados na Figura 15.3 (Miller, 2004, p. 200).

A categoria central é a "manutenção de limites" (processo sociopsicológico com o qual se confirmam ou se mantêm os limites entre a estratégia do professor e as estratégias de outros membros do *staff*). As ameaças ao processo de intervenção psicológica para enfrentar problemas de conduta nos alunos são:

a) Dar muita importância às demais estratégias traçadas pelo professor (além da intervenção) para lidar com o aluno (o primeiro provoca confusão no segundo).
b) Muito conhecimento e ingerência das estratégias das outras pessoas (que leva a tensão entre os indivíduos que tratam o problema).

Nesse caso, o modelo de teoria fundamentada parte das causas primárias (códigos ou categorias primárias obtidas na codificação aberta) até a categoria central, mostrando a complexidade que pode ser detectada nesse desenho de pesquisa qualitativa.

Como resultado da análise, Miller (2004) encontrou vários padrões:

1. A criança problemática possui uma identidade intrincada, difícil de ser trabalhada por professores, supervisores e pessoal não docente (como a pessoa que cuida da cantina ou o funcionário que supervisiona o recreio).

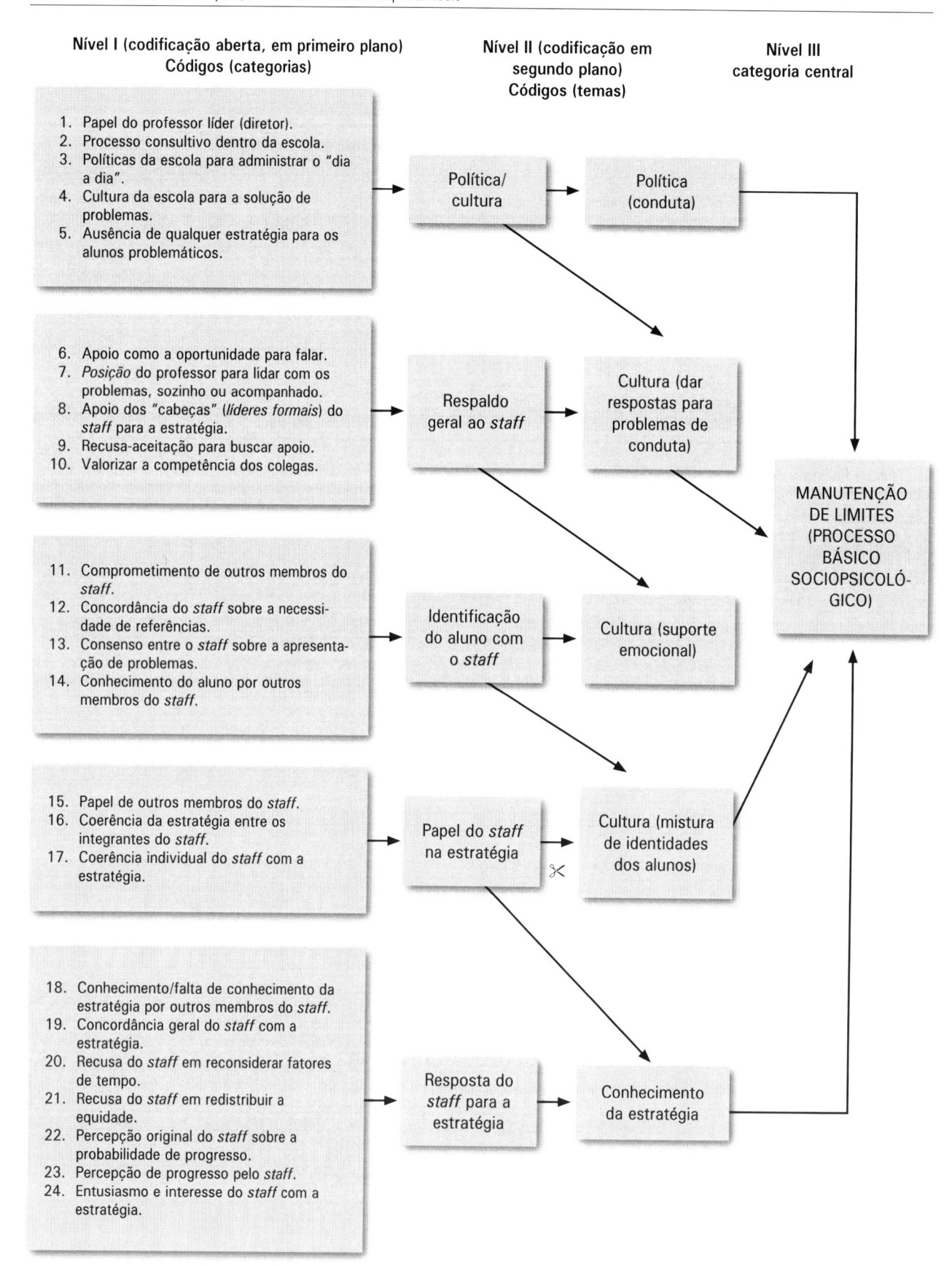

Nível I (codificação aberta, em primeiro plano) Códigos (categorias)	Nível II (codificação em segundo plano) Códigos (temas)	Nível III categoria central
1. Papel do professor líder (diretor). 2. Processo consultivo dentro da escola. 3. Políticas da escola para administrar o "dia a dia". 4. Cultura da escola para a solução de problemas. 5. Ausência de qualquer estratégia para os alunos problemáticos.	Política/cultura → Política (conduta)	
6. Apoio como a oportunidade para falar. 7. *Posição* do professor para lidar com os problemas, sozinho ou acompanhado. 8. Apoio dos "cabeças" (*líderes formais*) do *staff* para a estratégia. 9. Recusa-aceitação para buscar apoio. 10. Valorizar a competência dos colegas.	Respaldo geral ao *staff* → Cultura (dar respostas para problemas de conduta)	MANUTENÇÃO DE LIMITES (PROCESSO BÁSICO SOCIOPSICOLÓGICO)
11. Comprometimento de outros membros do *staff*. 12. Concordância do *staff* sobre a necessidade de referências. 13. Consenso entre o *staff* sobre a apresentação de problemas. 14. Conhecimento do aluno por outros membros do *staff*.	Identificação do aluno com o *staff* → Cultura (suporte emocional)	
15. Papel de outros membros do *staff*. 16. Coerência da estratégia entre os integrantes do *staff*. 17. Coerência individual do *staff* com a estratégia.	Papel do *staff* na estratégia → Cultura (mistura de identidades dos alunos)	
18. Conhecimento/falta de conhecimento da estratégia por outros membros do *staff*. 19. Concordância geral do *staff* com a estratégia. 20. Recusa do *staff* em reconsiderar fatores de tempo. 21. Recusa do *staff* em redistribuir a equidade. 22. Percepção original do *staff* sobre a probabilidade de progresso. 23. Percepção de progresso pelo *staff*. 24. Entusiasmo e interesse do *staff* com a estratégia.	Resposta do *staff* para a estratégia → Conhecimento da estratégia	

FIGURA 15.3 Exemplo de um esquema de teoria fundamentada (codificação axial estabelecida após a codificação aberta e seletiva).

2. Quando a intervenção psicológica foi realizada, os demais professores e membros do *staff* perceberam mudanças positivas na criança. Apesar disso, não perguntaram aos supervisores (professor e interventor) sobre as possíveis razões da mudança nem a respeito das recomendações do psicólogo educacional.
3. Existe uma resistência cultural em adotar práticas potencialmente bem-sucedidas, em função dos limites do sistema psicossocial das escolas e dos limites casa-escola. Por exemplo: os professores demonstram uma tendência em atribuir a conduta problemática aos pais, mas ao mesmo tempo sentem a responsabilidade de encontrar uma solução.
4. As ameaças e incertezas são resolvidas temporariamente com o envolvimento do psicólogo educacional (supervisor ou interventor); cria-se um sistema temporário entre este, o professor, os pais e o aluno com novas normas e regras com funções terapêuticas, que conseguem uma atuação construtivista de todos os envolvidos na conduta problemática do aluno, que assume uma "nova identidade". Um requisito contextual (interveniente) é que haja estabilidade interna entre os professores.

Em suma, a intervenção funciona.

Miller (2004), além do modelo apresentado na Figura 15.3 (que se refere apenas ao tema "outros membros do *staff*"), criou outro modelo mais amplo, que mostra os subsistemas que integram o contexto psicossocial da escola (sistema). E ele é apresentado na Figura 15.4.

A conduta do aluno deve ser considerada em relação a todos esses sistemas. Esse segundo esquema *não* apresenta uma relação causal entre temas, mas um diagrama de vínculo entre temas que devem ser dimensionados ao investigar o comportamento da criança no contexto escolar, principalmente o comportamento problemático (má conduta).

O modelo foi desenvolvido na Inglaterra, será que pode ser transferido para outros contextos? Essa resposta não pode ser dada por Andy Miller. Cada leitor do estudo (diretor, professor, psicólogo educacional) decidirá sua aplicação em outras escolas ou sistemas educacionais.

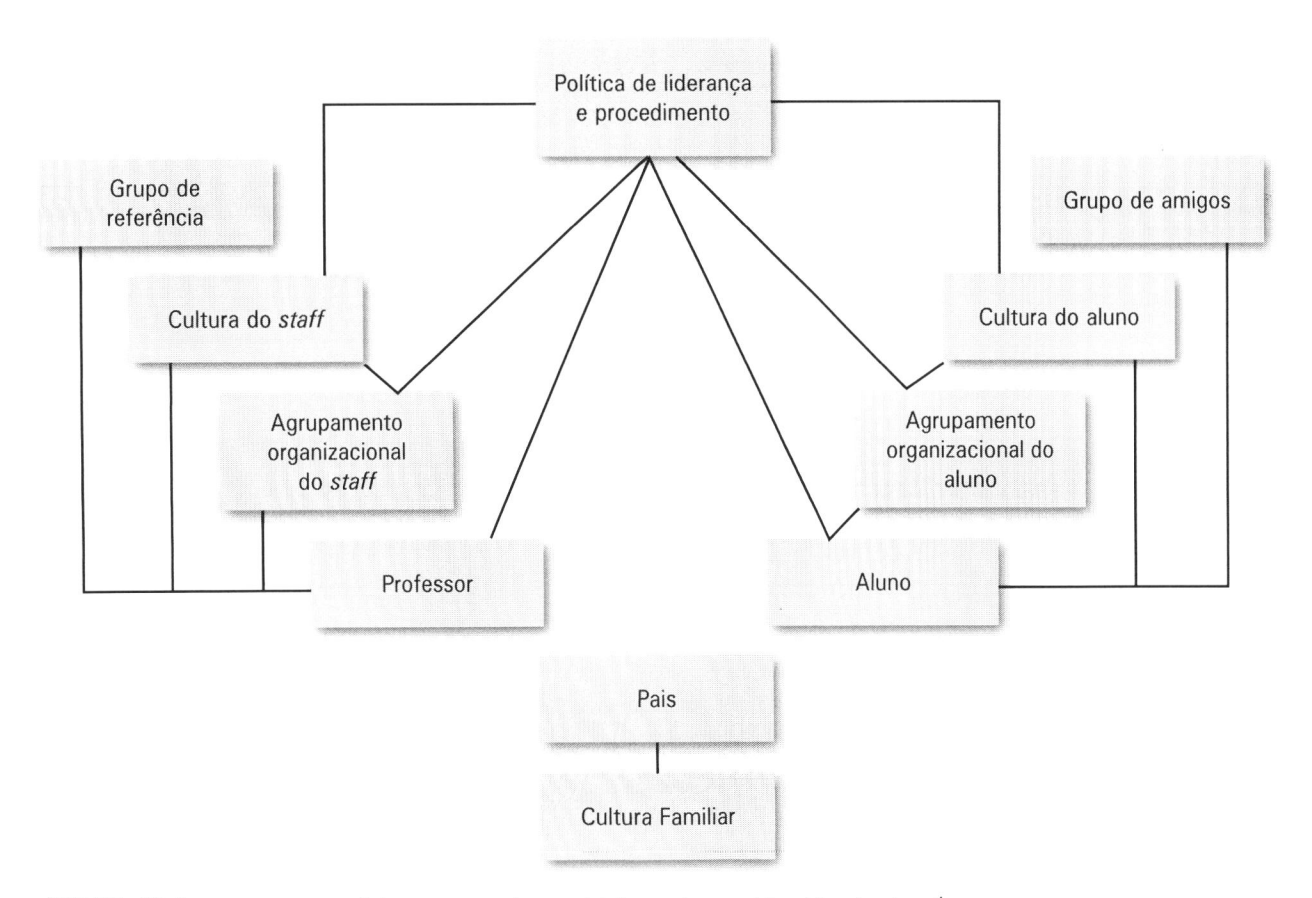

FIGURA 15.4 Modelo conceitual do contexto psicossocial da conduta problemática do aluno.[4]

Conforme podemos ver, a teoria fundamentada é semelhante ao sistema de codificação mostrado no capítulo anterior, porque esse sistema é de fato uma contribuição desse desenho.

Outro exemplo de um estudo baseado na teoria fundamentada é o de Werber e Harrell (2008), que analisaram como o estilo de vida militar afeta o trabalho de mil mulheres casadas com membros do exército americano, assim como suas experiências e percepções.

✓ DESENHOS ETNOGRÁFICOS

Os desenhos etnográficos pretendem descrever e analisar ideias, crenças, significados, conhecimentos e práticas de grupos, culturas e comunidades (Patton, 2002; McLeod e Thomson, 2009). Eles podem, inclusive, ser bem amplos e abranger a história, a geografia e os subsistemas socioeconômicos, educacional, político e cultural de um sistema social (rituais, símbolos, funções sociais, parentesco, migrações, redes e uma infinidade de elementos). A etnografia implica a descrição e interpretação profundas de um grupo, sistema social ou cultural (Creswell, 2009).

Álvarez-Gayou (2003) considera que o propósito da pesquisa etnográfica é descrever e analisar o que as pessoas de um lugar, estrato ou contexto determinado fazem habitualmente, assim como os significados que dão a esse comportamento realizado sob circunstâncias comuns ou especiais e, por último, a forma como os resultados são apresentados facilita que as regularidades envolvidas em um processo cultural sejam mostradas de maneira clara. Os desenhos etnográficos estudam categorias, temas e padrões referentes às culturas, desde civilizações antigas como o Grande Império Romano, dos primeiros séculos de nossa era ou antes, a civilização maia e o antigo Egito, até organizações atuais, como as grandes multinacionais do mundo, as etnias indígenas atuais ou os torcedores de um time de futebol.

A pesquisa etnográfica analisa o comportamento de um grupo, sistema social ou cultural como, por exemplo, os torcedores de um time de futebol.

Alguns dos elementos culturais que podem ser considerados em uma pesquisa etnográfica estão na Tabela 15.3.

E essa é uma lista incompleta, que mostra apenas alguns objetos de estudo etnográfico. Exemplos de ideias para pesquisar a partir do ponto de vista do desenho etnográfico seriam:

- A cultura da violência refletida em escolas de ensino fundamental ou ensino médio (como surgiu nos Estados Unidos nos últimos anos).
- Os ritos e os costumes das gangues da Mara Salvatrucha.
- A cultura de uma ordem religiosa de freiras.
- A estrutura social do grupo cristero que lutou em Moroleón, Guanajuato, México (1926-1929).
- A corrupção de um departamento de investigação de crimes ligados ao narcotráfico.
- A cultura do grupo terrorista Al-Qaeda.

TABELA 15.3
Elementos culturais de estudo em uma pesquisa etnográfica

Linguagem	Ritos e mitos
Estruturas sociais	Regras e normas sociais
Estruturas políticas	Símbolos
Estruturas econômicas	Vida cotidiana
Estruturas educacionais	Processos produtivos
Estruturas religiosas	Subsistema de saúde
Valores e crenças	Centros de poder e distribuição do poder
Definições culturais: matrimônio, família, castigo, recompensa, remuneração, trabalho, ócio, diversão e entretenimento, etc.	Locais onde os membros da comunidade ou cultura se reúnem
	Marginalização
Mobilidade social	Guerras e conflitos
Interações sociais	Injustiças
Padrões e estilos de comunicação	

- A subcultura dos torcedores do Boca Junior da Argentina nos finais de semana quando o time joga.
- A cultura organizacional de uma determinada empresa.
- O estilo de vida dos chamulas em Chiapas.
- As rotinas e o dia a dia de um grupo de senhoras que pertencem a um clube esportivo e que formaram uma fraternidade.
- Uma rede ou comunidade de jovens na internet (no Facebook ou Hi5, p. ex.).

Existem diversas classificações dos desenhos etnográficos. Creswell (2005) os divide em:

1. *Desenhos "realistas" ou mistos.* Esses desenhos têm um sentido parcialmente positivista. Coletamos dados, tanto quantitativos como qualitativos, da cultura, comunidade ou grupo de certas categorias (algumas preconcebidas antes de entrar no campo e outras não, mas estas irão surgir com o trabalho de campo). No final, descrevemos as categorias e a cultura em termos estatísticos e narrativos. Por exemplo, se uma das categorias de interesse no estudo foi a emigração, devemos fornecer:

    a) cifras de emigração (número de emigrantes e suas idades, gênero, nível socioeconômico e outros dados demográficos; médias de ações de emigração mensal, semestral e anual; razões da emigração, etc.) e
    b) conceitos qualitativos (significado de emigrar, experiências de emigração, os sentimentos dessas pessoas, etc.).

    O pesquisador deve evitar colocar suas opiniões. Os dados qualitativos são coletados com instrumentos semiestruturados e estruturados.

2. *Desenhos críticos.* O interesse do pesquisador é estudar grupos marginalizados da sociedade ou de uma cultura (p. ex., uma pesquisa em certas escolas que discriminam estudantes devido a sua origem étnica, o que provoca situações de desigualdade). Analisam categorias ou conceitos ligados a questões sociais como o poder, a injustiça, a hegemonia, a repressão e as vítimas da sociedade. Pretendem esclarecer a situação dos participantes discriminados com a finalidade de denúncia. O etnógrafo deve estar consciente de sua própria posição ideológica e se concentrar para incluir todas as "vozes e expressões" da cultura (Creswell, 2005). No relatório é preciso diferenciar claramente o que os participantes dizem e o que o pesquisador interpreta. Alguns estudos denominados "feministas" poderiam ser encaixados nesse tipo de desenhos etnográficos (p. ex., pesquisas sobre a opressão da mulher no ambiente de trabalho). Nos desenhos críticos as categorias não são predeterminadas, mas sim os temas sobre desigualdade, injustiça e emancipação.

3. *Desenhos "clássicos".* É uma modalidade tipicamente qualitativa na qual os temas culturais são analisados e as categorias são induzidas durante o trabalho de campo. No âmbito de pesquisa,

pode ser um grupo, uma coletividade, uma comunidade onde seus membros compartilhem uma cultura determinada (estilo de vida, crenças comuns, posições ideológicas, ritos, valores, símbolos, práticas e ideias, tanto implícitas ou subjacentes como explícitas ou declaradas). Nesse desenho também são considerados casos típicos da cultura e exceções, contradições e sinergias. Os resultados estão relacionados com as estruturas sociais.

4. *Desenhos microetnográficos* (Creswell, 2005). Eles se centram em um aspecto da cultura (p. ex., um estudo sobre os ritos existentes em uma organização para escolher novos sócios para uma firma de assessoria legal).
5. *Estudos de casos culturais.* Consideram uma cultura de maneira holística (completa).
6. *Metaetnografia.* Revisão de vários estudos etnográficos para encontrar padrões (Hernández Sampieri e Mendoza, 2008).

Outra classificação dos desenhos etnográficos é a de Joyceen Boyle (em Álvarez-Gayou, 2003), que se baseia no tipo de unidade social estudada:

- *Etnografias processuais:* descrevem certos elementos dos processos sociais, que podem ser analisados funcionalmente, se explicarmos como certas partes da cultura ou dos sistemas sociais se inter-relacionam dentro de um determinado tempo e ignorarmos os antecedentes históricos. Também são analisados diacronicamente quando o que pretendemos é explicar a ocorrência de eventos ou processos atuais como resultado de eventos históricos.
- *Etnografia holística ou clássica:* abrange grupos amplos. Toda a cultura do grupo é considerada e geralmente obtemos uma grande quantidade de dados, por isso são apresentados em livros. Esse é o caso de Foster (1987) que estudou uma comunidade do centro do México: Tzintzuntzan, Michoacán, e que é considerado um exemplo ideal de pesquisa etnográfica. George M. Foster inclui desde um mapa do lugar até descrições de seus colonizadores, ritos, mitos, crenças e costumes. Outro exemplo são as pesquisas de Bronislaw Malinowski sobre os habitantes das Ihas Trobriand (Álvares-Gayou, 2003).
- *Etnografia específica:* é a aplicação da metodologia holística em grupos específicos ou a uma unidade social. Exemplo desse tipo de estudos são Erving Goffman (1961), que realizou trabalho de campo com pacientes de hospitais psiquiátricos; e Janice Morse (1999), que analisou as estratégias de conforto das enfermeiras que tratavam dos pacientes que chegavam à sala de emergência em estado crítico (que comentamos neste livro).
- *Etnografia de "corte transversal":* estudos realizados em um momento determinado dos grupos que pesquisamos e não processos de interação ou processos ao longo do tempo.
- *Etnografia etno-histórica:* implica recontar a realidade cultural atual como produto de eventos históricos do passado. Um exemplo desse tipo de estudo é o de Villarruel e Ortiz de Montellano (1992), no qual são analisadas as crenças relacionadas com a experiência de dor na antiga Mesoamérica (Álvarez-Gayou, 2003, p. 78).

Os grupos ou comunidades estudados em desenhos etnográficos possuem as seguintes características:

- Envolvem mais de uma pessoa, podem ser grupos pequenos (uma família) ou grupos grandes.
- Os indivíduos que compõem esses grupos ou comunidades mantêm interações regularmente e isso foi feito durante algum tempo atrás.
- Representam uma maneira ou estilo de vida.
- Compartilham crenças, comportamentos e outros padrões.
- Têm a mesma finalidade.

Nos desenhos etnográficos, o pesquisador pensa em pontos como os seguintes: O que esse grupo ou essa comunidade tem para que seja diferente de outros(as)? Como é sua estrutura? Quais são as regras que orientam seu funcionamento? Quais crenças compartilham? Quais padrões de conduta demonstram ter? Como as interações acontecem? Quais são suas condições de vida, costumes, mitos e ritos? Quais são os processos fundamentais para o grupo ou a comunidade? Quais seus produtos culturais? Etc.

O pesquisador geralmente é um observador totalmente envolvido (convive com o grupo ou mora na comunidade) e passa longos períodos dentro do **ambiente** ou campo. Deve ir se transformando gradualmente em um membro a mais do ambiente (comer o que todos comem, morar em uma casa típica da comunidade, comprar onde a maioria compra, etc.). Também utiliza diversas ferramentas para coletar seus dados culturais: observação, entrevistas, grupos focais, histórias de vida, obtenção de documentos, materiais e artefatos; redes semânticas, técnicas projetivas e autorreflexão. Vai interpretando o que percebe, sente e vive. Sua observação inicial é geral, para depois se concentrar em certos aspectos culturais. Oferece descrições detalhadas do lugar, dos membros do grupo ou comunidade, suas estruturas e processos, e das categorias e temas culturais. Na verdade, não existe um processo para implementar uma pesquisa etnográfica, mas algumas ações que sem dúvida são realizadas estão na Figura 15.5.

Outros exemplos de **estudos etnográficos,** além dos mencionados, são listados na Tabela 15.4.

> **AMBIENTE** Em um desenho etnográfico é o lugar ou situação e tempo que rodeiam o grupo ou a comunidade estudada.

> **ESTUDOS ETNOGRÁFICOS** Pesquisam grupos ou comunidades que compartilham uma cultura: o pesquisador seleciona o lugar, detecta os participantes e desse modo coleta e analisa os dados. Também oferecem um "retrato" dos eventos cotidianos.

✓ DESENHOS NARRATIVOS

Nos desenhos narrativos, o pesquisador coleta dados sobre as histórias de vida e experiências de algumas pessoas para descrevê-las e analisá-las. O que interessa são os próprios indivíduos e o ambiente que os rodeia incluindo, claro, as outras pessoas.

Creswell (2005) diz que o desenho narrativo muitas vezes é um esquema de pesquisa, mas também uma espécie de intervenção, pois ao contar uma história ajuda a pensar em questões que não eram claras ou conscientes. Geralmente é usado quando o objetivo é avaliar uma sucessão de acontecimentos. Ele também fornece um quadro microanalítico.

TABELA 15.4
Exemplos de estudos etnográficos

Referência	Essência da pesquisa
Viladrich (2005)	Nessa pesquisa o autor estuda a subcultura representada pelos dançarinos argentinos de tango que foram à Nova York nos últimos anos por causa do recente sucesso desse tipo de dança em Manhattan. Também analisa a importância do mundo do tango nessa cidade.
Rhoads (1995)	O autor analisou durante dois anos a cultura de uma fraternidade de estudantes homossexuais e bissexuais em relação a quatro temas emergentes: 1. a entrada na fraternidade como processo contínuo, 2. as mudanças pessoais relacionadas com a entrada, 3. as experiências negativas no processo e 4. perseguição e discriminação.
Martín Sánchez Jankowski (1991)	Esse estudo, já mencionado, avaliou as culturas de 37 gangues nos Estados Unidos durante 10 anos.
Pruitt-Mentle (2005)	A pesquisa considerou o significado da tecnologia na vida de jovens imigrantes que vivem nos Estados Unidos e que vêm da América Central.
Couser (2005)	Um estudo sobre o dia a dia de uma mulher que mora na Pensilvânia (Estados Unidos) com sua irmã que tem uma capacidade mental diferente. A pesquisa narra as experiências das duas ao terem de utilizar o ônibus todos os dias.
Bousetta (2008)	Uma pesquisa com novos migrantes marroquinos que buscam melhores oportunidades na Bélgica; para entender melhor suas expectativas, antecipações e reações estratégicas. Em outras questões o autor os compara com aqueles que vieram anteriormente.

```
┌─────────────────┐      ┌─────────────────┐      ┌─────────────────┐
│ Delimitação do  │ ◄──► │ Imersão inicial │ ◄──► │ Verificação se  │
│ grupo ou        │      │ no campo        │      │ o grupo ou      │
│ comunidade      │      │ (cenário onde   │      │ comunidade é o  │
│ (marcar         │      │ o grupo ou a    │      │ adequado de     │
│ fronteiras)     │      │ comunidade).    │      │ acordo com a    │
│                 │      │                 │      │ formulação.     │
└─────────────────┘      └─────────────────┘      └─────────────────┘
```

Coletar e analisar dados de maneira "enfocada" sobre aspectos específicos da cultura do grupo ou comunidade.
- Observações dirigidas.
- Entrevistas abertas com perguntas estruturais e de contraste.
- Recompilação seletiva de artefatos, documentos e materiais culturais.

Elaborar um relatório sobre a coleta e a análise abertas:
- Descrições de categorias e temas culturais emergentes.

Coletar e analisar dados de maneira "aberta", mas sobre aspectos gerais da cultura do grupo ou comunidade.
- Observações gerais.
- Entrevistas abertas com perguntas descritivas.
- Recompilação ampla de artefatos, documentos e materiais culturais.

Contatar informantes-chave.

Elaborar um relatório sobre a coleta e a análise enfocadas:
- Descrições de categorias e temas culturais emergentes.
- Classificações ou taxonomias culturais.
- Teoria e hipótese emergentes.

Ampliar observações, buscar casos extremos, confirmar categorias e temas culturais.

Elaborar o relatório final:
- Descrições finais de categorias e temas culturais.
- Taxonomia de categorias e temas culturais.
- Explicações sobre a cultura do grupo ou comunidade.
- Teoria e hipótese.

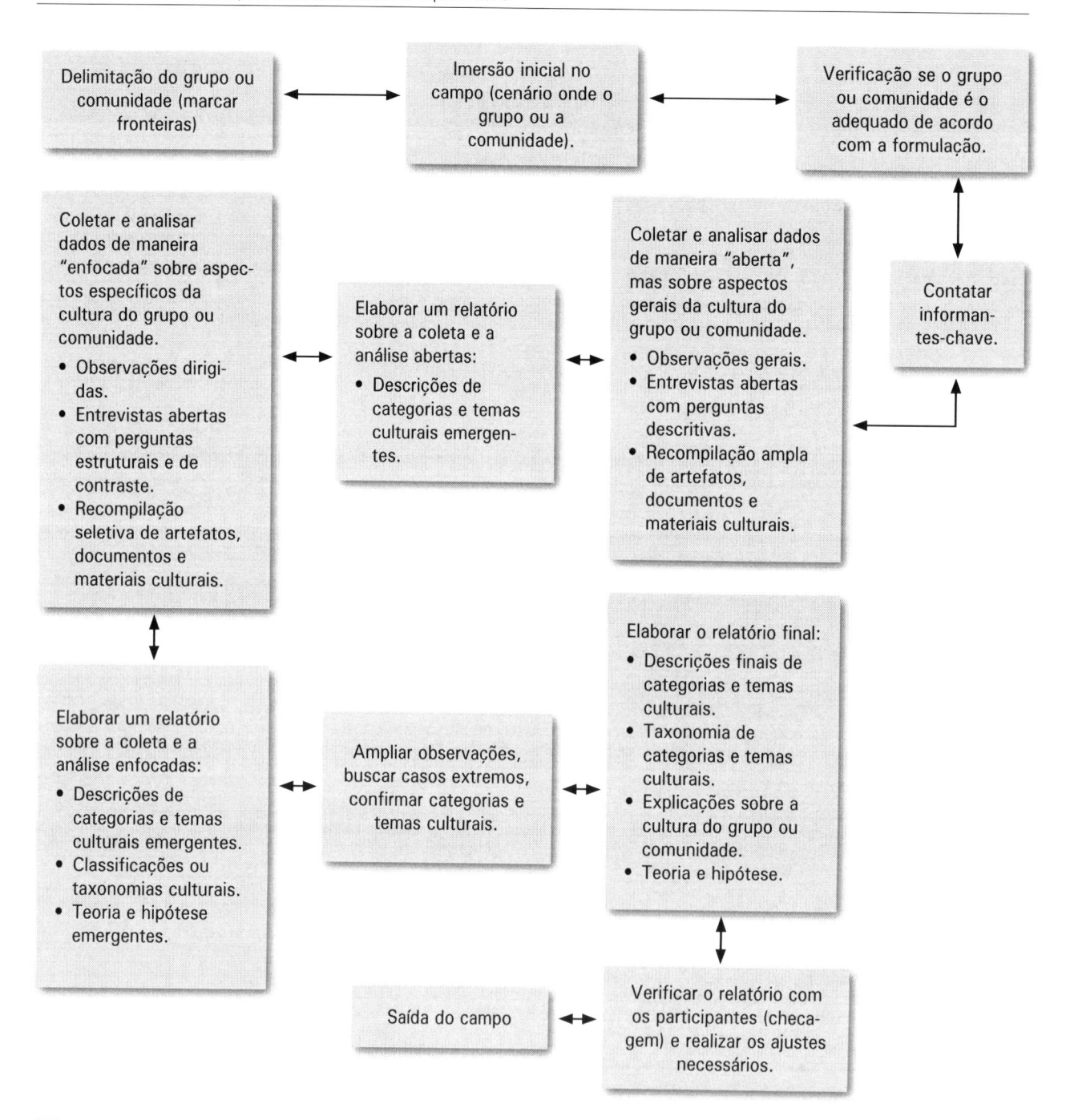

Saída do campo

Verificar o relatório com os participantes (checagem) e realizar os ajustes necessários.

FIGURA 15.5 Principais ações para realizar um estudo etnográfico.

Os dados são obtidos de autobiografias, biografias, entrevistas, documentos, artefatos e materiais pessoais e testemunhos (que às vezes estão em cartas, diários, artigos da imprensa, gravações radiofônicas e televisivas, etc.).

Os desenhos narrativos podem se referir a: a) toda a história de vida de um indivíduo ou grupo, b) uma passagem ou época dessa história de vida ou c) um ou vários episódios. Um exemplo de como pode ser um estudo narrativo[5] (sem conter a sistematização de um verdadeiro desenho deste tipo) seria a minissérie *Band of Brothers* (Irmãos de Guerra) de 2001, dirigida por David Frankel e Tom Hanks, baseada no livro de Stephen E. Ambrose; que narra as experiências de um grupo de soldados americanos da Companhia Easy (Regimento da Infantaria de Paraquedistas nº 506), durante a Segunda Guerra Mundial.

Nesses desenhos, mais do que um marco teórico, utilizamos uma perspectiva que fornece estrutura para entender o indivíduo ou grupo e escrever a narrativa (contextualizamos a época e o lugar onde a pessoa ou o grupo viveu ou, ainda, onde as experiências e os eventos ocorreram). Os textos ou narrações orais também fornecem dados "brutos" para que sejam analisados pelo pesquisador e recontados no relatório da pesquisa.

O pesquisador analisa diversas questões: a história de vida, passagem ou acontecimento(s) em si; o ambiente (tempo e lugar) em que a pessoa ou grupo viveu ou os fatos aconteceram; as interações, a sequência de eventos e os resultados. Nesse processo, o pesquisador reconstrói a história do indivíduo ou a cadeia de eventos (quase sempre de maneira cronológica: dos primeiros fatos aos últimos), depois os narra a partir de seu ponto de vista e descreve (com base na evidência disponível), também identifica categorias e temas emergentes nos dados narrativos (que vêm das histórias contadas pelos participantes, dos documentos, materiais e da própria narração do pesquisador).

Mertens (2005) divide os estudos narrativos em: a) de tópicos (enfocados em uma temática, evento ou fenômeno), b) biográficos (de uma pessoa, grupo ou comunidade; sem incluir a narração "ao vivo" dos participantes, seja porque faleceram ou não se lembram devido a sua idade avançada ou alguma doença, ou por serem inacessíveis) e c) autobiográficos (de uma pessoa, grupo ou comunidade incluindo testemunhos orais "ao vivo" dos atores participantes).

Assim como nos desenhos etnográficos, não existe um processo predeterminado para implementar um estudo narrativo, mas algumas das atividades que, sem dúvida, podem ser realizadas estão na Figura 15.6.

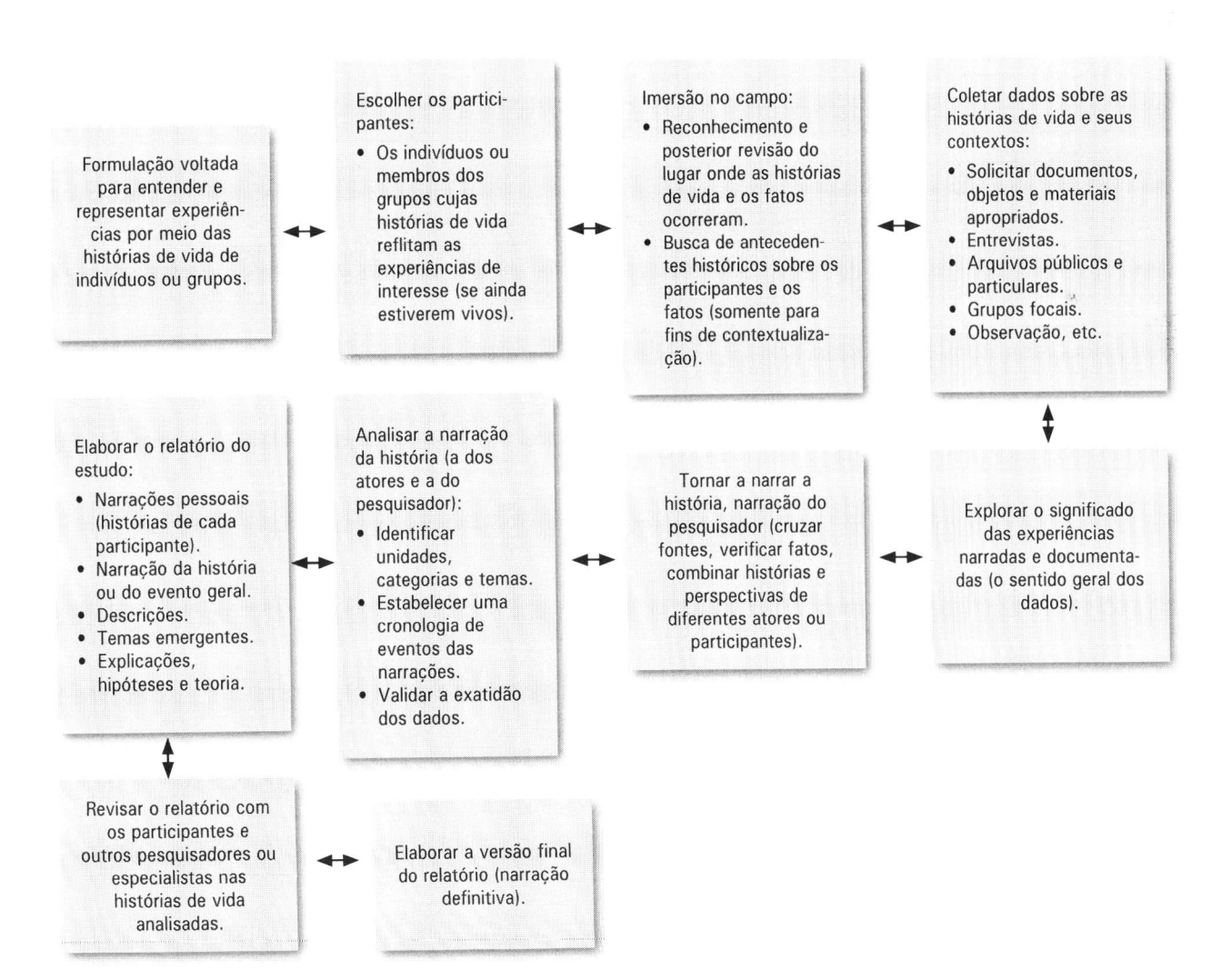

FIGURA 15.6 Principais ações para realizar um estudo narrativo.

Além disso, algumas considerações para esse processo são as seguintes:

- O elemento-chave dos dados narrativos são as experiências pessoais, grupais e sociais dos atores ou participantes (cada participante deve contar sua história).
- A narração deve incluir uma cronologia de experiências e fatos (passados, presentes e perspectivas para o futuro; embora às vezes sejam somente abordados eventos passados e suas sequelas). Para Mertens (2005) a evolução dos acontecimentos até o presente é muito importante.
- O contexto é localizado de acordo com a formulação do problema (pode abranger várias facetas dos participantes como sua vida familiar, no trabalho, predileções, seus diferentes cenários).
- Quando as histórias de vida são obtidas por entrevista, são narradas na primeira pessoa.
- O pesquisador revisa memórias registradas em documentos (livros, cartas, registros de arquivo, artigos publicados na imprensa, etc.) e gravações; além disso, entrevista os atores (coleta dados na própria linguagem dos participantes sobre as experiências significativas relacionadas com um acontecimento ou sua vida).
- Para revisar os eventos é importante contar com várias fontes de dados. Vamos ver um exemplo: se fizermos uma pesquisa para documentar um fato, digamos um caso de violência extrema em uma instituição educacional como foi o massacre de sete pessoas que aconteceu em março de 2005, em uma escola de Red Lake, Minnesota (Estados Unidos), provocada por um adolescente de 16 anos, Jeff Weise. Então nesse caso devemos considerar o acontecimento e as fontes de dados.

Exemplo

O fato: Jeff Weise matou seu avô e uma mulher que vivia com ele na reserva indígena de Red Lake, e também um policial veterano local. Com as armas e o carro que roubou do policial, foi até a escola onde atirou em seus colegas, assassinou uma professora, um guarda e cinco estudantes, feriu gravemente outros 13 colegas e finalmente se suicidou.[6] Seu pai havia se suicidado quatro anos antes.

A pesquisa deveria incluir os elementos mostrados na Figura 15.7.[7]

Entre os filmes favoritos do jovem estavam: *Dawn of the Dead* (Madrugada dos mortos, versão 2004, direção de Zack Snyder), que é um conhecido filme de terror sobre "mortos vivos"; *Thunderheart* (Coração de trovão), de 1992 e dirigido por Michael Apted, e *Elefante* (2003, dirigido por Gus Van Sant), que narra um incidente violento em uma escola de Portland, em Oregon). Weise se autodenominava "anjo da morte" e se definia como "nazi-indígena" nos fóruns da internet.

- Quando o pesquisador reconta a história deve eliminar o corriqueiro (não os detalhes, que podem ser importantes).
- Creswell (2005) sugere dois esquemas para recontar a história: O primeiro esquema é a estrutura problema-solução.

A sequência narrativa seria a mostrada na Figura 15.8.

O segundo esquema é a estrutura tridimensional. Não é uma sequência, mas três dimensões narrativas que se relacionam (ver Figura 15.9).

- As fontes de invalidação mais importantes de histórias são: dados falsos, acontecimentos distorcidos, exageros e esquecimentos provocados por traumas ou pela idade. E, de novo, a solução está na triangulação de fontes dos dados.

Um exemplo clássico de um estudo narrativo é o de Lewis (1961), que analisou a cultura da pobreza em cinco famílias da Cidade do México e da província mexicana. Outro caso é o de Davis (2006), que pesquisou a vida e a história de uma família com crianças cujas capacidades eram diferentes (inabilidades) e as pessoas que estavam ajudando a família (analisou os significados de "acreditar nas pessoas" e a empatia em um contexto de marginalização). O exemplo da guerra cristera desenvolvido neste livro também é uma pesquisa narrativa.

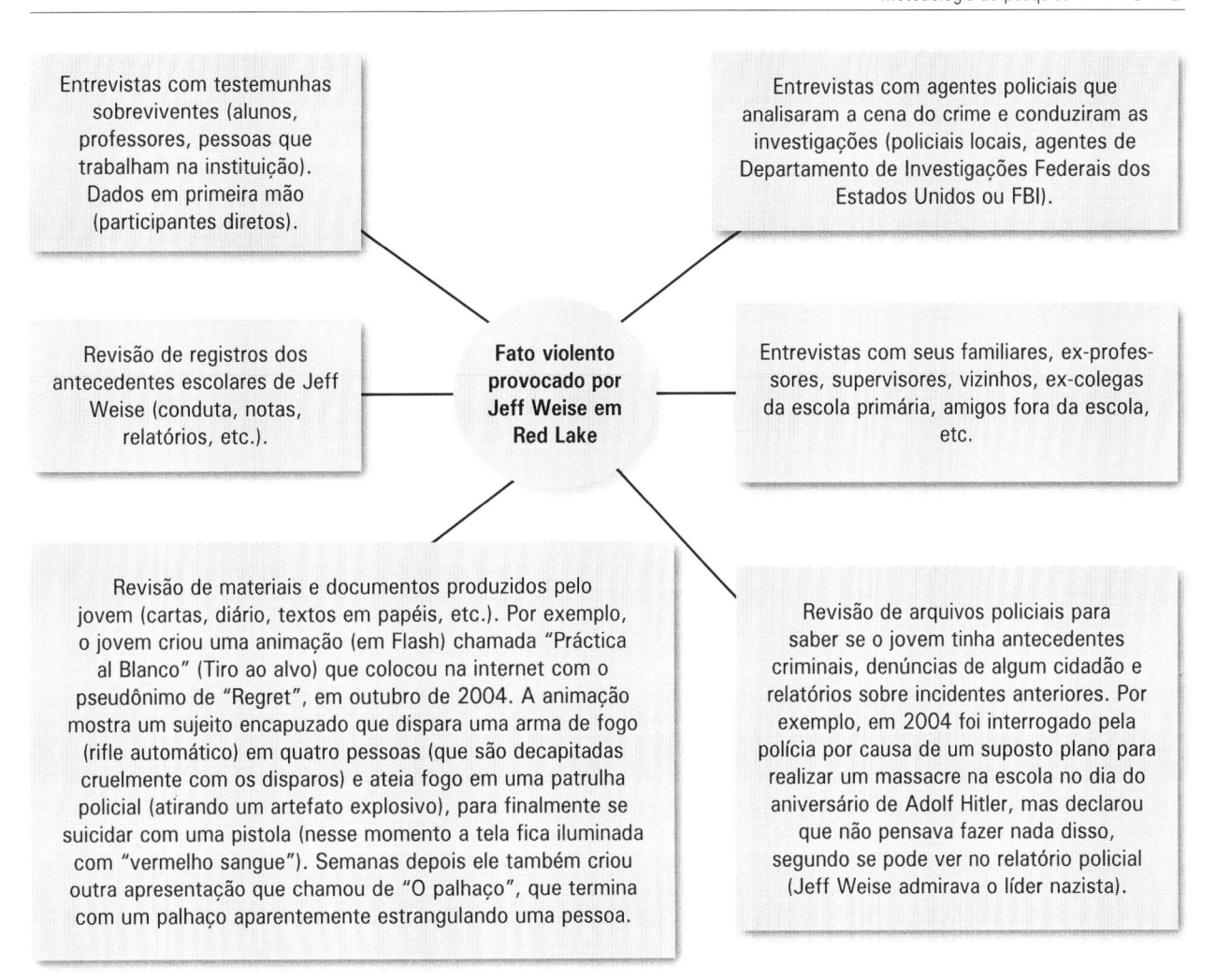

```
                                Entrevistas com agentes policiais que
Entrevistas com testemunhas     analisaram a cena do crime e conduziram as
sobreviventes (alunos,          investigações (policiais locais, agentes de
professores, pessoas que        Departamento de Investigações Federais dos
trabalham na instituição).      Estados Unidos ou FBI).
Dados em primeira mão
(participantes diretos).
```

```
Revisão de registros dos        Fato violento       Entrevistas com seus familiares, ex-profes-
antecedentes escolares de Jeff  provocado por       sores, supervisores, vizinhos, ex-colegas
Weise (conduta, notas,          Jeff Weise em       da escola primária, amigos fora da escola,
relatórios, etc.).              Red Lake            etc.
```

Revisão de materiais e documentos produzidos pelo jovem (cartas, diário, textos em papéis, etc.). Por exemplo, o jovem criou uma animação (em Flash) chamada "Práctica al Blanco" (Tiro ao alvo) que colocou na internet com o pseudônimo de "Regret", em outubro de 2004. A animação mostra um sujeito encapuzado que dispara uma arma de fogo (rifle automático) em quatro pessoas (que são decapitadas cruelmente com os disparos) e ateia fogo em uma patrulha policial (atirando um artefato explosivo), para finalmente se suicidar com uma pistola (nesse momento a tela fica iluminada com "vermelho sangue"). Semanas depois ele também criou outra apresentação que chamou de "O palhaço", que termina com um palhaço aparentemente estrangulando uma pessoa.

Revisão de arquivos policiais para saber se o jovem tinha antecedentes criminais, denúncias de algum cidadão e relatórios sobre incidentes anteriores. Por exemplo, em 2004 foi interrogado pela polícia por causa de um suposto plano para realizar um massacre na escola no dia do aniversário de Adolf Hitler, mas declarou que não pensava fazer nada disso, segundo se pode ver no relatório policial (Jeff Weise admirava o líder nazista).

FIGURA 15.7 Exemplo de diagrama em um estudo de violência (o caso de uma escola de Red Lake, Minnesota).

Contexto
- Lugar
- Tempo
- Características

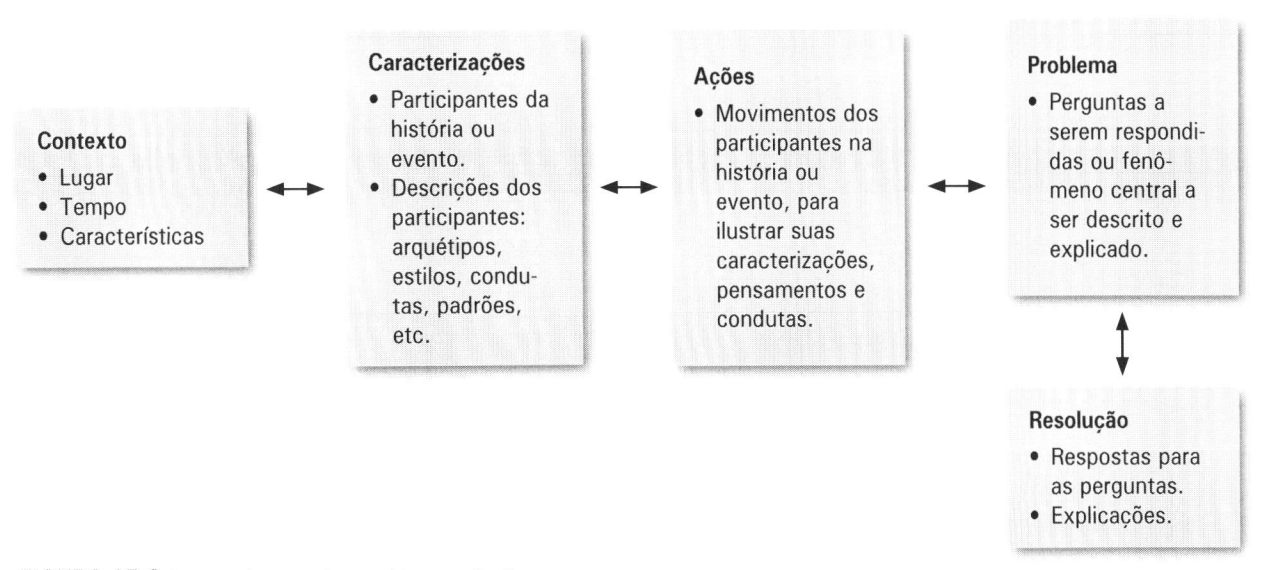

Caracterizações
- Participantes da história ou evento.
- Descrições dos participantes: arquétipos, estilos, condutas, padrões, etc.

Ações
- Movimentos dos participantes na história ou evento, para ilustrar suas caracterizações, pensamentos e condutas.

Problema
- Perguntas a serem respondidas ou fenômeno central a ser descrito e explicado.

Resolução
- Respostas para as perguntas.
- Explicações.

FIGURA 15.8 Sequência narrativa problema-solução.

Interações do participante ou dos participantes
- Pessoal ("consigo mesmo"): condições internas, sentimentos, emoções, desejos, expectativas, valores.
- Com outros.

NARRATIVA

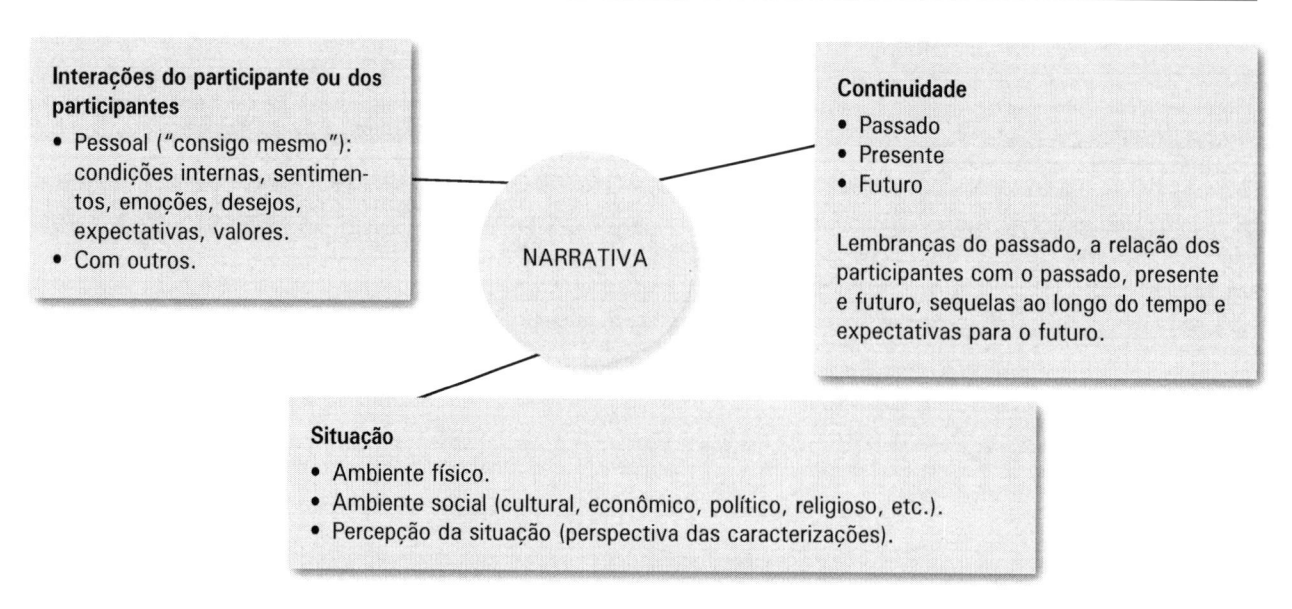

Continuidade
- Passado
- Presente
- Futuro

Lembranças do passado, a relação dos participantes com o passado, presente e futuro, sequelas ao longo do tempo e expectativas para o futuro.

Situação
- Ambiente físico.
- Ambiente social (cultural, econômico, político, religioso, etc.).
- Percepção da situação (perspectiva das caracterizações).

FIGURA 15.9 Esquema narrativo de estrutura tridimensional.

Os desenhos narrativos podem ser úteis para estudar a cultura de uma empresa, documentar a aplicação de um modelo educacional ou avaliar a evolução de uma atividade comercial em uma cidade mediana (p. ex., um estudo para saber como foram desenvolvidos os *lounges* com ambiente *chill out* em uma cidade mediana: Quantos foram abertos? Tiveram êxito ou não? Que tipo de diversão eles criam?).

☑ DESENHOS DE PESQUISA-AÇÃO

A finalidade da pesquisa-ação é resolver problemas cotidianos e imediatos (Álvarez-Gayou, 2003; Merriam, 2009) e melhorar práticas concretas. Seu propósito fundamental é trazer informação que oriente a tomada de decisão para programas, processos e reformas estruturais. Sandín (2003, p. 161) diz que a pesquisa-ação pretende, essencialmente, "promover a mudança social, transformar a realidade e que as pessoas tenham consciência de seu papel nesse processo de transformação". Elliot (1991) conceitua a pesquisa-ação como o estudo de uma situação social com o objetivo de melhorar a qualidade da ação dentro dela. Para León e Montero (2002) é o estudo de um contexto social no qual, utilizando um processo de pesquisa com passos "em espiral", o pesquisador ao mesmo tempo pesquisa e intervém.

A maioria dos autores a situa nos marcos referenciais interpretativo e crítico (Sandín, 2003). Mackernan (2001) fundamenta os desenhos de pesquisa-ação em três pilares:

- Os participantes que estão passando por um problema são os que estão mais capacitados para abordá-lo em um ambiente natural.
- A conduta dessas pessoas está muito influenciada pelo entorno natural onde elas se encontram.
- A metodologia qualitativa é a melhor para o estudo dos ambientes naturais, porque é um de seus pilares epistemológicos.

A pesquisa-ação constrói o conhecimento por meio da prática (Sandín, 2003). Essa mesma autora, apoiando-se em outros colegas, resume as características desses estudos, e entre as principais estão:

1. A pesquisa-ação envolve a transformação e melhoria de uma realidade (social, educacional, administrativa, etc.). Ela, de fato, é construída a partir desta.
2. Parte dos problemas práticos e relacionados com um ambiente ou entorno.

3. Implica a total colaboração dos participantes para detectar necessidades (eles conhecem melhor do que ninguém a problemática a ser resolvida, a estrutura a ser modificada, o processo a ser melhorado e as práticas que precisam de transformação) e implementar os resultados do estudo.

De acordo com Álvares-Gayou (2003) três perspectivas se destacam na pesquisa-ação:

1. *A visão técnico-científica.* Essa perspectiva foi a primeira em termos históricos, porque parte justamente do fundador da pesquisa-ação, Kurt Lewin. Seu modelo consiste em um conjunto de decisões em espiral, que se baseiam em ciclos repetidos de análise para contextualizar e redefinir o problema várias vezes. Assim, a pesquisa-ação é formada por fases sequenciais de ação: planejamento, identificação de fatos, análise, implementação e avaliação.
2. *A visão deliberativa.* O foco principal da concepção deliberativa é a interpretação humana, a comunicação interativa, a deliberação, a negociação e a descrição detalhada. É responsável pelos resultados, mas, sobretudo, pelo próprio processo de pesquisa-ação. John Elliot propôs essa visão como uma reação à grande tendência da pesquisa educacional ao positivismo. Álvarez-Gayou ressalta que esse autor é o primeiro que propõe o conceito de triangulação na pesquisa qualitativa.
3. *A visão emancipadora.* Seu objetivo vai além de resolver problemas ou desenvolver melhorias para um processo, pretende que os participantes provoquem uma profunda mudança social por meio da pesquisa. O desenho não cumpre apenas as funções de diagnóstico e produção de conhecimento, mas também possibilita que os indivíduos tenham consciência de suas circunstâncias sociais e da necessidade de melhorar sua qualidade de vida.

Nesse sentido, Stringer (1999) diz que a pesquisa-ação é:

a) Democrática, porque habilita todos os membros de um grupo ou comunidade para participar.
b) Equitativa, pois as contribuições de qualquer pessoa são valorizadas e as soluções incluem todo o grupo ou comunidade.
c) É libertadora, pois uma de suas finalidades é combater a opressão e a injustiça social.
d) Melhora as condições de vida dos participantes, ao habilitar o potencial para o desenvolvimento humano.

Creswell (2005) considera dois desenhos fundamentais da pesquisa-ação, que são resumidos na Figura 15.10.

PESQUISA-AÇÃO PARTICIPATIVA OU COOPERATIVA Nela, os membros do grupo, organização ou comunidade atuam como copesquisadores.

Mertens (2003) diz que o desenho de **pesquisa-ação participativo** deve envolver os membros do grupo ou comunidade em todo o processo do estudo (desde a formulação do problema até a elaboração do relatório) e implementação de ações, produto da indagação. Esse tipo de pesquisa combina a *expertise* do pesquisador ou da pesquisadora com os conhecimentos práticos, vivências e habilidades dos participantes.

Nos desenhos de pesquisa-ação, o pesquisador e os participantes precisam interagir constantemente com os dados.

As três fases essenciais desses desenhos são: *observar* (construir um esboço do problema e coletar dados), *pensar* (analisar e interpretar) e *agir* (resolver problemas e implementar melhorias), que ocorrem de maneira cíclica, repetidamente, até que o problema é resolvido, a mudança é conseguida e a melhoria começa a ser implantada de maneira satisfatória (Stringer, 1999).

O processo detalhado, que é flexível como em todo processo qualitativo, está na Figura 15.11. Vale dizer que ele é apresentado pela maioria dos autores como uma "espiral" sucessiva de ciclos (Sandín, 2003). Os ciclos são:

- Detectar o problema de pesquisa, torná-lo claro e diagnosticá-lo (seja ele um problema social, a necessidade de uma mudança, uma melhoria, etc.).
- Elaboração de um plano ou programa para resolver o problema ou introduzir a mudança.
- Implementar o plano ou programa e avaliar resultados.
- *Feedback*, que leva a um novo diagnóstico e a uma nova espiral de reflexão e ação.

```
                    PESQUISA-AÇÃO
                   /            \
              Prática          Participativa
```

- Estuda práticas locais (do grupo ou comunidade).
- Envolve indagação individual ou em equipe.
- Centra-se no desenvolvimento e na aprendizagem dos participantes.
- Adota um plano de ação (para resolver o problema, introduzir a melhoria ou gerar a mudança).
- A liderança é exercida em conjunto pelo pesquisador e um ou vários membros do grupo ou comunidade.

- Estuda temas sociais que oprimem a vida das pessoas de um grupo ou comunidade.
- Ressalta a colaboração equitativa de todo o grupo ou comunidade.
- Concentra-se nas mudanças para melhorar o nível de vida e o desenvolvimento humano dos indivíduos.
- Emancipa os participantes e o pesquisador.

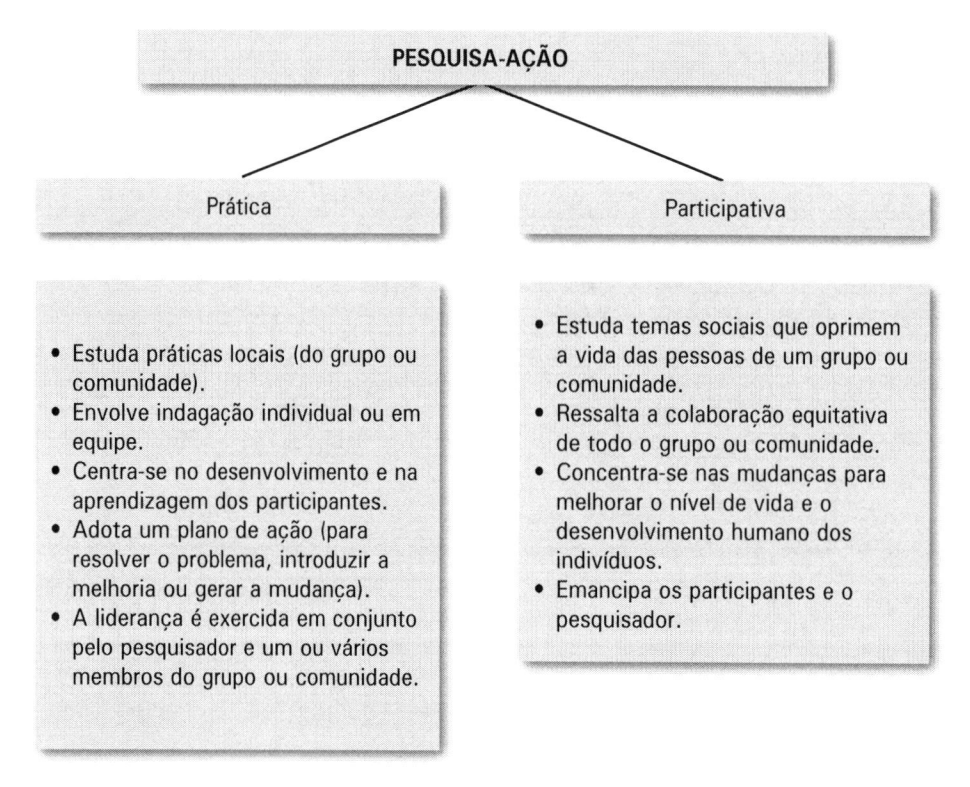

FIGURA 15.10 Desenhos básicos da pesquisa-ação[8].

Conforme podemos ver na Figura 15.11, para formular o problema é necessário conhecer a fundo sua natureza com uma imersão no contexto ou ambiente, cujo propósito é entender quais são os eventos e como eles acontecem, conseguir ver claramente o problema e as pessoas vinculadas a ele. O problema de pesquisa pode ser de vários tipos, como é mostrado na Tabela 15.5, e ele não significa necessariamente uma carência social (o sentido do termo problema é tão amplo como é a linguagem da metodologia de pesquisa em geral).

Uma vez que conseguimos a clareza conceitual do problema com a imersão, começamos a coletar os dados. Stringer (1999) sugere entrevistar atores-chave vinculados ao problema, observar lugares no ambiente, eventos e atividades relacionados com o problema, além de revisar documentos, registros e materiais apropriados. Alguns dados serão, inclusive, de caráter quantitativo (estatísticas sobre o problema). Também é conveniente tomar notas a respeito da imersão e da coleta de dados, gravar entrevistas, filmar eventos e realizar todas as atividades próprias da pesquisa qualitativa. Analisamos os dados e geramos categorias e temas referentes ao problema. Stringer (1999) nos lembra da quantidade de técnicas que podemos utilizar para a análise, entre elas:

- Mapas conceituais (p. ex., vinculação do problema com diferentes tópicos, relação de diferentes grupos ou indivíduos com o problema, temas que integram o problema, etc.).
- Diagramas causa-efeito.
- Análise de problemas: problema, antecedentes, consequências.
- Matrizes (p. ex., de categorias, de temas das causas cruzados com categorias ou temas dos efeitos).
- Hierarquização de temas ou identificação de prioridades.
- Organogramas da estrutura formal (cadeia de hierarquias) e da informal.
- Análise de redes (entre grupos e indivíduos).
- Redes conceituais.

As entrevistas, a observação e a revisão de documentos são técnicas indispensáveis para localizar informação valiosa, assim como os grupos focais. Geralmente são realizadas várias sessões com

Metodologia de pesquisa **517**

Primeiro ciclo: detectar o problema
- Imersão inicial no problema ou necessidade e seu ambiente (pelo pesquisador).
- Formulação do problema.
- Coletar dados sobre o problema e as necessidades.
- Geração de categorias, temas e hipóteses.

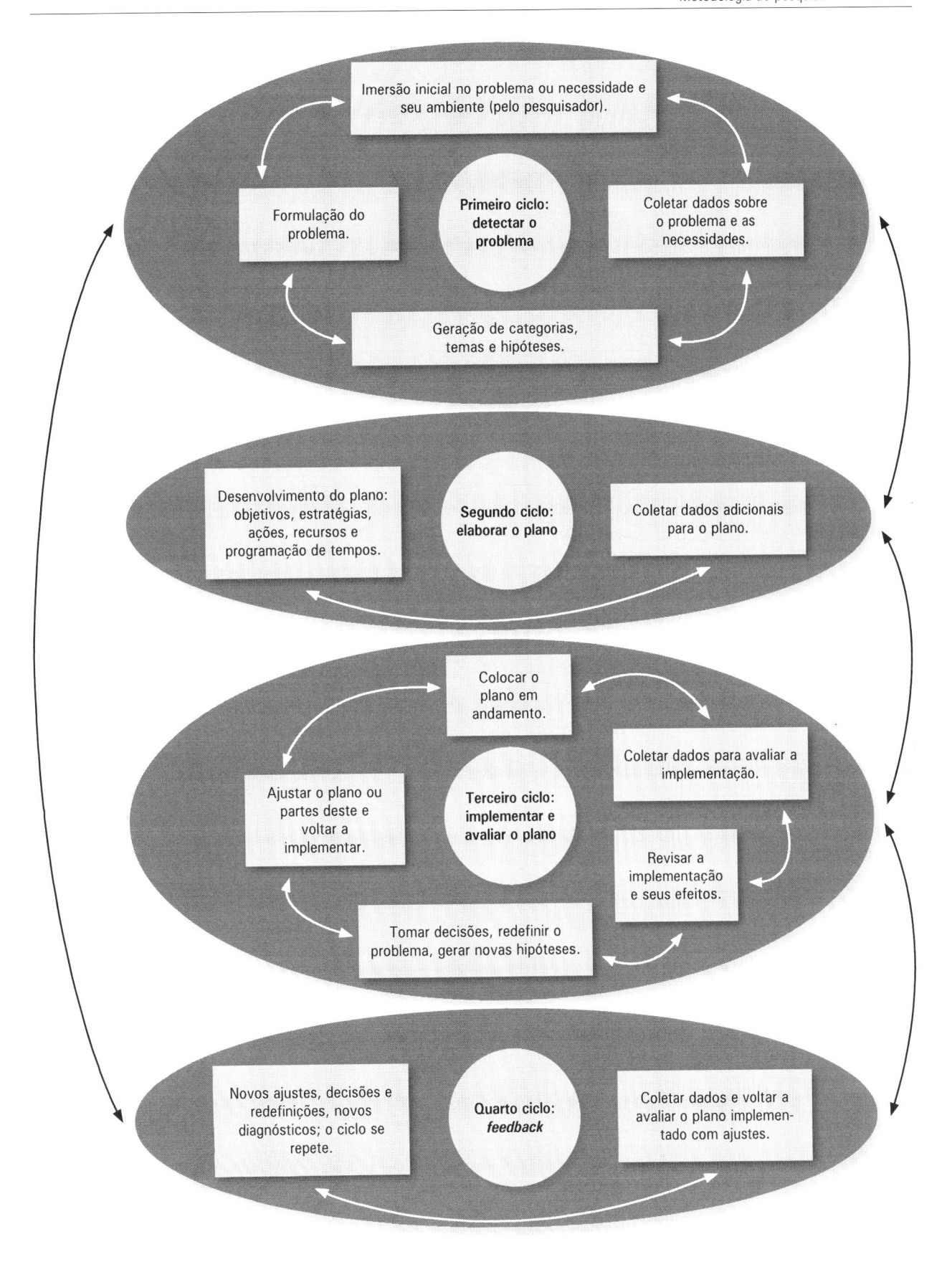

Segundo ciclo: elaborar o plano
- Desenvolvimento do plano: objetivos, estratégias, ações, recursos e programação de tempos.
- Coletar dados adicionais para o plano.

Terceiro ciclo: implementar e avaliar o plano
- Colocar o plano em andamento.
- Coletar dados para avaliar a implementação.
- Revisar a implementação e seus efeitos.
- Tomar decisões, redefinir o problema, gerar novas hipóteses.
- Ajustar o plano ou partes deste e voltar a implementar.

Quarto ciclo: feedback
- Novos ajustes, decisões e redefinições, novos diagnósticos; o ciclo se repete.
- Coletar dados e voltar a avaliar o plano implementado com ajustes.

FIGURA 15.11 Principais ações para realizar a pesquisa-ação.

TABELA 15.5
Exemplos de problemas para a pesquisa-ação

Problema genérico	Problema específico
Carência social	Falta de serviços médicos em uma comunidade. Níveis elevados de desemprego em um município.
Problema social negativo	Índice elevado de insegurança em um bairro. Vício em drogas e álcool entre os jovens de uma comunidade. Assistência para uma população devido a uma emergência provocada por um desastre natural (como um furacão). Aumento no número de suicídios em uma região.
Necessidade de mudança	Redefinição do modelo educacional de uma instituição de ensino superior. Introdução de uma cultura de qualidade e melhoria contínua em uma empresa dedicada à produção de geleias. Inovar as práticas agrícolas em um sítio para aumentar a produção de brócolis.
Problemática concreta	Queda na matrícula de um grupo de escolas primárias e secundárias (escolas básicas) administradas por uma congregação religiosa. Reduzir níveis elevados de quebra de recipientes de vidro em uma fábrica de engarrafamento de água mineral com gás (refrigerantes).

os participantes do ambiente; e na modalidade de pesquisa-ação participativa esse requisito é inquestionável.

Quando os dados já foram analisados, elaboramos o relatório com o diagnóstico do problema, que é apresentado aos participantes para se acrescentar dados, validar informação e confirmar descobertas (categorias, temas e hipóteses). Finalmente, formulamos o problema de pesquisa e passamos para o segundo ciclo: a elaboração do plano para implementar soluções ou introduzir a mudança ou a inovação.

Durante a elaboração do plano, o pesquisador continua aberto para coletar mais dados e informação que possam estar associados com a formulação do problema.

O plano deve incorporar soluções práticas para resolver o problema ou gerar a mudança. De acordo com Stringer (1999) e Creswell (2005) os elementos comuns de um plano são:

- Prioridades (aspectos a serem resolvidos de acordo com sua importância).
- Metas (objetivos gerais ou amplos para resolver as prioridades mais relevantes).
- Objetivos específicos para atingir as metas.
- Tarefas (ações a serem executadas, cuja sequência deve ser definida: o que vem primeiro, o que vem depois, etc.).
- Pessoas (aquele ou aqueles que serão responsáveis pelas tarefas).
- Programação de tempos (calendários): determinar o tempo que levará a realização de cada tarefa ou ação.
- Recursos para executar o plano.

Além de definir como o êxito da implementação do plano será avaliado, o terceiro ciclo é dar andamento ao plano, que depende das circunstâncias específicas de cada estudo e problema. Ao longo da implementação do plano, a tarefa do pesquisador é extremamente proativa: deve informar os participantes sobre as atividades realizadas pelos demais, motivar as pessoas para que o plano seja executado de acordo com o esperado e cada uma dê o máximo de si, dar assistência quando tiverem dificuldades e interligar os participantes em uma rede de apoio mútuo (Stringer, 1999). Durante esse ciclo, o pesquisador coleta dados de maneira contínua para avaliar cada tarefa realizada e o desenvolvimento da implementação (monitora os avanços, documenta os processos, identifica pontos fortes e fracos e fornece *feedback* aos participantes). Também utiliza todas as ferramentas de coleta e análise possíveis, e programa sessões com grupos de participantes, cujo propósito cumpre duas funções: avaliar os avanços e colher de "viva voz" as opiniões, experiências e sentimentos dos participantes nessa etapa.

Com os dados que coletamos de maneira permanente elaboramos – junto com os participantes ou ao menos com seus líderes ou atores-chave – relatórios parciais para avaliar a aplicação do plano. Com base nesses relatórios, fazemos os ajustes necessários, redefinimos o problema e geramos novas hipóteses. No final desse processo de implantação fazemos uma reavaliação, o que nos leva ao ciclo de *feedback*, que implica mais ajustes ao plano e uma adequação às contingências que surgirem. O ciclo se repete até o problema ser resolvido ou se conseguir a mudança.

Na vertente "participativa", pelo menos alguns membros do ambiente se envolvem em todo o processo de pesquisa, ciclo por ciclo, e suas funções são as mesmas das do pesquisador. Eles costumam ser, inclusive, coautores dos relatórios parciais e do relatório final.

Os desenhos de pesquisa-ação também representam uma forma de intervenção e alguns autores os consideram desenhos mistos, porque geralmente coletam dados quantitativos e qualitativos, e caminham de maneira simultânea entre o esquema indutivo e o dedutivo.

Na Espanha e na América Latina esses desenhos são muito utilizados para enfrentar desafios em diversos campos do conhecimento e resolver questões sociais. Um pesquisador muito reconhecido em todo o âmbito das ciências sociais, Paulo Freire, realizou diversos estudos fundamentados na pesquisa-ação, até sua morte em 1997.

Esse tipo de desenho foi aplicado em uma grande quantidade de âmbitos. Por exemplo, na educação, como é o caso do estudo de Gómez Nieto (1991), que se dedicou a encontrar uma alternativa de modelo didático para crianças com menos de 6 anos com necessidades educacionais especiais desde o nascimento; ou o de Krogh (2001) que explorou em Canberra, Austrália, a forma de utilizar a pesquisa-ação como ferramenta de aprendizagem para estudantes, educadores, empresas comerciais ligadas a instituições educacionais e fornecedores de serviços. E também Méndez, Hernández Sampieri e Cuevas (2009) que avaliaram – entre outras questões – o impacto percentual de obras sociais e de infraestrutura implementadas pelo governo de Guanajuato com recursos próprios e do Banco Mundial, envolvendo quase dois mil habitantes de comunidades do Estado.

No caso da administração, temos vários exemplos, como o de Mertens (2001), que avaliou a progressiva reorganização do Ministério Belga de Impostos, de acordo com as perspectivas da pesquisa-ação e as construtivistas. Foi um estudo que contou com a colaboração de supervisores externos e funcionários da instituição, documentado em várias etapas: contratação de consultores, desenho do estudo realizado em conjunto, mudança organizacional (ajustes da estrutura e dos processos da dependência) e treinamento da burocracia para a mudança.

O desenho de pesquisa-ação também foi utilizado em um estudo sobre a inteligência emocional de crianças de 3 a 5 anos.

Esse desenho foi utilizado, inclusive, para estudar a inteligência emocional das crianças pequenas (de 3 a 5 anos) e para saber como aumentá-la, juntamente com suas habilidades sociais (Kolb e Weede, 2001). Também para estudar a viabilidade de funcionamento de centros médicos ameaçados por:

a) mudanças no sistema de saúde norte-americano,
b) crescentes despesas da prática hospitalar,
c) redução do orçamento para pesquisa e ajuda para os setores mais pobres da sociedade (Mercer, 1995);[9]

ou resolver um problema como a quebra de recipientes de vidro nas fábricas de engarrafamento, que significavam prejuízos para a empresa de mais de três milhões de dólares anuais (Hernández Sampieri, 1990).

✓ OUTROS DESENHOS

Além dos desenhos revisados no capítulo, alguns autores têm outros; Mertens (2003), por exemplo, acrescenta os **desenhos fenomenológicos**, que se concentram nas experiências individuais subjetivas dos participantes. De acordo com Bodgen e Biklen (2003), o que pretende é reconhecer as percepções das pessoas e o significado de um fenômeno ou experiência. A típica pergunta de um estudo fenomenológico se resume a: Qual é o significado, estrutura e essência de uma experiência vivida por uma pessoa (individual), por um grupo (grupal) ou uma comunidade (coletiva) em relação a um fenômeno (Patton, 2002)? Esses desenhos são similares aos outros que formam o núcleo da pesquisa qualitativa e, talvez, sua diferença esteja no fato de que a ou as experiências do participante ou dos participantes são o centro da pesquisa.

DESENHOS FENOMENOLÓGICOS O foco são as experiências individuais subjetivas dos participantes.

De acordo com Creswell (1998), Álvarez-Gayou (2003) e Mertens (2005), a fenomenologia se fundamenta nas seguintes premissas:

- No estudo, o que se pretende é descrever e entender os fenômenos a partir do ponto de vista de cada participante e da perspectiva construída coletivamente.
- O desenho fenomenológico se baseia na análise de discursos e temas específicos, assim como na busca de seus possíveis significados.
- O pesquisador confia na intuição, imaginação e nas estruturas universais para conseguir apreender a experiência dos participantes.
- O pesquisador contextualiza as experiências em relação a sua temporalidade (quando aconteceram), espaço (onde ocorreram), corporeidade (as pessoas físicas que a viveram) e o contexto das relações (os laços produzidos durante as experiências).
- As entrevistas, grupos focais, coleta de documentos e materiais e histórias de vida são utilizadas para encontrar temas sobre experiências cotidianas e excepcionais.
- Na coleta enfocada obtemos informação sobre as pessoas que tiveram experiências com o fenômeno que estudamos.

Um exemplo de pesquisa fenomenológica seria uma indagação com pessoas que foram sequestradas para entender como definem, descrevem e entendem essa terrível experiência, com seus próprios termos. Outros casos seriam:

1. Willig (2007/2008), que estudou o significado que pode ter para os indivíduos o fato de se "engajarem" em esportes radicais, entrevistando oito médicos especialistas no tema; e
2. Bondas e Eriksson (2001), pesquisadoras que analisaram as experiências vividas por mulheres finlandesas durante a gravidez (o tipo de bebê que desejavam, o cuidado com a saúde da futura criança, as mudanças em seus corpos, as variações do humor, o esforço para que a família ficasse unida, seus sonhos, esperanças e planos; assim como relações que mudam).

Finalmente, outros autores também mencionam a pesquisa histórica como uma forma qualitativa de indagação, mas consideramos que ela própria já é um processo de pesquisa, que merece um tratamento à parte e um livro voltado exclusivamente para ele, mas de qualquer modo seria um desenho misto.

☑ UM ÚLTIMO COMENTÁRIO

As fronteiras entre os desenhos qualitativos realmente não existem. Por exemplo, um estudo orientado pela teoria fundamentada abrange elementos narrativos e fenomenológicos. Uma pesquisa-ação pode gerar codificação axial (teoria fundamentada) quando analisa entrevistas realizadas com participantes sobre algum problema de interesse. Acreditamos que o estudante não deve se preocupar tanto se seu estudo é narrativo ou etnográfico, sua atenção deve se voltar mais para realizar a pesquisa de maneira sistemática e profunda, assim como para responder a formulação do problema.

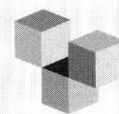

Resumo

- No enfoque qualitativo, o desenho se refere à "abordagem" geral que teremos de utilizar no processo de pesquisa.
- O desenho, assim como a amostra, a coleta dos dados e a análise, surge desde a formulação do problema até a imersão inicial e o trabalho de campo; claro que ela vai passando por modificações, mesmo que seja essencialmente uma forma de enfocar o fenômeno de interesse.
- Os principais tipos de desenhos qualitativos são:
  a) teoria fundamentada,
  b) desenhos etnográficos,
  c) desenhos narrativos e
  d) desenhos de pesquisa-ação, além dos desenhos fenomenológicos.
- A formulação básica do desenho de teoria fundamentada é que as proposições teóricas surgem dos dados obtidos na pesquisa, mais do que dos estudos prévios.
- Foram criados, fundamentalmente, dois desenhos de teoria fundamentada:
  a) sistemático e
  b) emergente.
- O procedimento normal da análise de teoria fundamentada é: codificação aberta, codificação axial, codificação seletiva, geração de teoria.
- Os desenhos etnográficos pretendem descrever e analisar ideias, crenças, significados, conhecimentos e práticas de grupos, culturas e comunidades.
- Existem várias classificações dos desenhos etnográficos. Creswell (2005) os divide em: realistas, críticos, clássicos, microetnográficos e estudos de caso.
- Nos desenhos etnográficos, o pesquisador, geralmente, é um observador totalmente participativo.
- Os desenhos etnográficos pesquisam grupos ou comunidades que compartilham uma cultura: o pesquisador seleciona o lugar, detecta os participantes e, por último, coleta e analisa os dados.
- Nos desenhos narrativos, o pesquisador coleta dados sobre as histórias de vida e experiências de algumas pessoas para descrevê-las e analisá-las.
- Os desenhos narrativos podem se referir a: a) toda a história de vida de um indivíduo ou grupo, b) uma passagem ou época dessa história de vida ou c) um ou vários episódios.
- Mertens (2005) divide os estudos narrativos em: a) de tópicos (enfocados em uma temática, evento ou fenômeno); b) biográficos (de uma pessoa, grupo ou comunidade, sem incluir a narração dos participantes "ao vivo", seja porque faleceram, porque não se lembram em função da sua idade ou de alguma doença, ou porque são inacessíveis; c) autobiográficos (de uma pessoa, grupo ou comunidade incluindo testemunhos orais "ao vivo" dos atores participantes).
- Existem dois esquemas principais para que o pesquisador narre uma história: a) estrutura problema-solução e b) estrutura tridimensional.
- A finalidade da pesquisa-ação é resolver problemas cotidianos e imediatos, assim como melhorar práticas concretas. Seu foco é trazer informação que oriente a tomada de decisões para programas, processos e reformas estruturais.
- Três perspectivas se destacam na pesquisa-ação: a visão técnico-científica, a visão deliberativa e a visão emancipadora.
- Creswell (2005) considera dois desenhos fundamentais da pesquisa-ação: prático e participativo.
- O desenho participativo implica que as pessoas interessadas em resolver o problema ajudam a desenvolver todo o processo da pesquisa: da ideia à apresentação de resultados.
- As etapas ou ciclos para realizar uma pesquisa-ação são: detectar o problema de pesquisa, elaborar um plano ou programa para resolver o problema ou introduzir a mudança, implementar o plano e avaliar resultados, além de gerar *feedback*, o que leva a um novo diagnóstico e a uma nova espiral de reflexão e ação.

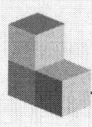

Conceitos básicos

Ambiente
Categoria
Categoria central
Codificação aberta
Codificação axial
Codificação seletiva
Códigos ao vivo
Desenho
Desenho de pesquisa qualitativa
Desenho emergente
Desenho fonoaudiológico
Desenho participativo
Desenho prático

Desenho sistemático
Desenhos de pesquisa-ação
Desenhos de teoria fundamentada
Desenhos etnográficos
Desenhos fenomenológicos
Desenhos narrativos
Etnografia
Hipóteses
Narrativa
Pesquisa-ação participativa ou cooperativa
Tema
Teoria fundamentada

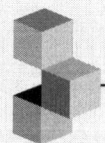

Exercícios

1. Detecte uma problemática em seu bairro, município ou comunidade (de qualquer tipo). Quando já tiver o problema em mente: Observe diretamente o problema em questão (seja testemunha direta) no lugar onde ocorre e tome notas reflexivas sobre ele (dependendo do problema, a observação pode levar horas ou dias). Como o problema pode ser descrito? A quem ele afeta ou quem é responsável por ele? De acordo com sua percepção, qual é a extensão do problema? Como ele se manifesta? Há quanto tempo existe? Quais foram as tentativas para resolvê-lo?

   Realize algumas entrevistas sobre o problema com vizinhos e, no geral, com habitantes do lugar onde vive (cinco ou seis entrevistas, no mínimo). Transcreva as entrevistas e analise, utilizando quaisquer dos desenhos da teoria fundamentada. Quais são as categorias e os temas mais importantes que surgiram da análise? Como esses temas estão relacionados? Qual é a essência do problema (categoria central)? Quais são as causas? Quais suas consequências? Quais as condições intervenientes? Lembre-se de evitar misturar suas opiniões com as dos participantes, deixe que eles expressem de maneira ampla seus pontos de vista (não introduza vieses). Depois, realize uma sessão focal sobre o problema (quatro a cinco pessoas). Uma vez mais, não influencie os participantes. Na reunião também pergunte se a cultura (crenças, costumes, participação, etc.) do bairro ou comunidade pode facilitar ou não a solução do problema. Transcreva e analise a sessão seguindo o modelo de teoria fundamentada. Responda as perguntas mencionadas na entrevista. Compare os resultados da sessão com os das entrevistas: Quais coincidências e diferenças você encontra? Elabore um relatório com os resultados da sessão e das entrevistas. Inclua no relatório uma narração do problema utilizando a estrutura problema-solução. Acrescente suas conclusões.

   Organize uma sessão para coletar ideias sobre como resolver ou enfrentar o problema, com outros participantes diferentes daqueles que estiveram na sessão anterior (que certamente já apresentaram soluções) e se for possível convide um líder da comunidade. Elabore com eles um plano que incorpore as ideias de todos e as suas próprias ideias. Analise os obstáculos que esse plano poderia ter. Apenas como teste, implemente o plano e avalie. Documente a experiência que abrange: teoria fundamentada, análise narrativa e fenomenológica, assim como algum aspecto de etnografia. A problemática pode ser em uma empresa ou sindicato.

2. Converse com um de seus melhores amigos ou amigas sobre: Qual foi a experiência que deu a ele ou a ela maior satisfação ou alegria? Tome notas e se for possível grave em áudio ou vídeo, gere temas sobre a experiência e reconte a história com todos seus elementos: Onde e como ocorreu? Qual é seu significado? Quais são suas implicações? Qual foi ou quais foram os participantes?

3. Documente e analise uma cultura antiga ou atual (egípcia, romana, asteca, maia, dos godos, a de seu país; a subcultura de um grupo musical ou de um time de futebol, etc.). Quais características ou diferenciais eles tinham ou têm? Em que essa cultura acreditava ou acredita? (Muitos aspectos podem ser considerados, mas nos contentamos com esses dois.)

4. Utilizando a formulação do problema de pesquisa qualitativa, em que você já considerou qual seria a unidade de análise inicial e o tipo de amostra por julgamento, assim como os instrumentos que utilizaria para coletar os dados, responda a seguinte pergunta: Qual desenho ou desenhos qualitativos seriam apropriados para o estudo?

Exemplos desenvolvidos

A guerra cristera em Guanajuato

O estudo é essencialmente narrativo e fenomenológico. Para cada município, após realizar a imersão no campo, o pesquisador coletou dados por meio de:
a) documentos,
b) testemunhos obtidos por entrevistas,
c) objetos e
d) observação de lugares.

Os diferentes tipos de dados primeiro foram analisados separadamente e depois em conjunto.

As entrevistas foram o eixo dos relatórios, em torno delas foi desenvolvida uma descrição narrativa de cada comunidade, que incluía as experiências dos participantes e seu significado relacionado com a guerra cristera (os objetos, documentos e observações complementaram as entrevistas e foram acrescentados na narração). A maioria das narrações se baseou nos seguintes temas, que foram em sua maioria gerados indutivamente:[10]

- Dados sobre o desenvolvimento da guerra cristera na comunidade (datas de início, término e fatos relevantes, número de vítimas, templos fechados, etc.).
- Circunstâncias da comunidade (hoje todas são municípios): antecedentes específicos de cada população, situação no início do conflito, durante e no final dele.
- Levante armado: a partir de 31 de julho de 1926, como é a rebelião em cada lugar.
- Cristeros: descrição, perfis, motivações, formas de organização e nomes dos líderes.
- Armamento: características das armas e a maneira como os grupos cristeros se abasteciam de armas e o lugar onde guardavam as munições.
- Manutenção e apoio: quais eram as pessoas, que, mesmo não participando da luta, apoiavam os cristeros (contatos) e como os abasteciam de comida, dinheiro, armas e notícias sobre as posições do Exército do Governo Federal.
- Símbolos e linguagem cristera: tema com as seguintes categorias:
  a) Bandeiras
  b) Lemas
  c) Gritos de guerra
  d) Orações
  e) Objetos religiosos
  f) Outros
- Tropas federais: nomes e descrição dos soldados do Exército do Governo Federal.
- Lugares estratégicos dos cristeros: tema com duas categorias:
  a) Quartéis
  b) Esconderijos
- Quartéis federais: tema com três categorias:
  a) Claustros de freiras e escolas religiosas
  b) Igrejas
  c) Fazendas
- Enfrentamentos: lutas armadas entre federais e cristeros.
- Fuzilamentos, assassinatos e execuções: tema com as seguintes categorias:
  a) De cristeros
  b) De federais
  c) De sacerdotes
- Injustiças: esse tema é composto pelas seguintes categorias:
  a) Roubos por parte dos cristeros
  b) Roubos por parte dos federais
  c) Assassinatos de pessoas inocentes
- Missas secretas (lembre-se de que eram proibidas pela Lei Calles): descrição sobre como essas missas eram realizadas nas casas particulares.
- Sacerdotes perseguidos, com as categorias:
  a) Modo de vida dos sacerdotes que se escondiam
  b) Torturas e fuzilamentos
- O papel da mulher na guerra cristera: como as mulheres participaram e apoiaram o conflito.
- Tradição oral: tema com as categorias:
  a) Lendas
  b) Acontecimentos
  c) Orações
  d) Histórias cantadas
- Final da guerra cristera (versão oficial): o que aconteceu em cada município quando as igrejas foram reabertas e os cultos foram novamente permitidos (1929).
- Continuidade real das hostilidades (1929-1940): na maioria dos municípios o conflito continuou. Em alguns casos a perseguição cristera foi mantida, em outros, os rancores e vinganças entre os dois lados perpetuou o conflito local, e em certos lugares, utilizando como pretexto o conflito cristero, a luta continuou, mas agora por outros motivos (posse de terras, levante contra latifundiários, etc.).
- Sequelas atuais (século XXI), com as seguintes categorias:
  a) Santuários onde os mártires ainda são venerados.
  b) Monumentos em memória dos cristeros mortos.
  c) Peregrinações e festas para lembrar o movimento e os mártires.
  d) Testemunhos sobre milagres: ex-votos e narrações.

No final foi apresentada uma narração geral e um modelo de entendimento desse conflito armado (tendo como base as narrações das diferentes populações consideradas).

Consequências do abuso sexual infantil

Essa pesquisa é de natureza fenomenológica (foram analisados os significados das experiências de abuso sexual das participantes) e seu método de análise foi o de teoria fundamentada (desenho sistemático). O modelo resultante já foi apresentado no capítulo anterior. Lembramos que as categorias centrais (fenômeno) foram duas: *sentimentos ameaçadores ou perigosos* e *a falta de ajuda, impotência e falta de controle*.

Shopping centers

O desenho que orientou o estudo foi o de teoria fundamentada em sua versão "emergente" ou "clássica". O que fizemos foi simplesmente codificar as transcrições das sessões e gerar as categorias e temas.

Elaboramos um relatório para cada *shopping center* (nas cidades com mais de três milhões de habitantes existem pelo menos dois *shopping centers* da rede ou organização em estudo, em cidades intermediárias com menos de três milhões de habitantes, foi considerado somente um *shopping center*). Cada *shopping* tem entre 100 e 300 estabelecimentos ou comércios, incluindo de duas a quatro lojas de departamento grandes (20 a 40 seções).

Mostramos as principais categorias que surgiram nos sete grupos focais organizados por um dos *shopping centers*, em um tópico concreto.

Área 2: Atributos do *shopping center*
Temática
- Identificação e definição dos atributos, oportunidades e fatores críticos para o êxito do *shopping center* ideal.

Pergunta: Quais fatores são importantes para escolher um centro comercial como o preferido?
Categorias: As 10 primeiras foram recorrentes em todas as sessões e se "saturaram" muito rapidamente.

O ambiente
Variedade de lojas
Tranquilidade
Limpeza
Localização
As pessoas ("parecidas comigo"), mesmo nível socioeconômico
Proximidade
Segurança
O desenho, a arquitetura
Decoração
    Bons serviços
    A comodidade
    A comida
    As instalações (escadas rolantes, elevadores, facilidades de acesso, tamanho dos corredores, etc.).
    Sua exclusividade
    A iluminação
    Estacionamento (tamanho e acessibilidade)
    Os preços
    O lugar pequeno
    As garotas, as mulheres que frequentam
    Estilo do local ("personalidade moderna")
    As roupas (variedade, qualidade e marcas)
    A qualidade dos produtos das lojas (em geral)
    Os bancos
    Área de *fast-food*
    Os rapazes, homens jovens
    A diversão
    Não há muito barulho
    O tamanho
    Os eventos (concertos, espetáculos e outros)

As outras categorias foram mencionadas com menos frequência.

Os pesquisadores opinam

O livro foi muito útil para no trabalho de pesquisa, tanto para a minha própria como para o que posso propor aos estudantes de psicologia.

O pesquisador, seja ele estudante ou profissional de qualquer área, deve saber exatamente o caminho que deverá seguir na pesquisa que for realizar. Ilustrar o livro com exemplos tão específicos ajuda a compreender claramente como é possível aplicar de maneira concreta o desenvolvimento das partes da pesquisa. E isso é algo que o estudante e o pesquisador devem saber muito bem. Outro exemplo muito útil é o esforço que faz para superar a dicotomia entre método quantitativo e qualitativo, com exemplos reais. A possibilidade de encontrar exemplos que façam ambos os métodos "dialogarem" foi muito útil para integrar em vez de separar e criar um conflito. O pesquisador e o estudante conseguem ver de maneira mais clara, embora respeitando os pressupostos epistemológicos de ambos os métodos, que é possível trabalhar com um modelo misto.

Fernando A. Muñoz M.
Diretor geral acadêmico
Universidad Católica de Costa Rica

✓ NOTAS

1. Mertens (2005), Wiersma e Jurs (2008), Creswell (2009) e Babbie (2009).
2. Mais uma vez o processo não é linear, por isso as setas estão nos dois sentidos.
3. Adaptado parcialmente de Creswell (2005, p. 406).
4. Miller (2004, p. 203).
5. Ainda que alguns pesquisadores possam não concordar por ser um exemplo de uma minissérie para a televisão com alguns elementos de atuação e dramatização no estilo "Hollywood". Apesar disso, decidimos incluí-lo porque muitos jovens viram a minissérie e seu pano de fundo certamente é narrativo (eles, inclusive, realizaram entrevistas com os protagonistas reais, embora estejam editadas e não tenham sido analisadas).
6. As referências são várias, entre elas enumeramos as seguintes:
   Joshua Freed (correspondente), seção "El Mundo", primeira página, *La Prensa*, Manágua, Nicarágua, quarta-feira 23 de março de 2005, edição nº 23760.
   "El adolescente que ha matado a nueve personas en un instituto de Estados Unidos se definía como 'nazi-indígena'". El Mundo.es, página consultada em http://www.elmundo.es/elmundo/2005/03/22/sociedad/1111452646.html, em 23 de março de 2005.
   Jaime Nubiola, "¿La civilización del amor?", *Noticias*, Órgano de Comunicación institucional de la Universidad de Navarra, 23 de abril de 2005, página de rosto (publicado originalmente em *La Gaceta de los Negocios,* Madri).
   Seção "El Mundo", *El Universal on-line,* consultado na internet: http//www2.eluniversal.com.mx/pls/impreso/busqueda_avanzada.analiza, quarta-feira 23 de março de 2005.
7. O vídeo "Práctica al blanco" (Tiro ao alvo) pode ser visto na internet (ao menos até final de 2005) em: http//www.thesmokinggunn.com/archive/0323051weise1.html.
8. Baseado em Creswell (2005, p. 552).
9. Os resultados do processo de pesquisa-ação, nesse caso, sugeriram várias medidas para enfrentar a crise dos centros médicos considerados, entre elas: reestruturação administrativa, greve de trabalhadores, fusões e alianças entre hospitais, reduzir a contratação de médicos e modificar os esquemas de direção dos centros hospitalares.
10. Como sempre acontece na pesquisa qualitativa, durante as entrevistas iniciais da primeira comunidade analisada, algumas categorias e temas foram gerados; depois outras(os). Quando se considerou a segunda população, surgiram categorias e temas adicionais; e isso exigiu voltar a codificar as entrevistas da primeira comunidade, e assim sucessivamente. No final, houve uma recodificação de todas as entrevistas em todas as populações, e foi a partir daí que se acrescentou a análise de objetos, documentos e observações.

16
Relatório de resultados do processo qualitativo

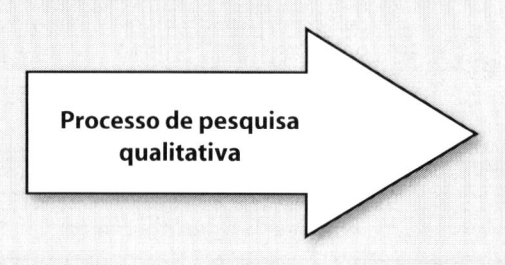

Processo de pesquisa qualitativa →

Passo 5 Elaborar o relatório de resultados qualitativos
- Definição do usuário.
- Seleção do tipo de relatório a ser apresentado de acordo com o usuário: contexto acadêmico ou não acadêmico, formato e narrativa.
- Elaboração do relatório e do material adicional correspondente.
- Apresentação do relatório.

Objetivos da aprendizagem

Ao concluir este capítulo, o aluno será capaz de:

1. reconhecer os tipos de relatórios de resultados na pesquisa qualitativa;
2. compreender os elementos que integram um relatório de pesquisa qualitativa;
3. visualizar a maneira de estruturar o relatório de um estudo qualitativo.

Síntese

Neste capítulo comentamos sobre a estrutura comum de um relatório qualitativo e os elementos que a compõem. Por outro lado, mostramos que os relatórios qualitativos podem ser, assim como os quantitativos, acadêmicos e não acadêmicos. Além disso, fazemos diversas recomendações para sua elaboração.

Também destacamos três aspectos importantes para a apresentação dos resultados com o relatório: a narrativa, o suporte das categorias (com exemplos) e os elementos gráficos. Também insistimos que o relatório deve dar uma resposta para a formulação do problema e mostrar as estratégias utilizadas para abordá-la, assim como os dados que foram coletados, analisados e interpretados pelo pesquisador.

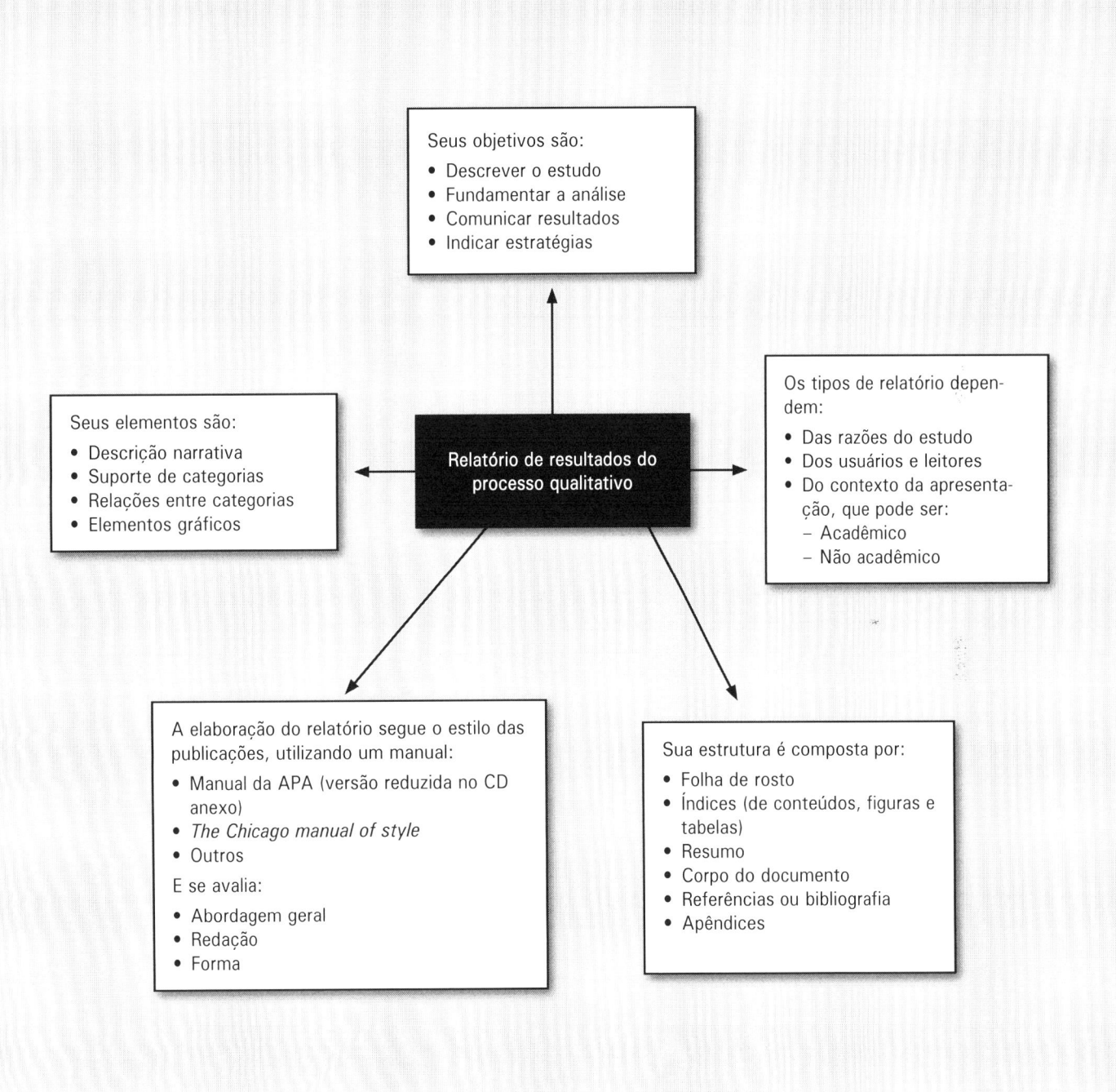

Relatório de resultados do processo qualitativo

Seus objetivos são:
- Descrever o estudo
- Fundamentar a análise
- Comunicar resultados
- Indicar estratégias

Seus elementos são:
- Descrição narrativa
- Suporte de categorias
- Relações entre categorias
- Elementos gráficos

Os tipos de relatório dependem:
- Das razões do estudo
- Dos usuários e leitores
- Do contexto da apresentação, que pode ser:
  – Acadêmico
  – Não acadêmico

A elaboração do relatório segue o estilo das publicações, utilizando um manual:
- Manual da APA (versão reduzida no CD anexo)
- *The Chicago manual of style*
- Outros

E se avalia:
- Abordagem geral
- Redação
- Forma

Sua estrutura é composta por:
- Folha de rosto
- Índices (de conteúdos, figuras e tabelas)
- Resumo
- Corpo do documento
- Referências ou bibliografia
- Apêndices

✓ RELATÓRIOS DE RESULTADOS DA PESQUISA QUALITATIVA

Os relatórios de resultados do processo qualitativo podem ter os mesmos tipos e contextos que os relatórios quantitativos, por isso eles não serão repetidos aqui (sugerimos que o leitor revise a Tabela 11.1 do Capítulo 11 deste livro e sua correspondente seção ou item), embora sejam certamente mais flexíveis e o que os diferencia é que são desenvolvidos com uma forma e um esquema narrativos. Esses relatórios também devem oferecer uma resposta para a formulação do problema e fundamentar as estratégias utilizadas para abordá-lo, assim como os dados que foram coletados, analisados e interpretados pelo pesquisador (Munhall e Chenail, 2007; McNiff e Whitehead, 2009). Quanto a sua extensão, é similar aos relatórios quantitativos.

A seguir, comentamos algumas características e recomendações sobre os relatórios qualitativos; cada leitor irá adotar aquelas que julgar mais apropriadas, lembrando que algumas se sobrepõem:

- O relatório qualitativo é uma exposição narrativa em que os resultados são apresentados detalhadamente (Merriam, 2009), embora seja preciso dispensar os pormenores já conhecidos pelos leitores (Williams, Unrau e Grinnell, 2005). Por exemplo, vamos supor que iremos apresentar para o conselho administrativo de um hospital uma pesquisa sobre a relação entre um grupo de médicos e seus pacientes terminais. Nesse caso, a descrição do ambiente (o hospital) deverá ser bem curta, porque supostamente os membros do conselho já o conhecem.
- As descrições e narrações utilizam uma linguagem vívida, serena e natural. O estilo é mais pessoal e podem ser redigidas na primeira pessoa.
- Esse relatório também pode ser redigido com o verbo no passado. Por exemplo: "a amostra foi...", "foram entrevistados...", "Chris permaneceu na comunidade durante três meses até...", "foram realizadas seis sessões...".
- A linguagem não deve ser "sexista" nem discriminatória de nenhuma maneira.
- Convém utilizar vários dicionários: bons dicionários escolhidos pelo pesquisador, dicionários de sinônimos e antônimos, dicionários de termos qualitativos, etc.
- As seções do relatório devem estar relacionadas umas com as outras por um "fio condutor" (o último parágrafo de uma seção com o primeiro da próxima seção).
- Nos relatórios, devemos incluir fragmentos de conteúdo ou testemunhos (unidades de análise) apresentados pelos participantes (citações textuais, em sua linguagem, mesmo que as palavras sejam incorretas do ponto de vista gramatical ou possam ser consideradas "impróprias" por algumas pessoas).
- Para enriquecer a narração, recomendamos utilizar exemplos, casos, metáforas e analogias.
- A narração pode começar com uma história típica, um depoimento, uma reflexão, um episódio ou de maneira formal. E segundo Creswell (2009), além de começar dessa maneira, ela também pode ser estruturada como uma espécie de "conto",[1] "romance" ou "obra teatral", isto é, com um estilo "narrativo" (Cuevas, 2009).
- As contradições devem ser especificadas e explicadas.
- Na interpretação de resultados e na discussão: revisamos os resultados mais importantes e incluímos os pontos de vista e as reflexões dos participantes e do pesquisador sobre os significados dos dados, os resultados e o estudo em geral, além de evidenciar as limitações da pesquisa e fazer sugestões para futuras indagações.
- O pesquisador deve ser claro com os participantes do estudo quanto a sua posição pessoal, incluindo no relatório uma pequena seção para explicar seu ponto de vista sobre o fenômeno e os fatos, além de seus antecedentes, valores e experiências que poderiam influenciar sua visão sobre o problema analisado. Caso haja necessidade, também deve dizer se tem alguma ligação (pessoal, de trabalho, etc.) com os participantes (Cuevas, 2009). Por isso as anotações, principalmente as pessoais, são de grande utilidade.
- Esterberg (2002) sugere planejar como o relatório será elaborado (Quantas seções ele deve conter? Qual deve ser sua estrutura? Qual deve ser seu tamanho aproximadamente? O que é importante incluir e excluir? Qual deve ser o índice de tentativas?). Em nossa opinião, esse planejamento deve ser realizado nas primeiras vezes em que os relatórios de estudos qualitativos são desenvolvidos.
- Devemos cuidar dos detalhes no relatório, não só nas narrações, mas na estrutura.

- A análise, a interpretação e a discussão no relatório devem incluir: as descrições profundas e completas (assim como seu significado) do contexto, ambiente ou cenário; dos participantes; dos eventos e das situações; das categorias, dos temas e padrões, e de sua inter-relação (hipótese e teoria).
- Mertens (2005) sugere que a maioria dos relatórios deve conter a história do fenômeno ou fato revisado, o lugar onde o estudo foi realizado, o clima emocional que prevaleceu durante a pesquisa, as estruturas organizacionais e sociais do ambiente. Assim como as regras, os grupos e tudo aquilo que possa ser relevante para que o leitor compreenda o contexto em termos do estudo apresentado.
- Além de descrições e significados, é importante apresentar vários exemplos de cada categoria ou tema que forem mais representativos (Neuman, 2009).
- Algumas vezes é possível inserir as transcrições como anexos, para auditoria ou simplesmente para que qualquer leitor possa se aprofundar na pesquisa (Mertens, 2005). Um pesquisador também poderia "subi-las" para uma página *web* onde possam ser revisadas.
- Devemos incluir todas as "vozes" ou perspectivas dos participantes, pelo menos as mais representativas (as que mais se repetem, as que se referem às categorias mais relevantes, as que expressam o sentimento da maioria). Os marginalizados, os líderes, as pessoas comuns, homens e mulheres, etc., todos têm o direito de serem ouvidos e de que sejamos o "eco" de suas necessidades, sentimentos e manifestações. Por exemplo, no estudo sobre a guerra cristera, o tema fundamental (ou um dos mais importantes) foi o ataque à liberdade de culto e símbolos religiosos (fechamento de templos, proibição das missas e das reuniões nas igrejas). Então, é necessário incluir as diferentes "vozes" ou tipos de pessoas que falaram sobre esse tema (sacerdotes não combatentes, sacerdotes combatentes, soldados cristeros, mulheres e homens devotos, soldados do exército federal, população comum que não tomou parte diretamente nas batalhas ou escaramuças, etc.). Se alguma "expressão" não foi escutada (isto é, não se pronunciou durante a coleta dos dados), ao elaborar o relatório precisamos nos perguntar: Por quê? E talvez seja até mesmo conveniente voltar ao campo para coletar essas "vozes perdidas" ou, pelo menos, saber os motivos de seu "silêncio".
- Antes de elaborar o relatório é preciso revisar o sistema completo de categorias, temas e regras de codificação.

☑ ESTRUTURA DO RELATÓRIO QUALITATIVO

Já dissemos que cada relatório é diferente, mas os elementos mais comuns (sobretudo quando a intenção é publicá-lo em uma revista científica ou em um documento técnico-acadêmico), em um esquema bem geral, são:[2]

1. **Folha de rosto**
2. **Sumário**
3. **Resumo**
4. **Corpo do trabalho**
    - Introdução: inclui os antecedentes
    - Revisão da literatura
    - Metodologia
    - Análise e resultados
    - Discussão
5. **Referências ou bibliografia**
6. **Apêndices**

1. Folha de rosto

Inclui o título da pesquisa, o nome do autor ou dos autores e seu vínculo institucional, ou o nome da organização que patrocina o estudo, assim como a data e o lugar em que o relatório é apresentado.

2. Sumário

De conteúdo, tabelas e figuras. Esses conceitos já foram mostrados no Capítulo 11.

3. Resumo

Essas mesmas características do relatório quantitativo já foram explicadas no Capítulo 11. Na Tabela 16.1 mostramos o resumo traduzido de Morrow e Smith (1995, p. 24) como exemplo.[3]

TABELA 16.1
Exemplo do resumo de um artigo como produto de uma pesquisa qualitativa

---

Os constructos de sobrevivência e as formas de lidar com a situação de mulheres que sobreviveram ao abuso sexual durante sua infância

Susan L. Morrow
Department of Educational Psychology, University of Utah

Mary Lee Smith
Division of Educational Leadership and Policy Studies, Arizona State University

Resumo

Este estudo qualitativo pesquisou os constructos pessoais de sobrevivência e enfrentamento da situação crítica por 11 mulheres que sofreram abuso sexual durante a infância.

As técnicas de coleta de dados utilizadas foram: entrevistas profundas, um grupo focal com 10 semanas de duração, evidência documental, acompanhamento mediante a verificação de resultados e conclusões pelas mulheres participantes e análise cooperativa.

Pouco mais de 160 estratégias individuais foram codificadas e analisadas, gerando um modelo teórico que descreve:

a) as condições causais que subjazem ao desenvolvimento das estratégias de sobrevivência e enfrentamento da crise que representa o abuso;
b) os fenômenos que surgiram dessas condições causais;
c) o contexto que influenciou no desenvolvimento das estratégias;
d) as condições intervenientes que afetaram o desenvolvimento das estratégias;
e) as estratégias atuais de sobrevivência e enfrentamento do fenômeno e
f) as consequências dessas estratégias.

Foram identificadas subcategorias de cada componente do modelo teórico e são ilustradas pelos dados narrativos. Também são discutidas e avaliadas as implicações para o atendimento psicológico no que se refere à pesquisa e à prática profissional.

---

4. Corpo do trabalho

Introdução

Inclui os antecedentes (tratados brevemente), a formulação do problema (objetivos e perguntas de pesquisa, assim como a justificativa do estudo), o contexto da pesquisa (como e onde foi realizada), as categorias, os temas e padrões emergentes mais relevantes e os termos da pesquisa, e também suas limitações. É importante comentar sobre a utilidade do estudo para o campo profissional.

Revisão da literatura

Já havíamos mencionado que logo no início de um estudo qualitativo a revisão da literatura não é tão intensa como na pesquisa quantitativa. No entanto, ao terminar a análise e elaborar o relatório, o pesquisador deve vincular os resultados com estudos anteriores, isto é, com o conhecimento que foi gerado sobre a formulação do problema. Assim, a revisão da literatura é utilizada para comparar nossos resultados com os de pesquisas prévias, mas não com um sentido preditivo, como nos relatórios quantitativos, mas para contrastar ideias, conceitos emergentes e práticas (Creswell, 2009; Yedigis e Weinbach, 2005). Por outro lado, algumas das descobertas podem ser apoiadas pela literatura.

A seguir, incluímos segmentos do artigo de Morrow e Smith (1995) no qual se vincula o estudo com a literatura prévia, para que o leitor veja um caso típico de uso dos antecedentes em um relatório qualitativo.[4]

Exemplo

Utilização da literatura em um relatório qualitativo

O abuso sexual de meninos e meninas aparenta ser uma epidemia; estima-se que entre 20 e 45% das mulheres e entre 10 e 28% dos homens nos Estados Unidos e Canadá foram abusados sexualmente durante sua infância. Os especialistas concordam que esses dados estão abaixo da realidade (Geffner, 1992; Wyatt e Newcomb, 1990). Aproximadamente um terço dos estudantes que vai até os centros de apoio psicológico das universidades para receber conselhos relata que sofreu abuso sexual quando era criança (Stinson e Hendrick, 1992).

Duas maneiras básicas para compreender e dar uma resposta para as consequências do abuso sexual infantil são: as abordagens do sintoma e a construção (Briere, 1989). Os pesquisadores e os profissionais adotaram um enfoque voltado para o sintoma do abuso sexual. É característico da literatura acadêmica e profissional representar as consequências do abuso sexual por meio de longas listas de sintomas (Courtois, 1988; Russell, 1986). No entanto, Briere (1989) proporcionou uma visão mais ampla quando se dedicou a identificar os constructos e efeitos centrais do abuso sexual, como sendo contrários aos sintomas.

Mahoney (1991) explicou os processos centrais de ordem, tácitos e estruturais: de valor, realidade, identidade e poder, que estão implícitos nos significados pessoais ou constructos da realidade. O autor ressaltou a importância de compreender as teorias implícitas do "eu" e o mundo que orientam o desenvolvimento de padrões de afeto, pensamento e conduta.

Vários autores (Johnson e Kenkel, 1991; Long e Jackson, 1993; Roth e Cohen, 1986) relacionaram as teorias de enfrentamento (Horowitz, 1979; Lazarus e Folkman, 1984) sobre o trauma do abuso sexual. Claro que a tendência das teorias tradicionais de enfrentamento é estar enfocada nos estilos emocionais e de evitação do enfrentamento, comumente empregadas por mulheres que sobreviveram ao abuso (Banyard e Graham-Bermann, 1993). Strickland (1978) enfatizou a importância dos profissionais (psicólogos, psiquiatras e outros especialistas) para assessorar com exatidão os indivíduos a respeito de suas situações de vida, determinando a eficácia de certas estratégias de enfrentamento.

Então, é necessário esclarecer que em alguns relatórios qualitativos não existe propriamente um item que inclua o marco teórico, as referências vão sendo incluídas à medida que redigimos o relatório.

Metodologia

Esta parte do relatório descreve como a pesquisa foi realizada e inclui:

a) Contexto, ambiente ou cenário da pesquisa (lugar ou espaço e tempo, assim como acessos e autorizações). Sua descrição completa é muito importante.
b) Amostra ou participantes (tipo, procedência, idades, gênero ou aquelas características que sejam relevantes nos casos; e procedimento de seleção da amostra).
c) Desenho ou abordagem (teoria fundamentada, estudo narrativo, etc).
d) Procedimento (um resumo de cada passo do desenvolvimento da pesquisa: imersão inicial e total no campo, permanência no campo, primeiras aproximações. Descrição detalhada dos processos de coleta dos dados: quais dados foram coletados, quantos foram coletados e como – for-

ma de coleta e/ou técnicas utilizadas –; o que se fez com os dados após obtê-los – codificação, por exemplo –; registros elaborados como notas e diários).

Em artigos de revistas acadêmicas essa seção é curta, mas nos relatórios de pesquisa é extensa. Algumas recomendações sobre como elaborar a descrição do ambiente ou cenário são:

a) Primeiro descrevemos o contexto geral, depois os aspectos específicos e os detalhes.
b) A narração deve situar o leitor no lugar físico e na "atmosfera social".
c) Os fatos e as ações devem ser narrados(as) de tal modo que proporcionem um sentimento de "estar vivendo o que ocorre".
d) Inclui as percepções e os pontos de vista a respeito do contexto tanto dos participantes como do pesquisador, mas estas últimas precisam ser diferenciadas das primeiras.

Agora, vamos ilustrar a metodologia com o exemplo de Morrow e Smith (1995).[5]

Exemplo
Apresentação da metodologia

Metodologia

As metodologias qualitativas de pesquisa são especialmente apropriadas para conhecer os significados que as pessoas dão para suas experiências (Hoshmand, 1989; Polkinghorne, 1991). Para deixar claro e gerar um sentido de entendimento nas participantes sobre suas próprias experiências de abuso, as metodologias utilizadas envolveram:

a) desenvolver de maneira indutiva códigos, categorias e temas reveladores, mais do que impor classificações predeterminadas para os dados (Glaser, 1978);
b) gerar hipóteses de trabalho ou afirmações (Erickson, 1986) vindas dos dados;
c) analisar as narrações das experiências das participantes sobre o abuso, a sobrevivência e o enfrentamento.

Participantes
Procedimento
Entrada no campo
Fontes de dados
} Já exemplificados em capítulos anteriores

Cada uma das 11 sobreviventes do abuso sexual participou de uma entrevista profunda aberta, com 60 a 90 minutos de duração, na qual foram feitas duas perguntas: "Diga-me, assim que estiver tranquila para compartilhar sua experiência comigo, o que aconteceu quando foi abusada sexualmente?" e "Quais foram as maneiras básicas (essenciais) por meio das quais você sobreviveu?". As respostas de Morrow incluíram escutar ativamente, reflexão com empatia e um mínimo de conforto.

Após as entrevistas iniciais, 7 das 11 participantes se integraram a um grupo focal. Quatro foram excluídas do grupo: duas que foram entrevistas após o grupo ter começado e duas porque tinham outros compromissos. O grupo criou um ambiente recíproco e interativo (Morgan, 1988) e se centrou na sobrevivência e no enfrentamento.

Análise e resultados

Unidades de análise, categorias, temas e padrões: descrições detalhadas, significados para os participantes, suas experiências, exemplos relevantes de cada categoria; experiências, significados e reflexões essenciais do pesquisador, hipóteses e teoria (incluindo o modelo ou os modelos emergentes). É necessário esclarecer como foi o processo de codificação. Williams, Unrau e Grinnell (2005) sugerem o seguinte esquema de organização:

a) Unidades, categorias, temas e padrões (com seus significados) podem ser ordenados pela forma como surgiram, por sua importância, por derivação ou qualquer outro critério lógico.

b) Descrições, significados, episódios, experiências ou qualquer outro elemento similar dos participantes.
c) Anotações e diários (de coleta e análise).
d) Evidência sobre o rigor: dependência, credibilidade, transferência e confirmação, assim como fundamentação, aproximação, representatividade de vozes e capacidade para dar significado.

Três aspectos são importantes na apresentação dos resultados com o relatório: a descrição narrativa, o suporte das categorias (com exemplos) e os elementos gráficos. Em artigos de revistas esses elementos são extremamente curtos, mas em documentos técnicos são detalhados.

Quanto à narração que descreve os resultados, Creswell (2005, p. 250) oferece diferentes formas de apresentá-la, que serão mostradas a seguir. Primeiro, para cada forma de narração, damos exemplos da guerra cristera em Guanajuato (na Tabela 16.2 mostramos somente o esquema básico) e depois outros exemplos diferentes (ver Tabela 16.3).

TABELA 16.2
Principais formas de exposição narrativa na apresentação de resultados dos estudos qualitativos

Forma de exposição narrativa	Esquema
Sequência cronológica	• Guerra cristera em Guanajuato. Apresentar os resultados por etapa: antecedentes da guerra, início, combates, término, sequelas. Ou, ainda, por ano: 1925-1933.*
Por temas	• Guerra cristera em Guanajuato. Apresentar os resultados por temas básicos: "circunstância da comunidade", "levante armado", "cristeros" (descrição, perfis, motivações, formas de organização e nomes dos líderes), "armamento", "manutenção e apoio", "fechamentos de templos", etc.
Por relação entre temas	• Guerra cristera em Guanajuato. Relação entre as causas e os efeitos (assassinato do pároco local, o fechamento de templos na região, o saque a uma igreja e a organização de cristeros para lutar em alguns municípios). Vínculo entre temas (p. ex., entre "símbolos e linguagem cristeros", "missas escondidas", "tradição oral" e outros).
Por um modelo desenvolvido	• Guerra cristera em Guanajuato. Efeitos de cada causa, resultados finais. Causas: conflito maçons-católicos → conflitos de poderes Estado-Igreja → assassinato de líderes em ambos os lados → fechamento de templos → levante armado → negociações.
Por contextos	• Guerra cristera em Guanajuato. Apresentar os resultados por lugares, nesse caso, por municípios: Celaya, Apaseo, Cortazar, etc.
Por atores	• Guerra cristera em Guanajuato. A Igreja, o Exército Federal, os cidadãos testemunhas, os combatentes cristeros e demais atores.
Relacionada com a literatura (comparar com o marco teórico)	• Guerra cristera em Guanajuato. Discutir tendo como base versões históricas da Igreja, do Governo mexicano e dos historiadores. Comparar nossos dados com os das diversas análises efetuadas previamente.
Relacionadas com questões futuras que devem ser analisadas	• Guerra cristera em Guanajuato. Relação atual e futura entre a Igreja católica e o Estado mexicano (como a guerra afetou essa relação ao longo do restante do século XX, se alguma sequela é mantida e se no futuro se espera outro conflito ou não).
Pela visão de um ator central	• Guerra cristera em Guanajuato. A partir da visão de um líder importante construir a exposição (baseando-se em suas cartas, diário, entrevista, se estiver vivo, ou entrevistas com seus descendentes).

(continua)

TABELA 16.2
Principais formas de exposição narrativa na apresentação de resultados dos estudos qualitativos (continuação)

Forma de exposição narrativa	Esquema
A partir de um fato relevante	• Guerra cristera em Guanajuato. A partir do levante armado em uma região, elaborar a discussão.
Participativa (como o fenômeno foi vinculado aos participantes)	• Guerra cristera em Guanajuato. Sentimentos que o movimento provocou na população e como os fatos a afetaram.

* Do ponto de vista oficial, a guerra terminou em 1929, mas nesse caso analisaríamos anos posteriores (sequelas).

TABELA 16.3
Formas de exposição narrativa em outros exemplos

Forma de exposição narrativa	Estudo/Esquema
Sequência cronológica	• Eleições de 2008 nos Estados Unidos, com a vitória de Barack Obama. Ordem cronológica dos acontecimentos.
Por temas	• Violência entre o casal. Violência física, violência verbal, violência psicológica, outros tipos de violência.
Por relação entre temas	• Depressão pós-parto. Relação entre o "sentimento de não ser autossuficiente" e a "oferta de ajuda pelos familiares e amigos", vínculos entre causas e efeitos, etc.
Por um modelo desenvolvido	• Clima organizacional. As percepções do clima organizacional departamental determinam as de todo o clima organizacional. A formulação narrativa descreverá o clima em cada departamento e depois o de toda a empresa e, ao mesmo tempo, avalia como cada clima local afeta o clima geral.
Por contextos	• Depressão pós-parto. Manifestações no hospital (logo após o parto), manifestações a médio prazo (já estando em casa), manifestações a longo prazo.
Por atores	• Depressão pós-parto. Mulher que tem a depressão, marido, filhos, outros. Uma narração por ator e uma por mulher, depois uma descrição narrativa geral das mulheres participantes do estudo.
Relacionadas com a literatura (comparar com o marco teórico)	• Atendimento (consolo) na sala de terapia intensiva para pacientes que chegam com sinais de dor aguda (comparar com outros estudos como o de J. Morse). Na descrição comparamos cada resultado com a literatura prévia.
Relacionada com questões futuras que devem ser analisadas	• *Shopping centers*. A descrição narrativa é construída a partir das expectativas sobre o que será um *shopping center* no futuro. Mostramos os resultados referentes ao que eles são hoje (atributos) e descrevemos os resultados para cada atributo.
Pela visão de um ator central	• Cultura organizacional. Narração a partir da visão e definição da cultura da empresa, feita pelo presidente ou diretor geral da companhia.
A partir de fato relevante	• Viúvas. Como consequência da perda do par, narrar as experiências de cada participante.
Participativa (como o fenômeno foi vinculado aos participantes)	• Epidemia por gripe aviária ou humana. Narração das consequências da gripe sobre a economia de algumas famílias e seu modo de vida.

Talvez a descrição mais comum seja por temas; e, nesse sentido, Williams, Unrau e Grinnell (2005) sugerem um esquema que apresentamos na Tabela 16.4.

TABELA 16.4
Modelo de narração por temas

Tema 1 Unidades de significado: descrição. Categorias: descrição e exemplos de segmentos. Anotações do pesquisador (diários de campo e análise) que sejam apropriadas para o tema e suas categorias. Definições, descrições, comentários e reflexões sobre o tema.
Tema 2 Unidades de significado: descrição. Categorias: descrição e exemplos. Anotações do pesquisador (diários de campo e análise) que sejam apropriadas para o tema e suas categorias. Definições, descrições, comentários e reflexões sobre o tema.
Tema k Unidades. Categorias. Anotações. Definições, descrições, comentários e reflexões sobre o tema.

- Relações entre categorias e temas (incluindo modelos).
- Padrões.
- Descobertas mais importantes.
- Evidência sobre a confiabilidade ou dependência, credibilidade, transferência e confirmação.

Já dissemos que a ordem de apresentação dos temas e das categorias pode ser cronológica (conforme forem surgindo), por ordem de importância, por derivação (de acordo com a forma como vão se relacionando ou concatenando entre si) ou qualquer outro critério lógico.

Outro esquema adicional é apresentar os resultados por uma sequência indutiva (seguindo o processo de codificação mostrado na Figura 16.1).

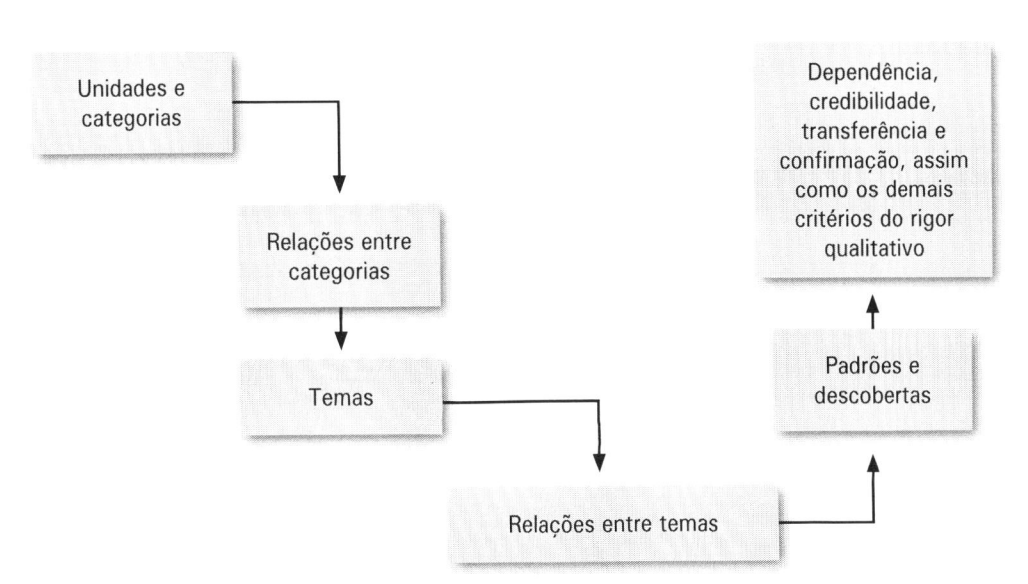

FIGURA 16.1 Sequência indutiva para apresentar os resultados.

Mertens (2005) também considera uma narração por "focalização progressiva", primeiro em aspectos gerais do contexto, dos fatos e experiências. Depois o foco estará nos detalhes de eventos específicos e cotidianos, relações entre atores ou grupos e das categorias e dos temas que surgiram.

Conforme já dissemos, em alguns casos podemos narrar de maneira histórico-romanceada ou teórica (primeiro por hipótese emergente, depois por temas e categorias). A escolha do tipo de descrição narrativa depende do pesquisador.

Para aqueles que elaboram pela primeira vez um relatório de resultados, nossa sugestão é que primeiro desenvolvam um formato com os conteúdos principais de categorias e temas, assim como exemplos, para facilitar sua inclusão. Na Tabela 16.5 mostramos um modelo resumido da pesquisa sobre a guerra cristera.

Se for possível, é bom incluir exemplos de unidades de cada categoria, como segmentos, citações textuais retiradas de entrevistas ou sessões de grupo, de todos os grupos ou atores (quando forem muitos, dos mais relevantes ou significativos). Essas citações são intercaladas com as interpretações do pesquisador que resultaram da análise (Cuevas, 2009).

TABELA 16.5
Modelo resumido com os conteúdos sobre a guerra cristera

Temas	Categorias	Exemplo de segmentos recuperados	Texto para introduzir o exemplo
Fuzilamentos, assassinatos e execuções	De cristeros	"Bernardino Carvajal, que há pouco tempo – é isso, os camponeses, em torno de, isto é, um mês –, o tiraram de sua casa, porque ele voltou para sua casa, e o mataram...terrível; no Cerro de las Brujas, esse que fica em 'Tenango el Nuevo', o cerro grande de onde tiram a terra, esse cerro que se vê da estrada, que chamam de 'Cerro de las Brujas'; aí o mataram. As pessoas contam, que fizeram com ele o que quiseram (suspira com dó). Assim... foram cortando ele por partes...ai, pavoroso..."	O cristero Bernardino Carvajal voltou para sua casa após a luta. No final de fevereiro, alguns camponeses, por vingança, foram tirá-lo de sua casa e o levaram para "Cerro de las Brujas", em Tenago el Nuevo. Após mutilá-lo, tiraram sua vida.
		"...meu avô foi uma dessas vítimas dos... Meu avô foi enforcado precisamente porque (ehhh....) ele era um dos que levavam o alimento diário para essas pessoas, mas ele não, como muitas pessoas, finalmente jamais soube a origem de... da guerra... Estou contando sobre meu avô, porque minha mãe, ela era uma menina quando tudo isso aconteceu. Algumas vezes nos levou para ver onde o avô havia sido pendurado."	Na região não se tem notícias de execuções sumárias, apenas casos individuais e isolados. Entre esses casos é possível mencionar o do avô do cronista Sáuza, que agia como contato dos rebeldes, e ao ser descoberto foi enforcado em uma algarobeira.
Injustiças	Assassinato de supostas vítimas inocentes	"Eu estava aqui quando entraram, aí alguns cristeros que mataram aí várias pessoas pacíficas. À noite, era perto das oito, as oito e meia da noite. Mataram várias pessoas aí, que não deviam nada, esses senhores."	Dom Jesús também lembra que conseguiram entrar na cidade.
Continuidade real das hostilidades	1940. Município de Juventino Rosas	"Veja, aqui na cidade não aconteceu nada. Mas nas fazendas sim, por exemplo, assaltaram camponeses na fazenda de La Purísima, houve vários mortos no campo, porque assaltaram de noite e mataram vários."	Os conflitos ainda continuaram nas fazendas do município nos anos de 1940. O último líder cristero era conhecido como "La Coneja". Os assaltos continuaram sendo realizados pelos levantados, como o acontecido no início da década de 1940, quando os rebeldes entraram na fazenda "La Purísima", mataram e roubaram alguns camponeses.

Do mesmo modo, o ideal é que as categorias estejam apoiadas em várias fontes (p. ex., no caso da guerra cristera, em testemunhos, cartas, notas de imprensa da época e documentos de arquivo).

Lembre-se de que esse tipo de suporte é conhecido como "triangulação de dados e fontes" e ajuda a estabelecer a dependência e a credibilidade da pesquisa, assim como apresentar evidência contrária, se é que foi localizada quando procurada.

No item de resultados, às vezes durante sua descrição e outras no final, mostramos a evidência sobre o rigor do estudo (dependência, credibilidade, etc.). Quanto mais evidências apresentarmos, a probabilidade de o estudo ser aceito pela comunidade científica será maior. Finalmente, a pesquisa qualitativa depende, em grande parte, do julgamento e da disciplina do pesquisador; outros acadêmicos e profissionais se perguntarão: Por que devemos considerá-lo? Então, nossos procedimentos devem estar refletidos no relatório.

Nossa sugestão é que os códigos das categorias apresentados no relatório não sejam muito longos, devem ter de duas a cinco palavras (Creswell, 2005), exceto se forem "ao vivo". Também lembramos que os diários de coleta de dados (com os diferentes tipos de anotações) e o analítico (com os memos sobre o processo de codificação) são outro suporte importante para os resultados. Resta dizer que toda categoria ou tema apresentado deve sair dos dados (aquilo que os participantes disseram ou que os documentos ou material revelaram em seu conteúdo).

Assim como nos relatórios quantitativos, os qualitativos se tornam mais ricos com a ajuda de suportes gráficos, que foram comentados no Capítulo 14 (mapas, diagramas, matrizes e calendários). Por exemplo: tabelas. Vamos supor que realizamos uma pesquisa para comparar os conceitos relativos ao trabalho que são importantes para diferentes grupos de uma empresa. As categorias emergentes podem ser colocadas em uma tabela simples.

Exemplo
Conceitos relevantes para o trabalho

Diretores	Gerentes	Empregados
1. Honestidade	1. Honestidade	1. Honestidade
2. Austeridade	2. Austeridade	2. Envolvimento no trabalho (esforço)
3. Lealdade	3. Produtividade	3. Satisfação
4. Produtividade	4. Orgulho por trabalhar na empresa	4. Motivação

Lembramos que no CD anexo, em: Material complementario → Investigación cualitativa → Ejemplo 3, o leitor poderá encontrar o relatório de uma pesquisa qualitativa com o título de: "Entre 'no sabía qué estudiar' y 'esa fue siempre mi opción': selección de institución de educación superior por parte de estudiantes en una ciudad del centro de México" (Hernández Sampieri e Méndez, 2009), que apresenta diferentes elementos gráficos.

A seguir mostramos como Morrow e Smith (1995) relatam os elementos de rigor e sistematização de sua pesquisa.[6]

Exemplo
Sistematização de um estudo qualitativo

Um aspecto central relacionado com o rigor na pesquisa qualitativa é a adequação da evidência. Ou seja, tempo suficiente no campo e um amplo *corpus* de evidência ou dados (Erickson, 1986). Os dados consistiram em 220 horas de gravação em áudio e vídeo, que documentaram mais de 165 horas de entrevistas, 24 horas de sessões de grupo e 25 horas de acompanhamento para interações com as participantes em um período de mais de 16 meses. Todas as gravações de áudio e uma parte das gravações em vídeo foram transcritas ao pé da letra por Morrow. Além disso, foram produzidas pouco mais de 16 horas de gravação em áudio de notas de campo e reflexões. O *corpus* dos dados foi composto por mais de duas mil páginas de transcrições, anotações de campo e documentos compartilhados pelas participantes.

O processo analítico se baseou na imersão nos dados e busca de classificações (tipos) repetidas, nas codificações e nas comparações que caracterizam o enfoque da teoria fundamentada. A análise começou com a codificação aberta, que é o levantamento de seções diminutas do texto compostas de palavras individuais, frases e orações. Strauss e Corbin (1990) descrevem a codificação aberta como aquela "que fragmenta os dados e permite que a pessoa identifique algumas categorias, suas propriedades e posições dimensionais" (p. 97). A linguagem das participantes orientou o desenvolvimento dos rótulos atribuídos às categorias e seus códigos, que foram identificados com descritores curtos ou breves, conhecidos como códigos ao vivo para as estratégias de sobrevivência e enfrentamento. Esses códigos e as categorias foram comparados de maneira sistemática e contrastados conceitualmente, criando categorias cada vez mais complexas e inclusivas.

Morrow também escreveu memorandos (memos) analíticos e autorreflexivos para documentar e enriquecer o processo analítico, assim como para transformar pensamentos implícitos em explícitos e para ampliar o *corpus* dos dados. Os memos analíticos consistiram em perguntas, reflexões e especulações sobre os dados e da teoria emergente. Os memos autorreflexivos documentaram as reações pessoais de Morrow diante das narrações das participantes. Os dois tipos de memos foram incluídos no *corpus* dos dados para serem analisados. Os memos analíticos foram compilados, enquanto se gerou um diário analítico para "cruzar" os códigos de referência e as categorias emergentes. Foram utilizados cartazes com etiquetas móveis para facilitar a atribuição e reatribuição de códigos dentro das categorias.

A codificação aberta foi seguida pela codificação axial (...) Finalmente, realizou-se a codificação seletiva (...) [*este parágrafo não foi incluído para sintetizar o exemplo*].

Os códigos e as categorias foram classificados, sorteados e comparados, até chegar à saturação, isto é, até que a análise deixou de produzir códigos e categorias novas, e quando todos os dados foram incluídos nas categorias básicas do modelo da teoria fundamentada. Os critérios para posicionar a categoria central foram: a) uma categoria central em relação a outras categorias, b) frequência com que a categoria aparece nos dados, c) sua capacidade de inclusão e a facilidade com que se vincula a outras categorias, d) a clareza de suas implicações para construir uma teoria mais geral, e) sua mobilidade em relação à conceituação teórica mais poderosa como, por exemplo, até que ponto os detalhes da categoria foram trabalhados (aprimorados) e f) sua contribuição e aplicação para obter uma variação máxima em termos de dimensões, propriedades, condições, consequências e estratégias (Strauss, 1987).

Seguindo as recomendações de Fine (1992), que diz que os pesquisadores devem ser algo mais do que "ventríloquos ou veículos para expressar as vozes dos participantes", procuramos envolver as participantes como membros críticos da equipe de pesquisa. Então, após concluírem as sessões de grupo, as sete mulheres participantes foram convidadas como analistas dos dados gerados nessas sessões. Quatro aceitaram esse papel, duas concluíram sua participação nesse ponto, e a outra participante rejeitou a ideia por causa de problemas físicos. As quatro pesquisadoras-participantes continuaram se reunindo com Morrow por mais de um ano. Elas atuaram como a fonte primária de verificação (comprovação ou checagem de participantes), analisaram as gravações em vídeo das sessões do grupo nas quais haviam participado, sugeriram categorias e revisaram a teoria e o modelo emergentes. Essas pesquisadoras-participantes utilizaram suas habilidades analíticas intuitivas, assim como os princípios e procedimentos da teoria fundamentada que Morrow havia ensinado a elas para colaborar na análise de dados.

Morrow teve encontros semanais com uma equipe interdisciplinar de pesquisadores qualitativos para avaliar os dados reunidos, a análise e a elaboração do relatório de pesquisa. A equipe forneceu as considerações de "pares" (colegas) a respeito da análise e redação do relatório, de acordo com a recomendação de LeCompte e Goetz (1982), com a qual se aumenta a sensibilidade teórica do pesquisador. Assim, superamos a falta de atenção seletiva e reduzimos os descuidos, além de aumentarmos a receptividade do ambiente ou contexto (Glaser, 1978; Lincoln e Guba, 1985).

A validação foi obtida com sucessivas consultas aos participantes e colegas, e também ao se manter uma auditoria (revisão) que delineou o processo de pesquisa e a evolução de códigos, categorias e teoria (Miles e Huberman, 1984). A auditoria consistiu em descrições (entradas) narrativas cronológicas das atividades de pesquisa, com a inclusão de conceituações antes de ir a campo e durante a entrada nele, enquanto eram realizadas as entrevistas, as atividades do grupo, as transcrições, os esforços iniciais de codificação,

> as atividades analíticas e a evolução do modelo teórico da sobrevivência e do enfrentamento. A autoria incluiu também uma lista completa de 166 códigos ao vivo que formaram a base da análise.
>
> Devido à tendência cognoscitiva humana para a confirmação (Mahoney, 1991) foi realizada uma busca ativa de evidência contrária, que é essencial para conseguir o rigor (Erickson, 1986). Os dados foram revisados ("desembaraçados") para rejeitar ou desabilitar várias afirmações feitas como resultado da análise. Foi realizada a análise de casos discrepantes, também indicada por Erickson (1986) e as participantes foram consultadas para determinar as razões das discrepâncias.

Discussão: conclusões, recomendações e implicações

Nessa parte:

a) tiramos conclusões;
b) explicitamos recomendações para outras pesquisas (p. ex., sugerir novas perguntas, amostras, abordagens) e indicamos o que continua e o que deve ser feito;
c) avaliamos as implicações da pesquisa (teóricas e práticas);
d) mostramos como as perguntas de pesquisa foram respondidas e se os objetivos foram atingidos ou não;
e) relacionamos os resultados com os estudos prévios;
f) comentamos as limitações da pesquisa;
g) destacamos a importância e o significado de todo o estudo (Daymon, 2010) e
h) discutimos os resultados inesperados.

Quando formos elaborar as conclusões é aconselhável verificar se todos os itens necessários estão presentes, esses que mostramos aqui. Claro que as conclusões devem ser congruentes com os dados. Se a formulação foi modificada, é necessário explicar por que e como mudou.

A delimitação está relacionada com a formulação do problema e com o que foi realizado, ela não se refere ao tamanho da amostra (pois este não representa uma limitação em uma pesquisa qualitativa).[9]

Exemplos de limitações seriam: o fato de alguns participantes abandonarem o estudo; a não realização de uma sessão de grupo que era importante; a necessidade de evidência contrária, só que o orçamento ou o tempo acabou e já não se pode voltar ao campo para coletar mais dados. Essa parte deve ser redigida de tal maneira que facilite a tomada de decisões sobre uma teoria, uma linha de ação ou uma problemática.

Dois exemplos de conclusões seriam as que apresentamos a seguir, que se referem a casos tratados nos capítulos desta parte do livro.[10]

Exemplo

Estratégias de conforto para pacientes traumatizados

Janice M. Morse (1999, p. 15)

As estratégias e o estilo de atendimento das enfermeiras devem ser adequados ao estado dos pacientes. Por exemplo, se empregarmos uma estratégia incorreta no caso de um paciente assustado em vez de um aterrorizado, então seu nível de fortalecimento deverá aumentar. Se o estado do paciente piora, ou se não existe melhora em dez segundos, a estratégia deverá ser mudada de imediato. Quando os pacientes já obtiveram um nível tolerável de conforto, então eles poderão se sentir seguros, confiarão no pessoal e aceitarão o atendimento. Por exemplo, em traumatologia, os doentes que estão sob controle ou aceitaram o atendimento respondem melhor, cooperam e são receptivos. Apesar de sua dor, procuram ir em frente.

> Um paciente que melhorou completamente percebe que o cuidado é necessário e passa a aceitar qualquer medida que se exige dele. O resultado é que o atendimento ocorre de forma mais rápida e segura.
>
> **Pesquisa sobre *shopping centers***
>
> Concordam que os *shopping centers* são como os espaços de antigamente, onde as pessoas vão para ver e serem vistas; **"são os espaços de reunião entre jovens para se conhecerem"**; **"também nós adultos, quando nos exibimos, nos sentimos um pouco mais à vontade; na melhor das hipóteses é importante andar entre pessoas que têm diversas formas de ser, de se vestir; algumas pessoas, inclusive, às vezes copiam o jeito como se vestem"** (em **negrito** *comentários textuais de participantes de um grupo focal*).

5. Referências ou bibliografia

São as fontes primárias utilizadas pelo pesquisador para elaborar o marco teórico ou outros propósitos.

6. Apêndices

São úteis para descrever com maior profundidade certos materiais, sem tirar a atenção da leitura do texto principal do relatório. Alguns exemplos de apêndices para um estudo qualitativo seriam o roteiro de entrevista ou dos grupos focais, um novo *software*, transcrições, fotografias, etc.

✓ REVISÃO E AVALIAÇÃO DO RELATÓRIO

É conveniente que o relatório seja revisado pelos participantes; de uma maneira ou de outra. Eles têm de validar os resultados e as conclusões, indicar ao pesquisador se o documento reflete o que quiseram dizer e os significados de suas experiências (Creswell, 2009; Neuman, 2009). E mesmo nessa fase é possível que o pesquisador perceba que precisa de mais dados e informação e decida voltar ao campo.

Para avaliar o relatório, Esterberg (2002) sugere uma série de perguntas como itens de verificação (autoavaliação ou exposição com a equipe de pesquisa):

I. Sobre a formatação geral.
   1. A estrutura da narração e as argumentações são lógicas?
   2. O documento possui alguma ordem?
   3. Incluiu-se evidência suficiente para apoiar as categorias?
   4. As conclusões são críveis?
   5. A leitura do documento é interessante?
   6. Todas as seções necessárias foram incluídas?
   7. Todos os anexos apropriados foram inseridos?

II. Sobre a redação.
   1. A redação é apropriada para os leitores ou usuários do relatório?
   2. Utilizamos apenas uma voz? Caso tenham sido utilizadas várias vozes, a narração é congruente?
   3. Os parágrafos incluem um tópico ou poucos tópicos? (É melhor não incluir vários tópicos nos parágrafos, pois fica mais claro com um ou apenas alguns.)

4. São incluídas transições entre parágrafos (entrelaçar parágrafos, seções, etc.)?

III. Sobre a forma.
1. As citações são feitas de maneira adequada?
2. A ortografia, a pontuação e os possíveis erros foram revisados?

Creswell (2009), no entanto, sugere algumas estratégias de escrita como: usar citações textuais dos participantes e variar em sua extensão, usar o vocabulário dos participantes para "dar voz", usar metáforas e analogias.

RELATÓRIO DO DESENHO DE PESQUISA-AÇÃO

Nos estudos de pesquisa-ação, geralmente se elabora mais de um relatório de resultados. Elabora-se no mínimo um como produto da coleta dos dados sobre o problema e as necessidades (relatório de diagnóstico) e outro com os resultados da implementação do plano ou solução (relatório do quarto ciclo).

O relatório do diagnóstico, além dos elementos que foram mencionados neste capítulo (entre eles a descrição e situação do contexto, as categorias e temas vinculados com o problema), deve incluir uma análise dos pontos de vista de todos os grupos envolvidos no problema (por grupo ou global).

O relatório dos resultados da implementação do plano deverá conter as ações realizadas (com detalhes), onde e quando elas foram realizadas, quem realizou, de que forma e com que nível de conquistas e limitações, assim como uma descrição das experiências em torno da implementação feita pelos atores e grupos que participaram ou se beneficiaram do plano.

Para ampliar esse tema recomendamos McNiff e Whitehead (2009).

COMO CITAR REFERÊNCIAS EM UM RELATÓRIO DE PESQUISA QUALITATIVA?

Recomendamos, novamente, o *Manual de publicação da APA*, comentado no Capítulo 11, e do qual o leitor pode ter uma versão resumida no CD anexo: Manuales → "Manual APA".

E também o *The Chicago manual of style*, publicado pela Universidade de Chicago, que é recomendado por diversos comitês editoriais de revistas acadêmicas de estilo qualitativo. Ele pode ser consultado *on-line* em: http://www.chicagomanualofstyle.org/home.html (com assinatura).

As páginas *web* de cada revista acadêmica (*journals*) na seção de instruções para autores também são muito úteis, no que se refere aos artigos.

Quais são os critérios para avaliar uma pesquisa qualitativa?

Uma proposta de critérios para avaliar a qualidade de um estudo qualitativo é apresentada no CD anexo: Material complementario → Capítulos → Capítulo 10 "Parámetros, criterios, indicadores y/o cuestionamentos para evaluar la calidad de una investigación" (por atividade genérica do processo de pesquisa qualitativa).

Com o que podemos comparar o relatório da pesquisa qualitativa?

Mais uma vez, o relatório é comparado com a proposta ou protocolo da pesquisa, que será revisado no CD anexo: Material complementario → Capítulos → Capítulo 9 → "Elaboración de propuestas cuantitativas, cualitativas y mixtas".

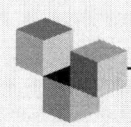

Resumo

- Os relatórios de resultados do processo qualitativo podem ter os mesmos formatos dos relatórios quantitativos.
- A primeira coisa que o pesquisador deve definir é o tipo de relatório que precisa elaborar e, para isso, ele deve ter as seguintes questões bem claras:
  1. as razões pelas quais a pesquisa surgiu,
  2. os usuários do estudo e
  3. o contexto em que deverá ser apresentado.
  Os relatórios de pesquisa podem ser apresentados em um contexto acadêmico ou em um contexto não acadêmico.
- O relatório deve dar uma resposta para a formulação do problema e indicar as estratégias utilizadas para abordá-la, assim como os dados que foram coletados, analisados e interpretados pelo pesquisador.
- Os relatórios qualitativos são mais flexíveis do que os quantitativos, e não existe apenas uma maneira para apresentá-lo, embora sejam desenvolvidos mediante uma forma e esquema narrativos.
- As descrições e narrações utilizam uma linguagem vívida, serena e natural. O estilo é mais pessoal.
- A linguagem do relatório não deve ser discriminatória de maneira alguma.
- Antes de elaborar o relatório é necessário revisar o sistema completo de categorias, temas e regras de codificação.
- A estrutura mais comum do relatório qualitativo é: folha de rosto, sumário(s), resumo, corpo do documento (introdução, metodologia, análise e resultados e discussão), referências e apêndices.
- A descrição do ambiente deve ser completa e detalhada.
- Ao concluir a análise e elaborar o relatório qualitativo, o pesquisador deve vincular os resultados com os estudos anteriores.
- Três aspectos são importantes na apresentação dos resultados por meio do relatório: a narração, o apoio das categorias (com exemplos) e os elementos gráficos.
- Existem diferentes formas ou descrições narrativas para redigir o relatório de resultados qualitativos.
- Se for possível, é conveniente incluir de cada categoria exemplos de unidades de todos os grupos ou atores, e o ideal é que as categorias sejam apoiadas por várias fontes.
- É oportuno que o relatório seja revisado pelos participantes, de uma maneira ou de outra, eles têm de validar os resultados e as conclusões.
- Para elaborar o relatório qualitativo recomendados o *Manual de publicação da APA* e o *The Chicago manual of style*, além do manual APA resumido que pode ser encontrado no CD anexo.

Conceitos básicos

Confirmação
Contexto acadêmico
Contexto não acadêmico
Credibilidade
Corpo do documento ou trabalho

Dependência
Narrativa
Relatório de pesquisa
Transferência
Usuários/receptores

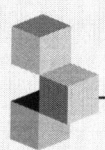

Exercícios

1. Elabore o índice de uma tese de natureza qualitativa.
2. Localize um artigo de uma revista científica de natureza qualitativa das que são mencionadas no Apéndice 1 do CD anexo (mas deve ser produto de um estudo qualitativo) e analise os elementos do artigo. Avalie o relatório de acordo com os critérios de Esterberg (2002) apresentados no final deste capítulo: sobre a formatação geral, a redação e a forma.
3. Pense sobre qual seria o sumário do relatório da pesquisa qualitativa que você criou ao longo dos exercícios dos Capítulos 12 a 15 do livro e desenvolva-o.

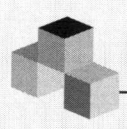

Exemplos desenvolvidos

A guerra cristera em Guanajuato

Como o relatório é muito longo, vamos apresentar apenas o sumário dos antecedentes e de um município, assim como uma conclusão geral.

"Llegó Augustín y com simpleza dijo:
- Nomás llega el Gobierno y nos lleva como vienticito y la lumbre al pasto.
Antioco lo miró y le respondió:
- Pos ya estará de Dios... 'pas eso nos metimos..."

"Agustín chegou e disse com simplicidade:
- Do nada o Governo vem e nos leva como se fossemos um ventinho e um incêndio no pasto.
Antioco olhou para ele e respondeu:
- Pois essa é a vontade de Deus... Para isso nos envolvemos..."

Sumário da guerra cristera em Guanajuato

Conteúdo	Página
Antecedentes do conflito	2
O Cristo Rei de Cerro del Cubilete	3
A polêmica proibição dos cultos	3
O boicote: "Deus é meu direito"	4
Início da guerra cristera	5
1926	5
Os primeiros cristeros do estado	5
"Deus proverá"	6
Desenvolvimento do confronto	7
1927	7
Focos cristeros	7
Líderes	7
Atividade do chefe cristero Gallegos	8
Refugiados de Jalisco	9
Problemas econômicos	9
1928	10
O bombardeio à estátua de Cristo Rei	10
Rendições	10
Novas estratégias de batalha	10
Investigação das doações	11
As reformas de 1928	12
1929	12
A rota das armas	12
Fim do conflito armado	13
Os acordos	13
A restituição dos templos	14
Consequências da guerra cristera	14
A segunda guerra cristera	14
Regiões do conflito	15
As restrições da Igreja	15
A Unión Nacional Sinarquista	16
Consequências atuais	17
Fontes de pesquisa	17

A vida no tempo dos cristeros

Sumário de uma população
Apaseo El Alto

Os cultos que não foram proibidos	24
Focos cristeros, "a Batalha de Cerro de Capulín"	25
A situação de ambos os lados	28
O saque a templos e fazendas	28
Execuções	29
Seminário católico em uma fazenda	29
A labuta de um sacerdote	30
Restituição do templo	32
Consequências	32
• Contra o campo	32
• Ao comando de Antioco Vargas	32
• A traição	32
Fontes de pesquisa	33

Consequências do abuso sexual infantil

Nesse exemplo vamos mostrar alguns resultados finais e conclusões que, teoricamente, consideramos relevantes no artigo de Morrow e Smith (1995).[9]

As consequências das estratégias para a sobrevivência e o enfrentamento

As participantes tiveram medo, desejos ou pesadelos, e todos esses sentimentos continuam vivos até hoje. Embora tenham conseguido sobreviver, não sobreviveram intactas; de acordo com Bárbara: "Não tenho certeza se sobrevivi", e como mencionou Liz: "Parte de mim morreu".

Outro paradoxo surgiu durante a avaliação das consequências da estratégia para lidar com a impotência, a carência de ajuda e a falta de controle. Muitas vezes, as estratégias utilizadas pelas participantes para exercer o poder e retorná-lo para elas voltaram a ser adotadas posteriormente (*já em sua vida adulta*). Uma mulher que durante sua infância se negava a comer foi examinada (*nessa época*) por um médico, que prescreveu biscoitos de queijo cremoso para o café da manhã (o único alimento que ela aceitaria comer), posteriormente descobriu que na idade adulta ela procurou repetidas vezes esse mesmo tipo de alimento.

Em diversas ocasiões, as participantes consideraram que elas conseguiram sobreviver com dificuldade, sentiam dor, cansaço ou aflição. No entanto, sobreviver e enfrentar a situação crítica foi o que fizeram melhor. Liz declarou: "Meu desejo de sobrevivência era e é grande, maior do que eu poderia imaginar". Em uma conversa entre as pesquisadoras participantes, Meghan disse irritada: "Eu não quero sobreviver. Quero viver. Quero me divertir. Quero ser feliz. E isso não é o que está acontecendo agora". Liz respondeu: "Primeiro você tem de sobreviver. Tem de sobreviver a isso. E é para onde vou, é a compreensão e realização de que estou sobrevivendo a esse assunto outra vez".

Cada uma das sobreviventes demonstrou ter os mesmos sentimentos de Meghan. Quatro haviam conseguido se livrar das drogas e do álcool em suas tentativas de ir além da sobrevivência, ao tentar se curar, conseguir sua integridade e recuperar o poder. Paula revelou: "Agora comecei a perceber que isso é importante. [Meus desenhos são] mais elaborados, maiores, utilizo mais meios, são mais detalhados". Velvia usou a palavra empoderamento (*empowerment*) para descrever um processo que foi além da sobrevivência. Amaya escreveu: "...Hoje entrei em contato com a parte perdida do meu poder e minha integridade internos".

A dor, o tormento e o terror que as sobreviventes tinham sentido são sentimentos que ainda pesam e são reais, e o processo de cura é longo e árduo. No entanto, por meio da pesquisa, as participantes demonstraram esperança. Apesar de seu terror e dor, Kitty refletiu:

"Tenho a esperança em minha vida (...) Há somente um pequeno pedaço de um raio de sol entrando. Há um pedacinho de céu ali em cima que vem do interior de minha alma e alivia".

Discussão

Embora a literatura sobre o tema seja abundante em descrições sobre os resultados específicos do abuso sexual infantil, este estudo se distingue por sua avaliação sistemática das estratégias de sobrevivência e enfrentamento a partir das perspectivas de mulheres que foram abusadas sexualmente durante sua infância. Foi construído mediante a análise qualitativa dos dados, um modelo teórico sobre as estratégias de 11 participantes, que as envolveu no processo analítico para garantir que o modelo refletisse suas construções pessoais. Esse modelo estabelece uma infinidade de estratégias e sintomas; e fornece um quadro conceitual coerente que foi desenvolvido ao enfocar os temas, cuja finalidade é compreender a grande quantidade, às vezes confusa, de padrões de conduta das sobreviventes do abuso.

As normas culturais preparam o caminho para o abuso sexual. Como Banyard e Graham-Bermann (1993) salientam, é importante que os pesquisadores e os profissionais analisem o meio social no qual ocorreram certas situações altamente estressantes. No caso do abuso sexual infantil, uma avaliação das forças sociais ajuda a mudar o enfoque sobre o enfrentamento, de uma análise puramente individual para uma análise do indivíduo em seu contexto, e com isso se normaliza a experiência da vítima e se reduz o sentimento de culpar a si mesmo(a).

A impotência das meninas e jovens: a) pode ser atribuída à posição das mulheres em geral, quanto ao seu tamanho físico e à falta de recursos de intervenção que poderiam ser aproveitados pelas vítimas; b) explica o predomínio de utilizar estratégias de enfrentamento centradas nas emoções sobre estratégias focadas no problema, pelas mulheres participantes desse estudo. Além disso, o contexto da negação e da ocultação (manter em segredo) do abuso sexual que rodeia as vidas das vítimas pode exacerbar uma preferência focada nas emoções para enfrentar o problema.

A presente análise é congruente com as descobertas de Long e Jackson (1993), no sentido de que as vítimas de abuso sexual tentam ter um efeito na situação atual do abuso mediante estratégias centradas no problema, enquanto lidam com sua angústia ao se focarem nas emoções. As duas estratégias principais, uma para evitar se sentirem angustiadas por causa de sentimentos perigosos e ameaçadores, e a outra para saber lidar com a falta de ajuda, a impotência e a falta de controle, são parecidas com as estratégias estudadas por Long e Jackson (1993), centradas nas emoções e no problema. Eles descobriram que poucas vítimas tentaram utilizar estratégias centradas no problema, por isso acharam que isso talvez se deva ao fato de que os recursos não estavam *de fato* disponíveis, ou não foram vistas nas avaliações cognoscitivas das vítimas. A pesquisa demonstrou que era o primeiro caso, ou seja, que não estavam disponíveis. Além disso, as normas culturais e familiares específicas serviram para convencer as meninas sobre quão limitado era desenvolver soluções centradas no problema.

Shopping centers

Foi elaborado um relatório para cada *shopping center* e um geral que incluiu as conclusões mais importantes de todos os relatórios individuais. A organização do relatório de um *shopping* foi baseada nas três áreas do roteiro de discussão semiestruturado para as sessões focais:

- Satisfação com a experiência de compra em *shopping centers*.
- Atributos do *shopping center*.
- Percepção dos clientes a respeito das reformas.

Em cada "grande tema" foram incluídas citações de segmentos para cada categoria. Por exemplo, para um *shopping center* específico:

Tema: atributos.
Categoria: avaliação dos atributos e fatores críticos de êxito do *shopping center*.
Citações:
"Sempre encontro de tudo: perfumes, gravatas ou algum detalhe."
"Na loja principal sempre encontro moldes de roupas e são muito interessantes, já que sempre são as mais modernas. Também encontro de tudo, coisas para a casa, tudo o que preciso."
"Eu penso em comprar algo e encontro."

Tema: atributos.
Categoria: identificação de fatores negativos e ameaças do *shopping center*.
Citações:
"O que falta nele é entretenimento."
"Ele não tem uma loja de vestidos de noite."
"Eu gosto da parte térrea do shopping center porque tem uma grande variedade de lojas o segundo andar é o andar mais triste, está dividido e 'não é piada'."

Em cada categoria foi estruturada uma narração, que por questão de espaço não foi incluída (o relatório por *shopping* teve mais de 100 páginas e a apresentação mais de 40 *slides*).

Uma das conclusões mais importantes para esse *shopping center* foi que ele deveria facilitar muito mais o acesso para pessoas com capacidades diferentes.

Os pesquisadores opinam

O principal objetivo da pesquisa científica é a obtenção de informação precisa e confiável. No entanto, a pesquisa pode adotar muitas outras formas. Uma pessoa pode perguntar aos especialistas, revisar livros e artigos, analisar experiências dos colegas e suas próprias experiências do passado e até mesmo confiar na própria intuição. Mas os especialistas podem estar equivocados, as fontes documentais podem não ter uma abordagem valiosa, os colegas podem não ter experiências no tema de nosso interesse e nossas experiências e intuição podem ser irrelevantes ou mal-entendidas.

Por tudo isso é que o conhecimento obtido com a pesquisa científica pode ser de grande valor. A pesquisa científica pode ser realizada por meio de abordagens metodológicas: a metodologia qualitativa e a metodologia quantitativa. Essas duas abordagens diferem muito entre si, desde o paradigma de pesquisa que provoca sua origem, o papel do pesquisador, as perguntas que tentam responder até o grau de generalização possível.

De maneira específica, as pesquisas qualitativas analisam a qualidade e o tipo das relações, atividades, situações ou materiais de uma forma holística e geralmente por meio de um tratamento não numérico dos dados. Essa abordagem exige do pesquisador uma preparação insistente e rigorosa, além de uma atitude aberta e indutiva.

Assim, independentemente de adotarmos alguns desses enfoques ou um enfoque misto, sempre precisaremos ter um roteiro básico que oriente seriamente nossos esforços de pesquisa. Desde a formulação do problema da pesquisa até a forma de fazer um relatório final, esse roteiro pode ser encontrado no livro como este que agora está em suas mãos.

Igor Martín Ramos Herrera
Professor pesquisador titular
Departamento de Salud Pública
Universidad de Guadalajara
Guadalajara, México

NOTAS

1. Nesse caso, dizemos "uma espécie de conto" porque não é propriamente um "conto" (com narrações exageradas, p. ex.). O bom relatório qualitativo é realista e demonstra que o estudo é crível.
2. Devido ao espaço não vamos repetir alguns comentários que são comuns nos relatórios quantitativos e que foram feitos no Capítulo 11, como as folhas de rosto das teses e dissertações.
3. O texto é uma adaptação para sua melhor compreensão em espanhol. E no nosso caso, em português. (N. de T.)
4. Morrow e Smith (1995, p. 24-25). As referências citadas no exemplo não foram incluídas na bibliografia do livro, porque foram consultadas pelas autoras para elaborar seu relatório.
5. Morrow e Smith (1995, p. 25-27).
6. Adaptado de Morrow e Smith (1995, p. 26-28).
7. As amostras qualitativas estão vinculadas (restritas também) ao tempo de permanência no campo, aos recursos disponíveis e ao acesso aos participantes.
8. Claro que as conclusões de ambos os estudos são mais amplas, esses exemplos representam somente uma parte mínima.
9. É uma adaptação do texto em inglês, sem alterar a essência do conteúdo do artigo original. As letras em itálico foram acrescentadas para o exemplo. A discussão e as conclusões são muito mais amplas que as incluídas nestas páginas. As páginas não foram citadas porque é uma adaptação e os números não coincidem com a formatação original.

Parte IV
Os processos mistos de pesquisa

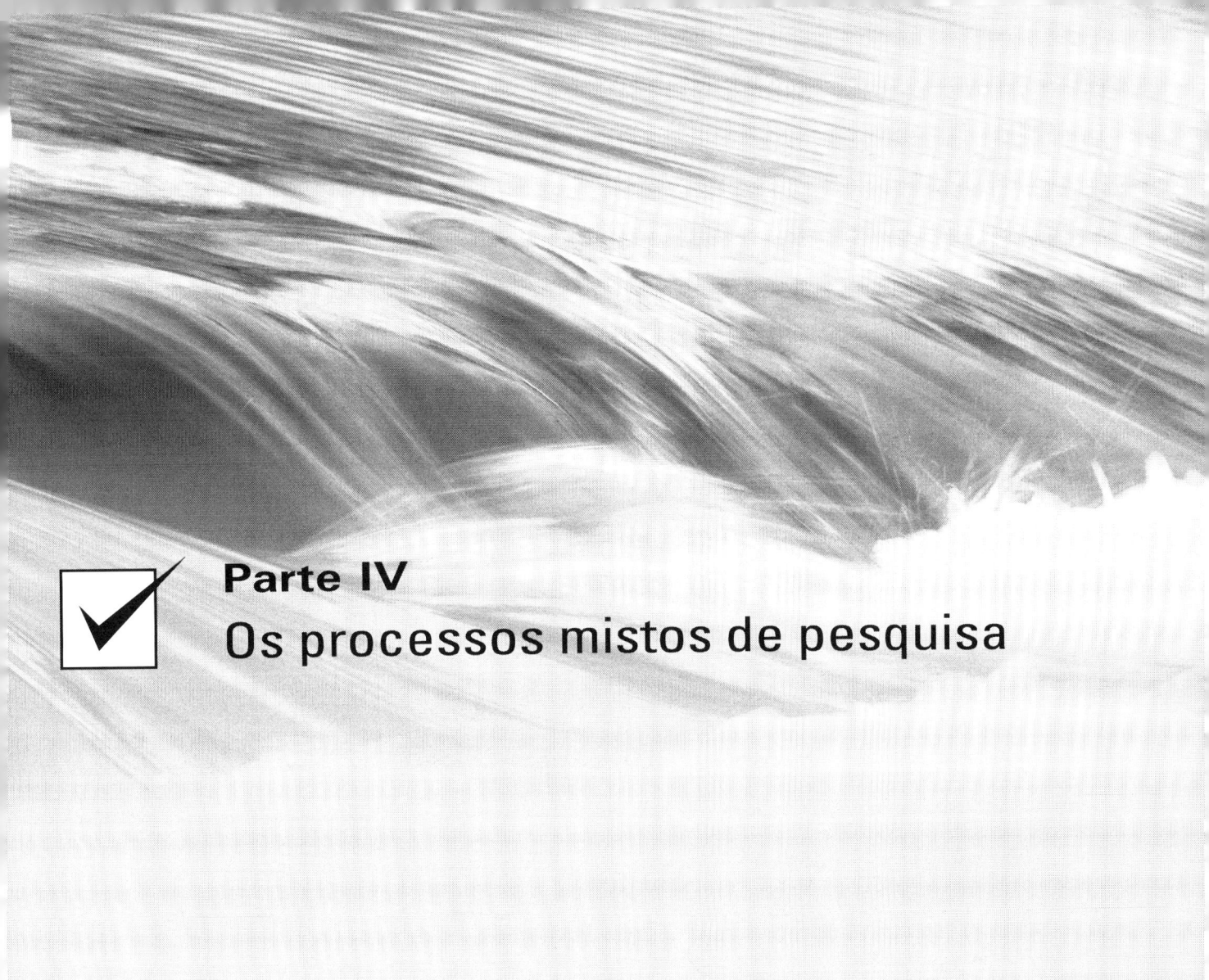

17
Métodos mistos

> A meta da pesquisa mista não é substituir a pesquisa quantitativa nem a pesquisa qualitativa, mas utilizar os pontos fortes de ambos os tipos combinando-os e tentando minimizar seus potencias pontos fracos.
>
> **Roberto Hernández Sampieri**

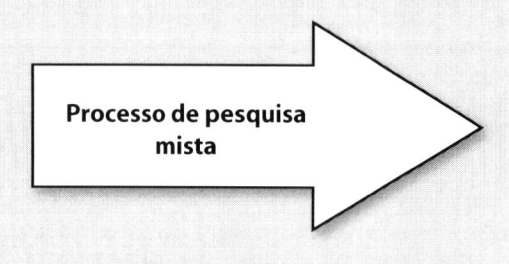

Processo de pesquisa mista →

Definições fundamentais
- Racionalização do desenho misto.
- Decisões sobre:
  a) quais instrumentos utilizar para coletar os dados quantitativos e quais para os dados qualitativos,
  b) as prioridades dos dados quantitativos e qualitativos,
  c) sequência na coleta e análise dos dados quantitativos e qualitativos,
  d) a forma como vamos transformar, associar e/ou combinar diferentes tipos de dados e
  e) métodos de análise em cada processo e etapa.
- Decisão sobre a maneira de apresentar os resultados inerentes a cada enfoque.

Objetivos da aprendizagem

Ao concluir este capítulo, o aluno será capaz de:

1. entender a essência do enfoque misto (natureza, fundamentos, vantagens e desafios);
2. compreender os processos da pesquisa mista;
3. conhecer as principais propostas de desenhos mistos que surgiram.

Síntese

Neste capítulo apresentamos o enfoque misto da pesquisa, que envolve um processo de coleta, análise e vínculo de dados quantitativos e qualitativos em um mesmo estudo ou uma série de pesquisas para responder uma formulação do problema. No capítulo também são analisadas as características, possibilidades e vantagens dos métodos mistos.

Por outro lado, introduzimos os principais desenhos mistos desenvolvidos até agora: desenhos concorrentes, desenhos sequenciais, desenhos de transformação e desenhos de integração.

Além disso, comentamos os métodos mistos em função da formulação do problema, da amostragem, da coleta e análise dos dados e do estabelecimento de inferências.

Métodos mistos

Envolvem:
- Coleta
- Análise
- Integração

dos dados quantitativos e qualitativos

Geram:
- Inferências quantitativas e qualitativas
- Metainferências (mistas)

Seus desenhos são:
- Desenhos concomitantes
- Desenhos sequenciais
- Desenhos de transformação
- Desenhos de integração

Utilizam com frequência e de maneira simultânea amostragem:
- Probabilística
- Guiada por propósito

Alguns de seus benefícios são:
- Perspectiva mais ampla e profunda
- Maior teorização
- Dados mais "ricos" e variados
- Criatividade
- Indagações mais dinâmicas
- Maior solidez e rigor
- Melhor "exploração e aproveitamento" dos dados

Fundamentam-se no pragmatismo

Podem ser utilizados, entre outros, para:
- Triangulação
- Compensação
- Complementação
- Multiplicidade
- Credibilidade
- Redução de incerteza
- Contextualização
- Ilustração
- Descoberta e confirmação
- Diversidade
- Clareza
- Consolidação

Nota: No CD anexo → Material complementario → Capítulos, você encontrará o Capítulo 12: "Ampliación y fundamentación de los métodos mixtos", que amplia os conteúdos mostrados no Capítulo 17, principalmente no que se refere ao pragmatismo (filosofia na qual se baseiam os métodos mistos), amostragem, coleta e análise dos dados. Também incluímos mais exemplos de pesquisas mistas.

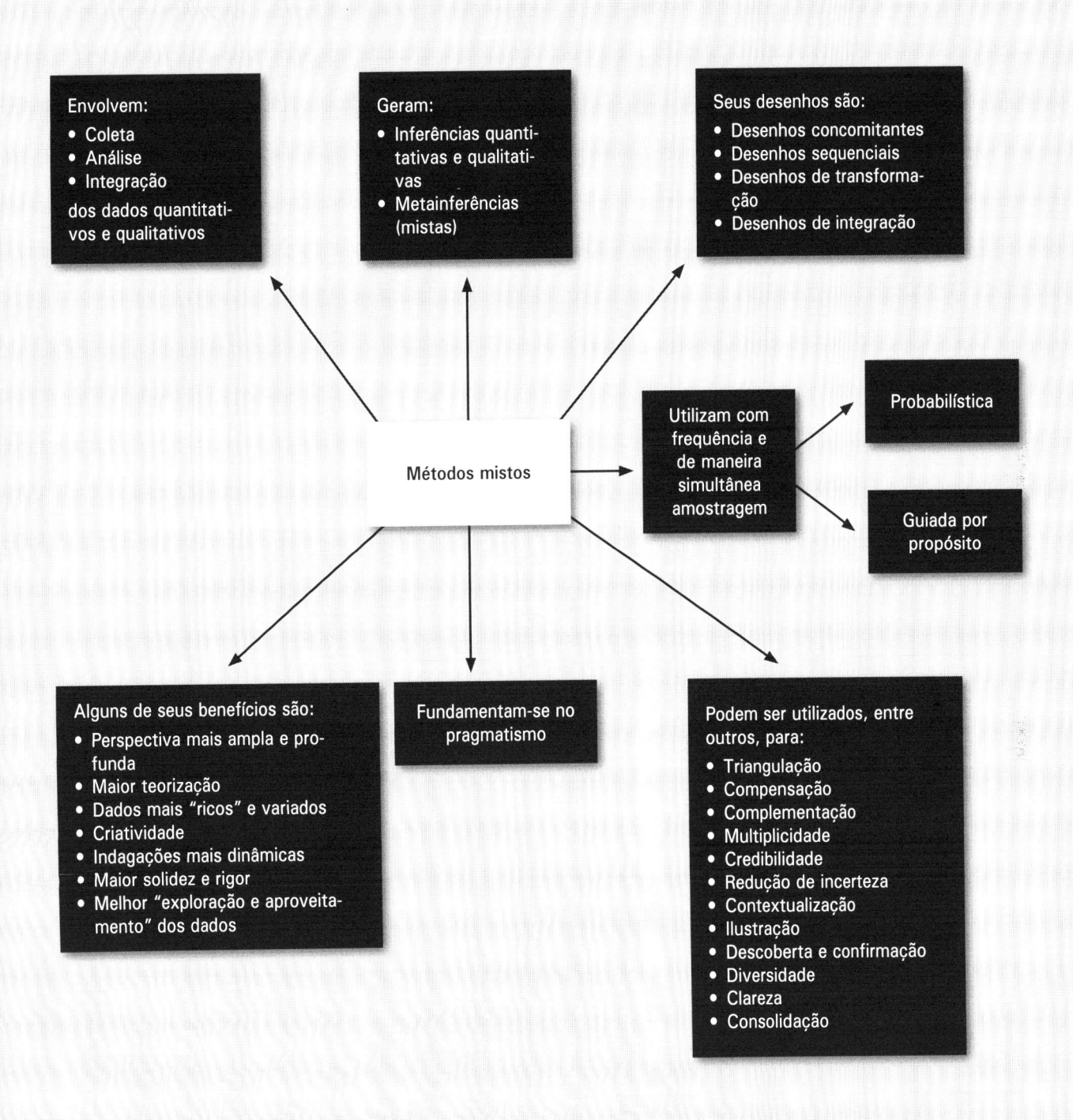

☑ EM QUE CONSISTE O ENFOQUE MISTO OU OS MÉTODOS MISTOS?

Antes de começarmos a definir os métodos mistos, gostaríamos de comentar que a cada ano eles ganham mais adeptos e que seu desenvolvimento durante a primeira década do século XXI foi vertiginoso. Receberam vários nomes como, por exemplo, *pesquisa integrativa* (Johnson e Onwuegbuzie, 2004), *pesquisa multimétodos* (Hunter e Brewer, 2003; Morse, 2003), *métodos múltiplos* (M. L. Smith, 2006; citado por Johnson, Onwuegbuzie e Turner, 2006), *estudos de triangulação* (Sandelowski, 2003) e *pesquisa mista* (Tashakkori e Teddlie, 2009; Plano e Creswell, 2008; Bergman, 2008; e Hernández Sampieri e Mendoza, 2008).

Algumas das definições mais significativas do enfoque misto ou dos métodos mistos seriam as seguintes:

1. Os métodos mistos representam um conjunto de processos sistemáticos e críticos de pesquisa e implicam a coleta e a análise de dados quantitativos e qualitativos, assim como sua integração e discussão conjunta, para realizar inferências como produto de toda a informação coletada (metainferências) e conseguir um maior entendimento do fenômeno em estudo (Hernández Sampieri e Mendoza, 2008).
2. Os métodos de pesquisa mista são a integração sistemática dos métodos quantitativo e qualitativo em um só estudo, cuja finalidade é obter uma "fotografia" mais completa do fenômeno. Eles podem ser unidos de tal forma que a abordagem quantitativa e a qualitativa conservem suas estruturas e procedimentos originais ("forma pura dos métodos mistos"). Esses métodos também podem ser adaptados, alterados ou sintetizados para realizar a pesquisa e driblar os custos do estudo ("forma modificada dos métodos mistos") (Chen, 2006; Johnson et al., 2006).

Com essas definições anteriores fica claro que nos métodos mistos é possível combinar ao menos um componente quantitativo e um qualitativo no mesmo estudo ou projeto de pesquisa.

Johnson e colaboradores (2006), em um "sentido mais abrangente", veem a pesquisa mista como um contínuo no qual é possível mesclar o enfoque quantitativo e o qualitativo, centrando-se mais em um ou dando a eles o mesmo "peso" (ver Figura 17.1), lembrando que **QUAN** se refere ao *método quantitativo* e **QUAL** ao *método qualitativo*.

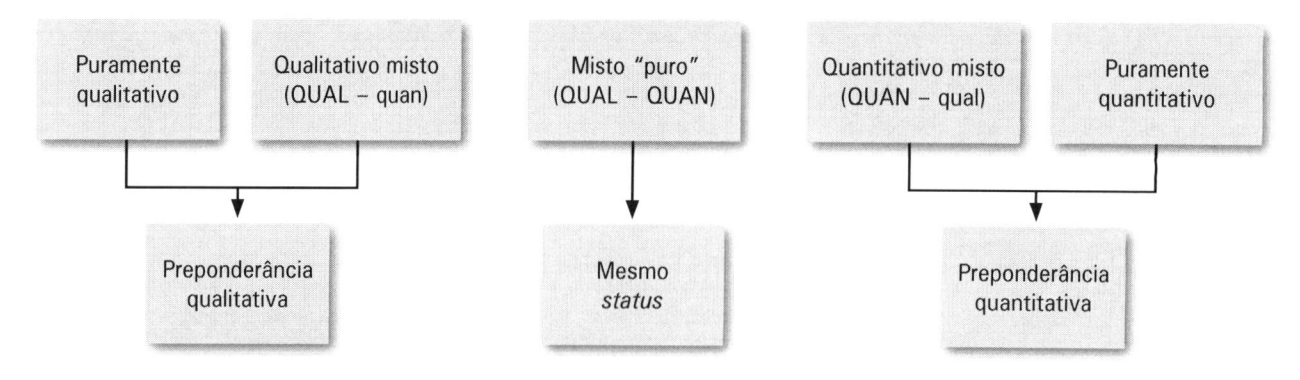

FIGURA 17.1 Os três principais enfoques da pesquisa hoje, incluindo subtipos de estudos mistos.

Então, a combinação pode ser em diversos graus.

☑ QUAL É A POSIÇÃO DOS MÉTODOS MISTOS DENTRO DO PANORAMA OU VARIEDADE DA PESQUISA?

Para situar os métodos mistos dentro da variedade de tipos de pesquisa e desenhos, na Figura 17.2 mostramos a tipologia de desenhos proposta por Hernández Sampieri e Mendoza (2008) que, por sua vez, levaram em conta a classificação de Teddlie e Tashakkori (2006) no que se refere à parte mista. O método quantitativo e o qualitativo foram abordados nos capítulos anteriores e são *monométódicos* (implicam um só método). Os métodos mistos são, conforme dissemos, *multimetódicos*, representam um "terceiro caminho" (Hernández Sampieri e Mendoza, 2008).

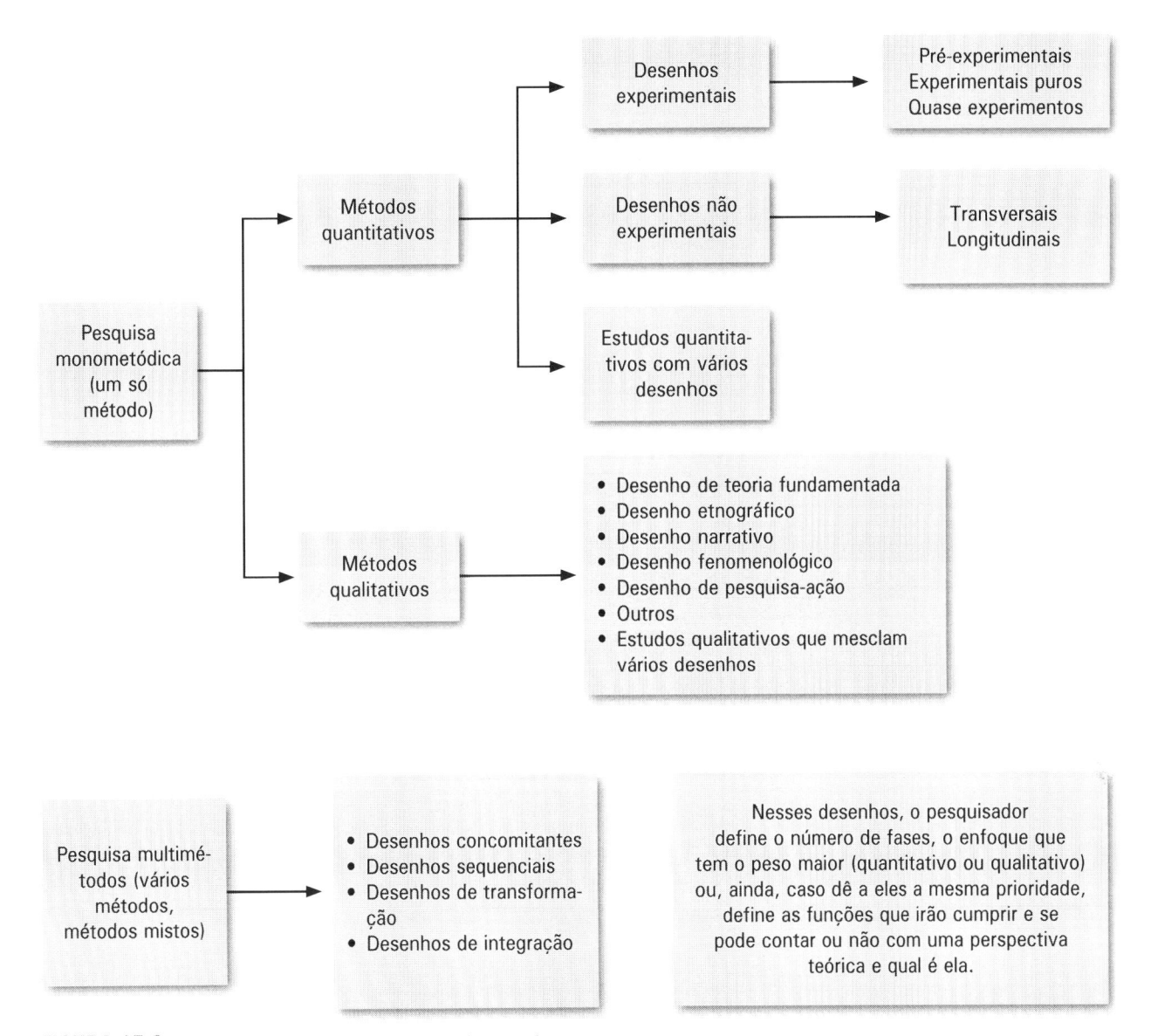

FIGURA 17.2 Tipologia dos métodos e desenhos de pesquisa.

✓ OS MÉTODOS MISTOS: SERÁ QUE ELES REPRESENTAM O FIM DA "GUERRA" ENTRE A PESQUISA QUANTITATIVA E A PESQUISA QUALITATIVA?

Desde o primeiro capítulo do livro insistimos que tanto o processo quantitativo como o qualitativo são extremamente frutíferos e já contribuíram de maneira notável para o avanço do conhecimento em todas as ciências. Também salientamos que nenhum é intrinsecamente melhor que o outro, que eles são apenas maneiras diferentes de abordar o estudo de um fenômeno, e que a controvérsia entre as duas visões tem sido desnecessária. Então, o que podemos dizer sobre a possibilidade de mesclá-los?

Durante várias décadas alguns autores insistiram que cada método ou enfoque obedecia a uma visão diferente do mundo, com suas próprias premissas. Portanto, ambos eram irreconciliáveis, opostos, por isso era "uma loucura" mesclá-los. Mas, nos últimos 20 anos, um número crescente de metodologistas e pesquisadores insiste que essa posição dicotômica (quantitativa *versus* qualitativa) é incorreta e inconsistente com uma filosofia coerente da ciência[1], ilustrando da seguinte maneira: uma organização é *uma realidade objetiva* (tem escritórios, às vezes edifícios, pessoas que trabalham fisicamente nela, capital e outros elementos que são tangíveis), mas também é uma *realidade subjetiva*, composta de diversas realidades (seus membros percebem de maneira diferente muitos aspectos da organização e, tendo como base as várias interações é possível construir significados diferentes, viver experiências únicas, etc.). Se ambas as realidades podem coexistir, então, por que a visão objetiva (quantitativa) e a subjetiva (qualitativa) não pode fazer o mesmo?

Um argumento adicional para não aceitar a dicotomia QUAN-QUAL é proporcionado por Ridenour e Newman (2008): assim como acreditamos que não existe a completa ou total *objetividade*, também é difícil imaginar a completa ou total *subjetividade*. Na realidade e na prática cotidiana, os pesquisadores se alimentam de várias estruturas de referência e a intersubjetividade captura a dualidade entre a indução e a dedução, o qualitativo e o quantitativo. Nós, seres humanos, agimos de ambas as formas, é nossa natureza, agimos assim desde que nascemos, por isso temos de insistir que os métodos mistos são mais consistentes com nossa estrutura mental e comportamento habitual.

Então, esses autores propuseram a união de ambos os processos em um mesmo estudo. Lincoln e Gubba (2000) o chamaram de "o cruzamento dos enfoques".

Essa concepção parte do princípio de que o processo quantitativo e o qualitativo são apenas "possíveis escolhas ou opções" para enfrentar problemas de pesquisa, mais do que paradigmas ou posições epistemológicas (Todd, Nerlich e McKeown, 2004). E, de acordo com Maxwell (1992) e Henwood (2004), um método ou processo não é válido ou inválido por si mesmo; algumas vezes a aplicação dos métodos pode produzir dados válidos e outras vezes inválidos. A validade *não* é uma propriedade inerente de um método ou processo específico, mas que se refere aos dados coletados, às análises efetuadas e às explicações e conclusões alcançadas por utilizar um método em um contexto específico e com um propósito determinado. D. Brinberg e J. E. McGrath (em Henwood, 2004) dizem isso da seguinte maneira: a validade não é um artigo que possa ser "comprado" com técnicas. Ela é mais como a "integridade, o caráter e as qualidades", que alcançamos com algum propósito e em determinadas circunstâncias.

No entanto, hoje, diante da possibilidade de promover a fusão de ambos os enfoques é possível encontrar diversas posições, desde a "rejeição total" até sua "completa aceitação e estímulo". Essas posturas e os argumentos que as defendem não serão comentados aqui por questão de espaço, mas podem ser encontradas no CD anexo, Material complementario → Capítulos → Capítulo 12: "Ampliación y fundamentación de los métodos mixtos". Mas precisamos dizer que nossa posição é de apoio absoluto, sintetizado no seguinte parágrafo escrito por Roberto Hernández Sampieri e Christian Paulina Mendoza Torres:

> As premissas de ambos os paradigmas podem conviver ou se entrelaçar e combinar com teorias substantivas; portanto, integrar os métodos quantitativos e qualitativos não só é possível, como é conveniente.[2]

Essa visão recebe o nome de "pragmática", e será comentada mais adiante neste capítulo e ampliada no CD.

Creswell (2009) e Teddlie e Tashakkori (2009) também salientam que alguns métodos estão mais relacionados com uma visão do que com outra; porém, categorizá-los como se pertencessem a uma só visão é algo "irreal".

Creswell (2005) diz que são cinco os fatores mais importantes que o pesquisador deve considerar para decidir qual enfoque ou método pode ajudá-lo em uma formulação específica do problema:

1. O enfoque que o pesquisador acha que "combina" ou se adapta mais a sua formulação do problema. Nesse sentido, é importante lembrar que aqueles problemas que precisam estabelecer tendências se "acomodam" melhor em um desenho quantitativo; e os que precisam ser explorados para obter um entendimento profundo "batem" mais com um desenho qualitativo.

2. O método que o pesquisador percebe que se "ajusta" melhor às expectativas dos usuários ou leitores do estudo. Se estes forem pessoas abertas, qualquer enfoque pode ser utilizado. Se forem tradicionalistas como, por exemplo, psicólogos experimentais, a resposta é mais do que óbvia. Se o pesquisador pretende publicar os resultados em determinada revista, então deve analisar tendências no histórico da publicação e escolher o enfoque preponderante (Creswell, 2005)[3]. Isso certamente reflete uma postura prática.
3. O enfoque com o qual o pesquisador se "sinta mais confortável" ou que preferir. Talvez não seja um critério muito racional, mas ele também é importante.
4. A abordagem que o pesquisador considera racionalmente mais apropriada para a formulação, que está muito ligada ao primeiro fator.
5. O método com o qual o pesquisador tenha mais experiência. Diante da indecisão, Creswell (2005) sugere buscar na literatura como a formulação foi abordada e até que ponto os estudos que utilizaram diferentes enfoques foram bem-sucedidos.

Unrau, Grinnell e Williams (2005) dizem que a maioria dos estudos incorpora um único enfoque devido ao custo, ao tempo e aos conhecimentos que uma perspectiva mista exige empregar.

Sinceramente, achamos que na pesquisa deve prevalecer "a liberdade de método". Por isso não criticamos nenhuma postura. Mas acreditamos que é preciso ressaltar mais os pontos fortes do que as limitações de cada enfoque (quantitativo e qualitativo); e, de qualquer modo, uma situação específica de pesquisa irá nos dizer se devemos utilizar um método ou outro, ou ainda ambos. Também achamos que o enfoque misto está acabando com a "guerra dos paradigmas", conflito e antagonismo que, voltamos a insistir, é improdutivo.

✓ POR QUE UTILIZAR OS MÉTODOS MISTOS?

As relações interpessoais, a depressão, as organizações, a religiosidade, o consumo, as doenças, os valores dos jovens, a crise econômica global, os processos astrofísicos, o DNA, a pobreza e, de maneira geral, todos os fenômenos e problemas que as ciências enfrentam atualmente são tão complexos e diversos que o uso de um único enfoque, tanto quantitativo como qualitativo, é insuficiente para trabalhar essa complexidade. Daí a necessidade dos métodos mistos (Hernández Sampieri e Mendoza, 2008; Creswell et al., 2008). Além disso, a pesquisa hoje necessita de um trabalho multidisciplinar, o que contribui para que ela seja realizada com equipes compostas por pessoas com interesses e abordagens metodológicas diversas, reforçando a necessidade de utilizar desenhos multimodais (Creswell, 2009).

O enfoque misto oferece vários benefícios ou perspectivas para que possam ser utilizados:

1. Conseguir uma perspectiva mais ampla e profunda do fenômeno. Nossa percepção sobre ele se torna mais integral, completa e holística (Newman et al., 2002). Além disso, se empregarmos dois métodos – com seus próprios pontos fortes e fracos – que chegam aos mesmos resultados, temos mais confiança de que estes são uma representação fiel, genuína e fidedigna daquilo que acontece com o fenômeno estudado (Todd e Lobeck, 2004). A pesquisa se apoia nos pontos fortes e não em seus potenciais pontos francos. Todd, Nerlich e McKeown (2004) dizem que com o enfoque misto exploramos diferentes níveis do problema de estudo. Podemos, inclusive, avaliar de forma mais ampla as dificuldades e os problemas de nossas indagações, presentes em todo o processo de pesquisa e em cada uma de suas etapas. Creswell (2005) comenta que os desenhos mistos conseguem obter uma maior variedade de perspectivas do problema: frequência, extensão e dimensão (quantitativa), assim como profundidade e complexidade (qualitativa); generalização (quantitativa) e compreensão (qualitativa). Hernández Sampieri e Mendoza (2008) a denominam: "riqueza interpretativa". Miles Huberman (1994) a coloca como "maior poder de entendimento". Harré e Crystal (2004) o mostram da seguinte maneira: juntamos o poder de medição e nos mantemos próximos do fenômeno. Cada método (quantitativo e qualitativo) nos proporciona uma visão ou "fotografia" ou "pedaço" da realidade (Lincoln e Guba, 2000).
2. Elaborar a formulação do problema com maior clareza, assim como a maneira mais apropriada para estudar e teorizar os problemas de pesquisa (Brannen, 1992). Quando o pesquisador

utiliza apenas um enfoque, ele geralmente não se esforça muito para considerar esses aspectos com a profundidade necessária (Todd, Nerlich e McKeown, 2004). Com a pesquisa mista, o pesquisador deve confrontar as "tensões" entre diferentes concepções teóricas e, ao mesmo tempo, considerar o vínculo entre os conjuntos de dados emanados de diferentes métodos.

3. Produzir dados mais "ricos" e variados utilizando a multiplicidade de observações, já que são consideradas diversas fontes e tipos de dados, contextos ou ambientes e análise. Eliminamos a pesquisa "uniforme" (Todd, Nerlich e McKeown, 2004).
4. Potencializar a criatividade teórica com os procedimentos críticos de avaliação necessários (Clarke, 2004). Esse autor diz que sem alguns desses elementos na pesquisa, um estudo pode ter pontos fracos, como se fosse uma fábrica que necessita de projetistas, inventores e controle de qualidade.
5. Efetuar perguntas mais dinâmicas.
6. Apoiar de maneira mais sólida as inferências científicas, em vez de utilizá-las isoladamente (Feuer, Towne e Shavelson, 2002).
7. Permitir que os dados sejam mais "explorados e aproveitados" (Todd, Nerlich e McKeown, 2004).
8. Possibilidade de ter maior êxito ao apresentar os resultados para uma audiência hostil (Todd, Nerlich e McKeown, 2004). Por exemplo: um dado estatístico pode ser mais "aceito" por pesquisadores qualitativos se forem apresentados com segmentos de entrevistas.
9. Oportunidade para desenvolver novas destrezas ou competências em matéria de pesquisa ou, ainda, reforçá-las (Brannen, 2008).

Além das vantagens anteriores, Collins, Onwuegbuzie e Sutton (2006) identificaram quatro razões para utilizar os métodos mistos:

a) Enriquecimento da amostra (ao mesclar enfoques ela melhora).
b) Maior exatidão do instrumento (comprovando que ele é adequado e útil, assim como aprimorando as ferramentas disponíveis).
c) Integridade do tratamento ou intervenção (garantindo sua confiabilidade).
d) Otimizar significados (facilitando uma perspectiva mais ampla dos dados, consolidando interpretações e a utilidade das descobertas).

Segundo Creswell e colaboradores (2008), na perspectiva mista os dados quantitativos e qualitativos podem ser aproveitados em uma mesma pesquisa; e, como todas as formas de coleta dos dados têm suas limitações, o uso de um desenho misto pode minimizar e até mesmo neutralizar algumas das desvantagens de certos métodos.

Em relação aos argumentos anteriores, diversos autores como Brannen (2008) e Burke, Onwuegbuzie e Turner (2007) acrescentam uma série de razões práticas para a "coexistência" do método quantitativo e qualitativo e seus paradigmas subjacentes:

- Ambos os enfoques (quantitativo e qualitativo) e os paradigmas que os apoiam (pós-positivismo e construtivismo) foram utilizados por várias décadas e pudemos aprender com os dois.
- Na prática, diversos pesquisadores mesclam os dois com maior ou menor intensidade.
- Os órgãos que patrocinam pesquisas financiaram estudos quantitativos e qualitativos.
- Os dois tipos de enfoque influenciaram as políticas acadêmicas.
- Em seu desenvolvimento, diversos estudos que foram elaborados segundo a visão quantitativa ou qualitativa tiveram de recorrer a outro enfoque para explicar seus resultados de maneira satisfatória ou completar sua indagação.
- As duas abordagens evoluíram e hoje assumem valores fundamentais comuns: confiança na indagação sistemática, pressuposto de que a realidade é complexa e construída, crença na falibilidade do conhecimento (possibilidade de cometer erros) e na premissa de que a teoria é determinada pelos fatos.
- Suas semelhanças são maiores do que suas diferenças.

Greene (2007), Tashakkori e Teddlie (2008), Hernández Sampieri e Mendoza (2008) e Bryman (2008) apresentam oito pretensões básicas do enfoque misto:

1. Triangulação (corroboração): conseguir convergência, confirmação e/ou correspondência, ou não, de métodos quantitativos e qualitativos. A ênfase está no contraste de ambos os tipos de dados e informação.
2. Complementação: maior entendimento, ilustração ou esclarecimento dos resultados de um método baseando-se nos resultados do outro método.
3. Visão holística: conseguir uma abordagem mais completa e integral do fenômeno estudado usando informação qualitativa e quantitativa (a visão completa é mais significativa do que a de cada um de seus componentes).
4. Desenvolvimento: utilizar os resultados de um método para ajudar a mostrar ou informar ao outro método sobre diversas questões, como a amostragem, os procedimentos, a coleta e a análise dos dados. Um enfoque pode, inclusive, abastecer o outro de hipóteses e suporte empírico.
5. Iniciação: descobrir contradições e paradoxos, assim como obter novas perspectivas e estruturas de referência, e também a possibilidade de modificar a formulação original e os resultados de um método com perguntas e resultados do outro método.
6. Expansão: ampliar a abrangência e o alcance da indagação usando diferentes métodos para diferentes etapas do processo de pesquisa. Um método pode expandir ou ampliar o conhecimento obtido no outro.
7. Compensação: um método pode ver elementos que o outro não viu, os pontos fracos de cada um podem ser eliminados por sua "contrapartida".
8. Diversidade: obter pontos de vista variados, até mesmo divergentes, do fenômeno ou da formulação em estudo. Diferentes ópticas ("lentes") para estudar o problema.

Bryman (2007a; 2008) sugeriu 16 justificativas que podem reforçar, complementar ou especificar as pretensões anteriores, que são incluídas na Tabela 17.1 e na qual acrescentamos a de "clareza", baseados em Hernández Sampieri e Mendoza (2008):

✓ QUAL É O APOIO FILOSÓFICO DOS MÉTODOS MISTOS?

Filosófica e metodologicamente falando, os métodos mistos se fundamentam no *pragmatismo*, no qual podem ser admitidos quase todos os estudos e pesquisas quantitativos e qualitativos.

De acordo com Greene (2007), o "coração" do pragmatismo (e, portanto, da visão mista) é convidar vários "modelos mentais"[4] no mesmo espaço de busca para estabelecer um diálogo respeitoso e que os enfoques se alimentem mutuamente, além de coletivamente gerar um melhor sentido de compreensão do fenômeno estudado. O pragmatismo envolve uma multiplicidade de perspectivas, premissas teóricas, tradições metodológicas, técnicas de coleta e análise de dados, e entendimentos e valores que constituem os elementos dos modelos mentais.

Por pragmatismo devemos entender a busca de soluções práticas e trabalháveis para realizar pesquisa, utilizando os critérios e os desenhos mais apropriados para uma formulação, situação e contexto específico. Esse pragmatismo implica uma grande dose de pluralismo, em que se aceita que tanto o enfoque quantitativo como o qualitativo são muito úteis e frutíferos. Às vezes, essas duas aproximações ao conhecimento parecem ser contraditórias, mas talvez o que vemos como sendo contraditório seja simplesmente uma questão de *complementação* (Hernández Sampieri e Mendoza, 2008).

Quanto ao debate quantitativo-qualitativo, a óptica pragmática mostra que os temas-chave são ontológicos e epistemológicos. Os pesquisadores quantitativos percebem a "verdade" como algo que descreve uma realidade objetiva separada do observador e que espera ser descoberta. Os pesquisadores qualitativos estão interessados na natureza mutante da realidade, criada por meio das experiências das pessoas – uma realidade envolvente na qual o pesquisador e o fenômeno estudado são inseparáveis e interagem mutuamente –, e como o método quantitativo e o qualitativo representam dois paradigmas diferentes, *não* são equiparáveis nem proporcionais (Sale, Lohfeld e Brazil, 2008). Ambos os métodos nasceram e evoluíram de maneira bem desigual e hoje continuam representando paradigmas diferentes, mas o fato de que *não* sejam equiparáveis *não* impede que diversos métodos possam ser combinados em um só estudo, desde que seja para propósitos de complementação. Cada método considera diferentes perspectivas e arestas do fenômeno. Por exemplo, em um

TABELA 17.1
Justificativas/razões para o uso dos métodos mistos[5]

Justificativa	Refere-se a...
1. Triangulação ou aumento da validade	Contrastar dados QUAN e QUAL para corroborar/confirmar ou não os resultados e as descobertas visando maior validade interna e externa do estudo.
2. Compensação	Utilizar dados QUAN e QUAL para neutralizar os potenciais pontos fracos de algum dos métodos e fortalecer os pontos fortes de cada um.
3. Complementação	Obter uma visão mais compreensiva sobre a formulação no caso de se empregar ambos os métodos.
4. Extensão (processo mais integral)	Analisar os processos de maneira mais holística (contagem de sua ocorrência, descrição de sua estrutura e sentido de entendimento).
5. Multiplicidade (diferentes perguntas de pesquisa)	Responder diferentes perguntas de pesquisa (uma quantidade maior e com mais profundidade).
6. Explicação	Maior capacidade de explicação mediante a coleta e análise de dados QUAN e QUAL. Os resultados de um método ajudam a entender os resultados do outro.
7. Redução da incerteza diante de resultados inesperados	Um método (QUAN ou QUAL) pode ajudar a explicar os resultados inesperados do outro método.
8. Desenvolvimento	Criar um instrumento para coletar dados em um método baseado nos resultados do outro método, conseguindo assim um instrumento melhor e mais completo.
9. Amostragem	Facilitar a amostragem de casos de um método com o apoio do outro.
10. Credibilidade	Quando se utiliza ambos os métodos se reforça a credibilidade geral dos resultados e procedimentos.
11. Contextualização	Proporcionar ao estudo um contexto mais completo, profundo e amplo, mas ao mesmo tempo generalizável e com validade externa.
12. Ilustração	Exemplificar de outra maneira os resultados obtidos por um método.
13. Utilidade	Maior potencial de uso e aplicação de um estudo (pode ser útil para um maior número de usuários ou aprendizes).
14. Descoberta e confirmação	Usar os resultados de um método para gerar hipóteses que serão submetidas a teste com o outro método.
15. Diversidade	Conseguir uma variedade maior de perspectivas para analisar os dados obtidos na pesquisa (relacionar variáveis e encontrar seus significados).
16. Clareza	Ver relações "ocultas", que não foram detectadas com o uso de um só método.
17. Aperfeiçoamento	Consolidar as argumentações provenientes da coleta e análise dos dados por ambos os métodos.

estudo misto sobre a influência da família para ajudar na recuperação de certos doentes (nesse caso com artrite), o pesquisador quantitativo irá desenvolver formas de medir essa influência e seus efeitos, enquanto o pesquisador qualitativo irá se concentrar nas experiências e interações intensas do doente e sua família, em relação ao sofrimento e suas consequências.

O pragmatismo não pretende padronizar as visões dos pesquisadores, ele assume que estes possuem diferentes valores e crenças tanto pessoais como no que se refere aos enfoques de pesquisa, e quando juntamos essa diversidade não é um problema, mas um potencial ponto forte da pesquisa, principalmente quando as respostas não são simples nem claras. O pragmatismo é eclético (reúne diferentes estilos, opiniões e pontos de vista), inclui diversas técnicas quantitativas e qualitativas em uma só "*pasta*" e depois seleciona combinações de pressupostos, métodos e desenhos que se "encaixam" melhor na formulação do problema de interesse (Onwuegbuzie e Johnson, 2008).

O **pragmatismo** tem seus antecedentes iniciais no pensamento de diversos autores como Charles Sanders Peirce, William James e John Dewey. Ele adota uma posição equilibrada e plural que pretende melhorar a comunicação entre pesquisadores de diferentes paradigmas para, finalmente, aumentar o conhecimento (Johnson e Onwuegbuzie, 2004; Maxcy, 2003). Também ajuda a deixar claro como as abordagens da pesquisa podem ser mescladas de forma frutífera. A questão é que essa filosofia de pesquisa pode juntar o enfoque quantitativo e o qualitativo de uma tal forma que consegue oferecer as melhores oportunidades para enfrentar formulações significativas e importantes de pesquisa (Johnson e Onwuegbuzie, 2004).

> **PRAGMATISMO** Sugere usar o método mais apropriado para um estudo específico. É uma orientação filosófica e metodológica, como o positivismo, o pós-positivismo ou o construtivismo.

A lógica do pragmatismo (e, portanto, dos métodos mistos) inclui o uso da indução (ou descoberta de padrões), dedução (teste de teorias e hipóteses) e da abdução (apoiar-se e confiar no melhor conjunto de explicações para entender os resultados).

No CD anexo, Capítulo 12 "Ampliación y fundamentación de los métodos mixtos", o leitor poderá saber mais sobre o pragmatismo, se assim desejar.

✓ PROCESSO MISTO

Na verdade, não existe um processo misto, o fato é que em um estudo híbrido estão presentes diversos processos (Hernández Sampieri e Mendoza, 2008). As etapas nas quais o enfoque quantitativo e o qualitativo costumam ser integrados são fundamentalmente: na formulação do problema, no desenho de pesquisa, na amostragem, na coleta dos dados, nos procedimentos de análise dos dados e/ou na interpretação dos dados (resultados)[6]. Mas agora vamos comentar brevemente as etapas-chave para pesquisas mistas. No CD (Capítulo 12 "Ampliación y fundamentación de los métodos mixtos") ampliamos os conceitos e a informação sobre essas fases (incluindo mais exemplos).

Formulação de problemas mistos

Um estudo misto sólido começa com uma formulação do problema contundente e demanda claramente o uso e integração do enfoque quantitativo e do qualitativo, embora, como dizem Tashakkori e Creswell (2007), nem todas as perguntas de pesquisa e objetivos melhoram quando os métodos mistos são utilizados. Portanto, quando um projeto explora perguntas de pesquisa mistas com componentes ou aspectos qualitativos e quantitativos interligados, o produto final do estudo ou relatório (principalmente a discussão: conclusões e inferências) deverá incluir também as duas abordagens.

As formulações mistas nem bem começam a ser analisadas (Creswell e Plano Clark, 2007) e um assunto continua aberto ao debate: Como os pesquisadores delimitam as perguntas da pesquisa em um estudo misto? Devem ser formuladas como perguntas quantitativas e qualitativas separadas ou como uma pergunta ou um conjunto de perguntas mais gerais que englobam as duas (p. ex., perguntas que incluem "o que e como" ou "o que e por quê"?).

Os autores mais recentes e influentes nesse campo fizeram "um apelo" em nome de perguntas explícitas para métodos mistos, além das questões quantitativas e qualitativas separadas. Até esse momento, as possibilidades mais claras para formular perguntas nos estudos mistos são as seguintes[7]:

1. Escrever (formular) perguntas separadas tanto quantitativas como qualitativas acompanhadas de questões explícitas para métodos mistos (mais especificamente, perguntas sobre a natureza da integração). Por exemplo, em uma pesquisa que envolva a coleta simultânea de dados quantitativos e qualitativos (concomitante), uma pergunta poderia questionar: Será que os resultados e as descobertas quantitativas e qualitativas convergem? Em um estudo mais sequencial (em que primeiro há uma fase de coleta e análise QUAN e QUAL e depois uma segunda do outro enfoque, a pergunta poderia ser: De que forma o acompanhamento de descobertas qualitativas ajuda a explicar os resultados quantitativos iniciais? ou Como os resultados qualitativos explicam, ampliam e esclarecem as inferências quantitativas?
2. Redigir uma pergunta mista ou integrada (ou, ainda, um conjunto desse tipo de perguntas) e depois dividi-la(s) em perguntas derivadas ou "subperguntas" quantitativa(s) e qualitativa(s) separadas para responder cada etapa ou fase da pesquisa. Isso é mais comum nas pesquisas concomitantes ou em paralelo do que nas sequenciais[8]. Por exemplo, imagine que vamos estu-

dar as funções que têm para os jovens universitários de 21 a 27 anos frequentar bares, botecos, boates e equivalentes de alguma grande cidade sul-americana (Buenos Aires, Santa Fé de Bogotá, Santiago do Chile, Lima, Caracas, etc.). A pergunta geral poderia ser: Quais funções têm para os jovens estudantes frequentar boates e casas noturnas? E as subperguntas ou questões específicas poderiam ser: Por que eles vão a esses lugares? (QUAN) Que tipo de bebidas e alimentos eles consomem e em que quantidade? (QUAL) Quais funções específicas apresentam para ir? (p. ex., socialização, fuga, entretenimento, etc.) (QUAN) Como descrevem e caracterizam suas vivências e experiências nesses locais? (QUAL) Quais sentimentos expressam? (QUAL) Quão agradáveis e desagradáveis são essas experiências para eles? (QUAN).

Para responder, poderíamos realizar ao mesmo tempo observação aberta (QUAL) e entrevistas mistas semiestruturadas durante uma semana em boates e casas noturnas. Nas entrevistas poderiam ser formuladas algumas questões com categorias "fechadas". O estudo também se tornaria mais rico com uma pesquisa de levantamento (*survey*) e grupos focais em uma universidade típica.

Durante a pesquisa poderiam surgir novas perguntas em função dos resultados iniciais e dos interesses do pesquisador como: Quais condutas demonstram para se relacionar com outras pessoas do mesmo gênero e do gênero oposto (p. ex., trocar carícias, beijar-se, apenas conversar, dançar...)? Além disso, poderíamos aprofundar em casos individuais (biografias)[9].

Claro que é uma simplificação, mas esperamos que seja possível compreender o sentido das questões. Outro exemplo em um estudo concomitante ou simultâneo é proporcionado por Tashakkori e Creswell (2007). A pergunta mista poderia ser: Quais são os efeitos do tratamento X em certas condutas e percepções dos grupos A e B? As perguntas derivadas da pergunta mista geral poderiam ser: Os grupos A e B são ou não diferentes nas variáveis *Y* e *Z*? (QUAN) Quais são as percepções e construções dos participantes nos grupos A e B em relação ao tratamento X? (QUAL).

3. Escrever perguntas de pesquisa para cada fase de acordo com a evolução do estudo. Se a primeira etapa for quantitativa, o questionamento deverá ser delimitado como uma pergunta QUAN e sua resposta provisória será a hipótese. Se a segunda etapa for qualitativa, a pergunta será redigida como QUAL. Isso é mais usual nos estudos sequenciais.

As três práticas oferecem diferentes perspectivas, e o que os pesquisadores devem pensar é se devem incluir na formulação perguntas e objetivos para cada abordagem (QUAN e QUAL) ou se preferem perguntas e objetivos que enfatizem a natureza mista e a integração; ou, ainda, formulações que vão além das subperguntas quantitativas e qualitativas. O importante é deixar claro o que pretendemos pesquisar e a natureza mista do estudo em questão.

Do mesmo modo, ao situarmos os métodos mistos em um contínuo multidimensional, além de uma terceira opção adicionada à dicotomia qualitativa-quantitativa, criamos um dilema interessante: A mistura deve ou pode acontecer desde a formulação ou deve se limitar aos métodos do estudo (coleta e análise de dados e inferências – discussão)? Hernández Sampieri e Mendoza (2008) consideram que, de maneira explícita ou implícita, as abordagens QUAN e QUAL devem ser combinadas desde a formulação embora, conforme eles próprios dizem, o desenvolvimento do estudo geralmente irá produzir perguntas e objetivos adicionais.

Para deixar claras as formulações mistas, Teddlie e Tashakkori (2009) nos proporcionam um diagrama para ilustrar sua formulação, que é mostrado na Figura 17.3. Hernández Sampieri e Mendoza (2008) também exemplificam o diagrama com o caso de um estudo que esses pesquisadores estão começando a realizar na província Estado do México, México, sobre as experiências de pessoas que acabaram de se formar e seu processo de obtenção de emprego e os fatores que interferem nesse processo (ver Figura 17.4).

Vale dizer que o objetivo e a pergunta mistos incluem um elemento qualitativo (contextualizar) e um quantitativo (afetar, efeitos). Também poderia ser proposto outro objetivo misto e sua correspondente pergunta (com valor metodológico): desenvolver instrumentos que meçam e ponderem os fatores que afetam a obtenção de emprego pelos recém-formados das universidades do Estado do México, e caracterizem suas experiências.

Quanto à justificativa, Creswell (2009) sugere que o pesquisador esboce uma história bem curta sobre a evolução dos métodos mistos e inclua uma definição, já que estes são relativamente novos nas ciências. Hernández Sampieri e Mendoza (2008) consideram que isso somente deverá ser

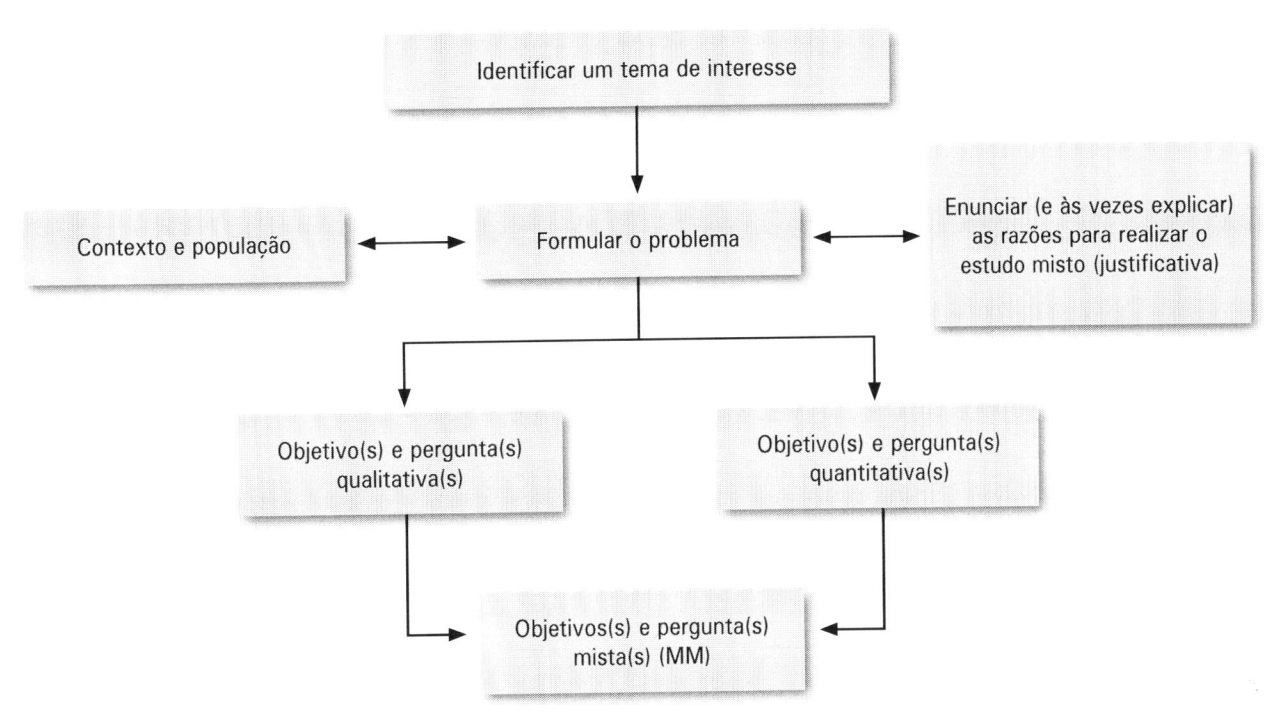

FIGURA 17.3 Fluxo do processo de formular problemas de pesquisa mista.

feito quando a formulação for apresentada diante de uma comunidade pouco ou não familiarizada com esse tipo de indagação. Na prática, alguns autores fazem isso no início da revisão da literatura.

A estrutura seria mais ou menos a seguinte:

Na área de... (DISCIPLINA NA QUAL NOSSO ESTUDO É INSERIDO, POR EXEMPLO: Psicologia Clínica) os estudos mistos têm se multiplicado aceleradamente. Para demonstrar isso temos... (CITAR TRÊS OU QUATRO EXEMPLOS DE REFERÊNCIAS MISTAS DENTRO DA ÁREA COM UMA BREVE EXPLICAÇÃO, SE ELES ABORDARAM O MESMO QUE O NOSSO OU PARECIDO, MELHOR).

Os métodos mistos podem ser definidos... (DEFINIÇÃO OU DEFINIÇÕES, COM REFERÊNCIAS).

Os métodos mistos envolvem... (AMPLIAR SUA EXPLICAÇÃO, COM REFERÊNCIAS). Entre suas funções temos a... (ALGUMAS FUNÇÕES, COM CITAÇÕES).

Dentro da... (DISCIPLINA NA QUAL O ESTUDO É INSERIDO) se... (COMENTAR O QUE FOI FEITO EM PESQUISAS PARECIDAS OU SIMILARES: MÉTODO – INCLUINDO DESENHO – AMOSTRA, COLETA DE DADOS, RESULTADOS FUNDAMENTAIS...).

Revisão da literatura

Na maioria dos estudos mistos realizamos uma revisão exaustiva e completa da literatura apropriada para a formulação do problema, da mesma forma que é feito com pesquisas quantitativas e qua-

```
┌─────────────────────────────────────────────────────────┐
│ Experiências dos universitários recém-formados no       │
│ processo de obter emprego e os fatores que interferem   │
│ nesse processo.                                         │
└─────────────────────────────────────────────────────────┘
                            │
                            ▼
┌──────────────────┐   ┌──────────────────┐   • Triangular dados qualitati-
│ Estado do México,│◄─►│ Formular o       │◄─►  vos e quantitativos
│ México.          │   │ problema         │   • Complementação
│ Recém-formados em│   │                  │   • Extensão
│ 2009-2010        │   │                  │   • Multiplicidade
└──────────────────┘   └──────────────────┘   • Explicação
```

QUAL:

Descrever as experiências dos recém-formados de universidades mexicanas no processo de obter emprego.

Como podem ser descritas e caracterizadas as experiências de obtenção de emprego dos recém--formados de universidades mexicanas?

O que podemos aprender com as reflexões dos universitários recém-formados sobre a busca e obtenção de emprego explorando seus pontos de vista?

Quais fatores os jovens acham que mais interferem na obtenção de emprego?

QUAN:

Analisar o impacto que têm na obtenção de emprego a média geral conseguida na carreira, os anos de experiência em trabalhos anteriores, o nível do inglês, a universidade de procedência (pública-particular), o *status* socioeconômico e o nível da relação com empregadores, no caso de recém-formados de universidades mexicanas.

Será que a média geral conseguida na carreira, os anos de experiência em trabalhos anteriores, o nível do inglês, a universidade de procedência, o status socioeconômico e o nível da relação com empregadores terão um impacto na obtenção de emprego pelos recém-formados de universidades mexicanas?

MM:

Gerar um modelo que explique os fatores que contextualizam e interferem na obtenção de emprego pelos recém-formados de universidades mexicanas.

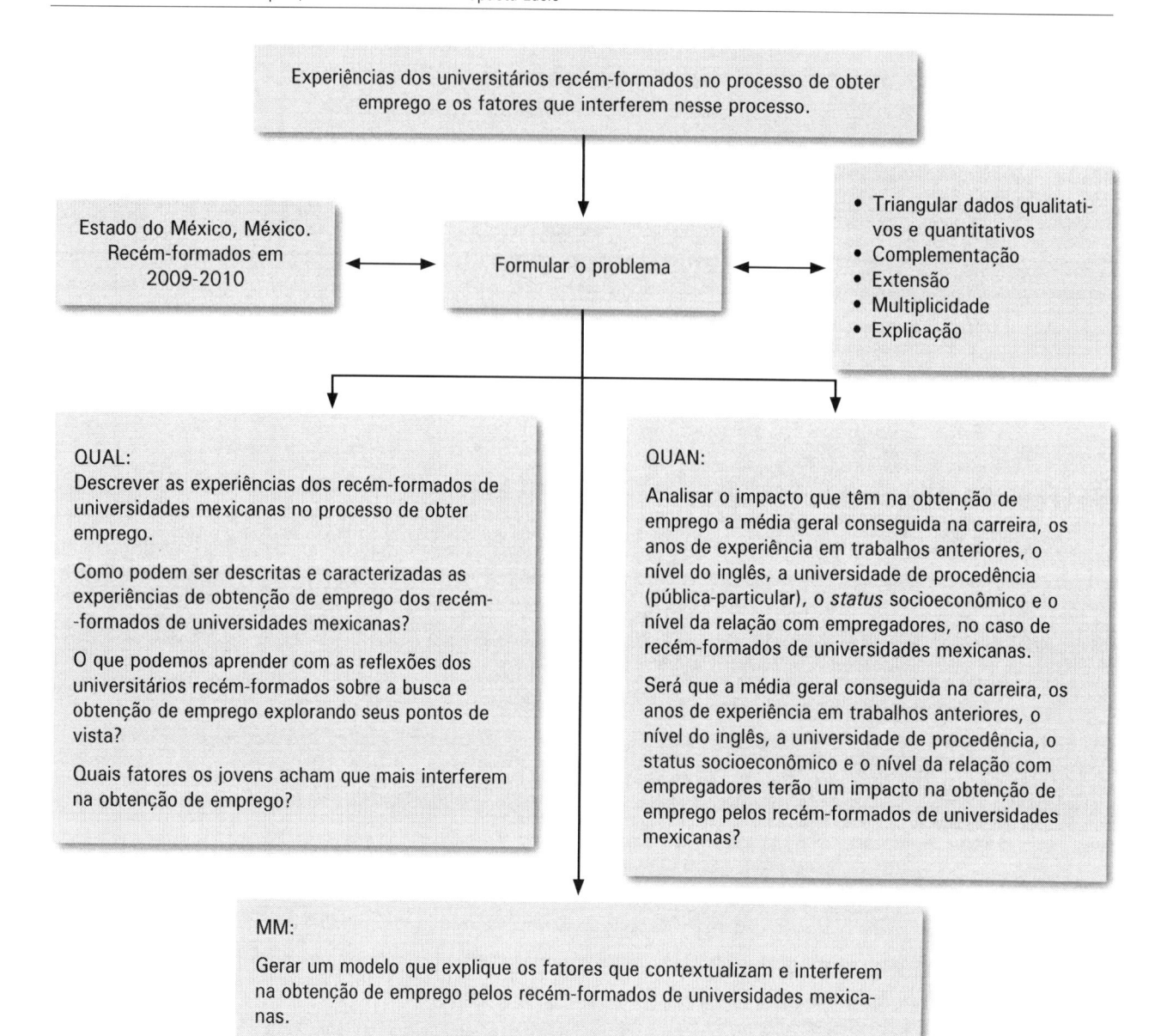

Quais fatores contextualizam e interferem na obtenção de emprego pelos recém-formados de universidades mexicanas?

FIGURA 17.4 Exemplo do processo de formulação de problemas de pesquisa mista.

litativas (ver Capítulo 4 deste livro e Capítulo 3 do CD anexo). É necessário incluir referências quantitativas, qualitativas e mistas.

Além da revisão da literatura e do consequente desenvolvimento de um marco teórico, temos a questão da "teorização", isto é, se o estudo é guiado ou não por uma perspectiva teórica com maior alcance (Creswell, 2009). Pode ser uma teoria das ciências (p. ex.: teoria da atribuição em Psicologia, teoria de usos e gratificações em Comunicação, teoria do valor em Economia, teoria da motivação intrínseca no estudo do comportamento humano no trabalho, teoria de Hammer sobre o câncer) ou um enfoque teórico transformador como a "pesquisa-ação participativa". Como diz Creswell (2009), todos os pesquisadores se fundamentam em teorias, estruturas de referência e/ou perspectivas para a realização de seus estudos, e estas podem ser mais ou menos explícitas nas pesquisas mistas. Hernández Sampieri e Mendoza (2008) recomendam que sejam explicitadas com clareza, pois os métodos mistos são relativamente novos na América Latina. As teorias orientam sobre os tipos de formulações que podem ser geradas, quem devem ser os participantes do estudo, que tipos de dados são adequados coletar e analisar e de que modo, e as implicações em função da pesquisa.

Os enfoques transformadores também orientam todo o conjunto de processos mistos.

Hipóteses

Nos métodos mistos, as hipóteses são incluídas "na e para" a etapa ou fase quantitativa, quando com nossa pesquisa pretendemos confirmar ou comprovar; e são um produto da fase qualitativa (que geralmente tem um caráter exploratório no enfoque híbrido). Resta dizer que na maioria dos estudos mistos surgem novas hipóteses ao longo da indagação.

Desenhos

Na verdade, cada estudo misto envolve um trabalho único e um desenho próprio. Certamente é uma tarefa "artesanal"; no entanto, realmente podemos identificar modelos gerais de desenhos que combinam os métodos quantitativo e qualitativo e que orientam a construção e o desenvolvimento do desenho específico (Hernández Sampieri e Mendoza, 2008). Assim, o pesquisador escolhe um desenho misto geral e depois desenvolve um desenho específico para seu estudo.

Para escolher o desenho misto apropriado, o pesquisador precisa responder às seguintes perguntas e refletir sobre as respostas:

1. Que tipo de dados têm prioridade: os quantitativos, os qualitativos ou os dois de maneira igual?
2. O que é mais apropriado para o estudo em questão: coletar os dados quantitativos e qualitativos de maneira simultânea (ao mesmo tempo) ou sequencial (primeiro um tipo de dados e depois o outro)?
3. Qual é o objetivo principal da integração dos dados quantitativos e qualitativos? Por exemplo: triangulação, complementação, exploração ou explicação.
4. Em qual parte do processo, fase ou nível é mais apropriado iniciar e desenvolver a estratégia mista? Por exemplo: desde e/ou durante a formulação do problema, no desenho de pesquisa, coleta dos dados, análise dos dados, interpretação de resultados ou elaboração do relatório de resultados.

> Quatro perguntas que o pesquisador deve se fazer ao escolher ou desenvolver um desenho misto:
>
> 1. Qual enfoque terá prioridade? (Ao determinar o desenho no método)
> 2. Qual sequência deverá ser escolhida? (Antes de implementá-lo)
> 3. Qual é ou quais são os objetivos principais da integração dos dados quantitativos e qualitativos? (Ao formular o problema)
> 4. Em qual etapa do processo de pesquisa os enfoques serão integrados? (Antes da implementação ou durante a implementação)

Vamos analisar as possíveis respostas e suas implicações para os desenhos.

1. Prioridade ou peso

Esse elemento se refere a determinar qual dos dois métodos terá maior peso ou primazia no estudo ou, ainda, se ambos terão a mesma prioridade. Isso depende dos interesses do pesquisador, delineados na formulação do problema. Às vezes, um método (menor peso) é utilizado simplesmente para validar os resultados do método com maior prioridade.

2. Sequência ou tempos dos métodos ou componentes

Ao elaborar a proposta mista e gerar o desenho misto, o pesquisador precisa considerar os tempos dos métodos de estudo, principalmente no que se refere à amostragem, coleta e análise dos dados, assim como à interpretação de resultados. Nesse sentido, os componentes ou métodos podem ser executados de maneira *sequencial* ou *concomitante* (simultaneamente). Isso é mostrado na Figura 17.5.

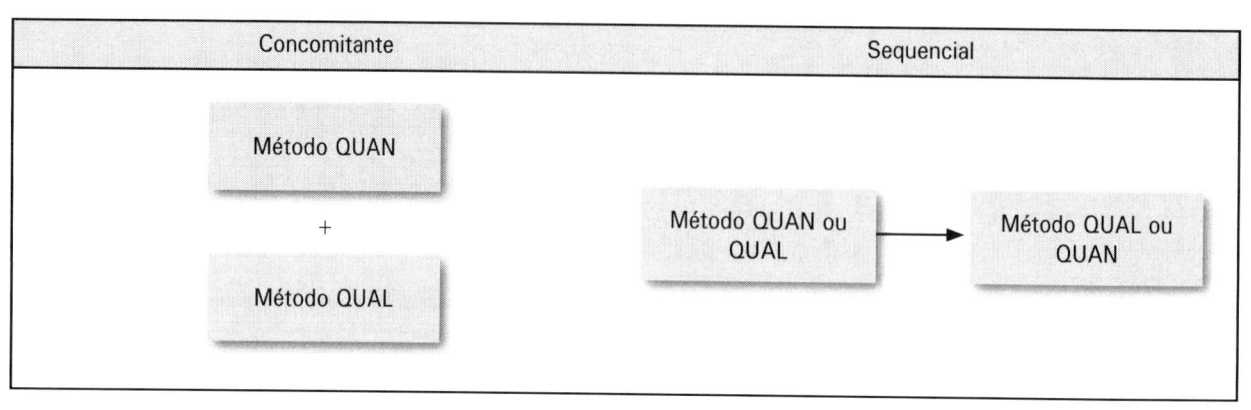

FIGURA 17.5 Tempos dos métodos de um estudo misto.

Execução concomitante

Ambos os métodos são aplicados de maneira simultânea (os dados quantitativos e qualitativos são coletados e analisados mais ou menos ao mesmo tempo). Claro que sabemos de antemão que, geralmente, os dados qualitativos precisam de mais tempo para obtenção e análise.

Os desenhos concomitantes envolvem quatro condições (Onwuegbuzie e Johnson, 2008):

i) Os dados quantitativos e qualitativos são coletados paralelamente e de forma separada.
ii) Nem a análise dos dados quantitativos nem a dos dados qualitativos é construída com base em outra análise.
iii) Os resultados de ambos os tipos de análise não são consolidados na fase de interpretação dos dados de cada método, somente quando os dois conjuntos de dados foram coletados e analisados de maneira separada é que realizamos a consolidação.
iv) Após a coleta e interpretação dos dados dos componentes QUAN e QUAL, efetuamos uma ou várias "metainferências" que integram as inferências e conclusões dos dados e resultados quantitativos e qualitativos realizadas de maneira independente.

Esses desenhos concomitantes (sem sequência, em paralelo), em relação aos seus processos, são ilustrados por Teddlie e Tashakkori (2006 e 2009) da mesma forma que é mostrada na Figura 17.6.[10]

Execução sequencial

Na primeira etapa coletamos e analisamos dados quantitativos ou qualitativos, e em uma segunda fase coletamos e analisamos dados do outro método. Normalmente, quando coletamos primeiro os dados qualitativos a intenção é explorar a formulação com um grupo de participantes em seu contexto, para depois ampliar o entendimento do problema em uma amostra maior e poder efetuar generalização para a população (Creswell, 2009).

Nos desenhos sequenciais, os dados coletados e analisados em uma fase do estudo (QUAN ou QUAL) são utilizados para coletar informação para a outra fase do estudo (QUAL ou QUAN). Aqui, a análise começa antes que todos os dados sejam coletados (Onwuegbuzie e Johnson, 2008).

Esses desenhos podem ser aplicados ao que Chen (2006) denomina avaliações guiadas por teoria, por meio de duas estratégias:

a) Mudança de estratégia (p. ex., primeiro aplicar métodos qualitativos para "clarear" e produzir teoria fundamentada e depois utilizar métodos quantitativos para "aquilatá-la").

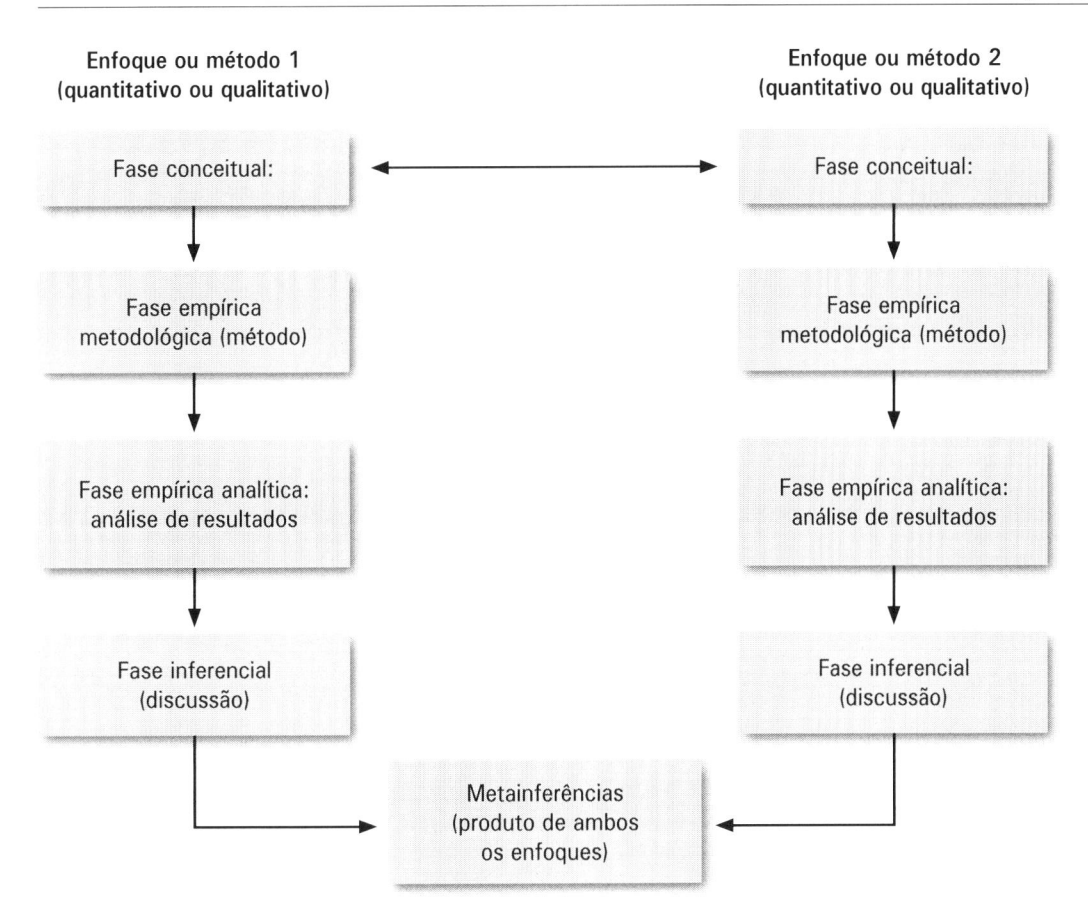

```
Enfoque ou método 1                              Enfoque ou método 2
(quantitativo ou qualitativo)                    (quantitativo ou qualitativo)

    ┌─────────────────┐                             ┌─────────────────┐
    │ Fase conceitual:│ ◄──────────────────────►    │ Fase conceitual:│
    └────────┬────────┘                             └────────┬────────┘
             ▼                                               ▼
    ┌─────────────────┐                             ┌─────────────────┐
    │ Fase empírica   │                             │ Fase empírica   │
    │ metodológica    │                             │ metodológica    │
    │ (método)        │                             │ (método)        │
    └────────┬────────┘                             └────────┬────────┘
             ▼                                               ▼
    ┌─────────────────┐                             ┌─────────────────┐
    │ Fase empírica   │                             │ Fase empírica   │
    │ analítica:      │                             │ analítica:      │
    │ análise de      │                             │ análise de      │
    │ resultados      │                             │ resultados      │
    └────────┬────────┘                             └────────┬────────┘
             ▼                                               ▼
    ┌─────────────────┐                             ┌─────────────────┐
    │ Fase inferencial│                             │ Fase inferencial│
    │ (discussão)     │                             │ (discussão)     │
    └────────┬────────┘                             └────────┬────────┘
             │           ┌──────────────────┐                │
             │           │ Metainferências  │                │
             └──────────►│ (produto de ambos│◄───────────────┘
                         │   os enfoques)   │
                         └──────────────────┘
```

FIGURA 17.6 Processos dos desenhos mistos concomitantes.

b) Estratégia contextual "dissimulada" (p. ex., utilizar uma abordagem qualitativa para coletar informação do contexto com a finalidade de facilitar a interpretação de dados quantitativos ou "reconciliar" descobertas).

Os desenhos sequenciais são caracterizados graficamente, em relação aos seus processos, na Figura 17.7.

3. Propósito essencial da integração dos dados

Um dos propósitos mais importantes de diversos estudos mistos é a transformação de dados para sua análise. Segundo Teddlie e Tashakkori (2009), isso implica que um tipo de dados é transformado em outro (qualificar dados quantitativos ou quantificar dados qualitativos) e depois os dois conjuntos de dados são analisados utilizando uma análise tanto QUAN como QUAL. Isso dá origem a um tipo de desenho denominado "de transformação", cujo processo é representado na Figura 17.8.

4. Etapas do processo de pesquisa nas quais os enfoques serão integrados

Em quais etapas devemos integrar os enfoques QUAN e QUAL em um estudo misto? Conforme já dissemos, a combinação entre o método quantitativo e o qualitativo pode ocorrer em vários níveis. Em algumas situações a mistura pode "ir tão longe" como incorporar ambos os enfoques em todo

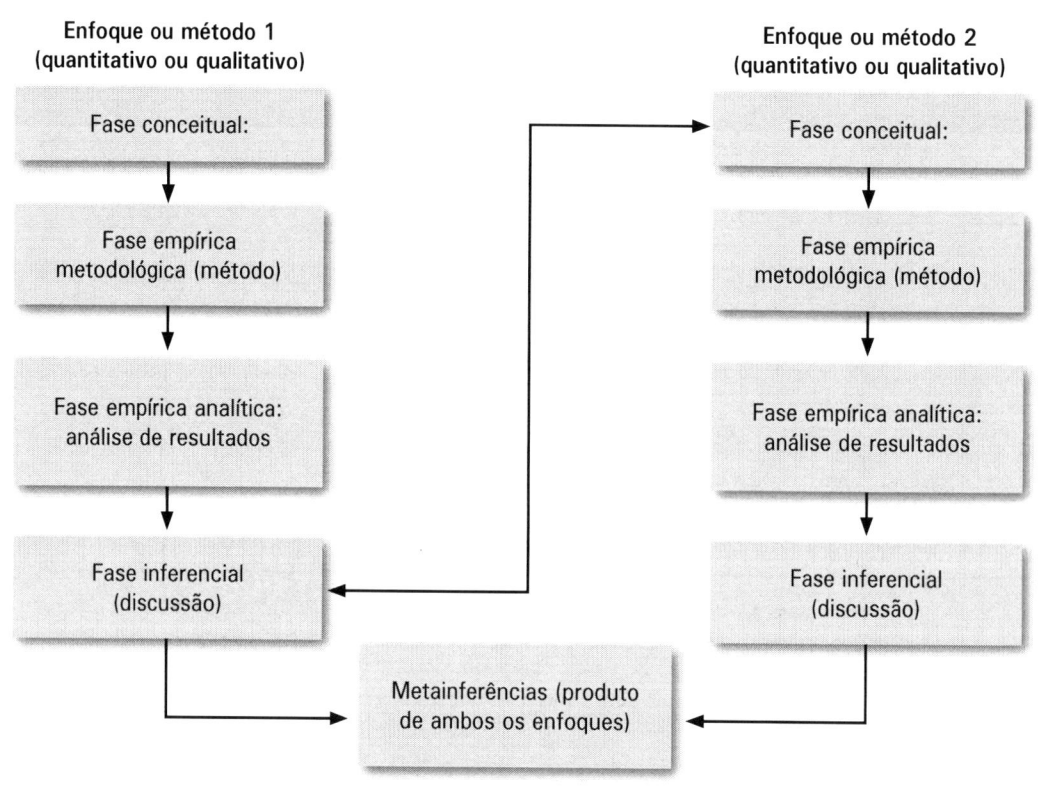

Enfoque ou método 1
(quantitativo ou qualitativo)

- Fase conceitual:
- Fase empírica metodológica (método)
- Fase empírica analítica: análise de resultados
- Fase inferencial (discussão)

Enfoque ou método 2
(quantitativo ou qualitativo)

- Fase conceitual:
- Fase empírica metodológica (método)
- Fase empírica analítica: análise de resultados
- Fase inferencial (discussão)

Metainferências (produto de ambos os enfoques)

FIGURA 17.7 Processos dos desenhos mistos sequenciais.

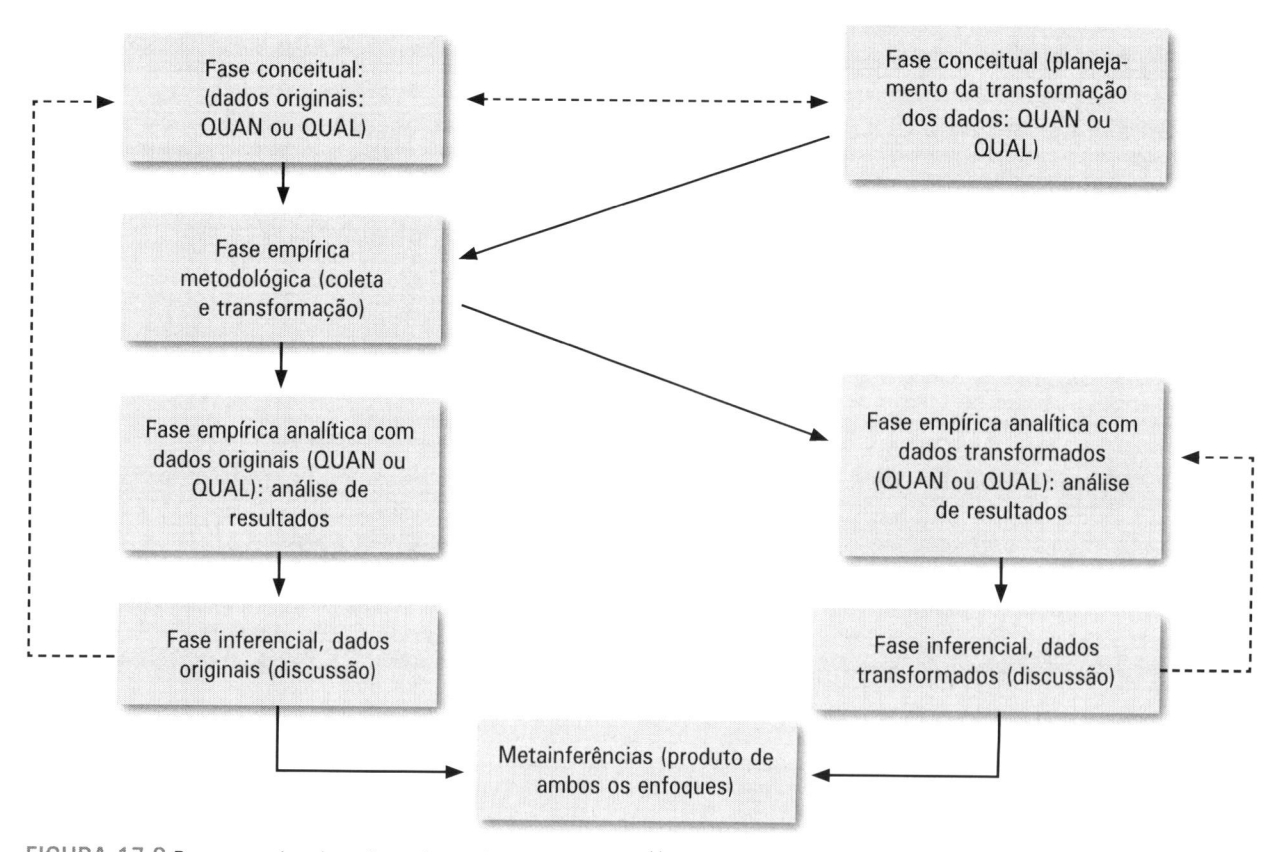

- Fase conceitual: (dados originais: QUAN ou QUAL)
- Fase conceitual (planejamento da transformação dos dados: QUAN ou QUAL)
- Fase empírica metodológica (coleta e transformação)
- Fase empírica analítica com dados originais (QUAN ou QUAL): análise de resultados
- Fase empírica analítica com dados transformados (QUAN ou QUAL): análise de resultados
- Fase inferencial, dados originais (discussão)
- Fase inferencial, dados transformados (discussão)

Metainferências (produto de ambos os enfoques)

FIGURA 17.8 Processos dos desenhos mistos de transformação.[11]

o processo de pesquisa. Nesse último caso temos um tipo de desenho que Hernández Sampieri e Baptista (2006) denominaram *desenhos mistos complexos*, e Hernández Sampieri e Mendoza (2008) "rebatizaram" como *desenhos mistos de integração de processos*, que representam o nível mais elevado de combinação entre o enfoque *qualitativo e o quantitativo*. Nestes, as duas abordagens se entremesclam em todo o processo de pesquisa ou, ao menos, na maioria de suas etapas. É necessário ter total domínio dos dois métodos e uma mentalidade aberta. Acrescenta complexidade ao desenho de estudo, mas oferece todas as vantagens de cada um dos enfoques. A pesquisa oscila entre os esquemas de pensamento indutivo e dedutivo, mas nesse processo o pesquisador precisa ser extremamente dinâmico.

Algumas das características desses desenhos são:

- Os dados quantitativos e qualitativos são coletados em vários níveis, de maneira simultânea ou em diferentes sequências, às vezes os dois tipos de dados são combinados e transformados para se chegar a novas variáveis e temas para futuros testes ou explorações (Hernández Sampieri e Mendoza, 2008).
- As análises quantitativas e qualitativas são realizadas sobre os dados de ambos os tipos durante todo o processo. As categorias quantitativas são comparadas com temas e diversos contrastes são estabelecidos.
- Outros desenhos específicos podem ser incluídos no mesmo estudo como, por exemplo, um experimento.
- Os resultados definitivos são relatados no final, embora possam ser elaborados relatórios parciais.
- O processo é completamente iterativo.
- São desenhos para lidar com problemas extremamente complexos.
- Os resultados podem ser generalizados e é possível desenvolver ao mesmo tempo teoria emergente e testar hipóteses, explorar, etc.

Teddlie e Tashakkori (2009) e Hernández Sampieri e Mendoza (2008) os ilustram como podemos ver na Figura 17.9.

O peso ou prioridade, a sequência, o propósito essencial da combinação dos dados e as etapas do processo de pesquisa nas quais os enfoques serão integrados são os elementos básicos para delinear o desenho específico de acordo com a maioria dos autores. No entanto, Creswell (2009) acrescenta um quinto fator, que denomina *teorização* (não se refere a se apoiar em um marco ou perspectiva teórica, mas a se guiar por um enfoque teórico transformador, como o *feminismo* ou a *concepção emancipadora*). Esse metodologista resume em uma matriz a tomada de decisões para essa escolha em função de quatro dos fatores, que é mostrada na Tabela 17.2.

✓ DESENHOS MISTOS ESPECÍFICOS

No desenvolvimento dos métodos mistos foram criadas diversas classificações; em função do espaço vamos incluir somente uma tipologia, a de Hernández Sampieri e Mendoza (2008), que é derivada dos esquemas anteriores (concomitantes, sequenciais, de transformação e integração)[12]. Mas, antes de mostrá-la é preciso revisar a simbologia ou notação que costuma ser utilizada atualmente para visualizar os desenhos mistos e que é muito útil para que os pesquisadores demonstrem seus procedimentos[13]:

- Primeiramente se abrevia o método ou estratégia. Em português é: QUAN (quantitativo) / QUAL (qualitativo).
- "+" indica uma forma de coleta e/ou análise dos dados, concomitante ou em paralelo.
- "→" significa uma forma de coleta ou análise dos dados sequencial.
- "O" implica que o desenho pode ter dois formatos.
- Quando um método tem um peso ou prioridade maior na coleta de dados, na análise destes e em sua interpretação, ele é escrito em maiúscula (QUAN ou QUAL); e quando o peso é menor é escrito em minúscula (qual ou quan). Implica ênfase (Creswell, 2009).

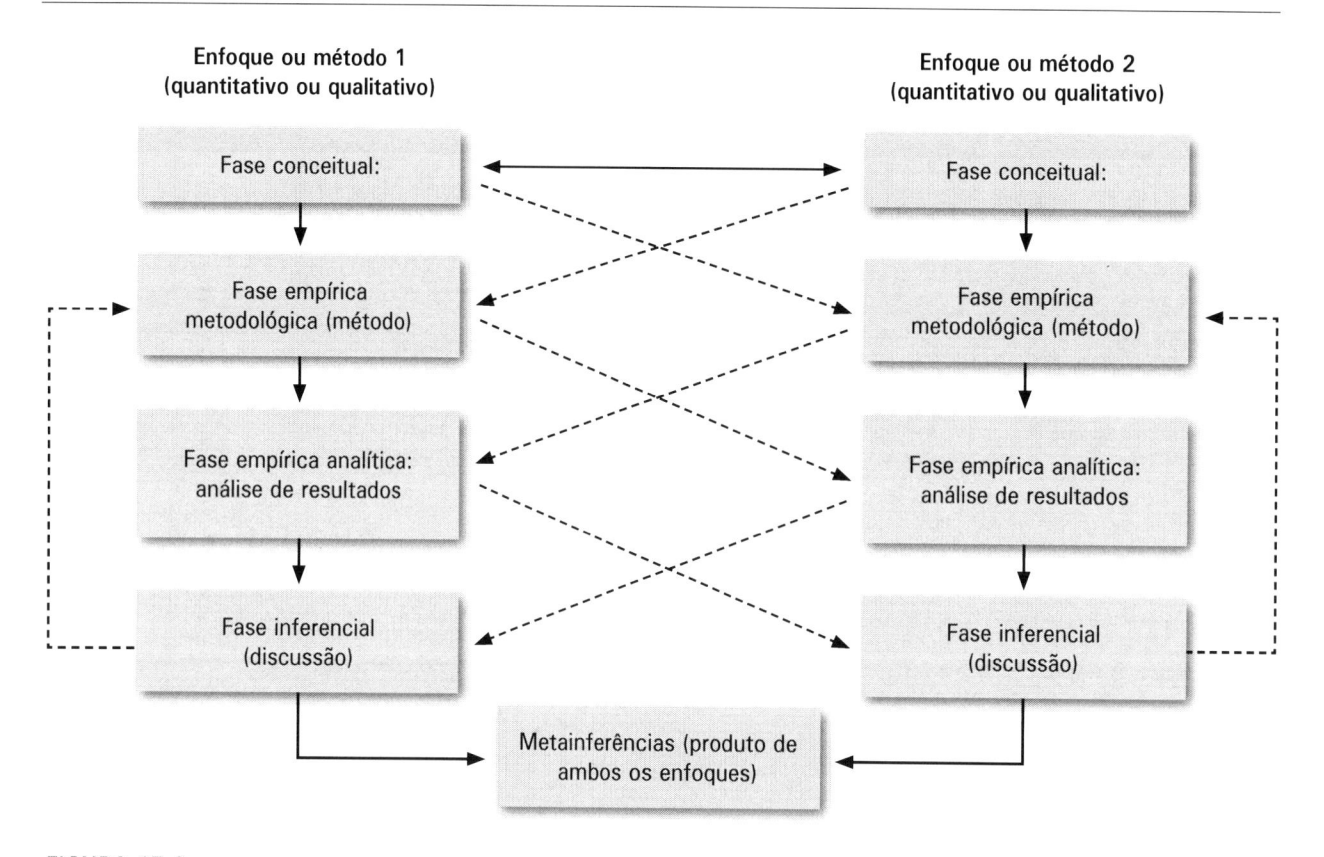

```
        Enfoque ou método 1                                    Enfoque ou método 2
       (quantitativo ou qualitativo)                          (quantitativo ou qualitativo)

              Fase conceitual:      ←---------------→              Fase conceitual:
                    ↓                                                    ↓
              Fase empírica         ←---------------→              Fase empírica
         metodológica (método)                                metodológica (método)
                    ↓                                                    ↓
           Fase empírica analítica: ←---------------→          Fase empírica analítica:
             análise de resultados                              análise de resultados
                    ↓                                                    ↓
              Fase inferencial      ←---------------→              Fase inferencial
                (discussão)                                          (discussão)
                         ↘                                    ↙
                            Metainferências (produto de
                                ambos os enfoques)
```

FIGURA 17.9 Processos dos desenhos mistos de integração.

- Uma notação QUAN/qual indica que o método qualitativo está aninhado ou embutido no método quantitativo.
- As formas ☐ se referem à coleta e análise de dados quantitativos ou qualitativos.

TABELA 17.2
Elementos para decidir o desenho geral apropriado[14]

Tempos	Prioridade ou peso	Mescla	Teorização
Concomitante (não existe sequência)	Igual	Integrar ambos os métodos	
Sequencial: primeiro o método qualitativo	Qualitativo (QUAL)	Conectar um método com outro	Explícita
Sequencial: primeiro o método quantitativo	Quantitativo (QUAN)	Embutir um método dentro de outro	Implícita

1. Desenho exploratório sequencial (DEXPLOS)[15]

O desenho envolve uma fase inicial de coleta e análise de dados qualitativos seguida de outra na qual coletamos e analisamos dados quantitativos. Existem duas modalidades do desenho que dependem de sua finalidade (Hernández Sampieri e Mendoza, 2008; Creswell et al., 2008):

a) *Derivativa*. Nessa modalidade, a coleta e a análise dos dados quantitativos são elaboradas com base nos resultados qualitativos. A dupla mescla acontece quando unimos a análise qualitativa dos dados e a coleta de dados quantitativos. A interpretação final é produto da integração e comparação de resultados qualitativos e quantitativos. O foco essencial do desenho é efetuar uma exploração inicial da formulação. Creswell (2009) comenta que o DEXPLOS é apropriado quando procuramos testar elementos de uma teoria emergente produto da fase qualitativa e pretendemos generalizá-la para diferentes amostras. Morse (1991) destaca outra finalidade do desenho nessa vertente: determinar a distribuição de um fenômeno dentro de uma população selecionada. O DEXPLOS também é utilizado quando o pesquisador precisa desenvolver um instrumento padronizado porque as ferramentas existentes são inadequadas ou não estão à disposição. Nesse caso é útil usar um desenho exploratório sequencial de três etapas:

1. Coletar dados qualitativos e analisá-los.
2. Utilizar os resultados para construir um instrumento quantitativo (os temas ou categorias emergentes podem ser as variáveis e os segmentos de conteúdo que exemplificam as categorias podem ser os itens, ou podemos gerar reativos para cada categoria).
3. Administrar o instrumento para uma amostra probabilística de uma população para validá-lo.

b) *Comparativa*. Nesse caso, na primeira fase coletamos e analisamos dados qualitativos para explorar um fenômeno, gerando uma base de dados; posteriormente, na segunda etapa coletamos e analisamos dados quantitativos e obtemos outra base de dados (essa última fase não é totalmente construída com base na primeira, como na modalidade derivativa, o que fazemos é considerar os resultados iniciais: erros na escolha de tópicos, áreas difíceis de explorar, etc.). As descobertas de ambas as etapas são comparadas e integradas na interpretação e elaboração do relatório do estudo. Podemos dar prioridade ao qualitativo ou ao quantitativo, ou ainda dar o mesmo peso, sendo o mais comum o primeiro (QUAL). Em certos casos é possível dar prioridade ao quantitativo, por exemplo: quando o pesquisador tenta fundamentalmente conduzir um estudo QUAN, mas precisa começar coletando dados qualitativos para identificar ou restringir a dispersão das possíveis variáveis e enfocá-las. Mas os dados qualitativos são sempre coletados antes. Em ambas as modalidades, os dados e resultados quantitativos ajudam o pesquisador na interpretação das descobertas de ordem qualitativa.

Ele é útil para quem busca explorar um fenômeno, mas que também quer expandir os resultados.

Uma grande vantagem do DEXPLOS está no fato de que é relativamente mais fácil de implementar porque as etapas são claras e diferenciadas. Ele também é mais simples de descrever e relatar (Creswell, 2009). Sua desvantagem é que exige tempo, principalmente na modalidade derivativa, já que o pesquisador deve esperar que os resultados de uma etapa tenham sido analisados cuidadosamente para realizar a seguinte.

Seu formato geral é o mostrado na Figura 17.10.

Exemplos desse desenho são as seguintes pesquisas[16]:

QUAL → QUAN

Coleta de dados qualitativos → Análise qualitativa → Coleta de dados quantitativos → Análise quantitativa → Interpretação da análise completa (total)

FIGURA 17.10 Esquema do desenho exploratório sequencial (DEXPLOS).

a) Modalidade derivativa

> **Exemplo**
>
> **A integração entre empresas**
>
> Alejos (2008) realizou um estudo DEXPLOS com a finalidade de analisar se os micros, pequenos e médios empresários estavam dispostos a se integrar com outros para fazer alianças, compartilhar recursos e esforços, e resolver juntos seus problemas (o que se denomina "modelo integrador"). Seu contexto foi a cidade de Celaya, Guanajuato, México.
>
> Sua primeira etapa foi qualitativa e coletou dados de duas fontes utilizando entrevistas semiestruturadas:
>
> - Primeira fonte: entrevistou os responsáveis da área de desenvolvimento econômico e seus principais colaboradores nos três níveis de governo (federal: Representante em Guanajuato do Ministério da Economia; estatal ou provincial: Secretaria de Desenvolvimento Econômico do Estado de Guanajuato; e municipal: Órgão de Desenvolvimento do Município de Celaya), com a finalidade de conhecer os tipos de apoios governamentais oferecidos para as empresas para que possam se integrar. Os resultados serviram para que ele encontrasse categorias e temas emergentes sobre o apoio aos empresários para se unirem e obter o ponto de vista das autoridades sobre o problema em estudo. Alguns temas que surgiram da análise qualitativa foram, por exemplo, o de "apoios solicitados pelos empresários" e o de "participação das empresas em Celaya para formar redes empresariais".
> - Segunda fonte: enviou um questionário semiestruturado por *e-mail* com perguntas fechadas e abertas dirigido a proprietários ou diretores de micro, pequenas e médias empresas que tivessem participado de experiências de integração com outras organizações (fez isso com 34 casos no estado de Guanajuato, incluindo Celaya). Na maioria das vezes foi necessário ampliar a informação utilizando contato telefônico. Assim, obteve dados quantitativos, como o número de empregados que trabalhavam nas empresas integradoras (conjunto de empresas unidas), se era ou não necessário conhecer previamente os futuros sócios, a média de vendas, etc. para que a integração funcionasse; e dados qualitativos sobre as experiências na formação da empresa integradora, conflitos, processos de integração entre sócios e outros aspectos.
>
> Dos resultados qualitativos e alguns quantitativos (estatísticos), e com a ajuda de especialistas em áreas econômicas (incluindo funcionários da Secretaria da Economia), desenhou uma pesquisa de levantamento padronizada – agora mais enfocada – sobre diversas variáveis para determinar o grau de aceitação de uma possível integração, que aplicou utilizando entrevista pessoal em uma amostra probabilística de 420 empresários de Celaya.
>
> No final, respondeu suas perguntas de pesquisa e gerou um modelo para explicar o fenômeno da integração entre médios e pequenos empresários.

Nota: No CD anexo, material complementar, Capítulo 12 "Ampliación y fundamentación de los métodos mixtos", o leitor encontrará outro exemplo desse desenho e modalidade (o de uma comunidade religiosa que na edição anterior estava no Capítulo 17).

b) Modalidade comparativa

> **Exemplo**
>
> **Propagandas políticas em campanhas presidenciais**
>
> Parmelee, Perkins e Sayre (2007) analisaram como e por que as propagandas políticas sobre os candidatos das campanhas presidenciais de 2004 nos Estados Unidos não conseguiram "fazer conexão" com os jovens adultos universitários. Os pesquisadores coletaram e analisaram – utilizando grupos focais qualitativos – dados de 32 estudantes de um *campus* e depois compararam os temas qualitativos emergentes com análise

de conteúdo quantitativo de pouco mais de 100 propagandas de George W. Bush e John Kerry (as categorias qualitativas que surgiram serviram somente, em parte, de fundamento para o desenvolvimento das categorias-base para a análise de conteúdo padronizado). A pesquisa utilizou um desenho sequencial para explicar a falha. Entre outras questões, nos grupos focais a intenção era avaliar como os estudantes interpretavam o valor da propaganda política, e descobriram que estes haviam sido afastados pelo esforço comunicativo. Ao não selecionar temáticas e pessoas com as quais poderiam se identificar, a propaganda minimizou a importância dos jovens eleitores e não foram percebidas como relevantes para eles. A pesquisa fez sugestões para criar mensagens mais persuasivas e que conectem os candidatos com públicos mais jovens. O esquema do estudo poderia ser representado como na Figura 17.11.

Grupos focais (QUAL)
Categorias e temas emergentes dos participantes

Análise de conteúdo (QUAN)
Categorias e subcategorias para enquadrar o conteúdo das propagandas

FIGURA 17.11 Visão gráfica do estudo sobre propagandas políticas e seu impacto em jovens adultos.

Creswell (2009) e Hernández Sampieri e Mendoza (2008) sugerem sempre ver o desenho real com as respectivas técnicas de coleta utilizadas.

2. Desenho explicativo sequencial (DEXPLIS)

O desenho se caracteriza por uma primeira etapa na qual coletamos e analisamos dados quantitativos, seguida de outra em que recolhemos e avaliamos dados qualitativos. A mistura, nesse caso a mista, ocorre quando os resultados quantitativos iniciais apoiam a coleta dos dados qualitativos. Vale lembrar que a segunda fase é construída sobre os resultados da primeira. Finalmente, as descobertas de ambas as etapas são integradas na interpretação e elaboração do relatório do estudo. É possível dar prioridade ao quantitativo ou ao qualitativo, ou também dar o mesmo peso, sendo que o mais comum é o primeiro (QUAN). Um propósito muito comum desse modelo é utilizar resultados qualitativos para auxiliar na interpretação e explicação das descobertas quantitativas iniciais, assim como aprofundar nestas. Ele tem sido muito valioso em situações onde aparecem resultados quantitativos inesperados ou confusos. Quando damos prioridade à etapa qualitativa, o estudo pode ser utilizado para caracterizar casos por meio de certos traços ou elementos de interesse relacionados com a formulação do problema, e os resultados quantitativos servem para orientar na definição de uma amostra guiada por propósitos teóricos ou conduzida por algum interesse. E tem as mesmas vantagens e desvantagens do desenho anterior.

O formato geral desse desenho está na Figura 17.12.

QUAN → QUAL

Coleta de dados quantitativos → Análise quantitativa → Coleta de dados qualitativos → Análise qualitativa → Interpretação da análise completa (total)

FIGURA 17.12 Esquema do desenho explicativo sequencial (DEXPLIS).

Exemplo
A depressão pós-parto

Nicolson (2004) realizou um estudo na Grã-Bretanha sobre a depressão pós-parto (PND, suas siglas em inglês). A autora ressalta que quando ela se apresenta é temporal (considera-se que ocorre durante os 12 meses posteriores ao parto) e pode surgir como consequência de uma causa física ou de uma resposta ao estresse. É um tipo de depressão que só aparece em mulheres, por isso é melhor que seja estudada por uma pesquisadora que tenha parido (ou então que na equipe de pesquisa tenha pelo menos uma ou duas mulheres com filhos).

Durante muitos anos sua análise foi realizada sob o enfoque quantitativo, mas nas últimas duas décadas também foi abordada qualitativamente. Entre 1980 e 1990 foram realizados mais de 100 estudos sobre esse problema de pesquisa, mas eles realmente não chegaram a explicar e tratar a PND. Por isso, Paula Nicolson decidiu realizar um estudo misto.

A primeira etapa (quantitativa) envolveu a aplicação de um questionário pré-codificado e amplamente validado, que incluía a escala de Pitt para medir a depressão atípica que continua ao "dar à luz" (Nicolson, 2004, p. 210). O instrumento padronizado foi aplicado em 40 mulheres em algumas unidades de maternidade em dois momentos: 1) durante sua permanência no hospital (entre 2 e 10 dias após o parto) e 2) em suas casas, entre 10 e 12 semanas após o nascimento do bebê. Algumas das 23 perguntas eram as seguintes[17]:

1. Você dorme bem? (Os itens estão compostos por três categorias: "sim", "não", "não sei".)
2. Irrita-se facilmente?
3. Está preocupada com sua aparência?
4. Tem bom apetite?
5. Você está feliz como acha que deveria estar?
6. Seu interesse pelo sexo é o mesmo de sempre?
7. Você chora facilmente?
8. Está satisfeita com a maneira como enfrenta as situações?
9. Você tem confiança em si mesma?
10. Você sente que é a mesma pessoa de sempre?

As mulheres responderam ao questionário aplicado por entrevista e se mostraram francas e abertas; começaram a revelar dados que a pesquisadora não havia perguntado ou pensado. A comunicação fluiu indo além dos itens incluídos no instrumento. Claro que ela iniciou por uma exploração profunda com cada participante, gravou as entrevistas e começou a realizar análise qualitativa. Encontrou categorias e temas. Por exemplo, uma categoria que surgiu foi a do sentimento de "isolamento" quando não estavam sozinhas (uma mulher comentou que se sentia "cercada" pelos parentes que se ofereciam para cuidar de seus filhos, ajudá-la com as compras e afazeres domésticos; ela via isso como uma interferência em sua vida, de acordo com seu ponto de vista, ninguém "satisfazia suas necessidades").

Posteriormente distribuiu as participantes em dois subgrupos: pontuações elevadas nas duas aplicações do questionário e pontuações baixas.

As mulheres com valores elevados na primeira aplicação do questionário (que refletem maior depressão pós-parto) descreveram sua permanência no hospital como uma experiência negativa. Qualificaram o pessoal do hospital como insensível e que não respondia suas perguntas sobre seu estado de saúde ou o do recém-nascido, disseram que o "clima" era pobre, que faltavam itens de conforto e materiais – por exemplo, fraldas –, informaram uma má experiência com o parto e que tinham sentido cansaço, dor, preocupação com seu bebê e sofrido discriminação, além de se sentirem doentes. Naquelas que tiveram valores baixos nessa mesma aplicação, a tendência foi manifestar satisfação com o cuidado que receberam, dizendo que tiveram poucos ou bem poucos problemas com a alimentação, sua saúde e a do bebê.

As participantes que atingiram pontuações elevadas na segunda aplicação (entrevista realizada semanas depois) manifestaram uma sensação maior de isolamento social e problemas de saúde.

Mas quando se aprofundou nas respostas para os instrumentos durante a segunda aplicação, surgiram diversos casos de incongruências: algumas mulheres, em suas explicações abertas, aparentemente caíram em contradição quanto às respostas ao teste (p. ex., uma participante que havia respondido com um "sim" a pergunta: Você se sente saudável?, na conversa mais longa disse ter dores e desconforto em certas partes do corpo). Também havia incongruências entre as condutas não verbais e as respostas para o instrumento (p. ex., outra participante respondeu no questionário que estava feliz, mas na conversa utilizou frases como: "O que podia esperar se tenho deveres com um homem e uma família").

Em suma, encontrou várias questões interessantes que a levaram a uma segunda fase do estudo: uma pesquisa qualitativa com 24 mulheres. Nesse caso, decidiu entrevistar quatro vezes cada uma durante a transição da maternidade, como se pode ver na Tabela 17.3.

TABELA 17.3
As entrevistas do exemplo de pesquisa mista (PND)

Entrevista 1	Entrevista 2	Entrevista 3	Entrevista 4
Realizada durante a gravidez. Tópico central: • Autobiografia (inclui materiais proporcionados por elas). • Experiências anteriores de depressão.	Um mês após o parto. Tópicos centrais: Parto, nascimento e o período subsequente, centrando-se nas explicações das participantes sobre sua conduta, reações emocionais e contexto social.	Três meses após o parto. Tópicos centrais: Similares aos da segunda entrevista.	Seis meses após o parto. Tópicos similares aos da segunda entrevista.

O requisito para participar é que se comprometessem a dedicar 10 horas durante o estudo e a discutir sua transição à maternidade e às mudanças emocionais. As mulheres eram de diferentes idades e níveis socioeconômicos. Das 24 participantes, 20 estiveram em todo o processo e quatro somente puderam estar presentes na primeira entrevista (embora sempre tenham respondido por escrito os questionários abertos enquanto se realizava o restante das entrevistas).

As entrevistas foram semiestruturadas com perguntas como: Em relação ao parto, o que aconteceu? Como você se sentiu? (segunda entrevista); O que aconteceu e como você se sentiu desde a última vez que nos vimos? (terceira e quarta entrevista).

Alguns padrões que surgiram da análise foram:

- Experiências emocionais significativas com extrema insistência no negativo.
- Significado das experiências pós-parto no contexto de sua vida.
- Forma como entenderam as experiências e significados ao longo do tempo.
- A depressão pós-parto não é necessariamente "patológica".

Identificaram-se a depressão e o significado de palavras referentes a sentimentos como: "apatia", "para baixo", "contratempo", etc. (utilizadas pelas participantes), assim como condutas e atitudes associadas a emoções negativas (chorar, bater, cansaço, estresse, preocupação, entre outras).

Em relação aos temas surgiram, por exemplo:

- *Perda*, derivada da exploração do significado da depressão.
- *Justificar-se diante dos demais* ("Agora não me importa o que os outros pensam sobre mim").
- *Confiança* ("Eu não mudei, continuo sendo a mesma, tenho a mesma confiança que antes", "Em teoria continuo sendo a mesma, na prática perdi um pouco a confiança", "Sinto que cresci, tenho segurança de mim, embora seja pouca").
- *Mudança no status*.
- *Papel desempenhado*.
- *Qualificação da experiência*.

Nicolson (2004) procurou consistência interna nos dados. É importante dizer que a autora reconhece que esse segundo estudo adquiriu uma profundidade considerável, que se deve em parte a sua experiência com a fase quantitativa. Por isso, conclui: os métodos mistos são adequados para decidir quando o resultado deve ser avaliado (imediatamente, em um mês, em dois meses, em um ano, etc.). Ela demonstrou que em três e seis meses o humor e a conduta são similares, porém, isso não acontece da mesma maneira com a construção do significado das experiências. Do mesmo modo, os dados clínicos são necessários, mas insuficientes para mostrar aos pesquisadores e profissionais a complexidade da maternidade e as relações familiares. A pesquisa qualitativa complementa a quantitativa, porque esta se esquece da contextualização e, além disso, é necessário explorar a complexidade da vida das mulheres que tiveram um bebê (não é algo

> padronizado, a vida de cada pessoa é diferente). Além de identificar a satisfação conjugal e variáveis similares, é necessário contar com informação "enriquecedora" sobre as circunstâncias da maternidade e como apoiá-la. É vital coletar dados referentes à experiência no hospital (atendimento, cenário, ambiente social, etc.).
>
> Finalmente, Nicolson (2004) sugere:
>
> 1. Estudos epidemiológico-clínicos (baseados em medidas fisiológicas).
> 2. Pesquisas atitudinais (comparando resultados por nível social, estado civil, profissão ou atividade, e outras).
> 3. Observação quantitativa e qualitativa.
> 4. Entrevistas qualitativas.
>
> Dessa forma, com os métodos mistos será possível avançar com maior profundidade no conhecimento e entendimento da depressão pós-parto.

3. Desenho transformador sequencial (DITRAS)*

Assim como os desenhos anteriores, este inclui duas etapas de coleta dos dados. A prioridade e a fase inicial pode ser a quantitativa ou a qualitativa ou, ainda, dar a mesma importância para as duas e começar por alguma delas. Os resultados da etapa quantitativa e da qualitativa são integrados durante a interpretação. O que os diferencia dos desenhos sequenciais anteriores é o fato de que uma perspectiva teórica ampla (*teorização*) guia o estudo (p. ex., feminismo, ação participativa, o enfoque das inteligências múltiplas, a teoria da adaptação social, o modelo dos valores competitivos, etc.). De acordo com Creswell e colaboradores (2008) essa teoria, marco conceitual ou ideologia é mais importante para orientar a pesquisa do que o próprio método, porque determinar a direção na qual o pesquisador deve se concentrar ao explorar o problema de interesse o torna mais sensível para coletar dados de grupos marginalizados ou não representados, e convidam para a ação. Essa teoria ou marco começa a ser trabalhado a partir da própria formulação inicial. O tipo de mescla de métodos mistos é o de *conexão*. O DITRAS tem como objetivo principal colaborar com a perspectiva teórica do pesquisador e, em ambas as fases, ele deve considerar as opiniões e vozes de todos os participantes e os grupos que eles representam.

Uma finalidade do desenho é empregar os métodos que podem ser mais úteis para a perspectiva teórica. Nele é possível incluir diversas abordagens e envolver mais profundamente os participantes ou entender o fenômeno com base em uma ou mais estruturas de referência. As variações do desenho são definidas mais pela multiplicidade de perspectivas teóricas do que de métodos. Esse modelo tem os mesmos pontos fracos e fortes que seus predecessores, ele consome tempo, mas é fácil de definir, descrever, interpretar e compartilhar resultados (Creswell, 2009). É muito adequado para aqueles pesquisadores que utilizam uma estrutura de referência transformador e métodos qualitativos. Seu formato é mostrado na Figura 17.13. O desenho foi criado recentemente e considerado por poucos pesquisadores.

4. Desenho de triangulação concomitante (DITRIAC)

Esse modelo é provavelmente o mais popular. Ele é utilizado quando o pesquisador pretende confirmar ou corroborar resultados e efetuar validação cruzada entre dados quantitativos e qualitativos, assim como aproveitar as vantagens de cada método e minimizar seus pontos fracos. Às vezes, a confirmação ou corroboração não é mostrada.

De maneira simultânea (concomitante), os dados quantitativos e qualitativos sobre o problema de pesquisa são coletados e analisados mais ou menos na mesma hora. Durante a interpretação

---

* Um exemplo desse desenho poderá ser encontrado no CD anexo → Material complementario → Capítulo → Capítulo 12 "Consideraciones adicionales de los metodos mixtos".

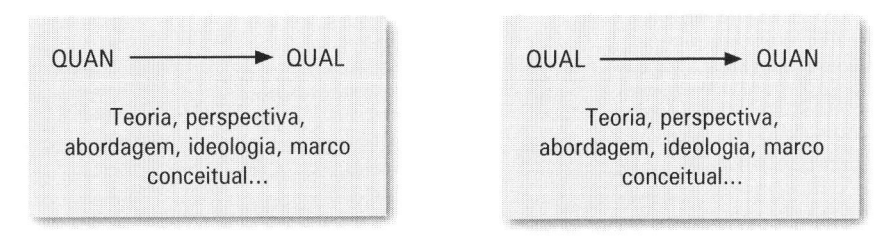

```
QUAN ──────► QUAL          QUAL ──────► QUAN
Teoria, perspectiva,        Teoria, perspectiva,
abordagem, ideologia, marco abordagem, ideologia, marco
conceitual...               conceitual...
```

FIGURA 17.13 Esquema do desenho transformador sequencial (DITRAS).

e a discussão concluímos a explicação dos dois tipos de resultados e, geralmente, comparamos as bases de dados. Estas são comentadas da maneira como Creswell (2009) denomina por "lado a lado", isto é, incluindo os resultados estatísticos de cada variável e/ou hipótese quantitativa e depois categorias e segmentos (citações) qualitativos, assim como teoria fundamentada que confirme ou não as descobertas quantitativas. Uma vantagem é que pode outorgar validade cruzada ou de critério e provas para estas últimas, além de normalmente exigir menos tempo para a implementação. Seu maior desafio é que às vezes pode ser muito difícil comparar resultados de duas análises que utilizam dados cujas formas são diferentes. Por outro lado, em casos de discrepâncias entre dados QUAN e QUAL devemos analisar com muito cuidado por que ocorreram e, às vezes, é necessário coletar dados adicionais tanto quantitativos como qualitativos.

O desenho pode abranger todo o processo de pesquisa ou somente a parte de coleta, análise e interpretação. No primeiro caso, temos dois estudos que acontecem simultaneamente. Na Figura 17.14 representamos o desenho de triangulação concomitante (método em paralelo).

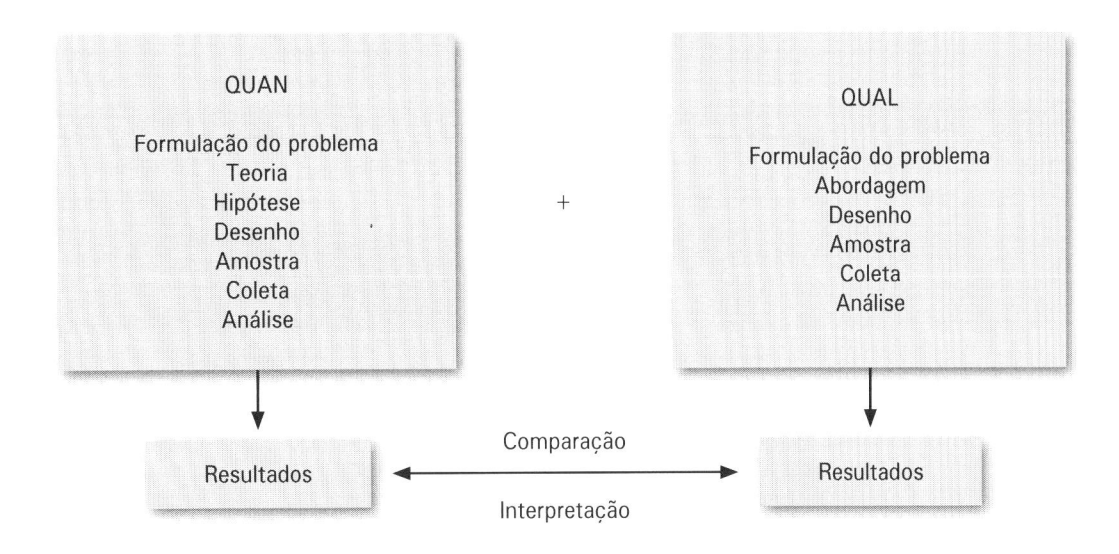

```
        QUAN                                   QUAL
Formulação do problema                Formulação do problema
       Teoria                                Abordagem
      Hipótese              +                 Desenho
      Desenho                                 Amostra
      Amostra                                  Coleta
       Coleta                                 Análise
      Análise
         │                                       │
         ▼                Comparação              ▼
    Resultados    ◄──────────────────►       Resultados
                       Interpretação
```

FIGURA 17.14 Desenho de triangulação concomitante (DITRIAC).

Exemplo

História integrada ou integral da enfermidade

Yount e Gittelsohn (2008) estudaram episódios de enfermidade, especificamente de diarreia, em crianças de Minya, Egito. Seus objetivos eram: estudar o contexto social que rodeia esses episódios, analisar as condutas de busca de atendimento e cuidado para as crianças, e comparar dois métodos de coleta de dados (um quantitativo e um misto) sobre as percepções da enfermidade e a sequência de eventos vinculados a esta. O instrumento quantitativo foi um questionário padronizado de mortalidade infantil, utilizando também uma ferramenta mista para coletar dados, denominada *História Integrada ou Integral da Enfermidade* (conhecida por suas siglas em inglês IIH), que é uma entrevista sistemática que inclui um padrão de perguntas abertas e fechadas com o objetivo de lembrar as experiências. As respostas são codificadas em uma matriz de tempos e eventos, utilizando códigos numéricos e textos. Também coletou comentários espontâneos.

Os dois instrumentos foram aplicados cinco vezes (em um período de 15 meses) para aqueles que cuidavam das crianças, geralmente as mães. A amostra foi tipicamente mista (probabilística e guiada por propósitos). Entre algumas das variáveis avaliadas e relatadas temos:

- Variáveis demográficas da criança (gênero e idade, escolaridade da mãe, etc.) (IIH *versus* a pesquisa de levantamento governamental de mortalidade infantil, EGMI).
- Duração da enfermidade relatada em dias (IIH *versus* EGMI).
- Lugares em que basicamente as crianças foram atendidas (hospitais e clínicas públicas, hospitais e clínicas particulares, farmácia, residência, outras) (IIH *versus* EGMI).
- Demora em buscar atendimento (tempo) (IIH).
- Causas percebidas da enfermidade (IIH).
- Procura por qualquer ajuda/atendimento externo e número de visitas externas (IIH *versus* EGMI).
- Pessoas ou lugares selecionados para o primeiro tratamento externo (médico, enfermeira, funcionário da farmácia, benzedeira, vizinho, mãe, etc., hospital ou clínica particular, hospital ou clínica pública, farmácia, mercado, etc.).
- Custo do tratamento em libras egípcias (IIH *versus* a pesquisa de levantamento EGMI).

Eles demonstraram que a ferramenta mista (IIH) coletava dados mais completos, profundos e precisos que a pesquisa de levantamento governamental de mortalidade infantil. Também conseguiram entender como é o atendimento e o cuidado das enfermidades em contextos de relativa pobreza em um país subdesenvolvido. Por outro lado, validaram e melhoraram a História Integral da Enfermidade para ser usada em futuras pesquisas com outras enfermidades e populações.

Exemplo
As preocupações dos jovens universitários em relação ao futuro

Hernández Sampieri e Mendoza (2009) iniciaram um estudo misto que tem por objetivo conhecer quais são as preocupações dos jovens universitários da região metropolitana da Cidade do México em relação ao seu futuro quando finalizam seus estudos. A pesquisa compreenderá um processo quantitativo e um qualitativo, simultâneos.

Para o processo quantitativo foi determinada uma amostra com várias etapas por conglomerados, na qual, por sorteio, primeiro foram escolhidas as universidades (algumas passam automaticamente a fazer parte da amostra por seu tamanho, como a Universidade Nacional Autónoma de México, o Instituto Politécnico Nacional, a Universidad Autónoma Metropolitana, a Universidad Pedagógica Nacional e a Universidad del Valle de México), para depois se fazer uma seleção aleatória – também por conglomerados – de carreiras e, finalmente, de alunos que estejam cursando o último ano de seus estudos, tanto homens como mulheres.

Essa amostra receberá um questionário para medir – entre outras – as variáveis "sentido de vida" e "ansiedade em relação ao futuro imediato" (próximos dois anos). As perguntas (abertas e fechadas) também serão sobre suas preocupações pessoais em relação ao futuro (emprego, casamento, saúde e problemáticas sociais) e suas perspectivas para os próximos cinco anos.

Ao mesmo tempo, na parte qualitativa haverá grupos focais para que os universitários expressem de maneira profunda suas inquietações e as hierarquizem, e também para que manifestem os sentimentos associados e o significado que dão a estes. Serão realizadas 10 sessões com sete alunos em cada uma (um grupo por instituição, escolhendo as 11 com mais alunos matriculados, procurando ter uma variedade de participantes em termos de licenciaturas ou equivalentes).

No final, foram comparados os dados obtidos pelos dois processos. O estudo foi finalizado em 2011 e os pesquisadores tentarão fazer que este seja replicado em qualquer cidade.

5. Desenho incrustado concomitante de modelo dominante (DIAC)

Esse desenho coleta, simultaneamente, dados quantitativos e qualitativos (ver Figura 17.15). Mas sua diferença em relação ao desenho de triangulação concomitante é que um método predominante guia o projeto (podendo ser ele quantitativo ou qualitativo). O método que tem menor prioridade é inserido naquele que é considerado principal. Essa incrustação pode dar a entender que o método secundário responde diferentes perguntas de pesquisa em relação ao método primário. Segundo Creswell e colaboradores (2008), as duas bases de dados podem nos proporcionar diferentes visões do problema considerado. Por exemplo, em um experimento "misto" os dados quantitativos podem ser responsáveis pelo efeito dos tratamentos, enquanto a evidência qualitativa pode explorar as vivências dos participantes durante os tratamentos. Do mesmo modo, um enfoque pode ser encaixado dentro do outro método.

Os dados coletados por ambos os métodos são comparados e/ou mesclados na fase de análise. Esse desenho costuma proporcionar uma visão mais ampla do fenômeno estudado do que se usássemos um só método. Por exemplo, um estudo basicamente qualitativo pode ser melhorado com dados quantitativos descritivos da amostra (Creswell, 2009). Alguns dados qualitativos também podem ser incorporados para descrever um aspecto do fenômeno que é muito difícil de quantificar (Creswell et al., 2008).

Uma vantagem enorme desse modelo é que os dados quantitativos e qualitativos são coletados simultaneamente e o pesquisador pode ter uma visão mais completa e holística do problema de estudo, isto é, consegue obter os pontos fortes da análise QUAN e QUAL. Além disso, também pode se beneficiar de perspectivas provenientes de diferentes tipos de dados dentro da indagação.

O maior desafio do desenho é que os dados quantitativos e qualitativos precisam ser transformados para que possam ser integrados e analisados em conjunto. Do mesmo modo, precisamos ter um conhecimento profundo do fenômeno e realizar uma revisão da literatura de maneira rigorosa para resolver discrepâncias que possam surgir entre os dados. Por outro lado, segundo Creswell (2009), como os dois métodos não têm a mesma prioridade, a abordagem pode resultar em evidências não equitativas quando os resultados finais são interpretados.

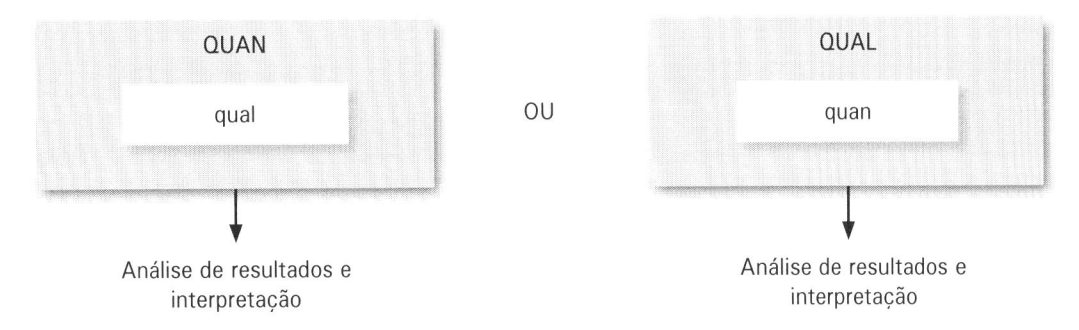

FIGURA 17.15 Desenhos incrustados concomitantes de modelo dominante[18].

Exemplo

Ênfase quantitativa
Estudo sobre a imagem externa de uma escola de ensino médio[19]

Uma instituição de ensino médio determinou como seus objetivos de indagação:

- Analisar sua posição na cidade em que está estabelecida.
- Comparar sua posição com as demais instituições educacionais da localidade.
- Avaliar sua imagem institucional na região.

Para atingir esses objetivos decidiu realizar uma pesquisa quantitativa (enfoque principal) com um componente qualitativo (enfoque secundário).

A amostra era composta por 950 pais de família com filhos no ensino médio, e o instrumento de coleta dos dados foi um questionário padronizado, previamente validado com um teste piloto. Os casos foram escolhidos por sorteio por bairro e rua. O nível de confiança dos resultados foi superior a 95% e a margem de erro menor do que 3%. Algumas das principais variáveis medidas foram:

- Sua posição no mercado geral e seu mercado-alvo, este é de nível socioeconômico médio alto e alto (Em qual instituição você logo pensa quando se fala de ensino médio?). *Top of mind*, como é trabalhada a questão do *marketing*.
- As três melhores instituições: menção (sem ajuda) das três melhores instituições de ensino médio (pergunta aberta, mas com hierarquização das três respostas).
- Razões ou justificativas para mencioná-las e hierarquizá-las (fatores críticos de êxito).
- Qualificação para as 10 instituições mais importantes da cidade em relação a: equipe de professores (conhecimentos e experiência), nível de inglês, instalações (salas de aula, espaços de recreação, jardins e espaços para esportes), prestígio, qualidade acadêmica (currículos, modelos de aprendizagem e níveis de ensino-aprendizagem), qualidade do atendimento e serviço ao estudante, ambiente social, disciplina, participação em cursos e aceitação de egressos nas universidades.
- Atitude em relação à instituição (e se seus filhos estavam em outra escola, atitude em relação a ela), medidas com escalas de Likert.

No questionário foram acrescentados componentes qualitativos: três perguntas abertas (o que é positivo na instituição, o que é negativo e sugestões), que foram codificadas qualitativa e quantativamente. Durante a realização do estudo também houve três sessões com pais de família; todos os participantes, nós insistimos, deviam ter filhos no ensino médio. Alguns dos resultados são resumidos a seguir:

Quantitativos
- Entre os pais de família 25% mencionaram a instituição como a opção "na qual pensavam primeiro". Das demais instituições (competência), apenas uma atingiu um *top of mind* de 24%. Outra 19% e o restante com porcentagens menores que 5%.
- A instituição conseguiu na qualificação de zero a 10 (equipe de professores, nível de inglês, etc.) uma média global de 9,1 e somente outra instituição a superou com 9,3 (as médias mais altas foram em instalações, 9,6, e em atendimento e serviço, 9,3; teve somente média baixa em "valor das mensalidades": 7,5).

Qualitativos (complemento)
Alguns dos temas que surgiram das sessões foram:

- Formação de valores positivos nos estudantes (em geral).
- Excelência das instalações (seu fator mais destacado).
- Parcelas elevadas (percepção que é generalizada, embora "objetivamente" seja a que cobra as mensalidades mais baixas das quatro instituições de educação mais importantes). Mas devemos lembrar que essa é a realidade dos participantes, seu significado.

Exemplo
Ênfase qualitativa
A percepção dos pais em relação à educação sexual de seus filhos

Álvares-Gayou (2004) realizou um estudo no qual, utilizando um questionário com perguntas basicamente qualitativas (com um leve "toque" quantitativo), coletou dados de uma amostra surpreendente para uma pesquisa desse tipo: 15 mil pais de família mexicanos[20]. A parte central do estudo foi a análise das respostas para perguntas abertas (temas e categorias emergentes), ou seja, a informação quantitativa foi "incrustada" dentro da qualitativa.

A primeira pergunta do questionário foi a seguinte:

Vocês gostariam que seus filhos ou filhas recebessem educação sexual na escola?

1. Responda SIM ou NÃO e, por favor, explique por quê.
   Tentando desvendar possíveis opções para aqueles pais ou mães que tivessem respondido "não", a segunda pergunta era:
2. Se houvesse professores preparados profissionalmente para ensinar educação sexual, você aceitaria que elas fossem ministradas na escola? Por favor, comente livremente sua resposta.
   Considerando a possibilidade de que o obstáculo fosse o medo de que impusessem a seus filhos e filhas valores diferentes aos da família, a terceira pergunta foi:
3. Se os valores que existem em sua família forem respeitados, você concordaria que as aulas de educação sexual fossem ministradas na escola de seus filhos?

Após esses questionamentos, os pais e as mães tiveram espaço para falar mais livremente sobre o tema. Também se perguntou:

- Você tem alguma preocupação quanto a seu filho ou seus filhos terem aulas de educação sexual na escola?
- Existem temas que você não gostaria que fossem abordados com seus filhos ou filhas?

Alguns dos resultados demográficos foram os seguintes (Álvarez-Gayou, 2004, p. 5-8).
O gênero dos participantes que responderam foi:

- Masculino: 25,4%
- Feminino: 61,8%
- Não responderam: 12,8%

A idade média foi de 31 anos, com uma mínima de 20 e máxima de 71 anos.
O nível de renda familiar foi:[21]

- Um salário mínimo: 30,7%
- Entre dois e cinco salários mínimos: 46,1%
- Entre cinco e 10 salários mínimos: 13,4%
- Mais de 10 salários mínimos: 4,8%
- Não responderam: 4,9%

A escolaridade dos pais participantes foi distribuída assim:

- Pré-escolar: 5,8%
- Primária: 14,9%
- Secundária: 26,7%
- Preparatória: 13,6%
- Curso técnico concluído: 21,3%
- Curso universitário concluído: 15,7%
- Não responderam: 2%

O gênero dos filhos foi distribuído em:

- Feminino: 50,1%
- Masculino: 48,6%
- Não responderam: 1,3%

A idade dos filhos e filhas foi em média de 9,7 anos com uma idade mínima de 3 anos.
Os níveis em que os filhos desses pais estudam são:

Pré-escolar: 46%
Primário: 38,9%
Secundário: 10,8%
Preparatório: 3%
Não respondeu: 1,3%

Os resultados quantitativos (de tendência) para as perguntas foram basicamente os seguintes:

Para a pergunta 1 (aceitar a educação sexual na escola), 95,68% responderam que "sim" e 5,32% que "não" (ou não responderam).

Para a pergunta 2 (se os professores que iriam ministrá-la fossem profissionais), as cifras foram modificadas para uma maior aceitação da educação sexual e 98% responderam com um "sim" e 2% que não (ou não responderam).

Vamos ver agora os principais resultados da análise qualitativa.

A opinião dos pais e mães que aceitam a educação sexual se reflete nos seguintes temas e categorias (incluindo "códigos ao vivo" para essas últimas):

Tema / A educação sexual como proteção para seus filhos e filhas:
- Em função do perigo das doenças venéreas.
- Para um amadurecimento sexual maior e a prevenção de muitas doenças.
- Para que ela aprendesse sobre a sexualidade e se cuidasse mais.
- Assim aprendem a se cuidar.
- Para que explicassem a eles sobre as doenças venéreas e como preveni-las.
- Porque os adolescentes estariam mais orientados sobre esses temas e não haveria tantas doenças sexualmente transmissíveis.
- Sim, porque hoje os jovens precisam estar informados e saber o risco que correm, se não forem alertados sobre o que é a sexualidade.
- Porque poderiam estar preparados (em geral), e no caso das meninas, para se transformarem em uma mulher plena e estarem protegidas contra qualquer doença.
- Precisam ter mais informação para evitar doenças e filhos não desejados.

Tema / Veem a educação sexual como uma fonte de bem-estar para o futuro de seus filhos ou filhas:
- Para que estejam orientados em sua vida sexual futura.
- Para que vejam o sexo com mais naturalidade.
- É uma forma para que se preparem como pessoas e profissionais.
- Para que meus filhos estejam mais preparados sexualmente, por causa dos tempos em que estamos vivendo, sobretudo por causa de tantas doenças sexuais.
- Porque estamos vivendo em um mundo no qual não podemos deixar as crianças de olhos fechados.

Tema / De maneira muito relevante, os pais aceitam, porque reconhecem sua incapacidade e limitações na área:
- Sim, eu gostaria muito, para que saiba o que eu não posso explicar.
- Porque, na maioria das vezes, não sabemos como abordar o tema com nossos filhos.
- Como pais, não encontramos a maneira de explicar para nossos filhos o que é a sexualidade.
- Existe (sic) pais que não estão preparados para fazer isso (porque, às vezes, é difícil para uma pessoa explicar certas coisas, sobretudo porque fazem perguntas que, às vezes, não sabemos como responder).
- Sim, porque, às vezes, a gente como pai não sabe explicar isso para os filhos.
- Porque prefiro que aprendam isso na escola e não na rua.
- Porque ajudariam os pais a entender suas inquietações, já que, muitas vezes, não estamos preparados para responder esse tipo de pergunta.
- Porque acho que a gente não está preparada para explicar adequadamente esse tema para eles.

Tema / A educação sexual é considerada uma defesa contra o abuso sexual e o estupro:
- Para qualquer tipo de abuso, ao qual estiverem expostos, eles compreenderão que devem se cuidar e saber se valorizar diante dessa situação, saber que ninguém tem o direito de obrigá-los a nada.
- Para que o homem respeite a mulher na questão da sexualidade e a mulher seja digna de respeito.
- Para que saibam se defender dos mais velhos.
- Porque, assim, desde pequenos podem perceber que os meninos e as meninas são diferentes e para que saibam que ninguém deve tocá-los.
- Sim, porque é uma maneira de preveni-los contra o abuso sexual e possam se defender ou ficar longe do perigo.

Outros temas emergentes foram:
- As mães e os pais pedem que os encarregados por esse tipo de educação sejam profissionais preparados.
- Os pais e as mães reconhecem que as crianças estão preparadas para ter esse tipo de aula.
- Alguns pais e mães dizem não ter tempo para educar seus filhos sobre questões sexuais por causa de seu trabalho.

No geral, poderíamos resumir o que esses pais e mães dizem com a seguinte frase: "... porque saber é sempre melhor do que a ignorância..."

Os pais que disseram ser contra a educação sexual na escola foram cinco em cada 100 e também falaram sobre suas razões:

Tema / Desconfiança em relação aos docentes:
- Não, porque eu gostaria de me sentir segura sobre quais seriam as pessoas que iriam passar para minhas filhas essa informação, e também de receber um programa por escrito sobre essa informação.
- Não demonstraram ter capacidade para fazer isso com algo tão importante e muito delicado.
- Não, porque não sabemos se os professores que irão ministrar as aulas são realmente profissionais.
- Não, porque os professores não têm preparação alguma para tratar com seriedade e de maneira explícita um tema tão importante como é a sexualidade.
- Não, porque eu acho que os professores ainda não estão capacitados para abordar amplamente o tema.
- Não, porque não sabemos que tipo de professor irá ministrar esses cursos sobre sexualidade.
- Não, porque antes os professores precisam fazer esses cursos.

Tema / É responsabilidade exclusiva dos pais de família:
- Não, eu não gosto nada que meus filhos aprendam essas coisas, não me parece certo, apenas os pais devem fazer isso.
- Os pais deveriam se preparar para que eles próprios educassem quem gradualmente seus filhos nesses temas.
- Não, porque sua formação só compete aos pais e a Deus.

Outros temas daqueles que não aceitam a educação sexual são:
- Depende dos currículos.
- Medo do conflito de valores.
- Consideram que seus filhos são muito pequenos.

6. Desenho incrustado concomitante de vários níveis (DIACNIV)

Nessa modalidade são coletados dados quantitativos e qualitativos em diferentes níveis, mas as análises podem variar em cada um deles. Ou, ainda, em um nível coletamos e analisamos dados quantitativos e, em outro, dados qualitativos, e assim sucessivamente. Outro objetivo desse desenho poderia ser buscar informação em diferentes grupos e/ou níveis de análise. Esse seria o caso de estudar a qualidade do apoio e serviço oferecidos aos pacientes de um hospital, aos quais se poderia administrar um instrumento padronizado para medir o nível de satisfação sobre o serviço oferecido a eles e o grau em que percebem apoio físico e emocional (QUAN); enquanto os familiares dos pacientes seriam entrevistados de maneira profunda (QUAL); e poderíamos também ampliar o número de métodos incrustados: medir nos médicos, nas enfermeiras e em outros empregados a autopercepção da qualidade do serviço e do apoio oferecido aos pacientes (QUAN) e entrevistar os diretores sobre o problema de estudo em questão (QUAL), além de observações em campo mais abertas (QUAL).

As vantagens e desvantagens são as mesmas que foram apresentadas no desenho anterior. Seu formato é mostrado na Figura 17.16.

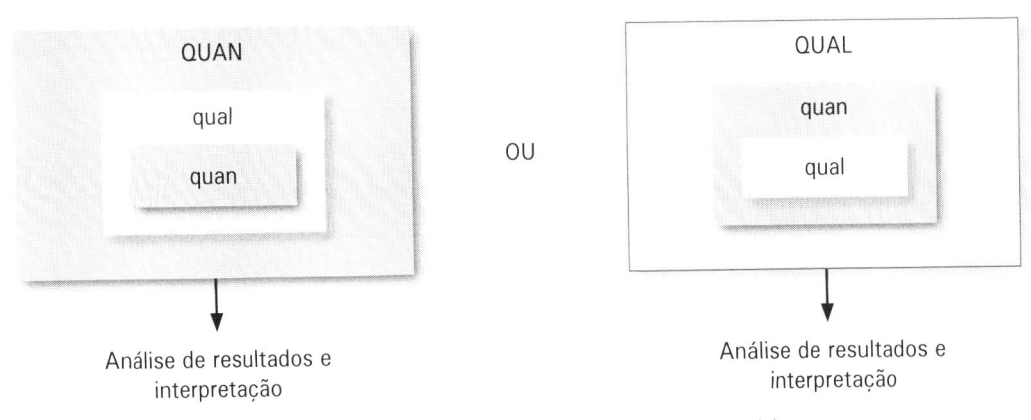

FIGURA 17.16 Desenho incrustado concomitante de vários níveis (multiníveis).

Outro exemplo desse desenho seria analisar as posturas dos professores diante da possibilidade de uma mudança no currículo referente à educação sexual oferecida aos estudantes adolescentes em um distrito escolar, em que serão coletados dados dos professores e alunos (questionário padronizado), dados qualitativos das autoridades das escolas (entrevistas), dados quantitativos do distrito (indicadores estatísticos sobre problemas causados pela falta de uma educação sexual adequada: gravidez não desejada, doenças, o consumo de pornografia, etc.) e dados qualitativos de uma parcela das autoridades distritais. Esse desenho seria representado da seguinte maneira:

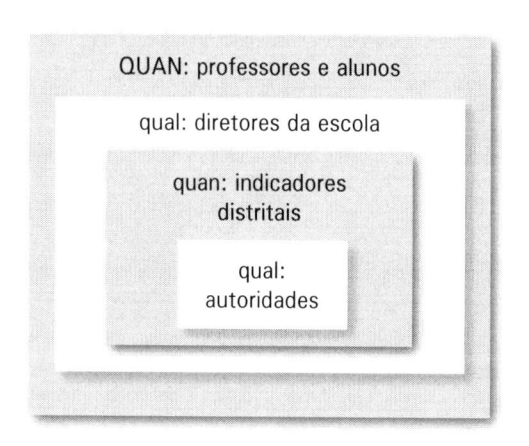

```
QUAN: professores e alunos
    qual: diretores da escola
        quan: indicadores
              distritais
              qual:
              autoridades
```

7. Desenho transformador concomitante (DISTRAC)

Esse desenho combina vários elementos dos modelos anteriores: coletamos dados quantitativos e qualitativos em um mesmo tempo (concomitante) e podemos dar ou não maior peso para um ou outro método. Mas assim como o desenho transformador sequencial, a coleta e a análise são guiadas por uma teoria, visão, ideologia ou perspectiva, e até mesmo por um desenho quantitativo ou qualitativo (p. ex., um experimento ou um exercício participativo). Mais uma vez, essa estrutura teórica ou metodológica é revelada desde a formulação do problema e se transforma no fundamento das escolhas que o pesquisador fizer em relação ao desenho misto, as fontes de dados e a análise, interpretação e relatório dos resultados. Pode ter o formato incrustado ou o de triangulação (Creswell, 2009). Sua finalidade é fazer com que a informação quantitativa e qualitativa caminhe na mesma direção, seja "incrustando-a, conectando-a ou conseguindo sua convergência". Portanto, seus pontos fortes e fracos são os mesmos que os do desenho de triangulação ou o desenho incrustado. Creswell e colaboradores (2008) o esquematizam da forma como podemos ver na Figura 17.17.

```
QUAN  +  QUAL                          QUAL
Visão, ideologia, teoria,        OU      quan
estrutura de referência ou                qual
desenho quantitativo ou
qualitativo                         Visão, ideologia, teoria, estrutura
                                    de referência ou desenho
                                    quantitativo ou qualitativo
```

FIGURA 17.17 Desenho transformador concomitante.

8. Desenho de integração múltipla (DIM)

O desenho já foi comentado e ilustrado anteriormente neste capítulo e lembramos que implica a mistura mais completa entre o método quantitativo e o qualitativo. Ele é extremamente itinerante.

Exemplo
Um estudo pioneiro sobre a AIDS

Início: exploração
O estudo foi iniciado de maneira indutiva e exploratória: foram detectados alguns casos positivos de pessoas com o vírus de imunodeficiência humana (HIV em português); então a pergunta foi: O que acontece? Como estão se infectando? (Lembre-se de que no início de 1984 sabíamos bem menos do que hoje sobre a AIDS.) E o primeiro passo foi analisar caso a caso, cada pessoa que contraiu esse vírus. A amostra era a própria população de doentes.

Nessa primeira etapa, os dados das pessoas foram obtidos mediante: entrevistas com o indivíduo infectado e documentos (registro médico: dados qualitativos e quantitativos). Foi encontrado um padrão em função de se considerar os dois tipos de informação: uma grande parte dos doentes havia recebido transfusão de sangue ou derivados de um laboratório particular voltado para esse tipo de tratamento (Transfusiones y Hematología S/A). Lembramos que nessa época, no México, não havia controle nem análise do sangue e seus derivados comercializados por empresas particulares, não existia sequer uma legislação sobre isso.

Segunda fase: juntar os dois enfoques com um objetivo
Quando esse padrão já havia sido encontrado, a pesquisa traçou um objetivo:

> Conhecer a evolução e avaliar a situação atual dos indivíduos e seus contatos, que receberam sangue ou derivados do laboratório "Transfusiones y Hematología S/A", com a possibilidade de estarem contaminados (fator de risco), com a finalidade de tomar as medidas preventivas necessárias para interromper a cadeia de transmissão e propagação do vírus HIV, assim como fundamentar a reação da parte administrativa e trabalhista nos casos de trabalhadores que foram afetados (Hernández Galicia, 1989, p. 5).[22]

O contexto, muito complexo devido aos novos desafios apresentados pelo HIV recém-descobertos, foi acompanhar os indivíduos detectados com HIV e/ou aqueles que receberam transfusões de sangue ou derivados do laboratório em questão. A amostra inicial foi a seguinte:

> Um número ainda não determinado de pacientes atendidos entre janeiro de 1984 e maio de 1987 nas unidades hospitalares da empresa Petróleos Mexicanos, assim como seus contatos diretos, são portadores do vírus HIV porque devido às exigências próprias de sua doença receberam transfusões de sangue ou seus derivados, possivelmente contaminados, provenientes do banco particular Transfusiones y Hematología S/A; portanto, todos os casos serão analisados (Hernández Galicia, 1989, p. 4).

O restante da amostragem foi em "cadeia" ou "bola de neve" (não probabilística, orientada por teoria).

O tempo de estudo abrangeu três anos e meio, antes de ser promulgada a legislação que proibia a comercialização do sangue e seus derivados por empresas particulares e que passou a exigir um controle rigoroso das transfusões (em 1987). Esse estudo realmente contribuiu de maneira significativa para impulsionar essa legislação e o uso de reativos e criação de infraestrutura apropriada para se ter um controle adequado. O esquema de coleta de dados é mostrado na Figura 17.18.

Ou seja, foram estudados casos (havendo óbito ou não) e seus contatos: familiares diretos – principalmente a esposa –, amizades, colegas de trabalho, etc. Foi necessário detectar relações extraconjugais (amantes e pessoas que poderiam ter recorrido a casas de prostituição). Todos os contatos tinham de ser localizados e avaliados.

A coleta dos dados abrangeu:

1. relatórios médicos de cada pessoa (infectado-transmissor e contatos),
2. entrevistas com sobreviventes (infectados-transmissores e contatos) e familiares, incluindo filhos que tivessem nascido durante o estudo, assim como contatos daqueles que haviam falecido,
3. atestado de óbito,
4. análise laboratorial e
5. atestados médicos e apresentação de sintomatologia.

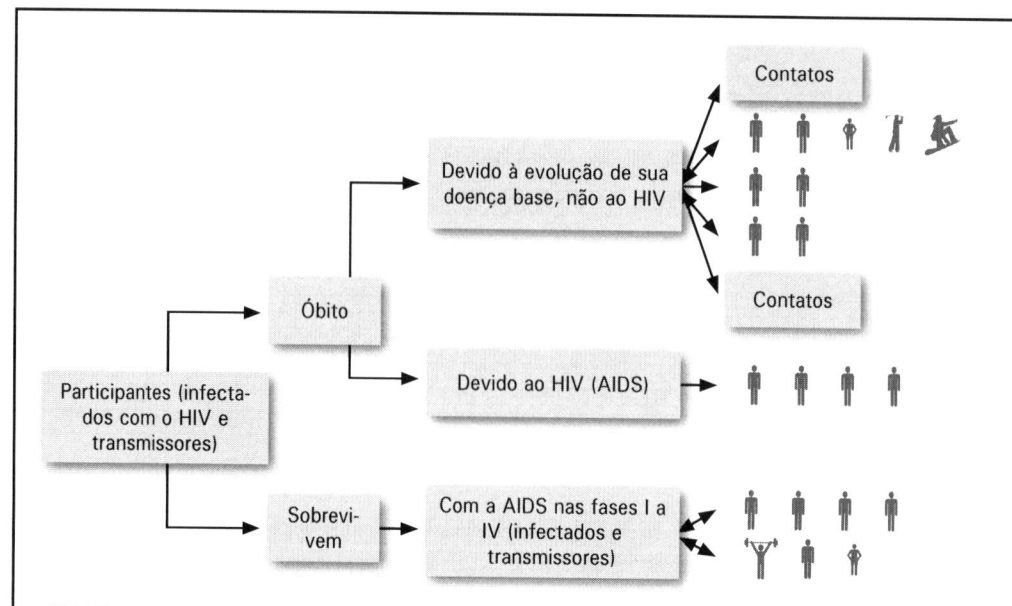

FIGURA 17.18 Esquema de coleta de dados do estudo pioneiro sobre a AIDS.

As entrevistas tinham uma parte estruturada e outra aberta. Além disso, foi necessário realizar um trabalho de detetive. Como se pode ver, foram utilizados dados quantitativos e qualitativos de natureza diversa, às vezes induzindo e outras deduzindo.

No total foram analisados 2842 pacientes que receberam transfusões de sangue ou seus derivados da Transfusiones y Hematología S/A, dos quais 44 eram casos positivos. Também foram detectados mais cinco que haviam recebido transfusões em outras instituições (49 no total; 18 falecidos e 31 que continuavam vivos; 24 mulheres e 25 homens; a idade dessas pessoas oscilava entre os 2 e 74 anos – a média, 37 anos –; 25 eram trabalhadores da empresa Petróleos Mexicanos e 24 familiares destes). Na fase I havia 0 pacientes; na fase II, 6; na fase III, 16 e na fase IV, 9, além dos 18 falecidos.

Outras estatísticas descritivas da amostra foram as apresentadas na Tabela 17.4.

TABELA 17.4
Relação com a Petróleos Mexicanos (Pemer)

Categoria	Frequência
Aposentados (pensionistas)	6
Operários	11
Trabalhadores temporários (eventuais)	8
Familiares de operários	16
Familiares de trabalhadores temporários	8

O trabalho foi titânico, alguns se negaram a participar e foi preciso convencê-los com argumentos para que assinassem a folha de autorização. Além disso, vários não queriam dar informação sobre seus contatos sexuais. A faixa de contatos estudados por caso variou de 5 a 32.

Uma das primeiras hipóteses emergentes que se testaram foi: "O tempo que as pessoas contaminadas por transfusão sanguínea demoram em desenvolver a AIDS é menor do que o tempo daqueles que adquirem o HIV por transmissão sexual".

Foram mescladas análises quantitativas e qualitativas e se demonstrou a necessidade de estabelecer um controle rígido sobre as transfusões de sangue e seus derivados. No estudo foram realizadas várias das atividades próprias dos métodos mistos. Por exemplo, dados qualitativos foram transformados em quantitativos (frequências), dados QUAL e QUAN foram analisados para determinar o comportamento das pessoas em relação aos seus hábitos sexuais e seu histórico de transfusões, etc.

✓ AMOSTRAGEM

A amostragem é um tópico extremamente importante nos modelos mistos de pesquisa e, tradicionalmente, foi classificada em dois tipos principais, conforme comentamos nos Capítulo 8 "Seleção da amostra" e no Capítulo 13 "Amostragem qualitativa":

a) *Probabilística – QUAN* (implica selecionar por sorteio casos ou unidades de uma população que sejam estatisticamente representativos desta e cuja probabilidade de serem escolhidos para fazer parte da amostra possa ser determinada).
b) *Não probabilística ou propositiva – QUAL* (guiada por um ou vários propósitos mais do que por técnicas estatísticas que buscam representatividade).

Os métodos mistos utilizam estratégias de amostragem que combinam amostras probabilísticas e amostras propositivas (QUAN e QUAL). Normalmente, a amostra pretende conseguir um equilíbrio entre a "saturação de categorias" e a "representatividade". A estratégia depende de vários fatores, entre os quais se destaca o desenho específico selecionado.

Teddlie e Yu (2008) e outros autores identificaram quatro estratégias de amostragem mista essenciais:

1. Amostragem básica para métodos mistos.
2. Amostragem sequencial para métodos mistos (desenhos sequenciais).
3. Amostragem concomitante para métodos mistos (desenhos em paralelo).
4. Amostragem por multiníveis para métodos mistos (desenhos incrustados).

Outra alternativa, principalmente nos desenhos de integração múltipla, também é basear a amostragem em mais de uma das estratégias anteriores. Uma das características dos métodos híbridos é a habilidade do pesquisador em combinar criativamente as diferentes técnicas para resolver a formulação do problema.

Em função do espaço, essas estratégias de amostragem não serão comentadas agora, elas são explicadas com exemplos no Capítulo 12 do CD "Ampliación y fundamentación de los métodos mixtos", junto com outros temas sobre a amostra para estudos mistos. Aqui vamos utilizar apenas um exemplo para ilustrar a mescla probabilística (QUAN) / propositiva (QUAL).

Uma das estratégias de amostragem básica para métodos mistos é a amostra estratificada guiada por propósito(s), que implica segmentar a população de interesse em estratos (que é uma ação probabilística) e depois selecionar em cada subgrupo um número relativamente pequeno de casos para estudá-los exaustivamente (usando uma amostra guiada por um propósito). Simplificando, os estratos podem ser, por exemplo:

- Estudantes com excelentes notas (9,5 a 10), estudantes com médias altas (9 a 9,4), estudantes com uma média aceitável (8 a 8,9), estudantes com uma média padrão (7 a 7,9) e estudantes com médias baixas (menos de 7).
- Pacientes com câncer terminal, pacientes com câncer em desenvolvimento, mas em tratamento, e pacientes cujo diagnóstico do câncer é recente e este apenas começou a se desenvolver.
- Jovens conservadores e jovens liberais.

Esse tipo de amostra permite que o pesquisador ou os pesquisadores descubram e descrevam com detalhe as características que são similares ou diferentes entre os estratos ou subgrupos em relação a uma formulação.

Por exemplo, vamos supor que queremos estudar como as jovens universitárias veem o fato de terem ou não relações sexuais antes do casamento em uma cidade, digamos da cidade Peña de las Cuevas[23]. Então, delimitamos o universo para garotas entre 18 e 24 anos. O que nos interessa é ter diversidade ideológica, vamos dizer que consideramos dois estratos gerais: conservadoras e liberais.

Escolhemos uma amostra (cujo tamanho seja determinado ou não por fórmulas ou usando o STATS). Vamos supor que pretendemos que esta seja formada por 300 jovens, 150 de cada estrato. Vamos a uma universidade religiosa (Universidad Cristiana Guadalupe) para selecionar casos e poderíamos assumir que essas estudantes são mais conservadoras, mas como não temos essa certeza, então escolhemos 100 de maneira aleatória – probabilisticamente – e 50 das quais tivermos mais evidência de que sejam conservadoras – por propósito –; também vamos a uma instituição laica pública (Universidad Romo Méndez), e novamente selecionamos 100 aleatoriamente – probabilisticamente – e 50 das quais tivermos mais evidência que sejam liberais, por propósito. Para as 200 escolhidas aleatoriamente (100 da universidade católica e 100 da pública) administramos um questionário com perguntas padronizadas e abertas para avaliar suas percepções (QUAN-QUAL), enquanto as 100 restantes são convidadas a entrar em grupos focais para aprofundar nas percepções (QUAL). Essa estratégia permite que o pesquisador se refira de maneira detalhada às características similares e diferentes por meio dos estratos. Após ter feito isso, também seria possível acrescentar uma amostra pequena guiada por um propósito para aprofundar ainda mais no entendimento do fenômeno (no exemplo, poderíamos realizar entrevistas adicionais para ampliar a compreensão das percepções com 10 jovens que tenham sido determinadas como extremamente conservadoras, 10 medianamente conservadoras, 10 liberais e 10 muito liberais).

Em suma, em uma pesquisa mista o pesquisador combina técnicas probabilísticas (estatísticas) e técnicas guiadas por um propósito, para localizar e selecionar sua amostra, de acordo com a formulação de seu problema.

✓ COLETA DOS DADOS

O pesquisador precisa decidir os tipos específicos de dados quantitativos e qualitativos que devem ser coletados, e isso deve ser feito no momento da proposta, embora saibamos que no caso dos dados QUAL não é possível saber de antemão quantos casos e dados serão coletados (lembramos que a saturação de categorias e o entendimento do problema de estudo são os elementos que indicam se devemos concluir ou não a coleta no campo); e, claro, no relatório devemos especificar o tipo de dados que foram recompilados e com quais meios ou ferramentas. Creswell (2009) elaborou uma tabela que pode ser útil para visualizar isso, que é incluída na Tabela 17.5.

Graças ao desenvolvimento dos métodos mistos e à atual possibilidade de tornar compatíveis os programas de análise quantitativa e qualitativa (p. ex., o SPSS e o Atlas.ti), muitos dos dados coletados pelos instrumentos mais comuns podem ser codificados como números e também analisados como texto (Axinn e Pearce, 2006).

TABELA 17.5
Tipos de dados na pesquisa e as análises apropriadas a serem realizadas

Dados e análises quantitativas	Dados e análises mistas	Dados e análises qualitativas
• Predeterminados.	• Tanto predeterminadas como emergentes.	• Emergentes.
• Padronizados.	• Tanto padronizados como não padronizados.	• Não padronizados.
• Mensuráveis ou observáveis.	• Tanto mensuráveis ou observáveis como inferidos e extraídos da linguagem verbal, não verbal e escrita de participantes.	• Inferidos e extraídos da linguagem verbal, não verbal e escrita de participantes.
• Perguntas fechadas.	• Perguntas fechadas e abertas.	• Perguntas abertas e fechadas.
• Referentes a atitudes e/ou desempenho, observacionais.	• Diversas formas de dados obtidos de todas as possibilidades.	• Produto de entrevistas, observações, documentos e dados audiovisuais.
• Resumidos em uma matriz de dados numéricos.	• Resumidos em matrizes de dados numéricos e bases de dados audiovisuais e de texto.	• Resumidos em bases de dados audiovisuais e de texto.
• Análise estatística.	• Análise estatística e de textos e imagens (e combinados).	• Análise de textos e elementos audiovisuais.
• Interpretação estatística.	• Interpretação por cruzar e/ou mesclar as bases de dados.	• Interpretação de categorias, temas e padrões.

Vamos ver alguns exemplos na Tabela 17.6.

TABELA 17.6
Exemplos de dados cujos métodos de coleta permitem que possam ser codificados numericamente e analisados como texto

Método de coleta de dados	Possibilidade de codificação numérica	Possibilidade de análise como texto
Pesquisas de levantamento (questionários com perguntas abertas)	✓	✓
Entrevistas semiestruturadas ou não estruturadas	✓	✓
Grupos focais	✓	✓
Observação	✓	✓
Registros históricos e documentos	✓	✓

Por exemplo, em uma pergunta feita para jovens universitárias solteiras durante uma entrevista ou grupo focal: Você(s) considera(m) que o casamento é para "sempre"?, isto é, "até que a morte os separe". Poderíamos obter as seguintes respostas de duas participantes (Lupita e Paulina):

Lupita: "Eu acho que é sem dúvida para sempre, quando eu me casar será para toda a vida, uma só vez. Nos 'Devotos de María Magdalena' em que vou pelo menos quatro vezes por semana, sempre discutimos sobre isso, o divórcio não é aceitável, eu escutei a mesma coisa todas as vezes em que vou à missa, que frequento no mínimo uma vez por semana".

Paulina: "Não tenho certeza, eu acho que uma pessoa se casa pensando e desejando que o casamento funcione e dure para sempre, e faz todo o possível para que isso aconteça; mas pode acontecer de a pessoa se enganar e seu par não ser o que ela queria, ele pode inclusive ser um monstro ciumento, que me "coloque um chifre" algumas vezes (*infiel*), que se distancie psicologicamente de mim, e isso não, não, não; nesse caso eu pediria o divórcio. Às vezes é para sempre e às vezes não, depende das circunstâncias. Eu não acredito cegamente em tudo o que a Igreja diz, sou religiosa, mas não fanática".

Essas respostas poderiam ser codificadas como números e delas também podem emergir categorias, como é mostrado na Tabela 17.7.

Também poderíamos aplicar testes padronizados sobre o nível de religiosidade e conservadorismo em relação ao casamento e correlacionar ambas as variáveis, assim como vincular os resultados desses testes com os obtidos com entrevistas muito profundas para conhecer sua verdadeira ideologia subjacente (qualitativas).

A escolha dos instrumentos e do tipo de dados a serem coletados dependerá da formulação da pesquisa e podemos utilizar todas as técnicas vistas neste livro.

E existem ferramentas que coletam simultaneamente dados QUAN e QUAL. A seguir, temos um exemplo desenvolvido por Ana Cuevas Romo para este livro; dê ao restaurante, caro leitor, o nome que quiser.

Exemplo
Percepção do cliente em um restaurante

Uma rede de restaurantes estava em um processo de mudança e como parte desta precisava fazer um diagnóstico para tomar decisões baseadas em informação atual e relevante, especificamente sobre as seguintes variáveis:

- Comportamento do consumidor (dias, horários e ocasiões em que vai ao local, acompanhantes, etc.).
- Tratamento do pessoal (amabilidade).

- Rapidez no serviço.
- Opinião a respeito do serviço.
- Música.
- Mobiliário.
- Alimentos e bebidas.
- Preços.
- Ambiente.
- Entretenimento.
- Satisfação do cliente.
- Comparação com os principais concorrentes.

Com a finalidade de realizar esse diagnóstico e avaliar as variáveis anteriores, foram desenvolvidos dois instrumentos para documentar experiências e a percepção que os clientes têm sobre o estabelecimento, seu pessoal, serviço e produtos (que foram submetidos a um teste piloto e corrigidos): a "ilustração" e a "tabela ou quadro". Para sua aplicação, pedimos ao cliente que se lembrasse da última vez em que foi ao local e que traduzisse os detalhes dessa última visita com desenhos e completasse as frases na "ilustração" (ver Figura 17.19). Quando terminaram pedimos que preenchessem a "tabela" (ver Figura 17.20).

A análise foi realizada tendo como base a natureza dos dados coletados:

- Da "ilustração" foi realizada tanto uma análise quantitativa (contagem de categorias) como uma análise interpretativa (do que foi indicado nos desenhos).
- Da "tabela" foi realizada uma análise quantitativa para integrar e resumir as respostas dos clientes selecionados na amostra.
- Das experiências foi realizada análise QUAN e QUAL.
- Os resultados refletiram a percepção dos clientes sobre as variáveis mencionadas.

TABELA 17.7
Exemplos de codificações quantitativas e geração de categorias simultaneamente

Como números (QUAN)	Em uma escala que tivesse como categorias: Variável: Religiosidade da participante	3 (muita religiosidade) 2 (média religiosidade) 1 (pouca religiosidade) 0 (nenhuma religiosidade) Lupita poderia estar no "3" (muita) e Paulina no "2" (média)
	Variável: Atitude conservadora/liberal em relação ao casamento	Com uma escala cujas categorias fossem: 3 (conservadora) 2 (nem conservadora nem liberal) 1 (liberal) Lupita estaria no "3" e Paulina no "2".
Como categorias emergentes (QUAL)	Categoria: Religiosidade	Exemplos de citações ou segmentos: "Nos 'Devotos de María Magdalena' em que vou pelo menos quatro vezes por semana, sempre discutimos sobre isso, o divórcio não é aceitável, eu escutei a mesma coisa todas as vezes em que vou à missa, que frequento no mínimo uma vez por semana." (Lupita) "Eu não acredito cegamente em tudo o que a Igreja diz, sou religiosa, mas não fanática." (Paulina)
	Categoria: Postura em relação ao casamento	"Eu acho que é sem dúvida para sempre." (Lupita) "Não tenho certeza... a pessoa se casa pensando e desejando que o casamento funcione e dure para sempre... mas pode acontecer de a pessoa se enganar e seu par não ser o que ela queria... nesse caso eu pediria o divórcio." (Paulina)

A última vez em que fui ao restaurante

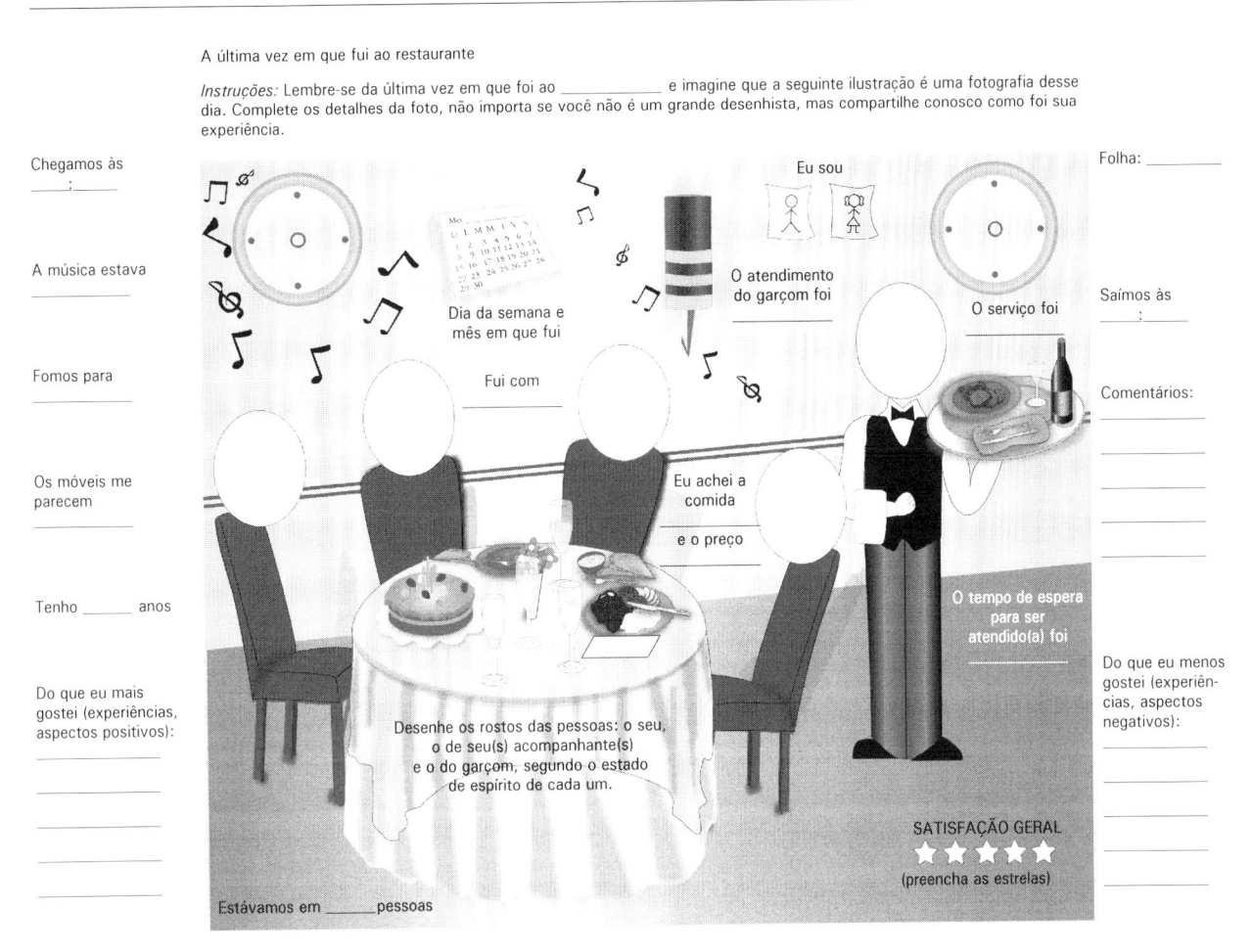

Instruções: Lembre-se da última vez em que foi ao _____ e imagine que a seguinte ilustração é uma fotografia desse dia. Complete os detalhes da foto, não importa se você não é um grande desenhista, mas compartilhe conosco como foi sua experiência.

Chegamos às _____;

A música estava _____

Fomos para _____

Os móveis me parecem _____

Tenho _____ anos

Do que eu mais gostei (experiências, aspectos positivos): _____

Eu sou _____

Dia da semana e mês em que fui _____

Fui com _____

O atendimento do garçom foi _____

Eu achei a comida _____ e o preço _____

Desenhe os rostos das pessoas: o seu, o de seu(s) acompanhante(s) e o do garçom, segundo o estado de espírito de cada um.

Estávamos em _____ pessoas

Folha: _____

O serviço foi _____

Saímos às _____;

Comentários: _____

O tempo de espera para ser atendido(a) foi _____

Do que eu menos gostei (experiências, aspectos negativos): _____

SATISFAÇÃO GERAL
★ ★ ★ ★ ★
(preencha as estrelas)

FIGURA 17.19 Ilustração para avaliar a experiência.[24]

RESTAURANTE

Instruções: Marque com um **X** a casinha que mais bem reflete sua opinião.

Minha opinião sobre o serviço no restaurante-bar:

	5	4	3	2	1	
1. Serviço rápido						Serviço lento
2. Pessoal amável						Pessoal indelicado
3. Pessoal respeitoso						Pessoal desrespeitoso
4. Serviço e atenção constante						Serviço e atenção com interrupções
5. Boa apresentação (uniforme)						Péssima apresentação (uniforme)
6. Boa qualidade dos alimentos						Má qualidade dos alimentos
7. Bebidas bem preparadas						Bebidas mal preparadas
8. O volume da música é agradável						O volume da música não é agradável

(continua)

FIGURA 17.20 Ficha para avaliar a experiência.

	5	4	3	2	1	
9. Eu gosto do tipo de música						Eu não gosto do tipo de música
10. A música é variada						Falta variedade na música
11. Os vídeos são adequados à música						Os vídeos são inadequados à música
12. Os vídeos são adequados ao momento						Os vídeos são inadequados ao momento
13. *Show* divertido e interessante						*Show* chato
14. O cantor é bom						O cantor é ruim
15. As danças dos garçons são interessantes						As danças dos garçons são grosseiras
16. O mobiliário é adequado						O mobiliário é inadequado
17. Eu gosto da decoração						Eu não gosto da decoração
18. O lugar é muito limpo						O lugar é muito sujo
19. Os banheiros estão em ótimas condições						Os banheiros estão em péssimas condições
20. Os preços são acessíveis						Os preços são altos
21. Eu compraria *souvenirs* do restaurante-bar						Eu não compraria *souvenirs* do restaurante-bar
22. A imagem do restaurante-bar é muito boa						A imagem do restaurante-bar é muito ruim
23. Os preços estão de acordo com o lugar, o serviço e os produtos						Os preços não estão de acordo com o lugar, o serviço e os produtos
24. Opinião geral: MUITO BOA						Opinião geral: MUITO RUIM

Comparando com outros restaurantes ou bares (marque sua resposta com um **X**):

	Restaurante-bar	Nome do restaurante que é concorrente direto	Nome de outro restaurante que é concorrente direto
25. Vou mais vezes seguidas ao:			
26. Eu gosto de ir mais ao:			
27. Prefiro a comida do:			
28. Prefiro as bebidas do:			
29. Prefiro o ambiente do:			

Eu gosto de ir mais ao _____ porque: _____

FIGURA 17.20 Ficha para avaliar a experiência (continuação).

✓ ANÁLISE DOS DADOS

Para analisar os dados nos métodos mistos, o pesquisador confia nos procedimentos padronizados quantitativos (estatística descritiva e inferencial) e qualitativos (codificação e avaliação temática), além de análises combinadas. A análise dos dados nos métodos mistos está relacionada com o tipo de desenho e estratégia escolhidos para os procedimentos; e, conforme já comentamos, a análise pode ser sobre os dados originais ("em estado bruto", "em estado natural") e/ou pode exigir sua transformação. Nos métodos mistos a diversidade de possibilidades de análise é considerável, além das alternativas conhecidas proporcionadas pela estatística e pela análise temática. Alguns exemplos são mostrados na Tabela 17.8.

TABELA 17.8
Exemplos de desenhos mistos e possíveis procedimentos de análise e interpretação dos dados[25]

Desenhos	Exemplos de procedimentos analíticos
Concomitantes (triangulação, incrustados, transformadores)	Quantificar dados qualitativos: codificamos dados qualitativos, atribuímos números aos códigos e registramos sua incidência (as categorias emergentes são consideradas variáveis ou categorias quantitativas), realizamos análise estatística descritiva de frequência. Também é possível comparar os dois conjuntos de dados (QUAL e QUAN).
	Qualificar dados quantitativos: os dados numéricos são examinados e consideramos seu significado e sentido (o que nos "dizem"). Desse significado nascem temas que refletem esses dados e são vistos como categorias. Posteriormente, são incluídos para as análises temáticas e de padrões correspondentes. Por exemplo: realizar uma análise fatorial com os dados quantitativos (escalas). Os fatores que surgirem serão considerados "temas qualitativos". Comparamos esses fatores com os temas que surgiram da análise qualitativa.
	Comparar diretamente os resultados provenientes da coleta de dados quantitativos com resultados da coleta de dados qualitativos (apoiar a análise estatística de tendências nos temas qualitativos ou vice-versa). É muito comum comparar bases de dados. Por exemplo, em um desenho concomitante, poderíamos realizar uma pesquisa de levantamento com consumidores de um produto, vamos supor saladas, para analisar a "qualidade notada no produto", o "sabor", o "frescor", etc. E, simultaneamente, entrevistar de maneira profunda os responsáveis pelo departamento de verduras de quitandas e supermercados, para obter dados qualitativos e comparar ambas as bases de dados.
	Consolidar dados: combinar dados quantitativos e qualitativos para formar novas variáveis ou conjuntos de dados (p. ex., comparar as variáveis quantitativas originais com os temas qualitativos e assim gerar novas variáveis quantitativas).
	Criar uma matriz: combinar dados quantitativos e qualitativos em uma mesma matriz. Os eixos horizontais podem ser variáveis quantitativas categóricas (p. ex., em uma pesquisa sobre o atendimento proporcionado aos pacientes em um hospital: *prestador do serviço* [variável]: médico, enfermeira, administração, médico assistente [categorias]); e os eixos verticais categorias ou temas emergentes sobre esse atendimento – QUAL – (p. ex.: *empatia, compaixão, interesse pelo paciente, tratamento humanitário*, etc.). A informação nas células pode ser tanto "passagens ou citações" como códigos de categorias (QUAL), e também podemos acrescentar a frequência de incidência dos códigos (QUAN). A matriz combina dados qualitativos e quantitativos e é possível utilizar diferentes programas para a análise (p. ex., o Atlas.ti e o SPSS).
Sequenciais (exploratório, explicativo, transformadores)	Explicar resultados (aprofundar): realizar uma pesquisa de levantamento (QUAN) e efetuar comparações entre grupos da amostra. Um tempo depois, fazer entrevistas para explorar as razões das diferenças ou semelhanças encontradas entre eles.
	Desenvolvimento de tipologias: a análise de um tipo de dados produz uma tipologia (um conjunto de categorias substantivas), que depois é usada como estrutura de referência para que seja aplicado na análise de contraste de dados. Por exemplo, realizar uma pesquisa de levantamento (QUAN) e gerar dimensões mediante a análise fatorial, que serão utilizadas como tipologias para identificar temas em dados qualitativos como produto, digamos, de observações e entrevistas.
	Localizar instrumentos de coleta dos dados: coletar dados qualitativos e identificar temas e categorias. Posteriormente, estas serão utilizadas como base para localizar instrumentos padronizados que contêm conceitos ou variáveis paralelas às categorias qualitativas.
	Desenvolver um instrumento: mediante análise QUAL, conseguir categorias e temas, assim como segmentos específicos de conteúdo que dê a eles "suporte" e os ilustrem. Os temas e/ou categorias podem ser criados como variáveis e os segmentos (frases) podem ser adaptados como itens e escalas de um questionário padronizado. Como alternativa, podemos procurar instrumentos disponíveis que possam ser modificados para que fiquem de acordo com os temas e frases encontradas durante a etapa qualitativa exploratória. Após gerar o instrumento, este é testado em uma amostra representativa de uma população.

(continua)

TABELA 17.8
Exemplos de desenhos mistos e possíveis procedimentos de análise e interpretação dos dados[25] (continuação)

Desenhos	Exemplos de procedimentos analíticos
	Formar dados categóricos: situar e contextualizar características obtidas em uma indução etnográfica (p. ex., grupo étnico, ocupação, etc.) e estas se transformam em variáveis categóricas durante uma fase quantitativa posterior.
	Examinar multiníveis sequencialmente: por exemplo, para analisar o envolvimento e a identificação dos estudantes com sua universidade: realizar com eles uma pesquisa de levantamento (QUAN), reunir dados QUAL mediante grupos focais (sala de aula), analisar indicadores QUAN (escola) e coletar dados qualitativos com entrevistas a diretores. Os resultados obtidos de um âmbito nos ajudam a desenvolver a coleta e análise do próximo.
	Analisar casos extremos: identificados por meio de um tipo de análise (QUAN ou QUAL), esses casos são novamente analisados por outro método (QUAL ou QUAN) para aprofundar sua explicação inicial. Também podem ser coletados dados adicionais para aperfeiçoar a análise. Por exemplo, os casos que são extremos em uma análise qualitativa comparativa são agrupados e passam por medições para que as diferenças sejam analisadas minuciosamente. Esse seria o caso de um psicólogo que detecta crianças com autoestima muito elevada e muito baixa e administra nelas testes padronizados sobre variáveis que ele considera que interferem nesta.

Outro exemplo de análise de casos extremos é o seguinte: nos casos quantitativos dessa natureza, seja na distribuição de uma variável ou na forma de resíduos com pontuações elevadas como produto da análise de regressão, podemos dar continuidade a eles com a coleta de outros dados e análise qualitativos, o que aumenta o sentido de entendimento do fenômeno. Um exemplo foi o estudo de Hernández Sampieri (2009) no qual foram medidas as percepções do clima interno de trabalho pelos empregados de uma empresa de transportes, e a distribuição obtida é mostrada na Figura 17.21.

Conforme já dissemos, hoje diversos programas são compatíveis para a análise de dados tanto quantitativos como qualitativos. Por exemplo: diferentes tipos de *software* para análise qualitativa podem importar e exportar dados quantitativos (ETNOGRAPH, HyperRESEARCH, NUD.IST, nVivo, Atlas.ti e Win MAX). O SPSS também é compatível com diferentes programas qualitativos.

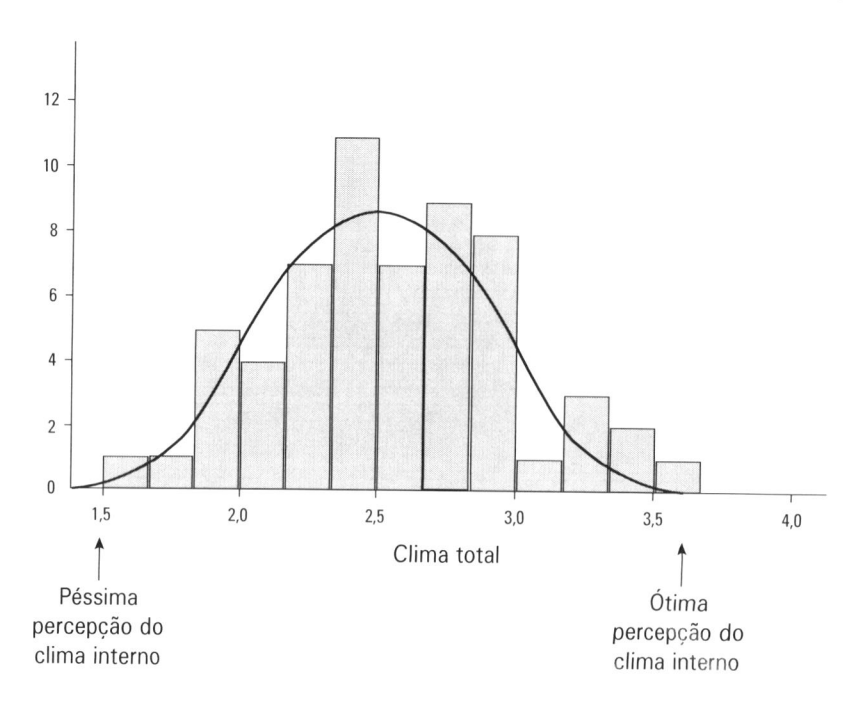

FIGURA 17.21 Análise de casos extremos a partir de uma distribuição do clima organizacional em uma empresa de transportes.

Cada estudo misto, assim como qualquer pesquisa, exige uma "coreografia" para a análise.

No Capítulo 12 do CD "Ampliación y fundamentación de los métodos mixtos", comentamos e exemplificamos mais sobre a maneira de ver as análises para estudos mistos.

☑ RESULTADOS E INFERÊNCIAS

Uma vez obtido os resultados das análises quantitativas, qualitativas e mistas, os pesquisadores e/ou pesquisadoras começam a efetuar as inferências, comentários e conclusões na discussão.

Normalmente, temos três tipos de inferências: as realmente quantitativas, as qualitativas e as mistas, sendo que as mistas são chamadas de metainferências. O relatório pode apresentar primeiro as de cada método e depois as conjuntas; ou, ainda, apresentar os três tipos de inferências por áreas de resultados. Esses esquemas são ilustrados na Figura 17.22. No primeiro caso, nos desenhos concomitantes podemos mostrar primeiro as quantitativas ou as qualitativas, dependendo do próprio critério do pesquisador, e nos desenhos sequenciais e de transformação é costume incluir as inferências de acordo com a ordem seguida (p. ex., se a primeira etapa foi quantitativa, suas inferências são mostradas primeiro). No segundo caso, (por áreas) a ordem pode ser por pergunta de pesquisa, por importância das descobertas ou qualquer outro critério.

De acordo com Tashakkori e Teddlie (2008), as inferências devem obter *consistência interpretativa:* congruência entre si e entre elas e os resultados da análise dos dados. Um exemplo de inconsistência na parte quantitativa seria inferir causalidade baseando-se nos resultados somente correlacionais; ou, ainda, para a vertente qualitativa, inferir que uma categoria é a central em um esquema de teoria fundamentada, quando não era a que mais se vinculava com o restante das categorias. As inferências terão de ser congruentes com o tipo de evidência apresentado, e o nível de intensidade relatado deve corresponder com a magnitude dos eventos ou dos efeitos descobertos. As inferências e as metainferências também devem ser consistentes com as teorias predominantes com maior suporte empírico ou as descobertas de outros estudos (*não* significa obter os

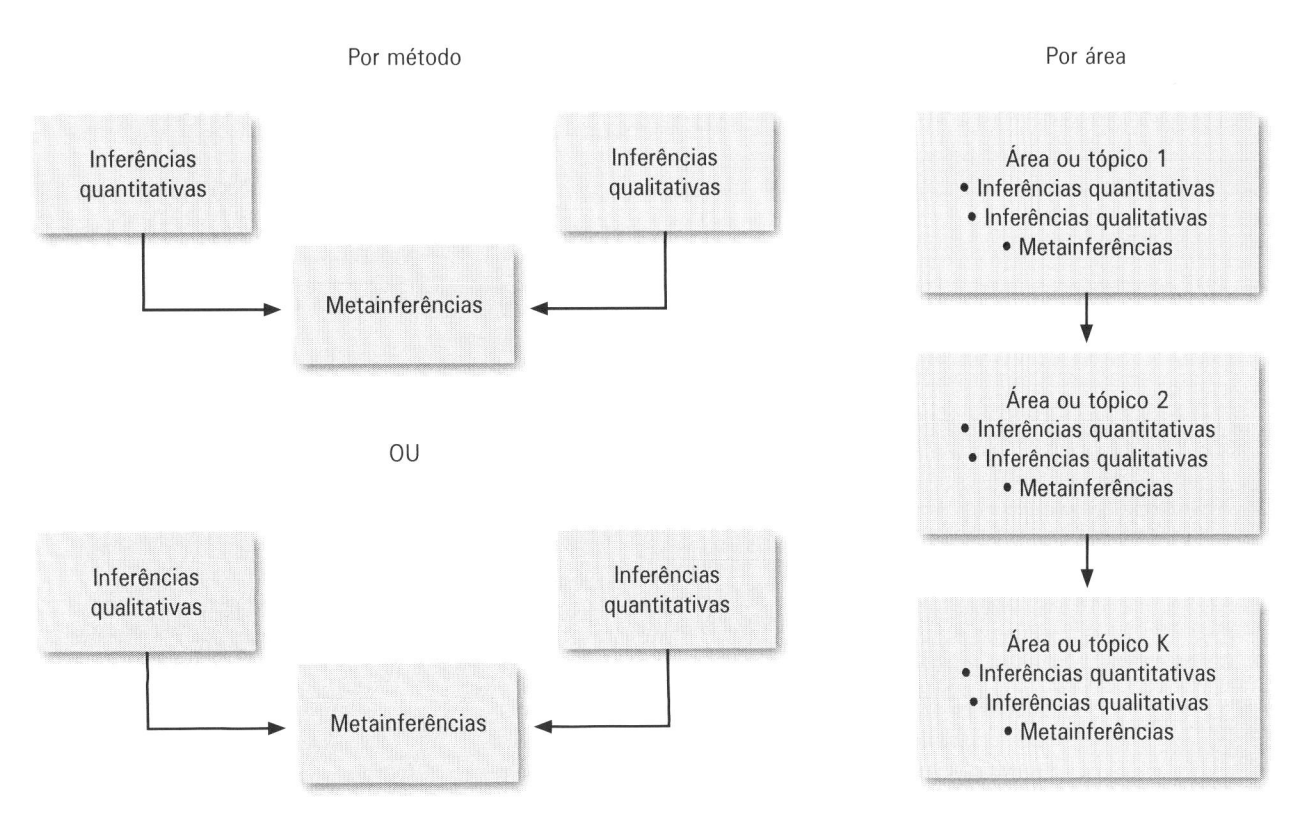

FIGURA 17.22 Ordem de apresentação das inferências, conclusões e comentários na pesquisa mista.

mesmos resultados, mas que eles sejam congruentes). Se esse não for o caso, é apropriado revisar novamente os resultados.

Em função do espaço, recomendamos ao leitor que leia o Capítulo 12 do CD "Ampliación y fundamentación de los métodos mixtos", para que possa obter mais informação sobre esse tema das inferências.

DESAFIOS DOS DESENHOS MISTOS

Os desenhos mistos enfrentam diversos desafios, alguns deles são apresentados a seguir e outros estão no Capítulo 12 do CD.

Creswell, Plano Clark e Garrett (2008, p. 70-71) resumiram esses desafios que podem surgir durante a pesquisa mista, assim como suas possíveis razões e as potenciais estratégias (soluções) a serem utilizadas para enfrentá-los. Isso é mostrado nas Tabelas 17.9 e 17.10, dependendo se o desenho for concomitante ou sequencial[26].

TABELA 17.9
Desafios e estratégias nos desenhos concorrentes

Desafios	Razões	Estratégias potenciais
Resultados contraditórios entre ambos os métodos (O que pode acontecer se os resultados quantitativos e qualitativos não coincidirem ou forem, inclusive, contraditórios?)	Esse problema indica possíveis falhas ou incongruências no desenho, que talvez se deva a erros na coleta e/ou análise dos dados, assim como a uma má aplicação das propostas teóricas. Independentemente de haver congruências ou incongruências, os resultados devem ser avaliados com extremo cuidado e amplamente discutidos.	• Recorrer a outras teorias para ver se alguma delas ajuda a explicar os resultados contraditórios. • Avaliar novamente os dados, o que pode nos levar a coletar dados adicionais (quantitativos, qualitativos ou de ambos os tipos). Por exemplo, se a amostra qualitativa foi muito pequena, talvez seja preciso incluir uma amostra adicional muito maior. Também é possível que nosso instrumento quantitativo tenha conseguido uma confiabilidade baixa. • Analisar novamente os dados originais (ampliando ou aprofundando a análise). Por exemplo, revisar as categorias qualitativas ou efetuar análises paramétricas em vez de métricas. • Utilizar os resultados como uma plataforma para uma nova busca ou um segundo estudo. • Dar prioridade aos dados que considerarmos mais sólidos. • Recorrer a colegas para que revisem todo o estudo.
Integração de dados (De que maneira os dados quantitativos e qualitativos podem ser integrados?)	É um desafio inerente aos modelos mistos e o pesquisador deve pensar sobre a melhor maneira como os tipos de dados podem ser combinados.	• Começando com a formulação, elaborar a pesquisa de maneira que sejam abordados os mesmos tópicos a partir das duas perspectivas. Por exemplo, em uma pesquisa sobre as necessidades de pacientes infectados pelo HIV, incluir temas comuns para os dois enfoques: apoio da família – financeiro e emocional –, variáveis psicológicas como a autoestima, o sentido de vida, o estresse, etc. • Transformar um tipo de dados para que possa ser comparado com o outro tipo de evidência empírica. • Construir uma matriz na qual possam ser inseridos dados quantitativos e qualitativos.
Amostragem (Quais problemas podem surgir quando temos amostras de natureza diferente?)	Os pesquisadores precisam levar em conta os efeitos de haver diferentes amostras com tamanhos desiguais quando conjuntos de dados quantitativos e qualitativos são mesclados.	• Incluir os mesmos casos em ambas as amostras (ou ao menos uma parte significativa de uma amostra na outra). É importante que a amostra menor seja totalmente considerada na amostra maior. • Utilizar amostragem probabilística nos dois enfoques.

(continua)

TABELA 17.9
Desafios e estratégias nos desenhos concorrentes (continuação)

Desafios	Razões	Estratégias potenciais
		• Usar o mesmo contexto e lugar na parte quantitativa e na qualitativa (p. ex., a mesma organização, comunidade, grupo, etc.). • Utilizar participantes diferentes em ambas as amostras (que pode parecer uma contradição com estratégias comentadas nesta tabela, mas é que às vezes o que queremos é contrastar "polos opostos com métodos diferentes"). • Aumentar o tamanho da amostra qualitativa.
Introdução de vieses (Se os dados forem coletados de forma concomitante, será que um tipo de dados pode introduzir tendências ou vieses na interpretação conjunta?)	É possível que um tipo de dados introduza vieses, predisposições e/ou tendências que confundam os resultados obtidos por outro método se os dados forem coletados dos mesmos participantes, principalmente quando experimentamos ou implantamos intervenções, processos ou testes.	• Coletar dados não obstrutivos (lembre-se dessa noção quando revisamos os métodos de coleta dos dados quantitativos). • Conseguir amostras equivalentes e do mesmo tamanho em todos os grupos comparados na intervenção, processo ou teste. • Alternar a coleta de dados quantitativos e qualitativos. • Adiar a coleta de dados qualitativos até depois da intervenção ou teste (ou mudar para o desenho sequencial).

TABELA 17.10
Desafios e estratégias nos desenhos sequenciais

Desafios	Razões	Estratégias potenciais
Resultados contraditórios entre ambos os métodos (O que pode acontecer se os resultados quantitativos e qualitativos não coincidirem ou forem, inclusive, contraditórios?)	Esse problema indica possíveis falhas ou incongruências no desenho, que talvez se deva a erros na seleção de casos ou na coleta e/ou análise dos dados, assim como a uma má aplicação das propostas teóricas.	• Acrescentar mais uma fase. Geralmente, nos exploratórios (DEXPLOS) uma qualitativa, e nos explicativos (DEXPLIS) uma quantitativa. • Coletar mais dados tanto quantitativos como qualitativos.
Amostragem (Quais problemas temos de enfrentar quando temos amostras desiguais em etapas com tempos diferentes? Os participantes devem ser os mesmos nas diferentes fases? As amostras têm ou não de ser do mesmo tamanho?	Nos desenhos sequenciais é muito difícil que as amostras das etapas sejam do mesmo tamanho, devido à natureza própria de cada enfoque (QUAN e QUAL). No entanto, para responder essas perguntas os pesquisadores precisam considerar os propósitos do desenho. Se a finalidade da segunda fase for ajudar a explicar a primeira (DEXPLIS), a estratégia de amostragem para a segunda etapa (QUAL) será selecionar a mesma amostra ou um segmento importante da fase inicial (QUAN). No desenho exploratório (DEXPLOS), os participantes da primeira fase normalmente são os mesmos da segunda, porque o propósito desta é generalizar os resultados para uma população, mas devemos tentar que seus perfis sejam o mais parecido possível.	• Se o que pretendemos é explicar os resultados iniciais: incluir os mesmos casos em ambas as amostras (ou ao menos uma parte significativa de uma amostra na outra). É importante que a amostra menor seja totalmente considerada na amostra maior (desenho explicativo). • Se o objetivo é dar prosseguimento à amostra qualitativa e generalizar: incluir os casos da parte qualitativa (inicial) na etapa subsequente (QUAN), mas aumentar a amostra para essa segunda fase (desenho exploratório). • Quando a finalidade é explorar casos e contextos (também desenhos exploratórios), podemos utilizar os mesmos casos (para dar prosseguimento à exploração) ou diferentes (para ampliar a exploração).

(continua)

TABELA 17.10
Desafios e estratégias nos desenhos sequenciais (continuação)

Desafios	Razões	Estratégias potenciais
Seleção de participantes para a fase subsequente (Como selecionar os participantes para a segunda etapa?)	Pode haver limitações, já que, por exemplo, os participantes aceitaram responder um questionário anônimo padronizado, mas não estão dispostos a fazer parte de um grupo focal. No desenho explicativo, os pesquisadores precisam determinar quais resultados quantitativos serão a base para escolher os participantes da segunda fase (QUAL). A seleção pode se basear na identificação de participantes utilizando os resultados quantitativos significativos, inesperados ou de casos extremos; também aqueles que ajudaram a identificar variáveis preditivas e correlações importantes. Às vezes a escolha procura casos diversos (em variáveis demográficas ou de diferentes grupos de comparação). Por outro lado, às vezes são recrutados voluntários para a parte QUAL. No caso do desenho exploratório, a seleção não apresenta nada além dos desafios inerentes a cada método (QUAL → QUAN).	• Utilizar critérios para a seleção da amostra da segunda fase (p. ex., baseando-se em resultados estatísticos). Às vezes, utilizamos vários critérios. • Escolher voluntários.
Escolha dos resultados da primeira etapa para utilizá-los como base da segunda (Quais resultados devem ser utilizados?)	No caso dos desenhos exploratórios que pretendem desenvolver um instrumento quantitativo, primeiro é preciso explorar quais dimensões são relevantes para medir os constructos de interesse, depois incluímos na ferramenta e, finalmente, realizamos sua validação em uma amostra probabilística. No caso do desenho explicativo, sempre procuramos aprofundar nos resultados quantitativos.	• Em desenhos exploratórios é possível utilizar os padrões ou os grandes temas como variáveis ou constructos, as categorias como dimensões e as citações-chave dos participantes como itens. E também efetuar uma validação completa e rigorosa. • Em desenhos explicativos, fazer o contrário: utilizar os resultados estatísticos significativos como fundamento para as ferramentas qualitativas (p. ex., fatores da análise fatorial como temas). • Em ambos os tipos de desenhos, utilizar os mesmos domínios de interesse para as duas fases (partir dos mesmos constructos).

A estratégia irá depender de cada desenho e pesquisa específica (lembramos que os estudos mistos geralmente são feitos "sob medida", "artesanais").

☑ RELATÓRIOS MISTOS

Como os estudos mistos devem ser relatados de maneira efetiva para que possa ser aceito como publicação em uma revista acadêmica conceituada (*journal*), como tese de doutorado ou livro? Quanto a isso, devemos dizer que ainda existem muitas dúvidas e que, de fato, não existem regras tão precisas como no caso das pesquisas quantitativas, nem sequer uma abordagem, como nas qualitativas.

No entanto, graças à publicação de revistas como o *Journal of Mixed Methods Research* e o trabalho de diversos autores, algumas diretrizes foram criadas. A seguir mencionamos algumas recomendações:

- O relatório deve abranger tanto a pesquisa quantitativa como a qualitativa, isto é, as duas abordagens devem ser incluídas na coleta, análise e integração de dados, assim como as inferências derivadas dos resultados (Creswell e Tashakkori, 2007).
- O trabalho também terá de explicitar um avanço no conteúdo do campo onde o estudo é inserido, e isso significa que deverá acrescentar um tópico na discussão atual da literatura ou identificar alguma questão que tenha sido "negligenciada" (Creswell e Tashakkori, 2007).
- O relatório deve incluir os procedimentos de validação qualitativos e mistos[27] (triangulação, ameaças à validade interna, checagem com participantes, auditorias, etc.).
- Os estudos mistos significam muito mais do que relatar duas "ramificações" da indagação (quantitativa e qualitativa), eles devem – além disso – vinculá-las e conectá-las analiticamente (Bryman, 2007). A expectativa é que no final do trabalho as conclusões obtidas de ambos os métodos sejam integradas para proporcionar maior compreensão sobre a formulação em estudo (Creswell e Tashakkori, 2007). A integração deve ser mostrada na forma como se compara, contrasta, constrói ou se incrusta cada conclusão ou inferência dentro da outra. Mesmo nas pesquisas em que geramos instrumentos, nas quais uma ramificação qualitativa inicial fornece temas para desenvolver variáveis e baterias de itens, o relatório tem de apresentar as descobertas e inferências qualitativas, antes de mostrar os procedimentos para a segunda ramificação (construção de assertivas).
- Outro atributo do trabalho misto é que inclua componentes de ambos os métodos que preencham "buracos de conhecimento" e acrescentem novas perspectivas à literatura sobre a pesquisa mista dentro do campo onde estamos trabalhando (Hernández Sampieri e Mendoza, 2008). O ideal é que o estudo proporcione ideias sobre como os pesquisadores devem conduzir estudos mistos, replicar e aperfeiçoar formulações e expandir o alcance e a generalização de teorias.
- Alguns autores recomendam que, como parte da justificativa para as pesquisas mistas, também se proporcione uma abordagem diferente ou se facilite a prática de certas políticas ("dar voz aos não representados, favorecer a justiça social, mostrar ações que transformem a sociedade"...). Mas o que é realmente necessário para os relatórios mistos é que proporcionem uma compreensão crível e detalhada do significado do fenômeno (Creswell e Tashakkori, 2008), e às vezes isso implica ter uma nova visão sobre ele (Hernández Sampieri e Mendoza, 2008).

✓ VALIDADE DOS ESTUDOS MISTOS

A validade nos métodos mistos foi abordada a partir de diversas perspectivas. Nos primeiros estudos dessa natureza e ainda hoje, em várias pesquisas a validade é trabalhada de maneira independente para os enfoques quantitativos e qualitativos, buscando validade interna e externa para o primeiro, e a dependência e outros critérios para o segundo. No entanto, recentemente surgiu uma proposta de autores como Onwuegbuzie e Johnson (2006), Hernández Sampieri e Mendoza (2008) e Teddlie e Tashakkori (2009), que incorporam vários elementos para a validade e a qualidade dos desenhos mistos, entre os quais destacamos:

1. rigor interpretativo,
2. qualidade no desenho e
3. legitimidade.

Esses e outros indicadores para avaliar uma pesquisa mista foram incluídos no Capítulo 10 do CD: "Parámetros, criterios, indicadores y/o cuestionamentos para evaluar la calidad de una investigación", e são comentados e aprofundados com exemplos no Capítulo 12 do mesmo CD: "Ampliación y fundamentación de los métodos mixtos".

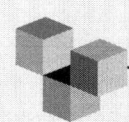

Resumo

- Os métodos mistos ou híbridos tiveram um crescimento vertiginoso na última década.
- Os métodos mistos representam um conjunto de processos sistemáticos, empíricos e críticos de pesquisa e envolvem a coleta e análise de dados quantitativos e qualitativos, assim como sua integração e discussão conjunta, para realizar inferências como produto de toda a informação coletada (metainferências) e conseguir um maior entendimento do fenômeno em estudo.
- Os métodos mistos representam um caminho adicional para o enfoque quantitativo e o qualitativo da pesquisa.
- No século XX houve uma controvérsia entre dois enfoques para a pesquisa: o quantitativo e o qualitativo.
- Os defensores de cada um deles argumentam que o seu é o mais apropriado e frutífero para a pesquisa.
- A realidade é que esses dois enfoques são formas que demonstraram ser muito úteis para o desenvolvimento do conhecimento científico e nenhum é intrinsecamente melhor que o outro.
- Os métodos mistos acabaram com a "guerra dos paradigmas".
- A pesquisa mista é utilizada e avançou porque os fenômenos e problemas enfrentados atualmente pelas ciências são tão complexos e diversos que o uso de um enfoque único, tanto quantitativo como qualitativo, não basta para lidar com essa complexidade.
- O enfoque misto – entre outros aspectos – consegue dar uma perspectiva mais ampla e profunda do fenômeno, ajuda a formular o problema de maneira mais clara, produz dados mais "ricos" e variados, potencializa a criatividade teórica, apoia de maneira mais sólida as inferências científicas e permite que os dados sejam melhor "explorados e aproveitados".
- As pretensões mais destacadas da pesquisa mista são: triangulação, complementação, visão holística, desenvolvimento, iniciação, expansão, compensação e diversidade.
- O apoio filosófico dos métodos mistos é o pragmatismo, cuja visão é reunir vários "modelos mentais" no mesmo espaço de busca para que haja um diálogo respeitoso e que os enfoques se alimentem mutuamente, além de coletivamente gerar um melhor sentido de compreensão do fenômeno estudado.
- O pragmatismo é eclético (reúne diferentes estilos, opiniões e pontos de vista), inclui diversas técnicas quantitativas e qualitativas em um só "portfólio" e seleciona combinações de proposições, métodos e desenhos que se "encaixam" melhor na formulação do problema de interesse.
- Na verdade, não existe um processo misto, o fato é que em um estudo híbrido estão presentes diversos processos.
- Um estudo misto sólido começa com uma formulação do problema contundente e demanda claramente o uso e integração dos enfoques quantitativo e qualitativo.
- Na maioria dos estudos mistos realizamos uma revisão exaustiva e completa da literatura apropriada para a formulação do problema, da mesma forma que fazemos com pesquisas quantitativas e qualitativas.
- Cada estudo misto envolve um trabalho único e um desenho próprio, no entanto, pode identificar modelos gerais de desenhos que combinam o método quantitativo e o qualitativo.
- Para escolher o desenho misto apropriado, o pesquisador leva em conta: a prioridade de cada tipo de dados (igual ou diferente), a sequência ou tempos dos métodos (concomitante ou sequencial), o propósito essencial da integração dos dados e as etapas do processo de pesquisa nas quais os enfoques serão integrados.
- Os desenhos mistos específicos mais comuns são: desenho exploratório sequencial (DEXPLOS), desenho explicativo sequencial (DEXPLIS), desenho transformador sequencial (DITRAS), desenho de triangulação concomitante (DITRIAC), desenho incrustado concomitante de modelo dominante (DIAC), desenho incrustado concomitante de vários níveis (DIACNIV), desenho transformador concomitante (DISTRAC) e desenho de integração múltipla (DIM).
- Os métodos mistos utilizam estratégias de amostragem que combinam amostras probabilísticas e amostras propositivas (QUAN e QUAL).
- Os principais autores da pesquisa mista identificaram quatro estratégias de amostragem mista essenciais: amostragem básica, amostragem sequencial, amostragem concomitante e amostragem por multiníveis.
- Graças ao desenvolvimento dos métodos mistos e a recente possibilidade de tornar compatíveis os programas de análise quantitativa e qualitativa (p. ex., o SPSS e o Atlas.ti), muitos dos dados coletados pelos instrumentos mais comuns podem ser codificados como números e também analisados como texto.
- Para analisar os dados, nos métodos mistos o pesquisador confia nos procedimentos padronizados quantitativos (estatística descritiva e inferencial) e qualitativos (codificação e avaliação temática), além de análises combinadas.
- A análise dos dados nos métodos mistos está relacionada com o tipo de desenho e estratégia escolhidos para os procedimentos.
- Uma vez obtidos os resultados das análises quantitativas, qualitativas e mistas, os pesquisadores começam a efetuar as inferências, os comentários e as conclusões na discussão.
- Normalmente temos três tipos de inferências na discussão de um relatório de pesquisa mista: as propriamente quantitativas, as qualitativas e as mistas, sendo que as mistas são chamadas de metainferências.

Conceitos básicos

- Amostragem probabilística
- Amostragem propositiva
- Análise qualitativa
- Análise quantitativa
- Dados qualitativos
- Dados quantitativos
- Desenho incrustado concomitante de modelo dominante (DIAC)
- Desenho incrustado concomitante de vários níveis (DIACNIV)
- Desenho de integração múltipla (DIM)
- Desenho de triangulação concomitante (DITRIAC)
- Desenho explicativo sequencial (DEXPLIS)
- Desenho exploratório sequencial (DEXPLOS)
- Desenho misto
- Desenho transformador concomitante (DISTRAC)
- Desenho transformador sequencial (DITRAS)
- Enfoque misto
- Enfoque qualitativo
- Enfoque quantitativo
- Estratégia de amostragem mista
- Inferência
- Metainferência
- Pragmatismo
- Sequência
- Triangulação

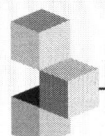

Exercícios

1. Elabore um estudo misto com um desenho sequencial em duas etapas (a primeira pode ser quantitativa ou qualitativa, a escolha é sua).

Proposição	Etapa 1	Etapa 2
Objetivo(s) e pergunta(s) quantitativa(s):	Desenho:	Desenho:
Objetivo(s) e pergunta(s) quantitativa(s):	Amostra:	Amostra:
Objetivo(s) e pergunta(s) mista(s) (de integração de métodos):	Ferramenta para coletar dados:	Ferramenta para coletar dados:

- Quais análises quantitativas, qualitativas e mistas poderiam ser definidas antecipadamente? Lembre-se de que estas dependem das pretensões do pesquisador (triangulação, complementação, corroboração, etc.).
- Os dados poderiam ou não ser mesclados em algumas análises? Em caso afirmativo, de que maneira?
- Como você relataria os dados? Juntos ou separados?

2. Pense em seus cinco melhores amigos e/ou amigas. Quem são eles ou elas? Faça uma lista com seus nomes, iniciais, sobrenomes ou números.

1. _____
2. _____
3. _____
4. _____
5. _____

- Depois descreva cada um deles e/ou delas. A descrição é livre, inclua os aspectos de seus amigos e/ou de suas amigas que você prefere.
- Compare seus amigos ou suas amigas em duplas utilizando adjetivos qualificativos (1 e 2, 1 e 3, 1 e 4, 1 e 5, 2 e 3, 2 e 4, 2 e 5, 3 e 4, 3 e 5, 4 e 5). Por exemplo: sensível, criativo(a), imaginativo(a), tímido(a), extrovertido(a), extravagante, sorridente, irritado(a), barulhento(a), convencido(a), conversador(a), esportista, inteligente, divertido(a), leal e outros adjetivos que os definam (existem centenas de qualificativos que podem ser empregados).

Dupla comparada	São parecidos em (adjetivos qualificativos):	Não são parecidos em (adjetivos qualificativos):
1 e 2		
1 e 3		
1 e 4		
1 e 5		
2 e 3		
Etc.		

- Uma vez comparadas todas as possíveis duplas, elimine os adjetivos repetidos, deixe somente aqueles que não são repetidos. Os adjetivos que você obtém são como "categorias" qualitativas, não foram predeterminados, esses que apareceram são somente exemplos, você definiu quais se aplicavam a seus amigos. Você os construiu por indução. Seus segmentos foram as duplas comparadas. Assim é a experiência qualitativa de análise (simplificada, é claro).

- Agora, utilize os adjetivos como itens e qualifique cada amigo e/ou amiga em todos os itens em uma escala que você definir (0 a 10, onde "zero" significa que não possui esse adjetivo ou qualificativo e "dez" que o possui completamente; do 1 ao 5, diferencial semântico, ou qualquer outro). Por exemplo:

Assim é a experiência quantitativa (novamente simplificada). Você criou um instrumento quantitativo com bases qualitativas. Avalie as duas experiências.

3. Baseando-se nas formulações que ao longo dos exercícios do livro foram sendo desenvolvidas (a quantitativa e a qualitativa), pense: Elas poderiam ou não ser integradas em um só estudo misto? Por que sim ou por que não? Como?

Amigo(a)	1	2	3	4	5
Barulhento(a)					
Atlético(a)					
Chato(a)					
Etc.					

Exemplos desenvolvidos

Exemplo de desenho de integração múltipla: a moda e a mulher mexicana

Essa pesquisa foi comentada anteriormente na terceira parte do livro e mostramos a faceta qualitativa, mas agora vamos nos aprofundar no estudo, que foi misto e envolveu um desenho de integração múltipla[28].

Primeira etapa: imersão no campo, observação inicial, observação enfocada e entrevistas qualitativas

Uma equipe de *marketing* foi contratada por uma empresa para realizar um estudo sobre as tendências da moda entre as mulheres mexicanas. Basicamente, a organização (uma grande cadeia de lojas de departamentos com uma seção dedicada a roupas para mulheres adolescentes e adultas) queria saber como a mulher mexicana define a moda, quais elementos envolvem a moda a partir de sua perspectiva, como avaliam as seções do departamento de roupas para senhoras e o que é importante que a loja faça por suas clientes.

Os pesquisadores, com um conhecimento mínimo sobre a moda feminina, decidiram iniciar a pesquisa de maneira indutiva e qualitativa; sem uma formulação tão definida ou estruturada, e muito menos com hipóteses. A primeira coisa foi convidar duas pesquisadoras (uma mulher adulta jovem de 28 anos, com formação basicamente quantitativa e uma mulher adulta de 40 anos com experiência na área qualitativa).

A imersão no ambiente (nesse caso, os departamentos, as áreas ou seções de roupas para mulheres adultas e jovens adolescentes da cadeia em questão) exigiu que as duas pesquisadoras e um dos pesquisadores fossem observar abertamente esses departamentos de cinco lojas. Eles tomaram notas e posteriormente decidiram enviar um grupo de mulheres treinadas para observar de maneira não obstrutiva as pessoas que chegavam ao departamento de roupas para senhoras (as observadoras se fizeram passar por clientes). Não foi estruturado um roteiro de observação, apenas foi dito a elas que registrassem o comportamento que percebessem nas clientes (o que elas viram). As observadoras tomaram nota de uma grande variedade de comportamentos verbais e não verbais. O registro foi desde o tempo que permaneciam nesse departamento até quais objetos, tipo de roupas, partes ou seções da área chamavam mais a atenção das clientes; o que as emocionava; as cores e modelos que eram provados e comprados; os perfis visíveis (aproximadamente de que idades, tipo de vestimenta, se vinham sozinhas ou acompanhadas e, nesse último caso, com quem). A observação continuou durante uma semana.

Esses registros e observações serviram para que os pesquisadores começassem a definir as áreas temáticas que o estudo poderia conter e para que elaborassem um roteiro de observação, e assim continuar com mais observações (enfocadas) durante mais uma semana. Esse roteiro foi apresentado como um exemplo no Capítulo 14, "Roteiro de observação para o início do estudo sobre a moda e as mulheres mexicanas".

Posteriormente, o grupo de observadoras capacitadas realizou entrevistas semiestruturadas com clientes (não foi definido nenhum tipo ou tamanho de amostra e nem perfis) no momento em que deixavam a loja (um dia em cada uma das cinco lojas, cinco dias de entrevistas). O roteiro geral de entrevistas incluiu perguntas tão amplas como: O que é a moda? Como se define estar na moda? O que é o mais importante para ser uma mulher que veste na moda? Entre outras. A entrevista durava de 10 a 15 minutos. Um dia, as observadoras se fizeram passar por vendedoras de uma das lojas. No final, foram realizadas 213 entrevistas.

Depois foram realizadas entrevistas profundas com mulheres de diferentes idades (desde os 14 até os 65 anos) em suas próprias residências, para conversar sobre moda, gostos, marcas favoritas e, de maneira geral, sobre como ela viam a loja, entre outras questões (50 entrevistas no total).

Em primeiro lugar, todo o amontoado de informação obtido foi analisado de forma individual, por pesquisador, e depois em grupo (material produto de observações, entrevistas e conversas mantidas pelo pessoal de campo). Essa análise seguiu as técnicas qualitativas. Os temas emergentes foram transformados em tópicos para grupos focais e variáveis para uma pesquisa de levantamento (survey).

Também, em função dessas experiências foi formulado um problema de pesquisa mais delimitado, embora ainda não completamente restrito. Os principais objetivos foram:

1. Obter as definições e percepções da moda para as mulheres mexicanas.
2. Determinar os fatores que compõem a definição de moda para as mulheres mexicanas.
3. Conhecer o significado de "estar na moda" entre as mulheres mexicanas, que por sua vez implica:

- Precisar quais características têm as roupas e os acessórios considerados "na moda" por essas mulheres.
- Avaliar quais comportamentos de compra essas mulheres demonstram ao adquirir roupas.
- Obter um perfil ideal (natureza, características e atributos) de um departamento ou uma loja de roupas femininas.
- Conhecer quais lojas as mulheres mexicanas preferem para comprar roupas.
- Avaliar o departamento de senhoras das lojas da cadeia (incluindo suas seções).

Entre algumas das perguntas de pesquisa que foram elaboradas estavam: O que é a moda para as mulheres mexicanas? O que significa "estar na moda" para elas? Quais dimensões integram esse conceito de moda? Quais marcas, tipos de roupas, cores e estilos preferem as mexicanas? Que atributos deve ter um departamento ou uma loja de roupas para senhoras? Como avaliam o departamento de roupas para senhoras?

A justificativa incluiu a necessidade que a cadeia de lojas de departamentos tinha de conhecer melhor o pensamento de suas clientes e assim se manter na vanguarda, diante da crescente concorrência local e internacional no mercado de roupas femininas.

Assim, foi elaborado um estudo com duas vertentes em paralelo: quantitativa e qualitativa.

Segunda etapa: pesquisa de levantamento e grupos focais

Pesquisa de levantamento
A pesquisa de levantamento foi realizada em seis cidades do México: Cidade do México, Guadalajara, Monterrey, Mérida, Villahermosa e Cancún. Um total de 1400 pesquisas de levantamento entre mulheres (adultas) com mais de 18 anos e 700 jovens entre 15 e 17 anos (jovens). O número de pesquisas de levantamento é mostrado na Tabela 17.10.

TABELA 17.10
Distribuição da amostra nas diferentes cidades

Cidade	Amostra de adultas	Amostra de jovens
México, D.F.	300	150
Guadalajara	250	125
Monterrey	250	125
Mérida	200	100
Canún	200	100
Villahermosa	200	100
Total	1.400	700

As principais variáveis do questionário foram:

- Definição da moda.
- Ida a lojas de departamentos, loja de roupas e butiques.
- Preferência por lojas de departamentos, loja de roupas e butiques.
- Conduta de compras em loja de departamentos ou lojas de roupas.
- Atributos de uma loja de departamentos.
- Atributos de uma loja de departamentos ideal.
- Associação de conceitos e recursos com loja de departamentos e lojas de roupas.
- Relação de loja de departamentos e de roupas com a moda.
- Marcas preferidas e sua relação com "estar na moda".
- Roupas e artigos adquiridos recentemente.
- Influência dos vendedores na decisão de compra de roupas, artigos e marcas.
- Avaliação das lojas de departamentos.
- Percepção de diferentes dimensões relacionadas com o departamento de mulheres e jovens.
- Avaliação do departamento de mulheres e jovens.

Grupos focais
Foram realizados grupos focais nas mesmas localidades da pesquisa de levantamento e em mais duas cidades: Toluca e Veracruz. Em cada uma foram cinco sessões, que duraram entre três e quatro horas (o tema encantou as participantes). As *características* fundamentais destas são mostradas na Tabela 17.11.

O roteiro de tópicos foi mostrado no Capítulo 14 (p. ex.: "Roteiro de tópicos para a moda e a mulher mexicana").

TABELA 17.11
Perfis de sessões[29]

Número de sessões	Faixa de idade	Nível socioeconômico
1	Mulheres adultas 18-15 anos	A e B (alto e médio alto)
2	Mulheres adultas 18-25 anos	C+ (médio)
3	Mulheres adultas 26-45 anos	A e B (alto e médio alto)
4	Mulheres adultas 26-45 anos	C+ (médio)
5	Jovens 15-17 anos	B e C+ (médio alto e médio)

Resultados
Foi elaborado *um relatório por cidade* (com os resultados quantitativos e qualitativos separados; no entanto, ambos foram comparados e nas conclusões foram obtidas inferências das duas vertentes) e *um geral* (no qual foram mesclados dados estatísticos agregados de todas as cidades, assim como as categorias e temas qualitativos comuns que surgiram na maioria das cidades). Conforme o leitor pode imaginar, foram incluídos centenas de gráficos e as transcrições foram bem volumosas. Aqui não teríamos espaço para apresentar tantos resultados. Para se ter uma ideia, mostramos alguns exemplos.

O gráfico indica que as estações do ano (outono, inverno, verão e primavera) e o "conforto" são os fatores mais importantes que afetam a moda.

Quando às categorias qualitativas e temas, mostramos alguns resultados gerais:

Alguns comentários de mulheres mexicanas sobre a moda
Mulheres com mais de 18 anos

- A maioria dos segmentos de todas as cidades concorda que falar de moda é muito relativo, mas mostraram que para elas significa se vestir de acordo com sua personalidade, buscando conforto e usando as cores da estação.
- O importante é que os modelos se adaptem a elas e que se sintam "à vontade" com a roupa.
- Pediram que a roupa se adapte ao físico das mulheres mexicanas, já que as confeccionadas para mulheres adultas "mais cheinhas" (roliças) escondem sua beleza, porque as cores são escuras e não há nem variedade nem bons estilos.
- Quanto aos tamanhos, disseram não encontrar roupas de acordo com seu corpo e também que em geral "são muito justas" e causam problemas na região do quadril e das pernas. Também disseram que o comprimento das calças algumas vezes não é suficiente.
- A percepção nos segmentos de mulheres jovens é que "as lojas XXX não têm roupas de grife". Recomendam incorporar marcas exclusivas como XXX dirigidas ao público feminino jovem, preocupado em estar na moda.
- Pedem que elas próprias possam montar suas combinações e que tivessem tamanhos que pudessem ser trocados.
- Na parte interna, recomendaram que no departamento se pudesse ter uma área para que as crianças se entretenham enquanto elas provam modelos e compram.

Jovens de 15 a 17 anos

- A maioria compra suas roupas em lojas para jovens (chamadas pelos adultos de butiques, termo que muitas delas acham engraçado).

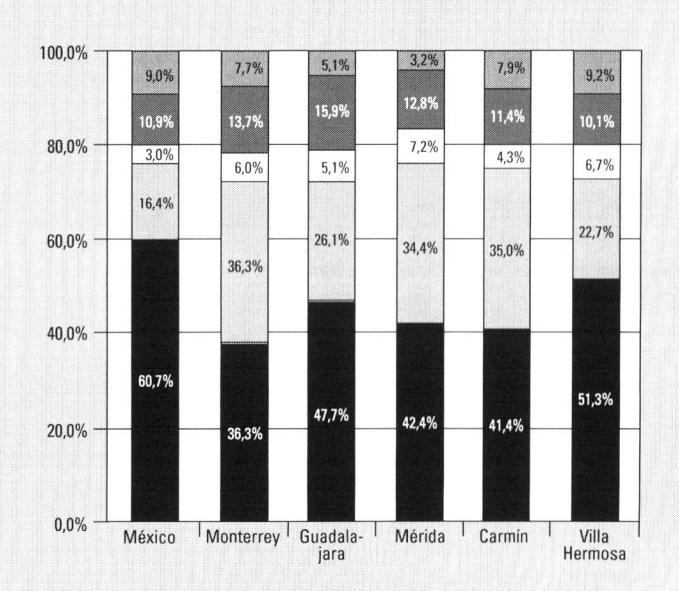

FIGURA 17.23 O que é a moda para a mulher mexicana?

- As lojas preferidas são XXXX, XXXX e boutiques locais.
- Em segundo lugar, vão a lojas de departamentos, principalmente...
- Compram fundamentalmente por impulso, isto é, não planejam suas compras.
- Somente planejam suas compras quando têm um evento social.
- Guiam-se por seus sentidos ao ver as roupas, mais do que por uma marca.
- Vão às lojas de departamentos e, se gostam de uma roupa, geralmente voltam com seus pais para adquiri-la.

Terceira etapa: estudos adicionais

Depois, como complemento para esclarecer alguns pontos, foi realizada outra pesquisa de levantamento com a metade de casos da primeira (n = 700 mulheres e 350 jovens) para comparar a loja com sua concorrente mais próxima na cidade do México, Monterrey e Guadalajara.

O departamento de roupas para mulheres adultas de uma loja também foi reformado. Então foi criado um grupo focal com mulheres adultas e outro com jovens para avaliar as reformas.

O estudo transitou pelos dois caminhos: o quantitativo e o qualitativo. A experiência foi muito enriquecedora.

Os pesquisadores opinam

Da concepção tradicional de pesquisa em psicologia à concepção atual

Nas décadas de 1960 e 1970 a tradição de pesquisa em Psicologia foi consolidada, caracterizada por três grandes enfoques: Clínico, Psicométrico e Experimental. Essa concepção tradicional fundamentada no positivismo – sobretudo nos dois últimos enfoques – vê a realidade em termos independentes do pensamento, uma realidade objetiva, organizada por leis e mecanismos da natureza com regularidades que podem ser explicitadas. Para estudar essa realidade existe uma preocupação em construir instrumentos para estudar o indivíduo separado de seu contexto. Portanto, a importância está nas medidas padronizadas de inteligência, de aptidões e de conhecimentos, e do sujeito no laboratório. Em uma busca da objetividade como característica dos testes, por meio da medida e quantificação dos dados, que exige a neutralidade do pesquisador, que adota uma postura distante, não interativa, como condição de rigor, para excluir juízos de valor e influências na observação, no experimento, na aplicação dos testes e na coleta da informação.

Na década de 1980 surge a chamada pesquisa qualitativa como um conceito alternativo para as formas de quantificação que haviam predominado principalmente no enfoque psicométrico e no experimental. Ocorrem mudanças nas concepções ontológicas, da natureza humana, epistemológicas e metodológicas, que estão relacionadas com a análise das inter-relações entre os indivíduos, com o estudo da subjetividade do observado e do observador, do particular e do sentido, a história das pessoas e a complexidade dos fenômenos. A pesquisa qualitativa que surge na década de 1980 muda as relações entre os sujeitos e os objetos de estudo, em que o conhecimento é uma criação compartilhada na interação pesquisador-pesquisado; enfatiza a complexidade dos processos psicossociais, envolve os pesquisadores que interagem com outros atores sociais e possibilita a construção de teorias fundamentadas na dinâmica cultural. A subjetividade é resgatada como espaço de construção da vida humana, a vida diária passa a ser vista como cenário de compreensão da realidade sociocultural. O interesse da visão qualitativa é pelo estudo dos processos complexos da subjetividade e seu significado, diferentemente da visão quantitativa cujo interesse é a descrição, o controle e a previsão. É indutiva porque se interessa pelo que pode ser descoberto, mais do que pela comprovação e verificação; é holística porque as pessoas e os cenários são vistos como um todo; e é interativa porque permite que o indivíduo se relacione com o ambiente que o rodeia, com visão ecológica e reflexiva sobre a complexidade das relações humanas. Houve um aumento das pesquisas sobre as atitudes, os valores, as opiniões, as crenças, percepções e preferências das pessoas, aumentando, portanto, as análises de conteúdo dos testemunhos dos sujeitos, assim como a utilização das técnicas históricas e etnobiográficas. Começa a ser utilizado o conceito de observação participativa, que implica considerar a existência do observador, sua subjetividade e reciprocidade no ato de observar.

A ênfase agora está na diferença, sujeitos de diferentes ambientes e estratos sociais também são capazes de ter sensações, manifestar sentimentos, elaborar argumentações lógicas e se comunicar. Existem diferenças entre os grupos, entre as culturas, diversidade de histórias, e também há um interesse pela busca do sentido, que é mostrado nas experiências subjetivas e afetivas das pessoas. Predomina a compreensão da complexidade dos fenômenos, na abordagem hermenêutica e não em sua explicação causal, considerando a diversidade de componentes da realidade e de suas interações. A compreensão analisa os processos psicossociais a partir do interior.

A perspectiva atual neste século XXI se caracteriza pelos seguintes aspectos:

- Existe uma tendência maior em analisar as inter-relações em função da situação em que os indivíduos se encontram, do tipo de interlocutor com o qual se comunica. A pesquisa hoje depende da sociedade em que é realizada, da cultura e da ecologia específicas; não existe uma forma humana

definitiva, tudo pode mudar ou estar sujeito a mudança.
- A tendência é recusar a dicotomia artificial entre sujeito e seu contexto social, é necessário renunciar à crença na pureza dos gêneros, dos conceitos. É evidente que existe quantitativo dentro do qualitativo e vice-versa; o quantitativo e o qualitativo como qualificativos de técnicas não oferecem a unidade mais relevante para elucidar os problemas metodológicos em ciências sociais.
- Existe a tendência de aliar a explicação causal com a busca da compreensão, combinar a explicação causal com uma abordagem mais hermenêutica, mais interpretativa. Unem a explicação causal com a interpretação para aumentar a inteligibilidade multirreferencial, que considera a multiplicidade de significados e interações.
- Existe uma ampliação na natureza dos dados observados. A avaliação do tipo quantitativo não foi deixada de lado, os testes continuam sendo uma técnica muito utilizada, mas os pesquisadores se abriram para o mundo da subjetividade e da afetividade das pessoas, interessam-se pela maneira como os sujeitos descrevem e sentem os acontecimentos e as diferentes maneiras de captar a realidade.
- Articula-se a aproximação qualitativa aos fenômenos psicossociais com a aproximação quantitativa. Possibilita-se o uso separado ou conjunto de métodos e técnicas disponíveis em ciências sociais.
- Para descobrir constâncias, identificar contradições, condições instáveis, utiliza-se com mais frequência a triangulação na qual se obtém informação de diferentes fontes, e diferentes teorias e técnicas são empregadas para coletar e analisar a informação.
- Foram desenvolvidos programas eletrônicos voltados para a coleta e a análise da informação obtida com a aplicação de técnicas quantitativas e qualitativas.
- A interdisciplinar é uma área de produção de conhecimentos, que pressupõe a consolidação da linguagem disciplinar, capaz de ser articulada com a interdisciplina, não a substituindo, mas integrando-a em outro nível de significações. O trabalho interdisciplinar não pressupõe uma justaposição de dados, mas um novo momento de construção teórica.

Ciro Hernando León Pardo
Psicólogo
Universidad Javeriana

Os métodos mistos e a docência em pesquisa

A função da pesquisa, com bem diz o famoso patologista mexicano Ruy Pérez Tamayo, é servir para alguma coisa. Com seu estilo peculiar o Mestre Pérez Tamayo diz que, assim como o telefone ou o serviço de limpeza, sua tarefa é "servir para alguma coisa".

Mas, ainda que a pesquisa qualitativa a partir do paradigma positivista tenha nos proporcionado conhecimentos inquestionáveis, os pesquisadores sociais em seu trabalho com comunidades e com pessoas começaram a perceber que a subjetividade, a essência do humano, dificilmente se encaixa nos números e nas cifras. Nasce, assim, o paradigma qualitativo, que no início foi visto pela "pesquisa oficial" como um paradigma distante do tradicional método científico e inicialmente rejeitado com o argumento de que não era científico.

O tempo passou e hoje os dois paradigmas deixaram de ser vistos como antagônicos; muitos pesquisadores realmente os veem como complementares, e é assim que surgem e se desenvolvem com muita eficácia as pesquisas mistas, que se fortalecem mutuamente a partir de suas potencialidades e ao mesmo tempo complementam mutuamente as limitações de cada um.

Do meu ponto de vista, cumprimos melhor a tarefa de "servir para alguma coisa" quando podemos desenvolver métodos mistos. Claro que tudo sempre depende de quais são as perguntas que o pesquisador se faz, e de qual é seu campo concreto de pesquisa.

As ciências exatas, como a física ou a química, poderão se tornar mais ricas com o paradigma quantitativo e as ciências do comportamento, muito mais do humano, podem melhorar muito com o paradigma qualitativo.

Eu sei que existem meios acadêmicos que ainda resistem à incorporação do paradigma qualitativo ou à pesquisa, mas felizmente eles são cada dia menos, e vejo um futuro promissor dessa união de paradigmas.

Algumas linhas sobre a docência e os docentes que trabalham com disciplinas de pesquisa: por meio do contato com muitos alunos de pós-graduação, recebi depoimentos intensos sobre como vários docentes de pesquisa se encarregaram de fazer com que seus alunos não gostem de pesquisa ou, no mínimo, que tenham medo dela. Isso é principalmente correto quando falamos do paradigma quantitativo que se apoia significativamente na estatística. Poucos professores centram seu ensino em "A estatística serve para quê?" e se dedicam a exigir que os alunos resolvam fórmulas intermináveis. Faço uma analogia com os telefones celulares que muitos de nós utilizamos, mas são poucos aqueles que conseguem consertar ou desmontar um telefone e tornar a montá-lo. A estatística é o celular, e em nossa experiência tem sido muito enriquecedor ensinar estatística a partir de sua utilidade e não das fórmulas. Essa visão fez com que muitos alunos fizessem as pazes com a pesquisa científica quantitativa. Um fenômeno similar ocorre com o ensino da pesquisa qualitativa. Aqui, o calcanhar de Aquiles para seu ensino são os marcos teóricos referenciais e a análise dos dados. Sempre será mais complicado analisar textos do que analisar números, e o que se exige é que o aluno adquira muita prática na geração de categorias sob as quais se agrupam os discursos dos participantes.

Em suma, e principalmente com a chegada dos métodos mistos, eu acho que é imprescindível que os meios acadêmicos se dediquem à formação de docentes em pesquisa que, parafraseando novamente Pérez Tamayo, "sirvam para alguma coisa". Que sejam criativos para o ensino das metodologias e que também contribuam para que seus alunos e alunas se apaixonem pela pesquisa.

Juan Luis Álvares-Gayou Jurgenson
Presidente e fundador do Instituto Mexicano de Sexología, A. C.
Autor de obras de pesquisa qualitativa e sexualidade
Editor do Archivos Hispanoamericanos de Sexología

NOTAS

1. Por exemplo: Teddlie e Tashakkori (2009); Creswell (2009); Burke, Onwuegbuzie e Turner, 2007; Schwandt (2006); e Creswell e Plano Clark (2006).
2. Hernández Sampieri e Mendoza (2008, p. 1).
3. Alguns exemplos de revistas acadêmicas (*journals*) que publicam pesquisas mistas: *Journal of Mixed Methods Research, Quality and Quantity, Field Methods, International Journal of Social Research Methodology, Qualitative Health Research, Annals of Family Medicine, Journal of Research in Nursing, Qualitative Research, Qualitative Inquiry y Action Research.*
4. Os termos das justificativas foram extraídos de Hernández Sampieri y Mendoza (2008).
5. Para Greene (2007), um modelo mental é a quantidade específica de premissas, compromissos teóricos, experiências e valores com os quais um pesquisador conduz seu trabalho.
6. Moran-Ellis e colaboradores (2006) propõem que a integração na pesquisa deve ser entendida como uma relação específica e prática entre diferentes métodos, conjuntos de dados, descobertas analíticas ou pontos de vista. Esses autores dizem que nos métodos mistos, a integração pode ocorrer em vários pontos do processo de pesquisa e que o termo "misto" é reservado para estudos nos quais a mistura (entrelaçamento) acontece desde a própria concepção do projeto (formulação), mas também reconhecem as abordagens que, por razões teóricas ou pragmáticas, colocam a integração dos dados, das descobertas ou pontos de vista em outras partes do processo de pesquisa. Independentemente do ponto em que ocorre, essa integração gera interconexão entre métodos e/ou dados e, ao mesmo tempo, mantém as modalidades dos diferentes enfoques paradigmáticos.
7. Resumidas por Tashakkori e Creswell (2007).
8. Como veremos mais adiante, um desenho concomitante envolve a coleta e a análise simultâneas de dados QUAN e QUAL, enquanto em um desenho sequencial, primeiro ocorre uma etapa com um método e depois uma etapa com outro método.
9. Por exemplo, encontrar o caso de uma jovem chamada Maria que toda vez que está sem namorado vai para procurar um (não pode viver sem namorado, a função é "evitar a solidão") e quando tem um vai simplesmente para que a vejam com ele ("busca de *status*"); outra jovem que recebesse o nome de Viridiana, que vai simplesmente para se divertir com suas amigas e tirar o estresse ("diversão"); Sérgio, que vai para "conquistar mulheres", etc. Essas biografias produziriam nosso entendimento do problema que seria ilustrado com casos reveladores.
10. Na segunda e terceira parte do livro já apresentamos os processos referentes ao método quantitativo e qualitativo, por isso não queremos ser repetitivos e mostrá-los novamente. Sendo assim, os simplificamos nas fases gerais tendo como base Teddlie e Tashakkori (2006 e 2009).
11. Extraído de Hernández Sampieri e Mendoza (2008).
12. No Capítulo 12 do CD "Ampliación y fundamentación de los métodos mistos", o leitor poderá encontrar outras classificações dos desenhos mistos, organizadas historicamente desde Patton (1990) até Creswell e colaboradores (2008).
13. Essa simbologia foi desenvolvida principalmente por Janice Morse e John Creswell.
14. Creswell (2009, p. 207).
15. As abreviaturas desses desenhos são de Hernández Sampieri e Mendoza (2008).
16. Os exemplos foram simplificados em função do espaço, seu objetivo é ilustrar o desenho a que se faz referência.
17. Nicolson (2004, p. 211). As perguntas foram adaptadas para sua melhor compreensão, pois a língua original é o inglês.
18. Não é um desenho, mas dois, um com ênfase QUAN e o outro QUAL.
19. Estudo coordenado por Roberto Hernández Sampieri e Carlos Fernández Collado. A instituição pediu que seu nome fosse mantido no anonimato.

20. Apesar do tamanho, não foi uma amostra probabilística (embora, sim, representativa), porque a mecânica de seleção dos casos não foi aleatória, pois para incluir os pais foi pedida a colaboração de alunas e alunos de pós-graduação do Instituto Mexicano de Sexología, A.C., já que eram professores ou funcionários de escolas públicas e particulares que, em alguns casos, simplesmente tinham contato com alguma escola. Foram escolhidas unidades de várias cidades do México.
21. São dados de 2004 que devem ser contextualizados, de acordo com o Servicio de Administración Tributaria de la Secretaria de Hacienda (México); a média nacional do valor do salário mínimo diário era de $43,69 (pesos mexicanos) (SAT, 2008).
22. Foi utilizada a estrutura dos Servicios Médicos de Pemex.
23. Claro que os nomes do exemplo são fictícios.
24. As instruções foram dadas verbalmente, e é por isso que não foram incluídas em ambas as ferramentas.
25. Adaptado de Creswell e colaboradores (2008, p. 188-189).
26. Essas tabelas foram complementadas com algumas observações provenientes de Hernández Sampieri e Mendoza (2008).
27. Lembramos que eles foram revisados nos Capítulos 10 e 12 do CD.
28. O estudo foi conduzido por Alejandra Costa e pelos autores deste livro.
29. O limite máximo de idade foi determinado pela empresa proprietária das lojas, que é líder absoluta entre pessoas mais maduras. As letras A, B e C indicam níveis tipicamente utilizados na pesquisa de mercado, que traduzimos simplificadamente.

Agradecimentos especiais

Os autores de *Metodologia de pesquisa* agradecem a todos os professores da América Latina e da Espanha por suas contribuições valiosas, que sempre enriqueceram esta obra.

Acosta Martínez, Ana Isabel	*Universidad Autónoma de Baja California, México*
Acosta Pérez, Lorena Isabel	*Universidad Juárez Autónoma de Tabasco, México*
Acuña Palacios, Áurea	*Universidad del Valle de México, Campus San Rafael, México*
Aguiar Sierra, Rocío	*Instituto Tecnológico de Mérida, México*
Aguilar Aldana, Jorge Carlos	*Universidad Mesoamericana de San Agustín, Mérida, México*
Aguilar, Jorge	*Universidad Mesoamericana de San Agustín, México*
Aguirre Aguirre, Francisco	*Universidad de Occidente, Culiacán, México*
Aguirre Gómez, María Yolanda	*Facultad de Estudios Superiores Zaragoza, Universidad Nacional Autónoma de México, México*
Ahumada Tello, Eduardo	*Universidad Autónoma de Baja California, México*
Ale Burgos, José Alejandro	*Instituto Tecnológico de Durango, México*
Alonso Trujillo, Javier	*Facultad de Estudios Superiores Iztacala, Universidad Nacional Autónoma de México, México*
Álvarez Cuevas, Carlos E.	*Universidad Anáhuac Norte, México*
Álvarez Ochoa, Martín	*Universidad de Colima, México*
Amparán Martínez, Sergio Rodrigo	*Instituto Tecnológico de Hermosillo, México*
Amparo Tello, Dagoberto	*Centro Universitario de Ciencias Sociales y Humanidades, Universidad de Guadalajara, México*
Araiza Hoyos, María Teresa	*Universidad Anáhuac Norte, México*
Aranda Cotero, Claudia del Carmen	*Universidad Univer, Universidad UNIVA y Universidad del Valle de México, México*
Argüeso Mendoza, Yeniba	*Instituto Tecnológico de los Mochis, México*
Armenta Espinoza, Lamberto	*Universidad de Occidente, Culiacán, México*
Armijo Rodríguez, Iván Alejandro	*Universidad Católica, Chile*
Arroyo Jiménez, Gloria	*Instituto Tecnológico de Querétaro y Universidad Autónoma de Querétaro, México*
Ávila Zavaleta, Wilson Alejandro	*Universidad Nacional de la Amazonia Peruana, Peru*
Ayala Bobadilla, Nora Patricia	*Instituto Tecnológico de los Mochis, México*
Balderas Cortés, José de Jesús	*Instituto Tecnológico de Sonora, México*
Bañuelos Hernández, Martha Cristina	*Centro Universitario de la Costa, Universidad de Guadalajara, México*
Bañuelos Sánchez, Pedro	*Fundación Universidad de las Américas, Puebla, México*
Barbosa García, Gonzalo	*Universidad Latina de América, Michoacán, México*
Barraza Ibarra, Sergio Francisco	*Universidad La Salle, Campus Morelia; y Universidad Interamericana para el Desarrollo, sede Morelia; México*
Barrón de la Rosa, Jorge	*Instituto de Estudios Superiores de Tamaulipas, México*
Barroso Villegas, Rodolfo	*Facultad de Estudios Superiores Iztacala, Universidad Nacional Autónoma de México, México*
Bauchez Caballeros, Sonia	*Universidad de Occidente, Culiacán, México*
Bazaldúa Zamarripa, José Alberto	*Instituto de Estudios Superiores de Tamaulipas, México*
Becerra Juárez, Irma	*Universidad de Guadalajara, México*
Beltran Medina, Óscar	*Instituto Tecnológico de Culiacán, México*
Beltrán Soto, Sonia Janeth	*Universidad de Occidente, Culiacán, México*
Beltrán, María Candelaria	*Instituto Tecnológico de los Mochis, México*
Bernal, Luis Felipe	*Itesus, Mazatlán, México*

Borrego Belmar, Armida	*Escuela de Psicología, Universidad Autónoma de Sinaloa, Culiacán, México*
Burguete Leal, Bertha Isabel	*Fundación Universidad de Las Américas, Puebla, México*
Cabanillas Beltrán, Héctor	*Instituto Tecnológico de Tepic, México*
Cabral Araiza, Jesús	*Centro Universitario de la Costa, Universidad de Guadalajara, México*
Cabrera, Luis David	*Instituto Tecnológico y de Estudios Superiores de Monterrey, Campus Puebla, México*
Camacho Román, Blanca Alicia	*Universidad de Occidente, Culiacán, México*
Campero Carmona, Víctor Mario	*Instituto de Administración Pública del Estado de México, México*
Cano Arellano, Víctor Hugo	*Instituto de Estudios Universitarios Online, Puebla, México*
Cano Guzmán, Rodrigo	*Centro Universitario del Sur, Universidad de Guadalajara, México*
Cano Martínez, Lucía Cecilia	*Universidad Autónoma de Tamaulipas, México*
Cantón Galicia, Luz de Lourdes	*Universidad La Salle, México*
Cardona Azcárraga, Jorge	*Universidad Intercontinental y Facultad de Contaduría y Administración, Universidad Nacional Autónoma de México, México*
Carrillo Saucedo, Irene Concepción	*ICSA, Universidad Autónoma de Ciudad Juárez, México*
Castañeda Camey, Nicté Soledad	*Centro Universitario de Ciencias Económico-Administrativas, Universidad de Guadalajara, México*
Castañeda de la Rosa, Carlos Francisco	*Instituto Tecnológico de Estudios Superiores de Occidente, Guadalajara, México*
Castañeda, Carlos	*Instituto Tecnológico de Estudios Superiores de Occidente, Guadalajara, México*
Castro Castañeda, Remberto	*Centro Universitario de la Costa, Universidad de Guadalajara, México*
Castro Rojo, Nachely	*Universidad de Occidente, Culiacán, México*
Ceniseros Angulo, Julio César	*Universidad de Occidente, Culiacán, México*
Chávez Aramburo, Bertha María	*Universidad de Occidente, Culiacán, México*
Chávez Becerra, Margarita	*Facultad de Estudios Superiores Iztacala, Universidad Nacional Autónoma de México, México*
Chucuan, Ana	*Instituto Tecnológico de Culiacán, México*
Contreras Garduño, Juana	*Universidad Autónoma del Estado de México, México*
Contreras Guzmán, María Juana	*Instituto Tecnológico de Puebla, México*
Contreras Loera, Marcela Rebeca	*Universidad de Occidente, Culiacán, México*
Contreras Ramírez, María del Socorro	*Facultad de Estudios Superiores Zaragoza, Universidad Nacional Autónoma de México, México*
Correa Pérez, Manuel José	*Instituto Tecnológico de Culiacán, México*
Cortés Benitez, Leobardo	*Instituto Tecnológico de Culiacán, México*
Cota Yáñez, Rosario	*Centro Universitario de Ciencias Económico-Administrativas, Universidad de Guadalajara, México*
Covarrubias, Pablo	*Universidad del Valle de México, Campus Zapopan, México*
Cruz Calderón, Joel	*Universidad Popular Autónoma del Estado de Puebla, México*
Cruz Pineda, Kevin Josué	*Universidad Católica de Honduras, Honduras*
Cuevas Tello, Ana Bertha	*Centro Universitario de Ciencias Económico-Administrativas, Universidad de Guadalajara, México*
Dávila Avendaño, María Cristina	*Universidad del Valle de Atemajac, México*
De Gante Casas, Alejandra	*Centro Universitario de Ciencias de la Salud, Universidad de Guadalajara, México*

De la Rosa Gómez, Isaías	*Instituto Tecnológico de Toluca y Universidad Autónoma del Estado de México, México*
De la Vega Rodríguez, Juan Manuel	*Escuela de Mercadotecnia, Instituto Campechano, México*
Del Pino Peña, Moisés	*Universidad Iberoamericana, D.F., México*
Del Rincón Sainz, Graciela Janeth	*Instituto Tecnológico de Culiacán, México*
Díaz Martínez, Sergio H.	*Universidad Madero, Puebla, México*
Díaz Sánchez, Luz María	*Universidad Univer, Guadalajara, México*
Domenge, Rogerio	*Instituto Tecnológico Autónomo de México, México*
Domínguez Aguirre, Luis Roberto	*Instituto Tecnológico Superior de Puerto Vallarta, México*
Domínguez Gutiérrez, Silvia	*Universidad de Guadalajara y Centro Universitario de Ciencias de la Salud, México*
Domínguez Nava, Ramiro	*Universidad de Occidente, Culiacán, México*
Encinas Norzagaray, Lilia	*Universidad de Sonora, México*
Escalante Mondaca, Rey David	*Universidad de Occidente, Culiacán, México*
Escobar Bernal, María de Jesús	*Itesus Mazatlán, México*
Escobar García, Óscar Fidel	*Universidad de Occidente, Culiacán, México*
Espejo Cruz, Miguel de Jesús	*Unidad Académica de Contaduría y Administración, Universidad Autónoma de Nayarit, México*
Espinola Esparza, Eduardo Benito	*Universidad del Valle de México, Campus San Rafael, México*
Espinosa Delgadillo, Víctor Manuel	*Universidad Autónoma del Estado de México, Campus Teotihuacan, México*
Espinosa Gómez, Josmán	*Universidad Marista, D.F., México*
Espinoza García, Alfredo	*Universidad Santo Tomás, Sede Santiago, Chile*
Espinoza, María de los Ángeles	*Escuela de Contabilidad y Administración, Universidad Autónoma de Sinaloa, México*
Farías Padilla, José Gonzalo	*Instituto Tecnológico de Cerro Azul, México*
Fernández Mojica, Nohemí	*Facultad de Pedagogía, Universidad Veracruzana, México*
Flores Ruiz, Gilberto	*Universidad Lamar y Universidad de Guadalajara, México*
Frías Arroyo, Irma Beatriz	*Facultad de Estudios Superiores Iztacala, Universidad Nacional Autónoma de México, México*
Galvez Vega, Benjamín	*Universidad de Occidente, Culiacán, México*
Gamez Osuna, Adriana	*Universidad de Occidente, Culiacán, México*
Gámez, Efraín	*Instituto Tecnológico de los Mochis, México*
García Arias, Edgar	*Centro Hidalguense de Estudios Superiores, Centro Universitario Iberomexicano, México*
García Cruz, Rubén	*Instituto de Ciencias de la Salud, Universidad Autónoma del Estado de Hidalgo, México*
García González, Mercedes	*Facultad de Contaduría y Administración, Universidad Nacional Autónoma de México, México*
García Hernández, Claudia	*Instituto Tecnológico de Sonora, México*
García Trejo, Juan	*Facultad de Ciencias Politicas y Sociales, Universidad Nacional Autónoma de México, México*
Garibaldi Acosta, Concepción	*Universidad de Sonora, México*
Garrido Bustamante, Pablo	*Facultad de Estudios Superiores Zaragoza, Universidad Nacional Autónoma de México, México*
Garrido Garduño, Adriana	*Facultad de Estudios Superiores Iztacala, Universidad Nacional Autónoma de México, México*
Gastelum Escalante, Jorge Antonio	*Universidad de Occidente, Culiacán, México*
Gaxiola, Martha	*Escuela de Psicología, Universidad Autónoma de Sinaloa, Culiacán, México*
Gil Ornelas, Javier	*Universidad de Occidente, Los Mochis, México*
Godinez Enriquez, Marco Antonio	*Universidad de Guadalajara, México*
Godínez Ochoa, Aída	*Instituto Tecnológico de Estudios Superiores de Occidente, Guadalajara, México*

Gómez Díaz, María del Rocío	*Facultad de Contaduría y Administración, Universidad Autónoma del Estado de México, México*
Gómez Gómez, Cleide	*Facultad de Contaduría y Administración, Universidad Autónoma de Chiapas, México*
González Álvarez, María de los Ángeles	*Centro Universitario de Ciencias de la Salud, Universidad de Guadalajara, México*
González Espericueta, Fernando	*Universidad de Occidente, Culiacán, México*
González Ramírez, Alejandra	*Universidad La Salle, México*
Guitérrez Preciado, Sandra Elena	*Universidad del Valle de México, Campus Hermosillo, México*
Gutiérrez Ayala, Melisa	*Instituto Tecnológico de los Mochis, México*
Gutiérrez Rodríguez, María Concepción	*Universidad Autónoma de Zacatecas, México*
Guzmán Guzmán, Rosalva	*Universidad de Occidente, Culiacán, México*
Hernández Chávez, Ania	*Universidad de Guadalajara, México*
Hernández Coton, Silvio Genaro	*Universidad de Guadalajara, México*
Hernández Luna, Alberto A.	*Instituto Tecnológico y de Estudios Superiores de Monterrey, Campus Monterrey, México*
Hernández Ortiz, Iván	*Universidad Autónoma del Estado de Hidalgo, México*
Hidalgo Díaz, Elsie	*Universidad Tecnológica de México, México*
Hinojosa Deándar, Adriana Margarita	*Instituto Tecnológico de Nuevo Laredo, México*
Huerta Carvajal, María Isabel	*Universidad de las Américas, Puebla, México*
Huitrón Vázquez, Blanca Estela	*Facultad de Estudios Superiores Iztacala, Universidad Nacional Autónoma de México, México*
Ibarra Quevedo, Nora Margarita	*Centro de Estudios Superiores del Estado de Sonora y Universidad del Valle de México, Campus Hermosillo, México*
Ibarra, Mario	*Universidad de Occidente, Culiacán, México*
Íñiguez Sepúlveda, César Domingo	*Escuela de Psicología, Universidad Autónoma de Sinaloa, Culiacán, México*
Jacobo, Lisha	*Universidad La Salle, D.F. y Universidad Iberoamericana, D.F., México*
Jiménez Laiseca, Jorge	*Universidad Autónoma de Campeche, México*
Juárez González, Jesús Ramón	*Universidad de Occidente, Los Mochis, México*
Juárez Lugo, Carlos Saúl	*Centro Universitario, Universidad Autónoma del Estado de México, Ecatepec, y Universidad Autónoma del Estado de México, México*
Khonde Ngoma, Timothée	*Universidad del Valle de México, Campus San Rafael y Universidad de Turismo y Ciencias Administrativas, México*
Kido Miranda, Juan Carlos	*Instituto Tecnológico de Iguala y Universidad Tecnológica de la Región Norte de Guerrero, México*
Krawczyk, Ana Rosenbluth	*Universidad Adolfo Ibáñez, Chile*
Laborín Álvarez, Jesús Francisco	*Universidad del Desarrollo Profesional; Universidad del Valle de México, Campus Hermosillo, y Universidad Kino, México*
Lara Barrón, Ana María	*Facultad de Estudios Superiores Iztacala, Universidad Nacional Autónoma de México, México*
Lara Cruz, Elba	*Instituto Tecnológico de Minatitlán, México*
Lara Morales, Horacio	*Universidad de las Américas, México*
Lazo Soto, María José	*Universidad La Salle, Laguna, México*
Leal Leal, Amado	*Universidad de Occidente, Culiacán, México*
Leal Ontiveros, Ileana Paola	*Instituto Tecnológico de los Mochis, México*
Leyva Ureña, Herminio	*Cucea, Universidad de Guadalajara, México*
López Arciga, Gerardo de Jesús	*Universidad Popular Autónoma del Estado de Puebla, México*
López González, Benjamín	*Instituto Tecnológico de Toluca, México*
López Inda, Karina Azucena	*Escuela de Contabilidad y Admnistración, Universidad Autónoma de Sinaloa, México*

López Méndez, Magnolia del R.	*Universidad Autónoma de Campeche, México*
López Ramírez, Evangelina	*Facultad de Ciencias Humanas, Universidad Autónoma de Baja California, México*
López Reyes, Alejandro	*Universidad La Salle, México*
López Rodríguez, Mayli	*Universidad del Valle de México, Campus San Ángel, México*
López Roman, Marlén	*Universidad de Occidente, Culiacán, México*
López Romo, Carlos Fernando	*Instituto del Medio Ambiente del Estado de Aguascalientes, México*
Lugo Galera, Carlos	*Universidad Iberoamericana, D.F., México*
Lugo Medina, Eder	*Instituto Tecnológico de los Mochis, México*
Luna Reyes, Dayana	*Universidad Autónoma del Estado de Hidalgo, México*
Luna Sierra, María Montserrat	*Universidad Autónoma del Estado de México, Ecatepec, México*
Madera Carrillo, Humberto	*Instituto Tecnológico de Estudios Superiores de Occidente, Guadalajara, México*
Magaña Mena, Juan José	*Universidad Juárez Autónoma de Tabasco, México*
Maldonado Martínez, Miriam Mariana	*Facultad de Contaduría y Administración, Universidad Autónoma del Estado de México, México*
Maldonado Santos, Beatriz	*Universidad Autónoma de Ciudad Juárez, México*
Mancilla Miranda, Fernando Manuel	*Facultad de Estudios Superiores Zaragoza, Universidad Nacional Autónoma de México, México*
Márquez Borbón, Raymundo	*Instituto Tecnológico de Sonora, México*
Martín del Campo de la Colina, Consuelo Guadalupe	*Instituto Tecnológico de Sonora, México*
Martínez Flores, Rogelio	*Universidad Autónoma Metropolitana Xochimilco, México*
Martínez López, Armando	*Centro Universitario de la Costa Sur, Universidad de Guadalajara, México*
Martínez Sáenz, Enrico	*Instituto de Estudios Superiores de Tamaulipas, México*
Martínez Sánchez, Arturo	*Universidad del Valle de Atemajac, Guadalajara, México*
Mascarúa Alcázar, Miguel Antonio	*Universidad Popular Autónoma del Estado de Puebla, México*
Maytorena Noriega, María de los Ángeles	*Universidad de Sonora, México*
Medina Pereda, José Ángel	*Universidad de Occidente, Culiacán, México*
Mejía Zarazúa, Humberto	*Universidad Autónoma del Estado de Hidalgo y Universidad La Salle, Pachuca, México*
Mendiola Romero, Jaime Alejandro	*Instituto Tecnológico y de Estudios Superiores de Monterrey, Campus Guadalajara, México*
Mendoza Lavín, Georgina	*Universidad de Occidente, Culiacán, México*
Mendoza, Héctor Manuel	*Universidad de Sonora, México*
Mercado Salgado, Patricia	*Facultad de Contaduría y Administración, Universidad Autónoma del Estado de México, México*
Merino Fuentes, Alejandro Fabio	*Universidad Franco-Mexicana del Valle de México y La Salle, México*
Mesinas Cortés, César	*Instituto Tecnológico de Hermosillo, México*
Miranda Chávez, Rosa María	*Instituto Universitario del Estado de México y Centro Universitario de Ixtlahuaca, México*
Miranda López, Itzel	*Universidad de Occidente, Culiacán, México*
Miranda Palacios, Jorge	*Escuela de Psicología, Universidad Autónoma de Sinaloa, Culiacán, México*
Mojardin, Ambrosio	*Escuela de Psicología, Universidad Autónoma de Sinaloa, Culiacán, México*
Molina Salazar, Raúl Enrique	*Universidad Autónoma Metropolitana Iztapalapa, México*
Montalvo, Dionisio	*Universidad Metropolitana, Puerto Rico*
Montaño Cervantes, Felipe de Jesús	*Centro Universitario de Ciencias Económico-Administrativas/ Universidad de Guadalajara, México*

Montaño, Elizabeth	*Escuela de Psicología, Universidad Autónoma de Sinaloa, Culiacán, México*
Montero Pereyra, Lourdes	*Universidad Olmeca, Tabasco, México*
Montoya Avecías, Jorge	*Facultad de Estudios Superiores Iztacala, Universidad Nacional Autónoma de México, México*
Montoya, Martha	*Instituto Tecnológico de Culiacán, México*
Mora Brito, Ángel H.	*Universidad Cristóbal Colón Veracruz, México*
Morales Álvarez, Leticia	*Universidad del Valle de México, Campus San Rafael, México*
Morales Cruz, María del Carmen	*Instituto Tecnológico Superior de Centla, México*
Mota Flores, Irma Patricia	*Universidad Veracruzana, Región Veracruz, México*
Muñoz López, Francisco	*Facultad de Ingeniería, Universidad Autónoma de Tlaxcala, México*
Obeso Montoya, David	*Instituto Tecnológico de Culiacán, México*
Ochoa Alcántar, José Manuel	*Instituto Tecnológico de Sonora, México*
Ochoa Hernández, María Bernardett	*Cento Universitario de Ciencias Económico-Administrativas, Universidad de Guadalajara, México*
Octavio Tapia Fonllem, Esar	*Universidad de Sonora, México*
Ornelas Tavares, Patricia	*Instituto Tecnológico y de Estudios Superiores de Occidente y Universidad Panamericana, Campus Guadalajara, México*
Orozco Antelmo, Raymundo	*Instituto Tecnológico de Zitácuaro, México*
Orozco Jara, Rito Abel	*Universidad de Guadalajara, México*
Osorio, Marcos	*Universidad de Occidente, Los Mochis, México*
Palacio, Jorge	*Universidad del Norte, Barranquilla, Colombia*
Parra, Natanael	*Instituto Tecnológico de los Mochis, México*
Pastrana Gutiérrez, Belinda	*Instituto Tecnológico de Minatitlán, Veracruz, México*
Peña Gómez, Adriana del Carmen	*Universidad Tecnológica de Guadalajara, México*
Peraza González, Carmen D.	*Universidad del Este, Puerto Rico*
Pérez Luque, Gilberto	*Instituto Tecnológico de Culiacán, México*
Pérez Martínez, Gaspar Alberto	*Instituto Tecnológico de Campeche, México*
Pérez Mendía, Ernesto Antonio	*Universidad La Salle, Universidad del Valle de México, Universidad Intercontinental y Universidad Simón Bolívar, México*
Pérez Orta, Eduardo	*Esime Culhuacán, Instituto Politécnico Nacional, México*
Pérez Soltero, Alonso	*Universidad de Sonora, México*
Pinzón Lizarraga, Leny Michele	*Instituto Tecnológico de Mérida, México*
Ponce Martínez, Guadalupe	*Universidad de Occidente, Culiacán, México*
Poras Aguirre, Josefina	*Instituto Tecnológico de Comitán, Chiapas, México*
Puga Reyes, Francisco Joaquín	*Instituto Tecnológico de Campeche, México*
Quijano Vega, Gil Arturo	*Instituto Tecnológico de Hermosillo, México*
Quintero García, Rosa Delia	*Universidad de Occidente, Culiacán, México*
Ramírez Buentello, María Guadalupe Leticia	*Universidad La Salle Noroeste, México*
Ramírez Lozano, Raúl	*Instituto Tecnológico de Cancún, México*
Ramos Espinal, Marco Antonio	*Universidad Católica de Honduras, Honduras*
Ramos Estrada, Dora Yolanda	*Instituto Tecnológico de Sonora, Ciudad Obregón, México*
Ramos Sánchez, Pedro Alfonso	*Universidad Autónoma del Estado de Hidalgo, México*
Rangel Cervantes, Patricia Guadalupe	*Instituto Tecnológico de Culiacán, México*
Rebollar, Gerardo Adán	*Instituto Tecnológico de Iguala, México*
Rendón Ortiz, María Isabel	*Instituto Tecnológico Superior de Cajeme, México*
Reyes Castellanos, María Elena	*Instituto Tecnológico de Minatitlán, México*
Reyes Medina, Hernández	*Universidad del Mar, Oaxaca, México*
Reyes Medina, Soraida Martina	*C.B.T.I.S. 206, México*
Ríos Herrera, Alfonso	*Universidad La Salle, México*

Ríos Quintana, Samuel Diamante	*Instituto Tecnológico de la Laguna y Universidad Iberoamericana, Plantel Laguna, México*
Rivas Rivera, Felipe	*Centro Universitario de Ciencias de la Salud, Universidad de Guadalajara, México*
Robles Estrada, Erika	*Universidad Autónoma del Estado de México*
Rodríguez Alegría, Agustina	*Universidad de Guadalajara, México*
Rodríguez Arechavaleta, Carlos Manuel	*Universidad Iberoamericana, D.F., México*
Rodríguez García, José Luis	*Instituto Tecnológico de Chilpancingo, México*
Rodríguez Quintero, Gloria Beatriz	*Universidad de Occidente, Culiacán, México*
Roldán Rojas, Juan Homero	*Universidad Autónoma del Estado de Hidalgo y Centro Universitario Siglo XXI, México*
Romano Molinar, Roberto Francisco	*Instituto Tecnológico de Toluca, México*
Romero Ceronio, Nancy	*Universidad Juárez Autónoma de Tabasco, México*
Romero Ramírez, Mucio Alejandro	*Universidad Autónoma del Estado de Hidalgo, México*
Romero, Carolina	*Escuela de Contabilidad y Administración, Universidad Autónoma de Sinaloa, México*
Romero, Gloria	*Universidad del Valle de México, Campus Tlalpan, México*
Romo, Verónica	*Universidad Central, Chile*
Rosado Castillo, Ana María	*Facultad de Estudios Superiores Zaragoza, Universidad Nacional Autónoma de México, México*
Ross Argüelles, Guadalupe de la Paz	*Instituto Tecnológico de Sonora, México*
Rubio, Guillermo	*Instituto Tecnológico de Culiacán, México*
Ruiz García, Rosa Isela	*Facultad de Estudios Superiores Iztacala, Universidad Nacional Autónoma de México, México*
Ruiz Contreras, Alejandra Evelyn	*Facultad de Psicología, Universidad Nacional Autónoma de México, México*
Ruiz Elías Troy, Laura Irene	*Instituto Tecnológico y de Estudios Superiores de Monterrey, Campus Guadalajara, México*
Ruiz Ortega, Mario	*Universidad de Guadalajara, México*
Ruiz Rivas, José Rolando	*Universidad Católica de Honduras, Honduras*
Salazar Alcaraz, Aida	*Universidad de Occidente, Culiacán, México*
Salazar Calderón, Enrique Eduardo	*Instituto Tecnológico y de Estudios Superiores de Occidente, México*
Salgado Vega, María del Carmen	*Facultad de Economía, Universidad Autónoma del Estado de México, México*
Sánchez Ferrer, Lizbeth	*Instituto Tecnológico de Veracruz, México*
Sánchez Juárez, Ezequiel	*Instituto Politécnico Nacional, Esime Culhuacán, México*
Sánchez Lara, Enrique	*Universidad Popular Autónoma del Estado de Puebla México*
Sánchez Morraz, Ana María	*Universidad Nacional Autónoma de Nicaragua, Nicaragua*
Sánchez Trejo, Víctor Gabriel	*Universidad Autónoma del Estado de Hidalgo, México*
Santamaría Suárez, Sergio	*Instituto de Ciencias de la Salud, Universidad Autónoma del Estado de Hidalgo, México*
Saracho Zamora, Sergio Ernesto	*Universidad de Occidente, Culiacán, México*
Sauceda Pérez, José Antonio	*Instituto Tecnológico de Culiacán, México*
Serrano Camarena, Diana E.	*Centro Universitario de Ciencias Sociales y Humanidades, Universidad de Guadalajara, México*
Silva Riquelme, Pedro Alejandro	*Universidad del Desarrollo, Chile*
Silva Silva, María Irene	*Universidad Autónoma Metropolitana Iztapalapa, México*
Suárez S. Rafael H.	*Universidad Santo Tomás, Seccional Bucaramanga; Universidad Cooperativa de Colombia y Escuela Superior de Administración Pública, Territorial Santander; Colômbia*
Tiburcio Silver, Adriana	*Instituto Tecnológico de Estudios Superiores de Occidente, Guadalajara, México*
Toledo, César	*Itesus Mazatlán, México*

Torres Castro, Hilda Soledad	*Facultad de Estudios Superiores Zaragoza, Universidad Nacional Autónoma de México, México*
Torres Orozco, Claudia Graciela	*Universidad Politécnica de Altamira y Universidad Valle de México, Campus Tampico, México*
Torres Ríos, Dante	*Universidad del Valle de México, Campus San Rafael, México*
Torresillas Ureta, Martha	*Universidad de Occidente, Culiacán, México*
Trujillo Grás, Omar	*Instituto Tecnológico y de Estudios Superiores de Occidente; Universidad del Valle de México, Campus Guadalajara, y Universidad de Guadalajara, México*
Ureta Torrecillas, Martha Esther	*Universidad de Occidente, Unidad Culiacán, México*
Urías Chávez, César Alonso	*Escuela de Psicología, Universidad Autónoma de Sinaloa, Culiacán, México*
Valdez Medina, José Luis	*Facultad de Ciencias de la Conducta, Universidad Autónoma del Estado de México, México*
Valencia Herrera, Humberto	*Instituto Tecnológico y de Estudios Superiores de Monterrey, Campus Ciudad de México, México*
Valencia Méndez, Salvador	*Instituto Tecnológico de Iguala, México*
Vales García, Javier José	*Instituto Tecnológico de Sonora, México*
Vasquez Valenzuela, Maribel Andrea	*Universidad Santo Tomás, Sede Santiago, Chile*
Vázquez Medina, Benjamín	*Univer Guadalajara y Universidad Tecnológica de Jalisco, México*
Vázquez Peña, Moisés	*Instituto Tecnológico de Chilpancingo, México*
Vega Osuna, Luis	*Universidad de Occidente, Culiacán, México*
Victorica Pérez, Carmen Verónica	*Universidad del Valle de Atemajac, México*
Villarroel Muñoz, Felipe	*Universidad del Mar, Sede Maipú, Chile*
Villegas Quezada, Carlos	*Universidad Iberoamericana, D.F., México*
Willcox Hoyos, María del Rocío	*Universidad Iberoamericana y Universidad Intercontinental, México*
Wilson Oropeza, David René	*Universidad del Valle de México, Campus San Ángel, y Universidad Nacional Autónoma de México, México*
Yañez Moneda, Alicia Lucrecia	*Universidad Popular Autónoma del Estado de Puebla, México*
Zamarripa Franco, Román Alberto	*Instituto de Estudios Superiores de Tamaulipas, México*
Zamora Barrera, Elsie E.	*Universidad Iberoamericana, D.F., México*
Zapiain García, Ernestina Inés	*Universidad Autónoma Metropolitana Iztapalapa, México*
Zavaleta Rito, Alfredo	*Universidad Cristóbal Colón, Veracruz, México*

Índice onomástico

A

Achyar, 267
Achoff, R., 61, 64-65
Alhija e Levy, 334-335
Alejos, 568
Allende, Salvador, 178, 219
Alonzo Blanqueto, Carlos G., 47, 400
Álvarez-Gayou, 130-132, 448, 450, 497, 506, 508, 512, 514-515, 519-520, 576, 602-603
Álvarez-Gayou, Honold e Millán, 320-321
Amate e Morales, 382-383, 409
Ambrose, Stephen, 510
Anastas, 385-386, 419-420, 425-426
Andreson e West, 90
Aralucen, 90
Archester, 177
Aristóteles, 39n
Artinian, 493n
Arvidsson, 90
Asadoorian, 321-322
Axinn e Pearce, 584-585

B

Babbie, 140-141, 148-149, 162-163, 218-219, 246-247, 317, 319, 324-325, 334-335, 428n
Balbás Diez Barroso, Cecilia, 110
Ballantyne, 164
Banyard e Graham-Bermann, 530-531
Baptista, P., 42-43
Baptiste, 447-448, 476
Barber, 130-131
Barber Kuri, Carlos Miguel, 412-413
Barbour, 432-434, 436
Barrera, B., 406
Bauer, 273
Becker, Howard, 39n, 42-44, 406
Beins e McCarthy, 309
Benites Gutiérrez, Miguel, 187
Berg, B., 493n, 466
Bergman, 31-32, 550
Berganza e García, 206-207
Bernard e Ryan, 493n
Black e Champion, 113, 240
Blaikie, 128-129
Blatter, 182
Bobango, 400n
Boeije, 447-448
Bogden e Biklen, 519-520
Bohrnsterdt, G. W., 219, 227, 315-316
Bondas e Eriksson, 520-521
Borg e Gall, 207-208
Bostwick e Kyte, 216-218, 221-224, 246-247
Bousetta, 509
Boyle, Joyceen, 508
Brace, 234-235
Brandt, P., 42-43
Brannen, 553-555
Briere, 530-531
Brinberg, D., 552
Brown, Ashcroft e Maholick, 216
Brunet, 90
Bryman, 554-555, 594-595
Buitrago, María Teresa, 136
Burke, Onwuegbuzie e Turner, 555, 603n
Burnett, 239, 242-243
Bygrave, William D., 42-43

C

Camacho Ruiz, Esteban Jaime, 371
Campbell, D. T., 148-149, 164
Campbell e Stanley, 140-141, 148-149, 154-155
Careaga, Gabriel, 42-43
Carifio e Rocco, 267
Carmines e Zeller, 217, 221-222
Carrère, G., 397, 400n
Castelán Sampieri, Margarita, 251-252
Castells, Manuel, 42-43
Cerezo, 446-447
Chalk, 87
Chalmers, 137n
Charmaz, K., 447-448, 493n, 501-502
Chen, 550, 563
Cherry e Deaux, 87
Christensen, L. B., 62, 146-149, 152-154
Clark, 290n
Clarke, D., 553-554
Clarke, Sloane e Aiken, 90
Cochran e Cox, 152-153
Coffey e Atkinson, 457-458
Coghill, Anne M., 367-368
Colby, B. N., 35
Coleman e Unrau, 380-381, 447-448, 452, 454-458, 461-462, 465, 473-474, 479, 480-481
Collins, Onwuegbuzie e Sutton, 553-554
Comte, Auguste, 47n
Cook, C., 348-349
Cook, Heath e Thompson, 255
Corbetta, P., 33-35, 42-43, 43n, 241-244, 255-256, 258-259, 317, 319
Corbin e Strauss, 498
Costa, Hernández Sampieri e Fernández Collado, 423-424, 436
Courtois, 530-531
Couser, G. T., 509
Creswell J., 30-32, 35, 41n, 48n, 78-80, 88, 140-141, 165, 177, 182, 187n-188n, 267, 315-317, 319, 328-329, 334-336, 346-347, 358n, 361, 363-364, 376-378, 380, 386-387, 403-404, 406, 408, 411, 425-427, 432-434, 445-448, 454, 463, 468-469, 478-483, 494n, 498, 500-502, 506-508, 512, 514-515, 515-516n, 516, 518-520, 525n, 528, 530-533, 536-537, 540-541, 552n, 552-554, 559-560, 562, 564-567, 569, 572-573, 575, 580-581, 584-585, 603n
Creswell, Plano Clark e Garrett, 592
Creswell e Plano Clarck, 557, 603n
Creswell e Tashakkori, 594-596
Cronbbach, J. L., 316-317
Crumbaugh e Maholick, 86, 216, 220-221
Cruz Castillo, Roberto de Jesús, 358

Cuevas Room, Ana, 391-392, 421-422, 425-427, 430, 432, 440-441, 443-444, 446-478, 480-483, 528-529, 535-536, 585-586
Cuevas, Hernández Sampieri e Méndez, 453

D

D'Amato, 91
D'Heilly, Dan, 42-43
Danhke, G. L., 81-82
Davis, 512, 514
Daymon, 404, 419-420, 447-448, 482-483, 539-540
De la Mora Campos, Paulina, 371
De los Santos, José Yee, 96-97
Deci, Edward L., 84-85
Degelman, D., 126-127
Del Pino Peña, Moisés, 56-57
Del Rosario J., Eric, 136
Denzin e Lincoln, 493n
Dewey, John, 555-557
Dey, 447-448
Dillman, Smyth e Christian, 255-256
Draucker, 498
Duncan, 232-233
Durkheim, Emile, 47n

E

Eckhardt e Anastas, 224
Elliot, 512, 514
Emerson, Fretz e Shaw, 421-422
Erickson, F., 531-532, 537-539
Esterberg, 33-35, 48n, 382-385, 419-420, 427-428, 441-444, 493n, 529, 540-541
Evangelista Benites, Guillermo, 213

F

Ferman e Lvin, 62
Fernández Collado, Carlos, 69-70, 204-205, 423, 436
Festinger, L., 166
Feuer, Towne e Shavelson, 166, 553-554
Fine, 538-539
Fink, Edward L., 115
Fishbein e Ajzen, 260-261
Fisher, Ronald A., 124-125, 152-153
Fletcher, 70, 135
Fletcher e Fitness, 70
Fletcher e Thomas, 70
Fornaciari e Dean, 97n
Foster, George M., 508
Fowler, F. J., 208-209, 428-429
Franco, Rodrigues e Ballcels, 276
Frankl, Viktor, 510
Franklin e Ballau, 66-67, 86, 220-221
Freed, Joshua, 512
Freire, Paulo, 518-519
Freud, Sigmund, 101
Friborg, Martinussen e Rosenvinge, 273
Futrell, 290n

G

Galileu, 115
Galguera, Laura, 47
Gambata, 235-236
Gambarra, 243-244, 246-247
García e Berganza, 48n
García e Hernández Sampieri, 304-305
Garson, Lorrin R., 367-368

Geffner, 530-531
Gibson, Ivancevich e Donnelly, 90
Gibson e Donnelly, 90
Glaser, B. G., 501-502, 531-532, 538-539
Glaser e Strauss, 493n, 497-498
Gochros, H. L., 243-244, 427-428
Goleman, 130-131
Gómez Nieto, 518-519
Gonçalves, 90
González e González, Luis, 42-43, 407
Gordon, 321-322
Graham e Christiansen, 226
Gray, 91
Grbich, 448, 450-452
Greenberg, Ericson e Vlahos, 191
Greene, D. R., 554-556, 603n
Grinnell, R. M., 30-32, 48n, 419-420, 467-468, 493n
Grinnell, Williams e Unrau, 218, 221-222, 224, 376-377, 426-427, 461
Grinnell e Unrau, 425-426, 455-456
Gronlund, N. E., 219
Guba e Lincoln, 48n, 479, 484
Guevara, Ernesto Che, 389-390, 400n
Guillaume e Bath, 275-276

H

Haddock e Maio, 130-131, 260-261
Hackman, J. Richard, 84-85
Hackman e Oldham, 82-83
Hall e Wright, 275-276
Hammersley, 182
Hammond, Linda D., 42-44
Hanks, Tom, 510
Hanson, N. R., 137n
Harré e Crystal, 553-554
Haynes, S. N., 275-276
Hegel, 39n
Heise, 290n
Henderson, 381-382, 406, 447-448, 501-502
Henkel, R. E., 136n, 137n
Henwood, K., 482-483, 552
Hernández Bonnett, Natalia, 96-97
Hernández, Fernández e Baptista, 564-565
Hernández Galicia, Roberto, 404, 581-582
Hernández Medina, Narro e Rodríguez, 206-207
Hernández Sampieri, Roberto, 56-57, 88-89, 92-93, 149-150, 176, 221-223, 363-364, 371, 519-520, 552, 590
Hernández Sampieri, Cuevas e Méndez, 256-257
Hernández Sampieri, Fernández Collado e Costa, 498
Hernández Sampieri e Martínez, 408
Hernández Sampieri e Mejía, 498
Hernández Sampieri e Méndez, 65-66, 75, 81-82, 88, 465, 537-538
Hernández Sampieri e Mendoza, 208-209, 257-258, 407, 478-479, 508, 550-551, 552-562, 564-567, 569, 574-575, 595-596
Hernández e Mendoza, 43-44, 130-131, 165, 182
Herrera, N., 408
Herzberg, Frederick, 84-85
Hiil, Thompson e Williams, 480-481
Hodge e Gillespie, 267-270, 290n
Hornung e Rousseau, 97n
Horowitz, 530-531
Hoshmand, 531-532
Hunter e Brewer, 550

I

Iskandar, M., 430, 444-445, 473-474, 493n

J

Jackson, 309
Jaffe, Pasternak e Grifel, 256-257
James, William, 555-557
James e James, 90
James e McInyre, 90
James e Sells, 90
Jamieson, 267
Janda, O'Grady e Capps, 87
Janesick, V., 425-426
Jaspers, Karl, 47
Johnson, J. L., 550
Johnson e Kenkkel, 530-531
Johnson, Onwuegbuzie e Turner, 550
Johnson e Onwuegbuzie, 550, 555-557
Jorgensen, D. L., 424-425

K

Kafer, R., 261-262
Kahle, L R., 130-131
Kalton e Heeringa, 196, 199-200
Kant, I., 39n
Kerlinger, F. N., 130-131, 181, 219
Kerlinger e Lee, 61, 82-83, 128-129, 140-141, 165
Key, J.P., 274
King e Horrocks, 425-426
Kish, l., 196, 199-200, 205-206
Kocovski e Endler, 87
Kolb, K., 519-520
Krogh, L., 518-519
Krueger e Casey, 433-434
Kuusela, Callegaro e Vehovar, 257-258

L

Labovitz e Hagedorn, 52
Labus, Keefe e Jensen, 276
Laflen, 363-364
Laub, John H., 42-43
Lawler, Edward E., 84-85
Lazarus e Folkman, 530-531
LeCompte, 538-539
Leguizamo, 358n
León Pardo, Ciro Hernando, 358, 601-602
León e Montero, 64, 175, 182, 246-247, 255-258, 332-333, 512, 514
Lew, Allen, Papouchis e Ritzler, 87
Lewin, Kurt, 115, 514-515
Lewis, A.C., 512, 514
Likert, R., 261-262
Lilja, 273
Lincoln e Guba, 538-539, 552-554
Link, Town e Mokdad, 208-209
Litwin e Stringer, 90
Lockwood, 409
Lofland, 417, 419-420
López Rivera, Idalia, 187
López Romo, 240
Lukas, Elizabeth, 86, 220-221, 317, 319

M

MacGregor, 130-132
Madarassy, 294
Mahoney, 530-531, 538-539
Malinowsky, Bronislaw, 508
Manning, Peter, 48n
Marcus, P., 42-43

Martínez, María Isabel, 110
Maxwell, J. A., 552
Mayo, Elton, 101
McClelland, David, 87
McGrath, E., 552
McKernan, James, 512, 514
McKnight, 358n
McKnight e Webster, 90
McLeod e Thomson, 506
McNiff e Whitehead, 528, 540-541
Meerkerk, 261-262
Méndez, 64-65
Méndez, Hernández Sampieri e Cuevas, 518-519
Mendoza Torres, Christian Paulina, 64-65, 552
Mendoza e Hernández, 193
Mercer, J., 92-93
Merriam, 514, 528
Mertens, D. M., 36, 48n, 78-82, 92-94, 149-150, 164-166, 169, 177, 194, 207-208, 222-223, 225, 243-255, 269, 324-325, 347-348n, 380-381, 383-384, 404-405, 407-408, 424-425, 427-428, 445-447, 479-481, 484, 501-502, 511-512, 514-515, 518-520, 529, 535-536
Mertens e McLaughlen, 224
Messick, S., 221-222
Meston e Derogatis, 130-132
Meyer, 397
Miles e Huberman, 406, 480, 482-483, 538-539, 553-554
Miller, 498, 503, 505
Miller e Salkind, 64-65
Miura, K., 51
Molina Montes, Mario, 371
Montes, R., 382-383
Montes, Otero, Castillo e Álvarez, 380
Moran-Ellis, 557-558
Morgan, 531-532
Morrow, Susan L., 398-399, 531-532, 537-538
Morrow e Smith, 398-399, 403, 406, 452, 454, 458-459, 463, 474-476, 498, 530-532, 537-540
Morse, J. M., 420-421, 462, 498, 534-535, 550, 565-567
Moule e Goodman, 255-256
Mulig, 86
Munhall e Chenail, 528
Muñiz e Rangel, 64-65
Muñoz M., Fernado A., 524

N

Nam, 290n
Naves, Esther, 188n
Naves e Poplawski, 144-146
Neisser, U., 96-97
Neuman, W. L., 35, 384-385, 404, 466, 481-482, 529, 540-541
Newman, I., 552-553
Newton, I., 82-83
Nicolson, P., 570, 571-573
Nie, N.H., 346-347
Nubiola, 525n
Núñez, C., 66-67, 86, 220-221, 317, 319

O

Ochitwa, 90
Oldham, Greg, 84-85
Onwuegbuzie e Johnson, 536-537, 562, 595-596
Ortiz Ayala, Ricardo, 400
Osgood, Suci e Tannenbaum, 270-271
Oskamp, S., 130-131
Oskamp e Schultz, 260-261

Østhus, 97n
Oto Mishima, María Elena, 42-43

P

Pádua, J., 260-261
Paniagua, M.L., 86, 269
Parker, C. P., 90, 176
Parmelee, Perkins e Sayre, 568
Patterson, 90
Patton, M. Q., 33-35, 380-381, 447-448, 506, 519-520
Pavlov, Iván, 101
Peirce, Charles Sanders, 555-557
Pell, 267
Pemberton, 91
Pineda, Gladys Argentina, 136
Plano e Creswell, 550
Polkinghorne, 531-532
Poplawsky, Silvia, 144-145
Popper, Karl R., 39n, 137n
Prowse e Prowse, 97n
Pruitt-Mentle, D., 509
Punch, 227
Putnam, 71

R

Raaijmakers, 268
Ramos Herrera, Igor Martín, 545
Rathje, W., 442-443
Regina, 276
Reynolds, P. D., 81-82, 130-132
Ridenour e Newman, 552
Rizzo, M. E., 409
Roberts e Jowell, 290n
Rogers, Everett, 42-43
Rogers e Bouey, 255-256, 419-420, 426-427
Rogers e Shoemaker, 85
Rogers e Waisanem, 43-44
Rhoads, 509
Rojas Soriano, R., 62, 64-66, 75, 115, 130-131, 243-244
Rosen, R., 130-132
Rota, J., 80-81
Roth e Cohen, 530-531
Rothery, Tutty e Grinnell, 377-378
Roy, Proclipto, 42-43
Rubin, Rebecca B., 363-364
Rubin, Fernández e Hernández Sampieri, 363-364
Rusbult, Onizuka e Lipkus, 70
Russel, 530-531
Rust e Golombok, 130-132
Ryan, Richard, 84-85

S

Salas Blas, Edwin Salustio, 72, 289
Salavarieta T., Duván, 370
Salazar de Gómez, Marianellis, 72
Salcuni, 273
Sale, Lohfeld e Brazil, 555-557
Sampson, Robert J., 42-43
Sampson e Laub, 43-44
Sánchez Jankowski, Martín, 42-44, 476, 509
Sandelowski, 550
Sandín, M.P., 477-478, 497-498, 512, 514-516
Santalla Peñalosa, Zuleyma, 187
Saris e Gallhofer, 240
Sarros, Cooper e Santora, 91

Scavino, 396
Schwandt, 603n
Seiler e Hough, 261-262
Selltiz, 61, 115-116, 128-129, 193
Shape, De Veaux e Velleman, 294
Sheatsley e Feldman, 258-259
Sheldon, 43-44
Sherman e Webb, 33-35
Shields, 273
Simon, 159-160
Smith, 550
Solomon, 160-161
Song, 86
Sparrow, 90
Stinson e Hendrick, 530-531
Strauss, A., 538-539
Strauss e Corbin, 493n, 455-456, 500-502, 537-538
Streiner e Norman, 219, 222-223
Strickland, 530-531
Stringer, E.T., 514-516, 518-519
Stuart, P.H., 444-445
Struds, T., 407
Sudman, S., 205-206

T

Tashakkori e Creswell, 557-558
Tashakkori e Teddlie, 484, 550, 554-555, 591
Teddlie e Tashakkori, 484, 551-553, 558, 562, 563, 564-566, 595-596
Teddlie e Yu, 582-583
Tena Suck, Antonio, 493
Thomas, Kenneth, 84-85
Todd, Z., 33-35, 48n
Todd, Nerlich e McKeown, 552-554
Todd e Lobeck, 553-554
Torres, 64-65
Torres Martínez, Gertrudys, 56-57
Tresemer, D., 87
Tutty, 468-470, 473-474

U

Underwager e Wakefield, 356
Unrau, Y.A., 31-32
Unrau, Grinnell e Williams, 224, 552-553

V

Van Dalen e Meyer, 124-125, 129-130, 147-148
Vergara D., Dilsa Eneida, 55-56
Viladrich, A., 509
Villarruel e Ortiz de Montellano, 508
Vinuesa, M.L., 239, 255-256
Voi, 124-125, 137n
Vogt, 334-335
Vromm, Victor, 84-85

W

Waisanen, Frederick B., 42-43
Weber, Max, 47n
Weis e Sternberg, 135
Weise, Jeff, 512-513
Werber e Harrell, 506
Wiersma e Jurs, 156-157, 162-163, 219-221, 321-322, 326, 334-335, 364-365
Wilborn, W., 90
Williams, M., 31-32, 113-114

Williams, Grinnell e Unrau, 181
Williams, Tutty e Grinnell, 181, 371n
Williams, Unrau e Grinnell, 381-382, 385-386, 484, 528, 532-535
Williams, Van Dyke e O'Leary, 181
Willig, 383-384, 419-420, 426-427, 447-448, 520-521
Wirth, Louis, 42-43
Woelfel, Joseph, 115
Wright, J., 341-342
Wyatt e Newcomb, 530-531

Y

Yedigis e Weinbach, 75, 530-531
Yin, R.K., 182
Yount e Gittelsohn, 572-573
Yurén Camarena, M. T., 75

Z

Zuckerman, 87

Índice remissivo

A

Administração de testes, 149-150
Alcances de um estudo quantitativo, 101-107
  correlacional, 102-105
  descritivo, 102-103
  explicativo, 104-106
  exploratório, 101-102
Ambiente, 509
  descrição do, 528-529, 533-534
Amostra(s), 31-32, 192
  arquivos, 205-206
  como selecionar a, 196-202
  distribuição normal, 207-208
  erro padrão, 196-197
  estrutura amostral, 203-204
  listagens, 203-206
  mapas, 205-206
  não probabilísticas, 195-196, 207-208
    amostragem por sorteio de ligação telefônica (*Random Digit Dialing*), 208-209
  probabilística, 195
    cálculo do tamanho de, 197-199
    como selecionar uma, 196-202
    estratificada, 198-201
    por conglomerados, 200-202
    procedimentos de seleção, 202-204
      números *random* ou aleatórios, 202
      seleção sistemática, 203-204
      sorteio, 202
      STATS, 202-203
    representatividade, 208-209
    tamanho da, 197
    ótimo, 205-208
    teorema do limite central, 207-208
    variância, 199-200
Análise de conteúdo quantitativo, 275-276
Análise de variância, 337-338
  unidirecional ou de um fator (ANOVA *one way*), 336-340
Análise dos dados qualitativos, 30-35, 40-42, 446-485
  análise detalhada dos dados, 451-478
  análise eletrônica, 476-478
    Atlas.ti, 476
    Decision Explorer, 477-478
    Ethnograph, 477-478
    Nvivo, 477-478
    outros, 477-478
Análise fatorial, 295-296
Análise quantitativa, processo. *Consulte* Procedimento de análise quantitativa
Análises não paramétricas, 340-350
  chi quadrado ou χ^2, 341-344
  coeficiente de correlação de Pearson, 345-346
    coeficientes de tabulações cruzadas, 343-345
  coeficiente *eta*, 346-348
  coeficiente *rho* de Spearman, 346-347
  tau de Kendall, 346-347
Análises paramétricas, 326-341
  análise de variância unidirecional, 336-340
  coeficiente de correlação de Pearson, 326-329
  regressão linear, 328-334
  tamanho do efeito, 334-337
  teste binomial de duas proporções, 336-337
  teste t, 333-335
Anotações de campo, 387-392
Antecedentes, conhecer os, 53-54
Apoio bibliográfico, 80-81
Artigos de revistas, 75-76, 92-93
Artigos jornalísticos, 75-76, 92-93
Assimetria, 312
Atitude(s), 260-261
  escalas para medir a(s), 260-276

B

Banco de dados, 78-79
Base de dados, 203-205
Big picture, 75
Busca quantitativa, 31-32

C

Causalidade, 120-122, 124-125
Causalidade do alcance, 102, 110n
Chi quadrado ou X^2, 341-344
Clusters, 200-201
  codificação, 456-457
Codificação, 230-231
  axial, 499
Coeficiente
  alfa de Cronbach, 226, 316-319, 322n
  de Kuder-Richarson, 316-317, 319
Coleta de dados, 30-31, 33-35, 38-39, 216-284, 416-447
  instrumentos de mensuração, 217-284
    procedimentos para construir, 227, 229
    requisitos, 218-225
    respostas, como são codificadas, 277-284
    tipos, 234-261
  não padronizados, 33-35
  quantitativos, 216-284
    etapa de, 216
    mensuração, 217-218
  qualitativos, 416-447
    biografias e histórias de vida, 443-447
    documentos, registros, materiais e artefatos, 440-444
      coleta de artefatos, 443-444
      grupais, 440-442
      individuais, 440-441
      o que fazer com os, 442-444
      obtenção dos dados provenientes de, 441-443
    entrevista(s), 425-432
      gravações de, 430, 432
      partes na, 429-431
      qualitativa, 430, 432
      recomendações para realizar, 427-429
      tipos de perguntas nas, 426-428
    observação qualitativa, 418-425
      formatos, 421-425
    papel do observador qualitativo, 424-426
    papel do pesquisador na, 418-419
    sessões profundas ou grupos focais, 432-441

passos para realizar as, 433-435
roteiros de tópicos, 436-439
triangulação de dados, 446-447
triangulação de métodos de, 446-447
um bom observador qualitativo, 425-426
Conferências, trabalhos apresentados em, 97n
Confiabilidade, 218, 314-317, 319
Consequências da pesquisa, 66-68
Construção do marco teórico, 81-87
    método de mapeamento, 88-91
Construtivismo, 30
Contexto
    de campo, 165
    de laboratório, 166
Controle, 147-149
    como se consegue, 148-149
    grupo controle, 145-146
Coorte, 177
Corpo do documento, 363-366
Correlação, 120-122
Correlações espúrias, 104-105
Crenças, 30-31
Curtose, 312

D

Dados
    análise, três fatores, 302-303
    análise dos, 30-35, 38-42, 44-45
    análise quantitativa. *Consulte* Procedimento de análise quantitativa
    coleta dos, 30-41, 43-44, 216-284
    matriz de, 278-279, 293-296, 298-303
    não padronizados, 33-35
    natureza dos, 38
    numéricos, 38-41
Definição
    conceitual ou constitutiva, 130-132
    operacional, 130-132
Descrever, 85
Descrições do ambiente, 391-392
Desempenho, *feedback*, 162-163
Desenho, 140, 497
Desenho correlacional-causal, 173-177
Desenho de pesquisa
    concepção ou escolha do, 140-183
    o que é um, 140
Desenho de quatro grupos de Solomon, 160-162
Desenho pré-experimental, 156-157
Desenhos experimentais, 140-168 *Consulte também* Experimento(s)
    simbologia, 154-155
    tipologia dos, 154-168
        experimentos puros, 156-166
        pré-experimentos, 155-157
        quase experimentos, 167
Desenhos fatoriais, 162-163
Desenhos fenomenológicos, 519-520
Desenhos longitudinais de tendência (*trend*), 178
Desenhos mistos. *Consulte* Enfoques mistos
Desenhos não experimentais, 168-184
    longitudinais, 177-180
        de evolução de grupo (coortes), 178-179
        de tendência, 178
        painel, 179-180
    transversais, 169-177
        correlacionais-causais, 173-177
        descritivos, 171-173
        exploratórios, 171
Desenhos painel, 180
Desenhos quase experimentais, 167

Desenvolvimento da perspectiva teórica, 75
Detecção da literatura, 75-76, 78-80, 86
Diagrama Q-Q, 295
Diário de análise, 451-452, 454-456, 462
Diferenças entre os enfoques, 35-41
Diferencial semântico, 270-274
    codificação das escalas, 271-273
    maneiras de aplicar, 273-274
    passos para integrar a versão final, 274
Dilemas éticos, 35
Diretórios, 93-94
Distribuição amostral, 321-322
Distribuição de frequências, 302-307
    elementos, 304-306
    maneiras de apresentar, 305-306
    polígono de frequências, 306-307
Distribuição normal, 207-208

E

Elaboração do marco teórico, 80-83, 88
    detecção da literatura, 75-76, 78-80, 86
    etapas que compreende, 75-87
Emparelhamento, 153-155, 166-167, 169
Empirismo, 30
Enfoque de pesquisa, 53-54
Enfoque qualitativo. *Consulte* Pesquisa qualitativa
    características, 32-35
Enfoque quantitativo, 30-40, 44-45, 70-71.
    Consulte também Pesquisa quantitativa
    características, 30-33
    cinco fases, 30
    como se vê a realidade, 31-32
    críticos do, 41-42
    diferenças entre os enfoques, 35-41
    exemplos de pesquisas, 38-40
    lógica dedutiva, 31-32, 36
    lógica indutiva, 33-35, 36
Enfoques mistos, 30, 46, 550-596
    análise dos dados, 588-591
    definições, 550
    desenhos, 561-566
    desenhos mistos específicos, 565-583
        desenho de integração múltipla (DIM), 580-583
        desenho de triangulação concomitante (DITRIAC), 572-575
        desenho explicativo sequencial (DEXPLIS), 569-573
        desenho exploratório sequencial (DEXPLOS), 566-569
        desenho incrustado concomitante de modelo dominante (DIAC), 574-579
        desenho incrustado concomitante de vários níveis (DIACNIV), 578-580
        desenho transformador concomitante (DISTRAC), 579-581
        desenho transformador sequencial (DITRAS), 572-573
    hipóteses, 561-562
    pragmatismo, 554-556
    relatórios, 594-596
    resultados e inferências, 591-592
    revisão da literatura, 559-562
    validade, 595-596
    vantagens, 552-555
Enfoques quantitativo e qualitativo na pesquisa científica, 30-44
    diferença entre os, 35-41
    exemplo de compreensão dos, 38-40
    qual dos dois é melhor?, 40-44
    qualitativo
        características, 32-35
        definição, 32-33

quantitativo
    características, 30-32
    definição, 30
Equivalência
    dos grupos, 151-152
    durante o experimento, 152-154
    inicial, 152-155
        seleção por sorteio, 152-154
        técnica de equiparação ou emparelhamento, 153-155
Erro padrão, 196-197
Escala de Guttman, 275-276
Escala de Likert, 261-271
    como é construída, 268-271
    forma de obter as pontuações da, 265-267
    outras condições sobre a, 267-268
Estadígrafos, 320-321
Estatística descritiva, 302-314
    assimetria, 312
    curtose, 312
    distribuição de frequências, 312-306
        elementos, 304-306
        maneiras de apresentar, 305-306
        polígono de frequências, 306-307
    medidas de variabilidade, 308
        amplitude, 309
        desvio padrão, 309
        medidas de tendência central, 307-308
            média, 308
            mediana, 307
            moda, 307
        pontuações z, 314
        variância, 309
Estatística inferencial
    distribuição amostral, 321-322
    estimar parâmetros, 321-322
    teste de hipóteses, 321-322, 325-326
        análises não paramétricas, 340-346
        análises paramétricas, 326-341
Estatística multivariada, 339-340
Estimar parâmetros, 321-322
Estrutura amostral, 203-204
Estruturação da ideia de pesquisa, 51
Estruturalismo, 30
Estudo *ex post facto*, 168
Estudo experimental, 169. *Consulte* Desenhos experimentais
Estudo não experimental, 168-169. *Consulte* Desenhos não experimentais
Estudo quantitativo. *Consulte* Pesquisa quantitativa
Estudos correlacionais, 102-105
    correlações espúrias (falsas), 104-105
    exemplo, 103-105
    importância, 104-105
    propósito, 102-103
    utilidade, 103-104
Estudos de caso, 181-183
Estudos descritivos, 102-103
    exemplo, 102
    importância, 102
    propósito, 102
Estudos etnográficos, 509
Estudos explicativos, 104-106
    grau de estruturação dos, 105-106
    propósito, 104-106
Estudos exploratórios, 101-102
    importância, 101-102
    propósito, 101
Etnografia, 30

Evidência sobre a validade de constructo, 221-222
Experimento(s), 141
    como estudos de intervenção, 140-141
    contextos dos, 165-166
    controle, 147-149
        como se consegue, 148-149
    covariação, 174
    explicação rival, 148-149
    feedback sobre o desempenho, 162-163
    fontes de invalidação externa, 162-165
    fontes de invalidação interna, 148-150
    grupo controle, 143-144
    grupo experimental, 143-144
    manipulação da, 141-142
    manipulação em mais de dois níveis, 142-143
    modalidades de manipulação, 143-144
    mortalidade experimental, 149-151
    níveis de variação, 142-143
    passos de um, 167-168
    pré-experimentos, 154-157
    primeiro requisito de um, 141-142
    puros, 156-166
    quantas variáveis, 141-142
    quase experimentos, 140-141, 154-155, 169
    segundo requisito, 146-147
    terceiro requisito, 147-155
    validade externa, 162-163
    validade interna, 147-148
    variáveis independentes, 140-143
        como manipular, 142-145
        dificuldades, 145-147
    variável dependente, 140-145
Experimentos puros, 156-163
    contextos, 162-166
    de campo, 165-166
    de laboratório, 165-166
    desenho com pré-teste/pós-teste e grupo controle, 159-161
    desenho de pré-teste/pós-teste, 155-156
    desenho de quatro grupos de Solomon, 160-162
    desenhos com pós-teste e grupo controle, 156-159
    desenhos experimentais de séries cronológicas variadas, 162
    desenhos fatoriais, 162-163
    estudo de caso com uma só medição, 155-156
    fonte(s) de invalidação externa, 162-165
        descrições insuficientes, 164
        experimentador, 165
        impossibilidade de replicar os tratamentos, 164
        interação dos testes, 162-163
        interação entre a história, 165
        interação entre os erros de seleção, 164
        novidade e interrupção, 165
        tratamentos experimentais, 164
        tratamentos variados, 164
        variável dependente, 165
    passos, 167-168
    pré-experimentos, 155-157
    validade interna, 147-149
Explicação rival, 148-149
Explicar, 82-85

F

Feedback sobre o desempenho, 162-163
Fenomenologia, 30
Fonte(s) de invalidação externa, 162-165
    descrições insuficientes, 164
    experimentador, 165
    impossibilidade de replicar os tratamentos, 164

interação dos testes, 162-163
interação entre a história, 165
interação entre os erros de seleção, 164
novidade e interrupção, 165
tratamentos experimentais, 164
tratamentos variados, 164
variável dependente, 165
Fonte(s) de invalidação interna, 148-150
experimentador como, 149-150
participantes como, 149-151
Fontes de hipóteses, 115
Fontes de ideias para a pesquisa, 51
Fontes primárias, 75-82, 92-93, 98n
acesso via internet às, 75-76
Formulação da hipótese, 111-134

G

Gatekeepers, 383-384
Generalizações empíricas, 85
Geração de itens, 228
Grupo(s)
controle, 143-144
de comparação, 149-152
equivalência dos, 151-152
durante o experimento, 152-153
inicial, 152-153
experimental, 143-144
quatro grupos de Solomon, 160-162
Guias do estudo, 62
Guttman, escala de, 275-276

H

Hipóteses, 28-42, 64-65, 113-132
alternativas, 125-127
características de uma, 116-117
classificação das, 117
correlacionais, 117-120
de onde surgem, 114-116
de pesquisa, 117
causais, 120-125
bivariadas, 121-122
multivariadas, 121-125
da diferença entre grupos, 119-120
da diferença entre grupos, 119-121
descritivas, 117-118
exemplos de, 127-128
fontes de hipóteses, 115
nulas, 124-126
quantas, 126-127
que estabelecem relações de causalidade, 120-122
teste de, 127-129
tipos de, 117
utilidade das, 128-129

I

Ideia(s) de pesquisa, 51
como surgem, 51-52
critérios para gerar, 53-55
estruturar a, 53
fonte para as, 51
imprecisão das, 52
Imersão no campo
inicial, 385-386
total, 385-386
Inovação, 85, 90
Instabilidade, 149-150, 157, 159n

Instrumentação, 149-150, 157, 159
Instrumentos de mensuração, 217-284
como codificar as resposta de um, 277-284
codificação física, 279-281
elaborar o livro ou documento de códigos, 278-280
estabelecer códigos, 278-279
gerar arquivo, 280-281
os valores perdidos e sua codificação, 277-278
procedimentos para construir, 227, 229
codificação, 230-232
níveis de medição, 232-235
passagem da variável ao item, 227, 229-230
requisitos, 218-225
confiabilidade, 225. *Consulte também* Confiabilidade
objetividade, 224-226
validade, 218-223. *Consulte também* Validade
tipos, 234-261
análise de conteúdo, 275-276
dados secundários, 276-277
escalas para medir as atitudes, 260-276
instrumentos mecânicos ou eletrônicos, 277
instrumentos próprios de cada disciplina, 277
observação, 275-276
questionário, 234-261
testes padronizados e inventários, 276
Internet, 51-54, 63, 75-76, 78-80, 93-94

J

Justificativa da pesquisa, 64

K

Kendall, *tau* de, 346-347
Kuder-Richardson, coeficiente de, 316-317, 319

L

Liderança, 107-108
Likert, escala de, *Consulte* Escala de Likert
Listagem, 203-204
arquivos, 205-206
mapas, 205-206
Literatura
consulta da, 78-82
início da revisão da, 75-79
obtenção (recuperação) da, 78-80
revisão da, 75-79
Lógica
dedutiva, 31-32, 36
indutiva, 33-35, 36

M

Manipulação da variável independente, 141-143
avaliar a, 146-147
como se define, 145-146
dificuldades, 145-147
em mais de dois níveis, 143-144
explicação rival, 148-149
fonte(s) de invalidação interna, 148-150
experimentador como, 149-150
sujeitos participantes como, 149-151
modalidades de, 143-144
Marco teórico
construção do, 88-95
método para organizar o, 88
de mapeamento, 88-91
por índices, 91-93

redigir o, 93-94
Marcos interpretativos, 30, 32-33
Matching (técnica de equiparação), 153-154
Materialismo dialético, 30
Matriz de dados, 278-279, 293-296, 298-303
Maturidade, 149-151, 157, 160-161
Medição
    do sentido de vida, 86
    numérica, 30, 32-33
Medidas da variabilidade, 308-311
    amplitude, 309
    desvio padrão, 309
    variância, 309
Medidas de tendência central, 307-308
    média, 308
    mediana, 307
    moda, 307
Mensuração, 217. *Consulte também* Instrumentos de mensuração
Método
    de mapeamento, 88
Métodos estatísticos, 30-31
Mistery shoppers, 537-538
Modelos mistos *Consulte* Enfoques mistos
Mortalidade experimental, 149-151, 158

N

Nascimento de um projeto de pesquisa quantitativa, qualitativa ou mista, 50-55
Níveis de mensuração, 232-235
    intervalar, 233-234
    nominal, 232-233
    ordinal, 232-234
    razão, 233-235
Nível de significância, 322-325
Números aleatórios, 202

O

Objetividade, 224
    do instrumento, 225
Objetivos da pesquisa, 62
Observação quantitativa, 275-276

P

Padrão cultural, 35
Palavras-chave, 77-78
Paradoxos, 35
Parâmetros, 320-321
Passos de um experimento, 167-168
Pearson, coeficiente de correlação, 345-346
Perguntas de pesquisa, 62-64, 113, 115, 117, 126-128, 130-132, 376-377, 382-383, 386-387
    requisitos, 64
Perspectiva teórica, 75-95
Pesquisa, 30
    causal prospectiva, 176
    correlacional. *Consulte* Estudos correlacionais
    definição, 30
    descritiva, 102. *Consulte* Estudos descritivos
    explicativa, 33-34. *Consulte* Estudos explicativos
    exploratória. *Consulte* Estudos exploratórios
    longitudinal, 177-180
    quantitativa, 30
    tranversal, 169-177
Pesquisa, desenho de, 140
Pesquisa qualitativa, 30, 33-36, 38, 40-42, 373-545
    amostragem da, 403-411

amostra, 403
    composição e tamanho da, 409
    de casos típicos, 406
    de especialistas, 406
    de participantes voluntários, 405-406
    inicial, 403-405
    por cotas, 406
    reformulação da, 404
amostras por julgamento, 410
amostras voltadas essencialmente para a pesquisa qualitativa, 406-410
    confirmativas, 409
    de casos extremamente importantes, 409
    de casos extremos, 408
    diversas ou de máxima variação, 406-407
    em cadeia ou por redes, 407
    homogêneas, 407
    por oportunidade, 408
    teóricas ou conceituais, 408-409
anotações ou registro de campo, 387-392
    da observação direta, 388-389
    da reação dos participantes, 390-392
    interpretativas, 388-390
    temáticas, 389-390
características, 32-35
cinco fases, 30
como estudos, 35
controladores da entrada em um local. *Consulte Gatekeepers*
definição, 32-33
desenhos do processo de, 497-521
    de pesquisa-ação, 512, 514-520
    de teoria fundamentada, 497-506
        codificação aberta, 499
        codificação axial, 499
        codificação seletiva, 491-502
        desenho emergente, 501-503, 505
        desenhos sistemático, 498
    etnográficos, 506-509
    fenomenológicos, 519-521
    narrativos, 509-512, 514
detratores, 41-42
diário de campo, 391-395
diferenças entre os enfoques, 35
entrada no ambiente (campo), 382-386
    explorar o contexto, 382-383
essência da, 376
exemplos de pesquisas, 42-44
explorar o contexto, 382-383
formulação do problema, 376-381
    contexto ou ambiente, 377-378
    exploração de deficiências, 376-381
    justificativa ou viabilidade, 376-380
    objetivos, 376-380
    perguntas de pesquisa, 376-380
gatekeepers, 383-384
hipóteses de trabalho, 381-383
holística, 33-35
imersão no contexto, ambiente ou campo, 392, 394
    total, 385-386
interpretativo, 32-33
introspecção com grupos, 33-35
justificativa para a viabilidade do estudo, 376-379
literatura, 380-382
naturalista, 32-33n
observação, 385-387
observação não estruturada, 33-35
participantes, 390-391

relatório de resultados da, 528-542
  características e recomendações, 528-529
  como citar referências em um, 541-542
  estrutura do, 529-531
  revisão e avaliação do, 540-541
  relatório do desenho de pesquisa-ação, 540-541
Pesquisa quantitativa, 30-33, 59-371
  avaliação das deficiências do problema, 61
  alcances, 100-101
    correlacional, 102-105
    descritivo, 102-103
    explicativo, 104-106
    exploratório, 101-102
  características de uma hipótese, 116-117
  delimitar o problema, 61-67
  desenho de pesquisa, 140
  desenhos experimentais, 140-168
  exemplo de uma, 42-43
  fonte(s) de invalidação externa, 162-165
    descrições insuficientes, 164
    experimentador, 165
    impossibilidade de replicar os tratamentos, 164
    interação dos testes, 162-163
    interação entre a história, 165
    interação entre os erros de seleção, 164
    novidade e interrupção, 165
    tratamentos experimentais, 164
    tratamentos variados, 164
    variável dependente, 165
  fonte(s) de invalidação interna, 148-150
    experimentador como, 149-150
    sujeitos participantes como, 149-151
  fontes de hipóteses, 115
  formulação de hipóteses, 115
  formular o problema de
    critérios para, 61
    definição, 61
    elementos
      avaliação das deficiências no conhecimento do problema, 65-67
      consequências da pesquisa, 66-68
      justificativa da pesquisa, 65-66
      objetivos da pesquisa, 61
      perguntas de pesquisa, 62-64
      viabilidade da pesquisa, 65-66
  instrumentos de mensuração, 217-219, 283-284
    procedimentos para construir, 227, 229
    requisitos, 218-225
    respostas, como são codificadas, 277-284
    tipos, 234-261
  justificativa da, 61-64
  lógica dedutiva, 36
  não experimental, 168-183
  objetivos da, 61-62
  perspectiva, 101
  procedimento de análise quantitativa, 293-352
    avaliar a confiabilidade do instrumento de mensuração, 314-321
    executar o programa, 298
    explorar os dados, 298-303
    preparar os resultados para apresentá-los, 349-350
    realizar análises adicionais, 349-350
    selecionar um programa, 293-297
  processo da, 59-289
  relatório de pesquisa, 363-369
    acadêmico, 363-366
    não acadêmico, 365-369
    relevância social, 64-65

utilidade metodológica, 64-65
valor teórico, 64-65
viabilidade da, 65-66
Pesquisador
  fatores para decidir o enfoque, 552-554
  no enfoque misto, 553-554
  qualitativo, 33-35
    atividades principais, 33-35
Pesquisas de levantamento (*surveys*), 177
Polígono de frequências, 306-307
População ou universo, 193-194
  delimitação, 193
Positivismo, 30
Pré-experimentos, 155-157
Problema quantitativo
  avaliação das deficiências, 65-67
  critérios para formular, 61
  delimitar um problema, 61
  formulação do problema, 61-68
Procedimento de análise quantitativa, 293-352
  avaliar a confiabilidade do instrumento de mensuração, 314-321
  executar o programa, 298
  explorar os dados, 298-303
  preparar os resultados para apresentá-los, 349-350
  realizar análises adicionais, 349-350
  selecionar um programa, 293-297
Procedimento de seleção da amostra, 202-204
Procedimentos para construir um instrumento de medição, 227, 229
Processo qualitativo, 30, 33-36, 38, 40-42
Processo quantitativo, 30-40, 44-45
  consequências da pesquisa, 66-68
  delimitar um problema, 61
  elementos que contêm a formulação, 61-68
  justificativa da pesquisa, 64-66
  objetivos da pesquisa, 61-62
  perguntas de pesquisa, 62-64
  viabilidade da pesquisa, 65-66
Programas de análise
  Atlas.ti, 476
  Decision Explorer, 477-478
  Ethnograph, 477-478
  Nvivo, 477-478
  outros, 477-478
  Pontuações z, 314

Q

Quase experimentos, 140-141, 154-155, 169
Questionário, 234-261
  em que contexto é possível administrar um, 252-261
    autoadministrado, 252-256
    por entrevista pessoal, 255-258
    por entrevista telefônica, 257-260
  perguntas
    abertas, 239
      como codificar as, 251-253
    características das, 242-247
    fechadas, 234-238
    obrigatórias, 242-243
    tamanho de um questionário, 251-252

R

Random, números, 202
Random Digit Dialing, 208-209
Razão, 314-315
Realidade, 31-33
  objetiva, 31-36

subjetiva, 31-32, 35-36
Referências, informação a partir de, 75-77
Regressão estatística, 157
Regressão linear, 328-334
Relatório de resultados do processo quantitativo, 363-369
   acadêmico, 363-366
      apêndices, 365-366
      corpo do documento, 363-366
      folha de rosto, 363
      índices, 363
         índice de figuras, 363
         índice de tabelas, 363
         tabela de conteúdos, 363
      referências, bibliografia, 365-366
      resumo, 363-364
Relevância social, 64-65
Representatividade, 198
Resumo de cada referência, 78-80
Revisão da literatura, 75-82
   consulta, 78-82
   início da, 75-79
   o que pode nos revelar a, 81-87
   obtenção, 78-80
Rho de Spearman, 346-347

S

Seleção, 164
Seleção da amostra, 191-209
   aleatória, 194
   procedimento, 202-204
   sistemática, 203-204
Seleção e maturidade, interação, 149-150
Sentido de vida, 86
Série(s) cronológica(s), 162
   experimentais, 162
   múltiplas, 162
Sites, 78-79
Solomon, desenho de, 160-162
Sorteio, 202
Spearman, *Rho* de, 346-347
Split-halves, 226
Survey, 194

T

Tabelas de contingência, 343-346
Tabulações cruzadas, coeficientes, 343-345
Tamanho da amostra, 197-199, 205-208
Tau de Kendall, 346-347
Taxa, 314-315
Técnica de equiparação, 153-155, 166-167, 169. *Consulte* Emparelhamento
Tema de pesquisa, 62-63
   conhecimento atual, 107-108
Teorema do limite central, 207-208
Teoria, 82-83
Teste de hipóteses, 450-451, 456-487
   análises não paramétricas, 340-350
      chi quadrado, 341-344
      coeficiente de correlação de Pearson, 345-346
      coeficiente *rho* de Spearman, 346-347
      coeficientes para tabulações cruzadas, 343-345
      tau de Kendall, 346-347
   análises paramétricas, 326-341
      análise de variância unidirecional, 336-340
      coeficiente de correlação de Pearson, 326-341
      regressão linear, 333-335
      teste binomial de duas proporções, 336-340
      teste *t*, 326-329
Teste piloto, 228
Teste *t*, 333-337
Teste-reteste, 226-355
Tipo de dados, 37
   hard, 37
   soft, 37
Tipos de amostra, 195
   amostras não probabilísticas, 195-202
   amostras probabilísticas, 195-196, 207-209
Tipos de hipóteses, 117
Tipos de instrumentos de mensuração, 217-261
   análise de conteúdo, 275-276
   dados secundários, 276-277
   escalas para medir as atitudes, 260-276
   instrumentos mecânicos ou eletrônicos, 277
   instrumentos próprios de cada disciplina, 277
   observação, 275-276
   questionário, 234-261
   testes padronizados e inventários, 276
Tratamentos experimentais, difusão de, 162
Triangulação, 555-573

U

Unidades de análise, 191-192, 216
Universo, 31-32, 227
   delimitação, 193-194
Usuários, 361
Utilidade metodológica, 64-65

V

Validade, 219-224
   cálculo da validade, 227
   de constructo, 221-222
   de conteúdo, 219
   de critério, 220-221, 307
   de especialistas, 222-223
   concomitante, 220-221
   e a confiabilidade, 222-223
   externa, 162-163
   fatores que afetam, 223-224
   interna, 147-149
   relação com a confiabilidade, 222-224
   total, 222-223
Valor teórico, 64-65
Valores perdidos, 277
Variância, 102-103
Variável(eis), 114
   composta, 300-301
   da matriz de dados, 299
   da pesquisa, 299
   fonte(s) de invalidação interna, 148-150
      experimentador como, 149-150
      participantes como, 149-151
Viabilidade da pesquisa, 65-66